普通高等教育"九五"教育部重点教材
普通高等教育"十一五"国家级规划教材

大 气 物 理 学

（第 2 版）

盛裴轩　毛节泰　李建国　葛正谟
张霭琛　桑建国　潘乃先　张宏升　编著

北京大学出版社
PEKING UNIVERSITY PRESS

图书在版编目(CIP)数据

大气物理学/盛裴轩等编著. —2 版. —北京：北京大学出版社,2013.9
ISBN 978-7-301-23235-4

Ⅰ.①大… Ⅱ.①盛… Ⅲ.①大气物理学-高等学校-教材 Ⅳ.①P401

中国版本图书馆 CIP 数据核字(2013)第 222627 号

书 名：大气物理学(第 2 版)
著作责任者：盛裴轩 毛节泰 李建国 葛正谟 张霭琛 桑建国 潘乃先 张宏升 编著
责 任 编 辑：王树通 王 艳
标 准 书 号：ISBN 978-7-301-23235-4/P·0086
出 版 发 行：北京大学出版社
地 址：北京市海淀区成府路 205 号 100871
网 址：http://www.pup.cn
新 浪 微 博：@北京大学出版社
电 子 信 箱：zpup@pup.cn
电 话：邮购部 62752015 发行部 62750672 编辑部 62765014
出版部 62754962
印 刷 者：河北滦县鑫华书刊印刷厂
经 销 者：新华书店
787 毫米×1092 毫米 16 开本 35.5 印张 886 千字
2003 年 5 月第 1 版
2013 年 9 月第 2 版 2023 年 5 月第 9 次印刷(总第 18 次印刷)
印 数：54001～56000 册
定 价：69.00 元

内 容 简 介

本书是普通高等教育"九五"教育部重点教材.

全书共分五篇,即:大气概论;大气物理基础,包括大气辐射、大气热力学、大气动力学;大气边界层物理;云和降水物理学基础与大气电学;大气光学、GPS 气象和大气声学.本书中的大气动力学部分相对比较精练,是从全书的完整性和系统性考虑而设这一章的.大气光学和大气声学部分在目前国内同类教科书中比较有特色,不但介绍了大气光、声的现象,还比较深入地讨论了大气光学和声散射的基本理论,便于读者进行进一步的研究工作.GPS 气象是近年来发展的比较新的领域.

本书是为高等院校大气科学系本科生编写的专业课教材,也可供相关专业的本科生或研究生以及从事大气科学和大气环境工作的人员学习和参考.

图 片 说 明

封面图片(自左至右):红色精灵(美国国家航空和航天局);蓝色喷流(美国宾夕法尼亚州立大学);冰雹切片(杨颂禧);晴空淡积云(赵春生).封底图片(自左至右):北京大学物理大楼楼顶;台风云图(王洪庆).

第2版前言

本书第一版从 2003 年 5 月发行到现在,整整过去了 10 年.由于本书包含了大气物理学各分支学科的主要内容,不但被一些气象学科及环境学科的有关院校作为教材,也被许多气象工作者及科技人员作为业务参考的手册,受到广泛欢迎,多次重印.我们虽然多已达古稀年龄,仍十分关心我国大气科学事业的发展,能为大气物理学的教学和科研贡献一份微薄的力量,感到十分欣慰.

为满足需要,北京大学出版社建议我们推出修订版.在修订版中,除了改正原书中发现的错误及不合适的内容以外,为适应学科发展和全球极端天气频繁出现对雷电灾害防控的需要,对于大气电学内容作了比较大的更新和补充;另外,对大气边界层物理、云雾降水物理学基础和大气声学也作了部分修改;大气物理基础部分和大气光学则只有个别内容的增删.为此,我们邀请了中国科学院寒区旱区环境工程研究所的葛正谟研究员承担大气电学的编写和修改;我系张宏升教授正在从事大气环境科学方面的科研和教学,因此请他修改大气边界层物理部分;其他各章节基本上仍由原作者负责.盛裴轩对云雾降水物理学后半部分作了修改,并对全书文稿和图表作最后审定.

修订过程中,我系目前在教学和科研第一线的赵春生教授和李成才、李万彪副教授都提出了宝贵意见,给予我们极大帮助,在此表示感谢.还应特别提出的是,本书中的大气分层部分曾得到我校从事空间物理科学的肖佐教授的热情帮助,使之能从一个新的宏观的角度来了解大气的总体特征.这在第一版时因疏忽而未表达感谢,常感歉疚.我们还要对所有曾经帮助和支持过我们的同事和朋友深表感谢!

一本严谨的科技书,应该清楚地标明所引用材料和图表的来源,这是对科学和知识产权的尊重.但本书中有些因过去认识上的原因没有留下资料,有些因多次转引现已无从查找,只能在此遗憾地说明并对原作者表示感谢.

虽然我们在编写这本书第一版的过程中,是认真、细致和负责的,在重印时也更正了个别错误,但在重新修订整理时,还是遗憾地发现有一些不该有的疏忽和科学内容上的错误,辜负了读者的信任,也促使我们更认真严肃地对待本书的修改.但大气科学发展很快,本书的内容又比较丰富,涉及面广,受编著者的学识水平限制,错误、疏漏在所难免,希望使用本书的教师和读者给予批评、指正,并通报给我们.若有重印的机会,我们可以及时改正.

本书修订版出版之时,正值北京大学物理学科建立 100 周年纪念.自 1913 年设立物理学门起,北大物理学科从萌芽发育为大树成林,已经走过一个世纪的风雨历程.在此,我们仅以此书向北大物理学科的前辈以及大气与海洋科学系的前辈致以深深的敬意,感谢他们为物理学科和大气科学发展奠定的坚实基础.

编　者

2013 年 9 月

第1版前言

大气科学研究大气中各种现象的演变规律,这些现象包括物理的、化学的以及人类活动对大气的影响,探讨如何利用这些规律为人类社会和经济的发展服务.在漫长的历史发展过程中,大气科学形成了诸多分支学科,主要有大气物理学、大气探测、大气动力学、天气学、气候学、大气遥感、大气化学、边界层物理、数值预报及应用气象学等.大气物理学是大气科学的基础学科,涉及面很广,包括大气层的结构特征及其气象要素的三维时空分布,各种大气物理过程和现象,辐射能量的传输,大气热力过程,大气声、光、电现象的研究以及云雾降水物理等.

20世纪80年代末,北京大学大气物理与大气环境教研室曾同期出版了本科生教材《大气物理学》(王永生等)和《大气探测》(赵柏林、张霭琛等).这两本主要的专业教科书,以其严谨、丰富、先进的内容在国内部分院校和科研部门产生了广泛影响,并得到有关部门的奖励.十多年过去了,人们对赖以生存的地球大气环境及气候变化有了更多的关注,计算机技术及遥感技术等新技术日新月异的进步更是极大地促进了大气科学的发展.在此形势下,教学方法的不断改革,教材的不断更新就越来越显得迫切了.

在教育部高教司和校领导的关怀下,按照"九五"重点教材建设的精神,一批长期在大气物理学课程教学第一线、具有丰富教学实践经验的教师,在原《大气物理学》的基础上,重新编写了这本教科书.全书分为五篇,包括大气概论、大气物理基础(包括大气辐射、大气热力学、大气动力学)、大气边界层物理、云和降水物理学基础与大气电学以及大气光学、GPS气象和大气声学,共20章.其中第一篇和第六章由盛裴轩编写,第五章和第十六章～第十九章由毛节泰编写,第七章由桑建国编写,第八章～第十章由张霭琛编写,第十一章～第十五章由李建国编写,第二十章的前五节由毛节泰编写,其余部分由潘乃先编写.张霭琛还出色地完成了绝大部分插图的绘制工作.盛裴轩对各章节文稿和插图作了必要的补充和修改,并最后审定.大气科学系的同事尹宏、陈家宜、张铮、谢安、朱元竞和张宏升教授,李万彪和赵春生副教授以及环境中心的蔡旭晖副教授等对有关章节作了认真审核,提出了宝贵的修改意见.

本书是为大气科学专业本科生的大气物理学课程编写的专业课教材,也可供相关专业的本科生或研究生学习和参考.第一、第二篇介绍的是大气概况及大气物理学的基本概念和原理,属于专业基础课的范畴.应说明的是,因部分高校大气科学专业的本科生需必修一门《大气动力学》课程,该课程另有大量可供选择的专门教材,因此本书中的大气动力学部分相对比较精练,考虑到它是大气边界层物理和云动力学的基础,从全书的完整性和系统性考虑而设了这一章.后面三篇比较深入地介绍了大气物理的有关分支学科.大气边界层物理,因其与大气环境密切相关而发展很快,为使学生对这方面有基本了解,专门编写了一篇.大气光学部分在目前国内同类教科书中是比较有特色的,不但介绍了大气光学现象,还讨论了大气光学的有关基本理论,并加入了GPS气象等新的内容.大气声学中对声散射理论和声遥感作了介绍,以便有兴趣的读者作进一步研究.另外,大气概论、大气热力学和大气光学与原《大气物理学》中的相应章节是同一位作者编写的,故保留了原书的体系和大部分内容,但作了调整和修改.大气声

1

学的前五节也基本保留了原书的内容.

北京大学物理学院大气科学系是由原北京大学物理系和地球物理系的有关专业发展而来,其历史可追溯到院系调整前的清华大学气象系.几十年来风风雨雨,几经变革,大到一个专业的设置,小到一门课程的教材,都是几代人不断努力探索和长期积累的结果.因此我们几个人编写的这本书,实际上包含了前人的大量心血和劳动结晶.已故的严开伟先生在大气湍流领域,李其琛先生在大气光、声、电学方面的开创性工作永远值得我们铭记;赵柏林院士在云雾物理方面、尹宏教授在大气辐射方面的突出工作也为我们的教材奠定了基础.我们还应该感谢原《大气物理学》编写组的王永生、秦瑜、刘式达、殷宗昭等教授,他们曾经付出过的辛勤劳动为本书的诞生创造了有利条件.教研室的所有同事都对我们的工作表示了支持和关心,给予了切实的帮助,我们在此一并表示感谢.

由于大气物理学涉及的面很广,内容丰富,受编著者的学识水平限制,错误、疏漏在所难免,请读者给予批评指正.

编　者

2002 年 9 月

目　录

1

3

第一篇 大气概论

从人造卫星上观测大气,它好像是地球的一层薄壳,呈美丽的浅蓝色而且透明.这薄薄的一层大气是地球生命赖以生存的保障."薄壳",是因为大气质量的 50% 集中在离地面 6 km 以下的低空,而且 99.9% 是在离地面 50 km 的高度内,这个厚度还不到地球半径的 1%.然而,地球大气又是没有确定上界的,因为大气密度随着高度的增加而呈指数减小,逐渐过渡到星际空间.若以极光或流星辉迹出现的高度定义大气上界,高度大约在地表面以上 1000~1200 km;若按现代卫星运行轨道衰减的速率推测,大气上界约在 2500~3000 km 的高空.

太阳系的几大行星除水星外几乎都被一层大气所包围.本篇首先简单介绍行星大气的状况,目的是为了有利于以全面的和发展的眼光探讨地球大气的现状和演化.考虑到人们对生存环境和全球气候变化的日益关注,本篇也简单地介绍了地球大气微量成分的源、汇、浓度变化及循环过程,其中重点是二氧化碳和臭氧.

大气是三维空间的,又是呈层状分布的.本篇将通过大气的垂直分层简要介绍大气温度、压力、成分和电离状况的垂直分布特征,重点是与人类关系最密切且包含 3/4 大气质量和主要天气现象的对流层.

第一章 行星大气和地球大气的演化

太阳系原有 9 大行星，2006 年 8 月 24 日国际天文学联合大会决定冥王星不属于太阳系行星，自此，太阳系就只具有 8 大行星（表 1.1）.这些行星的大气化学成分、物理状态及结构都有不同的特点，它们和各个行星在太阳系中的位置、大小以及密度等有关，因此研究行星大气有助于深刻了解我们的地球大气，也有助于探索地球大气的演化.

表 1.1 行星大气概况

行星	表面平均温度/K	表面压力/atm[①]	重力加速度/($m \cdot s^{-2}$)	逃逸速度/($km \cdot s^{-1}$)	距日平均距离[②]	主要成分		说　明
水　星	阳面 600～700 阴面 100		3.7	4.3	0.4			未发现大气
金　星	740	92	8.8	10.3	0.7	CO_2	97%	被浓硫酸的厚云雾覆盖
						N_2	3%	
地　球	288	1	9.8	11.2	1.0	N_2	78%	
						O_2	21%	
火　星	240	0.005～0.007	3.8	5.0	1.5	CO_2	95%	大气稀薄
						N_2, Ar, CO		
木　星	134(云顶)	2(云顶)	26.2	60	5.2	H_2	88.6%	大气厚度约 1000 km
						He	11.2%	
土　星	78		11.3	36	9.5	H_2, He, NH_3		
天王星	62		9.7	21	19.2	H_2, He		浓密大气
海王星	低于 46		11.4	23	30.1	H_2, CH_4		浓密云层

① 1 atm＝1013.25 hPa；② 以日地距离为 1.0.

1.1 行 星 大 气

行星大气是包裹着行星体的中性气体和电离气体的总称.按物理性质和化学组成的不同，太阳系的 8 大行星可分成类地行星和类木行星两类，每类各 4 颗.类地行星指水星、金星、地球和火星，与类木行星相比，其质量、体积都比较小，有固体表面，化学组成以重物质为主；而类木行星没有固体表面，化学组成以氢、氦、氖及甲烷等轻物质为主.另一种分类法以火星与木星之间的小行星带为界，分成离太阳较近的内行星和远离太阳的外行星（包括冥王星）.这两种分类法比较一致.本节主要讨论类地行星的特点.

1. 水星

水星是类地行星中离太阳最近且质量最小的行星，其质量是地球的 5.54%，重力加速度

只有 $3.7\,\mathrm{m/s^2}$. 根据 1973 年"水手 10 号"行星探测器飞跃过水星时的探测, 水星上几乎不存在大气, 并且没有发现任何曾被水浸蚀过的痕迹, 表明它也不存在水. 没有了大气和水的调节作用, 水星的日夜温差高达 600 K 以上.

2. 金星

金星是地球的姐妹星, 其大小、质量和密度都与地球接近, 却有完全不同的大气. 金星的大气是地球大气的 90 倍, 浓密的大气层分布在 100 km 高度以下, 它能反射掉太阳光的 3/4, 所以金星十分明亮. 大气主要成分是二氧化碳, 达 97%, 低层可能达 99%, 约有 3% 的氮和少量水汽、一氧化碳等. 距金星地面 20~30 km 至 70 km 的高空密布着浓硫酸滴和硫酸气溶胶组成的浓云雾, 呈黄色. 金星大气的温度随高度下降: 表面温度约达 750 K, 在 0~60 km 高度内迅速降低到 300 K; 60 km 以上下降缓慢, 68 km 以上温度接近不变, 达到 200 K 左右. 金星大气的运动激烈, 60 多千米高空的风速约达 100 m/s (地球表面风速大于 33 m/s 已是 12 级大风), 且闪电和雷暴现象频繁.

距太阳近 (仅 0.7 日地距离) 可能是金星高温的重要原因, 由于太阳辐射强, 温度高, 水和二氧化碳只能以气态存在. 二氧化碳有强烈的温室效应, 再加上浓密云层不能散热, 使金星表面的温度越来越高, 最后平衡在 750 K 左右, 并且没有季节、昼夜和纬度的区别.

3. 火星

火星的质量很小, 平均直径为 6747 km, 约为地球的一半, 地心引力仅为地球的 38%, 因此它的大气很稀薄, 日夜温差高达 100 K. 主要大气成分是二氧化碳, 还有少量氮和氢. 火星比地球远离太阳, 单位面积上受到的太阳辐射仅为地球的 43%, 表面温度低.

火星一直是人类感兴趣的星球之一. 1962 年开始, 苏联发射了"火星"系列探测器, 其中的"火星 3 号"登陆舱实现了软着陆. 以后美国也发射了一系列太空探测器. 1999 年 3 月, 美国航空航天局的火星全球巡视计划在寻找火星水方面取得重大进展, 通过轨道相机进行高分辨率成像探测, 看到了干枯的河床和两大片曾经是海的平坦低地, 从而推测火星上曾经有过大量的水. 2004 年, 美国的"勇气号"进一步确认, 火星白色的极冠大部分是由水冰组成. 2012 年 8 月 6 日, 美国火星探测器"好奇号"成功登陆火星, 将展开为期两年的火星探测任务.

综上所述, 除水星外的几大行星都被一层大气所包围, 但类地行星和类木行星的大气表现出两种不同的类型. 在宇宙空间里, 物质世界的化学元素丰度随元素原子量的增加而减少. 因此, 太阳系各行星大气在形成初期都应以轻元素如氢、氦和碳等为主, 由于行星距太阳的远近不同、星球尺度的大小不同, 以及公转、自转周期和轨道的差异, 经过几十亿年的演化, 形成了现在各不相同的行星大气. 在小行星带以内距太阳近的各个内行星上, 因太阳辐射强烈, 星球表面的高温及太阳风的作用使原始大气很快散失, 由行星内部火山喷发及其他化学过程产生的第二代大气以二氧化碳为主 (地球例外); 而距太阳远的各个外行星上温度极低, 原始大气消散缓慢, 所以行星大气仍以氢、氦和甲烷等为主.

1.2 地球大气的演化

地球大气以氮气和氧气为主, 这在迄今为止所有已发现的天体大气中是唯一的. 地球又是太阳系中唯一的蔚蓝色星球, 空气分子的散射和辽阔的海洋使我们的行星在太空中散发着美丽的蓝色幽光.

如果我们认为在太阳系形成过程中各个类地行星大气的形成遵循同样的规律,根据它们在太阳系中所处的位置、质量和轨道参数,由 20 世纪 70 年代测量的金星和火星大气的成分,可用天体物理学理论推断出地球大气的主要成分.这种由理论推断出来的地球大气称为行星地球大气.由表 1.2 可见,它与实际的地球大气相差甚远.

表 1.2　地球及其相邻行星大气的主要化学成分(单位:hPa)(引自王明星,1991)

大气成分	金　星	行星地球	火　星	实际地球	实际地球/行星地球
CO_2	90 000	300	5	0.3	1/1000
N_2	1000	30	0.05	780	26
O_2	0	0.3	0.1	210	700

估计地球形成已有 46 亿年的历史,在漫长而又曲折的演化过程中,大气的成分和结构有了很大的变化.由于无法得到演化过程中各个阶段的大气样本,只能依据地层的化石结构和行星大气资料,结合物理、化学、生物学原理和实验等,用模拟方法或逻辑推理方法进行研究.因问题复杂,故难度很大.关于地球大气的起源和演变有多种学说,但都有一个共识,即必须把大气看成地球组合系统中的一部分,即由气圈、水圈、岩石圈和生物圈组成的地球系统是相互联系的,物质是可以互相转化的,而且大气仅是其中很小的一部分.

地球大气的演化大体可分为原始大气、次生大气(还原大气)和现代大气(氧化大气)三个阶段.

(1) 原始大气.地球形成初期的原始大气应是以宇宙中最丰富的轻物质 H_2,He 和 CO 为主.由于太阳风(年轻恒星会喷发大量的物质流,此时正值太阳形成初期)和地球升温的作用,使原始大气逐渐向宇宙空间膨胀并逃逸散失.估计在 45 亿年前或晚些时候,地球上是没有大气的.

(2) 次生大气(45 亿～20 亿年前).地球逐渐冷却(估计地表温度为 $-15 \sim -10^\circ C$)以后,由于造山运动、火山喷发和从地幔中释放出地壳内原来吸附的气体,形成了次生大气,其主要成分是 CO_2,CH_4,NH_3 和 H_2O 等.

火山喷发物中含有约 80% 的水汽,其次为 CO_2,以及少量的氮、硫或硫化物(SO_2,H_2S)等.因大气只能容纳少量水汽,大部分水汽形成云雾和降水,成为地表水——海洋和湖泊.据估计,若以过去一个世纪火山喷发的蒸气率作为地球形成初期的平均蒸气率,则现在地球上水圈的总质量是很小的,它比由火山喷发进入大气的总水汽量约小两个数量级.究其原因,可能是海洋深处水体的渗漏或水汽被紫外辐射分解破坏而消失.

在大约 30 亿年前,CO_2 浓度是现在的 10 倍.丰富的 CO_2 和水汽产生的温室效应,使地球表面温度逐渐升高而达到 $300^\circ C$ 左右.在此高温下,大量 CO_2 气体又通过化学反应生成了碳酸盐累积在地壳中,降低了大气中的 CO_2 含量,也降低了大气的温度.

(3) 现代大气.现代地球大气以氮气和氧气为主.在地球上出现生物以前,地球大气中的游离态氧极少,臭氧的浓度就更小.这少量氧气是水汽被太阳紫外辐射离解(光致离解)产生的:

$$H_2O + h\nu \longrightarrow H + OH, \qquad (1.2.1)$$

$$H_2O + h\nu \longrightarrow H_2 + O, \qquad (1.2.2)$$

上式中 h 是普朗克常数,ν 是频率.光解过程生成的原子氧可在有第三者(M)存在的条件下结

合成分子氧:

$$O + O + M \longrightarrow O_2 + M.$$

但水汽离解产生的氧和氧原子对同一波段的太阳紫外辐射($\lambda < 0.195\,\mu m$)有很强的吸收,因此会降低光解的速度,最终使原子氧达到一个平衡浓度.根据简单的模式计算,这样产生的氧约是现在大气中氧浓度的千分之一.分解出的氢气扩散到高空,逐渐逃逸出了地球.但是上述的产生氧的光解过程还有不确定的因素,如果氢气逃逸得少,浓度大,氢和氧仍可能重新复合成水汽.

地球上的氧气主要是植物的光合作用产生的,正是生物圈的作用导致了地球大气的进一步演化.大约30亿年前,地球处于一个无氧环境中,或者只有由水汽光解作用产生的极少量氧气,由氧的光化学作用产生的臭氧就更少.在这种无氧条件下出现的原始生命,由于既需要躲避陆地上太阳紫外辐射的强烈杀伤,又需要可见光进行光合作用,因此它们最初只能存在于水面下10 m深处的海洋表面层.生活在水中的这种低级厌氧生命能够释放氧气.大约到了6亿年前,大气中氧的浓度达到现在浓度的百分之一,在此期间,高空臭氧浓度有了明显增加,臭氧削弱了紫外辐射,使生命能够到达水面,因此氧的这一浓度称为生物发展史上的第一关键浓度.水面植物的光合作用使大气中氧的含量增加较快,大约4亿多年以前,大气中的氧达到现在浓度的十分之一,并在高空逐渐形成了臭氧层.臭氧层阻挡了太阳的强紫外辐射,反过来又促进了植物的繁茂生长,使植物由海洋移向了陆地.繁茂的植物吸收更多的二氧化碳,放出更多的氧气;与此同时,动植物体的呼吸和死亡又会消耗氧气排放二氧化碳,就在这样的演变过程中逐渐达到了一种平衡.生物从海洋发展到陆地,又到天空,从低级形态进化到高级形态,大气二氧化碳浓度从3亿年前的3000 ppmv[①]下降到约280 ppmv.所以,大气中氧含量的逐渐增加,是还原大气演变为现代大气的重要标志.

光合作用放出的氧,大约10%储存在现代大气中,其余以氧化物形式如Fe_2O_3,$CaCO_3$等存在于地壳中.光合作用生成的碳存在于有机体内,在地壳变化过程中成为矿物燃料.按目前世界燃料的消耗量计算,人类一年燃烧的碳量相当于植物光合作用1000年生成的总量.

实际地球大气中氮的浓度远大于计算的行星地球大气的氮的浓度(表1.2),这一现象目前尚无满意的解释.固然氮气的化学性质稳定,火山喷发到大气中的氮能够保留和积累下来,但这对其他行星一样适用,不足以说明地球的特点.显然,地球大气的高浓度氮也应和生命活动即地球生物圈的作用有关.例如,动植物排泄物和腐烂遗体能直接分解或通过细菌分解为气态氮.现代大气中含量占第三位的氩,据认为是地壳岩石中的^{40}Ca和^{40}K等同位素放射性衰变产生,并从地球诞生起就在大气中累积而造成的.

综上所述,生命的出现和生物圈的形成在地球大气的演变中起了重要作用.而生命能够在地球上出现,是和适宜的日地距离有关的.生命需要液态水来进行化学作用和吸收养分,液态水只能在0℃与100℃间存在.适宜的日地距离使地球表面有了合适的温度条件,即水能在地球上完成水汽、液态水和冰的循环,这在太阳系的其他行星上是不可能的.水汽光解产生少量氧,海洋和少量氧的存在为生命的出现创造了条件.生命的出现反过来又改变了地球大气的成分,形成以氮和氧为主的大气.臭氧层强烈吸收太阳的紫外辐射,不但保护了地球上的生命,并且转换成的热量使平流层增温,从而改变了高层大气的热力结构.这种演化过程在迄今为止所有已发现的天体中是唯一的.

---

① ppmv 是体积分数,这里指在相同的压强和温度下,某种气体对空气的体积之比,1 ppmv=10^{-6}.

第二章　地球大气的成分及分布

地球大气由多种气体和悬浮于其中的固体粒子或气体粒子(称为大气气溶胶)所组成.在地球大气的气体成分中,水汽是最重要、最活跃的,它不但造成云雨雷电、天气变化,而且在地球的生态系统中起着重要作用.因此本章将分三部分来讨论地球大气,即多种气体成分组成的干空气、水(可处于气、固、液三态中之一态)及悬浮的气溶胶粒子.

对于地球大气的各种成分,出于不同的研究目的有几种不同的分类方法.本章仅介绍根据浓度和平均滞留时间的分类法.

(1)浓度.表示浓度有绝对量和相对量.绝对量如体积质量,单位为 $mg \cdot m^{-3}$, $\mu g \cdot m^{-3}$ 等,常用来表示大气气溶胶的浓度.但是,这种方法表示的浓度与观测时的大气状态有关,因为观测时收集的气体体积随大气温度、压强而变,为便于相互比较,常需换算成标准状态下的浓度.气体成分还常用浓度相对量表示,如 $ppm(10^{-6})$, $ppb(10^{-9})$ 和 $ppt(10^{-12})$ 等,可分别加后缀 m 或 v 表示质量分数和体积分数,例如 ppmm 和 ppmv.

(2)平均停留时间.即该种成分的所有分子更新一次所需要的时间,亦即"平均寿命".在准平衡条件下,一种大气成分的分子在大气中的平均停留时间定义为

$$\tau = \frac{M}{F} = \frac{M}{R},$$

其中 M 为这种成分的总质量,F 是向大气的输入速率(包括源和化学转化),R 是消失速率(因沉降、化学转化和逃逸).一般地,寿命长的成分其浓度也比较大,因此上述两个物理量的分类有一定的相关性.

2.1　干洁大气

通常把除水汽以外的纯净大气称为干洁大气,简称干空气.干洁大气由多种气体混合组成,按照各成分在大气中的浓度,可分为主要成分、微量成分和痕量成分三部分,后两部分也可合称为次要成分或微量成分.主要成分一般指 N_2, O_2, Ar 及 CO_2,浓度在 300 ppmv 以上;微量成分浓度在 $1 \sim 20$ ppmv,如 CH_4 等;痕量成分浓度在 1 ppmv 以下,重要的有 O_3、H_2、氮氧化合物、硫化物及人为污染物氟氯烃类化合物等.

我们主要关注的是 90 km 以下的大气层,特别是对流层大气内空气的成分.由表 2.1 可见,N_2,O_2,Ar 三种气体就占了空气体积的 99.966%,如果再加上 CO_2(表 2.1 中所列值是近地面平均值),则剩下的次要成分所占的体积是极微小的.表 2.2 列出了空气中的微量成分(包括水汽和气溶胶).它们的含量虽少,但与人类的关系很密切.而且,近几十年来,随着工业和航空事业的发展,大量污染物进入大气,某些微量成分的含量在增加,大气中还含有了一些原来没有的成分,例如人为排放的氯氟烃化合物等.

表 2.1　低层(对流层内)大气的主要成分

气　体		相对分子质量	体积分数/(%)	质量分数/(%)	浓度/($\mu g \cdot m^{-3}$)	同　位　素		平均停留时间
准定常成分	N_2	28.0134	78.084	75.52	9.76×10^8	^{14}N	99.635%	约 10^6 a
						^{15}N	0.365%	
	O_2	31.9988	20.948	23.15	2.98×10^8	^{16}O	99.759%	约 5×10^3 a
						^{17}O	0.0374%	
						^{18}O	0.2039%	
	Ar	39.948	0.934	1.28	1.66×10^7	^{40}Ar	99.600%	约 10^7 a
						^{38}Ar	0.063%	
						^{36}Ar	0.337%	
可变成分	CO_2	44.0099	0.033	0.05	$(4 \sim 8) \times 10^5$	^{12}C	98.9%	$5 \sim 6$ a
						^{13}C	1.1%	
						^{14}C	2×10^{-10} %	

表 2.2　低层(对流层内)大气的次要成分

气　体		相对分子质量	浓　度 /ppmv	浓　度 /($\mu g \cdot m^{-3}$)	平均停留时间
准定常成分	Ne	20.183	18.18	1.6×10^4	约 10^7 a
	He	4.003	5.24	920	约 10^7 a
	Kr	83.80	1.14	4100	约 10^7 a
	Xe	131.30	0.087	500	约 10^7 a
可变成分	H_2	2.016	$0.4 \sim 1.0$	$36 \sim 90$	$6 \sim 8$ a
	CH_4	16.04	$1.2 \sim 1.5$	$850 \sim 1100$	约 10 a
	N_2O	44.01	$0.25 \sim 0.6$	$500 \sim 1200$	
	CO	28.01	$0.01 \sim 0.2$	$10 \sim 200$	$0.2 \sim 0.5$ a
	O_3	47.998	$10^{-3} \sim 10^{-1}$	$0 \sim 100$	
	水汽	18.015	可变		约 10 d
	NH_4	17.03	$0.002 \sim 0.02$	$2 \sim 20$	约 5 d
	SO_2	64.06	$0 \sim 0.02$	$0 \sim 50$	约 2 d
	CH_2O	30.03	$0 \sim 0.1$	$0 \sim 16$	
	H_2S	34.07	$(2 \sim 20) \times 10^{-3}$	$3 \sim 30$	约 0.5 d
	NO_2	46.00	$(1 \sim 4.5) \times 10^{-3}$	$2 \sim 8$	
	I_2	253.80	$(0.4 \sim 4) \times 10^{-5}$	$0.05 \sim 0.5$	
	Cl_2	70.90	$(3 \sim 15) \times 10^{-4}$	$1 \sim 5$	
	气溶胶		$(1 \sim 1000) \times 10^{-9}$		约 10 d

若按平均停留时间,大气成分可以分成三类:第一类称为基本不变成分或准定常成分,它们的平均寿命大于 1000 a,各成分之间大致保持固定的比例.这些气体主要有 N_2,O_2,Ar,还有微量的惰性气体 Ne,Kr,Xe 及 He 等.第二类称为可变成分,平均寿命为几年到十几年,它们在大气中所占的比例随时间、地点而变,如 CO_2,CH_4,H_2,N_2O 和 O_3 等.CO_2,CH_4 等气体是重要的温室气体,工业革命以来在大气中的含量有了明显增加.第三类是平均寿命短于 1 a 的

变化很快的气体成分,如一些碳、硫、氮的化合物,含量虽极微少,但由于人类活动的影响或特殊的自然条件,在某些局部地区浓度可能很大,造成危害.

由上述可见,大气微量成分和痕量成分一般也是短寿命的成分(除惰性气体),它们至少有两个特点:① 有化学活性,能够参与大气中一些化学过程,例如形成酸雨、光化学烟雾等;② 有辐射活性,大多是温室气体,它们含量的变化会影响地球的辐射平衡,影响全球气候变化.因此,对这些大气微量成分的研究已成为大气化学的重点之一.本节将简要介绍几种主要微量气体的源和汇及其循环过程,着重讨论臭氧及碳、硫等化合物.

【温室气体(Greenhouse Gas,GHG)】

亦称温室效应气体,是指大气中能够吸收红外辐射促成温室效应的气体成分.太阳辐射的可见光,能直接穿透大气层,到达并加热地面,地面被加热后会发射红外辐射从而释放热量.如果这些红外辐射被大气中某些气体吸收,不能全部穿透大气层进入太空(参见 5.3 节),热量就被保留在大气中使大气增温,称为大气保温效应或温室效应.这些气体被称为温室气体,包括:水汽(H_2O);二氧化碳(CO_2);臭氧(O_3)、甲烷(CH_4)、氧化亚氮(N_2O)以及人造的氯氟碳化物(CFCs)、全氟碳化物(PFCs)、氢氟碳化物(HFCs)、含氯氟烃(HCFCs)及六氟化硫(SF_6)等.其中以后三类气体造成的温室效应能力最强,但对全球升温的贡献百分比来说,二氧化碳由于含量较多,所占的比例也最大,约为 55%.

水汽虽是最主要的温室气体,但因水汽可以凝结成水,故大气中的水汽含量基本稳定,不会出现其他温室气体的累积现象,因此讨论温室气体时一般不考虑水汽.

2.1.1 干空气状态方程

空气可以看成是有多种化学成分的混合理想气体.根据道尔顿分压定律,混合理想气体的压强等于组成混合气体的各成分的分压强之和:

$$p = p_1 + p_2 + \cdots = \sum p_i.$$

混合理想气体的状态方程为

$$pV = nR^* T = \frac{m}{M}R^* T = mRT, \tag{2.1.1}$$

式中 p, V, T, m 和 n 分别是混合气体的压强、体积、温度、质量和摩尔数,R^* 是摩尔气体常数,$\overline{M}$ 是平均摩尔质量,R 是混合理想气体的比气体常数.平均摩尔质量的定义是

$$\overline{M} = \frac{m}{n} = m \bigg/ \sum \frac{m_i}{M_i} = 1 \bigg/ \sum \left(\frac{m_i}{m} \frac{1}{M_i} \right), \tag{2.1.2}$$

式中 m_i 及 M_i 分别是第 i 种气体的质量和摩尔质量.也可以导出用体积分数计算的公式:

$$\overline{M} = \frac{\sum (V_i M_i)}{V} = \sum \frac{V_i}{V}M_i.$$

利用表 2.1 中各种主要气体的质量分数或体积分数,可以计算出 90 km 高度以下干空气的平均摩尔质量 $M_d = 28.9644 \times 10^{-3}$ kg·mol^{-1}.因此干空气的比气体常数是

$$R_d = \frac{R^*}{M_d} = 287.05 \text{ J}/(\text{kg·K}).$$

令干空气的密度为 ρ_d,则干空气的状态方程可写成以下形式:

$$p = \rho_d R_d T. \tag{2.1.3}$$

干空气的比热容可按类似的方式求出.若各气体成分的比热容分别为 $c_1, c_2, \cdots, c_n$,则 m 克混合气体增温 ΔT 所需的热量为

$$\Delta Q = \sum c_i m_i \Delta T,$$

混合气体的比热容 c 就是

$$c = \frac{1}{m}\frac{\Delta Q}{\Delta T} = \frac{\sum m_i c_i}{m} = \frac{\sum m_i c_i}{\sum m_i}. \tag{2.1.4}$$

由上式求得的干空气的比定压热容和比定容热容分别为

$$c_{pd} = 1004\,\mathrm{J/(kg \cdot K)}, \quad c_{Vd} = 717\,\mathrm{J/(kg \cdot K)}.$$

2.1.2 碳的化合物

地球大气中含碳的化合物有 CO_2,CO,CH_4(甲烷)和 CH_2O(甲醛)等气体,以及含碳的气溶胶粒子.本节将简要介绍与人类生存环境有关的 CO_2,CH_4 和氟氯烃化合物.

1. CO_2

CO_2 来源于地球表面,主要的人工源是矿物燃料燃烧和工业活动.此外,死亡生物体的腐败和呼吸作用也都排出 CO_2,而植物的光合作用又使 CO_2 还原,这个循环可用以下反应式表示:

光合作用: $nCO_2 + nH_2O \longrightarrow [CH_2O]_n + nO_2$;

呼吸作用: $[CH_2O]_n + nO_2 \longrightarrow nCO_2 + nH_2O$.

光合作用产生的 $[CH_2O]_n$ 俗称碳水化合物,即糖类,它将转化为以淀粉为主的有机物,构成植物体.因此,生物圈对 CO_2 含量影响最大的是森林和绿地.绿色植物的生长有很强的季节性,受其影响,大气 CO_2 的浓度也表现出明显的季节变化.

海洋能吸收大量 CO_2,好比是一个巨大的储存库.海水中溶解的 CO_2 的浓度取决于海水与大气间 CO_2 的分压差,若海水内 CO_2 分压大于大气的 CO_2 分压,则 CO_2 将从海洋进入大气;反之,则海洋吸收 CO_2.海水中 CO_2 分压与海水的温度、酸度、含盐量、表层海水和深层海水的交换速率以及洋流状况等有关.在温度低而且酸度小的海水内,CO_2 的平衡蒸气压也低,所以,高纬寒冷地区的洋面主要起到汇的作用,吸收大气中的 CO_2;而热带和低纬地区的洋面是大气中 CO_2 的源,往往放出 CO_2.全球平均起来,是大气向海洋输送 CO_2.深海里的水流能把海水中的部分 CO_2 从高纬地区带往低纬地区,还有部分 CO_2 转变成碳酸盐矿物(例如贝壳)沉积于海底.因此,海洋对于全球大气中的 CO_2 起到调节作用.CO_2 是在地壳、大气层、海洋和生物圈之间循环的.

大气中 CO_2 含量的变化主要由燃烧煤、石油、天然气等燃料所引起,火山爆发及从碳酸盐矿物、浅地层里释放 CO_2 是次要的原因.近年来检验极地冰层里的气体成分后推算出,距今约1万年以前的最后一次冰河期尚未转暖时,大气中的 CO_2 浓度比 200 ppmv 还要低.图 2.1 给出了政府间气候变化专业委员会(IPCC[①])报告中的过去 1 000 来 CO_2 浓度的变化曲线,这是依据冰芯记录(地点:D47,D57,Siple 山和南极点)以及夏威夷的马纳洛阿(Mauna Loa)于1958年开始的准确观测记录得到的.图中还包含有自1850年以来燃料的 CO_2 排放量(单位 GtC·a^{-1} 指每年排放 10^9 t 碳)和浓度增长量的放大图.显然,随着19世纪初工业的发展及世

---

① IPCC 是世界气象组织(WMO)和联合国环境署于 1988 年建立的 Intergovernmental Panel on Climate Change 的缩写,也称为政府间气候变化专家组.

界人口的增长,全球大气中 CO_2 平均含量也在逐年增加.

CO_2 有强烈的"温室效应"作用,当 CO_2 浓度不断增加时会改变大气的热量平衡,导致大气低层和地面的平均温度上升,而全球气候的变化将直接影响到人类的生存环境.但全球平均气温变化和气候的变迁,不仅取决于 CO_2 浓度的增加,而是一个相当复杂的问题,目前正在密切观测和研究中.

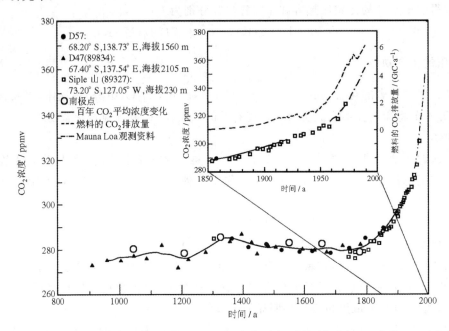

图 2.1 依据南极的冰芯记录和夏威夷马纳洛阿(Mauna Loa)的观测记录得到的过去 1000 年的 CO_2 浓度变化图
(引自 IPCC,Climate Change,1995)

2. CH_4

CH_4 主要是湖泊、沼泽里的生物体腐败后被细菌分解而生成的.天然气、工业废水和污水也是 CH_4 的一个来源.据观测,大气中 CH_4 的 80% 来自于地表生物源,是在严格的无氧环境中产生的.1984 年,全球地表大气中 CH_4 平均浓度的测量为 1.625 ppmv,而据南极冰岩芯气泡的分析,3000 多年以前直到 150 年以前,大气中 CH_4 浓度还一直保持在 0.6~0.8 ppmv.这说明,近 100~200 年来 CH_4 的浓度有了显著的增加.CH_4 不但是一种温室气体,同时又是一种化学活性气体,在大气中容易被氧化而产生一系列氢氧化物和碳氢氧化合物,因此值得重视.

3. 氟氯化碳化合物

氟氯化碳化合物由氟、氯和碳原子组成,以 CFCs 表示,这是一类大气中原本不存在的有机化合物.其中的 CFC-11 和 CFC-12,俗称氟里昂-11(即 $CFCl_3$)和氟里昂 12(即 CF_2Cl_2),由于性质非常稳定且无毒,作为制冷剂、喷雾发射剂和发泡剂以及电子元件的清洁剂,曾经长期得到广泛应用.这两种气体分别可持续存在几十年至上百年,正是由于它们的惰性,所以在大气对流层中的浓度逐年积累,并有可能长距离输送和向上进入平流层.CFCs 在平流层内能光化学分解产生 Cl,起到破坏臭氧层的作用.另一方面,CFCs 又是温室气体,在地-气系统辐射收支中的作用不容忽视.

表 2.3 列出部分因人类活动而浓度增加的温室气体,其中 CO_2,CH_4 和 N_2O 与工业化以前(约 1750 年)相比,到 2005 年分别增加了大约 35%,153% 和 16%.CFC-11 则近年来有所减少.

表 2.3　部分与人类活动有关的温室气体(引自 IPCC,Climate Change,1995,2007)

	CO_2	CH_4	N_2O	CFC-11	HCFC-22 (一种 CFC 的代用品)	CF_4
工业化前的浓度	约 280 ppmv	约 700 ppbv	约 275 ppbv	0	0	0
1994 年的浓度	358 ppmv	1720 ppbv	312[①] ppbv	268[①] pptv	110 pptv	72[①] pptv
2005 年的浓度	379 ppmv	1774 ppbv	319 ppbv	251 pptv	169 pptv	74 pptv
浓度年变化[②]	1.85 ppmv/a	1.6 ppbv/a	0.7 ppbv/a	−1.85 pptv/a	3.2 pptv/a	0.2 pptv/a
浓度年变化率[②]	0.48%/a	0.1%/a	0.22%/a	−0.73%/a	3.2%/a	0.03%/a
大气中的寿命	50～200 a[③]	12 a	120 a	50 a	12 a	50 000 a

① 根据 1992～1993 年资料估计.
② CO_2,CH_4,N_2O,CFC-11,HCFC-22 的年变化是 1998 年以来的 7 年滑动平均值.CF4 的年变化依据 20 世纪 90 年代的资料确定.
③ 对于不同的汇,CO_2 有不同的消失率,所以没有单一的寿命.

2.1.3　臭氧

臭氧主要分布在 10～50 km 高度的平流层大气中,极大值在 20～30 km 高度之间.虽然臭氧在大气中占的比例极小,但因它对太阳紫外辐射($0.2～0.29\,\mu m$)有强烈的吸收作用,所以是大气中最重要的微量成分之一.这是因为:① 臭氧层阻挡了强紫外辐射到达地面,保护了地球上的生命.强紫外辐射有足够的能量使包括 DNA 在内的重要生物分子分解,增高患皮肤癌、白内障和免疫缺损症的发生率,并能危害农作物和水生生态系统.可以说,如果没有大气臭氧层的保护,这个世界就不能存在.② 臭氧层吸收的太阳紫外辐射能量使平流层大气增温,对平流层的温度场和大气环流起着决定性作用,如果平流层臭氧浓度下降,将引起平流层上部温度下降,平流层下部和对流层温度上升.因此,臭氧层对建立大气的垂直温度结构和大气的辐射平衡起重要作用.臭氧层吸收了部分太阳辐射能,估计能使地面的平均温度降低 1～2℃.

1. 臭氧的产生与消亡

氧气在太阳紫外辐射作用下将发生光致离解,光致离解产生的氧原子是大气臭氧的主要源.1930 年,查普曼(Chapman)建立了有关平流层臭氧形成与消亡的"经典"光化学平衡理论.该理论指出,若只考虑氧的光致离解而不涉及其他气体成分,则有下面的基本光化学反应.

高层大气中,分子氧吸收波长短于 $0.24\,\mu m$ 的紫外辐射而离解成原子氧:

$$O_2 + h\nu \longrightarrow O + O. \tag{2.1.5}$$

由于这部分紫外辐射向下传输时被大气吸收,光离解系数将随高度的降低而减弱,到 20 km 以下已不再发生光致离解;另一方面,分子氧的浓度随高度下降而逐渐增加.这两种因素的综合效果使氧在太阳辐射下的离解速率约在 42 km 处达到最大.

原子氧很活泼,它能和分子氧结合成臭氧,也能重新复合成分子氧:

$$O + O_2 + M \longrightarrow O_3 + M, \tag{2.1.6}$$

$$O + O + M \longrightarrow O_2 + M, \tag{2.1.7}$$

11

式中 M 是第三种分子(N_2,O_2 或其他分子),它的作用是维持反应过程的动量和能量守恒,吸收反应中释放的化学能.新分子若不能丢弃多余的能量,还会重新分开.所以上面两个反应只能在气体分子比较密集的高度上发生.

臭氧分子吸收波长短于 0.3 μm 的太阳紫外辐射,能分解成分子氧和原子氧:

$$O_3 + h\nu \longrightarrow O_2 + O. \tag{2.1.8}$$

此过程是 40～50 km 高空大气中臭氧耗损的主要过程.实际上,由于臭氧三原子结构的不稳定性,可见光甚至红外辐射都能为这个过程提供能量而使它分解.

臭氧也可因与原子氧反应而消失:

$$O_3 + O \longrightarrow 2O_2. \tag{2.1.9}$$

(2.1.5)～(2.1.9)式是描述臭氧光化学过程的主要反应式,这些反应式决定了它们在大气中达到光化学平衡时的臭氧浓度和氧原子浓度.这个光化学平衡理论可以解释臭氧浓度垂直分布的主要特征,但理论计算值和观测值相比有一定差异,说明此理论尚有欠缺,而臭氧的实际生消过程要复杂得多.首先,大气中的其他微量成分,如氮氧化物 NO,NO_2 等,或 H,OH,HO_2 等其他分子的光化学反应都会影响臭氧的浓度,但是目前还缺乏这些过程准确的定量结果.其次,在大约 30 km 以下的大气中,臭氧浓度不仅由光化学过程决定,大气运动的输送作用也会使它们在空间重新得到分布.因此严格地说,臭氧的光化学平衡理论在大气低层是不大适用的.

由于影响臭氧生成的两个主要因素——太阳紫外辐射和氧分子含量——随高度下降的变化趋势不同,前者减少,后者增加,再加上三体碰撞需要比较密集的气体分子,综合作用的结果,使臭氧主要分布在平流层高度内.

2. 对流层内的臭氧

对流层内的臭氧约占大气臭氧总量的 10%,虽然含量很低,但它的浓度的增加目前已越来越引起人们的注意.根据报道,19 世纪巴黎地面大气臭氧浓度仅为 10 ppbv,而现在一些大城市常超过 100 ppbv,远远高于现今 40 ppbv 的典型值.观测表明,夏季地面臭氧的含量稍大.臭氧是一种强氧化剂,在许多大气污染物的转化过程中起重要作用.它能促进二氧化硫的氧化及氮氧化物的转化,而这些过程正是酸雨和光化学烟雾的主要成因之一.另一方面,臭氧在红外波段的 9.6 μm 附近有一个很强的吸收带,因此它又是能使低层大气增温的重要的温室气体.还需指出,地表附近的臭氧本身就是一种重要的污染气体,其浓度的增加会直接危害生态环境.在某些工矿企业的空气中,臭氧会达到与二氧化硫相同的浓度.高浓度的臭氧(超过 300 μg·m^{-3})会刺激人和动物的深部呼吸道粘膜和组织,也是造成一些地区森林大片死亡的原因之一.

对流层大气中发生的光化学反应是臭氧的主要来源,其产生率取决于氮氧化物、碳氢化合物和一氧化碳的浓度以及太阳紫外辐射的强度.另一个来源是从平流层以扩散和湍流的方式输送来的,对流层顶的间断处是平流层臭氧向对流层输送的主要通道.估计夏季对流层臭氧的光化学产量比平流层输入大得多,冬季两者相当或比平流层输入的稍多一些.雷暴闪电也是对流层低层臭氧形成的原因之一,但其作用并不很大.

3. 臭氧的空间分布

测量臭氧垂直分布的方法有多种,可在地面或卫星上遥测,也可用气球或火箭直接收集资料.由于测量方法的不同,表示臭氧浓度垂直分布的单位也有多种,主要有数密度(个·m^{-3})、浓度(μg·m^{-3})、质量分数(ppmm 或 μg/g)、体积分数(ppmv 和 ppbv)和臭氧分压(1 mPa=

10^{-5} hPa)等.

不同纬度地区观测的臭氧垂直分布平均状况示于图 2.2:从低纬到高纬,臭氧峰值的高度明显地逐渐降低,赤道地区约在 $25\sim28$ km;其次是中纬度地区;而在极地,臭氧极大值的高度约为 $17\sim20$ km.中纬度的冬春季在 13 km 附近常有第二个极大值存在.在美国标准大气(1976)根据火箭、卫星和气球观测的大量资料建立的北半球"中纬度臭氧分布模式"中,臭氧数密度约在 22 km 高度上达到最大,为 4.86×10^{18} 个/m^3 左右,此高度上的分压约为 14.7 mPa;而最大质量分数却在37 km 处,近似为 15 $\mu g/g$,两者的高度相差约 15 km.

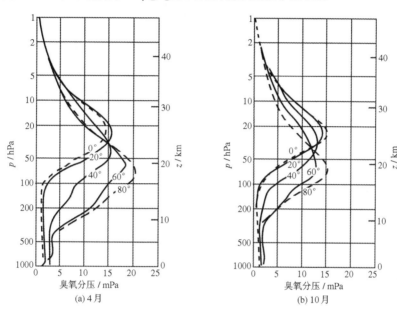

(a) 4月   (b) 10月

图 2.2 不同纬度臭氧浓度的平均垂直分布(引自 H. U. Dütsch, 1980)

国际公认的测量气柱臭氧总量的标准仪器是英国科学家多普森(G. M. B. Dobson)于 1929 年研制成的紫外分光光度计——Dobson 臭氧仪.观测站上空气柱的总臭氧含量以臭氧厚度表示,它是把垂直大气柱内所有的臭氧压缩到标准条件下的等效厚度,现在广泛采用的是大气厘米(atm-cm)或多普森单位(DU, Dobson Unit 的缩写).1 DU 相当于10^{-3}大气厘米的臭氧含量.按"中纬度臭氧分布模式",总臭氧含量为 0.345 atm-cm,即345 DU 或 7.39×10^{-3} kg·m^{-2}.图 2.3 给出了两个半球上气柱臭氧总量随纬度和季节的分布:在北半球,大部分地区臭氧层的厚度在春季变大,秋季变小,高纬地区的季节变化更明显,最大臭氧带靠近极地;南半球的季节变化比较小,最大臭氧带在南半球春季的中高纬度地区.全球范围内,气柱臭氧总量的变化范围约为 $200\sim$ 450 DU,平均约为 300 DU.但在南极的春季,臭氧总量能少至 100 DU,这就是所谓的臭氧洞.可见,大气中臭

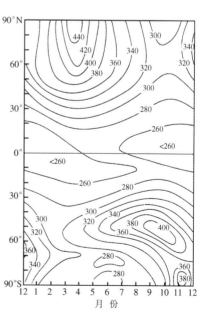

图 2.3 臭氧总量随纬度和季节的分布
(引自 H. U. Dütsch, 1971)

氧含量是极少的.

若按光化学平衡理论,气柱臭氧总量的极大值似乎应在太阳辐射强烈的夏季赤道区域,但图 2.3 的观测结果并非如此.这是因为气柱臭氧总量的分布不仅和复杂的光化学过程有关,还和大气运动的输送密切相关.臭氧主要在赤道上空(平流层)生成,通过大气环流向高纬输送.这种极向环流在冬春季节尤其强烈,并在极地变成下沉气流,形成了高纬地区冬春季节平流层低层的臭氧高浓度层.由图 2.4 可见,臭氧最大浓度在北极和南极 60°左右的地区.

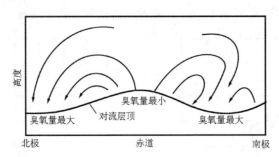

图 2.4 大气臭氧的动力输送示意图(引自 Stolarski,1987)

在平流层顶部及其附近,白昼时达到光化学平衡所需的时间很短(约几小时),臭氧始终处于平衡状态.平流层下部光化学平衡时间需几百天,因此当臭氧突然增多或受到破坏而减少时,就不易由光化学反应重新达到平衡.因此,影响臭氧浓度的因素,在大气高层以光化学作用为主,在低层(低纬地区约 20 km 以下)以大气动力输送为主.这个特点使臭氧含量和天气系统发生了联系.观测表明,当西伯利亚气团入侵时,臭氧含量明显增加;而赤道气团来临时,臭氧含量减少.这可能和北半球高纬臭氧含量多,低纬臭氧含量少有关.臭氧浓度的这种保守性,使它可以作为平流层下层环流和对流层内大气运动的示踪剂.

近几十年根据卫星观测的资料发现,全球平流层大气臭氧浓度及气柱臭氧总量有缓慢下降的趋势,赤道地区下降幅度最小,纬度越高下降越多;冬春季节下降趋势比较明显.在缓慢下降的同时还有显著的周期性的变化,即准两年振荡.值得注意的是,在相同纬度带上北半球臭氧的下降趋势比南半球明显,这些变化可能和北半球是人类的主要活动地区有关.

大气中有一些气体,如 NO_x 和 Cl 等,能和臭氧发生光化学反应.通常它们都处于光化学平衡中,若 NO_x 和 Cl 的含量增大,就可能把 O_3 很快地分解而破坏现有的平衡.平流层超音速飞机的飞行和核爆炸会产生 NO_x.工业和航空上用的氟氯烃化合物,能长期滞留在大气中并输送到平流层,受到紫外辐射后分解出 Cl 参加破坏臭氧的光化学反应:

$$Cl + O_3 \longrightarrow ClO + O_2, \tag{2.1.10}$$
$$ClO + O \longrightarrow Cl + O_2. \tag{2.1.11}$$

在上述反应中 Cl 和 ClO 都未减少,它们只起催化作用,其净效果是臭氧被消耗:

$$O_3 + O \longrightarrow 2O_2. \tag{2.1.12}$$

如果这一过程不被其他过程干扰,则只要有少量的原子氯,就会把臭氧层很快破坏.由于臭氧层浓度的减少或者增加,都会对气候变化和人类生活带来巨大影响,因此,目前世界上对于臭氧的观测和研究都很重视.

4. 臭氧洞

1985 年,英国南极站(Halley Bay 站)的大气科学家有了一个惊人的发现:1977 年至 1984 年期间,南极哈雷湾上空大气中春季(9月,10月和11月)的臭氧总量减少了40%以上;而该站自1956年建立到1976年期间,气柱臭氧总量是几乎保持不变的.不久,另一些研究小组也证实了这一点.臭氧损耗区实际上超过了南极大陆,延伸高度为12～24 km,即在平流层的下部存在一个臭氧"洞".臭氧洞的含义是:① 臭氧低值区(低于220DU)的范围大,经常超过10^6 km^2;② 低值持续时间长,经常为2～4个月.2008年9月12日曾观测到臭氧洞达27×10^6 km^2.

对臭氧洞成因的研究目前主要在两个方面:

(1) 大气动力学原因——南极冬季环极涡旋的作用.大气动力学过程本身不会破坏臭氧,但它能将臭氧重新分布;另外,特殊的气象条件(极涡、严寒、平流层云等)能促进化学原因对臭氧的破坏.

在4月到11月的南半球冬春季节,南极大陆被一稳定的环极涡旋控制.环极涡旋阻止了极区大气与中低纬度大气的交换,这就产生了两个后果:① 长期被阻塞在极涡内的空气在极夜的条件下温度不断降低,平流层内温度低达-84℃以下,低温和相对较多的水汽使极地平流层云经常出现.这种冰晶云有利于发生破坏臭氧的化学过程(见下面化学原因).而且,冬季的严寒和无太阳辐射本身就使平流层内臭氧的产量自然降低.② 从中低纬度平流层来的臭氧含量高的空气不能进入极涡内,臭氧只能在环极涡旋外面累积,使60°S附近的极涡外围形成臭氧浓度的极大值区.

(2) 大气化学原因——氟氯烃等化合物对臭氧的破坏作用.大气污染物质如氟氯化碳(CFCs 和 HCFCs)和溴化烃等人造化合物中释放的氯和溴对臭氧有破坏作用.氟氯化碳类主要是北半球中纬度地区排放的,在大气环流作用下能长距离输送和扩散到达平流层.平流层上部强烈的太阳紫外辐射使氟氯化碳分解,释放出氯原子.这些氯原子能破坏臭氧;也有一些与其他物质结合形成氯"储库"而失去破坏作用.冬季,在南极上空臭氧浓度最大值高度处经常出现的-80℃以下的极端低温和平流层冰晶云,使许多化学过程变得非常缓慢或基本停止,但云粒仍有可能捕获这些重要的氯"储库"并使之发生缓慢的变化.当春季太阳辐射重新照到南极后,云的冰晶粒子就能促使氯"储库"分解,释放出氯原子.因此平流层云有利于氟氯化碳对臭氧的破坏过程.

南极臭氧洞的成因是很复杂的,除了上述的成因外,还有人提出与太阳活动有关,或与火山活动有关.因此,全球平流层臭氧的变化和南极臭氧洞问题仍是当前大气化学观测和研究的重要课题.

2011年春季,我国的"风云三号"气象卫星在北极上空监测到一个明显的臭氧低值区.在该低值区内臭氧总量是正常情况下平均值的一半左右,部分地区的臭氧总量达到了臭氧洞的标准(低于220DU).此结论与国外科学家的观测结果基本一致.和南极臭氧洞的成因类似,那年春季北极地区罕见长时间的寒冬,在极寒冷的极涡内生成了极地平流层云,在太阳紫外辐射的作用下释放出破坏臭氧的卤素原子.北半球人口密度远高于南半球,臭氧低值区覆盖的范围内紫外辐射对人类健康的影响比南极臭氧洞更重要.

周秀骥等(1995)根据1979～1991年的TOMS卫星资料,发现6～10月在青藏高原上空15～20 km高度出现明显的臭氧低值区.分析认为,青藏高原独特的地形条件使它在夏季是热源,上升气流将对流层低浓度臭氧向平流层输送以及低空污染物在平流层引起的物理化学过程可能是产生臭氧低谷的主要原因.而地球上另两个大尺度山地——落基山脉和安第斯山脉上空,在夏季也出现臭氧总量比同纬度低的结果,但不如青藏高原明显.青藏高原约占我国面积的 1/4,对我国乃至东亚的气候和环境都有重要影响,因此引起了国内外的关注.

2.1.4　硫的化合物

大气中除了有悬浮着的硫酸盐颗粒外,还有一些含硫的气体,如 SO_2, H_2S 等.大气中 $80\%\sim90\%$ 的硫存在于 SO_2 和 H_2S 中.和碳的化合物不同,这些硫的化合物是不稳定的,它们在大气中通过化学反应和光化学反应互相转化,不过其中有些反应人们目前还不完全了解.

SO_2 是大气中最重要的一种硫化合物,是大气环境酸化和酸雨形成的根源之一.SO_2 可以在大气中被转化成硫酸和硫酸盐,然后再被云滴和雨滴吸收;也能先被云滴和雨滴吸收,以后在液相中再转化成硫酸和硫酸盐,使降水呈酸性.习惯上用 pH 衡量溶液的酸碱度,pH 越小,酸性越大.由于与大气中的 CO_2 保持平衡时,降水的酸度约为 5.6,所以目前一般把 pH 小于 5.6 的降水都称为"酸雨".但因大气中还存在使雨水偏碱性的物质,pH=5.6 并不是严格意义上的雨水本底值.随着工业化的进展,煤和石油燃烧放出的二氧化硫在增加,人口密集地区和工业区的二氧化硫浓度是相当大的,它对源地附近造成很大的危害.不过由于它的寿命较短,随着距离的增加而能很快稀释掉,并且在大气中能很快沉降到地面,所以浓度分布很不均匀.由二氧化硫及其生成物产生的酸沉降在主要工业区的下风方向常常能被观测到.

在云滴和雨滴中,若还含有 NH_4^+,Ca^+,Na^+ 等正离子,就能生成 $(Na)_2SO_4$ 和 $(NH_4)_2SO_4$ 等盐类.这些盐溶液云滴在大气中蒸发后,剩下硫酸盐颗粒.硫酸盐颗粒是大气气溶胶粒子的一个重要成分,是很好的凝结核,它往往又溶于水滴而被降水带回到地面和海洋中.降水清除了大气中的 SO_2 和硫酸盐,这称为湿沉降.SO_2 也能被植物吸收,硫酸盐颗粒本身还会逐渐沉落到地面,这些过程称为干沉降.硫酸和硫酸盐的干、湿沉降是大气酸沉降中的最主要成分.

硫化物来源于地球表面.自然过程向大气排放的硫化物主要是还原态气体,例如土壤的分解和生物体腐烂都放出 H_2S 及 SO_2,它们在大气中被氧化成氧化物和酸.火山爆发也喷射出 H_2S,SO_2 及硫酸盐类.H_2S 在大气中能很快被氧化,因此来源虽丰富,在大气中的浓度却不大.海浪溅起的泡沫蒸发后产生的海盐颗粒中,不但有氯化钠,还有相当数量的硫酸盐颗粒,因此海洋是硫酸盐颗粒的重要来源.据估计,大气中硫氧化物的一半来自于自然过程,另一半可能来自于人类活动.自工业化以来,大气中硫酸盐气溶胶的浓度在海洋上大约增加了 $2\sim4$ 倍,陆地上增加了 $4\sim15$ 倍.

2.1.5　氮的化合物

对于氮气及其化合物,我们关注的不是平均寿命长达几百万年的分子态氮,而是微量的氮的化合物 NO,NO_2,N_2O_5,N_2O_3 以及 NH_3 和 N_2O 等,因为它们关系到大气光化学烟雾、酸沉降和平流层臭氧的变化.

NO 和 NO_2 等氮氧化合物在大气中浓度最高,在大气化学中很重要,故常统写为 NO_x.N_2O_5 和 N_2O_3 在大气条件下容易分解成 NO 和 NO_2,所以常把 NO_x 和 N_2O_5,N_2O_3 及 HNO_2,HNO_3 等氮氧化合物合称为奇氮.奇氮化合物是光化学烟雾的先驱物,它与碳氢化合物的化学反应是造成低层大气中臭氧高浓度的最主要原因,在大气污染中不可忽视.奇氮化合物的主要来源是化石燃料燃烧(高温条件下燃烧)、汽车尾气、生物体燃烧、闪电、土壤排放等,其中人为排放量占相当大的比重.自然界降水时,NO_x 能溶于水并生成硝酸及硝酸盐沉降到地面,因此降水能冲刷大气中的氮化物,同时本身也变成了酸性降水.

16

氨(NH_3)来源于地表,其中一小部分是工业废气及燃烧所释放,大部分是由土壤中的细菌对生物体内含的氮和氨基酸起分解作用形成的.动物粪便也是一个重要来源.氨很容易溶解于水生成 NH_4OH,并离解成 NH_4^+ 和 OH^-.如果水滴是酸性的,由于酸的离解,溶液内含有一部分 H^+.H^+ 与 OH^- 结合生成水,NH_4^+ 就会和酸根结合而生成铵盐,因此 NH_3 能部分中和降水中的硫酸和硝酸,降低降水的酸度.铵盐溶液滴蒸发后,留下的铵盐粒子飘浮在空气中,它是很好的凝结核.

2.1.6 氢、氦和气体的逃逸

氢和氦都是宇宙中最丰富的元素,但在地球大气中,它们却是微量成分.这是因为在漫长的地球大气的演化过程里,氢和氦逐渐扩散到高空并逸出地球的结果.

在 500 km 以上的高空,氦原子、氢原子和氧原子是大气的主要成分.高层大气中的氢原子主要是由平流层和中间层中的水汽分子和甲烷分子在太阳紫外辐射的作用下光致离解产生的.另外,来自太阳的高能质子到达地球大气后可捕获电子成为氢原子,并有可能部分变成氢气.高层大气中新产生的氢气大约和逃逸出去的氢气量相当.

高空强烈的太阳辐射使大气粒子中的很大一部分具有极高的能量和极大的速度,同时高空地球引力场的束缚也大大减弱.由于大气稀薄,气体粒子间碰撞的机会极少,向上运动的未被碰撞的原子中的大多数受重力的作用沿抛物线(弹道)返回大气层,而有些速率较快的原子则能从大气层逃逸出去.逃逸出去的主要是氢原子和氦原子.据估计,地球大气的起始逃逸高度约在 400~500 km 高空.

由于氢是原始太阳系中最丰富的一种元素,所以地球早期的次生大气很可能主要是由氢的化合物 CH_4,NH_3 和水汽组成的.水汽在紫外辐射下分解成氢和氧,氢渐渐逸出大气,氧则与甲烷作用生成二氧化碳和水汽,与氨作用生成氮和水汽,于是大气逐渐转变成以二氧化碳为主.如前所述,由于生命的发展,地球大气才逐渐转变成了以氮和氧为主的现代大气.

离太阳较近的行星如金星、火星上都有类似的气体逃逸现象.水星因温度高、重力加速度小,更有利于大气的逃逸.在离太阳较远的外行星上,由于气温低,气体分子的运动速率小,而重力加速度又大,逃逸速率很大,故氢和氦都不易逃逸出去,它们至今仍保留在行星表面,成为外行星大气的主要成分.

低层大气中氢的来源是多种多样的.氢的自然源主要是海洋表面、土壤表面及大气中的光化学过程.现在,人为排放已成为大气氢的一个重要来源,主要来自于汽车尾气排放.低层大气中过量的氢是一种污染物.据估计,30 年来低层大气中氢的浓度增加了 35% 左右,北半球大气氢气的平均浓度为 0.576 ppmv,南半球为 0.552 ppmv.氦也来源于地球,它是地壳中放射性元素 ^{238}U 和 ^{232}Th 在辐射衰变过程中的产物.

【关于氢和氦逃逸的估计】

物体逃逸行星的临界速率是逃逸速率.根据能量守恒定律,逃逸物体的动能必须大于将此物体由地球移到无限远处所做的功.设物体离地面的高度为 z,以 v_E 表示物体逃逸地球的逃逸速率,则

$$\frac{1}{2}Mv_E^2 > G\frac{M_E M}{R_E + z},$$

其中 M 是逃逸物体的质量,R_E 和 M_E 分别是地球的半径和质量,G 是引力常数.由此得到地球上的物体——大到宇宙飞船,小到原子、分子——脱离地球的逃逸速率公式为

$$v_\mathrm{E} > \left(\frac{2GM_\mathrm{E}}{R_\mathrm{E}+z}\right)^{\frac{1}{2}}. \tag{2.1.13}$$

若忽略地球转动的惯性离心力,海平面重力加速度 g 近似取为 $g \approx GM_\mathrm{E}/R_\mathrm{E}^2$,则(2.1.13)式可改写为

$$v_\mathrm{E} > \left(\frac{2gR_\mathrm{E}^2}{R_\mathrm{E}+z}\right)^{\frac{1}{2}}. \tag{2.1.14}$$

根据上式可计算出地面上物体的临界逃逸速率为 $11.2\,\mathrm{km/s}$,高空 $500\,\mathrm{km}$ 处接近 $11\,\mathrm{km/s}$. 此公式对其他行星也适用,只要把 g 和 R_E 换上其他行星的相应值即可.

为讨论问题简单起见,假设在 $500 \sim 600\,\mathrm{km}$ 以上高空,气体分子的麦克斯韦速率分布律仍然成立. 设 N 为一定量气体的总分子数,则垂直速度分量 v_z 在速率区间 $v_z \sim v_z + \mathrm{d}v_z$ 内的分子数为

$$\mathrm{d}N = N\left(\frac{m}{2\pi kT}\right)^{1/2} \exp\left(-\frac{mv_z^2}{2kT}\right)\mathrm{d}v_z, \tag{2.1.15}$$

式中 m 是气体分子的质量,k 为玻尔兹曼常数,T 是气体的热力学温度,令 v_p 为最概然速率(原来称为最可几速率),有

$$v_\mathrm{p} = \left(\frac{2kT}{m}\right)^{1/2}.$$

可见温度越高,分子质量越小,v_p 越大. 设 $x = v_z/v_\mathrm{p}$,则(2.1.15)式变为

$$\mathrm{d}N = \frac{N}{\sqrt{\pi}}\frac{1}{v_\mathrm{p}}\exp\left(-\frac{v_z}{v_\mathrm{p}}\right)^2 \mathrm{d}v_z = \frac{N}{\sqrt{\pi}}\mathrm{e}^{-x^2}\mathrm{d}x,$$

分子速率大于某一速率 v_z 的分子数为

$$\Delta N = N - \int_0^{v_z}\mathrm{d}N = N\left(1 - \frac{1}{\sqrt{\pi}}\int_0^x \mathrm{e}^{-x^2}\mathrm{d}x\right) = N\left[1 - \frac{1}{2}\mathrm{erf}(x)\right],$$

上式中 $\mathrm{erf}(x)$ 是误差函数,可查积分表或用级数展开得到其函数值. 若大气温度为 $1000\,\mathrm{K}$,可计算出此温度下氢、氦、氧原子的最概然速率分别是 $4.06\,\mathrm{km/s}$,$2.04\,\mathrm{km/s}$ 及 $1.02\,\mathrm{km/s}$. 令 $x = 2.8$,由上式可计算得该层氢原子中垂直方向速率大于逃逸速率的原子数约占总数的 $1/10^4$,而处于同样温度下的氧原子却是 $1/10^{50}$. 因此,原子氧的逃逸是微不足道的,但原子氢却能缓慢地不断地逃逸出去. 大气高层的氦原子一样能逃逸,不过逃得得比氢原子慢.

以上结论是根据麦克斯韦速率分布律得出的,它要求气体必须处于热平衡状态. 实际上,在几百千米以上的高度,原子已很稀少,彼此间碰撞的机会极少,气体已不处于热平衡,而且速率大的分子的逃逸损失了速度分布律中较快的部分,使麦克斯韦速率分布律已不再适合,因此上述的讨论是不严格的.

2.2 大气中的水汽

水汽在大气中所占的比例很小,仅 $0.1\% \sim 3\%$,却是大气中最活跃的成分. 水对于地球上生命的意义以及水在地球大气条件下存在的三相变化,使水汽不同于其他微量气体而更具有重要性.

水汽的来源主要是海洋表面的蒸发. 副热带洋面的蒸发提供了大量水汽,并经大气环流向赤道和高纬地区上空输送. 我国处于欧亚大陆东部,水汽主要来源于南海和印度洋,其次可能是北冰洋或极地大西洋以及太平洋西南洋面.

水汽上升凝结形成水云或冰云以后,又以降水的形式降到陆地和海洋上(图 2.5). 降到陆地上的

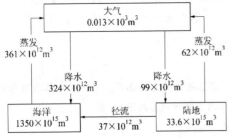

图 2.5 陆地、海洋和大气中的水量及年交换量
(数据引自 Peixoto 和 Oort, 1992)

18

水量一部分供给河流、湖泊,一部分渗入地下,补充地下水.海洋上的蒸发量大于降水量,蒸发的水汽被气流带到大陆上形成降水,然后又被河流和地下径流带入海洋.地球上的水分就是这样在大气、陆地和海洋之间循环的.

关于地球上水分的分配状况,不同的资料稍有差异,综合较新的资料数据列于表 2.4 中.由表 2.4 可见,绝大部分水分储存在海洋、极冰及河流、湖泊、地下水中.在陆地水中,极冰量最大,地下水次之,河湖的水量比较少.大气中的水汽仅占地球上总水量的 0.001%,即十万分之一,相当于覆盖全球表面厚度为 2.5 cm 的水层.

表 2.4　全球水分分配估计

	覆盖面积/km²	水量/t	占总水量/(%)
全球海洋	360×10^6	1350×10^{15}	97.57
极冰	16×10^6	25×10^{15}	1.81
陆地上的水	134×10^6	河湖水 0.2×10^{15} 地下水 8.6×10^{15}	0.62
大气中的水汽	510×10^6	1.3×10^{13}	0.001
冰云和水云	约 230×10^6	8×10^{10}	

2.2.1　大气湿度的表示方法

水汽和干空气的混合气体称为湿空气.表示湿空气中水汽含量的物理量称为空气湿度.由于测量方法及实际应用的不同,空气湿度用多个物理量表示.测量水汽含量的最基本方法是称重法,即直接测量一定体积湿空气中的水汽质量和干空气质量,由此可得到最基本的湿度参量——混合比与比湿,其他湿度参量是导出量.

1. 混合比与比湿

设一定体积空气中含有水汽质量 m_v 克,干空气质量 m_d 克,定义混合比 r 为水汽与干空气的质量比,即

$$r = \frac{m_v}{m_d}. \qquad (2.2.1)$$

定义比湿 q 为水汽与湿空气的质量比,即

$$q = \frac{m_v}{m_d + m_v}. \qquad (2.2.2)$$

r 和 q 有对应关系:

$$q = \frac{r}{1 + r}.$$

通常大气中的混合比和比湿都小于 0.04,因此可以认为 $q \approx r$.它们的单位都是 g/g 或 g/kg.

2. 水汽压

大气中水汽的分压强称为水汽压,常以 e 表示.假设湿空气中水汽的摩尔分数为

$$\chi_v = \frac{n_v}{n_d + n_v},$$

式中 $n_v = m_v / M_v$,$n_d = m_d / M_d$,分别是水汽和干空气的摩尔数,M_v 是水汽的摩尔质量,则水汽的分压强应是

$$e = \chi_v p, \tag{2.2.3}$$

其中 p 是空气总压强.令 $\varepsilon = M_v/M_d = 0.622$,由(2.2.3)式可导出

$$\chi_v = \frac{r}{\varepsilon + r} = \frac{r}{0.622 + r}$$

和

$$e = \chi_v p = \frac{r}{\varepsilon + r} p = \frac{r}{0.622 + r} p,$$

故可以得到水汽压与混合比及比湿的关系:

$$r = \frac{\varepsilon e}{p - e}, \tag{2.2.4}$$

$$q = \frac{\varepsilon e}{p - 0.378e}. \tag{2.2.5}$$

由于大气中通常 $e < 60\ \text{hPa}$,所以可认为 $r \approx q \approx \dfrac{\varepsilon e}{p}$.

下面我们将着重讨论饱和水汽压的问题.纯水汽的饱和水汽压是指一定温度下纯水汽与水(冰)处于相态平衡时的水汽压,实验表明它仅与温度有关(表2.5).

表 2.5(a)　平液面饱和水汽压表(单位:hPa)

$t/℃$	0	1	2	3	4	5	6	7	8	9
40	73.773	77.798	82.011	86.419	91.029	95.850	100.89	106.15	111.65	117.40
30	42.427	44.924	47.548	50.303	53.197	56.233	59.418	62.759	66.260	69.930
20	23.371	24.858	26.428	28.083	29.829	31.668	33.606	35.646	37.793	40.052
10	12.271	13.118	14.016	14.967	15.975	17.042	18.171	19.365	20.628	21.962
0	6.107	6.565	7.054	7.574	8.128	8.718	9.345	10.012	10.720	11.473
−0	6.107	5.677	5.275	4.897	4.544	4.214	3.906	3.617	3.348	3.097
−10	2.862	2.644	2.440	2.251	2.075	1.911	1.759	1.618	1.487	1.366
−20	1.254	1.150	1.054	0.9647	0.8826	0.8068	0.7369	0.6726	0.6133	0.5588
−30	0.5087	0.4627	0.4204	0.3817	0.3463	0.3138	0.2841	0.2570	0.2322	0.2097
−40	0.1891	0.1704	0.1533	0.1379	0.1230	0.1111	0.0996	0.0892	0.0792	0.0712

表 2.5(b)　平冰面饱和水汽压表(单位:hPa)

$t/℃$	0	1	2	3	4	5	6	7	8	9
0	6.107	5.622	5.173	4.756	4.371	4.014	3.684	3.379	3.097	2.837
−10	2.597	2.375	2.171	1.983	1.810	1.651	1.505	1.371	1.248	1.135
−20	1.032	0.9366	0.8501	0.7708	0.6983	0.6322	0.5719	0.5169	0.4668	0.4212
−30	0.3797	0.3420	0.3078	0.2768	0.2487	0.2232	0.2002	0.1794	0.1606	0.1436
−40	0.1283	0.1145	0.1021	0.0910	0.0810	0.0720	0.0639	0.0567	0.0502	0.0445

饱和水汽压随温度的变化率(即三相图中相平衡曲线的斜率),理论上可由热力学导出的克拉珀龙-克劳修斯方程(6.1.4 小节)决定,即

$$\frac{de_s}{dT} = \frac{L_v e_s}{R_v T^2}, \tag{2.2.6}$$

式中 T 是温度,$e_s(T)$ 是纯水平液面时的饱和水汽压,R_v 是水汽的比气体常数,L_v 是相变(气

化)潜热.假定气化潜热 L_v 为常数,由(2.2.6)式可得到 $e_\mathrm{s}(T)$ 的积分表达式:

$$e_\mathrm{s}(T) = e_{\mathrm{s}0}\exp\left[\frac{L_\mathrm{v}}{R_\mathrm{v}}\left(\frac{1}{T_0} - \frac{1}{T}\right)\right], \tag{2.2.7}$$

式中 $e_{\mathrm{s}0}$ 是 T_0(273.15 K)时的饱和水汽压.但实际上气化潜热随温度的降低而略有增加,因此由(2.2.7)式计算的理论值与实验值不完全符合.

世界气象组织(World Meteorological Organization,简称 WMO)建议的比较精确的饱和水汽压公式是戈夫–格雷奇(Goff-Gratch)公式(纯水汽):

对平液面,$-49.9 \sim 100\,℃$ 范围内:

$$\lg e_\mathrm{s} = 10.795\,74(1 - T_{00}/T) - 5.028\,00\lg(T/T_{00}) + 1.504\,75\times10^{-4}\left[1 - 10^{-8.2969(T/T_{00}-1)}\right]$$
$$+ 0.428\,73\times10^{-3}\left[10^{4.769\,55(1-T_{00}/T)} - 1\right] + 0.786\,14;$$

对平冰面,$-100 \sim -0.0\,℃$ 范围内:

$$\lg e_{\mathrm{si}} = -9.096\,85(T_{00}/T - 1) - 3.566\,54\lg(T_{00}/T) + 0.876\,82(1 - T/T_{00}) + 0.786\,14.$$

以上两式中 T 是热力学温度,$T_{00} = 273.16$ K 是水的三相点温度.

若令 L_v 近似为 T 的线性函数,则由(2.2.6)式积分后可得

$$\lg e_\mathrm{s}(T) = -\frac{2937.4}{T} - 4.9283\lg T + 23.5518. \tag{2.2.8a}$$

此式称为马格纳斯(Magnus)公式.其经验公式为

$$e_\mathrm{s} = 6.1078\exp\left[\frac{17.13(T - 273.16)}{T - 38}\right]. \tag{2.2.8b}$$

在实际工作中常采用简单的 Tetens 经验公式(Murray,1986)计算水面和冰面的饱和水汽压:

$$e_\mathrm{s} = 6.1078\exp\left[\frac{17.269\,388\,2(T - 273.16)}{T - 35.86}\right], \tag{2.2.9a}$$

$$e_{\mathrm{si}} = 6.1078\exp\left[\frac{21.874\,558\,4(T - 276.16)}{T - 7.66}\right]. \tag{2.2.9b}$$

若转换成以 10 为底的指数形式,则是

$$e_\mathrm{s} = e_{\mathrm{s}0}10^{\frac{at}{b+t}}, \tag{2.2.10}$$

式中 t 是摄氏温度,a 和 b 是常数,对水面:$a = 7.5,b = 237.3$;对冰面:$a = 9.5,b = 265.5$.但 Bolton(1980)指出,在低温下(2.2.9a)式的误差比较大(例如 $t = -30\,℃$,误差约 2%),求 $0\,℃$ 以下的水面饱和水汽压值时,采用下式较合适:

$$e_\mathrm{s} = 6.112\exp\left(\frac{17.67t}{t + 243.5}\right), \tag{2.2.11}$$

式中 t 是摄氏温度.

在一般情况下,Tetens 经验公式已能满足对精度的要求.式中水面和冰面的常数不同,反映了冰面饱和水汽压 e_{si} 小于同温度下水面饱和水汽压 e_s 的实验事实,而且差值在 $-12\,℃$ 时最大(图 2.6).冰面与水面饱和水汽压的不同在云雾降水的形成发展中具有重要意义,例如云雾物理中著名的贝吉龙假说.

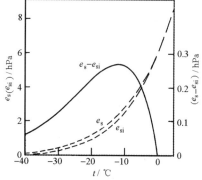

图 2.6 饱和水汽压(虚线)及冰水饱和水汽压差(实线)随温度的变化

湿空气是水汽和干空气的混合气体,因此严格地说,湿空气的饱和水汽压不等于纯水汽的饱和水汽压(Iribarne,1981).这是因为:(1) 由于干空气的存在增大了水(冰)面上的总压强;(2) 液态水内总会溶有少量空气,根据溶液的拉乌尔定律,饱和水汽压要降低.不过,实验研究指出,在一个大气压下,干空气的存在仅使三相点降低约 $0.0098\,\mathrm{K}$;若以纯水汽的饱和水汽压代替湿空气的饱和水汽压,误差也总是小于 1%.因此,在研究大气时,常忽略两者的差别,认为饱和水汽压就是指一定温度下湿空气中所能容纳的水汽分压强.

根据(2.2.4)和(2.2.5)式,可得到饱和混合比 r_s 和饱和比湿 q_s 的计算式分别为

$$r_s = \frac{\varepsilon e_s(T)}{p - e_s(T)} \approx \frac{\varepsilon e_s(T)}{p}, \tag{2.2.12a}$$

$$q_s = \frac{\varepsilon e_s(T)}{p - 0.378 e_s(T)} \approx \frac{\varepsilon e_s(T)}{p}. \tag{2.2.12b}$$

3. 水汽密度

在常温、常压下,纯水汽可以看成理想气体,其状态方程是

$$e = \rho_v R_v T, \tag{2.2.13}$$

式中 ρ_v 是水汽的密度,R_v 是水汽的比气体常数.

假设纯水汽的状态方程(2.2.13)对湿空气中的水汽也适用,仍以 e 表示水汽压,利用干空气的比气体常数 R_d,上式可写成

$$e = \frac{1}{\varepsilon} \rho_v R_d T.$$

由以上两式可得到水汽密度

$$\rho_v = \frac{e}{R_v T} = \frac{\varepsilon e}{R_d T}, \tag{2.2.14}$$

它表示单位体积湿空气中含有的水汽质量,也称为绝对湿度,单位为 $\mathrm{g \cdot m^{-3}}$.对于趋近于饱和状态的水汽,它与理想气体性态的差距将增大,但实验表明,这种差距最多不过千分之几,所以饱和水汽仍可采用理想气体状态方程.

4. 相对湿度

在一定温度和压强下,水汽和饱和水汽的摩尔分数之比称为水面的相对湿度,记为 U_w,即

$$U_w = \left(\frac{\chi_v}{\chi_{vs}}\right)_{p,T} = \left(\frac{p\chi_v}{p\chi_{vs}}\right)_{p,T} = \left[\frac{e}{e_s(T)}\right]_{p,T}. \tag{2.2.15}$$

冰面的相对湿度 U_i 可仿照上式推导,只需将 $e_s(T)$ 换成冰面饱和水汽压 $e_{si}(T)$ 即可.利用(2.2.4)和(2.2.12a)式还能得到相对湿度与混合比及比湿的关系:

$$U_w = \frac{r}{r_s} \frac{\varepsilon + r_s}{\varepsilon + r} \approx \frac{r}{r_s} \approx \frac{q}{q_s}. \tag{2.2.16}$$

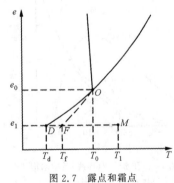

图 2.7　露点和霜点

5. 露点和霜点

对于一定质量的空气,若令其定压冷却,则 q,r 和 e 都将保持不变,饱和水汽压 $e_s(T)$ 却因温度的降低而减小.当 $e_s(T) = e$ 时,空气达到饱和.湿空气定压降温达到饱和时的温度称为露点,记为 T_d.如果是对于冰面饱和,则就是霜点 T_f.图 2.7 是水的相变平衡曲线和露点、霜点示意图,图中 O 是三相点,M 是空气状态 (T_1, e_1).等压降温时,若在 $0\,℃$ 以下,将

先后达到霜点(凝华)和露点(凝结),这是因为水面和冰面饱和水汽压不同所造成的.

应指出,在极为纯净的大气中,凝结和凝华过程都不容易发生,有可能达到过饱和状态.然而,大气内总含有丰富的凝结核或有固体表面存在,故气温降到露点就会在凝结核或固体表面上凝结,因此大气的相对湿度一般不超过101%.

凝华及冻结过程与凝结过程稍有不同.若有冰面存在,则气温降到霜点时水汽或水就会在冰面上凝华和冻结;若不存在冰面,即使大气中存在少量冰核也不易发生凝华和冻结,必须降到更低的温度才有可能.因此,空气在等压降温过程中,一般不是先在霜点发生凝华,而是在 T_f 与 T_d 之间保持对冰面的过饱和,等降到露点时再凝结成水.

露点完全由空气的水汽压决定,在等压冷却过程中水汽压不变,露点也不变,所以它在等压过程中是保守量.露点可由露点仪直接测得,也可由其他湿度参量换算得到.

由于湿度参量比较多,故将这些参量相互之间的关系和主要特点列在表2.6中.其中除相对湿度表示空气接近饱和的程度,是相对量外,其余的都表示水汽的绝对含量.常用的相对量还有饱和差(e_s-e)、温度露点差($T-T_d$)等.

表 2.6 湿 度 参 量

名　称	惯用符号	单　位	测量方法	应　用
混合比 比湿	r q	g/g, g/kg	绝对法(称重法)	因在气块无相变的绝热过程中保持常量,故常用于理论计算
水汽密度	ρ_v	g/m³, kg/m³	绝对法(称重法)	表示水汽绝对含量,常用于理论计算
水汽压	e	hPa	通风干湿表	表示水汽绝对含量
露点 霜点	T_d T_f	℃	露点仪	预报露、霜、云和雾等现象是否出现
相对湿度	U_w, U_i	%	通风干湿表和毛发湿度计	表示空气接近饱和状态的程度,也可用来推算其他湿度参量

2.2.2 湿空气的状态方程

水汽和干空气组成的混合理想气体称为湿空气,依据(2.1.2)式,可以求得湿空气的平均摩尔质量为

$$M_a = \frac{m_d + m_v}{\frac{m_d}{M_d} + \frac{m_v}{M_v}} = \frac{1}{\frac{1-q}{M_d} + \frac{q}{M_v}} = \frac{M_d}{1-q+\frac{M_d}{M_v}q} = \frac{M_d}{1+0.608q}. \tag{2.2.17}$$

由(2.2.17)式可导出湿空气的比气体常数为

$$R = \frac{R^*}{M_a} = R_d(1+0.608q), \tag{2.2.18}$$

则湿空气的状态方程应是

$$p = \rho R T = \rho R_d(1+0.608q)T, \tag{2.2.19}$$

式中 ρ 为湿空气的密度.可见,在同一压力和温度下,湿空气的密度比干空气的小,含有的水汽越多,密度越小.若定义虚温

$$T_v = (1+0.608q)T,$$

上式可写成类似于干空气状态方程(2.1.3)的形式:

$$p = \rho R_d T_v. \tag{2.2.20}$$

此式即为常用的湿空气状态方程. 由此可见, 引用虚温后, 湿空气便可看成干空气, 可用干空气的状态方程来表示. 由虚温定义可得虚温订正量

$$\Delta T_v = T_v - T = 0.608qT = 0.378\frac{e}{p}T.$$

显然, 空气温度越高, 水汽越多, 虚温订正量越大. 可见, 大气低层虚温订正量不可忽略. 而水汽量一般随高度迅速减小, 当虚温订正量和温度的观测误差同数量级时, 就可不作虚温订正了.

根据式(2.1.4), 可得湿空气的比定压热容和比定容热容. 湿空气的比定压热容为

$$c_p = \frac{m_d c_{pd} + m_v c_{pv}}{m_d + m_v} = (1-q)c_{pd} + qc_{pv}$$

$$= c_{pd}\left(1 - q + \frac{c_{pv}}{c_{pd}}q\right) = c_{pd}(1 + 0.86q), \tag{2.2.21}$$

同样可得湿空气的比定容热容为

$$c_V = c_{Vd}(1 + 0.96q). \tag{2.2.22}$$

在精确度要求不高时, 可以认为 $c_p \approx c_{pd}$, $c_V \approx c_{Vd}$, 使运算简便一些.

2.2.3 水汽的分布

温度高有利于水面的蒸发, 所以在温暖的大片水面附近, 水汽含量往往较高. 据美国标准大气(1976)的资料, 地面上观测到的最高露点是 34℃, 在阿拉伯半岛的沙迦(Sharjah)海滨, 假设气压为 1000 hPa, 则混合比是 35 g/kg, 这是目前已测得的湿度最大值. 由于在低温、低湿条件下, 湿度感应元件灵敏度很低, 难以准确测量, 只能把由气温得到的饱和水汽压值作为实际水汽压的上限. 因此, 湿度最小值在最低气温的地方. 例如, 位于南极的原苏联东方站(Vostok站, 海拔 3470 m)曾记录到最低地面气温是 −88.2℃, 相应的饱和水汽混合比是 10^{-4} g/kg, 与最大值差 5 个数量级, 比通常认为的平流层的典型值还要低一个数量级. 虽然地形、气候条件、植被覆盖面、离水汽源的远近使局部地区的水汽含量在水平方向有很大差异, 但一般来说, 地面大气中的水汽量是随着纬度的增加而减少的. 水汽量的年变化也很明显, 北京夏季水汽混合比有时可达到 30 g/kg, 冬季有时小于 5 g/kg.

对流层内的水汽量一般随高度而减小, 但有时也可观测到有湿度逆增现象. 湿度逆增层往往和逆温层同时存在, 因为逆温层的稳定结构阻止了水汽继续向上输送. 水汽量随高度的分布往往比较复杂, 受到温度垂直分布、对流运动、湍流交换、云层的凝结和蒸发以及降水等多种因素的影响. 全球纬圈的年平均比湿(单位: g/kg)随高度几乎是按指数规律很快减小的. 约90% 的水汽在 500 hPa(中纬度地区约 5 km)以下, 其中 50% 的水汽集中在 850 hPa(约1.5 km)以下, 而且热带地面的比湿最大.

平流层内水汽分布比较均匀, 约在 1~3 ppmm 范围内变化, 也曾观测发现平流层内含有更多的水汽量和很大的变化率. 通过高纬地区观测到的贝母云(25 km 高空)和夜光云(约 80 km 高空), 根据其所在高度的温度, 可由霜点估算这些高度的水汽混合比.

平流层内水汽的源和汇还是一个正在研究的问题, 平流层内水汽混合比的准确数值也还有争议, 需继续探测. 根据大气环流理论, 赤道地区哈德来环流(参见图 3.7)内的上升湿空气携带着丰富的水汽, 在上升过程中大部分凝结成云和雨水降落, 并使对流层顶附近的水汽含量降到极小值. 少部分水汽将由气流携带穿透对流层顶而进入平流层, 并随着环流向极地方向移

动,同时逐渐冷却下沉,又返回对流层而完成循环.有些强雷暴云穿透对流层顶伸展到平流层内,它能供给平流层一部分水汽.据估计,雷暴云的这些部分若有1%的气化,就能使平流层内水汽增加1 ppmm.

2.3 大气气溶胶

气溶胶的原来含义是指悬浮在气体中的固体和(或)液体微粒与气体载体组成的多相体系.大气中含有悬浮着的各种固体和液体粒子,例如尘埃、烟粒、微生物、植物的孢子和花粉以及由水和冰组成的云雾滴、冰晶和雨雪等粒子,所以可以把空气看成一种气溶胶.空气中这些粒子的浓度很低,它们的存在并不影响空气的动力学特性,但这些粒子又具有独立于空气的物理化学特性,而这些特性正是我们所需要关注和研究的.因此,习惯上"大气气溶胶"就是指大气中悬浮着的各种固体和液体粒子.

由于大气气溶胶浓度变化直接影响到人们的健康和生存环境,影响到许多大气物理过程,特别是影响到天气和气候的变化,所以在近几十年里对大气气溶胶的研究发展很快,大气气溶胶学已成为大气物理学的一个重要分支学科.

云雾滴、冰晶、雨滴以及雪花、霰、冰雹等水质物的粒子将在第四篇云雾降水物理学中详细叙述,本节只简单介绍其他固态大气气溶胶粒子的基本状况.

2.3.1 气溶胶粒子的谱分布

气溶胶粒子也称大气粒子,它们的形状很复杂,往往不是球形.为了研究方便,常采用等效直径来表示它们的大小,如空气动力学等效直径、光学等效直径和体积等效直径等.在本节的讨论中,粒子尺度指的是与撞击式测量仪器有关的空气动力学等效直径.

习惯上,按尺度大小将气溶胶粒子分成三类:爱根核(半径$r<0.1\ \mu m$)、大粒子($0.1\ \mu m < r<1.0\ \mu m$)和巨粒子($r>1\ \mu m$).此外,大气中还有大、小离子,小离子是分子,或者原子失去电子或捕获电子后形成的,它的半径小于$0.005\ \mu m$,大离子则相当于爱根核的尺度.

在不同地方,气溶胶粒子的浓度分布不一样,它受地理位置、地形、地表性质、人类居住情况、距污染源的远近程度及气象条件的影响.据对爱根核的观测,一般在海洋上空平均数密度是10^3个/cm³,田野上空是10^4个/cm³,而城市上空受污染的空气中能达到10^5个/cm³或更高.气溶胶总浓度的分布也是这一趋势,城市中的高于海面上的.图2.8给出一种多次观测的平均的气溶胶粒子尺度分布.图中纵坐标为数密度$n(D)=dN/dlgD$,其中N是直径小于D的气溶胶粒子的总浓度,横坐标是lgD.由图上可以看到,城市受污染大气中粒子的浓度最高,并且气溶胶浓度随着尺度加大而迅速减少.这是因为大粒子沉降快,在空中停留时间短的缘故.直径大于$10\ \mu m$的粒子由于会逐渐沉降到地面,在空气污染监测中称为降尘;小粒子能长期飘浮在大气中,称为飘尘.大于$10\ \mu m$的粒子能滞留在人的呼吸道中,小于$5\ \mu m$的,特别是小于$1\ \mu m$的粒子能深入肺部,对身体健康危害严重.

20世纪中期,德国科学家荣格(Junge)在对平流层气溶胶及相对干净的对流层大气气溶胶进行大量观测的基础上,提出用负指数函数来近似描述粒子谱,称为荣格谱分布:

$$\frac{dN}{d(lgD)} = CD^{-\nu} \tag{2.3.1}$$

或

$$\lg\left[\frac{dN}{d(\lg D)}\right] = C_1 - \nu\lg D,\qquad(2.3.2)$$

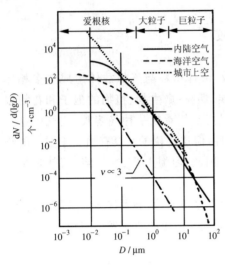

图 2.8 气溶胶粒子的尺度分布
(转引自 J. M. Wallace 和 P. V. Hobbs, 1977)

式中 C 与 C_1 是和气溶胶粒子浓度有关的常数,指数 ν 一般在 $2\sim4$ 之间,大陆上直径大于 $0.1\,\mu m$ 的粒子可取 $\nu\approx3$. 上述公式适用于半径为 $0.1\sim2\,\mu m$ 的干净大气气溶胶分布的直线部分(图 2.8),对煤烟型城市污染大气的误差较大. 采用 $\lg D$ 为自变量,是因粒子尺度范围跨度大,为突出小粒子的分布特性所致.

在辐射传输和大气散射的研究中,还常用第十七章中(17.5.6)式表示的指数型公式——广义 Γ 分布来描述气溶胶粒子谱. Deirmandjian 根据气溶胶来源将其分为大陆型(霾 L)、海洋型(霾 M)和高层型(霾 H)三类,谱的参数可参见表 17.3.

各类大小粒子的浓度并不是不变的,微小的爱根核由于互相凝并而变成大粒子,它也可能被云质点及其他大粒子捕获. 巨粒子的浓度更是随时间有很大的变化,这是因为它具有一定的降落速度,常常很快沉降到地面. 据估计,降水作用能清除掉气溶胶粒子的 $80\%\sim90\%$ 左右. 因此,在降水以后,往往能见度好转,空气清新.

图 2.9 给出气溶胶粒子浓度随高度的平均分布. 低层气溶胶粒子浓度大,说明它主要来源于地面. 由于重力沉降作用,对流层中气溶胶浓度随高度按指数减少,在对流层顶处达到最小. 平流层内气溶胶粒子浓度又有些增加,在 20 km 左右高度出现一个气溶胶层,称为荣格层. 据飞机观测,这层粒子的平均尺度仅为 $0.1\sim1\,\mu m$ 的数量级或更小,估计与火山喷发物和宇宙尘埃有关. 应指出,平流层内气溶胶浓度随高度和时间都可能有比较大的变化,在火山爆发后不久,平流层下部微粒浓度常很快增加,有时甚至增加 10 倍以上.

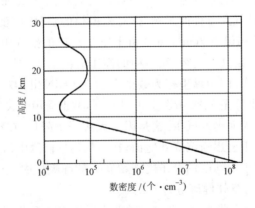

图 2.9 气溶胶粒子浓度的高度分布(引自 Elterman 和 Torlin, 1965)

【空气动力学等效直径】
如果所研究的粒子与一个单位密度球形粒子的空气动力学效应相同,则这个粒子的直径就被定义为所研究粒子的空气动力学等效直径.例如,一个密度为 $5\,g\cdot m^{-3}$,直径为 $1\,\mu m$ 的球形矿物粒子的空气动力学直径约为 $1.7\,\mu m$.

2.3.2 气溶胶粒子的来源

气溶胶粒子的主要来源是地面,可以分成自然现象产生的和人类活动产生的两大类.此外,宇宙尘埃也是一个来源.

(1)土壤、岩石风化及火山喷发的尘埃.由于农业耕作,出现了大片裸露地面,风把沙漠和干旱的荒地及农田里的微小颗粒刮上天空形成尘埃.冷气团入侵时,大风会卷起大量尘沙、干土而形成尘暴.据估计,全球每年从几大沙漠区进入大气的沙尘气溶胶达$(10\sim20)\times10^8\,t$ 亿吨,约占对流层气溶胶的一半.

火山爆发时把大量尘埃抛入空中,这些尘埃云能浮游相当长的时间,有的甚至过了好几年才完全沉降下来.例如,1991 年 6 月菲律宾皮纳图博(Pinatubo)强火山喷发,火山喷发物进入平流层 18~30 km 的高度,随着平流层纬向风运动,3 周内自西向东环绕地球一周,并向南北扩散,半年后扩散到全球.

(2)烟尘及工业粉尘.大城市和工业区的烟尘很多,这是工业上以煤为能源及生活用煤所造成的.另外,工矿业在生产过程中还会产生很多粉尘,如二氧化硅粉尘及原子能工业产生的放射性粉尘,这些粉尘都是对人体有害的.

这些人类活动产生的气溶胶粒子的浓度有明显的日变化.清晨,由于人类的生产和生活活动已开始,大气却常处于逆温稳定状态,不利于扩散,使低层粒子的浓度达到极大;中午前后,由于向上的垂直对流输送强,粒子的浓度降到极小值;黄昏后,由于对流减弱,粒子的浓度又增大;夜间,则因人类大部分活动停止,粒子浓度可能再次减小.

(3)海沫破裂干涸成核.海沫产生的海盐颗粒是海洋上气溶胶粒子的主要来源.在海浪的冲击下,海面上形成很多空气泡并且很快破裂,破裂后生成大大小小的众多盐水滴,盐水滴蒸发干涸后就成为一些大于 $2\,\mu m$ 的海盐巨核及大量的大于 $0.3\,\mu m$ 的爱根核.

(4)气-粒转化.爱根核还常常由大气中微量气体转化而来.例如,二氧化硫经光化学氧化作用,在高温下能生成硫酸盐溶液微滴,微滴蒸发后就成为硫酸盐质点.一氧化氮和二氧化氮也往往溶于水生成亚硝酸和硝酸,并进而与海盐质点反应生成硝酸盐颗粒.城市大气中爱根核和大粒子的浓度大,说明了由污染气体转化形成的粒子是城市大气气溶胶的一个重要来源.

(5)微生物、孢子、花粉等有机物质点.

(6)宇宙尘埃.它是由宇宙空间进入大气的,其中包括流星在大气中燃烧所产生的灰尘.根据粗略估计,一昼夜降落到地球上的宇宙尘埃约有 550 t.

总的看来,气溶胶粒子主要是由自然现象产生的.但随着工业的发展和人口增加,人类活动产生的粒子日益增多,已造成环境的污染.

2.3.3 气溶胶粒子在大气过程中的作用

气溶胶粒子在云雾降水、大气辐射、大气光、电等大气物理过程中起着重要的作用.此处仅作简单介绍,详细的讨论将分别在有关章节中进行.

(1)在云雾降水中的作用.根据云的微物理学理论及实验研究,如果大气非常纯净没有杂质,则由水汽分子凝聚自发生成云雾微滴及冰晶是极为困难的.因为产生这种同质凝结过程的相对湿度需高达百分之几百,纯净水滴冻结成冰晶也需要 $-40\sim-30$℃ 的低温. 然而实际上, 大气中成云致雨的过程并不罕见, 就是因为大气中有大量微粒存在. 这些气溶胶粒子起着凝结核、冰核、凝冻核(在核上先凝结,再冻结成冰晶)、凝华核等作用, 它们是云雾滴能够产生并且生存长大的基础. 大气中巨粒子的数量虽少, 在降水过程中却起着重要的作用. 吸湿性的巨核能在较低的过饱和度下形成一些大水滴, 有利于云滴的碰并长大. 因此可以说, 如果大气中没有气溶胶粒子, 成云致雨过程几乎是不可能发生的.

(2) 对大气辐射过程的影响. 气溶胶粒子能削弱(吸收和散射)太阳辐射, 并将少部分太阳辐射散射回宇宙空间, 使入射到地面上的能量减少, 降低低层大气的温度. 另一方面, 气溶胶层吸收了太阳辐射的能量本身得到增温, 并通过大气运动传输热量, 又能提高大气温度. 例如, 皮纳图博火山(15°N,120°E)喷发后的第二年, 即 1992 年, 是北半球近 10 年来最冷的年份, 相比之下, 南半球受影响小, 温度变化的幅度较小. 同时, 平流层升温也是显著的, 估计因该火山喷发造成的低纬(30°N~30°S)平流层升温大于 2℃.

(3) 对大气光学特性的影响. 气溶胶的大粒子对太阳光的散射和吸收, 会影响大气能见度, 使可见距离缩短. 大气中悬浮大量细小烟粒尘埃或盐粒时, 天空混浊并且呈浅蓝色(以物体为背景)或微黄色(以天空为背景), 这种现象称为霾, 它使能见度减小. 天空中出现大量浮尘或尘暴时, 则更是天昏地暗, 日月无光, 能见度减小到 $50\sim100$ m.

(4) 对大气电学特性的影响. 低层大气中存在着离子, 它主要是宇宙射线产生的. 地壳内及大气中的放射性物质也能使气体发生电离, 使分子及原子成为正、负小离子. 小离子被爱根核吸附后就成为大离子. 晴天大气电场的方向向下, 地面相对地带着负电荷. 正、负离子在大气电场作用下就形成了垂直方向的传导电流. 由于小离子的迁移速率大, 传导电流的大小主要取决于小离子的浓度和迁移速率. 当大气中大离子或其他气溶胶粒子浓度很大时, 小离子就会被捕获而减少. 因此在城市上空, 由于逆温层的影响, 上午 $7\sim10$ 时大气污染比较厉害, 此时小离子浓度减少, 传导电流也减小, 大气电场达到极大值.

(5) 在大气化学过程中的作用. 气溶胶粒子在大气的许多化学过程中起作用. 固态粒子能够吸附大气中的微量气体, 液态粒子能溶解微量气体, 它们起化学反应后生成新的物质微粒. 例如, 燃烧排出的 NO, NO_2 和 SO_2 气体在紫外辐射的照射下会氧化, 遇水滴或在高温的情况下生成硝酸、亚硝酸、硫酸及各种盐类. 若大气处在逆温稳定状态, 对流很弱, 大量的有毒物质悬浮在空中, 还会造成严重的大气污染事件.

【光化学烟雾】

由汽车、工厂等排放的碳氢化合物(HC)和氮氧化合物(NO_x)等一次污染物在阳光的作用下发生复杂的光化学反应, 生成臭氧、醛、酮、酸、过氧乙酰硝酸酯(PAN)等二次污染物, 这些一次污染物和二次污染物混合形成有害的光化学烟雾, 如有名的"洛杉矶烟雾". 这是一种浅蓝色或白色的刺激性烟雾, 它能使大气能见度降低; 伤害人和动物的眼睛和黏膜, 使呼吸道疾病恶化; 影响植物的生长; 损害橡胶制品、纺织纤维、油漆涂料等材料.

形成光化学烟雾的有利气象条件是: 天气晴朗, 湿度小, 微风, 近地层有逆温, 大气稳定. 中午时烟雾浓度达到最大, 午后随着日照减弱和风速加大而逐渐消散.

习　　题

1. 地球大气中大部分臭氧局限于平流层中, 为什么?

2. 什么是大气气溶胶粒子? 它在哪些大气过程中有重要作用? 如果假想大气中完全不存在大气气溶胶, 地球大气环境会有什么变化?

3. 气温为 3℃,相对湿度为 30%,求露点、霜点及水汽密度.若大气压强为 1005 hPa,求比湿.

4. 大气中 $T=13℃$,$p=1010$ hPa,$U_w=70\%$,求虚温 T_v.

5. 计算气压为 1000 hPa,气温为 10℃时干空气的密度.在上述相同的气压和气温条件下,若空气中的水汽压为 20 hPa,计算此时湿空气的密度和水汽密度,并作比较.

6. 若一空气微团的比湿保持不变,当其气压变化时,它的露点会发生什么变化?

第三章 大 气 压 力

大气压力是空气分子运动所产生的,其大小与分子的数密度和平均平动能有关.气象学中规定,大气压强数值上等于从观测高度到大气上界单位截面积上铅直大气柱的重量.

大气在垂直方向上受到重力和垂直气压梯度力的作用并达到平衡时,称为大气处于流体静力平衡状态.本章讨论大气处于流体静力平衡状态时气压、温度与高度的关系;在大气静力学方程及气压-高度公式的基础上,讨论了几种不同温度垂直分布下的大气模式以及很有实用参考价值的标准大气模式;最后,简单介绍气压场的基本概念.

3.1 大气静力学方程和气压-高度公式

测量大气压力的标准仪器是水银气压表,它是根据大气压力与倒插在水银槽中真空玻璃管内水银柱的重量相平衡的原理制成的.压强大小以水银柱高度衡量,称为毫米水银柱高(mmHg).1 标准大气压(atm)规定为:在标准重力加速度 $g_0 = 9.80665 \text{ m} \cdot \text{s}^{-2}$(准确地说,它是 $45°32'33''$ 海平面处的值)下,水银密度($0°C$)$\rho_{Hg} = 1.35951 \times 10^4 \text{ kg} \cdot \text{m}^{-3}$ 时,760 mm 水银柱所具有的压力.大气科学中习惯用百帕(hPa)表示空气压强,故

$$1 \text{ atm} = \rho_{Hg} \times g_0 \times 0.76 \text{ m} = 1013.25 \text{ hPa}.$$

一般海平面气压值在 980～1040 hPa 之间变动.强台风中心大多低于 950 hPa,甚至低于 900 hPa,而高气压中心气压值一般为 1020～1040 hPa.观测表明,随着海拔高度的增加,气压值按指数减少,海拔 10 km 高度处的气压值降到只有海平面气压的 25% 左右.中国青藏高原平均海拔 4000 多米,地面平均气压仅约 600 hPa.

3.1.1 大气静力学方程

大气静力学方程反映在重力作用下,大气处于流体静力平衡时气压随高度的变化规律.

假设大气在水平方向的压强、温度、湿度变化都很小,等压面、等温面近于水平,且空气无水平运动.如图 3.1 所示,厚度为 dz 的单位截面积空气柱在垂直方向的上、下表面所受的气体压力分别为 $p + \frac{\partial p}{\partial z}dz$ 和 p,以 m 和 g 分别表示气块质量和重力加速度,则有

$$p - \left(p + \frac{\partial p}{\partial z}dz\right) - mg = 0.$$

以 $m = \rho dz$ 代入上式,整理后得到

$$-\frac{1}{\rho}\frac{\partial p}{\partial z} = g. \tag{3.1.1}$$

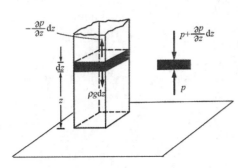

图 3.1 静力平衡大气中垂直方向力的平衡

30

上式左端是单位质量空气所受的垂直气压梯度力.(3.1.1)式就是大气静力学方程,它表示大气处于静止时垂直气压梯度力与重力相平衡,即流体静力平衡.

由上式导出气压随高度的变化是

$$\frac{\partial p}{\partial z} = -\rho g. \tag{3.1.2}$$

因为 ρ 总是正值,所以气压总是随高度递减.由于大气在水平方向分布均匀,在一定的范围内可以认为 $p = p(z)$,则(3.1.2)式可以写成

$$\frac{\mathrm{d}p}{\mathrm{d}z} = -\rho g. \tag{3.1.3}$$

此式是静力学方程的主要形式.

大气静力学方程(3.1.1)~(3.1.3)在大气静止时或匀速垂直运动时是完全正确的.在实际大气中,由于空气的垂直加速度一般小于 $0.1\,\mathrm{cm/s^2}$,比重力加速度 g 至少小 4 个数量级,所以除去垂直运动剧烈的积云环流区外,它都能很好成立.

由于常规气象观测不直接测量密度,测得的是空气的温度、压强、湿度,故需利用湿空气状态方程,以得到静力学方程的便于应用的形式:

$$\frac{\mathrm{d}p}{p} = -\frac{g}{R_\mathrm{d}T_\mathrm{v}}\mathrm{d}z. \tag{3.1.4}$$

由上式还可引申出两个互相关联的物理量:垂直气压梯度和单位气压高度差.垂直气压梯度 G_z 的定义是(大气科学中规定梯度方向由高值指向低值)

$$G_z = -\frac{\mathrm{d}p}{\mathrm{d}z} = \frac{gp}{R_\mathrm{d}T_\mathrm{v}} \approx 3.42\frac{p}{T_\mathrm{v}}, \tag{3.1.5}$$

G_z 的单位为 $\mathrm{hPa/(100\,m)}$,负号是由于垂直气柱中气压随高度增加而减小.显然,低层大气(p 大)中气压随高度减小得快,干冷空气比暖湿空气中气压随高度减小得快.垂直气压梯度 G_z 的倒数就是单位气压高度差 $-\frac{\mathrm{d}z}{\mathrm{d}p}$,计算单位气压高度差的差分形式为

$$-\frac{\Delta z}{\Delta p} = \frac{R_\mathrm{d}T_\mathrm{v}}{pg} \approx 8\,000\frac{(1+\alpha t_\mathrm{v})}{p}, \tag{3.1.6}$$

式中 α 为 $1/273.15$,t_v 是摄氏温度.不同气压和温度下对干空气的计算结果见表 3.1.在同样温度下,高空 $100\,\mathrm{hPa}$(约 $16\,\mathrm{km}$)处单位气压高度差约是地面值的 10 倍.

表 3.1　单位气压高度差与气压和温度的关系(单位:m/hPa)

气压/hPa	温 度/℃				
	−40	−20	0	20	40
1000	6.8	7.4	8.0	8.6	9.2
500	13.6	14.8	16.0	17.2	18.3
100	68.3	74.1	80.0	85.8	91.7

3.1.2　气压-高度公式

将(3.1.4)式由 $z_1(p=p_1)$ 积分到高度 $z_2(p=p_2)$,就得到

$$p_2 = p_1\exp\left(-\frac{1}{R_\mathrm{d}}\int_{z_1}^{z_2}\frac{g}{T_\mathrm{v}}\mathrm{d}z\right) \tag{3.1.7}$$

和
$$z_2 - z_1 = -R_d \int_{p_1}^{p_2} \frac{T_v}{g} \mathrm{d}\ln p = R_d \int_{p_2}^{p_1} \frac{T_v}{g} \mathrm{d}\ln p. \tag{3.1.8}$$

上述两式是大气压力和高度关系的普遍公式,称为气压-高度公式,简称压高公式.严格地说,使用(3.1.7)和(3.1.8)式时,不但需要考虑虚温随高度的分布,而且重力加速度 g 也是随高度变化的,这就难以求出积分的数值.但因 g 随高度变化比较缓慢,为了使计算简化,常将它作为常数处理.

若将(3.1.7)式的积分上限延伸到大气上界 $z \to \infty$($p \to 0$),则得
$$p = \int_z^\infty \rho g \, \mathrm{d}z, \tag{3.1.9}$$

它表示任一高度上的气压即为该高度以上单位截面空气柱的重量.

虽然实际大气处于不断运动中,但就大范围来看,除去局部的强对流区外,垂直方向上大气基本处于流体静力平衡状态,所以大气静力学方程及气压-高度公式适用于实际大气,且有相当高的精度.

3.1.3 大气标高

大气标高表示气压、密度随高度的变化趋势.气压标高 H_p 和密度标高 H_ρ 的定义分别是
$$H_p = -\left(\frac{\partial \ln p}{\partial z}\right)^{-1} \tag{3.1.10}$$
和
$$H_\rho = -\left(\frac{\partial \ln \rho}{\partial z}\right)^{-1}. \tag{3.1.11}$$

为比较这两个标高的大小,对状态方程 $p = \rho R T$ 取对数,再对 z 求微商,有
$$\frac{\partial \ln p}{\partial z} = \frac{\partial \ln \rho}{\partial z} + \frac{\partial \ln T}{\partial z} = \frac{\partial \ln \rho}{\partial z} + \frac{1}{T}\frac{\partial T}{\partial z} = \frac{\partial \ln \rho}{\partial z} - \frac{\Gamma}{T},$$

式中 Γ 为大气垂直减温率,在对流层中平均值为 6.5×10^{-3} K·m^{-1}.根据对流层的温度估算,$(\Gamma/T) \approx 10^{-5}$ m^{-1},可略去,所以对流层内可以认为
$$H_p \approx H_\rho \approx H,$$

H 即称为大气标高.在平面平行大气的假设下,(3.1.10)式可写为
$$\frac{\mathrm{d}\ln p}{\mathrm{d}z} = -\frac{1}{H_p}. \tag{3.1.12}$$

将(3.1.12)式与(3.1.4)式比较,可知气压标高的计算式为
$$H_p = \frac{R_d T_v}{g}, \tag{3.1.13}$$

即气压标高与温度成正比.对(3.1.12)式积分,得到
$$p_2 = p_1 \exp\left(-\int_{z_1}^{z_2} \frac{1}{H_p} \mathrm{d}z\right). \tag{3.1.14}$$

若讨论的是等温气层或具有平均虚温 $\overline{T}_v$ 的气层,则(3.1.14)就可写为
$$p_2 = p_1 \exp\left(-\frac{z_2 - z_1}{H_p}\right). \tag{3.1.15}$$

由(3.1.15)式可知,气压标高 H_p 就是使气压减少到 $\mathrm{e}^{-1} p_1 = 0.37 p_1$ 时所需的高度增量.若取气层虚温为 273 K,则大气低层气压标高 $H_p = 7990$ m.可以粗略地认为,实际大气的气压和密度大约在 8 km 处分别等于地面气压和密度的 $1/\mathrm{e}$.

在 100 km 以上的大气层中,由于气体各成分的比例发生了变化,干空气比气体常数 R_d 已不再适用.各种气体分压强的标高应分别是

$$H_{pi} = \frac{R^* T}{M_i g}, \tag{3.1.16}$$

其中 M_i 是第 i 种气体的摩尔质量.当各种气体处于同样温度下时,各气体成分的气压标高和其摩尔质量成反比.各气体分压随高度的变化为

$$p_{2i} = p_{1i} \exp\left(-\int_{z_1}^{z_2} \frac{1}{H_{pi}} \mathrm{d}z\right). \tag{3.1.17}$$

显然,重的气体气压标高小,其分压比轻的气体随高度减小得快,这反映了重力的分离作用.

顺便指出,大气静力学方程是对连续介质而言的,在分子间有足够的碰撞且能达到热动平衡,并且麦克斯韦速度分布律能成立的大气层里是适用的.而在几百千米以上的高空,由于空气粒子数已很稀少,平均自由程达到百千米数量级,粒子各自运动而很少互相碰撞,大气静力学方程和压高公式也就不再适用了.

3.2 大 气 模 式

大气温度及密度随高度的分布很复杂,难以用函数关系表达,因此对(3.1.7)和(3.1.8)式直接求积分几乎是不可能的.为此,需对密度和温度的垂直分布做一些假定,讨论在这些典型分布下压强随高度的变化关系.下面将介绍三种广泛应用的大气模式.

3.2.1 等温大气

若大气层的虚温(或温度)不随高度变化,这样的大气层称为等温大气.由(3.1.7)及(3.1.8)式可得等温大气的压高公式为

$$p_2 = p_1 \exp\left[-\frac{g}{R_d T_v}(z_2 - z_1)\right] = p_1 \exp\left(-\frac{z_2 - z_1}{H_p}\right) \tag{3.2.1}$$

及

$$z_2 - z_1 = \frac{R_d T_v}{g} \ln \frac{p_1}{p_2} = H_p \ln \frac{p_1}{p_2}, \tag{3.2.2}$$

式中气压标高 $H_p = 29.27 T_v$,仅与温度有关.上式说明,两等压面之间虚温(或平均虚温)越高,厚度越大.若利用摄氏温度 t_v,并采用以 10 为底的对数,(3.2.2)式可写成

$$z_2 - z_1 = \frac{R_d}{g}(273.15 + t_v)\ln \frac{p_1}{p_2} = 18\,410(1 + t_v/273.15)\lg \frac{p_1}{p_2}. \tag{3.2.3}$$

(3.2.3)式称为拉普拉斯压高方程,常应用在气象观测中.

在等温大气条件下,由状态方程(2.2.20)式还可得到如下关系:

$$p_2/p_1 = \rho_2/\rho_1, \tag{3.2.4}$$

因此密度随高度的变化也可用(3.2.1)式表示,只需将气压换成密度即可.由此可知,等温大气的压强和密度随高度增加而呈指数下降,且压强标高和密度标高相等.当高度趋于无穷大时,气压和密度无限趋近于零但不等于零,说明等温大气没有上界.

例题 3.1 气象台站测量的气压值称为本站气压.由于各测站海拔高度不同,本站气压值难以互相比较,需将各测站的本站气压订正到海平面气压.试推导海平面气压订正公式.

解 我国以黄海海面平均高度为海平面基准.海平面气压订正,实质上就是将本站气压加上相当于测站

海拔高度的一段假想气柱的重量.由拉普拉斯压高方程(3.2.3)可得到计算该测站海平面气压 p_0 的公式为

$$p_0 = p_h 10^a, \quad a = \frac{h}{18\,410(1 + \alpha_m)},\tag{3.2.5}$$

式中 p_h 是本站气压,h 是测站的气压传感器(水银槽)海拔高度(m),$\alpha_m = t_m/273.15$,这里 t_m 是测站到海平面这一段假想气柱的平均温度.

t_m 的估算方法是:首先确定测站的平均气温 t_1.由于地面气温日变化大,t_1 取当时气温 t 与 12 小时以前气温 t_{12} 的平均值:

$$t_1 = \frac{t + t_{12}}{2}.$$

然后推算海平面气温 t_0:假设假想气柱的平均减温率为 0.5℃/(100 m),则由测站高度及平均气温可得

$$t_0 = t_1 + \frac{0.5}{100}h.$$

因此假想气柱的平均温度为

$$t_m = \frac{1}{2}(t_0 + t_1) = \frac{1}{2}(t + t_{12}) + \frac{h}{400}.$$

每个台站的海拔高度是固定的,所以只要根据当时的气温及 12 小时以前的气温,就可由本站气压推算出海平面气压.通常是事先制成表格或编好计算机程序,应用时很方便.不过应指出,测站到海平面之间实际上并不存在大气,如果测站比较高,由上述假想气柱平均减温率计算的海平面气压值误差将较大.

3.2.2 多元大气

多元大气是指气温(或虚温)是高度 z 的线性函数的大气层(图 3.2),若采用虚温,则表达式为

$$T_v = T_{v0} - \Gamma z.\tag{3.2.6}$$

式中 $\Gamma = -\dfrac{\partial T_v}{\partial z}$ 是虚温的垂直递减率.将(3.2.6)式代入(3.1.4)式,并对图 3.2 所示的多元大气气层($z_1, p_1 \sim z_2, p_2$)积分,可得到

$$\ln \frac{p_2}{p_1} = \frac{g}{R_d \Gamma} \ln \frac{T_{v0} - \Gamma z_2}{T_{v0} - \Gamma z_1}.\tag{3.2.7}$$

再以 $T_{v0} = T_{v1} + \Gamma z_1$ 代入(3.2.7)式以消去 T_{v0},得多元大气的压力-高度公式为

$$\ln \frac{p_2}{p_1} = \frac{g}{R_d \Gamma} \ln \frac{T_{v1} - \Gamma(z_2 - z_1)}{T_{v1}},\tag{3.2.8a}$$

或另一形式

$$\frac{p_2}{p_1} = \left[1 - \frac{\Gamma(z_2 - z_1)}{T_{v1}} \right]^{\frac{g}{R_d \Gamma}}\tag{3.2.8b}$$

以及

$$z_2 - z_1 = \frac{T_{v1}}{\Gamma} \left[1 - \left(\frac{p_2}{p_1} \right)^{\frac{\Gamma R_d}{g}} \right].\tag{3.2.9}$$

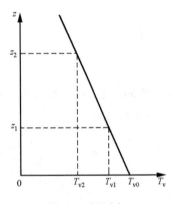

图 3.2 多元大气

若海平面以上整层都是多元大气,由(3.2.9)式得到多元大气的上界($p_2 = 0$ 处)为

$$H_T = \frac{T_{v0}}{\Gamma}.\tag{3.2.10}$$

可见,多元大气是有上界的.多元大气的一个特例是等温大气($\Gamma \rightarrow 0$).由上式可得 $H_T \rightarrow \infty$,即等温大气无上界.

3.2.3 均质大气

假设大气密度不随高度变化,而是整层都保持其海平面值 ρ,这就是等密度大气模式,称为均质大气. 对(3.1.3)式从海平面至高度 z,气压从 p_0 至 p 求积分,则有

$$p = p_0 - \rho g z.$$

可见,均质大气中压强随高度线性减小,且减小得很快. 当 $p=0$ 时,$z = p_0/\rho g$,说明均质大气的高度是有限的. 此高度称为均质大气高度或均质大气厚度,通常也以 H 表示,有

$$H = \frac{p_0}{\rho g}. \tag{3.2.11}$$

若下垫面气温为 T_0,由状态方程

$$p_0 = \rho R T_0$$

得
$$H = \frac{RT_0}{g} \approx \frac{R_d T_0}{g_0}. \tag{3.2.12}$$

(3.2.12)式和气压标高公式(3.1.13)相似. 通常认为均质大气高度近似为 8 km.

均质大气的密度虽不变,但温度仍随高度减小,根据静力学方程和状态方程可以证明,均质大气的垂直减温率

$$\Gamma = -\frac{\partial T}{\partial z} = \frac{g}{R} \approx \frac{g_0}{R_d} = 34.2 \, \text{K} \cdot \text{km}^{-1}.$$

若大气减温率超过 $34.2 \, \text{K} \cdot \text{km}^{-1}$,则空气密度将随高度而增加,这将导致大气不稳定而自动发生对流,所以把 $\Gamma = 34.2 \, \text{K} \cdot \text{km}^{-1}$ 称为自动对流减温率. 不过,除非在有激烈地面增温的贴地气层内,实际大气很少能达到这个减温率. 利用(3.2.6)式,可知均质大气顶部的温度为 0 K,相当于分子运动停止了. 可见,均质大气是一种假设的大气模式. 由于均质大气在单位面积上的垂直气柱内所包含的空气质量与实际大气一样,在处理某些问题时可以用均质大气替换实际大气,使计算简化. 因此,均质大气厚度是大气科学中的重要参数,在大气动力学和大气光学中都有应用.

3.3 气压-位势高度公式

应指出,在大气物理学和海洋学中,常采用位势高度而不用几何高度表示大气的高度和海洋的深度. 为此,需首先介绍重力和重力位势的概念.

从固定在地球上的坐标系观察,单位质量空气所受的重力 $\boldsymbol{g}$ 是地心引力 $\boldsymbol{g}^*$ 和地球旋转产生的惯性离心力(虚拟力)的合力(参见第七章的图 7.2). 又因地球并非严格的球形,地球半径在赤道最大而在两极最小,地心引力 $\boldsymbol{g}^*$ 受到质量非球形分布和到质心距离不同的影响,也随着纬度而变,因此重力 $\boldsymbol{g}$ 是纬度的函数. 根据万有引力定律,离地面 z 高度处的地心引力值 g^* 随高度的变化是

$$g^*(z) = g^*(0) \frac{R_E^2}{(R_E + z)^2},$$

式中 R_E 是地球半径. $\boldsymbol{g}$ 的数值就是重力加速度 g,由于离心力数值很小,g 的值与 g^* 的值很接近,可以认为 g 也近似服从反平方关系,即

$$g(z,\varphi) = g(0,\varphi)\frac{R_{\mathrm{E}}^2}{(R_{\mathrm{E}}+z)^2}, \tag{3.3.1}$$

式中 $g(0,\varphi)$ 是纬度 φ 处海平面处 g 的数值,例如,赤道海平面处 g 为 $9.780\,31\ \mathrm{m/s^2}$,而极地海平面处 g 为 $9.830\,28\ \mathrm{m \cdot s^{-2}}$. 由于

$$\frac{R_{\mathrm{E}}^2}{(R_{\mathrm{E}}+z)^2} = \left(1+\frac{z}{R_{\mathrm{E}}}\right)^{-2} = \left(1-2\frac{z}{R_{\mathrm{E}}}+\cdots\right) \approx \left(1-2\frac{z}{R_{\mathrm{E}}}\right),$$

可导出计算重力加速度的一个简单表达式,即

$$g(z,\varphi) = 9.806\,16(1-2.59\times10^{-3}\cos2\varphi)(1-3.14\times10^{-7}z), \tag{3.3.2}$$

式中 $9.806\,16\ \mathrm{m \cdot s^{-2}}$ 是纬度 $45°$ 处海平面重力加速度的值. 不过,重力加速度随纬度和高度的变化都不显著,在一般气象工作中可作为常数处理.

地球重力场是保守场,可以用重力位势 $\varPhi$ 表示为

$$\boldsymbol{g} = -\nabla \varPhi,$$

此处重力位势 $\varPhi$ 是引力位势和离心力位势之和(参见 7.1.2 小节). 重力 $\boldsymbol{g}$ 的方向沿着等位势面的法线方向,由高值指向低值(近似看做指向地心);重力 $\boldsymbol{g}$ 的大小由该点等位势面的疏密决定.

在某个 $\varPhi$ 面上将单位质量沿法线方向移动微小距离 $\mathrm{d}z$ 时,克服重力所做的功转化成重力位势的增量:

$$\mathrm{d}\varPhi = g\mathrm{d}z. \tag{3.3.3}$$

通常不考虑地球本身的实际几何形状,而把地面假设为一个闭合曲面,叫做大地水准面. 大地水准面是一个等位势面,规定它在海洋上与平均海平面重合,在大陆上是海平面的延伸,因此也简称海平面,它近似地是一个椭球面,赤道半径比两极半径约大 $21\ \mathrm{km}$. 若令海平面的重力位势为零,则 z 高度的重力位势为

$$\varPhi = \int_0^z g\mathrm{d}z, \tag{3.3.4}$$

即重力位势表示单位质量通过任意路径由海平面上升到某一高度 z 时克服重力所做的功,以 $\mathrm{J/kg}$ 为单位. 由于 g 是纬度和高度的函数,所以等位势面和等高面不同,它们彼此不平行(图 3.3). 两个等位势面之间的几何距离,赤道的大于极地的,高空的大于低空的(图中有夸张). 因等位势面上无重力分量,故沿着等位势面移动物体不抵抗重力做功.

习惯上以位势高度表示重力位势 $\varPhi$ 的大小,称为位势米(gpm). 若以 Z 表示位势高度,则其定义是

$$Z = \frac{\varPhi}{g_0} = \frac{1}{g_0}\int_0^z g\mathrm{d}z. \tag{3.3.5}$$

(3.3.5)式中 g_0 应看成仅是一个数值,或是这两个单位的换算因子,即 $g_0 = 9.806\,65\ \mathrm{J/(kg \cdot gpm)}$. $1\ \mathrm{gpm}$ 相当于 $9.806\,65\ \mathrm{J/kg}$ 的重力位势,因此它不是通常意义下的高度.

将(3.3.1)式代入(3.3.5)式后求积分,可得位势高度和几何高度的关系:

$$Z = \frac{g(0,\varphi)}{g_0}\frac{R_{\mathrm{E}}z}{R_{\mathrm{E}}+z}.$$

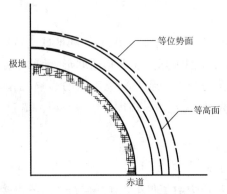

图 3.3 等位势面和等高面

可见,在低空两者数值非常接近,到高空差距逐渐增大.由表 3.4 的标准大气可知,即使在 $100\,\mathrm{km}$ 高空,位势高度与几何高度的偏差也小于 1.6%.因此在实际工作中,可认为两者数值相等.

由(3.3.3)和(3.3.5)式,有

$$\mathrm{d}\Phi = g\mathrm{d}z = g_0\mathrm{d}Z, \tag{3.3.6}$$

代入静力学方程(3.1.3),得

$$\mathrm{d}p = -\rho g_0\mathrm{d}Z = -\rho\mathrm{d}\Phi. \tag{3.3.7}$$

利用湿空气状态方程,(3.3.7)式成为

$$\frac{\mathrm{d}p}{p} = -\frac{g_0}{R_\mathrm{d}T_\mathrm{v}}\mathrm{d}Z. \tag{3.3.8}$$

由 (Z_1, p_1) 积分到 (Z_2, p_2),则得到和(3.1.7)及(3.1.8)式类似的公式:

$$p_2 = p_1\exp\left(-\frac{g_0}{R_\mathrm{d}}\int_{Z_1}^{Z_2}\frac{1}{T_\mathrm{v}}\mathrm{d}Z\right) \tag{3.3.9}$$

及

$$Z_2 - Z_1 = -\frac{R_\mathrm{d}}{g_0}\int_{p_1}^{p_2}T_\mathrm{v}\mathrm{d}\ln p = \frac{R_\mathrm{d}}{g_0}\int_{p_2}^{p_1}T_\mathrm{v}\mathrm{d}\ln p. \tag{3.3.10}$$

与(3.1.7)和(3.1.8)式比较可看出,采用位势高度后,位势高度和压强的关系只取决于虚温的垂直分布.(3.3.10)式即是由气压测量高度的基本关系式.

同样,对于前述的等温大气,压高公式为

$$p_2 = p_1\exp\left[-\frac{g_0}{R_\mathrm{d}T_\mathrm{v}}(Z_2 - Z_1)\right], \tag{3.3.11}$$

$$Z_2 - Z_1 = \frac{R_\mathrm{d}T_\mathrm{v}}{g_0}\ln\frac{p_1}{p_2}. \tag{3.3.12}$$

对于多元大气,压高公式为

$$\ln\frac{p_2}{p_1} = \frac{g_0}{R_\mathrm{d}\Gamma}\ln\frac{T_{\mathrm{v}1} - \Gamma(Z_2 - Z_1)}{T_{\mathrm{v}1}}, \tag{3.3.13}$$

$$Z_2 - Z_1 = \frac{T_{\mathrm{v}1}}{\Gamma}\left[1 - \left(\frac{p_2}{p_1}\right)^{\frac{\Gamma R_\mathrm{d}}{g_0}}\right]. \tag{3.3.14}$$

综上所述,采用位势高度的优点是:① 可以不考虑重力加速度随高度和纬度的变化,根据实测的气压和温度即可计算位势高度,比较方便.② 便于在理论上处理一些问题.例如,在讨论大气能量时,垂直坐标若采用位势高度 Z,则重力无水平分量,方程得以简化.

3.4 标 准 大 气

大气的空间状态很复杂,而大气温度、压强、密度以及平均自由程、粘滞系数、热导率等参数随高度的分布状况,又是航空、军事和空间科学研究工作中必不可少的资料.因此,人们根据大量高空探测的数据和理论,规定了一种特性随高度平均分布的最接近实际大气的大气模式,称为"标准大气".世界气象组织(WMO)对于标准大气的定义是:"……所谓标准大气,就是能够粗略地反映出周年、中纬度状况的,得到国际上承认的,假定的大气温度、压力和密度的垂直分布.它的典型用途是作为压力高度计校准、飞机性能计算、飞机和火箭设计、弹道制表和气象制图的基准.假定空气服从使温度、压力和密度与位势发生关系的理想气体定律和流体静力学

方程.在一个时期内,只能规定一个标准大气,这个标准大气,除相隔多年做修正外,不允许经常变动."

美国 1976 年标准大气(U.S. Standard Atmosphere,1976)是对美国 1962 年标准大气的修正,它表示了中等太阳活动期间,由地面到 1000 km 的理想化、静态的中纬度平均大气结构.这个标准大气的 32 km 高度以下与 50 km 高度以下部分分别与国际民用航空组织标准大气(ICAO[①], 1964)及国际标准化组织的标准大气(ISO[②], 1973)相同.目前我国有国家军用标准GJB 5601-2006 中国参考大气(地面～80 km),GJB 365.1-1987 北半球标准大气(－2～80 km)以及 GJB 365.1-1987 航空与航天用参考大气(0～80 km)等大气模式,主要用于航空器、航天器及运载工具和导弹等的设计、试验以及相关科学研究工作.

下面简要介绍美国 1976 年标准大气的部分内容.

1) 海平面大气的部分特性值

标准大气中部分特性的海平面值列在表 3.2 中,其中 g_0,p_0 和 T_0 是规定的,其余是根据公式推算得到的,表中 μ_0 是动力黏性系数,ν_0 是运动黏性系数.

表 3.2　标准大气中部分特性的海平面值

$\dfrac{p_0}{\text{hPa}}$	$\dfrac{T_0}{\text{K}}$	$\dfrac{\rho_0}{\text{kg}\cdot\text{m}^{-3}}$	$\dfrac{g_0}{\text{m}\cdot\text{s}^{-2}}$	$\dfrac{H_p}{\text{m}}$	$\dfrac{M_d}{\text{kg}\cdot\text{mol}^{-1}}$	$\dfrac{\mu_0}{\text{kg}\cdot\text{m}^{-1}\cdot\text{s}^{-1}}$	$\dfrac{\nu_0}{\text{m}^2\cdot\text{s}^{-1}}$
1013.25	288.15	1.2250	9.806 65	8434.5	28.9644×10^{-3}	1.7984×10^{-5}	1.4607×10^{-5}

2) 86 km 高度以下的温度-高度廓线及气压垂直分布

假定空气是干燥的,在 86 km 以下各成分均匀混合,平均摩尔质量等于 M_d;满足理想气体状态方程,且处于流体静力学平衡和水平成层分布状态.

图 3.4 是 100 gpkm 高度以下的温度垂直廓线图.在 11 gpkm 以下,大气温度随高度降低(－6.5 K/gpkm);11～20 gpkm 为等温;20～47 gpkm 温度逐渐上升,其中 32 gpkm 以下为1.0 K/gpkm,32 gpkm 以上为 2.8 K/gpkm;47～51 gpkm 处有一极大值为 270.65 K,在这高度以上温度又逐渐下降(－2.8 K/gpkm),在 86～91 gpkm 处达极小值,温度只有 186.87 K;91 gpkm 以上温度又随高度很快增加.根据给定的温度-高度廓线及边界条件,通过对流体静力学方程和气体状态方程求积分,就可得到各高度上压力的数值.

3) 86 km 高度以上的温度-高度廓线及气压垂直分布

86～100 km 高度的温度-高度廓线仍可参见图 3.4.整层大气的温度变化趋势请参看第四章的图 4.1,不同的是,图 4.1 中给出的是太阳宁静期和太阳活动期的温度分布,而标准大气中规定在 500 km 以上温度逐渐逼近 1000 K.

在 86 km 高度以上的大气中,分子的扩散分离和氧分子的光离解作用逐渐占主要地位,平均摩尔质量随高度增加而减小,大气的流体静力学平衡逐渐被破坏.各高度的气体总压强应根据道尔顿分压定律进行计算:

$$p = \sum p_i = \sum N_i kT, \qquad (3.4.1)$$

式中 $\sum N_i$ 是大气各高度上各气体成分的数密度之和,k 是玻尔兹曼常数.一般采用表 3.3 中

---

① International Civil Aviation Organization,国际民用航空组织.
② International Organization for Standardization,国际标准化组织.

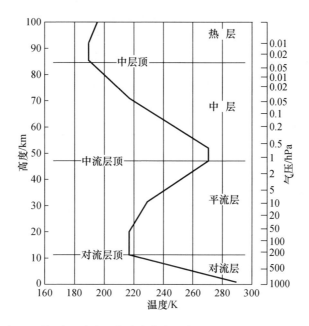

图 3.4　美国标准大气温度-高度廓线(引自 Wallace 和 Hobbs，1977)

所列的几种主要成分计算即可，其他成分的影响很小，可以不考虑.

大气密度可用分子数密度计算.空气的平均摩尔质量有以下形式：

$$M_a = \frac{\sum(M_i N_i)}{\sum N_i}. \tag{3.4.2}$$

再利用 $p = \sum N_i k T$，密度的计算公式就成为

$$\rho = \sum(M_i N_i) \frac{k}{R^*} = \frac{\sum(M_i N_i)}{N_A}, \tag{3.4.3}$$

式中 N_A 是阿伏伽德罗常数.

表 3.3　标准大气中选定高度上大气主要成分的数密度(个·m^{-3})和平均摩尔质量(g·mol^{-1})

气　体	86 km	120 km	300 km	500 km	1000 km
N_2	1.130×10^{20}	3.726×10^{17}	9.593×10^{13}	2.592×10^{11}	4.625×10^{3}
O	8.600×10^{16}	9.275×10^{16}	5.433×10^{14}	1.836×10^{13}	9.562×10^{9}
O_2	3.031×10^{19}	4.395×10^{16}	3.942×10^{12}	4.607×10^{9}	1.251×10^{3}
Ar	1.351×10^{18}	1.366×10^{15}	1.568×10^{10}	3.445×10^{6}	2.188×10^{-2}
He	7.582×10^{14}	3.888×10^{13}	7.566×10^{12}	3.215×10^{12}	4.850×10^{11}
H	—	—	1.049×10^{11}	8.000×10^{10}	4.967×10^{10}
$\sum N_i$	1.447×10^{20}	5.107×10^{17}	6.509×10^{14}	2.192×10^{13}	5.442×10^{11}
M_a	28.952	26.20	17.73	14.33	3.94

图 3.5 是压强、密度和平均自由程的垂直变化曲线. 在 100 km 高度以下,压强和密度几乎是平行地、线性地随高度减小,平均标高约是 7 km. 高层大气的压强和密度非常小,100 km 高度处,压强和密度已不到地面值的 $1/10^6$,在 200 km 高度处,就不到地面的 $1/10^9$ 了. 分子平均自由程则随高度迅速增加,在地面只有 10^{-7} m,在 200 km 高度处就变成 240 m 了.

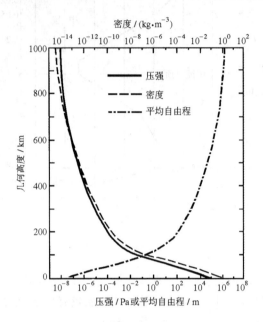

图 3.5 压强、密度、平均自由程的垂直分布(根据美国 1976 年标准大气)

在这个标准大气模式中给出了重力加速度、压力标高、中性微粒平均速度、平均自由程、平均碰撞频率、平均分子量以及黏滞系数、声速、热导率等随高度分布的数值和计算方法,使用很方便. 表 3.4 和表 3.5 列出了某些特定高度上标准大气的部分特性值.

表 3.4 特定高度处标准大气的部分特性值(摘自美国 1976 年标准大气)

位势高度 /gpm	几何高度 /m	温　度 /K	压　强 /hPa	密　度 /(kg·m^{-3})	平均自由程 /m	重力加速度 /(m·s^{-2})	声　速 /(m·s^{-1})
0	0	288.15	1013.25	1.225	6.63×10^{-8}	9.8066	340.29
1500	1500	278.40	845.55	1.058	7.68×10^{-8}	9.8020	334.49
3000	3001	268.65	701.08	9.09×10^{-1}	8.94×10^{-8}	9.7974	328.58
5500	5505	252.40	505.06	6.97×10^{-1}	1.17×10^{-7}	9.7897	318.49
7000	7008	242.65	410.60	5.89×10^{-1}	1.38×10^{-7}	9.7851	312.27
9000	9013	229.65	307.42	4.66×10^{-1}	1.74×10^{-7}	9.7789	303.79
11 000	11 019	216.65	226.32	3.64×10^{-1}	2.23×10^{-7}	9.7727	295.07
15 000	15 035	216.65	120.44	1.94×10^{-1}	4.19×10^{-7}	9.7604	295.07
20 000	20 063	216.65	54.75	8.80×10^{-2}	9.23×10^{-7}	9.7450	295.07
30 000	30 142	226.65	11.72	1.80×10^{-2}	4.51×10^{-6}	9.714 3	301.80
32 000	32 162	228.65	8.68	1.32×10^{-2}	6.14×10^{-6}	9.7082	303.13
47 000	47 350	270.65	1.11	1.43×10^{-3}	5.69×10^{-5}	9.6622	329.80
51 000	51 413	270.65	6.69×10^{-1}	8.61×10^{-4}	7.91×10^{-5}	9.6542	329.80
71 000	71 802	214.65	3.95×10^{-2}	6.42×10^{-5}	1.26×10^{-3}	9.5888	293.70

表 3.5　86 km 以上特定高度处标准大气的部分特性值(摘自美国 1976 年标准大气)

几何高度 /km	位势高度 /gpkm	温　度 /K	压　强 /hPa	密　度 /(kg•m^{-3})	平均自由程 /m	平均分子量	气压标高 /m
86.000	84.852	186.87	3.73×10^{-3}	6.96×10^{-6}	1.17×10^{-2}	28.95	5 621
91.000	89.716	186.87	1.54×10^{-3}	2.86×10^{-6}	2.37×10^{-2}	28.91	5 642
100.000	98.451	195.08	3.20×10^{-4}	5.60×10^{-7}	1.42×10^{-1}	28.40	7 723
120.000	117.777	360.00	2.53×10^{-5}	2.22×10^{-8}	3.31×10^{0}	26.20	12 091
160.000	156.072	696.29	3.04×10^{-6}	1.29×10^{-9}	5.3×10^{1}	23.40	26 414
200.000	193.899	854.56	8.47×10^{-7}	2.54×10^{-10}	2.4×10^{2}	21.30	36 183
300.000	286.480	976.01	8.77×10^{-8}	1.92×10^{-11}	2.6×10^{3}	17.73	51 193
400.000	376.320	995.83	1.45×10^{-8}	1.43×10^{-11}	1.6×10^{4}	15.98	59 678
500.000	463.540	999.24	3.02×10^{-9}	5.22×10^{-13}	7.7×10^{4}	14.33	68 785
700.000	630.563	999.97	2.26×10^{-10}	1.79×10^{-14}	7.3×10^{5}	8.00	130 630
1000.000	864.071	1000.00	7.52×10^{-11}	3.52×10^{-15}	3.1×10^{6}	3.94	288 203

例题 3.2　标准大气的一个重要应用是校准高度表.高度表实质上是一个装有测压元件的气压表,表盘上标出与气压对应的高度值.试导出 20 gpkm 高度以下由气压计算高度的表达式,并指出适用的压强范围.

解　根据标准大气的规定,在 11 gpkm 高度以下是多元大气,则由(3.3.14)式有

$$Z = \frac{T_0}{\Gamma}\left[1 - \left(\frac{p}{p_0}\right)^{\frac{\Gamma R_{\mathrm d}}{g_0}}\right]. \tag{3.4.4}$$

代入 $p_0 = 1013.25\ \mathrm{hPa}$, $T_0 = 288.15\ \mathrm{K}$, $\Gamma = 0.0065\ \mathrm{K/gpm}$,得到由气压计算高度的公式为

$$Z = 44\,331\left[1 - \left(\frac{p}{1013.25}\right)^{0.1903}\right]. \tag{3.4.5}$$

由(3.4.5)式还可反求得 11 gpkm 高度处的压强为 226.4 hPa,此即为(3.4.5)式的适用范围.

11 gpkm 高度以上到 20 gpkm 高度的气层按等温大气公式计算,则由高度公式(3.3.12),有

$$Z = 11\,000 + \frac{R_{\mathrm d} T_{\mathrm v}}{g_0}\ln\frac{226.4}{p} = 11\,000 + 6340 \times \ln\frac{226.4}{p}, \tag{3.4.6}$$

其中温度 $T_{\mathrm v} = 216.65\ \mathrm{K}$,是根据减温率 Γ 值推算的.由上式也可计算出 20 gpkm 高度处的压强为 54.75 hPa.因此高度表的计算公式及适用范围如下:

$$Z = 44\,331\left[1 - \left(\frac{p}{1013.25}\right)^{0.1903}\right], \quad p > 226.4\ \mathrm{hPa}, \tag{3.4.7}$$

$$Z = 11\,000 + 6340 \times \ln\frac{226.4}{p}, \quad 226.4\ \mathrm{hPa} \geqslant p \geqslant 54.75\ \mathrm{hPa}, \tag{3.4.8}$$

式中 Z 的单位是位势米(gpm).

3.5　气压的时空分布

大气压强在三维空间的分布称为空间气压场.描述空间气压场的方法是:地面采用海平面等压线图,高空采用一组等压面图.等压面即指空间内气压相等的点组成的曲面.海平面等压线图实质上就是海平面与等压面相交的一组交线图.

由于平均流场和平均气压场是互相配合的,可根据海平面气压场图及高空的等压面图,讨论不同高度大气的平均运动状况,因此气压场是很重要的气象场.

3.5.1　气压系统及其随高度的变化

每天的海平面等压线图和高空等压面图上的曲线形态虽各不一样,但总能归纳出几种基本的类型:低气压、高气压、低压槽、高压脊和鞍形气压区等.

(1) 低气压. 它是中心气压低于四周气压的气压系统,其空间等压面形状像山谷,在图上表现为一组闭合曲线. 它是根据白贝罗定律(参见 7.2.3 小节),低气压区的气流在北半球呈反时针旋转,称为气旋. 对低层大气,地面摩擦作用不但使风速减小而且使风向偏向低压,导致气流辐合上升,所以低气压区往往有云雨天气出现.

(2) 高气压. 它是中心气压高于四周气压的气压系统,其空间等压面形状像山峰,在图上表现为一组闭合曲线. 在北半球,高气压区的气流呈顺时针旋转,故也称为反气旋. 高压区的低层大气向外辐散,导致上层空气下沉,往往天气晴好.

(3) 低压槽. 它是从低压区中延伸出来的气压较低的狭长区域. 低压槽附近的天气特点和低气压类似.

(4) 高压脊. 它是从高压区中延伸出来的气压较高的狭长区域,其空间等压面形状像山脊. 高压脊附近的天气特点和高气压类似.

(5) 鞍形气压区. 它是两个高压和两个低压组成的中间区域,其空间等压面形状像马鞍. 鞍形气压场刚建立时,风速小,风向多变,气压值较稳定,但不久就可能发生剧烈的天气变化.

上述低气压、高气压、低压槽、高压脊和鞍形气压区等称为气压系统. 气压系统具有三维空间结构,但是高空的高气压或低气压并不一定对应着地面的高气压或低气压. 根据前面所述的等压面厚度与温度的关系,可知气压系统随高度的变化与温度场的配置密切相关(图 3.6). 对于暖高压(图(a)),由于其地面的高压中心和高温中心一致,随着高度增加,等压面凸起越来越显著,高压越来越强,所以暖高压系统能伸展到较高的高空,甚至对流层上层,故属于深厚系统. 夏季对我国东部沿海地区影响很大的副热带高压就是这种暖高压. 不难分析,冷低压(图(d))也属于深厚系统. 在冷高压(图(b))和暖低压(图(c))中,由于水平气压梯度与水平温度梯度方向相反,结果等压面形状随着高度增加而趋向于平缓,气压系统的厚度不大,成为浅薄系统. 例如,冬季控制我国北方的冷高压、夏季的台风(热低压)就是属于这种浅薄系统. 如果地面的气压中心和温度中心不重合,则气压系统的轴线就会倾斜(图(e)和图(f)),低压中心随高度增加向冷区倾斜,高压中心则向暖区倾斜.

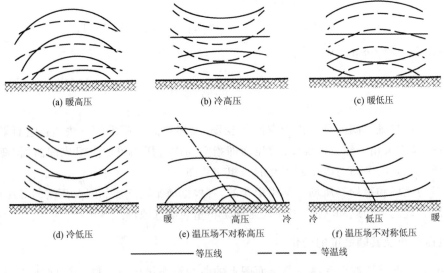

(a) 暖高压 (b) 冷高压 (c) 暖低压

(d) 冷低压 (e) 温压场不对称高压 (f) 温压场不对称低压

———— 等压线   - - - - 等温线

图 3.6 气压系统的结构

3.5.2 全球海平面气压分布特征

图 3.7 是根据多年观测得到的全球海平面气压和风随纬度的平均分布示意图,它表示了对流层低层大气运动的一般特征.由图 3.7 可看出:地面上南、北半球都有 4 个气压带和 3 个风带,而垂直经向环流包括哈德来(Hadley)环流、费雷尔(Ferrel)环流和极地环流.经向环流是指风速的南北分量和垂直分量在子午面上组成的大气环流.

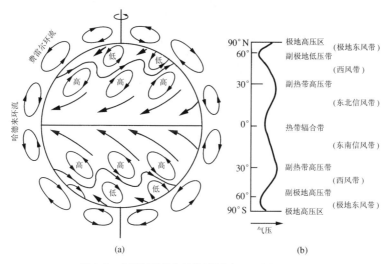

图 3.7   主要气压带和风带(转引自 Lydolph,1985)

赤道附近是一个低压带,即赤道低压带(也称为热带辐合带、赤道无风带).赤道低压带的形成和赤道地区的高温有关.高温导致空气密度减小并有气流的辐合上升运动,故常伴随有云带和降水.副热带高压带位于南、北纬 30°~50°附近,气压最高.副极地低压带在南、北纬 60°~70°处,气压最低.极地区域因低温而产生浅薄的高压区,称为极地高压区.

信风带位于赤道低压带和副热带高压带之间.信风是从副热带高压带吹向赤道低压带的盛行风,因地球自转的作用,北半球风向往右偏,称为东北信风;南半球风向往左偏,称为东南信风.信风是因为其所及地区每年的一定时期必将出现而得名.由于古代商人常借助信风来往于各大洲,故信风又称为"贸易风".

西风带位于副热带高压带和副极地低压带之间.但北半球的这个纬度地区有大范围陆地存在,海陆热力性质的差异产生了海陆季风,再加上副极地低压常有变化,因此西风带仅在冬季的海洋上比较明显.在南半球,西风带持续存在,不但因为这个纬度陆地极少,而且由于南极洲的冰盖高原形成一个极好的地形屏障,便于气流围绕着它运动.

东风带位于副极地低压带的近极地一边,即极地东风带.但在北半球,因为北冰洋上并不总是存在一个高压,因此这个东风带也是常有变化的.

信风带、盛行西风带和极地东风带因占据全球范围,常统称为"行星风带".

由于地表非均一性及动力因子、热力因子的作用,实际的海平面气压分布并不像图 3.7 表示的那样简单.图 3.8 是北半球平均海平面等压线图,1月,大陆上出现了两个大高压:主要是西伯利亚高压(或称蒙古高压),其次是加拿大高压;海洋上有两个大低压:阿留申低压和冰岛低压.7月,海洋上被两个强大的副热带高压控制,即太平洋高压和大西洋高压.欧亚大陆被大低压控制,平均低压中心在南亚大陆,称为印度低压;北美也是一个低压区,但强度较弱.

南半球由于洋面广阔,陆面很小,下垫面性质比较均匀,气压的纬向分布特点比较明显.中

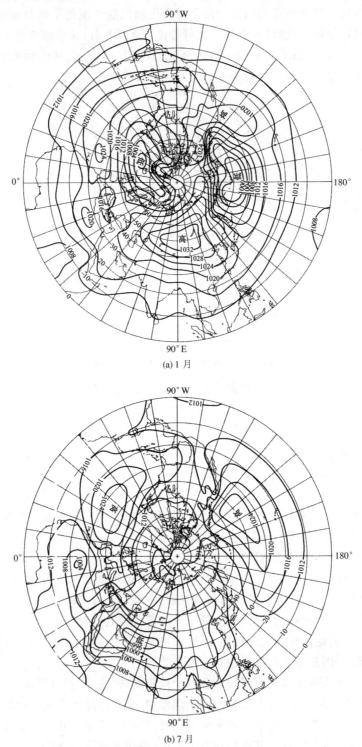

(a) 1 月

(b) 7 月

图 3.8　北半球海平面平均气压场(转引自 Lydolph,1985)

高纬度等压线沿纬圈环绕南极,低压中心大多在南极大陆边缘的海洋上,副热带高压在 30°S 附近,呈环状分布.

3.5.3 高空等压面图

类似于用等高线表示地形起伏的方法,我们以等压面上的等位势线来表示等压面的高低起伏情况,这就是等压面图.等压面图上等位势线的高低值中心分别代表了气压的高低中心,

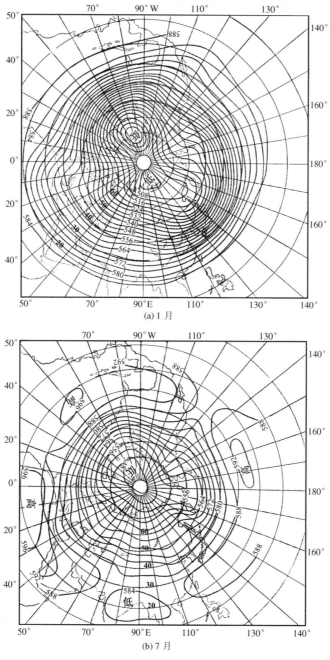

图 3.9 北半球 500 hPa 平均高度图(单位:10 gpm)

等位势线的疏密程度表示了等压面坡度的大小. 表3.5列出了气象台站日常需绘制的部分标准等压面图及其在中纬度地区的平均位势高度. 分析这些不同高度的等压面图, 能够了解对流层内的大型环流形势以及天气系统的发展条件和背景.

表3.5 标准大气下等压面和位势高度的关系（根据美国1976年标准大气）

气压/hPa	1000	850	700	500	300	200	100
高度/gpm	111	1458	3013	5575	9166	11 786	16 180

由于海洋、大陆以及高原等复杂地形的影响随高度的增加逐渐减小, 在700hPa以上的各等压面图上, 总的轮廓是存在一个中心位于极地的、笼罩整个半球的、宽广的大气旋（极地涡旋）. 因此根据白贝罗定律（7.2.3节）, 除纬度极低的区域外, 高空大部分地区是西风占优势. 这个特点在500 hPa的等压面图（图3.9）上很明显, 且冬季极涡强, 而夏季弱. 在温暖的低纬和赤道上空是高压带；在高压带和极涡之间是以极地为中心的纬向西风带, 西风带上有大尺度的槽脊波动. 低纬度的副热带高压冬季较弱, 位置偏南；夏季很强, 位置偏北.

3.5.4　气压随时间的变化

气压有周期性的日变化和年变化, 还有非周期性的变化.

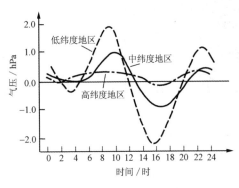

图3.10　气压日变化

气压的日变化在热带表现得很明显（图3.10）, 一昼夜有两个高值（9～10时及21～22时）和两个低值（3～4时及15～16时）. 温带地区气压的日变化平缓一些. 高纬地区变化幅度更小. 日变化还受到地形的影响, 例如, 我国日变化最大的地方是在青藏高原东部边缘的山谷中, 约3～4 hPa, 而不在低纬地区.

气压的年变化特点与地理纬度、海陆性质、海拔高度等自然地理条件有关. 赤道地区年变化不大, 高纬地区年变化较大. 大陆和海洋也有显著的差别, 大陆上全年气压的最高值一般出现在冬季, 最低值出现在夏季；而海洋恰恰相反, 年振幅也比陆地的小.

气压的非周期性变化常和大气环流及天气系统有联系, 而且变化幅度大. 如冬季寒潮爆发, 冷空气到来时, 气压会升高；低气压或暖空气到来时, 气压会降低. 在中高纬度地区, 由于高、低气压系统活动频繁, 中纬地区24小时内变压达3～5 hPa, 高纬地区可达10 hPa, 短时间内超过周期性变化的幅度. 气压随时间急剧变化, 往往是天气急剧变化的先兆, 因此在气象观测和天气分析中都很关注3小时和24小时内的气压变化.

习　　题

1. 试导出等温大气和多元大气中空气密度随高度分布的表达式.
2. 画出均质大气、等温大气和多元大气的温度、压强、密度的垂直变化曲线示意图, 并分析比较.
3. 根据标准大气的规定, 求气压分别为1000 hPa, 500 hPa和100 hPa处单位气压高度差.
4. 计算标准大气中海平面处的压强标高和密度标高.

5. 若高空某一层的气压是地面气压的一半,假设:

(1) 地面到该层为等温层,平均温度为 290 K;

(2) 地面气温是 288 K,而减温率为 $\Gamma = 6.5 \text{ K/gpkm}$.

请分别计算在以上两种情况下该等压面的高度.

第四章　大气的分层和结构

地球大气的成分和结构是很复杂的.为了对大气三维空间的全貌有一个初步了解,本章将简要介绍大气温度、大气成分和电离状况的垂直分布特征和分层以及大气质量的垂直分布.

洋面是大气层的主要下界面(占 71%),是大气最重要的热源和水汽源,也是气候变化的缓冲器和调节器.海洋和大气相互制约、相互影响.为了全面认识大气,本章在最后介绍有关海洋物理特性的一些最基本知识.

4.1　大气分层

由于地球自转以及不同高度大气对太阳辐射吸收程度的差异,使得大气在水平方向比较均匀,而在垂直方向呈明显的层状分布,故可以按大气的热力性质、电离状况、大气组分等特征分成若干层次(图 4.1).最常用的分层法有以下几种:① 按中性成分的热力结构,把大气分成对流层、平流层、中间层和热层;② 按大气的化学成分,把大气分为匀和层和非匀和层(也称为均质层和非均质层);③ 按大气的电磁特性,分为电离层和磁层;④ 按大气的压力结构,在高空 500 km 以上直到 2000~3000 km 的大气层称为外大气层或逸散层,由该层逐渐过渡到行星

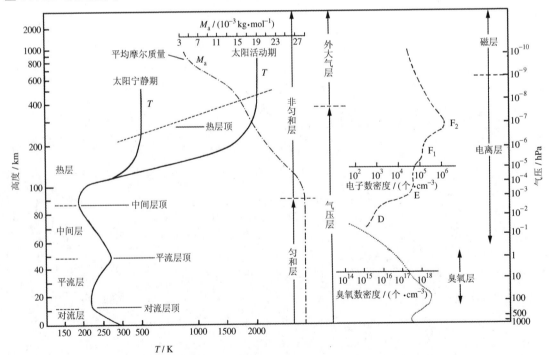

图 4.1　大气分层图

48

际空间,逸散层以下称为气压层.

4.1.1 按热力结构分层

按大气中性成分的热力结构分层,就是根据大气垂直减温率的正负变化,把大气分成对流层、平流层、中间层和热层.

大气温度的垂直分布由热量平衡关系决定,对不同高度大气,影响温度的主要因子不同.低层大气中,以太阳辐射加热地面后引起的对流、湍流交换作用以及地面的红外辐射为主,地面是主要热源.中、高层大气中以辐射平衡作用为主,主要成分的 N_2 吸收辐射很少.O_2,O 和 O_3 对太阳辐射的吸收加热,O_3,CO_2 和水汽的红外辐射冷却,就构成了平流层以上大气中的热源和冷源,对中、高层大气的温度垂直分布起重要作用.

1. 对流层

对流层(troposphere)的主要特点是:① 大气温度随高度降低;② 大气的垂直混合作用强;③ 气象要素水平分布不均匀.

由于地面是对流层大气的主要热源,所以总趋势是气温随高度降低,平均温度递减率约为 6.5 K/km.大气温度随高度降低的结果是对流层内有强烈的对流运动,有利于水汽和气溶胶粒子等大气成分在垂直方向上的输送.对流层里集中了大气质量的 3/4 和几乎全部水汽,又有强烈的垂直运动,因此主要的天气现象和过程如寒潮、台风、雷雨、闪电等都发生在这一层.

到离地表十几千米高度处,温度的下降渐趋缓慢或甚至稍有增加.当温度递减率减小到 $2\,\mathrm{K\cdot km^{-1}}$ 或更小时的最低高度,就称为对流层顶.对流层顶厚度大约为几千米,是一个深厚的对流阻滞层,也是对流层与平流层的过渡区.一般地,赤道附近及热带对流层顶高约 15~20 km,极地和中纬度带高约 8~14 km.图 4.2 是北半球冬季 20 km 高度以下平均状态的经向剖面图(图中数字为温度,单位为℃).

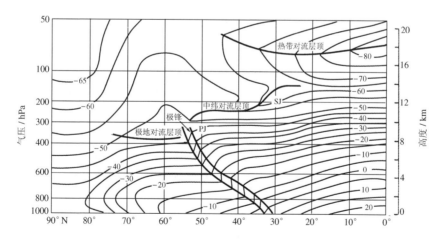

图 4.2　1956 年 1 月 1 日北半球纬向平均温度分布的经向剖面图(Defant 和 Taba;转引自 Iribarme,1980)

由图可见,虽然赤道地区地面温度比极地高得多,但极地对流层顶的温度却比热带对流层顶的温度约高 15~25℃.这种现象与热带地区对流运动剧烈、垂直气流能达到很高的高度有关.按照大气热力学原理(参见 6.5.3 小节),充分的垂直混合作用能使气温随高度递减,垂直混合延伸的高度越高,顶部的温度就越低,故热带对流层顶的位置高而温度反而低.中纬度地区对流层顶的坡度很大,并且常是不连续的,这些间断处有利于对流层与平流层及其上层大气的物质交换.对流层顶的高度还与地形及海、陆分布有关,例如,我国对流层顶在夏季普遍高于 12 km,西南地区达到 18 km.特别地,南亚夏季平均对流层顶明显高于世界上其他地方,这可能和地球上最高的地区——青藏高原有关.青藏高原在夏季的作用相当于一个大热源,有利于空气的垂直对流,导致该地区对流层顶的高度向上伸展.

图 4.2 中的极锋是高纬度的冷空气和中纬度的较暖空气之间的交界面,锋面两侧温度发生了急剧变化.PJ 和 SJ 分别表示极地急流和副热带急流.急流是出现在对流层上层或平流层中的强而窄的纬向气流,一般长几千千米,宽几百千米,厚几千米.极地急流出现在极锋的顶部,主要是由于这个区域有极大的南北向温度梯度的缘故.副热带急流也是一支西风急流,伴随着副热带锋.副热带锋比极锋弱,只出现在对流层中部和上部.有关极锋和急流的详细介绍将在天气学等课程中进行.

由于地理纬度的不同,大片陆地和海洋的存在,使各地区空气受热程度及水汽含量都不同,造成空气性质的差异,因此对流层内水平方向上气象要素(指温度、气压、湿度、风向、风速、辐射等)分布不均匀.当然,水平方向的不均匀性比垂直方向的要小得多.

通常把在水平方向上温度、湿度相对比较均匀,天气现象比较类似,在垂直方向上气象要素的变化近于相同的大范围地区的空气,划分为一个气团.气团的水平范围约几百千米至几千千米,垂直厚度为几千米至十几千米.气团的低层是高压区,空气下沉辐散,一般天气晴朗,或有不强的分散性的阵雨.

冷暖性质不同的两种气团相对运动时,在其交界面处气象要素(温度、湿度、风向、风速等)急剧变化的过渡带称为锋面.锋面是一个倾斜曲面,坡度约为 1/200～1/50,宽度约几十千米,长度一般可延伸几百千米至几千千米.锋面和地面的交线称为锋.当气团向比它暖的地区移动时,称为冷气团,它使经过的地区变冷,而本身逐渐变暖,锋面与地面的交线称为冷锋;反之,当气团向比它冷的地区移动时,称为暖气团,锋面与地面的交线就是暖锋.当冷暖气团势均力敌时,锋移动很慢,称为准静止锋,简称静止锋.锋面附近常存在着大片云系和降水,主要原因是暖湿气流沿锋面滑升,由于绝热冷却作用,导致水汽凝结而生成云雨(参看第十一章的图 11.2).

在比较小的范围内看,中纬度地区大气低层有冷锋、暖锋以及静止锋等,呈现分散状态;从大范围来看,这些孤立的锋面都可由极锋"串联"起来,而且它们都是极锋的一部分.

2. 平流层

由对流层顶向上到 50 km 高度左右,垂直减温率为负值的气层称为平流层(stratosphere).平流层下半部的温度随高度变化很缓慢,上半部由于臭氧层把吸收的紫外辐射能量转化成分子动能,使空气温度随着高度上升而显著增加,每千米约能升温 2℃,到 50 km 高度附近达到最大值(约 -3℃),即为平流层顶.

平流层逆温的存在,使大气很稳定,垂直运动很微弱,多为大尺度的平流运动.平流层环流的特点是:中纬度地区夏季时是东风,冬季时是西风(参见图 4.3(b)).环流的季节变化常常是对流层环流变化的先兆,对长期天气预报有参考意义.

平流层空气中尘埃很少,大气的透明度很高.但是,由于平流层与对流层交换很弱,大气污染物进入平流层后能长期存在,例如强火山喷发的尘埃能在平流层内维持 2～3 年,它能强烈反射和散射太阳辐射,导致平流层增温,对流层降温,影响地球的气候变化.

平流层中水汽的含量很少,几乎没有在对流层中经常出现的各种天气现象,仅在北欧等高纬度地区 20 多千米高度处早、晚有罕见的薄而透明的贝母云出现.这种云由大量十分均匀的直径为 $2 \sim 3\,\mu m$ 的水滴或冰晶组成,因太阳光的衍射作用,贝母云具有像虹一样的色彩排列.

3. 中间层

从平流层顶到 85 km 高度左右称为中间层(mesosphere,亦称为中层).中间层内臭氧已很稀少,而太阳辐射中能被氧分子吸收的波长极短的紫外辐射($<0.18\,\mu m$)已被其上面的热层大气吸收了,而且,还存在 CO_2 在 $15\,\mu m$ 的红外辐射散热,所以这层大气的温度随高度降低.到 85 km 高度左右的中间层顶(气压约为 0.1 hPa),温度下降到约 $-100 \sim -90\,^\circ\!C$,是地球大气中最冷的部分.和对流层类似,温度随高度增加而下降的结构有利于对流和湍流混合的发展,故又称之为高空对流层或上对流层.

中间层内水汽极少,但在高纬地区夏季的日出前或黄昏后,在 $75 \sim 90$ km 高空有时会出现薄而带银白色光亮的云,不过极为罕见.这种云可能是由高层大气中细小水滴或冰晶构成,也可能是由尘埃构成.这些云很高,云质点又太小,所以平时很难见到.只有在黄昏时候,低层大气已见不到阳光,而中间层还被太阳照射时,使用光学仪器才可能见到这种云,所以叫夜光云.

图 4.3 是 1 月份高空 110 km 以下纬向平均温度和平均风速的经向剖面图,它包含了对流层、平流层、中间层和热层的下部,通过它可以全面了解这部分大气的概况.图(a)显示出 1 月份南、北半球高空温度具有的不同特征,此时南半球是夏季,北半球是冬季.与北半球相比,南半球夏季高纬地区平流层顶附近温度相对较高,而中间层顶附近温度却较低.冬季北极没有太阳照射,故温度极低.图(b)中给出了纬向气流的分布,正值代表西风风速,负值代表东风风速.从图上明显看出,中纬度地区 10 km 高度附近出现西风急流,在 60 km 高度附近又出现了中间层急流,强度更大.这股几千千米长的强而窄的急流的出现与这个区域有极大的南北向温度梯度有关.与对流层不同,中纬度地区平流层的风随着季节而变化,冬季是西风,夏季是东风.

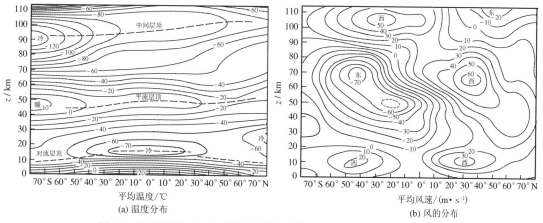

图 4.3 1 月份高空 110 km 以下大气纬向平均温度和平均风速的经向剖面图

4. 热层

热层(thermosphere)是中间层顶以上的大气层,在这层内,温度始终是增加的.太阳辐射中的强紫外辐射($<0.18\,\mu m$)的光化学分解和电离反应造成了热层的高温.这层内大气热量的传输主要靠热传导,由于分子很稀少,热传导率小,在各高度上热量达到平衡时,必然会有巨大的垂直温度梯度.因此在热层内,温度很快就升到几百度,再往上,升温的趋势渐渐变缓,最终趋近于常数,约为 $1000 \sim 2000$ K.

热层虽是大气中温度最高的气层,但大气极稀薄,分子碰撞机会极少,该气层的高温反映了分子巨大的运动速度,与低层稠密大气有所不同,不会对通过其中的飞行物造成很大影响.由于太阳的微粒辐射和宇宙空间的高能粒子能显著地影响这层大气的热状况,故温度在太阳活动高峰期和宁静期能相差几百度至一千多度(图 4.1).另外,热层温度的日变化及季节变化也很显著,白天和夜间温差达几百度.

这一层的高纬度地区经常会出现一种辉煌瑰丽的大气光学现象——极光.太阳发出的高速带电粒子流使高层稀薄的空气分子或原子激发,被激发的原子、分子通过与其他粒子碰撞或自身辐射回到基态时发出可见光,即出现极光.高速带电粒子流在地球磁场的作用下趋向南北两极附近,所以极光常在高纬度地区出现.太阳活动强时,极光出现的次数也多.

热层温度趋于常数的高度是热层顶.热层顶的高度随太阳活动的强、弱而变化,太阳活动高峰期时约在 500 km 高度,温度达 2000 K;宁静期高度下降到 250 km 左右,温度约 500 K.

【中层大气】

应指出,大气物理学主要研究对象是对流层与平流层,因为人类的活动主要在这两层大气中进行,有关的大气现象也多发生在这两层大气中.近年来随着空间探测技术的进步及研究范围的向上扩展,推动了大气科学的一个新的前沿学科——中层大气科学的迅速发展.中层大气(middle atmosphere)指 10~100 km 高度的大气,包括平流层、中间层和热层的一部分.中层大气科学研究的是该层中大气的结构、成分、状态和发生的物理、化学过程,例如中层大气过程与低层、高层大气过程的相互作用,物质、能量和动量的交换,以及以臭氧变化为中心的辐射—动力—化学问题等,以深入了解中层大气对地球气候和生态环境的影响.

4.1.2　按化学成分分层

干洁大气中各种气体成分随高度的分布,主要受以下几种因素控制:重力场,大气中对流、湍流,分子扩散,太阳辐射对气体的光解作用和电离作用.

假设大气处于完全混合(因对流和湍流)状态,则在重力场作用下,空气密度虽仍随高度减小,但组成空气的各种气体比例保持不变,使平均摩尔质量保持常数.

假设大气处于完全静止状态,则在重力场和分子扩散平衡下,各气体的分压应分别遵从流体静力平衡规律.虽然在几百千米以上的高空,空气的中性微粒已极稀少,相互碰撞的概率极低,大气静力学方程和压高公式已不适用,但仍可用来作定性讨论.根据(3.1.16)和(3.1.17)两式,摩尔质量大的气体分压减小得快.这种重力分离的结果,使混合气体中重的成分随高度很快递减,因此空气平均摩尔质量随高度减小.

实际大气是:由地面到 86 km 高度左右(按标准大气规定),湍流混合作用大大超过分子扩散及重力场对轻重气体的分离作用,充分混合的结果使干空气中各种成分的比例保持不变;由 90 km 高度往上到 110 km 高度左右,这两种作用相当,是由完全混合到扩散平衡的过渡层,湍流混合、分子扩散和分子氧的光解作用以及气体分子的电离作用同时并存;120 km 高度以上分子扩散和光解、电离作用占主导地位,虽然大气仍有运动,但已很微弱,大气处于扩散平衡状态.从湍流混合到扩散平衡的转换高度,或准确地说是湍涡混合系数和分子扩散系数相等的高度,被称为湍流层顶(turbopause).湍流层顶约在 105 km 高度处,可从火箭的发光尾迹清晰地观测到,湍流层顶以下尾迹受到强烈扰动,湍流层顶以上尾迹趋于光滑.

根据上述大气成分垂直分布的特点,将大气分成匀和层(homosphere)和非匀和层(heterosphere),中间是过渡层.

1. 匀和层或湍流层

匀和层通常称为均质层,在86~90 km 高度以下,包括对流层、平流层、中层在内.由于湍流扩散作用使大气均匀混合,大气中各种成分所占的比例,除臭氧等可变成分外,在垂直方向和水平方向保持不变,干空气的平均摩尔质量 $M_d = 28.964 \times 10^{-3}$ kg·mol^{-1}.

2. 非匀和层

在非匀和层(非均质层)里,由于重力分离作用及光化学作用,大气各成分的比例随高度而变化,平均摩尔质量随高度逐渐减小.大气高层的主要中性成分随高度的变化如图4.4所示.在500 km 高度处,大气的五种主要中性成分是 O,He,N$_2$,H 和 O$_2$;到1000 km 高度处,就只有 He,H 和 O了.在非匀和层的不同高度处,自下往上,数密度最大的气体成分依次为 O(180~650 km),He(650~1000 km)及 H(1000 km 以上).O 原子浓度的峰值约在100 km 高度处,其相对浓度则随高度而迅速增加.这是因为高空的太阳紫外辐射强,光解作用生成的 O 原子多,而气体分子密度小,碰撞频率也小,复合机会少,使 O 原子能成为一个稳定的成分.空气的各种成分随高度的分布还和太阳活动有关.

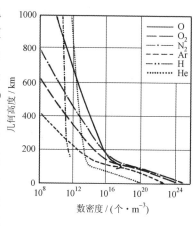

图4.4 大气主要成分数密度的垂直分布
(美国标准大气,1976)

高层大气平均摩尔质量的计算公式是(3.4.2)式,选定高度上计算的标准大气的 M_a 的数值已列在表3.3中,M_a 的变化趋势请看图4.1.

4.1.3 外大气层

从500 km 以上的热层顶开始的大气层常被称为外大气层(exosphere).外大气层中大气大部分处于电离状态,质子含量大大超过中性氢原子的含量.

在这样的高空,空气粒子数已很稀少,中性粒子之间碰撞的平均自由程达到10^4 m 甚至更大(参见表3.4),粒子各自运动,很少互相碰撞.由于强烈的太阳辐射加热,同时地球引力场的束缚大大减弱,这一层内某些速率超过逃逸速率的中性粒子(主要是氢原子)能够克服地球引力而逃逸到行星际空间,因此外大气层也称为逸散层或逃逸层.

逸散层的起始高度称为逸散层底(exobase).在行星大气的研究中,逸散层底是指:一群从这个高度快速向上运动的粒子中,将有 e^{-1} 部分的粒子不经过碰撞就能到达大气外界.由此可以推导出,逸散层底的高度是水平方向平均自由程等于或大于标高的那个高度,一般起始于500 km 左右的高空.在此高度以下的大气有时也称为气压层(barosphere),即指这层大气中流体静力学公式尚能成立.逸散层底也就是气压层顶(barospause).逸散层一直延伸到2000~3000 km,逐渐过渡到行星际空间.

4.1.4 按电磁特性分层

高空大气中,除中性大气以外,还有因太阳辐射的光致电离作用而产生的离子和电子,使荷电粒子对中性粒子数密度之比随高度而增加.由于高空粒子稀少,碰撞概率极小,故这些荷电粒子受地球磁场的控制作用也随高度而增加.依据不同高度大气的电磁特性,可分成电离层和磁层.电离层以下也可称为中性层.

1. 电离层

电离层(ionosphere)指地表以上 60 km 到 500~1000 km 的气层. 在太阳电磁辐射(主要是短于 0.1 μm 的紫外线、X 射线)和微粒辐射(从太阳发出的质子、电子等及宇宙线粒子)的作用下, 空气分子和原子(N_2, O_2, O 等)开始电离为正离子和自由电子. 这些正离子和自由电子虽然只占中性气体的百分之几, 但因它是被电离了的, 所以在高层大气中引起一些很重要的现象, 这些现象包括产生电流和磁场, 对无线电波的反射及各种等离子体过程.

探测结果表明, 电子数密度在 90 km, 100 km, 300 km 高空处有峰值, 且在 300 km 高空处电子数密度最大(图 4.1). 依次向上称为电离层的 D 区(60~90 km), E 区(105~160 km)和 F 区(160~500 km 或 1000 km), 其中 F 区在白天还分为 F_1, F_2 两个区. 夜晚, 光致电离作用停止, 较低的 D 区和 E 区内的大多数电子和离子复合, D 区消失. 电离层各区的高度、厚度和电子数密度有明显的日变化、季节变化和纬度变化.

太阳活动对电离层有很大影响, 突出的是电离层突然扰动(Sudden Ionospheric Disturbance, 简称 SID)和电离层暴. 在此期间, 电离层的正常状态被破坏, 影响到中、短波的无线电通信.

2. 磁层

磁层(magnetosphere)起始于 500~1000 km, 其外部边界称为磁层顶(图 4.5). 磁层实际上是电离层的延伸, 在这个高度范围, 大气基本是完全电离的, 带电粒子的运动受到地球磁场的控制, 沿着地球的磁力线做回旋运动.

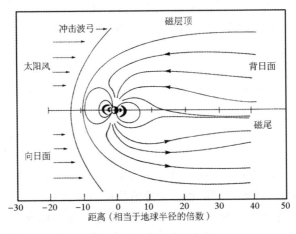

图 4.5　地球磁层的概略图

在强大的太阳风影响下, 磁层的结构极不对称. 太阳风是太阳向外喷射的高能等离子流, 到达地球附近时速率可达 300 km/s, 太阳活动激烈时, 速率高达 1500 km·s^{-1}. 地磁场近似于一个与地轴倾斜成 11°角的中心偶极子磁场. 由于太阳风和地磁场的相互作用, 改变了地磁场的对称分布, 向日面地磁场被压缩, 几乎成一球面形; 背日面地磁场被向后拉得很长, 形状近似圆柱体, 称为磁尾. 在太阳风和磁层之间的薄薄的边界层, 称为磁层顶. 磁层顶处地磁场的压力与太阳风的压力相平衡. 磁层顶在向日面离地心约 10 个地球半径, 在背日面达几百个至一千个地球半径, 整个磁层的形状像一颗彗星. 太阳风无法进入磁层, 只能绕着磁层顶的外侧连续流动, 被迫改变运动方向, 因此磁层是一个保护地球的天然屏障.

少量太阳风粒子能从磁层最弱的磁隙区进入到地球磁极附近, 冲击高层大气, 使分子或原

54

子受到激发;被激发的原子、分子通过与其他粒子碰撞或自身辐射回到基态时发出可见光,即造成了白天的极光.有的太阳风粒子绕到磁尾才能进入磁层,然后到达磁极附近冲击大气,造成夜晚的极光.因此极光分布在地磁的两极周围,形成一个椭圆形地带,称为极光卵形带.有太阳活动时,太阳风的强度增强,极光出现的次数就多.

部分太阳风的高能粒子和宇宙的带电粒子落入磁层后,在洛伦兹(Lorentz)力作用下,围绕地磁场的磁力线做螺旋运动.大量高能带电粒子在相似的轨道上沿磁力线在南北半球之间往返运动,形成了强辐射带.这个强辐射带是 1958 年范艾仑(van Allen)在分析探险者 1 号,3 号和 4 号的卫星资料时发现的,因此称为范艾仑辐射带,也称为地球辐射带(图 4.5 中的阴影区).它们近似于套在地球赤道周围的两个圆环,环的截面呈新月形,平行于地磁纬度,内辐射带距地心约 1～2 个地球半径,外辐射带距地心约 3～4 个地球半径,范围较大.内辐射带的强度稳定、少变,其高能粒子大多是质子,是宇宙线与空气分子碰撞产生的中子上升到磁层后蜕变成的质子和电子.外辐射带的高能粒子主要是来自于太阳风的电子,其强度随磁暴而变化.

磁层和辐射带保护了地球上的生物免受太阳风和宇宙线的袭击,是地球上的生物得以生存和繁衍的一个重要条件.

4.2 大气质量及其垂直分布

要估计大气的总质量,应该先求出单位截面积上空气柱的质量.此空气柱的下界是海平面,上界是大气上界.由于大气和行星际空间没有明显分界,可以取离地面无限远处为上界.单位截面积上空气柱质量为

$$m_0 = \int_0^\infty \rho \mathrm{d}z.$$

利用静力学方程 $\mathrm{d}p = -\rho g \mathrm{d}z$ 及大气上界处气压为零的条件,有

$$m_0 = -\int_{p_0}^0 \frac{\mathrm{d}p}{g} = \int_0^{p_0} \frac{\mathrm{d}p}{g}. \tag{4.2.1}$$

若把 g 近似地当做常数,取 $g = 9.8\,\mathrm{m/s^2}$,并假设全球平均地表气压 $\overline{p_0} = 985\,\mathrm{hPa}$,则

$$m_0 \approx \frac{p_0}{g} = \frac{98\,500}{9.80665}\mathrm{kg \cdot m^{-2}} = 10\,044\,\mathrm{kg \cdot m^{-2}}.$$

因为 g 随高度减小,因此以上估算的 m_0 值比实际大气的小.

设地球半径 $R_E = 6.37 \times 10^6\,\mathrm{m}$,则 m_0 乘以地球表面积 $4\pi R_E^2$ 可得大气的总质量,约为 $5.12 \times 10^{15}\,\mathrm{t}$.地球固体部分质量估计为 $6.0 \times 10^{21}\,\mathrm{t}$,海洋的质量为 $1.40 \times 10^{18}\,\mathrm{t}$,可知气圈质量约为水圈质量的 $1/273$,不及陆圈质量的 $1/10^6$.

对于以等压面 p_1 和 p_2 为上、下界面的气层,单位截面积气柱的质量为

$$m = \int_{p_2}^{p_1} \frac{\mathrm{d}p}{g} = \frac{p_1 - p_2}{g}. \tag{4.2.2}$$

与整个空气柱质量相比,这一段空气柱质量所占百分比为

$$\frac{m}{m_0} = \frac{p_1 - p_2}{p_0}. \tag{4.2.3}$$

表 4.1 是根据标准大气中各高度的气压值(中纬度平均状况),利用(4.2.3)式估算的不同高度以下的大气质量占整个大气质量的百分比.可以看出,对流层内集中了约 3/4 质量的大

气,而包括平流层在内的 50 km 高空以下的气层中集中了几乎全部的大气质量,这个厚度和地球半径相比是相当浅薄的.正如本篇开头所述,大气"好像是地球的一层薄壳",而"这薄薄的一层大气是地球生命赖以生存的保障".

表 4.1　不同高度以下大气质量占整个大气质量的百分比

高度/km	11	30	50	90
气压/hPa	226.4	11.97	0.8	1.8×10^{-3}
$m/m_0(\%)$	77.6	98.8	99.92	99.999

4.3　大气的主要下边界面——海洋

全球海洋面积为 3.6×10^8(亿)km^2,占地球表面总面积的 71%,平均水深约 3800 m.海水的物理、化学性质与大气的差别很大,和陆地的也截然不同.在 2.2 节中已提及,大气水汽的主要来源是海洋表面的蒸发,特别是副热带洋面的蒸发.不仅如此,海洋还是大气最重要的热源,也是气候变化的缓冲器和调节器,海流就是由低纬向高纬输送能量的重要工具.另外,广阔而均匀的洋面也是气团形成的源地之一.因此,洋面作为大气层的下边界面,研究其和大气之间各种物理量的输送和交换以及海-气的相互作用显得十分重要.大气对海洋的影响,主要表现在海水的流动;而海洋对大气的影响则主要表现在改变空气的温湿特性.在大规模的海气作用方面,最引人注目的就是发生在热带南太平洋和大气之间的厄尔尼诺南方涛动.

大气和海洋的相互作用和相互适应关系非常复杂,是大气科学和海洋科学中的重要研究课题,因此本节仅能做一简单介绍.

4.3.1　海洋的物理特性

海水中含有氯、钠等 80 多种元素,一般用盐度表示海水中的含盐量,海水盐度平均值约 3.47‰.海水的盐分组成几乎是常数,故可以把海水看成纯水和盐分的混合物.海水密度是盐度、温度和压力的函数,稍大于纯水的,一般是 1.0255～ 1.0285 t·m^{-3},这个密度约为海面附近空气密度的 800 倍.海水的总质量约为大气的 267 倍,而比热容又比空气大 4 倍,因此海洋有巨大的热容量.据估计,海洋的热容量是大气热容量的 3120 倍,海洋上层 3 m 厚海水的热容量就相当于整个大气的热容量.海洋具有如此巨大的热惯性,夏季升温和冬季降温自然都要缓慢得多,估计年变化只有几度.海水温度的日变化不到 0.1℃,这种特点使得沿海地区产生了一些特殊的气象过程,如海陆风环流等.

和大气类似,海洋在垂直方向也呈层状分布,按热力结构可分成三层(图 4.6):季节变化层、主跃层和下均匀层.季节变化层的厚度约 100 m 左右,由于风和波浪的搅拌混合作用,通常又称为上混合层.海水的状态参数(温度、盐度和密度等)随深度变化最显著的水层常称为跃层.在海洋表面的季节变化层中,由于太阳辐射和海-气相互作用的影响,中纬度的春、夏两季,季节变化层中会出现季节性温度跃层,如图中 B,D 线所示.因为太阳辐射能量的 90% 被海面约 10 m 的水层所吸收,因此随着太阳辐射的周日变化,在该层中还会出现周日温度跃层.季节变化层以下是一个厚约 1000～1500 m 的过渡层,其中温度、密度和盐度有一个跃变,称为主跃层(或主温跃层).主跃层是大洋热力结构的重要组成部分,它的强度在经向和纬向都有变化.主跃层以下是深层,该层内温度、密度和盐度的垂直分布变化很小,处于均匀状态,故又称为下均匀层.

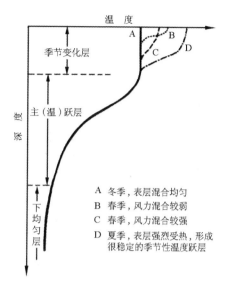

图 4.6 大洋中典型的温度垂直分布(引自中国大百科全书(海洋科学),1987)

海水温度随深度增加而降低,海水密度的变化趋势与温度相反,随深度增加而加大.海洋表层水温主要取决于太阳辐射,所以低纬海区比高纬海区水温高,温差达 30℃.在热带和温带,主跃层中水温迅速下降,深 1000 m 处降到约 4～5℃;2000 m 处约 2～3℃,3000 m 处约 1～2℃.深层海水温度几乎不受表面水温和季节、纬度的影响.总体来看,75% 的海水温度在 0～6℃ 之间,全球海洋平均温度约为 3.5℃.

海洋是大气最重要的热源.虽然从根本上说,大气能量的来源是太阳辐射能,但是大气和云仅能吸收太阳短波辐射的 20%.经过大气吸收、散射和地面的反射后,50% 的太阳辐射能到达地球表面,其中大部分被广阔的海洋所吸收.海水与土壤不同,其适中的透明度能够使太阳辐射影响到相当深的水层,因此海洋温度日变化能达到 15～20 m 深,年变化能达到 200～300 m 深.海洋巨大的质量和巨大的热容量使它成为一个巨大的太阳能储库,它通过红外辐射、湍流输送感热和水汽蒸发潜热等方式再向大气输送能量.因此,大气的热源主要是地球表面(海洋和陆地),而其中海洋是最重要的热源.

4.3.2 海流

海流即指海水以相对稳定速度所做的沿一定途径的大规模流动,也称洋流.影响海流的因素有盛行风、海水密度不均匀、地转偏向力、海底地形、海岸线轮廓和岛屿等.

大洋表面层的海流是由风对海面的摩擦作用产生的,顺着风的方向流动,称风海流.它与地球表面的风系相一致,例如北半球副热带高压下面的海流呈现出明显的顺时针环流,南半球环流方向则相反,是逆时针环流(图 4.7).不过,因为海流速率比气流速率平均约小 2 个数量级以上,所以海流比气流缓慢得多.在海洋与大气的相互作用中,动能是由大气向海洋输送的.

海流能将热带海洋存储的多余的太阳辐射能量输送到较冷的中、高纬度海洋,对地球气候可起到调节作用.在低纬度,北半球海流基本上顺时针流动,所以大陆东岸一般是从低纬到中高纬的暖洋流,著名的有太平洋黑潮、墨西哥湾(暖)流;大陆西岸一般是从中高纬到低纬的冷

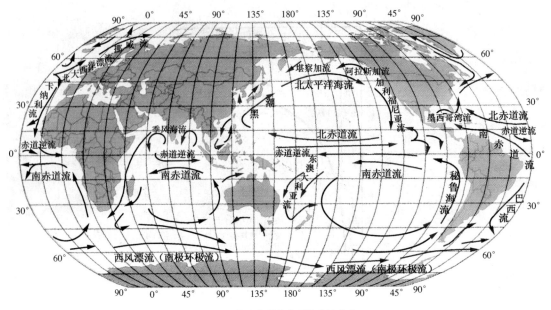

图 4.7 全球海洋的主要海表流分布

洋流,例如北美西岸的加利福尼亚(冷)流.南半球正相反,典型的有南美西岸的秘鲁(冷)海流.在中、高纬度,北半球海流基本上按逆时针流动,大陆东岸是冷流,西岸是暖流,例如亚洲东岸是堪察加冷流,而北美西岸是阿拉斯加暖流.南半球的中高纬海区,由于西风盛行,形成绕地球一周的南极环极流.

暖流区能提供给大气热量,对大气有加热作用;冷流区则从大气获得热量.墨西哥湾(暖)流北上流向东北的分支——北大西洋漂流,使西、北欧的气候温和湿润,使挪威成为高纬地区最温暖且沿海冬季从不结冰的国家.太平洋黑潮使日本的气候温和湿润,年平均气温明显高于同纬度的美国加利福尼亚地区,太平洋东、西两岸温差约达 10℃.可以说,如果没有海流输送热量和调节作用,极地和赤道间的温差将更大,地球上的大气运动和天气现象将会更加剧烈.

图 4.8 是全球海平面平均气温分布图,可以看出,等温线不是简单的与纬线平行,而是和地形、海陆分布及地表面性质有关,而且大陆边缘的等温线多与海岸平行.这不但是由于海洋和陆地物理性质的巨大差异所引起,而且上述的冷暖海流也有很大影响.

1 月份(图(a)),北半球大陆上寒冷,海洋上相对比较温暖.西伯利亚东北部和格陵兰是两个最冷中心.因受暖海流影响,欧洲西部和美洲西海岸的温度比同纬度的亚洲东部和美洲东海岸高.7 月份是北半球夏季,由图(b)可见大陆比海洋热得多.北半球 15~35°N 附近的亚洲、非洲和北美西南部有一条明显的高温带,平均温度大于 30℃,其中非洲北部的撒哈拉大沙漠是全球最热的地方,平均温度接近 40℃.

南半球具有辽阔的海洋,所以等温线大多与纬圈平行,且分布比较均匀.南半球夏季(1 月)的最暖中心也在大陆上,位于非洲南部、澳大利亚和南美中部的 15~30°S 地带,但不如北半球的明显.

赤道附近的热带地区,由于全年太阳辐射的变化不大,故年变化不显著.

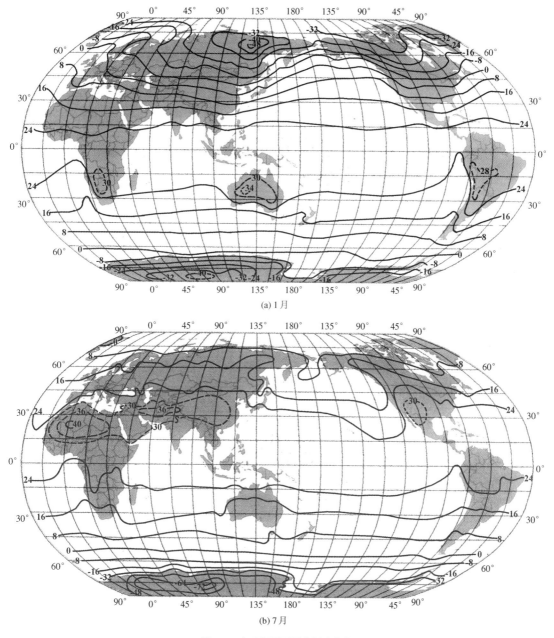

(a) 1月

(b) 7月

图 4.8　全球海平面平均温度分布

习　题

1. 支配地球大气中气体成分随高度分布的因素有哪些？地面上大气与 500 km 高空以上大气有何不同？

2. 地球具有哪些独特的条件，使它成为太阳系中唯一存在生命的星球？

3. 已知地面气压 $p = 1000\ \text{hPa}$，温度 $t = 10\,℃$，露点 $t_d = 5\,℃$.

　　(1) 请求出其比湿 q，虚温 t_v 和空气密度 $\rho(\text{kg} \cdot \text{m}^{-3})$；

　　(2) 若温度和比湿不随高度改变，求 850 hPa 等压面离地面的高度 $Z(\text{gpm})$；

(3) 若在 850～1000 hPa 的气层中，比湿不随高度变化，求出底面积为 $1\ m^2$ 的气柱中的水汽总质量 m_v $(kg \cdot m^{-2})$，如果其全部凝结为液体水落至地面，则水层有多厚（单位：cm）？

4. 已知大气中氖的平均浓度是 18 ppmv，计算大气中氖的总质量.

5. 假设地面气压为 1000 hPa，对流层顶为 200 hPa，求对流层内单位截面积气柱质量，并估计这种条件下对流层内空气质量占整个大气质量的百分数. 假设对流层内平均重力加速度为 $9.78\ m \cdot s^{-2}$.

参 考 文 献

[1] NOAA et al. , U. S. Standard Atmosphere, 1976，U. S. Goverment Printing office,1976.
美国国家海洋和大气局,美国航宇局和美国空军部. 标准大气(美国,1976).任现森,钱志民,译. 北京：科学出版社,1982.

[2] 王衍明. 大气物理学. 青岛海洋大学出版社,1993.

[3] 王永生,等. 大气物理学. 北京：气象出版社,1987.

[4] 王明星. 大气化学. 北京：气象出版社,1991.

[5] 许绍祖. 大气物理学基础. 北京：气象出版社,1993.

[6] 中国大百科全书(大气科学、海洋科学、水文科学卷). 北京：中国大百科全书出版社,1987.

[7] 周秀骥,等. 青藏高原地区大气臭氧变化的研究. 气象学报,2004,62(5)：513～526.

[8] Banks P M, Kockarts G. , Aeronomy. Academic Press,New York：1973.

[9] Bolton D. The computation of equivalent potential temperature. Mon. Wea. Rew. , Vol. 1980, 108：1046～1953.

[10] Dütsch H U. Photochemistry of Atmospheric Ozone. Advances in Geophysics，Vol. 15. Academic Press，New York, 1971.

[11] Houghton J T. The Physics of Atmospheres. Cambridge University Press，1986.

[12] Iribarne J V, Cho H R. Atmospheric Physics. D. Reidel Publishing Company, 1980.

[13] Iribarne J V, Godson W L. Atmosphere Thermodynamics. D. Reidel Publishing Company,1981.

[14] Lydolph P E. Weather and Climate. Totowa N J：Rowman & Allanheld, 1985.

[15] Murray F W. On the computation of saturation vapor pressure. J. Appl. Meteor. , No. 6, 203～204.

[16] Peixoto J P,and A H Oort. Physics of Climate，AIP Press, 1992.
吴国雄，刘辉，等译. 气候物理学(中译本). 北京：气象出版社,1995.

[17] Stolarski R S. 南极臭氧洞.科学(中文版),1988 年第五期.

[18] Wallace J M, Hobbs P V. Atmospheric Science, An Introductory Survey. New York, Academic Press，1977.
王鹏飞等译.大气科学概观.上海科学技术出版社,1981.

第二篇　大气物理基础

　　大气物理学把物理学中的各种基本规律应用到大气中,用以解释大气中发生的各种过程的物理本质,而大气中出现的各种现象又丰富和促进了物理学的发展.大气物理学与物理学内容相对应的学科,分别称为大气动力学、大气热力学、大气电学、大气光学和大气声学等.

　　大气运动的能量来源于太阳辐射,地面和大气中的辐射过程从大尺度开始控制了地球大气系统的能量平衡,从而决定了地球气候的基本特征.大气热力学和大气动力学原理是研究大气中各种现象和各种过程的基本出发点.因此,本篇将讨论大气辐射、大气热力学和大气动力学的基本概念和基本理论,作为进一步学习和了解大气物理学其他分支学科的基础.

第五章　地面和大气中的辐射过程

地球作为飘浮在宇宙空间的一个物体,它只有通过辐射过程才能与其周围环境交换能量并最终达到某种平衡(虽然地球大气系统也接收到其他天体发送过来的粒子流,但从能量角度来讲是微不足道的).地球围绕着太阳运行,太阳辐射的能量是地球最重要的能源.因此需要研究太阳、地球及大气中的辐射能交换,掌握辐射能量在大气中传输和转换的规律.

本章首先叙述有关大气辐射的基本物理概念和基本定律,然后讨论大气对辐射能传输的影响,包括吸收、散射等过程.第三部分是有关太阳辐射的特性及其在大气中传输的过程.第四部分研究地球大气自身发射的辐射及其与周围环境取得平衡的问题.最后讨论地球大气系统的辐射平衡以及通过长期的观测,目前掌握的有关辐射量分布的情况.利用这些知识,可以解释有关地球大气系统气候的形成、地球上气候带的形成等问题.

5.1　辐射的基本概念

任何物体,只要温度大于绝对零度,都以电磁波形式向四周放射能量,同时也接收来自周围的电磁波.这是物质的本性决定的,是由物质本身的电子、原子、分子运动产生的.一般把这种电磁波能量本身称为辐射能(简称为辐射),而把这种能量传播方式称为辐射.有时,把放射性物质的粒子放射(α 射线,β 射线和中子射线)也称为辐射,但这种粒子辐射不属于本章论述的范围.我们研究的仅仅是电磁辐射问题.

本章一般不深入研究辐射过程的内部机制(涉及原子、分子内部的能级结构及跃迁),而是着重从能量观点讨论与辐射热力学有关的大气辐射问题.

5.1.1　电磁辐射

电磁波可以用频率 f,波长 λ,波数 ν 和波速 c 来描述,其间的关系为

$$\lambda \cdot f = c, \quad \nu = \frac{1}{\lambda} = \frac{f}{c}. \tag{5.1.1}$$

在大气科学中,波长 λ 的单位常用 $\mu m(10^{-6}\ m)$,但在紫外和可见光波段也用 $nm(10^{-9}\ m)$.在红外波段讨论辐射传输时常用波数,因为它和光子携带的能量成正比.波数的常用单位为 cm^{-1},表示在 1 cm 空间距离内有几个波动.频率 f 的单位则用赫兹(Hz)等,表示 1 秒钟内振动的次数.

不同波长或频率的电磁波有不同的物理特性,因此可以用波长和频率来区分电磁辐射,并给以不同的名称,称之为电磁波谱.波长最短的是宇宙线,从 γ 射线到波长最长的无线电波(波长可达数千米)的电磁波谱如图 5.1 所示.由图可见,可见光波段是整个电磁波谱中很窄的一部分.红外波段又可分为近红外与远红外波段.无线电波的波长从亚毫米到兆米,其中的亚毫

米波到分米波常称为微波而单独列出.不同波段具有不同的物理特性,要采用不同的技术进行探测.

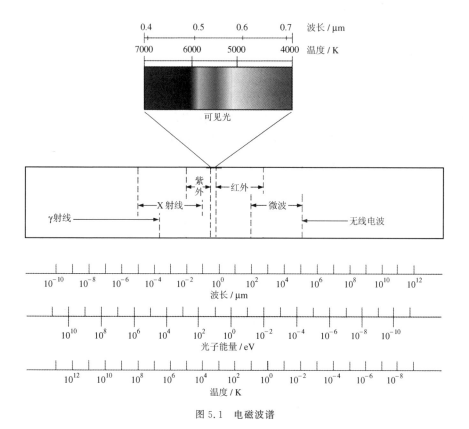

图 5.1 电磁波谱

太阳、地球和大气辐射的波长范围基本上在 $0.1 \sim 120\ \mu m$,即紫外波段、可见光和红外波段部分.可见光波段集中了太阳辐射的主要能量,不但对地球大气辐射收支有着重要影响,而且不同波长的辐射还提供给人眼不同的色彩感觉(表 5.1).在微波波段,直到几十厘米波长还有少量的辐射,也为大气科学工作者所关注.

表 5.1 各种颜色光对应的波长

颜 色	紫	靛	蓝	绿	黄	橙	红
波长范围 /μm	$0.40 \sim 0.43$	$0.43 \sim 0.45$	$0.45 \sim 0.50$	$0.50 \sim 0.57$	$0.57 \sim 0.60$	$0.60 \sim 0.63$	$0.63 \sim 0.76$

5.1.2 描述辐射场的物理量

对辐射的讨论首先要引进辐射场的概念.大气中的许多参量都是以场的形式出现的,如温度场、气压场、风场等,其中温度场、气压场是标量场,风场是矢量场,它们都是空间和时间 (x,y,z,t) 的函数;辐射场则是比上述参量更复杂的场.本节介绍在大气科学中描述辐射场的主要特征量.

1. 辐射通量

辐射通量(radiant flux)指单位时间内通过某一平面(或虚拟平面)的辐射能,也称为辐射功率,单位为 J/s 或 W. 辐射通量也可指单位时间内某个表面发射或接收的辐射能. 本章中以 Φ 表示辐射通量.

2. 辐亮度

可见光能为人眼所见,人们对它有较多的感性知识,因此先用可见光来讨论一些物理概念,然后再推广到其他波段是比较方便的.

当我们白昼站在户外,抬头远望天空各个方向时,都可以看到有光亮,而且也可感觉到不同方向的光亮程度是不相同的. 在靠近太阳的地方,天空要亮一些,而在其反面,天空要暗些. 在大气辐射中把这一亮度称为辐亮度(radiance),常用字母 L 表示,它是反映辐射场特性最重要的物理量. 现以 θ 表示天顶角,φ 表示方位. 由上面的讨论可知,天空辐亮度至少应该是观测位置 (x,y,z)、观测时间 t 和观测方向 (θ,φ) 的函数. 若再考虑到不同颜色的光有不同的亮度,则应有

$$L = L(x,y,z,\theta,\varphi,\lambda,t). \tag{5.1.2}$$

可以看出,辐亮度是一个很复杂的空间场. 辐亮度也称为辐射率.

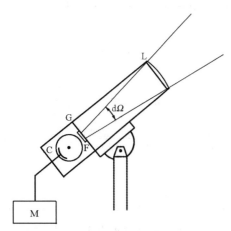

图 5.2　光度计示意图

定量测量天空辐亮度的装置,最基本的是光度计,它由物镜 L,小孔光阑 G,滤光片 F,光电接收器 C 和显示器 M 组成(图 5.2). 设物镜的通光面积为 $\mathrm{d}A$,在物镜焦平面上放置光阑 G. 物镜和光阑组合,可让立体角 $\mathrm{d}\Omega$ 中的光进入光电接收器. 滤光片只让一定波长的光通过,这些光经光电接收器转变成电信号后到达显示器. 光度计架设在空间 (x,y,z) 点,指向天空的 (θ,φ) 方向. 经过定标的光度计显示的读数就表示在 (x,y,z) 点和时刻 t,由 (θ,φ) 方向射来的、通过 $\mathrm{d}A$ 面积和立体角 $\mathrm{d}\Omega$ 且在波长 $\mathrm{d}\lambda$ 范围中的辐射功率 $\mathrm{d}\Phi$. 归算到单位面积、单位球面角和单位波长间隔,有

$$L(x,y,z,\theta,\varphi,\lambda,t) = \frac{\mathrm{d}\Phi}{\mathrm{d}A \cdot \mathrm{d}\Omega \cdot \mathrm{d}\lambda}, \tag{5.1.3}$$

此处 L 的单位为 $\mathrm{W \cdot m^{-2} \cdot sr^{-1} \cdot \mu m^{-1}}$. 因此辐亮度的物理意义是:在辐射传输方向上的单位球面角内,通过垂直于该方向的单位面积、单位波长间隔的辐射功率,也称为单色辐射强度. 一般来说,这个量表示了辐射场内任一点在任一方向上、任一波长处辐射的强弱程度. 假如 L 与观测位置 (x,y,z) 无关,则辐射场是均匀的;假如 L 与观测方向 (θ,φ) 无关,则辐射场在该点是各向同性的;假如 L 与时间 t 无关,则辐射场就是定常的.

3. 辐射通量密度

辐亮度虽然是反映辐射场特性的基本物理量,但它的变量太多,过于复杂,有时不便于应用. 现引入辐射通量密度(radiant flux density)的概念,即指辐射场内任一点处通过单位面积的辐射功率,也称为辐照度(irradiance),以 E 表示. 设有一空间平面,通过该平面的辐射通量密度可认为是从各个方向射来的辐亮度在法线方向分量的累加,即

$$E = \int L \cdot \cos\theta \, \mathrm{d}\Omega, \tag{5.1.4}$$

这里 θ 为辐亮度方向与平面法线之间的交角.

考虑到大气中各种变量在水平方向的变化率远小于垂直方向的变化率,因此经常可假设大气是水平均一的,相应的大气模型称为平面平行大气.在平面平行大气中,由于水平方向的辐射分量都相同,它们对局地能量平衡不起作用,因此将主要考虑垂直方向的辐射分量,即考虑通过某一高度的水平面的辐射通量密度.

计算水平面上的辐射通量密度时,分别对从上半球和下半球入射辐射的垂直分量进行积分.球坐标中的立体角为 $d\Omega = \sin\theta\, d\theta\, d\varphi$,其中 θ 角的取法是(不同文献的规定可能不同):规定水平面的法线方向是自下向上,θ 角从法线方向开始顺时针从 0 增大到 π.因此,向上辐射的 θ 为 $0\sim\frac{\pi}{2}$,向下辐射的 θ 为 $\frac{\pi}{2}\sim\pi$.我们有

$$\begin{cases} E^{\uparrow} = \left| \int_0^{2\pi}\int_0^{\pi/2} L \cdot \cos\theta \cdot \sin\theta\, d\theta\, d\varphi \right|, \\ E^{\downarrow} = \left| \int_0^{2\pi}\int_{\pi/2}^{\pi} L \cdot \cos\theta \cdot \sin\theta\, d\theta\, d\varphi \right|, \end{cases} \tag{5.1.5}$$

其中 $E^{\uparrow}$ 为自下向上的辐射通量密度,$E^{\downarrow}$ 为自上向下的辐射通量密度.为了使这两项均为正值(这样从物理概念上更清楚一些),在积分后取绝对值.这两个辐射通量密度之差称为净辐射通量密度或净辐照度,写为

$$E^{*} = E^{\downarrow} - E^{\uparrow}. \tag{5.1.6}$$

净辐射通量密度的单位为 $W \cdot m^{-2} \cdot \mu m^{-1}$,其值的正和负分别代表了从上往下的净辐射通量密度和从下往上的净辐射通量密度.

净辐射通量密度在讨论大气辐射平衡时有重要的应用.例如,讨论一薄层空气,它的上边界有一个向下的净辐射通量密度,而其下边界有一个向上的净辐射通量密度,那么对这气层而言,辐射能的收支是正的,气层温度将升高;反之,气层将降温.

4. 辐射源

往外发射辐射的物体称为辐射源.最简单的辐射源是点源,这是一种理想的情况,即其几何尺度可以被忽略.假设源向四周发射是均匀的,发射辐射的功率为 W,则在以点源为中心、半径为 r 的球表面上的辐照度为

$$E = \frac{W}{4\pi r^2}, \tag{5.1.7}$$

这里辐射传输的方向都在半径方向.可见,点源的辐照度随距离的变化服从反平方规律.

在离点辐射源距离相当大并且在讨论相对比较小范围中的问题时,可以把由点源发出的辐射当做平行辐射或平行光来处理.平行辐射的特点是:在不考虑吸收和散射等因素时,平行光在任何位置上的辐照度应是常数.在大气辐射中,我们常把来自太阳的直接辐射看做平行光.因为地球离太阳的距离约为 $d = 1.5 \times 10^8$ km,而大气辐射学中讨论的最大尺度是地球半径的尺度,即 $R_E = 6371$ km.在这样一个范围中,太阳辐射的强度仅变化 $[(d+R_E)/d]^2 = 1.000\,084$.因此把太阳辐射当做平行光,认为其辐照度不随距离变化是合理的.

对于平行辐射,由于辐射能是在同一方向上传播,射线所张的立体角为零,此时辐亮度的概念不再适用.若需计算某一平面上的辐射通量密度,只需要知道平行辐射的辐照度和传播方向即可.例如,需计算地面接收到的太阳辐射,设太阳的天顶角为 θ,则该地水平面上接收的太

阳积分(所有波长)辐照度为

$$S' = S\cos\theta,\tag{5.1.8}$$

式中 S 为与日光垂直平面上的太阳积分辐照度.

再进一步讨论广泛存在的面辐射源.面辐射源的特点是它可以向 2π 立体角中发射辐射能.对面辐射源首先关心的是其辐出度,即通过单位面积在面源的法线方向射出的能量有多少,因为它和辐射体的能量收支直接相关.辐出度,全称辐射出射度(radiant exitance),本书中以 F 表示,其单位是 W·m^{-2}.对于某一波长,可写成 F_λ,并且有

$$F = \int F_\lambda \mathrm{d}\lambda.$$

式中 F_λ 称为谱(或单色、分光)辐出度,单位是 $\text{W·m}^{-2}\text{·}\mu\text{m}^{-1}$.

一般来说,辐射面源射向各个方向的辐亮度是不同的,具有方向性.若辐亮度不随方向 θ 变化,这类辐射体就称为朗伯体(朗伯面).朗伯体是向所有方向以同一辐亮度发射辐射的物体.在大气辐射研究中,朗伯体是一个重要的概念,我们常常把太阳、陆地表面看做朗伯面;而平静的水面因有反射,则不能当做朗伯面处理.

例题 5.1 从一无限平面向所有方向以均一的辐亮度 L 发射辐射,平行于此表面的平面上的辐照度 E 等于多少?

解 由于上述无限平面向所有方向以均一的辐亮度 L 发射辐射,设想在平面上方的某一点架设一台光度计测量来自该表面不同方向的辐亮度,其值都将为 L(设途中无衰减).由于从无限大平面来的辐亮度可与从半球空间来的辐亮度同样处理,因此平行于此表面的平面上的辐照度 E 可通过下面的积分计算出:

$$E = \int_0^{2\pi} L\cos\theta\,\mathrm{d}\Omega = L\int_0^{2\pi}\int_0^{\pi/2}\cos\theta\sin\theta\,\mathrm{d}\theta\,\mathrm{d}\varphi = \pi L.\tag{5.1.9}$$

在上面的计算中,第一个积分式是对 2π 立体角进行的,第二个积分式则展开为对方位和天顶角进行.顺便说明,某些情况下,若投射来的辐射不是来自于整个半球空间,就不能得出上面的 $E = \pi L$ 的结果,而要按具体情况定出积分空间,由(5.1.4)式进行积分计算.

根据互易性,由(5.1.9)式可得到一个十分重要的规律,即对于朗伯体(朗伯面),其辐亮度与辐出度之间有下列的简单关系:

$$F = \pi L.\tag{5.1.10}$$

这就是著名的朗伯定律.由于绝对黑体是朗伯体,而一般物体的放射能力和黑体辐射是有联系的(基尔霍夫定律),因此在大气辐射的研究中,朗伯定律得到广泛应用.

5.2 辐射的物理规律

5.2.1 吸收率、反射率和透射率

射至物体的辐射能,一部分会被物体吸收变为内能或其他形式的能量,一部分会被反射回去,而其余部分则会透过物体.设投射到物体的辐射能为 Q_0,被吸收的部分为 Q_a,被反射的部分为 Q_r,被透射的部分为 Q_t.从能量守恒考虑应有

$$Q_0 = Q_a + Q_r + Q_t.\tag{5.2.1}$$

定义:吸收率 $A = \dfrac{Q_a}{Q_0}$,反射率 $R = \dfrac{Q_r}{Q_0}$,透射率 $\tau = \dfrac{Q_t}{Q_0}$(又称为透过率),则有

$$A + R + \tau = 1.\tag{5.2.2}$$

当物体不透明时，$\tau=0$，则有 $A+R=1$，这时反射率大的物体吸收率一定小.

吸收率、反射率、透射率的概念可用于各种波长.对于某一定波长的辐射，称为单色（或分光、谱）吸收率、反射率和透射率，分别记为 A_λ，R_λ 和 τ_λ.而对于某一个波段，也有相应的该波段的吸收率、反射率和透射率.对于一比较宽的谱段（如可见光波段和太阳辐射），常将物体表面的反射辐射通量与入射辐射通量之比称为反照率.

各种物体对不同波长的辐射具有不同的吸收率与放射率，构成了该物体的吸收光谱或辐射光谱.

1. 黑体

如果某一物体对任何波长的辐射都能全部吸收，即 $A=1$，则称该物体为绝对黑体，相应地，必有 $R=0$，$\tau=0$.如果物体仅对某一波长全部吸收，即 $A_\lambda=1$，则称该物体对这一波长为黑体.

绝对黑体在自然界是不存在的.吸收率最大的物体，例如烟炱黑对可见光各波段的吸收率均超过 0.95，接近于 1，但在远红外波段其吸收率比 1 小得多，因此不能说它是绝对黑体.在实验室可以人工制造出尽可能接近于绝对黑体的表面.如图 5.3 所示，容器是开一个小孔 C 的密闭空腔，其壁厚且内层涂以烟炱黑，使其

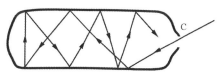

图 5.3　黑体示意图

吸收率接近于 1.入射到小孔的辐射要经过多次反射，最后只有很少一部分能由 C 出来.设内壁的反射率为 R，入射辐射 Q_0 经一次反射为 RQ_0，二次反射后为 R^2Q_0，$\cdots$，n 次反射后为 R^nQ_0，而吸收率为 $1-R^n$.即使 $R=0.1$，$n=4$，吸收率也可达到 0.9999，已经很接近 1 了，何况 n 还要更大些.于是可认为小孔能吸收全部入射的辐射能，小孔所张的面就是一个绝对黑体面.实际上有关黑体辐射性质的实验装置就是用这种原理制作的.

应当注意，这里所讨论的黑体与一般所谓黑色物体是有区别的，因为黑色物体只表明它对可见光的反射性质.我们不能仅根据物体的颜色来判断它对各波段的吸收能力，例如洁白的雪面对远红外波段而言，远比一般物体更接近于黑体.

2. 灰体

如果物体的吸收率 A 不随波长而变，但 $A<1$，则称该物体为灰体.例如，地面对长波辐射的吸收率近于常数，故可认为地面为灰体，且吸收率 A 极近于 1.

5.2.2　平衡辐射的基本规律

自然界的任何物体都通过辐射过程交换着能量.如果没有其他方式的能量交换，一物体的热量得失及热状态的变化就取决于放射和吸收的辐射能之间的差值.当物体放射出的辐射能恰好等于吸收的辐射能时，该物体处于辐射平衡.这时物体处于热平衡态，可以用态函数——温度来描述，所以平衡辐射也称为温度辐射.

一般来说，物体的辐射能量收支并不相等，也就是物体不是辐射平衡的.但如果辐射热交换的过程相当缓慢，使物体中内能的分布来得及均匀变化，并继续处于热平衡状态，那么这时的辐射可视为具有准平衡性质.这时物体的温度虽然在变化，但每一给定瞬间，物体的状态可以看做是平衡的，仍可以用一定的温度来描述它.一般认为地面至高空 $60\,\mathrm{km}$ 以下的大气处于局地辐射平衡状态，因此可用平衡辐射的规律来解决平流层以下的大气辐射问题.

下面将讨论物体处于热动平衡状态下发射和吸收辐射的物理规律,即基尔霍夫(Kirchhoff)定律、普朗克(Planck)定律、斯蒂芬-玻尔兹曼(Stefen-Boltzmann)定律和维恩(Wien)定律.

1. 基尔霍夫定律

在物体的吸收能力和辐射能力之间,也就是吸收光谱和辐射光谱之间,存在着一定的关系.实验表明,相同温度的物体,吸收率大的辐射率(辐射出射度)也大;反之,吸收率小的辐射率也小.可以这样来推论:设想在一个真空封闭系统中有几个温度不同的物体,物体间只能通过辐射交换能量.经过相当长时间后,温度会变得彼此相等,达到辐射平衡.由于各物体有不同的吸收能力与辐射能力,显然只有吸收率大的物体其辐射率也大,吸收率小的物体其辐射率也小,系统最终才能达到辐射平衡.进一步推论可知,物体对某一波长的吸收率大,则该波长的辐射率也大;对某一波长的辐射不吸收,也就不放射该波长的辐射.例如,钠的蒸气能够吸收黄色的光,高温钠蒸气也会向外放射黄色的光.

基尔霍夫在 1859 年由热力学定律论证了上述现象,指出在热平衡条件下,任何物体的辐射率(辐出度)$F_{\lambda,T}$ 和它的吸收率 $A_{\lambda,T}$ 之比值是一个普适函数.该普适函数只是温度和波长的函数,而与物体的性质无关.以公式表示有

$$\frac{F_{\lambda,T}}{A_{\lambda,T}} = f(\lambda,T). \tag{5.2.3}$$

这就是基尔霍夫定律,式中 $f(\lambda,T)$ 表示普适函数.

如果有几种物体,在同一温度,对同一波长的吸收率分别为 $A_{\lambda,T}^1, A_{\lambda,T}^2, A_{\lambda,T}^3, A_{\lambda,T}^4, A_{\lambda,T}^5$,辐出度分别为 $F_{\lambda,T}^1, F_{\lambda,T}^2, F_{\lambda,T}^3, F_{\lambda,T}^4, F_{\lambda,T}^5$,则有

$$\frac{F_{\lambda,T}^1}{A_{\lambda,T}^1} = \frac{F_{\lambda,T}^2}{A_{\lambda,T}^2} = \frac{F_{\lambda,T}^3}{A_{\lambda,T}^3} = \frac{F_{\lambda,T}^4}{A_{\lambda,T}^4} = \frac{F_{\lambda,T}^5}{A_{\lambda,T}^5} = f(\lambda,T). \tag{5.2.4}$$

显然,当某一物体对该波长为黑体($A_{\lambda,T}=1$)时,其辐出度就等于 $f(\lambda,T)$.现以 $F_B(\lambda,T)$ 表示黑体的辐出度,则有 $F_B(\lambda,T)=f(\lambda,T)$.因此,基尔霍夫定律表明:任何物体的辐出度和它的吸收率之比都等于同一温度下黑体的辐出度 $F_B(\lambda,T)$.而且还可以看出,在相同温度时,黑体的辐出度是最大的,其他物体都无法超过它.

通常定义物体的放射能力 $F_{\lambda,T}$ 和黑体的辐射能力 $F_B(\lambda,T)$ 之比为比辐射率 $\varepsilon_{\lambda,T}$,则上述的基尔霍夫定律也可以写成下列形式:

$$\varepsilon_{\lambda,T} = A_{\lambda,T}, \tag{5.2.5}$$

即物体的比辐射率和其吸收率相等.

基尔霍夫定律的意义在于:它将物体的吸收能力和放射能力联系了起来,只要知道了某种物体的吸收率,也就知道了它的比辐射率.特别是它将各种物体的吸收、放射能力与黑体的放射能力联系了起来,这是很有意义的,因为绝对黑体的辐射规律从理论上和实验上都已研究得十分清楚,只要知道物体的吸收光谱,物体的辐射特性也就完全确定了.

2. 普朗克定律

绝对黑体的辐射光谱对于研究一切物体的辐射规律具有根本的意义.1900 年,普朗克开创性地引进了量子概念,将辐射当做不连续的量子发射,成功地从理论上得出了与实验精确符合的绝对黑体辐射率随波长变化的函数关系,即普朗克定律.表达式为

$$F_B(\lambda,T) = \frac{2\pi c^2 h}{\lambda^5}(e^{\frac{ch}{k\lambda T}}-1)^{-1} = \frac{c_1}{\lambda^5}(e^{c_2/\lambda T}-1)^{-1}, \tag{5.2.6}$$

式中 $F_B(\lambda, T)$ 是绝对黑体的分光辐出度,单位为 $W \cdot m^{-2} \cdot \mu m^{-1}$;第一辐射常数 $c_1 = 2\pi c^2 h = 3.7427 \times 10^8 \ W \cdot \mu m^4 \cdot m^{-2}$;

第二辐射常数 $c_2 = \dfrac{ch}{k} = 14\,388 \ \mu m \cdot K$. 这里 c 为光速,h 为普朗克常数,k 为玻尔兹曼常数.

这里应当说明,绝对黑体的分光辐出度指由一个表面向外发射能量的大小,它并不涉及这些能量的出射方向.更具体地说,它只是向各个方向射出能量在表面法线方向分量的总和,是通量.由于绝对黑体都是服从朗伯定律的,因此黑体的分光辐亮度($W \cdot m^{-2} \cdot \mu m^{-1} \cdot sr^{-1}$)为

$$B(\lambda, T) = \frac{1}{\pi} F_B(\lambda, T) = \frac{c_1}{\pi \lambda^5} (e^{c_2/\lambda T} - 1)^{-1}. \qquad (5.2.7)$$

$B(\lambda, T)$ 称为普朗克函数,也常写为 $B_\lambda(T)$. 由普朗克定律可以得出各种温度下绝对黑体的辐射光谱曲线(图 5.4). 表 5.2 列出了与图 5.4 对应的不同温度时黑体辐射光谱的峰值波长、相应的辐亮度 $B(\lambda, T)$、黑体总的辐射能力 F_T(见下节)以及辐亮度下降到峰值的一半时的左、右两个波长 $\lambda_{max/2}^-$ 和 $\lambda_{max/2}^+$. 由图和表可看出不同温度时黑体辐射光谱的差异:

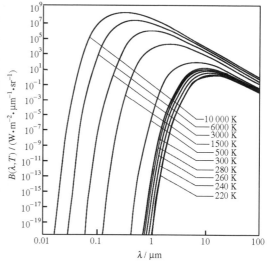

图 5.4　不同温度黑体辐射光谱曲线

(1) 理论上,任何温度的绝对黑体都放射 $0 \sim \infty \ \mu m$ 波长的辐射,但温度不同,辐射能量集中的波段也就不同.显然,随着温度的下降,辐射能量集中的波段向长波方向移动.

(2) 当温度升高时,各波段放射的能量均加大,积分辐射能力 F_T 也随着迅速加大,且能量集中的波段向短波方向移动.例如,当加热一块铁时,随着温度的升高,铁块向外辐射的能量增加,而且颜色由暗红变红,再变黄直至发出耀眼的白光.

(3) 每一温度下,都有辐射最强的波长 λ_{max},即光谱曲线有一极大值,而且随温度升高,λ_{max} 变小.

表 5.2　不同温度时黑体辐射光谱的特征值

T/K	$\lambda_{max}/\mu m$	$B(\lambda_{max}, T)/(W \cdot m^{-2} \cdot \mu m^{-1} \cdot sr^{-1})$	$F_T/(W \cdot m^{-2})$	$\lambda_{max/2}^-/\mu m$	$\lambda_{max/2}^+/\mu m$
10 000	0.290	4.095×10^8	5.670×10^8	0.178	0.527
6000	0.483	3.185×10^7	7.348×10^7	0.296	0.879
3000	0.964	9.952×10^5	4.592×10^6	0.594	1.770
1500	1.923	3.110×10^4	2.870×10^5	1.191	3.532
1000	2.911	4.095×10^3	5.670×10^4	1.786	5.297
500	5.808	1.280×10^2	3.544×10^3	3.565	10.568
300	9.638	9.852	4.592×10^2	5.970	17.701
280	10.375	7.048	3.485×10^2	6.368	18.880
260	11.169	4.866	2.591×10^2	6.855	20.324
240	12.023	3.261	1.881×10^2	7.447	22.080
220	13.183	2.111	1.328×10^2	8.091	23.988

3. 斯蒂芬-玻尔兹曼定律和维恩定律

在普朗克定律提出之前,根据实验和热力学理论曾提出过两个关于黑体辐射的定律,即斯蒂芬-玻尔兹曼定律和维恩定律.

1879 年,斯蒂芬由实验发现,绝对黑体的积分辐出度与其温度的 4 次方成正比,即

$$F_T = \sigma T^4. \qquad (5.2.8)$$

后来(1884 年)玻尔兹曼由热力学理论得出了这个公式.现在我们可以从普朗克定律得出这一关系.由

$$F_T = \int_0^\infty F_B(\lambda, T)\,\mathrm{d}\lambda = \int_0^\infty \frac{c_1}{\lambda^5}(\mathrm{e}^{\frac{c_2}{\lambda T}} - 1)^{-1}\,\mathrm{d}\lambda \qquad (5.2.9)$$

作变量替换,令 $X = \dfrac{c_2}{\lambda T}$,则 $\lambda = \dfrac{c_2}{XT}$,$\mathrm{d}\lambda = -\dfrac{c_2}{T}\dfrac{\mathrm{d}X}{X^2}$,得

$$F_T = \frac{c_1}{c_2^4}T^4 \int_0^\infty \frac{X^3}{\mathrm{e}^X - 1}\,\mathrm{d}X,$$

其中积分 $\displaystyle\int_0^\infty \frac{X^3}{\mathrm{e}^X - 1}\,\mathrm{d}X = \frac{\pi^4}{15}$. 于是有 $F_T = \dfrac{c_1}{c_2^4}\dfrac{\pi^4}{15}T^4 = \sigma T^4$,式中 σ 称为斯蒂芬-玻尔兹曼常数.

$$\sigma = \frac{c_1}{c_2^4}\frac{\pi^4}{15} = 5.6696 \times 10^{-8}\ \mathrm{W \cdot m^{-2} \cdot K^{-4}}. \qquad (5.2.10)$$

利用(5.2.8)式,可以由温度求出绝对黑体的积分辐出度;也可由积分辐出度反求其温度,这就是用辐射方法测量物体温度的基础.将物体视做绝对黑体而计算出的温度称为等效黑体温度或有效辐射温度,简称为有效温度.据此可估算出太阳表面的有效温度约为 5777 K,它与太阳表面的实际温度略有差异.不过要注意,如果不是绝对黑体,反算出的温度就会偏低.

1893 年,维恩从热力学理论推导出黑体辐射光谱极大值对应的波长 λ_{max} 和温度的乘积为一常数.由此可知,若黑体温度越高,则 λ_{max} 愈小,故称维恩位移定律.这个定律同样也可由普朗克公式推导出来,实际上就是求黑体分光辐出度极大值时的波长,即

$$\frac{\partial F_B(\lambda, T)}{\partial \lambda} = 0, \qquad (5.2.11)$$

进而对一个固定的 T,可求出 λ_{max}.

由普朗克公式(5.2.6)两端除以 T^5,得

$$\frac{F_B(\lambda, T)}{T^5} = \frac{c_1}{(\lambda T)^5}(\mathrm{e}^{c_2/\lambda T} - 1)^{-1}. \qquad (5.2.12)$$

令 $Y = \dfrac{F_B(\lambda, T)}{T^5}$,$X = \dfrac{c_2}{\lambda T}$,则有

$$Y = \frac{c_1}{c_2^5}X^5(\mathrm{e}^X - 1)^{-1}.$$

令 $\dfrac{\partial Y}{\partial X} = 0$,得

$$5(\mathrm{e}^X - 1) - X\mathrm{e}^X = 0.$$

上式的根为 $X = 4.965$,这时 Y 有极大值,也就是 $F_B(\lambda, T)$ 为最大.由 X 进一步可得

$$\lambda_{max} = \frac{2897.8}{T}. \qquad (5.2.13)$$

因此,若知道一绝对黑体的温度,就可由此式求出它辐射最强的波长,单位为 μm. 例如,对

6000 K 黑体，$\lambda_{\max} = 0.483\,\mu m$（蓝色光）.反之，由辐射最强的波长也可以确定绝对黑体的温度，这是用光谱方法测定物体温度的基础.由维恩位移定律求出的温度称为颜色温度或简称色温.

总之，有了上述有关辐射的定律，黑体辐射的规律就全部确定了.这些定律把黑体的温度与辐射光谱联系了起来.对于非黑体，只要知道了它的温度与吸收率，通过基尔霍夫定律，其辐射光谱也就确定了.因此，在研究大气辐射过程时，首先要确定地球和大气的吸收率.

5.2.3 太阳辐射和地球辐射的差别

太阳表面的温度和地球大气的温度差别很大，两者辐射能量集中的光谱段是不同的.为比较两者的差别，下面将首先制作一个对各温度普遍适用的光谱曲线图.

根据(5.2.12)式，令 $Y = \dfrac{F_{\mathrm{B}}(\lambda, T)}{T^5}$，$X = \lambda T$，则(5.2.12)式成为

$$Y = \frac{c_1}{X^5}(e^{c_2/X} - 1)^{-1}.$$

将上式在 XY 坐标系中画出曲线(图 5.5)，此曲线即可当做对任何温度都适用的光谱曲线.只要将横坐标数值除以 T，将纵坐标数值乘以 T^5，即可得到某一温度下绝对黑体的分光辐出度光谱.求曲线下的面积，可得

$$\int_0^\infty Y\mathrm{d}X = \int_0^\infty \frac{F_{\mathrm{B}}(\lambda, T)}{T^5}\mathrm{d}(\lambda T) = \frac{1}{T^4}F_T.$$

可见该面积相当于绝对黑体的积分辐出度，但数值上差 T^{-4} 倍.

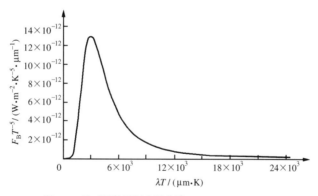

图 5.5　绝对黑体通用光谱曲线(Кондратьев，1956)

若将图 5.5 的横坐标(λT)分成三段：$0 \sim 1000\,\mu m \cdot K$，$1000 \sim 24\,000\,\mu m \cdot K$，$24\,000 \sim \infty\,\mu m \cdot K$，可以估算出超过 98% 的辐射能量集中在 $1000 \sim 24\,000\,\mu m \cdot K$ 内.依据表 5.2 及上述讨论，可以清楚地看到：

(1)若以温度 $T = 6000\,K$ 代表太阳，则极值波长为 $0.483\,\mu m$，主要能量集中在 $0.296 \sim 0.879\,\mu m$ 波段（即($\lambda_{\max/2}^- \sim \lambda_{\max/2}^+$)波段，下同），超过 98% 的能量集中在 $0.17 \sim 4.0\,\mu m$ 波段；

(2)若以温度 $T = 300\,K$ 代表地面，则极值波长为 $9.638\,\mu m$，主要能量集中在 $5.970 \sim 17.701\,\mu m$ 波段，超过 98% 的能量集中在 $3.33 \sim 80\,\mu m$ 波段；

(3)若以温度 $T = 220\,K$ 代表大气(平流层下层)，则极值波长为 $13.183\,\mu m$，主要能量集中在 $8.091 \sim 23.988\,\mu m$ 波段，超过 98% 的能量集中在 $4.55 \sim 109.1\,\mu m$ 波段.

71

所以,在大气物理学中,常称太阳辐射为短波辐射,以可见光与近红外波段为主;称地球辐射和大气辐射为长波辐射,以红外波段为主.短波和长波辐射基本上以 4 μm 为分界.

在太阳光谱中,可见光区(0.40~0.76 μm)的能量占积分能量的 44%,紫外区占 8%,红外区占 48%.

虽然 6000 K 黑体表面的积分辐出度在所有的波段都远大于 300 K 的黑体,但因日地距离很长,太阳辐射在传输过程中随距离的平方而减小,在大气上界,太阳的长波辐射通量密度仅约为 10 W·m^{-2},而地球出射的长波辐射通量密度在副热带地区约为 270 W·m^{-2}. 图 5.6 给出在大气上界的太阳辐射光谱和 300 K 黑体的辐射光谱分布,它也反映了在地球大气范围中这两种不同源辐射的强弱. 在可见光波长 λ = 0.6 μm 处太阳光谱辐照度远大于地球黑体光谱辐出度,两者数值上相差 29 个量级;λ = 100.0 μm 时,地球黑体光谱辐出度远大于太阳光谱辐照度,二者相差 7 个量级;而中红外波长 λ = 3~7 μm 处,太阳光谱与地球或云光谱辐出度仅相差一个量级,二者在数值上基本比较接近. 所以在大气辐射(包括大气遥感)等许多问题的讨论中,对可见光和近红外波段(λ<3 μm),可以只考虑太阳辐射而忽略地球大气的热辐射;对于红外和微波波段的问题(λ>7 μm),可以只考虑地球大气的热辐射而忽略太阳辐射;但对中红外波段,主要是 3~7 μm,太阳辐射和地球大气系统的热辐射必须同时考虑.

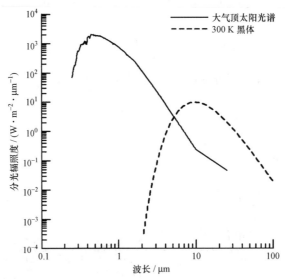

图 5.6   大气上界部分可见光、中红外、红外波长的太阳入射光谱辐照度及地球黑体(300 K)光谱辐出度

5.3   地球大气与辐射的相互作用

大气中有各种气体成分以及水滴、尘埃等气溶胶颗粒,辐射在大气中传输时,要受到大气的影响,其强度、传输方向以及偏振状态都会发生变化. 这种作用主要有吸收和散射.

5.3.1   大气对辐射吸收的物理过程

所谓吸收,就是指投射到介质上面的辐射能中的一部分被转变为物质本身的内能或其他形式的能量.辐射在通过吸收介质向前传输时,能量就会不断被削弱,介质则由于吸收了辐射能而被加热,温度升高.下面对大气分子的选择吸收、光化反应和光致电离做一简单介绍.

1. 大气分子的选择吸收

大气中各种气体成分具有选择吸收的特性,这是由组成大气的分子和原子结构及其所处的运动状态决定的.

1) 分子光谱

气体分子或原子内的电子能级跃迁,原子和分子的振动、转动能级跃迁等,所发射和吸收的辐射谱是非连续性的,由分立的谱线和谱带组成,构成原子的线光谱和分子的带光谱.

由原子物理知道,任何单个分子,除具有与其空间运动有关的能量以外,还具有内含的能量,其中大部分是围绕各个原子核轨道运动的电子的能量(动能和静电势能)E_e,另外还有一小部分是各原子在其分子平均位置周围的振动能量 E_v,以及分子绕其质量中心转动的能量 E_r,即

$$E = E_e + E_v + E_r, \tag{5.3.1}$$

这些能量都是量子化的.电子轨道、原子振动和分子转动的每一种可能的组合,都对应于某一特定的能级.分子由于吸收电磁辐射能而向较高的能级跃迁,同样,也能通过发射辐射能而降低能级.一定的能级跃迁、吸收或发出一定频率的辐射,对应于一条光谱线.一种气体成分可能有的各种跃迁就组成了该种气体的辐射光谱.因此分子的吸收光谱和辐射光谱必然是一致的.

由(5.3.1)式可得到辐射频率 f 及波数 ν 与能量改变的关系是

$$\begin{cases} f = (\Delta E_e + \Delta E_v + \Delta E_r)/h = f_e + f_v + f_r, \\ \nu = (\Delta E_e + \Delta E_v + \Delta E_r)/hc = \nu_e + \nu_v + \nu_r, \end{cases} \tag{5.3.2}$$

式中普朗克常数 $h = 6.626 \times 10^{-34}$ J·s,c 是光速.由(5.3.2)式得到的辐射频率 f 或波数 ν 即为分子吸收谱线或辐射谱线的位置.这种谱线由有限个非常窄的吸收线(或发射线)组成,其间还夹杂有代表该分子不可能发射和吸收的许多间隙.而不同类型的原子和分子,因其结构不同而具有不同的辐射谱.根据 ΔE_e,ΔE_v 和 ΔE_r 的数量级估算的吸收线中心波长和波数列于表5.3.由表可见,分子光谱包括电子光谱、振动光谱和转动光谱三个部分.在仅有电子能级跃迁时,光谱带在 X 射线、紫外和可见光部分;在仅有振动能级跃迁时,光谱带在近红外部分;而仅有转动能级跃迁时,光谱带在红外和微波波段部分,且能量变化最小.实际上,分子的转动跃迁常常伴随着振动跃迁发生,因此在一个振动带内有许多转动谱线.而转动和振动能量的变化又常常伴随着电子能级跃迁,使相应的谱带更呈现出复杂的带系结构.

表5.3 分子的能级跃迁与吸收线中心波长和波数(刘长胜等,1990)

能级跃迁	电子跃迁(ΔE_e)	振动(ΔE_v)	转动(ΔE_r)
能量差/eV	1~20	0.05~1	10^{-4}~0.05
吸收线中心波长 λ_0	0.062~1.24 μm	1.24~24.8 μm	24.8 μm~12.4 cm
吸收线中心波数 ν_0/cm^{-1}	161 290~8064.5	8064.5~403.2	403.2~0.8064

大气中含量最多的是 N_2 和 O_2 分子,由于它们是对称的电荷分布而不具有电偶极子结构,所以没有振动或转动谱,它们的吸收和发射谱是由电子轨道跃迁所造成,因而位于紫外和可见光辐射区.

大气中吸收长波辐射的主要气体是 CO_2,水汽和 O_3. CO_2 分子是以 C 原子为中心的线型对称分子,没有转动带,其中的 15 μm 的振动带(范围从 12~18 μm)是 CO_2 在红外区的主要吸

收带,对大气辐射热交换和遥感探测都是十分重要的. $4.3\,\mu m$ 带是一个很窄而非常强的吸收带,它使这个波段的太阳辐射在地表 $20\,km$ 高度以上就被大气完全吸收.水汽是极性分子,由于转动和振动态的结合使得水汽的吸收谱十分复杂且不规则,其中最强、最宽和重要的振动-转动带是 $6.3(6.25)\,\mu m$ 带,以及 $2.73\,\mu m$ 带和 $2.66\,\mu m$ 带合在一起的 $2.7\,\mu m$ 吸收区. O_3 分子的振动-转动带中比较重要的是 $9.6\,\mu m$ 吸收带.

理论上,吸收波数是确定的($\nu = \Delta E / hc$),因此谱线是单色的,宽度为 0. 但实际上谱线并不是一条严格的几何直线,它具有一定的宽度和变化.使谱线增宽的因素有:自然增宽、多普勒增宽和碰撞(压力)增宽.具体分析参见下页【谱线的增宽】.自然增宽很小,可忽略.在实际大气中,谱线的多普勒增宽和压力增宽同时存在,不过多普勒增宽与压力无关,而压力增宽却与压力成正比,随着高度的增加而减小.因此,在大气低层($30\,km$ 高空以下),谱线的增宽主要由压力加宽效应决定;在大气高层,多普勒增宽就是主要的了.增宽作用使得吸收带中谱线互相重叠,在某一波数处的吸收谱线的强度,应该是所有谱线在该处叠加作用的总和.

2) 吸收系数

单个粒子(气体分子或气溶胶粒子)的吸收能力可用吸收截面 σ_{ab} 来描述.吸收截面的意义是:这个粒子所吸收的辐射能相当于面积 σ_{ab} 从入射辐射场中所截获的辐射能.若以 E 表示入射辐射的辐照度,则这个粒子吸收的辐射能应为 $E\sigma_{ab}$.

单位体积中各个粒子吸收截面之和称为体积吸收系数,记为 k_{ab}.对于气体分子,若单位体积中吸收气体的分子数为 N,则有

$$k_{ab} = N\sigma_{ab}, \tag{5.3.3}$$

其量纲为 L^{-1},所以也常称为距离吸收系数.理论上,大气中各种气体成分对某一定波数(或波长)辐射吸收能力的大小,可以用单色体积吸收系数 $k_{ab,\nu}$(或 $k_{ab,\lambda}$)来确定.但如上所述,大气的吸收带由许多紧密相连的谱线组成,而且每条谱线不是严格的几何直线,具有一定的宽度及分布,因此某一波数处的体积吸收系数,应该是所有谱线在该处的叠加作用的总和,即

$$k_{ab,\nu} = \sum_{i=1}^{N} k_{ab,\nu,i}. \tag{5.3.4}$$

由于加宽作用与温度和压强有关,所以叠加后的吸收系数也应与温度和压强有关.

另外,由于吸收系数随波数变化很快,而实际工作中的分光测量不可能极细,往往在一个小的测量波段内就有许多条谱线,得到的是一个波数段内的平均值.这在处理实际问题时要引起注意.

2. 光化反应和光致电离

除了上述过程外,原子或分子还有光化反应及光致电离两种途径吸收或发射电磁辐射.

(1) 分子由于要分裂为原子而吸收足够的辐射,不稳定的原子由于要互相结合成较稳定的分子而释放多余的辐射能.在这些称为光化反应的过程中,电磁辐射的吸收或发射在供给和取走能量方面起着决定性的作用.这类光化反应的例子有

$$O_2 + hf \xrightarrow{\lambda < 0.2424\,\mu m} O + O,$$

其中 hf 为光子所具有的能量, λ 为辐射的波长.光化反应与前面讨论的辐射不一样,它所要求的辐射波谱可以为连续谱,只要其中的波长短到使一个光子所增加的化学能足以造成分子的光解.除此以外的多余能量都成为原子的动能,使气体的温度增高.在地球大气中,大多数光化

反应都需要有紫外辐射和可见光辐射.

（2）任何原子都能被波长非常短的辐射所电离.具有足够能量的光子把电子从绕原子核旋转的外层轨道上剥离开来,这种过程称为光致电离.也像光化反应那样,光致电离要求辐射具有高于一定的临界波长的连续波.引起电离的辐射波长通常小于 $0.1\ \mu\mathrm{m}$.

【谱线的增宽】

设谱线可以用下列形式描述:

$$k_{\mathrm{ab},\nu} = s \cdot f(\nu - \nu_0),\qquad(5.3.5)$$

其中 $k_{\mathrm{ab},\nu}$ 为谱体积吸收系数;ν_0 为理想的单色谱线的波数,即谱线中心的波数;s 为谱线强度,定义为

$$s = \int_{-\infty}^{\infty} k_{\mathrm{ab},\nu}\,\mathrm{d}\nu;$$

$f(\nu - \nu_0)$ 是线型函数,表示谱线强度在整个波数范围内的分布概率.线型函数的具体形式由引起谱线增宽的物理因素决定,在地球大气条件下,主要是三个因素,即自然增宽、分子碰撞和多普勒效应.

（1）自然增宽.自然增宽是指即使没有任何外界因素作用,谱线本身也必然具有一定的宽度,这是由于发射中能量损耗造成的.由于谱线的自然增宽非常微小,故可以忽略.

（2）压力增宽（碰撞增宽）.在对流层和平流层大气中,分子、原子或离子频繁碰撞的结果导致发射辐射的相位发生无规则变化,使谱线增宽.这种谱线增宽取决于碰撞的频率、分子密度和分子平均速度,利用热力学变量表示,就是与 $\rho\sqrt{T}$ 或 $p/\sqrt{T}$ 成正比.因大气压力的变化比温度的变化大得多,谱线宽度随压力的变化是主要的,因此这个效应称为压力增宽或碰撞增宽.压力增宽吸收线的线型可以用洛伦兹（Lorentz）线型很好地近似（图 5.7）,即

$$f_{\mathrm{L}}(\nu - \nu_0) = \frac{1}{\pi}\frac{a_{\mathrm{L}}}{(\nu - \nu_0)^2 + a_{\mathrm{L}}^2}.\qquad(5.3.6)$$

谱线半宽度 a_{L} 与温度和压强有关,常采用经验公式

$$a_{\mathrm{L}} = a_{\mathrm{L0}}\,\frac{p}{p_0}\left(\frac{T_0}{T}\right)^n,\qquad(5.3.7)$$

其中 a_{L0} 是标准状态下(即 $p_0 = 1\ \mathrm{atm}$,$T_0 = 273\ \mathrm{K}$)的谱线半宽度,大气中一些主要气体的 a_{L0} 为 $10^{-1}\ \mathrm{cm}^{-1}$;$n$ 为经验常数,常取 0.5,但实际并不完全如此.对水汽,n 的典型值是 0.62.

（3）多普勒增宽.在气体中,由于分子随机运动时的多普勒频移而会引起吸收线的增宽.因为这一效应取决于分子的平均速度,所以谱线宽度正比于 $\sqrt{T}$,而与压力无关.由平衡态的统计力学,根据麦克斯韦-玻尔兹曼速率分布率,可得到多普勒增宽的线型函数为

$$f_{\mathrm{D}}(\nu - \nu_0) = \left(\frac{\ln 2}{\pi}\right)^{\frac{1}{2}}\frac{1}{a_{\mathrm{D}}}\exp\left[-\left(\frac{\nu - \nu_0}{a_{\mathrm{D}}}\right)^2 \cdot \ln 2\right].\qquad(5.3.8)$$

这是高斯函数形式（图 5.7）,其谱线半宽度 a_{D} 为

$$a_{\mathrm{D}} = \frac{\nu_0}{c}\left(\frac{2kT}{m}\right)^{\frac{1}{2}}$$

式中 m 是分子质量,k 是玻尔兹曼常数.a_{D} 的数量级为 $10^{-4}\sim10^{-2}\ \mathrm{cm}^{-1}$,$a_{\mathrm{D}}\gg a_{\mathrm{N}}$,故在辐射的吸收和计算中是必须加以考虑的.

在实际大气中,谱线的多普勒增宽和压力增宽同时存在,不过多普勒增宽与压力无关,而压力增宽却与压力成正比,随着高度的增加而减小.因此,在高度低于 30 km 的大气中,吸收线宽度主要决定于碰撞增宽的值;在大气高层,多普勒增宽就是主要的了.在平流层上层和中间层相当厚的一层

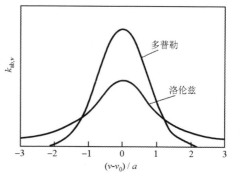

图 5.7　多普勒与洛伦兹线型（引自 Liou, 1980）

大气中,压力增宽与多普勒增宽同等重要.在这种情况下,需计算上述两个线型函数的卷积,并经过变换后得到多普勒-洛伦兹混合线型,称为沃伊特(Voigt)线型函数.

图 5.7 中比较了压力增宽与多普勒增宽的谱线形式.由于多普勒线型的线翼衰减比洛伦兹线型快得多,所以在混合的沃伊特线型中,前者的影响主要集中在谱线中心部分,而在线翼则往往仍可看做洛伦兹线型.

5.3.2 大气吸收光谱

图 5.8 给出了整层大气和各主要吸收气体吸收光谱的略图.由图 5.8(b) 可见,大气的吸收有显著的选择性.在 $0.29\ \mu m$ 以下,吸收率等于 1,即大气把太阳辐射中小于 $0.29\ \mu m$ 的紫外辐射几乎全部都吸收了.这一部分辐射的主要吸收气体是 O_2,O 和 O_3.它主要发生在平流层的中下部,这里紫外辐射导致氧分子的光分解产生原子氧并最后形成臭氧层,而

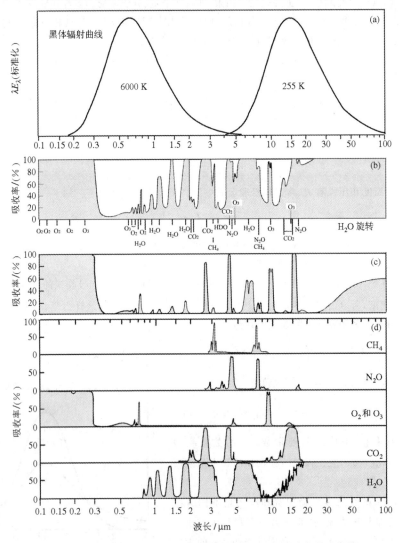

图 5.8 (a) 太阳(假定 6000 K)和地球(假定 255 K)的黑体辐射谱；(b) 整层大气的吸收谱；(c) 11 km 高度以上大气吸收谱；(d) 整层大气中不同气体成分的吸收谱(转引自 Peixoto JP 等,1992)

臭氧对紫外辐射有强烈的吸收.在可见光区(0.4～0.75 μm),大气的吸收很少,只有不强的吸收带.在近红外波段,开始有一些吸收带,主要是水汽的吸收.到 2.7 μm 附近,水汽和 CO_2 有一个较强的吸收带,再往后,CH_4 也加入进来.在红外波段,大气的吸收比较强,主要的吸收气体是 H_2O 和 CO_2.在 14 μm 以外,大气可以看成近于黑体,能全部吸收地面来的大于 14 μm 的远红外辐射.

在 8～12 μm 波段,大气的吸收很弱,被称为大气的透明窗或大气光谱窗.这一区域中只有 9.6 μm 附近臭氧有一个较强的吸收带,臭氧主要分布在高空,因此这一吸收带对由大气上界向外的辐射有明显作用.大气窗区对地-气系统的辐射平衡有十分重要的意义.因为地表温度约 300 K,与此温度相对应的黑体辐射能量主要集中在 10 μm 这一范围,而大气对这一波长范围的辐射少有吸收,故地面发出的长波辐射透过这一窗口被发送到宇宙空间.

表 5.4 给出大气主要成分在近红外区和红外区主要的吸收带,它们在大气辐射平衡中有重要作用.表中所说的强吸收和弱吸收是对每种气体相对而言的.实际上,每种气体在每个吸收波段的吸收对大气辐射平衡的重要性取决于两个因素:一是吸收线的强度,二是吸收气体的含量及其空间分布.

表 5.4 大气主要组成成分在近红外区和红外区主要的吸收带

成分 \ 波段	强吸收		弱吸收	
	波长/μm	波数/cm^{-1}	波长/μm	波数/cm^{-1}
水汽	1.4	7142	0.9	11 111
	1.9	5263	1.1	9091
	2.7	3704		
	6.3	1595		
	13.0～1000			
CO_2			1.4	7142
			1.6	6250
	2.7	3704	2.0	5000
	4.3	2320	5.0	2000
	14.7	680	9.4	1064
			10.4	962
O_3	4.7	2128	3.3	3030
	9.6	1042	3.6	2778
	14.1	709	5.7	1754
CH_4	3.3	3030		
	3.8	2632		
	7.7	1299		
N_2O	4.5	2222	3.9	2564
	7.8	1282	4.1	2439
			9.6	1042
			17.0	588
CO	4.7	2128	2.3	4348

根据图 5.8(d)和表 5.4,可知:水汽的吸收带主要在红外区,吸收了约 20% 的太阳能量!

它们不但使太阳光谱发生改变(参看后面的图 5.15),而且几乎覆盖了大气和地面长波辐射的整个波段. H_2O 吸收作用最强的是 6.3 μm 振转带和大于 12 μm 的转动带.大气中还有液态水(如云雾滴等),其吸收带和水汽的吸收带相对应,但波段向长波方向移动.液态水的吸收系数很大,但因只有云雾时才有液态水且一般含量不大,所以液态水吸收太阳辐射的削弱并不多.不过对于大气长波辐射,100 m 厚的云就相当于黑体,所以一般可把云体表面当成长波黑体表面.

CO_2 主要在大于 2 μm 的红外区有吸收,比较强的是中心位于 2.7 μm,4.3 μm 和 14.7 μm 的吸收带. 由于 2.7 μm 带与水汽的吸收带重叠,而太阳辐射在 4.3 μm 处已很弱,所以 CO_2 对太阳辐射的吸收一般不专门讨论.对于大气长波,以 15 μm 附近的吸收带最为重要.

O_3 最强的吸收在紫外区,有哈特来(Hartley)带,波长为 0.22~0.30 μm;较弱的哈金斯(Huggins)带,波长为 0.32~0.36 μm. 在可见光区还有一个较弱的查普尤(Chappuis)吸收带.据估计,臭氧层能吸收太阳辐射能量的 2% 左右,是导致平流层上部温度比较高的原因. 在红外区比较强的在 4.7 μm,9.6 μm 和 14.1 μm.

O_2 的吸收主要在小于 0.25 μm 的紫外区,有舒曼-龙格(Schumann-Runge)吸收带,波长为 0.125~0.2026 μm;较弱的有赫兹堡(Herzberg)带,波长为 0.1961~0.2439 μm.虽然吸收作用很强,但因太阳辐射在 0.25 μm 以下的能量不到 0.2%,因此吸收的能量并不多. O_2 在可见光区还有两个较弱的吸收带,其中心分别在 0.76 μm 和 0.69 μm,对太阳辐射的削弱不大.

5.3.3 大气对辐射的散射

电磁辐射在遇到大气中的气体分子以及悬浮的尘埃、云滴、雨滴、冰粒和雪花等粒子时,会产生散射现象,使一部分入射波能量改变方向射向四面八方,而原方向的辐射能被削弱.散射现象的本质可以这样来理解:气体分子及气溶胶粒子由电子和带正电的质子组成,当电磁波照射到气体分子和气溶胶粒子后,正负电荷中心产生偏移而构成电偶极子或多极子,并在电磁波激发下做受迫振动,向各方向发射次生电磁波.这种次生电磁波就是散射辐射,它的波长和原始波相同,并且与原始波有固定的位相关系.

太阳辐射经过大气到达地面时,由于散射作用,太阳的直接辐射比大气上界有一定程度的减弱,但同时因发出蔚蓝色的散射光,却使整个大气层变得更加明亮.而在没有大气的外层空间,太阳本身虽光亮耀目,四周的天空却会是漆黑一片.

散射现象是大气辐射学和大气光学要研究的基本问题,将在大气光学部分详细讲述.这里先给出一些必要的结论,以了解散射过程对太阳辐射能传输的影响.

1. 散射过程的分类

散射在电磁波谱的各个波长上都会发生,因而是全波段的,不是选择性的,但散射的强弱及空间分布却与波长及散射质点的相对大小有关.图 5.9 给出大气中常常遇到的各种颗粒物散射的情况.纵坐标为粒子尺度 r,在图的右侧给出这些颗粒物的名称,横坐标为波长 λ.引进尺度数 $\alpha = 2\pi r/\lambda$,按 α 的大小可将散射分为三类:瑞利散射、米散射和几何光学散射.

(1) $\alpha \ll 1$,即 $r \ll \lambda$ 时的散射,首先是瑞利(L. Rayleigh,1871)进行研究的,称为瑞利散射,也称为分子散射.可见光的波长在 0.5 μm 左右,气体分子的大小约为 10^{-4} μm,因此气体分子对可见光的散射属于瑞利散射.

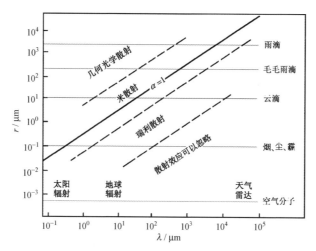

5.9 大气中各种粒子散射的尺度分布(引自 Wallace 和 Hobbs,2006)

(2) $\alpha \approx 1$ 或 $\alpha > 1$,即 $r \approx \lambda$ 时的散射,也称为大颗粒散射,首先由 G. Mie(1908)研究,又称为米(Mie)散射.尘埃颗粒的大小为 $0.1 \sim 10\,\mu m$,云滴一般也为几微米,它们相对于可见光就是米散射;但对于红外辐射或微波辐射,却可以用瑞利散射来处理.

(3) $\alpha \gg 1$,即 $r \gg \lambda$ 时的散射,属于几何光学散射范畴.例如,大雨滴($1 \sim 4\,mm$)对可见光的散射就属于此类.虹和晕就是光在雨滴和冰晶上发生反射、折射等现象造成的,它们服从几何光学规律.

对一个散射粒子而言,散射辐射能量的分布是三维空间的函数.反映散射辐射能量空间分布的是散射方向性图,这可参看第十六章图 16.1 给出的示意图及有关说明.显然,粒子的散射方向性图不仅和尺度数有关,还和粒子的折射率有关.

2. 散射削弱系数

和吸收截面类似,也可以用散射截面 σ_{sc} 来表示一个粒子的散射能力.当有辐照度为 E 的辐射射入时,一个粒子能把 $E\sigma_{sc}$ 的能量散射到四面八方,同时使入射波的能量减少 $E\sigma_{sc}$.散射截面与粒子的尺度数 α 及折射率 m 有关.

若单位体积中有 N 个独立散射的粒子,引用独立散射条件下总散射是各粒子散射之和的原理,令单位体积中各个粒子散射截面之和为体积散射削弱系数 k_{sc},有

$$k_{sc} = \sum_{i=1}^{N} \sigma_{sc,i},$$

式中 σ_{sc} 的量纲为 L^2,单位常用 cm^2;而 k_{sc} 的量纲则为 L^{-1},常用 cm^{-1},m^{-1} 或 km^{-1}.对于 N 个相同的颗粒,例如空气分子,有 $k_{sc} = N\sigma_{sc}$.对于不同大小的气溶胶散射粒子,则有

$$k_{sc} = \int_0^{\infty} \sigma_{sc}(r,\lambda,m)n(r)\mathrm{d}r, \tag{5.3.11}$$

式中 r 为粒子半径,$n(r)\mathrm{d}r$ 是粒子谱,表示单位体积中半径为 r 到 $r+\mathrm{d}r$ 范围中的粒子数.

由此可见,大气对辐射散射削弱作用的强弱取决于气溶胶散射粒子的数密度及每个散射粒子的散射截面.散射理论就是要研究如何计算各种不同颗粒物的散射截面并讨论其特性.不同种类的散射过程对应的散射截面有不同的计算方法,这一点将在第十六章中详细讨论.这里只讨论其主要结果及其变化特性.

1) 瑞利散射

由(16.4.2)式,利用$(m^2-1)^2=4(m-1)^2$的关系可得到

$$k_{\mathrm{sc},\lambda}=\frac{32\pi^3(m-1)^2}{3N}\frac{1}{\lambda^4}=C\lambda^{-4},\qquad(5.3.12)$$

式中N是单位体积中散射质点的数目;m是介质的折射率(亦称折射指数),一般为复数,其虚部代表吸收作用,当介质的吸收很小时,折射率可用一个实数表示.对于空气分子,在标准状态下,$m=1.000\,293$,$N_0=2.688\times10^{25}$ m^{-3}(洛希米德数),则有

$$C=1.0563\times10^{-30}\ \mathrm{m}^3,$$

所以标准状态下的体积散射削弱系数$k_{\mathrm{sc},0,\lambda}$为

$$k_{\mathrm{sc},0,\lambda}=1.0563\times10^{-6}\lambda^{-4},\qquad(5.3.13)$$

上式中波长λ的数值以 μm 为单位,$k_{\mathrm{sc},0,\lambda}$的单位为 m^{-1}. 由(5.3.11)和(5.3.12)式可见,体积散射削弱系数与波长的 4 次方成反比,波长越短,分子散射削弱越强.比较可见光波段的红光与蓝光的体积散射削弱系数,有$k_{\mathrm{sc},0.47}/k_{\mathrm{sc},0.70}=4.92$,可见蓝光的散射比红光要强约 5 倍.这就是晴天天空呈蓝色的原因.而太阳的直接辐射光在通过地球大气时,由于分子散射对蓝光的削弱要远大于对红光的削弱,从而使人们看到的日盘的颜色要向红色偏移.特别是当太阳处于地平附近时,太阳辐射所经过的大气路径远大于正午时刻,所以其颜色是红色的而不是金黄色的.

分析(5.3.12)式,表面上看来$k_{\mathrm{sc},\lambda}$与N成反比,但从分子物理学知识知道,$(m-1)$与N成正比,因此考虑了$(m-1)^2$以后,实际上$k_{\mathrm{sc},\lambda}$正比于N.而N又与气体的密度ρ成正比,有$N/N_0=\rho/\rho_0$,其中ρ_0是标准状态下的气体密度.因此空气密度为ρ的空气,其体积散射削弱系数$k_{\mathrm{sc},\lambda}$与标准状态下空气的体积散射削弱系数$k_{\mathrm{sc},0,\lambda}$之间有下列关系:

$$k_{\mathrm{sc},\lambda}=k_{\mathrm{sc},0,\lambda}\frac{\rho}{\rho_0}.\qquad(5.3.14)$$

2) 米散射(大颗粒散射)

米散射讨论大粒子的散射过程,假设粒子是球状的且球体的介质是均匀的.在这两个假设条件下,G. Mie 利用电磁场的基本方程求解电磁波的散射过程,得到了精确计算散射场的数学公式.利用这些公式,可以计算任何大小的均匀球状粒子的散射截面及散射光的空间分布.洛伦兹(L. V. Lorenz)于 1890 年也独立地推导出了此理论,因此大颗粒散射也常称为洛伦兹-米散射.洛伦兹-米散射的理论表明,球状粒子的散射特性取决于粒子的相对尺度数 $\alpha=2\pi r/\lambda$及粒子介质的折射指数 m.当粒子尺度很小,$\alpha\ll1$ 时,米散射就简化为瑞利散射的结果;而当相对尺度数很大时($\alpha>50$),米散射的结果又与几何光学散射所导出的结果相一致.因此米散射理论是球状粒子散射的通用理论.只是由于米散射公式的计算比较复杂,除了在 $0.1<\alpha<50$ 条件下不得不用米散射公式来计算外,在小粒子和大粒子的场合,只要有可能,我们就习惯地使用其他方法来处理.

米散射理论的粒子散射截面 σ_{sc}是粒子尺度数 $\alpha=2\pi r/\lambda$ 与粒子折射率 m 的复杂函数.而常用的变量——散射效率因子 Q_{sc},则是粒子的散射截面与粒子几何截面之比,即

$$Q_{\mathrm{sc}}=\frac{\sigma_{\mathrm{sc}}}{\pi r^2}.\qquad(5.3.15)$$

图 5.10 给出了水滴($m=1.33$)的散射效率因子 Q_{sc}随尺度数 α的变化,由图可看出米散

射的复杂性. 当相对尺度数 α 从 0 开始变大时, 散射效率因子 Q_{sc} 也从 0 开始变大. 当 $\alpha \approx 6$ 时, $Q_{sc} \approx 4$, Q_{sc} 达到第一个极大值, 这表明粒子散射掉的辐射能相当于照射到其 4 倍几何截面上入射辐射的能量. 此时 $r \approx \lambda$, 说明粒子半径与波长相当时, 粒子散射的效率最高. 这一结论在实际应用中十分重要. 当 α 继续增大时, Q_{sc} 就以波动的方式变化, 并最后趋向于 2. 从几何光学散射也可推出这个结果, 我们将在第十六章中做进一步的讨论.

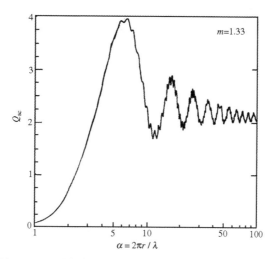

图 5.10 水滴 ($m=1.33$) 的散射效率因子 Q_{sc} 随尺度数 α 的变化 (引自 Hansen, 1974)

当 α 很接近 0 时, Q_{sc} 随 α 增长很快, 这是瑞利散射的特征. 对于同一类散射粒子 (例如空气分子), 因 r 是固定的, 则 α 的加大对应着波长的减小, Q_{sc} 随 α 的增长表明了蓝光的散射比红光强. 当粒子的相对尺度数很大时, 散射效率因子随波长已基本不变. 这表明, 各种波长具有几乎相同强度的散射, 而且散射光中各种波长的比例也和入射辐射中的一致. 当天空有云时, 我们就遇到这种情形. 因为组成的云滴半径常常在 $3 \sim 6\ \mu m$ 之间, 相对于可见光, α 约为 $17 \sim 69$, 这时看到的天空就是白色的了. 另外, 假设散射辐射的波长不变, 图 5.10 的曲线也可用来讨论散射效率因子 Q_{sc} 随粒子半径增加而发生的变化.

实际大气中 $n(r)$ 的变化很大, 但还缺乏不同时间、不同地点的观测数据. 目前各种云的观测资料有了一些, 但对大气气溶胶这方面的资料仍然很缺乏, 这给计算散射削弱系数造成了麻烦. 为了估算大气气溶胶的散射削弱系数, 常用下列近似关系:

$$k_{sc,\lambda} = C\lambda^{-b}. \tag{5.3.16}$$

对分子散射, 取 $b=4$; 对大颗粒的散射, $b<4$, 其数值根据大气气溶胶或云滴半径而变; 对一般气溶胶, 在太阳辐射时, b 值大约在 $1 \sim 2$ 之间, 但 b 值也可能小到接近 0 甚至小于 0. 当 $b=0$ 时, 表示散射系数不随波长而变, 所有波长的辐射都有相同的散射削弱.

5.3.4 辐射能在介质中的传输

本节将介绍辐射能在介质中传输时的衰减规律及有关的物理量.

1. 布格-朗伯定律

设单色平行定向辐射的辐照度为 E_λ, 经过一有吸收作用的气层 $\mathrm{d}l$ 后变成 $E_\lambda + \mathrm{d}E_\lambda$. 由于是被吸收削弱, 所以 $\mathrm{d}E_\lambda < 0$. 根据 5.3.1 小节中对吸收系数的讨论, 有

$$dE_\lambda = -E_\lambda \sigma_{ab,\lambda} N dl = -E_\lambda k_{ab,\lambda} dl. \tag{5.3.17}$$

由(5.3.17)式可求 E_λ 随气层厚度的变化. 设 $l=0$ 处的辐照度为 $E_{\lambda,0}$,则 l 处的辐照度 $E_{\lambda,l}$ 应为

$$E_{\lambda,l} = E_{\lambda,0} e^{-\int_0^l k_{ab,\lambda} dl}. \tag{5.3.18}$$

在上面的计算中需要用到气体分子的数密度 N,有时不太方便. 实际工作中常常希望把吸收的多少与吸收物质的质量密度 ρ 相联系,因此引入质量吸收系数的概念. 体积吸收系数与质量吸收系数的关系为

$$k_{ab,\lambda} = N\sigma_{ab,\lambda} = \sigma_{ab,\lambda} \frac{N_A}{M}\rho = k'_{ab,\lambda}\rho, \tag{5.3.19}$$

这里 $k'_{ab,\lambda}$ 为单位质量吸收物质的吸收系数,N_A 为阿伏伽德罗常数,M 为摩尔质量,ρ 为吸收气体的密度. 使用质量吸收系数时,(5.3.17)式及(5.3.18)式分别成为

$$dE_\lambda = -k'_{ab,\lambda} E_\lambda \rho dl, \tag{5.3.20}$$

$$E_{\lambda,l} = E_{\lambda,0} e^{-\int_0^l k'_{ab,\lambda}\rho dl}. \tag{5.3.21}$$

质量吸收系数 k'_{ab} 的量纲为 $[L^2/M]$,常用单位是 cm^2/g,可以理解成 $1\ cm^2$ 气柱中的单位质量物质吸收了原辐射能的份数. 需要特别指出的是,在许多大气物理学的文献中,上面提到的两种吸收系数常常是混用的,而且都用相同的符号,应注意加以区分.

(5.3.18)和(5.3.21)式是仅适用于单色辐射的指数削弱规律. 这个指数削弱规律是法国的布格(Bouguer)首先于1729年由实验发现的,1760年德国的朗伯在理论上作了研究推导,所以称为布格-朗伯(Bouguer-Lambert)定律. 后来德国物理学家比尔(Beer)论述了光的吸收定律,并在光学领域具有影响,故也称为比尔定律.

应指出,上述的指数削弱规律可适用于任何原因引起的辐射衰减. 对于由散射和吸收引起的总衰减,可写为

$$E_{\lambda,l} = E_{\lambda,0} e^{-\int_0^l k'_{ex,\lambda}\rho dl} = E_{\lambda,0} e^{-\int_0^l k_{ex,\lambda} dl}, \tag{5.3.22}$$

式中 $k_{ex,\lambda} = k_{sc,\lambda} + k_{ab,\lambda}$,称为衰减系数或削弱系数. 布格-朗伯定律是研究太阳直接辐射削弱的基础,非常重要.

2. 辐射传输的有关物理量

1) 光学厚度

光学厚度(optical depth 或 optical thickness)的定义是:沿辐射传输路径,单位截面上所有吸收和散射物质产生的总削弱. 它是量纲一的量(原称无量纲量),以公式表示为

$$\delta = \int_0^l k'_{ex}\rho dl = \int_0^l k_{ex} dl, \tag{5.3.23}$$

式中 k'_{ex} 和 k_{ex} 分别是吸收和散射物质的质量削弱系数和体积削弱系数. 若需分别讨论吸收或散射,只需将削弱系数换成吸收系数或散射系数即可. 对于某一波长,光学厚度为

$$\delta_\lambda = \int_0^l k'_{ex,\lambda}\rho dl = \int_0^l k_{ex,\lambda} dl. \tag{5.3.24}$$

利用(5.3.24)式,指数削弱规律(5.3.22)式可写成

$$E_{\lambda,l} = E_{\lambda,0} e^{-\delta_\lambda}. \tag{5.3.25}$$

整层大气垂直光学厚度定义为

$$\delta_\lambda(0) = \int_0^\infty k_{ex,\lambda}(z)\mathrm{d}z = \int_0^\infty k'_{ex,\lambda}(z)\rho\mathrm{d}z. \quad (5.3.26)$$

$\delta_\lambda(0)$也常记为δ_0. 当大气状态不变时,δ_0也不变,它代表了大气的光学特性,是大气辐射和大气光学中很重要的物理量.

2）光学质量

辐射束沿传输路径在单位截面气柱内所吸收或散射的气体质量,称为光学质量(optical mass),常以u表示:

$$u = \int_0^l \rho\mathrm{d}l. \quad (5.3.27)$$

当日光垂直入射时,利用均质大气的概念,可将海平面以上整层大气的光学质量写为

$$u = \int_0^\infty \rho\mathrm{d}z = \rho_0 H,$$

式中ρ_0为海平面处的空气密度,H为当地条件下的均质大气高度.u的量纲是$M\cdot L^{-2}$.

光学质量还可以用标准状态下吸收或散射气体的厚度表示:

$$u = \int_0^l \frac{\rho}{\rho_s}\mathrm{d}l, \quad (5.3.28)$$

式中ρ_s为标准状态下气体的密度.臭氧的光学质量习惯上用此定义.此时u的量纲是L.

下面将介绍订正光学质量的概念.由于吸收气体的吸收特性与其所处的温度、压力有关,而实际大气是非均匀的,为简单起见,不具体考虑吸收系数随温度和压力的变化,而以p和T对光学质量u的订正来代替.例如,将吸收系数写成

$$k'_{ab,\lambda}(p,T) = k'_{0,\lambda}\left(\frac{p}{p_0}\sqrt{\frac{T_0}{T}}\right)^n, \quad (5.3.29)$$

式中$k'_{0,\lambda}$为参考状态($p_0 = 1\ \mathrm{atm}, T_0 = 273\ \mathrm{K}$)的质量吸收系数.$\left(\frac{p}{p_0}\sqrt{\frac{T_0}{T}}\right)^n$为订正因子,其经验常数$n$由实验确定.例如,在 LOWTRAN 模式中,$n(H_2O) = 0.9, n(CO_2) = 0.75, n(O_3) = 0.4$.在只考虑大气吸收作用时,将(5.3.29)式代入光学厚度表达式中,则有

$$\delta_\lambda = \int_0^l k'_{ab,\lambda}\rho\mathrm{d}z = k'_{0,\lambda}\int_0^l \left(\frac{p}{p_0}\sqrt{\frac{T_0}{T}}\right)^n \rho\mathrm{d}l = k'_{0,\lambda}\tilde{u}, \quad (5.3.30)$$

式中

$$\tilde{u} = \int_0^l \left(\frac{p}{p_0}\sqrt{\frac{T_0}{T}}\right)^n \rho\mathrm{d}l \quad (5.3.31)$$

称为订正光学质量,而且 $\mathrm{d}\tilde{u} = \left(\frac{p}{p_0}\sqrt{\frac{T_0}{T}}\right)^n \mathrm{d}u$. 利用订正光学质量,(5.3.21)式可写成

$$E_{\lambda,l} = E_{\lambda,0}\exp(-k'_{0,\lambda}\tilde{u}). \quad (5.3.32)$$

为简便计,订正光学质量也常用u表示.

3）单色透过率τ_λ和单色吸收率A_λ

通过一段大气路径的透过率(或透射率),根据定义,由(5.3.25)和(5.3.32)式,有

$$\tau_\lambda = \frac{E_{\lambda,l}}{E_{\lambda,0}} = \mathrm{e}^{-\delta_\lambda} = \exp(-k'_{0,\lambda}\tilde{u}), \quad (5.3.33)$$

即前后辐射通量密度之比. 习惯上将整层大气在垂直方向的透过率称为透明系数. 单色辐射透明系数为

$$P_\lambda = \mathrm{e}^{-\delta_\lambda(0)}.$$

若大气路径内仅有吸收作用, 则吸收率为

$$A_\lambda = 1 - \tau_\lambda = 1 - \mathrm{e}^{-\delta_\lambda} = 1 - \exp(-k'_{0,\lambda}\tilde{u}). \tag{5.3.34}$$

可见, 一个气层的吸收率并不与吸收物质的多少成正比, 而是成指数关系. 只有当吸收物质很少时, 因为 $\tilde{u}$ 很小, 才能导出

$$A_\lambda = 1 - \exp(-k'_{0,\lambda}\tilde{u}) = 1 - (1 - k'_{0,\lambda}\tilde{u}) = k'_{0,\lambda}\tilde{u}. \tag{5.3.35}$$

这种条件下, 吸收率与物质光学质量成正比.

吸收率和透过率是辐射传输中的重要物理量. 因气体的吸收带由几百到几万条吸收线组成, 在实际工作中很难测准单一波长的吸收系数, 由分光测量得到的辐射量实质上是一个波数间隔内的平均值. 例如, 在光谱波数间隔 $\Delta\nu = \nu_2 - \nu_1$ 内, 透过率函数为

$$\tau_{\Delta\nu} = \frac{\displaystyle\int_{\nu_1}^{\nu_2} E_{\nu,l}\,\mathrm{d}\nu}{\displaystyle\int_{\nu_1}^{\nu_2} E_{\nu,0}\,\mathrm{d}\nu},$$

式中 $E_{\nu,0}$ 为 $l = 0$ 处的辐照度, $E_{\nu,l}$ 为 l 处的辐照度. 在 $\Delta\nu$ 内 $E_{\nu,0}$ 可看做常数, 则根据 (5.3.33) 式, 有

$$\tau_{\Delta\nu} = \frac{1}{\Delta\nu}\int_{\Delta\nu}\tau(\nu,l)\,\mathrm{d}\nu = \frac{1}{\Delta\nu}\int_{\Delta\nu}\mathrm{e}^{-\delta_\nu}\,\mathrm{d}\nu = \frac{1}{\Delta\nu}\int_{\Delta\nu}\exp(-k'_{0,\lambda}\tilde{u})\,\mathrm{d}\nu.$$

显然, 为得到透过率函数, 必须考虑吸收系数在 $\Delta\nu$ 内的变化情况. 考虑每条吸收线的影响, 通过数值积分计算波数间隔 $\Delta\nu$ 内的平均透过率, 称为逐线 (line-by-line) 计算方法. 不过此方法计算量特别大, 计算的结果通常是用来验证其他方法或作为其他方法的基本数据库. 在实际应用中已建立了不少计算大气透过率函数的模式, 有兴趣的读者请参看有关书籍.

5.4 太阳辐射在地球大气中的传输

5.4.1 太阳和太阳辐射

地球的绝大多数能量来自太阳. 地下核反应产生的地热、火山能量及遥远恒星传来的辐射能与来自太阳的辐射能相比都可以忽略不计. 地球大气系统接收到的太阳辐射能量为 180 000 TW (称为太瓦, 1 T = 10^{12}), 而其他能源, 如地热源为 24 TW, 月光为 2 TW, 人类使用燃料的能量估计为 3~4 TW, 总能量约为太阳辐射能的万分之一.

1. 太阳概况

太阳是一个巨大的炽热的等离子体球, 主要由氢 (约 71%)、氦 (约 27%) 以及其他元素构成. 所谓等离子体, 指其正、负两种离子所带电荷的总量相等, 因而整体上呈现中性. 这种温度极高、电离度极高的物质聚集态, 称为物质的第四态. 包括太阳、恒星和星际气体在内, 可以认为宇宙空间中几乎 99% 的物质都是等离子体.

为了研究和讨论的方便, 常将太阳分为不同的层次 (图 5.11). 但实际上, 想对由高温等离子体构成的太阳划分出界限明确的层次是很困难的, 分层仅有形式上的意义.

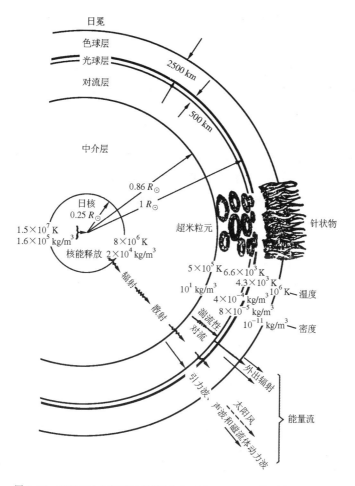

图 5.11　理想的太阳结构示意图(E.G. Gibson,1973;转引自王炳忠,1988)

太阳大气大致可分为光球层、色球层和日冕,各层的物理性质有显著差别.光球层的表面温度约为 5800 K,太阳的连续光谱基本上就是光球层发射的光谱.光球层的连续光谱被太阳大气吸收后形成许多暗线——夫琅禾费暗线.根据对夫琅禾费暗线的研究,已经测定太阳大气中有 90 多种化学元素.在地球上可以观测到光球层表面的黑子、光斑、耀斑、米粒组织等细节.

光球层以外的太阳大气按性质可分为两层:① 紧贴光球层,厚度约 2000~5000 km 的色球层;② 色球层以外延伸几千亿千米的日冕.色球层是比较稀薄和透明的气态物质,密度约为 10^{-9} kg/m³,是地球表面大气密度的百万分之一.日冕由极稀薄的物质组成,密度更低,即使靠近色球层的日冕内层,其密度也只有地球表面大气密度的 10 亿分之一.在高温下粒子热运动速度极高,使日冕外部以每秒几百千米速度向外运动,形成太阳风.太阳风的影响最远可达木星轨道附近.

平时人们肉眼能够看到的太阳圆面就是太阳的光球层,太阳半径(习惯上常用 $R_\odot$ 表示)就是根据这个圆面确定的,约为 6.96×10^5 km,在地球表面的张角约为 0.5°.光球层以下的区域是太阳内部,大致可分三个层次,即日核、中介层和对流层.

1) 日核区

日核区是“核反应区”,半径约 $0.25R_\odot$,温度高达$(1500\sim2000)\times10^4$ K,中心压力高达

3300 亿大气压. 氢在这个区域进行热核聚变 ($4^1H \rightarrow {}^4He$), 向外发射高能的 γ 射线和 X 射线.

2) 中介层

中介层范围从 $0.25R_\odot$ 到 $0.86R_\odot$, 由内向外温度和密度逐渐下降. 来自"核反应区"的能量经过中介层物质的反复多次吸收和再辐射, γ 射线和 X 射线最后转化为可见光、红外线和紫外线到达太阳光球表面, 射向四方.

（3）对流层

对流层位于中介层以外, 厚约 1.5×10^5 km. 对流层与中介层交界处温度约 10^6 K. 对流层内外温差很大, 有强烈对流. 中介层传出的能量一部分以对流形式由高热气团带到表面, 较冷气团再沉下去, 类似沸腾状态. 太阳对流区活动的变化引起太阳光球上黑子及太阳大气的各种变化.

黑子实际上是具有强磁场的旋涡, 温度比周围低 1000~2000 K, 看起来比周围暗, 故称为黑子. 太阳黑子的平均直径约为 3.7×10^4 km, 比地球直径大得多. 大黑子在太阳表面可留存数月, 面积小的黑子寿命较短. 太阳黑子活动和变化的机制目前还没有完善的理论. 为了定量地研究太阳黑子的消长规律, 科学界用"相对黑子数 R"表示日面黑子区域的大小:

$$R = K(10g + f),$$

式中 g 代表黑子群数, f 代表零星黑子个数, K 是不同天文台的观测值进行统一的系数. 相对黑子数有周期变化, 最长的周期为 13.3 年, 最短周期为 7.3 年, 平均周期为 11 年.

太阳辐射按性质和来源可分为两部分: 热辐射与非热辐射. 若辐射源处于热动平衡或局部热动平衡状态, 即系统内质点的能量分布遵守一定温度下的玻尔兹曼分布, 这样的辐射源产生的辐射称为热辐射. 若辐射源中质点的能量分布与一定温度下的玻尔兹曼分布差别很大, 这样的条件下产生的辐射称为非热辐射. 太阳辐射的能量近 99.5% 在 0.28~1000 μm 波长范围内, 主要来源是太阳光球的热辐射, 辐射功率比较稳定, 其谱分布与 5777 K 的黑体辐射谱大致接近. 在这个波长范围以外的紫外区, X 射线和 γ 射线区以及波长大于 1 mm 的射电波区, 虽然它们的能量只占太阳辐射总能量的 0.575%, 但其中非热辐射在这里占了相当大的比重, 因此这一区域中太阳辐射功率就不很稳定. 在太阳耀斑爆发时, 这些光谱区太阳辐射的功率呈十倍或几十倍地增加. 从利用卫星上的腔式辐射表监测大气上界太阳辐照度随时间变化的结果来看, 它与太阳相对黑子数的变化有很好的对应关系.

2. 大气外界太阳光谱及太阳常数

在进入地球大气之前, 太阳辐射的光谱是怎样的? 其辐射通量是多少? 这不仅是研究大气辐射问题时首先要了解的, 而且在研究太阳物理、环境科学、宇航和太阳能利用等许多领域都具有重要意义.

早在 20 世纪初就开始了对太阳辐射的分光观测. 美国斯密逊 (Smithson) 天体物理观象台 (高山观测) 一直进行着大量长期的观测. 但由于地球大气的影响, 地面测到的太阳分光辐射光谱与大气上界的分光辐射光谱有很大的差别. 例如, 在波长 0.29 μm 以下的辐射, 地面几乎观测不到. 为了得到大气外界的太阳光谱, 在 20 世纪 60 年代以后, 更多地采用了高空观测手段, 包括气球、飞机、火箭等在离地面数十千米的高空进行分光辐射观测. 70 年代以后的卫星观测, 使我们可以直接得到没有地球大气影响的太阳分光辐射光谱. 但即使如此, 地基测量太阳光谱的方法仍有重要意义和广泛的应用（见 5.4.3 小节）.

考虑到大气上界的太阳辐照度随日地距离的变化有所不同,规定以日地平均距离时的辐照度作为标准.以 $\bar{S}_{\lambda,0}$ 表示大气上界在日地平均距离 d_0 时,与日光垂直平面上的太阳分光辐照度,此时的太阳积分辐照度 $\bar{S}_0$ 称为太阳常数,即

$$\bar{S}_0 = \int_0^\infty \bar{S}_{\lambda,0} \, \mathrm{d}\lambda. \tag{5.4.1}$$

对于 $\bar{S}_{\lambda,0}$ 和 $\bar{S}_0$ 的测量和推算,由于受到仪器精度、观测点的大气条件以及对大气影响订正方法的限制,地面测量至今仍不能达到 1% 的精度.许多研究者得出的太阳常数值在 $1395.6 \sim 1339.1\ \mathrm{W \cdot m^{-2}}$ 之间.

世界气象组织(WMO)的仪器和观测方法委员会在 1981 年推荐的太阳常数最佳值是 $\bar{S}_0 = 1367 \pm 7\ \mathrm{W \cdot m^{-2}}$,并同时给出了相应的太阳分光辐照度数值.实际上,太阳常数并不是如词意所表达的那样是个物理常数,但其变化确实很小,一般只有千分之几.

20 世纪 80 年代以来,利用卫星对太阳常数进行了测定.图 5.12 是卫星在 1979 年至 2010 年 4 月期间 7 组独立的逐日太阳常数测量结果.各种测量之间的绝对辐照度水平的差异是由于仪器的性能漂移或温度漂移造成的.在太阳活动高峰期,太阳的总辐射和紫外辐射输出都增大,所以太阳常数也具有和太阳活动一致的 11 年的周期,变化约为 0.08%.根据近 30 年观测结果的分析,不少学者认为,太阳常数的平均值取 $\bar{S}_0 = 1366 \pm 3\ \mathrm{W \cdot m^{-2}}$ 较为合适(Lean 和 Rind,1998;Liou,2002),但 Gerhard Kramm 等(2011)认为于 2003 年开始的总辐照度监测(TIM)是经过绝对校准的,因而得到的 $\bar{S}_0 = 1361\ \mathrm{W \cdot m^{-2}}$ 更可信.

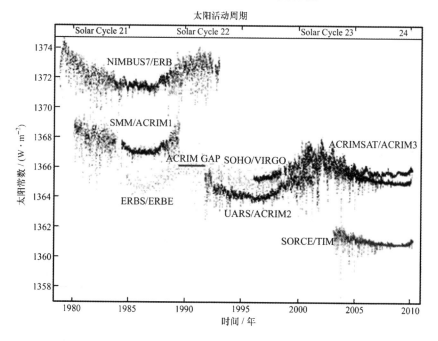

图 5.12 太阳常数的卫星观测结果(转引自 Gerhard Kramm 等,2011)

以起始时间为序:① NIMBUS7/ERB 雨云 7 号卫星/地球辐射收支探测(1978~1993);② SMM/ACRIM1 太阳峰年号卫星/主动腔辐射计辐照度监测 1 号(1980~1989);③ ERBS/ERBE 地球辐射收支卫星/地球辐射收支实验(1984~1999);ACRIM GAP 主动腔辐射计辐照度监测间歇期;④ UARS/ACRIM2 高层大气研究卫星/主动腔辐射计辐照度监测 2 号(1991~2001);⑤ SOHO/VIRGO 太阳和日球观测/太阳辐照度变率与重力脉动(1996~);⑥ ACRIMSAT/AC-RIM3 主动腔辐射计辐照度监测卫星/主动腔辐射计辐照度监测 3 号(2000~);⑦ SORCE/TIM 太阳辐射和气候实验/总辐照度监测(2003~).

例题 5.2 计算太阳的有效温度和颜色温度.

解 太阳的有效温度 T_e 可由太阳常数 $\bar{S}_0 = 1366\ \text{W·m}^{-2}$,利用斯蒂芬-玻尔兹曼定律得到.因为以日心为中心,以太阳半径 $R_\odot$ 和日地平均距离 d_0 为半径的两个球面上通过的太阳辐射能量应该相等,即

$$\sigma T_e^4 \cdot 4\pi R_\odot^2 = \bar{S}_0 \cdot 4\pi d_0^2,$$

根据 $R_\odot$,d_0 和 σ 的数值,得出太阳的有效温度 $T_e = 5777\ \text{K}$.

太阳的颜色温度 T_c 可根据维恩律,由太阳光谱中的最强波长 $\lambda_{max} = 0.48\ \mu\text{m}$ 计算得到:

$$T_c = \frac{2898}{0.48}\text{K} = 6037\ \text{K}.$$

T_e 与 T_c 值不一致,说明太阳并非严格的绝对黑体.

5.4.2 大气上界的太阳辐射能

地球大气上界的太阳辐照度分布及随时间的变化,与大气及地面能收到多少辐射能量密切相关,这是形成地球上各处气候差异的基本因素.

地球以椭圆轨道绕太阳旋转,称为公转.公转轨道平面称为黄道平面.日地之间的平均距离为 $(149\,597\,892 \pm 500)\ \text{km}$,这个距离称为一个天文单位(AU).轨道偏心率的平均值为 0.0167,地球约在 1 月 3 日离太阳最近,距离为 0.973 AU;约在 7 月 4 日离太阳最远,距离为 1.017 AU.日地距离的这种变化将影响到大气上界太阳辐照度的数值.前面讨论的太阳常数是以日地平均距离 d_0 为标准的(地球在 3 月 21~22 日和 9 月 22~23 日达到日地平均距离),而在其他日期,大气上界与日光垂直平面上的太阳积分辐照度要按下式做相应的订正:

$$S_0 = \bar{S}_0(d_0/d)^2 = \bar{S}_0 d_m^2, \tag{5.4.2}$$

式中 d 为日地距离,$d_m = d_0/d$ 为日地距离订正因数,也称为地球轨道偏心率订正因子.但应当注意,日地距离的这种变化并不是造成四季变化的原因.对北半球而言,冬季恰好是日地距离最近,而夏季的日地距离最远.

那么是什么因素造成地球上的四季变化而且使南半球的季节恰好和北半球相反呢?从图 5.13 可以看到,地球在绕太阳公转的同时还有自转.自转轴与黄道平面之间保持着 $66°33'$ 的倾角(即黄赤交角 $\varepsilon = 23°27'$),因而一年中太阳有时直射北半球,有时直射南半球,其直射点在南北纬度 $23°27'$ 之间变动,且在南北、两极的极圈(66.5°)内会出现极昼和极夜.地球上某个地方得到太阳能的多少与太阳高度角(阳光与水平面的夹角)及日照时间的长短有关,太阳高度

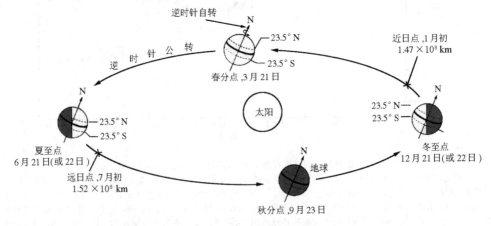

图 5.13 地球自转轴的倾斜造成入射太阳辐射的变化

角越大,得到的太阳辐照度也越多,日照时间也越长.而一个地区太阳高度角和日照时间长短的变化主要是由太阳直射点的变化引起的.因此,地球的自转是产生昼夜变化的原因,而地球自转轴的倾斜则是造成季节变化的原因.

1. 太阳的位置和太阳时

1) 太阳的高度和方位

大气物理学中许多问题都涉及太阳的高度角和方位角.对地面上处于纬度 φ 和经度 λ 的观测者而言,在某一时刻观测到的太阳的天顶角 θ(太阳高度角的余角)和方位角 α 可以用下列方程来计算:

$$\begin{cases} \cos\theta = \sin\varphi\sin\delta + \cos\varphi\cos\delta\cos\omega, & (5.4.3a) \\ \cos\alpha = (\sin\delta - \sin\varphi\cos\theta)/\cos\varphi\sin\theta, & (5.4.3b) \end{cases}$$

其中 δ 为太阳赤纬(日地中心连线与赤道平面的夹角),变化于 $\pm 23°27'$ 之间; ω 为时角,定义为观测点的经圈与太阳重合后(即当地正午)地球自转的角度,每天从 $0°$ 变至 $360°$,正午时刻时角为 $0°$.

在日出和日落时刻, $\theta = 90°$,从(5.4.3)式可以计算出

$$\cos\omega_0 = -\tan\delta\tan\varphi, \qquad (5.4.4)$$

$$\cos\alpha_0 = \sin\delta/\cos\varphi, \qquad (5.4.5)$$

这里 ω_0 和 α_0 分别为日出或日落时刻的太阳时角和方位角,随地点 (φ) 和季节 (δ) 而不同.例如,对北半球的春(秋)分日, $\delta = 0$, $\omega_0 = \pm 90°$, $\alpha_0 = 90°$ 和 $270°$,即日夜等长,太阳从正东方升起,从正西方落下;夏至日, $\delta = 23.5°$,在 $\varphi = 66.5°$ 处, $\omega_0 = \pm 180°$,说明北极圈内全天太阳不落.

2) 太阳时

太阳相继两次经过同一地方子午圈所经历的时间为一个太阳日.由于太阳日有真太阳日和平太阳日的区别,因此就有两种太阳时.

对某一个观测点来说,太阳视圆面的中心连续两次上中天经历的时间为一个真太阳日,以太阳视圆面中心上中天的时刻作为起算点.由于人们习惯以子夜为时间的起算点,所以规定真太阳时在数值上等于太阳视圆面中心的时角加上12小时.

但是真太阳日是长短不一的,在实际使用时有缺陷.这是因为地球绕太阳公转的轨道是椭圆形的,随着日地距离的变化,角速度会变化;另外,太阳在黄道平面上运行,而时角是在赤道平面上计量,黄赤交角的存在也使太阳运行的角速度不均匀.为此,假想在太阳附近有一在赤道平面上做等速率圆周运动的天体,其速率等于太阳视运动的平均速率,这个天体就是平太阳(天文学上有更严格的定义).平太阳日是常数,平太阳时以平太阳在观测点下中天时刻(平子夜)作为起算点.真太阳时和平太阳时之间的差异称为时差 η,表示成

$$\eta = 真太阳时 - 平太阳时. \qquad (5.4.6)$$

时差 η 在一年之中变化于 $+16$ 分 25 秒(10 月 30 日)至 -14 分 15 秒(2 月 11 日)之间.真太阳时和平太阳时都是具有地方性的.

为了便于不同地区交往,规定以标准经度的平太阳时为时间标准,称为标准时.标准时有两种:① 世界时,以 $0°$ 经度线即英国格林尼治天文台的平太阳时子夜为 0 时.② 区时,例如规定以东经 $120°$ 的平太阳时子夜为北京时 0 时.北京时比世界时早 8 小时.

在日射测量和计算太阳辐射时应考虑真太阳时,因为真太阳时更符合太阳的实际运动状况.某个观测点的真太阳时可由下列公式计算:

$$真太阳时 = 平太阳时 + \eta$$

$$= (当地标准经度的平太阳时 + 经度订正) + \eta. \tag{5.4.7}$$

由于经度相差 1°, 两地时刻相差 4 min, 所以经度订正 $= -4 \times (\lambda_s - \lambda)$, 其中 λ 为当地经度, λ_s 为当地标准时的经度(北京时 $\lambda_s = 120°$). 上式的单位用 min 表示.

例题 5.3 北京纬度为 39.8°N, 经度为 116.5°E, 计算 1996 年 11 月 13 日的日出、日落时间和白昼长度.

解 由天文年历查得这一天的太阳赤纬 $\delta = -17.9°$, 时差 $\eta = 15.72$ min $= 0.262$ h.

由(5.4.4)式可计算出日落和日出的时角 $\omega_0 = \pm 74.39° = \pm 4.959$ h(15° 对应 1 h). 这是真太阳时的时角. 因为真太阳时是以午夜为 0 时, 与时角相差 12 h, 故得到日出和日落的真太阳时为 7.041 h 和 16.959 h.

根据(5.4.7)式, 将真太阳时换算成平太阳时, 并进一步转换成北京时, 即

$$平太阳时 = 真太阳时 - \eta,$$
$$北京时 = 平太阳时 - 经度订正,$$

最后得到日出和日落时刻分别为北京时间 7 时 0 分 44 秒和 16 时 55 分 49 秒, 白昼长度为

$$2\omega_0 = 9.918 \text{ h} = 9 \text{ h} \, 55 \text{ min} \, 05 \text{ s}.$$

应指出, 以上计算中未考虑大气折射和太阳视圆面大小的影响, 若要计算地面上实际观测到的日出和日落时刻, 还应作修正.

由上面的讨论可以知道, 在太阳辐射和太阳视位置的计算中, 需要用到三个表征日地运动关系的天文参量, 即太阳赤纬 δ, 时差 η 和日地距离 d. 这些参量每日每时都在变化, 它们的精确值在当年的天文年历中可以查到. 为了模式计算的方便, 20 世纪 50 年代 Spencer(1971)就依据傅里叶分析提出了比较简单的函数表达式. 朱志辉等(左大康等, 1991)根据 1986 年中国天文年历中的列表值, 重新对 d, η 和 δ 进行傅里叶分析得出了新的公式.

2. 大气上界水平面上太阳辐射通量的计算

由于不同时刻太阳处于不同的高度, 入射到大气上界水平面上的太阳辐照度应是

$$S_0' = S_0 \cos\theta = \overline{S}_0 d_m^2 (\sin\varphi \sin\delta + \cos\varphi \cos\delta \cos\omega), \tag{5.4.12}$$

其中 φ 为该点的纬度. 对地球上任意一点 (φ, λ), 大气上界在单位面积上接收到的太阳辐射能日总量为

$$Q_d(\varphi, \lambda, D) = \int_{t_1}^{t_2} S_0' dt = \int_{t_1}^{t_2} d_m^2 \overline{S}_0 (\sin\varphi \sin\delta + \cos\varphi \cos\delta \cos\omega) dt$$

$$= \int_{-\omega_0}^{\omega_0} d_m^2 \overline{S}_0 (\sin\varphi \sin\delta + \cos\varphi \cos\delta \cos\omega) \frac{T}{2\pi} d\omega, \tag{5.4.13}$$

此处 t 为真太阳时, 取子夜为 0, t_1 和 t_2 分别为日出和日落的时间, ω_0 和 $-\omega_0$ 为对应的时角, T 为一昼夜的时间, $t = T(\omega + \pi)/2\pi$, $dt = (T/2\pi) d\omega$. 一日之中 δ, d_m 均为常数. 由上述积分可计算出

$$Q_d = \frac{T}{\pi} d_m^2 \overline{S}_0 (\omega_0 \sin\varphi \sin\delta + \cos\varphi \cos\delta \sin\omega_0). \tag{5.4.14}$$

取 $T = 86\,400$ s, 太阳常数的单位为 W·m^{-2}, Q_d 的单位为 J·m^{-2}·d^{-1}.

图 5.14 是按(5.4.14)式计算的一年中全球各地大气上界太阳辐射的日总量 Q_d 的等值线图. 图中阴影部分对应于极夜, 无日射. 由图中可以看出, 低纬区 Q_d 的年变化较小, 而高纬区年变化较大. 北半球夏季各纬度间 Q_d 的差别不大, 冬季时 Q_d 则随纬度的增高而迅速下降, 进入极圈甚至变为零. Q_d 随纬度的变化是决定地球上各纬度间气候差异的基本因素. S_0' 的日变化与 Q_d 的年变化, 使得气温也具有日变化与年变化. 不过气温并非简单地取决于 S_0' 和 Q_d, 影响气候的因子十分复杂. 例如, 在夏至日, 北半球自赤道向极地 Q_d 是增加的, 因为北极全天有日照, 其太阳辐射能日总量是赤道的 1.37 倍, 但这并不意味着北极的气温会比赤道高.

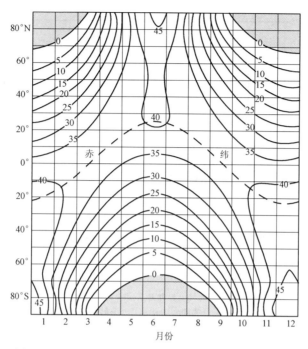

图 5.14　全球各地大气上界太阳辐射的日总量(List，1951；转引自 J. M. Wallace 和 P. V. Hobbs，2006)

图中单位是：$10^6 \text{ J} \cdot \text{m}^{-2} \cdot \text{d}^{-1}$

5.4.3　太阳的直接辐射

在 5.1.2 小节中已提到，太阳直接辐射可以认为是一种平行光辐射．理想的平行光其强度应不随距离变化，但当这束平行光进入地球大气以后，由于大气中的各种气体成分会吸收和散射部分太阳辐射能量，造成了太阳直接辐射的衰减（也称为削弱、消光）．

吸收过程是将一部分太阳辐射能量变成气体分子的热能或化学能．散射过程则是将一部分辐射能量散发到四面八方，形成散射辐射，其中一部分散射辐射从大气上界射出，离开了地球大气系统；一部分则到达地面，形成地面散射辐射．

由于大气对不同波长的削弱程度不同，因此到达地面的太阳直接辐射光谱与大气上界太阳辐射光谱分布显著不同．图 5.15 中同时给出了在平均大气状况且太阳位于天顶时大气上界和海平面处的太阳辐射谱，其中阴影区表示各气体的吸收区，两条曲线间的空白区代表被空气、水汽、灰尘和气溶胶后向散射以及被云反射的部分．

1. 地面太阳直接辐射

本节将利用 5.3.4 小节已介绍过的布格-朗伯定律或朗伯-比尔定律来讨论太阳直接辐射在大气中的削弱，并计算地面太阳直接辐射的辐照度．

当太阳辐射进入地球大气以后，不同的气体分子以及大气气溶胶粒子会吸收和散射太阳辐射，因此应考虑这些过程的综合结果．一般而言，这些过程都是相互独立的，因此大气总的距离衰减系数 k_λ 为

$$k_\lambda = k_{\lambda,R} + k_{\lambda,p} + k_{\lambda,O} + k_{\lambda,v} + k_{\lambda,a},　　　　(5.4.15)$$

其中 $k_{\lambda,R}$ 和 $k_{\lambda,p}$ 分别为气体分子和气溶胶粒子散射所引起的衰减，$k_{\lambda,O}$ 和 $k_{\lambda,v}$ 分别为臭氧和水汽

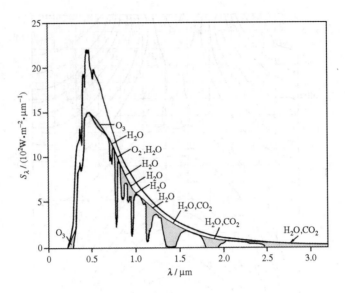

图 5.15 大气上界和海平面的太阳辐射谱
(Air Force Cambridge Research Laboratories，1965；转引自 J. T. Houghton，1986)

吸收所引起的衰减，$k_{\lambda,a}$ 为其他气体分子(主要是 CO_2 和 O_2)吸收所引起的衰减. 把 CO_2 和 O_2 分子放在一起并同臭氧和水汽分别处理，是因为这两种气体在大气中是均匀混合的，其浓度随空间和时间的变化可简单地利用地面气压来表示. 如果在某些具体问题中还需要考虑其他气体的吸收，则在式中还可以增加对应的衰减系数项.

在考虑了大气中所有的衰减因素之后，在地面处，与日光垂直平面上的太阳分光直接辐照度计算式为

$$S_\lambda = S_{\lambda,0} \exp\left(-\int_0^\infty k_\lambda \,\mathrm{d}l\right) = S_{\lambda,0} \exp\left[-\int_0^\infty (k_{\lambda,R} + k_{\lambda,p} + k_{\lambda,O} + k_{\lambda,v} + k_{\lambda,a})\,\mathrm{d}l\right]$$
$$= S_{\lambda,0}\exp[-(\delta_{\lambda,R} + \delta_{\lambda,p} + \delta_{\lambda,O} + \delta_{\lambda,v} + \delta_{\lambda,a})], \tag{5.4.16}$$

式中 $S_{\lambda,0}$ 是大气上界的太阳分光辐照度，$\delta_{\lambda,i}$ 是各组分的光学厚度. 这里积分应对辐射所通过的大气路径进行. 太阳直接辐照度还可根据各组分透过率的乘积计算，即

$$S_\lambda = S_{\lambda,0}\tau_{\lambda,R}\tau_{\lambda,p}\tau_{\lambda,O}\tau_{\lambda,v}\tau_{\lambda,a}, \tag{5.4.17}$$

式中 $\tau_{\lambda,R}, \tau_{\lambda,p}, \tau_{\lambda,O}, \tau_{\lambda,v}$ 和 $\tau_{\lambda,a}$ 分别是气体分子散射、气溶胶粒子的散射、臭氧吸收、水汽吸收和其他气体分子(主要是 CO_2 和 O_2)吸收的透过率函数.

2. 相对大气质量

为了计算光学厚度，必须知道日光在大气中的路径，因此要引入相对大气质量(亦称为大气质量数)的概念. 相对大气质量的准确定义是指日光自 θ 角倾斜入射时与自天顶入射时的光学厚度之比，即

$$m = \frac{\delta_\lambda(\theta)}{\delta_\lambda(0)} = \frac{\int_0^\infty k_\lambda \rho \,\mathrm{d}l}{\int_0^\infty k_\lambda \rho \,\mathrm{d}z}. \tag{5.4.18}$$

假设 k_λ 为常数，即空气在光路上的组成不变，相对大气质量就简化成

$$m = \frac{\int_0^\infty \rho \mathrm{d}l}{\int_0^\infty \rho \mathrm{d}z}, \tag{5.4.19}$$

即为日光倾斜入射与垂直入射时的光学质量之比.大气中对辐射有削弱作用的不仅有均匀混合气体,还有臭氧、水汽和气溶胶等可变化组分,因此应对大气中的各个削弱组分分别求解.

对于均匀混合气体,假设是在可忽略地球曲率、不考虑大气折射作用的平面平行均一大气中(图5.16(a)),当 $\theta < 60°$ 时,简单地有 $\mathrm{d}l = \sec\theta \mathrm{d}z$,且 $\sec\theta$ 为常数.由上式可得 $m = \sec\theta$,此时相对大气质量 m 仅取决于太阳天顶角 θ (见图5.16(a)).(5.4.16)式可改写为

$$\begin{aligned} S_{\lambda,m} &= S_{\lambda,0}\exp\left(-\int_0^\infty k_\lambda \sec\theta \mathrm{d}z\right) = S_{\lambda,0}\exp\left(-m\int_0^\infty k_\lambda \mathrm{d}z\right) \\ &= S_{\lambda,0}\exp[-\delta_\lambda(0)m], \end{aligned} \tag{5.4.20}$$

式中 $\delta_\lambda(0)$ 为某一波长整层大气垂直光学厚度(通常记为 δ_0).为更清楚地表示是相对大气质量 m 时的地面太阳直接辐照度,将 S_λ 改为 $S_{\lambda,m}$.

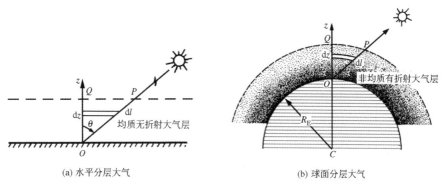

(a) 水平分层大气　　　　　　　　　　　　(b) 球面分层大气

图5.16　太阳光线穿过地球大气的轨迹(引自 Iqbal,1983)

但在有折射、密度随高度变化的球面分层大气中(图5.16(b)),相对大气质量 m 的计算就要复杂多了.1966年,Kasten 提出的公式为

$$m = \frac{1}{\rho_0 H}\int_0^\infty \left[1 - \left(\frac{R_E}{R_E + H}\right)^2\left(\frac{n_0}{n}\right)^2 \sin^2\theta_0\right]^{-1/2}\rho \mathrm{d}z, \tag{5.4.21}$$

式中 ρ_0 是地面大气密度,H 是均质大气高度(标准大气为 8.43 km),R_E 是平均地球半径,n_0 和 n 分别是地面和 z 高度的折射率,θ_0 是视天顶角. Kasten 根据美国空军研究发展司令部(Air Research and Development Command,简称 ARDC)模式大气(1959)的密度廓线,采用 0.7 μm 波长的折射率,计算得出了相对大气质量的数值.为了简化计算,Kasten 又根据自己的计算结果,导出比较简便的经验公式,即

$$m = \frac{1}{\cos\theta + 0.1500(93.885 - \theta)^{-1.253}}. \tag{5.4.22}$$

这就是目前世界气象组织推荐的用于计算均匀混合气体相对大气质量的公式.当太阳天顶角小于86°时,公式计算的误差不大于0.1%;当天顶角为89.5°时,公式计算的误差不大于1.25%.在一般情况下,其精确度已足够了.应注意,上式是根据地面气压 $p_0 = 1013.25$ hPa 时的数值推导出来的,当地面气压为 p 时需作修正,有

$$m(p) = m\frac{p}{p_0}. \tag{5.4.23}$$

水汽和臭氧的密度垂直廓线和干空气有很大不同,水汽主要分布在低层,而臭氧集中在平流层.根据这些气体在大气中分布的平均状况,Kasten 和 Robinson 分别得到水汽和臭氧的相对大气质量经验公式(Iqbal,1983)为

$$m_v = \frac{1}{\cos\theta + 0.0548(92.650 - \theta)^{-1.452}}, \tag{5.4.24}$$

$$m_O = \frac{1 + z_3/R_E}{[\cos^2\theta + 2(z_3/R_E)]^{1/2}}, \tag{5.4.25}$$

(5.4.25)式中 z_3 为臭氧分布的峰值高度,一般为 22 km;R_E 为地球平均半径.不过,由于水汽量及臭氧层厚度的不易准确确定引起的误差更大,因此(5.4.24)和(5.4.25)式很少使用,而常用(5.4.22)式代替.但应注意,水汽与臭氧的相对大气质量 m 不必用(5.4.23)式修正.

蒋龙海等(1983)利用美国 1976 年标准大气中 1000 km 高空以下的空气密度资料,采用(5.4.21)式,根据辛普孙数值积分式计算了相对大气质量.表 5.5 为太阳天顶角与不同相对大气质量计算结果的比较.

表 5.5 太阳天顶角与相对大气质量

$\theta/(°)$	$\sec\theta$	Kasten 经验公式	蒋龙海等
10	1.0154	1.0148	1.0154
20	1.0642	1.0634	1.0640
30	1.1547	1.1536	1.1543
40	1.3054	1.3037	1.3045
50	1.5557	1.5525	1.5535
60	2.0000	1.9927	1.9939
65	2.3662	2.3539	2.3552
70	2.9238	2.8999	2.9016
75	3.8637	3.8081	3.8106
80	5.7588	5.5803	5.5840
85	11.4739	10.3231	10.3168

3. 地面太阳直接辐射的简单模式

实际大气的削弱机制及大气成分的变化是极其复杂的,因此下面将介绍一个比较简单的计算模式(Iqbal,1983),并给出计算所需要的有关资料,使得能方便地得到在各种大气条件下地面太阳辐射的光谱分布.

日光以天顶角 θ 倾斜入射到地面时,根据(5.4.16)式,总光学厚度以下式表示:

$$\delta_\lambda(\theta) = \delta_{\lambda,R}(\theta) + \delta_{\lambda,p}(\theta) + \delta_{\lambda,O}(\theta) + \delta_{\lambda,v}(\theta) + \delta_{\lambda,a}(\theta), \tag{5.4.26}$$

它包含了空气分子散射、气溶胶粒子散射、臭氧和水汽分子的吸收以及氧和二氧化碳等均匀混合气体分子的吸收所造成的光学厚度.对氧气或二氧化碳这些均匀混合的气体,其情况就比较简单,只要知道地面气压就可以计算出其光学厚度.而对于臭氧和水汽,由于在全球不同地点、不同时间,其含量变化很大,必须首先知道这种气体的含量,才能计算其吸收的光学厚度.Leckner(1978)在分析了大量观测资料后指出,可以用一个广义的透过函数来描述水汽和其他

均匀混合气体的选择吸收:

$$\tau_{\lambda,i} = \exp(-\delta_{\lambda,i}),$$

式中光学厚度是

$$\delta_{\lambda,i} = \frac{0.3 k_{\lambda,i} \bar{u}_i m}{(1 + 25.25 k_{\lambda,i} \bar{u}_i m)^{0.45}}, \tag{5.4.27}$$

式中脚标 i 是指某种均匀混合气体, $k_{\lambda,i}$ 是该种气体的吸收系数, $\bar{u}_i$ 是该种气体的订正光学质量. 对水汽, $\bar{u}_i$ 的单位是 $g \cdot cm^{-2}$, 对其他均匀混合气体是 km.

下面将具体讨论各组分的光学厚度计算公式:

(1) 空气分子散射的光学厚度. 空气分子散射的光学厚度为

$$\delta_{\lambda,R}(\theta) = m \delta_{\lambda,R}(0) = m \int_0^\infty k_{\lambda,R}(z) \mathrm{d}z.$$

根据瑞利散射的(5.3.12)和(5.3.13)式, 空气分子的散射削弱系数为

$$k_{\lambda,R}(z) = k_{\lambda,R}(0) \frac{\rho(z)}{\rho_0} = 1.0563 \times 10^{-6} \lambda^{-4} \frac{\rho(z)}{\rho_0}, \tag{5.4.28}$$

式中 ρ_0 为标准状态下的气体密度($1.293\,\mathrm{kg} \cdot \mathrm{m}^{-3}$). 若地面压强为标准大气压 p_0, 利用静力学方程(3.1.3), 整层大气空气分子散射的垂直光学厚度为

$$\begin{aligned}
\delta_{\lambda,R}(0) &= \int_0^\infty k_{\lambda,R}(z) \mathrm{d}z \\
&= 1.0563 \times 10^{-6} \lambda^{-4} \int_0^\infty \frac{\rho(z)}{\rho_0} \mathrm{d}z \\
&= 1.0563 \times 10^{-6} \lambda^{-4} \frac{p_0}{\rho_0 g} \\
&= 0.00844 \lambda^{-4}. \tag{5.4.29}
\end{aligned}$$

由于空气折射指数也与波长有关, Robinson(1966)将(5.4.29)式修正为

$$\delta_{\lambda,R}(0) = 0.0088 \lambda^{-4.05}, \tag{5.4.30}$$

式中 λ 的单位为 μm. 对于波长为 $\lambda = 0.52\,\mu m$ 的绿光, $\delta_{\lambda,R}(0) = 0.124$, 整层大气的透过率为 0.894.

(2) 气溶胶散射的光学厚度. 气溶胶散射的光学厚度为

$$\delta_{\lambda,p}(\theta) = m \delta_{\lambda,p}(0). \tag{5.4.31}$$

埃斯川姆(Ångström, 1964)根据气溶胶的荣格分布(参见 2.3.1 节), 导出计算米散射的整层大气垂直光学厚度的公式, 即

$$\delta_{\lambda,p}(0) = \beta \lambda^{-\alpha}, \tag{5.4.32}$$

式中 β 称为浑浊度参数, 随大气中气溶胶质点总量而变, 清洁地区约为 0.1 或更小, 而在大气被污染的地区较大. 例如, 北京秋季大气浑浊度参数平均值为 0.097 ± 0.068, 大气比较清洁; 而春季平均值为 0.204 ± 0.105, 大气比较浑浊(尹宏, 1993). β 值可以根据对太阳辐射的观测得到, 从而实现对大气气溶胶的监测. 目前卫星已实现了对大气气溶胶垂直光学厚度的全球连续观测, 为大气环境和气候变化研究提供了重要资料. 此处 α 的数值称为波长指数, 它与气溶胶的平均半径有关. 平均半径越小, 气溶胶的散射性质越趋近于分子散射, 波长指数 α 就越趋近于 4(见表 5.6).

相对于散射而言, 气溶胶对辐射的吸收不是很重要, 因此(5.4.32)式就反映了气溶胶光学

厚度随波长变化的特性.但如果气溶胶的吸收增强到一定程度,情况就会比较复杂.

表 5.6　波长指数与气溶胶平均半径 $\bar{r}$ 的统计关系(W. Schüpp,1949,转引自尹宏,1993)

波长指数	0	1.3	1.5	2.0	2.25	3.0	3.8~4.0
$\bar{r}/\mu m$	>2.0	≈0.6	0.5	0.22~0.25	0.15	0.062~0.10	≤0.02

(3) 臭氧吸收的光学厚度.在讨论臭氧吸收的整层大气垂直光学厚度时,常用的是气柱臭氧总量(见 2.1.3 小节).由臭氧吸收所造成的整层大气光学厚度可写为

$$\delta_{\lambda,\mathrm{O}}(\theta) = k_{\lambda,\mathrm{O}} u_{\mathrm{O}} m_{\mathrm{O}}, \tag{5.4.33}$$

式中 u_{O} 为臭氧总量(单位:m),m_{O} 是臭氧的相对大气质量,$k_{\lambda,\mathrm{O}}$ 的值见表 5.7.

表 5.7　臭氧吸收系数 $k_{\lambda,\mathrm{O}}$(转引自 Kasten,1966)

$\lambda/\mu m$	$k_{\lambda,\mathrm{O}}/\mathrm{m}^{-1}$	$\lambda/\mu m$	$k_{\lambda,\mathrm{O}}/\mathrm{m}^{-1}$	$\lambda/\mu m$	$k_{\lambda,\mathrm{O}}/\mathrm{m}^{-1}$
0.290	3800.0	0.485	1.7	0.595	12.0
0.295	2000.0	0.490	2.1	0.600	12.5
0.300	1000.0	0.495	2.5	0.605	13.0
0.305	480.0	0.500	3.0	0.610	12.0
0.310	270.0	0.505	3.5	0.620	10.5
0.315	135.0	0.510	4.0	0.630	9.0
0.320	80.0	0.515	4.5	0.640	7.9
0.325	38.0	0.520	4.8	0.650	6.7
0.330	16.0	0.525	5.7	0.660	5.7
0.335	7.5	0.530	6.3	0.670	4.8
0.340	4.0	0.535	7.0	0.680	3.6
0.345	1.9	0.540	7.5	0.690	2.8
0.350	0.7	0.545	8.0	0.700	2.3
0.355	0.0	0.550	8.5	0.710	1.8
0.445	0.3	0.555	9.5	0.720	1.4
0.450	0.3	0.560	10.3	0.730	1.1
0.455	0.4	0.565	11.0	0.740	1.0
0.460	0.6	0.570	12.0	0.750	0.9
0.465	0.8	0.575	12.2	0.760	0.7
0.470	0.9	0.580	12.0	0.770	0.4
0.475	1.2	0.585	11.8	0.780	0.0
0.480	1.4	0.590	11.5	0.790	0.0

(4) 水汽吸收的光学厚度.水汽分子的含量是指辐射传输路径上的水汽总含量 P_{v},它用单位面积空气柱中所有水汽都凝结成液态水时所具有的厚度表示,称为水汽总量(cm).水汽总量一般应该根据探空资料推算,有时为了简便,也常用地面水汽压等湿度参数来估算.大气中水汽总量的值变化于 0~10 cm 之间.根据我国 10 个有代表性(包括平原、高原和沙漠)的台站资料计算得到的经验关系(左大康等,1991)为

$$\lg P_{\mathrm{v}} = -0.951 + 1.118 \lg e, \tag{5.4.34}$$

其中 P_v 为水汽总量(cm),e 为地面水汽压(hPa),线性相关系数为 0.958.

Leckner(1978)根据 McClatchey 等人的工作,得到水汽的订正光学质量为

$$u_v = 0.795P_v, \tag{5.4.35}$$

这里 u_v 的单位为 g·cm^{-2}.将上式代入(5.4.27)式,即得由水汽吸收所造成的整层大气光学厚度为

$$\delta_{\lambda,v}(\theta) = 0.2385k_{\lambda,v}P_v m_v/(1 + 20.07k_{\lambda,v}P_v m_v)^{0.45}, \tag{5.4.36}$$

其中 m_v 为水汽的相对大气质量,$k_{\lambda,v}$ 的值见表 5.8.

表 5.8　水汽的吸收系数 $k_{\lambda,v}$(引自 Kasten,1966)

$\lambda/\mu m$	$k_{\lambda,v}/cm^{-1}$	$\lambda/\mu m$	$k_{\lambda,v}/cm^{-1}$	$\lambda/\mu m$	$k_{\lambda,v}/cm^{-1}$
0.690	0.160×10^{-1}	0.930	0.270×10^{2}	1.850	0.220×10^{4}
0.700	0.240×10^{-1}	0.940	0.380×10^{2}	1.900	0.140×10^{4}
0.710	0.125×10^{-1}	0.950	0.410×10^{2}	1.950	0.160×10^{3}
0.720	0.100×10^{1}	0.960	0.260×10^{2}	2.000	0.290×10^{1}
0.730	0.870×10^{0}	0.970	0.310×10^{1}	2.100	0.220×10^{0}
0.740	0.610×10^{-1}	0.980	0.148×10^{1}	2.200	0.330×10^{0}
0.750	0.100×10^{-2}	0.990	0.125×10^{0}	2.300	0.590×10^{0}
0.760	0.100×10^{-4}	1.000	0.250×10^{-2}	2.400	0.203×10^{2}
0.770	0.100×10^{-4}	1.050	0.100×10^{-4}	2.500	0.310×10^{3}
0.780	0.600×10^{-3}	1.100	0.320×10^{1}	2.600	0.150×10^{5}
0.790	0.175×10^{-1}	1.150	0.230×10^{2}	2.700	0.220×10^{5}
0.800	0.360×10^{-1}	1.200	0.160×10^{-1}	2.800	0.800×10^{4}
0.810	0.330×10^{0}	1.250	0.180×10^{-3}	2.900	0.650×10^{3}
0.820	0.153×10^{1}	1.300	0.290×10^{1}	3.000	0.240×10^{3}
0.830	0.660×10^{0}	1.350	0.200×10^{3}	3.100	0.230×10^{3}
0.840	0.155×10^{0}	1.400	0.110×10^{4}	3.200	0.100×10^{3}
0.850	0.300×10^{-2}	1.450	0.150×10^{3}	3.300	0.120×10^{3}
0.860	0.100×10^{-4}	1.500	0.150×10^{2}	3.400	0.195×10^{2}
0.870	0.100×10^{-4}	1.550	0.170×10^{-2}	3.500	0.360×10^{1}
0.880	0.260×10^{-2}	1.600	0.100×10^{-4}	3.600	0.310×10^{1}
0.890	0.630×10^{-1}	1.650	0.100×10^{-1}	3.700	0.250×10^{1}
0.900	0.210×10^{1}	1.700	0.510×10^{0}	3.800	0.140×10^{1}
0.910	0.160×10^{1}	1.750	0.400×10^{1}	3.900	0.170×10^{0}
0.920	0.125×10^{1}	1.800	0.130×10^{3}	4.000	0.450×10^{-2}

(5) 均匀混合气体吸收的光学厚度.均匀混合气体指氮、氧和二氧化碳等.氧在 0.76 μm 附近有一个很强的吸收带,需要特别注意.和水汽一样,Leckner 同样得到了均匀混合气体的订正光学质量为

$$u_a = 4.71 \, \text{km}. \tag{5.4.37}$$

代入(5.4.27)式后,得均匀混合气体的吸收所造成的整层大气光学厚度为

$$\delta_{\lambda,a}(\theta) = 1.41k_{\lambda,a}m/(1 + 118.93k_{\lambda,a}m)^{0.45}, \tag{5.4.38}$$

其中 $k_{\lambda,a}$ 的数值见表 5.9.

表 5.9 均匀混合气体的吸收系数 $k_{\lambda,a}$（引自 Kasten，1966）

$\lambda/\mu m$	$k_{\lambda,a}/km^{-1}$	$\lambda/\mu m$	$k_{\lambda,a}/km^{-1}$	$\lambda/\mu m$	$k_{\lambda,a}/km^{-1}$
0.76	0.300×10^{1}	1.75	0.100×10^{-4}	2.80	0.150×10^{3}
0.77	0.210×10^{0}	1.80	0.100×10^{-4}	2.90	0.130×10^{0}
		1.85	0.145×10^{-3}	3.00	0.950×10^{-2}
1.25	0.730×10^{-2}	1.90	0.710×10^{-2}	3.10	0.100×10^{-2}
1.30	0.400×10^{-3}	1.95	0.200×10^{1}	3.20	0.800×10^{0}
1.35	0.110×10^{-3}	2.00	0.300×10^{1}	3.30	0.190×10^{1}
1.40	0.100×10^{-4}	2.10	0.240×10^{0}	3.40	0.130×10^{1}
1.45	0.640×10^{-1}	2.20	0.380×10^{-3}	3.50	0.750×10^{-1}
1.50	0.630×10^{-3}	2.30	0.110×10^{-2}	3.60	0.100×10^{1}
1.55	0.100×10^{-1}	2.40	0.170×10^{-3}	3.70	0.195×10^{-2}
1.60	0.640×10^{-1}	2.50	0.140×10^{-3}	3.80	0.400×10^{-2}
1.65	0.145×10^{-2}	2.60	0.660×10^{-3}	3.90	0.290×10^{1}
1.70	0.100×10^{-4}	2.70	0.100×10^{3}	4.00	0.250×10^{-1}

4. 地面太阳直接辐射光谱

由(5.4.20)式可知,地面太阳直接辐射光谱与大气质量数 m 及吸收气体的吸收率 k_λ 有关. 图 5.17 给出了大气上界的太阳光谱以及太阳天顶角 θ 为 $30°,60°$ 和 $80°$ 时地面太阳直接辐射光谱,计算时考虑了瑞利散射、气溶胶的米散射以及臭氧和水汽的吸收. 因大于 $2.0\,\mu m$ 的太阳辐射值太小,为便于分析,将大于 $2.0\,\mu m$ 部分的纵坐标放大. 分析这些曲线,可以了解太阳直接辐射光谱在大气中的变化规律.

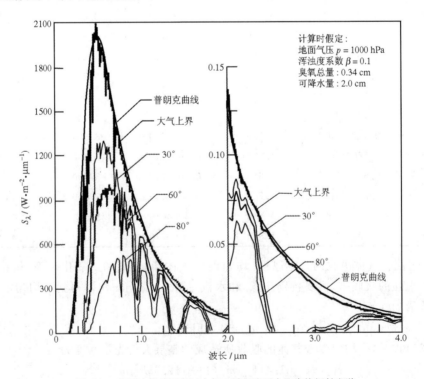

图 5.17 不同太阳天顶角时大气上界和地面太阳直接辐射光谱

5. 大气上界太阳光谱的地面测量——长法观测

对于大气上界太阳光谱的知识,最初并非由大气外的直接观测而来,而主要是由地面推算的.即使在能够从大气外观测的今天,由地面观测太阳光谱仍是重要的方法,因此此处给以简单介绍.

由(5.4.20)式,如果在一段时间内大气的光学特性(δ_λ)不变,则地面所测太阳直接辐射光谱仅随大气质量数 m 变化.将(5.4.20)式取对数,有

$$\ln S_{\lambda,m} = \ln S_{\lambda,0} - \delta_\lambda(0)m. \tag{5.4.39}$$

令 $y = \ln S_{\lambda,m}$,$A = \ln S_{\lambda,0}$,$B = -\delta_\lambda(0)$,$x = m$,有

$$y = A + Bx. \tag{5.4.40}$$

这是一个直线方程,因此在$(m, \ln S_{\lambda,m})$坐标系中,多次观测值应在一条直线上.图 5.18 是三个地方的观测结果,其中纵坐标 V_0 是测量太阳辐射光谱的仪表读数(例如电压值),V_0 正比于 $\ln S_{\lambda,m}$.由最小二乘法可以较精确地求出 A 和 B 的数值,从而得出大气上界太阳光谱的数值,同时得到整层大气垂直光学厚度谱.这两个量在大气辐射学中都是至关重要的.

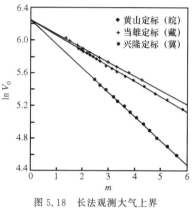

图 5.18　长法观测大气上界
太阳分光辐照度

这种方法称为长法,它需要花费较长的时间进行观测,以保证 m 有相当大的变化范围.一般利用日出或日落的机会,使太阳天顶距变化于 $45° \sim 85°$,相应的 m 在 $1.5 \sim 11$ 之间.长法观测成功的关键在于这段时间中大气的光学厚度不能变化,否则观测值就不可能组成一条直线,因此必须选择晴朗稳定的天气.但要保证整个观测期间光学厚度不变是很困难的.还应指出,太阳光谱的紫外和红外部分在地面上观测不到或观测不全,需要用高空或大气外的观测资料来补足.

5.4.4　天空的散射辐射

天空的散射辐射是人们最常见的现象.无论是晴朗无云或全天是云的白昼,天空总是明亮的.这些光是空气分子和大气气溶胶颗粒散射太阳辐射的结果.

1. 空气分子的散射

图 5.19 给出了太阳辐射在大气中散射的示意图.太阳的平行辐射照射到空气分子上,一部分辐射能被分子散射,根据瑞利散射规律,波长短的辐射散射掉的能量远大于波长长的辐射.散射光的角度分布也按瑞利散射的规律被画在了图上.这种分子对太阳直接辐射的散射过程称为一次散射.但这些被散射出去的辐射能被其他分子再一次散射,这种过程称为多次散射.多次散射不断重复,强度越来越弱,直到最后可忽略不计为止.

2. 气溶胶颗粒的散射

太阳辐射经过大气时,空气分子的瑞利散射削弱总是存在的,而米散射削弱要看大气是否洁净而定.若天空有云,云滴的大颗粒散射要比瑞利散射强得多.

和分子散射不同,气溶胶散射光谱比较接近于入射光谱.例如,太阳光是白光,云滴散射的结果也是白色的.有时天空虽然没有云,但因大气中气溶胶含量较高,天空也会显灰白色,这是大气污染的一种标志.

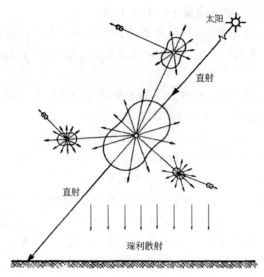

太阳

直射

直射

瑞利散射

图 5.19　太阳辐射在大气中的散射(引自 Igbal, 1983)

当散射过程以气溶胶颗粒为主时,按米散射理论,前向散射光在总散射光中的比值迅速增大,因此在太阳周围的天空将出现很强的散射光强度.这一现象称为日周光.大气中气溶胶含量越高,这一现象也越明显.

太阳辐射被空气分子及其他气溶胶颗粒物多次散射后,最终有一部分能量从大气上界被射出地球大气系统,而另一部分则可能到达地面.到达地面的辐射有一部分被地表吸收,而另一部分又被地表反射回到大气,继续它的多次散射过程.观测和理论计算结果表明,大气中多次散射的结果使一部分散射辐射能返回太空.

3. 阳伞效应

由于云和气溶胶(特别是火山灰)对太阳辐射的强散射作用,导致到达地面的太阳辐射能减少,称为阳伞效应或反射效应.有数值模拟结果指出,若全球低云量增加 4%,其降温作用将大于二氧化碳倍增产生的温室效应;而且,中低云云量或云中含水量甚至云滴平均半径的增大也可以部分抵消二氧化碳倍增产生的温室效应.

矿物燃料的燃烧在放出 CO_2 的同时还放出大量 SO_2,SO_2 形成的硫酸盐粒子就有降温效应.这不仅是因为硫酸盐微粒能显著地散射太阳辐射,而且因为这些微粒增加了云的凝结核,使云量增加,从而使云对太阳辐射的反射增加.

许多火山的喷发物会随着平流层纬向风流动和扩散.一般情况下,强火山爆发后约半年时间,平流层气溶胶就可以扩散到全球.平流层火山灰和气溶胶的强散射作用一方面削弱了太阳的直接辐射,同时又增加了向地面的散射.曾有人估计,强火山喷发后,全球平均的平流层气溶胶后向散射使太阳直接辐射减少了约 20%,使到达地面的总辐射减少了约 5%,而使散射辐射增加了约 15%.也有人估计的数字比上述的小一些.不过,强火山活动对太阳辐射传输的影响的确是不可忽视的.

5.4.5　地面对太阳辐射的反射和吸收

在地球-大气系统对太阳辐射的吸收中,大气的吸收只占 20%,地球表面吸收了约 50%,这一点在地球-大气系统的能量平衡及气候的形成和变化中有极重要的作用.

1. 地面反照率

地球表面能获得多少太阳辐射能,在很大程度上依赖于地表反照率.气象学上通常关心的是某一区域的平均反照率,其区域尺度可达几千米甚至上百千米.这种区域(尤其是在大陆上)往往可由许多不同种类的下垫面拼组而成.各种下垫面都有各自的反照率特性,如何得到一个区域的平均反照率常常是一个相当困难的问题.表 5.10 给出各种地面的平均反照率,以供参考.水面的情况比较复杂.一般来说,水面的反照率比陆面的小,但它随日光入射角的变化比陆面大.当太阳高度角大于 30°时,水面反照率小于 10%;当太阳高度角为 5°左右时,反照率可达 40%以上.水面反照率还与是否有浪、水体是否浑浊有关.

表 5.10   各种地面的平均反照率

地面状况	水面	阔叶林	草地、沼泽	水稻田	灌木	田野	草原	沙漠	冰川、雪被
反照率/(%)	6~8	13~15	10~18	12~18	16~18	15~20	20~25	25~35	>50

图 5.20 给出几种典型下垫面实测的反照率光谱,图中的 h 是测量时的太阳高度角.假设地表为朗伯体,则反照率值应与入射和出射辐射的方向无关.但严格地讲,地表并不满足朗伯体的假设,反照率值应与入射和出射辐射的方向有关,称为二向性反照率.

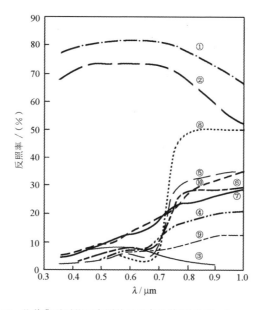

图 5.20   几种典型下垫面实测的反照率光谱(引自 Kondratyev, 1973)

① 带有冰盖的雪,$h=38°$; ② 大粒湿雪,$h=37°$; ③ 湖面,$h=56°$; ④ 土壤融雪后,$h=24.5°$; ⑤ 青玉米,$h=54°$;

⑥ 高的绿玉米,$h=56°$; ⑦ 黄玉米,$h=46°$; ⑧ 苏丹草,$h=52°$; ⑨ 黑钙土,$h=40°$; ⑩ 谷物茬子,$h=35°$

从图 5.20 的不同种类下垫面的反照率光谱可以看到,积雪具有较高的反照率,而且在可见光和近红外波段变化较小.实际上积雪在可见光波段的反照率还高于近红外波段,这和其他各种下垫面都是不同的.水面的反照率一般是较小的,约 5%左右,而且它随波长的变化也不大.黑钙土的反照率也是较低的,而且随波长变化也较小.各种植被下垫面反照率光谱的一个主要特点是:它们在近红外波段的反照率远大于可见光波段,其突变发生在大约 0.7 μm 附近.利用这一特点,在 NOAA 气象卫星上利用两个通道,分别测量可见光通道(例如 0.58~

0.68 μm)和近红外通道(例如 0.7~1.1 μm)波段的地面反照率,并计算各种植被指数.其中应用较广的是归一化差分植被指数(NDVI,即 Normalized Difference Vegetation Index),其定义为

$$NDVI = (Ch2 - Ch1)/(Ch2 + Ch1), \tag{5.4.41}$$

式中 Ch1 和 Ch2 分别为 1 通道和 2 通道卫星观测的地面反照率.当植被生长茂盛,归一化植被指数值就较大.植被指数被广泛地应用于判断下垫面植被生长的状况,对农业估产和土地利用状况的监测有很好的应用.

2. 云的反照率

由于云中水滴和冰晶的散射,使云体表面成了比较强的反射面.云层覆盖了大约 50% 的地球表面,云顶表面又具有较大的反射率,这就使得到达地面的太阳辐射大大减少,而返回宇宙空间的辐射能量加大,因此云层在地-气系统的辐射过程中有极为重要的作用.飞机、气球和卫星的一系列观测表明,云的反照率既依赖于云的厚度、相态、微结构及含水量等云的宏微观特性,也与太阳高度角有关.一般说来,云的反射率随云层厚度、云中含水量而增大.表 5.11 是 Conover 根据卫星云图的亮度所确定的各种云的反照率,其值在 29%~92% 之间,平均约为 60%.

表 5.11　各类云(云盖面超过 80%)的平均反照率

云 的 种 类	反照率/(%)
大而厚的积雨云	92
云顶在 6 km 高度以下的小积雨云	86
陆地上的淡积云	29
陆地上的积云和层积云	69
海上的厚层云,云底高度约 0.5 km	64
海上的厚层积云	60
海上的薄层云	42
厚的卷层云,有降水	74
陆上卷云	36
陆上卷层云	32

3. 行星反照率

地球-大气系统的反照率称为行星反照率,它表示射入地球的太阳辐射被大气、云及地面反射回宇宙空间的总百分数.在没有用卫星直接观测以前,行星反照率是用各种方法间接估算的,例如用天文方法或根据云和各种地面的反照率及云量进行估算.20 世纪 60 年代以来,采用卫星直接观测,观测结果已逐渐趋向于一致.

行星反照率分为各地区行星反照率和全球行星反照率.因为各地云量和冰雪分布情况不同,各地区行星反照率的差别较大,赤道地区的行星反照率约为 0.2 甚至更小,而极地为 0.6 甚至达到 0.95.至于全年平均的全球行星反照率,由 1967 年雨云 2 号(NIMBUS 2)测出的值在 0.295~0.300 之间,泰罗斯 7 号(TIROS 7)测出的是 0.32 左右,由雨云 3 号测出的是 0.284,后来雨云 4 号测出的是 0.30,在 1985 年地球辐射收支试验(ERBE,即 Earth Radiation Budget Experiment)中卫星测出的是 0.297.表 5.12 给出 1908~2010 年通过各种手段估测的结果.总之,目前认为全球的行星反照率数值可取 0.30.这是由地球表面的平均反照率(约为

0.15)、云的高反照率和大气的后向散射作用的综合结果.

表 5.12 1908—2010 年通过各种手段估测北半球或全球的行星反照率、地表反射率及大气层反射率

来　源	覆盖范围	全球行星反照率	地表反射率	大气层反射率
Abbot 和 Fowle(1908)	北半球	0.37	0.42	0.21
Houghton(1954)	北半球	0.34	0.47	0.19
London(1957)	北半球	0.35	0.48	0.17
Sasamori 等(1972)	南半球	0.35	0.45	0.20
Budyko(1982)	全球	0.30	0.46	0.24
Rossow 和 Lacis(1990)	全球	0.31	0.49	0.19
Pinker 和 Laszlo(1992)	全球	0.29	0.50	0.20
Ohmura 和 Gilgen(1997)	全球	0.30	0.42	0.25
Li 和 Lighton(1993)	全球	0.30	0.46	0.22
Rossow 和 Zhang(1995)	全球	0.32	0.48	0.19
Kiehl 和 Trenberth(1997)	全球	0.31	0.49	0.20
Wild 等(1998)	全球	0.30	0.45	0.25
Laszlo 和 Piker(2002)	全球	0.30	0.48	0.22
Zhang 等(2004)	全球	0.31	0.48	0.21
Loeb 等,2009a;Kato 等(2008)	全球	0.29	0.49	0.22
Trenberth 等(2009)	全球	0.30	0.47	0.23
Wang 和 Pinker(2009)	全球	0.31	0.49	0.20
Stackhouse 等(2010)	全球	0.30	0.49	0.22

由于地球接受的平均太阳辐射强度约为 $341\ \mathrm{W\cdot m^{-2}}$,1% 的变化即为 $3.41\ \mathrm{W\cdot m^{-2}}$,与 CO_2 倍增所造成的辐射强迫是相近的,因此精确地判断地-气系统行星反照率的变化在气候变化的研究中至关重要.

5.5　地球-大气系统的长波辐射

地球-大气系统包括地面、各种气体分子以及云和气溶胶,简称地-气系统.地球-大气系统所处的温度为 $200\sim300\ \mathrm{K}$,其辐射能量主要集中在 $4\sim120\ \mu m$ 之间,这种辐射常称为长波辐射或地球辐射.

5.5.1　地面的长波辐射特性

一般来说,地面对于长波辐射的吸收率近于常数,故可认为地面为灰体.表 5.13 给出了各类表面的吸收率 A_g(或比辐射率 ε_g).可见,地面的吸收率在 $0.82\sim0.99$ 之间,沙土和岩石较低,而纯水与雪则极接近于 1,有时可以用做黑体源表面.相比之下,地面对短波辐射的吸收率一般在 0.5 以下(除冰雪表面),而且随波长变化大.

表 5.13 地面长波辐射吸收率(或比辐射率)

表面种类	土壤	沙土	岩石	沥青路	土路	植被	海水	纯水	陈雪	雪
吸收率/(%)	95～97	91～95	82～93	95.6	96.6	95～98	96	99.3	97	99.5

设地表温度为 T_g,地面的积分辐出度应是

$$F = A_g \sigma T_g^4, \qquad (5.5.1)$$

或以地面比辐射率 ε_g 表示,为

$$F = \varepsilon_g \sigma T_g^4. \qquad (5.5.2)$$

前面已提到,陆地表面可看做朗伯面;而平静的水面因有反射,则不能当做朗伯面处理.

利用长波总辐射表可以测量地面长波总辐出度 F.若同时测出了地表温度 T_g,即可计算出地面的长波吸收率.不过更多时候我们用 F 的测量值计算地表温度.由 $F = \varepsilon_g \sigma T_g^4$,取 $\varepsilon_g = 0.95$,可计算出各种温度时地面放射的能量(表 5.14).这个数值已经与地面收到的太阳辐射能接近.但是,到日落后,地面没有了太阳能收入,而这个放射却仍在继续着.

表 5.14   各种温度下地面放射的能量($\varepsilon_g = 0.95$)

$T_g/{}^\circ\!C$	−40	−20	0	20	40
$F/(\mathrm{W \cdot m^{-2}})$	159	222	300	398	518

5.5.2 长波辐射在大气中的传输

与太阳的短波辐射相比,长波辐射在大气中的传输过程具有以下特点:

(1)地球与大气都是放射红外辐射的辐射源,通过大气中的任一平面射出的是具有各个方向的漫射辐射.而太阳直接辐射是主要集中在某一个方向的平行辐射.在红外波段,到达地面的太阳直接辐射能量远小于地球与大气发射的红外辐射,常常可不予考虑.

(2)除非在云或尘埃等大颗粒质点较多时,大气对长波辐射的散射削弱极小,可以忽略不计.即使在有云时,云对长波的吸收作用很大,较薄的云层已可视为黑体.因而研究长波辐射时,往往只考虑其吸收作用,忽略散射.

(3)大气不仅是削弱辐射的介质,而且它本身也放射辐射,有时甚至其放射的辐射会超出吸收部分,因此必须将大气的放射与吸收同时考虑.

总之,长波辐射在大气中的传输是一种漫射辐射,是在无散射但有吸收又有放射的介质中的传输.

1. 长波辐射传输方程

现在推导长波辐射的传输方程,同时考虑气层的放射与吸收,但不考虑散射,并假定大气是水平均一的,即是平面平行大气.

考虑一束单色辐射通过一层吸收气体介质.射入的辐亮度 L_λ 沿传播方向经过一段距离 $\mathrm{d}l$ 后,由于吸收作用而使辐亮度变化 $\mathrm{d}L_\lambda = -k_{ab,\lambda} L_\lambda \mathrm{d}l$,此处 $k_{ab,\lambda}$ 是体积吸收系数.按吸收率定义,该薄气层的吸收率应是

$$A_\lambda = -\frac{\mathrm{d}L_\lambda}{L_\lambda} = \frac{k_{ab,\lambda} L_\lambda \mathrm{d}l}{L_\lambda} = k_{ab,\lambda} \mathrm{d}l.$$

根据基尔霍夫定律,该气层发射的辐亮度是 $A_\lambda B_\lambda(T) = k_{ab,\lambda} B_\lambda(T) \mathrm{d}l$,其中 $B_\lambda(T)$ 为普朗克函数,T 为该薄层的温度.因此,经过 $\mathrm{d}l$ 并考虑到大气的吸收和发射后,辐亮度的变化为

$$\mathrm{d}L_\lambda = -k_{ab,\lambda} [L_\lambda - B_\lambda(T)] \sec\theta \mathrm{d}z, \qquad (5.5.3)$$

式中 θ 为辐射传输方向和天顶方向的夹角.令 $\mu = \cos\theta$,得

$$\mu \frac{\mathrm{d}L_\lambda}{\mathrm{d}z} = -k_{ab,\lambda}[L_\lambda - B_\lambda(T)]. \tag{5.5.4}$$

上式称为施瓦茨恰尔德(Schwarzchild)方程.普朗克函数 $B_\lambda(T)$ 代表源函数,表征由于热辐射造成辐亮度的增强,式中空气温度 $T=T(z)$,随高度 z 而变化.

由于垂直坐标 z 应用不太方便,常引进光学厚度坐标 δ(图 5.21).按通常习惯,光学厚度向

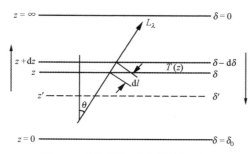

图 5.21　垂直坐标 z 与光学厚度坐标 δ

下为正.假设大气层可以向上一直伸展到大气上界 $z=\infty$,从某一高度 z 到大气上界的垂直光学厚度(为书写简洁,此处略去光学厚度 δ 的下标 λ)为

$$\delta(z) = \int_z^\infty k_{ab,\lambda}\mathrm{d}z = \int_z^\infty k'_{ab,\lambda}\rho\mathrm{d}z, \tag{5.5.5}$$

且有

$$\mathrm{d}\delta = -k_{ab,\lambda}\mathrm{d}z = -k'_{ab,\lambda}\rho\mathrm{d}z. \tag{5.5.6}$$

由这一定义可知,在大气上界 $z=\infty$ 处,$\delta=0$;在地面 $z=0$ 处,若 $\delta=\delta_0$,则整层大气垂直光学厚度为 δ_0.施瓦茨恰尔德方程(5.5.4)成为

$$\mu \frac{\mathrm{d}L_\lambda}{\mathrm{d}\delta} = L_\lambda - B_\lambda(T). \tag{5.5.7}$$

若规定 $0 \leqslant \theta \leqslant 90°$,则辐射传输向上时为 $+\mu$;而向下辐射时 $\theta > 90°$,只需将方程中的 μ 换成 $-\mu$ 即可.(5.5.4)和(5.5.7)式是辐射传输方程在长波辐射条件下的一种简化形式.它们是一阶线性常微分方程,在适当的边条件下可以求解,解的形式分别为

$$
\begin{aligned}
L_\lambda(\delta,\mu) &= \mathrm{e}^{-(\delta_0-\delta)/\mu}\left\{L_\lambda(\delta_0,\mu) - \int_{\delta_0}^\delta B_\lambda[T(\delta')]\mathrm{e}^{-(\delta'-\delta_0)/\mu}\frac{\mathrm{d}\delta'}{\mu}\right\} \\
&= L_\lambda(\delta_0,\mu)\mathrm{e}^{-(\delta_0-\delta)/\mu} - \int_{\delta_0}^\delta B_\lambda[T(\delta')]\mathrm{e}^{-(\delta'-\delta)/\mu}\frac{\mathrm{d}\delta'}{\mu},
\end{aligned} \tag{5.5.8a}
$$

$$
\begin{aligned}
L_\lambda(\delta,-\mu) &= \mathrm{e}^{-\delta/\mu}\left\{L_\lambda(0,-\mu) + \int_0^\delta B_\lambda[T(\delta')]\mathrm{e}^{\delta'/\mu}\frac{\mathrm{d}\delta'}{\mu}\right\} \\
&= L_\lambda(0,-\mu)\mathrm{e}^{-\delta/\mu} + \int_0^\delta B_\lambda[T(\delta')]\mathrm{e}^{-(\delta-\delta')/\mu}\frac{\mathrm{d}\delta'}{\mu},
\end{aligned} \tag{5.5.8b}
$$

这表明,在已知吸收物质的吸收系数和光学厚度以及介质的温度分布以后,可以从理论上计算大气中辐射场的分布.

2. 漫射辐射透过率

和讨论短波辐射时的辐亮度不同,漫射辐射的辐射通量密度是由各个方向的辐射流积分而成的.虽然每个方向辐射的传输符合指数衰减规律,但作为其总和的辐射通量密度,其衰减规律就要复杂一些.

仍利用图 5.21,考虑厚度为 dz 的薄层大气,有 θ 方向的单色辐射通过这层大气.若只考虑经过气层的吸收削弱,由(5.5.3)和(5.5.6)式,其衰减为

$$dL_\lambda = -L_\lambda k_{ab,\lambda}\sec\theta\, dz = L_\lambda d\delta/\mu. \qquad (5.5.9)$$

辐射由地面向上至 z 处时,由(5.5.8a)式可得到

$$L_\lambda(\delta,\mu) = L_\lambda(\delta_0)e^{-(\delta_0-\delta)/\mu}. \qquad (5.5.10)$$

设地面是朗伯面,有 $E_\lambda(\delta_0)=\pi L_\lambda(\delta_0)$.根据(5.1.5)式,即可求出在 z 高度上的辐照度 $E_\lambda^\uparrow(\delta)$:

$$E_\lambda^\uparrow(\delta) = 2\pi\int_0^1 L_\lambda(\delta_0)e^{-(\delta_0-\delta)/\mu}\mu\, d\mu = E_\lambda(\delta_0)\cdot 2\int_0^1 e^{-(\delta_0-\delta)/\mu}\mu\, d\mu. \qquad (5.5.11)$$

定义由地面至 z 处气层的漫射辐射透过率 $\tau_{f,\lambda}$ 为

$$\tau_{f,\lambda}(\delta_0-\delta) = \frac{E_\lambda^\uparrow(\delta)}{E_\lambda^\uparrow(\delta_0)} = 2\int_0^1 e^{-(\delta_0-\delta)/\mu}\mu\, d\mu. \qquad (5.5.12)$$

若令 $\mu=\dfrac{1}{\eta}$,$d\mu=-\dfrac{1}{\eta^2}d\eta$,代入(5.5.12)式即得

$$\tau_{f,\lambda}(\delta_0-\delta) = 2\int_1^\infty e^{-(\delta_0-\delta)\eta}\frac{d\eta}{\eta^3} = 2Ei_3(\delta_0-\delta), \qquad (5.5.13)$$

式中 $Ei_3(\delta_0-\delta)$ 是一个三阶指数积分. n 阶指数积分的定义式为

$$Ei_n(X) = \int_1^\infty e^{-X\eta}\frac{d\eta}{\eta^n},$$

而且有下列关系:

$$\frac{dEi_n(X)}{dX} = -Ei_{n-1}(X).$$

通过数值积分方法可求出此指数积分的函数表以便于应用.

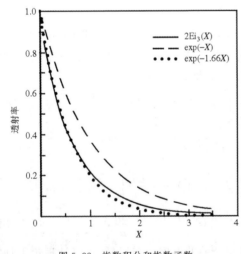

图 5.22 指数积分和指数函数

根据(5.3.33)式,经过上述同样路径的平行辐射透过率应是指数函数,为

$$\tau_\lambda = e^{-(\delta_0-\delta)}, \qquad (5.5.14)$$

而漫射辐射透过率是指数积分 $2Ei_3(\delta_0-\delta)$,不是指数函数,故这两种函数是有差别的.图 5.22 给出 $2Ei_3(X)$ 和 $\exp(-X)$ 这两条曲线.可以看出, $2Ei_3(X)$ 的值比 $\exp(-X)$ 的值小,即漫射辐射的透过率要小于平行辐射的透过率.如果我们硬要把透射率公式都写成指数形式,则漫射辐射的透过率应写为

$$\tau_{f,\lambda} = e^{-\beta(\delta_0-\delta)}, \qquad (5.5.15)$$

其中 β 是一个订正系数.为了校正指数函数与指数积分之间的差异, β 的值随透过率不同是有变化的.但对 $\tau_{f,\lambda}=0.2\sim0.8$ 这一范围,取 $\beta=1.66$ 不会造成很大的误差,因此可以把漫射辐射的透过率写为

$$\tau_{f,\lambda} = e^{-1.66(\delta_0-\delta)}, \qquad (5.5.16)$$

即若要把漫射辐射当做平行辐射处理,应当将其光学厚度加大 1.66 倍.其原理是清楚的,因为

$\delta_0 - \delta$ 是这一层大气的垂直光学厚度,垂直方向辐射的光学路径最短,而其他方向的路径都要加长,其吸收当然也增加了.作为对各个方向的积分,其最终效果是加大 1.66 倍,因此也有人把 β 称为漫射因子.

5.5.3 大气顶部射出的长波辐射

地–气系统从大气顶部向外射出的长波辐射(Outgoing Longwave Radiation,简称 OLR),在决定地球大气气候方面有着十分重要的意义.由于是漫射辐射,到达大气顶部的长波辐射来自半球的各个方向.令 $E_{\mathrm{L},\infty}^{\uparrow}$ 表示 OLR,则它是大气顶部从各方向来的所有波长的长波辐亮度积分.

假定地面为黑体,温度为 T_{g},则有边条件:$\delta = \delta_0$ 处,$L_\lambda(\delta_0) = B_\lambda(T_{\mathrm{g}})$.根据长波辐射传输方程的解(5.5.8)式及边条件,从大气顶部 $\delta = 0$ 处向外射出的长波单色辐亮度为

$$L_\lambda(0,\mu) = \mathrm{e}^{-\delta_0/\mu}\left\{B_\lambda(T_{\mathrm{g}}) - \int_{\delta_0}^0 B_\lambda[T(\delta)]\mathrm{e}^{-(\delta-\delta_0)/\mu}\frac{\mathrm{d}\delta}{\mu}\right\}$$

$$= B_\lambda(T_{\mathrm{g}})\mathrm{e}^{-\delta_0/\mu} + \int_0^{\delta_0} B_\lambda[T(\delta)]\mathrm{e}^{-\delta/\mu}\frac{\mathrm{d}\delta}{\mu}. \tag{5.5.17}$$

假设大气放射是各向同性的,对半球空间积分以后,可得到大气上界的单色辐射通量密度

$$E_\lambda^{\uparrow}(0) = \int_0^{2\pi}\int_0^{\pi/2} L_\lambda(0,\mu)\cos\theta\sin\theta\,\mathrm{d}\varphi\,\mathrm{d}\theta$$

$$= \pi B_\lambda(T_{\mathrm{g}}) \cdot 2\int_0^1 \mathrm{e}^{-\delta_0/\mu}\mu\,\mathrm{d}\mu + \int_0^{\delta_0}\left\{\pi B_\lambda[T(\delta)] \cdot 2\int_0^1 \mathrm{e}^{-\delta/\mu}\,\mathrm{d}\mu\right\}\mathrm{d}\delta. \tag{5.5.18}$$

根据(5.5.12)式,相应地有

$$\tau_{\mathrm{f},\lambda}(\delta_0) = 2\int_0^1 \mathrm{e}^{-\delta_0/\mu}\mu\,\mathrm{d}\mu \tag{5.5.19}$$

和

$$\frac{\mathrm{d}\tau_{\mathrm{f},\lambda}(\delta)}{\mathrm{d}\delta} = -2\int_0^1 \mathrm{e}^{-\delta/\mu}\,\mathrm{d}\mu. \tag{5.5.20}$$

利用以上两式,(5.5.18)式可写为

$$E_\lambda^{\uparrow}(0) = \pi B_\lambda(T_{\mathrm{g}}) \cdot \tau_{\mathrm{f},\lambda}(\delta_0) + \int_{\delta_0}^0 \pi B_\lambda[T(\delta)]\frac{\mathrm{d}\tau_{\mathrm{f},\lambda}(\delta)}{\mathrm{d}\delta} \cdot \mathrm{d}\delta$$

$$= \pi B_\lambda(T_{\mathrm{g}}) \cdot \tau_{\mathrm{f},\lambda}(\delta_0) + \int_{\tau_{\mathrm{f},\lambda}(\delta_0)}^1 \pi B_\lambda[T(\delta)]\mathrm{d}\tau_{\mathrm{f},\lambda}(\delta). \tag{5.5.21}$$

(5.5.21)式中等号右边第一项表示来自于地表的辐射,第二项表示各层大气的辐射和吸收.

若求地–气系统从大气顶部向外射出的长波辐射,则需对所有波长积分:

$$E_{\mathrm{l},\infty}^{\uparrow} = \int_0^\infty E_\lambda^{\uparrow}(0)\mathrm{d}\lambda. \tag{5.5.22}$$

(5.5.22)式中对所有波长的积分从理论上来说可通过对所有谱线逐一积分而得到,但实际上这是不可能做到的.为此,需选用适当的谱带模型和足够大的频率间隔,且计算很繁杂,此处从略.

在推导前面的公式时请特别注意其物理意义:

(1)各高度上发射的长波辐射量为该点温度所对应的黑体辐射量乘以其比辐射率(吸收率);

(2)辐射在传输到大气上界的过程中要受到它上部各层大气的吸收衰减;

（3）大气层顶部的出射辐射是地面和各层大气辐射之和；

（4）地球大气顶部总的长波出射辐射为各波长出射辐射之和.

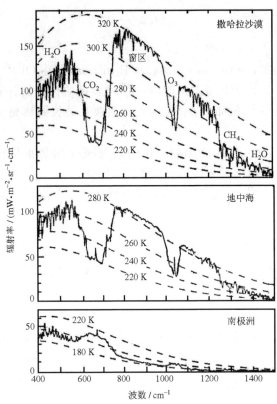

图 5.23　雨云 4 号卫星观测的地球和大气红外发射谱
（引自 Hanel 等，1971）
图中的虚线表示不同温度下的黑体辐射亮度

辐射传输方程及其解的一个重要应用是大气的遥感探测.由(5.5.17)和(5.5.21)式可知,大气中某一气层的气体一方面吸收来自地表面及其下层大气放射的辐射,另一方面又依据它本身的温度放射出辐射.这样,通过每一气层的吸收和发射作用,来自地表面和下层大气的辐射逐层向上传输,因此,大气的红外发射谱不但和大气温度的垂直分布有关,而且和吸收气体质量的垂直分布有关.这个辐射量利用卫星上的灵敏光谱仪可以测量到,并可反过来推求大气温度廓线或吸收物质含量随高度的分布.图 5.23 就是雨云 4 号卫星用红外干涉光谱仪在大气层外测出的地球-大气系统向外的长波辐射光谱的例子.其中,低透过率的通道信号主要来自于大气高层,而高透过率的通道信号主要来自于大气低层.

整层大气的长波吸收特性已在图 5.8 中讨论过了,其最主要的特征是在 $8\sim12\ \mu m$(波数为 $1250\sim800\ cm^{-1}$)处有一个大气窗,而它恰好在地面长波辐射最强的波段.如果从卫星上看,"大气之窗"这一波段的辐射温度就接近地面温度.由图 5.23 可以看出,撒哈拉沙漠的地面温度接近 320 K,发射的热辐射最强;而南极地区地面温度约 180 K,发射的热辐射最弱.图中还可清楚地看出 CO_2,H_2O,O_3 和 CH_4 等成分发射的辐射.CO_2 的强吸收带在 $15\ \mu m$(波数为 $667\ cm^{-1}$)附近,由于 CO_2 是接近均匀混合的,地面和对流层大气发出的热辐射几乎被平流层的 CO_2 全部吸收,卫星上接收到的主要来自于平流层 CO_2 发来的辐射.同样,O_3 以 $9.6\ \mu m$(波数为 $1042\ cm^{-1}$)为中心的吸收带发射的辐射反映了平流层上部的温度.极地地区这两个吸收带的观测表明,平流层的温度高于地表温度.

液体水的吸收在长波区很强,质量吸收系数近似为 $0.1\ m^2\cdot g^{-1}$,所以 100 m 厚的云,若云的含水量为 $0.2\ g\cdot m^{-3}$,其吸收的光学厚度就有 $0.1\times0.2\times100=2$,这就足以相当于黑体.一般都可以把云体当做黑体表面.但对某些薄的云,尤其是冰晶组成的云,黑体的假定并不满足,这时就不能简单地把卫星探测到的亮度温度当做云顶温度.亮度温度是指将实际物体当做黑体时所应有的温度,它是卫星遥感中的一个重要物理量.

整层大气向下的长波辐射,即大气的逆辐射,也可以用类似的方法得到.因宇宙空间没有长波输入,大气上界处的边条件是 $L_\lambda(0,-\mu)=0$,因此整层大气向下的长波单色辐亮度为

$$L_\lambda(\delta_0,-\mu)=\int_0^{\delta_0}B_\lambda\big[T(\delta)\big]e^{-(\delta_0-\delta)/\mu}\frac{d\delta}{\mu}.\qquad(5.5.23)$$

对角度积分后,得

$$E_\lambda^\downarrow(\delta_0) = \int_0^{\delta_0} \left\{ \pi B_\lambda [T(\delta)] \cdot 2\int_0^1 e^{-(\delta_0-\delta)/\mu} \, d\mu \right\} d\delta$$

$$= \int_0^{\delta_0} \left\{ \pi B_\lambda [T(\delta)] \cdot \frac{d\tau_{f,\lambda}(\delta_0-\delta)}{d\delta} \right\} d\delta, \qquad (5.5.24)$$

整层大气向下到地面的长波辐射,即大气逆辐射为

$$E_{L,0}^\downarrow = \int_0^\infty E_\lambda^\downarrow(\delta_0) \, d\lambda. \qquad (5.5.25)$$

实际上,对上面这些公式进行积分是很困难的,因为大气中漫射辐射的透射率非常复杂,大气温度和吸收物质(水汽,CO_2 和 O_3 等)的分布也千变万化.因此,20 世纪 60 年代以前有一些简化的计算方法,如爱尔沙塞辐射图和山本(Yamamoto)的辐射图.70 年代以来,数值计算技术有了迅速的发展,出现了一些大家公认并广泛应用的大气辐射模式.例如,由美国空军地球物理实验室建立的低分辨率大气透过率计算软件 LOWTRAN 系列及其升级版本 MODT-RAN 系列(中分辨率)等.我国也开发了基于我国大气模式的采用独特算法的通用大气辐射传输软件 CART(Combined Atmospheric Radiative Transfer),可用来较快地计算大气光谱透过率、大气热辐射、大气散射辐射和太阳直接辐照度(魏合理等,2007).

5.6 地面、大气及地-气系统的辐射平衡

因为辐射热交换,地球、大气以及地-气系统的辐射能量收支状况是由短波和长波辐射的总和来决定的.系统或物体收入辐射能与支出辐射能的差值称为辐射差额,也称为净辐射,即

$$辐射差额 = 辐射能收入 - 辐射能支出. \qquad (5.6.1)$$

在没有其他方式的热交换时,辐射差额决定物体是升温还是降温.辐射差额为正值,表示系统或物体的辐射能量有赢余;辐射差额为负值,表示系统或物体的辐射能量有亏欠,温度随之要发生变化.若物体辐射收支平衡,物体温度就不变.

本节的思路是:① 把地球-大气系统作为一个整体,它处于宇宙空间中,辐射过程将使它达到某一种平衡状态.这是决定地-气系统热状况的最根本因子.② 分别讨论地面和大气的辐射和吸收.由于大气的保温效应,地面可以维持在一个较高的温度.这对形成和维持地球表面的生态系统有十分重要的意义.③ 由于地球自转轴的倾斜,地球表面各纬度带接收的太阳辐射能量随季节有变化,从而形成了从赤道到极地不同的气候带.④ 介绍经过长期观测后得到的影响辐射过程的各种因子以及短波和长波辐射在全球的分布及变化规律.这些结果不仅支持了前面理论分析的结果,而且也提出了许多值得思考的问题.

5.6.1 地-气系统的辐射平衡

从全球长期平均温度来看,地-气系统的温度变化极其缓慢,多年基本不变,所以全球应当是达到辐射平衡的.若把地球和大气作为一个整体,它是运行于宇宙空间的一个星体.这个星体受到太阳的照射,除了被反射掉的以外,地-气系统吸收了一部分太阳辐射能量.同时,地-气系统也以自身的温度和辐射特性向外辐射着长波辐射.这两个过程最终会达到某种平衡.如果入射的太阳辐射有变化,或者地-气系统对短波的反射率或长波辐射率有变化,这种平衡就会被打破而趋向一种新的平衡.可以用一个简单的地-气系统辐射平衡模式即全球模式来估算地

-气系统的温度(图5.24).

设地-气系统是一个半径为 r(约等于地球半径)的球,对短波辐射的反射率(也称为行星反照率)为 R,则其接收的太阳短波辐射为 $\bar{S}_0 \pi r^2 (1-R)$.设地-气系统可看做黑体,其有效温度为 T_e,它向宇宙空间发射的长波辐射能为 $4\pi r^2 \sigma T_e^4$.在地-气系统达到辐射平衡时,有

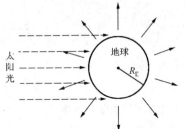

$$\bar{S}_0 \pi r^2 (1-R) = 4\pi r^2 \sigma T_e^4,$$

得到

$$T_e = \left[\frac{\bar{S}_0 (1-R)}{4\sigma}\right]^{1/4}. \qquad (5.6.2)$$

图 5.24　地球与空间的辐射热交换

若取 $\bar{S}_0 = 1366\ \mathrm{W \cdot m^{-2}}, R = 0.3$,可计算出 $T_e \approx 255\ \mathrm{K}$(或 $-18℃$).这就是地-气系统辐射平衡时的有效温度.这里我们可以看到,地-气系统的平衡温度取决于两个因子:一是太阳常数,它主要由日地距离决定;二是地-气系统的行星反照率,它与地-气系统的许多特性,如海洋的反射、陆面的反射和云的反射有关.

由上面内容还可导出地球表面收到的太阳短波平均辐照度为

$$\frac{\bar{S}_0 (1-R)}{4} = 239.05\ \mathrm{W \cdot m^{-2}}.$$

考虑到全球应当是达到辐射平衡的,所以这与地球发射的长波平均辐出度数值接近.

利用上述数据可以得到每年进入地球-大气系统的太阳辐射能量为

$$\bar{S}_0 \pi r^2 (1-R) T = 1366 \cdot \pi \cdot (6370 \times 10^3)^2 \cdot 365 \cdot 86400 = 3.762 \times 10^{24}\ \mathrm{J},$$

式中 T 为时间(s).据统计,2008 年全球人类消耗的能量为 $112.949 \times 10^8\ \mathrm{t}$ 标准油,相当于 $4.8139 \times 10^{20}\ \mathrm{J}$(每千克标准油相当于 $42.62 \times 10^6\ \mathrm{J}$).可见,每年进入地-气系统的太阳辐射能量比人类所消耗的能量约大 4 个量级.

在太阳系中,几颗行星距太阳的距离不同,它们受到太阳辐照的情况也不同.表 5.15 给出了地球及其相邻的五颗行星离太阳的距离和目前已测到的各行星的行星反照率及与之相对应的有效温度 T_e,读者可根据这些数据将空格填上.表中各行星的有效温度 T_e 与表 1.1 所示的各行星平均表面温度都有差异,其中以金星的差异最大,地球次之,这和下面将要介绍的大气的"温室效应"有关.

表 5.15　五颗行星的反照率及有效温度

行　星	离太阳的距离 /$(10^6\ \mathrm{km})$	太阳常数 /$(\mathrm{W \cdot m^{-2}})$	$R=0.3$ 时的有效温度/K	实测的行星反照率	实测行星反照率时的 T_e/K
水星	58			0.06	442
金星	108			0.78	227
地球	150	1366		0.3	255
火星	228			0.17	216
木星	778			0.45	106

5.6.2　地球大气的温室效应

从上面的讨论可以看到,地球的辐射平衡温度为 $255\ \mathrm{K}$($-18℃$),和其他几颗行星比较是最接近 $0℃$ 的.这一点很重要,因为只有在 $0℃$ 上下,才能有液态水存在.而水是生命产生和维

持的基本条件.相比之下,在其他几颗行星上出现生命的条件就不很有利了.而实际上地球表面平均温度为 15℃,这是大气"温室效应"的结果.

把地-气系统的两个组成部分——地球和大气——分别加以考虑,它们对辐射的吸收和发射的特性是不同的.大气对短波辐射吸收比较小(15%～25%),而对长波辐射有一定的吸收,也有一定的发射.这一特性类似于温室的玻璃,它可以让太阳的短波辐射通过,但对长波辐射则是有吸收的,因此温室内的温度可以比外边的高很多.但应指出,温室玻璃还有一个作用就是隔绝了温室内外的空气对流,从而保持温室内较高的温度,地球大气并没有这一作用,因此用"温室效应"这个名词并不十分确切,故有的学者建议称为"大气保温效应".大气层包围在地球外面,由于"大气保温效应",使地面平均温度升高了几十度,这才使地球表面形成了适合生命繁衍的环境.

用一个简单的两层辐射平衡模式可以清楚地讨论大气的温室效应(图 5.25).假设地球表面是温度为 T_g 的黑体,大气层的温度为 T_a,行星反照率为 R,大气对短波辐射的平均吸收率为 A_s,对长波辐射的平均吸收率为 A_1.根据图 5.25,可以写出地面和大气顶的辐射平衡方程:

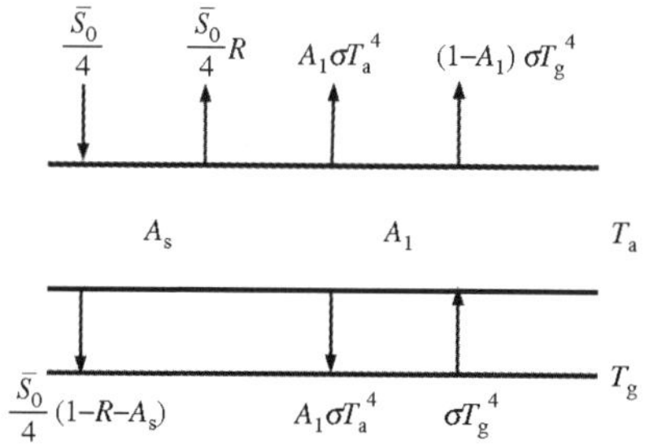

$$\begin{cases} \dfrac{\overline{S}_0}{4}(1-R) = \sigma T_a^4 A_1 + \sigma T_g^4 (1-A_1), \\ \dfrac{\overline{S}_0}{4}(1-R-A_s) + \sigma T_a^4 A_1 = \sigma T_g^4. \end{cases} \quad (5.6.3)$$

求解上列方程,可得

$$\begin{cases} T_g^4 = \dfrac{\overline{S}_0}{4} \dfrac{[2(1-R)-A_s]}{\sigma(2-A_1)}, \\ T_a^4 = \dfrac{\overline{S}_0}{4} \dfrac{[A_s + A_1(1-R-A_s)]}{\sigma A_1(2-A_1)}. \end{cases} \quad (5.6.4)$$

图 5.25 大气的温室效应(引自 Liou, 1980)

若取大气的吸收率和发射率为常数,则由上面的结果可以讨论 $\overline{S}_0$, R, A_1 和 A_s 对大气层平均温度和地面平均温度的影响.例如,将 $A_1=0.8$, $A_s=0.2$, $R=0.3$ 代入(5.6.4)式后,有 $T_g=278.6$ K, $T_a=247.7$ K.可见,大气层的存在使地面平衡温度高于全球的有效温度,而大气层的平均温度却低于全球的有效温度.当 A_1 加大时,地面平均温度也将升高.大气中对长波辐射吸收的主要气体是水汽、二氧化碳和臭氧,这些气体的含量增加,将使 A_1 加大,从而导致地面增温.目前已有足够的证据表明大气中二氧化碳的含量有增加的趋势,这将导致全球变暖.但其他因子也会对地面温度有影响.读者可完成表 5.16 的计算,并讨论不同因子的作用.

表 5.16 不同因子对地面温度的影响

太阳常数/(W•m^{-2})	R	A_s	A_1	T_g/K	T_a/K	说　　明
1366	0.3	0.2	0.8	278.6	247.7	
1366	0.32	0.2	0.8			云量增加,使反照率增大
1366	0.28	0.2	0.8			云量减少,使反照率减小
1366	0.3	0.2	0.82			温室气体增加
1366	0.3	0.2	0.78			温室气体减少
1366	0.3	0.21	0.8			大气对太阳辐射吸收增加
1366	0.3	0.19	0.8			大气对太阳辐射吸收减小

顺便指出,金星的大气层更有特别之处,不但温室气体 CO_2 占 97%,其表面还有浓密的云层覆盖,它们只允许少量太阳辐射通过,而不允许低层大气发射的辐射逸出,因此"温室效应"特别强烈.

5.6.3 辐射差额沿纬度的变化

上面的讨论把地球和大气当做一个整体,没有考虑水平方向的差异.由于地球的自转轴与太阳黄道平面有一个倾角,地球上不同纬度带接收到的太阳辐射的情况是不同的,它们所达到的平衡温度也将不同.相邻纬度带平衡温度的不同将引起两种变化:其一,会出现水平方向的能量输送;其二,其下垫面的情况也将发生变化.尤其是对收入太阳辐射较少的极区,低的平衡温度造成下垫面冰雪覆盖,而冰雪的高反射率又使该地区接收的太阳辐射进一步减小.下面用一个简单的辐射平衡模式来讨论这一反馈过程.

将地球和大气分割为一系列纬度带.对每一个带,其辐射平衡方程可写为

$$S_\varphi(1 - R_\varphi) = E_{1,\infty}^\uparrow(T_\varphi) + F(T_\varphi), \tag{5.6.5}$$

这里 S_φ 为某纬度带收到的太阳辐射;R_φ 为该纬度带的行星反照率,它和该纬度带的下垫面性质有关;$E_{1,\infty}^\uparrow(T_\varphi)$ 为该纬度带大气层顶向外发射的长波辐射,$F(T_\varphi)$ 为该纬度带向相邻纬度带水平输送的能量,它们都是该纬度带温度 T_φ 的函数.

简单地假设

$$R_\varphi = \begin{cases} 0.6, & T_\varphi \leqslant T_c, \\ 0.3, & T_\varphi > T_c, \end{cases}$$

其中 T_c 为雪线温度,可选 $-10℃$ 或 $0℃$,表示在冰雪区行星反照率显著变大.大气层顶出射的长波辐射取为

$$E_{1,\infty}^\uparrow(T_\varphi) = a + bT_\varphi, \tag{5.6.6}$$

其中 a,b 为经验常数.纬度带间能量的传输取为

$$F(T_\varphi) = K_0(T_\varphi - \overline{T}), \tag{5.6.7}$$

其中 $\overline{T}$ 为全球平均温度,而 K_0 为经验常数.通过这些简化后,不难得到

$$T_\varphi = \frac{S_\varphi(1 - R_\varphi) + K_0\overline{T} - a}{b + K_0}. \tag{5.6.8}$$

Budyko(1969)用 $a = 204 \text{ W} \cdot \text{m}^{-2}$, $b = 2.17 \text{ W} \cdot \text{m}^{-2} \cdot \text{K}^{-1}$, $K_0 = 3.81 \text{ W} \cdot \text{m}^{-2} \cdot \text{K}^{-1}$, $T_c = -10℃$ 计算,得到表 5.17.这一结果与大气纬向平均温度分布大体一致.

表 5.17　辐射平衡模式计算的大气层温度随纬度变化

纬度/(°)	5	15	25	35	45	55	65	75	85
温度/℃	27.7	26.9	22.3	16.0	8.5	1.8	-4.8	-12.9	-13.5

5.6.4　地面、大气和地-气系统的辐射差额

分别就地面和大气而言,在一定时间段、一定区域,总存在着辐射差额,这将导致该地的温度随时间变化.

1. 地面的辐射差额

地面的净辐射通量密度是指水平面上太阳短波净辐射通量密度和长波净辐射通量密度之

和,即

$$E_0^* = E_{s,0}^* + E_{l,0}^*,\tag{5.6.9}$$

其中短波和长波的净辐射通量密度可分别表示为

$$\begin{cases} E_{s,0}^* = E_{s,0}^{\downarrow} - E_{s,0}^{\uparrow},\\ E_{l,0}^* = E_{l,0}^{\downarrow} - E_{l,0}^{\uparrow}. \end{cases}\tag{5.6.10}$$

1) 短波净辐射通量密度

入射到水平地面的太阳短波辐射通量密度 $E_{s,0}^{\downarrow}$ 是太阳直接辐射和天空散射辐射之和,它有着显著的日变化和季节变化,并强烈地受云的影响,可以用下式表示:

$$E_{s,0}^{\downarrow} = S\cos\theta + E_d^{\downarrow},\tag{5.6.11}$$

式中 S 为入射到地面处与日光垂直平面上的太阳直接辐射,θ 是太阳的天顶距,$E_d^{\downarrow}$ 是向下散射的太阳辐射. 射出的短波辐射是地面对入射短波辐射的反射,有

$$E_{s,0}^{\uparrow} = R_g E_{s,0}^{\downarrow},$$

这里 R_g 是地面反射率. 所以地面的短波净辐射通量密度可写为

$$E_{s,0}^* = E_{s,0}^{\downarrow} - E_{s,0}^{\uparrow} = (1 - R_g)E_{s,0}^{\downarrow}.\tag{5.6.12}$$

2) 入射到地面的长波辐射

入射到地面的长波辐射 $E_{l,0}^{\downarrow}$ 来自整层大气的辐射,称为大气的逆辐射. 它取决于大气层的温度与湿度的垂直分布,并且和云的状况有密切关系,但没有显著的日变化. 大气逆辐射由两部分组成:一部分来自大气本身的热辐射,主要是地面以上 $1\sim2\,\mathrm{km}$ 内的水汽和 CO_2 的发射;另一部分来自云的热辐射,它是由云体发出并经过大气窗区而到达地面的长波辐射.

晴天大气逆辐射通量密度可写成

$$E_{l,0}^{\downarrow} = \varepsilon_0 \sigma T_a^4,\tag{5.6.13}$$

式中 T_a 为百叶箱中观测的近地面气温;ε_0 为晴天的大气视发射率,被定义为晴天大气逆辐射与百叶箱温度下黑体辐射之比. 在 20 世纪 60 年代以前常用的是布伦特(Brunt)经验公式,晴天的大气视发射率取

$$\varepsilon_0 = a + b\sqrt{e},$$

其中 $e(\mathrm{hPa})$ 为百叶箱中观测的近地气层水汽压,a,b 为经验常数:a 的值约在 $0.34\sim0.66$ 之间,b 的值约在 $0.033\sim0.127$ 之间. 一些地方的统计结果有 $a=0.52,b=0.065$. 经验常数因地区而异给应用带来不便. 1963 年,Swinbank 提出了仅用百叶箱气温作为变量的经验公式,取

$$\varepsilon_0 = aT_a^2,\tag{5.6.14}$$

其中常数 $a=5.31\times10^{-14}/\sigma$,于是有

$$E_{l,0}^{\downarrow} = 5.31 \times 10^{-14} T_a^6.\tag{5.6.15}$$

由于上式的常数不随地点而变,且在不少地方的长时段的平均日总量计算中得到比较满意的结果,因而被广泛采用. 但在高海拔地区,因水汽吸收的压力效应,需作高度订正. 虽然 Swinbank 公式中未出现水汽压,但 Deacon(1970)根据水汽发射率的特性以及世界很多地区百叶箱气温和大气水汽含量的关系,从理论上证明了这个公式的合理性.

如果天空中有云,则大气的逆辐射大大加强. 考虑到云层的影响,有一种做法是将向下的长波辐射通量密度增加一项,成为

$$E_{l,0}^{\downarrow} + A_c \varepsilon_c \sigma T_c^4 N,$$

其中 ε_c 为云的比辐射率；T_c 为云的温度，可由云高决定；N 为云量（$0 < N < 1$）；A_c 为一订正系数. 还有其他不同的一些做法，不过经验公式都需根据各地区的实测结果进行拟合而成. 例如，赵文广等（左大康等，1991）得出的北京地区有云天空的经验公式为

$$E_{1,0}^{\downarrow} = [0.613 + 0.0557\sqrt{e} + 0.086(1-s)]\sigma T_a^4, \qquad (5.6.16)$$

其中 s 是日照百分率. 用日照百分率而不用云量作为参数，其优点是可把透光的高云排除，且可由仪器观测得到，比较客观. 上式若去掉右边第三项，即是晴天大气的逆辐射公式.

3）地面向上的长波辐射

地面向上的长波辐射，包括地面发射的长波辐射和地面反射的部分大气逆辐射. 在给定地面的比辐射率和地面温度以后，地面发射的长波辐射可由斯蒂芬-玻尔兹曼定律给出. 因此有

$$E_{1,0}^{\uparrow} = \varepsilon_g \sigma T_g^4 + (1-\varepsilon_g)E_{1,0}^{\downarrow}, \qquad (5.6.17)$$

式中 T_g 为地面温度；ε_g 为地面的比辐射率，它随地面温度有日变化，午后最强，早晨最弱.

4）地面长波净辐射和地面有效辐射

地面的长波净辐射通量密度 $E_{1,0}^*$ 可由（5.6.10）和（5.6.17）式得到：

$$E_{1,0}^* = E_{1,0}^{\downarrow} - [\varepsilon_g \sigma T_g^4 + (1-\varepsilon_g)E_{1,0}^{\downarrow}] = -\varepsilon_g(\sigma T_g^4 - E_{1,0}^{\downarrow}). \qquad (5.6.18)$$

一般情况下，$E_{1,0}^{\downarrow} < E_{1,0}^{\uparrow}$，$E_{1,0}^* < 0$，这表明地面净长波辐射的作用是使地面冷却. 在大气辐射研究中，常将地面向上的长波辐射和大气逆辐射之差定义为地面有效辐射，若以 E_0 表示，则有

$$E_0 = -E_{1,0}^* = \varepsilon_g(\sigma T_g^4 - E_{1,0}^{\downarrow}). \qquad (5.6.19)$$

E_0 的数值约在 $68.79 \sim 139.56 \ \mathrm{W/m^2}$ 之间. 在晴朗干燥的夜间，地面有效辐射大，地面降温厉害，所以霜冻往往发生在晴夜. 应指出，云层能增强大气的逆辐射，使地面有效辐射减小. 云对有效辐射的影响，随不同的云形、云量而不同. 一般来说，低云且云量大时，地面的有效辐射可能只有无云时的 1/4. 因此阴天时，云像给地面盖上了被子，使得日夜温差不大.

由以上讨论得地面的净辐射通量密度（包括短波和长波）为

$$E_0^* = E_{s,0}^{\downarrow}(1-R_g) - \varepsilon_g(\sigma T_g^4 - E_{1,0}^{\downarrow}) \qquad (5.6.20)$$

或

$$E_0^* = E_{s,0}^{\downarrow}(1-R_g) - E_0. \qquad (5.6.21)$$

（5.6.21）式表明，地球表面的辐射差额（净辐射）就是地面所吸收的太阳短波辐射和地面放出的有效辐射（长波）之差. 在白天无云条件下，E_0^* 是正值，地面升温；而在夜间，因无太阳辐射，E_0^* 是负值，则地面降温. 从全年平均值看，各地地面净辐射通量密度 E_0^* 都是正的，也就是说，地面的辐射收入总是大于支出（参见图 5.30）. 这多出的能量用于地面使水分蒸发，以潜热形式给予大气或以热对流方式直接给予大气.

图 5.26 是观测的无云时辐射平衡各分量的平均日变化曲线，其中图 5.26（a）是在我国青海格尔木于 1979 年 7～8 月观测的；图 5.26（b）是中国科学院于 1986 年和 1987 年在西太平洋热带海域大规模海气相互作用综合试验期间观测得到的. 比较两个图可以看出有一些不同：① 洋面的反射很小，而且有效辐射也很小，所以辐射差额很大；② 内陆地区地面温度的日变化比较大，地面有效辐射的日变化也比较大.

2. 大气的辐射差额

大气的辐射差额问题可以分两种情况来讨论：一是某一层大气的辐射差额，二是整层大气的辐射差额. 大气层中各处由于吸收物质含量以及各处的温度不同，辐射差额的情况相差很大.

114

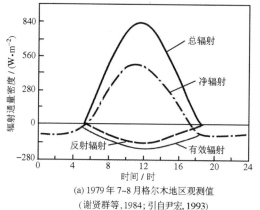

(a) 1979年7~8月格尔木地区观测值
(谢贤群等,1984;引自尹宏,1993)

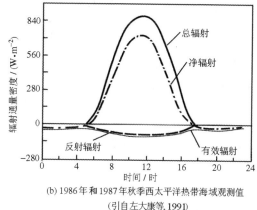

(b) 1986年和1987年秋季西太平洋热带海域观测值
(引自左大康等,1991)

图 5.26　地面辐射平衡各分量的日变化曲线

1) 某一层大气的辐射差额

某一薄层大气的辐射差额,应由薄层内太阳辐射和长波辐射的收支变化来确定.取高度为 z 到 $z+\Delta z$ 之间的一薄层大气,其上、下边界的净辐射通量密度 $E^*(z+\Delta z)$ 和 $E^*(z)$ 可写为

$$E^*(z+\Delta z) = E(z+\Delta z)^{\downarrow} - E(z+\Delta z)^{\uparrow}, \quad E^*(z) = E(z)^{\downarrow} - E(z)^{\uparrow},$$

该气层辐射差额(净辐射)为

$$\Delta E^* = 收入辐射能 - 支出辐射能 = [E(z+\Delta z)^{\downarrow} + E(z)^{\uparrow}] - [E(z+\Delta z)^{\uparrow} + E(z)^{\downarrow}]$$
$$= E^*(z+\Delta z) - E^*(z).$$

(5.6.22)

若 $\Delta E^* > 0$,意味着该层内辐射能量收入大于支出,气层将增温;反之,将降温.于是,这层大气的变温率为

$$\frac{\partial T}{\partial t} = \frac{1}{\rho c_p} \frac{\Delta E^*}{\Delta z}.$$

(5.6.23)

利用静力学方程可将(5.6.23)式转换成用气压表示的形式,即

$$\frac{\partial T}{\partial t} = -\frac{g}{c_p} \frac{\Delta E^*}{\Delta p} = -\gamma_d \frac{\Delta E^*}{\Delta p},$$

(5.6.24)

式中 γ_d 为温度的干绝热递减率.

净辐射通量密度 E^* 中包括短波辐射和长波辐射的净辐射通量密度.气层中短波辐射的净辐射通量密度取决于这一层大气对太阳辐射的吸收能力.若这层大气对太阳辐射有吸收,则将增温;若对太阳辐射没有吸收,则增温率为零.一般而言,短波辐射平衡不会使这层大气冷却.长波辐射引起的变温率取决于这层大气中对长波辐射吸收物质的多少及气层本身的温度.大气中对长波辐射吸收的物质主要是水汽、二氧化碳和臭氧.它们一方面吸收辐射,一方面又放射辐射,其最终的结果取决于许多复杂的因素.

假设可由实际测量或理论计算得到各高度向上、向下的辐射通量密度,利用一维辐射模式,就可以计算在辐射平衡条件下温度的垂直分布.但单纯根据辐射平衡来计算温度的垂直分布,在实际大气中往往是不正确的.例如,用这种模式很可能计算出大气中出现了一些超绝热层,但实际大气中除去贴地气层外,超绝热递减率并不出现,原因是空气温度垂直递减率达到干绝热递减率时,对流活动必定发生(见 6.5.3 小节),而对流输送的结果将使温度递减率减小.因此,在利用一维辐射平衡模式来计算温度垂直分布时,必须在每一步检查是否有超绝热现象发生,在出现超绝热现象时及时加入对流调整,使其温度递减率减小到干绝热递减率(实际计算时常取临界值 $6.5\,℃/km$)以下.这种加入对流调整的一维辐射平衡模式称为辐射对流模式.

Manabe 和 Strickler(1964)曾用一个一维辐射对流模式去研究各层大气辐射平衡,讨论了最有活性的三种辐射温室气体 H_2O,CO_2 和 O_3 对大气变温率的影响,其结果见图 5.27.从图中可以看到,对于短波部分,三种气体总的变温率是正的.对流层中主要是水汽的贡献,但数值很小,一般不超过 $0.5\,℃/d$;平流层中由于臭氧分子吸收太阳短紫外辐射而产生的加热,使变温率有很高的值.对于长波部分,三种气体在对流层中都产生红外辐射冷却,总的变温率约为 $-2.5\sim-2\,℃/d$,其中水汽红外辐射引起的降温最强,可达 $-1\,℃/d$,但其变温率因高空水汽量的减少而减小;其次是 CO_2,可达 $-0.5\,℃/d$;臭氧仅约 $-0.1\,℃/d$.在平流层,CO_2 的红外辐射降温最强;但在臭氧层中,O_3 的变温率为正值.图中粗实线表示三种气体的总的影响,可看出,在对流层中,由于长波辐射引起的大气变温率为负值,即冷却作用;到平流层以上,这一变温率趋向于零,即处于辐射平衡状态.

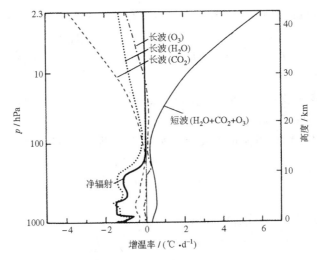

图 5.27 不同吸收气体所引起的大气温度变化的垂直分布

(引自 Manabe 和 Strickler,1964)

2) 整层大气的辐射差额

类似于前面对一层大气辐射差额的分析方法((5.6.22)式),整层大气的辐射差额可用下式表示:

$$E_a^* = E_\infty^* - E_0^*, \tag{5.6.25}$$

式中 E_∞^* 和 E_0^* 分别代表大气上界和地面的净辐射通量密度.前面已经提到,从全球长期平均温度多年基本不变的角度,全球应达到辐射平衡,所以大气上界净辐射应为零,即 $E_\infty^*=0$.而地面净辐射通量密度 E_0^* 一般为正的.因此,就整层大气而言,辐射差额为负值,这里所缺少的那部分能量通过地面提供的显热和潜热而得到补偿.

若分别考虑短波和长波辐射能量的收支关系,有

$$E_a^* = Q_a + E_0 - E_{1,\infty}^\uparrow, \tag{5.6.26}$$

式中 Q_a 是大气吸收的太阳短波辐射,E_0 是地面有效长波辐射,$E_{1,\infty}^\uparrow$ 是透过大气上界射向空间

116

的长波辐射,它包括大气射向空间的长波辐射和透过大气的地面向上辐射.由于大气吸收的太阳辐射比较小,而 $E_{1,\infty}^{\uparrow}$ 又大于 E_0,同样可说明整层大气的辐射差额总是负值.

3. 地-气系统的辐射差额

把地面直到大气上界作为一个整体,其辐射能净收入就是地-气系统的辐射差额,若以 E_{ag}^{*} 表示,它应是大气和地面的辐射差额之和.由(5.6.21)式和(5.6.26)式得

$$E_{ag}^{*} = E_a^{*} + E_0^{*}$$
$$= Q_a + E_{s,0}^{\downarrow}(1-R_g) - E_{1,\infty}^{\uparrow}, \qquad (5.6.27)$$

因此地-气系统的辐射差额就是以地面为下底,以大气上界为顶的整个垂直气柱内接收到的太阳短波辐射与大气上界向太空放出的长波辐射之差.将(5.6.27)式与(5.6.25)式比较,可知 $E_{ag}^{*} = E_{\infty}^{*}$,大气顶部的净辐射就是地-气系统的辐射差额.

地-气系统的辐射差额随季节、纬度、云量、云状、下垫面性质及大气成分等因素而变化.平均而言,在两极和高纬度地区的辐射差额为负,在赤道和热带地区的辐射差额为正.但是,就整个地-气系统而言,辐射差额为零,地-气系统的热状况没有明显的变化.

5.6.5 观测到的辐射平衡

虽然从 1900 年开始,地面就设立了太阳辐射的观测,但这一直局限于大陆上的某些点.而有关全球辐射平衡的直接观测是在气象卫星施放成功后才得以实现的.1959 年,在探险者 7 号卫星上首次成功地进行了从空间测量行星辐射收支的试验.以后在雨云 3 号卫星上使用了中分辨率红外辐射仪来继续这项工作.从 1975 年开始,在雨云 6 号、7 号卫星上安装了地球辐射收支仪器(ERB),它可以测量整个地球圆盘中 5 经度×5 纬度区域内的行星反照率和发射的辐射通量,并可监测太阳常数.在 20 世纪 70 年代末~80 年代初研制出了更先进的地球辐射收支实验(ERBE)仪器,在 NOAA 9 号、10 号卫星和 1984 年开始的 ERBS 卫星上都安装了 ERBE 仪器.这些观测计划一直延续至今,提供了全球范围地-气系统辐射平衡的丰富资料.

1. 大气层顶部观测到的辐射平衡

在几年的时间尺度上,地球作为一个整体是处于辐射平衡状态的.换句话说,当能量以短波辐射形式进入地球大气系统时,必须有相同数量的能量以长波辐射的形式离去.在大气顶部的净辐射通量密度为

$$E_{\infty}^{*} = \int (1-R) E_{s,\infty}^{\downarrow} \, ds - \int E_{1,\infty}^{\uparrow} \, ds = 0, \qquad (5.6.28)$$

其中 $E_{s,\infty}^{\downarrow}$ 是入射到大气层顶部的太阳短波辐射通量密度,由太阳常数和地球绕太阳轨道的倾角、偏心率及近日点经度所决定.这些天文因子的变化可能与地球气候在数千年或更长时期的变化有关,不过它对 10 年尺度上的气候变化可能并不重要,而且是可以精确计算的.因此,(5.6.28)式等号右边第一项短波辐射的净通量密度主要取决于地-气系统行星反照率 R.

根据观测资料,行星反照率在赤道地区最小(约 20% 或更小一些),向两极逐渐加大,在极地达到最大(约 60%~95% 之间).极地的高反照率主要是由于冰雪覆盖和太阳入射天顶角较大的缘故.热带区域的极小值位于海洋上,而副热带大陆上的反照率就稍大一些,这与云的分布相联系.

大气顶部入射和反射辐射的纬向分布如图 5.28 所示.入射的太阳辐射在冬半球有很强的梯度(从夏半球副热带的 475 W·m^{-2} 逐渐减小至冬半球极区的零).但在夏半球中,随着纬度

的增高,减弱很慢.这部分入射的太阳辐射有相当一部分被反射回太空.在高纬度被反射的辐射就更多,反照率高达70%.这主要因为太阳入射的天顶角太大,且地面冰雪覆盖面积较大.辐射平衡调整是因为按照观测数值,全球年平均有约 9.2 W·m⁻² 的净入射辐射,故需对测量误差进行适当修正,以使全球全年的净辐射基本为零.图 5.28 和后面的图 5.29 都是未经过全球辐射平衡调整的.

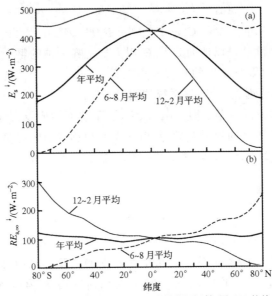

图 5.28　大气顶部入射太阳辐射(图(a))和反射太阳辐射(图(b))的纬向平均分布
(根据 Campbell 和 Vonder Haar(1980)的资料;转引自吴国雄等译,气候物理学,1995)

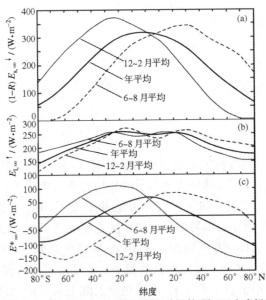

图 5.29　地-气系统所吸收的太阳辐射(图(a))、发射的地球长波辐射(图(b))和净辐射的纬向平均分布(图(c))
(根据 Campbell 和 Vonder Haar(1980)的资料;转引自吴国雄等译,气候物理学,1995)

　　图 5.29(a)是地-气系统所吸收的太阳辐射的纬向分布曲线.图 5.29(b)是大气顶部出射

的地球长波辐射分布曲线.可以看出,在 30°N～30°S 之间有一个大范围的高值区,其值约为 $250\ \mathrm{W\cdot m^{-2}}$,而在中高纬度区,数值则较低.赤道辐合带附近因云量较多,数值也比两侧低.从吸收的太阳辐射中减去出射的长波辐射,便得到净辐射(图 5.29(c)).大气顶部的净辐射就是地-气系统的辐射差额,从图中可以看出,在 35°N～35°S 以内其年平均是正值,以外是负值,因此低纬地区就有多余的能量以大气环流的形式输往高纬.

2. 地球表面观测到的辐射平衡

在地球表面任何一处,它收到的和反射的太阳辐射以及收到和发射的长波辐射都有复杂的日变化和年变化以至长年的变化.这和该处的地理位置、云、温度、湿度及地表状况等众多因子有关.

全球地表面的年平均净辐射通量密度见图 5.30.这是 Budyko(1986)根据陆地和海洋上的一些直接观测资料计算而得到的.由图中可见,净辐射通量密度随纬度增加而减小,赤道附近为 $160\sim180\ \mathrm{W\cdot m^{-2}}$,60°纬度处减小为 $20\sim40\ \mathrm{W\cdot m^{-2}}$.在全球大多数地区,地面的净辐射通量密度是向下的.不过在极区的冬季,地面净辐射通量密度是向上的,这是因为极夜太阳入射辐射非常小或接近零.一般而言,在同一纬度上,海洋上的净辐射通量密度大于陆面上的,其最大值达 $180\ \mathrm{W\cdot m^{-2}}$,出现于热带海洋.这与大气、海洋吸收的太阳辐射分布一致.赤道地区第二个极大值位于大陆上.热带的最小值位于沙漠地区,这是由于沙地反射率较大、云量较少、湿度小及地面温度高的缘故.

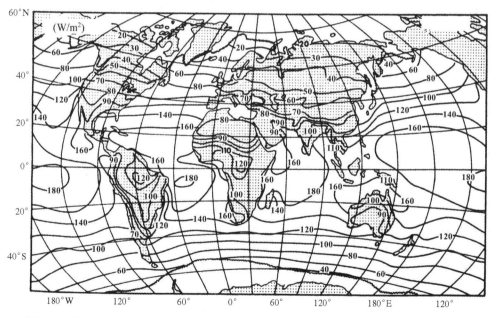

图 5.30　全球地表面的年平均净辐射通量密度(Budyko,1986;转引自吴国雄等,气候物理学,1995)

3. 总的辐射平衡

为了解地-气系统在较长时间中怎样维持平衡状态,需要对地-气系统作为一个整体的年平均辐射平衡过程有一个了解.图 5.31 给出地-气系统总的辐射平衡框图.

图 5.31 中左边是太阳辐射的平衡过程,右边是地球长波辐射的平衡过程.图中的数字已作归一化,即把入射的太阳辐射作为 100 个单位.

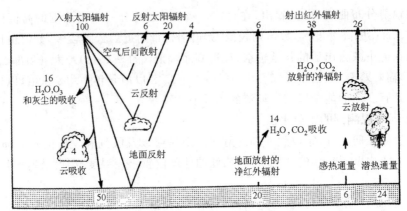

图 5.31　地-气系统总的辐射平衡框图(J. P. Peixoto 和 A. H. Oort, 1992;转引自吴国雄等,气候物理学,1995)

图左边:在入射太阳辐射这 100 个单位中,有 20 个单位被平流层臭氧、对流层水汽和气溶胶以及云所吸收,30 个单位被空气分子、云及地面散射或反射回太空,只有 50 个单位被地球表面吸收.

图右边:在被地面吸收的 50 个单位的太阳辐射中,20 个单位以长波辐射的形式进入大气,30 个单位则经过湍流和对流以感热和潜热的形式传输至大气.在 20 个单位的地球长波辐射中,14 个单位被大气(主要是水汽和二氧化碳)吸收,6 个单位则直接进入太空.

所以,对于大气而言,它吸收了 20 个单位的太阳辐射,14 个单位的长波辐射以及 30 个单位的感热和潜热形式的能量,再以长波辐射形式向太空发射 64 个单位,达到平衡.

<h1 style="text-align:center">思　考　题</h1>

1. 大气气溶胶对太阳辐射能量在大气中的传输有什么影响?
2. 太阳常数具体数值的测定有什么重要意义?
3. 夏至日到达北极点地面处的太阳辐射日总量比在赤道处的数值大,但气温仍比赤道处的低,这是什么原因?
4. 若地面为 270 K 的黑体,其最强辐射波长为 $10.7\,\mu m$,假设大气与地面温度相同,大气辐射与地面辐射相同吗? 大气的最强辐射波长也是 $10.7\,\mu m$ 吗?
5. 在地面上测量大气上界太阳辐射光谱依据什么原理? 有什么局限性?
6. 地面温度变化是由哪些因素引起的? 为什么地面气温最高值不出现在太阳辐射最强的正午,而最低值出现在凌晨的日出之前?
7. 造成高纬和低纬地区地-气系统辐射收支不平衡的主要因素是什么? 这种差异对大气运动有什么作用?

<h1 style="text-align:center">习　　题</h1>

1. 若太阳常数 $\overline{S}_0 = 1366\,W \cdot m^{-2}$.请计算:
   (1) 太阳表面的辐射出射度;
   (2) 全太阳表面的辐射通量;
   (3) 整个地球得到的太阳辐射通量占太阳发射辐射通量的分数.
2. 求大气上界太阳直接辐射在近日点和远日点时的相对变化值.
3. 有一圆形云体,直径为 2 km,云体中心正在某地上空 1 km 处.如果能把云底表面视为 7℃ 的黑体,且不考虑云下气层的削弱,求此云在该地表面上的辐照度.

4. 设太阳表面为 5800 K 的黑体,地球大气上界表面为 300 K 的黑体,在日地平均距离时,求大气上界处波长 $\lambda = 10\ \mu m$ 的太阳单色辐照度及地球的单色辐射出射度.

5. 如果太阳常数增加 4%,则太阳表面有效温度升高多少度? 地球表面有效温度升高多少度(行星反射率为 0.3)?

6. 求夏至日在赤道与极点($\varphi = 90°N$)大气上界水平面上太阳辐射日总量的比值.

7. 若不考虑日地距离变化,假定 $d = d_0$,求北半球纬度 $\varphi = 0°,40°,90°$ 处,在春分、夏至、秋分、冬至时大气上界水平面上太阳辐射日总量 Q_d,并说明这三个纬度上 Q_d 年变化的不同特点.

8. 设有一气层,可只考虑其吸收作用,有一平行辐射,波长为 λ,射入气层前的辐射通量密度为 $10\ W/(m^2 \cdot \mu m)$,经气层中吸收物质的含量 $u = 1\ g \cdot cm^{-2}$ 的吸收后,辐射通量密度为 $5\ W/(m^2 \cdot \mu m)$.求该气层的吸收率及质量吸收系数.

9. 波长 $\lambda = 0.6\ \mu m$ 的平行光束,垂直射入 10 m 厚的人工云层,射入前及透过云层后的辐照度分别为 $E_0 = 100\ mW \cdot cm^{-2}$ 及 $E = 28.642\ mW \cdot cm^{-2}$.设云中水滴数密度 N(个 $\cdot cm^{-3}$)及云滴半径 $r = 10\ \mu m$ 各处均一,只考虑 Mie 的一次散射.求:

(1) 云层的体积散射系数 $k_{sc,\lambda}$;

(2) 云中水滴数密度 N;

(3) 若入射光束与云层法线成 $60°$ 角,则射出云层后的辐照度 E.

10. 对于 $\lambda = 0.32\ \mu m$ 的太阳辐射,若只考虑大气的气体分子散射与 O_3 的吸收,当地面气压为 1 atm,O_3 总含量 $u_O = 2\ mm$,太阳天顶角 $\theta = 40°$ 时,求整层大气对此波长的透射率.

11. 地面气压为 760 mm 汞柱时,测量得到在 $1.5 \sim 1.6\ \mu m$ 波段内的太阳直接辐射 S_Δ 如下表所示:

天顶角	40°	50°	60°	70°
$S_{\Delta\lambda}/(W \cdot cm^{-2})$	13.95	12.55	10.46	7.67

请计算大气上界处的 $S_{\Delta\lambda,0}$,光学厚度 δ_Δ 及透明系数 $P_{\Delta\lambda}$.

12. 由飞机探测得到各高度的水平面上向上、向下的辐射通量密度如下表所示:

p/hPa	1010	786	701
$E^\downarrow/(W \cdot m^{-2})$	672.9	725.2	751.7
$E^\uparrow/(W \cdot m^{-2})$	56.9	82.3	94.1

求各高度间气层的辐射变温率(℃/24 h).

13. 设有一温度 $T = 300\ K$ 的等温气层,对于波长 $\lambda = 14\ \mu m$ 的定向平行辐射,当只有吸收削弱时,垂直入射气层透射率为 0.6587.试求:

(1) 气层对该辐射的吸收率;

(2) 若气层的光学质量为 $u = 0.4175\ g/cm^2$,求质量吸收系数;

(3) 气层的漫射辐射透射率;

(4) 气层本身的辐射出射度.

14. 若将某行星表面视为黑体,其外由一层等温大气覆盖,该大气层对长、短波辐射的吸收率分别为 A_1, A_s,大气上界与太阳光垂直的水平面上太阳辐射的辐照度为 F_0,忽略行星-大气系统的反射效率.

(1) 当行星-大气系统达到辐射平衡时,计算行星表面的温度 T_p;

(2) 该大气层一定具有保温作用吗? 试分析说明之.

15. 夜间天空布满云层.设地面为黑体,$T_0 = 300\ K$,气压为 $p_0 = 1000\ hPa$;云底也为黑体,温度 $T_b = 280\ K$,气压为 $p_b = 800\ hPa$;中间大气为等温($T = 285\ K$)的灰体,其长波漫射透射率 $\tau_f = 0.4$.试求:

(1) 地面的有效辐射;

(2) 求出变温率 $\partial T/\partial t$(℃/3 h),说明中间气层的温度将增加还是降低;

(3) 如果云底温度 T_b 改为 260 K,则气层温度的变化将如何?

参 考 文 献

[1] 蒋龙海等. 相对大气光学质量. 气象科学,1983,(1)：95～101.

[2] 刘长胜,刘文保编著. 大气辐射学. 南京大学出版社,1990.

[3] 王炳忠. 太阳辐射能的测量与标准. 北京：科学出版社,1988.

[4] 魏合理等. 通用大气辐射传输(CART)软件介绍. 大气与环境光学学报, 2007.2(6)：446～450,

[5] 尹宏编著. 大气辐射学基础. 北京：气象出版社,1993.

[6] 周秀骥等编著. 高等大气物理学. 北京：气象出版社,1991.

[7] 左大康等. 地球表层辐射研究. 北京：科学出版社,1991.

[8] Budyko M I. The Evolution of the Biosphere. Reidel, Dordrecht, 1986.

[9] Campbell G G,and T H Vonder Haar. Climatology of Radiation budget measurement from satellites.
Atmos. Sci. Paper No. 323, Dept. Atmos. Sci. , Colorado State University, 1980：74.

[10] Houghton J T. The Physics of Atmospheres, second edition. Cambridge University Press, 1986.

[11] Iqbal M. An Introduction to Solar Radiation. Academic Press,Canada, 1983.

[12] Kasten F. A new table and approximate formula for relative optical air mass. Arch. Meteorol. Geo-
phys. Bioklimatol. Ser. B 14, 206～223, 1966.

[13] Kondratyev K Ya. Radiation Characteristics of the Atmosphere and Surface. Amerind, New Delhi,1973.

[14] Kramm G. Ralph Dlugi. Scrutinizing the atmospheric greenhouse effect and its climatic impact. Natu-
ral Science, Vol. 3, No. 12, 971～998,2011.

[15] Lean J,Rind D. Climate forcing by changing solar radiation. J. Climate, 11：3069～3094, 1998.

[16] Leckner B. The spectral distribution of solar radiation at the earth's surface-elements of a model. Sol.
Energy,20(2), 143～150, 1978.

[17] Liou,Kuo-Nan. An Introduction to Atmospheric Radiation. Academic Press,1980.
周诗健等译. 大气辐射导论(中译本). 北京：气象出版社,1985.

[18] Liou,Kuo-Nan. An Introduction to Atmospheric Radiation(Second Edition). Academic Press,2002.
郭彩丽,周诗健译. 大气辐射导论(第2版)(中译本). 北京：气象出版社,2004

[19] Manabe S J and R F Strickler. Thermal equilibrium of the atmosphere with a convective adjustment.
J. Atmos. Sci. ,21,361～385,1964.

[20] McCartney G J. Optics of Atmosphere. John Wiley & Sons. , 1976.
潘乃先,毛节泰,王永生译. 大气光学(中译本). 北京：科学出版社,1988.

[21] Mie G. Beigrade zur Optick truber Medien, speziell kolloidaler Metallosungen. Ann. Physik. , 25：377
～445, 1908.

[22] Paltridge G W. C M R Platt. Radiative Processes in Meteorology and Climatology. Elsevier Scientific
Publishing Company,1976.
吕达仁等译. 气象学和气候学中的辐射过程(中译本). 北京：科学出版社,1981.

[23] Rayleigh L. On the light from the sky, its polarization and colour. Phil. Mag. , 41：107～120, 1871.

[24] Peixoto J P, A H Oort. Physics of Climate. AIP Press, 1992.
吴国雄,刘辉等译. 物理气候学(中译本). 北京：气象出版社,1995.

[25] Spencer J W. Fourier series representation of the position of the Sun. Search,2(5),172,1971.

[26] Wallace J. M. and P. V. Hobbs. Atmospheric Science. Academic Press, 1977.
王鹏飞等译. 大气科学概观(中译本). 上海科学技术出版社,1981.

[27] Wallace J M and P V Hobbs. Atmospheric Science(Second Edition). Academic Press,2006.
何金海等译. 大气科学(第2版)(中译本). 北京：科学出版社,2008.

第六章 大气热力学基础

空气状态的变化和大气中所进行的各种热力过程都遵循热力学的一般规律,所以热力学方法及结果被广泛地用来研究大气,称为大气热力学.

本章首先简要回顾普通热力学的基本原理,介绍热力学函数在大气中应用的具体形式;然后讨论对流层中常见的几种大气热力过程.这几种大气热力过程中,最主要的是干绝热过程以及和云雾形成有关的湿空气的绝热上升过程;其次是与水物质相变有关的其他热力过程,如与露和雾形成有关的等压降温过程、等压绝热蒸发过程等.

由于地球大气的温度、密度、水汽等性质在垂直方向有明显变化,所以大气是一种层结流体,和一般流体不同.空气的垂直运动能否发展以及发展的激烈程度涉及云雾降水、雷暴、冰雹等重要天气现象,它和大气层结的不同类型密切相关.这就是大气稳定度问题,是本章要讨论的一个重点.

6.1 应用于大气的热力学基本规律

热力学基本规律应用于大气时,应考虑到地球大气的特点.例如,大气温度和压强是可直接测量的物理量,而体积不是;大气中含有水汽,可分为未饱和湿空气系统和含液态水(或冰)的饱和湿空气系统等.因此,应用于大气的热力学第一定律和态函数的表达式就与一般形式有所差别.这正是本节要说明的.

6.1.1 预备知识

首先介绍几个在大气热力学中常用的概念.

1. 开放系和封闭系

热力学中常用到"系统"和"外界"两个词,"系统"即指所研究的给定质量和成分的任何物质,而其余与这个系统可能发生相互作用的物质环境称之为"外界"或"环境".大气热力学中所讨论的系统主要是两类:① 未饱和湿空气系统,指通常的大气,可当成由干空气和水汽组成的二元单相系;② 含液态水(或冰)的饱和湿空气系统,是指由水滴或冰晶组成的云和雾,它含有干空气和水质物(水汽、液态水和固态水的总称),所以是二元多相系.

依据与外界是否交换物质,将系统分为"开放系"或"封闭系".大气热力学中所研究的仅是大气中发生变化的那部分空气(湿空气),因此显然是开放系.然而为了简单起见,常把它当成封闭系处理.这是因为:① 若所研究的那部分空气容积足够大,则其边缘与外界空气的混合对系统内部特性影响极小,可以忽略;② 若所研究的是被包含在大块空气中的一小部分空气,由于特性相同,混合作用不影响该系统的特性.这两个条件在多数情况下是可以满足的,所以封闭系是一个很好的近似.不过,对于那些与外界湍流混合交换强烈而发生变化的空气,或正在消失的积云单体,封闭系的假设就不大合适了.

2. 准静态过程和准静力条件

讨论一个封闭系,即与外界没有质量交换,只有能量交换(做功与传热)的系统,当过程进行得无限缓慢时,系统在变态过程中的每一步都处于平衡态,称为准静态过程.这是一种理想的极限概念,不过许多时候可以把实际大气过程当做准静态过程处理.处于准静态过程的系统为了维持与外界的机械平衡,系统对外界的作用力需时刻与外界对系统的作用力保持平衡,这就是准静力条件,即 $p \equiv p_e$,其中 p 是内部压强,p_e 是外界压强.

3. 气块(微团)模型

气块或空气微团是指宏观上足够小而微观上含有大量分子的空气团,其内部可包含水汽、液态水或固态水.这些与外界温度、湿度及密度稍有不同的大大小小的未饱和气块,不断生成又不断消失.气块(微团)模型就是从大气中取一体积微小的空气块(或空气微团),作为对实际空气块的近似.规定:

(1) 此气块内温度、压强和湿度等都呈均匀分布,各物理量服从热力学定律和状态方程.

(2) 气块运动时是绝热的,遵从准静力条件,环境大气处于静力平衡状态.这意味着气块运动时,一方面,过程进行得足够快而来不及和环境空气作热交换,即绝热;另一方面,过程又进行得足够慢,使气块压力不断调整到与环境大气压相同,即满足以下准静力条件:

$$p \equiv p_e \quad \text{和} \quad \frac{\mathrm{d}p}{\mathrm{d}z} = \frac{\partial p_e}{\partial z}. \tag{6.1.1}$$

但应指出,气块内部的温度、密度、湿度不一定与外界的相等.

这种气块(微团)模型是实际大气简单的、理想化的近似,它要求气块在移动过程中保持完整,不与环境空气混合,而这只能在移动微小距离时可以满足.另外,在此模型中未考虑气块移动对环境空气的影响,这也是不符合实际的.不过,上述绝热过程和准静力条件的假定是合理的,因此气块(微团)模型对了解和分析实际大气中发生的一些物理过程很有帮助.

6.1.2 热力学第一定律

热力学第一定律是能量转化和守恒定律,它的一般数学表达式为

$$U_2 - U_1 = Q_s + A + M,$$

式中 $U_2 - U_1$ 是热力学系统从平衡态 1 变化到平衡态 2 的过程中系统内能的变化,Q_s 是系统从外界吸收的热量,A 是在此过程中外界对系统做的功,M 是在此过程中质量作用量.对于与外界无质量交换的封闭系,它的表达式简化为

$$U_2 - U_1 = Q_s + A.$$

若系统经历一个无穷小过程,则有

$$\mathrm{d}U = \delta Q_s + \delta A,$$

式中 $\mathrm{d}U$ 代表在无限靠近的初、终两态内能值的微量差.由于热量 Q_s 和功 A 并不是态函数,只是与过程有关的无限小量,故用 δQ_s 和 δA 表示,以和态函数的微量差相区别.

在大气热力学中,我们将只讨论体积变化功(膨胀功).由于准静态过程中系统内部压强 p 和外界压强 p_e 大小相等,所以外界对系统在无限小的准静态过程中所做的体积变化功是

$$\delta A = -p\mathrm{d}V,$$

式中负号表示 $\mathrm{d}V$ 与 δA 符号相反;系统膨胀时,$\mathrm{d}V > 0$,外界做负功.热力学第一定律的表示

式就是

$$dU = \delta Q_s - p dV. \tag{6.1.2}$$

常温、常压下的大气可以看成理想气体,内能仅是温度 T 的函数.对于单位质量的湿空气系统,第一定律就成为

$$\delta Q = c_V dT + p d\alpha, \tag{6.1.3}$$

式中 c_V 是湿空气的比定容热容,α 是比体积(体积/质量),Q 是单位质量空气的热量.由于空气体积不是直接测量的气象要素,(6.1.3)式不便于使用.根据湿空气状态方程 $p\alpha = RT$ 以及比定压热容 c_p 和比定容热容 c_V 的关系式 $c_p - c_V = R$,可得到

$$\delta Q = (c_V + R)dT - \alpha dp = c_p dT - RT \frac{dp}{p} \tag{6.1.4}$$

或

$$\delta Q = c_p dT - \alpha dp = c_p dT - \frac{1}{\rho} dp, \tag{6.1.5}$$

式中 R 是湿空气的比气体常数.(6.1.4)和(6.1.5)式是用于大气中的热力学第一定律的基本形式.

6.1.3 热力学第二定律和态函数

热力学第一定律讨论了各个过程中的能量关系,但未涉及过程能否发生以及向哪个方向变化的问题,而这是很重要的.热力学第二定律讨论的是过程的自然方向和热力平衡的简明判据,它是通过态函数来完成的.

热力学中所讨论的态函数,除了已熟悉的温度和内能以外,还有熵、焓、吉布斯(Gibbs)函数和自由能等,它们在讨论大气中发生的各种热力过程,如绝热过程、等压过程和相变过程时是很有用的.其中态函数自由能($F = U - TS$)因本章较少涉及,故不详细讨论.

1. 熵

态函数熵 S 的定义是

$$S - S_0 = \int_{(x_0)}^{(x)} \frac{\delta Q_s}{T}, \tag{6.1.6}$$

式中 (x_0) 和 (x) 分别是系统给定的两个平衡态,积分路线沿 (x_0) 到 (x) 的任意可逆过程进行,S_0 是初态时的熵,S 是终态时的熵.(6.1.6)式表示两平衡态的熵之差 $S - S_0$ 与积分路径无关,只由初、终两个平衡态确定.

热力学第二定律的普遍表述是:从平衡态 (x_0) 开始而终止于另一个平衡态 (x) 的过程,将朝着使系统与外界的总熵增加的方向进行,即

$$S - S_0 \geqslant \int_{(x_0)}^{(x)} \frac{\delta Q_s}{T}. \tag{6.1.7}$$

对不可逆过程,(6.1.7)式取不等号;对可逆过程,(6.1.7)式取等号.违反上述不等式的过程是不可能实现的.

在绝热过程中,$\delta Q_s = 0$,由(6.1.7)式得 $S - S_0 \geqslant 0$.因此,系统从一平衡态经绝热过程到达另一平衡态时,它的熵永不减少;若此过程是可逆的,则熵不变;若此过程是不可逆的,则熵增加.这就是判断绝热过程方向的熵增加原理.

对于无穷小的过程,按(6.1.7)式有

$$dS \geqslant \frac{\delta Q_s}{T}. \tag{6.1.8}$$

在可逆过程中,有

$$dS = \frac{\delta Q_s}{T}. \tag{6.1.9}$$

可见,熵的微分 dS 等于可逆过程中系统吸收的热量与绝对温度之比.

将第一定律的(6.1.2)式和(6.1.8)式相结合,就有

$$TdS \geqslant \delta Q_s = dU + pdV \tag{6.1.10}$$

或

$$dU \leqslant TdS - pdV \tag{6.1.11}$$

两式成立.同样,上两式对可逆过程取等号,对不可逆过程取不等号.

2. 焓

态函数焓 H 的定义是 $H = U + pV$,于是热力学第一定律可以写成

$$dH = \delta Q_s + Vdp.$$

由上式可知,等焓过程的条件是绝热和等压.根据(6.1.8)式,上式还可写成

$$dH \leqslant TdS + Vdp. \tag{6.1.12}$$

在等压过程中,$dH = (\delta Q_s)_p$,因此,焓的物理意义是:在等压过程中,系统焓的增加值等于它所吸收的热量.而摩尔定压热容为

$$c_p = \frac{(\delta Q_s)_p}{dT} = \left(\frac{\partial H}{\partial T}\right)_p. \tag{6.1.13}$$

3. 吉布斯函数

吉布斯函数(或称为吉布斯自由能、自由焓)的定义是

$$G = H - TS = U + pV - TS.$$

由(6.1.8)式,同样可得第一定律和第二定律的联合表示式:

$$dG \leqslant -SdT + Vdp. \tag{6.1.14}$$

若过程是等温、等压的,有

$$dG \leqslant 0. \tag{6.1.15}$$

对于可逆(平衡)变化情况,$dG = 0$;而对于不可逆变化的情况,则有 $dG < 0$.所以,在等温、等压下,系统的吉布斯函数永不增加.可以根据此性质对等温、等压过程的方向进行判断,称为吉布斯函数判据.

以上讨论中假设只有体积变化功,实际上系统可以通过其他方式做功.例如,汽液相变时以产生新的表面积(表面能)的方式做功,这时热力学第一定律的一般形式是

$$dU = \delta Q_s + \delta A' - pdV, \tag{6.1.16}$$

此处 $\delta A'$ 表示除体胀功以外其他形式的功.

4. 麦克斯韦关系式

(6.1.11)式在可逆过程时的表达式

$$dU = TdS - pdV \tag{6.1.17}$$

称为热力学基本微分方程.由于两个平衡态之间一定可以用可逆过程连接,所以(6.1.17)式给出的相邻两平衡态的内能与熵和体积之差的关系,对于可逆过程和非可逆过程都是成立的.因此,可以把(6.1.17)式理解为 U 作为 S,V 的函数的全微分表达式.

126

与(6.1.17)式类似的单相封闭系的热力学基本微分方程还有

$$\mathrm{d}H = T\mathrm{d}S + V\mathrm{d}p, \tag{6.1.18}$$

$$\mathrm{d}F = -S\mathrm{d}T - p\mathrm{d}V \tag{6.1.19}$$

和

$$\mathrm{d}G = -S\mathrm{d}T + V\mathrm{d}p. \tag{6.1.20}$$

(6.1.19)式中的 $F = U - TS$ 称为自由能或赫姆霍兹函数.从上面 4 个式子能够推导出均匀系统各种平衡性质的相互关系,这在热力学应用方面是很重要的.例如,吉布斯函数 G 作为 T, p 的函数,其全微分为

$$\mathrm{d}G = \left(\frac{\partial G}{\partial T}\right)_p \mathrm{d}T - \left(\frac{\partial G}{\partial p}\right)_T \mathrm{d}p.$$

与(6.1.20)式比较,得

$$\left(\frac{\partial G}{\partial T}\right)_p = -S, \quad \left(\frac{\partial G}{\partial p}\right)_T = V.$$

应用交叉导数定理: $\dfrac{\partial^2 G}{\partial T \partial p} = \dfrac{\partial^2 G}{\partial p \partial T}$,可得

$$\left(\frac{\partial S}{\partial p}\right)_T = -\left(\frac{\partial V}{\partial T}\right)_p. \tag{6.1.21}$$

利用内能、焓及自由能 F 的基本微分方程还可以求得 3 个和(6.1.21)式类似的关系式,统称为麦克斯韦关系式(简称麦氏关系),此处从略.

5. 单相系熵和焓的计算

熵和焓都是广延量,总熵和总焓与系统的质量或摩尔数成正比.对于某种物质质量为 m 的单相系,有总熵 $S = ms$ 及总焓 $H = mh$,其中 s 和 h 分别是单位质量的熵和焓,分别称为比熵和比焓.

比熵和比焓的计算通常以 p, T 为自变量,因此将它们写成以下的全微分形式:

$$\mathrm{d}s = \left(\frac{\partial s}{\partial T}\right)_p \mathrm{d}T + \left(\frac{\partial s}{\partial p}\right)_T \mathrm{d}p, \tag{6.1.22}$$

$$\mathrm{d}h = \left(\frac{\partial h}{\partial T}\right)_p \mathrm{d}T + \left(\frac{\partial h}{\partial p}\right)_T \mathrm{d}p. \tag{6.1.23}$$

将前面的(6.1.18)式稍作变换,可得到

$$\mathrm{d}s = \frac{1}{T}\mathrm{d}h + \frac{\alpha}{T}\mathrm{d}p.$$

把(6.1.23)式代入上式,就得到

$$\mathrm{d}s = \frac{1}{T}\left(\frac{\partial h}{\partial T}\right)_p \mathrm{d}T + \frac{1}{T}\left[\left(\frac{\partial h}{\partial p}\right)_T - \alpha\right]\mathrm{d}p. \tag{6.1.24}$$

根据(6.1.13)式,对于比焓,有

$$\left(\frac{\partial h}{\partial T}\right)_p = c_p. \tag{6.1.25}$$

比较(6.1.22)和(6.1.24)式,并利用(6.1.25)式和(6.1.21)式,得到

$$\left(\frac{\partial s}{\partial T}\right)_p = \frac{1}{T}\left(\frac{\partial h}{\partial T}\right)_p = \frac{c_p}{T} \tag{6.1.26}$$

和

$$\left(\frac{\partial h}{\partial p}\right)_T = T\left(\frac{\partial s}{\partial p}\right)_T + \alpha = \alpha - T\left(\frac{\partial \alpha}{\partial T}\right)_p. \tag{6.1.27}$$

再将(6.1.26)及(6.1.21)式代入(6.1.22)式,可得到比熵的计算式为

$$\mathrm{d}s = \frac{c_p}{T}\mathrm{d}T - \left(\frac{\partial \alpha}{\partial T}\right)_p \mathrm{d}p = c_p \mathrm{d}\ln T - \alpha\beta_p \mathrm{d}p, \tag{6.1.28}$$

式中 $\beta_p = \dfrac{1}{\alpha}\left(\dfrac{\partial \alpha}{\partial T}\right)_p$ 是定压膨胀系数,可以直接测量得到.

以(6.1.25)和(6.1.27)式代入(6.1.23)式,就得到比焓的计算式

$$\mathrm{d}h = c_p \mathrm{d}T + \alpha(1 - T\beta_p)\mathrm{d}p. \tag{6.1.29}$$

6. 未饱和湿空气的态函数

讨论单位质量湿空气的系统.湿空气可看成理想气体,是由水汽和干空气组成的二元单相封闭系.根据理想气体状态方程 $p\alpha = RT$,有

$$\left(\frac{\partial \alpha}{\partial T}\right)_p = \frac{R}{p}, \quad \alpha - T\left(\frac{\partial \alpha}{\partial T}\right)_p = 0.$$

因此由(6.1.28)和(6.1.29)式得到未饱和湿空气的比熵和比焓分别为

$$\mathrm{d}s = c_p \mathrm{d}\ln T - R\mathrm{d}\ln p, \tag{6.1.30}$$
$$\mathrm{d}h = c_p \mathrm{d}T, \tag{6.1.31}$$

式中的 c_p 和 R 分别是湿空气的比定压热容和比气体常数.若把 c_p 看成常数,积分后得到

$$s = c_p \ln T - R\ln p + 常数, \tag{6.1.32}$$
$$h = c_p T + 常数. \tag{6.1.33}$$

6.1.4 含液态水的饱和湿空气系统

正因为地球大气的温度适宜水的三相变化,才有了雨雪、冰雹、雷暴和闪电等天气现象.因此,讨论含液态水的饱和湿空气的热力学过程及有关相变的规律是本章的重要内容.

1. 相变潜热与比焓

相变过程中,单位质量的系统若由 1 相变到 2 相,根据热力学第一定律,所吸收的相变潜热 L 应等于比内能的增量 $u_2 - u_1$ 加上克服一定的外部压强所做的功 $p(\alpha_2 - \alpha_1)$,即

$$L = (u_2 - u_1) + p(\alpha_2 - \alpha_1) = h_2 - h_1. \tag{6.1.34}$$

所以在定温、定压的封闭系中,相变潜热可由比焓的变化来度量.

2. 克拉珀龙-克劳修斯方程

1 mol(或 1 g)物质的吉布斯函数通常称为化学势,以 μ 表示,有

$$\mu = u + p\alpha - Ts \tag{6.1.35}$$

及

$$\mathrm{d}\mu = -s\mathrm{d}T + \alpha\mathrm{d}p. \tag{6.1.36}$$

根据热力学理论,当水汽和水两相平衡时,必须满足热平衡条件、力学平衡条件和相变平衡条件:

$$\begin{cases} T_1 = T_2 = T, \\ p_1 = p_2 = p, \\ \mu_1(T,p) = \mu_2(T,p). \end{cases} \tag{6.1.37}$$

(6.1.37)式不但给出了两相平衡共存时压强和温度的关系,它也是描述相图中相平衡曲线的方程式.

下面将利用相平衡曲线上两相化学势相等的性质来推导克拉珀龙-克劳修斯方程.当沿着相平衡曲线由 (p,T) 变到 $(T+\mathrm{d}T, p+\mathrm{d}p)$ 时,化学势的变化为

$$\mu_1 + \mathrm{d}\mu_1 = \mu_2 + \mathrm{d}\mu_2.$$

和(6.1.37)式对比,有 $\mathrm{d}\mu_1 = \mathrm{d}\mu_2$. 根据(6.1.36)式,上式可写成

$$-s_1\mathrm{d}T + \alpha_1\mathrm{d}p = -s_2\mathrm{d}T + \alpha_2\mathrm{d}p,$$

即可导出

$$\frac{\mathrm{d}p}{\mathrm{d}T} = \frac{s_2 - s_1}{\alpha_2 - \alpha_1}. \tag{6.1.38}$$

应用(6.1.35)式,又可将(6.1.37)式写成

$$u_1 + p\alpha_1 - Ts_1 = u_2 + p\alpha_2 - Ts_2,$$

于是有

$$s_2 - s_1 = \frac{(u_2 + p\alpha_2) - (u_1 + p\alpha_1)}{T} = \frac{h_2 - h_1}{T} = \frac{L}{T}. \tag{6.1.39}$$

代入(6.1.38)式中,得到

$$\frac{\mathrm{d}p}{\mathrm{d}T} = \frac{L}{T(\alpha_2 - \alpha_1)}, \tag{6.1.40a}$$

(6.1.40a)式给出了相平衡曲线的斜率,下标 1 和 2 分别代表水和水汽. 因为讨论的是水的相变,液态水的比容和水汽的比容相比较可以忽略,有 $\alpha_1 \ll \alpha_2$,所以(6.1.40a)式可简化成

$$\frac{\mathrm{d}p}{\mathrm{d}T} = \frac{L_v}{T\alpha_2}, \tag{6.1.40b}$$

式中 L_v 是气化热. 把压强 p 换成习惯上使用的饱和水汽压 e_s,利用水汽状态方程,则得第二章的(2.2.6)式

$$\frac{\mathrm{d}e_s}{\mathrm{d}T} = \frac{L_v e_s}{R_v T^2}.$$

它是由克拉珀龙(Clapeyron)首先得到,并由克劳修斯(Clausius)用热力学理论导出的,所以叫做克拉珀龙-克劳修斯方程. 应指出,此方程适用于平液面,而在讨论云、雨滴等的相变过程时必须考虑曲液面的影响.

3. 基尔霍夫方程

相变潜热 L 随着温度而变化. 将(6.1.34)式对温度求微分,利用(6.1.25),(6.1.27)及(6.1.40a)式,有

$$\frac{\mathrm{d}L}{\mathrm{d}T} = \frac{\mathrm{d}h_2}{\mathrm{d}T} - \frac{\mathrm{d}h_1}{\mathrm{d}T}$$

$$= \left[\left(\frac{\partial h_2}{\partial T}\right)_p + \left(\frac{\partial h_2}{\partial p}\right)_T \frac{\mathrm{d}p}{\mathrm{d}T}\right] - \left[\left(\frac{\partial h_1}{\partial T}\right)_p + \left(\frac{\partial h_1}{\partial p}\right)_T \frac{\mathrm{d}p}{\mathrm{d}T}\right]$$

$$= c_{p2} - c_{p1} + \frac{L}{T} - \left[\left(\frac{\partial \alpha_2}{\partial T}\right)_p - \left(\frac{\partial \alpha_1}{\partial T}\right)_p\right]\frac{L}{\alpha_2 - \alpha_1}. \tag{6.1.41a}$$

在讨论水-气的相变时,因为水汽可看成理想气体,有 $\alpha_1 \ll \alpha_2$,所以(6.1.41a)式可简化成

$$\frac{\mathrm{d}L_v}{\mathrm{d}T} = c_{pv} - c_w, \tag{6.1.41b}$$

式中 c_{pv} 是水汽的比定压热容,c_w 是液态水的比热容.(6.1.41b)式称为基尔霍夫方程. 实际上,根据后面比焓的偏微分关系式,由(6.1.41a)式的第二步就可直接导出(6.1.41b)式.

利用(6.1.41b)式,根据一定温度和压强下水和水汽的比定压热容等数据,可以计算出潜热随温度的变化. 由实验数据得出的简单表达式为

$$\frac{\mathrm{d}L_\mathrm{v}}{\mathrm{d}T} = -2323.$$

因 0℃时 $L_\mathrm{v0} = 2.5 \times 10^6$ J/kg,故积分后有

$$L_\mathrm{v} = 2.5 \times 10^6 - 2323t, \tag{6.1.42}$$

式中 t 是摄氏温度.

4. 热力学函数

对于含有液态水的饱和湿空气系统,其热力学函数的表达式就复杂多了.在这个二元多相的封闭系统中,干空气质量不变,水汽和液态水的质量可以互相转化(相变),因此,其中的液相和气相分别都是开放系.虽然大气中的液态水大多以具有弯曲液面的云、雨滴的形式存在.为简化计,此处仍假设液态水的界面是平液面,而水滴曲率对平衡水汽压的影响将在 12.1 节中讨论.

令 X 代表态函数(即 U, S, H, G),x 代表单位质量态函数,下标 d,v,w 分别代表干空气、水汽和液态水,下标 t 代表水质物(水汽和液态水).由于态函数是广延量,所以可写成 $X = m_\mathrm{d}x_\mathrm{d} + m_\mathrm{v}x_\mathrm{v} + m_\mathrm{w}x_\mathrm{w}$,其全微分形式为

$$\mathrm{d}X = \left(\frac{\partial X}{\partial T}\right)_{p,m} \mathrm{d}T + \left(\frac{\partial X}{\partial p}\right)_{T,m} \mathrm{d}p + x_\mathrm{v}\mathrm{d}m_\mathrm{v} + x_\mathrm{w}\mathrm{d}m_\mathrm{w}.$$

因为 $\mathrm{d}m_\mathrm{v} = -\mathrm{d}m_\mathrm{w}$,所以有

$$\mathrm{d}X = \left(\frac{\partial X}{\partial T}\right)_{p,m} \mathrm{d}T + \left(\frac{\partial X}{\partial p}\right)_{T,m} \mathrm{d}p + (x_\mathrm{v} - x_\mathrm{w})\mathrm{d}m_\mathrm{v}, \tag{6.1.43}$$

其中 $m = m_\mathrm{d} + m_\mathrm{v} + m_\mathrm{w} = m_\mathrm{d} + m_\mathrm{t}$,为单位质量.(6.1.43)式是下面讨论比熵和比焓的基础.

1) 比熵

对于单位质量系统,比熵 s 是系统中干空气、水汽和液态水的熵之和:

$$s = S_\mathrm{d} + S_\mathrm{v} + S_\mathrm{w} = m_\mathrm{d}s_\mathrm{d} + m_\mathrm{v}s_\mathrm{v} + m_\mathrm{w}s_\mathrm{w},$$

式中的 $s_\mathrm{d}, s_\mathrm{v}$ 和 s_w 分别是干空气、水汽和液态水的比熵.按(6.1.43)式,比熵的变化为

$$\mathrm{d}s = \left(\frac{\partial s}{\partial T}\right)_{p,m} \mathrm{d}T + \left(\frac{\partial s}{\partial p}\right)_{T,m} \mathrm{d}p + (s_\mathrm{v} - s_\mathrm{w})\mathrm{d}m_\mathrm{v}. \tag{6.1.44}$$

对于干空气,若以 p_d 表示系统中干空气的分压,根据(6.1.26)和(6.1.21)式,有

$$\left(\frac{\partial s_\mathrm{d}}{\partial T}\right)_{p,m} = \frac{c_{p\mathrm{d}}}{T}, \quad \left(\frac{\partial s_\mathrm{d}}{\partial p}\right)_{T,m} = -\left(\frac{\partial \alpha_\mathrm{d}}{\partial T}\right)_{p,m} = -\frac{R_\mathrm{d}}{p_\mathrm{d}}.$$

水汽也有类似的关系式:

$$\left(\frac{\partial s_\mathrm{v}}{\partial T}\right)_{p,m} = \frac{c_{p\mathrm{v}}}{T}, \quad \left(\frac{\partial s_\mathrm{v}}{\partial p}\right)_{T,m} = -\frac{R_\mathrm{v}}{e}.$$

液态水的特点是其体积随温度变化很小,故有

$$\left(\frac{\partial s_\mathrm{w}}{\partial T}\right)_{p,m} = \frac{c_\mathrm{w}}{T}, \quad \left(\frac{\partial s_\mathrm{w}}{\partial p}\right)_{T,m} = -\left(\frac{\partial \alpha_\mathrm{w}}{\partial T}\right)_{p,m} \approx 0.$$

将上述关系式代入(6.1.44)式,并根据(6.1.39)式的 $s_\mathrm{v} - s_\mathrm{w} = \dfrac{L_\mathrm{v}}{T}$,最后(6.1.44)式可写成

$$\mathrm{d}s = (m_\mathrm{d}c_{p\mathrm{d}} + m_\mathrm{v}c_{p\mathrm{v}} + m_\mathrm{w}c_\mathrm{w})\mathrm{d}\ln T - m_\mathrm{d}R_\mathrm{d}\mathrm{d}\ln p_\mathrm{d} - m_\mathrm{v}R_\mathrm{v}\mathrm{d}\ln e + \frac{L_\mathrm{v}}{T}\mathrm{d}m_\mathrm{v}.$$

在含有液态水的饱和湿空气块中,水汽压 e 就是饱和水汽压 e_s,利用克拉珀龙-克劳修斯方程(2.2.6)和基尔霍夫方程(6.1.41b),上式可简化为

$$\mathrm{d}s = (m_d c_{pd} + m_t c_w)\mathrm{dln}T - m_d R_d \mathrm{dln}p_d + \mathrm{d}\left(\frac{m_v L_v}{T}\right). \tag{6.1.45}$$

对于等熵过程,有

$$(m_d c_{pd} + m_t c_w)\mathrm{dln}T - m_d R_d \mathrm{dln}p_d + \mathrm{d}\left(\frac{m_v L_v}{T}\right) = 0,$$

上式两边同除以 m_d,就得到

$$(c_{pd} + r_t c_w)\mathrm{dln}T - R_d \mathrm{dln}p_d + \mathrm{d}\left(\frac{r_s L_v}{T}\right) = 0, \tag{6.1.46}$$

式中水质物混合比 $r_t = r_s + r_w$,r_s 是饱和混合比,r_w 是液态水混合比.(6.1.46)式是含有液态水的饱和湿空气系统在绝热过程(等熵)中的表达式,是后面 6.3 节中讨论饱和绝热过程的基础.

2) 比焓

和求熵函数类似,比焓 $h = m_d h_d + m_v h_v + m_w h_w$ 的全微分应是

$$\mathrm{d}h = \left(\frac{\partial h}{\partial T}\right)_{p,m}\mathrm{d}T + \left(\frac{\partial h}{\partial p}\right)_{T,m}\mathrm{d}p + (h_v - h_w)\mathrm{d}m_v$$

$$= \left(\frac{\partial h}{\partial T}\right)_{p,m}\mathrm{d}T + \left(\frac{\partial h}{\partial p}\right)_{T,m}\mathrm{d}p + L_v \mathrm{d}m_v. \tag{6.1.47}$$

干空气和水汽可以看成理想气体,根据(6.1.25)和(6.1.27)式,有

$$\left(\frac{\partial h_d}{\partial T}\right)_{p,m} = c_{pd}, \quad \left(\frac{\partial h_v}{\partial T}\right)_{p,m} = c_{pv}, \tag{6.1.48}$$

$$\left(\frac{\partial h_d}{\partial p}\right)_{T,m} = \left(\frac{\partial h_v}{\partial p}\right)_{T,m} = 0. \tag{6.1.49}$$

对于液态水,$\left(\frac{\partial h_w}{\partial T}\right)_{p,m} = c_w,\left(\frac{\partial h_w}{\partial p}\right)_{T,m}$ 可以忽略不计.于是就得到

$$\mathrm{d}h = (m_d c_{pd} + m_v c_{pv} + m_w c_w)\mathrm{d}T + L_v \mathrm{d}m_v, \tag{6.1.50}$$

式中 $m_d c_{pd} + m_v c_{pv} + m_w c_w$ 是系统的平均比热容.利用基尔霍夫方程(6.1.41b)可将(6.1.50)式变换成下列形式:

$$\mathrm{d}h = (m_d c_{pd} + m_t c_w)\mathrm{d}T + \mathrm{d}(m_v L_v).$$

下面考虑由热力过程联系的两个状态来得到比焓的积分形式.假设初态时系统内全部为液态水 m_w,温度为 T_0.先将系统由 T_0 加热到 T,然后在温度 T 下蒸发,部分液态水转化成水汽 m_v.沿此路径积分后,可得

$$h = h_0 + (m_d c_{pd} + m_t c_w)(T - T_0) + m_v L_v(T),$$

把常数项合并,则

$$h = (m_d c_{pd} + m_t c_w)T + m_v L_v(T) + 常数. \tag{6.1.51}$$

此式给出了含液态水的饱和湿空气的比焓.

考虑到 $m_d + m_v + m_w =$ 单位质量,且 $m_v + m_w$ 与 m_d 相比可忽略,并且用湿空气的比定压热容 c_p 近似代替系统的平均比热容后,(6.1.50)式可简化为

$$\mathrm{d}h \approx c_p \mathrm{d}T + L_v \mathrm{d}q. \tag{6.1.52}$$

比焓的表达式(6.1.51)和(6.1.52)式在讨论大气热力过程特别是等压过程时是很有用的.

5. 密度温度

含有水质物(包括水汽、液态水和固态水)的饱和湿空气系统可看成一个多相系统. 为考虑其中水凝物对这种多相系统密度的贡献, Emanuel(1994)引入了一个新的热力学变量——密度温度 T_ρ, 定义为

$$T_\rho = T\frac{1+r/\varepsilon}{1+r_{\mathrm{T}}},\tag{6.1.53}$$

式中 r_{T} 是水质物的总混合比, r 是水汽混合比. 假若系统中没有水凝物(液态水和固态水), 则上式成为

$$T_\rho = T\frac{1+r/\varepsilon}{1+r} \approx T(1+0.608r) = T_{\mathrm{v}}.$$

可见, 虚温 T_{v} 是密度温度 T_ρ 的特例. T_ρ 的导出过程是: 设该系统的比容为

$$\alpha = \frac{V_{\mathrm{a}}+V_{\mathrm{w}}+V_{\mathrm{i}}}{m_{\mathrm{d}}+m_{\mathrm{v}}+m_{\mathrm{w}}+m_{\mathrm{i}}},\tag{6.1.54}$$

其中 m 和 V 分别表示质量和体积, 下标 a, d, i, v, w 分别表示湿空气、干空气、冰雪晶、水汽和液态水. 将上式分子分母都除以 m_{d}, 并认为湿空气和干空气的体积相等, 可得

$$\alpha = \alpha_{\mathrm{d}}\frac{1+r_{\mathrm{w}}(\alpha_{\mathrm{l}}/\alpha_{\mathrm{d}})+r_{\mathrm{i}}(\alpha_{\mathrm{i}}/\alpha_{\mathrm{d}})}{1+r_{\mathrm{T}}}a_{\mathrm{w}},$$

式中 r_{w} 是液态水混合比, r_{i} 是冰雪晶混合比. 由于液体水和冰的比容比空气比容小 3 个量级, 而且它们的混合比只是 10^{-3} 量级, 所以分子上的后两项可略去, 得到简化式为

$$\alpha \approx \alpha_{\mathrm{d}}\frac{1}{1+r_{\mathrm{T}}}.\tag{6.1.55}$$

利用状态方程和(2.2.4)式, (6.1.55)式可变换成下列形式:

$$\alpha \approx \frac{R_{\mathrm{d}}T}{p_{\mathrm{d}}}\frac{1}{1+r_{\mathrm{T}}} = \frac{R_{\mathrm{d}}T}{p}\frac{p_{\mathrm{d}}+e}{p_{\mathrm{d}}}\frac{1}{1+r_{\mathrm{T}}} = \frac{R_{\mathrm{d}}T}{p}\frac{1+r/\varepsilon}{1+r_{\mathrm{T}}}.$$

引入密度温度后, 上式简写成

$$\alpha = \frac{R_{\mathrm{d}}T_\rho}{p} \text{ 或 } p = \rho R_{\mathrm{d}}T_\rho.\tag{6.1.56}$$

与虚温的物理意义类似, 密度温度可看成在同一压力下, 当干空气密度等于含水凝物的饱和湿空气系统的密度时, 该系统所具有的温度. 密度温度可能大于也可能小于未订正的空气温度, 视水凝物和水汽的相对量大小而定. 密度温度在讨论湿大气对流过程时有广泛应用.

6.1.5 大气中的能量

大气能量的基本形式有内能、势能、动能以及潜热能四种. 为了便于在大气中应用, 这些能量还组合成了静力能、感热能等形式. 本节仅简要介绍这几种能量的表达式.

1. 大气能量的基本形式

1) 内能

根据 6.1.2 小节, 因常温、常压下的大气可看成理想气体, 内能仅是温度 T 的函数, 单位质量空气的内能为

$$u = c_{\mathrm{V}}T,\tag{6.1.57}$$

式中 u 称为比内能. 由热力学第一定律的表示式(6.1.2), 可得到

$$\mathrm{d}u = \delta Q - p\mathrm{d}\alpha.$$

可见空气内能的变化决定于非绝热加热和气压对空气所做的体积变化功. 单位截面气柱内空气的总内能是

$$U = \int_0^\infty c_V T \rho \mathrm{d}z = \frac{c_V}{g} \int_0^{p_0} T \mathrm{d}p. \tag{6.1.58}$$

2）势能

单位质量空气的势能就是重力位势,根据(3.3.4)式有

$$\Phi \approx gz. \tag{6.1.59}$$

若对(6.1.55)式两端对时间作个别微商,得

$$\frac{\mathrm{d}\Phi}{\mathrm{d}t} \approx gw, \tag{6.1.60}$$

式中 w 是垂直运动速度. 可见,单位质量空气势能的变化是由于空气的垂直运动. 根据静力平衡条件,由(6.1.55)式得单位截面气柱内空气的总势能是

$$E_p = \int_0^\infty \rho gz \, \mathrm{d}z = -\int_{p_0}^0 z \mathrm{d}p.$$

对上式作分部积分,再利用状态方程,得

$$E_p = -\int_\infty^0 p \mathrm{d}z = \frac{R}{g} \int_0^{p_0} T \mathrm{d}p. \tag{6.1.61}$$

(6.1.57)式与(6.1.54)式比较,可知单位截面气柱内空气的总势能与总内能成正比,且

$$E_p \approx 0.40U. \tag{6.1.62}$$

3）动能

单位质量空气的动能是

$$E_k = \frac{1}{2}(u^2 + v^2 + w^2) = \frac{1}{2}V^2, \tag{6.1.63}$$

其中 V 是空气运动速度, u, v 和 w 是速度的三个分量.

4）潜热能

令 L 为相变潜热,则单位质量空气的潜热能是

$$E_L = Lq. \tag{6.1.64}$$

2. 大气能量的组合形式

由上述四种基本能量组合成的主要有以下几种:

1）显热能(感热能)

单位质量空气的显热能就是比焓,即

$$h = c_p T. \tag{6.1.65}$$

(6.1.61)式实际上是由两项组成,即

$$c_p T = c_V T + RT, \tag{6.1.66}$$

因 RT 常称为压力能,故显热能可认为是内能与压力能之和.

2）温湿能(湿焓)

温湿能指显热能与潜热能之和. 单位质量空气的温湿能若以 h_m 表示,则

$$h_m = c_p T + Lq. \tag{6.1.67}$$

3）静力能

对单位质量的干空气,干静力能或蒙哥马利位势(Montgomery potential)是

$$\Phi_d = c_p T + gz. \tag{6.1.68}$$

对单位质量的湿空气,湿静力能或湿蒙哥马利位势是

$$\Phi_m = c_p T + gz + Lq. \tag{6.1.69}$$

4) 全势能

势能和内能之和称为全势能. 由(6.1.58)式知,单位截面气柱内空气的总势能与总内能成正比,而且都随温度变化,所以常合并成总全势能:

$$U + E_p = \frac{1}{g} \int_0^{p_0} c_p T \, dp. \tag{6.1.70}$$

单位质量空气的全势能是 $u + \Phi = c_V T + gz$.

地球大气的根本能源是太阳辐射能. 正如前面图 5.31 所指出的,太阳辐射首先加热地面,再通过长波辐射和感热、潜热的输送加热大气,使大气的全势能增加. 在实际大气中只有约 5% 左右的全势能可以转换为动能,这部分能够转换的能量称为有效势能,而绝大部分全势能仍储存在大气中.

3. 大气总能量

最后,可以得到单位质量干空气总能量 E_d 和湿空气的总能量 E_m 的表达式为

$$E_d = U + \Phi + E_k = c_p T + gz + \frac{1}{2}V^2, \tag{6.1.71}$$

$$E_m = U + \Phi + E_k + E_L = c_p T + gz + \frac{1}{2}V^2 + Lq. \tag{6.1.72}$$

6.2 大气中的干绝热过程

大气中大多数重要的热力过程,特别是空气的垂直运动过程,可以看成是绝热的,这使得处理问题大大简化.

严格地说,空气能通过湍流交换、辐射和分子热传导与环境交换热量,故不是绝热的. 但对于运动着的空气,特别是做垂直运动时,因为气压随高度变化很快,使气块的温度在短期内就发生很大变化,热量交换对空气温度的影响远比由于空气压缩或膨胀所产生的影响小,故可以忽略其他热交换作用而假设气块是绝热的. 而且,除去贴近地表面的粘滞副层外,分子热传导的作用完全可以忽略.

在绝热过程中,若讨论的是未饱和湿空气(无相变),这样的过程称为干绝热过程. 干绝热过程是可逆过程. 由(6.1.4)式,绝热过程中温度的改变完全由环境气压的改变所决定:

$$dT = \frac{RT}{c_p} \frac{dp}{p}, \tag{6.2.1}$$

式中 R 和 c_p 分别是湿空气的比气体常数和比定压热容. 令 $\kappa = R/c_p$,对(6.2.1)式由初态 (p_0, T_0) 到终态 (p, T) 积分,得

$$\frac{T}{T_0} = \left(\frac{p}{p_0}\right)^\kappa. \tag{6.2.2}$$

(6.2.2)式就是反映理想气体在干绝热过程中温度和压强关系的泊松公式. 对于未饱和湿空气,可以计算其 κ 的值为

$$\kappa = \frac{R_d}{c_{pd}} \frac{1 + 0.608q}{1 + 0.86q} = \kappa_d \frac{1 + 0.608q}{1 + 0.86q},$$

式中 κ_d 是干空气时的值. 由于大气中比湿总是小于 0.04 的, 因此 $\kappa/\kappa_d > 0.99$ 而接近于 1, 可以认为

$$\kappa \approx \kappa_d = 0.286. \tag{6.2.3}$$

于是(6.2.2)式就成为

$$\frac{T}{T_0} = \left(\frac{p}{p_0}\right)^{\kappa_d} = \left(\frac{p}{p_0}\right)^{0.286}. \tag{6.2.4}$$

用(6.2.4)式计算大气的干绝热过程已经足够精确.

6.2.1 干绝热减温率

假设环境大气处于静力平衡状态, 气块干绝热上升时将因体积膨胀而降温, 下降时将因被压缩而增温. 令未饱和湿空气块温度随高度的变化率的负值为干绝热减温率 γ_v:

$$\gamma_v = -\frac{dT}{dz}.$$

假设大气处于流体静力平衡状态, 由准静力条件将气块内外气压相联系, 根据湿空气状态方程和静力学方程, (6.2.1)式可写成

$$c_p dT - \frac{1}{\rho} dp = c_p dT + \frac{\rho_e}{\rho} g \, dz = 0,$$

式中 ρ_e 是环境空气的密度. 于是有

$$\gamma_v = -\frac{dT}{dz} = \frac{\rho_e}{\rho} \frac{g}{c_p} = \frac{T_v}{T_{ve}} \frac{g}{c_p}, \tag{6.2.5}$$

式中 T_v 和 T_{ve} 分别是气块和环境空气的虚温, 此处可认为 $T_v/T_{ve} \approx 1$, 因此未饱和湿空气的干绝热减温率为

$$\gamma_v = \frac{g}{c_p} = \frac{g}{c_{pd}(1 + 0.86q)}. \tag{6.2.6}$$

对于干洁大气, 干绝热减温率 γ_d 为

$$\gamma_d = \frac{g}{c_{pd}} = 9.76 \, \text{K/km} \approx 9.8 \, \text{K/km}. \tag{6.2.7}$$

比较以上两式, 可知 $\gamma_d \geqslant \gamma_v$. 由于比湿 q 很小, 在处理未饱和湿空气时, 常采用 γ_d 作为干绝热减温率. 高度若用位势米, 则有

$$\gamma_d = \frac{g_0}{c_{pd}} = 9.76 \, \text{K/gpkm} \approx 9.8 \, \text{K/gpkm}.$$

6.2.2 位温

位温就是把空气块干绝热膨胀或压缩到标准气压时应有的温度. 根据(6.2.2)式, 未饱和湿空气位温 θ 的定义式是

$$\theta = T\left(\frac{p_{00}}{p}\right)^{\kappa} = T\left(\frac{p_{00}}{p}\right)^{\frac{R}{c_p}}, \tag{6.2.8}$$

式中 θ 应是 T, p 和 q 的函数, p_{00} 是标准气压(常取 1000 hPa). 若空气是干洁大气, 则位温的定义是

$$\theta_d = T\left(\frac{1000}{p}\right)^{\kappa_d},$$

135

θ_d 仅是 T 和 p 的函数. 如前所述,因为 $\kappa \approx \kappa_d = 0.286$,故 $\theta_d - \theta$ 一般小于 $0.1\,\mathrm{K}$,与气温常规观测的误差相当,故未饱和湿空气位温值常用干空气位温值代替,即未饱和湿空气位温可写为

$$\theta = T\left(\frac{1000}{p}\right)^{\kappa_d} = T\left(\frac{1000}{p}\right)^{\frac{R_d}{c_{pd}}} = T\left(\frac{1000}{p}\right)^{0.286}. \tag{6.2.9}$$

同样可以定义一个虚位温 θ_v:

$$\theta_v = T_v\left(\frac{1000}{p}\right)^{\kappa}. \tag{6.2.10}$$

虚位温与位温的关系是

$$\theta_v = T(1 + 0.608q)\left(\frac{1000}{p}\right)^{\kappa} = \theta(1 + 0.608q). \tag{6.2.11}$$

位温和虚位温是大气热力学、大气动力学、边界层气象学和云雾降水物理学中非常有用的一个参数,下面对它做一些讨论.

1) 位温与热量收支

对(6.2.8)式取对数及微分,有

$$\mathrm{d}\ln\theta = \mathrm{d}\ln T - \kappa\mathrm{d}\ln p. \tag{6.2.12}$$

与湿空气比熵的表达式(6.1.30)比较,可导出比熵与位温 θ 的关系式:

$$\mathrm{d}s = c_p\mathrm{d}\ln\theta, \tag{6.2.13}$$

因此位温 θ 的变化可表示湿空气比熵的变化.

(6.2.12)式还可写成下面的形式:

$$\frac{\mathrm{d}\theta}{\theta} = \frac{\mathrm{d}T}{T} - \kappa\frac{\mathrm{d}p}{p} = \frac{\mathrm{d}T}{T} - \frac{R}{c_p}\frac{\mathrm{d}p}{p}.$$

对照(6.1.4)式,则热力学第一定律也可写成下列形式:

$$\delta Q = c_p T\frac{\mathrm{d}\theta}{\theta} = c_p T\mathrm{d}\ln\theta. \tag{6.2.14}$$

由(6.2.14)式可以得出结论:空气块得到热量时位温增加;放出热量时位温降低;干绝热过程是等熵过程,位温保持不变.

位温在干绝热过程中保持不变,称为在干绝热过程中具有保守性. 位温以及下面将要介绍的假相当位温等具有保守性的物理量,在研究大气过程时是很重要的. 由于它们不随气块高度(或压强)的改变而改变,好像是一种性质稳定的示踪物,便于我们追溯气块或气流的源地以及研究它们以后的演变.

2) 位温垂直分布与大气垂直减温率

对(6.2.8)式取对数,再对高度求偏导数,有

$$\frac{1}{\theta}\frac{\partial\theta}{\partial z} = \frac{1}{T}\frac{\partial T}{\partial z} - \frac{\kappa}{p}\frac{\partial p}{\partial z} = -\frac{1}{T}\Gamma + \frac{1}{c_p}\frac{g}{T} = -\frac{1}{T}\Gamma + \frac{1}{T}\gamma_v,$$

就可以得到

$$\frac{\partial\theta}{\partial z} = \frac{\theta}{T}(\gamma_v - \Gamma) \approx \frac{\theta}{T}(\gamma_d - \Gamma) \tag{6.2.15a}$$

或

$$\frac{\partial\ln\theta}{\partial z} = \frac{1}{T}(\gamma_v - \Gamma) \approx \frac{1}{T}(\gamma_d - \Gamma). \tag{6.2.15b}$$

因此,位温的垂直变化率是和 $\gamma_d - \Gamma$ 成正比的. 如果某一层大气的减温率 $\Gamma = \gamma_d$,则整层大气的位温必然相等. 在对流层内,一般情况下大气垂直减温率 $\Gamma < \gamma_d$,所以有 $\partial\theta/\partial z > 0$,即位温

是随高度增加而增加的.(6.2.15)式常用来表示大气的层结,在讨论大气稳定度时是一个重要的关系式.

对虚位温同样可以导出下式:

$$\frac{\partial \theta_v}{\partial z} \approx \frac{\theta_v}{T_v}(\gamma_d - \Gamma_v), \qquad (6.2.16)$$

其中 Γ_v 是虚温的垂直减温率.

6.2.3 干绝热上升时的露点变化和抬升凝结高度

未饱和湿空气块被外力强迫抬升时,因为上升速度快,可以认为是绝热的.此时气块内的水汽压随着环境气压的减小而减小,与此对应,露点也降低.下面将证明,气块上升时的干绝热减温率远大于它的露点递减率,气块的温度和露点将逐渐接近,在某一高度达到饱和并发生凝结.这个湿空气块因绝热抬升而达到饱和的高度称为抬升凝结高度(Lifting Condensation Level,简称 LCL)(参看图 6.6).

因水汽压 e 是露点 T_d 所对应的饱和水汽压,两者有函数关系,因此气块绝热上升时露点的变化可写为

$$\frac{\mathrm{d}T_d}{\mathrm{d}z} = \frac{\mathrm{d}T_d}{\mathrm{d}e}\frac{\mathrm{d}e}{\mathrm{d}z}. \qquad (6.2.17)$$

利用克拉珀龙-克劳修斯方程(2.2.6),以 e 和 T_d 分别代替该方程中的 e_s 和 T,则有

$$\frac{\mathrm{d}e}{\mathrm{d}T_d} = \frac{L_v}{R_v}\frac{e}{T_d^2}. \qquad (6.2.18)$$

由第二章的(2.2.3)式得气块内水汽压为 $e = \chi_v p$,其中水汽摩尔分数 χ_v 在干绝热过程中保持不变,压强 p 服从准静力条件,随着环境气压变化.将此式取对数,再对高度求导数,得

$$\frac{1}{e}\frac{\mathrm{d}e}{\mathrm{d}z} = \frac{1}{p}\frac{\mathrm{d}p}{\mathrm{d}z}, \qquad (6.2.19)$$

故干绝热过程中湿空气块内水汽压的变化是由压强变化引起的.

将(6.2.18)和(6.2.19)式代入(6.2.17)式,得

$$\frac{\mathrm{d}T_d}{\mathrm{d}z} = \frac{(e/p)\mathrm{d}p/\mathrm{d}z}{\mathrm{d}e/\mathrm{d}T_d} = -\frac{g R_v}{L_v R_d}\frac{T_d^2}{T_v} \approx -6.3 \times 10^{-6}\frac{T_d^2}{T_v}. \qquad (6.2.20)$$

若取 $T_v = 288\,\mathrm{K}$,$T_d = 280\,\mathrm{K}$,则有 $\dfrac{\mathrm{d}T_d}{\mathrm{d}z} = -0.0017\,\mathrm{K \cdot m^{-1}}$.此结果说明,干绝热过程中露点以 $1.7\,\mathrm{K \cdot km^{-1}}$ 的变化率向上递减.但气块温度以 $9.8\,\mathrm{K \cdot km^{-1}}$ 变化,下降得更快,在温度和露点相等的高度就会达到凝结.令 T_0 和 T_{d0} 分别为地面的气温和露点,根据

$$T(z) = T_0 - 0.98 \times 10^{-2}(z - z_0) \qquad (6.2.21)$$

和

$$T_d(z) = T_{d0} - 0.17 \times 10^{-2}(z - z_0), \qquad (6.2.22)$$

可得抬升凝结高度 z_c 的估算公式:

$$z_c \approx 123(T_0 - T_{d0}). \qquad (6.2.23)$$

(6.2.23)式可用来估算对流云底高度.但由于地面的温度露点差 $T_0 - T_{d0}$ 对 z_c 值的影响很大,而它在一天中可变化几度,不易选择恰当的数值;再加上对气块垂直运动所做的绝热假定与实际情况有一定差距,因此推算的云底高度与实测的云底高度有时相差很大.

6.3 可逆的饱和绝热过程和假绝热过程

未饱和湿空气干绝热上升达到凝结高度以后,水汽就开始凝结并放出潜热.如果此饱和气块继续上升,则由于释放的潜热能加热气块,气块的温度递减率将小于γ_d.

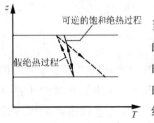

图 6.1 可逆的饱和绝热
过程与假绝热过程

假如在上升过程中是绝热的,全部凝结水都保留在气块内,当气块下沉时凝结的水分又会蒸发,仍然沿着绝热过程回到原来的状态,这个过程就是可逆的,称为可逆的饱和绝热过程或可逆的湿绝热过程,简称湿绝热过程(图6.1)."湿"即指过程中存在水的相变.由于绝热和可逆,则此过程是等熵的.因此,可逆的饱和绝热过程可用含液态水饱和气块的等熵过程表达式(6.1.46)进行讨论:

$$(c_{pd} + r_t c_w)\mathrm{dln}T - R_d\mathrm{dln}p_d + \mathrm{d}\left(\frac{r_s L_v}{T}\right) = 0.$$

与上述情况相反,如果在饱和气块上升过程中,凝结物一旦形成便全部从气块中降落,并带走一些热量(不过此热量极少),在气块下沉时必然会沿着干绝热过程变化,无法再回到原来的状态.这是一个开放系的不可逆过程,严格来说也不是绝热的,所以称为假绝热过程.气块按假绝热过程上升膨胀时,虽然凝结的液态水立即降落,但释放的潜热仍留在气块中,因此可以认为是近似的绝热过程,熵近似不变.由于$r_w = 0$,故将上式中水质物混合比r_t换成饱和水汽混合比r_s,即可得到假绝热方程为

$$(c_{pd} + r_s c_w)\mathrm{dln}T - R_d\mathrm{dln}p_d + \mathrm{d}\left(\frac{r_s L_v}{T}\right) \approx 0. \tag{6.3.1}$$

一般情况下$r_s c_w \ll c_{pd}$,所以可得近似的假绝热方程

$$c_{pd}\mathrm{dln}T - R_d\mathrm{dln}p_d + \mathrm{d}\left(\frac{r_s L_v}{T}\right) \approx 0. \tag{6.3.2}$$

若将式中L_v作为常数处理,略去高阶小量$\frac{r_s L_v}{T^2}\mathrm{d}T$后,(6.3.2)式可进一步简化为

$$c_{pd}\mathrm{d}T - R_d T\mathrm{dln}p_d + L_v\mathrm{d}r_s \approx 0. \tag{6.3.3}$$

(6.3.3)式即是常用的讨论饱和气块上升运动时的热量方程,其左边三项可认为分别代表了显热、膨胀功和潜热.

6.3.1 湿绝热减温率

可逆的湿绝热过程和假绝热过程是设想的两个极端情况,实际过程往往是处于两者之间.由于可逆的湿绝热上升过程和假绝热上升过程差别很小,所以常统称为湿绝热上升过程,并用简化的假绝热方程(6.3.3)计算气块在上升阶段的减温率——湿绝热减温率.

由(6.3.3)式对高度求导数,并假设$\dfrac{\mathrm{d}p_d}{p_d} \approx \dfrac{\mathrm{d}p}{p}$,有

$$\frac{\mathrm{d}T}{\mathrm{d}z} = \frac{1}{c_{pd}}\left(\frac{R_d T}{p}\frac{\mathrm{d}p}{\mathrm{d}z} - L_v\frac{\mathrm{d}r_s}{\mathrm{d}z}\right), \tag{6.3.4}$$

138

其中 $\dfrac{\mathrm{d}r_s}{\mathrm{d}z} \approx \dfrac{\mathrm{d}}{\mathrm{d}z}\left(\dfrac{\varepsilon e_s}{p}\right) = \dfrac{\varepsilon}{p^2}\left(p\,\dfrac{\mathrm{d}e_s}{\mathrm{d}z} - e_s\,\dfrac{\mathrm{d}p}{\mathrm{d}z}\right)$, 而 $\dfrac{\mathrm{d}e_s}{\mathrm{d}z} = \dfrac{\mathrm{d}e_s}{\mathrm{d}T}\dfrac{\mathrm{d}T}{\mathrm{d}z} = \dfrac{L_v e_s}{R_v T^2}\dfrac{\mathrm{d}T}{\mathrm{d}z}$.

假定饱和气块满足准静力条件,根据静力学方程有

$$\frac{\mathrm{d}p}{\mathrm{d}z} = -\rho_e g = -\frac{p}{R T_e}g,$$

上式中 ρ_e 和 T_e 分别是环境大气的密度和温度. 将 $\dfrac{\mathrm{d}r_s}{\mathrm{d}z}$, $\dfrac{\mathrm{d}e_s}{\mathrm{d}z}$ 和 $\dfrac{\mathrm{d}p}{\mathrm{d}z}$ 的表达式代入(6.3.4)式,并令 $\dfrac{T}{T_e} \approx 1, R \approx R_d$ 以及 $R_v = \dfrac{1}{\varepsilon}R_d$, 有

$$\frac{\mathrm{d}T}{\mathrm{d}z} = \frac{1}{c_{pd}}\left[-g - \frac{L_v \varepsilon}{p}\left(\frac{L_v e_s}{R_v T^2}\frac{\mathrm{d}T}{\mathrm{d}z} + \frac{e_s g}{R_d T}\right)\right] = -\frac{g}{c_{pd}} - \frac{\varepsilon L_v^2}{c_{pd}R_d T^2}\frac{\varepsilon e_s}{p}\frac{\mathrm{d}T}{\mathrm{d}z} - \frac{L_v g}{c_{pd}R_d T}\frac{\varepsilon e_s}{p}$$

$$= -\frac{g}{c_{pd}} - \frac{\varepsilon L_v^2 r_s}{c_{pd}R_d T^2}\frac{\mathrm{d}T}{\mathrm{d}z} - \frac{g}{c_{pd}}\frac{L_v r_s}{R_d T}.$$

对上式进行整理,令 $\gamma_d = \dfrac{g}{c_{pd}}$, 得假绝热过程的垂直减温率为

$$\gamma_s = -\frac{\mathrm{d}T}{\mathrm{d}z} = \gamma_d \frac{1 + L_v r_s/(R_d T)}{1 + \varepsilon L_v^2 r_s/(c_{pd}R_d T^2)}. \tag{6.3.5}$$

γ_s 是饱和湿空气的压强和温度的函数. 由于(6.3.5)式中的 $\dfrac{L_v r_s}{R_d T} < \dfrac{\varepsilon L_v^2 r_s}{c_{pd}R_d T^2}$, 所以有

$$\gamma_s \leqslant \gamma_d.$$

实际上,由(6.3.4)式就可得到湿绝热减温率与干绝热减温率及饱和比湿垂直分布的关系:

$$\gamma_s = -\frac{\mathrm{d}T}{\mathrm{d}z} = \gamma_d + \frac{L_v}{c_{pd}}\frac{\mathrm{d}r_s}{\mathrm{d}z}. \tag{6.3.6}$$

因饱和比湿通常随高度减小, $\mathrm{d}r_s/\mathrm{d}z \leqslant 0$, 所以可知 $\gamma_s \leqslant \gamma_d$. 在对流层下部的暖湿气层中,饱和气块温度下降较慢, γ_s 值平均约为 $4℃/\mathrm{km}$;对流层中部的代表性数值是 $6\sim7℃/\mathrm{km}$;在干冷的对流层上部, γ_s 与 γ_d 的差别很小,接近于干绝热过程.

6.3.2 假相当位温

由含液态水的饱和湿空气的比熵的表达式(6.1.45),用导出(6.3.1)和(6.3.2)式的类似方法,可得假绝热过程比熵的微分式为

$$\mathrm{d}s \approx c_{pd}\mathrm{d}\ln T - R_d\mathrm{d}\ln p_d + \mathrm{d}\left(\frac{r_s L_v}{T}\right). \tag{6.3.7}$$

定义一个新的气象温度——假相当位温 θ_{se}, 或称绝热相当位温:

$$\theta_{se} = \theta_d \exp\left(\frac{r_s L_v}{c_{pd}T}\right), \tag{6.3.8}$$

其中 θ_d 是湿空气中所含干空气的位温,即

$$\theta_d = T\left(\frac{1000}{p_d}\right)^{R_d/c_{pd}}. \tag{6.3.9}$$

在假绝热过程中的饱和湿空气块,其比熵与假相当位温的关系与(6.2.13)式类似. 对

(6.3.8)式取对数后再求微分,可得

$$ds \approx c_{pd}\text{dln}\theta_{se},\tag{6.3.10}$$

其积分式为

$$s \approx c_{pd}\text{ln}\theta_{se} + \text{积分常量}.\tag{6.3.11}$$

(6.3.10)式表示在假绝热过程中饱和湿空气块的比熵与假相当位温近似地对应.因假绝热过程可以看成近似的等熵过程,故假相当位温也近似不变,是假绝热过程中的准保守量.

对于饱和气层,同样也可导出与(6.2.15)式类似的公式.对(6.3.8)式取对数再对 z 求导,可得

$$\frac{\partial \text{ln}\theta_{se}}{\partial z} = \frac{\partial \text{ln}\theta_d}{\partial z} + \frac{L_v}{c_{pd}}\frac{\partial}{\partial z}\left(\frac{r_s}{T}\right).$$

令 $\theta_d \approx \theta$,并略去 $r_s\dfrac{\partial T}{\partial z}$ 项,于是有

$$\frac{\partial \text{ln}\theta_{se}}{\partial z} \approx \frac{\partial \text{ln}\theta}{\partial z} + \frac{L_v}{c_{pd}T}\frac{\partial r_s}{\partial z}.$$

利用(6.2.15)式及(6.3.6)式,取 $\dfrac{\text{d}r_s}{\text{d}z} \approx \dfrac{\partial r_s}{\partial z}$,上式成为

$$\frac{\partial \theta_{se}}{\partial z} \approx \frac{\theta_{se}}{T}(\gamma_s - \Gamma).\tag{6.3.12}$$

(6.3.12)式说明,在饱和气层中若减温率 $\Gamma = \gamma_s$,则该层内假相当位温 θ_{se} 是一个常数.

以上讨论的都是饱和空气块,对于未饱和湿空气块,其假相当位温等于该空气块干绝热上升达到饱和状态后的假相当位温,仍可用(6.3.8)式计算,但式中的 T 需采用干绝热上升达到凝结高度时的温度 T_c 和饱和混合比 r_s(与气块的初始混合比相同).由于干绝热上升过程中,干空气的位温 θ_d 和混合比都是保守量,凝结温度 T_c 又是确定的,由(6.3.8)式可知,假相当位温在此过程中保持不变.

综上所述,假相当位温在干、湿绝热过程中均是保守的.由于假相当位温的保守性,天气学上常用它作气团和锋面的分析.

部分欧美国家习惯使用相当位温 θ_e,其定义和假相当位温 θ_{se} 类似:

$$\theta_e = \theta\text{exp}\left(\frac{L_v q_s}{c_p T}\right).\tag{6.3.13}$$

图 6.2 的左边给出了平均温度、平均位温和平均相当位温的全球全年纬向平均剖面,右边是全球的年平均值随气压(高度)的变化曲线.由图(a)可看出,温度在对流层中随高度增加而迅速减小,直到对流层顶.在对流层的中、上层,随着海拔高度增加,陆地和海洋的影响逐渐减小,平均温度在纬圈方向的分布趋向均匀.由图(b)可看出,在平均状态下位温是高度的单调递增函数,极小值位于极地地面.平均位温分布相对于赤道是近似对称的.在对流层顶及平流层内,因是等温或逆温,所以等 θ 线非常密集.而在图(c)中,相当位温也是以赤道为对称分布,它的地面极大值在热带,但是在垂直方向呈双峰分布,这是因为在热带的中低层水汽含量高、湿度大的缘故.后面 6.8 节和 6.9.2 小节将会介绍,相当位温的这种分布表明此处大气有利于垂直运动的发展,局地的对流可能达到对流层顶.

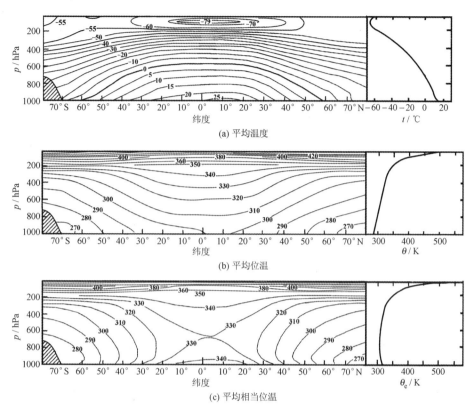

(a) 平均温度

(b) 平均位温

(c) 平均相当位温

图 6.2　平均温度、平均位温和平均相当位温的全球全年纬向平均剖面图(引自 Peixoto 和 Oort, 1992)

6.3.3　焚风

焚风(foehn,源自德文 föhn)是指气流过山以后形成的干而暖的地方性风,最初专指阿尔卑斯山区的焚风.从地中海吹来的湿润气流到达阿尔卑斯山南坡,受到山脉的阻挡而逐渐爬升,水汽凝结且部分降落,气流过山后下沉增温,形成焚风.山脉北麓的气温比南麓同高度处平均约高 $10\sim12℃$,相对湿度平均下降 $40\%\sim50\%$.焚风干而暖的气流在寒冷季节能促使冰雪融化,在温暖季节能促使作物早熟.但是若焚风过强,也可使植物干枯而死,并且容易引发森林火灾.

图 6.3 是用假绝热过程说明焚风形成的原理图.潮湿的气流经过山脉时被强迫抬升,达到凝结高度 z_c 后水汽就凝结而形成云.气流继续上升后其温度将按假绝热减温率变化,凝结出的水分部分或甚至全部降落.气流越过山顶以后,由于水分已全部降落或部分降落,将干绝热下沉或先湿绝热下沉待剩余水分蒸发完后再干绝热下沉.因此,在山前山后的同一高度上,气流的温度、湿度都不同,背风面出现了温度高、湿度小的干热风.

现在,凡是气流过山形成的干热风都已泛称为焚风.例如,北美落基山东坡,我国天山南麓乌鲁木齐等地,大兴安岭和太行山的东麓都有明显的焚风.不过,在不同地区和不同的地形条件下,焚风形成的主要原因有所不同.除了上述的由山脉迎风坡水汽凝结的假绝热过程以外,大多数焚风可能是由于过山气流的干绝热下沉造成的.例如,我国大兴安岭是南北走向的山脉,海拔 1000 m 以上,最高峰达 2000 m.冬季,在大兴安岭的东麓形成了一南北伸展约 10 个纬

141

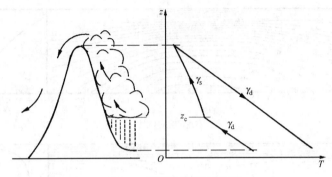

图 6.3 焚风形成原理示意图

度的焚风暖脊,并伴有大风.这个暖脊在 1 月份的地面温度分布图上可以明显地看到(齐瑛,1993).据研究,大兴安岭东部陡坡上有强下坡风,气流的绝热下沉增温是焚风产生的主要原因.

6.4 大气热力学图解

大气热力学图解的引入,提供了利用探空资料迅速而直观地研究局地大气垂直结构及其特性的良好工具.

大气热力学中所用的图解要求:① 它的坐标最好是能实测得到的气象要素,如温度、压强、湿度或其简单函数,纵坐标最好大致和高度成正比,易于形象地了解大气垂直结构;② 图解上的各组线条是直线或近似是直线;③ 坐标的尺度要设计得使以上各组线条之间夹角尽可能大,便于区分各种热力学过程;④ 为便于计算大气运动的能量,图解上的面积最好和能量成正比,即是能量图解.可见,与普通物理学中常用的热力学图解是有差别的.

常用的大气热力学图解有温度对数压力图解、温熵图解、假绝热图解等.这些图解上一般都有五组等值线,即等温线、等压线、等饱和比湿线、干绝热线(等位温线)和假绝热线(假相当位温线).不同的图解选择不同的坐标系,因而有不同的构造和特点.

6.4.1 温度对数压力图解的构造(参考姜达雍,1959)

温度对数压力图解又称为埃玛图(Emagram)[①],简称 T-$\ln p$ 图,是目前我国各气象台站广泛使用的图解(图 6.4).它以温度 T 为横坐标,气压-$\ln p$ 为纵坐标,可写成

$$x = T \text{ 或 } T_{\text{d}}, \tag{6.4.1}$$

$$y = \ln \frac{p_{00}}{p} = \ln \frac{1000}{p}. \tag{6.4.2}$$

为了使纵坐标大致和高度成比例,气压采用对数坐标.利用 $\ln(Cp) = \ln C + \ln p$ 的性质(C 为常数),可以证明 $1000 \sim 200\,\text{hPa}$ 与 $250 \sim 50\,\text{hPa}$ 的距离相等,因此这两段纵坐标可重叠,以节省篇幅.在气压小于 $200\,\text{hPa}$ 时,埃玛图中各曲线应采用括号内的气压、位温及饱和比湿的数值.

---

① Energy-per-unit-mass diagram 的缩写,意即"单位质量的能量图解".

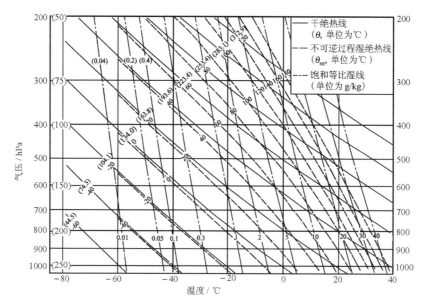

图 6.4 温度对数压力图解(略图)

干绝热线就是等位温线,其方程可由位温定义(6.2.9)取对数,得到

$$y = \frac{1}{\kappa_d}(\ln\theta - \ln x).\qquad(6.4.3)$$

这是一组对数曲线,斜率接近于常数. 为了使干绝热线与纵坐标轴成 45° 交角,应适当选择坐标轴的尺度.

等饱和比湿线是一组双曲线,它的方程是

$$y = 4098\left(\frac{1}{x-36} - \frac{1}{T_0-36}\right).\qquad(6.4.4)$$

此方程可根据饱和比湿的公式(2.2.12b),并利用饱和水汽压的经验公式(2.2.9a)作积分后得到. 由于等温线就是等饱和水汽压线,而压强 p 随着纵坐标 y 的增加而减少,因此图解中的等饱和比湿线 $q_s(T,p)$ 看来像是一组偏离等温线的近似直线.

过去印制的埃玛图中,假绝热线不是由方程作图,而是根据假绝热过程的简化方程(6.3.3)逐段画出来的. 但这种方法比较繁琐,也不精确,现在一般在微机上利用 θ_{se} 的公式绘制使用.

埃玛图是一种能量图,图上的面积表示了循环过程中外界对单位质量气块做功的大小. 证明如下:由上述 6.1.2 小节及状态方程(2.1.1),可知单位质量气块对外界做功为

$$\delta a = p\,d\alpha = R\,dT - \alpha\,dp,$$

在一个循环中,有

$$a = \oint(R\,dT - \alpha\,dp) = -\oint\alpha\,dp$$

$$= R\oint T\,d(-\ln p) = R\oint T\,d\ln\left(\frac{p_{00}}{p}\right) = R\sigma',\qquad(6.4.5)$$

σ' 就是埃玛图上循环曲线所包围的面积,取反时针为正. 现用的埃玛图上 $1\ \mathrm{cm}^2$ 的面积等于 $74.5\ \mathrm{J} \cdot \mathrm{kg}^{-1}$ 的功.

6.4.2 温度对数压力图解的应用

温度对数压力图解至今仍得到广泛的应用,是因为它仍具有其他方法难以替代的作用.在这个图解上不但可以直观地显示局地大气温度、湿度的垂直分布;计算各规定等压面之间的厚度;更重要的是,它是研究一些大气过程和判断大气静力稳定度的有力工具.因此,它是我国气象台站分析预报雷雨、冰雹、飑线等强对流天气的一种基本图解,在人工影响天气的野外作业中也是一个简便的分析工具.在实际气象业务工作中,已用微机制作温度对数压力图,直接计算和分析各个物理量,既简便又避免了人为因素产生的误差.以下先简要介绍温度对数压力图解的基本应用,而重要的判断大气静力稳定度的部分留待 6.8 节再讨论.

1. 绘制大气层结曲线

一个地区上空大气温度和湿度的垂直分布称为大气层结.将气象台站实测得到的温度、露点和压强的数值点绘在埃玛图上,用折线连接,就能得到该地区大气温度层结曲线和露点层结曲线.这两条曲线反映了同一时刻该地区上空的大气热力状况,对于预报热对流的发展及分析大气污染扩散状况都有重要参考意义.

2. 求等压面间厚度

因实际大气中虚温与压强不是简单的函数关系,由积分式(3.3.10)直接计算等压面间的厚度有困难,故常常利用等温大气的公式计算,这样做的关键是要确定等压面间的平均虚温.

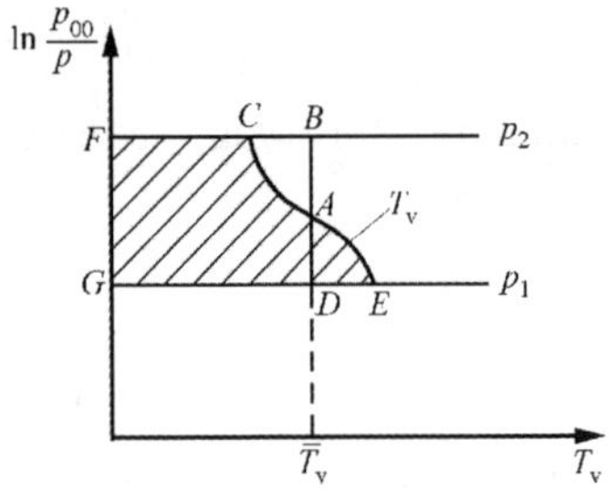

在埃玛图上确定平均虚温是很简便的.采用埃玛图中的气压坐标值后,由(3.3.10)式可得到

$$Z_{g2} - Z_{g1} = \frac{R_d}{g_0} \int_{p_1}^{p_2} T_v \mathrm{d}\ln \frac{p_{00}}{p}$$
$$= \frac{R_d}{g_0} \overline{T}_v \ln \frac{p_1}{p_2}, \qquad (6.4.6)$$

图 6.5 图解法求等压面间厚度

式中积分 $\int_{p_1}^{p_2} T_v \mathrm{d}\ln \frac{p_{00}}{p}$ 就相当于图 6.5 中的阴影面积,$\overline{T}_v$ 称为气压平均虚温.在 $p_1 \sim p_2$ 等压面间作等温线 BAD,使 ABC 与 ADE 的面积相等,原阴影面积就和矩形 $DBFGD$ 的面积相等,所以 BAD 线对应的就是气层 $p_1 \sim p_2$ 的平均虚温 $\overline{T}_v$.应注意,采用等温大气公式计算实际大气层厚度时必须用这种等面积法求平均温度.实际上,$1000 \sim 850\,\mathrm{hPa}$,$850 \sim 700\,\mathrm{hPa}$ 和 $700 \sim 500\,\mathrm{hPa}$ 等规定等压面间的气层厚度已标在图上,根据平均虚温很容易查到.但对流层顶、凝结高度等非规定等压面的高度则需要依据(6.4.6)式计算.

3. 绘制气块的路径曲线(状态曲线)

空气块温度随气压(或高度)的变化曲线称为气块的状态曲线或路径曲线.图 6.6 是气块路径曲线的示意图.初始状态为 (T_0, p_0, q_0) 的未饱和气块被外力抬升而干绝热上升,其温度按 γ_d 下降.因比湿 q_0 对应着露点 T_{d0},在干绝热过程中气块的比湿不变,故其露点将沿着等比湿线 q_0 降低.当气块干绝热上升到温度与露点相等处的时候,就达到饱和而发生凝结.该点的气压 p_c 和温度 T_c 分别称为凝结气压和凝结温度,

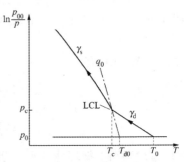

图 6.6 气块的路径曲线

144

凝结气压所在的高度就是抬升凝结高度 LCL. 在 LCL 以上, 饱和湿空气块将以假绝热过程上升(温度按 γ_s 下降), 其比湿等于该空气块的温度和压强所对应的饱和比湿.

6.4.3 斜 T-$\ln p$ 图简介

若将上述 T-$\ln p$ 图中的等温线顺时针旋转 45°, 即成为斜 T-$\ln p$ 图(Skew-T Log p diagram), 又称为斜埃玛图或斜温图. 斜 T-$\ln p$ 图的坐标为

$$y = \ln \frac{p_{00}}{p} = \ln \frac{1000}{p} \tag{6.4.7}$$

$$x = T + Cy = T + C\ln \frac{p_{00}}{p} = \ln \frac{1000}{p} \tag{6.4.8}$$

其中 C 是常数. 若将(6.4.8)式变换成 $y = (x-T)/C$, 即直线方程 $y = ax + b$ 的形式, 其中斜率 a 对于所有等温过程都是常数, 而截距 b 则随温度 T 而变. 可见, 等温线是一组从左到右倾斜向上的平行直线, 故此图称为斜 T-$\ln p$ 图(图 6.7). 为了使等温线与等压线大致成 45°交角, 需适当选择坐标轴的尺度. 此图上的干绝热线和假绝热线都是稍有弯曲的一组线, 但两者曲率不同, 方向相反, 分别以位温和假湿球位温的数值(℃)表示. 类似于 T-$\ln p$ 图, 等饱和比湿线 $q_s(T, p)$ 也是一组偏离等温线的近似直线.

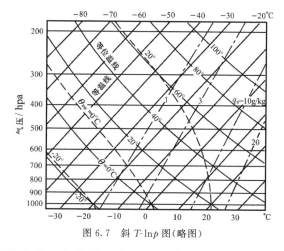

图 6.7 斜 T-$\ln p$ 图(略图)

大气中温度随高度的变化一般在等温和干绝热递减率之间, 所以在前述的 T-$\ln p$ 图中大多数温度探空曲线都集中在 45°的狭窄角度范围内. 而在斜 T-$\ln p$ 图中, 等温线和干绝热线近似成 90°交角, 能比较清楚地反映大气温度层结曲线和露点层结曲线的斜率变化, 而且它也是能量图, 因此得到广泛应用.

6.4.4 温熵图解简介

温熵图解(图 6.8)的两个坐标分别是

$$x = T \text{ 或 } T_d, \quad y = \ln\theta.$$

由(6.2.13)式知 $\ln\theta$ 与比熵 s 之间存在线性关系, 即 $s = c_p \ln\theta +$ 常数, 所以也可以认为它的两个坐标分别是 T 和 s, 故称为温熵图解.

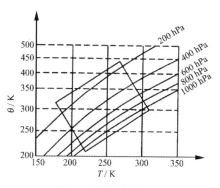

图 6.8 温熵图(略图)

145

温熵图解中的干绝热线就是等位温线,它与等温线成 90° 交角. 等位温线、等温线和等饱和混合比线都是直线. 等压线是一组对数曲线,不过曲率很小,由位温定义 (6.2.8) 式可导出其曲线方程为

$$\ln\theta = \ln T - \kappa\ln p + \kappa\ln 1000,$$

即

$$y = \ln x - \kappa\ln p + 常量.$$

假绝热线也是一组曲线,这里不再详述. 为了使温熵图解的纵向大致和高度成比例,以便形象地反映大气的垂直状况,通常把与大气温度、压强相适应的一部分区域划分出来,并顺时针转 45°,使等压线大致呈水平状态,就成为常用的温熵图解了. 温熵图解在美、英等国的气象业务中得到广泛应用.

6.4.5 能量图解的一般原理 (参考 Iribarne, 1981)

以压强 p,比容 α 为坐标的图是热力学中熟知的能量图解,在此图中闭合曲线所包围的面积代表单位质量物体对外界所做的功,并规定闭合曲线呈顺时针走向时,曲线所包围的面积为正面积,物体对外做正功. 下面将证明,为了检验一种热力学图解是否能量图解,只要计算它对于 p-α 图解的雅可比值是否常数就行了. 为此,首先讨论任意两个坐标系 Oxy 和 Ouw 的情况 (图 6.9).

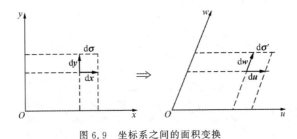

图 6.9   坐标系之间的面积变换

设新坐标系为 Ouw,令 u,w 是 x,y 的函数,则有

$$u = u(x,y), \quad w = w(x,y).$$

坐标系 Oxy 和 Ouw 的面积元 $\mathrm{d}\boldsymbol{\sigma}$ 和 $\mathrm{d}\boldsymbol{\sigma}'$ 分别是

$$\mathrm{d}\boldsymbol{\sigma} = \mathrm{d}\boldsymbol{x} \times \mathrm{d}\boldsymbol{y} \quad 和 \quad \mathrm{d}\boldsymbol{\sigma}' = \mathrm{d}\boldsymbol{u} \times \mathrm{d}\boldsymbol{w}.$$

由于两个坐标平面上的点一一对应,根据微分关系有

$$\mathrm{d}\boldsymbol{u} = \frac{\partial u}{\partial x}\mathrm{d}\boldsymbol{x} + \frac{\partial u}{\partial y}\mathrm{d}\boldsymbol{y}, \quad \mathrm{d}\boldsymbol{w} = \frac{\partial w}{\partial x}\mathrm{d}\boldsymbol{x} + \frac{\partial w}{\partial y}\mathrm{d}\boldsymbol{y},$$

因此

$$\mathrm{d}\boldsymbol{\sigma}' = \mathrm{d}\boldsymbol{u} \times \mathrm{d}\boldsymbol{w} = \left(\frac{\partial u}{\partial x}\frac{\partial w}{\partial y} - \frac{\partial u}{\partial y}\frac{\partial w}{\partial x}\right)(\mathrm{d}\boldsymbol{x} \times \mathrm{d}\boldsymbol{y}) = J\mathrm{d}\boldsymbol{\sigma}, \tag{6.4.9}$$

其中

$$J = \left(\frac{\partial u}{\partial x}\frac{\partial w}{\partial y} - \frac{\partial u}{\partial y}\frac{\partial w}{\partial x}\right) = \begin{vmatrix} \dfrac{\partial u}{\partial x} & \dfrac{\partial u}{\partial y} \\ \dfrac{\partial w}{\partial x} & \dfrac{\partial w}{\partial y} \end{vmatrix}. \tag{6.4.10}$$

J 称为函数行列式或坐标变换的雅可比值,可作为面积的伸缩系数. 若 $J=1$,两坐标系中对应的面积元相等;若 J 是一常数,则对应的面积元成比例.

假如新的图解对 p-α 图解的雅可比值是常数,则新图解上闭合曲线内的面积就和沿此闭合曲线所做的功成比例,所以也是能量图解. 雅可比值的正负反映了闭合曲线的方向,若雅可比值为正,则新图解上闭合曲线呈顺时针走向时,物体对外做正功. 换句话说,在设计一种新的热力学图解时,如果一个坐标轴和雅可比值已经选定,另一个坐标轴是按照 (6.4.9) 式的条件决定的,这样设计出的就必然是能量图解.

例题 6.1 计算埃玛图解对 p-α 图解的雅可比值.

解 设埃玛图是新图解. 它的坐标为

$$u = T = \frac{p\alpha}{R}, \quad w = -\ln p,$$

而

$$x = \alpha, \quad y = p,$$

利用(6.4.10)式, 可得埃玛图的雅可比值 $J = -1/R$. 因为 J 是常数, 所以是能量图解. 同样可以计算得到温熵图的雅可比值为 $J = -1/c_p$, 故也是能量图解. "—" 号表示与 p-α 图解的面积符号相反, 以逆时针走向为正.

6.5 绝热混合过程

6.5.1 绝热等压混合(水平混合)

本节讨论两个温度和湿度各不相同的空气块绝热等压混合的情况. 等压混合相当于大气中的水平混合. 因为假设气块是绝热等压混合, 且没有发生凝结, 故等压绝热过程就是等熵过程, 可以采用态函数焓 H 来计算.

以下标 1 和 2 分别表示两个气块, 有

$$\Delta H = m_1 \Delta h_1 + m_2 \Delta h_2 = 0,$$

式中 Δh_1 和 Δh_2 分别表示混合前、后两气块比焓的变化. 由(6.1.31)式, 有

$$\Delta h_1 = c_{p1}(T - T_1) = c_{pd}(1 + 0.86q_1)(T - T_1),$$
$$\Delta h_2 = c_{p2}(T - T_2) = c_{pd}(1 + 0.86q_2)(T - T_2),$$

式中 T 是混合后的温度. 由上面两式可得

$$T = \frac{m_1 c_{p1} T_1 + m_2 c_{p2} T_2}{m_1 c_{p1} + m_2 c_{p2}} = \frac{m_1 T_1 + m_2 T_2 + 0.86(m_1 q_1 T_1 + m_2 q_2 T_2)}{(m_1 + m_2) + 0.86(m_1 q_1 + m_2 q_2)}.$$

考虑到 $m_1 + m_2 = m$ 是混合空气的总质量, $m_1 q_1 + m_2 q_2 = mq$ 是总水汽量, 则有

$$T = \frac{m_1 T_1 + m_2 T_2 + 0.86(m_1 q_1 T_1 + m_2 q_2 T_2)}{m(1 + 0.86q)} \tag{6.5.1}$$

和

$$q = \frac{m_1 q_1 + m_2 q_2}{m}. \tag{6.5.2}$$

若忽略水汽影响, 可得等压绝热混合温度的简化计算式:

$$T \approx \frac{m_1 T_1 + m_2 T_2}{m}. \tag{6.5.3}$$

根据水汽压和比湿的关系式 $q \approx \frac{\varepsilon e}{p}$ 以及位温定义(6.2.8)式, (6.5.2)和(6.5.3)式可以转化成

$$e \approx \frac{m_1 e_1 + m_2 e_2}{m} \tag{6.5.4}$$

及

$$\theta \approx \frac{m_1 \theta_1 + m_2 \theta_2}{m}. \tag{6.5.5}$$

可见, 混合后的 q, T, e 和 θ 都可由初值的质量加权平均得到. (6.5.5)式说明空气块绝热混合的效果是: 位温高的气块混合时, 位温下降, 即它放出热量; 位温低的气块混合时吸收热量, 位温上升; 若两空气块位温相等, 则达到热量平衡.

湿度较大的未饱和空气块混合后, 有可能发生凝结. 图 6.10 是示意图, 具体计算比较复杂. 设混合后的空气

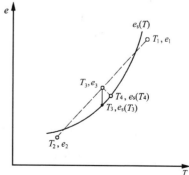

图 6.10 有凝结时的水平混合

147

状态是 (T_3, e_3)，但因 $e_3 > e_s(T_3)$，气块将处于过饱和状态且有凝结. 凝结放出潜热并加热气块，使饱和水汽压升高，凝结量减少，最终达到平衡 $(T_4, e_s(T_4))$，成为含液态水的饱和气块. 这种等压混合过程能产生混合雾(如冬季水面上的蒸汽雾)，但这种混合雾的含水量一般都很小. 喷气式飞机排放的废气中包含大量热量和水汽，它和高空冷空气混合形成的凝结尾迹就是等压混合过程的典型例子，而日常生活中开水壶口喷出的雾气更是大家熟悉的.

6.5.2 不同高度空气的绝热混合(垂直混合)

大气中对流或湍流过程时时存在，因此大气有垂直方向的混合. 由于气块垂直移动时气压、温度和湿度都发生了连续变化，问题变得复杂起来. 为使讨论简化，首先考虑不同高度两空气块沿垂直方向的绝热混合过程，然后再讨论气层内的空气充分均匀混合后温度和湿度的垂直分布.

令两空气块原来的气压、温度、比湿和位温的初值分别是 p_1, T_1, q_1 和 θ_1 及 p_2, T_2, q_2 和 θ_2，设想此过程分三个阶段:

(1) 两气块分别通过绝热膨胀或压缩移至某一参考高度(气压 p)处，比湿不变，位温不变，温度按干绝热变化.

(2) 在 p 处作等压绝热混合，混合后的位温及比湿是

$$\theta \approx \frac{m_1 \theta_1 + m_2 \theta_2}{m}, \quad q = \frac{m_1 q_1 + m_2 q_2}{m}.$$

(3) 两气块分别通过绝热压缩或膨胀退回到原来的高度，位温及比湿仍是 θ 和 q，气块温度则分别变为

$$T(p_1) = \theta \left(\frac{p_1}{1000} \right)^\kappa, \quad T(p_2) = \theta \left(\frac{p_2}{1000} \right)^\kappa.$$

上述两式表明，混合气块最后的温度与参考气压 p 的大小无关.

由上面的结果可见，无论是水平绝热混合还是垂直绝热混合，(6.5.5)和(6.5.2)式都是位温和比湿的普遍计算式. 但应注意，不能用(6.5.3)和(6.5.4)式直接计算垂直混合气块的温度和水汽压.

6.5.3 湍流混合层

考虑一个与外界绝热的气层 $(p_1 \sim p_2)$，假设气层内因湍流或对流产生垂直混合. 类似于上一小节的思路，首先令气层内的空气都到同一气压 p 处作等压绝热混合，然后再回到原气压高度重新分布，垂直移动过程是绝热的. 当整层空气充分均匀混合后，位温和比湿会趋于一致. 由(6.5.5)式，最终气层的平均位温应为

$$\bar{\theta} \approx \frac{\int_0^m \theta \, \mathrm{d}m}{m} = \frac{\int_0^z \theta \rho \, \mathrm{d}z}{\int_0^z \rho \, \mathrm{d}z} = -\frac{\int_{p_1}^{p_2} \theta \, \mathrm{d}p}{p_1 - p_2}. \tag{6.5.6}$$

根据(6.2.15a)式，当 $\partial\theta/\partial z = 0$ 时，$\Gamma = \gamma_d$，所以该气层的垂直减温率将趋于干绝热减温率，温度 T 随压强的分布可表示为

$$T(p) = \bar{\theta} \left(\frac{p}{1000} \right)^{\kappa_d}. \tag{6.5.7}$$

148

气层内的比湿和混合比的终值 $\bar{q},\bar{r}$ 可由类似(6.5.6)式的公式计算.

图 6.11 是上述整层空气充分均匀混合的示意图.假设其初始温度递减率 $\Gamma<\gamma_d$,则初始位温垂直分布必然是 $\partial\theta/\partial z>0$,气层内部湍流混合的结果是上层热量向下输送,使混合层内温度垂直分布趋于 γ_d.混合层以上温度分布保持不变,故其间形成一个湍流逆温层($\Gamma<0$).逆温层是绝对稳定的,它对上下空气的对流起着削弱抑制作用,空气中的尘埃和污染物难以穿过它向上空扩散.由于地面水汽经湍流运动不断向上输送,聚集在逆温层下形成高湿气层,如果在某个高度达到饱和,就能发生凝结而生成云.

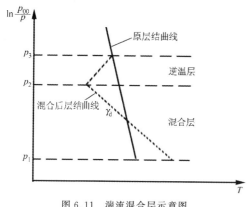

图 6.11 湍流混合层示意图

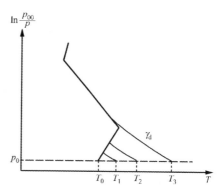

图 6.12 近地面气层的湍流混合(非绝热变化)

晴热的夏天或砂壤地区,由于太阳辐射加热,地面温度逐渐升高(图 6.12),地表温度有时能比几米高处的气温高出 $2\sim3℃$,因此贴地面气层能达到超绝热($\Gamma>\gamma_d$).但这个超绝热层是不稳定的,由于下部位温高,上部位温低,湍流交换将下层热量往上输送,使这个被加热气层逐渐向上扩展.当午后地面达到热平衡不再增温时,湍流混合的结果将导致上下位温一致,温度分布最终趋于干绝热减温率 γ_d.对流层的中、高层温度变化缓慢,可近似看成是不变的.

6.6 等压冷却过程

在有些大气过程中气压变化往往比温度的变化缓慢,幅度也比较小,可以近似地看成等压过程.等压冷却达到饱和能导致凝结.例如,夜间由于辐射冷却,一些固体表面上会发生凝结和凝华而出现露和霜;低层大气中暖湿气流移过较冷的下垫面时,会逐渐冷却而形成平流雾;清晨常能见到的辐射雾等,都是空气等压冷却凝结的产物.

在这种等压冷却凝结过程中,封闭系内空气因失去热量而降温,但凝结放出的潜热又加热了空气,使冷却过程减缓.若等压过程的热量收支以焓的增量表示,由(6.1.52)式得到

$$\delta Q = dh \approx c_p dT + L_v dq_s, \tag{6.6.1}$$

式中 dq_s 为凝结后的饱和比湿与开始凝结时的饱和比湿(即原来的比湿)之差:

$$dq_s = q_s(T_0 + dT) - q_s(T_0) < 0,$$

这里 T_0 是开始凝结的温度,即露点. $-dq_s$ 则是单位质量空气的凝结水量.利用克拉珀龙-克劳修斯方程(2.2.6)可以得到

$$dq_s \approx d\left(\frac{\varepsilon e_s}{p}\right) = \frac{\varepsilon}{p} de_s = \frac{\varepsilon}{p}\frac{L_v e_s}{R_v T^2} dT. \tag{6.6.2}$$

149

将(6.6.2)式代入(6.6.1)式,就有

$$\delta Q = \left(c_p + \frac{\varepsilon L_v^2 e_s}{p R_v T^2} \right) dT \tag{6.6.3}$$

或

$$\delta Q = \left(\frac{c_p R_v T^2}{L_v e_s} + \frac{\varepsilon L_v}{p} \right) de_s. \tag{6.6.4}$$

如果测得等压冷却过程中气压和温度的变化(例如昼夜温差),就可估算单位质量空气释放的热量;反之,如果能够估计等压冷却过程中的热量损失(例如辐射损失),也可以利用(6.6.3)和(6.6.4)式计算此过程中的温度变化 dT 和饱和水汽压的变化 de_s. 计算中要用有限差分代替微分.

单位体积空气中凝结的水量 $d\rho_w$,可根据凝结过程中终、初两态的饱和水汽密度差得到,即

$$d\rho_w = -d\rho_v = -\frac{1}{R_v} d\left(\frac{e_s}{T} \right) = -\frac{1}{R_v} \left(\frac{de_s}{T} - \frac{e_s dT}{T^2} \right). \tag{6.6.5}$$

利用克拉珀龙-克劳修斯方程,(6.6.5)式可以写成

$$d\rho_w = -\frac{1}{R_v} \frac{e_s}{T^2} \left(\frac{L_v}{R_v T} - 1 \right) dT. \tag{6.6.6}$$

假设 $T = 300\,\mathrm{K}$,则 $\frac{L_v}{R_v T} \approx 20$,所以(6.6.5)式可以略去第二项,简化成

$$d\rho_w \approx -\frac{de_s}{R_v T}. \tag{6.6.7}$$

代入(6.6.4)式,得到

$$\delta Q = -\left(\frac{c_p R_v^2 T^3}{L_v e_s} + \frac{\varepsilon L_v R_v T}{p} \right) d\rho_w. \tag{6.6.8}$$

以上两个表达式可以用来估计等压冷却过程中凝结的液态水含量及释放的热量. 实际工作中,利用埃玛图也可以迅速地估计等压冷却过程中凝结的液态水含量.

有雾时,大气能见度与雾的液态水含量有关. 根据饱和水汽压随温度变化的特点,由(6.6.7)式可知,在不同的气温下,若降低同样的温度 ΔT,则温度高的比温度低的空气凝结出的水量多. 在埃玛图上同样也可以很容易得出这个结论. 所以,能见度差的浓雾多出现在暖湿的天气.

6.7 温 湿 参 量

在大气热力学中,仅用温度、湿度、气压是不够的,还常将这些气象要素按不同物理过程组合成一些特征量,用来描述空气的状态,统称为温湿参量.

前面已提及的温湿参量有温度、比湿、混合比、露点、位温等,本节将要介绍的还有相当温度、湿球温度、假相当温度、假湿球温度和假相当位温、假湿球位温. 在不同的大气热力过程中,它们有的具有保守性,有的是不保守的.

6.7.1 相当温度和湿球温度

本节讨论一个由未饱和湿空气和水组成的单位质量系统,通过等压绝热过程,引入很重要

的两个温湿特征量,即等压湿球温度和等压相当温度,简称湿球温度和相当温度.

假定此系统最初由 $m_d(g)$ 干空气和 $m_t(g)$ 水(或悬浮水滴)组成,由于水滴在其中蒸发,使系统内有干空气 $m_d(g)$、水汽 $m_v(g)$ 和液态水 $(m_t-m_v)(g)$. 等压绝热过程是等焓过程,根据 (6.1.51)式,此过程中某个状态 (p,T) 的比焓是

$$h = (m_d c_{pd} + m_t c_w)T + m_v L_v(T) + \text{常数},$$

另一个状态 (p,T') 的比焓是

$$h' = (m_d c_{pd} + m_t c_w)T' + m_v' L_v(T') + \text{常数}.$$

由于是等焓过程,$h=h'$,所以

$$(m_d c_{pd} + m_t c_w)T + m_v L_v(T) = (m_d c_{pd} + m_t c_w)T' + m_v' L_v(T').$$

上式可变成

$$T + \frac{L_v(T)m_v}{m_d c_{pd} + m_t c_w} = T' + \frac{L_v(T')m_v'}{m_d c_{pd} + m_t c_w}.$$

将分式的分子、分母都除以 m_d,考虑到液态水量很少,可令 $\frac{m_t}{m_d}c_w \ll c_{pd}$,并忽略 L_v 随温度的变化,则得到

$$T + \frac{L_v r}{c_{pd}} \approx T' + \frac{L_v r'}{c_{pd}} \tag{6.7.1}$$

或

$$c_{pd}T + L_v r \approx c_{pd}T' + L_v r'. \tag{6.7.2}$$

式中的 $c_{pd}T$ 和 $c_{pd}T'$ 分别是上述两种状态的干空气比焓,气象学上称为显热能;$L_v r$ 和 $L_v r'$ 被称为潜热能.(6.7.2)式表明,等压绝热过程中显热能与潜热能之和近似不变.在等压绝热蒸发过程中,显热能不断转变成潜热能,显热能减少,而潜热能增加.

以下讨论两种极端情况:

(1)假设系统经过等压绝热凝结过程(假想的过程)成为干燥空气,水汽全部凝结并放出潜热使空气升温,空气的最终温度 T_e 应为

$$T_e = T + \frac{L_v r}{c_{pd}} = T' + \frac{L_v r'}{c_{pd}}. \tag{6.7.3}$$

T_e 被称为相当温度或等压相当温度.但是,由于在绝热的孤立系中,水汽未饱和时不可能自动凝结,只会自动蒸发,故自然界中并不存在等压绝热凝结过程,只存在其逆过程,即等压绝热蒸发过程.因此可将相当温度定义为:系统经等压绝热蒸发过程成为湿空气 (p,T,r) 以前,绝对干燥的空气所应具有的温度.也就是说,相当温度是这个等压绝热蒸发过程中可能有过的最高温度.若将(6.7.3)式改写成

$$T_e = T + \frac{L_v r}{c_{pd}} = T + \Delta T,$$

并以温度 273 K 时的 $L_v = 2.5 \times 10^6 \ \text{J} \cdot \text{kg}^{-1}$,$c_{pd} = 1004 \ \text{J} \cdot \text{K}^{-1} \cdot \text{kg}^{-1}$ 代入,则有

$$\Delta T = 2490 r.$$

可以根据温度 T 及混合比 r 估计相当温度 T_e 的数值.

实际上,也可以把相当温度定义成显热能与潜热能之和除以 c_{pd},由(6.7.3)式有

$$T_e = (c_{pd}T + L_v r)/c_{pd} = (c_{pd}T' + L_v r')/c_{pd},$$

因此它在等压绝热过程中是保守的.

类似于位温的定义,可由等压相当温度 T_e 定义等压相当位温 θ_e:

$$\theta_e = T_e \left(\frac{1000}{p} \right)^{0.286}.$$

不过上式定义的相当位温目前比较少用,现在国内外文献上的相当位温多指 6.3.2 小节中的
(6.3.8)或(6.3.13)式定义的假相当位温或相当位温,希读者注意.

(2) 假设系统由等压绝热蒸发过程达到饱和,此时液态水尚未蒸发完,温度已不再下降,
此时有

$$T + \frac{L_v r}{c_{pd}} \approx T_w + \frac{L_v r_s(T_w)}{c_{pd}}, \tag{6.7.4}$$

式中 T_w 称为湿球温度,它是在等压绝热蒸发过程中,系统内的液态水蒸发使空气降温而达到
饱和时空气所具有的温度,是这个过程中的最低温度. 这是理论上的湿球温度,也称等压湿球
温度. 但是,由(6.7.4)式难以直接计算得到湿球温度 T_w,因为 r_s 本身也是 T_w 的函数,所以只
能用逐次逼近法去求解.

利用 $r \approx \frac{\varepsilon e}{p}$ 的关系式,由(6.7.4)式可导出水汽压 e 为

$$e = e_s(T_w) - \frac{c_{pd} p}{\varepsilon L_v} (T - T_w) = e_s(T_w) - Ap(T - T_w), \tag{6.7.5}$$

式中 T 是系统的初态温度,称为干球温度,A 称为湿度计算常数. 由(6.7.5)式可知,测得气压
p,干球温度 T 和湿球温度 T_w 后,就可以计算出水汽压 e,并进一步得到露点 T_d.

实际工作中,湿球温度是用通风良好的干湿球温度表直接测量的. 采用两个完全相同的温
度表并以垂直或水平方式安置在相同的环境中,在其中一个玻璃温度表球部用吸饱水的纱布
包裹着就成为湿球. 当湿球周围空气未饱和时,纱布上的水分必然会蒸发并使周围空气降温;
当空气达到饱和,而且流经湿球的空气提供的热量与水分继续蒸发维持饱和状态所需损耗的
热量相等时,就达到定常,此时湿球温度表上显示的温度就是湿球温度. 这个热力学系统是由
流经湿球的一定(任意的)质量的空气和从纱布蒸发出来的水分所组成的. 用实测湿球温度代
替理论湿球温度,在通风良好的条件下,其误差很小. 在气象观测教科书中可导出与(6.7.5)式
形式类似的公式,但其中 A 为

$$A = \frac{1}{\varepsilon L_v} \frac{\kappa}{D},$$

式中 κ 为热扩散系数,D 为水汽扩散系数. A 值可近似取为 6.2×10^{-4},实际测量时,不同类型
湿度表的 A 值有差异,而且随风速有变化,应特别注意.

顺便指出,从云层降落的雨滴在空中将会蒸发而使其周围空气冷却,若周围空气达到饱
和,则雨滴表面温度也可用湿球温度表示.

等压相当温度和等压湿球温度都是基本的温湿参量,但难以利用热力学图解简便地确定
它们,因此我们下面将介绍与它们差别不大却容易由图解确定的温湿参量——绝热相当温度
和绝热湿球温度,简称假相当温度和假湿球温度,以便进一步讨论在大气热力学和天气学上有
重要用途的假相当位温和假湿球位温.

6.7.2 假湿球温度和假湿球位温

在埃玛图上(图 6.13),空气由原来的状态 A 沿干绝热线上升,到达抬升凝结高度 C 后再
沿假绝热线下降到原来的气压 B 处,则 B 处的温度即为假湿球温度,或称绝热湿球温度,以

T_{sw} 表示.

假设空气由 B 至 A 是等压加热过程,分析在 $ACBA$ 循环过程中吸收的总热量,以得到气块初始温度与假湿球温度差,再与(6.7.4)式的气块温度与湿球温度之差比较,可以证明,假湿球温度 T_{sw} 总是小于湿球温度 T_w 的,但两者之间差别不大,不超过 $0.5℃$.

假湿球位温 θ_{sw} 就是将假湿球温度 T_{sw} 沿着假绝热线降到 1000 hPa 处所具有的温度. 显然,假湿球位温在干绝热和湿绝热过程中都是保守的.

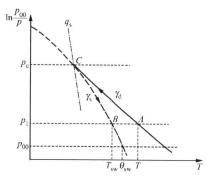

图 6.13 假湿球温度和假湿球位温

6.7.3 假相当位温和假相当温度

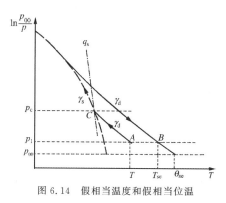

图 6.14 假相当温度和假相当位温

在本章 6.3.2 小节中已介绍了假相当位温 θ_{se} 的定义:

$$\theta_{se} = \theta_d \exp\left(\frac{r_s L_v}{c_{pd} T}\right),$$

由上式可看出,假相当位温实际上是饱和气块上升过程中,水汽全部凝结所释放的潜热加热空气后达到的位温,也就是气块绝热上升达到 $r_s \to 0$ 时的位温值. 用上式计算比较麻烦,使用埃玛图却很容易将它确定(图 6.14):令气块由 A 沿干绝热线上升,到达抬升凝结高度 C 后按假绝热线上升,直到所有水汽耗尽,再沿该假绝热线的渐近线——干绝热线下降到 1000 hPa 处所应具有的温度. 实际上那条干绝热线的位温值就是假相当位温值,并且已经标在假绝热线上. 假相当位温在干绝热和湿绝热过程中都是保守的.

类似于位温和温度的关系,假相当温度 T_{se} 与假相当位温 θ_{se} 的关系是

$$T_{se} = \theta_{se}\left(\frac{p}{1000}\right)^{\kappa_d} = \theta_{se}\left(\frac{p}{1000}\right)^{0.286}. \tag{6.7.6}$$

因此,假相当温度可定义成:令气块干绝热上升,到达凝结高度后又按假绝热过程上升,直到所有水汽耗尽,再沿干绝热过程下降到原来的气压处所应具有的温度. 假相当温度也称为绝热相当温度,可以证明它永远大于相当温度.

显然,假相当温度在热力学过程中是不保守的,因此实用意义不如假相当位温.

自由大气中的热力过程大多可近似看做干绝热或湿绝热过程,而假相当位温 θ_{se} 和假湿球位温 θ_{sw} 在这两个过程中都可认为是保守的,所以常用于天气学中分析气团和锋面,也常用于鉴别有水汽凝结过程的焚风. 发生焚风的气流,其假相当位温 θ_{se} 和假湿球位温 θ_{sw} 在整个过程中是保持不变的.

由图 6.15 可以看出各温湿参量有下列关系:

$$T_{sw} < T_w < T < T_e < T_{se} \quad \text{和} \quad \theta_{sw} < \theta < \theta_{se}.$$

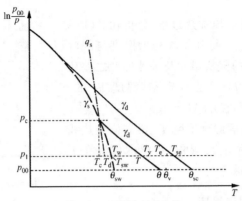

图 6.15　温湿参量的比较

图中 p_c 和 T_c 分别是凝结气压和凝结温度. 温湿参量在主要大气物理过程中的保守性见表 6.1, 其中 C 表示保守量, NC 表示非保守量.

表 6.1　主要温湿参量的保守性

参　　量	干绝热	饱和绝热	等压加热或冷却（无相变）	等压蒸发或凝结
T_d	NC	NC	C	NC
r, q	C	NC	C	NC
θ	C	NC	NC	NC
T_e, T_{se}, T_{sw}	NC	NC	NC	C
θ_{se}, θ_{sw}	C	C	NC	C

6.8　大气的静力稳定度

　　处于静力平衡状态的大气中, 一些空气团块受到动力因子或热力因子的扰动, 就会产生向上或向下的垂直运动. 这种偏离其平衡位置的垂直运动能否继续发展, 是由大气层结即大气温度和湿度的垂直分布所决定的. 层结大气所具有的这种影响垂直运动的特性称为大气的静力稳定度, 也称为层结稳定度.

　　判断静力稳定度通常采用"气块法". 运用 6.1 节中的气块模型, 令气块离开平衡位置做微小的虚拟位移, 如果气块到达新位置后有继续移动的趋势, 则此气层的大气层结是不稳定的, 表明稍有扰动就会导致垂直运动的发展. 如果相反, 气块有回到原平衡位置的趋势, 则这种大气层结是稳定的. 如果气块既不远离平衡位置也无返回原平衡位置的趋势, 而是随遇平衡, 就是中性的.

　　一般情况下, 气块的运动在垂直方向受到气压梯度力和重力的合力作用, 垂直运动方程可写成

$$\frac{\mathrm{d}w}{\mathrm{d}t} = -\frac{1}{\rho}\frac{\partial p}{\partial z} - g, \tag{6.8.1}$$

式中 w 为垂直运动速度, ρ 为气块密度. 假设环境空气密度为 ρ_e, 压强为 p_e, 由于处于静力平衡, 有下列关系式成立:

$$\frac{\partial p_e}{\partial z} = -\rho_e g.$$

把上式代入(6.8.1)式,就得到气块的垂直加速度与其内外密度差的关系:

$$\frac{\mathrm{d}w}{\mathrm{d}t} = g\frac{\rho_e - \rho}{\rho} = B. \tag{6.8.2}$$

因为单位质量的空气体积是 $\alpha = \dfrac{1}{\rho}$,故(6.8.2)式中的 $g\dfrac{\rho_e}{\rho}$ 表示单位质量空气所受的阿基米德浮力. $g\dfrac{\rho_e - \rho}{\rho}$ 即为浮力与重力之合力,常称为净的阿基米德浮力,现以 B 表示. 当气块上升到新位置后,若气块密度比环境空气的密度小(因温度高或湿度大),则 $B>0$,加速度为正,气块将继续上升;反之,$B<0$,加速度为负;若 $B=0$,加速度等于零.

空气密度与温度高低以及所含的水汽多少有关,因此常用气块内外虚温差来讨论静力稳定度. 根据准静力条件和状态方程,有下列关系:

$$\frac{\rho_e}{\rho} = \frac{T_v}{T_{ve}},$$

上式中 T_v 和 T_{ve} 分别是气块和同高度环境大气的虚温. 所以

$$\frac{\mathrm{d}w}{\mathrm{d}t} = g\frac{T_v - T_{ve}}{T_{ve}}. \tag{6.8.3}$$

假设 $T_v - T_{ve} \approx T - T_e$,且忽略分母处 T_{ve} 与 T_v 的差别,(6.8.3)式就成为

$$\frac{\mathrm{d}w}{\mathrm{d}t} = g\frac{T - T_e}{T_e}. \tag{6.8.4}$$

6.8.1 静力稳定度判据

令 γ 和 Γ 分别表示气块和环境气层的垂直减温率,且假设 Γ 是常数. 当气块从平衡位置做一虚拟的微小位移 $\mathrm{d}z$ 后,其温度 T 就变成

$$T = T_0 - \gamma\mathrm{d}z,$$

气块所在高度的环境大气温度 T_e 为

$$T_e = T_0 - \Gamma\mathrm{d}z,$$

其中 T_0 是平衡位置的大气温度. 由此得到气块与环境大气温度差为

$$T - T_e = (\Gamma - \gamma)\mathrm{d}z. \tag{6.8.5}$$

将(6.8.5)式代入(6.8.4)式,得到气块加速度为

$$\frac{\mathrm{d}w}{\mathrm{d}t} = g\frac{\Gamma - \gamma}{T_e}\mathrm{d}z. \tag{6.8.6}$$

1) 关于(6.8.6)式的讨论

(1) 若 $\Gamma>\gamma$,不论气块向上运动($\mathrm{d}z>0$)还是向下运动($\mathrm{d}z<0$),气块的加速度总是和 $\mathrm{d}z$ 的符号一致,有加速离开原平衡位置的倾向. 具有这种减温率 Γ 的大气层结是不稳定层结(图 6.16(a)),或称大气具有负静力稳定度.

(2) 若 $\Gamma=\gamma$,垂直运动既不发展也不衰减,大气层结是中性的,或称为零稳定.

(3) 若 $\Gamma<\gamma$,加速度与虚位移 $\mathrm{d}z$ 的符号总是相反,气块有回到原平衡位置的趋势,垂直运动受到抑制而削弱. 这种气层是稳定的(图 6.16(b)),大气具有正静力稳定度.

顺便指出,稳定层结下的气块受扰动而做垂直位移时将围绕平衡位置振荡,产生所谓的重力内波. 最容易观测到的重力内波是过山气流在山脉背风面形成的波动,若在上升气流区达到

155

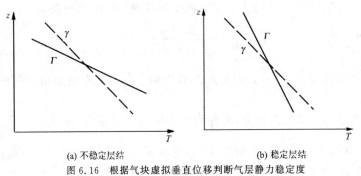

(a) 不稳定层结   (b) 稳定层结

图 6.16 根据气块虚拟垂直位移判断气层静力稳定度

凝结,还会产生波状云.重力内波在湍流混合作用下会逐渐减弱.有关重力内波的详细叙述见7.8.4小节.

2) 归纳以上分析

$$\Gamma > \gamma, \qquad 绝对不稳定;\tag{6.8.7}$$

$$\Gamma = \gamma, \qquad 中性;\tag{6.8.8}$$

$$\Gamma < \gamma, \qquad 绝对稳定.\tag{6.8.9}$$

由于未饱和气块和饱和气块的绝热减温率 γ 不同,故需分别讨论:

(1) 对于未饱和气块,垂直位移时按干绝热变化,垂直减温率 $\gamma = \gamma_d$;

(2) 对于饱和气块,垂直上升时按假绝热变化,垂直减温率 $\gamma = \gamma_s$.

利用埃玛图能够很方便地判断气层的静力稳定度.埃玛图上有干绝热线和假绝热线,根据气层垂直减温率 Γ 落在图上的不同区域,可以分成以下三种情况(图6.17):

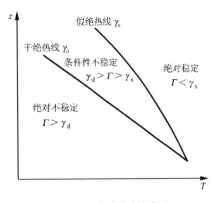

图 6.17 静力稳定度类型

$$\Gamma > \gamma_d, \qquad 绝对不稳定;\tag{6.8.10}$$

$$\gamma_d > \Gamma > \gamma_s, \qquad 条件性不稳定;\tag{6.8.11}$$

$$\Gamma < \gamma_s, \qquad 绝对稳定.\tag{6.8.12}$$

"绝对"一词是指判据(6.8.10)式和(6.8.12)式对于未饱和气块和饱和气块都适用.然而实际上,除了近地面的气层有可能达到超绝热($\Gamma > \gamma_d$)外,绝对不稳定的情况是很少的."条件性不稳定"是指大气层结对饱和气块是不稳定的,而对未饱和气块是稳定的.如果存在局地的强对流或动力因子的强烈抬升作用,使空气上升达到凝结高度以上,那么条件性不稳定就可能变成不稳定,往往会造成局地性的雷雨天气.

由于干绝热线和假绝热线同时又是等位温线和等相当位温线,所以也有以下判据:

$$\frac{\partial \theta}{\partial z} < 0, \qquad 绝对不稳定;\tag{6.8.13}$$

$$\frac{\partial \theta}{\partial z} > 0 \ \text{及} \ \frac{\partial \theta_{se}}{\partial z} < 0, 条件性不稳定;\tag{6.8.14}$$

$$\frac{\partial \theta_{se}}{\partial z} > 0, \qquad 绝对稳定.\tag{6.8.15}$$

气层的假湿球位温 θ_{sw} 的垂直变化率和 θ_{se} 一样,也可作为稳定度判据,此处不再详述.

上述的稳定度判据是在高度简化的条件下得到的,但由于它物理概念明确,能定性地反映对流发展的基本条件,而且运用埃玛图分析大气层结的稳定度非常方便,因此至今仍广泛应用在天气预报、云雾物理及相关的污染气象学的研究中.

【大气层结分布与烟云扩散形态的关系】

由于大气层结的不同,从源排放到大气中的烟云表现出不同的形态,基本上可以分为五大类型.图 6.18 从上到下分别是扇型、熏烟型、环链型、锥型和屋脊型.

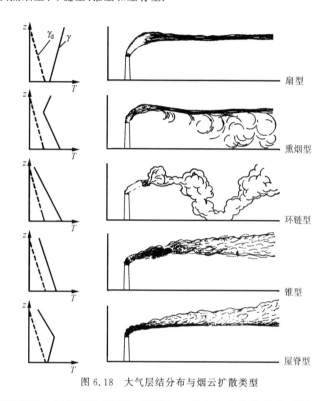

图 6.18　大气层结分布与烟云扩散类型

(1) 扇型.发生在稳定的大气条件下(逆温),烟云在垂直方向的扩散很小,但由于平均风的持续作用,且风向摆动较大,烟云能在水平面上铺展开,像一把张开的折扇.这种烟型常出现在晴天的夜晚.

(2) 熏烟型.日出后 2~3 h 内,低层逆温被破坏,形成逆温覆盖下的不稳定层结.排放的烟云无法向上扩散,导致烟体向下蔓延,地面浓度很大,是造成工业区和城市的早晨烟雾弥漫的原因之一.

(3) 环链型.整层大气为不稳定,存在着大尺度的湍流涡旋,整个烟云在垂直方向上呈明显的起伏.源地附近浓度比较高,但因污染物扩散很快,远方的浓度较小.这种烟型多出现在太阳辐射强的晴天.

(4) 锥型.在近中性层结的条件下,烟云在水平和垂直方向均匀地弥散,形成一个锥形的柱体,这种情况多出现在阴天或大风条件下.

(5) 屋脊型.在晴天的傍晚,逆温层在地面逐步建立的过程中,当逆温层低于烟囱高度而上层仍保持不稳定或中性时,就出现这种烟型.

6.8.2　条件性不稳定

观测表明,热带地区自地面以上到约 15 km 高度处,平均来看,都是处于条件性不稳定状态(参见前面图 6.2).其他地区的大气层结也大多是条件性不稳定的.

在讨论厚的条件性不稳定气层或自地面以上对流层整层大气的稳定度时,由于大气温度的垂直分布很复杂,Γ 不是常数,虽可运用上述(6.8.10)~(6.8.15)式分别判断不同高度气层

157

的稳定度,却难以判断整层大气的稳定度状况.而且,在讨论厚气层时,气块不再是做微小的虚拟位移,而是做有限的虚拟位移,离开了平衡位置的未饱和气块有可能上升达到凝结而成为饱和气块,这就增加了分析问题的难度,所以需要采用另外的判据.

1. 气层的不稳定能量

气块在上升过程中,因各高度大气层结不同,受到的净浮力可能为正也可能为负.若是正浮力,则对气块做功,并将转化成气块运动的动能,气块得到加速;若是负浮力,则气块要对负浮力做功,运动受到抑制,气块将减速.因此下面将引入不稳定能量的概念来讨论这种气层的稳定度问题.

设有条件性不稳定($\gamma_d > \Gamma > \gamma_s$)厚气层,其底部和顶部相应的气压分别为 p_0 和 p,处于静力平衡状态.在气层的底部 z_0 任取一空气块,它受到扰动后将垂直向上移动到 z.

根据(6.8.2)和(6.8.3)式,气块上升的加速度应是

$$\frac{\mathrm{d}w}{\mathrm{d}t} = B = g\,\frac{T_v - T_{ve}}{T_{ve}},$$

上式等号右边是单位质量空气的净浮力.为了计算气块垂直移动 $\mathrm{d}z$ 时净浮力所做功 $B\mathrm{d}z$ 及气块动能的变化,将上式两边同乘以 $\mathrm{d}z$:

$$\frac{\mathrm{d}w}{\mathrm{d}t}\mathrm{d}z = g\,\frac{T_v - T_{ve}}{T_{ve}}\mathrm{d}z.$$

利用 $\mathrm{d}z = w\mathrm{d}t$,上式可改写成

$$w\mathrm{d}w = \mathrm{d}\left(\frac{1}{2}w^2\right) = g\,\frac{T_v - T_{ve}}{T_{ve}}\mathrm{d}z.$$

对上式由 z_0 到 z 积分,得

$$\frac{1}{2}w^2 - \frac{1}{2}w_0^2 = \Delta E_k = \int_{z_0}^{z} g\,\frac{T_v - T_{ve}}{T_{ve}}\mathrm{d}z, \tag{6.8.16}$$

上式右边表示净浮力 B 将单位质量空气从 z_0 移到 z 所做的功,左边是转化成气块的动能增量,以 ΔE_k 表示.若气块温度高于环境温度,则净浮力为正,气块的垂直运动动能不断增加;反之,净浮力为负,气块的动能将减小.由于气块上升时的温度变化是确定的,因此浮力的正负取决于厚气层的温度层结.

气块在垂直运动中动能的增量 ΔE_k 可以认为是由气层中所储存的一部分能量转化而来,这部分可以转化的能量一般称为气层的不稳定能量,它的大小和正负是大气层结是否稳定的标志.ΔE_k 的大小应该用净浮力对单位质量空气所做的功衡量,但环境大气温度 T_{ve} 和饱和气块的温度 T_v 都是高度的复杂函数,(6.8.16)式的积分难以求出,所以常采用图解法.

利用静力学公式(3.1.4),(6.8.16)式可写成

$$\Delta E_k = R_d \int_{p_0}^{p} (T_v - T_{ve})\mathrm{d}(-\ln p) = R_d \int_{p_0}^{p} (T_v - T_{ve})\mathrm{d}\left(\ln\frac{p_{00}}{p}\right). \tag{6.8.17}$$

式中的 $\ln\dfrac{p_{00}}{p}$ 是埃玛图的纵坐标.根据定积分与面积的关系,上式的积分部分正好是埃玛图上由气块路径曲线(T_v)、大气层结曲线(T_{ve})和等压线 p_0,p 所包围的面积.埃玛图是能量图,所以这个面积的大小与不稳定能量的多少成正比.图 6.19 给出了 $p_1 \sim p_2$ 气层的不稳定能量示意图,其中气块的路径曲线在层结曲线右边($T_v - T_{ve} > 0$),气块受到正浮力,故阴影部分代表

正不稳定能量,以正面积 A_+ 表示;反之,若路径曲线在左边,气块受到负浮力,阴影部分是负不稳定能量,以负面积 A_- 表示.按照上述办法,可以分析气层内任一高度以上部分的不稳定能量状况.

根据(6.8.16)式及埃玛图还可以计算上升气块的垂直速度 w,但这样得到的 w 是浮力对流中可能达到的垂直速度的上限.因为此处忽略了下列因素:① 气块上升时受到的空气动力学阻力;② 气块与环境空气的混合作用;③ 环境空气的下沉补偿运动;④ 气块中凝结水重量产生的拖曳力.这些因素的影响将在 6.8.3 小节及云雾降水物理学中讨论.

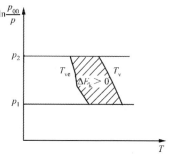

图 6.19　埃玛图上的不稳定能量

2. 条件性不稳定的类型

利用埃玛图分析厚气层或整层大气的静力稳定度时,首先应根据探空资料点绘出大气温度(严格地说应是虚温)和湿度层结曲线.然后,根据需要在某一高度取一个空气块,令其垂直上升到气层顶部,依上升气块的路径曲线和层结曲线的配置,具体分析不稳定能量的大小和正负,判断这个高度以上大气层的稳定状况.显然,经常分析的是低层大气的稳定度,因为它和对流发展及天气变化的关系最密切,此时的参考气块可选地面上的气块,也可选具有边界层内空气的平均温度和湿度的气块.

根据层结曲线和状态曲线的相互配置,常把大气分成三种基本类型:

(1) 潜在不稳定型.上升气块的路径曲线与层结曲线有几个交点,既有正面积,又有负面积.如图 6.20(a)所示,F 点以下是负面积区 A_-,F 点至 D 点是正面积区 A_+,D 点以上又是负面积区.若有外力对气块做功(例如地形或锋面的强迫抬升),使气块克服负浮力上升,一旦越过了 F 点,气块就受到正浮力而加速上升,且上升加速度和气块内外虚温差 $T_v - T_{ve}$ 成正比.这第一次相交的高度 F 点称为自由对流高度 LFC(Level of Free Convection).第二个交点 D 常称为平衡高度,此处气块上升加速度为零,速度达到最大.越过第二个交点 D 以后,气块进入负面积区并减速.

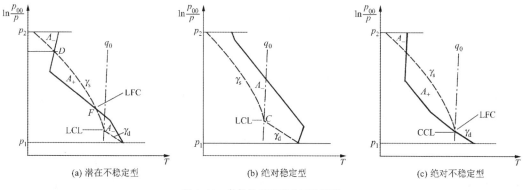

图 6.20　条件性不稳定的三种类型

目前在强对流天气的分析预报中,更多地采用对流有效势能 CAPE(Convective Available Potential Energy,也有的以 E_{CAP} 表示)或浮力能来称呼 F 至 D 点之间的正面积区,而将 LFC 高度以下的负面积区称为对流抑制能量 CIN(Convective Inhibition).CAPE 表示在自由对流高度以上,气块可从正浮力做功而获得的能量,即可转化为对流动能的大气位能,故称为对流有效位能. CAPE 的值越大,发生强对流的可能性越大. CIN 的物理意义是:处于大气底部的气块要能到达自由对流高度,至少需从其他途径获得的能量下限. 由于计算机的广泛应用,已能将实测探空资料和数值模式输出的探空资料迅速进行热力学图解分析,而且也能定量计算对流有效势能 CAPE 和对流抑制能量 CIN 等物理量,所以目前 CAPE 等已成为制作强对流天气分析预报的一个常用参数(彭治班等,2001).

所谓一个气层是潜在不稳定的,是指该稳定气层具有转变成不稳定气层的条件. 当有足够的抬升力使气块上升到自由对流高度以上时,潜在不稳定就变成了真实不稳定;若气块获得的能量不足以克服对流抑制能量 CIN,气块将回到原平衡位置,气层仍处于稳定状态.

根据正负面积的大小,可将潜在不稳定型再分成真潜不稳定和假潜不稳定两种. 若大气低层的湿度大,则气块能很快达到凝结高度,并容易被抬升到自由对流高度 LFC 以上,此时 LFC 以上的正面积大于 LFC 以下的负面积,即对流有效势能 CAPE 大于对流抑制能量 CIN,有利于对流发展甚至雷暴的形成,这是真潜不稳定型;反之,若对流抑制能量 CIN 超过对流有效势能 CAPE,则上升气块不易到达自由对流高度,即使抬升外力很强,气块到达自由对流高度后,由于 CAPE 较小,仍很难发展成强对流,所以称为假潜不稳定型. 由以上分析可见,湿度大小对潜在不稳定的类型起重要作用.

(2) 绝对稳定型. 上升气块的路径曲线始终在层结曲线的左边,全部是负面积区(图 6.20(b)),即全部是对流抑制能量 CIN. 这种情况下,气块在起始高度上虽受到外力作用被迫上升,由于其温度总是低于环境大气温度($T_v - T_{ve} < 0$),垂直运动不能发展,难以形成对流,所以是绝对稳定型.

(3) 绝对不稳定型. 上升气块的路径曲线始终在层结曲线的右边,气块温度始终高于环境温度,即 $T_v - T_{ve} > 0$,全部是正面积区,即全部是对流有效势能 CAPE. 这时只要在起始高度有一微小的扰动,对流就能强烈发展,所以是绝对不稳定的.

绝对不稳定型的典型情况如图 6.20(c)所示,低层大气是一个干绝热气层,此时只要低层有一点扰动,空气就能上升. 若水汽含量较大,上升到某一高度就会发生凝结. 这个凝结高度称为对流凝结高度 CCL(Convective Condensation Level). 空气经过对流凝结高度后将沿假绝热过程加速上升,所以此时对流凝结高度又是自由对流高度. 这是夏天午后发生局地热雷雨时大气层结的典型形态.

3. 热雷雨的预报

热雷雨是指气团内因下垫面(森林、沙地、湖泊等)受热不均匀,由热力抬升作用形成的雷雨. 多发生在夏季午后,一般时间较短,强度不大,但有时也能产生大风、雷暴等激烈的天气现象,因此及早做出预报是重要的. 图 6.21 是一个向阳坡地上热力对流气块——"热泡"形成和上升的示意图(风向自左向右),"热泡"用等位温线表示. 这些"热泡"在浮力作用下不断从源地脱开,飘浮于空气中,并不断和外界空气混合. 当大气处于不稳定或潜在不稳定而且低层大气具有充沛的水汽时,这些"热泡"就能不断上升膨胀增大,到达凝结高度以上形成为积云胚胎.

图 6.22 中曲线 $T_0 EFGH$ 是夏季早晨探空曲线的一种典型形式,近地面气层有逆温,EFG 段是条件性不稳定. 日出之后,地面很快增温并通过湍流输送加热空气,使贴近地面的气层变得超绝热. 这种超绝热气层极不稳定,湍流混合的结果将使其成为干绝热气层. 随着地面

160

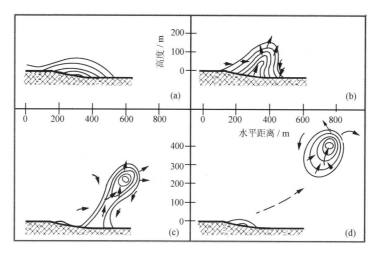

图 6.21　热力对流气块上升示意图(图中实线是等位温线,箭矢表示气流方向)(引自 Wood Ward,1960)

温度的逐渐升高,这个干绝热气层不断向上扩展;同时,湍流混合作用还使大气低层的湿度趋近于平均比湿 $\bar{q}_0$. 当地面温度上升到 T_r 时,层结曲线(干绝热线)与等饱和比湿线 $\bar{q}_0$ 相交于 C 点(饱和凝结),标志着地面空气能自由上升到 C 点凝结,并继续沿湿绝热线上升,所以 C 点就是对流凝结高度 CCL.

CCL 被看成热力对流产生的积云(对流云)的云底高度,积云在 CCL 以上的正面积区得到发展,正面积 A_+ 越大,发展越旺盛. 假设云内外无混合作用,云内温度应按湿绝热减温率变化,在 D 点处垂直气流速度达到最大. 云内上升气流加速度可以用(6.8.3)式计算. 过 D 点以后垂直气流减速,至正负面积相等的高度(N 点)垂直气流速度降为零,积云停止发展. N 点的高度称为对流上限或等面积高度,即是理论上的积云云顶高度. 这就是最简单的积云绝热模型.

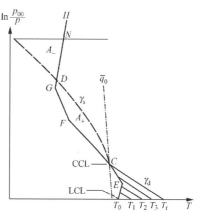

图 6.22　预测热雷雨

因此,若要用埃玛图做局地热雷雨预报,首先需根据当日清晨的大气层结曲线确定对流凝结高度 CCL. 由前面的分析可知,CCL 即为温度层结曲线和低层等饱和比湿 $\bar{q}_0$ 线的交点. 要预测当天可能发生热雷雨的可能性,需从对流凝结高度沿干绝热线下延至地面,以确定当天可能发生热对流的下限温度 T_r. 一般认为,如果几天来天气条件没有太大变化,且前几天地面最高气温接近或超过 T_r,那么当天气温就可能达到或超过 T_r,产生热雷雨的可能性就比较大.

6.8.3　关于薄层法和夹卷作用的讨论

以上讨论大气静力稳定度时,用的是"气块法"."气块法"的基本假定是气块在大气中做绝热移动,与环境空气没有能量和质量交换;移动时不扰动环境空气,环境空气始终保持静止. 这些假定与实际大气状况是不完全相符的,为此本小节将简要介绍分析大气稳定度的薄层法,并且讨论湍流混合卷夹作用对积云的影响.

1. 关于薄层法

当大气中有气流运动时,环境空气不可能保持静止,气流上升处必然伴随有周围空气的下沉填补.据对对流云的观测,一般云外补偿性下沉气流速度约是云内上升气流的 25%～50%,下沉气流范围可伸展到云半径的 1～5 倍区域.因此,当上升气流的区域比较大时,下沉气流的作用是不能忽略的.

薄层法的稳定度条件仍以(6.8.2)和(6.8.3)式为基础,但考虑了下沉气流的增温效应,对"气块法"作了修正.

下面将讨论一个虚拟过程,升降气流的状态变化仍假定是绝热的,忽略湍流混合和卷夹作用.如图 6.23 所示,上升区、下沉区面积和密度分别为 A_1,A_2 和 ρ_1,ρ_2,上升和下沉气流的速度分别是 w_1 和 w_2,上升空气和下沉空气的总质量必须相等,即

$$\rho_1 A_1 w_1 = \rho_2 A_2 w_2.$$

令 $\rho_1/\rho_2 \approx 1$,上式可简化成

$$A_1 w_1 = A_2 w_2.$$

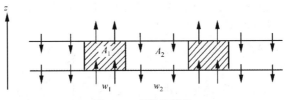

图 6.23　薄层法模型

假设气层的虚温垂直递减率为 Γ,上升气流和下沉气流的虚温垂直递减率分别为 γ_1 和 γ_2,dt 时刻内上升气流和下沉气流的位移分别是 dz_1 和 dz_2.若起始时刻气层中某一位置 z_0 处的温度为 T_{v0},则 dt 时刻上升气流和下沉气流通过 z_0 处的气流温度应分别为

$$T_{v1} = T_{v0} + \Gamma dz_1 - \gamma_1 dz_1 = T_{v0} + (\Gamma - \gamma_1)dz_1,$$
$$T_{v2} = T_{v0} - \Gamma dz_2 + \gamma_2 dz_2 = T_{v0} + (\gamma_2 - \Gamma)dz_2.$$

在 z_0 处的温差为

$$\Delta T = T_{v1} - T_{v2} = (\Gamma - \gamma_1)dz_1 - (\gamma_2 - \Gamma)dz_2.$$

在 dt 时间内,上升、下沉气流的移动距离比为

$$\frac{dz_1}{dz_2} = \frac{w_1}{w_2} = \frac{A_2}{A_1}.$$

根据(6.8.3)式,上升气流加速度为

$$\frac{dw}{dt} = g\frac{T_{v1} - T_{v2}}{T_{v2}}$$

$$= \frac{g}{T_{v2}}\left[(\Gamma - \gamma_1) - (\gamma_2 - \Gamma)\frac{A_1}{A_2}\right]dz_1$$

$$= \frac{g}{T_{v2}}\left[(\Gamma - \gamma_1) - (\gamma_2 - \Gamma)\frac{w_2}{w_1}\right]dz_1. \qquad (6.8.18)$$

根据气流加速度的正、负,采用"气块法"类似的方法,由(6.8.18)式可得出如下判据:

$$(\Gamma - \gamma_1) - (\gamma_2 - \Gamma)\frac{A_1}{A_2}\begin{cases} > 0, & \text{不稳定,} \\ = 0, & \text{中性,} \\ < 0, & \text{稳定;} \end{cases} \qquad (6.8.19)$$

或

$$(\Gamma-\gamma_1)-(\gamma_2-\Gamma)\frac{w_2}{w_1}\begin{cases}>0, & \text{不稳定}, \\ =0, & \text{中性}, \\ <0, & \text{稳定}.\end{cases} \qquad (6.8.20)$$

在实际工作中,测量上升和下沉气流的面积或测量气流的垂直速度都是难度比较大的,一般是根据人为估计.当上升气流区与总面积相比很小时,(6.8.19)式中的 A_1/A_2 可以忽略不计,于是就得到和"气块法"相同的稳定度判据.

以下分三种类型作定性讨论:

(1) 绝对不稳定型.这是 $\Gamma>\gamma_1$ 及 $\Gamma>\gamma_2$ 的情况.无论 γ_1,γ_2 和 A_1/A_2 是何值,(6.8.19)和(6.8.20)式的等号右边都是大于零的,故是绝对不稳定的,且内外温差 ΔT 比气块法公式求出的大.从图 6.24(a)也可看出,上升气流温度必高于周围下沉气流温度,物理意义很清楚.

(2) 绝对稳定型.此时 $\Gamma<\gamma_1$ 及 $\Gamma<\gamma_2$,与绝对不稳定型的讨论类似,(6.8.19)和(6.8.20)式的等号右边的值总是小于零的,内外温差 ΔT(负值)也比气块法公式求出的大,而且由图6.24(b)可见,上升气流温度必低于周围下沉气流温度,所以是绝对稳定的.

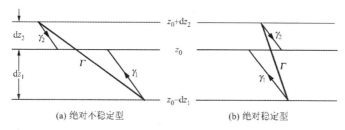

(a) 绝对不稳定型   (b) 绝对稳定型

图 6.24 薄层法判别中的绝对不稳定型和绝对稳定型

(3) 条件不稳定型.条件不稳定型气层的温度递减率满足 $\gamma_d>\Gamma>\gamma_s$.由(6.8.19)和(6.8.20)式可看出,气层稳定与否不但和温度递减率 Γ 有关,而且还和面积比 A_1/A_2(或垂直气流速度比 w_2/w_1)即对流的相对范围有关,需要区别情况讨论.

若上升气流区达到饱和形成积云块,而下沉气流区是无云晴空,此时 $\gamma_1=\gamma_s$,$\gamma_2=\gamma_d$,判据(6.8.19)式和(6.8.20)式可改成

$$\frac{(\Gamma-\gamma_s)}{(\gamma_d-\Gamma)}\begin{cases}>\dfrac{A_1}{A_2}=\dfrac{w_2}{w_1}, & \text{不稳定}, \\[2mm] =\dfrac{A_1}{A_2}=\dfrac{w_2}{w_1}, & \text{中性}, \\[2mm] <\dfrac{A_1}{A_2}=\dfrac{w_2}{w_1}, & \text{稳定}.\end{cases} \qquad (6.8.21)$$

(6.8.21)式表明,当上升气流区相对很小且上升速度很大时,气层容易达到不稳定(图6.25(a));否则,有利于气层稳定(图6.25(b)).因此,在条件性不稳定大气中,有迅速发展的单个或少量积云块时,气层是不稳定的而且有利于积云对流的发展;如果积云块的数量较多,气层却可能比较稳定,积云不易向上发展.这种大气层结也叫选择性不稳定.

薄层法判据是皮叶克尼斯(J. Bjerknes)于 1938 年首先提出的,但由于上升气流区和下沉气流区面积 A_1 和 A_2 不易预计,所以在天气预报中难以实际应用.

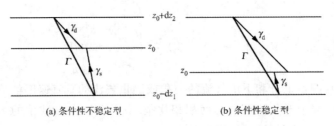

| (a) 条件性不稳定型 | (b) 条件性稳定型 |

图 6.25　薄层法判别中的条件不稳定型和条件稳定型

2. 关于夹卷作用

在 6.8.2 小节的"热雷雨的预报"中已提到,讨论垂直运动时使用的"气块法"实际上也可以看成描述对流云的最简单的模型——绝热气块模型.在此模型中,云内温度递减率为湿绝热减温率,云顶高度定在自由对流高度以上的正、负面积相等处(图 6.22 的 N 点).但是,观测表明,对流云内的温度递减率一般都大于湿绝热减温率而与云外温度递减率接近;云内含水量也

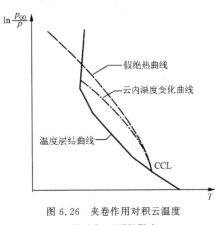

图 6.26　夹卷作用对积云温度
及云底、云顶的影响

比按绝热过程计算的小 $1/3\sim1/2$;云顶高度则比计算的低.这说明,对流云的发展不是孤立的,云内外空气有强烈的混合.云外空气进入云内的过程通常称为夹卷过程.

夹卷过程包括:

(1) 湍流夹卷.通过云顶和侧边界,云内外进行热量、动量、水分和质量的湍流交换.

(2) 动力夹卷.由于云内气流的加速上升,根据质量连续性的要求,四周空气必然会流入云中进行补偿.

飞机观测表明,在淡积云和中积云的下部,动力夹卷和湍流夹卷强度相当,云的中上部以湍流夹卷为主.

夹卷过程对大气对流运动和对流云发展影响的情况可见示意图 6.26,对这些过程的严谨的讨论已有了多种云雾数值模式(参见后面第十三章),它们是根据热力学和流体力学理论建立的数学物理模型.

6.9　整层气层升降时稳定度的变化

大气中常出现大范围的空气层上升或下沉运动,其水平范围在几百千米左右,持续时间几小时甚至几天,垂直升降的速度约为每秒厘米的数量级.这种大范围的升降运动常是由天气系统引起的.整层气层升降会导致大气温度递减率和湿度垂直分布的变化,从而使气层的稳定度发生变化,导致强烈对流或者使气层更稳定,因此是很重要的.

下面就未饱和气层升降时的两种情况分别进行讨论.讨论中假设气层在升降过程中是绝热的,总质量保持不变,并且气层内部没有湍流混合作用,气层内各部分的相对位置不变.

6.9.1　未饱和情况及下沉逆温

此处讨论未饱和气层在绝热升降过程中始终处于未饱和状态时稳定度的变化.设气层从

压强 p_1 处垂直移动(上升或下降)到 p_2 处(图 6.27 中表示的是下降过程),垂直移动前后的气层厚度、面积、密度分别以 $\Delta z_1, A_1, \rho_1$ 及 $\Delta z_2, A_2, \rho_2$ 表示.

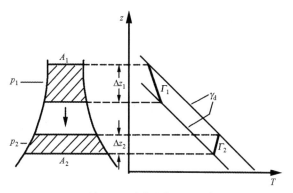

图 6.27 未饱和气层的下降

由于气层在升降过程中总质量不变,所以有

$$\rho_1 A_1 \Delta z_1 = \rho_2 A_2 \Delta z_2$$

成立,利用状态方程可导出

$$\frac{\Delta z_1}{\Delta z_2} = \frac{\rho_2 A_2}{\rho_1 A_1} = \frac{p_2 A_2 T_{v1}}{p_1 A_1 T_{v2}}. \tag{6.9.1}$$

若气层下界虚位温为 θ_v,则上界虚位温可写成 $\theta_v + \frac{\partial \theta_v}{\partial z_1} \Delta z_1$. 在绝热升降过程中,虚位温及上、下界虚位温差不变,有

$$\frac{\partial \theta_v}{\partial z_1} \Delta z_1 = \frac{\partial \theta_v}{\partial z_2} \Delta z_2.$$

将(6.9.1)式中的 $\Delta z_1 = \Delta z_2 \dfrac{p_2 A_2 T_{v1}}{p_1 A_1 T_{v2}}$ 代入上式,得

$$\frac{\partial \theta_v}{\partial z_2} = \frac{\partial \theta_v}{\partial z_1} \frac{p_2 A_2 T_{v1}}{p_1 A_1 T_{v2}}. \tag{6.9.2}$$

考虑到虚位温垂直递减率与虚温垂直递减率的关系式(6.2.16),可以导出垂直升降后气层的虚温递减率 Γ_{v2} 为

$$\Gamma_{v2} = \gamma_d - (\gamma_d - \Gamma_{v1}) \frac{p_2 A_2}{p_1 A_1} = \Gamma_{v1} + (\gamma_d - \Gamma_{v1}) \left(1 - \frac{p_2 A_2}{p_1 A_1} \right), \tag{6.9.3}$$

式中 Γ_{v1} 是气层初始时的垂直减温率.(6.9.3)式可以用来分析整层气层垂直上升或垂直下降以后稳定度的变化.

(1) $\Gamma_{v1} < \gamma_d$. 大气中通常是这种层结,所以是我们讨论的重点. 显然,决定气层升降过程中减温率变化从而决定稳定度变化的是 $1 - \dfrac{p_2 A_2}{p_1 A_1}$ 这一项.

当整层气层下沉且伴随有横向扩散(水平辐散)时,则有 $p_2 A_2 > p_1 A_1$,将有 $\Gamma_{v2} < \Gamma_{v1}$,趋向于稳定,甚至可能使 $\Gamma_{v2} < 0$ 而形成逆温层(见例题 6.2).若整层气层被抬升且伴随有水平辐合(图 6.27 相反的情况),则有 $p_2 A_2 < p_1 A_1$,将使 $\Gamma_{v2} > \Gamma_{v1}$,导致气层的稳定性减小.若 p_2 / p_1 和 A_2 / A_1 两者的变化趋势相反(例如气层上升时伴有水平辐散),则作用会互相抵消,需具体分析哪种影响为主.

在大尺度的气旋和反气旋中,会出现整层气层的上升和下沉运动.北半球气旋内的环流是逆时针旋转的,气流向内向上辐合,随着气层的上升,稳定性减小.反气旋内气流顺时针旋转,大气整层下沉会产生压缩增温,甚至出现逆温层,使大气稳定,天气晴朗.

(2) $\Gamma_{v1}=\gamma_d$. 由(6.9.3)式可得 $\Gamma_{v2}=\Gamma_{v1}=\gamma_d$,原气层是干绝热减温率,在升降过程中保持干绝热减温率不变.

(3) $\Gamma_{v1}>\gamma_d$ 这时所得结论与(1)相反.但这种处于绝对不稳定状态的气层在实际大气中是极少见的.

例题 6.2 设在 $330\sim300$ hPa 处有一未饱和气层,气层底部和顶部温度分别为 $-49℃$ 及 $-51℃$.若整层下沉,无辐散,问:下沉到气压为何值时才会出现逆温? 若下沉且有辐散,面积比原来增加 20%,那么下沉到气压为何值时就会出现逆温?

解 因高空湿度很小,可不作虚温订正.逆温即 $\Gamma_2<0$,根据(6.9.3)式必然有

$$p_2 > \frac{\gamma_d}{\gamma_d - \Gamma_1} \frac{A_1}{A_2} p_1,\qquad\qquad(6.9.4)$$

式中 p_1 和 p_2 分别是气层升降前后的气压平均值. $\Gamma_1 \approx -\frac{\Delta T_1}{\Delta z_1} = \frac{\Delta T_1}{\Delta p_1} \frac{p_1 g}{R_d T_1}$,式中气层平均温度 $T_1 = -50℃ = 223$ K,平均气压 $p_1 = 315$ hPa,$\Delta T_1 = -2$ K,$\Delta p_1 = -30$ hPa,代入以后得 $\Gamma_1 \approx 0.0032$ K/m.再将 Γ_1 的值代入(6.9.4)式,可计算出:

(1) 无辐散时,$\dfrac{A_1}{A_2}=1$,得 $p_2>467.7$ hPa,即气层要下沉到 467.7 hPa 以下才会出现逆温;

(2) 若气层下沉辐散后面积比原来增加 20%,则有 $p_2>390$ hPa,气层只要下沉到 390 hPa 以下即可出现逆温.

6.9.2 对流性不稳定(位势不稳定)

原来稳定的未饱和气层被整层抬升时,由于水汽垂直分布不同,气层内不同高度的空气可能先后达到饱和,凝结时放出的相变潜热将会改变垂直减温率 Γ,从而改变气层稳定度.

假设气层上、下界气压差 Δp 在抬升过程中不变,下面将定性讨论两种不同的情况:

(1) 在图 6.28(a)中,最初整层气层沿干绝热线上升,因下湿上干,下部比上部先达到饱和,饱和后沿假绝热线继续上升,于是温度层结曲线由原来的 A_1B_1 变成 A_2B_2.显然,整层气层上升并先后凝结后,饱和气层的垂直减温率将变得大于 γ_s,成了不稳定层结.

(2) 在图 6.28(b)中,气层是上湿下干,上部先达到饱和,气层的垂直减温率将变小甚至小于零(逆温),将变得更加稳定.

大气中的水汽主要来源于地表,因此常是低层湿度大而高层干燥,大范围气层被抬升时往往下部先达到饱和,符合第一种情况.这种原来稳定的未饱和气层,由于整层被抬升到一定高度以上而变成为不稳定的气层,称为对流性不稳定或位势不稳定.如果低层干燥而高层湿度大,符合第二种情况,即为对流性稳定的气层.可见,气层是否为对流性不稳定,不但和温度层结有关,显然还取决于湿度条件,特别是低层的水汽状况.

根据图 6.28 所示的对流性不稳定和对流性稳定两种情况,联系本章 6.3.2 小节和 6.7.3 小节对假相当位温的讨论可知,对流性不稳定时气层下部假相当位温比上部的高,对流性稳定时则相反.因此该未饱和气层内假相当位温随高度的变化是对流性不稳定的很好判据:

$$\frac{\partial \theta_{se}}{\partial z}\begin{cases} >0, & \text{对流性稳定,} \\ =0, & \text{中性,} \\ <0, & \text{对流性不稳定.} \end{cases}\qquad(6.9.5)$$

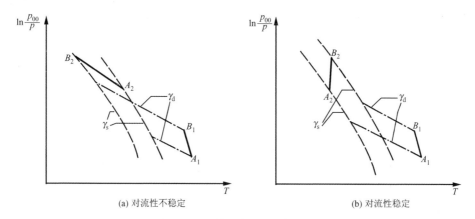

(a) 对流性不稳定　　　　　　　　　　(b) 对流性稳定

图 6.28　整层气层抬升时稳定度的变化

同样,假湿球位温和假相当位温一样,也可以作为对流性不稳定的判据.

对流性稳定的气层被整层抬升后可能形成层状云,而对流性不稳定的气层则形成积状云(对流云),甚至产生对流性降水.观测表明,最可能产生强对流的是低层暖湿、高层干燥的具有条件性不稳定层结的气层,其温度曲线和露点曲线呈现"喇叭口"形状.

对流性不稳定是一种潜在的不稳定.所谓"潜在的不稳定"是指:当时的气层是稳定的,需要有一定的外加抬升力作为"触发机制",潜在的不稳定才能转化成真实的不稳定.对流性不稳定的实现要求有大范围的抬升运动,因此要有天气系统(如锋面)的配合或大地形的作用,造成的对流性天气往往比较强烈,范围也大.前述 6.8.2 小节中的条件性不稳定也是一种潜在的不稳定,它只要有局地的热对流或动力因子对空气进行抬升即可,因而往往造成局地性的雷雨天气.

利用上述静力稳定度判据和对流性稳定度判据,分析前面图 6.2 中全球平均位温和相当位温的垂直分布,可得出如下结论:① 对流层内全球平均位温随高度增加($\partial\theta/\partial z>0$),故对于干空气或未饱和湿空气而言,大气层结的平均状态是稳定的.但不排除在某些地区可能会出现局地不稳定而产生对流.② 在热带地区上空,对流层的中、低层(约 700 hPa 以下)存在相当位温梯度的负值区($\partial\theta_e/\partial z<0$),说明此处大气经常处于条件性不稳定状态或者对流性不稳定状态.实际上,这些地区的局地对流可能达到对流层顶.

6.10　逆　温　层

对流层大气的温度一般随高度而降低,但在有些条件下,某些气层的温度会随高度而增加,即 $\Gamma<0$,这些气层称为逆温层.逆温层是绝对稳定的层结,它对上下空气的对流起着削弱抑制作用.特别是低空的逆温层,它像一个"盖子",使悬浮在大气中的烟尘、杂质及有害气体都难以穿过它向上空扩散,使空气质量下降,能见度恶化,因此也称为阻塞层.世界上一些严重的大气污染事件(如洛杉矶光化学烟雾)多和逆温层的存在有关.在研究大气的污染扩散问题时,常需测定逆温层的高度、厚度以及出现和消失的时间.

形成逆温层的原因,除前面已经涉及的湍流逆温外,还有以下几种:

(1) 辐射逆温.图 6.29 是晴朗天气下低层大气和土壤表层温度廓线的典型日变化状况.

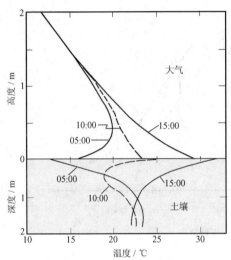

图 6.29　晴天低层大气和土壤表层温度
廓线日变化(引自 Eagleman, 1985)

白天由于地表吸收太阳辐射而迅速增温,导致低层大气温度升高;夜晚由于地面长波辐射降温使近地气层形成逆温层.逆温层的厚度从几米到几百米,凌晨日出前最强,日出后逐渐消失.最有利于形成逆温层的是晴朗无风的夜晚,因为无云有利于地面辐射能向上空发散,无风使上层空气的热量难以通过湍流作用下传,这些条件都使地面气温很快下降而形成逆温.

（2）下沉逆温.它是由于空气下沉增温而形成的逆温(参见 6.9.1 小节).一般出现在高气压区,范围广,厚度大,且常常不接地而从空中某一高度开始.大范围的下沉逆温相当于近地面层上空的一个盖子,极不利于污染物的扩散.

（3）地形逆温.它是由于局部特殊的地形条件形成的,例如盆地和谷地的逆温,山脉背风侧的逆温等.夜间山坡附近的空气因辐射冷却而向谷地下沉,暖空气被挤上升浮在冷空气上面,形成谷地逆温(参见图 10.9).

（4）平流逆温.当较暖的空气流经较冷的地面或水面上时,使上层空气温度比低层温度高,形成暖平流逆温.例如,冬季沿海地区常出现这种逆温,是海洋上的较暖空气流到大陆上时产生的,厚度不大,水平范围较广.此外,夜间城市的近地面气层仍有弱的温度递减率,当农村因辐射冷却而产生的厚逆温层随气流移到城市上空时,会形成空中逆温层;经过城市后,在下风方向的农村近地面层又会建立起逆温,城市的烟气层也将被带到地面逆温层中,污染大气(参见图 10.18).

（5）锋面逆温.锋面是一个倾斜的面,无论冷锋还是暖锋,其较暖空气总是在较冷空气的上面,所以在冷空气区能观测到逆温.由于锋面在移动,所以除移动缓慢的暖锋以外,一般对空气污染影响不大.

实际大气中出现的逆温有时是由几种原因共同造成的,比较复杂,需要具体分析.

思 考 题

1. 若地球大气由氧组成,则干绝热减温率仍是 $9.8℃/\mathrm{km}$ 吗? 为什么? (**提示**:氧的摩尔定容热容 $C_V = 21.06\ \mathrm{J/(mol \cdot K)}$)

2. 分析一个空气块在绝热(干绝热、饱和绝热和假绝热)的升降过程中哪些量是保守的? 哪些变大? 哪些变小?

3. 云团(含凝结水滴的饱和气块)在绝热下沉过程中,其温度、压强、比湿、露点、相对湿度、位温及假相当位温将如何变化?

4. 证明:埃玛图上每条干绝热线的位温 θ 和括号内的位温 θ'(与括号内气压值相对应)有以下关系: $\theta' = C^\kappa \theta$,此处 C 为同一条等压线上压强 p 和括号内压强 p' 的比值, $C = p/p'$. (**注意**:现用的埃玛图中 $\kappa = 0.288$)

5. 根据饱和比湿的关系式 $q_s = 0.622 e_s/p$,能否利用埃玛图估计饱和水汽压的值? (**提示**:考虑 $p = 622\ \mathrm{hPa}$ 时, e_s 与 q_s 数值的关系)

6. 假如以绝热气块模型作为积云的原始模型,分析云内温度、上升气流速度和含水量的垂直分布特点.

168

7. 什么情况下可用抬升凝结高度估算对流云的云底高度？什么情况下可用对流凝结高度估算对流云的云底高度？自由对流高度有什么物理意义？

习　题

1. 已知 $p=950\,hPa$，$T=5℃$，$U_w=60\%$，用埃玛图求比湿、露点、虚温和位温.

2. 若 e 为水汽压，证明干绝热上升时 $e^{0.286}T^{-1}$ 之值不变.

3. 设有一团湿空气，$p=1000\,hPa$，$t=20℃$，$q=5\,g/kg$，经过干绝热过程升至 $850\,hPa$，问：上升前后相对湿度各为多少？

4. 设某地气压为 $1000\,hPa$，气温 $t=25℃$，相对湿度 80%. 若日落后气温降低了 $5℃$，问：是否会产生雾？雾的含水量是多少？

5. 空气微团的比湿为 0.007，上升到凝结高度以后，继续上升到 $510\,hPa$，比湿为 0.0025. 求未到凝结高度以前及在 $510\,hPa$ 处的位温.

6. 气流在 $p=950\,hPa$ 时，$t=14℃$，$q=0.008$. 气流遇山坡被抬升，山顶压强为 $700\,hPa$，过山后下沉. 若凝结出的水分 70% 在爬坡途中降落，求背风面 $950\,hPa$ 处气流的温度、比湿、位温、假相当位温.

7. 某地早晨的探空记录如下表所示：

p/hPa	1000	900	850	800	700	600	500	400	300	200
$t/℃$	23.0	20.5	17.0	12.0	4.5	-4.0	-12.1	-23.0	-32.5	-45.3
$t_d/℃$	19.0	10.4	7.6	6.8	-1.1	-8.5	-19.2	-29.5	-45.0	-59.5

(1) 求 $900\,hPa$ 处空气的比湿、饱和比湿和相对湿度；

(2) 标出 LCL、CCL 及 LFC 的高度，分析地面气块绝热上升时不稳定能量的垂直分布情况，确定大气层属于哪种稳定度；

(3) 当天最高气温要达到多少度才有可能出现热雷雨？

(4) 判断 $900\sim1000\,hPa$ 及 $800\sim850\,hPa$ 是否对流性不稳定？为什么？

8. 假定环境垂直减温率是干绝热的，气块在 $900\,hPa$ 处，温度为 $280\,K$，且已饱和，气块受扰动向上做绝热位移，并得正浮力连续上升. 忽略空气动力学阻力及凝结水的作用，按未作虚温订正和作虚温订正两种情况分别计算气块在 $700\,hPa$ 处的速度.

参 考 文 献

［1］　姜达雍著. 气象上常用热力学图解. 北京：高等教育出版社，1959.

［2］　齐瑛著. 中尺度山地气候动力学. 北京：科学出版社，1993.

［3］　王永生等编著. 大气物理学. 北京：气象出版社，1987.

［4］　汪志诚编著. 热力学·统计物理（第二版）. 北京：高等教育出版社，1993.

［5］　Eagleman J R. Meteorology. Wadsworth Publishing Company，1985.

［6］　Emanuel K A. Atmospheric Convection. Oxford Univ. Press，New York，1994.

［7］　Iribarne J V and W L Godson. Atmosphere Thermodynamics. D. Reidel Publishing Company，1981.

［8］　Peixoto J P，A H Oort. Physics of Climate. AIP Press，1992.
　　　吴国雄，刘辉等译. 气候物理学（中译本）. 北京：气象出版社，1995.

［9］　Wallace J M and P V Hobbs. Atmospheric Science. Academic Press，1977.
　　　王鹏飞等译. 大气科学概观（中译本）. 上海科学技术出版社，1981.

第七章　大气动力学

大气动力学是研究大气运动规律和产生运动原因的学科. 大气作为流体,它的运动规律遵循流体力学的基本定律. 在经典流体力学出现后不到半个世纪,它的基本方程就被应用于大气动力学的研究.

大气运动和经典流体的流动又有一些明显的差别. 首先,大气运动发生于地球表面之上. 地表面围绕地轴做圆周运动,若把观察大气运动的坐标系固定在地球表面上,这一坐标系就是旋转坐标系. 相对于固定于空间的惯性坐标系,旋转坐标系上每一点都在做加速度运动,这就使得大气动力学的动量方程中比经典流体力学的多出了一个科里奥利加速度项. 其次,大气运动发生在地球重力场中,大气温度在垂直方向上的分布呈现多种层结形态. 垂直运动的气块移到新位置后,其温度可能高于或低于周围环境大气,于是产生了浮力,这是驱动大气垂直运动的重要因子. 层结大气运动现象的研究,促进了流体力学中一个分支——分层流研究的发展. 大气运动和经典流体的其他区别还表现为：大气是湍流的,特别是在接近地表面的部分. 湍流运动的复杂程度远超过了经典流体力学规律的范畴；而且大气不是单一气体,其中水汽的相变过程,使大气运动高度复杂化. 但是,在大气动力学中,都是假定大气是层流的未饱和理想气体,采用经典流体力学的方式去处理大气运动.

大气动力学在研究方法上不同于经典流体力学的另一特点是：大气运动是按尺度分级的. 大气运动既包含了微小尺度的运动,例如云滴的飘动、树叶的颤动,也包含了宏大尺度的运动,例如波长达几千千米的大气波动. 如果把这些运动全都叠加在一起,研究工作就无从下手. 大气动力学中,是把某种尺度的运动现象,从其他比它大很多或小很多的现象中隔离出来,把尺度比它大得多的运动看成定常的背景场,而把尺度比它小得多的运动当成无法分辨的扰动运动. 这样就出现了不同尺度的大气动力学分支. 传统的大气动力学研究对象是大尺度运动. 随着研究的深入,其研究范畴已向大尺度的两端延伸,因而出现了气候动力学和中小尺度动力学.

大气的动力过程和热力过程密不可分,大气动力学和大气热力学经常被合在一起统称为动力气象学. 大气动力学和大气科学中的其他学科也都有密切的关系. 湍流运动由于其不可预测性,成为自然科学中的难题之一. 大气湍流研究也同样是大气科学中的难点. 利用大气动力学基本方程组结合湍流的统计理论,发展起来的大气湍流研究已成为湍流理论和应用的重要分支. 利用大气动力学和热力学以及大气湍流理论,研究 1 km 以下受地表影响最为显著的大气层,构成的学科称为边界层气象学. 大气中水的相变过程产生的云、雨、雷、电是自然界中最为壮观也是对人类活动影响最大的现象. 对它们的运动规律的研究称为云动力学,其动力过程研究的基础也源于大气动力学的基本原理.

在下面各节中我们将看到,大气动力学方程组中几乎所有项都是非线性的. 方程组的解析解是在相当简化的条件下得到的,因而解析解的应用也是有限制的. 为了求解非线性过程,必须采用数值方法.目前在大气动力学和流体力学等学科的基础上,已发展出一系列求解大气过程的分支学科,例如数值天气预报、中尺度数值模式和大气环流模式等.

7.1 大气动力学基本方程组

大气动力学是经典力学中的牛顿定律在地球大气中的应用.牛顿定律应用在流体动力学中产生了纳维-斯托克斯(Navier-Stokes)方程,因此大气动力学方程和纳维-斯托克斯方程有许多共同之处.但大气运动和经典流体力学中的流动的一个主要区别是:大气运动是处于一个旋转的地球表面上.

本节将给出在旋转的地球表面上大气动力学规律的基本表述,即旋转球面坐标系中的大气动力学方程组的矢量、标量和张量表达式,其中包括水平运动方程、垂直运动方程、连续运动方程、热力学方程和状态方程.

7.1.1 旋转坐标系中的牛顿定律

我们知道牛顿定律是在一个无加速度的坐标系即惯性坐标系中,处理质点加速度与质点所受到的作用力之间的关系.如果把这些定律应用于非惯性的旋转坐标系中,就必须做一些相应的变化与调整.

在一个无加速度的惯性坐标系(或称绝对坐标系)中,一个单位质量气块运动的速度矢量以 $\boldsymbol{V}_a$ 表示.按牛顿定律,它的加速度与所受到的力之间的关系可表达为

$$\frac{d_a \boldsymbol{V}_a}{dt} = \sum \boldsymbol{F}_i, \tag{7.1.1}$$

其中下标 a 表示绝对坐标系,$\boldsymbol{F}_i$ 为作用在气块上的力.

首先分析(7.1.1)式的左端项.由于大气运动处于一个旋转的地球表面上,其运动的速度和加速度,从绝对坐标系(例如在恒星上)观察与从地球表面上观察是不一样的,前者称为绝对速度和绝对加速度,后者称为相对速度和相对加速度.

设地球的旋转角速度为 $\boldsymbol{\Omega}$,一个物体或空气块的绝对速度为 $\boldsymbol{V}_a$,地球表面上观察的相对速度为 $\boldsymbol{V}$,则它们之间的关系为

$$\boldsymbol{V}_a = \boldsymbol{V} + \boldsymbol{\Omega} \times \boldsymbol{r}, \tag{7.1.2}$$

式中 $\boldsymbol{r}$ 表示气块的位置矢量,其大小为地心至气块重心的距离,方向由地心指向气块.(7.1.2)式可表示成为

$$\frac{d_a \boldsymbol{r}}{dt} = \frac{d\boldsymbol{r}}{dt} + \boldsymbol{\Omega} \times \boldsymbol{r}, \tag{7.1.3}$$

或

$$\frac{d_a \boldsymbol{R}}{dt} = \frac{d\boldsymbol{R}}{dt} + \boldsymbol{\Omega} \times \boldsymbol{R}, \tag{7.1.4}$$

其中 $\boldsymbol{R}$ 为气块相对地球转动轴的位置矢量.

下述表达式对所有矢量普遍成立:

$$\frac{d_a \boldsymbol{A}}{dt} = \frac{d\boldsymbol{A}}{dt} + \boldsymbol{\Omega} \times \boldsymbol{A}, \tag{7.1.5}$$

式中 $\boldsymbol{A}$ 代表某一矢量.将(7.1.2)式代入(7.1.5)式,有

$$\frac{d_a \boldsymbol{V}_a}{dt} = \left(\frac{d}{dt} + \boldsymbol{\Omega} \times\right) \boldsymbol{V}_a = \frac{d}{dt}(\boldsymbol{V} + \boldsymbol{\Omega} \times \boldsymbol{r}) + \boldsymbol{\Omega} \times (\boldsymbol{V} + \boldsymbol{\Omega} \times \boldsymbol{r})$$

$$= \frac{\mathrm{d}\boldsymbol{V}}{\mathrm{d}t} + 2(\boldsymbol{\varOmega} \times \boldsymbol{V}) + \boldsymbol{\varOmega} \times (\boldsymbol{\varOmega} \times \boldsymbol{r}). \qquad (7.1.6)$$

(7.1.6)式最后一个等号右边的第一项为相对于地球表面的加速度;第二项为科氏(Coriolis)加速度,只有当气块相对地表运动时($\boldsymbol{V} \neq 0$)才出现;第三项为气块随地球旋转而具有的向心加速度,只与气块位置(矢量 $\boldsymbol{r}$)有关,与其是否相对运动无关.

下面再分析(7.1.1)式的右端项.在地球表面上,气块受到的力有:① 气块与地球之间的牛顿万有引力,可表示为 $\boldsymbol{g}^*$;② 由于气压空间分布差异引起的气压梯度力 $-\nabla p/\rho$,其中 ρ 为空气密度,p 为空气压强;③ 由于空气分子黏性引起的内摩擦力 $\nu\,\nabla^2\boldsymbol{V}$,其中 ν 为运动分子的黏性系数.于是(7.1.1)式成为

$$\frac{\mathrm{d}_a\boldsymbol{V}_a}{\mathrm{d}t} = \boldsymbol{g}^* - \frac{1}{\rho}\nabla p + \nu\,\nabla^2\boldsymbol{V}.$$

将(7.1.6)代入上式,只在左端保留 $\dfrac{\mathrm{d}\boldsymbol{V}}{\mathrm{d}t}$ 项,得到

$$\underset{①}{\frac{\mathrm{d}\boldsymbol{V}}{\mathrm{d}t}} = \underset{①}{\boldsymbol{g}^*} - \underset{②}{\frac{1}{\rho}\nabla p} + \underset{③}{\nu\,\nabla^2\boldsymbol{V}} - \underset{④}{2\boldsymbol{\varOmega}\times\boldsymbol{V}} - \underset{⑤}{\boldsymbol{\varOmega}\times(\boldsymbol{\varOmega}\times\boldsymbol{r})}. \qquad (7.1.7)$$

这是在旋转地球上的坐标系即非惯性坐标系中,气块加速度与作用在其上作用力之间的关系,亦即非惯性坐标系中的牛顿第二定律.其右端前三项仍保持原来的含义.第④项称为科氏力,在惯性坐标系中它本是物体的加速度,在非惯性坐标系中把它看成力,所以称其为虚拟力.科氏力与地球自转轴垂直,并在北半球指向风矢量的右方.第⑤项也是虚拟力,称为离心力.由于这个力只与位置有关,我们不将其作为单独的力看待,而是将其与引力项①合并,称为重力,即

$$\boldsymbol{g} = \boldsymbol{g}^* - \boldsymbol{\varOmega}\times(\boldsymbol{\varOmega}\times\boldsymbol{r}). \qquad (7.1.8)$$

最后得

$$\underset{①}{\frac{\mathrm{d}\boldsymbol{V}}{\mathrm{d}t}} = \underset{①}{-\frac{1}{\rho}\nabla p} + \underset{②}{\boldsymbol{g}} - \underset{③}{2\boldsymbol{\varOmega}\times\boldsymbol{V}} + \underset{④}{\nu\,\nabla^2\boldsymbol{V}}. \qquad (7.1.9)$$

7.1.2 标准坐标系中的运动方程

大气运动发生在地球表面上,如果运动的范围是全球性的,必须把地球看成一个球面,应

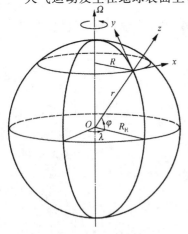

图 7.1 标准坐标系

采用球坐标系 (r, φ, λ),其中 r 为矢径,φ 为坐标原点处的纬度,λ 为经度.但是如果运动的范围只是全球表面的一小部分,则可近似地把地表看成一平面或认为地球的曲率半径 $r \to \infty$,此时描述大气运动可采用直角坐标系(图 7.1),其坐标原点设在所研究的地球表面的某一点,x 轴指向东,y 轴指向北,z 轴垂直向上,三个方向上的单位矢量分别为 $\boldsymbol{i}, \boldsymbol{j}, \boldsymbol{k}$.这是一种既有一般直角坐标特点又含有部分球坐标特点的坐标系,大气科学中称此为标准坐标系或局地坐标系.

标准坐标和球坐标的变量有以下关系:

$$\begin{cases} \mathrm{d}x = R_E\cos\varphi\,\mathrm{d}\lambda, \\ \mathrm{d}y = R_E\,\mathrm{d}\varphi, \\ \mathrm{d}z = \mathrm{d}r, \end{cases} \qquad (7.1.10)$$

式中 R_E 为地球半径,且 $r=R_E+z$.

速度矢量可表示为

$$\boldsymbol{V} = u\boldsymbol{i} + v\boldsymbol{j} + w\boldsymbol{k} = \frac{\mathrm{d}x}{\mathrm{d}t}\boldsymbol{i} + \frac{\mathrm{d}y}{\mathrm{d}t}\boldsymbol{j} + \frac{\mathrm{d}z}{\mathrm{d}t}\boldsymbol{k}. \tag{7.1.11}$$

下面讨论在标准坐标系中,运动方程(7.1.9)中各项的矢量和标量表达形式.

(1) 方程中的左端项即风速矢量的个别微分,由(7.1.11)式可导出:

$$\frac{\mathrm{d}\boldsymbol{V}}{\mathrm{d}t} = \frac{\mathrm{d}u}{\mathrm{d}t}\boldsymbol{i} + \frac{\mathrm{d}v}{\mathrm{d}t}\boldsymbol{j} + \frac{\mathrm{d}w}{\mathrm{d}t}\boldsymbol{k}. \tag{7.1.12}$$

(7.1.12)式的推导中实际上包含了地表是一平面的假设,即忽略 $\boldsymbol{i},\boldsymbol{j},\boldsymbol{k}$ 的空间变化,令

$$\frac{\mathrm{d}\boldsymbol{i}}{\mathrm{d}t} = \frac{\mathrm{d}\boldsymbol{j}}{\mathrm{d}t} = \frac{\mathrm{d}\boldsymbol{k}}{\mathrm{d}t} = 0.$$

在流体力学的欧拉表达方式中,个别变率 $\dfrac{\mathrm{d}}{\mathrm{d}t}$ 可分解为时间变率和平流变率,即局地变化项和平流项:

$$\frac{\mathrm{d}}{\mathrm{d}t} = \frac{\partial}{\partial t} + u\frac{\partial}{\partial x} + v\frac{\partial}{\partial y} + w\frac{\partial}{\partial z}. \tag{7.1.13}$$

以 $\dfrac{\mathrm{d}u}{\mathrm{d}t}$ 为例,有

$$\frac{\mathrm{d}u}{\mathrm{d}t} = \frac{\partial u}{\partial t} + u\frac{\partial u}{\partial x} + v\frac{\partial u}{\partial y} + w\frac{\partial u}{\partial z}. \tag{7.1.14}$$

(2) 方程中的气压梯度力项①可表示为

$$-\frac{1}{\rho}\nabla p = -\frac{1}{\rho}\frac{\partial p}{\partial x}\boldsymbol{i} - \frac{1}{\rho}\frac{\partial p}{\partial y}\boldsymbol{j} - \frac{1}{\rho}\frac{\partial p}{\partial z}\boldsymbol{k}. \tag{7.1.15}$$

(3) 重力项②是地心引力和离心力的合力,其中的引力 $\boldsymbol{g}^*$ 指向地球重心,即矢量 $\boldsymbol{k}$ 的反方向,其数值为 g^*,因此

$$\boldsymbol{g}^* = -g^*\boldsymbol{k}. \tag{7.1.16}$$

按矢量运算法,离心力则可表示成

$$-\boldsymbol{\Omega}\times(\boldsymbol{\Omega}\times\boldsymbol{r}) = \Omega^2\boldsymbol{R}, \tag{7.1.17}$$

其中 $\boldsymbol{R}$ 为气块相对地球自转轴的距离矢量(见图 7.2),离心力的大小与方向随气块在地球表面的位置即 $\boldsymbol{R}$ 矢量而变化.在极地,$\boldsymbol{R}=0$,离心力也为零.在赤道的绝对值最大,即

$$\Omega^2 R = \Omega^2 r \approx \Omega^2 R_E, \tag{7.1.18}$$

其中 Ω 的值为

$$\Omega = 2\pi/(24\times 3600)\mathrm{s}^{-1} \approx 7.3\times 10^{-5}\ \mathrm{s}^{-1},$$

离心力的最大值约为 $\Omega^2 R_E = 0.03\ \mathrm{m\cdot s^{-2}}$,远小于 $g^* \approx 9.8\ \mathrm{m\cdot s^{-2}}$,因此通常重力可近似取为

$$\boldsymbol{g} = \boldsymbol{g}^* + \Omega^2\boldsymbol{R} \approx -g\boldsymbol{k}, \tag{7.1.19}$$

其中 g 值取为 $9.8\ \mathrm{m\cdot s^{-2}}$,即可以保证大气研究中的精度.

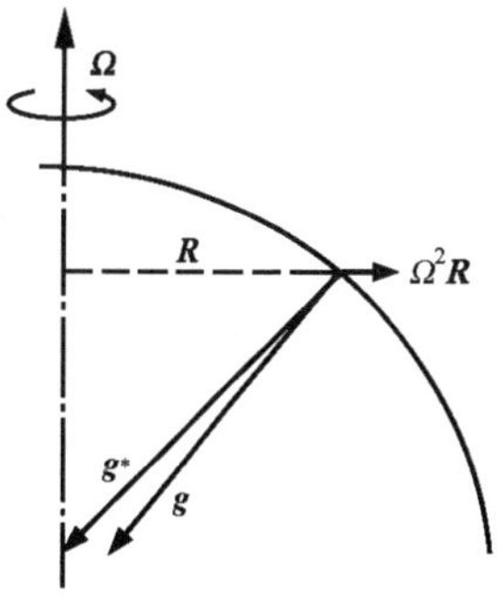

图 7.2 引力、离心力与重力
(图中实曲线代表等位势面)

牛顿引力 $\boldsymbol{g}^*$ 可写成为标量位势函数的梯度,离心力也可写成位势函数形式,$\Omega^2 \boldsymbol{R} = \nabla(\Omega^2 R^2/2)$,因此离心位势是 $-\Omega^2 R^2/2$.重力可写成 $\boldsymbol{g} = -\nabla\Phi$,其中 Φ 称为重力位势,实际上它是牛顿引力位势和离心位势之和,且等位势

面和重力相垂直(图 7.2).平均海平面就是其中之一.最后我们可将重力位势表示成

$$\varPhi = gz, \tag{7.1.20}$$

其中 z 和等位势面垂直.

(4) 科氏力项③中,地球自转角速度 $\boldsymbol{\Omega}$ 可表示成为

$$\boldsymbol{\Omega} = \Omega_x \boldsymbol{i} + \Omega_y \boldsymbol{j} + \Omega_z \boldsymbol{k}, \tag{7.1.21}$$

其中 $\Omega_x = 0, \Omega_y = \Omega\cos\varphi, \Omega_z = \Omega\sin\varphi$,于是科氏力为

$$-2\boldsymbol{\Omega} \times \boldsymbol{V} = -2 \begin{vmatrix} \boldsymbol{i} & \boldsymbol{j} & \boldsymbol{k} \\ 0 & \Omega\cos\varphi & \Omega\sin\varphi \\ u & v & w \end{vmatrix}$$

$$= -2(\Omega w\cos\varphi - \Omega v\sin\varphi)\boldsymbol{i} - 2\Omega u\sin\varphi \boldsymbol{j} + 2\Omega u\cos\varphi \boldsymbol{k}. \tag{7.1.22}$$

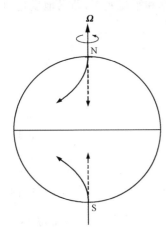

图 7.3　科氏力示意图

在北半球,科氏力 $-2\boldsymbol{\Omega} \times \boldsymbol{V}$ 指向运动的右方.设想一个在北极点水平抛射的物体,其抛射速度为 u.科氏力 $2\Omega u$ 作用方向与其路径垂直,因此并不改变抛射体的速度大小.物体在 t 时间内向前运动的距离为 ut,偏转距离为 $\Omega u t^2$,因此偏转角为 $\Omega u t^2 / ut = \Omega t$,即时间 t 内地球转过的角度.在地球以外的惯性坐标系中的观察者看到的物体是沿直线抛射的,它相对于地表的偏转是由于地球旋转造成的;而地球上的观察者,看到的物体运动偏向右方,但他并未感觉到地球的运动,因此他要想象出有一个力作用在物体上使它产生向右的偏转,这个想象中的力就是科氏力(如图 7.3).同样,一个在南极点水平抛射的物体将偏向左方.

(5) 黏性内摩擦力项④的标量形式为

$$(\nu \nabla^2 u, \nu \nabla^2 v, \nu \nabla^2 w), \tag{7.1.23}$$

其中拉氏算符为

$$\nabla^2 = \frac{\partial^2}{\partial x^2} + \frac{\partial^2}{\partial y^2} + \frac{\partial^2}{\partial z^2}. \tag{7.1.24}$$

内摩擦力对气流运动的影响可用雷诺数 Re 表示,它是平流项和内摩擦力项的比值.平流项,例如 $u\dfrac{\partial u}{\partial x}$ 的数量级,可用 $\dfrac{U^2}{L}$ 估计,其中 U 为速度 u 的数量级,称为速度尺度;L 是使速度发生数量级为 U 的变化的空间范围,称为长度尺度.于是

$$\left\{ u\frac{\partial u}{\partial x} \right\} = \frac{U^2}{L}. \tag{7.1.25}$$

类似地,内摩擦力的数量级估计可表示为

$$\left\{ \nu\frac{\partial^2 u}{\partial x^2}, \nu\frac{\partial^2 u}{\partial y^2}, \nu\frac{\partial^2 u}{\partial z^2} \right\} = \frac{\nu U}{L^2}. \tag{7.1.26}$$

因此雷诺数为

$$Re = \frac{U^2/L}{\nu U/L^2} = \frac{UL}{\nu}. \tag{7.1.27}$$

大气中 ν 的典型数值为 $\nu = 1.5 \times 10^{-5}\ \mathrm{m^2 \cdot s^{-1}}$,速度尺度 U 为 $10^0 \sim 10^1\ \mathrm{m \cdot s^{-1}}$,长度尺度 L 变化范围为 $10^0 \sim 10^6\ \mathrm{m}$,因此,$Re$ 值的变化范围为 $10^5 \sim 10^{12}$.这表明在大气运动中,黏性内摩擦力对运动的加速度影响很小,可以略去.只在非常贴近地面的几厘米范围中,Re 的值可能达到

$10^1 \sim 10^2$,在这一称为黏性副层的薄层中,才有必要考虑内摩擦力的作用.

将上述各项的表达式(7.1.12),(7.1.15),(7.1.19)和(7.1.22)代入方程(7.1.9)中,按 $\boldsymbol{i}$, $\boldsymbol{j}$, $\boldsymbol{k}$ 三个方向分别写出,则可得出不考虑分子黏性作用的标量形式的大气运动方程:

$$\frac{\mathrm{d}u}{\mathrm{d}t} = -\frac{1}{\rho}\frac{\partial p}{\partial x} + 2\Omega v\sin\varphi - 2\Omega w\cos\varphi, \tag{7.1.28a}$$

$$\frac{\mathrm{d}v}{\mathrm{d}t} = -\frac{1}{\rho}\frac{\partial p}{\partial y} - 2\Omega u\sin\varphi, \tag{7.1.28b}$$

$$\frac{\mathrm{d}w}{\mathrm{d}t} = -\frac{1}{\rho}\frac{\partial p}{\partial z} - g + 2\Omega u\cos\varphi. \tag{7.1.28c}$$

如果所讨论的运动空间尺度已接近全球范围,地表再不能看成一个平面,而应是一球面,上述的标准坐标系中坐标轴的指向应随空间变化.在表达式

$$\frac{\mathrm{d}\boldsymbol{V}}{\mathrm{d}t} = \frac{\mathrm{d}u}{\mathrm{d}t}\boldsymbol{i} + \frac{\mathrm{d}v}{\mathrm{d}t}\boldsymbol{j} + \frac{\mathrm{d}w}{\mathrm{d}t}\boldsymbol{k} + u\frac{\mathrm{d}\boldsymbol{i}}{\mathrm{d}t} + v\frac{\mathrm{d}\boldsymbol{j}}{\mathrm{d}t} + w\frac{\mathrm{d}\boldsymbol{k}}{\mathrm{d}t}$$

中,$\dfrac{\mathrm{d}\boldsymbol{i}}{\mathrm{d}t}, \dfrac{\mathrm{d}\boldsymbol{j}}{\mathrm{d}t}, \dfrac{\mathrm{d}\boldsymbol{k}}{\mathrm{d}t}$ 不为零.例如,矢量 $\boldsymbol{k}$ 的指向显然随其在地表面的位置而变化,$\boldsymbol{k} = \boldsymbol{k}(x, y)$,因此

$$\frac{\mathrm{d}\boldsymbol{k}}{\mathrm{d}t} = \frac{\partial \boldsymbol{k}}{\partial t} + u\frac{\partial \boldsymbol{k}}{\partial x} + v\frac{\partial \boldsymbol{k}}{\partial y} + w\frac{\partial \boldsymbol{k}}{\partial z} \neq 0$$

在此情况下,矢量方程(7.1.9)转化为标量方程时,比(7.1.28)式还会多出一些附加项.其推导可见于一般的动力气象学教科书.

7.1.3 运动方程的张量形式

下面将空间坐标和速度分量表示成张量形式.用 $x_i (i=1,2,3)$ 表示 (x, y, z),即 $(x_1, x_2, x_3) = (x, y, z)$.类似地,用 $u_i(i=1,2,3)$ 表示速度分量,即 $(u_1, u_2, u_3) = (u, v, w)$;用 $\Omega_i(i=1,2,3)$ 表示地转角速度分量,即 $(\Omega_1, \Omega_2, \Omega_3) = (0, \Omega\cos\varphi, \Omega\sin\varphi)$.再引入克罗内克(Kronecker)张量符号:

$$\delta_{ik} = \begin{cases} 1, & \text{如果 } i = k, \\ 0, & \text{如果 } i \neq k \end{cases} \tag{7.1.29}$$

及交换张量

$$\varepsilon_{ijk} = \begin{cases} 1, & \text{若 } ijk = 123, 231 \text{ 或 } 312 (\text{偶排列}), \\ -1, & \text{若 } ijk = 321, 213 \text{ 或 } 132 (\text{奇排列}), \\ 0, & \text{若 } ijk \text{ 中任意两指数相同}. \end{cases} \tag{7.1.30}$$

标量方程组(7.1.28)可用一张量方程表示:

$$\frac{\mathrm{d}u_i}{\mathrm{d}t} = -\frac{1}{\rho}\frac{\partial p}{\partial x_i} - g\delta_{i3} - 2\varepsilon_{ijk}\Omega_j u_k \tag{7.1.31}$$

或

$$\frac{\partial u_i}{\partial t} = -u_j\frac{\partial u_i}{\partial x_j} - \frac{1}{\rho}\frac{\partial p}{\partial x_i} - g\delta_{i3} - 2\varepsilon_{ijk}\Omega_j u_k, \tag{7.1.32}$$

其中两个相同下标出现在同一项中时表示求和,例如:

$$u_j\frac{\partial u_i}{\partial x_j} = u_1\frac{\partial u_i}{\partial x_1} + u_2\frac{\partial u_i}{\partial x_2} + u_3\frac{\partial u_i}{\partial x_3}, \tag{7.1.33}$$

$$-2\varepsilon_{ijk}\Omega_j u_k = -2\varepsilon_{123}\Omega_2 u_3 - 2\varepsilon_{132}\Omega_3 u_2 = -2\Omega w\cos\varphi + 2\Omega v\sin\varphi. \tag{7.1.34}$$

7.1.4 连续方程

连续方程是关于空气质量或密度守恒性的方程.质量或密度是标量,其守恒表达式与坐标系是否有加速度无关,因此旋转坐标系中的连续方程和经典流体力学中的表达式是一样的.

连续方程的矢量形式为

$$\frac{\partial \rho}{\partial t} + \nabla \cdot \rho \boldsymbol{V} = 0, \tag{7.1.35}$$

也可写为标量形式:

$$\frac{d\rho}{dt} + \rho\left(\frac{\partial u}{\partial x} + \frac{\partial v}{\partial y} + \frac{\partial w}{\partial z}\right) = 0, \tag{7.1.36a}$$

即

$$\frac{1}{\rho}\frac{d\rho}{dt} + \nabla \cdot \boldsymbol{V} = 0. \tag{7.1.36b}$$

以上式子中的 $\nabla \cdot \rho \boldsymbol{V}$ 称为质量散度,$\nabla \cdot \boldsymbol{V}$ 称为速度散度.用张量形式则可将连续方程(7.1.35)表示成为

$$\frac{\partial \rho}{\partial t} + \frac{\partial}{\partial x_j}(\rho u_j) = 0. \tag{7.1.37}$$

以比容 $\alpha = 1/\rho$ 表示时,连续方程(7.1.36b)可写成

$$\frac{d\alpha}{dt} = \alpha(\nabla \cdot \boldsymbol{V}). \tag{7.1.38}$$

当 $\frac{d\rho}{dt}=0$ 或 $\frac{d\alpha}{dt}=0$ 时,上述方程都转化成不可压缩流体的连续方程.

7.1.5 热力学方程

根据热力学第一定律在大气中的表达式(6.2.12),可导出空气运动时以位温表述的热力学方程:

$$\frac{d\theta}{dt} = S_\theta, \tag{7.1.39}$$

其中 S_θ 为由于水汽相变、辐射、分子耗散等引起的源或汇项.假定大气是绝热的,$S_\theta=0$,则有

$$\frac{d\theta}{dt} = 0 \tag{7.1.40}$$

或

$$\frac{\partial \theta}{\partial t} + u\frac{\partial \theta}{\partial x} + v\frac{\partial \theta}{\partial y} + w\frac{\partial \theta}{\partial z} = 0, \tag{7.1.41}$$

写成张量形式:

$$\frac{\partial \theta}{\partial t} + u_j\frac{\partial \theta}{\partial x_j} = 0. \tag{7.1.42}$$

7.1.6 大气动力-热力学方程组

大气运动方程(7.1.28)、连续方程(7.1.37)、热力学方程(7.1.40),再加上位温方程和状态方程,可得到大气动力-热力学方程组如下:

$$\frac{du}{dt} = -\frac{1}{\rho}\frac{\partial p}{\partial x} + 2\Omega v\sin\varphi - 2\Omega w\cos\varphi, \tag{7.1.43}$$

$$\frac{\mathrm{d}v}{\mathrm{d}t} = -\frac{1}{\rho}\frac{\partial p}{\partial y} - 2\Omega u\sin\varphi, \tag{7.1.44}$$

$$\frac{\mathrm{d}w}{\mathrm{d}t} = -\frac{1}{\rho}\frac{\partial p}{\partial z} - g + 2\Omega u\cos\varphi, \tag{7.1.45}$$

$$\frac{\mathrm{d}\rho}{\mathrm{d}t} + \rho\left(\frac{\partial u}{\partial x} + \frac{\partial v}{\partial y} + \frac{\partial w}{\partial z}\right) = 0, \tag{7.1.46}$$

$$\frac{\mathrm{d}\theta}{\mathrm{d}t} = 0, \tag{7.1.47}$$

$$\theta = T(p_{00}/p)^{R/c_p}, \tag{7.1.48}$$

$$p = \rho R T \quad\text{或}\quad p = \rho R_d T_v, \tag{7.1.49}$$

式中 $p_{00} = 1000$ hPa 为参考气压, R 是(湿)空气比气体常数, R_d 是干空气比气体常数, T_v 是虚温. 若要考虑云雾降水问题, 还应加上水汽守恒方程. 7.2.3 小节中将会证明, (7.1.43)式中等号右边的第三项在中纬度地区可略去.

上述 7 个相互独立的方程包含 7 个变量 u, v, w, ρ, p, θ 和 T, 因而方程组是闭合的. 如果给出此系统的初条件, 即 $t=0$ 时刻各变量的空间分布值, 并给出系统边界上的值即边条件, 求解方程(7.1.43)~(7.1.49), 可得出 7 个变量在任意时刻($t>0$)的空间分布. 但是由于上述方程是高度非线性的, 通常情况下, 欲得到解的解析表达式几乎是不可能的. 一般有两种求解方法: 一是求数值解, 这是数值天气预报、大气环流模式即气候模式以及各类数值模拟、数值试验课题中采用的方法; 二是根据所研究问题的特点, 对方程组进行简化或线性化, 得到简化后方程组的解析解, 从而对问题的物理本质进行分析, 这是大气动力学中通常采用的方法.

7.2 大气运动的尺度分析及近似

大气运动包括了大到水平范围为几千千米的长波和阻塞高压, 小到树叶的抖动和雨滴的下落. 大气作为流体, 它的运动具有流体运动的共性, 因此这些运动形态都可用大气动力-热力学方程组去研究. 但是, 不同尺度的运动形态中方程各项所起的作用不一样, 我们不可能把所有的大气运动都放在一起去研究. 合理的研究方法是把这些运动形态按其水平、垂直的伸展范围以及运动的持续时间, 分成若干级别, 分别进行研究, 这就是尺度分析的观念.

7.2.1 大气运动的尺度分析

按大气运动系统的水平范围 L, 可分为大、中、小、微四类尺度. 大尺度系统 L 为几千千米, 如大气长波、大型气旋和反气旋等; 中尺度系统 L 为几百千米, 如台风、温带气旋; 小尺度系统 L 为几千米到几十千米, 如雷暴、山谷风; 微尺度系统 L 为几百米至几千米, 如龙卷风、积云单体等.

垂直尺度可按其垂直伸展的绝对高度 D 来划分. 对于大多数大、中尺度系统, 垂直伸展的 D 可达整个对流层, 即 $D \approx 10^4$ m. 小尺度和微尺度系统中, 有的可伸展至整个对流层, 如雷暴、龙卷风; 有些热力环流, 如海陆风、山谷风、城市热岛环流、晴天淡积云等, 垂直伸展只有几百至千余米, 即 $D \approx 10^3$ m.

大气运动中水平速度尺度数量级为 $U \approx 10$ m·s^{-1}. 垂直速度尺度数量级为 $W < UD/L$, 由运动系统的水平和垂直尺度决定.

(1) 对于大尺度系统，$D \approx 10^4$ m，$L \approx 10^6$ m，因此 $W < 10^{-1}$ m·s^{-1}.

(2) 对于中尺度系统，$D \approx 10^4$ m，$L \approx 10^5$ m，因此 $W < 10^0$ m·s^{-1}.

(3) 对于深厚的小尺度系统，如雷暴，$D \approx 10^4$ m，$L \approx 10^4$ m，故 $W \approx 10$ m·s^{-1}，和水平速度的尺度一样. 而对于浅薄的小尺度系统，如山谷风、海陆风，$D \approx 10^3$ m，$L \approx 10^4$ m，$W \approx 10^{-1}$ m·s^{-1}.

表 7.1 给出了大、中、小、微四类系统的基本尺度，以 L, D, U, W 及 τ 分别代表水平范围、垂直尺度、水平速度、垂直速度及平均时间尺度. 从表中可看出，尺度越大，垂直速度越小，生命史越长；反之，尺度越小，垂直速度越大，生命史越短.

表 7.1 基本尺度参数

系　　　统		$L/$m	$D/$m	$U/$(m·s^{-1})	$W/$(m·s^{-1})	$\tau/$s
大尺度系统		10^6	10^4	10^1	$<10^{-1}$	10^5
中尺度系统		10^5	10^4	10^1	$<10^0$	10^5
小尺度系统	深厚系统	10^4	10^4	10^1	10^1	10^4
	浅薄系统		10^3		$<10^0$	
微尺度系统		$10^2 \sim 10^3$	10^3	$10^0 \sim 10^1$	$10^{-1} \sim 10^1$	$10^2 \sim 10^4$

在讨论大气运动时，常将气压、密度和比体积等物理量分成基本状态的量和偏离基本状态的扰动量之和，即

$$p(x,y,z,t) = p_0(z) + p'(x,y,z,t), \qquad (7.2.1)$$

$$\rho(x,y,z,t) = \rho_0(z) + \rho'(x,y,z,t), \qquad (7.2.2)$$

$$\alpha(x,y,z,t) = \alpha_0(z) + \alpha'(x,y,z,t), \qquad (7.2.3)$$

其中 p_0, ρ_0, α_0 为基本态即静止态，p', ρ', α' 为扰动态. 基本态表示环流系统在其水平范围内在整个生命维持阶段的变量平均值，扰动态是相对于基本态的空间变化和时间变化. 假如海平面基本态气压取为 $p_0 = 1010$ hPa，基本态温度取为 $T_0 = 280$ K，则基本态比体积应是 $\alpha_0 = RT_0/p_0 = 0.80$ m^3·kg^{-1}. 在一天的时间内，气压变动范围约为 20 hPa，气温变化范围约为 20 K，则比体积变化范围约为 0.07 m^3·kg^{-1}. 很容易证明有以下关系：

$$p'/p_0 \ll 1, \quad \rho'/\rho_0 \ll 1, \quad \alpha'/\alpha_0 \ll 1.$$

基本态密度的厚度尺度 H 定义为

$$H^{-1} = \frac{1}{\alpha_0} \frac{\partial \alpha_0}{\partial z} = -\frac{1}{\rho_0} \frac{\partial \rho_0}{\partial z}, \qquad (7.2.4)$$

它和(3.1.11)式定义的大气密度标高具有相同形式. 均质大气厚度也常作为厚度尺度. 根据3.1.3 小节对大气标高的讨论，厚度尺度 H 应为 8 km 左右.

厚度尺度 H 是大气科学中一个很重要的参量. 在研究大气运动时，常将系统的垂直尺度 D 按其与密度厚度尺度 H 之比 D/H 来分类. $D/H \ll 1$ 称为浅环流或浅对流、浅薄系统；$D/H \approx 1$ 称为深环流或深对流、深厚系统. 这类划分对连续方程、状态方程和垂直运动方程的简化有重要作用.

7.2.2　连续方程的简化

下面将讨论浅环流近似和深环流近似下连续方程的表达式. 以 $\alpha = \alpha_0(z) + \alpha'$ 代入连续方

程(7.1.38)的标量形式：

$$\frac{\partial \alpha}{\partial t} + u\frac{\partial \alpha}{\partial x} + v\frac{\partial \alpha}{\partial y} + w\frac{\partial \alpha}{\partial z} = \alpha\left(\frac{\partial u}{\partial x} + \frac{\partial v}{\partial y} + \frac{\partial w}{\partial z}\right). \tag{7.2.5}$$

不失一般性，取 x 沿平均风方向，则 $v=0$. 设 $\frac{\partial \alpha_0}{\partial t} = \frac{\partial \alpha_0}{\partial x} = 0$，于是(7.2.5)式化为

$$\frac{\partial \alpha'}{\partial t} + u\frac{\partial \alpha'}{\partial x} + w\frac{\partial \alpha'}{\partial z} + w\frac{\partial \alpha_0}{\partial z} = \alpha_0\left(\frac{\partial u}{\partial x} + \frac{\partial w}{\partial z}\right).$$

对上述方程各项做数量级估计：

$$\frac{\alpha^*}{\tau} + U\frac{\alpha^*}{L} + W\frac{\alpha^*}{D} + W\frac{\alpha_0}{H} = \alpha_0\frac{U}{L} + \alpha_0\frac{W}{D}, \tag{7.2.6}$$

上式中 α^* 为 α' 的数量级，U,W 分别为水平和垂直速度尺度. 上式左端第一项中 τ 为欧拉时间尺度，即 α' 有明显变化所经历的时间，如果密度(比体积)变化是由于系统移动引起的质量传输造成的，则可取 $\tau \approx L/U \approx D/W$，称为平流时间尺度. 根据 $\alpha^*/\alpha_0 \ll 1$，(7.2.6)式左端前三项皆可略去，该式成为

$$W\frac{\alpha_0}{H} = \alpha_0\frac{U}{L} + \alpha_0\frac{W}{D}, \tag{7.2.7}$$

其中左端为基本态垂直平流项，右端为辐散项.

对于深对流，即 $D/H \approx 1$，(7.2.7)式两端数量级相同，相对应的连续方程为

$$w\frac{\partial \alpha_0}{\partial z} = \alpha_0\left(\frac{\partial u}{\partial x} + \frac{\partial v}{\partial y} + \frac{\partial w}{\partial z}\right). \tag{7.2.8}$$

习惯上，在(7.2.8)式左端再加上 $u\frac{\partial \alpha_0}{\partial x} + v\frac{\partial \alpha_0}{\partial y}$ (实际上它们皆为零)，(7.2.7)式可表示成为张量形式，例如

$$\frac{\partial}{\partial x_j}(\alpha_0^{-1} u_j) = 0, \tag{7.2.9a}$$

或者

$$\frac{\partial}{\partial x_j}(\rho_0 u_j) = 0. \tag{7.2.9b}$$

(7.2.9)式称为深环流的连续方程. 由于方程中不包含密度的局地变化项 $\partial\rho/\partial t$，实际上消除了声波的传播，所以又称为滞弹性(anelastic)假定或滤声波(soundproof)假定. 由于声波是一种快速传播的波，它存在于方程的数值解中，限制了求解的时间步长，因此滤声波假定对于大气数值模式的应用有很大的好处.

对于浅环流，例如山谷风、海陆风、淡积云组成的浅环流，$D/H \ll 1$，(7.2.7)式中左端项显著小于右端第二项：

$$W\frac{\alpha_0}{H} \ll \alpha_0\frac{W}{D}.$$

略去左端项，对应的方程为

$$\frac{\partial u}{\partial x} + \frac{\partial v}{\partial y} + \frac{\partial w}{\partial z} = 0, \tag{7.2.10a}$$

或张量形式为

$$\frac{\partial u_j}{\partial x_j} = 0. \tag{7.2.10b}$$

(7.2.10)式是浅环流中的连续方程,又称为不可压缩流体连续方程.这是因为(7.2.10)式暗示在连续方程(7.1.36)中密度$\rho=$常数.

不可压关系(7.2.10)或滞弹性关系(7.2.9)在求解大气垂直运动上有很方便的应用,因为它们都是诊断关系,根据水平速度u,v在空间的分布,即可计算出垂直运动速度的分布.例如,由(7.2.10)式可得到

$$w(x,y,z) = w(x,y,0) - \int_0^z \left[\frac{\partial}{\partial x} u(x,y,z) + \frac{\partial}{\partial y} v(x,y,z) \right] \mathrm{d}z. \qquad (7.2.11)$$

7.2.3 水平运动方程的简化及准地转近似

水平运动方程,例如(7.1.43)式可写成为

$$\underset{①}{\frac{\partial u}{\partial t}} = \underset{②}{- u \frac{\partial u}{\partial x}} \underset{③}{- v \frac{\partial u}{\partial y}} \underset{④}{- w \frac{\partial u}{\partial z}} \underset{⑤}{- \frac{1}{\rho} \frac{\partial p}{\partial x}} \underset{⑥}{+ 2\Omega v \sin\varphi} \underset{⑦}{- 2\Omega w \cos\varphi}, \qquad (7.2.12)$$

方程右端前三项为平流项,它们出现在方程右端,因此也可看成虚拟力,称为惯性力项.各项数量级可估计如下:

第①项:
$$\frac{\partial u}{\partial t} \approx \frac{U}{\tau} \approx \frac{U^2}{L}, \qquad (7.2.13)$$

其中τ为平流时间尺度.

第②和③项:
$$u \frac{\partial u}{\partial x} \approx \frac{U^2}{L}, \quad v \frac{\partial u}{\partial y} \approx \frac{U^2}{L}. \qquad (7.2.14)$$

第④项:
$$w \frac{\partial u}{\partial z} \approx \frac{WU}{D}. \qquad (7.2.15)$$

根据(7.2.9)式或(7.2.10)式,都可得出下面类似的关系:

$$\frac{\partial}{\partial z}(\rho_0 w) = - \left[\frac{\partial}{\partial x}(\rho_0 u) + \frac{\partial}{\partial y}(\rho_0 v) \right], \qquad (7.2.16)$$

此式右端两项的符号经常相反,因此其中单独一项都经常大于左端项.由于

$$\frac{W}{D} \leqslant \frac{U}{L}, \qquad (7.2.17)$$

因此垂直平流项(7.2.15)式亦可估计为

$$w \frac{\partial u}{\partial z} \leqslant \frac{U^2}{L}. \qquad (7.2.18)$$

第⑤项:气压梯度力项,它是空气运动的外力,在任何尺度的运动中它都是重要的,都必须保留在方程中.

第⑥和⑦项:对于科氏力项,有

$$2\Omega v \sin\varphi \approx fU, \qquad (7.2.19)$$

$$2\Omega w \cos\varphi \approx f_1 W \approx \frac{f_1 UD}{L}, \qquad (7.2.20)$$

式中f和f_1称为地转参数,在中纬度它们的数量级皆为10^{-4} s^{-1}.上面两个科氏力的比值为

$$\frac{f_1 W}{fU} \approx \frac{D}{L}. \qquad (7.2.21)$$

假定在中纬度,$\cos\varphi$和$\sin\varphi$大小接近,因此$f_1 W$项比fU项小得多,可略去.

在水平运动方程中惯性力和科氏力之比定义为罗斯贝(Rossby)数,以 Ro 表示:

$$Ro = \frac{U^2/L}{fU} = \frac{U}{fL}. \tag{7.2.22}$$

对于大尺度系统,$Ro \approx 10^{-1}$,即惯性力项远小于科氏力项.作为第一近似,在方程(7.2.12)中,可略去 $\frac{\partial u}{\partial t}, u\frac{\partial u}{\partial x}, v\frac{\partial u}{\partial y}, w\frac{\partial u}{\partial z}$ 项.在中尺度系统中,$Ro \approx 10^0$,惯性力和科氏力具有同样的数量级.对于小尺度系统,$Ro \approx 10^1$,即惯性力远大于科氏力,科氏力可略去.

综合上述分析,对于中尺度系统,水平运动方程(7.1.43)及(7.1.44)为

$$\begin{cases} \dfrac{\mathrm{d}u}{\mathrm{d}t} = -\dfrac{1}{\rho}\dfrac{\partial p}{\partial x} + fv, \\ \dfrac{\mathrm{d}v}{\mathrm{d}t} = -\dfrac{1}{\rho}\dfrac{\partial p}{\partial y} - fu; \end{cases} \tag{7.2.23}$$

对于小尺度或微尺度系统,因可略去科氏力,水平运动方程可简化为

$$\begin{cases} \dfrac{\mathrm{d}u}{\mathrm{d}t} = -\dfrac{1}{\rho}\dfrac{\partial p}{\partial x}, \\ \dfrac{\mathrm{d}v}{\mathrm{d}t} = -\dfrac{1}{\rho}\dfrac{\partial p}{\partial y}; \end{cases} \tag{7.2.24}$$

而对于大尺度系统,因可略去惯性力项,水平运动方程可简化为

$$\begin{cases} -\dfrac{1}{\rho}\dfrac{\partial p}{\partial x} + fv = 0, \\ -\dfrac{1}{\rho}\dfrac{\partial p}{\partial y} - fu = 0. \end{cases} \tag{7.2.25}$$

(7.2.25)式说明大尺度运动具有气压梯度力和科氏力相平衡的特点,称为地转平衡.地转平衡条件下的运动是水平匀速直线运动.

利用(7.2.25)式这一对诊断关系,可根据气压分布 $\left(\dfrac{\partial p}{\partial x}, \dfrac{\partial p}{\partial y}\right)$ 直接求出地转平衡下的水平风:

$$\begin{cases} u_{\mathrm{g}} = -\dfrac{1}{f\rho}\dfrac{\partial p}{\partial y}, \\ v_{\mathrm{g}} = \dfrac{1}{f\rho}\dfrac{\partial p}{\partial x}. \end{cases} \tag{7.2.26}$$

$(u_{\mathrm{g}}, v_{\mathrm{g}})$ 称为地转风,(7.2.26)式称为地转风关系.写成矢量形式为

$$\boldsymbol{V}_{\mathrm{g}} = \frac{1}{f\rho}\boldsymbol{k} \times \nabla_{\mathrm{h}} p, \tag{7.2.27}$$

式中下标 h 表示水平分量.由(7.2.27)式可见,地转风与水平气压梯度垂直.一般来说,流体应沿着压力梯度的方向运动;而旋转地球上的大气因受到科氏力作用,在地转平衡条件下,将沿着与压力梯度垂直的方向运动(图 7.4).这是地球流体(包括大气和海洋)的重要特点.地转风与水平气压场的这种关系可归纳为有名的白贝罗(Buys-Ballot)风压定律,即在北半球背风而立,高压在右,低压在左;在南半球背风而立,高压在左,低压在右.

地转风是根据气压分布计算出的风,并非实际存在的风.但在中、高纬度自由大气中,地转风与实际风相当接近,可认为是实际风的一个良好近似.由于自由大气中的大尺度运动近似地满足地转关系,因此也称为准地转近似.鉴于地转风和地转风关系是大气动力学和天气学中的重要概念,7.4 节及 7.5 节中将进一步讨论.

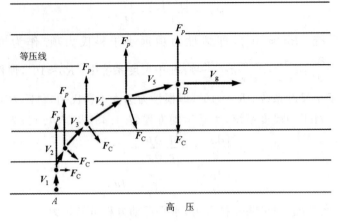

图 7.4 地转风形成示意图.科氏力随着运动速度的增加而增加,最终与气压梯度力达到平衡

V_g 是地转风矢量,F_C 是科氏力,F_p 是气压梯度力

若需预测水平风速 u,v,则应保留(7.1.43)式和(7.1.44)式中的时间变化项 $\dfrac{\mathrm{d}u}{\mathrm{d}t}$ 和 $\dfrac{\mathrm{d}v}{\mathrm{d}t}$,这样的关系称为预报方程.对于大尺度系统,有

$$
\begin{cases}
\dfrac{\mathrm{d}u}{\mathrm{d}t} = fv - \dfrac{1}{\rho}\dfrac{\partial p}{\partial x} = f(v - v_g), \\[2mm]
\dfrac{\mathrm{d}v}{\mathrm{d}t} = -fu - \dfrac{1}{\rho}\dfrac{\partial p}{\partial y} = f(u_g - u).
\end{cases}
\tag{7.2.28}
$$

应当注意的是,上述方程左端时间变化项比右端的两项都小一个数量级,即左端项是右端两个大项之差.这个实际风与地转风的矢量差称为地转偏差.

若将 $p = p_0 + p'$ 和 $\rho = \rho_0 + \rho'$ 代入(7.2.28)式,由于 $\dfrac{1}{\rho} = \dfrac{1}{\rho_0}\left(1 - \dfrac{\rho'}{\rho_0}\right) \approx \dfrac{1}{\rho_0}$,水平运动方程中的水平气压梯度力项可表示成

$$
-\frac{1}{\rho}\frac{\partial p}{\partial x} = -\frac{1}{\rho_0}\frac{\partial p}{\partial x} = -\frac{1}{\rho_0}\frac{\partial p'}{\partial x},
$$

$$
-\frac{1}{\rho}\frac{\partial p}{\partial y} = -\frac{1}{\rho_0}\frac{\partial p}{\partial y} = -\frac{1}{\rho_0}\frac{\partial p'}{\partial y},
$$

因此水平运动方程也可写为

$$
\begin{cases}
\dfrac{\mathrm{d}u}{\mathrm{d}t} = -\dfrac{1}{\rho_0}\dfrac{\partial p}{\partial x} + fv = -\dfrac{1}{\rho_0}\dfrac{\partial p'}{\partial x} + fv, \\[2mm]
\dfrac{\mathrm{d}v}{\mathrm{d}t} = -\dfrac{1}{\rho_0}\dfrac{\partial p}{\partial y} - fu = -\dfrac{1}{\rho_0}\dfrac{\partial p'}{\partial y} - fu.
\end{cases}
\tag{7.2.29}
$$

7.2.4 垂直运动方程的简化和准静力近似

大气动力–热力学方程组中的垂直运动方程(7.1.45)为

$$
\underset{①}{\frac{\mathrm{d}w}{\mathrm{d}t}} = \underset{②}{-\frac{1}{\rho}\frac{\partial p}{\partial z}} \underset{③}{- g} + \underset{④}{2\Omega u\cos\varphi}.
$$

182

下面分析方程各项的数量级:

(1) 惯性力项①. 其数量级为

$$\frac{\partial w}{\partial t} \approx \frac{UW}{L}, \quad u\frac{\partial w}{\partial x} \approx \frac{UW}{L}, \quad v\frac{\partial w}{\partial y} \approx \frac{UW}{L}, \tag{7.2.30}$$

$$w\frac{\partial w}{\partial z} \approx \frac{W^2}{D}, \tag{7.2.31}$$

上式中 $\frac{UW}{L}$ 项的数量级在大、中尺度系统中分别为 10^{-7} m·s^{-2}, 10^{-5} m·s^{-2}, 在深厚小尺度系统中为 10^{-2} m·s^{-2}, 在浅薄小尺度系统中为 10^{-4} m·s^{-2}.

(2) 垂直气压梯度力项②. 其数量级为

$$-\frac{1}{\rho}\frac{\partial p}{\partial z} \approx \frac{1}{\rho}\frac{\Delta p}{D}, \tag{7.2.32}$$

其中 D 为对流层厚度, $D \approx 10^4$ m, Δp 为地面至对流层顶的气压差, 设为 $\Delta p \approx 800$ hPa, ρ 为对流层中的平均密度值, 设为 0.8 kg/m^3, 因此

$$\frac{1}{\rho}\frac{\Delta p}{D} \approx 10 \text{ m·s}^{-2}. \tag{7.2.33}$$

(3) 重力项③. 其 $g \approx 10$ m·s^{-2}.

(4) 科氏力项④. 其

$$2\Omega u\cos\varphi \approx f_1 U \approx 10^{-3} \text{ m·s}^{-2}. \tag{7.2.34}$$

上述四项中, 气压梯度力项和重力项数量级相同, 而且气压梯度力指向上, 重力指向下, 因而两力数值相近方向相反. 惯性力项和科氏力项至少比气压梯度力项和重力项小 4 个数量级, 故可在方程中略去, 所余两项呈准静力平衡状态, 即

$$-\frac{1}{\rho}\frac{\partial p}{\partial z} = g. \tag{7.2.35}$$

此即为 3.1 节中已介绍的流体静力方程或准静力方程, 此处用一个关于气压的诊断方程代替了关于垂直运动的预报方程.

必须强调指出, 实际上 (7.2.35) 式并不意味着惯性力项 $\frac{dw}{dt}=0$, 只表明它是符号相反、数值接近的两个大项的差值. 下面将比较 $\frac{dw}{dt}$ 与静力平衡偏差值的数量级.

在 (7.2.1) 和 (7.2.2) 式中, 其基本态 p_0, ρ_0 满足静力平衡关系:

$$\frac{1}{\rho_0}\frac{\partial p_0}{\partial z} = -g, \tag{7.2.36}$$

因此扰动量 p', ρ' 是静力平衡状态的偏差值. 将 (7.2.1) 和 (7.2.2) 式代入 (7.2.35) 式, 得到

$$-\frac{1}{\rho}\frac{\partial p}{\partial z} - g = -\frac{1}{\rho_0 + \rho'}\frac{\partial}{\partial z}(p_0 + p') - g. \tag{7.2.37}$$

利用泰勒级数展开关系 $\frac{1}{\rho_0+\rho'} \approx \frac{1}{\rho_0}\left(1-\frac{\rho'}{\rho_0}\right)$ 及 (7.2.36) 式, 并忽略 $-\frac{\rho'}{\rho_0^2}\frac{\partial p'}{\partial z}$ 项, 得到

$$-\frac{1}{\rho}\frac{\partial p}{\partial z} - g \approx -\frac{1}{\rho_0}\frac{\partial p'}{\partial z} - \frac{\rho'}{\rho_0}g, \tag{7.2.38}$$

其中右端第一项为扰动气压梯度力, 第二项为扰动密度浮力, 即重力与阿基米德浮力的合力.

根据关系式 $\dfrac{1}{\rho}=\alpha$,并假定基本态满足 $\dfrac{1}{\rho_0}=\alpha_0$,可得到 $\dfrac{1}{\rho_0}\left(1-\dfrac{\rho'}{\rho_0}\right)=\alpha_0+\alpha'$,即

$$-\frac{\rho'}{\rho_0}=\frac{\alpha'}{\alpha_0}. \tag{7.2.39}$$

在 7.2.1 小节中已讨论过比容的变化范围 $|\alpha'/\alpha_0|\approx0.05$,故可估计 ρ'/ρ_0 的数量级也是 10^{-2}. 因此,在大、中尺度系统中,$\dfrac{1}{\rho_0}\dfrac{\partial p'}{\partial z}$ 和 $\dfrac{\rho'}{\rho_0}g$ 项仍然比惯性力项 $\dfrac{\mathrm{d}w}{\mathrm{d}t}$ 至少大两个数量级. 诊断关系

$$-\frac{1}{\rho_0}\frac{\partial p'}{\partial z}=\frac{\rho'}{\rho_0}g \tag{7.2.40}$$

成立.

在小尺度、微尺度环流系统中,垂直运动可根据预报方程,即从垂直运动方程中预测出:

$$\frac{\mathrm{d}w}{\mathrm{d}t}=-\frac{1}{\rho_0}\frac{\partial p'}{\partial z}-\frac{\rho'}{\rho_0}g. \tag{7.2.41}$$

此式中的 $\dfrac{\mathrm{d}w}{\mathrm{d}t}$ 不再是两项数量级为 $10\ \mathrm{m\cdot s^{-2}}$ 的大项之差,而是数量级为 $10^{-1}\ \mathrm{m\cdot s^{-2}}$ 的两项 $\left|\dfrac{1}{\rho_0}\dfrac{\partial p'}{\partial z}\right|$ 和 $\left|\dfrac{\rho'}{\rho_0}g\right|$ 的差值.

如果环流系统采用关系式(7.2.40),此系统称为准静力的;如果采用关系式(7.2.41),则此系统称为非静力的.

从上面的推导中可以看出,原来的重力 g 已被基本态的压力梯度项所抵消,方程中只出现扰动气压梯度力和扰动密度浮力项,即突出了扰动密度浮力. 同时,在扰动气压梯度力项中只出现基本态的密度 ρ_0. 这种在与重力相联系的项中保留扰动密度,而在其他项中略去扰动密度影响的做法,称为包辛涅斯克(Boussinesq)近似或对流近似.

7.2.5 空气的热力学方程和状态方程

绝热方程(7.1.47)可表示成为 $\dfrac{1}{\theta_0}\dfrac{\mathrm{d}}{\mathrm{d}t}(\theta_0+\theta')=0$,展开后得到

$$\frac{\mathrm{d}}{\mathrm{d}t}\left(\frac{\theta'}{\theta_0}\right)+\frac{1}{\theta_0}\frac{\mathrm{d}\theta_0}{\mathrm{d}z}w=0. \tag{7.2.42}$$

令 $N=\left(\dfrac{g}{\theta_0}\dfrac{\mathrm{d}\theta_0}{\mathrm{d}z}\right)^{1/2}$,则上式成为

$$\frac{\mathrm{d}}{\mathrm{d}t}\left(\frac{\theta'}{\theta_0}\right)+\frac{N^2}{g}w=0. \tag{7.2.43}$$

N 称为布伦特-维塞拉(Brunt-Vaisala)频率或浮力频率.

空气状态方程 $p=\rho RT$ 中的温度可表示成基本态和扰动态之和,即

$$T=T_0+T'. \tag{7.2.44}$$

假设基本态 T_0 满足

$$p_0=\rho_0 RT_0, \tag{7.2.45}$$

对 $p=\rho RT$ 和(7.2.45)式两端取对数,然后两式相减,再做级数展开,略去二阶小量,可得状态方程的线性化表达式为

$$\frac{\rho'}{\rho_0} = \frac{p'}{p_0} - \frac{T'}{T_0}. \tag{7.2.46}$$

如果采用湿空气状态方程 $p = \rho R_{\mathrm{d}} T_{\mathrm{v}}$,其中虚温 $T_{\mathrm{v}} = T(1 + 0.608q)$,$q$ 是比湿,则其线性化表达式应改为

$$\frac{\rho'}{\rho_0} = \frac{p'}{p_0} - \frac{T_{\mathrm{v}}'}{T_{\mathrm{v}0}} = \frac{p'}{p_0} - \frac{T'}{T_0} - 0.608q', \tag{7.2.47}$$

式中 q' 是比湿扰动量. 可见,空气的扰动密度受到扰动压力、扰动温度及水汽变化的影响.

下面将从垂直运动方程(7.2.41)出发,证明浅对流时可略去状态方程中气压扰动项. 将(7.2.46)式代入(7.2.41)式,得

$$\frac{\mathrm{d}w}{\mathrm{d}t} = -\frac{1}{\rho_0}\frac{\partial p'}{\partial z} - \frac{p'}{p_0}g + \frac{T'}{T_0}g. \tag{7.2.48}$$

比较(7.2.48)式右端第二项与第一项的尺度:

$$\frac{p^* g/p_0}{p^*/D\rho_0} \approx \frac{D}{H}, \tag{7.2.49}$$

其中 p^* 为扰动气压的尺度,D 为运动的垂直尺度,$H = \dfrac{p_0}{\rho_0 g}$ 为均质大气厚度,前面已提到其数值约为 8000 m. 在浅对流时 $D/H \ll 1$,故

$$\frac{p'}{p_0} \ll \frac{\rho'}{\rho_0} \approx -\frac{T'}{T_0}, \tag{7.2.50}$$

因此在浅对流条件下,状态方程(7.2.46)可写成

$$\frac{\rho'}{\rho_0} = -\frac{T'}{T_0}. \tag{7.2.51}$$

位温可表示成为 $\theta = \theta_0 + \theta'$. 设基本态 θ_0 满足 $\dfrac{T_0}{\theta_0} = \left(\dfrac{p_0}{p_{00}}\right)^{R/c_p}$,其中 $p_{00} = 1000\ \mathrm{hPa}$. 将位温关系式

$$\frac{T}{\theta} = \left(\frac{p}{p_{00}}\right)^{R/c_p} \tag{7.2.52}$$

两端取对数并微分,可得到

$$\frac{T'}{T_0} - \frac{\theta'}{\theta_0} = \left(\frac{R}{c_p}\right)\frac{p'}{p_{00}}. \tag{7.2.53}$$

根据证明(7.2.51)式同样的理由,浅对流条件下有

$$\frac{T'}{T_0} \approx \frac{\theta'}{\theta_0}. \tag{7.2.54}$$

联系(7.2.51)和(7.2.54)式,得到

$$-\frac{\rho'}{\rho_0} = \frac{\theta'}{\theta_0}. \tag{7.2.55}$$

根据上面的讨论可知,在深对流时因为 $D/H \approx 1$,不能略去扰动气压项,状态方程仍是(7.2.46)式,必须考虑扰动气压对扰动密度浮力的影响. 垂直运动方程也仍是(7.2.48)式. 而在浅对流条件下,垂直运动方程(7.2.48)式可简化成

$$\frac{\mathrm{d}w}{\mathrm{d}t} = -\frac{1}{\rho_0}\frac{\partial p'}{\partial z} + \frac{T'}{T_0}g \tag{7.2.56}$$

或
$$\frac{\mathrm{d}w}{\mathrm{d}t} = -\frac{1}{\rho_0}\frac{\partial p'}{\partial z} + \frac{\theta'}{\theta_0}g. \tag{7.2.57}$$

顺便指出,准静力关系(7.2.40)以位温表示时可写成

$$\frac{1}{\rho_0}\frac{\partial p'}{\partial z} = \frac{\theta'}{\theta_0}g. \tag{7.2.58}$$

7.2.6 包辛涅斯克方程组

结合前面的(7.2.29),(7.2.41),(7.2.10a),(7.2.55)及(7.2.43)式,可以得到一套关于扰动变量 ρ', p', θ' 和 u, v, w 的方程组:

$$\frac{\mathrm{d}u}{\mathrm{d}t} = -\frac{1}{\rho_0}\frac{\partial p'}{\partial x} + fv, \tag{7.2.59a}$$

$$\frac{\mathrm{d}v}{\mathrm{d}t} = -\frac{1}{\rho_0}\frac{\partial p'}{\partial y} - fu, \tag{7.2.59b}$$

$$\frac{\mathrm{d}w}{\mathrm{d}t} = -\frac{1}{\rho_0}\frac{\partial p'}{\partial z} - \frac{\rho'}{\rho_0}g, \tag{7.2.59c}$$

$$\frac{\partial u}{\partial x} + \frac{\partial v}{\partial y} + \frac{\partial w}{\partial z} = 0, \tag{7.2.59d}$$

$$\frac{\theta'}{\theta_0} = -\frac{\rho'}{\rho_0}, \tag{7.2.59e}$$

$$\frac{\mathrm{d}}{\mathrm{d}t}\left(\frac{\theta'}{\theta_0}\right) + \frac{N^2}{g}w = 0. \tag{7.2.59f}$$

这是浅环流假设下的大气动力-热力学方程组. 此方程组采用了包辛涅斯克假定,即在运动方程中,密度扰动只出现在与重力相联系的项中,其他项中的密度扰动都已略去,所以称为包辛涅斯克方程组.

7.2.7 大气动力学方程组的另外形式

为了研究问题方便,通常将某些物理量作适当的变换,最为常见的是用 Exner 函数 π 代替气压 p. π 定义为

$$\pi = c_p\left(\frac{p}{p_{00}}\right)^{\frac{R}{c_p}}. \tag{7.2.60}$$

因位温 θ 的定义是

$$\theta = T\left(\frac{p_{00}}{p}\right)^{\frac{R}{c_p}}, \tag{7.2.61}$$

显然有
$$T = \frac{\pi\theta}{c_p}. \tag{7.2.62}$$

根据 π 的定义式(7.2.60),气压梯度力可以改写成

$$\frac{1}{\rho}\frac{\partial p}{\partial x_i} = \theta\frac{\partial \pi}{\partial x_i}. \tag{7.2.63}$$

将(7.1.43)式中的右边第三项略去后,运动方程可写成

$$\begin{cases} \dfrac{\mathrm{d}u}{\mathrm{d}t} = -\theta \dfrac{\partial \pi}{\partial x} + fv, \\[3mm] \dfrac{\mathrm{d}v}{\mathrm{d}t} = -\theta \dfrac{\partial \pi}{\partial y} - fu, \\[3mm] \dfrac{\mathrm{d}w}{\mathrm{d}t} = -\theta \dfrac{\partial \pi}{\partial z} - g. \end{cases} \tag{7.2.64}$$

而大气静力学方程为

$$\frac{\partial \pi}{\partial z} = -\frac{g}{\theta}, \tag{7.2.65}$$

利用此诊断方程(7.2.65),就可根据位温 θ 的分布计算 π 的分布,而不必考虑密度 ρ 的影响.

若令 $\pi(x,y,z,t) = \pi_0(z) + \pi'(x,y,z,t)$, $\theta(x,y,z,t) = \theta_0(z) + \theta'(x,y,z,t)$,且基本态满足

$$\frac{\partial \pi_0}{\partial z} = -\frac{g}{\theta_0}, \tag{7.2.66}$$

代入(7.2.64)式,略去二阶小量,其中

$$\theta \frac{\partial \pi}{\partial x} = \theta_0 \frac{\partial \pi'}{\partial x}, \quad \theta \frac{\partial \pi}{\partial y} = \theta_0 \frac{\partial \pi'}{\partial y}, \quad \theta \frac{\partial \pi}{\partial z} + g \approx \theta_0 \frac{\partial \pi'}{\partial z} - \frac{\theta'}{\theta_0} g,$$

于是运动方程(7.2.64)成为

$$\begin{cases} \dfrac{\mathrm{d}u}{\mathrm{d}t} = -\theta_0 \dfrac{\partial \pi'}{\partial x} + fv, \\[3mm] \dfrac{\mathrm{d}v}{\mathrm{d}t} = -\theta_0 \dfrac{\partial \pi'}{\partial y} - fu, \\[3mm] \dfrac{\mathrm{d}w}{\mathrm{d}t} = -\theta_0 \dfrac{\partial \pi'}{\partial z} + \dfrac{\theta'}{\theta_0} g. \end{cases} \tag{7.2.67}$$

得出上面表达式时不需要条件 $\rho'/\rho_0 \ll 1$. 在系统为准静力时,有

$$\frac{\partial \pi'}{\partial z} = \frac{\theta'}{\theta_0^2} g. \tag{7.2.68}$$

由此得到包辛涅斯克方程组(7.2.59)的另一个表达形式:

$$\frac{\mathrm{d}u}{\mathrm{d}t} = -\theta_0 \frac{\partial \pi'}{\partial x} + fv, \tag{7.2.69a}$$

$$\frac{\mathrm{d}v}{\mathrm{d}t} = -\theta_0 \frac{\partial \pi'}{\partial y} - fu, \tag{7.2.69b}$$

$$\frac{\mathrm{d}w}{\mathrm{d}t} = -\theta_0 \frac{\partial \pi'}{\partial z} + \frac{\theta'}{\theta_0} g, \tag{7.2.69c}$$

$$\frac{\partial u}{\partial x} + \frac{\partial v}{\partial y} + \frac{\partial w}{\partial z} = 0, \tag{7.2.69d}$$

$$\frac{\mathrm{d}}{\mathrm{d}t}\left(\frac{\theta'}{\theta_0}\right) + \frac{N^2}{g} w = 0. \tag{7.2.69e}$$

在研究深环流问题时,连续方程需换成如下形式:

$$\frac{\partial \rho u}{\partial x} + \frac{\partial \rho v}{\partial y} + \frac{\partial \rho w}{\partial z} = 0. \tag{7.2.70}$$

7.3 大气中的准地转运动

在离地面大约 $1\,\mathrm{km}$ 以上的大气中,地球表面对大气运动的摩擦作用已可以忽略不计,这部分大气称为自由大气.在自由大气中,运动基本是水平的.如果运动是大致平直的,离心力也可以忽略.于是作用在运动大气上的主要力就只有气压梯度力和科氏力.这两种力的平衡称为地转平衡.地转平衡情况下形成的水平匀速直线运动,如(7.2.26)式所述,称为地转风.本节将讨论地转平衡中气压场和风场之间关系的表达式.

7.3.1 气压坐标系

气压 p 是高度 z 的单值单调函数, $p=p(x,y,z,t)$. 因此我们可以用 p 代替 z 作为垂直坐标,构成 (x,y,p,t) 坐标系.任意物理量 $F=F(x,y,z,t)$ 可以表示成为 (x,y,p,t) 坐标系内的函数形式 $F(x,y,p,t)$,且应相等:

$$F(x,y,p,t) = F[x,y,z(x,y,p,t),t]. \tag{7.3.1}$$

F 对 x,y,t 的导数可表示成为下列形式 $\left(\text{以} \dfrac{\partial F}{\partial x} \text{为例}\right)$:

$$\left(\frac{\partial F}{\partial x}\right)_p = \left(\frac{\partial F}{\partial x}\right)_z + \frac{\partial F}{\partial z}\left(\frac{\partial z}{\partial x}\right)_p, \tag{7.3.2}$$

其中下标 p 表示沿等压面的导数.如果 F 就是气压,则(7.3.2)式成为

$$\left(\frac{\partial p}{\partial x}\right)_p = \left(\frac{\partial p}{\partial x}\right)_z + \frac{\partial p}{\partial z}\left(\frac{\partial z}{\partial x}\right)_p. \tag{7.3.3}$$

左端 $\left(\dfrac{\partial p}{\partial x}\right)_p = 0$,于是

$$\left(\frac{\partial p}{\partial x}\right)_z = \rho g\left(\frac{\partial z}{\partial x}\right)_p. \tag{7.3.4}$$

类似地,有

$$\left(\frac{\partial p}{\partial y}\right)_z = \rho g\left(\frac{\partial z}{\partial y}\right)_p. \tag{7.3.5}$$

将(7.3.4)和(7.3.5)式代入地转风关系(7.2.26)式,得到 p 坐标系中的地转风表达式

$$\begin{cases} u_{\mathrm{g}} = -\dfrac{g}{f}\left(\dfrac{\partial z}{\partial y}\right)_p, \\[2mm] v_{\mathrm{g}} = \dfrac{g}{f}\left(\dfrac{\partial z}{\partial x}\right)_p. \end{cases} \tag{7.3.6}$$

在表达式(7.2.26)中,地转风是等高面上水平气压梯度的函数,同时也是密度 ρ 的函数, ρ 随高度有明显的变化.而在表达式(7.3.6)中,地转风只是等压面坡度的函数. $(u_{\mathrm{g}}, v_{\mathrm{g}})$ 和 $\left(-\dfrac{\partial z}{\partial y}, \dfrac{\partial z}{\partial x}\right)_p$ 的对应关系不随高度变化.

7.3.2 自由大气中的风场和高度场

在 (x,y,p,t) 坐标系中,地转风表达式(7.3.6)还可表示成为

$$\begin{cases} u_{\mathrm{g}} = -\dfrac{1}{f}\left(\dfrac{\partial \Phi}{\partial y}\right)_p, \\[2mm] v_{\mathrm{g}} = \dfrac{1}{f}\left(\dfrac{\partial \Phi}{\partial x}\right)_p, \end{cases} \tag{7.3.7}$$

其中 $\varPhi = gz$ 为重力位势.写成矢量形式,上式成为

$$\boldsymbol{V}_{\mathrm{g}} = \frac{1}{f}\boldsymbol{k} \times \nabla_p \varPhi. \tag{7.3.8}$$

地转风和等高线之间的关系和地转风与等压线的关系类似,因此地转风与等压面上的等高线平行,这在高空等压面图分析中是很方便的.天气学实践中常用地转风代替实际风,称为地转风近似.但此近似规律只适用于中、高纬度.在低纬,例如纬度 $|\varphi| < 10°$ 地区,f 的值很小,实际风和地转风之间差别很大,等高线(等压线)的分布与实际风方向已无密切的对应关系.

7.4 风随高度的变化和热成风

地转平衡确立了自由大气中风场和气压场之间的关系.下面我们将看到,两层等压面之间地转风的切变与两层之间大气的温度分布有确定的关系.

由(7.3.6)及(7.3.7)式可知,地转风正比于等压面的坡度或重力位势梯度.如图 7.5 所示,假定在等压面 p_0 上地转风 $\boldsymbol{V}_{\mathrm{g}}(p_0)$ 沿 y 轴方向,若要求地转风大小随高度增加,则等压面沿 x 轴的坡度必须随高度增加.两等压面之间的厚度 δz 由静力平衡关系决定:

$$\delta z = -\frac{\delta p}{\rho g} = -\frac{RT}{pg}\delta p, \tag{7.4.1}$$

式中 δp 是等压面之差.由上式可知,在温度高的地方,等压面之间的厚度 δz 较大.如果温度在水平方向分布不均匀,则等压面之间厚度的水平分布也不均匀,等压面坡度就会随高度发生变化,等压面上的地转风也会随高度变化.

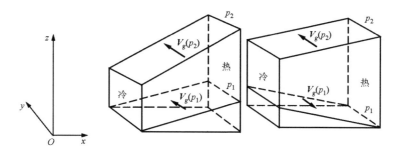

图 7.5 地转风随高度变化,$\boldsymbol{V}_{\mathrm{g}}(p_1)$ 和 $\boldsymbol{V}_{\mathrm{g}}(p_2)$ 分别是等压面 p_1 和 p_2 上的地转风

下面我们来推导地转风随高度变化的表达式,以 v_{g} 分量为例:

$$v_{\mathrm{g}} = \frac{g}{f}\left(\frac{\partial z}{\partial x}\right)_p, \tag{7.4.2}$$

两端同对垂直坐标 p 求导数得

$$\frac{\partial v_{\mathrm{g}}}{\partial p} = \frac{g}{f}\frac{\partial}{\partial x}\left(\frac{\partial z}{\partial p}\right). \tag{7.4.3}$$

将(7.4.1)式代入(7.4.3)式,得

$$\frac{\partial v_{\mathrm{g}}}{\partial p} = -\frac{R}{fp}\left(\frac{\partial T}{\partial x}\right)_p. \tag{7.4.4}$$

类似地,有

$$\frac{\partial u_{\mathrm{g}}}{\partial p} = \frac{R}{fp}\left(\frac{\partial T}{\partial y}\right)_p. \tag{7.4.5}$$

写成矢量形式:

$$\frac{\partial \boldsymbol{V}_{\mathrm{g}}}{\partial p} = -\frac{R}{fp}\boldsymbol{k} \times \nabla_p T. \tag{7.4.6}$$

(7.4.6)式表明,地转风切变大小与等压面上温度水平梯度成正比,切变矢量方向与梯度方向垂直.温度梯度越大,风速切变越强.在锋面上方常会出现强风就是一个例子.

设有两等压面 p_2 和 p_1,且 $p_1 > p_2$,两等压面之间地转风的矢量差可由(7.4.6)式在垂直方向上的积分得到:

$$\Delta \boldsymbol{V}_{\mathrm{g}} = \boldsymbol{V}_{\mathrm{g}}(p_2) - \boldsymbol{V}_{\mathrm{g}}(p_1) = -\frac{R}{f} \int_{p_1}^{p_2} (\boldsymbol{k} \times \nabla_p T) \mathrm{d}\ln p. \tag{7.4.7}$$

$\Delta \boldsymbol{V}_{\mathrm{g}}$ 称为两等压面之间的热成风(不是真正的风),以 $\boldsymbol{V}_{\mathrm{T}}$ 表示,其分量形式为

$$\begin{cases} u_{\mathrm{T}} = -\dfrac{R}{f} \left(\dfrac{\partial \overline{T}}{\partial y} \right)_p \ln\left(\dfrac{p_1}{p_2} \right), \\ v_{\mathrm{T}} = \dfrac{R}{f} \left(\dfrac{\partial \overline{T}}{\partial x} \right)_p \ln\left(\dfrac{p_1}{p_2} \right), \end{cases} \tag{7.4.8}$$

其中 $\overline{T}$ 为等压面 p_1 和 p_2 之间气层的平均温度.(7.4.8)式清楚地表明,热成风的大小与水平温度梯度成正比,与科氏参数成反比.

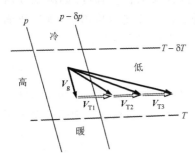

图 7.6 热成风与温度场之间的关系, $\boldsymbol{V}_{\mathrm{g}}$ 为地转风,$\boldsymbol{V}_{\mathrm{T}}$ 为热成风

若把热成风看成是一种风,由(7.4.8)式可知,热成风与平均温度分布之间的关系类似于地转风中的风压关系.热成风与平均等温线平行,在北半球,背热成风而立,高温区在右,低温区在左,如图 7.6 所示.图上还表明,自由大气中任意高度上的地转风可看成是起始高度的地转风与该高度至起始高度间热成风的矢量和.由于北半球总是南部暖,北部冷,故热成风总是偏西风.随着高度增加,气流中偏西风分量不断加大,因此在对流层上层盛行西风,并且在极锋锋区上方(200 hPa 附近)出现西风急流.

热成风分量还可用两层之间的重力位势厚度梯度表示:

$$\begin{cases} u_{\mathrm{T}} = -\dfrac{1}{f} \dfrac{\partial \Delta \Phi}{\partial y}, \\ v_{\mathrm{T}} = \dfrac{1}{f} \dfrac{\partial \Delta \Phi}{\partial x}, \end{cases} \tag{7.4.9}$$

其中重力位势厚度

$$\Delta \Phi = R\overline{T} \ln\left(\dfrac{p_1}{p_2} \right). \tag{7.4.10}$$

热成风关系也是自由大气动力学的基本规律之一,在天气分析与预报中有重要应用,例如可用于估算气层中的平均温度平流.在北半球,若地转风从低层(p_1)到高层(p_2)随高度增加呈反时针偏转(图 7.7(a)),则表明在这一气层中平均风从冷区吹向暖区,是冷平流,未来温度会下降;反之,如果地转风随高度增加顺时针偏转(图 7.7(b)),则这一气层中有暖平流,温度将会升高.

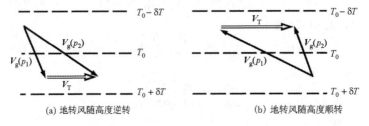

(a) 地转风随高度逆转　　　　　　　　(b) 地转风随高度顺转

图 7.7 地转风随高度转向与温度平流的关系,$\boldsymbol{V}_{\mathrm{g}}$ 为地转风,$\boldsymbol{V}_{\mathrm{T}}$ 为热成风

7.5 大气中的圆周运动和梯度平衡

大气中水平气压场的分布形式经常呈现为闭合的低压和高压系统,例如热带洋面的台风和冬季陆面的冷高压.在这类气压系统中,空气近似地绕着圆形分布的等压线做圆周运动,根据旋转方向分为气旋与反气旋.反时针旋转的流场称为气旋,顺时针旋转的流场称为反气旋.

闭合的气压场和旋转式的流场,可能出现四种组合,即反气旋式高压、气旋式高压、气旋式低压和反气旋式低压.下面分析上述几种组合在实际大气中出现的可能性.

假设一个气块在水平面上做匀速圆周运动,V 为匀速圆周运动线速度的大小($V>0$),线加速度为零,即 $\dfrac{\mathrm{d}V}{\mathrm{d}t}=0$,在运动的切向方向上不受力.在圆周运动的径向方向上,气块将受到三个力的作用:① 径向气压梯度力 $-\dfrac{1}{\rho}\dfrac{\partial p}{\partial r}$,其数值大小为 $\left|\dfrac{1}{\rho}\dfrac{\partial p}{\partial r}\right|$,方向沿圆周运动的曲率半径向内(低气压)或向外(高气压);② 科氏力 fV,指向运动方向的右方;③ 离心力 V^2/r,总是向外.对于自由大气中的匀速圆周运动,这三个力应处于平衡状态.但对于上述四种组合,平衡关系是不同的.

1. 反气旋式高压

力的平衡关系见图 7.8(a),即

$$\frac{V^2}{r}+\frac{1}{\rho}\left|\frac{\partial p}{\partial r}\right|=fV, \tag{7.5.1}$$

其解为

$$V=\frac{fr}{2}\pm\sqrt{\frac{f^2 r^2}{4}-\frac{r}{\rho}\left|\frac{\partial p}{\partial r}\right|}. \tag{7.5.2}$$

(7.5.2)式中根式前取正负号,从物理上看都是合理的,但取正号所得到的风速,远大于实际大气中可能出现的风速.例如,取空气密度 $\rho=1.2\ \mathrm{kg/m^3}$,气压系统中心与边缘的距离 $r=10^6\ \mathrm{m}$,气压差 $\Delta p=20\ \mathrm{hPa}$,由(7.5.2)式可得到风速值 $V=21\ \mathrm{m\cdot s^{-1}}$ 及 $V=79\ \mathrm{m\cdot s^{-1}}$.第一个风速值反映的是大气中常见的高压系统,称为正常高压;而第二个风速值是不实际的.

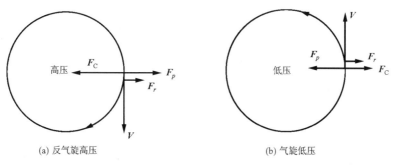

(a) 反气旋高压　　　　　　　　　　(b) 气旋低压

图 7.8　北半球中气压梯度力 $\boldsymbol{F}_p$,科氏力 $\boldsymbol{F}_\mathrm{C}$ 和离心力 $\boldsymbol{F}_r$ 的平衡关系

另外,要使(7.5.2)式根号内为非零正值(若为零,则得出风速与气压梯度力无关的不合理结论),必须有

$$\frac{f^2 r^2}{4}>\frac{r}{\rho}\left|\frac{\partial p}{\partial r}\right|,\quad\text{即}\quad r>\frac{4}{f^2\rho}\left|\frac{\partial p}{\partial r}\right|.$$

可见,反气旋的曲率大小受气压梯度力和地转参数的制约,不能太小.一般来说,实际天气图上的反气旋要比气旋的区域大.由(7.5.2)式还可以看出,反气旋高压中气压梯度有一极限值,故

风速不会太大；特别在高压中心，r 很小，$\left|\dfrac{\partial p}{\partial r}\right|$ 也必须很小，说明高压中心附近气压梯度和风速必定都很小. 而下面将要讨论的气旋式低压和反气旋式低压就没有这个限制，台风和龙卷风可以有很强的气压梯度和很大的风速.

实际大气中常见的反气旋式高压，如冷高压、副热带高压、西风带中的阻塞高压等，它们的水平尺度，即曲率半径大约为几百至一两千千米.

2. 气旋式高压

在气旋式高压环流中，科氏力、气压梯度力和离心力都是向外的，不可能维持力的平衡关系，因此这类环流在实际大气中不可能存在.

3. 气旋式低压

气块所受力的平衡关系如图 7.8(b)所示，其中气压梯度力向内，科氏力与离心力向外. 写成平衡关系：

$$\frac{V^2}{r} + fV = \frac{1}{\rho}\left|\frac{\partial p}{\partial r}\right|, \tag{7.5.3}$$

其中 r 为圆周运动的曲率半径. 由(7.5.3)式解得

$$V = -\frac{fr}{2} \pm \sqrt{\frac{f^2 r^2}{4} + \frac{r}{\rho}\left|\frac{\partial p}{\partial r}\right|}. \tag{7.5.4}$$

显然，为得到物理上合理的解，即 $V > 0$，根式前符号只有取正号才有意义. 仍以第 189 页所列的数值代入(7.5.4)式，得到风速值 $V = 14.5\ \mathrm{m \cdot s^{-1}}$，结果是合理的，称为正常低压. 实际大气中常见的气旋式低压有热带低压、台风和中纬度锋面气旋.

4. 反气旋式低压

反气旋式低压中力的平衡关系为

$$\frac{V^2}{r} = \frac{1}{\rho}\left|\frac{\partial p}{\partial r}\right| + fV. \tag{7.5.5}$$

为了达到力的平衡，离心力必须足够大，这就要求 V 很大并且(或者)r 很小. 但在大、中尺度的闭合气压系统中，科氏力和气压梯度力的数量级为 $10^{-3}\ \mathrm{m \cdot s^{-2}}$，而离心力的数量级仅为 $10^{-4}\ \mathrm{m \cdot s^{-2}}$，因此不可能出现如(7.5.5)式表示的那种平衡关系. 下面我们将分析这类反气旋式低压只有在可忽略科氏力的小尺度系统中才能出现.

5. 旋衡风

在实际大气中，对于小尺度和微尺度的闭合气压系统，存在一种平衡关系——旋衡平衡，如龙卷风和尘旋风. 以龙卷风为例，它是一种强旋转风环流，中心为低压，直径只有几百米. 在此类环流中，罗斯贝数远大于 1：

$$Ro = \frac{U}{fL} = \frac{10\ \mathrm{m \cdot s^{-1}}}{10^{-4}\ \mathrm{s^{-1} \cdot 10^2\ m}} = 10^3,$$

因此科氏力是可以忽略的小量，此时(7.5.3)和(7.5.5)式都变成为

$$\frac{V^2}{r} = \left|\frac{1}{\rho}\frac{\partial p}{\partial r}\right|, \tag{7.5.6}$$

即离心力和气压梯度力达到平衡，称为旋衡平衡(图 7.9). 相应地，风速为

$$V = \sqrt{\left|\frac{r}{\rho}\frac{\partial p}{\partial r}\right|}. \tag{7.5.7}$$

在这类环流中，气旋式旋转或反气旋式旋转都是可能的. 这种以强旋转方式达到平衡关系的环流称为旋衡风. 观测表明，在龙卷风中仍以气旋式旋转为主，尺度更小的水龙卷和尘旋风

则无明显的方向性.

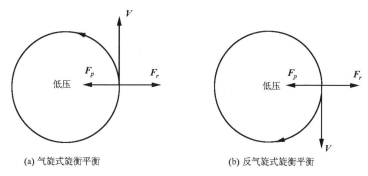

(a) 气旋式旋衡平衡　　　　　　　　(b) 反气旋式旋衡平衡

图 7.9　旋衡平衡和旋衡风,F_p 为气压梯度力,F_r 为离心力

　　自由大气中做匀速圆周运动的水平环流,其气压梯度力、科氏力和离心力处于平衡状态时,称为梯度平衡.在北半球,这类环流无论是气旋式低压或是反气旋式高压,统称为梯度风环流.由(7.5.2)和(7.5.4)式计算出的风速称为梯度风.可见,梯度风是水平等速曲线运动,风向与等压线平行.由上述力的平衡关系式(7.5.1),(7.5.3)及(7.5.5)还可看出,当 $r \to \infty$ 时,梯度风变成了地转风,所以地转风是梯度风的一种特殊情形.而且很容易分析得到,在同一纬度地区,气旋式低压中的梯度风比相同气压梯度下的地转风小;反气旋式高压中的梯度风比相同气压梯度下的地转风大.但因梯度风的计算比较麻烦,而且实际的大气运动又不是同心圆,所以在自由大气中常用地转风作为实际大气运动的近似.

7.6　涡度、环流与环流定理

　　许多大气系统,如气旋、反气旋、台风、龙卷风等都呈现涡旋运动状态.在大气涡旋运动中,旋转角速度在空间的分布不是常数,并且还随时间变化,因而仅用理论力学中分析刚体旋转的物理量来分析大气中的涡旋运动是不够的.本节中引入的环流和涡度,是用于分析流体涡旋运动的两种物理量.环流是反映一定面积上流体旋转、切变的宏观态势,是一个积分量;而涡度则是流体旋转造成的流体每一点上运动量的微观变化,是一个微分量.描述涡度随时间变化的是涡度方程;描述环流随时间变化的是环流定理.

7.6.1　涡度与环流

　　风速矢量 $\boldsymbol{V} = u\boldsymbol{i} + v\boldsymbol{j} + w\boldsymbol{k}$ 的涡度 $\boldsymbol{\omega}$ 定义为

$$\boldsymbol{\omega} = \nabla \times \boldsymbol{V} = \begin{vmatrix} \boldsymbol{i} & \boldsymbol{j} & \boldsymbol{k} \\ \dfrac{\partial}{\partial x} & \dfrac{\partial}{\partial y} & \dfrac{\partial}{\partial z} \\ u & v & w \end{vmatrix} = \left(\frac{\partial w}{\partial y} - \frac{\partial v}{\partial z}\right)\boldsymbol{i} + \left(\frac{\partial u}{\partial z} - \frac{\partial w}{\partial x}\right)\boldsymbol{j} + \left(\frac{\partial v}{\partial x} - \frac{\partial u}{\partial y}\right)\boldsymbol{k},$$

$$(7.6.1)$$

用张量形式可写成为

$$\omega_i = \varepsilon_{ijk}\frac{\partial u_k}{\partial x_j}. \tag{7.6.2}$$

在张量表达式中含有下标 j 和 k 的项是求和的,例如当 $i=1$ 和 $i=3$,分别有

$$\omega_1 = \varepsilon_{123}\frac{\partial u_3}{\partial x_2} + \varepsilon_{132}\frac{\partial u_2}{\partial x_3} = \frac{\partial u_3}{\partial x_2} - \frac{\partial u_2}{\partial x_3}, \tag{7.6.3}$$

$$\omega_3 = \varepsilon_{312} \frac{\partial u_2}{\partial x_1} + \varepsilon_{321} \frac{\partial u_1}{\partial x_2} = \frac{\partial u_2}{\partial x_1} - \frac{\partial u_1}{\partial x_2}. \tag{7.6.4}$$

如果 $\boldsymbol{\omega} = 0$，则称流体为无旋的. 流体无旋，必须满足

$$\frac{\partial u_i}{\partial x_j} = \frac{\partial u_j}{\partial x_i}, \quad i \neq j. \tag{7.6.5}$$

无旋流体的速度场可用一标量函数 $\varphi(x, y, z, t)$ 的梯度表示（φ 称为速度势）：

$$\boldsymbol{V} = \nabla \varphi(x, y, z, t) \tag{7.6.6}$$

或

$$u_i = \frac{\partial \varphi}{\partial x_i}. \tag{7.6.7}$$

容易证明(7.6.7)式满足(7.6.5)式.

和涡度相关联的量是环流，它定义为沿一闭合环线 l 的速度切向分量的积分：

$$\Gamma = \oint_l \boldsymbol{V} \cdot \mathrm{d}\boldsymbol{s}, \tag{7.6.8}$$

其中 $\mathrm{d}\boldsymbol{s}$ 为闭合环线 l 上的有向弧线元，积分号上的圆圈表示积分路径是闭合的. 根据线积分与面积分关系的斯托克斯定理，(7.6.8)式成为

$$\Gamma = \oint_l \boldsymbol{V} \cdot \mathrm{d}\boldsymbol{s} = \iint_A \nabla \times \boldsymbol{V} \cdot \mathrm{d}\boldsymbol{A} = \iint_A \boldsymbol{\omega} \cdot \mathrm{d}\boldsymbol{A}. \tag{7.6.9}$$

(7.6.9)式表示，速度 $\boldsymbol{V}$ 沿环线 l 的线积分等于 $\boldsymbol{V}$ 的旋度在 l 所包围的任意曲面 A 上的面积分，这个面积分还可称为 $\boldsymbol{\omega}$ 的通量. (7.6.9)式反过来也说明，某点上的涡度等于单位面积上的环流.

上式中的 $\mathrm{d}\boldsymbol{A}$ 是一有向面积元，$\mathrm{d}\boldsymbol{A} = \boldsymbol{n}\mathrm{d}A$，$\boldsymbol{n}$ 是有向面 $\boldsymbol{A}$ 的单位法向矢量，它的方向按右手螺旋法则确定，规定环线沿反时针方向为正. 如果环线所包围的面 $\boldsymbol{A}$ 是一水平面，则 $\boldsymbol{n}$ 是局地垂直方向，即标准坐标系中的 $\boldsymbol{k}$ 方向.

7.6.2 涡旋流

沿圆周路径的流动称为涡旋流，下面讨论涡旋流的几种形式.

1. 刚体旋转

设涡旋流的速度正比于流线的半径. 如在圆筒容器内盛有黏性流体，并令其旋转，直到流体达到定常状态（图 7.10）. 在柱坐标系 (r, θ, z) 中，速度可表示成为

$$u_\theta = \frac{\Delta s}{\Delta t} = \frac{r \Delta \theta}{\Delta t} = \omega_0 r, \quad u_r = 0, \tag{7.6.10}$$

其中 ω_0 为一常数，代表每个流体质点围绕其原点公转的角速度.

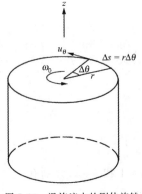

图 7.10 涡旋流中的刚体旋转

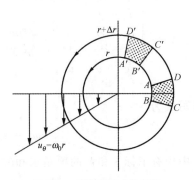

图 7.11 刚体旋转中的环流

流体元的涡度垂直分量为

$$\omega_z = \frac{1}{r}\frac{\partial}{\partial r}(ru_\theta) - \frac{1}{r}\frac{\partial u_r}{\partial \theta} = 2\omega_0. \qquad (7.6.11)$$

(7.6.11)式表明每个流体元的涡度为其自身角速度 ω_0 的 2 倍,这由图 7.11 可以证明. 图上显示流体元 $ABCD$ 在两个连续时段绕流体元中心以角速度 ω_0 做反时针旋转,质点绕其中心自转一周的周期等于其绕原点公转一周的周期. 还可看出流体元的变形为零,因为每个质点相对其他质点的位置始终不变. 流场 $u_\theta = \omega_0 r$ 称为刚体旋转,因为其中流体元的行为和刚性的固体一样.

在此流场中,在以半径为 r 的圆周上的环流为

$$\Gamma = \oint \boldsymbol{V} \cdot \mathrm{d}\boldsymbol{s} = \int_0^{2\pi} u_\theta r\,\mathrm{d}\theta = 2\pi u_\theta r = 2\pi r^2 \omega_0. \qquad (7.6.12)$$

这表明环流等于涡度 $2\omega_0$ 乘以面积. 这个关系对于流场中任一环流都成立,不管这个环流中是否包括了圆心.

2. 无旋涡

圆形流线不一定意味着这种流场中到处都有非零涡度. 设一圆形流场,速度沿圆的切线方向,其大小反比于流线的半径,即

$$u_\theta = \frac{C}{r}, \quad u_r = 0, \qquad (7.6.13)$$

其中 C 为一常数. 利用(7.6.11)式,流场中任一点的涡度垂直分量为

$$\omega_z = \frac{0}{r}. \qquad (7.6.14)$$

这表明除了圆心之外,各处的涡度皆为零.

圆心处的涡度值无法根据(7.6.14)式确定,但可用求环流的办法确定. 取一半径为 r 的圆周环线,其环流为

$$\Gamma = \int_0^{2\pi} u_\theta r\,\mathrm{d}\theta = 2\pi C, \qquad (7.6.15)$$

式中 C 为常数. 此式表明环流为常数,与半径大小无关. 应用斯托克斯定理,设环线包围的曲面为 A,有

$$\Gamma = \iint_A \boldsymbol{\omega} \cdot \mathrm{d}\boldsymbol{A}. \qquad (7.6.16)$$

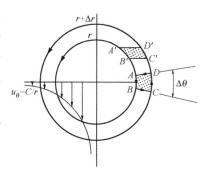

图 7.12　无旋涡中的环流

因为(7.6.16)式左端是非零的,这意味着 $\boldsymbol{\omega}$ 在环线包围区域内某处应不为零. 令环线包围的面积收缩为零,则圆心上的涡度 $\boldsymbol{\omega}$ 必须是无限大,以保证 $\boldsymbol{\omega} \cdot \mathrm{d}\boldsymbol{A}$ 在圆心处为一非零常数. 上述分析表明,在 $u_\theta = C/r$ 流场中,除圆心外处处无旋,在圆心处涡度无限大. 这类流场称为无旋涡.

在无旋涡中,包围圆心的环线上,环流不为零,而不包围圆心的环线上的环流则总是零. 以图 7.12 为例,沿 AB-CD 的环流为

$$\Gamma_{ABCD} = \left(\int_{AB} + \int_{BC} + \int_{CD} + \int_{DA} \right) \boldsymbol{V} \cdot \mathrm{d}\boldsymbol{s}.$$

195

沿 BC 和 DA，$\boldsymbol{V} \cdot \mathrm{d}\boldsymbol{s}$ 的线积分为零，即
$$\Gamma_{ABCD} = -u_\theta r \Delta\theta + (u_\theta + \Delta u_\theta)(r + \Delta r)\Delta\theta = 0,$$
其中沿 AB 的线积分是负的，因为 $\boldsymbol{V}$ 和 $\mathrm{d}\boldsymbol{s}$ 方向相反，而且 $u_\theta r = $ 常数．

3. 兰金涡旋

实际流体中的涡旋，例如浴盆出水口和大气气旋，在其中心附近类似刚体旋转，而远离中心部分类似无旋涡（图 7.13(a)）．实际涡旋必须存在一旋转中心，否则无旋涡在圆心附近切向速度必须有一无穷大的速度跃变．

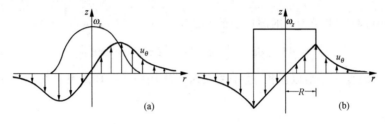

图 7.13 兰金涡旋

图 7.13(a)的理想化模式是所谓的兰金涡旋（Rankine combined vortex），又称为 V-R 涡旋（图 7.13(b)）．这是理想不可压流体在重力场中的圆对称涡旋，在半径 R 以内的流体圆域内，犹如刚体转动，垂直涡度 ω_z 为常值，在此圆域以外，涡度处处为零．水平切向流速度有以下关系：
$$u_\theta = \omega_0 r, \qquad r < R,$$
$$u_\theta = \frac{\omega_0 R^2}{r}, \qquad r > R,$$
其中 ω_0 是流体质点围绕其原点公转的角速度，有 $\omega_0 = \omega_z/2$．

7.6.3 开尔文环流定理和皮叶克尼斯环流定理

1. 开尔文环流定理

开尔文（Kelvin）环流定理又称为绝对环流定理，其内容如下：在一绝对坐标系中如果流体是无黏、正压的（正压的定义在后面给出），随流体运动的闭合曲线的环流应保持为常数，即其值不随时间变化．这个定理还可描述为：在某一瞬间取一环线 l，令 l 随流体运动到一新位置，则这两个位置上围绕环线 l 的环流是一样的，即
$$\frac{\mathrm{d}\Gamma_{\mathrm{a}}}{\mathrm{d}t} = 0. \tag{7.6.17}$$

$\dfrac{\mathrm{d}\Gamma_{\mathrm{a}}}{\mathrm{d}t}$ 称为绝对环流加速度，有些教科书上也用 $\dfrac{\mathrm{D}}{\mathrm{D}t}$ 代替 $\dfrac{\mathrm{d}}{\mathrm{d}t}$ 表示随体变化．由于是在绝对坐标系内讨论，环流是对绝对速度 $\boldsymbol{V}_{\mathrm{a}}$ 进行的，故
$$\Gamma_{\mathrm{a}} = \oint_l \boldsymbol{V}_{\mathrm{a}} \cdot \mathrm{d}\boldsymbol{s}, \tag{7.6.18}$$
或用张量表示：
$$\Gamma_{\mathrm{a}} = \oint_l u_{\mathrm{a}i}\,\mathrm{d}x_i. \tag{7.6.19}$$
于是

$$\frac{\mathrm{d}\Gamma_a}{\mathrm{d}t} = \frac{\mathrm{d}}{\mathrm{d}t}\oint_l u_{ai}\mathrm{d}x_i = \oint_l \frac{\mathrm{d}u_{ai}}{\mathrm{d}t}\mathrm{d}x_i + \oint_l u_{ai}\frac{\mathrm{d}}{\mathrm{d}t}(\mathrm{d}x_i). \tag{7.6.20}$$

将绝对坐标系中运动方程的张量形式

$$\frac{\mathrm{d}u_{ai}}{\mathrm{d}t} = -\frac{1}{\rho}\frac{\partial p}{\partial x_i} - \delta_{i3}g \tag{7.6.21}$$

代入(7.6.20)式右端第一项中:

$$\oint_l \frac{\mathrm{d}u_{ai}}{\mathrm{d}t}\mathrm{d}x_i = -\oint_l \frac{1}{\rho}\frac{\partial p}{\partial x_i}\mathrm{d}x_i - \delta_{i3}\oint_l g\mathrm{d}x_i, \tag{7.6.22}$$

因此有

$$\frac{\mathrm{d}\Gamma_a}{\mathrm{d}t} = -\oint_l \frac{1}{\rho}\frac{\partial p}{\partial x_i}\mathrm{d}x_i - \delta_{i3}\oint_l g\mathrm{d}x_i + \oint_l u_{ai}\frac{\mathrm{d}}{\mathrm{d}t}(\mathrm{d}x_i). \tag{7.6.23}$$

下面分别分析(7.6.23)式等号右边各项:

(1) $\dfrac{1}{\rho}\dfrac{\partial p}{\partial x_i}\mathrm{d}x_i = \dfrac{1}{\rho}\nabla p \cdot \mathrm{d}X = \dfrac{\mathrm{d}p}{\rho}$, 其中 $\mathrm{d}p$ 表示两点之间的气压差. 如果流场是正压的, 即流场中的密度只是气压的函数, 则 $1/\rho$ 可表示成 p 的函数 $F(p)$ 的微分, 例如 $1/\rho = \mathrm{d}F(p)/\mathrm{d}p$. 于是有

$$\int_A^B \frac{\mathrm{d}p}{\rho} = \int_A^B \mathrm{d}F(p) = F_B - F_A.$$

对于闭合环线, A 和 B 重合, 则积分为零.

(2) 令 $g = -\dfrac{\mathrm{d}\Phi}{\mathrm{d}z}$, Φ 为重力位势, 于是

$$\delta_{i3}\int_A^B g\mathrm{d}x_i = -\int_A^B \frac{\mathrm{d}\Phi}{\mathrm{d}z}\mathrm{d}z = \Phi_A - \Phi_B.$$

如果积分沿一环线, 则 $\Phi_A = \Phi_B$, 积分为零, 即重力(保守力)作用不会产生环流加速度.

(3) 对于最后一个积分, 我们注意到

$$u_{ai} + \mathrm{d}u_{ai} = \frac{\mathrm{d}}{\mathrm{d}t}(x_i + \mathrm{d}x_i) = \frac{\mathrm{d}x_i}{\mathrm{d}t} + \frac{\mathrm{d}}{\mathrm{d}t}(\mathrm{d}x_i),$$

因此
$$\mathrm{d}u_{ai} = \frac{\mathrm{d}}{\mathrm{d}t}(\mathrm{d}x_i). \tag{7.6.24}$$

(7.6.23)式最后一项为

$$\oint_l u_{ai}\frac{\mathrm{d}}{\mathrm{d}t}(\mathrm{d}x_i) = \oint_l u_{ai}\mathrm{d}u_{ai} = \oint_l \mathrm{d}\left(\frac{1}{2}u_{ai}^2\right) = 0. \tag{7.6.25}$$

由于(7.6.23)式右端三项皆为零, 于是有

$$\frac{\mathrm{d}\Gamma_a}{\mathrm{d}t} = 0, \tag{7.6.26}$$

开尔文环流定理得到证明. 它说明, 在正压和无粘性的大气中, 绝对环流在闭合环线上守恒.

如果大气不是正压的, 密度不仅是气压 p 的函数也是温度的函数, 即 $\rho = \rho(T, p)$, 这种状态称为斜压大气. $\mathrm{d}p/\rho$ 不能表达成全微分, 开尔文环流定理可表示为

$$\frac{\mathrm{d}\Gamma_a}{\mathrm{d}t} = -\oint_l \frac{\mathrm{d}p}{\rho}. \tag{7.6.27}$$

(7.6.27)式表明, 在无黏性的大气中, 绝对环流随时间的变化取决于大气的斜压性.

2. 皮叶克尼斯环流定理

我们在地球表面观察到的大气运动,是非惯性坐标系中的相对运动,其速度 V 为

$$V = V_a - \boldsymbol{\Omega} \times r; \tag{7.6.28}$$

所观察到的环流是相对环流:

$$\Gamma = \oint_l V \cdot ds = \oint_l V_a \cdot ds - \oint_l (\boldsymbol{\Omega} \times r) \cdot ds = \Gamma_a - \Gamma_e, \tag{7.6.29}$$

其中 Γ_e 为地球自转引起的环流,称为牵连环流或地转环流. 换句话说,绝对环流可看成相对环流和地转环流之和.

根据斯托克斯定理:

$$\Gamma_e = \oint_l (\boldsymbol{\Omega} \times r) \cdot ds = \iint_A \nabla \times (\boldsymbol{\Omega} \times r) \cdot dA, \tag{7.6.30}$$

按矢量运算规则

$$\nabla \times (\boldsymbol{\Omega} \times r) = (\nabla \cdot r)\boldsymbol{\Omega} - (\boldsymbol{\Omega} \cdot \nabla)r,$$

其中 $(\nabla \cdot r)\boldsymbol{\Omega} = 3\boldsymbol{\Omega}$,$(\boldsymbol{\Omega} \cdot \nabla)r = \boldsymbol{\Omega}$,所以

$$\Gamma_e = 2\iint_A \boldsymbol{\Omega} \cdot dA. \tag{7.6.31}$$

地转环流可表示成

$$\Gamma_e = 2\iint_A \boldsymbol{\Omega} \cdot n dA = 2\Omega \langle \sin\varphi \rangle A, \tag{7.6.32}$$

其中 φ 是纬度,$\langle \sin\varphi \rangle$ 是指 $\sin\varphi$ 在 A 上的平均值,或者写成

$$\Gamma_e = 2\Omega A_e, \tag{7.6.33}$$

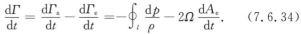

其中 A_e 是面积 A 在赤道面上的投影,如图 7.14 所示. 则相对环流加速度为

$$\frac{d\Gamma}{dt} = \frac{d\Gamma_a}{dt} - \frac{d\Gamma_e}{dt} = -\oint_l \frac{dp}{\rho} - 2\Omega \frac{dA_e}{dt}. \tag{7.6.34}$$

和(7.6.27)式相比较,(7.6.34)式称为相对环流定理,或称为皮叶克尼斯(Bjerknes)环流定理. 此式右边第一项是斜压项,第二项反映了科氏力的作用. 当 A_e 减小时(空气辐合或环线向南运动),第二项大于零,使相对环流加强;反之亦然.

对于正压大气,皮叶克尼斯环流定理的形式是

$$\frac{d\Gamma}{dt} = -2\Omega \frac{dA_e}{dt}, \tag{7.6.35}$$

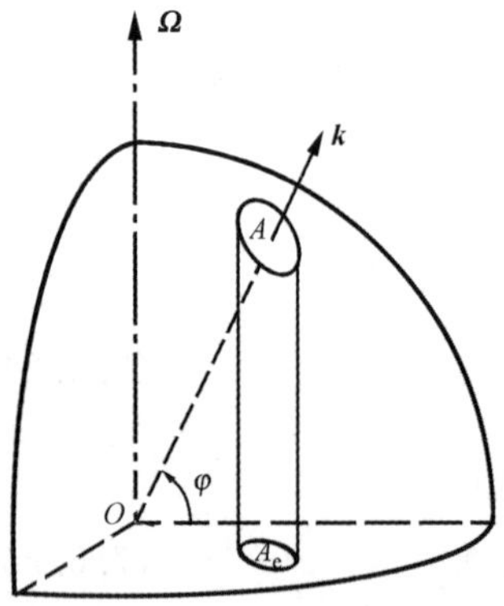

图 7.14 地球环流示意图

即在正压和无摩擦条件下,相对环流的变化只受科氏力的作用.

较大尺度的大气运动,例如气旋和反气旋,环流基本呈水平状态,且大气在大多数情况下都是斜压的. 下面我们讨论斜压大气中水平环流的相对环流变化.

$$\Gamma = \oint_l V \cdot ds = \iint_A (\nabla \times V) \cdot k dA. \tag{7.6.36}$$

由于水平速度比垂直速度大几个数量级,涡度的垂直分量 ω_z 便最为重要,通常用 ζ 表示:

$$\zeta = \omega_z = \frac{\partial v}{\partial x} - \frac{\partial u}{\partial y}. \tag{7.6.37}$$

于是(7.6.36)式成为

$$\Gamma = \iint_A \zeta \mathrm{d}A. \qquad (7.6.38)$$

(7.6.34)式右端第一项在大气斜压时不为零,所以又称为斜压项:

$$-\oint_l \frac{\mathrm{d}p}{\rho} = -\oint_l \alpha \, \nabla \, p \cdot \mathrm{d}s. \qquad (7.6.39)$$

引入斯托克斯定理,则

$$\begin{aligned}
-\oint_l \frac{\mathrm{d}p}{\rho} &= -\iint_A \nabla(\alpha \, \nabla \, p) \cdot \boldsymbol{k} \mathrm{d}A \\
&= -\iint_A (\nabla \alpha \times \nabla \, p) \cdot \boldsymbol{k} \mathrm{d}A \\
&= -\iint_A \left(\frac{\partial \alpha}{\partial x} \frac{\partial p}{\partial y} - \frac{\partial \alpha}{\partial y} \frac{\partial p}{\partial x} \right) \mathrm{d}A, \qquad (7.6.40)
\end{aligned}$$

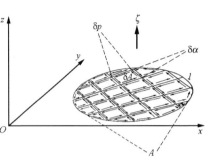

图 7.15 力管项示意图

其中 $\delta\alpha\delta p$ 为等压面、等比容面及水平面 A 相交而形成的小面积元,称为力管. 斜压项的大小决定于环线 l 所包围力管的多少,因此这一项又称为力管项(图 7.15).

(7.6.32)式又可表示成为

$$\Gamma_e = \iint_A 2\Omega\sin\varphi \, \mathrm{d}A = \iint_A f \, \mathrm{d}A, \qquad (7.6.41)$$

于是(7.6.34)式还可写成为

$$\frac{\mathrm{d}}{\mathrm{d}t}\iint_A \zeta \mathrm{d}A = -\iint_A \left(\frac{\partial \alpha}{\partial x} \frac{\partial p}{\partial y} - \frac{\partial \alpha}{\partial y} \frac{\partial p}{\partial x} \right) \mathrm{d}A - \frac{\mathrm{d}}{\mathrm{d}t}\iint_A f \, \mathrm{d}A, \qquad (7.6.42)$$

或者

$$\frac{\mathrm{d}}{\mathrm{d}t}\iint_A (\zeta + f) \mathrm{d}A = -\iint_A \left(\frac{\partial \alpha}{\partial x} \frac{\partial p}{\partial y} - \frac{\partial \alpha}{\partial y} \frac{\partial p}{\partial x} \right) \mathrm{d}A. \qquad (7.6.43)$$

(7.6.43)式的左端实际上为绝对环流变化. (7.6.43)式与(7.6.27)式是等价的.

7.7 涡 度 方 程

环流定理是宏观量环流的演变规律,而对于微观量涡度的演变,就需要导出涡度随时间的个别变化的关系,即涡度方程.

7.7.1 垂直涡度的标量方程

从上一小节(7.6.38)式可知,地球表面沿水平环线的环流与流场涡度的垂直分量(简称为垂直涡度)有关. 环流是对涡度的积分,而涡度则是环流对面积元的微分:

$$\zeta = \frac{\mathrm{d}\Gamma}{\mathrm{d}A}. \qquad (7.7.1)$$

涡度的变化是由于流场以及温、压场的空间分布造成的. 将两个标量形式的水平运动方程分别对空间取微分:

$$\frac{\partial}{\partial y}\left(\frac{\partial u}{\partial t}+u\frac{\partial u}{\partial x}+v\frac{\partial u}{\partial y}+w\frac{\partial u}{\partial z}-fv=-\frac{1}{\rho}\frac{\partial p}{\partial x}\right), \tag{7.7.2}$$

$$\frac{\partial}{\partial x}\left(\frac{\partial v}{\partial t}+u\frac{\partial v}{\partial x}+v\frac{\partial v}{\partial y}+w\frac{\partial v}{\partial z}+fu=-\frac{1}{\rho}\frac{\partial p}{\partial y}\right). \tag{7.7.3}$$

(7.7.3)式减去(7.7.2)式,根据(7.6.37)式对 ζ 的定义,整理后得到

$$\frac{\partial \zeta}{\partial t}+u\frac{\partial \zeta}{\partial x}+v\frac{\partial \zeta}{\partial y}+w\frac{\partial \zeta}{\partial z}+(\zeta+f)\left(\frac{\partial u}{\partial x}+\frac{\partial v}{\partial y}\right)+\left(\frac{\partial w}{\partial x}\frac{\partial v}{\partial z}-\frac{\partial w}{\partial x}\frac{\partial u}{\partial z}\right)+v\frac{\mathrm{d}f}{\mathrm{d}y}$$

$$=\frac{1}{\rho^2}\left(\frac{\partial \rho}{\partial x}\frac{\partial p}{\partial y}-\frac{\partial \rho}{\partial y}\frac{\partial p}{\partial x}\right). \tag{7.7.4}$$

利用 $\dfrac{\mathrm{d}f}{\mathrm{d}t}=v\dfrac{\mathrm{d}f}{\mathrm{d}y}$ 及 $\dfrac{1}{\rho^2}\delta\rho=-\delta\alpha$,(7.7.4)式成为

$$\frac{\mathrm{d}}{\mathrm{d}t}(\zeta+f)+(\zeta+f)\left(\frac{\partial u}{\partial x}+\frac{\partial v}{\partial y}\right)=-\left(\frac{\partial w}{\partial x}\frac{\partial v}{\partial z}-\frac{\partial w}{\partial x}\frac{\partial u}{\partial z}\right)-\left(\frac{\partial \alpha}{\partial x}\frac{\partial p}{\partial y}-\frac{\partial \alpha}{\partial y}\frac{\partial p}{\partial x}\right).$$

$$\tag{7.7.5}$$

(7.7.4)和(7.7.5)式称为涡度方程.(7.7.5)式是(7.6.43)式的微分形式. $\zeta+f$ 为绝对涡度的垂直分量,简称为绝对涡度,若以 ζ_{a} 表示,则

$$\zeta_{\mathrm{a}}=\zeta+f,$$

其中 ζ 是相对于地球的相对涡度; f 是科氏参数,表示因地球旋转而产生的牵连涡度,也称为行星涡度(这是因为:在纬度 φ 处,地球绕指向天顶的垂直轴旋转的角速度为 $\Omega\sin\varphi$,由 7.6.2 小节中刚体旋转的(7.6.11)式可知涡度等于 2 倍角速度,所以行星涡度正好等于 f).第二项中 $\dfrac{\partial u}{\partial x}+\dfrac{\partial v}{\partial y}$ 为水平辐散,故这项称为辐散项,它相应于(7.6.43)式第一项积分中面积变化的影响.(7.7.5)式右端第一项是(7.6.43)式中没有的,它表示垂直速度水平切变和水平速度垂直切变联合作用对涡度的影响.最后一项显然是斜压项或力管项.

7.7.2 涡度方程的尺度分析

在大尺度运动中,确定下列变量尺度:

(1) 水平运动速度: $U\approx 10\ \mathrm{m}\cdot\mathrm{s}^{-1}$;

(2) 垂直运动速度: $W\approx 10^{-2}\ \mathrm{m}\cdot\mathrm{s}^{-1}$;

(3) 水平长度: $L\approx 10^6\ \mathrm{m}$;

(4) 垂直厚度: $D\approx 10^4\ \mathrm{m}$;

(5) 水平气压变化: $\delta p\approx 10\ \mathrm{hPa}$;

(6) 密度: $\rho\approx 1\ \mathrm{kg}\cdot\mathrm{m}^{-3}$;

(7) 扰动密度与平均密度之比: $\delta\rho/\rho\approx 10^{-2}$;

(8) 科氏参数: $f\approx 10^{-4}\ \mathrm{s}^{-1}$;

(9) β 参数: $\beta\approx 10^{-11}\ \mathrm{m}^{-1}\cdot\mathrm{s}^{-1}$.

其中 β 参数即 $\beta=\dfrac{\mathrm{d}f}{\mathrm{d}y}=\dfrac{1}{R_{\mathrm{E}}}\dfrac{\partial f}{\partial \varphi}=\dfrac{2\omega\cos\varphi}{R_{\mathrm{E}}}$,它反映了科氏参数 f 随纬度 φ 的变化,也称为罗斯贝参数.

利用上述尺度,可估计出涡度的数量级:

$$\zeta = \frac{\partial u}{\partial x} - \frac{\partial v}{\partial y} < \frac{U}{L} \approx 10^{-5} \ \text{s}^{-1}.$$

由于水平辐散中的两项经常符号相反，相互抵消，$\left(\frac{\partial u}{\partial x} + \frac{\partial v}{\partial y}\right) < 10^{-5} \ \text{s}^{-1}$，于是涡度方程 (7.7.4)式中辐散项的尺度为

$$\left(\zeta + f\right)\left(\frac{\partial u}{\partial x} + \frac{\partial v}{\partial y}\right) \approx f\left(\frac{\partial u}{\partial x} + \frac{\partial v}{\partial y}\right) \approx 10^{-10} \ \text{s}^{-2},$$

其他各项尺度为

$$\frac{\partial \zeta}{\partial t} \approx u\frac{\partial \zeta}{\partial x} \approx v\frac{\partial \zeta}{\partial y} \approx 10^{-10} \ \text{s}^{-2}, \quad w\frac{\partial \zeta}{\partial z} \approx \frac{WU}{DL} \approx 10^{-11} \ \text{s}^{-2},$$

$$v\frac{\mathrm{d}f}{\mathrm{d}y} \approx U\beta \approx 10^{-10} \ \text{s}^{-2}, \quad \left(\frac{\partial w}{\partial x}\frac{\partial v}{\partial z} - \frac{\partial w}{\partial y}\frac{\partial u}{\partial z}\right) < \frac{WU}{DL} \approx 10^{-11} \ \text{s}^{-2},$$

$$\frac{1}{\rho^2}\left(\frac{\partial \rho}{\partial x}\frac{\partial p}{\partial y} - \frac{\partial \rho}{\partial y}\frac{\partial p}{\partial x}\right) < \frac{\delta \rho}{\rho^2}\frac{\delta p}{L^2} \approx 10^{-11} \ \text{s}^{-2}.$$

根据上述分析，只保留数量级为 $10^{-10} \ \text{s}^{-2}$ 的项，所以在大尺度运动中，(7.7.4)式和(7.7.5)式成为

$$\frac{\partial \zeta}{\partial t} + u\frac{\partial \zeta}{\partial x} + v\frac{\partial \zeta}{\partial y} + f\left(\frac{\partial u}{\partial x} + \frac{\partial v}{\partial y}\right) + \frac{\mathrm{d}f}{\mathrm{d}t} = 0 \tag{7.7.6}$$

或

$$\frac{\mathrm{D_h}}{\mathrm{D}t}(\zeta + f) = -f\left(\frac{\partial u}{\partial x} + \frac{\partial v}{\partial y}\right), \tag{7.7.7}$$

其中

$$\frac{\mathrm{D_h}}{\mathrm{D}t} = \frac{\partial}{\partial t} + u\frac{\partial}{\partial x} + v\frac{\partial}{\partial y}.$$

(7.7.7)式表明，绝对涡度的变化由水平辐散控制．在北半球，总有 $f > 0$，所以当 $\left(\frac{\partial u}{\partial x} + \frac{\partial v}{\partial y}\right) > 0$ 时，有 $\frac{\mathrm{D_h}}{\mathrm{D}t}(\zeta + f) < 0$，即有水平辐散时，绝对涡度减少；反之，当有辐合时，绝对涡度增加．

在高空经常会出现在某一层上，如 $400 \sim 600 \ \text{hPa}$ 之间，辐散值很小，$\left(\frac{\partial u}{\partial x} + \frac{\partial v}{\partial y}\right) \approx 0$，称为无辐散层．在这一层上，$\frac{\mathrm{D_h}}{\mathrm{D}t}(\zeta + f) = 0$，即 $\zeta + f = $ 常数，空气质点的绝对涡度是守恒的．或者将 (7.7.6)式写成

$$\frac{\partial \zeta}{\partial t} = -u\frac{\partial \zeta}{\partial x} - v\frac{\partial \zeta}{\partial y} - \beta v. \tag{7.7.8}$$

(7.7.8)式表明，相对涡度的局地变化只由相对涡度的平流和气块的南北向运动($v > 0$ 或 $v < 0$)决定．例如，在西风气流中 $u > 0$，如果上游空气块的相对涡度比本地高，即 $\frac{\partial \zeta}{\partial x} < 0$，则有 $\frac{\partial \zeta}{\partial t} = -u\frac{\partial \zeta}{\partial x} > 0$，未来本地相对涡度 ζ 会增加．如果只考虑空气块的南北向运动，则向北运动 f 增大，相对涡度 ζ 必然减小；向南运动则 ζ 增大．

涡度方程(7.7.6)是从水平运动方程推导出来的，但在预报大尺度运动的变化时，它比运动方程更具优势．由于大尺度运动是准地转的，运动方程中的局地变化项 $\frac{\partial u}{\partial t}$ 和 $\frac{\partial v}{\partial t}$ 比其他项如科氏力项和气压梯度力项都小一个数量级．作为预报方程，$\frac{\partial u}{\partial t}$ 和 $\frac{\partial v}{\partial t}$ 的计算难以准确．但在涡度

方程中,局地变化项 $\dfrac{\partial \zeta}{\partial t}$ 和平流项、地转变化项以及辐散项都为同一数量级,因而计算较为准确.把涡度方程作为预报方程是大尺度数值天气预报模式的一种选择.

7.8　大气中的重力波、声波及罗斯贝波

波动是所有物理现象的最基本特征.借助于波动,信息在空间上或时间上两点间传播,而介质本身并不移动.

波动的发生是由于恢复力和惯性,恢复力倾向于使系统返回它的未扰动状态,而惯性使系统在回到未扰动状态后仍能持续以前的扰动运动.

当恢复力是由于物质的可压缩性或弹性引起时,波动的介质质点的运动将沿着波动的传播方向,它可能发生在固体、液体或气体中,称之为压缩波、弹性波或压力波,其中包括小振幅的声波.

当恢复力是重力时,产生重力波,这是一种常见的波.发生在流体表面的称为表面重力波;发生在密度不同的流体内部的称为重力内波.重力内波有两种:一种是发生在不同密度的两种流体界面上的波动;另一种是由于流体内部的稳定温度层结引起的波动.大气中的重力内波和许多中、小尺度的天气过程有关.

大气中还有一种波长为几千千米的波动,是由于科氏参数随纬度变化而产生的,称为罗斯贝波、大气长波或行星波.长波是大气大尺度运动中的主要波动.

7.8.1　波动方程与波动参数

小振幅的非弥散波遵循双曲型的波动方程:
$$\frac{\partial^2 \eta}{\partial t^2} = c^2 \nabla^2 \eta, \tag{7.8.1}$$

其中 η 表示某种扰动,例如液体自由表面的位移,可压缩介质的密度变化,或者弦与膜的位移等.沿 x 方向传播的波可表示为
$$\frac{\partial^2 \eta}{\partial t^2} = c^2 \frac{\partial^2 \eta}{\partial x^2}, \tag{7.8.2}$$

其解的形式为
$$\eta = f(x - ct) + g(x + ct), \tag{7.8.3}$$
其中 $f(x-ct)$ 和 $g(x+ct)$ 为任意函数, $f(x-ct)$ 代表沿 x 方向以波速 c 传播的波,而 $g(x+ct)$ 为沿 x 反向传播的波.(7.8.3)式称为达朗贝尔解.

据傅里叶准则,任意扰动都可分解成不同波长和振幅的正弦波分量,因而研究正弦波就有重要的意义.设
$$\eta = a \sin\left[\frac{2\pi}{\lambda}(x - ct)\right], \tag{7.8.4}$$
其中 $2\pi(x-ct)/\lambda$ 称为波的相位,在相位相同的点上波具有同样的值; a 称为波的振幅; λ 为波长,一般更常用的是波数 k,它表示在 2π 长度中波的数目:
$$k = \frac{2\pi}{\lambda}.$$

k 可看成空间频率(rad/m). 借助于 k,(7.8.4)式可写成

$$\eta = \hat{a}\sin[k(x-ct)].\qquad(7.8.5)$$

周期 T 是在空间一点上波动重复一次所需要的时间,也就是波传播一个波长所需要的时间:

$$T = \frac{\lambda}{c} = \frac{1}{\nu},\qquad(7.8.6)$$

其中 ν 为频率,显然 $c=\lambda\nu$. $\omega=2\pi\nu=kc$ 称为圆频率或角频率,它是单位时间内相位(以弧度表示)的变率. c,k 和 ω 之间的关系为

$$c = \frac{\omega}{k}.\qquad(7.8.7)$$

c 又称为相速度,因为它是波的相位(波峰或波谷)传播的速度. 借助于 ω 和 k,波动可表示为

$$\eta = \hat{a}\sin(kx - \omega t),\qquad(7.8.8)$$

也可表示为余弦函数

$$\eta = \hat{a}\cos(kx - \omega t).\qquad(7.8.9)$$

根据复数 $\mathrm{e}^{\mathrm{i}\theta}=\cos\theta+\mathrm{i}\sin\theta$,波也常用指数形式表示:

$$\eta = \hat{a}\mathrm{e}^{\mathrm{i}(kx-\omega t)},\qquad(7.8.10)$$

其实部和虚部分别是(7.8.8)和(7.8.9)式. 用指数形式在数学上比较容易处理.

实际大气中的波动往往是由各种不同振幅和传播速度的单色波叠加而成的波群. 在这类系统中,单个的波以速度 $c=\omega/k$ 传播,而波群的包络线以群速度 c_{g} 传播:

$$c_{\mathrm{g}} = \frac{\mathrm{d}\omega}{\mathrm{d}k} = c + k\frac{\mathrm{d}c}{\mathrm{d}k}.\qquad(7.8.11)$$

由于节点以速度 c_{g} 传播,没有能量穿过节点,因此可认为 c_{g} 就是波动能量传播的速度. (7.8.11)式中,若 $\mathrm{d}c/\mathrm{d}k\neq0$,意味着波速 c 决定于波数 k,能量随波的传播而分散,故称为弥散波. 弥散是借用了光学中的概念:不同波长的成分具有不同的光速,导致白光分离成不同颜色的光. 而 ω 对 k 的依赖关系,称为弥散关系.

如果考虑波是在三维空间中传播,可表示成更普遍的形式:

$$\eta = \hat{a}\sin(kx + ly + mz - \omega t) = \hat{a}\sin(\boldsymbol{K}\cdot\boldsymbol{X} - \omega t),\qquad(7.8.12)$$

其中 $\boldsymbol{X}=(x,y,z)$ 为位置矢量;$\boldsymbol{K}=(k,l,m)$ 为波数矢量,表示波的传播方向,它的大小是

$$K^2 = k^2 + l^2 + m^2.\qquad(7.8.13)$$

容易看出(7.8.12)式的波长为 $\lambda=2\pi/K$. 频率 ω 也是波数矢量三维分量的函数:

$$\omega = \omega(k,l,m) = \omega(\boldsymbol{K}).$$

相速度的大小为 $c=\omega/K$,传播方向为 $\boldsymbol{K}$,因而相速度可表示成为矢量:

$$\boldsymbol{c} = \frac{\omega}{K}\frac{\boldsymbol{K}}{K},\qquad(7.8.14)$$

其中 $\boldsymbol{K}/K$ 表示 $\boldsymbol{K}$ 方向上的单位矢量. 在三维笛卡儿坐标系中波的相速度为

$$c_x = \frac{\omega}{k},\quad c_y = \frac{\omega}{l},\quad c_z = \frac{\omega}{m},$$

表明每个分量都大于合成值 c. 图 7.16 是一个二维的例子,给

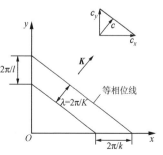

图 7.16 二维波动中相速度和波数之间的矢量关系

203

出了由 c_x 和 c_y 得到矢量 c 的方法. 由图可见,相速度 c 不遵守矢量的加法法则. 将群速度定义扩展到三维空间,表示成矢量形式,有

$$c_{\mathrm{g}} = \frac{\partial \omega}{\partial k}\boldsymbol{i} + \frac{\partial \omega}{\partial l}\boldsymbol{j} + \frac{\partial \omega}{\partial m}\boldsymbol{k}. \qquad (7.8.15)$$

如果有平均运动存在,波动 c 叠加在平均流动 U 上,测得的相速度为

$$\boldsymbol{c}_0 = \boldsymbol{c} + \boldsymbol{U},$$

上式与波数矢量 K 点乘,并利用(7.8.14)式,得到

$$\omega_0 = \omega + \boldsymbol{U} \cdot \boldsymbol{K}, \qquad (7.8.16)$$

其中 ω_0 为某固定点的观测频率,ω 为随平均气流运动的观测者测到的固有频率. 由于平均运动,波动的频率改变了 $\boldsymbol{U} \cdot \boldsymbol{K}$,称为多普勒频移.

7.8.2　表面重力波

密度均匀的流体,如果其自由表面受到扰动,就会因重力恢复力的作用而产生波动. 这类波称为重力外波或表面重力波,最典型的例子是海洋表面的表面重力波.

假设大气的密度均匀,且有一个自由表面. 其自由表面附近发生扰动时,空气微团会偏离其平衡位置,产生垂直方向上的振荡,扰动在水平方向传播而形成波动,这类波即为重力外波. 如果均匀大气下边界是不平坦的,例如山脉的存在,其产生的动力扰动也会引起重力外波. 本节将以海洋表面为例,说明表面重力波的特点.

设海水是均匀的,具有深度 h;海面(自由表面)上振荡的振幅为 a;波长 λ 可能大于也可能小于 h(图 7.17). 讨论小振幅的波动,即假定 a/λ 和 a/h 都远远小于 1. $a/\lambda \ll 1$ 表明海面坡度很小,而 $a/h \ll 1$ 表明在某一瞬间的厚度与未受扰动时的厚度 h 没有明显的差别. 上述条件是线性化的必要条件. 讨论中假定波动频率大于科氏参数,这样可认为波动不受地球旋转的影响. 又假定流体的粘性很小,对波的传播无显著影响.

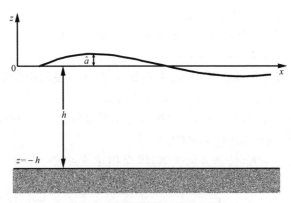

图 7.17　表面重力波中位移示意图

略去详细推导,得表面重力波的圆频率为

$$\omega = \sqrt{gk\,\mathrm{th}(kh)}. \qquad (7.8.17)$$

由相速度 $c = \omega/k$ 得到

$$c = \sqrt{\frac{g}{k}\mathrm{th}(kh)} = \sqrt{\frac{g\lambda}{2\pi}\mathrm{th}\left(\frac{2\pi h}{\lambda}\right)}. \qquad (7.8.18)$$

在极限 $h/\lambda \ll 1$（浅水）和 $h/\lambda \gg 1$（深水）情况下，可得到简化的结果.

1. 浅水波

对于双曲正切函数，当数 $a \to 0$ 时，$\mathrm{th}\,a \approx a$，因此在 $h/\lambda \ll 1$ 时，有 $\mathrm{th}(2\pi h/\lambda) \approx 2\pi h/\lambda$. 这时波速关系(7.8.18)式简化为

$$c = \sqrt{gh}, \tag{7.8.19}$$

说明浅水波波速不依赖于波长，只随深度增大. 如果 $h < 0.07\lambda$，上述近似的精度可达 3%.

大气中的重力外波相当于一般流体中的浅水波，因此有

$$c = \sqrt{gH},$$

式中 H 为均质大气高度，可得出 c 约为 $280\ \mathrm{m \cdot s^{-1}}$.

2. 深水波

当数 $a \to \infty$ 时，有 $\mathrm{th}\,a \to 1$. 实际上，只要 $a = 1.75$，就有 $\mathrm{th}\,a = 0.94$. 因此，当 $h > 0.28\lambda$ 时，(7.8.18)式就可近似地表示成为

$$c = \sqrt{\frac{g\lambda}{2\pi}} = \sqrt{\frac{g}{k}}. \tag{7.8.20}$$

也就是说，只要深度大于波长的 28%，表面重力波即可归为深水波. 深水波的波速表达式(7.8.20)式表明，在深水波中长波传播得快，水深 h 对波速无影响.

海面上的风成波的周期通常是 $10\ \mathrm{s}$，按(7.8.20)式，其波长约为 $150\ \mathrm{m}$. 典型大陆架的深度是 $100\ \mathrm{m}$，而大洋的平均深度约为 $4\ \mathrm{km}$. 因此，对于风成波来说，即使是在大陆架，其行为也相当于深水波. 但对于潮汐或地震产生的重力波，波长可能达百千米，深水近似不再成立.

(7.8.18)式表明表面重力波是弥散波. 根据波的弥散关系(7.8.17)式，可得到群速度

$$c_{\mathrm{g}} = \frac{\mathrm{d}\omega}{\mathrm{d}k} = \frac{c}{2}\left[1 + \frac{2kh}{\mathrm{sh}(2kh)}\right]. \tag{7.8.21}$$

对于两种极限状态，群速度为

$$\begin{cases} c_{\mathrm{g}} = c, & \text{（浅水波）} \\ c_{\mathrm{g}} = c/2. & \text{（深水波）} \end{cases} \tag{7.8.22}$$

在深水波中群速度是相速度的一半，而浅水波中 $c = c_{\mathrm{g}}$，是非弥散的.

7.8.3 不同密度的流体界面上的波动

重力波不仅发生在流体（液体）的自由表面上，也可发生于两种不同密度流体之间的界面上，称此为界面内波或切变重力波，这是一种重力内波. 海水中常会出现这样的密度差，例如海洋上层受太阳照射温度升高而密度降低；又如在河口处，流入的河水覆盖在含盐的海水之上，由于盐分的不同而造成的密度差.

假定两层流体深度都是无限的，上层密度为 ρ_1，下层密度为 ρ_2，且 $\rho_2 > \rho_1$. 略去详细推导，最后得到弥散关系为

$$\omega = \sqrt{gk\left(\frac{\rho_2 - \rho_1}{\rho_2 + \rho_1}\right)} = \varepsilon\sqrt{gk}, \tag{7.8.23}$$

其中 $\varepsilon = \sqrt{(\rho_2 - \rho_1)/(\rho_2 + \rho_1)}$. 在自由表面情况中，例如上层是空气，下层是海水，$\rho_1 \ll \rho_2$，可得到 $\omega = \sqrt{gk}$，即是表面重力波的弥散关系. 在海洋内部，如果密度差是由于温度差造成的，则 ε

是个很小的数. 例如温差 $10℃$,造成相对密度差为 $\Delta\rho/\rho\approx0.003$. 因此界面波的频率和波速要远小于表面波.

两层中的水平速度分别为

$$u_1 = -\omega\hat{a}\,e^{-kz}\,e^{i(kx-\omega t)}, \tag{7.8.24}$$

$$u_2 = \omega\hat{a}\,e^{kz}\,e^{i(kx-\omega t)}, \tag{7.8.25}$$

表示两层中速度是反方向的,因而界面是个涡层,通过这一薄层,界面切向速度是不连续的.

图 7.18 显示在密度不连续面上,扰动最终转化成湍流的过程. 图中字母代表某一流体微团. 首先,在稳定的界面上产生扰动(图(a));其次,扰动增强会形成涌浪(billow)(图(b));最后,振幅很大的涌浪会造成密度的倒置,即在局部地区密度高的下层流体会被抬升到密度低的上层流体之上(图(c)). 这样不稳定的密度层结会造成强烈混合,即湍流过程. 这类在稳定层结情况下,由于切变而产生的不稳定称为亥姆霍兹不稳定. 这类密度界面上产生的波,其振幅不断长大,最后发生翻卷和破碎,这种破碎波称为开尔文-亥姆霍兹(Kelvin-Helmholtz)波或亥姆霍兹波,它和大气中的晴空湍流、波状云等现象有很大关系.

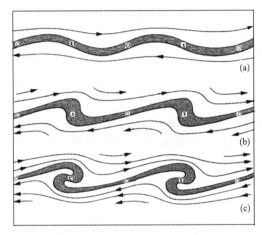

图 7.18 密度不连续面上扰动转化成湍流的过程
(a) 波动;(b) 涌浪;(c) 湍流混合

7.8.4 重力内波

本节仅讨论在稳定层结即流体的密度随高度递减条件下的重力内波. 在具有稳定层结的大气中,上升运动的气块密度总是大于周围环境空气的密度,而下沉的气块密度总是小于环境空气密度. 因此,一个初始的扰动就会引起流体团的垂直振荡. 因产生重力波的恢复力是流体的浮力,这种波又称为浮力波. 大气中的重力内波与海洋中的波不同. 海洋的上、下边界都是固定的,因此波动的传播基本上是在水平方向;而大气没有明确的上界,波不仅可水平传播也可以在垂直方向上传播. 在这样的波动中,相位是随高度变化的.

1. 波动方程的导出

采用包辛涅斯克假定,忽略黏性作用和科氏力的作用(地球旋转的影响将在后面讨论),此时 7.1.6 小节中的大气动力-热力学方程组可写成

$$\frac{\partial u}{\partial t} + u\frac{\partial u}{\partial x} + v\frac{\partial u}{\partial y} + w\frac{\partial u}{\partial z} + \frac{1}{\rho}\frac{\partial p}{\partial x} = 0, \tag{7.8.26}$$

$$\frac{\partial v}{\partial t} + u\frac{\partial v}{\partial x} + v\frac{\partial v}{\partial y} + w\frac{\partial v}{\partial z} + \frac{1}{\rho}\frac{\partial p}{\partial y} = 0, \tag{7.8.27}$$

$$\frac{\partial w}{\partial t} + u\frac{\partial w}{\partial x} + v\frac{\partial w}{\partial y} + w\frac{\partial w}{\partial z} + \frac{1}{\rho}\frac{\partial p}{\partial z} + g = 0, \tag{7.8.28}$$

$$\frac{\partial u}{\partial x} + \frac{\partial v}{\partial y} + \frac{\partial w}{\partial z} = 0, \tag{7.8.29}$$

$$\frac{\partial \theta}{\partial t} + u\frac{\partial \theta}{\partial x} + v\frac{\partial \theta}{\partial y} + w\frac{\partial \theta}{\partial z} = 0, \tag{7.8.30}$$

$$\theta = \frac{p}{\rho R}\left(\frac{p_{00}}{p}\right)^{R/c_p}, \tag{7.8.31}$$

式中 $p_{00} = 1000\ \text{hPa}$ 为参考气压.

这是一个非线性方程组,需简化后才能求解. 在讨论振幅远小于波长的小振幅波时,可以采用小扰动法将方程组线性化. 小扰动法的基本做法是:

(1) 将各物理量看做由两部分组成,一部分为运动的基本状态,通常不随时间变化;另一部分是波动引起的微扰动部分,表示各变量相对基本状态的偏差.

(2) 基本量满足原有的方程组和定解条件.

(3) 微扰量满足的方程组和定解条件由原方程组和定解条件减去基本量的方程组和定解条件而得到,且应略去微扰量的二阶项. 本节假设基本态大气是静止的,令

$$\begin{cases} \rho = \rho_0(z) + \rho'(x,y,z,t), \\ p = p_0(z) + p'(x,y,z,t), \\ \theta = \theta_0(z) + \theta'(x,y,z,t), \\ u = u'(x,y,z,t), \\ v = v'(x,y,z,t), \\ w = w'(x,y,z,t), \end{cases} \tag{7.8.32}$$

其中 ρ_0,p_0 和 θ_0 是大气的基本态,满足静力关系

$$\frac{\mathrm{d}p_0}{\mathrm{d}z} = -\rho_0 g \tag{7.8.33}$$

和位温关系 $$\theta_0 = \frac{p_0}{\rho_0 R}\left(\frac{p_{00}}{p_0}\right)^{R/c_p}. \tag{7.8.34}$$

将(7.8.32)式代入方程(7.8.26)～(7.8.31)式,略去扰动量的二阶项,于是方程(7.8.29)和(7.8.30)分别简化成

$$\frac{\partial u'}{\partial x} + \frac{\partial v'}{\partial y} + \frac{\partial w'}{\partial z} = 0, \qquad \frac{\partial \theta'}{\partial t} + w'\frac{\mathrm{d}\theta_0}{\mathrm{d}z} = 0.$$

对于水平运动方程(7.8.26)和(7.8.27),利用 $\dfrac{1}{\rho} = \dfrac{1}{\rho_0}\left(1 - \dfrac{\rho'}{\rho_0}\right) \approx \dfrac{1}{\rho_0}$,得到

$$\frac{\partial u'}{\partial t} + \frac{1}{\rho_0}\frac{\partial p'}{\partial x} = 0, \qquad \frac{\partial v'}{\partial t} + \frac{1}{\rho_0}\frac{\partial p'}{\partial y} = 0.$$

至于垂直运动方程(7.8.28)式,其最后两项可化为

$$\frac{1}{\rho}\frac{\partial p}{\partial z} + g = \frac{1}{\rho_0}\left(1 - \frac{\rho'}{\rho_0}\right)\left(\frac{\mathrm{d}p_0}{\mathrm{d}z} + \frac{\partial p'}{\partial z}\right) + g \approx \frac{1}{\rho_0}\left(1 - \frac{\rho'}{\rho_0}\right)\left(-\rho_0 g + \frac{\partial p'}{\partial z}\right) + g$$

$$= \frac{1}{\rho_0} \frac{\partial p'}{\partial z} + \frac{\rho'}{\rho_0} g. \tag{7.8.35}$$

对位温关系(7.8.31)和(7.8.34)的两端取对数,分别得到

$$\ln\left[\theta_0\left(1 + \frac{\theta'}{\theta_0}\right)\right] = \gamma^{-1}\ln\left[p_0\left(1 + \frac{p'}{p_0}\right)\right] - \ln\left[\rho_0\left(1 + \frac{\rho'}{\rho_0}\right)\right] + 常数, \tag{7.8.36}$$

$$\ln\theta_0 = \gamma^{-1}\ln p_0 - \ln\rho_0 + 常数, \tag{7.8.37}$$

式中 $\gamma = c_p/c_V$. (7.8.36)和(7.8.37)两式相减,并注意到当数 $a \ll 1$ 时,有 $\ln(1+a) \approx a$,得到

$$\frac{\theta'}{\theta_0} \approx \frac{1}{\gamma}\frac{p'}{p_0} - \frac{\rho'}{\rho_0}. \tag{7.8.38}$$

考虑到大气中 $\left|\dfrac{p'}{p_0}\right| \ll \left|\dfrac{\theta'}{\theta_0}\right|$,(7.8.38)式可近似写成为

$$\frac{\rho'}{\rho_0} = -\frac{\theta'}{\theta_0}. \tag{7.8.39}$$

利用(7.8.35)和(7.8.39)式,最后(7.8.28)式可化为

$$\frac{\partial w'}{\partial t} + \frac{1}{\rho_0}\frac{\partial p'}{\partial z} - \frac{\theta'}{\theta_0}g = 0.$$

于是构成了线性化大气动力学方程组,即

$$\frac{\partial u'}{\partial t} + \frac{1}{\rho_0}\frac{\partial p'}{\partial x} = 0, \tag{7.8.40}$$

$$\frac{\partial v'}{\partial t} + \frac{1}{\rho_0}\frac{\partial p'}{\partial y} = 0, \tag{7.8.41}$$

$$\frac{\partial w'}{\partial t} + \frac{1}{\rho_0}\frac{\partial p'}{\partial z} - \frac{\theta'}{\theta_0}g = 0, \tag{7.8.42}$$

$$\frac{\partial u'}{\partial x} + \frac{\partial v'}{\partial y} + \frac{\partial w'}{\partial z} = 0, \tag{7.8.43}$$

$$\frac{\partial \theta'}{\partial t} + w'\frac{\mathrm{d}\theta_0}{\mathrm{d}z} = 0, \tag{7.8.44}$$

其所包含的变量为 u', v', w', p', θ'. 若将包辛涅斯克方程组(7.2.59)略去科氏力作用后和上述方程组进行比较,并将 u', v', w' 看成 u, v, w,则区别仅在于运动方程第一项的 $\mathrm{d}/\mathrm{d}t$ 简化成 $\partial/\partial t$,即上述方程组略去了非线性项.

下面推导重力内波的波动方程. 将连续方程(7.8.43)对 t 求导数,利用(7.8.40)和(7.8.41)式消去 $\dfrac{\partial u'}{\partial t}$ 和 $\dfrac{\partial v'}{\partial t}$,得到

$$\frac{1}{\rho_0}\nabla_\mathrm{h}^2 p' = \frac{\partial^2 w'}{\partial z\partial t}, \tag{7.8.45}$$

其中 $\nabla_\mathrm{h}^2 = \partial^2/\partial x^2 + \partial^2/\partial y^2$ 为水平拉普拉斯算符. 由(7.8.42)和(7.8.44)式消去 θ',得

$$\frac{1}{\rho_0}\frac{\partial^2 p'}{\partial t\partial z} = -\frac{\partial^2 w'}{\partial t^2} - N^2 w', \tag{7.8.46}$$

其中 $N^2 = \dfrac{g}{\theta_0}\dfrac{\mathrm{d}\theta_0}{\mathrm{d}z}$ 为布伦特-维塞拉(Brunt-Vaisala)频率. 最后对(7.8.46)式取 ∇_h^2,再利用(7.8.45)式消去 p',得到关于 w' 的方程:

$$\frac{\partial^2}{\partial t^2} \nabla^2 w' + N^2 \nabla_h^2 w' = 0, \tag{7.8.47}$$

其中 $\nabla^2 = \partial^2/\partial x^2 + \partial^2/\partial y^2 + \partial^2/\partial z^2$ 为三维拉普拉斯算符. (7.8.47)式为静止大气中三维波动方程.

为了说明重力内波形成的物理机制,先不考虑 p' 的作用,则由(7.8.46)式可得到

$$\frac{\partial^2 w'}{\partial t^2} + N^2 w' = 0.$$

上式说明 w' 以频率 N 在平衡位置附近振荡. 假如平衡位置处有上升运动, $w' > 0$,且在平衡位置以上是 $\partial w'/\partial z < 0$,以下是 $\partial w'/\partial z > 0$,则由连续方程(7.8.43)可看出,平衡位置所在气柱内的上部将有辐散,下部将有辐合. 空气的流出和流入,又使其周围空气在上部发生辐合而下部发生辐散,并在周围产生了下沉气流. 依次类推,于是在平衡位置附近的振荡就逐渐向上下和四周传播,形成重力内波.

稳定层结下, $N^2 > 0$,垂直扰动浮力振荡的传播形成重力内波;中性层结时, $N^2 = 0$,无净浮力作用,重力内波消失;不稳定层结时,对流向上发展,没有重力内波.

综上所述,重力内波形成的条件是稳定层结下的垂直扰动和随之产生的水平辐散辐合.

2. 重力内波的弥散关系

在前两节中介绍的自由表面和密度间断面上的重力波都是水平传播的. 水平方向上的波各向同性,波的性质(相速度和频率)只由波数的大小决定,与传播方向无关. 波的相速度和群速度也是在同一方向上传播. 但本节讨论的连续分层介质中的重力内波,情况就有所不同. 重力内波可能向任意方向传播,因此波数、相速度、群速度等量的数值除了大小以外,它们的方向也是重要的.

波动中的垂直运动可写成为

$$w' = \hat{w} e^{i(kx+ly+mz-\omega t)} = \hat{w} e^{i(\boldsymbol{K} \cdot \boldsymbol{X} - \omega t)}, \tag{7.8.48}$$

其中 $\hat{w}$ 为振幅, $\boldsymbol{K} = (k, l, m)$ 是波数矢量. 由于垂直方向有重力作用,波数矢量不可能是各向同性. 为导出弥散关系,将(7.8.48)式代入(7.8.47)式,得到

$$\omega^2 = \frac{k^2 + l^2}{k^2 + l^2 + m^2} N^2. \tag{7.8.49}$$

这是三维空间中频率和波数分量 (k, l, m) 之间的关系,可见频率是波数矢量三维分量的函数:

$$\omega = \omega(k, l, m) = \omega(\boldsymbol{K}).$$

为简化讨论,把问题限于二维平面 (x, z) 上. 设变量在 y 方向上无变化, $l = 0$. (7.8.49)式化为

$$\omega = \frac{kN}{\sqrt{k^2 + m^2}} = \frac{kN}{K}, \tag{7.8.50}$$

或者表示为

$$\omega = N \cos \theta', \tag{7.8.51}$$

其中 θ' 是波数矢量 $\boldsymbol{K}$(也是相速度矢量 $\boldsymbol{c}$)和水平方向之间的夹角,见图 7.19. 由(7.8.51)式可见,重力内波频率决定于波数矢量的方向,而和波数的大小无关. 内波的频率不会超过布伦特-维塞拉频率 N, $\omega_{\max} = N$. 换句话说, N 是重力内波的最大可能频率, N/k 是最大相速度.

在重力内波中,扰动速度矢量 $\boldsymbol{U}'(u', v', w')$ 表示波动介质质点的运动,若把速度分量 u',

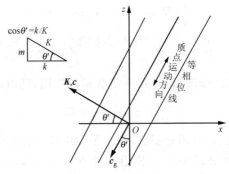

图 7.19　重力内波中,波数矢量、相速度矢量和质点运动方向之间的关系

v' 都表示成为(7.8.48)式的形式,并代入到不可压大气连续方程中,得到

$$\frac{\partial u'}{\partial x}+\frac{\partial v'}{\partial y}+\frac{\partial w'}{\partial z}=\mathrm{i}(ku'+lv'+mw')=0, \tag{7.8.52}$$

因此有 $ku'+lv'+mw'=0$,或者

$$\boldsymbol{K}\cdot\boldsymbol{U}'=0. \tag{7.8.53}$$

(7.8.53)式表明扰动质点速度矢量与波数矢量垂直,或者说,质点运动方向与波传播方向垂直. 由(7.8.51)式,当 $\theta'=0,\omega=\omega_{\max}=N$ 时,即水平传播的内波中,质点完全是上下运动,此时波动频率达到最高频率 N.

3. 重力内波的群速度

为了讨论方便,我们把问题限于 (x,z) 平面上,即 $l=0$. 将(7.8.50)式代入(7.8.15)式得到群速度:

$$\boldsymbol{c}_{\mathrm{g}}=\frac{Nm}{K^{3}}(m\boldsymbol{i}-k\boldsymbol{k}), \tag{7.8.54}$$

而相速度矢量 $\boldsymbol{c}$ 为

$$\boldsymbol{c}=\frac{\omega}{K}\frac{\boldsymbol{K}}{K}=\frac{\omega}{K^{2}}(k\boldsymbol{i}+m\boldsymbol{k}), \tag{7.8.55}$$

其中 $\boldsymbol{K}/K$ 表示 $\boldsymbol{K}$ 方向上的单位矢量. 于是由(7.8.54)和(7.8.55)式得

$$\boldsymbol{c}_{\mathrm{g}}\cdot\boldsymbol{c}=0.$$

它表明相速度矢量和群速度矢量相互垂直. 由(7.8.54)和(7.8.55)式可看出,相速度 $\boldsymbol{c}$ 和群速度 $\boldsymbol{c}_{\mathrm{g}}$ 的水平分量处于同一方向,但垂直分量方向相反,一个向上,另一个向下. 并且根据(7.8.53)式和图 7.19 可知,$\boldsymbol{U}'$ 和 $\boldsymbol{c}_{\mathrm{g}}$ 相互平行,即质点振荡方向与能量传播方向一致.

7.8.5　运动大气的重力内波

1. 运动大气中的波动方程

在上一节讨论的重力波问题中,假设大气是静止的,平流项如 $u'\frac{\partial u'}{\partial x}$,$v'\frac{\partial u'}{\partial y}$ 等都是扰动量 u',v' 的二阶项,在线性化过程中皆可略去. 如果大气处于运动状态,假设其平均流动方向为 x 轴方向,且平均流速 U 不随高度变化,方程组中将出现平流项. 为简化讨论,设变量在 y 方向上是均匀的. 相应的线性化的大气动力学方程组为

$$\frac{\partial u'}{\partial t}+U\frac{\partial u'}{\partial x}=-\frac{1}{\rho_{0}}\frac{\partial p'}{\partial x}, \tag{7.8.56}$$

$$\frac{\partial w'}{\partial t} + U\frac{\partial w'}{\partial x} = -\frac{1}{\rho_0}\frac{\partial p'}{\partial z} + \frac{\theta'}{\theta_0}g, \tag{7.8.57}$$

$$\frac{\partial u'}{\partial x} + \frac{\partial w'}{\partial z} = 0, \tag{7.8.58}$$

$$\frac{\partial \theta'}{\partial t} + U\frac{\partial \theta'}{\partial x} + w'\frac{\mathrm{d}\theta_0}{\mathrm{d}z} = 0. \tag{7.8.59}$$

将(7.8.57)式对 x 偏微分,减去(7.8.56)式对 z 偏微分再消去 p',在此运算中,将 ρ_0 在波动振幅范围内视为常数,即 $\dfrac{\partial \rho_0}{\partial z}=0$,于是得到

$$\left(\frac{\partial}{\partial t}+U\frac{\partial}{\partial x}\right)\left(\frac{\partial w'}{\partial x}-\frac{\partial u'}{\partial z}\right)-\frac{g}{\theta_0}\frac{\partial \theta'}{\partial x}=0. \tag{7.8.60}$$

利用(7.8.58)和(7.8.59)式消去(7.8.60)式中的 u' 和 θ',可得到波动方程

$$\left(\frac{\partial}{\partial t}+U\frac{\partial}{\partial x}\right)^2\left(\frac{\partial^2 w'}{\partial x^2}+\frac{\partial^2 w'}{\partial z^2}\right)+N^2\frac{\partial^2 w'}{\partial x^2}=0. \tag{7.8.61}$$

将 w' 设成正交模的形式:

$$w'=\hat{w}(z)\mathrm{e}^{\mathrm{i}k(x-ct)}, \tag{7.8.62}$$

代入(7.8.61)式,得到

$$\frac{\mathrm{d}^2\hat{w}}{\mathrm{d}z^2}+\left[\frac{N^2}{(U-c)^2}-k^2\right]\hat{w}=0 \tag{7.8.63}$$

或

$$\frac{\mathrm{d}^2\hat{w}}{\mathrm{d}z^2}+m^2\hat{w}=0, \tag{7.8.64}$$

其中 $m^2=k^2\left(\dfrac{N^2}{\omega^2}-1\right)$,$\omega=kc-kU=\omega_0-kU$. 如(7.8.16)式所述,$\omega_0=kc$ 为固定点上观测到的频率,ω 为随气流以速度 U 运动的观测者测到的频率,称为固有频率. 当 $U=0$ 时,$\omega=\omega_0$.

重力波在地球大气和海洋中普遍存在,对动量和能量的垂直输送有重要意义. 一般重力波的振幅较小,对大尺度天气现象没有显著影响. 但有些重力波振幅很大,生命期长,其传播过境时,对局地温度场、气压场和风场产生明显影响,甚至引发对流活动.

强对流活动如雷暴、龙卷风中的强上升运动会在稳定的对流层中上部激发出重力波,而被激发的重力波在向下游传播过程中,在适当的天气条件下,会诱发新的对流活动,从而造成对流活动跳跃式地向下游传播.

2. 地形波

在稳定层结的大气中,流过正弦波形状的山脊的气流,受地形强迫,气流会产生上下的浮力振荡. 波形相对于地面是固定不变的,因此 $\omega_0=0$. 又方程(7.8.61)中 $\partial/\partial t=0$,于是方程化为

$$\left(\frac{\partial^2 w'}{\partial x^2}+\frac{\partial^2 w'}{\partial z^2}\right)+\frac{N^2}{U^2}w'=0. \tag{7.8.65}$$

(7.8.63)式化为

$$\frac{\mathrm{d}^2\hat{w}}{\mathrm{d}z^2}+\left(\frac{N^2}{U^2}-k^2\right)\hat{w}=0. \tag{7.8.66}$$

对于不同的 N,U 和 k,方程(7.8.65)或(7.8.66)有不同形态的解.

令 $m^2=N^2/U^2-k^2$,若 $m^2>0$,即 $N/U>k$,解的形态为 $w'=A\mathrm{e}^{\mathrm{i}(kx+mz)}$,其中 $m>0$ 表示向

上传播的波,图像如图 7.20(a)所示,其相位线随高度向后倾斜,称为非拦截(上传)波;而 $m<0$ 则表示向下传播的波.因为地形波的强迫源是在地面,所以只有 $m>0$ 的解在物理上是合理的.

若 $m^2<0$,即 $N/U<k$,m 是虚数.设 $m=\mathrm{i}m_i$,其中 m_i 是实数,则有 w' 的解为
$$w' = A\mathrm{e}^{\mathrm{i}kx}\mathrm{e}^{-m_i z}.$$
这是一个振幅随高度衰减的波,称为拦截波,如图 7.20(b)所示.

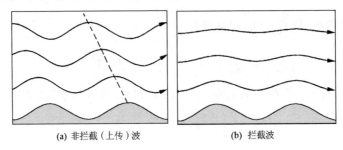

(a) 非拦截(上传)波   (b) 拦截波

图 7.20   地形波

由于 k 反映的是地形强迫的波数,而 $L=2\pi/k$ 则是地形起伏的波长,故
$$m^2 = \frac{N^2}{U^2} - k^2 = \frac{N^2}{U^2} - \left(\frac{2\pi}{L}\right)^2. \tag{7.8.67}$$

因此判据 m^2 反映了大气条件和地形条件对地形波垂直传播的影响.以典型的大气条件为例,取 $N=0.01\ \mathrm{s}^{-1}$,$U=10\ \mathrm{m\cdot s}^{-1}$.当地形尺度 $L>6280\ \mathrm{m}$,其激发的地形波是上传的;而 $L<6280\ \mathrm{m}$,地形波是衰减的.可以证明,上传引起动量向下传输,而拦截波则对动量垂直输送没有贡献.

7.8.6 旋转地球上的惯性重力内波

在旋转的地球上,应考虑科氏力的作用.在重力和科氏力的共同作用下,大气产生的波动称为惯性重力波.

设大气是均匀不可压的,在旋转地球表面上,受重力作用产生的波是惯性重力外波.如果考虑大气层结的作用,重力恢复力和科氏力作用产生的波是惯性重力内波.下面只讨论惯性重力内波,它在大气中尺度运动过程中起主要作用.

1. 旋转地球上的重力内波方程

所采用的大气方程组和(7.8.40)~(7.8.44)式在形式上基本相同,但要加入科氏力项,即
$$\frac{\partial u'}{\partial t} - fv' + \frac{1}{\rho_0}\frac{\partial p'}{\partial x} = 0, \tag{7.8.68}$$

$$\frac{\partial v'}{\partial t} + fu' + \frac{1}{\rho_0}\frac{\partial p'}{\partial y} = 0. \tag{7.8.69}$$

采用类似于 7.8.4 小节的方法,消去 u',v',θ' 和 p',得到关于 w' 的方程:
$$\frac{\partial^2}{\partial t^2}\nabla^2 w' + N^2\nabla_h^2 w' + f^2\frac{\partial^2 w'}{\partial z^2} = 0. \tag{7.8.70}$$

在方程(7.8.70)中,各项系数与 x,y 无关,但 N 可以随高度变化.因此我们可设计正交模态(波动方程的标准形式解)为

$$w' = \hat{w}(z)\mathrm{e}^{\mathrm{i}(kx+ly-\omega t)}. \tag{7.8.71}$$

代入(7.8.70)式,得到

$$\frac{\mathrm{d}^2\hat{w}}{\mathrm{d}z^2} + \frac{[N(z)^2 - \omega^2](k^2 + l^2)}{\omega^2 - f^2}\hat{w} = 0. \tag{7.8.72}$$

令 $m^2(z) = \dfrac{[N^2(z) - \omega^2](k^2 + l^2)}{\omega^2 - f^2}$,(7.8.72)式化为

$$\frac{\mathrm{d}^2\hat{w}}{\mathrm{d}z^2} + m^2\hat{w} = 0. \tag{7.8.73}$$

m 仍表示垂直方向的波数,取频率范围为 $f < \omega < N$,则有 $m^2 > 0$. 解的形式为 $\hat{w} \propto \cos mz, \sin mz$. 这表明波的相位随高度变化,属于内波.(7.8.73)式在 $l = 0, f = 0$ 时与方程(7.8.66)的形式一样.但应注意,在方程(7.8.66)中,ω 是随气流以速度 U 运动的观测者测到的频率,与本节中的频率相差一频移量 kU.

2. 惯性重力内波

方程(7.8.73)的解可设为

$$\hat{w}(z) = \hat{w}_0\mathrm{e}^{\pm\mathrm{i}\int_0^z m\mathrm{d}z}. \tag{7.8.74}$$

为讨论方便起见,设 m 为常数,(7.8.74)式可写为

$$\hat{w}(z) = \hat{w}_0\mathrm{e}^{\pm\mathrm{i}mz}, \tag{7.8.75}$$

其中 $\hat{w}_0$ 为 $\hat{w}$ 在 $z = 0$ 处之值.同时设变量在 y 方向上是均匀的,$l = 0$,由(7.8.71)式有

$$w' = \hat{w}(z)\mathrm{e}^{\mathrm{i}(kx-\omega t)}. \tag{7.8.76}$$

同样有 $u' = \hat{u}(z)\mathrm{e}^{\mathrm{i}(kx-\omega t)}, v' = \hat{v}(z)\mathrm{e}^{\mathrm{i}(kx-\omega t)}$. 代入连续方程(7.8.43)后得到 $\mathrm{i}k\hat{u} + \dfrac{\mathrm{d}\hat{w}}{\mathrm{d}z} = 0$,于是

$$\hat{u}(z) = \mp\hat{w}_0\frac{m}{k}\mathrm{e}^{\pm\mathrm{i}mz}. \tag{7.8.77}$$

(7.8.68)和(7.8.69)式交叉微分消去 p',得到

$$\hat{v}(z) = \mp\mathrm{i}\hat{w}_0\frac{f}{\omega}\frac{m}{k}\mathrm{e}^{\pm\mathrm{i}mz}. \tag{7.8.78}$$

取(7.8.76),(7.8.77)和(7.8.78)式的实部,可得

$$\begin{cases} u' = \mp\hat{w}_0\dfrac{m}{k}\cos(kx \pm mz - \omega t), \\ v' = \pm\hat{w}_0\dfrac{f}{\omega}\dfrac{m}{k}\sin(kx \pm mz - \omega t), \\ w' = \pm\hat{w}_0\cos(kx \pm mz - \omega t). \end{cases} \tag{7.8.79}$$

以上表达式为考虑了地球旋转作用后重力内波的解,这种波称为惯性重力内波.

在惯性重力内波中,介质的运动速度 $\boldsymbol{U}' = (u', v', w')$ 和波数矢量 $\boldsymbol{K} = (k, 0, m)$ 之间具有以下关系式(设 k, m, ω 皆为正):

$$\boldsymbol{K} \cdot \boldsymbol{U}' = \left(-k\hat{w}_0\frac{m}{k} + m\hat{w}_0\right)\cos(kx \pm mz - \omega t) = 0. \tag{7.8.80}$$

和纯重力内波一样,质点运动方向和波数矢量方向相互垂直.还可证明,相速度 $\boldsymbol{c}$ 和 $\boldsymbol{K}$ 方向一致,$\boldsymbol{c}$ 和 $\boldsymbol{c}_\mathrm{g}$ 相互垂直,如图7.21所示.

可以证明,惯性重力内波传播过程中,空气质点的摆动在水平面上画出一个椭圆,其长半轴沿波的传播方向,短半轴与波的传播方向垂直;长半轴的幅度与频率和波数成反比,高频波、

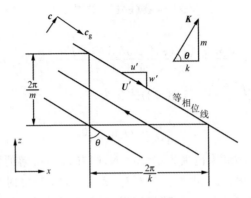

图 7.21　惯性重力内波中,波数矢量 $\boldsymbol{K}$,相速度 c,群速度 c_g 和质点运动速度 $\boldsymbol{U}'$ 之间的关系

短波的摆动幅度小;短半轴的幅度还与 f 成正比,高纬度大,低纬度小.

7.8.7　大气中的声波

大气中的声波是由于空气的可压缩性产生的,当空气块周围边界受到外力作用而压缩时,体积变小,密度变大(或比容减小),而外力撤去后,空气块膨胀以恢复原来的体积.由于弹性作用,空气块会继续膨胀,使密度小于基本平均值.类似这样的压缩与膨胀,引起其周围空气的压缩与膨胀,进而使密度的变化向周围传播,形成声波.声波是一种纵波,空气质点的振动方向沿着波的传播方向.声波的传播又是一个快过程,故可近似看成是绝热的.

1.　声波的方程

取包辛涅斯克方程组(7.2.59)中的运动方程,并略去科氏力项.假设是等温大气,且取大气是二维的,有

$$\frac{\mathrm{d}u}{\mathrm{d}t} = -\alpha_0 \frac{\partial p}{\partial x}, \tag{7.8.81}$$

$$\delta_1 \frac{\mathrm{d}w}{\mathrm{d}t} = -\alpha_0 \frac{\partial p}{\partial z} + \frac{\alpha'}{\alpha_0} g. \tag{7.8.82}$$

用位温 $\theta = \dfrac{p\alpha}{R}\left(\dfrac{p_{00}}{p}\right)^{R/c_p}$ 代入绝热方程 $\dfrac{\mathrm{d}\theta}{\mathrm{d}t} = 0$,得到热力学方程为

$$\alpha \frac{\mathrm{d}p}{\mathrm{d}t} + p\gamma \frac{\mathrm{d}\alpha}{\mathrm{d}t} = 0. \tag{7.8.83}$$

可压缩流体连续方程为

$$\alpha\left(\frac{\partial u}{\partial x} + \frac{\partial w}{\partial z}\right) - \delta_2\left(\frac{\partial \alpha}{\partial t} + u\frac{\partial \alpha}{\partial x} + w\frac{\partial \alpha}{\partial z}\right) = 0. \tag{7.8.84}$$

上述方程中的 $\gamma = c_p/c_V$,参数 δ_1 和 δ_2 用来表示流体是否准静力和不可压缩,规定

$$\delta_1 = \begin{cases} 0, & \text{准静力}, \\ 1, & \text{非静力}, \end{cases} \qquad \delta_2 = \begin{cases} 0, & \text{不可压缩}, \\ 1, & \text{可压缩}. \end{cases}$$

下面将采用 8.4 节中已用过的小扰动法将上述方程组线性化,即设

$$\begin{cases} u = \bar{u} + u'(x,z,t), \\ w = w'(x,z,t), \\ p = p_0(z) + p'(x,z,t), \\ \alpha = \alpha_0(z) + \alpha'(x,z,t), \end{cases} \tag{7.8.85}$$

214

其中 $\bar{u}$ 是已知常数. 假定扰动态和基本态之比 $u'/\bar{u}$, p'/p_0 和 α'/α_0 都远小于 1, 且基本量仍满足原有方程组的定解条件. 将 (7.8.85) 式代入 (7.8.81)~(7.8.84) 式, 比较方程中各项大小, 并略去二阶小项后, 得到描写二维声波的线性化方程为

$$\frac{\partial u'}{\partial t} + \bar{u}\frac{\partial u'}{\partial x} + \alpha_0\frac{\partial p'}{\partial x} = 0, \tag{7.8.86}$$

$$\delta_1\left(\frac{\partial w'}{\partial t} + \bar{u}\frac{\partial w'}{\partial x}\right) + \alpha_0\frac{\partial p'}{\partial z} - \frac{\alpha'}{\alpha_0}g = 0, \tag{7.8.87}$$

$$\alpha_0\left(\frac{\partial p'}{\partial t} + \bar{u}\frac{\partial p'}{\partial x}\right) - gw' + p_0\gamma\left(\frac{\partial \alpha'}{\partial t} + \bar{u}\frac{\partial \alpha'}{\partial x} + w'\frac{\partial \alpha_0}{\partial z}\right) = 0, \tag{7.8.88}$$

$$\alpha_0\left(\frac{\partial u'}{\partial x} + \frac{\partial w'}{\partial z}\right) - \delta_2\left(\frac{\partial \alpha'}{\partial t} + \bar{u}\frac{\partial \alpha'}{\partial x} + w'\frac{\partial \alpha_0}{\partial z}\right) = 0. \tag{7.8.89}$$

其中基本态满足静力关系和状态方程:

$$\alpha_0\frac{\mathrm{d}p_0}{\mathrm{d}z} = -g, \tag{7.8.90}$$

$$p_0\alpha_0 = RT_0, \tag{7.8.91}$$

这里 T_0 为等温大气的温度. 上述两关系也可表示成为 $\dfrac{\mathrm{d}\alpha_0}{\mathrm{d}z} = \dfrac{\alpha_0}{H}$, 其中 H 为等温大气的厚度尺度: $H \approx 8000\ \mathrm{m}$.

设扰动态是 (x, z, t) 的谐波函数, 于是有

$$\begin{cases} u' = U\mathrm{e}^{\mathrm{i}(kx+mz-\omega t)}, \\ w' = W\mathrm{e}^{\mathrm{i}(kx+mz-\omega t)}, \\ p' = P\mathrm{e}^{\mathrm{i}(kx+mz-\omega t)}, \\ \alpha' = A\mathrm{e}^{\mathrm{i}(kx+mz-\omega t)}, \end{cases} \tag{7.8.92}$$

其中 k, m 分别为 x, z 方向上的波数, ω 为圆频率; U 为水平速度谐波分量的振幅, 此谐波的波数为 k, m, 频率为 ω; 类似地, W, P 和 A 分别为速度、气压和比容的谐波分量振幅.

为了方便起见, 我们将声波分为垂直和水平两个方向分别讨论.

2. 垂直方向传播的声波

如果只考虑声波在垂直方向上的传播, 水平方向上设为是均匀的, 则 $u' = 0$, $k = 0$. 将 (7.8.92) 式代入 (7.8.87), (7.8.88) 和 (7.8.89) 式, 得到

$$\begin{bmatrix} -\mathrm{i}\delta_1\omega & \mathrm{i}\alpha_0 m & -g/\alpha_0 \\ -g+p_0\alpha_0\gamma/H & -\mathrm{i}\alpha_0\omega & \mathrm{i}p_0\omega\gamma \\ \mathrm{i}\alpha_0 m - \delta_2\alpha_0/H & 0 & \mathrm{i}\delta_2\omega \end{bmatrix}\begin{bmatrix} W \\ P \\ A \end{bmatrix} = 0. \tag{7.8.93}$$

为使齐次方程 (7.8.93) 有非零解, 必要条件是系数行列式为零. 由此得到

$$\delta_1\delta_2 c^2 m - \alpha_0 m p_0\gamma + \mathrm{i}g - \delta_2\frac{g}{m}\frac{1}{H} - \mathrm{i}\delta_0 g = 0,$$

其中利用了关系 $c = \omega/m$. 取实数部分, 得到

$$\delta_1\delta_2 c^2 m - \alpha_0 m p_0\gamma - \delta_2\frac{g}{mH} = 0. \tag{7.8.94}$$

若 δ_1 和 δ_2 中有一个为零, 即大气是静力平衡的或不可压缩的, 波速 c 没有解, 即不存在声波. 若 $\delta_1 = \delta_2 = 1$, 即大气是非静力平衡同时又是可压缩的, 则有

$$c^2 - \alpha_0 p_0 \gamma - \frac{g}{m^2 H} = 0, \tag{7.8.95}$$

其中第二项与第三项之比为

$$\frac{\alpha_0 p_0 \gamma}{g/m^2 H} = \gamma (2\pi)^2 \left(\frac{H}{L_z}\right)^2, \tag{7.8.96}$$

这里 $L_z = 2\pi/m$ 为声波的垂直波数,只要 $L_z \ll H$,这比值即远大于 1. 由此可略去(7.8.95)式的第三项,得到声速

$$c = \pm \sqrt{\gamma p_0 / \rho_0} = \pm \sqrt{\gamma R T_0}. \tag{7.8.97}$$

若取大气温度为 273 K, $\gamma = 1.4$, R 用干空气的比气体常数 $R_d = 287 \text{ m}^2 \cdot \text{s}^{-2}$,则声波的传播速率约为 331 $\text{m} \cdot \text{s}^{-1}$.

3. 水平方向传播的声波

假设声波只在水平方向上(x 方向)传播,则取 $w' = 0$, $m = 0$. 将(7.8.92)式代入(7.8.86),(7.8.88)和(7.8.89)式,类似于处理垂直声波的方法,得到

$$\begin{bmatrix} k\bar{u} - \omega & \alpha_0 k & 0 \\ 0 & \alpha_0 (k\bar{u} - \omega) & p_0 \gamma (k\bar{u} - \omega) \\ \alpha_0 k & 0 & -\delta_2 (k\bar{u} - \omega) \end{bmatrix} \begin{bmatrix} U \\ P \\ A \end{bmatrix} = 0. \tag{7.8.98}$$

令系数行列式为零,并利用 $c = \omega/k$,得到

$$\delta_2 (\bar{u} - c)^3 - \gamma p_0 \alpha_0 (\bar{u} - c) = 0. \tag{7.8.99}$$

设大气是可压缩的, $\delta_2 = 1$,得声波在水平方向的传播速度为

$$c = \bar{u} \pm \sqrt{\gamma R T_0}. \tag{7.8.100}$$

若大气是不可压缩的, $\delta_2 = 0$,则得 $c = \bar{u}$,表明扰动以平均风速传播,这已不是声波了.

声波和重力波都属于快速移动的波,它们引起的气压扰动一般在 $10^{-1} \sim 10^0$ hPa 之间,对天气的影响较小. 声波是由于空气的可压缩性传播的,因此,若一个数值预报模式的方程组中包含了可压缩流体连续方程,则有可能在计算中产生声波. 它的存在对天气变化无意义,但若因计算不稳定性导致其振幅不断增大,则会歪曲计算的结果,因此应在方程中设法滤去声波. 显然,假定大气是不可压缩的,便可滤去声波. 另外,静力平衡假定可滤去垂直声波,而水平无辐散假定可滤去水平声波.

重力波在某些大尺度天气预报中也可视为噪声,应采用滤波法滤掉. 例如,假设大气运动无水平辐散,或大气是中性的,都可滤去重力波. 保留必要的扰动波动,滤去无益的噪声波动,是设计数值预报模式中的重要技巧,这也要求对波动的性质有深入的了解.

7.8.8 罗斯贝波

前面讨论的波都假定科氏参数 f 是一常数,这些波的频率都远大于 f. 下面我们将讨论一种波,它是由于科氏力随纬度变化而产生的,即罗斯贝参数 $\beta = \dfrac{\mathrm{d}f}{\mathrm{d}y} = \dfrac{2\omega\cos\varphi}{R_E} \neq 0$,称为罗斯贝波. 它是水平横波,属于慢波. 罗斯贝波的空间尺度很大,以至围绕整个半球只有几个波,因此又称为大气长波或行星波,其频率也远低于 f,即 $\omega \ll f$.

假定大气运动是水平、正压、无辐散的,由涡度方程(7.7.7)式可知,绝对涡度始终保持守恒,并可写成下列形式:

216

$$\left(\frac{\partial}{\partial t}+u\frac{\partial}{\partial x}+v\frac{\partial}{\partial y}\right)\zeta+\beta v=0. \tag{7.8.101}$$

对(7.8.101)式进行线性化,假定

$$\begin{cases} u=\bar{u}+u', \\ v=v', \\ \zeta=\zeta', \end{cases} \tag{7.8.102}$$

引入流函数

$$\begin{cases} u'=-\dfrac{\partial\psi}{\partial y}, \\ v'=\dfrac{\partial\psi}{\partial x}, \end{cases} \tag{7.8.103}$$

于是有 $\zeta'=\nabla^2\psi$,其中 $\nabla^2=\dfrac{\partial^2}{\partial x^2}+\dfrac{\partial^2}{\partial y^2}$. 代入(7.8.101)式,得

$$\left(\frac{\partial}{\partial t}+\bar{u}\frac{\partial}{\partial x}\right)\nabla^2\psi+\beta\frac{\partial\psi}{\partial x}=0. \tag{7.8.104}$$

设解为

$$\psi=A\mathrm{e}^{\mathrm{i}(kx+ly-\omega t)}, \tag{7.8.105}$$

代入(7.8.104)式,得到频散关系

$$(\omega-k\bar{u})(k^2+l^2)+\beta k=0, \tag{7.8.106}$$

波速为

$$c=\omega/k=\bar{u}-\beta/(k^2+l^2). \tag{7.8.107}$$

假定波动在 y 方向上无变化($l=0$),有

$$c=\bar{u}-\beta/k^2 \tag{7.8.108}$$

或

$$c=\bar{u}-\frac{\beta L_x^2}{4\pi^2}. \tag{7.8.109}$$

其中 $L_x=2\pi/k$ 为波在 x 方向上的波长. 正压、无辐散、自由大气的长波相速度公式(7.8.107) ~(7.8.109)即为有名的罗斯贝公式,是大气动力学中最重要的公式之一.

在 $30°$ 的中纬度地区,$\beta\approx2\times10^{-11}$ m$^{-1}\cdot$s^{-1},假定 $\bar{u}=10$ m$\cdot$s^{-1},$L_x=1000$ km,可得到 $c=9.5$ m$\cdot$s^{-1};如 $L_x=3000$ km,得到 $c=5.5$ m$\cdot$s^{-1},可见短波东移速度较快;当 $L_x=5000$ km 时,东移速度接近零,成为静止波. 因此大气长波特别是静止波是一种相对稳定少变的系统.

大气长波的波速与波数(或波长)有关,因此也是弥散波. 它的群速度 c_g 与波动传播的相速度 c 不同. 根据波长和波数的关系 $L_x=\dfrac{2\pi}{k}$,由(7.8.11)式可得 $c_g=c-L_x\dfrac{\mathrm{d}c}{\mathrm{d}L_x}$. 将(7.8.109)式代入,得

$$c_g=\bar{u}+\frac{\beta L_x^2}{4\pi^2}, \tag{7.8.110}$$

表明长波能量(即波动的振幅)传播的速度要快于波动本身传播的相速度. 引起长波振幅变化的能量可能是由上游波动提供的.

大气长波是在西风气流发生南北扰动时,因科氏力随纬度变化而产生的. 利用绝对涡度守恒原理可以清晰地了解其物理机制(图 7.22). 设初始气块位于 O 点,具有绝对涡度 $\zeta+f$ 且

$\zeta > 0$,轨迹具有气旋式弯曲(逆时针). 当气块受到扰动向北运动($v > 0$)时,f 将增大,因绝对涡度守恒,故 ζ 将减小,直至 A 点 $\zeta = 0$;以后 ζ 开始变成负值,轨迹也转成反气旋式弯曲(顺时针). 到达 B 点时反气旋式涡度达到最大($v = 0$),以后气块开始向南运动($v < 0$),随之 f 将减小,ζ 将增大,轨迹由反气旋式弯曲逐渐又转向气旋式弯曲. 以后重复上述过程.

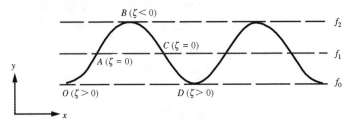

图 7.22 罗斯贝波形成过程示意图

大气长波是对流层中部和上部西风带中自西向东移动的波动系统,波长达几千千米,波速接近于风速大小,生命期约 1 周. 长波的波峰(称为长波脊)和波谷(称为长波槽)的移动交替,对西风带的天气变化产生重要影响. 在槽前,暖空气上升,低空是辐合,高空是辐散的,对应的地面天气系统是低压气旋;而槽后冷空气下沉,低空是辐散,高空是辐合的,对应的地面系统是高压. 因此槽前常常伴随多云、阴雨天气,而槽后多为晴朗稳定天气. 槽脊的交替造成地面天气变化. 当出现静止波时,天气现象常常相对稳定或重复出现,例如持续性阴雨和频繁的寒潮爆发. 图 7.23 给出了理想化的北半球高空大气长波(500 hPa)和地面气旋族之间配合的概略图.

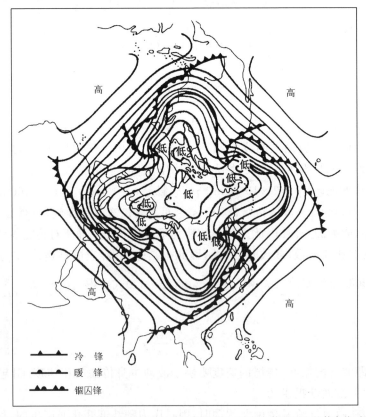

图 7.23 北半球高空大气长波和地面气旋族配合示意图细线表示 500 hPa 等压面上的等高线,粗线表示急流轴

从图中可见,大气长波上叠加了短波扰动,气旋族位于长波的槽前脊后,而每个气旋是和高空大气短波相对应的.短波的波长短,移动快,和它对应的地面气旋大体上受长波流型的气流引导.所以长波特性的研究,诸如其振幅变化、波长以及相关的波速和周期的性质,一直是中期(3天～2周)天气预报的基础.

思 考 题

1. 和一般流体运动相比,地球大气的运动有什么特点?

2. 何谓静力近似、非弹性近似和包辛涅斯克近似?分别写出这几种近似条件下的大气动力-热力学基本方程组.

3. 在台风系统中,若 $L=100\,\mathrm{km}$,$D=10\,\mathrm{km}$,$U=50\,\mathrm{m}\cdot\mathrm{s}^{-1}$,$W=1\,\mathrm{m}\cdot\mathrm{s}^{-1}$,水平气压差 $\Delta p=10^4\,\mathrm{Pa}$.讨论该系统中动量方程各项的数量级及静力平衡是否成立.

4. 为什么低压和高压的上空,等压线不再闭合而变成了槽脊的形式?

5. 为什么把地面风向与高空云层移动方向进行比较,可以判断当地上空的冷暖平流情况?

6. 解释北半球对流层内出现西风急流的原因.

7. 说明垂直涡度方程中各项的意义.在正压、水平运动、无摩擦、无辐散等假定下,可作哪些简化?

8. 准地转近似为什么可滤去声波和惯性重力波?请作物理上的解释.

习 题

1. 已知流场 $\boldsymbol{V}=6(xy+y^2)\boldsymbol{i}+3(x^2-y^2)\boldsymbol{j}$,求 $\nabla\cdot\boldsymbol{V}$,$\nabla\times\boldsymbol{V}$ 和 $\nabla^2\boldsymbol{V}$.

2. 已知风场 $\boldsymbol{V}=(x+2y+3z+4t^2)\boldsymbol{i}+(xyz+t)\boldsymbol{j}+[(x+y)z^2+2t]\boldsymbol{k}$,求 $\dfrac{\mathrm{d}\boldsymbol{V}}{\mathrm{d}t}$.

3. 根据表达式 $C_{ij}=u_iB_{kj}v_k+w_k\varepsilon_{ijk}+a\delta_{ij}$,求 C_{22},C_{13} 和 C_{21}.

4. 在 30°N 处的 700 hPa 等压面上,水平距离 400 km 的两点的高度差为 40 gpm.试求:
   (1) 该处的等压面坡度;
   (2) 该处的地转风速.

5. 在 $\varphi=45°\mathrm{N}$ 处,距反气旋中心 500 km 处可能的最大梯度风速为多少?最大等压面坡度是多少?

6. 设有一陆龙卷以常角速度 ω 旋转,在其半径 r 处地面气压为 p_r,假定温度 T 是常数.证明:陆龙卷中心的地面气压为

$$p_0 = p_r\exp(-\omega^2 r^2/2RT),$$

其中 R 是空气的比气体常数.若 $r=200\,\mathrm{m}$ 处,$p_r=1000\,\mathrm{hPa}$,风速 $v_r=40\,\mathrm{m}\cdot\mathrm{s}^{-1}$,$T=293\,\mathrm{K}$,问:龙卷中心气压是多少?

7. 在 $\varphi=45°\mathrm{N}$ 处,700 hPa 等压面上地转风的风向为 120°,大小为 $10.3\,\mathrm{m}\cdot\mathrm{s}^{-1}$;500 hPa 等压面上地转风的风向为 60°,大小亦为 $10.3\,\mathrm{m}\cdot\mathrm{s}^{-1}$.求 700 hPa 到 500 hPa 气层间的平均水平温度梯度的大小和方向,并画图示意.

8. 证明:在柱坐标系 (r,θ,z) 中,相对涡度的三个分量分别为

$$\xi=\frac{1}{r}\frac{\partial w}{\partial\theta}-\frac{\partial v_\theta}{\partial z},\quad \eta=\frac{\partial v_r}{\partial z}-\frac{\partial w}{\partial r},\quad \zeta=\frac{\partial v_\theta}{\partial r}+\frac{v_\theta}{r}-\frac{1}{r}\frac{\partial v_r}{\partial\theta}.$$

9. 已知涡旋运动的速度表达式为 $v_\theta=Cr^2$,$v_\theta=C$,$v_\theta=Cr^2$ 及 $v_\theta=C/\sqrt{r}$,其中 C 为常数,且 $v_r=0$,求上述四种流场的涡度.

10. 给定三维速度场为 $\boldsymbol{u}=(0,r\Omega,0)$,其中 $\Omega=\mathrm{d}\theta/\mathrm{d}t=$ 常数,求柱坐标系中涡度矢量的表达式.

11. 在 45°N 处,正压、水平无辐散条件下,平均西风风速为 $16\,\mathrm{m}\cdot\mathrm{s}^{-1}$ 时,估计罗斯贝静止波的波长.若实际波长大于或小于静止波长,则罗斯贝波将东进还是西退?

参 考 文 献

[1]　杨大升等.动力气象学.北京:气象出版社,1983.

[2]　叶笃正等.动力气象学.北京:科学出版社,1988.

[3]　Holton J R. An Introduction to Dynamic Meteorology. Academic Press，1991.

第三篇　大气边界层物理

大气边界层,也称为行星边界层、摩擦层,是指最靠近下垫表面的对流层底层,厚度从数百米到数千米.它是受地球表面摩擦以及热过程和蒸发显著影响的大气层.大气边界层以上是自由大气,自由大气中可以忽略下垫面的影响.

大气边界层可定义为:存在各种尺度的湍流,湍流输送起着重要作用并导致气象要素日变化显著的低层大气.大气边界层中发生的物理过程、化学过程和生态过程与天气和气候变化、环境变化、温室气体和污染物等扩散机理密切相关.这种地面对大气边界层的影响称为地面的强制过程,其中包括地面的摩擦作用及其水分、热量的传输过程.近年来对于环境问题和生态问题的日益重视,使大气边界层的研究范围扩展到了污染物和温室气体的扩散机理方面.大气边界层与自由大气的耦合作用也是数值预报及气候模式中非常受关注的问题.

本篇所探讨的内容限于大气边界层物理的基本理论,包括大气湍流的基本概念;近地面层的结构和它的演变规律;中性、稳定和不稳定条件大气边界层的基本结构和演变规律.还介绍了非均一下垫表面对边界层结构影响的一些实验事实.本篇未讨论边界层内污染物扩散的有关理论,对于一些前沿性的尚不成熟的研究成果,例如涉及边界层顶云的内容也没有介绍.

第八章 大气湍流基础

湍流是大气边界层中主要的运动形态.湍流对地表面与大气间的动量、热量、水汽以及物质的输送与交换起着主要作用.本章将介绍大气湍流的基础知识,深入一步的问题(例如声波在湍流大气中的传播等)将在大气声学中介绍.

8.1 大 气 湍 流

8.1.1 湍流现象与雷诺实验

流体力学的研究指出,流体的流动有两种形式,即层流(片流)和湍流(乱流).这两种流动形式的差别最初是雷诺(Reynolds,1883年)发现的.将水缓慢注入一个长而直、保持不受震动的圆玻璃管,同时在管的入口注入已染色的细流.实验发现:水流足够慢时,有颜色的细流保持一完整的直线;但当水的流速增大,并超过某一数值时,带颜色的细流断裂,与周围没有染色的水流混合,而这种混合是不规则的(图8.1).雷诺定义了由层流转变为湍流的判据,即雷诺数:

$$Re = \frac{UL}{\nu},$$

式中 U 为速度尺度,L 为与流动有关的特征长度,ν 为运动学黏性系数.实验表明,当雷诺数超过某一临界值时,流体运动转为不稳定,并发展成湍流;而雷诺数小于另一临界值时,流体运动

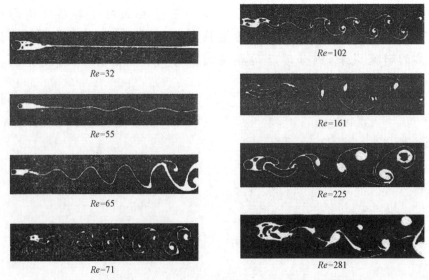

图 8.1　雷诺实验与雷诺数 (F. Fomann,1936;转引自章梓雄等,黏性流体力学,2011)

非常稳定,始终处于层流状态;在上、下临界值间是不稳定的过渡状态.但由于湍流现象的极其复杂以及精密实验的极其困难,临界雷诺数值仍是不确定的,其数值从早期圆管水流实验的 2300 直到目前已知的最高值 1.5×10^5. 一般地,当 $Re < 2000$ 时,流体运动为层流;当 $Re > 2000$ 时,流体运动为湍流.

对于地球大气,特征长度一般可取离地面的高度,若高度仅取 1 m,水平速度取 $0.1 \mathrm{m \cdot s^{-1}}$, $\nu = 1.46 \times 10^{-5} \mathrm{m^2 \cdot s^{-1}}$,则此时大气的雷诺数已超过 6000. 可见,大气中的雷诺数一般都是很高的,大气运动特别是边界层内的大气运动具有完全湍流运动的性质.大气湍流是有旋的三维涡旋脉动,这是湍流运动区别于其他无旋湍流的不规则波动的特性之一.

8.1.2 大气湍流的基本特征

大气湍流的概念已提出一百多年,但由于其复杂性,至今没有确切的定义.图 8.2 显示了大气中风速、温度和湿度值随时间的快速变化.这种变化是由于湍流造成的,说明气流在三维空间内随空间位置和时间有不规则涨落.伴随着气流的涨落,温度、湿度乃至大气中各种物质的浓度及这些要素的导出量也都呈现为无规则的涨落.湍流的基本特征可归纳如下:

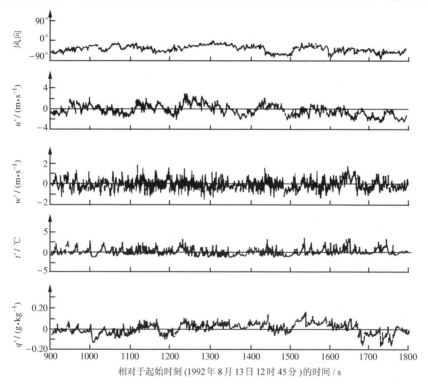

图 8.2 1992 年 8 月 13 日在戈壁(甘肃)使用超声风速仪、白金丝温度仪和拉曼-α 湿度计
观测得到的脉动资料以及由这些记录计算得到的瞬时风向(引自胡二邦,陈家宜,1999)

（1）随机性.湍流是非规则的,不可预测的,在时间和空间上都是非周期性的.湍流的规律是确定性的随机.

（2）非线性.湍流是高度非线性的.当流动达到某一特定状态,例如雷诺数或理查森数(参见 8.4.4 小节)超过某临界值,流动中的小扰动就会自发地增长,并很快达到一定的扰动幅度.

（3）扩散性.湍流会引起动量、热量及流动中的其他物质快速扩散.

（4）涡旋性.利用可视化方法,例如,将几滴颜料注入湍流运动的水中,观察发现湍流结构可设想成由无数大小不同的湍涡组成,它们分裂、合并、拉长、旋转,再相互叠加在一起,构成湍流的涡旋结构.

（5）耗散性.湍流的能量是由大湍涡向小湍涡传递,最后通过分子粘性耗散成为热能.

（6）间歇性.大气湍流具有浑沌的特征,湍流涡旋有时不是充满整个空间,在时也存在不连续性.

（7）湍流的多尺度性.大气湍流尺度,空间上从毫米级到数十千米,时间上从毫秒到数十分钟.

根据湍流的特征可以给出大气湍流的描述,即：大气湍流是气流在三度空间内随空间位置和时间的不规则涨落;伴随着气流的涨落,温度、湿度乃至于大气中各种物质属性的浓度及这些要素的导出量都呈现为无规则的涨落;大气湍流通常为高雷诺数湍流.不仅大气边界层的运动形态一般是湍流的,在积云内以及自由大气中也存在湍流现象（晴空湍流）.大气湍流对云滴、冰晶的增长与破碎,对电磁波、声波在大气中的传播都有重要的影响.

8.1.3　大气湍流的产生和维持

从能量角度看,认为大气湍流的能量来源于机械运动做功和浮力做功两方面.前者是在有风向风速切变时,湍流切应力对空气微团做功.后者是指在不稳定大气中,浮力对垂直运动的空气微团做功,使湍流增强;在稳定大气中,随机上下运动的空气微团要反抗重力做功而失去动能,使湍流减弱.大气湍流的产生和维持主要有三大类型（见图 8.3）：

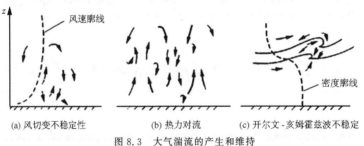

(a) 风切变不稳定性　　　(b) 热力对流　　　(c) 开尔文-亥姆霍兹波不稳定

图 8.3　大气湍流的产生和维持

（1）风切变产生的湍流.在接近地面的大气中,地面边界起着阻滞空气运动的不滑动底壁的作用.因为这里的风速切变很大,因而涡度也大,流动是不稳定的,有利于湍流的形成（图8.2(a)）.湍流一旦形成即通过湍流切应力做功,源源不断地将平均运动的动能转化为湍流运动的动能,使湍流维持下去,因而在最靠近地面的气层中,不论日夜都有湍流运动.

在地形有起伏的地方,例如森林、建筑物或山地和丘陵河谷的地方,不滑动底壁是三维的.由于这些障碍物对气流的阻挡作用和切应力的作用,产生流动脱体和涡旋,具备触发湍流和能量补充的条件,因此流动始终是湍流的,而且往往很强.

（2）对流湍流.白天地面强烈加热,大气边界层中会产生对流泡或羽流（图 8.2(b)）.对于特定的对流泡或羽流,表面上它的流动是有组织的,实际上各个单体出现的时间和地点却几乎是完全随机的,表现为湍流状态的流动.由于流动的不稳定性和卷夹作用,热泡也会部分地破碎为小尺度湍流.对流湍流的能量来源是直接或间接地通过浮力做功取得的.除此之外,积云、积雨云以及密卷云中的湍流也是对流湍流的一种,它的出现还和云中水汽相变过程有关.

（3）波产生湍流. 稳定层结的大气中,湍流通常较弱或消失. 但稳定层结的大气流动经常存在上下层较强的风切变,这时会产生切变重力波. 当风切变够大时,由于密度被倒置,运动成为不稳定的,随着波动振幅增大而破碎,破碎波的叠加便构成湍流. 湍流一旦形成,上下层混合加强,风的切变随之减弱,流动又恢复到无湍流状态,如此往复不已. 波动产生的湍流往往在空间上是离散的,在时间上是间歇的. 这种密度界面上产生的波称为开尔文-亥姆霍兹波(图8.3(c)),在7.8.3小节中已作过介绍. 它常常出现在夜间的稳定边界层中和白天的混合层顶. 对流层晴空湍流的出现也常常和切变重力波相联系. 这类湍流的动能最初来自于波动的能量(势能),湍流出现以后也可通过湍流切应力做功直接由平均运动动能得到.

大气湍流的尺度范围是很广的,从几毫米直到几千米,而且产生和维持大气湍流的能量来源也具有多种形式,不但大气运动和浮力提供能量,水的相变、雷电以及光化学和化学反应都能影响湍流的发展.

和大气湍流密切关联的是污染物的扩散. 释放入大气边界层中的污染物,受到平均流场和各种尺度湍涡的影响,在大气中迁移扩散(图8.4). 图8.4(a)表示烟团在比它尺度小的湍涡作用下,一边随风迁移,一边受到湍涡的搅扰,边缘不断与周围空气混合,体积缓慢地膨胀,烟团内部的浓度也不断地降低.(b)表示烟团受到大尺度湍涡的作用. 这时烟团主要被湍涡所挟带,本身增长不大.(c)表示烟团受到大小尺度相当的湍涡扯动变形,这是一种最强的扩散过程. 在实际大气中同时存在着各种不同大小的湍涡,扩散过程是上述几种过程共同完成的.

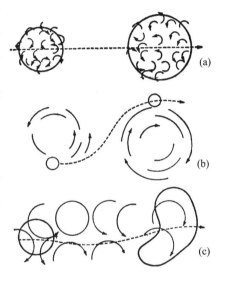

图 8.4　大小不同的湍涡对烟团扩散的作用

（引自 Slade,1968）

8.1.4　泰勒假设

大气边界层的湍流结构应在大范围的空间内进行同步测量,但这在技术上难度很大,比较容易的是在空间一个点上做长时间的测量. 例如,在气象铁塔上进行测量,它能提供边界层空气流经传感器的时间序列资料. 但是,湍流运动是一个三维空间的问题,能否将测量的时间序列资料用来研究湍流的空间结构呢?

泰勒(Taylor)提出：在满足某些条件的情况下,当湍流流经传感器时,可以认为湍流是被冻结的. 其含义是：在空间上一固定点对湍流的观测结果统计上等同于同时段沿平均风方向空间各点的观测,也称为"定型湍流"假设. 当然湍流并不是真的被冻结,只是假设湍涡发展的时间尺度大于它被平流携带经过探头所需的时间,泰勒假设才适用.

利用风速 $\bar{u}$ 与时间 t 的乘积等于该空气团运行距离 $x = \bar{u}t$ 的关系,可将时间序列的湍流资料转化为相应的空间测量资料,其中 $\bar{u}$ 为平均风速,选择 x 沿主导风速方向.

对于任意变量 ξ,泰勒假设可表述为：当 $\mathrm{d}\xi/\mathrm{d}t = 0$ 时,湍流是冻结的. 因此泰勒假设的一般形式为

$$\frac{\partial \xi}{\partial t} = -u\frac{\partial \xi}{\partial x} - v\frac{\partial \xi}{\partial y} - w\frac{\partial \xi}{\partial z},$$

其中 u,v 和 w 分别为 x,y 和 z 方向的风速分量.

泰勒假设虽然一直没有得到严格的证明,而且此假设中实际还隐含着平稳湍流和均匀湍流的条件,风速也不宜过小,但根据实际观测资料的验证,泰勒假设在边界层中是适用的.

8.2 大气湍流的统计描述

人们对大气湍流的认识是逐步的,研究大气湍流的方法也有所不同.从历史角度,大约有三种,即:统计理论、K理论和相似理论.本节主要介绍利用统计理论和方法处理湍流问题,包括大气湍流的概率分布、相关函数、湍流能谱、湍流尺度和湍流扩散等.

8.2.1 雷诺平均

1. 平均量和平均法则

在以湍流运动为主的低层大气的研究中,各种气象要素随时间的变化可以分解为平均量、湍流量和波动量,其中后两者叠加在平均量上,表现为起伏和扰动(见图8.5).

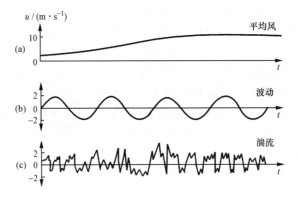

图 8.5　大气流动形式的分解(以风速为例)(a) 平均风速(x 方向),(b) 波动,(c) 湍流
(转引自徐静琦等译,边界层气象学导论,1991)

为了分离出湍流量或波动量,首先是对资料进行平均.通常有三种平均方式:系综平均、空间平均和时间平均.系综平均是指对在同一地点、同一时间、同样大气条件下的 N 个观测资料序列的平均值求和,即

$$\overline{A}(x_0,y_0,z_0,t_0) = \frac{1}{N}\sum_{i=1}^{N} A_i(x_0,y_0,z_0,t_0). \tag{8.2.1}$$

假如 A_i 为某一天在位置 (x_0,y_0,z_0) 处 t_0 时刻的观测值,则 N 为总天数.空间平均是对某一时刻在某一空间域内大量观测点的资料进行平均;时间平均则是对空间某一固定点取其某一时段的大量观测数据的时间序列进行平均.

在实际观测中,由于不能控制大气,不能重复产生同样的天气条件,故严格的系综平均几乎是不可能的.另外,由于实际大气的不均匀性,空间平均的要求往往也难以满足,所以通常可行的办法是取时间平均.在求时间平均时,虽然在一段时间内可以认为大气满足定常条件,但仍需考虑到平均值具有随时间变化的趋势,所以实际工作中常要先对数据系列进行去倾处理,然后才得到其湍流量的数据系列,如图8.6所示.

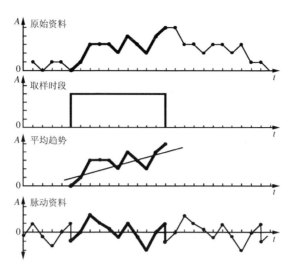

图 8.6 湍流数据处理步骤示意图

假设 A 和 B 为时间变量,C 为常量,有下面一些常用的平均运算规则:

$$\overline{(CA)} = C\bar{A}, \quad \overline{(A+B)} = \bar{A} + \bar{B}, \quad \overline{(AB)} = \bar{A} \cdot \bar{B}.$$

对于微分和积分运算,也可导出

$$\overline{\frac{\partial A}{\partial t}} = \frac{1}{N}\left[\frac{\partial A_1}{\partial t} + \frac{\partial A_2}{\partial t} + \cdots + \frac{\partial A_i}{\partial t} + \cdots + \frac{\partial A_N}{\partial t}\right]$$

$$= \frac{\partial}{\partial t}\left[\frac{1}{N}(A_1 + A_2 + \cdots + A_i + \cdots + A_N)\right] = \frac{\partial \bar{A}}{\partial t}. \tag{8.2.2}$$

类似地,还有

$$\overline{\frac{\partial A}{\partial x_i}} = \frac{\partial \bar{A}}{\partial x_i} \quad \text{及} \quad \overline{\left(\frac{dA}{dt}\right)} = \frac{d\bar{A}}{dt}, \tag{8.2.3}$$

$$\overline{\int A dt} = \int \bar{A} dt \quad \text{及} \quad \overline{\int A dx_i} = \int \bar{A} dx_i. \tag{8.2.4}$$

2. 雷诺平均

雷诺最早提出,可把湍流运动设想成两种运动的组合,在平均运动上叠加了不规则的、尺度范围很广的脉动起伏. 用数学方法描述就是任意变量都可分解为平均量和湍流脉动量之和. 大气边界层中最常关注的要素有:风矢量的三个分量 u,v 和 w;虚位温 θ_v;比湿 q 以及污染物浓度 c 等. 它们可分别写成下列形式:

$$\begin{cases} u = \bar{u} + u', \ v = \bar{v} + v', \ w = \bar{w} + w'; \\ p = \bar{p} + p'; \\ \rho = \bar{\rho} + \rho'; \\ \theta_v = \bar{\theta}_v + \theta_v'; \\ q = \bar{q} + q'. \end{cases} \tag{8.2.5}$$

注意这里雷诺平均中的脉动量和前面第七章中的不同,例如 (7.2.1)式中 $p = p_0 + p'$ 中的 p' 是气压值与基本态(即气压场中静力平衡部分)的差值,而此处的湍流脉动量 p' 值是与平均量的差值.

假设变量 $A = \bar{A} + a', B = \bar{B} + b'$,则 $\overline{(A)} = \overline{\bar{A} + a'} = \bar{A} + \overline{a'}$. 为使两边相等,必然有 $\overline{a'} = 0$.

227

还可导出下列关系：

$$\overline{(A \cdot B)} = \overline{(\bar{A} + a')(\bar{B} + b')} = \overline{AB} + \overline{a'b'}, \tag{8.2.6}$$

其中非线性积 $\overline{a'b'}$ 以及其他各阶的非线性积，例如 $\overline{a'^2}, \overline{a'b'^2}, \overline{a'^2b'^2}$，不一定等于零. 众多的非线性积都有固定的物理意义，这将在下面介绍.

8.2.2 湍流宏观统计参数

大气湍流研究中经常使用的统计参数有很多，如方差、相关系数等.

1. 方差和湍流强度

方差定义为

$$\sigma_A^2 = \frac{1}{N}\sum_{i=0}^{N-1}(A_i - \bar{A})^2 = \overline{a'^2}, \tag{8.2.7}$$

σ_A 则称做标准差. 可知风速的标准差为 $\sigma_u = (\overline{u'^2})^{1/2}, \sigma_v = (\overline{v'^2})^{1/2}$ 和 $\sigma_w = (\overline{w'^2})^{1/2}$，它们与水平风速模量 $\bar{U}$ 的比值称为湍流强度或阵风度，x, y 和 z 方向的风速湍流强度分别为

$$i_x = \frac{\sigma_u}{\bar{U}}, \quad i_y = \frac{\sigma_v}{\bar{U}}, \quad i_z = \frac{\sigma_w}{\bar{U}}. \tag{8.2.8}$$

2. 协方差

两个变量之间的协方差定义为

$$\sigma_{A,B}^2 = \frac{1}{N}\sum_{i=0}^{N-1}(A_i - \bar{A}) \cdot (B_i - \bar{B}) = \frac{1}{N}\sum_{i=0}^{N-1}a_i'b_i' = \overline{a'b'}. \tag{8.2.9}$$

协方差表示两个变量 A 和 B 之间的相关程度. 例如，A 代表空气位温 θ，B 代表垂直速度 w，则有 $\sigma_{\theta,w}^2 = \overline{\theta'w'}$.

对协方差进行归一化，可得到其互相关系数：

$$R_{AB} = \frac{\overline{a'b'}}{\sigma_A \cdot \sigma_B}. \tag{8.2.10}$$

R_{AB} 的意义与前文的自相关系数不同. R_{AB} 表征在同一时刻、同一空间点上两种不同的气象要素或同一种气象要素不同分量间的相关，例如风速涨落的 x 分量 u' 与 y 分量 v' 的相关.

3. 平均湍流动能

定义单位质量的湍流动能 $e = \frac{1}{2}(u'^2 + v'^2 + w'^2)$，平均湍流动能（TKE）为

$$\bar{e} = \frac{1}{2}(\overline{u'^2} + \overline{v'^2} + \overline{w'^2}). \tag{8.2.11}$$

4. 相关函数和相关系数

空间两点湍流涨落值的乘积平均称相关函数. 设 $r_0, r_0 + r$ 分别为 P, Q 两点的矢径，则有

$$f(\boldsymbol{r}, \boldsymbol{r}_0) = \overline{a'(\boldsymbol{r}_0 + \boldsymbol{r})a'(\boldsymbol{r}_0)}, \tag{8.2.12}$$

其中 a' 表示湍流涨落值. 湍流是均匀的且其湍流特征和 P, Q 连线取向无关时，相关函数的表达式简化为

$$f(r) = \overline{a_P' a_Q'}, \tag{8.2.13}$$

式中 r 是 P, Q 两点的距离. 有时用相关系数的表达式更为方便：

$$R(r) = \frac{1}{\overline{a'^2}}\overline{a_P' a_Q'}. \tag{8.2.14}$$

在均匀湍流场中,涨落值的方差 $\overline{a'^2}$ 不随位置而改变,不必附加脚标.

同理,可以定义空间某一固定点的时间相关函数:

$$f(t,t_0) = \overline{a'(t_0+t)a'(t_0)}. \qquad (8.2.15)$$

对于平稳湍流,时间相关函数应与时间的起点无关,时间相关函数简化为

$$f(t) = \overline{a'(t_0+t)a'(t_0)}. \qquad (8.2.16)$$

对应的时间相关系数简化为

$$R(t) = \frac{\overline{a'(t_0+t)a'(t_0)}}{\overline{a'^2}}. \qquad (8.2.17)$$

根据泰勒的冻结理论,作 $r=\bar{u}t$ 变换,则有 $f(r)=f(\bar{u}t)$.

湍流是连续流体运动的一种形式,在一个不太长的空间距离内或一段不太长的时间内,涨落量可以保持一定程度的相关,随着距离或时间的加长,相关的程度将逐渐降低.相关系数是距离或时间的连续函数,图 8.7 给出了两种常见的相关系数曲线形式.

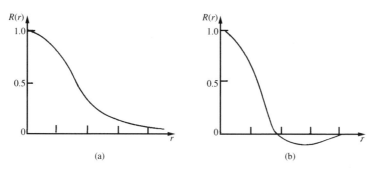

图 8.7　两种常见的相关系数的曲线形式

5. 湍流尺度

相关系数或相关函数反映了湍流场内的尺度.设想湍流场尽是一些大湍涡,而小湍涡较少,相距 r 的 P、Q 两点经常处于同一湍涡之中,涨落量的相关系数必然较高;反之,湍流场尽是一些小湍涡,相距 r 的 P、Q 两点经常处于不同的湍涡之中,相关系数必然较低.

泰勒引入相关系数的积分来表征湍流场的整体特征长度和时间:

$$\Lambda = \int_0^\infty R(r)\mathrm{d}r, \qquad (8.2.18)$$

$$J = \int_0^\infty R(t)\mathrm{d}t, \qquad (8.2.19)$$

Λ 和 J 分别称做湍流的积分长度尺度和积分时间尺度.它们用来表征湍流场的整体特征长度和时间.

根据泰勒的冻结理论,有 $R(r)=R(\bar{u}t)$,故积分长度尺度和积分时间尺度的关系是

$$\bar{u}J = \Lambda. \qquad (8.2.20)$$

8.2.3　湍流微观能谱

在大气边界层中,常将时间序列信号的能量表达为不同频率的分量.分析表明,时间相关函数可以通过下述傅里叶积分表示:

$$f(t) = 2\int_0^\infty S(n)\cos 2\pi nt \, dn; \tag{8.2.21}$$

而且上式存在着逆变换：

$$S(n) = 2\int_0^\infty f(t)\cos 2\pi nt \, dt, \tag{8.2.22}$$

其中 n 是频率，$S(n)$ 是湍流能量的时间谱.由(8.2.21)式,令 $t=0$,可得

$$f(0) = 2\int_0^\infty S(n) \, dn. \tag{8.2.23}$$

假如我们关心的湍流变量是风速的横向分量,由相关函数的定义可得 $f(0) = \overline{u'^2}$(或 $\overline{v'^2}$, $\overline{w'^2}$, $\overline{\theta'^2}$ 和 $\overline{q'^2}$).因 $0.5\,\overline{u'^2}$ 为单位质量空气在 x 方向的湍流动能,故 $S(n)dn$ 代表在频率 $n \sim n + dn$ 之间的湍流成分对湍流动能的贡献,$S(n)$ 称为能谱密度.

对于空间相关函数,存在同样的傅里叶变换关系：

$$f(r) = 2\int_0^\infty E(k_1)\cos k_1 r \, dk_1, \tag{8.2.24}$$

$$E(k_1) = 2\int_0^\infty f(r)\cos k_1 r \, dr, \tag{8.2.25}$$

式中 k_1 为波数,定义为单位空间距离上波的个数乘以 2π;$E(k_1)$ 称一维空间谱,表示单位波数间隔的湍涡所携带的湍流动能密度.

根据泰勒的冻结理论有 $f(r) = f(\bar{u}t)$,故波数 k_1 和 n 之间的变换关系为

$$k_1 = 2\pi n/\bar{u}, \tag{8.2.26}$$

一维空间谱与一维时间谱的关系为

$$S(n) = \frac{2\pi}{\bar{u}} E(k_1). \tag{8.2.27}$$

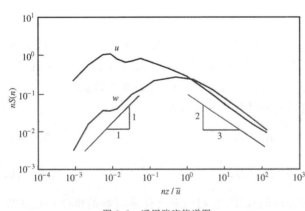

图 8.8 通用湍流能谱图

湍流谱图最常见的是以 $nS(n)$ 为纵坐标,以 n 为横坐标的双对数尺度能谱图.在近地面层,横坐标 n 又常取作无量纲频率 $nz/\bar{u}$ 的形式(图 8.8).在这样的图上可以比较清晰地表现出大气湍流的特征.因为纵坐标是 $nS(n)$,故较低能量的高频段的纵坐标被充分放大.因是对数尺度,低频段的横坐标也被充分放大了,可以细致地显示出其频率变化的特征.由图 8.8 可以看出,在高频段,$nS(n)$ 随 n 的变化是 $n^{-2/3}$,即 $S(n) \propto n^{-3/5}$.

8.3 大气湍流控制方程

大气动力-热力学方程组和湿空气状态方程已在 7.1 节和 2.2 节中作了介绍,为了将其应用于大气边界层,必须做一定的修改.以水平运动方程为例,在大气边界层中必须考虑湍流摩擦力(湍流黏性力)的作用.在热量方程中,还需考虑空气的非绝热过程,如辐射增温或冷却、水

汽相变潜热等的影响,与此相联系,反映水汽变化的方程也是必要的.

8.3.1　基本方程

这里重新写出湿空气状态方程和大气动力-热力学方程组的一般形式(张量形式),采用不可压缩近似,并增加了研究大气湍流时需要考虑的因素.

连续方程:

$$\frac{\partial u_j}{\partial x_j} = 0. \tag{8.3.1a}$$

气体状态方程:

$$p = \rho R_d T_v. \tag{8.3.1b}$$

动量守恒方程:根据(7.1.32)式,并把其中的 $-2\varepsilon_{ijk}\Omega_j u_k$ 换成 $f\varepsilon_{ij3}u_j$(略去了数量级小的项),f 为科氏参数,得

$$\underset{①}{\frac{\partial u_i}{\partial t}} + \underset{②}{u_j \frac{\partial u_i}{\partial x_j}} = \underset{③}{-\frac{1}{\rho}\frac{\partial p}{\partial x_i}} \underset{④}{- \delta_{i3}g} + \underset{⑤}{f\varepsilon_{ij3}u_j} + \underset{⑥}{\nu\frac{\partial^2 u_i}{\partial x_j^2}}, \tag{8.3.1c}$$

式中克罗内克张量 δ_{ij} 和交换张量 ε_{ijk} 的具体用法请参见 7.1.3 小节.(8.3.1c)式中的各项意义为:① 代表动量增减率;② 代表平流输送;③ 描述气压梯度力的影响;④ 规定重力在垂直方向起作用;⑤ 描述科氏力的影响,由于科氏力在垂直方向可以忽略,故此项可写成 $f\varepsilon_{ij3}u_j$,其中科氏参数 f 在中纬地区的数量级为 10^{-4} s^{-1};⑥ 表示黏性应力的影响,ν 为分子动力黏性系数.

热量守恒方程:

$$\underset{①}{\frac{\partial \theta}{\partial t}} + \underset{②}{u_j \frac{\partial \theta}{\partial x_j}} = \underset{③}{\nu_\theta\frac{\partial^2 \theta}{\partial x_j^2}} \underset{④}{- \frac{1}{\rho c_p}\frac{\partial F_j^*}{\partial x_j}} \underset{⑤}{- \frac{L_v \rho_s}{\rho c_p}}, \tag{8.3.1d}$$

式中①,②和③项分别代表热储存量的增减、平流输送和分子黏性扩散项,ν_θ 是分子热扩散系数.第④项代表净辐射通量密度在 j 方向分量 F_j^* 存在一定的梯度时,所引起的空气层的增温或冷却,称之为辐射散度项,在边界层内这项的作用不可忽略.例如在夜间,当某层空气下表面的净辐射通量密度小于上表面的净辐射通量密度时,将导致该层空气的辐射冷却;反之,则导致该层空气的辐射增温.第⑤项为水汽蒸发或凝结所吸收或释放的热量,L_v 为与相变有关的潜热,c_p 为湿空气比定压热容,ρ_s 为单位体积、单位时间的蒸发(或升华)量.

水汽守恒方程:

$$\underset{①}{\frac{\partial q}{\partial t}} + \underset{②}{u_j \frac{\partial q}{\partial x_j}} = \underset{③}{\nu_q\frac{\partial^2 q}{\partial x_j^2}} + \underset{④}{\frac{S_q}{\rho}} + \underset{⑤}{\frac{\rho_s}{\rho}}, \tag{8.3.1e}$$

式中 ν_q 为水汽分子扩散系数;第④项代表水汽的源和汇导致空气中水汽含量的增加或减少,例如边界层顶云的蒸发和凝结过程的作用;第⑤项代表液相或固相向水汽的转化.以比湿或混合比表示水汽,是因为它们具有保守性.

8.3.2　雷诺平均方程

在湍流运动为主的大气边界层中,为了探讨湍流的作用,应将(8.3.1)各分式的主要变量转换成平均量和脉动量相加,即采用雷诺分解.讨论中假定浅环流近似、不可压缩以及包辛涅

斯克近似.

(1) 连续方程. 将雷诺平均关系代入连续方程(8.3.1a),并取平均得

$$\overline{\frac{\partial}{\partial x_j}(\bar{u}_j + u_j')} = \frac{\partial \bar{u}_j}{\partial x_j} + \overline{\frac{\partial u_j'}{\partial x_j}} = 0,$$

所以有

$$\frac{\partial \bar{u}_j}{\partial x_j} = 0 \tag{8.3.2a}$$

及

$$\overline{\frac{\partial u_j'}{\partial x_j}} = 0. \tag{8.3.2b}$$

因此无论是瞬时量 u_j,平均量 $\bar{u}_j$ 或湍流脉动量 u_j',连续方程都具有不可压缩、无辐散形式.

(2) 状态方程. 先将状态方程(8.3.1b)转换为

$$\frac{\bar{p} + p'}{R_d} = (\bar{\rho} + \rho')(\bar{T}_v + T_v'), \tag{8.3.3}$$

再对(8.3.3)式进行雷诺平均,可得

$$\frac{\bar{p}}{R_d} = \bar{\rho}\,\bar{T}_v + \overline{\rho' T_v'}.$$

上式中右边第二项很小,可略去不计,得

$$\frac{\bar{p}}{R_d} = \bar{\rho}\,\bar{T}_v. \tag{8.3.4}$$

以(8.3.3)式减去(8.3.4)式,再除以(8.3.4)式,得

$$\frac{p'}{\bar{p}} = \frac{\rho'}{\bar{\rho}} + \frac{T_v'}{\bar{T}_v}.$$

压强脉动项的数量级可以这样估计:在海平面附近,一般有 $p'/\bar{p} \approx 5 \times 10^{-5}$,小于 $T_v'/\bar{T}_v \approx 2 \times 10^{-3}$. 根据 7.2.5 小节,在满足包辛涅斯克假定下,可忽略压强脉动项,上式可写为

$$\frac{\rho'}{\bar{\rho}} = -\frac{T_v'}{\bar{T}_v} \quad \text{或} \quad \frac{\rho'}{\bar{\rho}} = -\frac{\theta_v'}{\bar{\theta}_v}. \tag{8.3.5}$$

(8.3.5)式的结论很重要:在满足包辛涅斯克假定下,湍流微团相互之间的密度差异 ρ' 只取决于虚温或虚位温脉动值 T_v' 或 θ_v' 的差异.

(3) 动量方程. 首先对方程(8.3.1c)作包辛涅斯克近似. 将 $p = \bar{p} + p'$ 和 $\rho = \bar{\rho} + \rho'$ 代入(8.3.1c)式,对垂直方向分量,利用泰勒级数展开式,得

$$\frac{1}{\bar{\rho} + \rho'} \approx \frac{1}{\bar{\rho}}\left(1 - \frac{\rho'}{\bar{\rho}}\right).$$

假设气压平均量满足静力平衡关系

$$\frac{1}{\bar{\rho}}\frac{\partial \bar{p}}{\partial z} = -g, \tag{8.3.6}$$

可导出

$$-\frac{1}{\bar{\rho} + \rho'}\frac{\partial(\bar{p} + p')}{\partial z} - g \approx -\frac{1}{\bar{\rho}}\frac{\partial p'}{\partial z} - \frac{\rho'}{\bar{\rho}}g = -\frac{1}{\bar{\rho}}\left(\frac{\partial p}{\partial z} - \frac{\partial \bar{p}}{\partial z}\right) - \frac{\theta_v'}{\bar{\theta}_v}g$$

$$= -\frac{1}{\bar{\rho}}\frac{\partial p}{\partial z} - \left(1 - \frac{\theta_v'}{\bar{\theta}_v}\right)g, \tag{8.3.7}$$

于是可得到包辛涅斯克假定下的动量方程:

$$\frac{\partial u_i}{\partial t} + u_j \frac{\partial u_i}{\partial x_j} = -\frac{1}{\bar{\rho}} \frac{\partial p}{\partial x_i} - \delta_{i3} g\left(1 - \frac{\theta'_v}{\bar{\theta}_v}\right) + f\varepsilon_{ij3} u_j + \nu \frac{\partial^2 u_i}{\partial x_j^2}. \tag{8.3.8}$$

再将雷诺平均关系代入(8.3.8)式,有

$$\frac{\partial}{\partial t}(\bar{u}_i + u'_i) + (\bar{u}_j + u'_j)\frac{\partial}{\partial x_j}(\bar{u}_i + u'_i)$$

$$= -\frac{1}{\bar{\rho}}\frac{\partial}{\partial x_i}(\bar{p} + p') - \delta_{i3} g\left(1 - \frac{\theta'_v}{\bar{\theta}_v}\right) + f\varepsilon_{ij3}(\bar{u}_j + u'_j) + \nu \frac{\partial^2(\bar{u}_i + u'_i)}{\partial x_j^2}. \tag{8.3.9}$$

按照平均法则对整个方程求平均,得到平均动量方程

$$\frac{\partial \bar{u}_i}{\partial t} + \bar{u}_j \frac{\partial \bar{u}_i}{\partial x_j} = -\frac{1}{\bar{\rho}}\frac{\partial \bar{p}}{\partial x_i} - \delta_{i3} g + f\varepsilon_{ij3}\bar{u}_j + \nu \frac{\partial^2 \bar{u}_i}{\partial x_j^2} - \frac{\partial (\overline{u'_i u'_j})}{\partial x_j}. \tag{8.3.10}$$

(8.3.10)式与(8.3.1c)式相比,多出了最后一项.下面将说明其意义.

湍流项 $\dfrac{\partial(\overline{u'_i u'_j})}{\partial x_j}$ 可写成 $\dfrac{1}{\bar{\rho}}\dfrac{\partial}{\partial x_j}(-\bar{\rho}\,\overline{u'_i u'_j})$,和其前面的分子黏性内摩擦力项相对应,称为湍流摩擦力项或湍流黏性力项,是单位质量空气块上受的力,量纲为 $N \cdot kg^{-1}$. 其中 $-\bar{\rho}\,\overline{u'_i u'_j}$ 具有单位面积上力的量纲($N \cdot m^{-2}$),称为雷诺应力或湍流切应力,是一个二阶对称张量.应力是一种使物体产生形变的力,如流体中的压力和黏滞剪切应力.显然,雷诺应力只在流体处于湍流运动中才存在.

（4）热量守恒方程.和动量方程类似,将雷诺平均关系代入,再按照平均法则对整个方程求平均,得

$$\frac{\partial \bar{\theta}}{\partial t} + \bar{u}_j \frac{\partial \bar{\theta}}{\partial x_j} = +\nu_\theta \frac{\partial^2 \bar{\theta}}{\partial x_j^2} - \frac{1}{\bar{\rho}c_p}\frac{\partial \overline{F_j^*}}{\partial x_j} - \frac{L_v \rho_s}{\bar{\rho}c_p} - \frac{\partial}{\partial x_j}(\overline{u'_j \theta'}). \tag{8.3.11}$$

与(8.3.1d)式相比,也多出了最后一项.

（5）水汽守恒方程.我们有

$$\frac{\partial \bar{q}}{\partial t} + \bar{u}_j \frac{\partial \bar{q}}{\partial x_j} = \frac{S_q}{\bar{\rho}} - \frac{\partial(\overline{u'_j q'})}{\partial x_j}. \tag{8.3.12}$$

(8.3.10),(8.3.11)和(8.3.12)式的最后一项都表现出对平均场动量、热量和水汽含量增减的贡献.该项在数值上常常是大的,或者比方程的其他项大.在大尺度动力学中,该项用以表示摩擦作用,因此在对湍流边界层作预报时,即使预报的物理量为平均量,也必须考虑湍流的作用.

为了写出动量方程组常用的简化形式,将(8.3.10)式在 x, y 和 z 三个方向展开,速度分量 u_1, u_2 和 u_3 分别写成 u, v 和 w,并作以下假设:① 湍流场水平均一,对 x 和 y 方向的导数为零;② 用地转风定义替代水平气压梯度项;③$\bar{w}=0$;④ 忽略数量级小的分子黏性力项.可得到下列简化的雷诺平均方程组:

$$\frac{\mathrm{d}\bar{u}}{\mathrm{d}t} = -f(v_g - \bar{v}) - \frac{\partial(\overline{u'w'})}{\mathrm{d}z}, \tag{8.3.13a}$$

$$\frac{\mathrm{d}\bar{v}}{\mathrm{d}t} = f(u_g - \bar{u}) - \frac{\partial(\overline{v'w'})}{\partial z}, \tag{8.3.13b}$$

$$\frac{\mathrm{d}\bar{\theta}}{\mathrm{d}t} = -\frac{1}{\bar{\rho}c_p}\left(L_v\rho_s + \frac{\partial \overline{F^*}}{\partial z}\right) - \frac{\partial(\overline{w'\theta'})}{\partial z}, \tag{8.3.13c}$$

$$\frac{\mathrm{d}\bar{q}}{\mathrm{d}t} = \frac{S_q}{\bar{\rho}} - \frac{\partial(\overline{w'q'})}{\partial z}, \tag{8.3.13d}$$

式中的 $\dfrac{\mathrm{d}(\ )}{\mathrm{d}t} = \dfrac{\partial(\ )}{\partial t} + \bar{u}_j\dfrac{\partial(\ )}{\partial x_j}$，$(v_g - \bar{v})$ 与 $(u_g - \bar{u})$ 是某一高度风速和地转风速的差值，称为地转风偏差或亏损速度. 这组方程在下面讨论边界层时常用到.

8.3.3 湍流动能方程

湍流动能是边界层气象学中重要的物理量之一，是湍流强度的量度，和动量、热量、水汽的湍流输送有密切联系. 湍流动能守恒方程描述了湍流产生的各项物理过程，这些过程的强或弱涉及湍流的产生和维持或消失，故从这个方程出发可以讨论湍流的稳定性问题.

下面将简单说明湍流动能守恒方程的推导步骤：

(1) 将方程(8.3.9)减去平均量的方程(8.3.10)，得到湍流量 u_i' 的预报方程：

$$\frac{\partial u_i'}{\partial t} + \bar{u}_j\frac{\partial u_i'}{\partial x_j} + u_j'\frac{\partial \bar{u}_i}{\partial x_j} + u_j'\frac{\partial u_i'}{\partial x_j} = -\frac{1}{\bar{\rho}}\frac{\partial p'}{\partial x_i} + \delta_{i3}g\frac{\theta_v'}{\bar{\theta}_v} + f\varepsilon_{ij3}u_j' + \nu\frac{\partial^2 u_i'}{\partial x_j^2} + \frac{\partial(\overline{u_i'u_j'})}{\partial x_j};$$

(2) 将 $2u_i'$ 乘以上式各项，并利用 $2u_i'\partial u_i'/\partial t = \partial u_i'^2/\partial t$ 改写式中类似的各项，然后用雷诺平均规则对全方程作平均；

(3) 将 $u_i'^2$ 乘以湍流连续方程(8.3.2b)，作雷诺平均后得 $\overline{u_i'^2}\,(\partial u_j'/\partial x_j) = 0$，再与步骤(2)得到的方程相加，并将等号前最后一项写成通量形式：$\partial(\overline{u_i'^2u_j'})/\partial x_j$；

(4) 作简化后，得到速度方差 $\overline{u_i'^2}$ 的预报方程：

$$\frac{\partial \overline{u_i'^2}}{\partial t} + \bar{u}_j\frac{\partial \overline{u_i'^2}}{\partial x_j} = 2\delta_{i3}g\frac{(\overline{u'\theta_v'})}{\bar{\theta}_v} - 2\overline{u_i'u_j'}\frac{\partial \bar{u}_i}{\partial x_j} - \frac{\partial(\overline{u_i'^2u_j'})}{\partial x_j} - \frac{2}{\bar{\rho}}\frac{\partial(\overline{u_i'p'})}{\partial x_i} - 2\varepsilon,$$

式中 $\varepsilon = \dfrac{1}{2}\nu\,\overline{(\partial u_j'/\partial x_j)^2}$ 为湍能耗散率；

(5) 根据湍流动能 $\bar{e}$ 的定义，假设湍流场水平均一，且 $\bar{w} = 0$，就得到湍流动能方程：

$$\underset{①}{\frac{\partial \bar{e}}{\partial t}} = \underset{②}{\frac{g}{\bar{\theta}_v}\overline{w'\theta_v'}} \underset{③}{\underbrace{- \overline{u'w'}\frac{\partial \bar{u}}{\partial z} - \overline{v'w'}\frac{\partial \bar{v}}{\partial z}}} \underset{④}{- \frac{\partial(\overline{w'e})}{\partial z}} \underset{⑤}{- \frac{1}{\bar{\rho}}\frac{\partial(\overline{w'p'})}{\partial z}} \underset{⑥}{- \varepsilon}. \tag{8.3.14}$$

若将坐标轴 x 取在平均风向上，则(8.3.14)式中等号右边第三项可去掉. (8.3.14)式表示边界层中单位质量空气湍流动能增减的变化，各项代表的意义为：

① 湍能储存项，表示湍流能量的增强或减弱.

② 浮力做功对湍能的贡献. $g(\theta_v'/\bar{\theta}_v)$ 为浮力，乘以 w' 表示湍流微团单位时间内浮力做功对湍能的贡献，$\overline{w'\theta_v'}$ 为负值时则表示克服负浮力使湍能减弱.

③ 雷诺应力做功对湍能的贡献. 假定在 z 高度雷诺应力为 $-\bar{\rho}\,\overline{u'w'}$，取 $\mathrm{d}x\mathrm{d}y = 1$ 的单位面积，该处风速为 $\bar{u}$，则应力做功为 $-\bar{\rho}\,\overline{u'w'}\cdot\bar{u}$. 在 $z + \mathrm{d}z$ 高度上该处风速为 $\bar{u} + \mathrm{d}\bar{u}$，则单位时间应力做功为 $-\bar{\rho}\,\overline{u'w'}\cdot(\bar{u} + \mathrm{d}\bar{u})$. 若应力做功使动量往下输送，在 z 和 $z + \mathrm{d}z$ 之间净含的湍流能量为两个高度的动量输送差值，等于 $-\bar{\rho}\,\overline{u'w'}\cdot\mathrm{d}\bar{u}$，在单位厚度内由于应力做功对湍流能

量增减的贡献则为$-\bar{\rho}\overline{u'w'}\cdot(\mathrm{d}\bar{u}/\mathrm{d}z)$.

④ 湍流能量由 w' 携带在垂直方向的输送,若各个高度上输送量不同$(\partial\overline{w'e}/\partial z\neq 0)$,则在其层间有累积或亏损.

⑤ 压力脉动做功对湍能的贡献.

⑥ 分子黏性耗损对湍能的耗损,简写为 ε,表现为 $\frac{1}{2}\nu\,\overline{(\partial u'_j/\partial x_j)^2}$ 的形式,尽管 ν 值本身的数量级很小,但在湍流场内 $\partial u'_j/\partial x_j$ 都较大,涡旋尺度越小其值越大,因而湍能耗散项在方程中不能忽略不计.

注意到湍流动能方程中已没有科氏力的作用项,这不但是计算得到的结果,物理上也是合理的,因为这意味着科氏力不能产生湍流动能,它不过是使能量从一个水平方向到另一个水平方向进行再分配.

8.3.4 平均运动能量方程

以类似的方法,从(8.3.10)式出发可推导出 $\overline{u_i^2}$ 的方程:

$$\underset{①}{\frac{\partial}{\partial t}(0.5\bar{u}_i^2)}+\underset{②}{\bar{u}_j\frac{\partial}{\partial x_j}(0.5\bar{u}_i^2)}=\underset{③}{-\frac{\bar{u}_i}{\bar{\rho}}\frac{\partial\bar{p}}{\partial x_i}}-\underset{④}{g\delta_{i3}\bar{u}_i}+\underset{⑤}{\varepsilon_{ij3}f\overline{u_i u_j}}+\underset{⑥}{\nu\bar{u}_i\frac{\partial^2\bar{u}_i}{\partial x_j^2}}-\underset{⑦}{\bar{u}_i\frac{\partial(\overline{u'_i u'_j})}{\partial x_j}}.$$

$$(8.3.15)$$

(8.3.15)式中各项代表的意义为:

① 平均运动能量(MKE)的存储,反映出平均能量的增强或减弱.

② 平均风对平均运动能量的平流输送.

③ 气压梯度力对能量的增减的作用.

④ 重力作用于垂直运动对能量的增强或减弱.

⑤ 科氏力的效应,实际上这一项为零,x 方向的方程中包含 $-f\bar{u}\bar{v}$,而 y 方向的方程中包含 $+f\bar{u}\bar{v}$,两项相互抵消.

⑥ 平均运动的分子耗散,一般可以略去不计.

⑦ 平均流与湍流的相互作用.假设垂直速度 $\bar{w}=0$,取平均风向沿 x 轴$(\bar{v}=0)$,则该项可写做

$$-\bar{u}\frac{\partial(\overline{u'w'})}{\partial z}=\overline{u'w'}\frac{\partial\bar{u}}{\partial z}-\frac{\partial(\overline{u'w'}\bar{u})}{\partial z}.$$

于是单位质量平均运动能量的方程简化为

$$\frac{\partial\bar{E}}{\partial t}+\bar{u}\frac{\partial\bar{E}}{\partial z}=-\frac{\bar{u}}{\bar{\rho}}\frac{\partial\bar{p}}{\partial x}+\overline{u'w'}\frac{\partial\bar{u}}{\partial z}-\frac{\partial(\overline{u'w'}\bar{u})}{\partial z},\qquad(8.3.16)$$

式中 $\bar{E}$ 表示单位质量平均动能.方程(8.3.16)中的 $\overline{u'w'}\dfrac{\partial\bar{u}}{\partial z}$ 项与湍流能量方程(8.3.14)中 $-\overline{u'w'}\dfrac{\partial\bar{u}}{\partial z}$ 项的表达式相同而符号相反,说明雷诺应力做功使湍流运动从平均运动获取能量.

由能量方程的讨论可知,近地面层内雷诺应力做功始终保持正值,使湍流运动从平均运动中获取能量,而浮力做功对湍流能量的影响可正可负.

8.4 大气湍流运动和稳定度判据

8.4.1 大气湍流的平稳性、均匀性和各态历经

大气湍流研究中经常使用的统计参数有很多,如方差、相关系数等.如果这些湍流统计参数不随时间变化,就称为平稳湍流或定常湍流;如果统计参数不随空间变化,称之为均匀湍流;如果统计参数不随坐标轴的旋转而变化,则称为各向同性湍流.对于平稳湍流,一次足够长的时间平均即接近于总体平均;对于均匀湍流,一个足够大的空间平均也接近于总体平均;平稳湍流和均匀湍流的时间平均和空间平均是等同的.但是,事实上各统计参数在不同位置的数值不一样,即使在水平均匀的下垫面,因重力和浮力的影响,其数值随高度会有很大变化.天气过程及日变化也会使平稳性减弱.因此大气湍流是并不满足平稳、均匀和各向同性条件的.为了简化,若研究的时段不超过1小时,一般可以认为是近似平稳的;在地形平坦、水热状况均匀的地面上,水平方向上也可以认为是均匀的.许多平稳随机过程具有各态历经的性质,即:一个时间样本在一段区间内演化的过程几乎经历了各种状态.这是指一个时间序列样本的每个时刻的状态可以代表不同样本同一时刻所经历的各种状态.由此,必然导致只用一个时间序列的样本求解时间平均,单个样本的时间平均和不同样本的总体平均完全一样.

8.4.2 湍流通量和雷诺应力

通量是单位时间通过单位面积所传输的物理量.例如,风速分量乘以热量 $\rho c_p \theta$ 或风速分量乘以水汽含量 ρq 分别表示通过这个方向的单位面积所传输的热量或水汽量,称做热通量或水汽通量.这些通量都可以在 x,y,z 三个方向分解成三个分量,写成 $\rho c_p(\theta u, \theta v, \theta w)$ 和 $\rho(qu, qv, qw)$.动量是风速乘以质量,它可分解成与风速分量相应的三个分动量 $(\rho u, \rho v, \rho w)$.而 x,y,z 三个方向中任一方向的动量通量又都可能是 u,v 或 w 分动量的通量,因此动量通量具有9个分量,即

$$\rho \begin{bmatrix} u^2 & uv & uw \\ vu & v^2 & vw \\ wu & wv & w^2 \end{bmatrix}.$$

这是二阶对称张量,对角线上的三个分量称为正交张量,非对角线的称为切变张量.若把通量分解成平均和湍流两部分,则湍流动量通量、湍流热通量和湍流水汽通量的表达式可写为

$$\bar{\rho} \begin{bmatrix} \overline{u'^2} & \overline{u'v'} & \overline{u'w'} \\ \overline{v'u'} & \overline{v'^2} & \overline{v'w'} \\ \overline{w'u'} & \overline{w'v'} & \overline{w'^2} \end{bmatrix}, \tag{8.4.1}$$

$$\bar{\rho} c_p (\overline{\theta'u'}, \overline{\theta'v'}, \overline{\theta'w'}), \tag{8.4.2}$$

$$\bar{\rho} (\overline{q'u'}, \overline{q'v'}, \overline{q'w'}). \tag{8.4.3}$$

(8.4.1)式主对角线上三个分量 $\overline{u'^2}, \overline{v'^2}$ 和 $\overline{w'^2}$ 代表湍流能量;非对角线上的分量因对称性,有

$\overline{u'w'} = \overline{w'u'}$，$\overline{u'w'} = \overline{w'u'}$ 和 $\overline{v'u'} = \overline{u'v'}$. 在水平均一的条件下，水平方向的湍流通量为零，只剩下垂直热通量 $\bar{\rho} c_p \overline{\theta'w'}$，垂直水汽通量 $\bar{\rho}\overline{q'w'}$ 和垂直动量通量 $\bar{\rho}\overline{u'w'}$，$\bar{\rho}\overline{v'w'}$. 若将风速矢量的 x 轴取作地面风方向，并且在边界层下层的近地面层内保持风向不随高度变化，则 $\bar{\rho}\overline{v'w'}$ 分量也等于零. 为方便起见，常将 $\overline{\theta'w'}$，$\overline{q'w'}$ 和 $\overline{u'w'}$ 等称做运动学通量，简称为通量.

下面主要讨论动量通量 $\overline{u'w'}$. 图 8.9 为湍流速度 u' 和 w' 的散布图. 可能出现四种情况：① $u'>0$，$w'>0$；② $u'<0$，$w'>0$；③ $u'<0$，$w'<0$；④ $u'>0$，$w'<0$. 如果这四种组合出现的机会都相同，必然导致 $\overline{u'w'}=0$，如图 8.9(a) 所示，即湍流各向同性时，切变张量皆为零.

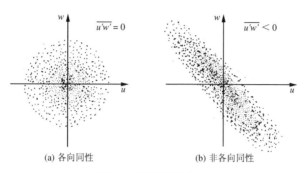

图 8.9 湍流速度散布

实际情况是，在边界层中平均风速一般随高度增加，当一气块从位置 z 出发向上运动时，它具有该位置上的平均速度 $\bar{u}(z)$. 到达新位置 $z+\mathrm{d}z$ 后，周围气块的运动速度为 $\bar{u}(z+\mathrm{d}z)$，且 $\bar{u}(z+\mathrm{d}z)>\bar{u}(z)$. 于是该气块在 $z+\mathrm{d}z$ 位置上具有速度脉动 $u'<0$，即上升运动常伴随较小风速，即 $w'>0$，$u'<0$. 它通过与周围空气的动量交换使周围流动速度变慢. 而下沉运动常伴随较大风速，即 $w'<0$，$u'>0$，如图 8.9(b) 所示. 这两种情况都导致 $\overline{u'w'}<0$. 其结果是造成动量向下传递，$\bar{\rho}\overline{u'w'}<0$. 根据上面讨论可知，由于湍流运动，通过一水平面，动量会产生上下的交换，使平均速度变得均匀. 而平均地来看，可认为上面的流体通过该水平面对下面的流体施加一沿切向方向的力，即雷诺应力 $-\bar{\rho}\overline{u'w'}$，使下面流体加速. 因此湍流切应力的物理意义是，湍流脉动引起的湍流动量输送.

图 8.10 给出湍流通量概念性的图解. 假设在接近地面的大气低层，$\bar{s}$ 代表大气中某种平均属性(例如 $\bar{\theta}$)，其中图 8.10(a) 表示 $\bar{s}$ 随高度递减，图 8.10(b) 表示 $\bar{s}$ 随高度递增. 由于湍流运动，在图(a)中正的 w' 能将下层较大的 $\bar{s}$ 值带到高层，与四周的 $\bar{s}$ 相比产生一个正的 s'；同样，负的 w' 能将上层较小的 $\bar{s}$ 带到下层，产生一个负的 s'. 因此不论是上升还是下沉的湍流脉动，都将产生一个正的通量 $\overline{w's'}>0$. 图(b)情况正好相反，w' 与 s' 保持负的相关，$\overline{w's'}<0$. $\overline{w's'}$ 的大小取决于两脉动量的强弱以及两者相关的强弱，因此可以写为

$$\overline{w's'} = R_{w's'}\sigma_w\sigma_s. \tag{8.4.4}$$

若平均属性是 $\bar{\theta}$，则图 8.10(a) 反映了夏季白天的情况，由于湍流运动使上下空气混合，其效果是向上输送热通量；图 8.10(b) 则反映了夜间的稳定层结，湍流运动向下输送热通量. 若平均属性是 $\bar{u}$，由于近地面层中平均风速总是随高度增加，因此动量通量总是向下输送的.

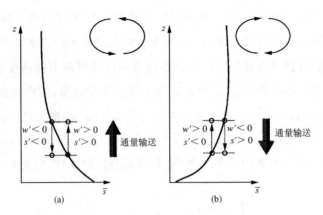

图 8.10 湍流通量与平均属性廓线的关系

8.4.3 湍流闭合及混合长理论

8.3.2 小节中的雷诺平均方程组和基本方程组(8.3.1)的形态基本相同,但雷诺平均方程组中多了一些湍流项.方程的数目没有增加,却增加了未知的变量 $\overline{(u_i'u_j')}$,$\overline{(u_j'\theta')}$ 和 $\overline{(u_j'q')}$,这就意味着雷诺平均方程组是不闭合的.为了求解,必须将湍流项用其他平均量表示出来,这称为湍流参数化方法,或称为闭合问题.这是湍流理论和应用研究中的难题.

普朗特(Prandtl)和卡曼(von Karman)发展了半经验的混合长理论,它的基本出发点就是假设湍流动量交换和分子黏性引起的动量交换在形式上是相似的.在分子运动论中,分子黏性切应力 τ' 满足

$$\frac{\tau'}{\rho} = \nu \frac{\mathrm{d}U}{\mathrm{d}z}, \tag{8.4.5}$$

其中分子黏性系数 $\nu \approx \bar{v}l$,这里 $\bar{v}$ 为分子运动的均方速度,l 为分子运动的平均自由程.

以类似的考虑,在湍流运动中取

$$\frac{\tau}{\rho} = K_\mathrm{m} \frac{\partial \bar{u}}{\partial z}, \tag{8.4.6}$$

其中 $\tau = -\rho \overline{u'w'}$ 为雷诺应力,代表因脉动速度引起的垂直方向动量输送;K_m 为湍流黏性系数、湍流动量交换系数或涡动扩散系数.于是有

$$-\overline{u'w'} = K_\mathrm{m} \frac{\partial \bar{u}}{\partial z}. \tag{8.4.7}$$

若 K_m 不随高度变化,则湍流摩擦力项或湍流黏性力项为

$$-\frac{\partial \overline{u'w'}}{\partial z} = K_\mathrm{m} \frac{\partial^2 \bar{u}}{\partial z^2}. \tag{8.4.8}$$

同样可假设

$$-\overline{w'\theta'} = K_\mathrm{h} \frac{\partial \bar{\theta}}{\partial z}, \tag{8.4.9}$$

其中 K_h 为湍流热传导系数或湍流热量交换系数.这时也有

$$-\frac{\partial \overline{u'\theta'}}{\partial z} = K_\mathrm{h} \frac{\partial^2 \bar{\theta}}{\partial z^2}. \tag{8.4.10}$$

根据混合长的概念,交换系数可表示成

$$K_{\mathrm{m}} \propto V l_{\mathrm{m}}, \tag{8.4.11}$$

其中 V 为湍流脉动速度的典型尺度, l_{m} 为混合长,即把 l_{m} 设想成一距离,在此距离内湍涡保持其原有特征,而一旦超过此距离,湍涡完全和周围流体混合.或者可以把 l_{m} 设想成代表湍涡的长度尺度.如果确定了 V 和 l_{m} 以及表达式(8.4.11)中的比例系数,则 K_{m} 就可认为是已知的.

当 K_{m} 和 K_{h} 确定后,未知的湍流相关量 $\overline{u'w'}$, $\overline{v'w'}$ 以及 $\overline{w'\theta'}$ 和 $\overline{w'q'}$ 等都可用变量 $\bar{u}$, $\bar{v}, \bar{\theta}$ 和 $\bar{q}$ 的空间导数乘以湍流黏性系数(或湍流扩散系数)来表示.于是未知变量的数目又减少到和方程的数目一致,从而完成了方程组的闭合.

由于普朗特的理论并不能确定混合长的数值,只能用和实验结果相比较的方法,也即半经验方法来确定,因此又称为半经验理论或 K 理论.

8.4.4 大气湍流的稳定性判据

近地面层内雷诺应力做功项 $-\overline{u'w'}(\partial\bar{u}/\partial z)$ 始终保持正值,而浮力做功项则可正可负.在夜间逆温条件下, $\overline{w'\theta'_{\mathrm{v}}}$ 为负值表现为反抗负浮力做功消耗湍流能量,因而取湍流能量方程式中第②,③两项的比值,即浮力做功项和切应力做功项的比值,可以得到湍流的一个重要判据,称之为通量理查森数 Rf. Rf 是一个无量纲量:

$$Rf = -\frac{\text{浮力做功}}{\text{切应力做功}} = \frac{\dfrac{g}{\theta_{\mathrm{v}}}\overline{w'\theta'_{\mathrm{v}}}}{\overline{u'w'}\dfrac{\partial\bar{u}}{\partial z} + \overline{v'w'}\dfrac{\partial\bar{v}}{\partial z}}, \tag{8.4.12}$$

式中的"—"号是为了使定义式中没有负号.当 $Rf < 0$ 时,表示浮力做功使湍流能量增强;当 $Rf > 0$ 时,则湍流能量减弱.若忽略湍流能量方程(8.3.14)中的湍流能量在垂直方向的输运、压力脉动做功和分子黏性耗损项,则 $Rf > 1$ 时湍流将被彻底抑制.由于分子黏性耗散的作用不可忽略,因而湍流抑制时的 Rf 临界值将小于 1.

由 8.4.3 小节中的讨论可知,上述的通量项可以转化为平均量的梯度,因此 Rf 可用梯度理查森数 Ri 代替,即

$$Ri = \frac{\dfrac{g}{\theta}\dfrac{\partial\bar{\theta}}{\partial z}}{\left(\dfrac{\partial\bar{u}}{\partial z}\right)^2 + \left(\dfrac{\partial\bar{v}}{\partial z}\right)^2}. \tag{8.4.13}$$

求梯度理查森数 Ri 的值,只需已知两个高度之间的位温和风速梯度,无需动用湍流脉动测量仪器. Rf 和 Ri 的关系是

$$Rf = (K_{\mathrm{h}}/K_{\mathrm{m}})Ri,$$

式中 K_{m} 和 K_{h} 即为动量和感热的湍流交换系数或涡动扩散系数.后面将论述 $K_{\mathrm{h}}/K_{\mathrm{m}}$ 与 Ri 或 Rf 有唯一的函数关系,定性上 Ri 和 Rf 是同一的.因为平均气象要素的梯度如 $\partial\bar{u}/\partial z, \partial\bar{v}/\partial z$ 和 $\partial\bar{\theta}/\partial z$ 的观测和计算都比通量方便,所以 Ri 比 Rf 更常用.但 Ri 和 Rf 都是随高度变化的,这是它们的不足.

如果取 x 轴与所在高度平均风向一致,(8.4.12)式和(8.4.13)式就可简化成

$$Rf = \frac{\frac{g}{\overline{\theta}_v}\overline{w'\theta'_v}}{\overline{u'w'}\frac{\partial \overline{u}}{\partial z}} \qquad (8.4.14)$$

和

$$Ri = \frac{\frac{g}{\overline{\theta}}\frac{\partial \overline{\theta}}{\partial z}}{\left(\frac{\partial \overline{u}}{\partial z}\right)^2}. \qquad (8.4.15)$$

Ri 的分子部分是静力稳定度判据,根据 6.8.1 小节,可导出

$$\begin{cases} \dfrac{\partial \overline{\theta}}{\partial z} > 0, & \text{温度层结稳定}, \\[2mm] \dfrac{\partial \overline{\theta}}{\partial z} = 0, & \text{中性}, \\[2mm] \dfrac{\partial \overline{\theta}}{\partial z} < 0, & \text{温度层结不稳定}. \end{cases}$$

可见,温度层结稳定时,应有 $Ri \approx Rf > 0$;而温度层结不稳定时,应有 $Ri \approx Rf < 0$.

习惯上,有时将 Ri 的分子部分也作为湍流状态稳定度判据,但这两者有很大的差别.因为静力稳定度是对浮力对流的一种量度,是对静止大气而言的,故这种类型的稳定度与风无关.实际上,大气总是存在着运动,而且湍流状态的维持既有热力的也有动力的两方面原因,因此仅以静力学稳定度来判断大气湍流状态是不充分的.例如,对流混合层内有 $\partial \theta/\partial z \approx 0$,按静力稳定度的观点应是中性的,而按照运动学的观点它却是很不稳定的.另外,虽然贴近地面的气层温度梯度通常很大,然而往往风速梯度也很大,Ri 的值较小,使湍流状态接近中性情形.当然,也应看到静力学稳定度仍是判断大气湍流状态的一个必要条件.

除了 Ri 以外,凡是与其有单值对应关系的其他参数或可以普遍判定大气边界层湍流状态的指标的集合,也可以用来做稳定度的判据,例如下面将介绍的由莫宁-奥布霍夫长度 L 和高度 z 组成的参数 z/L.

8.5 科尔莫戈罗夫的局地均匀各向同性湍流理论与湍流动能的串级输送

8.4.1 小节和 8.4.2 小节中已提到均匀湍流和各向同性湍流.假设 u 沿平均风方向,v 是侧平均风方向,w 是垂直气流,则各向同性湍流最直观的两个必要条件是:

(1) 各个方向的湍流动能相等,即 $\overline{u'^2} = \overline{v'^2} = \overline{w'^2}$;

(2) 各个二阶互相关项,例如 $\overline{u'w'}$,$\overline{w'\theta'}$ 和 $\overline{w'q'}$ 等项等于零.

平坦地形条件下,大气边界层中的观测事实是:$\overline{u'^2} \geqslant \overline{v'^2} \geqslant \overline{w'^2}$;而 $\overline{u'w'}$,$\overline{w'\theta'}$ 和 $\overline{w'q'}$ 等项并不为零,因而不满足各向同性.边界层中大气湍流的各向异性是由于地面边界、边界层高度的限制以及边界层中流场的切变和浮力直接对大尺度湍涡影响的结果.湍涡尺度越小,这种影响将越弱,直至失去影响.因此大气湍流虽不满足普遍的均匀和各向同性条件,但小尺度湍流仍将符合均匀和各向同性条件,称做局地均匀各向同性湍流.

湍流能量来源于平均流场的雷诺应力做功以及大气边界层中的浮力做功;而唯一的能汇是由于分子黏性作用将湍流能量转化为分子运动的动能,称为湍流能量耗散.科尔莫戈罗夫

（Колмогоров）认为：湍流是由相差很大的、各种不同尺度的湍涡组成的. 最大尺度的湍涡区的能量直接来自于平均流场的雷诺应力做功以及大气边界层中的浮力做功. 大湍涡从外界获取的能量逐级传递给次级的湍涡，最后在最小尺度的湍涡上被耗散掉. 实际上，大涡往小涡的动能输送是通过自身的破碎来实现的，而所谓湍流动能耗散，即指在分子黏性作用下湍流动能转化为气体内能的过程. 在串级传输的过程中，小尺度的湍涡达到某种统计平衡状态，并且不再依赖于产生湍流的外部条件，从而形成所谓的局地均匀各向同性湍流.

科尔莫戈罗夫于 1941 年提出满足局地均匀各向同性的两个相似性假设：

（1）在雷诺数足够大时，存在一个高波数区（高频率区），其中的湍流处于统计平衡状态，其湍流特征仅由湍能耗散率 ε 和分子黏性系数 ν 决定. 根据量纲分析，其特征长度 η，特征速度 u_η 和特征时间 τ_η 分别为

$$\eta = \left(\frac{\nu^3}{\varepsilon}\right)^{1/4}, \tag{8.5.1}$$

$$u_\eta = (\nu\varepsilon)^{1/4}, \tag{8.5.2}$$

$$\tau_\eta = \frac{\eta}{u_\eta} = \left(\frac{\nu}{\varepsilon}\right)^{1/2}. \tag{8.5.3}$$

设湍流最大涡旋特征尺度为 L_0，第一假设成立的条件是：$L_0 \gg \eta$. 这时在湍流小尺度区内满足局地均匀各向同性.

（2）在雷诺数非常大时，在上述局地均匀各向同性区域内还存在一个仅由参数 ε 确定的子区域，称做惯性副区，其尺度 l 满足 $L_0 \gg l \gg \eta$. 根据量纲分析，湍能一维空间谱可写做

$$E(k_1) = a\varepsilon^{2/3}k_1^{-5/3}. \tag{8.5.4}$$

以 n 表示在定点测量中观察到的湍涡的频率，根据泰勒的定型湍流假设 $k_1 = 2\pi n/\bar{u}$，惯性副区的一维时间谱可写做

$$S(n) = a_1\varepsilon^{2/3}n^{-5/3}, \tag{8.5.5}$$

式中 a 和 a_1 为待定系数.

图 8.11 是一张形象化的示意图，图中以圆圈的大小表示湍涡的大小，水平箭头表示湍涡之间湍能输送的方向和大小，底部向下的箭头表示湍能耗散. 根据后面 9.2.6 小节的讨论，湍能耗散率正比于湍流速度空间导数的平方平均，就统计意义而言，大涡的空间导数要小. 因此只在小尺度的湍涡区，耗散率始能与湍能逐级传输率相比.

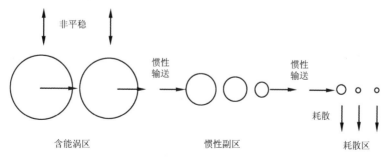

图 8.11　湍流能量的串级输送

根据运动性质和能量输送关系，我们将各种尺度的湍涡分为三个特定区域，依频率由低到高的顺序为（参见图 8.12）：

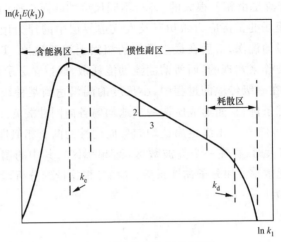

图 8.12　湍流能谱的分区示意图

（1）含能涡区. 其空间尺度较大,是各向异性的,通常是非平稳、非均匀的. 平均场通过雷诺应力及浮力做功向这个子区传输能量. 含能涡区从平均场得到湍流能量,并往小尺度涡旋区传送,湍流黏性耗散完全可以不予考虑. 含能涡区具有较强的涨落,并且在各种要素的涨落量之间具有较强的相关.

（2）惯性副区. 其湍涡尺度小于含能涡区,是符合局地均匀与各向同性的小尺度湍流中尺度稍大的部分. 它将从含能涡区传送过来的能量,通过逐级传输方式,从上一级湍涡传输到下一级湍涡. 在惯性副区内各级湍涡的湍能耗散仍然可以忽略不计.

（3）耗散区. 它是湍涡最小尺度部分. 湍能耗散随湍流尺度的减小而增加. 只有上一级湍涡传送过来的部分能量能传送到它的下一级涡旋,而最小尺度的涡旋最终将上一级尺度湍涡传来的动能完全耗散掉.

图 8.12 给出了各个谱区在湍流能谱图上的位置. 此图为双对数坐标,横坐标为波数,纵坐标为波数和能谱密度的乘积. 图中 k_e 和 k_d 分别表示湍流谱最大值及湍流谱完全偏离 5/3 幂次关系时所对应的无因次频率.

参 考 文 献

[1]　Stull R B. An introduction to boundary layer meteorology. Klumer Academic Publishers, Dordretch, p. 665, 1990.
　　　徐静琦,杨殿荣译. 边界层气象学导论(中译本). 青岛海洋大学出版社,1991.

[2]　胡二邦,陈家宜. 核电厂大气扩散及其环境影响评价. 北京:原子能出版社,1999.

[3]　章梓雄,董曾南. 黏性流体力学(第 2 版). 北京:清华大学出版社,2011.

第九章 大气边界层

大气边界层与一般流体边界层不同,要考虑大气层结、地球重力场和地球自转的影响.在这一层中,湍流交换在大气的动量、热量、水汽及其他微量气体的平衡中起重要作用.大气中的热量和水分主要来源于下垫面,而动量主要来源于上层气流的运动.动量输送到低层,以补偿下垫面的不光滑而摩擦消耗的动量.大气的气压梯度力和地转偏向力对大气边界层的运动特性也有着不可忽略的作用.

9.1 大气边界层特征

9.1.1 大气边界层的结构和分类

大气边界层是一个多层结构,根据湍流摩擦力、气压梯度力和科氏力对不同高度层空气运动作用的贡献,一般可以把大气边界层分为三层:

(1) 黏性副层.它是紧靠地面的一个薄层,该层内分子黏性力远大于湍流切应力.其典型厚度小于 1 cm.该层也称做贴地层,在实际问题中可以忽略.

(2) 近地面层(surface layer).该层从黏性副层到几十米高度,这一层内大气运动呈明显的湍流性质.湍流通量数值随高度变化相对很小,可假设这一层湍流通量近似不变,故也称为常通量层或常应力层.

(3) 上部摩擦层或埃克曼层(Ekman layer).其范围从近地面层到数千米的高度.该层内的特点是湍流摩擦力、气压梯度力和科氏力的数量级相当,都不能忽略.

边界层以上的大气层称为自由大气.边界层和自由大气间还有一个过渡层,如卷夹层.自由大气中,气压梯度力和科氏力达到平衡,空气运动符合地转风近似,下垫面的影响可以忽略不计.

大气边界层按其热力学性质及相应的湍流特征可分为不稳定边界层、中性边界层和稳定边界层三类.不稳定大气边界层是由于地面加热大气,大气出现不稳定层结所形成.陆地上,不稳定大气边界层只出现在白天.中性大气边界层是指整个低层大气自下而上保持中性层结,浮力对湍流运动的贡献非常微弱而可以忽略的情形.实际大气中,中性边界层很罕见.稳定大气边界层是伴随着地面辐射降温出现逆温层结而形成的,一般出现在夜间,因此稳定大气边界层又称为夜间边界层.

大气边界层是最靠近地面的低层大气层,下垫面的变化传递到边界层顶的过程将受到涡旋的空间和时间尺度的影响.边界层大气中的湍流涡旋尺度,小到毫米量级,大到与边界层厚度相当;时间尺度小到低于小时量级,大到以 24 h 为限,不同研究者对于边界层时间尺度的估计很不相同.不稳定大气边界层条件下,其涡旋主尺度在空间上可以与边界层厚度相当,下垫表面的影响达到边界层顶只需 20 min 左右.稳定大气边界层条件下,其涡旋主尺度往往小于边界层的厚度.当大气边界层处于相当稳定状况时,湍流经常出现时间上的间歇性和空间上的不连续性,使下垫表面的影响达到边界层顶的时间明显减慢,最慢可能需要几个小时,而且稳定大气边界层的发展速度明显慢于不稳定大气边界层.

9.1.2 气象要素的日变化和边界层的昼夜演变

大气边界层的基本特征表现为气象要素存在明显的日变化.这是因为大气边界层是对流层中最靠近下垫表面的气层,通过湍流交换,白昼地面获得的太阳辐射能以感热和潜热的形式向上输送,加热上面的空气;夜间地面的辐射冷却同样也逐渐影响到它上面的大气.这种日夜交替的热量输送过程造成大气边界层内温度具有明显的日变化.另一方面,大型气压场形成的大气运动动量通过湍流切应力的作用源源不断向下传递,经大气边界层到达地面并由于地面摩擦而部分损耗,相应地造成大气边界层内风的日变化.

从这个意义上说,大气边界层可以定义成:存在各种尺度的湍流,湍流输送起着重要作用并导致气象要素日变化显著的低层大气.

边界层的发展具有明显的日变化,其厚度低的时候只有几十米,高的时候可达数千米.这里以高压区内无云、小风条件下典型的大气边界层为例予以说明(图 9.1(a)).在地面加热过程的驱动下,白天边界层的发展比较迅速,中午时达到它的最大高度,底层为超绝热分布,中层为混合

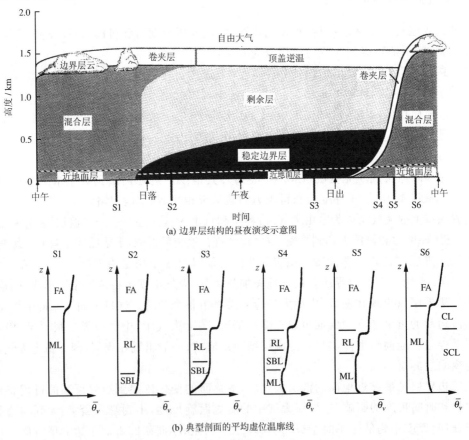

图 9.1　陆上高压区内大气边界层的昼夜演变(Stull, 1990;转引自徐静琦等,1991)

244

层,顶层为一逆温层,称做边界层顶部逆温,或称做卷夹层(EL).边界层顶的位置大致在卷夹层的中部,它可以用地表位温值沿等位温线上延,与卷夹层位温廓线相交的那一点确定.

图 9.1(b)对应的大气边界层内不同时刻的平均虚位温廓线. S1 给出午后大气边界层内虚位温廓线,FA 表示自由大气,ML 表示混合层.午后辐射对地面的供热过程减弱,地表温度开始下降,但仍能保持对大气边界层的供热,因而混合层的厚度基本上维持在中午时分的高度.S2 和 S3 分别给出了日落以后和凌晨时分夜间大气边界层发展的平均虚位温廓线,图中 SBL 表示稳定边界层.稳定边界层以上仍保留相当厚度的白天混合层中部的等虚位温分布,称为剩余层,图中以 RL 表示.由图可见,由于入夜后,地面净辐射转变成为负值,下垫表面冷却,导致大气边界层从下往上降温,并逐渐发展成为逆温层结的稳定大气边界层.稳定层结时湍涡在运动中要反抗重力做功,消耗动能,从而对湍流交换起抑制作用,这就使得夜间稳定边界层的发展比白天混合层的发展要弱得多,厚度也小得多.S4 和 S5 表示日出之后,混合层的发展又将重新开始.而 S6 则给出存在边界层顶云层时的平均虚位温分布,CL 表示云层,SCL 表示云层下的大气边界层.

图 9.1(a)中,在大气边界层底部另划出一个副区,就是近地面层,它直接受到下垫表面的影响.近地面层的特点将在 9.2 节中介绍.

9.1.3　边界层中的风和气流

风和气流在边界层中常以三种形式出现:平均风、湍流和波动.实际上,波或湍流通常是叠加在平均风速上的.边界层中的平均风有两个最重要的特点:① 具有明显的日变化;② 风速和风向以及与此有关的边界层属性具有明显的垂直梯度.例如,由于下垫表面的摩擦作用,风速在接近地面处为零值,随着高度增加逐渐变化到边界层顶的地转风速值.平均风速通常的数量级是 $2 \sim 10 \text{ m} \cdot \text{s}^{-1}$.边界层内的平均垂直气流很小,一般是由大尺度天气过程的流场辐合、辐散引起,数量级在毫米到厘米之间,但在地形起伏的影响下局地也可产生较强的垂直气流.

大气边界层的运动形态一般是湍流的,大气中可能引起明显湍流的区域还有对流云体内以及对流层顶西风急流区上下.发生湍流的大气层一般多具有较强的风剪切以及具有一定的不稳定性,这些条件在大气边界层中经常是具备的.大气边界层中的湍流对于各种属性的传输起到重要的作用,而湍流传输过程又对大气边界层的形成和发展起到关键作用.

在实际大气中,由于温度的不同而导致密度与浮力的差异,形成热对流,这种由热力作用驱动的流动表现出一定的有组织性.但由于对流泡的大小、强度及其在时间和空间都呈现随机性,这种流动本质上也是湍流.此外,对流泡内外的剪切、卷夹和掺混亦表现为明显的湍流.不稳定边界层和积云中的湍流主要由这种热力作用产生.

大气波动在夜间稳定边界层中常可观测到,大气湍流和波动叠加在平均风上均表现为平均风的起伏和扰动.但是只要将平均部分和扰动部分分开,对风速测量的序列进行相关分析和谱分析(参见 8.2 节),两者是很容易加以区分的.

大气边界层中有时还存在另一种形式的流动,称之为二次涡,它是一种半稳定的较大尺度的涡旋,在空间和时间分布上都比较稳定.最常见到的有两种类型:一是在不稳定海洋边界层内形成水平涡管(图 9.2),在两列涡管之间的相邻区域存在比较强且稳定的上升或下沉气流区,处于上升气流区的涡管顶部形成一列一列的对流云带,称之为云街;第二种情况是流经二维山丘的气流,在其背风坡形成的空穴区,或称为背风涡旋(参见后面图 10.13).

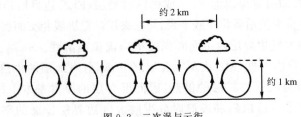

图 9.2 二次涡与云街

二次涡最重要的特征是具有较强的稳定性,它的生命周期可以达到小时数量级.假如在海洋上进行大气边界层的观测,而观测船的位置正好处在两列涡管相邻的上升区附近,仪器将指示一个较明显的垂直速度正值,而处于涡管相邻的下沉区 2～3 h 之后才会逐渐移到观测点.背风空穴区的涡旋从生成到脱体移往下游而破碎,并在原先位置上生成新的涡旋,其周期也多在几十分钟的数量级.

9.2 近地面层规律

近地面层是大气边界层的底层,贴近地面,厚度一般为几十米,随大气边界层厚度的增加或变薄而相应增减.

9.2.1 近地面层的定义和厚度

在近地面层中,湍流运动几乎是唯一要考虑的因素.科氏力和气压梯度力的作用相对于湍流切应力可略去不计,大气结构主要依赖于垂直方向的湍流输送.归纳起来,近地面层有下列几个重要的特点:

(1) 动量、热量和水汽垂直通量随高度的变化与通量值本身相比很小,因此可认为各种通量近似为常值;

(2) 各个气象要素随高度变化比边界层的中层和上层要显著;

(3) 大气运动尺度较小,科氏力随高度的变化可略去不计,风向随高度几乎无变化.

由此,可以定义近地面层为:大气边界层中最靠近地面数米或数十米的气层;受地面摩擦作用导致风速、温度等气象要素随高度变化显著的气层;湍流通量远大于大气边界层其他部位、几乎不随高度变化的气层.

根据近地面层应满足常通量(或常应力)的要求,可对近地面层的厚度进行简单地估算.假设大气边界层满足定常状态条件,根据简化的(8.3.13a)和(8.3.13b)式,略去平流项,可得动量守恒方程为

$$\frac{\partial(\overline{u'w'})}{\partial z} = -f(v_{\mathrm{g}} - \bar{v}), \tag{9.2.1a}$$

$$\frac{\partial(\overline{v'w'})}{\partial z} = f(u_{\mathrm{g}} - \bar{u}). \tag{9.2.1b}$$

(9.2.1a)和(9.2.1b)式说明,满足定常和水平均匀的大气边界层中,某高度处的湍流应力梯度和该高度的地转风偏差速度成正比,比例系数是科氏参数 f. 接近地面处可取 $\bar{v} = 0$,这时(9.2.1a)式成为

$$\frac{\partial(\overline{u'w'})}{\partial z} = -fv_g = -fG\sin\alpha_0, \qquad (9.2.2)$$

式中 $G = (u_g^2 + v_g^2)^{1/2}$ 为地转风模量，α_0 为地面风与地转风之间的夹角.

引入一个具有速度量纲、代表风速和地表特征的新参量，即摩擦速度 u_*：

$$u_*^2 = [(\overline{u'w'})^2 + (\overline{v'w'})^2]^{1/2}. \qquad (9.2.3)$$

此定义同时考虑了纵向和横向风速剪切的作用. u_*^2 具有湍流切应力性质，一般随高度而变化. 通常以 u_{*0} 表示地表摩擦速度，因近地面层为常通量层，故 u_{*0} 近似不随高度改变，可近似代表近地面层各高度的摩擦速度.

将(9.2.2)式两端同除以地表摩擦速度 u_{*0}^2，有

$$\frac{1}{u_{*0}^2}\frac{\partial \overline{u'w'}}{\partial z} = -f\frac{G\sin\alpha_0}{u_{*0}^2}.$$

忽略横向风速剪切作用，以 u_*^2 代替 $-\overline{u'w'}$，并写成差分形式，有

$$\frac{1}{u_{*0}^2}\frac{\Delta u_*^2}{\Delta z} = f\frac{G\sin\alpha_0}{u_{*0}^2},$$

其中 Δz 是自地面算起切应力出现相对偏差 $\Delta u_*^2 / u_{*0}^2$ 的高度. 假设湍流切应力偏差不超过 10% 就满足常应力或常通量的要求，则近地面层厚度 h_b 可估计为

$$h_b = \Delta z = 0.1\frac{u_{*0}^2}{fG\sin\alpha_0}. \qquad (9.2.4)$$

若取中纬度地区一般地面有代表性的值 $f = 10^{-4}\ \text{s}^{-1}$，$u_{*0}$ 取 $0.3 \sim 0.6\ \text{m}\cdot\text{s}^{-1}$，$u_{*0}/G$ 取 $0.04 \sim 0.06$，则 h_b 约为 $20 \sim 50\ \text{m}$. 粗略的估算可以认为中性大气边界层的近地面层厚度 h_b 约为大气边界层高度的 $1/10$.

实际情况下，近地面层的厚度变动很大. 在地面粗糙起伏的地区或层结不稳定时，u_{*0} 通常较大，h_b 可以达到 $100 \sim 200\ \text{m}$；反之，在地表比较光滑平坦的地区或层结稳定的夜间，近地面层厚度可能很浅薄.

近地面层内，动量、热量和水汽乃至其他物质的湍流输送，在地表状态均匀，无剧烈天气变化的时候，垂直输送通量随高度近似不变，这是近地面层的一个重要性质. 应指出，虽然近地面层中具有的常通量性质是一个近似假设，但它的引入为大气边界层的研究带来很大好处，使问题变得比较简单. 在理论上，可以把湍流作为近地面层主要的甚至唯一的直接因子进行讨论，并且认为湍流的垂直通量是常值；在实验上，某一高度湍流通量的测量结果可以代表另一高度或地面的值.

9.2.2　近地面层莫宁–奥布霍夫相似性理论

莫宁–奥布霍夫相似性理论(A. S. Monin and A. M. Obukhov，1954)以物理问题相似性观点和量纲分析的方法，论述了切应力和浮力对近地面层湍流输送的影响，建立了近地层气象要素廓线规律的普遍表达式. 他们的研究是对湍流理论的重大推进，是大气边界层领域发展过程中的一个重要里程碑.

1. 莫宁–奥布霍夫相似性条件

莫宁–奥布霍夫相似性理论的提出有以下几个基本前提：

(1) 近地面层内气流为不可压缩性流动，密度变化仅仅由温度变化引起，且只体现在引起

浮力密度偏差,即满足 Boussinesq 近似.

（2）近地面层流动属于发展湍流的流动,与动量、热量和物质的湍流输送相比,分子粘性、传导和扩散作用可以忽略.

（3）近地面层满足常通量近似,非定常性、水平非均匀性和辐射热通量的散度可以忽略,气压梯度力和地转偏向力可以视为外部因子,湍流通量及其导出参量规定了近地面层湍流特征和风速、温度、湿度等气象要素廓线的内在联系.

2. 湍流通量定义与奥布霍夫长度

近地面层中湍流通量为常量,设风速 u 沿平均风方向,湍流切应力 τ 可以写为

$$\tau = -\rho \overline{u'w'} = \rho u_*^2, \tag{9.2.5}$$

根据(8.4.7)式和混合长理论,有

$$u_*^2 = K_m \frac{\partial \bar{u}}{\partial z}, \tag{9.2.6}$$

式中的 K_m 是动量垂直湍流交换系数,与分子运动的黏性系数 ν 不同,它不是常数,而是与湍流强弱以及不同尺度的湍流能量分配有关.考虑到空气微团越靠近地面越受地面制约,混合长 l_m 或湍涡尺度应与离地面高度 z 成正比,所以有 $l_m = \kappa z$.令湍流速度尺度 V 用 u_* 代替,系数 K_m 可写成

$$K_m = \kappa u_* z, \tag{9.2.7}$$

其中 κ 称为卡曼常数,初步试验其值大约在 $0.3 \sim 0.42$ 之间.一般取 0.4,此值在大气边界层中经过实验验证,与流体力学实验的结果相当一致.

类似于(9.2.5)式,湍流感热通量 H 和潜热通量 LE 可表示为

$$H = \rho c_p \overline{w'\theta'} = -\rho c_p u_* \theta_*, \tag{9.2.8a}$$

$$LE = \rho L_v \overline{w'q'} = -\rho L_v u_* q_*. \tag{9.2.8b}$$

若将感热通量 $\overline{w'\theta'}$ 和水汽通量 $\overline{w'q'}$（或潜热通量 $L_v \overline{w'q'}$）也以同样方式表述,则有

$$\overline{u'w'} = -K_m \frac{\partial \bar{u}}{\partial z} = -u_*^2, \tag{9.2.9a}$$

$$\overline{w'\theta'} = -K_h \frac{\partial \bar{\theta}}{\partial z} = -u_* \theta_*, \tag{9.2.9b}$$

$$\overline{w'q'} = -K_q \frac{\partial \bar{q}}{\partial z} = -u_* q_*, \tag{9.2.9c}$$

式中 K_h 和 K_q 是垂直湍流交换系数,分别称做感热和水汽的湍流扩散系数.和 K_m 一样,它们不是常数,而是与湍流强弱以及各个尺度的湍流能量分配有关,所以求解上述方程需要一定的理论模式.

由(9.2.9b)和(9.2.9c)式可定义特征位温和特征比湿,即

$$\theta_* = -\frac{\overline{w'\theta'}}{u_*}, \tag{9.2.10a}$$

$$q_* = -\frac{\overline{w'q'}}{u_*}. \tag{9.2.10b}$$

特征量 u_*、θ_* 和 q_* 表示了湍流垂直输送的强度,在近地面层内,它们是近似与高度无关的物理量.

莫宁与奥布霍夫认为:对于定常、水平均匀、无辐射和无相变的近地面层,其运动学和热力学结构仅决定于湍流状况.他们将 u_*、$\overline{w'\theta'}$ 及浮力因子 $g/\bar{\theta}$ 进行组合得到一个具有长度量

纲的特征量 L,称为奥布霍夫长度,定义为

$$L = -\frac{u_*^3}{\kappa \frac{g}{\overline{\theta}} \overline{w'\theta'}} = \frac{u_*^2}{\kappa \frac{g}{\overline{\theta}} \theta_*}, \tag{9.2.11}$$

奥布霍夫长度 L 反映了雷诺应力做功和浮力做功的相对大小,是与大气层结密切相关的量.公式前取"$-$"号是为了后续推演和表达式简洁.由(9.2.9b)式可知,大气层结稳定时,$\frac{\partial \overline{\theta}}{\partial z} > 0$,$\overline{w'\theta'} < 0$;不稳定时 $\frac{\partial \overline{\theta}}{\partial z} < 0$,$\overline{w'\theta'} > 0$;中性时 $\frac{\partial \overline{\theta}}{\partial z} = 0$,$\overline{w'\theta'} = 0$.因为中性时 $L \to \infty$,所以实用中直接用 L 不大方便,往往用无因次量 z/L 代替 L 作为稳定度的参量.我们有

(1) $L > 0$ 或 $z/L > 0$:　　　 稳定层结,L 越小或 z/L 越大越稳定;

(2) $L < 0$ 或 $z/L < 0$:　　　 不稳定层结,$|L|$ 越小或 $|z/L|$ 越大越不稳定;

(3) $|L| \to \infty$ 或 $|z/L| = 0$:　 中性层结.

z/L 为无量纲稳定度因子,下面将会说明它和理查森数 Ri 或 Rf 有连续单值的对应关系.

3. 近地面层莫宁-奥布霍夫相似性理论

任何层结和下垫表面上的温度、湿度和风速廓线表达式,将其各个变量除以适当的特征量后可转换成为无量纲形式,成为无量纲稳定度因子 z/L 的普适函数,因而近地面层风速、温度和湿度无量纲化的普遍廓线方程的微分形式可写为

$$\frac{\kappa z}{u_*} \frac{\partial \overline{u}}{\partial z} = \varphi_{\mathrm{m}}\left(\frac{z}{L}\right), \tag{9.2.12a}$$

$$\frac{\kappa z}{\theta_*} \frac{\partial \overline{\theta}}{\partial z} = \varphi_{\mathrm{h}}\left(\frac{z}{L}\right), \tag{9.2.12b}$$

$$\frac{\kappa z}{q_*} \frac{\partial \overline{q}}{\partial z} = \varphi_{\mathrm{q}}\left(\frac{z}{L}\right) \tag{9.2.12c}$$

以及

$$K_{\mathrm{m}} = \frac{\kappa u_* z}{\varphi_{\mathrm{m}}\left(\dfrac{z}{L}\right)}, \tag{9.2.13a}$$

$$K_{\mathrm{h}} = \frac{\kappa u_* z}{\varphi_{\mathrm{h}}\left(\dfrac{z}{L}\right)}, \tag{9.2.13b}$$

$$K_{\mathrm{q}} = \frac{\kappa u_* z}{\varphi_{\mathrm{q}}\left(\dfrac{z}{L}\right)}. \tag{9.2.13c}$$

以上方程中除卡曼常数 κ(一般取 0.4)外,只包含平均气象要素值、高度和各要素的通量,也叫做通量-廓线关系.大气层结呈中性时,$\varphi_{\mathrm{m}}(0) = \varphi_{\mathrm{h}}(0) = \varphi_{\mathrm{q}}(0) = 1$.

根据奥布霍夫长度 L,梯度理查森数 Ri 的定义(8.4.13)式,可导出 z/L 与梯度理查森数 Ri 或 Rf 有连续单值的对应关系.对于 Ri,有

$$Ri = \frac{g}{\overline{\theta}} \frac{\partial \overline{\theta}/\partial z}{(\partial \overline{u}/\partial z)^2} = (z/L)\varphi_{\mathrm{h}} \varphi_{\mathrm{m}}^{-2}. \tag{9.2.14}$$

所以 z/L 成为近地面层稳定度判据的另一种表达方式.莫宁和奥布霍夫研讨 L 值的第一篇论文中对它的物理意义就叙述得比较明确,当时称之为"动力底层厚度",即 $z/L \ll 1$ 的大气边界

层底层,浮力影响可以忽略不计,仍可认为保持中性层结的廓线规律;$z/L=1$ 处以上,浮力作用开始超过动力影响;$z/L\gg1$ 时,浮力影响将完全占据控制优势.

对方程(9.2.12a)进行积分,令 $\zeta=z/L$,得到通量-廓线关系的积分形式. 由

$$\frac{\kappa z}{u_*}\frac{d\bar{u}}{dz}=\varphi_m(\zeta)-1+1=1-[1-\varphi_m(\zeta)]$$

得到

$$d\bar{u}=\frac{u_*}{\kappa}\left[\frac{dz}{z}-\frac{1-\varphi_m(\zeta)}{\zeta}d\zeta\right],$$

求积分:

$$\int_0^{\bar{u}}d\bar{u}=\frac{u_*}{\kappa}\left\{\int_{z_0}^z\frac{dz}{z}-\int_{\zeta_0}^\zeta[1-\varphi_m(\zeta)]d\ln\zeta\right\},$$

其中 $\zeta_0=z_0/L$,z_0 是地表空气动力学参数——地表粗糙度,其含义是风速廓线表达式中平均风速等于零的高度. 令

$$\Psi_m(\zeta)=\int_{\zeta_0}^\zeta[1-\varphi_m(\zeta)]d\ln\zeta, \tag{9.2.15}$$

则风速廓线的积分形式可写成

$$\bar{u}=\frac{u_*}{\kappa}\left[\ln\frac{z}{z_0}-\Psi_m(\zeta)\right]. \tag{9.2.16}$$

式中 $\Psi_m(\zeta)$ 是平均风速对数廓线的稳定度修正函数. 若将(9.2.12b)式写成

$$\frac{\kappa z}{u_*}\frac{d\bar{\theta}}{dz}=\varphi_h(\zeta)-\alpha+\alpha=\alpha\left(1-\left[1-\frac{\varphi_h(\zeta)}{\alpha}\right]\right),$$

同样,可求出位温廓线为

$$\bar{\theta}-\bar{\theta}_0=\frac{\alpha\theta_*}{\kappa}\left[\ln\frac{z}{z_0}-\Psi_h(\zeta)\right], \tag{9.2.17}$$

其中

$$\Psi_h(\zeta)=\int_{\zeta_0}^\zeta\left[1-\frac{\varphi_h(\zeta)}{\alpha}\right]d\ln\zeta. \tag{9.2.18}$$

上述表达式中,系数 $\alpha=K_m/K_h$. 位温廓线的稳定度修正函数 $\Psi_h(\zeta)$ 同 $\Psi_m(\zeta)$ 的含义一样. 中性时 $\varphi_m(0)=\varphi_h(0)=1$,故 $\Psi_m(0)=\Psi_h(0)=0$.

9.2.3 近地面廓线规律的实验结果

由于从相似性理论本身无法寻找无量纲化梯度函数 $\varphi_m(\zeta),\varphi_h(\zeta)$ 和 $\varphi_q(\zeta)$ 或者稳定度修正函数 $\Psi_m(\zeta),\Psi_h(\zeta)$ 及 $\Psi_q(\zeta)$,因此在莫宁-奥布霍夫相似理论发表之后,国际上很多研究者开展了多次野外观测,致力于莫宁-奥布霍夫相似性理论的验证和系数的确定,包括 Businger(1971)和 Dyer(1974)及 Högström(1988)等人的工作.这些研究得到的通用普适函数形式(在 $|\zeta|\leqslant2$ 范围内)为

$$\varphi_m(\zeta)=(1-A_m\zeta)^{-\frac{1}{4}}, \quad \text{当 } \zeta<0(\text{不稳定}), \tag{9.2.19a}$$

$$\varphi_m(\zeta)=1+B_m\zeta, \quad \text{当 } \zeta>0(\text{稳定}) \tag{9.2.19b}$$

以及

$$\varphi_h(\zeta)=\alpha(1-A_h\zeta)^{-\frac{1}{2}}, \quad \text{当 } \zeta<0(\text{不稳定}), \tag{9.2.20a}$$

$$\varphi_h(\zeta) = \alpha(1 + B_h\zeta), \qquad 当 \zeta > 0(稳定). \qquad (9.2.20b)$$

将(9.2.19a)和(9.2.20a)式代入(9.2.15)和(9.2.18)式,可得到在不稳定条件下的稳定度修正函数为

$$\Psi_m(\zeta) = 2\ln\left(\frac{1+x}{2}\right) + \ln\left(\frac{1+x^2}{2}\right) - 2\arctan x + \frac{\pi}{2}, \qquad (9.2.21a)$$

$$\Psi_h(\zeta) = 2\ln\left(\frac{1+y}{2}\right), \qquad (9.2.21b)$$

其中 $x = (1 - A_m\zeta)^{\frac{1}{4}}, y = (1 - A_h\zeta)^{\frac{1}{2}}$. 在稳定条件下,稳定度修正函数为

$$\Psi_m(\zeta) = -B_m\zeta, \qquad (9.2.22a)$$

$$\Psi_h(\zeta) = -B_h\zeta. \qquad (9.2.22b)$$

应当指出的是,湿度梯度和水汽湍流通量的精确测定相当困难,直到现在对其稳定度修正函数 $\Psi_q(\zeta)$ 的准确形式还不十分了解.根据现有的实验结果,实用上常假设 $\varphi_q(\zeta) = \varphi_h(\zeta)$, $K_q = K_h$,相应地即采用 $A_q = A_h, B_q = B_h$.

对于普适函数的系数,不同研究者得到不同的结果(表9.1),其中 Businger 等人应用美国堪萨斯(Kansas)州观测资料分析后认为 $\alpha = K_m/K_h = 0.74$,此结果符合流体力学的实验结果;当 $\zeta = 0$ 时,$\varphi_m(0) = 1, \varphi_h(0) = 0.74$,此时风速廓线为对数高度规律.

表9.1 不同研究者对普适公式中的系数取值(Garrart,1992;Panofsky 等,1977;Roth,1993)

研究者	A_m	B_m	A_h	B_h	κ	α
Webb, 1970	18	5.2	9	5.2	0.41	1
Dyer 和 Hicks, 1970	16		16		0.4	1
Businger 等, 1971	15	4.7	9	6.4	0.35	0.74
Carl 等, 1973			16			0.74
Dyer, 1974	16	5.0	16	5.0	0.41	1
Garratt, 1977					0.41	
Wieringa, 1980	22	6.9	13	9.2	0.41	1
Dyer 和 Bradley, 1982	28		14		0.40	
Webb, 1982	20.3		12.2			1
Högström, 1985		4.0			0.40	1
Högström, 1988	19	6	11.6	7.8	0.40	0.95
Zhang 和 Chen 等, 1993	28	5.0	20	5.0	0.39	1

由于不同的研究者得到不同的结果,若上述公式中系数的取值基本上沿用 Dyer(1974)和 Högström(1988)重新归纳的数值,则有

$$A_m = A_h = 16, \quad B_m = B_h = 5.0, \quad \alpha = K_m/K_h = 1.00, \quad \kappa = 0.40.$$

与 Businger(1971)等人的工作相比,其中对应的系数做了一些较小的变动,目前不少研究者认为这组数值是适用的.

9.2.4 空气动力学参数特征——地表粗糙长度和零值位移的计算

近中性条件下,$\Psi_m(0) = \Psi_h(0) = 0$,通量-廓线关系(9.2.16)式可写为

$$\frac{\bar{u}}{u_*} = \frac{1}{\kappa}\ln\frac{z}{z_0}, \qquad (9.2.23)$$

式中 z_0 为空气动力学地表粗糙度,是近中性条件下平均风速等于零的高度.z_0 是描述下垫面空气动力学特征的重要物理量,是大气边界层湍流属性参数化过程中常用的基本参数.

确定 z_0 数值的传统方法是在近中性的情况下,利用(9.2.23)式对平均风速廓线观测资料在($\bar{u}$,lnz)坐标中进行线性拟合,$\bar{u}=0$ 的高度就是 z_0.当然,廓线观测的层次和数据的组数尽可能多,确定的 z_0 就比较准确.

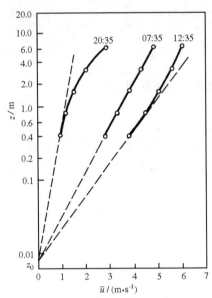

图 9.3　近地面层的风速廓线

(引自 H. Lettau, B. Davidson, 1957)

不同大气稳定度条件下近地面层平均风速廓线的观测实例见图 9.3,粗糙度 z_0 可由实测廓线下延至风速为零处得到.中性条件下的风速对数廓线在图中是一条直线;不稳定层结时,因有利于湍流混合,上层的动量迅速下传使低层风速增大,因此风速廓线呈下凹状(中午12:35);而稳定层结时相反,湍流受到抑制,不利于上层动量下传,故低层风速较小,使风速廓线呈上凸状(傍晚 20:35).

根据长时间各地的观测结果,归纳得出的各种下垫表面粗糙度 z_0 的典型值见图 9.4.各种下垫表面的 z_0 值变动幅度很大,从城市中心和山区的米数量级大小,到无风水面、冰面和雪面的十分之几甚至百分之几毫米.粗糙度的大小将影响流动的性质.

在陆地上,如果一个个粗糙元靠得很近,则它们的顶部就好像一个发生了位移的地面.例如森林的树顶盖,当树木足够密时,由空中看去,大量的树叶形成一个看来像固体的表面;城市的房子也由于排列得足够近而产生相类似的效应,其平均屋顶面对气流来说像一个位移的地面.类似地,洋面存在较高波浪的条件下,其下垫面的顶部也如同发生了一个位移.此时,通量-廓线关系的的表达式需做一定的修正,下垫表面(陆地、海洋)的起始高度将被抬高到作物、森林、建筑物和波浪顶层附近,必须以 $z-d$ 置换 z.d 称为空气动力学零值位移.含位移距离修正的通量-廓线关系微分形式为

$$\frac{\kappa(z-d)}{u_*}\frac{\partial \bar{u}}{\partial z}=\varphi_{\mathrm{m}}(\zeta);\tag{9.2.24a}$$

$$\frac{\kappa(z-d)}{\theta_*}\frac{\partial \bar{\theta}}{\partial z}=\varphi_{\mathrm{h}}(\zeta);\tag{9.2.24b}$$

积分形式为

$$\bar{u}=\frac{u_*}{\kappa}\left[\ln\frac{z-d}{z_0}-\psi_{\mathrm{m}}(\zeta)\right],\tag{9.2.25a}$$

$$\bar{\theta}=\frac{\theta_*}{\kappa}\left[\ln\frac{z-d}{z_0}-\psi_{\mathrm{h}}(\zeta)\right],\tag{9.2.25b}$$

其中 $\zeta=\dfrac{z-d}{L}$.

可见,零值位移 d 也是描述下垫面空气动力学特征的重要物理量,是大气边界层中粗糙下垫面湍流通量参数化过程中常用的基本参数.零值位移 d 的意义是:气流与下垫面的作用相当于发生在这一高度上,粗糙度也变成在这一高度之上的物理属性.

确定零值位移 d 的传统和常用的方法是利用近地面风廓线方程求得,即:利用近中性层结实测风廓线通过 $\bar{u}$ 与 $\ln(z-d)$ 满足线性关系的最佳拟合求得:

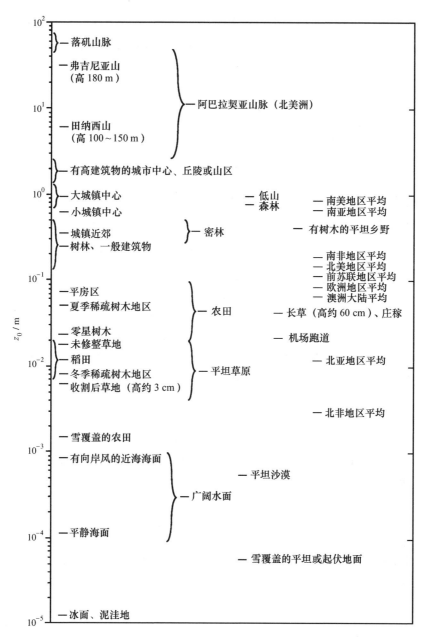

图 9.4　各种下垫表面的 z_0 值(Stull, 1990;转引自徐静琦等,1991)

$$\frac{\bar{u}}{u_*} = \frac{1}{\kappa}\ln\frac{z-d}{z_0} \qquad (9.2.26)$$

　　对于非中性层结条件,理论上,当获得三个以上高度的风速梯度观测资料时,就可进行非线性回归求解零值位移 d.

9.2.5　近地面层大气湍流统计量

　　莫宁-奥布霍夫相似性也可以推广到近地面层湍流统计量和湍流谱规律的论述.本节介绍近地面层湍流速度方差(或标准差)的观测事实,下一节讨论近地面层大气湍流谱的相似规律.

近地面层的湍流速度涨落规律遵从莫宁-奥布霍夫相似性,因此支配垂直速度涨落特征的应是高度 z,奥布霍夫长度 L 以及摩擦速度 u_*.对于垂直速度涨落的标准差 $\sigma_w = \sqrt{\overline{w'^2}}$ 的无量纲组合将满足下式,即

$$\frac{\sigma_w}{u_*} = \varphi_w\left(\frac{z}{L}\right). \tag{9.2.27}$$

在不稳定的条件($z/L<0$)下,无量纲垂直速度标准差良好地遵守相似性规律. Panofsky 等(1977)对 φ_w 推荐的经验公式为

$$\frac{\sigma_w}{u_*} = \varphi_w\left(\frac{z}{L}\right) = 1.25\left(1 - 3\frac{z}{L}\right)^{1/3}. \tag{9.2.28}$$

当大气层结稳定时,观测数据比较离散. 当大气层结极端稳定,即 z/L 足够大时,湍涡运动与地面失去耦合,高度 z 将不是支配湍流相似性的参数,因而理论上有

$$\frac{\sigma_w}{u_*} = 常数.$$

湍流垂直涨落的能量主要来源于浮力做功,而且对其有贡献的湍涡尺度受到地面的限制,因此尚能满足上述的近地面层相似性规律. 湍流的水平涨落能量不直接来源于浮力做功,湍涡运动也不受地面的限制,而受整个边界层特性的制约,高度和奥布霍夫长度 L 将不是支配其相似性的充分参数. 利用 Kansas 实验数据发现:不稳定条件下,常观测到归一化水平风速标准差 σ_u/u_* 和 σ_v/u_* 随 z/L 的增加而明显增加. 1982 年 Steyn 给出的稳定度参数 z/L 数值高达 70. 当稳定度参数 $z/L<-0.6$ 时,归一化水平风速标准差接近 $(-z/L)^{1/3}$ 的相似性推论. 一般地,风速归一化标准差随稳定度参数 z/L 的关系可表达为

$$\sigma_a/u_* = 2.5(1 - 1.6z/L)^{1/3} \quad (a = u, v). \tag{9.2.29}$$

均匀下垫面水平风速标准差的实验数据对莫宁-奥布霍夫相似性理论是否支持的问题,不同学者间存在争论,有的观点认为风速水平纵向 u 和横向 v 方向的尺度较适合于混合层高度 z_i. Panofsky 等(1984)给出相应的拟合关系为

$$\frac{\sigma_v}{u_*} \approx \frac{\sigma_u}{u_*} = \left(12 - 0.5\frac{z_i}{L}\right)^{1/3}. \tag{9.2.30}$$

中性层结下(即 $\overline{w'\theta'} \to 0$),相似性理论对归一化速度标准差的推断渐进为一常数,没有迹象表明近中性层结下 σ_u/u_* 和 σ_v/u_* 的数值与观测高度有关系. 大量的观测事实表明:中性层结下,垂直方向归一化速度标准差为

$$\frac{\sigma_w}{u_*} = \varphi_w(0),$$

它介于 $1.25 \sim 1.30$ 之间.

尽管近中性层结下的 σ_w/u_* 值并非人们所期望的为一常数,但不同研究结果之间较为一致,其接近程度远比水平方向的 $\sigma_{u,v}/u_*$ 要好. 根据实验验证,归一化的水平湍流的标准差在中性层结均匀下垫面上可以认为是比较稳定的常数值:

$$\begin{cases} \dfrac{\sigma_u}{u_*} = 2.39 \pm 0.03, \\ \dfrac{\sigma_v}{u_*} = 1.92 \pm 0.05. \end{cases} \tag{9.2.31}$$

表 9.2 列出了近年来不同研究者给出的中性层结下归一化标准差的研究结果. 在不稳定条件下常常观测到 σ_u/u_* 和 σ_v/u_* 随 $|z/L|$ 增加而呈规律性的增大. 但是因实验数据离散较

大,这时应当用整个边界层的相似性代替近地面层的相似性来考察其规律性.

表 9.2　不同研究者给出的中性层结下归一化速度标准差的数值(Roth,1993;Zhang 等,2001)

研究者	σ_u/u_*	σ_v/u_*	σ_w/u_*	备　注
Bowen and Ball (1970)	2.5	1.5	1.3	弱不稳定条件,$z=53.3\ \mathrm{m}$
Ramsdell (1975)	2.5	2.0	1.5	城市居民区,$0.6\ \mathrm{m}<z<48.2\ \mathrm{m}$
Jackson (1978)	2.1	1.7	1.7	平均值,$10\ \mathrm{m}<z<70\ \mathrm{m}$
Coppin (1979)	2.5	—	1.1	垂直方向是外推至中性的,$z'=23.8\ \mathrm{m}$
Steyn (1982)	2.2	1.8	1.4	近中性,$z'=20\ \mathrm{m}$
Clarke 等 (1982)	2.3	1.7	1.2	两个城郊测站平均值,$z'=25\ \mathrm{m}$
Högström 等 (1982)	2.5	2.2	1.5	Uplandia(小地名),$z''=6\ \mathrm{m}$
	2.6	2.3	1.4	Granby(小地名),$z=50\ \mathrm{m}$
Yersel and Goble (1986)	2.7	2.2	1.2	不同下垫面来流平均值,$z'=24\ \mathrm{m}$
Rotach (1991)	2.2	1.2/2.0†	1.0	近中性,$z''=5\ \mathrm{m}$ 和 $10\ \mathrm{m}$
Hanna and Chang (1992)	—	—	1.2	城郊测站,$z=10\ \mathrm{m}$
Roth (1993)	2.3	1.7	1.2	近中性,$z'=18.9\ \mathrm{m}$
Counihan (1975)	2.5	1.9	1.3	农田参考值

z:地面以上高度;z':有效高度;z'':建筑物顶部以上高度.

9.2.6　近地面层大气湍流能谱的相似规律

根据 8.5 节的讨论,科尔莫戈罗夫认为湍流能谱在惯性副区只是湍能耗散率和波数的函数.波数的单位为 rad/m.根据公式(8.5.4),湍流能量在惯性区间应表示为

$$E(k_1) = a\varepsilon^{\frac{2}{3}}k_1^{-\frac{5}{3}}, \quad k_1 = \frac{2\pi n}{\bar{u}}.$$

注意到一维空间谱和时间谱的关系 $k_1 E(k_1)=nS(n)$,又从相似性概念出发,湍能耗散率的无量纲形式可取为 $\varphi_\varepsilon=\varepsilon\kappa z/u_*^3$,无量纲频率取为 $f=nz/\bar{u}$,上式便改写为

$$\frac{n \cdot S(n)}{u_*^2} = a(2\pi\kappa)^{-\frac{2}{3}}\varphi_\varepsilon^{\frac{2}{3}}f^{-\frac{2}{3}}. \tag{9.2.32}$$

将(9.2.32)式左侧也改写为无量纲的形式:

$$\frac{n \cdot S(n)}{u_*^2 \varphi_\varepsilon^{\frac{2}{3}}} = a(2\pi\kappa)^{-\frac{2}{3}}f^{-\frac{2}{3}}. \tag{9.2.33}$$

通过前述的 Kansas 实验,发现了下面三个有关湍流谱规律性的基本观测事实:

(1) 在惯性副区,其横风向湍流脉动 v' 和垂直方向湍流脉动 w' 的湍流能谱 $S_v(f)$ 和 $S_w(f)$ 与顺风向 u' 的湍流能谱 $S_u(f)$ 满足:

$$\frac{S_v(f)}{S_u(f)} = \frac{S_w(f)}{S_u(f)} = 1.33. \tag{9.2.34}$$

图 9.5 给出一组实际观测结果,在不同稳定度下惯性副区开始的最低频率不同.在 $\zeta<$ -2.0 的极端不稳定条件下,惯性副区的低端无量纲频率 f 值约为 0.3;而在 $\zeta>1.0$ 的极端稳定条件下,惯性副区的低端 f 值甚至高于 10.0.(9.2.33)式中的 a 称做科尔莫戈罗夫常数,取值为 $0.50\sim0.60$,但对于 v 和 w 谱必须取此值的 1.33 倍.

(2) 对雷诺应力的贡献主要来自于含能涡区.在惯性副区,随湍涡频率的增高迅速下降.

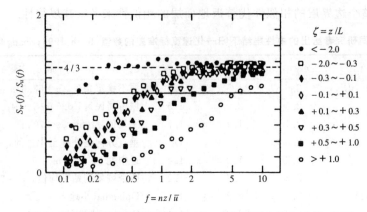

图9.5 惯性副区的低端无量纲频率 f 与 ζ 的关系(引自 Kaimal 等,1972)

（3）不同稳定度下,惯性副区间的湍流谱经(9.2.33)式的无量纲化后,其双对数坐标下的谱曲线合并为一条斜率为$-2/3$的直线(图 9.6).

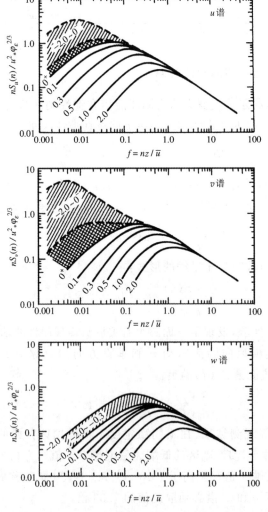

图 9.6 u,v 和 w 的归一化谱图(引自 Panofsky 和 Dutton, 1984)

近年来的观测事实显示,在不稳定层结区间,低频段湍流谱密度曲线随稳定度参数 z/L 的关系仍呈现依次散布的规律.图 9.7 给出 1990 年夏季我国西北地区戈壁下垫面水平纵向、水平横向和垂直风速的归一化湍流谱密度随稳定度参数的变化关系.另外,平坦下垫面的速度谱峰值比粗糙下垫面的向低频方向移动.

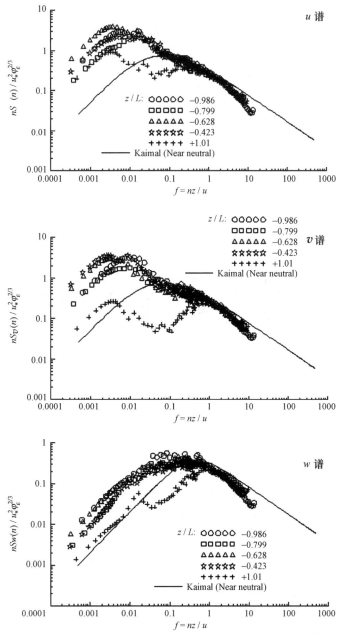

图 9.7　戈壁下垫面 u,v 和 w 的归一化谱图（引自 Zhang 等,2001)

以上实验结果一方面证实大气中小尺度湍流符合科尔莫戈罗夫的各向同性湍流理论,另一方面又证实近地面层大气中惯性副区的湍流谱同时满足莫宁-奥布霍夫相似性理论.

对于风速谱,平坦均一下垫面的垂直风速湍流谱遵从莫宁-奥布霍夫相似性理论,只是在最低谱段可能显示大气边界层高度的微弱影响;水平速度分量的含能区受大气边界层厚度的影响较大,仅其高频部分适合莫宁-奥布霍夫尺度化规律.据此提出了中性和不稳定层结下的湍谱分布模式.

对于温度谱,稳定层结下的温度谱与水平纵向风速谱的形状和特征相似,其峰值频率介于水平纵向和水平横向风速谱峰值频率之间,水平速度脉动可以有效地引起温度脉动,高频段满足 2/3 幂次律,服从莫宁-奥布霍夫尺度分析.关于湿度谱的报道很少,一般认为湿度谱与温度谱相类似,惯性区满足 $-2/3$ 幂次率,遵从莫宁-奥布霍夫相似性理论.

9.2.7 近地面湍流通量与热量平衡

下垫表面是大气的底边界,研究边界层大气必须讨论不同下垫表面对大气层的影响.下垫表面对大气边界层的强制因素有三个,包括:动量通量传输、地表热通量(称之为感热通量)和水汽通量.水汽通量乘以蒸发潜热,代表由于地表面蒸发和凝结所传输的潜热通量.图 9.8 为常见的两个例子,图(a)代表下垫面上存在有较密集和一定高度的作物、树木或建筑物的情况,图(b)代表裸地、覆盖低矮植物或粗糙物的情况.

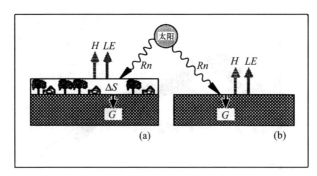

图 9.8 下垫表面热量平衡项示意图(引自 Stull, 1990)

如图 9.8(a),设想有一空气层,层顶正好在最高树冠之上,层底为地面,则该层内热量平衡方程可写做

$$Rn = H + LE + G + \Delta S, \tag{9.2.35}$$

式中 Rn 为进入气层顶部的净辐射通量,若 $Rn>0$,表示该层内辐射能收入大于支出,H 和 LE 分别为从层顶出去的感热通量和潜热通量,G 为由气层底部向土壤深处输送的分子热通量,ΔS 为空气层内作物或障碍物储存的热通量.Rn 和 G 可以用实测或推算得到.在图 9.8(b)的情况,ΔS 可取作零.

在陆地晴朗的白天,热量平衡方程各项都是正值.因为进入边界层的辐射大于向上出去的,净辐射 Rn 为正,感热通量 H 和潜热通量 LE 都是离开表面向上传输,土壤热通量从地表往土壤深处传输,故 G 为正值.在陆地上的夜间,各项都是负值.净辐射为向上的长波辐射,Rn 为负;感热通量 H 为向下的热通量,露和霜的形成也使 LE 为向下的热通量,为负;G 为热量从土壤层往地表传输,也是负值.图 9.9 为 1957 年 8 月在美国威斯康辛(Wisconsin)州的观测结果.

从全球地-气系统看,整个系统的热量平衡处于定常状态,无论是大气还是土壤,其温度的年平均值几乎不变.

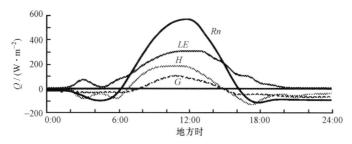

图 9.9　下垫表面热量平衡的日变化(引自 Oke, 1978)

在实际应用中,净辐射 Rn 和土壤热通量 G 可以用实测或相应的理论和经验公式推算得到,难点是感热通量和潜热通量的获取与计算,基本方法有三种:

(1) 湍流涡动相关法.利用快速涨落探测,直接得到感热通量和潜热通量:

$$H_{\mathrm{h}} = \rho c_p \overline{w'\theta'},\tag{9.2.36}$$

$$LE_{\mathrm{e}} = \rho L_{\mathrm{v}} \overline{w'q'}.\tag{9.2.37}$$

该方法是根据湍流通量定义,依靠现代大气湍流探测手段,可以达到较高的探测精度.

(2) 空气动力学方法.根据通量廓线关系和经验参数,利用风速、温度和湿度廓线资料计算感热通量和潜热通量.此方法在不太粗糙的下垫表面,选用适当的通量廓线关系系数,特别是近中性层结下,可以得到较高的精度.但由于通量廓线关系仅仅是一个经验关系,有时会因地表状态变化而改变.

(3) 能量平衡方法.该方法基于能量收支平衡的原理,利用辐射平衡方程(9.2.35)计算感热通量和潜热通量.在具体实施过程中,常引入波文(Bowen)比 B,定义为感热通量与潜热通量之比值:

$$B = \frac{H}{LE}.\tag{9.2.38}$$

将 B 代入(9.2.35)式,得

$$H = \frac{B(Rn - G - \Delta S)}{(1+B)},\tag{9.2.39}$$

$$LE = \frac{(Rn - G - \Delta S)}{(1+B)}.\tag{9.2.40}$$

根据通量的湍流定义(9.2.8)和(9.2.9b)及(9.2.9c)式,有

$$B = \frac{\rho c_p \overline{w'\theta'}}{\rho L_{\mathrm{v}} \overline{w'q'}} = \frac{c_p}{L_{\mathrm{v}}} \frac{K_{\mathrm{h}}}{K_{\mathrm{q}}} \frac{\dfrac{\partial \bar{\theta}}{\partial z}}{\dfrac{\partial \bar{q}}{\partial z}}.$$

假设 $K_{\mathrm{h}} = K_{\mathrm{q}}$,并将上式的微分用差分代替,则

$$B = \frac{c_p}{L_{\mathrm{v}}} \frac{\Delta \bar{\theta}}{\Delta \bar{q}}.\tag{9.2.41}$$

由此,理论上,只需取得两个高度的位温和比湿观测值以及相应的净辐射和地表热通量,即可得到感热通量和潜热通量.该方法的不足是:在昼夜交替时段,$\Delta \bar{\theta}$ 和 $\Delta \bar{q}$ 较小,相对误差较大,由此造成通量结果误差偏大.

净辐射 Rn 的获取可以采取直接测量的方法,或通过分别测量太阳辐射、地表反射辐射、天空辐射和地表出射辐射而计算.

土壤热通量可以由三种方式得到：

（1）利用土壤热通量板直接测量土壤热通量 G 值.

（2）由于分子传导是主要的传输过程，任一深度处的土壤热通量可写成

$$G = -k_g \frac{\partial T_s}{\partial z}, \tag{9.2.42}$$

式中 k_g 为土壤导热系数，T_s 为土壤温度.因此地面土壤热通量为

$$G = -k_g \frac{\partial T_s}{\partial z}\bigg|_{z=0}. \tag{9.2.43}$$

利用某些类型的人工散热体（例如球形或细长圆柱体）直接测量土壤导热系数，加上土壤温度梯度的观测，可由（9.2.43）式计算出土壤热通量.

（3）多层模式或解析模式.假设土壤中没有其他热源和汇，根据能量守恒原理，土壤热通量的垂直散度等于单位体积、单位时间内的热量变化，其关系式可写为

$$\frac{\partial T_s}{\partial t} = -\frac{1}{C_g} \frac{\partial G}{\partial z}, \tag{9.2.44}$$

式中 C_g 为土壤热容量（土壤密度乘以比热容）.合并（9.2.42）和（9.2.44）式，得到

$$\frac{\partial T_s}{\partial t} = -\nu_g \frac{\partial^2 T_s}{\partial z^2}, \tag{9.2.45}$$

式中 $\nu_g = k_g/C_g$ 称为土壤热扩散系数.由地温观测资料，通过（9.2.45）式得到 ν_g，再将 ν_g 乘以比较易于在实验室内测量的 C_g 可得到 k_g.最后，根据不同的边条件，利用方程（9.2.43）式计算出 G 值.

假定土壤深处温度不变，而在 $z=0$ 处土壤表面温度呈周期性变化：

$$T_s(0,t) = T_{s0} + A_0 \sin \frac{2\pi}{P} t,$$

式中 T_{s0} 为地表日平均地温，A_0 为日振幅，P 为变化周期.对于热传导系数不随深度和时间变化的土壤，代入此边条件解方程（9.2.45），可得

$$T_s(z,t) = T_{s0} + A_0 \exp\left(-z\sqrt{\frac{\pi}{\nu_g P}}\right) \sin\left[\frac{2\pi}{P}\left(t - \frac{z}{2}\sqrt{\frac{P}{\nu_g \pi}}\right)\right]. \tag{9.2.46}$$

（9.2.46）式反映出地中温度日变化的基本规律如下（图9.10）：

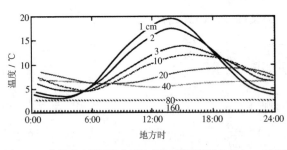

图9.10 各深度土壤温度典型日变化示意图（引自 Geiger,1965）

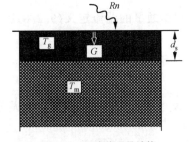

图9.11 土壤热通量计算
的两层模式图解

① 地中温度日振幅 A_z 随深度递减：

$$A_z = A_0 \exp\left(-z\sqrt{\frac{\pi}{\nu_g P}}\right);$$

② 深度 z 处温度变化有相位位移,位移滞后时间为

$$\Delta t = \frac{z}{2}\sqrt{\frac{P}{\nu_{\mathrm{g}}\pi}}.$$

根据以上的结果,可以得到一些简化方法,最常用的一种是两层模式.鉴于土壤温度参与日变化的厚度较薄,约在 30 cm 上下,因而将土壤分成为上、下两层(图 9.11):上面薄层的温度有日变化,以 T_{g} 表示,假设深度为 $d_{\mathrm{s}} = (\nu_{\mathrm{g}}P/4\pi)^{1/2}$,其单位面积的土壤热容量 $C_{\mathrm{ga}} = C_{\mathrm{g}}d_{\mathrm{s}}$;下面是半无限的常温层,平均温度为 T_{m},代表不参与日变化的深层土壤温度.

根据(9.2.42)~(9.2.45)式的计算方法,可以求得

$$G = C_{\mathrm{ga}}\frac{\partial T_{\mathrm{g}}}{\partial t} + 2\pi\frac{C_{\mathrm{ga}}}{P}(T_{\mathrm{g}} - T_{\mathrm{m}}), \tag{9.2.47}$$

式中等号右边第一项表示上层土壤增温吸收的热量,第二项表示上、下层土壤之间的热传导. P 可设为一昼夜(24 h),C_{ga} 一般根据已有的观测结果给出.

9.3 中性大气边界层

中性边界层中唯一或主要的湍流能量产生机制是剪切作用,与之有关的是风剪切和表面应力,浮力作用极小,所以它一般出现在有浓厚云层的大风天气条件下.在清晨和黄昏不稳定边界层与稳定边界层的转换期间,因具有较强的非定常,很难定义为中性大气边界层.从某种意义上说,典型的中性大气边界层是不容易观测到的.但因中性大气边界层在理论上比较简单,又能通过它了解大气边界层的共性,所以它仍是研究边界层物理的基础.

9.3.1 埃克曼螺线

在自由大气中,水平气压梯度力与科氏力二者平衡,形成地转风,且风与等压线平行.而在大气边界层中,必须要考虑湍流摩擦力(湍流黏性力)的作用.如图 9.12 所示,埃克曼层中的空气运动是水平气压梯度力、科氏力与湍流摩擦力三者之间平衡的结果,因此风向会偏离等压线,且偏向低压.

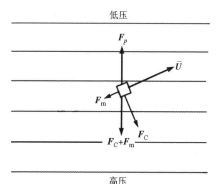

图 9.12 埃克曼层中力的平衡示意图,F_p 为气压梯度力,F_C 为科氏力,F_{m} 为湍流摩擦力

假定大气做定常水平运动,并且是水平均匀的,即

$$\frac{\partial}{\partial t} = 0,\quad \overline{w} = 0,\quad \frac{\partial \overline{u}}{\partial x} = \frac{\partial \overline{u}}{\partial y} = \frac{\partial \overline{v}}{\partial x} = \frac{\partial \overline{v}}{\partial y} = 0.$$

不计分子黏性,雷诺方程(8.3.10)可简化成

$$\begin{cases} -\dfrac{1}{\overline{\rho}}\dfrac{\partial \overline{p}}{\partial x} + f\overline{v} - \dfrac{\partial \overline{u'u'}}{\partial x} - \dfrac{\partial \overline{u'v'}}{\partial y} - \dfrac{\partial \overline{u'w'}}{\partial z} = 0, \\[3mm] -\dfrac{1}{\overline{\rho}}\dfrac{\partial \overline{p}}{\partial y} - f\overline{u} - \dfrac{\partial \overline{v'u'}}{\partial x} - \dfrac{\partial \overline{v'v'}}{\partial y} - \dfrac{\partial \overline{v'w'}}{\partial z} = 0. \end{cases} \tag{9.3.1}$$

设湍流场水平均匀,则湍流应力辐散项中 $\dfrac{\partial}{\partial x} = \dfrac{\partial}{\partial y} = 0$,只保留 $-\dfrac{\partial \overline{u'w'}}{\partial z}$ 和 $-\dfrac{\partial \overline{v'w'}}{\partial z}$ 项.应用湍流参数化方法,并假设 K_{m} 是常数,这两湍流项可写成为 $K_{\mathrm{m}}\dfrac{\partial^2 \overline{u}}{\partial z^2}$ 和 $K_{\mathrm{m}}\dfrac{\partial^2 \overline{v}}{\partial z^2}$,方程(9.3.1)成为

$$\begin{cases} -\dfrac{1}{\bar{\rho}}\dfrac{\partial \bar{p}}{\partial x} + f\bar{v} + K_{\mathrm{m}}\dfrac{\partial^2 \bar{u}}{\partial z^2} = 0, \\ -\dfrac{1}{\bar{\rho}}\dfrac{\partial \bar{p}}{\partial y} - f\bar{u} + K_{\mathrm{m}}\dfrac{\partial^2 \bar{v}}{\partial z^2} = 0. \end{cases} \tag{9.3.2}$$

(9.3.2)式反映了埃克曼层中气压梯度力、科氏力和湍流摩擦力的平衡关系. 设水平气压场不随高度变化,且令 x 轴沿等压线方向,利用地转风关系(7.2.26),有

$$\begin{cases} -\dfrac{1}{\bar{\rho}}\dfrac{\partial \bar{p}}{\partial y} = f u_{\mathrm{g}} > 0, \\ \dfrac{1}{\bar{\rho}}\dfrac{\partial \bar{p}}{\partial x} = f v_{\mathrm{g}} = 0, \end{cases}$$

其中 $(u_{\mathrm{g}}, v_{\mathrm{g}})$ 为地转风分量. 于是边界层中科氏力、气压梯度力和湍流摩擦力的平衡关系可表示成为

$$K_{\mathrm{m}}\dfrac{\mathrm{d}^2 \bar{u}}{\mathrm{d}z^2} = -f\bar{v}, \tag{9.3.3a}$$

$$K_{\mathrm{m}}\dfrac{\mathrm{d}^2 \bar{v}}{\mathrm{d}z^2} = f\bar{u} - f u_{\mathrm{g}}. \tag{9.3.3b}$$

其边条件为:当 $z \rightarrow \infty$ 时,$\bar{u} = u_{\mathrm{g}}$,$\bar{v} = 0$;当 $z = 0$ 时,$\bar{u} = 0$,$\bar{v} = 0$. (9.3.3b)式乘以 $\mathrm{i} = \sqrt{-1}$ 与 (9.3.3a)式相加,得到二阶非齐次线性常微分方程

$$\dfrac{\mathrm{d}^2 \bar{U}}{\mathrm{d}z^2} = \dfrac{\mathrm{i}f}{K_{\mathrm{m}}}(\bar{U} - u_{\mathrm{g}}), \tag{9.3.4}$$

其中复速度 $\bar{U} = \bar{u} + \mathrm{i}\bar{v}$ 为稳定速度,边条件相应成为

$$\text{当 } z \rightarrow \infty \text{ 时,} \quad \bar{U} = u_{\mathrm{g}}; \tag{9.3.5a}$$

$$\text{当 } z = 0 \text{ 时,} \quad \bar{U} = 0. \tag{9.3.5b}$$

(9.3.4)式的特解为 $\bar{U} = u_{\mathrm{g}}$,其通解为

$$\bar{U} = A e^{-(1+\mathrm{i})z/\delta} + B e^{(1+\mathrm{i})z/\delta} + u_{\mathrm{g}}, \tag{9.3.6}$$

其中 $\delta = \sqrt{2K_{\mathrm{m}}/f}$,常称之为埃克曼层标高,是边界层高度的特征量. 根据边条件(9.3.5a),有 $B = 0$;而根据边条件(9.3.5b),有 $A = -u_{\mathrm{g}}$. 于是得到

$$\bar{u} = u_{\mathrm{g}}[1 - e^{-z/\delta}\cos(z/\delta)], \tag{9.3.7a}$$

$$\bar{v} = u_{\mathrm{g}} e^{-z/\delta}\sin(z/\delta). \tag{9.3.7b}$$

上式中的 u_{g} 也可以地转风模量 $G = (u_{\mathrm{g}}^2 + v_{\mathrm{g}}^2)^{1/2}$ 代替,写成一般形式. 图 9.13(a)给出风速矢量端迹图. 由图可见,平均风随高度而增加,风矢量随高度顺时针旋转而呈螺旋状,逐渐趋近于地转风. 当 $z = \pi\delta$ 时,$\bar{v} = 0$,风向与地转风方向重合,此时风速略大于 u_{g}. 而后随高度增加,风速风向围绕地转风做螺旋式摆动,这条端迹图称为埃克曼螺线. 这是 1905 年瑞典海洋学家埃克曼(Ekman)在研究洋面附近的海洋摩擦层时发现的,故这一层($z \leqslant \pi\delta$)又称为埃克曼层. 因此,严格地说,埃克曼层是指大气层结为中性,

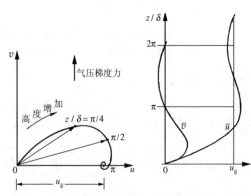

(a) 埃克曼螺线的风速矢量端迹图　(b) $\bar{u}$ 和 $\bar{v}$ 随高度的变化

图 9.13　埃克曼层的风廓线

湍流动力黏性系数 K_m 为常数,大尺度运动处于气压梯度力、科氏力和湍流摩擦力三力平衡,且水平气压梯度力不随高度变化(因而地转风不随高度变化)的理想大气边界层.

应该指出的是:① 埃克曼螺线是一种非常理想的风廓线,实际大气要复杂得多,它并不能总是满足定常、水平均匀和正压条件,因此实测的风廓线往往是与埃克曼螺线有偏差的.
② 图中最后的小螺旋在物理上是没有意义的,这是因为在推导公式时用了不合理的假设.例如,设定边条件 $z \to \infty$,实际上到大气边界层以上方程(9.3.4)已经不适用了.

平均风的风向与地转风方向第一次重合时的高度为

$$z_m = \pi\delta = \pi\sqrt{\frac{2K_m}{f}}. \tag{9.3.8}$$

此高度通常被规定为行星边界层的近似高度 h,即 $h = \pi\delta$.中纬地区可认为 $f = 10^{-4}\ \mathrm{s}^{-1}$.当取 $K_m = 10\ \mathrm{m^2 \cdot s^{-1}}$ 时,可得此高度大于 $1\ \mathrm{km}$,这相当于白天的情况;当取 $K_m = 1\ \mathrm{m^2 \cdot s^{-1}}$ 时,可得此高度小于 $500\ \mathrm{m}$,相当于夜间的情况.

图 9.13(b)为行星边界层中 $\bar{u}$ 和 $\bar{v}$ 的廓线.由图可知,在地面附近有

$$\lim_{z \to 0}(\bar{v}/\bar{u}) = 1,$$

说明风与等压线成 $45°$ 角,吹向低压.事实上,地面风与等压线的交角常小于 $45°$,特别是在海上.实际观测结果与理论值的差别,主要是由 K_m 等于常数的假定引起的.从图 9.13(a)和(b)中也可看出,在 $z < z_m$ 的大气层中空气有穿越等压线的运动,即向低压方向辐合.

由运动方程导出的埃克曼螺线虽然比较简单,但对后继的研究和观测工作仍具有一定的指导作用.

9.3.2 埃克曼抽吸

边界层中空气将穿越等压线从高压区流向低压区,并在低压区引起质量辐合的上升运动.穿越等压线从高压区向低压区的空气流量为

$$\int_0^h \bar{v}\mathrm{d}z = \frac{1}{2}\delta u_g(1 + \mathrm{e}^{-\pi}) \approx \frac{1}{2}\delta u_g, \tag{9.3.9}$$

其单位为 $\mathrm{m^3 \cdot s^{-1} \cdot m^{-1}}$,表示穿过单位长度等压线单位时间内的空气体积.(9.3.9)式中 h 为行星边界层的高度,且假定 $h = \pi\delta$.

在边界层顶的垂直运动速度可利用不可压缩流体连续方程计算出:由于

$$\frac{\partial\bar{w}}{\partial z} = -\left(\frac{\partial\bar{u}}{\partial x} + \frac{\partial\bar{v}}{\partial y}\right),$$

考虑到地表边界条件 $z = 0, w = 0$,有

$$\bar{w}\Big|_{z=h} = -\int_0^h\left(\frac{\partial\bar{u}}{\partial x} + \frac{\partial\bar{v}}{\partial y}\right)\mathrm{d}z. \tag{9.3.10}$$

利用表达式(9.3.7a),若沿等压线方向 u_g 为常数,得到

$$\frac{\partial\bar{u}}{\partial x} = 0.$$

于是利用(9.3.10)和(9.3.9)式,可得到边界层顶的垂直运动速度为

$$\bar{w}\Big|_{z=h} = -\frac{\partial}{\partial y}\int_0^h \bar{v}\mathrm{d}z = -\frac{1}{2}\delta\frac{\partial u_g}{\partial y} = \frac{1}{2}\delta\zeta_g, \tag{9.3.11}$$

其中地转风涡度的定义是

$$\zeta_g = \frac{\partial v_g}{\partial x} - \frac{\partial u_g}{\partial y}.$$

由于已假定等压线走向,即地转风方向沿着 x 轴方向,因而式中 $v_g=0$.

(9.3.11)式表明,边界层顶部的垂直运动速度和地转风涡度成正比,这说明流场的涡度通过湍流摩擦作用可以在埃克曼层顶产生垂直运动,实际上也就是在边界层内诱发出垂直环流,即所谓边界层的次级环流.一般 ζ_g 的数量级为 $10^{-5}\ \mathrm{s^{-1}}$,若取边界层顶高为 1500 m,于是有 $\bar{w}\Big|_{z=z_m} \approx 0.2\times10^{-2}\ \mathrm{m \cdot s^{-1}}$. 这表示在低压区 $\zeta_g>0$,边界层顶有数量级为 $10^{-2}\ \mathrm{m \cdot s^{-1}}$ 的上升运动;而高压区 $\zeta_g<0$,有下沉运动.此环流引起边界层和自由大气之间的空气质量交换,包括其中的水汽和

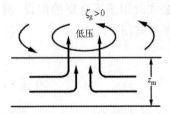

图 9.14 埃克曼抽吸示意图

其他痕量物质.这种作用称为埃克曼抽吸或埃克曼泵(Ekman pumping).由于边界层中湍流摩擦作用而形成的强迫环流,是一种次生的二级环流,如图 9.14 所示.

9.3.3 中性大气边界层的厚度

不存在热力影响时,正压、水平均一的大气边界层与二维平板流体力学边界层有相似之处. Zilitinkevich(1972)依此推导出中性大气边界层厚度表达式.对于二维平板流体力学边界层厚度的定义最常用的有两个:

(1) 位移厚度

$$H_d = \int_0^\infty \Big[1 - \frac{\bar{u}(z)}{G} \Big] \mathrm{d}z; \tag{9.3.12a}$$

(2) 动量损失厚度

$$H_m = \int_0^\infty \frac{\bar{u}(z)}{G} \Big[1 - \frac{\bar{u}(z)}{G} \Big] \mathrm{d}z. \tag{9.3.12b}$$

为了与后面推导相衔接,上述公式均以地转风模量 $G=(u_g^2+v_g^2)^{\frac{1}{2}}$ 代替流体力学边界层中常用的 U_∞. 由于在大气边界层中风速和风向均存在切变,对于横向风速可定义对应的 $H_d(v)$ 和 $H_m(v)$:

$$H_d(v) = \int_0^\infty \frac{\bar{v}(z)}{G} \mathrm{d}z, \tag{9.3.13a}$$

$$H_m(v) = \int_0^\infty \Big[\frac{\bar{v}(z)}{G} \Big]^2 \mathrm{d}z. \tag{9.3.13b}$$

将埃克曼螺线风矢量随高度变化的结果(9.3.7)代入(9.3.12)式求积可得

$$H_d = H_d(v) = \frac{1}{2}\sqrt{\frac{2K_m}{f}}, \tag{9.3.14a}$$

$$H_m = H_m(v) = \frac{1}{8}\sqrt{\frac{2K_m}{f}}. \tag{9.3.14b}$$

上面两式的结果与埃克曼螺线首次接近地转风向的高度表达式(9.3.8)形式上极为相似.因此下面将根据(9.3.14)式导出估算中纬度地带中性大气边界层厚度的公式.

假定在中性条件下其涡动黏性系数随高度近似为线性关系,因而中性大气边界层顶部 h 处的 K_m 为

$$K_{\mathrm{m}} = \kappa u_{*0} h. \tag{9.3.15}$$

由(9.3.14a)式,令 $H_{\mathrm{d}} = h$,则可导出

$$h = \frac{1}{2} \frac{\kappa u_{*0}}{f} = C \frac{u_{*0}}{f}, \tag{9.3.16}$$

式中的系数 C 在0.20～0.25之间(是否正确有待进一步的实测验证).表9.3给出了不同研究者的验证结果.利用(9.3.16)式求取中性大气边界层的厚度,在中纬度地区的结果比较令人满意.至于低纬度地区,在赤道附近 $f = 2\omega\sin\varphi \rightarrow 0$,则(9.3.16)式将得出很不合理的结果,这个问题至今尚无满意的答案,也没有比较系统的观测资料.

一般说来,现场很难观测到定常、水平均一和正压条件下均能满足的中性大气边界层,因而表9.3中给出的 C 值,有不少是根据近中性的稳定和不稳定大气边界层的计算结果,分别从两端外延至中性条件下推算出来.

表 9.3　不同研究者得到的 C 值(引自 Garrart, 1992)

研 究 者	C 值
Blackdar 和 Tennekes(1968)	0.25
Hanna(1969)	0.20
Clarke(1970)	0.20
Plate(1971)	0.185
Wyngaard(1973)	0.25
Tennekes(1973)	0.30
Deardorff(1974)	0.33
Zilintinkevich 和 Deardorff(1974)	0.30
Zilintinkevich 和 Monin(1974)	0.40
Yamada(1976)	0.30
Brutsaert(1982)	0.15～0.30
Panofsky 和 Dutton(1984)	0.20

9.4　不稳定边界层(对流边界层、混合层)

晴朗白天中纬度陆地上的大气边界层基本上都属于不稳定的类型.在9.1.2小节中讨论大气边界层昼夜演变过程时讲到:白天小风少云的天气下,太阳对下垫表面的增热导致感热通量向上的输送,逐渐形成不稳定层结的大气边界层.由于地面加热而触发的对流热泡是不稳定大气边界层湍流的原动力,它们的对流上升和下沉决定了边界层动力学结构的基本面貌,因此不稳定大气边界层常称为对流边界层(Convective Boundary Layer,简称 CBL).而大尺度强湍流的驱动,使其具有垂直方向的强烈混合,因此通常又称为混合层.在讨论对流边界层的演变及其结构时,注意下列几点是很重要的:

(1) 对流边界层与中性大气边界层不同,对流边界层的发展不是依赖于较强的风切变形成的动力驱动,而是在近地面层保持一定的虚位温递减率形成的热力驱动.地面输送的感热通量是不稳定大气边界层湍流能量的主要来源,热力驱动占主要地位.

(2) 各种气象要素除了在近地面层存在明显的梯度外,由于强烈的混合作用,对流边界层

的主体部分各种气象要素的梯度都很小.中等以上程度的不稳定边界层,温度和风速随高度的变化接近均匀分布,湍流通量随高度近似线性变化.

（3）对流热泡在对流边界层顶的上升冲击,引发自由大气空气团向下卷入边界层,形成了所谓的卷夹层.卷夹层以上是无湍流或很弱湍流的自由大气.

（4）对流热泡尺度大、寿命长、携带的湍流能量也大,由对流热泡破碎产生的各次级湍流涡旋也异常活跃,导致对流边界层内各气象属性的垂直分布比较均匀,具有整体的空间结构及较强的时间相关.

9.4.1 对流边界层的基本结构

在对流边界层中,浮力是驱动湍流的主要机制.它的最大湍涡尺度往往可以达到边界层厚度的数量级,称为热泡(thermal).热泡的下部往往由许多尺度稍小的热烟羽(plume)构成.它们使对流边界层内的各种湍流特征量保持很强的相关.图 9.15 是一个烟羽的剖面,其横向尺度约为 100 m,在平均风的作用下发生倾斜.由于弥散作用烟羽的前沿边界不很清晰,而其后沿构成的锋面结构,称做微锋.微锋前后沿的位温、垂直气流和其他湍流特征量均有一定的跃变.图 9.16 显示穿过烟羽的各种湍流特征量的分布.图中显示的 T',w' 和 u' 的变化图线有如电子斜波图形,称做斜波结构(ramp).由于这种结构,使烟羽能有效地传输动量、热量和水汽通量.

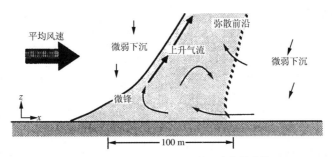

图 9.15　热烟羽剖面图(Stull, 1990;转引自徐静琦等,1991)

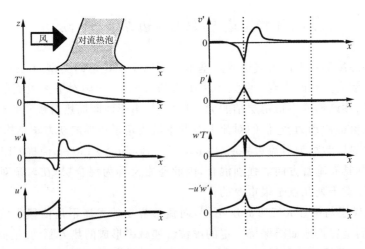

图 9.16　热烟羽剖面上各种湍流特征量的分布(Kaimal 和 Businger, 1970;转引自徐静琦等,1991)

热泡和烟羽在对流边界层中约占有 42% 的水平面积,其余空间则被相对弱的下曳气流所充斥.

为了更清楚地说明上述问题,图 9.17 是 Wyngaard 给出的不稳定边界层结构及其流场的图像,其中阴影较深的部位是大尺度湍流交换比较强的区域,而在它上面阴影较浅的区域是大气边界层顶层,称为卷夹层.

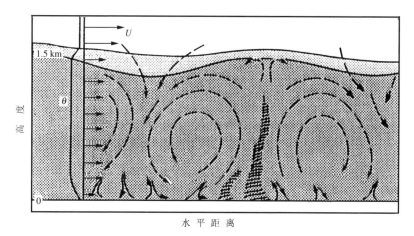

图 9.17　不稳定大气边界层的结构及其流场的图像(Wyngaard,1990;转引自 Stull,1990)

各种气象要素及湍流通量的垂直分布廓线如图 9.18.依其分布特征,对流边界层从下往上可分为近地面层、混合层和卷夹层三个副区.近地面超绝热层、中层混合层以及顶部卷夹层相互关联强烈影响对流边界层的结构和发展.

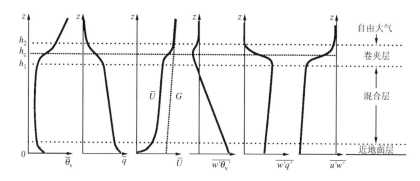

图 9.18　对流边界层中气象要素及湍流通量的垂直廓线

(Driedonks 和 Tennekes,1984;转引自徐静琦等,1991)

1. 近地面层

近地面层在边界层底部,大致占据对流边界层厚度的 $5\%\sim10\%$.其底层呈现明显的超绝热层结,其厚度与 L 值的大小相当,莫宁-奥布霍夫相似性理论仍然适用.在近地面层的上层($|L|<z$),浮力的影响将超出动力,虽然高度 z 仍然是该层的尺度控制因子,但 u_{*0} 已经不是重要的速度尺度.取而代之的是局地对流速度 u_f 及相应的位温尺度 θ_f.

$$\begin{cases} u_f = \left[z\dfrac{g}{\theta_v} \overline{(w'\theta_v')}_s \right]^{1/3}, \\ \theta_f = \overline{(w'\theta_v')}_s / u_f, \end{cases} \qquad (9.4.1)$$

267

式中脚标 s 表示地面值，θ_v' 是虚位温扰动量.

2. 混合层

混合层(ML)(狭义)指对流边界层的中部，其厚度约占整个边界层的 $50\%\sim80\%$. 强烈的垂直混合使风速、位温和比湿等要素的垂直梯度接近于零. 设高度控制因子为层厚度 z_i，相应的特征速度和特征温度为 W_* 和 θ_*^{ML}，则有

$$\begin{cases} W_* = \left[z_i \dfrac{g}{\theta_v} \overline{(w'\theta_v')_s} \right]^{1/3}, \\ \theta_*^{ML} = \overline{(w'\theta_v')_s}/W_*. \end{cases} \quad (9.4.2)$$

W_* 的值可达到 $1\ \mathrm{m \cdot s^{-1}}$ 以上. 近地面层只占对流边界层的小部分，因此混合层内将保持整层均一增温，从而维持一个感热通量线性递减的规律. 对此下面将给予证明.

因为湍流通量在对流边界层中占优势，略去平流项，雷诺平均方程(8.3.13)可简化成下列形式：

$$\frac{\partial \bar{u}}{\partial t} = -f(v_g - \bar{v}) - \frac{\partial \overline{u'w'}}{\partial z}, \quad (9.4.3a)$$

$$\frac{\partial \bar{v}}{\partial t} = f(u_g - \bar{u}) - \frac{\partial \overline{v'w'}}{\partial z}, \quad (9.4.3b)$$

$$\frac{\partial \bar{\theta}}{\partial t} = -\frac{\partial \overline{w'\theta'}}{\partial z}, \quad (9.4.3c)$$

$$\frac{\partial \bar{q}}{\partial t} = -\frac{\partial \overline{w'q'}}{\partial z}. \quad (9.4.3d)$$

以(9.4.3c)式为例，由于等式两边分别对不同的变量微分，则必然满足

$$\frac{\partial \bar{\theta}}{\partial t} = -\frac{\partial \overline{w'\theta'}}{\partial z} = 常数, \quad (9.4.4)$$

因而在对流边界层内各个二阶通量随高度呈线性关系. 这一点也得到观测事实的证实. 图 9.18 给出了代表性的图像.

3. 顶部卷夹层

卷夹层是混合层顶部的逆温层，静力稳定区，其厚度约为整个边界层的 $10\%\sim40\%$. 对流热泡在混合层内持有的对流能量使它能够向上超射一个短距离进入自由大气. 这个超射现象称为对流贯穿. 因对流热泡在自由大气中的温度较低，具有负浮力，故又会回到混合层内，并将部分热的自由大气向下卷夹进入混合层，这就形成了一个平均厚度约为 ML 厚度 40% 的卷夹

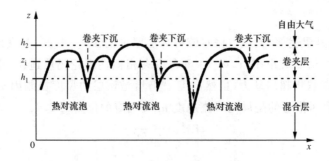

图 9.19　对流热泡贯穿与卷夹层的厚度(引自 Stull,1990;转引自徐静琦等,1991)

层(图 9.19). 卷夹层的顶部定义为对流热泡的最高超射高度 h_2,而其底部规定为具有 $5\% \sim$ 10% 自由大气特征的水平面高度 h_1. 图中实践是局地混合层顶,而平均混合层顶 z_i 的位置应在卷夹层的中间,近似为地面位温 $\bar{\theta}_0$ 沿等位温线上延与卷夹层强逆温切变相交之处.

因此,热泡一方面将地面感热通量 $\overline{(w'\theta')}_s$ 向上输进整个混合层内,另一方面也从自由大气将热通量 $\overline{(w'\theta')}_c$ 向下卷夹输入到边界层内,图 9.18 的 $\overline{(w'\theta'_v)}$ 廓线中显示了这部分热通量的分布概况.

9.4.2　混合层发展的预测模式

混合层的高度及其变化规律与污染物出现熏烟扩散的条件及其计算有关,是一个重要的物理量. 下面介绍一个比较简单的确定混合层的高度及其变化的理论模式. 此模式的特点是,假定混合层内位温、风速、比湿等平均量都是常值,而在卷夹层顶发生一个跃变(图 9.20),因此称为跳跃模式. 又由于把混合层当成一个均匀的气层,所以也称为整体模式或整层模式.

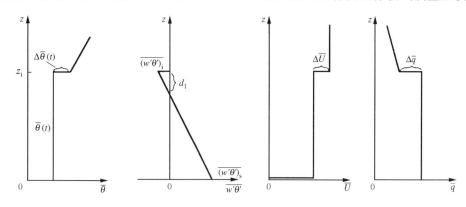

图 9.20　理想化的混合层模型(Stull,1990;转引自徐静琦等,1991)

这时混合层发展的控制因子包括:混合层厚度 z_i,对流边界层总体平均位温 $\bar{\theta}$ 的变率,层顶位温跃变 $\Delta\bar{\theta}$,层顶卷夹热通量 $\overline{(w'\theta')}_c$ 以及卷夹速度 w_e. 卷夹速度指单位时间单位水平面积进入混合层顶的空气体积,因与速度的单位相同,故称为卷夹速度. 应提供的背景资料包括凌晨时分的初始位温梯度 γ,地表感热通量 $\overline{(w'\theta')}_s$ 以及发生在混合层顶的平均大尺度垂直运动 w_L.

考虑混合层气柱及其上、下边界的热量收支控制方程,前述的热量平衡方程(9.4.3c)可改写为

$$z_i \frac{\mathrm{d}\bar{\theta}}{\mathrm{d}t} = \overline{(w'\theta')}_s - \overline{(w'\theta')}_i. \tag{9.4.5a}$$

上式右边两项依次表示地面向上的和混合层顶向下的热通量. 层顶卷夹热通量的输送可表示为

$$\overline{(w'\theta')}_i = -w_e \Delta\bar{\theta}. \tag{9.4.5b}$$

此处由图 9.20 的温度廓线可知,当混合层以上逆位温层结强时,温度跃变增大;而混合层变暖时,温度跃变减小. 因此混合层顶位温跃变的控制方程是

$$\frac{\mathrm{d}\Delta\bar{\theta}}{\mathrm{d}t} = \gamma w_e - \frac{\mathrm{d}\bar{\theta}}{\mathrm{d}t}. \tag{9.4.5c}$$

式中 γ 是气层的位温直减率. 混合层增高的速度包括混合层自身的卷夹速度 w_e 以及背景场的垂直运动速度 w_L：

$$\frac{\mathrm{d}h_c}{\mathrm{d}t} = w_e + w_L.\tag{9.4.5d}$$

上述四个方程共包括五个未知量，即 z_i、$\bar{\theta}$、$\Delta\bar{\theta}$、$\overline{(w'\theta')}_i$ 以及 w_e，故需做一封闭假设或把其中一个未知量参数化. 最常用的闭合条件是假设卷夹系数 $A = -\sqrt{(w'\theta')_c}/\sqrt{(w'\theta')_s}$ 等于常数. 这是混合层顶向下的卷夹热通量与地面向上的感热通量之比. 依据大量观测事实和理论研究，认为 A 可取作 0.20，不同研究者所得的实验值相当接近. 只有在混合层发展的初期，由于卷夹较弱，A 值偏小. 背景场的垂直运动 w_L 可由水平流场的辐合和辐散进行计算，最终用 $w_L = \beta z$ 表示，其中 β 为一常数.

在对初始场做出较大简化的条件下，例如假设背景场的 $w_L = 0$，位温呈线性分布，将闭合条件代入方程(9.4.5a)和(9.4.5b)，再将结果代入(9.4.5c)式，并利用(9.4.5d)式得

$$\frac{\mathrm{d}\Delta\bar{\theta}}{\mathrm{d}z_i} = \gamma - \frac{1+A}{A}\frac{\Delta\bar{\theta}}{z_i}.$$

此方程的解是

$$\Delta\bar{\theta} = \frac{\gamma A}{1+2A}z_i.\tag{9.4.6}$$

将(9.4.6)式代入方程(9.4.5b)，再利用(9.4.5d)式，就可得到混合层高度增长率微分方程及其解：

$$z_i\frac{\mathrm{d}z_i}{\mathrm{d}t} = \frac{1+2A}{\gamma}\overline{(w'\theta')}_s,$$

$$z_i^2(t) = z_i^2(t_0) + \frac{2(1+2A)}{\gamma}\int_{t_0}^t \overline{(w'\theta')}_s\mathrm{d}t.\tag{9.4.7}$$

假如实际位温递减率 γ 不是常量，一般可利用迭代方法求方程组(9.4.5)的数值解. 从方程(9.4.7)可看出，假设地表感热通量 $\overline{(w'\theta')}_s$ 和 γ 不随时间变化，混合层顶高度将随时间的平方根增加，即随着对流边界层的增厚，其增长速率将放慢. 此外，混合层的增长速率放慢的重要原因还有：

(1) 地面感热通量在午后将逐渐减弱.

(2) 反气旋内辐散流场导致的下沉气流对边界层增长的抑制. 表达式 $w_L = \beta z$ 中的 β 值通常可达到 $(-3\sim-2)\times10^{-5}\ \mathrm{s}^{-1}$. 对于发展到 $1000\ \mathrm{m}$ 的混合层，w_L 在 $-3\sim-2\ \mathrm{cm}\cdot\mathrm{s}^{-1}$ 之间，可以每小时抑制混合层增长达到 $100\ \mathrm{m}$ 左右.

Carson(1971)的模式考虑了垂直气流 w_L 的影响，给出了一个相当有意义的结果. 下沉气流不但对边界层顶的增长有抑制作用，还影响到下沉气流的增温及逆温梯度 γ 的增强.

9.5　稳定边界层

如果边界层内位温随着高度增加而升高，就成为稳定边界层(Stable Boundary Layer，简称为 SBL). 形成稳定边界层有多种原因，夜间地表辐射冷却形成的逆位温层结，就是常见的稳定边界层；另外，若有暖平流流经冷的下垫面，也能形成稳定边界层. 在稳定边界层中，湍流热交换自上向下输送热量. 通常，稳定边界层的厚度大约为 $100\sim500\ \mathrm{m}$.

9.5.1 一般特征

稳定边界层的一般特征可归纳为以下几点:

(1)稳定边界层的共同特征是有逆温层,此时浮力的作用不但不能给湍流补充动能,相反,湍流微团在垂直运动中因反抗重力做功而损失动能,所以湍流能量很弱.但因为还有切应力的作用,所以湍流不会完全消失,而是在弱的水平上维持,在大气边界层中仍是一个不可忽略的因子.这种情况下,湍流热交换过程并不占优势,而其他的热交换过程,例如辐射、平流、气层的抬升及地形等的影响,与湍流热交换过程的影响相当.

(2)理论分析和实验事实均表明,当浮力引起的湍流动能损失达到切应力产生动能的1/5左右,湍流便会因连续不断地耗散而衰竭,这相当于通量理查森数 $Rf = 0.2$.此时湍流结构在空间和时间上出现不连续,形成所谓的间歇性湍流或波与间歇性湍流共存.

(3)因湍流很弱,湍涡尺度小,边界层不同层次之间的相互作用减弱,地面强迫对边界层的响应放缓.下垫表面的强制作用达到边界层顶所需的时间尺度可长达数个小时,形成分层式湍流,故边界层往往不能作为整体处理.例如,由地面参量计算的奥布霍夫长度值不能代表边界层中、上层的情况.

(4)各种特征量在边界层顶没有明显的过渡特征,难于确定层顶的位置.

总之,由于湍流弱,其他的热力学和动力学因子的作用会表现出来,并与湍流相互作用而构成稳定边界层的特征.因此,随着热力学和动力学因子大小的变化,稳定边界层就会发生相应的变化,增加了稳定边界层研究的复杂性和难度.而且,由于湍流及其他各项因子的量都比较小,使实际观测的精确度受到影响,不易将它们的数值特征从观测误差中分离.

比较有利的条件只有一点:稳定边界层发展的中、后期,边界层内的各种过程随时间变化较弱,可以视为平稳过程.

图9.21是 Wyngaard 给出的稳定大气边界层结构及其流场的图像.图中下半部分的阴影区为稳定边界层,它的厚度远小于不稳定边界层,湍流涡旋尺度也比较小;图上部的薄层阴影区多为白天对流边界层的卷夹层残存的结果,由于卷夹层内为强逆温,它可以保持到第二天中午前后.稳定层结下,由于重力波等因素的附加影响,低频涡旋占有的能量有较明显的增加.

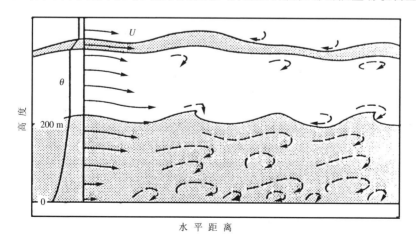

图9.21　稳定大气边界层的结构及其流场的图像(Wyngaard, 1990;转引自 Stull,1990)

271

稳定大气边界层各种特征量的典型廓线如图 9.22 所示. 由于较弱的涡动黏性扩散,边界层内存在较强的逆温和逆湿梯度以及较强的风速切变. 而风速廓线最明显的特征是边界层顶附近出现的风速极大值,形成所谓的低空急流现象.

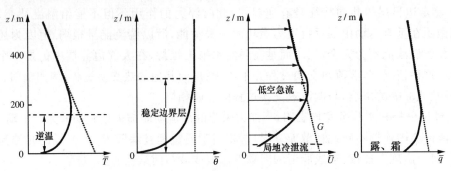

图 9.22　稳定大气边界层各种特征量的典型廓线(Stull, 1990;转引自徐静琦等,1991)

9.5.2　稳定大气边界层的预测模式

稳定边界层的强度可由近地面位温差定义:

$$\Delta \bar{\theta}_s = \bar{\theta}_0 - \bar{\theta}_s.$$

上式表示剩余层位温 $\bar{\theta}_0$ 与地面位温 $\bar{\theta}_s$ 的差值,因 $\bar{\theta}_0$ 接近转变时近地面空气的初始位温,所以它反映了稳定边界层形成过程中的冷却量(图 9.23(a)). 这个数值和云量及湍流强度有关,典型值约为 15℃.

稳定边界层的厚度难以准确确定,多数情况下其位温廓线将连续过渡到上面的剩余层,而没有明确的分界线. 因此不同的人往往采用不同的厚度定义,由此得到的结果也难以相互比较.

本节将介绍与稳定边界层厚度有关的一个特征量——积分厚度尺度 H_ξ:

$$H_\xi = \frac{\int_z \xi \mathrm{d}z}{\xi_s}, \tag{9.5.1}$$

此处 ξ 是变量,可表示湍流平均量 $\bar{e}, \overline{u'w'}$ 或 $\Delta\bar{\theta}$ 等. 这个厚度尺度 H_ξ 即使在稳定边界层没有明确上界的地方也能够应用. 现令 $\xi = \Delta\bar{\theta} = \bar{\theta}_0 - \bar{\theta}(z)$,则(9.5.1)式改写为

$$H_{\Delta\bar{\theta}} = \frac{\int_0^{h_s} \Delta\bar{\theta} \mathrm{d}z}{\Delta\bar{\theta}_s},$$

式中积分上限 h_s 表示稳定边界层的厚度. 累积冷却量为

$$\int_0^{h_s} \Delta\bar{\theta} \mathrm{d}z = \Delta\bar{\theta}_s H_{\Delta\bar{\theta}}. \tag{9.5.2}$$

结合(9.5.2)式和图 9.23(a),可见积分厚度尺度 $H_{\Delta\bar{\theta}}$ 即为与位温探空曲线下的面积相等的矩形的高度.

由积分厚度尺度 $H_{\Delta\bar{\theta}}$ 可以定义热交换整体尺度 B:

$$B = \frac{H_{\Delta\bar{\theta}}}{\Delta\bar{\theta}_s}. \tag{9.5.3}$$

可见,稳定边界层比较深厚且表面冷却较小时,对应较大的 B 值;而稳定边界层比较浅薄且表面冷却较大时,对应较小的 B 值(图 9.23(b)).因此,它反映了外力对稳定边界层的整体影响,典型范围是 3(弱湍流)~15 m·K^{-1}(强湍流).

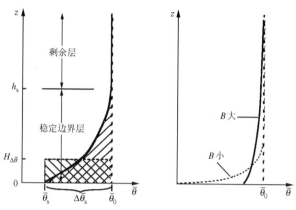

(a) 稳定边界层强度和厚度的定义   (b) B 与位温廓线形状的关系

图 9.23　稳定边界层强度和厚度的定义(Stull,1990;转引自徐静琦等,1991)

选用比较常见的边界层位温廓线的幂函数形式:

$$\Delta \bar{\theta} = \Delta \bar{\theta}_{\mathrm{s}} \left(1 - \frac{z}{h_{\mathrm{s}}} \right)^{\alpha},$$

其中 $\alpha = 2$ 或 3.通过(9.5.2)式,可以得到稳定边界层厚度 h_{s} 与积分厚度 $H_{\Delta \bar{\theta}}$ 的关系为

$$h_{\mathrm{s}} = (1 + \alpha) H_{\Delta \bar{\theta}}. \tag{9.5.4}$$

在时间连续和空间连续的湍流边界层内,累积冷却量 $\Delta \bar{\theta}_{\mathrm{s}} H_{\Delta \bar{\theta}}$ 的演变与所有的供热项平衡:

$$\frac{-\partial (\Delta \bar{\theta}_{\mathrm{s}} H_{\Delta \bar{\theta}})}{\partial t} = Q_{\mathrm{h}} + Q_{\mathrm{r}} + Q_{\mathrm{w}} + Q_{\mathrm{a}} = Q_{\mathrm{t}}, \tag{9.5.5}$$

式中 $Q_{\mathrm{h}}, Q_{\mathrm{r}}, Q_{\mathrm{w}}$ 和 Q_{a} 分别为湍流、辐射、整层下沉或抬升以及平流作用输送的整体热通量.前面 9.2.7 小节已介绍过 Q_{h}(该小节中的 H)的估算方法,其余三项的估算方法如下:

（1）对于 Q_{r} 有

$$Q_{\mathrm{r}} = Q_{\mathrm{s}}^{*} - Q_{\mathrm{h}}^{*}, \tag{9.5.6}$$

式中 Q_{s}^{*} 代表地面净辐射,Q_{h}^{*} 代表边界层顶的净辐射.在实测温度和湿度廓线的条件下,可以利用辐射图表计算 Q_{r}.其典型值在近地面层可达到 0.05 K·m·s^{-1}[1],与湍流总体热通量相当.

（2）整层下沉或抬升导致空气增温或减温的方程为

$$\frac{\partial \bar{\theta}}{\partial t} = -w \frac{\partial \bar{\theta}}{\partial z}. \tag{9.5.7}$$

垂直运动速度 w 无实测的资料,可以由边界层内水平流场的散度换算出具有代表性的垂直运动速度:

$$w = -\int_{0}^{h_{\mathrm{s}}} \mathrm{div} \boldsymbol{V}_{\mathrm{h}}(z) \mathrm{d}z,$$

---

①　因测量温度和风比较方便,故常常将热通量(单位为 W·m^{-2})除以空气密度和比定压热容而重新定义,得热通量单位为 K·m·s^{-1}.若用海平面标准大气密度 $\rho = 1.225$ kg/m^3,得换算因子 $\rho c_p = 1.231 \times 10^3$ W·m^{-2}/(K·m·s^{-1}).

式中 $\mathrm{div}\boldsymbol{V}_\mathrm{h}$ 为水平流场的散度.进入整个边界层的有效整体热通量 Q_w 可写成

$$Q_\mathrm{w} = - \mathrm{div}\boldsymbol{V}_\mathrm{h}\,\Delta\bar{\theta}_\mathrm{s}H_{\Delta\bar{\theta}}. \tag{9.5.8}$$

散度的典型值可取为 $1\times10^{-5}\,\mathrm{s}^{-1}$,因此 $Q_\mathrm{w}\approx0.003\,\mathrm{K\cdot m\cdot s^{-1}}$.

(3)可利用水平温度梯度和风场的资料计算平流增温:

$$Q_\mathrm{a} = -\int_0^{h_\mathrm{s}}\left(\bar{u}\frac{\partial\bar{\theta}}{\partial x} + \bar{v}\frac{\partial\bar{\theta}}{\partial y}\right)\mathrm{d}z. \tag{9.5.9}$$

在平流较强时,其水平温度梯度约为 $1\,\mathrm{K}/100\,\mathrm{km}$,风速如取为 $10\,\mathrm{m\cdot s^{-1}}$,$Q_\mathrm{a}$ 值也可达到 0.01 $\sim0.03\,\mathrm{K\cdot m\cdot s^{-1}}$.

由此可见,这四项热通量的数量级相当接近.如果总热通量的输入 Q_t 维持定常,由 (9.5.5)和(9.5.3)式可求得积分厚度尺度和冷却量分别为

$$H_{\Delta\bar{\theta}} = (-Q_\mathrm{t}tB)^{1/2}, \tag{9.5.10}$$

$$\Delta\bar{\theta}_\mathrm{s} = \left(-\frac{Q_\mathrm{t}t}{B}\right)^{1/2}. \tag{9.5.11}$$

令 z_δ 为上风向若干千米上平均的宏观起伏度($2\sim10\,\mathrm{km}$ 数量级),则(9.5.11)式中的 B 与地转风模量 G 及 z_δ 有关(Stull,1983a,1983b):

$$B = \frac{(|\,fG\,|\,z_\delta)^{3/2}}{(-gQ_\mathrm{h})}.$$

(9.5.10)和(9.5.11)式是预测稳定边界层发展的一个最简单模式,表明厚度和强度随时间的平方根增加.

9.5.3 低空急流

低空急流是指在低空数百米至一千米高度上出现的风速特大区域,其最大风速值会超过 $10\sim20\,\mathrm{m\cdot s^{-1}}$ 以上,并在最大风速上、下保持较强的风速切变.大多在夜间形成,也叫做夜间急流.形成急流的原因很多,常见的有下列几种情况:① 稳定边界层的惯性振荡;② 边界层内存在较强的热成风;③ 急行冷锋过境;④ 过山气流.

这里仅讨论与稳定大气边界层演变关系较为密切的第一种情况.图 9.24 来自 Wangara 的一组实验资料,图中给出了从入夜到凌晨的四条风速廓线,显示出低空急流生成、演变的过程.从地方时 18:00 开始,到午夜 00:00 达到最强,并一直维持到凌晨.

由于地面强摩擦阻力的作用,白天混合层内的风矢量保持较强的次地转分布;入夜后,大气边界层转变为稳定层结,其湍流强度迅速减弱,导致雷诺应力减小到很低的数量级,称为摩擦撤除效应.最终导致科氏力诱发出惯性振荡.

利用平均运动方程(8.3.13a)和(8.3.13b)可进行分析.为了简化,选择坐标系使 $v_\mathrm{g}=0$,则有

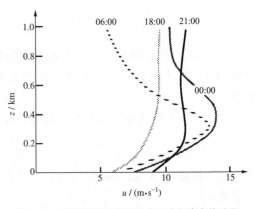

图 9.24 边界层低空夜间急流生成和演变的过程
(Malecher 和 Kraus,1983,转引自徐静琦,1991)

$$\frac{\mathrm{d}\bar{u}}{\mathrm{d}t} = f\tilde{v} - fF_u, \tag{9.5.12a}$$

$$\frac{\mathrm{d}\bar{v}}{\mathrm{d}t} = f(u_g - \bar{u}) - fF_v, \tag{9.5.12b}$$

式中 $fF_u = \dfrac{\overline{\partial u'w'}}{\partial z}$, $fF_v = \dfrac{\overline{\partial v'w'}}{\partial z}$.

以白天的风场作为初始条件,在定常假设下从上述方程组解出初始风场:

$$\bar{u}_{\mathrm{day}} = u_g - F_{v,\mathrm{day}}, \quad \bar{v}_{\mathrm{day}} = F_{u,\mathrm{day}}.$$

入夜后,从方程中撤除雷诺应力项 F_u 和 F_v,由上述方程组可得

$$\frac{\mathrm{d}^2\bar{u}}{\mathrm{d}t^2} = -f^2(\bar{u} - u_g). \tag{9.5.13}$$

(9.5.13)式的通解为

$$\bar{u} - u_g = A\sin(ft) + B\cos(ft).$$

代入初条件,可得 $A = F_{u,\mathrm{day}}$ 及 $B = -F_{v,\mathrm{day}}$,于是

$$\bar{u}_{\mathrm{night}} = u_g + F_{u,\mathrm{day}}\sin(ft) - F_{v,\mathrm{day}}\cos(ft), \tag{9.5.14a}$$

$$\bar{v}_{\mathrm{night}} = F_{u,\mathrm{day}}\cos(ft) + F_{v,\mathrm{day}}\sin(ft). \tag{9.5.14b}$$

从上述表达式可见,风速值以周期 $2\pi/f$ 围绕地转风振荡. 图 9.25 给出了一个计算实例. 设 $F_u = F_v = 3\,\mathrm{m \cdot s^{-1}}$, $f = 10^{-4}\,\mathrm{s^{-1}}$, $u_g = 10\,\mathrm{m \cdot s^{-1}}$,其振荡周期约为 17 h,最大时可超过地转风速而达到 $4 \sim 5\,\mathrm{m \cdot s^{-1}}$,时间在午夜时分. 午夜过后风矢量呈现明显的超地转,由低压吹向高压区.

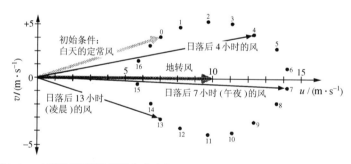

图 9.25　夜间边界层风场惯性振荡计算实例(Stull,1990;转引自徐静琦等,1991)

习　题

1. 在一个有大气层而无净辐射日变化的星球上,会有行星边界层存在吗? 假如净辐射始终保持正值,其混合层厚度会无限增长吗?

2. 为什么混合层内感热通量 $\overline{w'\theta'}$ 随高度成线形关系?

3. 某晴朗夜间,测得粗糙度 $z_0 = 0.03\,\mathrm{m}$,奥布霍夫长度 $L = 25\,\mathrm{m}$,摩擦速度 $u_* = 0.2\,\mathrm{m \cdot s^{-1}}$,求 50 m 高度以下的风速分布. (取卡曼常数 $\kappa = 0.4$)

4. 已知

$$\overline{w'\theta'} = 0.2\,\mathrm{km \cdot s^{-1}}, \quad u_{*0} = 0.2\,\mathrm{m \cdot s^{-1}}, \quad z_i = 500\,\mathrm{m}, \quad z_0 = 1\,\mathrm{cm},$$

取 $\kappa = 0.40$, $g/\theta = 0.0333\,\mathrm{m/(K \cdot s^2)}$,求 L, W_*, θ_*, θ_*^{ML} 以及 6 m 高处的 Rf 和 Ri 值.

5. 已知近地面层风速廓线可经验地表达为下述幂函数形式:$-\bar{u}/\bar{u}_1 = (z/z_1)^p$,证明在中性条件下指数 $p =$

$\left(\ln\dfrac{z}{z_0}\right)^{-1}$,而在非中性条件下指数 p 为

$$p = \frac{\varphi_{\mathrm{m}}\left(\dfrac{z}{L}\right)}{\ln\left(\dfrac{z}{z_0}\right) - \varphi_{\mathrm{m}}\left(\dfrac{z}{L}\right)}.$$

6. 已知在地表有 $u_{*0} = 0.3\ \mathrm{m \cdot s^{-1}}$，$z_0 = 0.01\ \mathrm{m}$，$\kappa = 0.4$，位温随高度分布为 $\bar{\theta} = 280 + \ln(z/z_0)$，判断湍流状况，并求 10 m 处的 $\dfrac{\partial\bar{\theta}}{\partial z}$ 和通量理查森数 Rf.

7. 证明土壤热通量计算的两层模式表达式(公式(9.2.47)).

8. 若测站位于 40°N 处，地面风速与等压线交角是 45°，观测到在 1500 m 高度上风向第一次和地转风方向相合，试求湍流扩散系数.

9. (1) 利用地面风向与等压线交角 ψ，科氏参数 f 及地面风速 v，推导地面摩擦力 F_{m} 的近似表达式.

(2) 若测站位于 40°N，风速是 $5\ \mathrm{m \cdot s^{-1}}$，风速与等压线交角为 30°，求地面摩擦力的大小.

(3) 若水平运动方程中，摩擦作用可用线性曳力项 $-av$ 描述，请计算因摩擦曳力使水平运动减小到 $1/\mathrm{e}$ 所需要的时间.

10. 给定日出时的位温廓线和感热通量随时间的变化如下：

$$\bar{\theta}_{\mathrm{v}} = 300 - 10\exp\left(-\frac{z}{400}\right),$$

$$\overline{w'\theta'_{\mathrm{v}}} = c\sin\left(\frac{\pi t}{P}\right), \quad c = 0.3\ \mathrm{K \cdot m \cdot s^{-1}},$$

式中周期 $P = 12\ \mathrm{h}$. 计算用热量平衡法求混合层达到指定高度($50\ \mathrm{m}$，$100\ \mathrm{m}$，$200\ \mathrm{m}$，$400\ \mathrm{m}$，$600\ \mathrm{m}$，$\cdots$)的时间，并指出多少小时之后混合层基本停止发展.

11. 在稳定边界层中，假定 $Q_{\mathrm{T}} = 0.02\ \mathrm{K \cdot m \cdot s^{-1}}$，已知虚位温廓线保持指数为"1.3"的幂函数形式发展，并保持热交换整体尺度 $B = 25\ \mathrm{m/K}$. 求近地面位温差 $\Delta\bar{\theta}_{\mathrm{s}}$ 和边界层厚度 h_{s} 在 12 h 内的变化.

参 考 文 献

[1]　Businger J A, et al. Flux-profile relationship in the atmospheric surface layer. J. Atmos. Sci., 28, 181~189, 1971.

[2]　Carson D J. The development of a dry inversion capped convective unstable boundary layer. Quart. J. Roy. Meteor. Soc., 99, 450~467, 1971.

[3]　Dyer A J. A review of flux-profile relationship. Bound. Layer Meteor., 7, 817~822, 1974.

[4]　Garratt J R. The atmospheric boundary layer. Cambridge University Press, p. 316, 1992.

[5]　Geiger R. The climate near the ground. Harvard University Press, Cambridge, p. 611, 1965.

[6]　Högström U. Nondimensional wind and temperature profiles. Boundary-Layer Met., 42, 55~78, 1988.

[7]　Kaimal J C, et al. Spectral characteristics of surface layer turbulence. Q. J. R. Meteoro. Soc., 98, 563~589, 1972.

[8]　Kaimal J C and J A Businger. Case Studies of a convective plume and a dust devil. J. Appl. Meteor., 9, 612~620, 1970.

[9]　Malecher J And H Krans. Low level Jet phenomena described by an integrated dynamic PBL model. Bound.-Layer Meteor., 30, 31~55, 1983.

[10]　Monin A S and A M Obukhov. Basic laws of turbulent mixing in the atmospheric near the ground. Akad. Naud. SSSR Geofiz. Inst., 24(151), 163~187, 1954.

[11]　Oke T R. Boundary layer climates. Halsted Press, New York, p. 372, 1978.

[12] Panofsky H A, et al. The characteristics of turbulent velocity and temperture profiles, Boundary-Layer Met. , 11, 355~361, 1977.

[13] Panofsky H A and J A Dutton. Atmospheric turbulence, models and methods for engineering applications. John Wiley & Sons, New York, p. 387, 1984.

[14] Roth M. Turbulent Transfer Relationships Over An Urban Surface. II: Integral Statistics, Q. J. R. Meteoro. Soc. ,119,1105~1120,1993.

[15] Stull R B. Integral scale for the nocturnal boundary layer. Part 1: Empirical depth relationship. J. Clim. Appl. Meteor. , 22, 672~686, 1983a.

[16] Stull R B. Integral scale for the nocturnal boundary layer. Part 2: Heat budget, transport and energy implication. J. Clim. Appl. Meteor. , 22, 1932~1941, 1983b.

[17] Stull R B. An introduction to boundary layer meteorology. Klumer Academic Publishers, Dordretch, p. 665, 1990.
徐静琦,杨殿荣译. 边界层气象学导论(中译本). 青岛海洋大学出版社,1991.

[19] Wyngaard J C. Scale fluxes in the planetary boundary layer theory, modeling and measurement. Boundary-Layer Met. , 50, 49~75, 1990.

[20] Zhang H S, J Y Chen, A C Zhang. J M Wang and Y Mitsuta. An Experiment and The Results on Flux-Gradient Relationships in The Atmospheric Surface Over Gobi Desert Surface. Proceedings of International Symposium on HEIFE,Kyoto,Japan,IV-12,349~362,1993.

[21] Zhang H S, J Y Chen and S-U Park. Turbulence Structure in the Unstable Condition Over Various Surfaces. Boundary-Layer Meteorol. , 100, 243~261, 2001

[22] Zilitinkevich S S. On the determination of the height of the Ekman boundary layer. Boundary Layer Mete. , 3, 141~145, 1972.

第十章 非均一下垫面对边界层的影响

在实际的地理条件下,很难找到有几十甚至上百千米的均一平坦的下垫面.城镇建筑物、大面积水域、森林、农作物以及地形的起伏分布,都对边界层的结构产生了一定影响.从20世纪50年代末到80年代初,边界层的研究工作重心逐渐转向了非均一下垫面影响的理论研究,野外观测、数值模拟技术以及环境风洞模拟实验对这方面的研究起了很大的推动作用.这方面的工作重点多集中在中小尺度,从水平距离百米尺度到数十千米尺度.

对于非均匀下垫面,较高频率的湍涡可以迅速适应局地条件而实现平衡,均匀下垫面湍流特征的有关研究结果仍然适用.

10.1 内边界层

当气流从上游的均一下垫面移向下游的另一种均一下垫面时,下垫表面的动力、热力或水汽输送条件常常会发生跃变.例如,气流从相对光滑的海洋(z_0值很小)移向相对粗糙的陆地时,不但下垫面的粗糙度发生跃变,而且还极有可能产生下垫面温度以及水汽蒸发条件的跃变.为了简化研究的问题,现讨论下述两种情况:

(1)上游来流为中性大气,气流从一种粗糙度表面跃变到另一种粗糙度的下垫表面;

(2)层结气流从一种温度的下垫表面过渡到另一种温度的下垫表面.

前一种情况是纯动力过程.后一种情况比较复杂,一般比较关注的是具有稳定层结的上游来流从冷下垫表面跃变到较暖的下垫表面,例如夜间郊区气流进入城市热岛的过程.在上述的地面动力或热力的强制作用下,新的下垫表面上空将形成两种内边界层.

10.1.2 光滑流与粗糙流

在粗糙度极小的下垫表面,流动的底层将出现一层毫米量级厚的分子黏性副层,层中以分子黏性作用进行通量传输,气流则以层流切变的形式出现,在分子黏性副层以上为湍流切变流场.该下垫面上的边界层流场在流体力学上称做光滑流.根据 Nikuradse 的研究,雷诺数 $(u_{*0}z_0)/\nu$ 是判别光滑流或粗糙流的判据:

$$\begin{cases} \dfrac{u_{*0}z_0}{\nu} < 0.13, & \text{光滑流}, \\[2mm] \dfrac{u_{*0}z_0}{\nu} > 2.5, & \text{粗糙流}, \\[2mm] \dfrac{u_{*0}z_0}{\nu} = 0.13 \sim 2.5, & \text{过渡流}. \end{cases} \tag{10.1.1}$$

在光滑流的情况下,风速廓线应表达为

$$\frac{\overline{u}}{u_{*0}} = \frac{1}{\kappa}\ln\frac{u_{*0}z}{\nu} + 5.5 \tag{10.1.2a}$$

或
$$\frac{\overline{u}}{u_{*0}} = \frac{1}{\kappa}\ln\frac{9u_{*0}z}{\nu}, \tag{10.1.2b}$$

因而处于光滑流的状态下 $z_0 = \nu/(9u_{*0})$，粗糙度本身是 u_{*0} 的函数. 黏性副层的厚度为
$$\delta = 5\nu/u_{*0}.$$

取 $\nu = 1.53 \times 10^{-5}$ m^2/s，$u_{*0} = 0.15$ m/s，则 δ 的厚度为 0.5 mm，z_0 的值为 1×10^{-5} m. 图 10.1 给出 u/u_{*0} 与 $\ln(u_{*0}z)/\nu$ 的关系曲线，其中：①段表示光滑流关系，②段表示粗糙流的关系曲线，两段之间为过渡流.

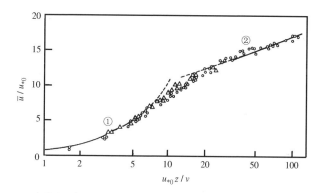

图 10.1　光滑流和粗糙流 u/u_{*0} 与 $\ln(u_{*0}z)/\nu$ 的关系曲线(引自 Hinze,1975)

　　总的来说，海洋表面的粗糙度很小，应区分光滑流或粗糙流来讨论. 实验表明，在风速小的开阔洋面上，层流厚度可覆盖水面涟漪所构成的粗糙元，故认为是光滑流，可用(10.1.2)式描述风速廓线，且粗糙度 z_0 随风速增大而减小. 当风速增大以后，洋面等大水体表面上 z_0 的取值将与波浪的起伏状况有关，这时的流动成为粗糙流. 假设海洋波浪属于重力波，波浪的高低与近地层风速剪切的强度有关，Charnock 根据量纲分析给出
$$z_0 = \alpha_C \frac{u_{*0}^2}{g}.$$

这表明开阔水面上粗糙度随风速很快增大. 系数 α_C 的观测值比较分散，相互比较接近的结果取值在 $0.012 \sim 0.015$(Garratt,1992)的范围内.

10.1.2　动力内边界层

　　在气流从一种粗糙度表面跃变到另一种粗糙度表面的过程中，新下垫表面的强制作用将调整原有的风速廓线和摩擦速度. 随着气流往下游的运行，它的强制作用逐渐向上扩散，因而在新表面上空形成一个厚度逐渐加大的新边界层. 最后，空气层完全摆脱来流的影响，形成了适应新下垫表面的边界层. 在这个过程的初始和中期阶段形成的新边界层就称为动力内边界层，简称为内边界层.

　　图 10.2 给出了动力内边界层发展的示意图. h_i 是内边界层顶，在 h_i 下面，存在一高度为 h_{ss} 的副层，可认为这一薄层空气已完全被调整到适应了新的下垫面. 上游原先的边界层顶 h 在内边界层发展的过程中将会产生一个向上或向下的位移 δ_s. 当气流由相对光滑跃变到相对粗糙表面($z_{02} > z_{01}$)时，内边界层中各个高度的风速将比上游同一个高度的风速小，为保持边

界层 h 内满足连续方程,边界层厚度将有所增大,同时也使流线向上位移;相反,当气流由相对粗糙过渡到相对光滑表面时,边界层顶和流线将产生向下的位移.

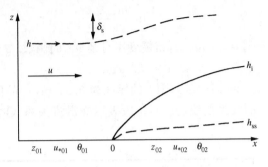

图 10.2　内边界层发展示意图

风速廓线的特点是:当上游来流为中性大气时,在内边界层顶 h_i 以上仍维持上游的对数分布规律;在 h_{ss} 副层内则已适应新的表面粗糙度 z_{02} 和摩擦速度 u_{*02};在 h_{ss} 和 h_i 之间则处于过渡阶段.Bradley(1968)所做的野外实验结果示于图 10.3,图中是不同距离 x 处的风速廓线,粗糙度跃变点在 $x=0$ 处.图 10.3(a)为光滑到粗糙表面的过渡,$z_{01}=0.02$ mm,$z_{02}=2.5$ mm;图 10.3(b)为粗糙到光滑表面的过渡,$z_{01}=2.5$ mm,$z_{02}=0.02$mm.

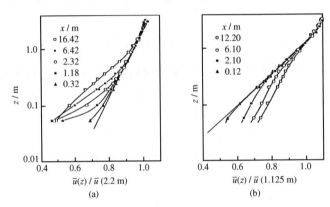

图 10.3　内边界层上下的风速廓线(引自 Bradley,1968)

风速廓线可以整体表达为一种相拼接的关系:

$$\bar{u}(z) = \frac{u_{*02}}{\kappa}\ln\left(\frac{z}{z_{02}}\right) + f\left(\frac{z}{h_i}\right),\tag{10.1.3}$$

其中

$$f\left(\frac{z}{h_i}\right) = \begin{cases} \dfrac{u_{*01}}{\kappa}\ln\left(\dfrac{z}{z_{01}}\right) - \dfrac{u_{*02}}{\kappa}\ln\left(\dfrac{z}{z_{02}}\right), & \dfrac{z}{h_i} > 1; \\ 0, & \dfrac{z}{h_i} \ll 1. \end{cases}$$

Townsend(1965,1966)根据相似理论,对内边界层中的风速廓线提出了自保持(self-preserving)的概念,即各个断面上的风速廓线保持某种相似规律.之后,Mulhearn(1977)通过风洞实验给出了自保持的表达式:

$$\Delta \bar{u}(z) = \bar{u}_2(z) - \bar{u}_1(z) = \frac{u_{*02} - u_{*01}}{\kappa} g\left(\frac{z}{h_i}\right) + \bar{u}_p, \tag{10.1.4}$$

式中 $\bar{u}_p$ 为流线位移产生的订正值. 利用风洞的数据得到 $g(z/h_i)$ 实验曲线, 再利用此曲线处理 Bradley 的野外实验数据, 其结果还是比较满意的.

　　风速廓线的形式确定之后, 内边界层顶的位置就比较容易确定, 在半对数坐标 $(\bar{u}, \ln z)$ 上确定其风速廓线的拐点即可. Elliott(1958) 给出的经验公式为

$$\frac{h_i}{z_{02}} = (0.75 + 0.03M)\left(\frac{x}{z_{02}}\right)^n, \tag{10.1.5}$$

其中

$$M = \ln \frac{z_{01}}{z_{02}}.$$

　　根据许多研究工作者在野外和风洞的实验结果, n 取 0.8 相当合适. 图 10.4 给出根据 Bradley 野外实验的拟合曲线, 实线①(圆圈)为光滑到粗糙表面的过渡, 实线②(空三角)为粗糙到光滑表面的过渡, 长虚线则为 (10.1.5) 式的结果. 两组曲线的 M 值分别为 -4.8 和 4.8. 但是, 以后的一些实验对粗糙到光滑表面过渡的表达式持有异议, 认为此时的 n 应取 0.5, 目前尚无定论.

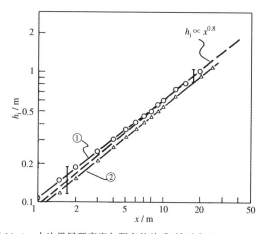

图 10.4　内边界层顶高度与距离的关系(转引自 Garratt, 1992)

　　Raupach(1983) 提出一个比较明确而简单的理论模式来确定内边界层高度. 假设内边界层顶的垂直伸展速度与 u_{*02} 成正比, 平流输送速度为 $\bar{u}(x, z)$, 因而可假设

$$\frac{dh_i}{dx} = B_1 \frac{u_{*02}}{\bar{u}(x, z)}. \tag{10.1.6}$$

进一步假设

$$\bar{u}(x, z) = \frac{u_{*02}}{\kappa} \ln \frac{z}{z_{02}}.$$

设 $x = 0$ 处 $h_i = z_{02}$, 积分上式, 可得

$$\frac{h_i}{x}\left[\ln\left(\frac{h_i}{z_{02}}\right) - 1\right] = B_1 \kappa. \tag{10.1.7}$$

式中 $B_1 \approx 1$. (10.1.7) 式的唯一不足是完全没有考虑上游来流的影响. 目前, 有关内边界层高度预测的进一步工作, 大多数学者已放弃了其解析表达式的推导, 而采用数值模拟的方法.

　　内边界层中 u_* (或切应力 $\tau = \rho u_*^2$) 的变化难以测量, 但地表切应力 τ_0 或 u_{*0}^2 的测量可以

借助应力盘来完成.图 10.5 中的实心圆点表示 Bradley[23] 的实验结果,纵坐标为下游与上游地表切应力的比值,x 为下游距粗糙度跃变处的距离.图 10.5(a) 为光滑到粗糙表面的过渡,图 10.5(b) 为粗糙到光滑表面的过渡,其 M 值分别等于-4.8 和 4.8.图中长虚线为 Panofsky 和 Townsend(1964) 的计算结果;短虚线为 Jensen(1978) 的计算结果;实线为 Rao 等(1974) 的计算结果,但图 10.4(b) 中实线②的 M 值取作 7.1.

图 10.5 中最有兴趣的现象是下游切应力的变化.当从光滑过渡到粗糙表面时,因跃变处 ($x=0$) 仍保持上游的光滑表面风速廓线,各层均具有较大的风速,此处的 τ_{02} 远大于在 z_{02} 粗糙度下应有的平衡值.经过相当一段距离 x 后,在下游粗糙表面摩擦力的作用下,风速逐渐减小,风速廓线逐渐达到粗糙表面的平衡状态,τ_{02} 值也就逐渐减小到应有的数值,达到稳定.同理,在粗糙往光滑表面过渡时,则因跃变处 τ_{02} 值远低于其平衡值,表现出相反的变化趋势.

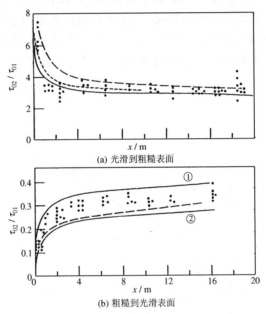

(a) 光滑到粗糙表面

(b) 粗糙到光滑表面

图 10.5 内边界层下垫表面切应力随距离的变化(引自 Bradley,1968)

10.1.3 热内边界层

气流从一种温度的下垫表面过渡到另一种温度的下垫表面时,上游边界层的温度层结受到新的下垫面影响,必将产生明显的变化,并从地面逐渐往上发展.图 10.6 给出了两种最为典型的情况,$\bar{\theta}_1(z)$ 和 $\bar{\theta}_2(z)$ 分别表示上游边界层和新下垫面影响变化后的温度廓线.图 10.6(a) 为地表温度较高的气流移向较冷地面的情况.上游边界层为不稳定层结,由于下游地表冷却作用,发展成为稳定层结(平流逆温)的热内边界层.图 10.6(b) 为地表温度较低的气流移向较暖地面的情况.上游是稳定边界层,在下游热力强制作用下,接近地面的空气层将逐渐发展成混合层,其厚度从跃变处的零值逐渐增大.这种情况常发生于沿海地区海风登陆之后,或在夜间郊区的气流进入城市热岛之后,其初始和中期阶段形成的边界层,称做热内边界层.近些年来,由于热力内边界层易造成局地高浓度污染而受到密切关注.

对于由海风登陆之后产生的热内边界层,需确定边界层高度从海岸线向内陆的空间变化.实际观测证实,不稳定层结热内边界层的结构完全与混合层一致.因此可以将预测混合层随时

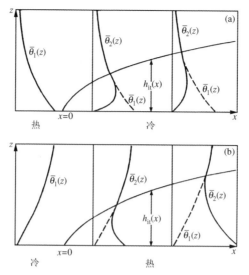

图 10.6 热内边界层的发展及其温度廓线随距离的变化(引自 Kaimal 和 Finningan, 1994)

间变化的规律应用到热内边界层高度 h_{it} 的预测模式中. 根据(9.4.7)式,假设 $h_{it}(t_0)=0$,则有

$$h_{it}^2(t) = \frac{2(1+2A)}{\gamma}\left[\overline{(w'\theta')}_s t\right]. \tag{10.1.8}$$

由于在某一时刻,陆面上的感热通量不随距离变化,其值可认为是常数.令气流登陆行程(上风风程)$x=\bar{u}t$,将时间坐标改写为空间坐标,则(10.1.8)式变为

$$h_{it}^2(x) = \frac{2(1+2A)}{\gamma\bar{u}}\left[\overline{(w'\theta')}_s x\right], \tag{10.1.9}$$

式中 γ 为上游空气层的逆位温梯度,A 为卷夹系数,取作 0.20,$\bar{u}$ 为内边界层的平均风速,$\overline{(w'\theta')}_s$ 为下游地表的感热通量.由(10.1.9)式可见,在中、远距离处热内边界层厚度随 $x^{0.5}$ 变化.对于缺乏感热通量观测的地区,Stunder 和 Sethuraman(1985)建议可采用下列经验公式:

$$h_{it}^2(x) = C_D x \frac{T_{02}-T_{01}}{\gamma}, \tag{10.1.10}$$

式中 $C_D = u_{*0}^2/\bar{u}^2$ 称为地表阻力系数,T_{01} 和 T_{02} 分别为上、下游的地表温度.

为了便于实际使用,并考虑有关实测数据的不确定性,Hsu(1986)建议热内边界层高度与陆面上风风程取简单的 $h_{it} \propto x^{0.5}$ 的比例关系,比例系数由实验数据经验确定.他由海岸平坦地形条件的实验数据获拟合式为

$$h_{it} = 1.9x^{0.5}. \tag{10.1.11}$$

而 Durand 等(1989)由飞机观测和数值模拟得到的结果是

$$h_{it} = 5.0x^{0.5}. \tag{10.1.12}$$

可见,在不同的实验条件和不同的陆地条件下,比例系数差别很大.图 10.7 给出 2007 年 8 月 21 日～ 9 月 11 日期间,中国山东石岛湾地区热内边界层高度与陆面上风风程的观测分析结果(康凌等,2010).由图可见,此处的热内边界层高度偏大,但变化趋势基本符合距离的 1/2 次方律,与 Durand 等的公式结果比较一致.

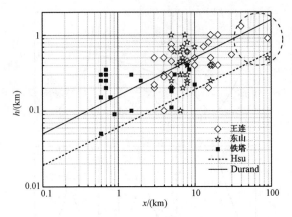

图 10.7 山东石岛湾地区热内边界层高度 h 与陆面上风风程 x 的关系(引自康凌等,2010)

说明：右上角圆圈中的 3 个数据点为偏西风的个例,因其反向轨迹超出模式范围,使用的上风风程为外推估计值,仅作参考.

10.1.4 内边界层对扩散的影响

内边界层对扩散的影响显示在图 10.8 中.假定在内边界层上游有一排放烟囱,烟羽先在上游的边界层中顺风运行,在下游某一距离处进入内边界层.图 10.8(a)为由光滑进入到粗糙表面的动力内边界层的情况,烟云的扩散能力将会明显加强;图 10.8(b)为进入不稳定层结热内边界层的情况,烟云在内边界层中迅速扩展,形成熏烟型扩散.污染物的熏烟型扩散将会造成地面的极高浓度,因此热内边界层引起了研究工作者极大的关注.

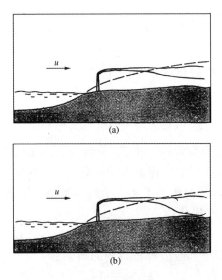

10.8 烟云进入内边界层扩散能力变化示意图

10.2 山谷风和海陆风

下垫面性质不均匀(如陆地和水面、沙漠和植被)和地形起伏不平等动力因素和热力因素的变化,都能引起地方性的气流变化.这种局地环流一般是中、小尺度的,范围从几千米到一百多千米,其中最常见的是山谷风和海陆风.应指出的是:由于实际风是大尺度天气形势和局地环流综合作用的结果,因此只有在主导风比较弱时,这种局地环流才能清楚地表现出来.山谷风和海陆风的某些局地影响常受到较大关注,例如海风登陆的情况,它将在沿岸地区一定的纵深范围内形成热内边界层并导致熏烟型扩散的出现.

10.2.1 山谷风

山区的地形比较复杂,风向、风速和环境主导风有很大差别,一方面是因受热不均匀引起热力环流,另一方面由于地形的起伏而改变了低层气流的方向和速度.白天山坡向阳面受到太阳辐射加热,温度高于周围同高度的大气层,暖而不稳定的空气由谷底沿山坡爬升;夜间山坡辐射冷却降温,温度低于周围同高度的大气层,冷空气沿山坡下滑.为了方便,把垂直于山谷轴的气流(横向环流)和沿山谷轴的气流(山谷风)分开来讨论.

横向流场理想化的昼夜变化过程见图 10.9.从日落时分开始(图(a)),由于湍流的衰竭,谷内的混合层转变成一个中性层结的剩余层.随着傍晚地表的冷却(图(b)),接近地表的冷空气形成浅层的下滑气流,称做下坡风或冷泄流,其厚度在 2~20 m,风速约 1~5 m/s,冷却的气流进入谷底聚积成冷池.此时在谷底有一个微弱的向上回流.深夜(图(c)),连续填充谷底的冷空气使逆温层的厚度不断增加.清晨(图(d)),太阳辐射的增温作用使谷壁出现上坡风,并在逆温层的顶部产生较小尺度的回流.谷底开始发展新的混合层.中午(图(e)),谷底混合层继续发展,逐渐破坏谷中的逆温层结,最终谷内整层转变为混合层(图(f)).

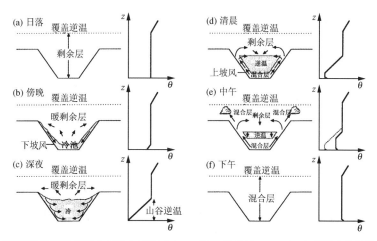

图 10.9 谷内横向环流的理想化日变化过程(Geiger,1965 和 Whiteman,1982;转引自徐静琦等,1991)

对于沿山谷轴的气流,即指常见的谷风和山风.白天是沿山坡爬升的谷风,夜间是沿山坡下滑的山风.由于暖空气爬升时有四周冷空气的下沉,导致高层的逆谷风,形成白天的谷风环流.而冷气流沿山坡的下滑也导致高层的逆山风,最终形成夜间的山风环流.山谷风环流交替出现,使昼夜风速和风向呈现有规律的变换.例如,在主导风较弱的情况下,北京地区受西北山区影响,经常出现白天的北转南风和夜间的南转北风.

10.2.2 海陆风

在大水域(海洋和湖泊)的沿岸地区,在晴朗、小风的气象条件下,边界层内常观测到向岸风和离岸风的交替变化.白天边界层下部的气流来自海面,称为海风;夜间则风向相反,称做陆风.边界层上层的风向则和下部相反,并在一定的范围内可以观测到上升或下沉气流,整个海风或陆风的出现保持着一种环流的形式.

和山谷风一样,海陆风也是由于水平温度分布不均一引起的.日间太阳辐射使陆面的增温高于海面的,沿海地区形成了一个约 $1\,℃/(20\,\mathrm{km})$ 的水平温度梯度.由于陆面上的空气密度低于海面上的空气密度,根据静力学公式,陆面的气压将低于海面上的,典型的压力梯度值约为 $1\,\mathrm{hPa}/(50\,\mathrm{km})$,其压力场及其相应的流场分布如图 10.10.海风环流的厚度可从开始时刻的数百米发展到 $1\,\mathrm{km}$ 以上,在主导风速较低并与海风方向一致的情况下,地面风速可从 $1\sim2\,\mathrm{m}\cdot\mathrm{s}^{-1}$ 逐渐增加到 $3\sim5\,\mathrm{m}\cdot\mathrm{s}^{-1}$,并能推进至内陆几十千米的纵深,伴随着较强的上升运动.上层的反向海风回流风速略偏小,到离岸几十千米处则产生较弱的下沉气流.

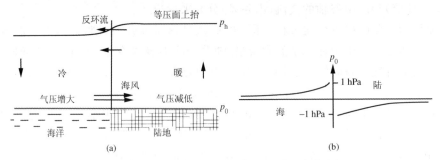

图 10.10　海风发展初期流场分布(图(a))和气压变化(图(b))

夜间陆面地表温度的降温比海面要迅速,因而形成与海风形成时相反的温度梯度、气压梯度以及反向的环流,称做陆风环流.海陆风转换期间的平均风速很小.

近年来,已有了较多的海风环流观测资料,主要原因是当局地气流以海陆风为主时,对陆地污染物的扩散有重要影响.例如,排入上层反向海风环流里的污染物可能随着低层海风重新返回陆地,而且在环流的循环作用下污染物浓度将不断累积增加;而在海陆风转换期间,原来被陆风带向海洋的污染物有可能又被海风带回陆地.这些因素可使大气低层的污染物浓度加大.

1988 年夏,张霭琛等(1990)曾在珠江三角洲观测到较有价值的海风资料.图 10.11 为当时观测现场的布点情况.低空探测站设在:① 主观测线——沙角至增城;② 内伶仃岛监测来流的温度和流场;③ 在主观测线外围布设珠海、顺德、番禺和广州四个站.

7 月 8 日出现了一次典型的海风环流发展过程.根据低空探测结果的分析,14 时到 18 时之间海风环流形成.将当时珠江三角洲 9 个低空探测站的测风站资料进行流场拟合处理,得到了流场的整体状况.图 10.12 给出了 9 时和 18 时在 45 m 和 1015 m 高处的流场拟合图.9 时低层流场为西南风,只在内伶仃岛附近为南风,风速低于 $1\,\mathrm{m}\cdot\mathrm{s}^{-1}$;上层为西风,在内伶仃岛上空风向偏西.但在 18 时地面几乎都转成为 $3\sim4\,\mathrm{m}\cdot\mathrm{s}^{-1}$ 的偏南风,上层则是明显的西北气流.

海风环流的形成与大尺度流场的主导风的方向和大小有关,如果主导风的方向与海风方向相反,海风环流将有可能以一种特殊的形式出现:它没有上层的反环流,只在极接近地面处冷气流从海面往沿岸地区侵入.这层空气很薄,一般为 $100\sim200\,\mathrm{m}$ 厚.海风冷气流的入侵与上层空气之间产生一个温度逆转的跃变,类似大尺度的冷锋界面的结构,称做海微锋.

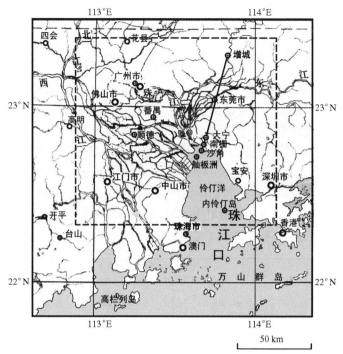

图 10.11 珠江三角洲观测网(低空探测站在图中标识为带十字空心圆点,虚框为数值模拟的区域)

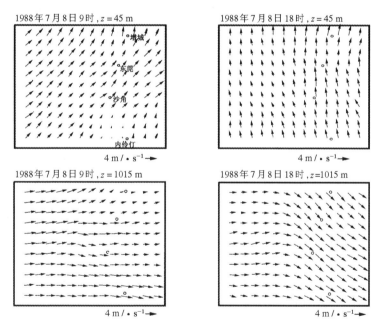

图 10.12 1988 年 7 月 8 日 9 时和 18 时珠江三角洲上空的拟合流场(网格距 500 m)

10.3 过 山 气 流

过山气流的研究无论从理论上和实验上都存在极大的难度,我们在这里仅简单介绍一些低矮山丘(山丘高度远低于边界层顶)的研究结果,而且限于二维山丘的情况,以便对过山气流的基本情况有所了解.

10.3.1 中性层结条件下的过山气流

假设上游气流是中性层结条件下符合对数风廓线规律的切变流.图 10.13 给出了气流过山丘前后流场变动的一般模式.当近地面层气流由平原刚触及到山脚时,流线将以一定的迎角与山体接触,因山体表面高于上游平原的下垫面,近地面的气流就会有一个短暂的减速过程,并同时产生切应力的变化.这种速度和切应力增减称做速度扰动 $\Delta \bar{u}$ 和切应力扰动 $\Delta \tau$(不可误解为附加在 u 和 τ 上的脉动起伏).气流开始越过山坡向风面的中部时,流线的密集将导致边界层内的气流加速,产生更强的速度和切应力的扰动.对于典型的平缓小山,山顶上的风速能加大 60% 或更多,最大加速度的高度在山顶以上 2.5～5 m 之间.气流越过山顶流向背风坡时,流线逐渐辐散又使气流减速(此时 $\Delta \bar{u}$ 出现负值).

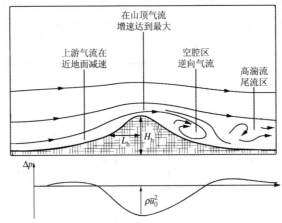

图 10.13 翻越二维山丘时的流场和气压场(根据文献[28]中的插图改绘)

根据伯努利定律可以考察流线上静压的变化过程.假定 $\bar{u}_0$ 为上游未受山丘影响处的风速廓线.向风坡流场的逐渐加速将导致静压力的降低,到山顶处静压力降到最低值,气压扰动的数量级为 $\Delta p \approx \rho \bar{u}_0^2$.越过山丘后,静压力将逐渐恢复正常,因而使背风坡区的流场处于逆压流动的状态.如果山体保持较大的坡度,背风坡将产生脱体效应形成空腔区.空腔区内形成一定的半永久性的二次涡,涡旋的下部保持反向流动,空腔区的下游则存在较高湍流区.

根据 Jackson 和 Hunt(1975)的工作,由于气流翻越山丘的影响,山丘上空大气边界层可分为几个特征层(图 10.14):

(1) 内层.内层是最贴近山体的具有风速切变的气层,厚度以 l 表示.该层内的风切变被加强,非线性平流项与湍流切应力散度达到局地平衡,即

$$\bar{u} \frac{\partial \bar{u}}{\partial x} = \frac{\partial \tau}{\partial \Delta z}, \tag{10.3.1}$$

其中 Δz 为自山体表面起算的垂直高度,可用下式表示:

$$\Delta z = z - H_h f\left(\frac{x}{L_h}\right), \tag{10.3.2}$$

式中 H_h 为山丘的高度,L_h 为 $0.5 H_h$ 处的山丘半宽度,$f(x/L_h)$ 为小山丘的外形曲线函数.据

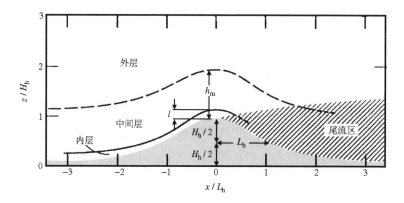

图 10.14　大气边界层受二维山丘影响产生的副层分布（引自 Kaimal 和 Finningan，1994）

估计,内层厚度 l 约为 $0.01\sim0.05L_{\mathrm{h}}$.

（2）外层.外层是边界层的顶层,该层内 $\Delta\bar{u}$ 和 $\Delta\tau$ 的影响不但可以忽略不计,而且可以假设平均流场 $\bar{u}$ 已不存在任何切变.

（3）中间层.中间层是介于内层和外层的过渡层.令中间层高度（自山体表面起算）为 h_{m},按 Hunt 等(1988a,1988b)的推导,有

$$h_{\mathrm{m}} = L_{\mathrm{h}}\left[\ln\frac{l}{z_0}\right]^{-1/2}. \qquad (10.3.3)$$

取 $L_{\mathrm{h}}=500\,\mathrm{m},z_0=1\,\mathrm{cm}$,根据(10.3.3)式,得到的 h_{m} 值约为 $150\sim200\,\mathrm{m}$.

在山丘的背风坡,包括贴近背风坡的空腔区以及随后的高湍流区通称尾流区.尾流区内已经很难再划分出它的副层,污染物输送到尾流区内将可能出现熏烟型的扩散.尾流区的控制因子比较复杂,例如山丘的外形也将是一个比较重要的因子,一些坡度较缓的山丘,贴近背风坡后空腔区中不一定能形成二次涡.

图 10.15 给出气流在山前、山顶以及背风坡处的风速廓线,清晰地显示了其不同阶段的特点.为便于分析比较,这些风速廓线以特征尺度 l 和特征速度 $\bar{u}_0(h_{\mathrm{m}})$ 进行了无量纲化.

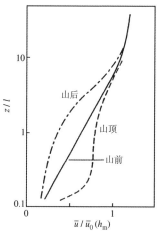

图 10.15　山前、山顶和背风坡处的无量纲风速廓线

（引自 Kaimal 和 Finningan，1994）

10.3.2　稳定层结条件下的过山气流

稳定层结条件下过山气流的流场是相当复杂的,可能出现下列几种现象:

（1）气层在背风坡产生波动,波动的波长为

$$\Lambda = \frac{2\pi\bar{u}_0(h_{\mathrm{m}})}{N}. \qquad (10.3.4)$$

可理解为稳定层结条件下扰动气块以 N 频率振荡、以平均风速 $\bar{u}_0(h_m)$ 移动时形成的波动的波长.

（2）背风坡的空腔区在中等稳定度的情况下会受到抑制. 图 10.16(a)，(b) 为 1975～1976 年的大气试验[①]中,张霭琛等在北京西郊山区背风坡观测到的一组资料,背后山高为 800 m(注意图上未完整绘出整个山体),在距山峰 1.6 km(A 点)和 2.7 km 处(B 点)设置了一条双经纬仪测风基线,在 A,B 两点分别施放小球测风,得到三维风矢量在这个测风剖面上的投影. 从 1975 年 5 月 28 日 18 时～5 月 29 日 4 时,可以观测到背风坡的二次涡在大气层结稳定的凌晨受到抑制的过程. 此处仅选 20 时和 3 时的流场图为例,20 时山坡近处仍保持谷风及其回流,背风涡旋的垂直尺度还很大;午夜后大气趋于稳定,3 时的空腔区内二次涡尺度明显减小,但结构仍比较清晰,4 时二次涡已完全受到抑制.

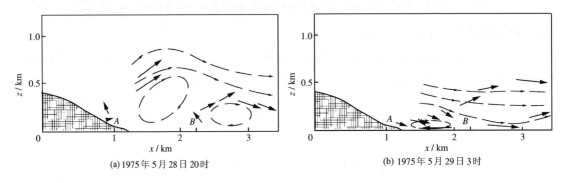

(a) 1975 年 5 月 28 日 20 时　　　　　　(b) 1975 年 5 月 29 日 3 时

图 10.16　背风坡流场随时间的变化,(其中实线箭头为投影风矢量,虚线表示流线)

（3）强稳定条件下近地面处将产生在背风坡波动的脱体,形成背风坡波动滚轴(lee wave rotor).

判断过山气流的稳定性,不但需要考虑当时的大气温度层结,还应考虑山体尺度对气流扰动的影响. 取山体的半宽度 L_h 作为障碍物(山体)特征尺度,令特征速度 $U=\bar{u}_0(h_m)$,定义山体水平弗劳德(Froude)数 Fr_l 作为动力稳定度判据:

$$Fr_l = \frac{U}{NL_h},\tag{10.3.5}$$

式中 N 是布伦特-维塞拉频率. 弗劳德数的平方表征惯性力与浮力之比. 受山体扰动的气流处于中性稳定时,$Fr_l \to \infty$,此判据不再适用.

Kaimal(1994)和 Hunt(1980)均认为:过山气流稳定度的强弱除了与弗劳德数 Fr_l 有关之外,还与山体的坡度有密切的关系. 他们引入了一个新的判据,称做山体垂直扰动的弗劳德数 Fr_h:

$$Fr_h = \frac{U}{NH_h}.\tag{10.3.6}$$

Fr_h 和 Fr_l 的结合表示了山坡陡度对翻越其上空稳定气层的影响程度. 过山气流弱、中、强稳定度的判据如表 10.1,流场的特征见图 10.17.

[①]　参加单位有大气试验技术小组、清华大学工程物理系、北京大学地球物理系和中国科学院大气物理所.

表 10.1　过山气流动力稳定度的判据

稳定度类别	判　据	背风坡流场特征
弱	$u_*/NL_h \leqslant 1; Fr_l > 1; Fr_h \gg 1$	存在空腔区二次涡,无大气波动
中	$Fr_l \leqslant 1; Fr_h > 1$	无空腔区二次涡,存在大气波动并诱发波动滚轴
强	$1 \geqslant Fr_h > 0$	存在明显的波动滚轴

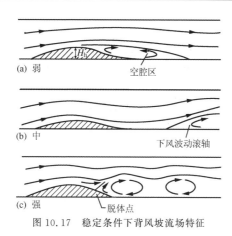

图 10.17　稳定条件下背风坡流场特征

10.4　城市热岛

城市热岛(Urban Heat Island,简称为 UHI)是指城市发展到一定规模时,由于下垫面的改变、大气成分的改变、人类活动和人工废热的排放等原因使城市地区温度明显高于临近乡村地区的现象.在温度的空间分布上,城市犹如一个温暖的岛屿.城市和乡村最大温差往往出现在午夜之后,并与城市的规模、人们生活等因素有关.据统计,在北美百万人口的城市,城乡最大温差可达 11℃,在欧洲则为 8℃,近万人的小城镇也可达到 4~5℃.城市热岛产生的原因有:

(1) 大多数城市都存在许多人为的热源和污染源.工厂、机动车和居民生活需要燃烧各种燃料,排放大量热量,而燃烧所产生的大量烟尘,SO_2,NO_x,和 CO_2,CO 等污染物又会产生温室效应,引起大气升温.

(2) 城区各种建筑、广场、道路大量增加,植被、绿地和水面等自然下垫面减少,改变了下垫面的热力属性.人工构筑物往往具有吸收率高而热容量小、干燥而不透水的特性,在相同的太阳辐射条件下,这些地区比自然下垫面升温快,其表面温度明显高于自然下垫面.水分蒸散所消耗的热量也减少.

(3) 密集的高大建筑物以及纵横的道路、桥梁,构成较为相对粗糙的城市下垫面层,对气流的阻力增大,尾湍流加强,使城市风速减小,热量不易散失.这些都使得城市地区日间存储的热量较多.

在小风或无风的天气条件下,由于城市热岛的存在,低层空气向城市中心辐合,上升到高空后再向外辐散,到郊区后下沉,在城市与郊区之间形成了小型的热力环流,称为城市热岛环流.城市热岛环流的出现,使城区工厂排出的污染物随气流上升笼罩在城市上空,再从高空流向郊区后下沉.下沉气流又从近地面流向城市中心,并将郊区工厂排出的污染物带入城市,致使城市的空气污染更加严重.

在有风的条件下,城市热岛将在城市下风方向形成一个热的含污染物的烟羽,将城市的热量和污染物向下风向的乡村地区输送.同时,白天城市下垫面具有较高的感热通量,使城市热内边界层的厚度高于四周乡村地区;夜间乡村的来流空气层为稳定边界层时,在城市上空仍能发展出不稳定的热内边界层.沿主导风方向穿过市区中心作一剖面图,可显示出城市上空温度层结及热内边界层厚度随距离的变化(图 10.18).

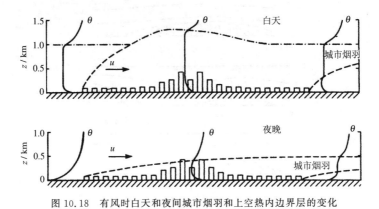

图 10.18 有风时白天和夜间城市烟羽和上空热内边界层的变化

北京的城市热岛效应也十分显著.在空间分布上表现为以城区为中心向周边郊区延伸,与城市建成区高度吻合;在时间分布上表现为夏季较强而其他季节相对较弱.图 10.19 是 1997 年北京市冬季傍晚的一次地面温度分布,可清晰地看出城市中心热岛、首钢工业区热岛以及西北郊海淀、颐和园地区的冷岛.城市中心与郊野地区的温差可达 7℃.目前,热岛已广泛存在于六环路内,并表现出由北部地区向南部地区转移,从中心城区向边缘地带和新城转移的趋势.近年来,随着北京市"两轴、两带、多中心"的发展战略的落实,城市热岛集中连片的现象有了较大的疏解,向外迅速扩张的势头也得到一定遏制(甘霖,2011).

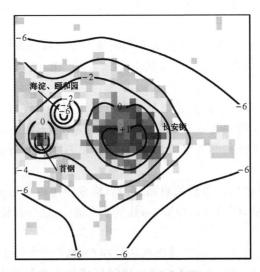

图 10.19 NOAA12 反演的北京地面温度分布图(1997.2.13,18:42)

类似于下垫面热量平衡(9.2.35)式的讨论,对于城市地区近地面层,热量平衡方程可粗略地表示为

$$Rn + F = H + LE + \Delta S + A, \tag{10.4.1}$$

式中 Rn 表示城市地区近地面层的净辐射量,F 表示城市系统人工产生的热量,H 表示湍流输送的感热通量,LE 表示土壤水分蒸发蒸腾损失的总热量,ΔS 表示城市和乡村近地面层中的净储藏热量,A 表示乡村到城市的对流热量.

图 10.20 给出了温哥华市三天内的各项热量平衡曲线:在正午时分,潜热通量 LE 不足 20 $W \cdot m^{-2}$;而热能储存能力 ΔS 可达到净辐射热通量 Rn 的 1/5,这比相近条件(高粗糙度和较大动力零值位移)的下垫表面(例如森林地区)要高. 可见,在地表热量平衡上,城市热岛的特征是:(1) 与乡村相比,城市的潜热通量 LE 远小于感热通量 H(与图 9.9 比较);(2) 在城市顶盖(冠层)下具有明显的热能储存能力 ΔS.

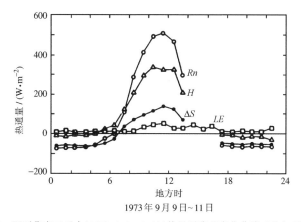

图 10.20 温哥华市三天内(1973.9.9~9.11)热量平衡日变化曲线 (引自 Oke,1982)

根据公式(10.4.1)可以看到,为了缓解城市热岛效应,一方面要使方程式左边的热量收入减少,另一方面要使方程式右边的热量损失(LE 和 H)增加.

为使城市地区热量收入减少,要控制城市人口总量和城市规模,减少煤炭、石油等矿物燃料的消耗并大力开发利用新能源,以减少人为的热源. 为了减少城市净辐射,一是可增大城市地表反射率,例如使用浅色涂料粉刷建筑物,以达到增加城市反射辐射的目的;二是治理城市大气污染,以减少大气的逆辐射.

为增加城市地区热量的损失,首先可以通过改变城市下垫面性质来实现,如提高城市绿地覆盖率. 植被不仅能遮阳、吸收转化太阳辐射能,而且能蒸腾降温和消耗二氧化碳减缓温室效应. 其次,增加城区水域面积和喷水洒水设施,可以增加蒸腾失热. 另外,还应对城市合理规划布局,如适当控制建筑物的高度和密度,根据地形和日常风向、风速等特点确定道路网的走向和密度,以利于城市的通风和污染物的扩散.

参 考 文 献

[1] 甘霖. 基于遥感影像的北京城市热岛时空演变及其影响因素分析(1992~2008). 北京规划建设, 2011,(3):78~83.
[2] 康凌,蔡旭晖,张宏升,张敏,王志远,陈家宜. 山东石岛湾核电厂址热内边界层观测分析. 辐射防护, 2010,39(2),65~69.

[3]　张霭琛等. 东莞地区大气边界层结构. 七五攻关课题, 乡镇企业密集地区东莞市大气环境容量和规划研究, 第 3,4 子课题, p. 22,1990.

[4]　Bradley E F. A micrometeorological study of velocity profiles and surface drag in the region modified by a change of surface roughness. Quart. J. Roy. Soc., 94, 361~379, 1968.

[5]　Durand P. et al. A sealand transition obserued during the COAST experiment [J]. J Atmos. Sci., 46 (1):96~116,1989.

[6]　Elliott W P. The growth of the atmospheric internal boundary layer. Trans. Amer. Roy. Meteor. Soc., 91, 345~348, 1958.

[7]　Garratt J R. The atmospheric boundary layer. Cambridge University Press, p. 316, 1992.

[8]　Hinze J O. Turbulence, An introduction to it's mechanism and theory. 2nd edition, McGraw-Hill, New York, p. 790, 1975.

[9]　Hunt J C R. Wind over hills. Workshop on the Boundary layer. Edited by J. C. Wyngaard. American Meteorological Society, Boston, 107~157, 1980.

[10]　Hunt J C R, et al. Stably stratified shear flow over low hills. Quart. J. Roy. Meteor. Soc., 114, 859 ~886, 1988a.

[11]　Hunt J C R, et al. Turbulent shear flow over low hills. Quart. J. Roy. Meteor. Soc., 114, 1435~ 1470, 1988b.

[12]　Hsu S A. A note on estimating the height of convective internal boundary layer near shore [J]. Boundary-Layer Meteorol., 35(4): 311~316,1986.

[13]　Jackson P S and J C R Hunt. Turbulent wind flow over a low hill. Quart. J. Roy. Meteor. Soc., 101, 929~955, 1975.

[14]　Jensen N O. Change of surface roughness and the planetary boundary layer. Quart. J. Roy. Meteor. Soc., 32, 351~356, 1978.

[15]　Kaimal J C and J J Finnigan. Atmospheric Boundary Layer Flows. Oxford University Press, New York and Oxford, p. 289, 1994.

[16]　Oke T R. The energetic basis of the urban heat island. Quart. J. Roy. Meteor. Soc., 108, 1~ 24, 1982.

[17]　Panofsky H A and A A Townsend. Change of terrain roughness and the wind profile. Quart. J. Roy. Meteor. Soc., 90, 147~155, 1964.

[18]　Rao K S, et al. The structure of two-dimensional internal boundary layer over a sudden change of surface roughness. J. Atmos. Sci., 31, 738~746, 1974.

[19]　Stull R B. An introduction to boundary layer meteorology. Klumer Academic Publishers, Dordretch, p. 665, 1990.
　　徐静琦, 杨殿荣译. 边界层气象学导论(中译本). 青岛海洋大学出版社,1991.

[20]　Stunder M and S Sethuraman. A comparative evaluation of the coastal internal boundary layer. Bound. Layer Meteor., 32, 177~204, 1985.

第四篇　云和降水物理学基础与大气电学

　　云和降水物理学主要研究云雾生成和演变的过程. 作为大气科学的一个重要分支,其理论体系传统上由两部分组成:宏观动力学和微物理学. 前者以热力学、大气动力学为基础,将云作为一个整体,研究其生成和发展的热力-动力过程;后者是以相变热力学、物理化学为基础,从微观角度研究云和降水粒子的生成和演变. 两者密切相关,相互作用. 随着人们认识的深入,现代云和降水物理学还涉及云雾光学、云雾电学以及从气候到环境化学、污染等一系列领域.

　　本篇将重点讨论云和降水的形成和演变以及涉及雷雨云电结构和大气中放电过程的大气电学. 云雾光学部分将在大气光学中讨论,而涉及其他诸多物理、化学效应的将在其他有关课程中进一步讨论.

第十一章　云雾形成的宏观条件及一般特征

11.1　云和降水的分类和生成条件

11.1.1　云和降水的分类

世界上的云形形色色,它们具有各种各样的外形和空间尺度,可以出现在对流层的不同高度,其组成也可以有不同的相态(固态或液态).将各种云进行科学分类,是正确记录和进一步研究云形成过程必不可少的基础工作.WMO 于 1956 年公布的国际云图,其沿用并发展了 1802 年法国拉马克(Lamarck)和 1803 年英国荷华德(Howard)的分类法,按云的高度分成高云、中云、低云和直展云 4 族,这 4 族云又由 10 类构成,称为 10 属,如表 11.1 所示.我国在气象观测业务中则根据云底高度将云分成高云、中云、低云三大云族,直展云被归到低云族内.图 11.1 是对流层内 10 属云的高度和形态分布示意图,图上还绘有罕见的特种云:平流层贝母云(mother of pearl cloud)和中间层夜光云(noctilucent clouds,缩写为 NLC).这两种云在 4.1.1 小节中已提到过.贝母云出现在高纬地区的 $20\sim30$ km 高空,外形呈波状或荚状,由大气波动形成,因太阳光对微小云粒子的衍射而具有虹彩.夜光云出现在高纬地区的 $75\sim90$ km 高空,是在日出前或日落后的昏暗天空背景下才能观察到的银白色的云,常呈波状结构.

表 11.1　云的国际分类

云　族	出现高度/km			云　属
	极　地	温　带	热　带	
高　云	$3\sim4$	$5\sim13$	$6\sim18$	卷云(Ci),卷积云(Cc),卷层云(Cs)
中　云	$2\sim4$	$2\sim7$	$2\sim18$	高积云(Ac),高层云(As)
低　云	地面~2			层积云(Sc),雨层云(Ns),层云(St)
直展云				积云(Cu),积雨云(Cb)

在云和降水物理学研究中,常按云的物理特征进行分类:

(1) 按动力特征.由于热力原因或动力原因在不稳定大气层内产生对流而形成的铅直发展的云,称为对流云或积状云(即直展云).由于大范围的空气辐合抬升而形成的一种水平延展且均匀成层的云,称为层状云.

(2) 按温度特征.云体温度高于 0℃的云,称为暖云;云体温度低于 0℃的云,称为冷云.冷云若由过冷水滴组成,也称为过冷云.

(3) 按云粒子的相态特征.由水滴组成的云称为水云,由冰晶组成的云称为冰云,由水滴和冰晶共同组成的云称为混合云.

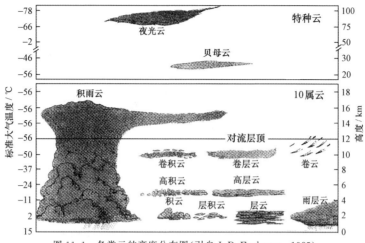

图 11.1　各类云的高度分布图(引自 J.R. Eagleman, 1985)

降水的类别也比较复杂,除了雨、雪、冰粒和冰雹之外,还有毛毛雨、米雪、霰、冰针等.此外,雨凇[①]、明冰[②]、雾凇[③]等也是降水的特殊形式.按 24 小时降水量(指降水在平地面上液态水的厚度)可把降水分为 7 个等级,如表 11.2 所示.

表 11.2　降水的等级

等　　级	微量	小雨	中雨	大雨	暴雨	大暴雨	特大暴雨
降水量/(mm·24 h^{-1})	<0.1	0.1~10	10~25	25~50	50~100	100~200	>200

11.1.2　云雾生成的宏观条件

生成云雾有两条途径:一是增加空气中的水汽;二是降温.这就涉及重要的大气热力学过程,如绝热上升冷却凝结、等压冷却凝结、绝热混合凝结等.一般说来,云主要是靠潮湿空气在上升运动过程中绝热膨胀降温达到饱和而生成的,而水汽凝结过程中释放的潜热又提供了云体进一步发展的能量.因此,上升气流和充足的水汽是云生成的必要条件.

控制云生成的上升运动有大范围辐合抬升、不稳定层结下的对流运动、地形抬升、波动和湍流运动等.不同的上升运动形式,形成不同的云型.简述如下:

(1) 层状云.低压、冷涡、切变线活动都可以发生辐合抬升,只要有合适的水汽条件都可以产生大范围的层状云系.

以中纬度常出现的锋面气旋(有锋面的低气压,水平气流呈逆时针旋转)的云系为例(图 11.2),可以清晰地看出暖锋和冷锋的空气运动和云系分布.在暖锋面,暖空气在冷空气上缓慢滑行,自上而下可以生成卷云、卷层云、高层云、雨层云等层状云系,多产生雨强不大的持续性降水.冷锋云系有两种类型,取决于冷锋坡度、运行快慢和大气稳定度的不同.第一型冷锋推进速度慢,坡度小(约 1‰),暖空气沿锋面被动上滑,形成与暖锋近似的层状云系,但先后次序正

---

　　① 过冷却的液态降水碰到地面或地面物体(如电线、树枝)后直接冻结而形成的均匀而透明的冰层.
　　② 飞机在云的 -10~$0℃$ 区域内飞行时,与密集的过冷水滴迅速碰撞,在机体上形成不含空气的水层并冻结成的透明光滑而坚实的冰层.
　　③ 低温时空气中的水汽直接凝华或过冷雾滴直接冻结在地面物体(如电线、树枝)上的乳白色冰晶沉积物.

相反.图11.2中的是第二型冷锋,特点是移动速度快,坡度大,锋前的强迫抬升激烈,当暖空气处于不稳定状态时,可发展出积雨云.在冬季,低层水分供应不足,多出现高云.

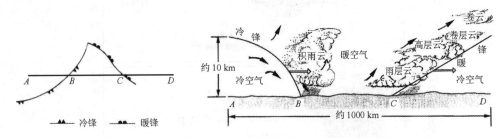

图 11.2　锋面云系的垂直剖面图

（2）对流云（积状云）.在合适的天气条件下,如局地有深厚的不稳定层结,或由地面加热而形成的低层不稳定,若有启动机制造成空气抬升,可以发展成对流云.对流云包括积云和积雨云.按云体发展的强弱,积云又可分为淡积云和浓积云.淡积云云体比较小,在局地有深厚不稳定层结时,淡积云能进一步发展成个体庞大的浓积云.如果云体发展达到0℃层以上,因过冷水滴的冻结释放潜热,云体能进一步发展,形成庞大高耸、顶部有冰晶丝缕结构的积雨云,产生雷雨.在强烈不稳定天气条件下（常有冷空气活动相配合）,积雨云可进而发展成中尺度对流风暴,伴随着大风、暴雨、雷暴、冰雹和龙卷风等灾害性天气.

在气团内部,当高层有下沉气流,对流受到抑制时,常只能产生晴天积云.若有一薄层大气,通过均匀加热而使温度层结达到不稳定时,可以发生所谓的细胞状对流.在有充足水汽的条件下,大范围内纵横排列整齐的上升和下沉运动还可以生成大片网格状的云.这种现象见之于夏季洋面上的大片晴天积云（云街）,或层状云如高积云、卷积云等.

（3）地形云和波状云.暖湿气流被山地抬升,能生成地形云.若大气本身处于不稳定状态,则可触发生成对流云,因而山地常常是对流云的源地;若层结是稳定的,则生成层状云;若水汽条件并不很充分,可在山颠出现小块的旗云;若高空有下沉气流,则可在山顶上空出现荚状云.

气流过山以后会发生波状运动,这种波状运动可以影响到高空.如果有的层次有较多的水汽,则在波峰处发生凝结,波谷处出现蒸发,在山的背风面上空出现位置固定、平行于山脉走向的几条云带.

在高空稳定层下方常有风速切变.当切变超过一定的临界值以后,界面处于不稳定状态,稍有扰动即能在界面上出现波动,称为亥姆霍兹波（参见7.8.3小节）.在水汽条件合适的情况下,可以在上升部分形成云,如卷积云、高积云等.

（4）雾.在大气边界层中,湍流运动可以使热量、动量和水汽等属性重新分布,水汽的分布将趋于均匀,温度层结将趋于中性（$\Gamma \rightarrow \gamma_d$）.若地面水汽比较充足,由湍流向上输送的水汽可在低空逆温层以下积累,从而逐渐达到饱和生成层云（参见6.5.2小节）.这种过程若发生在近地面层,加上辐射降温,可在地面生成雾.

雾出现在贴地气层中,是接地的云.它是由以下几方面原因生成的：① 由于辐射降温生成辐射雾;② 暖湿空气移到冷表面时,空气降温而生成平流雾;③ 冷空气到达暖湿表面（例如水面）,空气补充了水汽生成蒸发雾;④ 降水在地面蒸发,使地面附近的空气补充水分,生成雨区雾和锋面雾;⑤ 由于饱和水汽值和温度并不呈线性关系,当两团温度不同、而都接近于饱和的空气混合后,可能达到饱和,从而生成混合雾（参见6.5.1小节）.喷气飞机尾迹就是一种混合雾.

表 11.3 给出了不同的上升运动所对应的云型和降水性质的关系.

表 11.3　空气运动与云和降水特性

运 动 种 类	典型上升速度/(m·s^{-1})	云 类	云 型	特 征 尺 度/km 水平	特 征 尺 度/km 垂直	降 水 特 征
和气旋系统相联系的大范围抬升（稳定大气）	0.1	深厚的层状云	卷云(Ci)			
			卷层云(Cs)	10^3	1～2	毛毛雨
			高层云(As)	10^3	1～2	毛毛雨
			高积云(Ac)	10^3	1～2	毛毛雨
			雨层云(Ns)	10^3	10^0	雨、雪
对流（不稳定大气）	1	小块积云	积云(Cu)	1	1	无
	10	雷暴云	积雨云(Cb)	10	10	强、阵雨、雹
不规则扰动（稳定大气）	0.1	浅层云	层云(St)	10^2		无
		低层云	层积云(Sc)	<10^3		毛毛雨或雪
		雾				

11.2　云雾降水的宏观特征

　　云的宏观特征是指将云作为一个整体来看时所表现出来的特征,一般包括云的外形、空间尺度、生命史等.此外,通常将云中气象场(如温度场和气流场)和含水量分布等也归之为宏观特征.本节将分别介绍对流云、层状云和降水的宏观特征,并且将一般对流云与对流风暴系统分开讨论.此外,由于人们越来越认识到卷云在全球辐射平衡中的重要性,所以层状云中的卷云也专门给予讨论.

11.2.1　对流云宏观特征

　　对流云顶部有轮廓鲜明的花椰菜状隆起.这种外在形状反映了它的内部结构.实际上,一块对流云往往是由若干个尺度在几百米到一二千米的云塔(对流单体)所组成.云塔相继生成、发展和演变过程的综合构成了整块积云的生命过程.每个云塔又由许多尺度更小的,一般为几十到一二百米的云泡构成.云塔的寿命比整块积云要短,一般为几分钟到二十分钟,而云泡的寿命则更短,一般仅有 1～5 min.

　　不同对流条件下出现的对流云具有不同的特点.下面以普通雷暴为例,说明对流云的一般特征.普通雷暴通常指由气团内热力对流或动力抬升作用而形成的气团雷暴,具有分散的特点,能产生小的、孤立的积雨云.

1. 对流云生命史

　　根据 20 世纪 40 年代美国"雷暴"探测计划对大量孤立、分散单块积云的观测,认为单个气团雷暴的生命期约为 1～2 h,一般分为形成、成熟和消散三个阶段,称为 Byers-Braham 雷暴单体模式(Byers,1949).这是一个理想化的模型,图 11.3 为其结构剖面图.

　　形成阶段是指从淡积云向浓积云发展的阶段.这个阶段的主要特征是:云顶呈现轮廓清晰的花椰菜状隆起,云下有潮湿空气辐合进入云中,云内都是有组织的上升气流.随上升气流

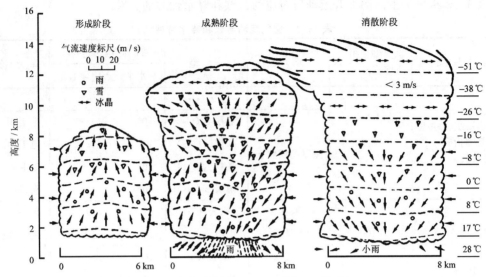

图 11.3　普通单体雷暴生命史三阶段示意图（Byers 等,1949;转引自 R. R. Rogers, 1983）

入云的水汽凝结而释放大量潜热,导致云内温度高于环境温度,并使云内上升气流进一步增强. 这一阶段在中纬度地区约历时 10～15 min.

成熟阶段是从浓积云向积雨云过渡的阶段. 这一阶段的主要特征是:从云体的外形上看,由于受对流层顶阻挡和高空风的作用,顶部向两侧延展而成砧状. 云的前部和上部仍以上升气流为主,但由于这个阶段易形成降水,在降水粒子拖拽下开始出现有组织的下沉气流. 下沉气流区温度将低于环境温度,以至于在云下出现辐散气流. 这一阶段约需 10～30 min,取决于地理条件和气团属性等. 一般高纬度地区要缓慢些.

在云的低层,当下沉气流阻碍了上升气流,并最终切断了上升气流的来源后,单体就进入它的消散阶段. 消散阶段的特征是:云中都为有组织的下沉气流,至少在云的低层全为下沉气流. 此阶段历时只有几分钟. 同时,这股下沉的冷气流能抬升邻近周围的湿润空气,因而可能触发新的单体形成.

总之,在云的形成和发展阶段,云内上升气流占优势,它提供丰富的水汽,水汽凝结释放的潜热使云内温度高于环境 0.5～4℃,甚至 10℃左右. 在负温区冰相出现时也放出潜热. 这些热量转化成动能,促使积云进一步发展. 当云中出现雨、雪、霰、雹等以后,这些水凝物下落时将拖拽周围空气一起下沉,使云中出现下沉气流. 当下沉气流占主导地位后,水汽来源断绝,发展的动力消失,积云进入崩溃阶段. 可见,积云的动力过程、热力过程和微物理过程是相互关联、相互制约的. 上述的对流云生命史不仅为我们提供了了解对流云内部机制的重要线索,而且对流云发展的迅速性和崩溃的突然性这一特征,也给积云动力理论和微物理理论提出了需要解释的一个重要课题.

2. 对流云空间尺度

对流云的垂直尺度 H 和水平尺度 L 具有同一数量级,即 $H \approx L$(参见表 11.3). 一般属于小尺度天气系统.

对流云空间尺度随对流云不同的发展阶段和气团的不同属性而不同. 一般中纬度地区降雨性对流云,在其发展初期厚度即可达 5～6 km,甚至有时积雨云顶部可伸展到平流层内;而

300

信风积云一般厚度只有 $1\sim2\ km$. 在极地,即使积雨云也只有 $4\sim5\ km$ 厚. 对流云的水平尺度一般在淡积云阶段为几百米到一千米数量级,浓积云和积雨云的水平尺度为几千米,但有些降雨性积雨云可以延展到 $10\sim20\ km$.

3. 对流云中的流场

对流云中的流场随对流云的发展阶段的不同而不同(图11.3). 在其形成阶段,云中全为有组织的上升气流,平均速度为每秒几米. 但在降雨性积云中,最大上升气流速度可达 $20\sim30\ m\cdot s^{-1}$,一般位于云的中部,随着积云的发展,这个位置将向云的中上部移动. 在成熟阶段,垂直气流速度比其发展初期要大,更重要的是这时云中还出现了与上升气流有着相同数量级的下沉气流. 对流云发展末期,云中几乎都是下沉气流,同时在云的下半部及云底以下有大量的辐散气流.

以上所述为云中平均气流的特征. 事实上,对流云具有极强的湍流特性. 观测指出,积云中湍流交换系数达 $10^2\ m^2\cdot s^{-1}$,比地面大一个数量级以上,这无疑会增强与云内外空气的混合. 事实上,对流云本身并不是一个孤立的封闭系统,在这种系统中,湍流均匀混合是永远达不到的. 从这种意义上来说,湍流又是一种随机源,即对流云中湍流会造成云中环境量,如垂直气流、温度、含水量等的起伏,这已为我国云物理工作者的多次观测所证实. 湍流的非均匀混合以及云中较大尺度的气流和其他环境量的起伏,对云雾降水的形成具有极为重要的作用.

4. 对流云中的温度场

积状云是大气中的一种对流现象,发生对流运动的物理本质是阿基米德浮力. 由大气热力学可知,空气团内外的温差决定了浮力的大小,所以对流云中温度的正、负距平区应分别对应着上升气流区和下沉气流区(图11.3). 发展旺盛的对流云,它们中上部的温度正距平可超过 $4℃$,而在下沉区中温度负距平在云的最下部也可达到 $-4℃$.

由于湍流的影响,云内温度也存在起伏,云泡尺度越大,它的温度比周围空气就越高. 在厚约 $3\ km$ 的浓积云里观测发现,最大可能的温度偏差一般约为 $0.2℃$ 左右,且离云底越高,偏差也越大.

对流云中温度场另一个重要特点是:云内温度递减率要比理论上的湿绝热递减率大,接近于云外温度递减率. 可见,对流云发展时,它并不是一个孤立的封闭系统,而与外部干冷空气有质量交换.

5. 对流云的含水量

含水量定义为单位体积云体内的水凝物质量,单位为 $g\cdot cm^{-3}$ 或 $g\cdot m^{-3}$. 对流云含水量平均值约为每立方米几克的数量级,最大可超过 $10\ g\cdot m^{-3}$. 观测表明,含水量时空变化很大,不仅在不同地区很不相同,即使在同一块云中不同部位、不同时间也不相同.

由于对流云中含水量受许多因素制约,如云内垂直气流、夹卷混合以及湍流交换等,因此云内含水量的分布有很大起伏. 例如,对一些 $1\sim2\ km$ 厚的较小积云观测表明,含水量起伏强度(它的平方根与平均值之比)达 $50\%\sim100\%$,平均为 80%. 发展旺盛、厚达 $10\ km$ 的积雨云,起伏强度更大. 含水量的起伏对云滴成长为雨滴有极为重要的作用.

对流云内含水量分布的特点是有一含水量最大区,其四周含水量值逐渐递减(图11.4). 另一个特点是它总小于相应高度和温度下的绝热含水量,愈往上,差值愈大. 这表明云内外空气的混合作用很强. 含水量对云滴增长、降水形成及降水强度大小的影响都是十分重要的. 需特别指出的是,现在的全球气候数值模式大部分要预报云高、云厚、云内冰水和液水含量等,这

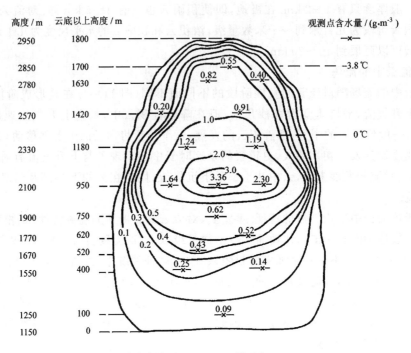

图 11.4　云中含水量(Zaitsev，1950；转引自 Mason，1971)

样,含水量在研究云对气候的影响时也就成了一个很重要的参量.

11.2.2　对流风暴

　　根据气象观测和卫星资料的统计,每一时刻全球大约发生 2000 个对流风暴.这些对流风暴的空间尺度和时间尺度变化都很大,包括普通的气团单体雷暴、多单体风暴、传播式单体风暴和超级单体风暴几种.气团单体雷暴已在 11.2.1 小节中介绍,此处仅叙述后三种风暴.

1. 多单体风暴和传播式单体风暴

　　多单体风暴和传播式单体风暴都是由许多较小的雷暴单体所组成的复合体.多单体风暴是指同时存在的单体相互间没有密切联系,它们通常处于不同的发展阶段,依次经历雷暴单体的形成、发展成熟到消散的阶段(参考图 11.3).多单体风暴的生命期在 1h 以上,多造成范围比较小,持续时间较短的对流性天气.

　　与多单体风暴不同的是,传播式单体风暴中各个单体之间有密切联系.图 11.5 中所示的传播式单体风暴云是 1973 年 7 月 9 日在美国科罗拉多州观测到的,其中包含 4 个单体,实线代表雷达回波等值线,以分贝(dB)表示.单体 $n+1$ 是新生阶段,单体 n 处于发展阶段,单体 $n-1$ 处于成熟阶段,单体 $n-2$ 已处于消亡阶段.风暴云中各个单体的发展都比较弱,其中有的可能降雹,通常也不强.图中显示,进入和离开多单体风暴的上升气流几乎都在同一平面上,而下沉气流在近地气层形成雹锋(或阵风锋).雹锋的抬升作用促进了风暴右前方新的对流单体形成,老单体不断在左后侧消亡,使风暴整体如传播似地前进.由于上升气流向风暴后方倾斜,雹块通过前几个单体时逐渐增大,最后在云后部下降.但其中形成的小冰雹将落入云下部的下沉气流中,不利于冰雹的再循环增长.

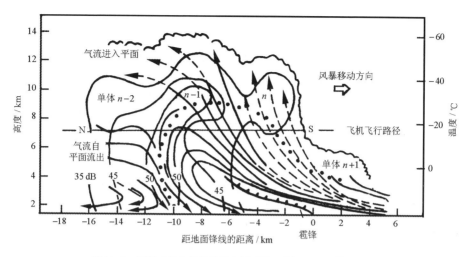

图 11.5　传播式单体风暴云垂直剖面图（引自 Chalon 等,1975）

2. 超级单体风暴

超级单体风暴是世界上许多地方都可观测到的强冰雹云.这种云是由一个庞大的单体构成,尺度可达 50 km,高度达 18 km 以上,曾观测到其寿命长达 7~8 h.单体相对于环境风向右前方移动,移动中云体自身做新陈代谢演化.超级单体风暴的特征是上升气流具有明显的旋转,这种旋转使得在上升气流内形成中尺度低压,所以超级单体风暴是很猛烈的.

图 11.6 是美国冰雹研究试验计划观测到的著名强风暴个例——Fleming 风暴的垂直结构剖面图,此超级单体风暴于 1972 年 6 月 21 日发生在科罗拉多州.它由一对上升、下沉气流组成.上升气流由右前侧进入倾斜上升,速度随高度的增加而加大,在中上部达极大值,尔后随高度下降.在高层随高空风拉出云砧.由云后部来的冷空气与降水拖带形成下沉气流.下沉气流在近地气层扩展,一部分进入上升气流区下方,在地面附近向右侧扩展开来而形成一条小型冷锋(或飑锋).在此冷锋上面,风暴前面较暖的空气被抬升而形成上升气流.超级单体内持久的上升气流中的空气,似乎比由断续的浮生热力泡组成的上升气流更少受到混合和冲淡,因此可以被强烈加速,致使在特别不稳定的层结条件下,云顶可以突破对流层顶而深深插入平流层.

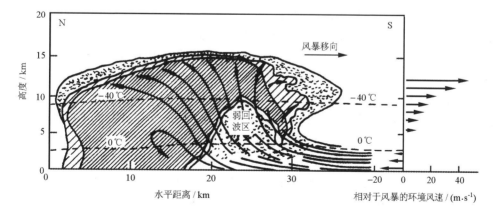

图 11.6　Fleming 风暴在 16:30~16:40 时的垂直剖面图(引自 Browning 等,1976)

图中阴影区是雷达回波区,可看出在云的前部有强的悬垂回波,在其下为弱回波区,称为穹窿.弱回波区与最强的上升气流位置一致,这是由于上升气流太强,云滴来不及在此区域内增长到雷达能探测的大小,其上空的降水质点也不能落入此区域而形成的.弱回波区的后方为直立或略有倾斜的回波,称为回波墙,这是由大的雨滴和冰雹造成的.

超级单体风暴中,上升气流具有明显的扭转;而多单体风暴中,有一个统一的垂直环流,进入和离开的上升气流几乎都在同一平面上.这是两者结构上的最主要区别.

11.2.3　层状云宏观特性

除直展云以外的云,都可称为层状云.它们的宏观特征与对流云相比有着显著的区别.首先,层状云水平尺度一般为 $10^2 \sim 10^3$ km,比垂直尺度约大 $1 \sim 2$ 个数量级,$L \gg H$;寿命也比对流云长得多,如对于与天气系统相联系的层状云,其生命史常在一周以上.

层状云的形成过程与大范围的有规则的上升气流运动或大范围不规则的扰动有关,前一种形成锋面气旋云系(图 11.2),包括卷云、卷层云、高层云、雨层云等,自上而下由冰晶、冰晶和过冷水滴、水滴所组成;后一种云系包括高积云、层积云、层云等.因为大范围的层状云主要产生在大气层结比较稳定的条件下,所以其上升气流速度较小,最大不超过每秒几十厘米.而层状云中湍流场的特点是:一般云下湍流最强,理查森数 Ri 最低,云上比云下的 Ri 大 $20 \sim 40$ 倍.

层状云温度场的特征是:云的上部或顶部有一逆温阻滞层存在,云内温度梯度接近于湿绝热减温率.而积云的层结却常常大于湿绝热减温率,二者是不同的.

层状云中的含水量接近于绝热含水量,较冷的层状云更是如此,看来层状云的内外混合作用不强烈.一般层状云中的含水量比积状云少一至两个数量级,即 $10^{-2} \sim 10^{-1}$ g·m^{-3},分布的高度也不相同.积状云含水量最大值区域是在云的上半部,而在 Ns-As 层状云系内,最大值在云的下半部.

云中含有的总水量常用可降水量的多少来衡量,可降水量即单位面积的整个云柱体内所含液(固)态水总量,以水层厚度表示.层状云中的可降水量较小,例如我国南岳观测的层积云中的总含水量仅约 $0.02 \sim 0.1$ mm.

11.2.4　卷云的宏观特征

卷云是指那些由冰晶组成的层状、钩状、带状或纤维状的高云.它们是在全球范围内最经常出现的云型之一.探测指出,全球平均卷云覆盖量在 20％～50％ 之间,与季节和地理位置有关.因此卷云在全球热量收支中起着重要作用,在现代气候模式中需要知道它们的高度和冰水含量等参数.此外,在卫星和航天飞机进入大气层、天文观测、商业飞行以及通信系统等方面也都需要关于卷云的知识.

卷云的宏观特征是指它的厚度、云中心高度、水平范围等.现在已有许多技术可用来确定卷云的高度和厚度,但就某一固定地点而言,激光雷达测量最为精确.综合其他测量技术的结果,人们倾向于认为卷云的典型厚度为 1.5 km.卷云高度受对流层顶高度限制,可以认为典型的卷云中心高度约为当地对流层顶高度的 3/4 左右.表 11.4 为 SAGE[①] 给出的按纬度分布的卷云高度.纬度较高时,其高度较低.

---

① SAGE 即 The Stratospheric Aerosol and Gas Experiment Program 的缩写.

表 11.4 SAGE 测量的卷云高度

纬　　度	平均海拔高度/km	纬　　度	平均海拔高度/km
65°N	7.0	5°S	13.5
55°N	8.2	15°S	12.0
45°N	9.5	25°S	10.3
35°N	9.7	35°S	9.6
25°N	10.9	45°S	8.7
15°N	13.0	55°S	8.2
5°N	13.3	65°S	7.0

卷云的水平伸展通常要比其垂直尺度大得多,比如急流卷云可以横贯一些大陆而几乎不崩溃,但其最大厚度也不过几千米.

卷云的冰水含量已有许多人进行了测量,数值很分散,范围是 $10^{-4} \sim 1.2\,\mathrm{g \cdot m^{-3}}$,典型值为 $0.025\,\mathrm{g \cdot m^{-3}}$(Doling 等,1990). 在 Smith 等(1980)的工作中,钩卷云的冰水含量为 $0.15 \sim 0.3\,\mathrm{g \cdot m^{-3}}$,卷层云为 $0.01 \sim 0.2\,\mathrm{g \cdot m^{-3}}$,卷积云为 $0.4 \sim 0.5\,\mathrm{g \cdot m^{-3}}$.

11.2.5　降水的宏观特征

不同的天气过程、不同的地区和不同的季节,每次降水的降水时间、降水量、降水强度、降水面积等都有很大的变化. 一般来讲,一次降水时间是 $10^{-2} \sim 10^{1}\,\mathrm{h}$;一次降水量是 $10^{-2} \sim 10^{2}\,\mathrm{mm}$,10 min 降水量是 $10^{-1} \sim 10^{1}\,\mathrm{mm}$;降水面积是 $10^{0} \sim 10^{6}\,\mathrm{km^2}$.

云雾降水还有下面两个重要的特点:

(1) 对于一次降水,降水量一般大于云中总含水量. 这表示水汽不断由云底(侧)输入,液(固)态降水粒子不断形成、不断补充、不断降下,从而维持一场降水. 云中液(固)态水存在着有效更新次数,称为云中水分循环次数,常表示为

$$n = \frac{W_{降水}}{W_{云水}}, \tag{11.2.1}$$

这里 $W_{降水}$ 表示实际降到地面的降水量,$W_{云水}$ 表示云的可降水量. 按平均状况来看,以雨层云为主的暖锋云系,n 在 $4 \sim 40$ 之间;对积状云(例如我国湖南),n 在 $1.5 \sim 12$ 之间. 可见,在暖锋云系内的水分替换非常强烈,而对流云中水汽更新的速度虽然更快一些,但它存在的时间短,侧向混合及云中下沉所造成的水分蒸发强,故总的水分循环次数不一定更多.

(2) 对于一次降水,降水量一般小于入云水汽量. 这是因为夹卷、湍流作用使云内外水汽发生交换,云边界附近内外空气的混合也会引起云滴的蒸发而消耗大量的水分;此外,雨滴在下落过程中还要蒸发掉一些水分. 因此,输入云中的水分并不全以降水的形式分离出来. 降水效率定义为

$$\varepsilon = \frac{W_{降水}}{W_{入云}}, \tag{11.2.2}$$

这里 $W_{入云}$ 表示由上升气流输送入云的水汽经凝结形成的云中总液(固)态水量. 有人用此式计算大规模的层状云降水时,发现降水效率接近于 95%,而雷雨云却只有 20% 左右.

11.3　云雾降水的微观特征

云和降水是由大量离散的液态或固态粒子所构成的,包括云滴、雨滴、冰雪晶、雪花、霰、冰

雹等. 它们的微观特征主要指粒子的大小及其数密度(或称为浓度).

11.3.1 描述方法与尺度分布特征

在云雾降水微物理规律研究中,几乎所有的问题都涉及粒子尺度,所以粒子尺度是一个最基本的参量. 描述粒子大小最简单的是用直径或半径(理论计算中常用半径,实际测量时多用直径). 但除云雾滴和小雨滴外,其他水成物粒子都是非球形的,故精确描述粒子的尺度需要考虑粒子的形状. 对非球形粒子应使用多维尺度,或使用等效直径(例如体积等效直径),或使用粒子的最大尺度等.

在研究云和降水时,具有实际意义的是粒子群. 粒子群体需用尺度分布来描述,它是粒子大小和数密度的综合. 数密度的常用单位是个·cm^{-3},个·m^{-3}或个·dm^{-3}. 粒子的尺度分布既可用尺度档来描述,也可用谱分布函数来描述. 谱分布就是数密度随尺度的变化,常用在理论研究中.

1. 用尺度档描述粒子的尺度分布

在处理粒子尺度的实测数据时,通常需要把粒子尺度范围划分成一些相等或不等的间隔,然后统计每一间隔中的粒子数,再用直方图表示. 显然,如果尺度间隔较大,则必然会损失一些尺度分布的细节. 也可用累积分布来描述粒子群的尺度分布,即每一尺度档的累积分布规定为小于或等于这一尺度档的粒子数密度,而最后一个累积分布值指出总粒子数密度.

单位尺度间隔中的粒子数密度,常称为浓度. 设 r 为粒子半径,单位体积内第 i 档尺度间隔和数密度分别为 Δr_i 和 ΔN_i,则

$$n_i = \frac{\Delta N_i}{\Delta r_i} \tag{11.3.1}$$

表示第 i 档单位体积单位尺度间隔中的粒子数(个·cm^{-3}·μm^{-1}). 用直方图表示时,曲线下的面积正比于粒子数密度.

也可以使用对数尺度来表示半径,其优点是可以突出小粒子的分布特性. 这种非线性尺度常在粒子尺度覆盖范围达几个数量级时使用.

2. 数密度分布函数 $n(r)$

由(11.3.1)式,得第 i 档尺度间隔内的粒子数密度为

$$\Delta N_i = n_i \Delta r_i.$$

若任意选取尺度间隔 Δr,将使粒子的尺度分布难以互相比较. 为了避免混乱并保留粒子分布的全部信息,可以利用微分概念,定义

$$dN = n(r)dr,$$

其中 dN 表示$(r, r+dr)$范围内的粒子数密度,$n(r)$ 称为数密度分布函数(单位:个·cm^{-3}·μm^{-1}). $n(r)$ 也可表示为

$$n(r) = \frac{dN}{dr}. \tag{11.3.2}$$

(11.3.2)式两侧同样都表示粒子的分布,而 $\dfrac{dN}{dr}$ 更被经常使用.

当粒子尺度范围跨度大时,为突出小粒子的分布特性,常用 $\ln r$ 或 $\lg r$ 代替 r. 若以自然对数 $\ln r$ 或常用对数 $\lg r$ 做独立变量,将粒子数密度分布函数记为 $n_e(\ln r)$ 或 $n_o(\lg r)$,显然有

$$dN = n(r)dr = n_e(\ln r)d\ln r = n_o(\lg r)d\lg r, \tag{11.3.3}$$

因为 $\mathrm{d}\lg r = \mathrm{d}\ln r/2.303 = \mathrm{d}r/(2.303r)$，由此可得不同变量尺度分布间的联系：

$$n_o(\lg r) = 2.303 r n(r) \tag{11.3.4}$$

及

$$n_e(\ln r) = r n(r). \tag{11.3.5}$$

根据 $n(r)$ 可以很容易得出粒子总数密度 $N = \int_0^\infty n(r)\mathrm{d}r$ 以及单位体积中粒子的总质量和总体积等量.

3. 尺度分布特性

概括粒子谱分布特性最常用的是平均和方差. 连续分布时，单位体积中粒子群平均半径 $\bar{r}$ 及方差 σ^2 可分别写为

$$\bar{r} = \int_0^\infty r n(r)\mathrm{d}r \Big/ \int_0^\infty n(r)\mathrm{d}r = \frac{1}{N}\int_0^\infty r n(r)\mathrm{d}r, \tag{11.3.6}$$

$$\sigma^2 = \int_0^\infty (r-\bar{r})^2 n(r)\mathrm{d}r \Big/ \int_0^\infty n(r)\mathrm{d}r = \frac{1}{N}\int_0^\infty (r-\bar{r})^2 n(r)\mathrm{d}r. \tag{11.3.7}$$

还有其他一些常用的平均值，选其代表性的列在下面：

(1) 众数半径 r_c. r_c 表示数密度分布的局地最大值，定义为

$$\left[\frac{\mathrm{d}n(r)}{\mathrm{d}r}\right]_{r_c} = 0; \tag{11.3.8}$$

(2) 中值半径 r_{med}. r_{med} 定义为

$$\int_0^{r_{\mathrm{med}}} n(r)\mathrm{d}r = \frac{1}{2}N; \tag{11.3.9}$$

(3) 体积平均半径 r_V. r_V 定义为

$$r_V^3 = \frac{1}{N}\int_0^\infty r^3 n(r)\mathrm{d}r; \tag{11.3.10}$$

(4) 有效半径 r_e. r_e 定义为

$$r_e = \frac{\displaystyle\int_0^\infty r^3 n(r)\mathrm{d}r}{\displaystyle\int_0^\infty r^2 n(r)\mathrm{d}r}. \tag{11.3.11}$$

谱分布特征也可以用谱宽来说明，它表示样本中直径最大值和最小值之差. 云滴谱的特性不仅能反映出云的性质和发展阶段，对于判断云能否形成降水也是重要的.

11.3.2 云雾滴谱分布

通常将云中半径小于 $100\,\mu\mathrm{m}$ 的小水滴称为云滴，习惯上又将其中半径处于 $50\sim100\,\mu\mathrm{m}$ 之间的云滴称为大云滴(有人将 $r>25\,\mu\mathrm{m}$ 的云滴称为大云滴)；将半径大于 $100\,\mu\mathrm{m}$ 的水滴称为雨滴. 不同地区、不同云型或同一云型的不同发展阶段，云中水滴的尺度大小和数密度都不同，而且不同尺度水滴的下落速度也不同. 图 11.8 给出了云和降水粒子尺度、数密度和下落速度 v_w 的一般概量.

各种云雾中云(雾)滴的大小有着很大的差别. 一般说来，雾滴要比云滴小得多，在雾形成或消散时期更小，半径可以小于 $1\,\mu\mathrm{m}$. 在比较稳定、维持时间较长的地面雾中，雾滴半径要大一些，平均半径不到 $10\,\mu\mathrm{m}$. 层状云的云滴也只有 $5\sim6\,\mu\mathrm{m}$，积状云中云滴较大，发展强盛时在

$10\sim 20\ \mu m$ 左右,甚至数十微米.但晴天积云中云滴大小与层状云接近.与雾滴相似,云滴大小也随着云的发展有很大的变化,例如曾观测到积状云发展时平均云滴半径在 10 min 内由几微米增大到十微米左右的情况.

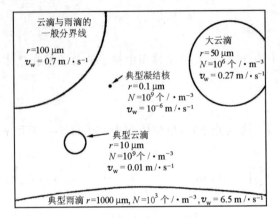

图 11.8　雨、云滴的尺度、数密度及下落速度的概量示意图
(McDonald,1958;转引自 Wallace and Hobbs,1977)

层状云和积状云的云滴数密度也不相同.在雾和层状云中数密度大一些,平均可以达到 $10^2\sim 10^3$ 个·cm^{-3}.在积云里,云滴数密度要小一些,每立方厘米只有几十或几百个.另外,大陆性云比海洋性云的数密度要高.

云中各种大小云滴的数密度分布称为云滴谱,不同云型的云滴谱差异较大.一般地,积状云比层状的谱型宽.在同一云型的不同发展阶段及同一块云的不同高度,其谱型和谱宽也都有差别.图 11.9 给出了各类云的平均谱谱型.可以看出,对流强的浓积云的云滴谱较宽,云滴数密度较小而尺度较大.

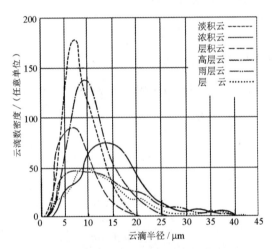

图 11.9　各种云平均滴谱谱型(Diem,1948;转引自 Mason,1971)

云雾滴谱分布函数 $n(r)$ 的具体数学表达式,来自于对实测资料的数学拟合.通过对大量实测资料的分析可知,当尺度取线性坐标时,谱型大多是随着尺度的增大而很快上升,达到极大值后,再随着尺度的增加而缓慢下降.这样一种谱型常用下列的分布函数来拟合.

1. 修正的 Γ 分布函数

若用函数 $n(r)=re^{-br}$ 拟合云滴谱,其极大值在 $r=b^{-1}$ 处,但在半径小的一边变化下降缓慢,与观测资料不符,而用半径的幂指数作自变量,则可以很好地拟合云滴谱.Deirmandjian (1969)在研究散射问题时提出云雾降水粒子可用下列函数形式表达:

$$n(r)\mathrm{d}r=ar^{\mu}\exp(-br^{\nu})\mathrm{d}r,\qquad (11.3.12)$$

粒子总数密度

$$N=\int_{0}^{\infty}n(r)\mathrm{d}r=\frac{a}{\nu}b^{-\frac{\mu+1}{\nu}}\Gamma\left(\frac{\mu+1}{\nu}\right).\qquad (11.3.13)$$

因(11.3.13)式含有 Γ 函数,故(11.3.12)式称为修正或变形的 Γ 分布函数.从(11.3.12)式可见, $n(r)$ 有 a,b,μ 和 ν 四个控制参数,它们都是正数,且互相制约.适当调节它们的值,可以拟合不同谱型的云、雨滴谱(参见表 17.3).

2. 赫尔基安-马津公式

修正的 Γ 分布函数需要调节的参数较多,实际使用有时不太方便.云物理学中还广泛使用赫尔基安-马津(Хргиан-Мазин)公式:

$$n(r) = ar^2 e^{-br}. \tag{11.3.14}$$

它实际上是(11.3.12)式中令 $\mu=2,\nu=1$ 的结果.其优点是只有两个控制参数 a 和 b,它们都有特定的物理意义.令 N 和 $\bar{r}$ 分别表示云滴总数和平均半径,有

$$N = \int_0^\infty n(r)\mathrm{d}r = \frac{2a}{b^3}, \tag{11.3.15}$$

$$\bar{r} = \frac{1}{N}\int_0^\infty rn(r)\mathrm{d}r = \frac{3}{b}. \tag{11.3.16}$$

单位体积云中液态水总量 q_w 可写为

$$q_w = 10^{-6}\left(\frac{4}{3}\pi\right)\rho_w\int_0^\infty r^3 n(r)\mathrm{d}r = \frac{160}{b^6}\pi\rho_w a, \tag{11.3.17}$$

这里 ρ_w 为水的质量密度($\mathrm{g\cdot m^{-3}}$), q_w 以 $\mathrm{g\cdot m^{-3}}$ 为单位, $\bar{r}$ 以 cm 为单位.由上面三式中的任意两式联立均可确定参数 a 和 b,例如由(11.3.16)和(11.3.17)式得到

$$a \approx 1.45\times 10^{-6}\left(\frac{q_w}{\rho_w \bar{r}^6}\right), \quad b = \frac{3}{\bar{r}}, \tag{11.3.18}$$

则由实测量 q_w 和 $\bar{r}$ 就确定了云滴谱的谱型.

需要说明的是,分布函数仅描述了滴谱分布的平均状况.因为滴谱分布随时间、地点、云型、云中不同部位以及云的不同发展阶段而不同,所以一次个别取样很可能会偏离这种分布.比如,锋面过境时或云发展旺盛阶段,常可以观测到滴谱是双峰甚至多峰分布,这时需使用上述函数做分段拟合,有的谱段也可用负幂指数拟合.

11.3.3 冰雪晶微观特征

当云温低于 0℃ 时可以形成冰晶.当冰晶与云中过冷水滴共存时,由于冰面饱和水汽压低于同温度下水面饱和水汽压,则冰晶会获得优势增长.这个过程是通过水汽扩散并在冰面上的沉积而进行的.通过这个机制而长大的冰粒子通常称为雪晶.习惯上常以线性尺度 $300\ \mu\mathrm{m}$ 作为冰晶和雪晶的分界线.冰粒子也可以通过与其他冰晶碰并而长大,即所谓的丛集(cluming)过程.雪晶聚集体常称为雪花.此外,冰晶也可以通过与过冷水滴的碰冻过程而长大,即所谓的凇附(riming)机制.冰晶的凇附过程可以生成白色不透明的软雹,又称为霰粒或雪丸.由冰晶或冻滴也可凇附生成半透明的冰丸,又称为小雹粒,也可以由冻滴或融化的雪晶或雪花再冻结而生成坚实而透明的冻雨.

1. 形状

冰晶的基本形状是对称的六角棱柱状,即有 2 个基面和 6 个棱晶面.在通过水汽扩散和沉积机制生长的过程中,由于受环境温、湿特性的调制,结果会产生各种形状的冰雪晶.图 11.10 给出 9 种典型的冰雪晶形状.

实验室研究已表明,在不同的温、湿条件下,沿垂直于基面和棱晶面的生长率不同.在大的

(a) 板状　　(b) 枝状　　(c) 宽枝冰晶　　(d) 实心柱状　　(e) 空心柱状

(f) 鞘状　　(g) 子弹状　　(h) 玫瑰状（子弹状聚合体）　　(i) 针状聚合体

图 11.10　冰雪晶的主要形状(Nakaya,1954;转引自 Pruppacher,1978)

冰面过饱和度条件下,随着温度的下降,冰雪晶形状经历着板状→柱状→板状→柱状的周期变化,形状转换温度分别是-4℃,-9℃和-22℃.在较小的冰面过饱和度条件下,形状的周期变化为短柱状→厚板状→短柱状,转换温度分别为-9℃和-22℃.在接近和等于冰面饱和时,冰晶形状不再随温度而变化,呈一厚的六角板状,高与直径比为 0.81.图 11.11 综合了许多实验室关于冰晶形状随温度和过饱和度变化的实验结果,而综合云中观测的冰晶形状随温、湿变化的资料表示在图 11.12 中.比较图 11.11 与图 11.12,可以发现实验结果与云中实际观测基本一致.

　　既然水汽扩散机制下增长的冰晶形状受控于环境的温、湿条件,可以想象,如果在某一特定温、湿环境下增长的冰晶突然落入新环境,并在新环境中继续增长,则其新的形状将是在原来形状上的叠加,故而可以生成各种不同形状的冰晶,如板柱状等.

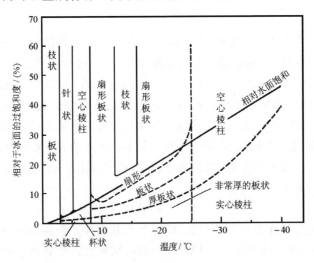

图 11.11　冰雪晶形状随温度和过饱和度的变化(实验室)(引自 Mason,1971)

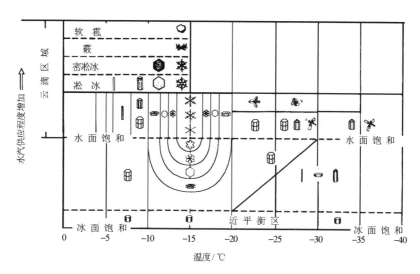

图 11.12 冰雪晶形状随云中温、湿条件的变化(Magono,1980;转引自 Pruppacher,1978)

2. 冰雪晶的尺度和密度

由于冰晶是非球形粒子,故在实际测量时人们常用一些特定的尺度来描述,例如,对板状冰雪晶,以 D 表示直径和以 h 表示厚度;对柱状冰晶,以 D 表示宽度而以 L 表示长度.柱状冰晶的长度和板状冰晶的直径范围在 $10~\mu m$ 和 $1~mm$ 之间,最大可达几毫米.进一步的观测表明,对水汽扩散增长的冰雪晶存在着一定的尺度关系,如表 11.5 所示.

表 11.5 不同冰雪晶类型的尺度关系(引自 Heymsfield 等,1984)

	冰雪晶类型	尺度关系/cm
板状	六角板状	$h=1.41\times10^{-2}D^{0.474}$
	扇瓣冰晶	$h=1.05\times10^{-2}D^{0.423}$
	实心厚板	$h=0.138D^{0.778}$
柱状	单体冰针	$D=3.0487\times10^{-2}L^{0.61078}$
	长实心柱	$D=3.527\times10^{-2}L^{0.437}$
	实心子弹状	$D=0.1526L^{0.7856}$ ($L\leqslant0.3~mm$)
	空心子弹状	$D=0.0630L^{0.532}$ ($L\geqslant0.3~mm$)

冰晶微结构的特点是有一定的生长框架,含有少量空气,甚至有些冰晶是空心的,因此大部分冰晶的密度小于冰的密度.表 11.6 给出了关于各种冰雪晶密度与尺度的关系.

表 11.6 各种冰雪晶的密度(引自 Heymsfield 等,1984)

	冰雪晶类型	密度 $\rho_i/(g\cdot cm^{-3})$
板状	六角板状	$\rho_i=0.9$
	平板枝状	$\rho_i=0.656D^{-0.627}$ ($D\geqslant0.7~mm$)
	枝状和宽臂星状	$\rho_i=0.588D^{-0.377}$ ($D\geqslant0.3~mm$)
	窄臂星状	$\rho_i=0.46D^{-0.482}$ ($D\geqslant0.24~mm$)
柱状	冷区柱状	$\rho_i=0.65L^{-0.0915}$ ($L\geqslant0.08~mm$)
	暖区柱状	$\rho_i=0.848L^{-0.014}$ ($L\geqslant0.014~mm$)
	子弹状	$\rho_i=0.78L^{-0.0038}$ ($L\geqslant0.1~mm$)

311

3. 冰晶数密度和冰晶谱

观测发现,云中冰晶数密度通常处于 $10\sim50$ 个·dm^{-3}. 云顶温度越低数密度越大. 云中冰晶数密度常大于冰核数密度,在成熟的对流云中,特别是在海洋性积云中,冰晶数密度可以很高,达到 10^{2} 个·dm^{-3}. 这也许与冰晶的繁生过程有关. 表 11.7 给出了一些冰云中冰晶数密度的观测值.

表 11.7　冰云中的冰晶数密度(引自 Smith 等,1980)

云　类	钩状卷云	卷层云	浓积云	密卷云	极地层云	薄卷云	砧状积雨云
数密度/(个·dm^{-3})	$25\sim500$	200	$0.005\sim0.1$	0.5	$0.004\sim0.3$	$100\sim1000$	200

已有许多人研究过冰晶谱. A. J. Heymsfield 等(1984)使用 $1973\sim1975$ 年气象飞行时在云底高于海拔 3 km,云底温度低于 $-20\,℃$ 的云中所得到的资料,以 $5\,℃$ 为温度增量,从 $-60\sim-20\,℃$,得到了 8 组平均卷云粒子谱,分别示于图 11.13(a)和图 11.13(b),图中横坐标是冰晶最大尺度 $D_{\max}$. 从图中可以发现尺度谱的形状与温度之间关系的一般特点. 由图(b)看出,对于 $20\sim200\,\mu m$ 尺度的冰晶,在温度 $-40\sim-20\,℃$ 范围内,冰晶数密度分布曲线相当类似;而在温度更低时,数密度分布曲线虽然也类似,但冰晶数密度却低得多. 从图(a)和图(b)可以看出,所得曲线服从幂指数规律:

$$n(D_{\max}) = AD_{\max}^{B}, \tag{11.3.19}$$

这里 $n(D_{\max})$ 为数密度分布函数,单位为个·m^{-3}·μm^{-1},A 和 B 分别是截距和斜率,$D_{\max}$ 取冰晶的最大尺度(因粒子非球形),单位为 μm.

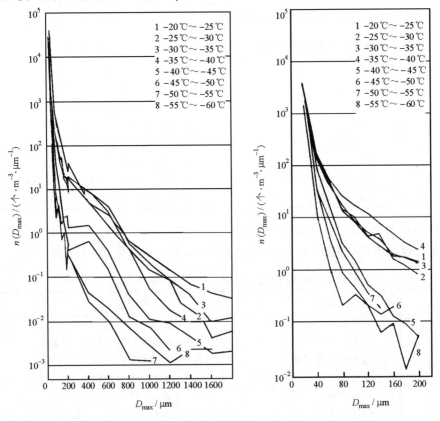

图 11.13　卷云的冰晶谱分布与温度和最大尺度的关系(引自 Heymsfield 等,1984)

11.3.4 降水粒子的谱分布

1. 雨滴

雨滴在空气中降落时,其形状由大小决定.半径小于 $140\ \mu m$ 的雨滴可认为是球形.随着尺度的增加,雨滴逐渐变成椭球体和平底椭球体,当半径大于 5 mm 时,甚至会破碎.所以通常以等效直径(同体积球所具有的直径)D_0 来描述其大小,其尺度分布函数则可写为 $n(D_0)$.不过为简便计,习惯上仍以 D 表示 D_0.

许多因子可以影响降雨的谱型,例如上升气流、云下雨滴的蒸发与碰并等,特别易使小粒子端谱型发生变化.尽管如此,大量观测表明,雨滴谱一般服从负指数分布,使用最广泛的是马歇尔-帕尔默(Marshall-Palmer)指数分布(简称为 M-P 分布):

$$n(D) = n_0 \exp(-\Lambda D). \qquad (11.3.20)$$

(11.3.20)式也可看成是修正的 Γ 分布函数(11.3.12)中令 $\mu = 0, \nu = 1$ 的结果.在对数坐标中,n_0 是截距,反映数密度大小;Λ 是斜率,反映不同的谱型.通常令 $n_0 = 8 \times 10^3$ 个·m^{-3}·mm^{-1},斜率因子 $\Lambda = 4.1 I^{-0.21}$,其中 I 是雨强(以 mm/h 为单位).雨强(或称降水率)I 是指通过一水平面上的降水通量密度,用水的体积通量来确定,其单位为 $cm^3 \cdot cm^{-2} \cdot s^{-1} = cm \cdot s^{-1}$,通常用 mm/h 来表示.雨强和雨滴谱 $n(D)$ 的关系是

$$I = \frac{1}{6} \pi \times 10^{-4} \int_0^\infty D^3 n(D) v_r(D) \mathrm{d}D, \qquad (11.3.21)$$

式中 v_r 是雨滴降落末速度,以 $m \cdot s^{-1}$ 为单位,$n(D)$ 以 个·m^{-3}·mm^{-1} 为单位,D 以 mm 为单位.此式既可用于雨,也可用于雪.如有上升气流 w,则(11.3.21)式中的 v_r 应代之以 $v_r - w$.地面上雨强的变化很大,可以从微量到每小时几百毫米.超过 25 mm/h 的雨强通常都是在对流云时出现的.

虽不是所有雨滴谱都具有简单的指数函数形式,但按(11.3.20)式,只要在半对数坐标中雨滴谱呈一条直线,便可用指数分布拟合.当然,对不同性质和不同时间、不同地点的降水,Λ 和 n_0 的数值会有所不同.M-P 分布是马歇尔和帕尔默根据在加拿大渥太华夏季的观测资料首先提出的,采用他们的 Λ 和 n_0 值,对中纬度大陆稳定性降水一般可以得到接近实况的结果.

上述 M-P 谱分布中,斜率因子 Λ 是唯一的参数,称为单参数模式,由一个宏观量就可确定 Λ,从而确定谱分布,比较简单.但单参数模式有缺点,例如 n_0 的变化很大,有时一次降水中就可能变化 3 个数量级.许焕斌等(1985)和胡志晋等(1987)提出了"双参数模式",即 n_0 和 Λ 都由实测量确定,并在后来的层状云、积雨云和冰雹云的数值模拟中广泛使用.由于有两个参数,就需要有两个实测量,例如含水量和总数密度才能确定雨滴谱型.

2. 雪花

在一定条件下,雪晶通过碰并可以形成雪花.在这种聚合过程中,气温和冰雪晶形状起着主导作用.观测指出,在 0℃ 附近,雪花出现概率最高,尺度也最大.随着温度的下降,在 -15℃ 附近有第二个极大值存在.除温度外,雪花尺度也受冰雪晶形状的影响.例如,枝状冰晶容易聚合,而柱状和针状则较困难.最大雪花直径可达 15 mm,但大部分在 2~5 mm 之间.

雪花尺度关系类似于降雨的 M-P 分布,耿恩(Gunn)和马歇尔(1958)提出以下关系式:

$$n(D_0) = n_0 \exp(-\Lambda D_0), \qquad (11.3.22)$$

这里 $\Lambda = 25.5 I^{-0.48}$,$n_0 = 3.8 \times 10^3 I^{-0.87}$,$D_0$ 是雪花融化成水滴的等效直径,以 mm 为单位,I

是降水率,单位是 mm/h,以积雪融化后相应的水层厚度表示.

3. 冰雹

冰雹的形状多种多样,有球形、椭球形、锥形、扁圆形和无规则的形状等.小冰雹普遍近于球形,大冰雹则是非球形.其尺度最小的不足 1 mm,最大的可超过 10 cm.按尺寸和结构可将冰雹分成三类:

(1) 霰(软雹).霰是白色、透明,直径大约为 6 mm 的圆球形或锥形的冰粒.它基本上是由各自冻结的小云滴集合在一起而成的.密度小,与坚硬表面相碰时会破碎.

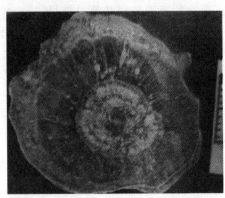

图 11.14 冰雹切片
上图为透射光,下图为偏振光
(引自杨颂禧,中国大百科全书(大气科学),1987)

(2) 冰丸(小雹、冰粒).冰丸是透明或半透明的冰,直径几毫米,呈球形、椭球形、锥形或无规则形状等.它可以是冻结雨滴或霰外面包一层薄冰壳.这层冰可以是捕获小滴冻结而成,或是霰部分融化再冻结而成.

(3) 冰雹.冰雹是直径在 5 mm 以上的冰球、冰块,其形状多样,有球形、椭球形、锥形、扁圆形、无规则形状等,大小不一.中等强度的风暴可产生直径为几厘米的冰雹,而一个很强盛的风暴能产生 10 cm 乃至更大的冰雹.冰雹的密度在 0.9 g/cm³ 左右,与透明冰相差无几.从冰雹剖面可看出,它常呈透明与不透明相间的多层结构,在雹块中心有构成雹的初始胚胎,它们可以是软雹、小雹或冻滴.图 11.14 为显微镜下用透射光(上图)和偏振光(下图)观察的冰雹切片,可清晰看到冰雹的分层结构和冰核,以及单体冰晶的大小排列(参见封面彩图).

Ludlam 和 Macklin(1959)发表了一个从特别强烈风暴中降落下来的直径从 0.7～8.5 cm 不等的冰雹尺度谱.后来 Atlas 和 Ludlam(1961)对此云中冰雹的空间数密度 N 拟合了一个指数函数式:

$$N(r)\mathrm{d}r = N_0 \exp(-\Lambda r)\mathrm{d}r, \qquad (11.3.23)$$

式中 $N_0 = 8 \times 10^{-5}$ 个·cm⁻⁴,$\Lambda = 4.54$ cm⁻¹.

习　题

1. 两质量相等的空气团在 1000 hPa 大气压下作等压混合,混合前各自温度和相对湿度分别为 300 K,90%;275 K,80%.问:所生成雾的比含水量为多少?

2. 饱和湿空气由 1000 hPa,283 K 绝热上升到 850 hPa,问:液态水含量为多少?

3. 云层范围由 800 hPa 扩展到 600 hPa.已知 800 hPa 处温度为 5℃,比湿为 6.8 g·kg⁻¹;600 hPa 处温度为 -8℃,比湿为 3.5 g·kg⁻¹.设平均液态水含量为 0.5 g·kg⁻¹,云中各处温度垂直递减率相同.估算:
   (1) 云中最大可降水量;
   (2) 若云中上升气流为 1 m·s⁻¹,在稳定情况下 6 h 的最大可降水量.
   (提示:可降水量即单位截面垂直气柱中的水汽总量.)

4. 热力泡在浮升过程中,假定总浮力(体积×单位体积浮力)为常数.泡半径在上升过程中随高度呈线性变化.证明上升速度 $w \propto z^{-1}$,上升高度 $z \propto t^{1/2}$.

5. 积雨云中,500 hPa 高度上温度为 293 K,含水量为 3 g · m^{-3},计算单位质量空气所受水滴下落的拖曳力.

6. 求用下列公式表示的云滴谱特征量:

 (1) $n(r) = n_0 e^{-2br}$,其中 r 是水滴半径,b 为待定参数,求平均半径;

 (2) Best 公式如下:$1 - F = e^{-\left(\frac{r}{a}\right)^b}$,其中 a, b 为待定参数,F 是半径小于 r 的水滴的比含水量,求谱分布函数 $n(r)$;

 (3) 设 $n(r) = Ar^2 \exp\left(-\dfrac{r^2}{b}\right)$,其中 A, b 为待定参数,求体积分布函数 $n(V)$.

7. 若以 M-P 分布表示雨滴谱,当 n_0 确定时,分别用总雨滴数密度 N 和雨水含水量 Q_r(g · m^{-3})确定参数 Λ.

参 考 文 献

[1] 顾震潮. 云雾降水物理基础. 北京:科学出版社,1980.

[2] 胡志晋,何观芳. 积雨云微物理过程的数值模拟(一)微物理模式.《气象学报》,Vol. 46, No. 1,28~46,1987.

[3] 许焕斌,王思微. 一维时变冰雹云模式研究(一),反映雨和冰雹谱的双参数演变.《气象学报》,Vol. 43,No. 1,13~25,1985.

[4] 王永生等. 大气物理学. 北京:气象出版社,1987.

[5] Browning K A and G B Foot. A Airflow and Hail Growth in Supercell Storms and Some Implication for Hail Suppression. Quart. J. Roy. Met. Soc. Vol. 102,499~533,1976.

[6] Byers H R and R R Braham. The Thunderstorm,Report of the Thunderstorm Project. Washington, U. S. Govt. ,1949.

[7] Deirmandjian D. Electromagnetic Scattering on Spherical Polydispersions. American Elsevier,New York,1969.

[8] Doling D R, et al. A Summary of the Physical Properties of Cirrus Clouds, J. Appl. Mete. ,Vol. 29, 970~978,1990.

[9] Eagleman J R. Meteorology,Wadsworth Publishing Company,1985.

[10] Heymsfield A J, et al. A Parameterization of the Particle Size Spectrum of Ice Clouds in Terms of the Ambint Tempeerature and the Ice Water Content. J. Atmos. Sci. ,Vol. 41,No. 5,846~855,1984.

[11] Mason B J. The Physics of Clouds. Oxford University Press,1971.
中国科学院大气物理研究所译.《云物理学》(中译本). 北京:科学出版社,1978.

[12] Pruppacher H R and J D Klett. Microphysics of Cloouds and Precipitation,Published by D. Reidel Publishing Company,1978.

[13] Rogers R R. 云物理学简明教程(中译本). 周文贤等译. 北京:气象出版社,1983.

[14] Smith E A, et al. The Development of a Multispectral Radiative Signature Technique for Estmation of Rainfall From Satellites. Ice Cloud Microphysics,1980.

[15] Wallace J M and P V Hobbs. Atmospheric Science,Academic Press,1977.
王鹏飞等译. 大气科学概观(中译本). 上海科学技术出版社,1981.

第十二章 云雾降水形成的微物理过程

本章将研究云雾降水粒子的生成、增长,直到形成降水粒子的各种过程,这些内容构成了云雾降水物理学理论的微物理部分.

首先讨论的是初始云滴和冰晶是如何产生的.云滴和冰晶不能由原来的相态(水汽、过冷水滴)连续演变过来,而是首先在母相中生成新相的胚胎,而后这些胚胎在适宜的条件下再长大成新相的粒子.这种产生新相胚胎的过程称为核化.

云雾粒子长大成降水粒子的过程受多种因子的综合作用,目前公认的有两种重要增长机制,即凝结增长和碰并增长.这是本章的重点.

降水是多种因子起作用的复杂物理过程,它涉及云的微物理过程和宏观动力过程.本章仅从降水粒子的形成、增长、破碎和蒸发的微物理过程来讨论自然降水的机制问题.

12.1 云粒子的均质核化

假如空气非常纯净,没有杂质和离子,则凝结或凝华过程只能靠水汽分子自身聚合才能实现,这就是均质核化过程.云滴的均质核化出现在过饱和水汽中,冰粒子的均质核化出现在0℃以下的过饱和水汽中或过冷却水滴中.

12.1.1 云滴均质核化和开尔文方程

在相变过程中,新相的出现依赖于亚稳相(例如过饱和水汽、过冷水)中的密度起伏.在局部区域,一些分子可聚集成分子团(常称为胚胎或胚团),这些分子团存在一段时间后破裂或又回到分子状态.同时,这些分子团也可能与单分子或分子团相互结合.对于由水汽到水滴的这种相变过程,系统自由能的变化是由于:① 体积自由能的变化;② 增加了表面自由能.因此,在等温、等压条件下,生成一个水滴胚胎时吉布斯函数(或称吉布斯自由能)的变化为

$$\Delta G = (\mu_1 - \mu_v)\mathrm{d}n + \sigma \mathrm{d}A, \tag{12.1.1}$$

式中 μ_1 和 μ_v 分别表示液相和气相物质的化学势(1 摩[尔]物质的吉布斯函数),当 $\mu_v = \mu_1$ 时,表示气-液系统处于相变平衡状态,$\mu_v > \mu_1$ 表示过饱和,$\mu_v < \mu_1$ 表示未饱和.$\mathrm{d}n$ 表示参与相变物质的摩尔数,$\mathrm{d}A$ 表示表面积的增加,σ 表示水的单位表面积自由能(即表面张力系数).由热力学可知,物体是在温度和压强不变的情况下、对于各种可能的变动有 $\mathrm{d}G = 0$,即平衡态的吉布斯函数最小.

若令 g 表示参与相变的分子数,则 $\mathrm{d}n = g/N_A$,N_A 为阿伏伽德罗常数.$\mathrm{d}A$ 与 g 有如下关系:设"小液滴"的半径为 r,一个水分子的体积(2.99×10^{-29} m³)为 V_w,则有 $\frac{4}{3}\pi r^3 = V_w g$,显然 $r \propto g^{1/3}$,于是有 $\sigma \mathrm{d}A = 4\pi\sigma r^2 = \alpha g^{2/3}$,$\alpha$ 为比例系数.则(12.1.1)式可写成 ΔG 和参与相变分

子数 g 的函数关系:

$$\Delta G = \frac{(\mu_l - \mu_v)g}{N_A} + \alpha g^{2/3}. \qquad (12.1.2)$$

$\Delta G \propto g^{2/3}$ 的变化见图 12.1 中的曲线①. 对于过饱和情形,因右边第 1 项为负,故 ΔG 随 g(或 r)的变化存在一个极大值(图 12.1 中曲线②). 令与极大值对应的 g 和 r 分别记为 g^* 和 r^*,则由 ΔG 对 g 求导并令其为零,可得

$$\mu_v - \mu_l = \frac{2}{3}\alpha g^{*-1/3} N_A = \frac{2\sigma V_w N_A}{r^*} = \frac{2\sigma M_w}{\rho_w r^*},$$
$$(12.1.3)$$

于是

$$r^* = \frac{2\sigma M_w}{\rho_w(\mu_v - \mu_l)}, \qquad (12.1.4)$$

式中 M_w 为水的摩尔质量,ρ_w 为水的质量密度. g^* 和与之对应的 r^* 分别称为"水滴胚胎"的临界分子数和临界半径.

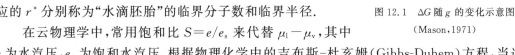

图 12.1　ΔG 随 g 的变化示意图
(Mason,1971)

在云物理学中,常用饱和比 $S = e/e_s$ 来代替 $\mu_l - \mu_v$,其中 e 为水汽压,e_s 为饱和水汽压. 根据物理化学中的吉布斯-杜亥姆(Gibbs-Duhem)方程,当过饱和水汽由状态 (e, T) 等温地转变到平衡态 (e_s, T) 时,化学势的变化为

$$\mu_v(e, T) - \mu_v(e_s, T) = R^* T \ln \frac{e}{e_s} = R^* T \ln S,$$

R^* 为普适气体常数. 因相变平衡时化学势相同,有 $\mu_v(e_s, T) = \mu_l(e_s, T)$,故上式可改写为

$$\mu_v(e, T) - \mu_l(e_s, T) = R^* T \ln S. \qquad (12.1.5)$$

将(12.1.5)式代入(12.1.4)式,得到

$$r^* = \frac{2\sigma M_w}{R^* T \rho_w \ln S} = \frac{2\sigma}{R_v T \rho_w \ln S}. \qquad (12.1.6)$$

将(12.1.5)式和(12.1.6)式代入(12.1.1)式,并注意到 $\mathrm{d}n = \frac{4}{3}\pi r^3 \frac{\rho_w}{M_w}$ 和 $\sigma \mathrm{d}A = 4\pi r^2 \sigma$,则可得

$$\Delta G^* = \frac{4}{3}\pi r^{*2}\sigma = \frac{16\pi M_w^2 \sigma^3}{3(\rho_w RT \ln S)^2}, \qquad (12.1.7)$$

即临界吉布斯函数等于临界胚胎表面自由能的 1/3. 从微观上来说,如果水滴胚胎尺度小于临界半径 r^*,因系统有自发地由非平衡态向平衡态转换的特性,随着 $\Delta G \to 0$,有 $r \to 0$,故此类水滴胚胎不会长大而最终趋于消失. 对于达到临界尺度 r^* 的水滴胚胎,则只要再捕获一个水汽分子,即可越过 ΔG^* 这个自由能障碍(临界吉布斯自由能),然后随着 $\Delta G \to 0$,r 变大,水滴胚胎可自发地长大而成为云粒子. 这个过程称为活化或核化过程. 这种自由能障碍正是亚稳相能够存在以及新相的出现必须通过成核过程的原因.

由平衡态的临界半径公式(12.1.6)可导出弯曲液面上平衡水汽压与温度和曲率的关系. 以 e_r 代表半径为 r 的水滴表面平衡水汽压,$e_s(T)$ 代表平液面上的饱和水汽压,有 $S = e_r/e_s$,则

$$\ln \frac{e_r}{e_s} = \frac{2\sigma M_w}{RT\rho_w r} = \frac{2\sigma}{R_v T \rho_w r}, \qquad (12.1.8a)$$

或

$$e_r = e_s(T)\exp\left(\frac{2\sigma M_w}{\rho_w RT}\frac{1}{r}\right) = e_s(T)\exp\left(\frac{2\sigma}{\rho_w R_v T}\frac{1}{r}\right), \qquad (12.1.8b)$$

式中平液面上的饱和水汽压 $e_s(T)$ 可由克劳修斯-克拉珀龙方程(2.2.7)得到. 此即为著名的汤姆孙(Thomson)公式, 又称开尔文(Kelvin)方程(因汤姆逊后被封为开尔文男爵而得此名). 由开尔文方程(12.1.8b)可以看到, 弯曲液面上的平衡水汽压高于同温度下平液面上的饱和水汽压, r 越小, 要求过饱和度越大.(12.1.8b)式可写为

$$e_r = e_s(T)\exp\left(\frac{C_r}{r}\right),\tag{12.1.8c}$$

其中 $C_r = \dfrac{2\sigma}{\rho_w R_v T}$, 只与水的特性有关. 若取 $T = 273$ K, $\sigma = 75.6 \times 10^{-3}$ N/m, $R_v = 461.5$ J·kg^{-1}·K^{-1}, 可计算得到 C_r 为 1.2×10^{-3} μm 数量级, 所以在 $r \gg 10^{-3}$ μm 时, 对指数项做泰勒展开并略去高次项, (12.1.8c)式可简化为

$$e_r = e_s(T)\left(1 + \frac{C_r}{r}\right),\tag{12.1.9}$$

括号中的 C_r/r 项可看做因水滴曲率而对平衡水汽压的修正. 水滴尺度越小, 曲率越大, 要求的平衡水汽压越高. 表 12.1 给出了平衡水汽压与水滴半径的计算结果.

表 12.1　平衡水汽压与水滴半径的关系

r/μm	0.001	0.01	0.1	1	10
$S = e_r/e_s$	3.23	1.125	1.012	1.0012	1.0001

12.1.2　核化率

单位时间、单位体积中形成活化核的数目称为活化率、核化率或成核率. 如果核化率很低, 就不会形成宏观上的云雾.

按统计物理学的玻尔兹曼分布律, 单位体积中具有临界半径 r^* 的水滴胚胎数为

$$n_g^* = n_0\exp(-\Delta G^*/kT),\tag{12.1.10}$$

这里 n_0 为饱和水汽条件下单位体积中水汽分子数, k 为玻尔兹曼常数, ΔG^* 由(12.1.7)式给出. 由于具有临界半径 r^* 的水滴胚胎只需再捕获一个水汽分子便可活化, 因此核化率 J' 应和水滴胚胎的表面积 $4\pi r^{*2}$ 及单位面积上的分子碰撞率 $e/\sqrt{2\pi m_w kT}$ 成正比, 其中 e 为水汽压, m_w 为一个水汽分子的质量. 核化率 J' 为

$$\begin{aligned}J' &= \frac{e}{\sqrt{2\pi m_w kT}}n_0\exp(-\Delta G^*/kT)\cdot 4\pi r^{*2}\\ &= \frac{4\pi e n_0}{\sqrt{2\pi m_w kT}}\left(\frac{2\sigma M_w}{\rho_w RT\ln S}\right)^2\exp\left[-\frac{16\pi N_A M_w^2\sigma^3}{3(\ln S)^2\rho_w^2 R^3 T^3}\right].\end{aligned}\tag{12.1.11}$$

在上面的推导中包含了胚胎数 n_g 服从玻尔兹曼分布律的假设, 即单位体积中具有 g 个分子组成的胚胎数为 $n_g = n_0\exp(-\Delta G/kT)$, 由(12.1.2)和(12.1.5)式可进一步导出

$$n_g = n_0\exp\left(g\ln S - \frac{\alpha g^{2/3}}{kT}\right),$$

由此式可知, 在饱和情形($S=1$)时是合理的(图 12.2 中曲线①), n_g 随 g 单调下降, 即大分子团数目小于小分子团数目; 但在过饱和水汽系统中, 会得出不合理的分布(图 12.2 中曲线②), 在 $g > g^*$ 时, n_g 将随 g 的增大而单调增大, 以致最终 $n_g > n_0$. 所以(12.1.11)式不能应用于 g (或 r)很大的场合, 必须在 $g = g^*$ 或 $r = r^*$ 处人为地将分布截止. 这也是为什么将经典的热力

学核化理论叫做约束分布理论的原因.

当使用更为细致的动力学方法对 n_g 加以修正而得到新的合理的分布后,核化率增加一因子 Z,即

$$J = ZJ', \tag{12.1.12}$$

通常将 Z 写为

$$Z \approx \frac{2V_w}{A^*}\sqrt{\frac{\sigma}{kT}}, \tag{12.1.13}$$

式中 A^* 是临界分子团表面积,V_w 是一个水(相变物质)分子的体积.比约束平衡法得到的核化率 J' 多的因子 Z,称为 Zeldovitch 因子,约为 0.01.结合(12.1.11)式和(12.1.12)式,可以看出核化率 J 对饱和比 S 极为敏感.表 12.2 是水滴核化率的计算结果,当饱和比 S 从 5 增大到 6 时,核化率可增大 5 个数量级.人

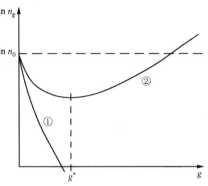

图 12.2　平衡分布下 n_g 随 g 的变化示意图

们常令对应于 $J=1$ 个·cm^{-3}·s^{-1} 时的饱和比为临界饱和比,认为一旦达到这个临界饱和比,水滴会以不连续的方式大量出现.由表 12.2 可以看到,在 $-12℃$ 条件下,需临界饱和比为 5~6,而实际大气中的饱和比很少超过 1.10,甚至小于 1.01,所以实际大气中的云滴胚胎不是靠均质核化过程形成的,必须寻找其他的汽-粒转化方式.

最后应指出,有关核化率的定量理论目前还不很成熟,以上仅作了一简单介绍.

表 12.2　水滴核化率的计算结果($-12℃$)

S	2	3	4	5	6
$J/(\text{个·cm}^{-3}\text{·s}^{-1})$	1.9×10^{-112}	7.0×10^{-31}	1.1×10^{-10}	7.1×10^{-2}	6.0×10^{3}
r^*/cm	1.9×10^{-7}	1.2×10^{-7}	9.3×10^{-8}	8.0×10^{-8}	7.2×10^{-8}

12.1.3　冰相均质核化

冰相均质核化包括汽-粒均质核化和过冷水滴中均质核化.

1. 汽-粒均质核化

对于冰粒子的汽-粒均质核化,可用与云滴均质核化同样的处理方法.水汽与球状冰晶胚胎间的相平衡也满足开尔文方程,其临界冰晶胚胎半径 r_i^* 可表示为

$$r_i^* = \frac{2\sigma_{i,v}M_w}{\rho_i RT\ln S_i} = \frac{2\sigma_{i,v}}{\rho_i R_v T\ln S_i}, \tag{12.1.14}$$

这里 $\sigma_{i,v}$ 为冰与水汽界面的表面张力系数,ρ_i 为冰的密度,饱和比为 $S_i=e/e_{si}$,其中 e_{si} 为冰面饱和水汽压.而临界吉布斯自由能 ΔG^* 也与(12.1.7)式的形式相同,即

$$\Delta G^* = \frac{4}{3}\pi r_i^{*2}\sigma_{i,v}. \tag{12.1.15}$$

核化率表达式与(12.1.11)式相似,即

$$J' = \frac{4\pi en_0}{\sqrt{2\pi m_w kT}}\left(\frac{2\sigma_{i,v}M_w}{\rho_i RT\ln S_i}\right)^2\exp\left[-\frac{16\pi N_A M_w^2\sigma_{i,v}^3}{3(\ln S_i)^2\rho_i^2 R^3 T^3}\right]. \tag{12.1.16}$$

在低于 0℃ 的过饱和水汽环境中,通过均质核化既可以形成云滴,也可以形成冰晶,但究竟生成哪种更容易些,可比较不同饱和比条件下冰晶和水滴的核化率(表 12.3 和表 12.2).因

319

在同样温度下 $e_{si} < e_s$，故表 12.3 中的 $S_i > S$. 由于冰比水的表面张力系数大，即 $\sigma_{i,v} > \sigma$，通过均质核化过程生成冰晶时需克服大得多的自由能障碍. 所以在大气通常所具有的水汽过饱和状况以及对流层通常所具有的温度条件下，云内冰晶不是通过汽-粒转化的均质核化过程而形成的.

表 12.3　冰晶核化率的计算结果（-12℃）

S	2	3	4	5	6
S_i	2.249	3.374	4.499	5.623	6.748
$J_i/(\text{个·cm}^{-3}\cdot\text{s}^{-1})$	9.2×10^{-394}	2.7×10^{-163}	1.2×10^{-98}	4.4×10^{-69}	3.4×10^{-52}

2. 均质冻结核化

在过冷纯水滴中形成冰粒，也是一种均质核化过程. 可以这样来想象：冰具有类似于鳞石英的六边形晶体结构，而水的结构可看做被破坏了的冰结构. 当温度降低时，过冷水分子的排列逐渐变得与冰结构类似. 在过冷水中由于微观的热起伏，可以局部生成由若干个水分子聚合而成的具有冰结构的分子簇（胚团），这些分子簇时生时灭. 随着温度的降低，这种胚团达到某一临界尺度的概率增大，最后超过临界尺度而得以生存下来，并迅速增大，从而使整个过冷水滴成为冰晶. 这个过程称为均质冻结核化过程.

令 r_i 是冰晶胚胎内切球的半径，可得到与(12.1.14)式类似的方程，不同的是，需得到冰晶的临界半径 r_i^* 与过冷却度 $\Delta T = T_0 - T$ 的关系，此处 $T_0 = 273$ K. 利用克劳修斯-克拉珀龙方程(2.2.7)，且假设 T 接近于 T_0，有

$$\ln S_i = \frac{L_f}{R_v}\frac{T_0 - T}{T^2}. \tag{12.1.17}$$

由(12.1.14)式便可得到过冷水滴中临界冰晶胚胎半径及临界自由能分别为

$$r_i^* \approx \frac{2\sigma_{i,w}T}{\rho_i L_f(T_0 - T)}, \tag{12.1.18}$$

$$\Delta G^* = \frac{4\pi r_i^{*2}\sigma_{i,w}}{3} = \frac{16\pi\sigma_{i,w}^3 T^2}{3[\rho_i L_f(T_0 - T)]^2}, \tag{12.1.19}$$

其中 $\sigma_{i,w}$ 为冰与水界面的表面张力系数，L_f 为冻结（融化）潜热. 单位体积液体中临界大小的胚胎数是

$$n^* = N_l\exp[-\Delta G^*/(kT)], \tag{12.1.20}$$

其中 N_l 为单位体积液体中未聚合的水分子数.

过冷却水滴中核晶的核化率形式上与(12.1.11)式稍有不同，这是由于在过冷水滴中液体分子移动时要受到周围分子的牵制，而且还涉及扩散过程中的激活能. 这样，即得到过冷却水滴中核晶核化率为

$$J \approx Z\frac{N_l kT}{h}\exp[-\Delta G^* + \Delta G_a/(kT)], \tag{12.1.21}$$

其中 h 为普朗克常数，ΔG_a 为冰-水界面上扩散的活化能. 计算得到的过冷却水滴内核晶的核化率列于表 12.4. 由该表可以看出，纯净过冷水滴存在的最低温度约在 $-40\sim-35$℃之间，低于此温度的过冷水滴趋于冻结. 应指出，理论计算中有许多困难带来了结果的不确定性，例如冰晶形状的影响、表面张力的取值等. 而不同研究者的实验表明，自发冻结是一个随机过程，相同大小水滴的冻结温度呈概率分布，所谓的冻结温度是大量相同水滴冻结的平均温度. 由于实

验的条件要求很苛刻,所以实验结果比较离散.

　　一般将$-40℃$作为均质冻结核化的阈温值,理论值与实验结果大致相符.低于阈温值的情形可能在对流层顶附近出现,对流层内一般情况下温度高于均质冻结核化的阈温值,所以大气中不易通过均质冻结核化过程形成冰晶,但一些高的卷云可以通过此过程形成.

表 12.4　各种过冷却度条件下的核化率

$\Delta T/℃$	-30	-35	-40	-45
$J/(个 \cdot cm^{-3} \cdot s^{-1})$	4.6×10^{-11}	5.1	5.8×10^{6}	4.4×10^{9}
r^*/cm	1.4×10^{-7}	1.2×10^{-7}	9.6×10^{-8}	8.2×10^{-8}

12.2　云粒子的异质核化

　　实际上,悬浮在大气中的气溶胶粒子是无处不在的,另外,由于大气中存在电离过程,还产生了大量离子.气溶胶粒子提供了一个气-粒转化的基底,大气离子则提供了一个有利于水汽凝聚的中心.我们称水汽在气溶胶粒子和离子上的气-粒转化为异质核化.为了讨论方便,通常将气溶胶粒子分为可溶性和不可溶性粒子两类,当然这有些绝对化,实际气溶胶粒子可能是混合组成的.

12.2.1　不可溶性粒子的成核作用

　　平面相当于尺度无穷大的粒子,在数学上处理起来较为简单,因此首先讨论在不可溶平面上的成核作用.分析的方法类似于均质核化,即讨论能量关系.为了描述物质间的相互作用,引入参量"接触角"或称"浸润角"θ.当一个水滴停留在一个平面上时,Fletcher(1962)给出固(s)-液(l)-气(v)界面的平衡关系(参见图 12.3)为

$$\sigma_{sv} = \sigma_{sl} + \sigma_{lv}\cos\theta, \tag{12.2.1}$$

其中 σ_{sv},σ_{lv} 和 σ_{sl} 分别为固-气、液-气和固-液的界面自由能. $m_\theta = \cos\theta$ 称为湿润系数,反映了平面被水浸润的程度.当水在平面基底上形成一半径为 r 的球冠后,系统自由能的改变为

$$\Delta G = (\mu_l - \mu_v)\frac{\rho_w}{M_w}V_1 + \sigma_{lv}A_{lv} + (\sigma_{sl} - \sigma_{sv})A_{sl}, \tag{12.2.2}$$

其中 V_1,A_{lv} 和 A_{sl} 分别是球冠的体积、表面积和与平面的接触面积,

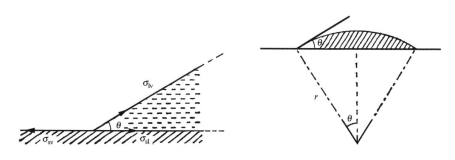

图 12.3　表面张力平衡示意图

$$\begin{cases} V_1 = \dfrac{1}{3}\pi r^3(2-3\cos\theta+\cos^3\theta), \\ A_{lv} = 2\pi r^2(1-\cos\theta), \\ A_{sl} = \pi r^2(1-\cos^2\theta). \end{cases} \tag{12.2.3}$$

将(12.2.3)和(12.2.1)式代入(12.2.2)式,可得

$$\Delta G = \left[\frac{4}{3}\pi r^3\frac{\rho_w}{M_w}(\mu_l-\mu_v)+4\pi r^2\sigma_{lv}\right]\frac{2-3\cos\theta+\cos^3\theta}{4}. \tag{12.2.4}$$

将 ΔG 对 r 求导并令其为零,可得与(12.1.4)式类似形式的临界半径 r^*. 临界吉布斯自由能为

$$\Delta G^* = \frac{4}{3}\pi r^{*2}\sigma_{lv}\cdot\frac{1}{4}(2-3\cos\theta+\cos^3\theta)$$

$$= \frac{4}{3}\pi r^{*2}\sigma_{lv}f(\cos\theta). \tag{12.2.5}$$

ΔG^* 与均质核化时的临界吉布斯自由能(12.1.7)式相比,多出了因子 $f(\cos\theta)$. 此因子表明:当 θ 较小时,临界吉布斯自由能 ΔG^* 可以大大减小. 也就是说,对亲水性的不可溶平面,不需要克服较大的自由能障碍即可成核. 但是在大气实际的过饱和度条件下,成核所要求的 θ 角仍比水在普通的不可溶平面上的浸润角小得多,亦即不管粒子有多大,大多数不可溶粒子仍不大可能成为自然云的凝结核. 况且,粒子是具有有限大小的. Fletcher(1962)已证明,临界吉布斯自由能的附加因子 $f(r,\cos\theta)\geqslant f(\infty,\cos\theta)$,所以凸面基底更增加了成核的困难.

对于基底完全浸润的面($\theta\to 0$ 的情况),对核化来说实际上它等效于一个水面,其临界尺度可由开尔文公式给出. 半径为 r^* 的完全湿润的球形粒子所要求的临界过饱和度 ΔS^*,依据(12.1.9)式有

$$\Delta S^* = \frac{e_r-e_s}{e_s} = \frac{C_r}{r} \approx \frac{1.2\times10^{-3}}{r^*}, \tag{12.2.6}$$

式中 r^* 以 μm 为单位. 当 $\Delta S^*=1\%$ 时,r^* 至少应为 $0.12\,\mu m$. 但观测发现云核尺度仅接近于 $0.01\,\mu m$. 因此可以说,在自然云形成期间,大部分云滴不是在不可溶粒子上生成的.

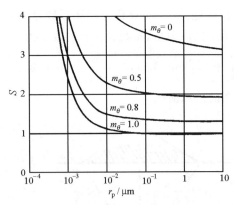

图 12.4　不同半径球形粒子上成核的临界饱和比

(引自 Fletcher, 1962)

不同半径球形粒子上每秒核化一个小滴的临界饱和比示于图 12.4,r_p 为不可溶粒子半径. 由图可见,对于各种 m_θ 值,当 $r_p<0.01\,\mu m$ 时,随着粒子的减小,饱和比 S 急剧上升. 对于相同的 r_p,随着 m_θ 的减小(即 θ 的增大),S 单调地增大. 所以,在各种不可溶粒子中只有那些尺度较大、接触角较小的才有可能发展成为云滴. 但正是因实际的云核尺度很小,并且一般不可溶粒子都具有较大的接触角,所以可以说大多数不可溶粒子不大可能成为自然云的凝结核.

最后需指出,用经典方法处理异质核化附加了一些限制. 例如,用宏观参数 θ 描述核化物质与固态基质之间的相互作用显然是近似的;另外,假设核的增长仅是由于水汽分子的碰撞,忽略了水汽分子的表面扩散;并且,假设表面是一理想平面可能会加速核化,而目前经典理论的实验资料很少,其中一个困难就是不易产生足够平滑的表面以适应理论的假设.

12.2.2 可溶性粒子的成核作用

大气中的海盐粒子(主要由 NaCl 组成)、硫酸盐(如 $(NH_4)_2SO_4$)粒子等都是可溶性粒子,它们是大气气溶胶的重要组成部分. 这种粒子是吸湿性的,其质量虽然随着相对湿度的增加而增加,但仍维持固体粒子状态;一旦环境相对湿度达到某一临界值,它们会自发吸收水汽而形成饱和溶液滴. 这一临界值称为潮解相对湿度. 室温下一些可溶性物质的潮解相对湿度列于表 12.5.

表 12.5 不同可溶性物质的潮解相对湿度(引自 S. Twomey,1977)

盐	KCl	Na_2SO_4	NH_4Cl	$(NH_4)_2SO_4$	NaCl
潮解相对湿度/(%)	84.2 ± 0.3	84.2 ± 0.4	80.0	79.9 ± 0.5	75.3 ± 0.1

盐	$NaNO_3$	$(NH_4)_3H(SO_4)_2$	NH_4NO_3	$NaHSO_4$	NH_4HSO_4
潮解相对湿度/(%)	74.3 ± 0.4	69.0	61.8	52.0	40.0

在一定的环境相对湿度下溶液滴是否能继续长大,取决于溶液滴平衡水汽压. 设 e_n 和 $e_s(T)$ 分别为溶液和纯水在平液面时的平衡水汽压, N 和 n 分别为溶液中水(溶剂)和可溶性盐(溶质)的摩尔数,理想溶液的拉乌尔(Raoult)定律可表示成

$$e_n = e_s(T)\frac{N}{N+n}. \tag{12.2.7}$$

对非理想溶液,拉乌尔定律不再严格成立,比值 e_n/e_s 将与可溶性盐的离解程度(或溶液浓度)有关. 引入范托夫(van't Hoff)因子 i,有

$$\frac{e_n}{e_s(T)} = \frac{N}{N+in}. \tag{12.2.8}$$

当溶液浓度足够大时, i 可以小于一个溶质分子离解时产生的离子数(如 NaCl 为 2, $(NH_4)_2SO_4$ 为 3). 当溶液较稀时,由于溶质摩尔数 n 较小,故(12.2.8)式又可简化为

$$\frac{e_n}{e_s(T)} \approx 1 - \frac{in}{N}. \tag{12.2.9}$$

对于半径为 r 的溶液滴,若(12.2.9)式中 e_n 为溶液滴的平衡水汽压,则 e_s 应为纯水滴的平衡水汽压 e_r. 设溶液滴所含盐和水的质量分别为 m_1 和 m_2,摩尔质量分别为 M_1 和 M_2,则 $n=\dfrac{m_1}{M_1}$, $N=\dfrac{m_2}{M_2}$, $m_2=\dfrac{4}{3}\pi\rho_w r^3$,考虑 $m_2\gg m_1$ 的情形,则有

$$\begin{aligned}\frac{e_n}{e_r} &= 1 - \frac{3im_1M_2}{4\pi\rho_w M_1}\cdot\frac{1}{r^3}\\ &= 1 - \frac{C_n}{r^3}.\end{aligned} \tag{12.2.10}$$

因为对水来说, ρ_w 和 $M_2=M_w$ 都是已知量,所以其中 $C_n=\dfrac{3im_1M_w}{4\pi\rho_w M_1}$ 描述了核(可溶性粒子)的特性,即 C_n 表示了盐分对平衡水汽压的影响,显然它随核的尺度的增加和分子量的减小而增加,并正比于范托夫因子 i.

另外,注意到(12.2.10)式中的 e_r 是半径为 r 的纯水水滴上的平衡水汽压,它应满足开尔

文公式(12.1.8c)或(12.1.9),于是(12.2.10)式又可改写为

$$e_n = e_s(T)\left(1 + \frac{C_r}{r}\right)\left(1 - \frac{C_n}{r^3}\right) \approx e_s(T)\left(1 + \frac{C_r}{r} - \frac{C_n}{r^3}\right). \tag{12.2.11}$$

(12.2.11)式是云物理学中最常用的公式,也是云物理学中的基本方程之一.使用过饱和度 $\Delta S = e_n/e_s - 1$,(12.2.11)式又可写为

$$\Delta S = \frac{C_r}{r} - \frac{C_n}{r^3}. \tag{12.2.12}$$

由此式可见,曲率的影响是要求增加过饱和度,而盐分则是降低对过饱和度的要求.将 e_n/e_s 或 ΔS 对半径 r 作图,所得曲线称为寇拉(Köhler)曲线(图 12.5),所以通常也将(12.2.11)和

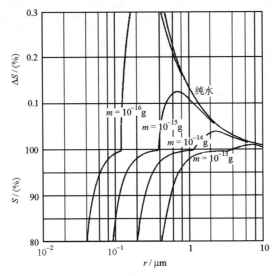

图 12.5　寇拉曲线(引自 Mason,1971)

(12.2.12)式称为寇拉方程.图中每一条曲线相当于含一定质量的干盐粒子在吸收水汽凝结长大过程中,不同半径的盐(NaCl)溶液滴与过饱和度 ΔS 的关系.若 r_0 为 $\Delta S = 0$ 时的粒子半径,有 $r_0 = \sqrt{C_n/C_r}$.在 $r < r_0$ 时,ΔS 为负值,显然(12.2.12)式右边第二项的盐分(拉乌尔作用)是主要的,这时处于平衡态的核将以浓溶液滴的形式存在,且可与未饱和空气达到相平衡;在 $r > r_0$ 时,曲率影响起主导作用,随着 r 的不断增大,溶液也越来越稀,以致最终接近于纯水滴情况.由于寇拉曲线方程(12.2.12)右边第一项为正,第二项为负,ΔS 必存在一极值,称为临界过饱和度 ΔS^*,与极值对应的 r 称为临界半径 r^*,可通过求极值得到:

$$r^* = \sqrt{\frac{3C_n}{C_r}} \tag{12.2.13}$$

及

$$\Delta S^* = \frac{2}{3}\sqrt{C_r^3/3C_n}. \tag{12.2.14}$$

当环境过饱和度超过 ΔS^* 时,溶液滴将会继续长大,即所谓核的"活化".从一组寇拉曲线可看出,具有较大质量的盐核形成的溶液滴,临界过饱和度比较小,容易成核.表 12.6 给出 NaCl 核的临界尺度与过饱和度 ΔS 的关系.由此表可以看出,在实际大气可能达到的过饱和度 (1%)条件下,那些半径大于 $0.02\,\mu m$ 的 NaCl 粒子可以成核.

另外,由(12.2.14)式可以看出,随着盐的分子量的增大,C_n 减小,则临界过饱和度趋于增

大,因而与$(NH_4)_2SO_4$相对应的曲线应高于 NaCl 曲线,即 NaCl 粒子比同样大小的$(NH_4)_2SO_4$粒子容易成核.

表 12.6 含有不同质量 NaCl 溶液滴的临界过饱和度 ΔS^* 和临界半径 r^*

m_1/g		10^{-16}	10^{-15}	10^{-14}	10^{-13}	10^{-12}
$r/\mu m$	20℃	0.022 27	0.047 97	0.1033	0.2227	0.4797
	−10℃	0.022 24	0.047 92	0.1032	0.2224	0.4792
$\Delta S^*/(\%)$	20℃	0.3660	0.1143	3.578×10^{-2}	1.126×10^{-2}	3.558×10^{-3}
	−10℃	0.4738	0.1480	4.628×10^{-2}	1.455×10^{-2}	4.595×10^{-3}
$r^*/\mu m$	20℃	0.1947	0.6212	1.988	6.358	20.12
	−10℃	0.1783	0.5679	1.819	5.826	18.44

12.2.3 离子诱导核化

大气中存在含量稳定的大气离子. 与均质核化相比,分子团更容易围绕离子而形成,这已为许多云室实验所证实. Wilson(1899)在云室实验中发现,当饱和度 $S=4$ 时,用 X 射线照射,可在某些负离子上发生核化形成小滴. 同时发现,与负离子相比,正离子诱导核化所需饱和度要高些. 表 12.7 给出了他的实验情况和结果,此结果为以后的许多实验研究所证实. T_1,T_2 和 V_1,V_2 分别是云室膨胀前后的温度和体积.

表 12.7 在小离子上产生凝结时的饱和度

离子符号	T_1/K	T_2/K	V_2/V_1	S
−	293	267.8	1.252	4.2
+	293	267.8	1.31	6.0

从经典的能量学方法来分析,在核化过程中系统自由能的变化除(12.1.1)式所示的两项外,还有静电场自由能的变化. 而当离子存在时,分子团形成后静电场能量趋于减小,因而使得整个系统自由能减小. 因此,离子的存在有利于分子团的形成. 不过从 Wilson 等人的实验结果来看,离子诱导核化需要很高的过饱和度,所以在实际对流层大气中离子诱导核化似乎不是云滴形成的主要过程.

12.2.4 冰相的异质核化

冰的异质核化理论本质上与上一小节中的云滴的异质核化理论一样,但(12.2.1)式需做相应的改变.

图 12.6 给出了凝华核化温度与粒子尺度 r 和 $m_\theta = \cos\theta$ 的关系. 由图可以看出,当 $r < 0.1\,\mu m$ 时,核化温度迅速下降,因而导致核化率迅速下降. 而当 $r > 0.1\,\mu m$ 时,冰核的大小对核化率几乎没有什么影响. 另外,随着 m_θ 的增大,即随着冰的胚团在冰核上接触角的减小,成核效率显著上升.

图 12.7 给出了冻结核化温度与尺度 r 和 m_θ 的关系. 由图中可以看出,当晶格愈接近于冰结构时,即 m_θ 接近于 1 时,核化温度愈高,利于成核;粒子尺度越小,则核化温度越低,则不利于成核. 当 $r \geqslant 0.03\,\mu m$ 及 $m_\theta \geqslant 0.3$ 时,核化率几乎与 r 无关,但当 $r < 0.03\,\mu m$ 时,则核化率随着 r 的减小而迅速下降. 对照凝华核化,冻结核的尺度($r = 0.03\,\mu m$)要比凝华核的尺度($r = $

$0.1 \mu\mathrm{m})$ 小得多.

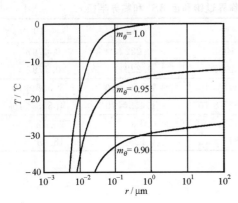 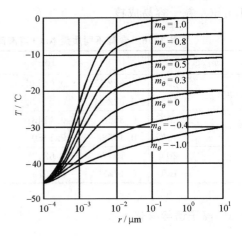

图 12.6 凝华核化温度与粒子尺度 r 和 $m_\theta = \cos\theta$ 的关系(引自 Fletcher, 1962)

图 12.7 冻结核化温度与粒子尺度 r 和 $m_\theta = \cos\theta$ 的关系(引自 Fletcher, 1962)

关于在溶液滴中的异质核化,可以证明:过冷却溶液滴与其中冰粒的平衡温度决定于曲率和溶质效应的总和.但溶质的影响体现在平衡温度的降低,因而降低了过冷却度 ΔT,故不利于水的冻结.

12.3 大气凝结核和大气冰核

12.3.1 云凝结核

通常意义下的凝结核 CN(Condensation Nucleus)指所有可能形成云滴的气溶胶粒子,要求的过饱和度可能高达 400% 以上.自然云中过饱和度常常在千分之几,一般不超过 2%,在云中过饱和度条件下能够活化的那些粒子称为云凝结核 CCN(Cloud Condensation Nucleus),显然,云凝结核仅是凝结核中的一部分.鉴于 CCN 浓度总是与一特定的过饱和度相联系,例如 CCN(1%),CCN(0.5%)等,所以在比较 CCN 浓度时要特别注意其过饱和度条件.

在大量测量的基础上提出了许多关于 CCN 浓度的经验关系式,其中最常用的是对于过饱和度 ΔS 的幂定律,即

$$N_{\mathrm{CCN}}(\Delta S) = c\Delta S^b, \qquad (12.3.1)$$

这里 N 以个·cm^{-3} 为单位,过饱和度 ΔS 以百分数表示,常数 c 相应于 $\Delta S = 1\%$ 时的粒子浓度.参数 c 和 b 隐含了气溶胶粒子群的尺度或化学成分的信息,数值可在测量的基础上得到.例如,澳大利亚海上 $c = 125$ 个·cm^{-3},$b = 0.3$;陆地 $c = 2000$ 个·cm^{-3},$b = 0.4$;而毛依岛(夏威夷群岛中第二大岛)上,$c = 53 \sim 105$ 个·cm^{-3},$b = 0.5 \sim 0.6$.

正如所预料的那样,由于气溶胶尺度或化学成分的时空不定性,使得参数 c 和 b 的值也随时空出现极大的变化,这给使用该经验公式造成了困难.

12.3.2 大气冰核

在没有外来粒子时,纯水滴中冰晶的形成需要很低的温度(−40℃以下);而存在外来粒子

时,可以在较高的温度下形成冰晶,通常称这些粒子为成冰核(Ice Nucleus,简称 IN).大气中存在的固体气溶胶粒子中的一部分,可以在适宜的温度下成为成冰核.由雪晶样品的电子显微镜分析发现,它们大都含有土壤物质构成的核心.按云室实验结果来看,土壤、砂粒等尘埃以及一部分矿物质颗粒都有比较高的成冰温度.粘土(包含有 SiO_2,Al_2O_3,Fe_2O_3,MgO 等)大约在 $-12℃$ 可作为成冰核.高岭土和我国黄土高原的黄土,成冰温度可高达 $-9℃$,火山灰的活化温度在 $-23\sim-9℃$.此外自然燃烧以及城市和工业区人为排放的某些颗粒物以及海洋浮游生物、细菌微生物、树叶腐殖质等均有良好的成冰性能.20 世纪 50 年代曾提出流星灰烬是冰核的重要来源,但从实验室结果来看,流星灰烬的成冰性能并不很优良.成冰核通常是不可溶的,其结晶结构类似于冰,而且尺度越大越有效.

成冰核通过各种机制起作用,包括:① 水汽在 IN 表面上凝华成冰,即凝华模式(或沉积模式);② 由于吸附,水汽在 IN 表面上凝结而后冻结成冰,即吸附模式或凝冻模式;③ IN 嵌入过冷水滴内使其转换成一个冰粒子,即冻结模式或浸润模式;④ 过冷水滴同 IN 碰撞并形成冰粒子,即接触模式.对应以上四种成冰机制的 IN 分别称为凝华核、吸附核、浸润核和接触核.同种物质的颗粒可以以不同方式成冰,而以接触核化方式成冰温度最高,以凝华核化方式成冰温度最低.

大气中成冰核浓度有很大起伏.IN 浓度的经验关系式通常表示为温度的函数. 例如,根据观测结果,Fletcher(1962)提出如下经验公式:

$$N_{IN} = N_0 \exp(a\Delta T), \tag{12.3.2}$$

其中 N_0 常取 10^{-2} 个·m^{-3},$a=0.6$,过冷却度 $\Delta T = 273℃-T$. 这相当于在 $-20℃$ 时每升有 1 个冰核,温度每下降 $4℃$,成冰核浓度大致升高一个数量级.但云室实验中发现,在 $-32℃$ 时,成冰核浓度会突然增大 1000 倍.所以(12.3.2)式的适用范围为 $-30\sim-10℃$,即在此温度范围内成冰核浓度随着过冷却度成指数增加.另外,N_0 和 a 随各地以及各种核来源不同而异.按北京地区观测资料,$N_0=1.06$ 个·m^{-3},$a=0.42$.

成冰核浓度随相对湿度而增加,是冰面上过饱和度 ΔS 的指数函数,可写成与(12.3.1)式类似的形式:

$$N_{IN} = c\Delta S^b, \tag{12.3.3}$$

其中 b 可取常数,随地点不同而不同,如 Huffman 根据对美国科罗拉多、怀俄明和密苏里三地的测量结果,求得 b 依次为 3,4.5 和 8.

需要指出的是,按(12.3.2)式,在温度为 $-20℃$ 时大气中典型的成冰核浓度为 1 个·dm^{-3},大气中的冰核并不丰富.但是,在温度低于 $-10℃$ 的云顶测得的冰粒子浓度为 $0.1\sim200$ 个·dm^{-3},温度为 $-20℃$ 时为 $10\sim300$ 个·dm^{-3},即在云中观测到的冰晶浓度超过成冰核浓度几个数量级.Hobbs 和 Rangno(1990)还发现,在海洋浓积云顶部(温度暖于 $-12℃$),大约 10 min 里冰晶浓度可以从 1 个·dm^{-3} 增加到 100 个·dm^{-3}.这些都是值得考虑的问题.有人已提出一些解释,包括原始冰粒的破碎、小滴冻结时裂成的碎片、所谓的"蒸发冰核"以及不寻常的过饱和度等.为了了解云中冰晶的形成,还需要做进一步的工作.

12.4 云滴的凝结增长

核化粒子的进一步长大,受多种因子的综合作用,其中公认的有两种重要机制,即凝结和碰并过程.云滴的生长用生长率描述,即单位时间云滴质量(或体积、半径)的变化.

在凝结过程中,首先是最贴近水滴的气层中的水汽分子有一部分凝聚到水滴表面,使此层中的水汽分子浓度降低,周围高浓度区的水汽分子便向该层补充而继续凝结.显然,凝结过程是水汽分子的扩散和输送过程.同时,凝结潜热使水滴温度升高,会使逃逸分子增多而阻碍凝结;而热量通过分子热传导向周围介质输送,又会影响凝结.因此,研究水滴凝结增长需考虑分子扩散及热传导的作用.

在某一温度下,水滴表面总有一些具有足够大能量的分子能克服邻近分子对它的吸引力,突破表面层而逃逸,这就是蒸发.蒸发是凝结的逆过程.若周围介质的水汽压等于水滴表面的平衡水汽压,逃逸分子数等于聚集数,这时可认为既无蒸发,也无凝结.

12.4.1 单滴的凝结增长

首先研究静止状态的单个水滴在定常水汽场条件下的凝结增长,然后考虑水滴运动时通风因子的作用.设想一简化模式:单个水滴处在饱和与过饱和的水汽环境中,其增长主要受水汽分子的扩散过程和水滴凝结时的热传导过程控制.

1. 水汽扩散的麦克斯韦公式

水滴凝结过程本质上是分子扩散过程,在定常水汽场条件下,可直接使用描述扩散规律的菲克(Fick)第一定律.令球形纯水水滴的半径为 r,处于温度为 T,水汽密度为 ρ_v 的环境中.在静稳条件下,通过以水滴球心为中心、向径为 R 的任意球面向水滴表面扩散的水汽通量为常数,有

$$I = 4\pi R^2 D_v \frac{\mathrm{d}\rho_v}{\mathrm{d}R}, \tag{12.4.1}$$

式中 D_v 为大气中水汽分子扩散系数,它是温度和压力的函数,可用下式表示(Hall 和 Pruppacher,1976):

$$D_v = 0.211 \frac{p_0}{p} \left(\frac{T}{T_0}\right)^{1.94}, \tag{12.4.2}$$

其中 D_v 的单位为 $\mathrm{cm^2/s}$,$T_0 = 273.15\,\mathrm{K}$,$p_0 = 1013.25\,\mathrm{hPa}$,适用于 $-40 \sim 40\,℃$ 范围.设边条件为

$$\begin{cases} \rho_v = \rho_v, & \text{当 } R \to \infty \text{ 时,} \\ \rho_v = \rho_{s,r} & \text{当 } R = r \text{ 时.} \end{cases}$$

ρ_v 是离水滴足够远处的水汽密度(即水滴的环境水汽密度),$\rho_{s,r}$ 是水滴表面平衡水汽密度.对 (12.4.1)式积分,可得

$$I = 4\pi r D_v(\rho_v - \rho_{s,r}).$$

此式称为扩散通量的麦克斯韦公式,表明水汽扩散通量与环境水汽密度和水滴表面平衡水汽密度之差成正比.当 $\rho_v > \rho_{s,r}$ 时,扩散通量 I 就是单位时间凝聚到水滴表面的水汽质量,即 $I = \mathrm{d}m/\mathrm{d}t$,称为水滴生长率.有

$$\frac{\mathrm{d}m}{\mathrm{d}t} = 4\pi r D_v(\rho_v - \rho_{s,r}). \tag{12.4.3}$$

考虑到水滴质量 $m = (4/3)\pi r^3 \rho_w$,则有

$$r \frac{\mathrm{d}r}{\mathrm{d}t} = \frac{D_v}{\rho_w}(\rho_v - \rho_{s,r}). \tag{12.4.4}$$

$\dfrac{\mathrm{d}r}{\mathrm{d}t}$也被称为水滴生长率,而水汽密度差 $\rho_v - \rho_{s,r}$ 正是水滴生长的驱动力.

但是,在得到水滴凝结增长公式(12.4.3)~(12.4.4)时,并未考虑凝结潜热的影响.显然,凝结潜热的释放会影响 $\rho_{s,r}$,因为它是温度的函数.

2. 热传导方程

水滴释放的凝结潜热既升高了水滴表面温度,又向外传导热量,热量平衡方程为

$$L_v \frac{\mathrm{d}m}{\mathrm{d}t} = \frac{4}{3}\pi r^3 \rho_w c_w \frac{\mathrm{d}T_r}{\mathrm{d}t} + Q, \tag{12.4.5}$$

式中 T_r 为水滴表面温度,c_w 为水的比热容,Q 为向外传导的热量.达到平衡时 $\mathrm{d}T_r/\mathrm{d}t = 0$,故有

$$Q = L_v \frac{\mathrm{d}m}{\mathrm{d}t}. \tag{12.4.6}$$

由水滴表面向外传导的热量,其热传导方程与扩散方程(12.4.1)有相似的形式:

$$Q = -4\pi R^2 \kappa_a \frac{\mathrm{d}T}{\mathrm{d}R}, \tag{12.4.7}$$

式中 κ_a 为空气的热导率,单位为 $\mathrm{J \cdot m^{-1} \cdot s^{-1} \cdot K^{-1}}$,即

$$\kappa_a = 10^{-3}(4.39 + 0.071T). \tag{12.4.8}$$

对(12.4.7)式由水滴表面到无穷远处积分后,得

$$Q = 4\pi r \kappa_a (T_r - T), \tag{12.4.9}$$

其中 T 为无穷远处温度(即水滴的环境温度),T_r 为水滴表面温度.(12.4.6)和(12.4.9)两式联立,可得

$$L_v \frac{\mathrm{d}m}{\mathrm{d}t} = 4\pi r \kappa_a (T_r - T). \tag{12.4.10}$$

3. 饱和水汽密度

为求解方程(12.4.3)或(12.4.4),需得到饱和水汽密度 ρ_s 与温度的关系.现以 ρ_s 表示饱和水汽密度,根据水汽状态方程(2.2.13)和克拉珀龙-克劳修斯方程(2.2.6)可得

$$\frac{\mathrm{d}\rho_s}{\rho_s} = \frac{L_v}{R_v T^2}\mathrm{d}T - \frac{1}{T}\mathrm{d}T. \tag{12.4.11}$$

对(12.4.11)式由温度 $T_r \to T$ 及饱和水汽密度由 $\rho_s(T_r) \to \rho_s(T)$ 求积分,得

$$\ln \frac{\rho_s(T_r)}{\rho_s(T)} = \frac{L_v - R_v T}{R_v T^2}(T_r - T).$$

考虑到

$$\ln \frac{\rho_s(T_r)}{\rho_s(T)} \approx \frac{\rho_s(T_r)}{\rho_s(T)} - 1,$$

最后得到饱和水汽密度与温度的关系:

$$\rho_s(T_r) - \rho_s(T) = \rho_s(T)\left(\frac{L_v}{R_v T} - 1\right)\left(\frac{T_r - T}{T}\right). \tag{12.4.12}$$

4. 凝结增长方程

对于半径大得可以忽略曲率影响($r > 1\,\mu\mathrm{m}$)的纯水滴的凝结,可假设水滴表面平衡水汽密度 $\rho_{s,r} = \rho_s(T_r)$,则(12.4.3),(12.4.10)和(12.4.12)式简化合并后得到描述水滴凝结增长的方程

$$\frac{\mathrm{d}m}{\mathrm{d}t} = \frac{4\pi r[\rho_v/\rho_s(T)-1]}{\dfrac{L_v}{\kappa_a T}\left(\dfrac{L_v}{R_v T}-1\right)+\dfrac{1}{D_v\rho_s(T)}} = \frac{4\pi r(S-1)}{\dfrac{L_v}{\kappa_a T}\left(\dfrac{L_v}{R_v T}-1\right)+\dfrac{1}{D_v\rho_s(T)}} \tag{12.4.13}$$

或

$$r\frac{\mathrm{d}r}{\mathrm{d}t} = \frac{S-1}{\dfrac{L_v\rho_w}{\kappa_a T}\left(\dfrac{L_v}{R_v T}-1\right)+\dfrac{R_v T\rho_w}{D_v e_s(T)}}, \tag{12.4.14}$$

其中 $S=\rho_v/\rho_s(T)=e/e_s(T)$ 为水汽相对湿度或饱和比, $S-1$ 为过饱和度, 通常以 ΔS 表示. 环境水汽压 e 和温度 T 都是可测量的. 潜热项出现在(12.4.14)式分母中, 说明因潜热的释放提高了水滴表面平衡水汽密度(或平衡水汽压), 故不利于水滴长大. 由(12.4.14)式可以看出, 在一定的过饱和度条件下, 生长率与水滴尺度成反比, 即 $\dfrac{\mathrm{d}r}{\mathrm{d}t}\propto\dfrac{1}{r}$, 也就是说, 尺度较小的水滴增长较快.

对于微溶液滴, 水滴表面平衡水汽密度 $\rho_{s,r}$ 决定于其温度、曲率及所含盐分. 根据(12.2.11)式可推导出以下关系:

$$\rho_{s,r} = \rho_s(T_r)\left(1+\frac{C_r}{r}-\frac{C_n}{r^3}\right),$$

最后可得方程

$$r\frac{\mathrm{d}r}{\mathrm{d}t} = \frac{(S-1)-\dfrac{C_r}{r}+\dfrac{C_n}{r^3}}{\dfrac{L_v\rho_w}{\kappa_a T}\left(\dfrac{L_v}{R_v T}-1\right)+\dfrac{R_v T\rho_w}{D_v e_s(T)}}. \tag{12.4.15}$$

当微滴的性质(C_r 和 C_n)、过饱和度及温度等参量确定后, 便可用(12.4.13), (12.4.14)或(12.4.15)式计算一个云滴的凝结生长. 同寇拉方程(12.2.11)一样, 它们也是云物理学中的基本方程. 但应指出, 由于推导过程中做了一些假定, 例如水滴是静止的, 水汽场是定常的, 等等, 并且没有考虑水滴表面附近水汽场和温度场的不连续性, 因此这个方程是近似的.

5. 通风因子的作用

需要指出的是, 云中是存在上升气流的, 因此云滴相对于环境大气有运动. 从理论上说, 这种通风作用增加了水汽输送率, 使凝结加快, 在用(12.4.13)～(12.4.15)式计算云滴凝结生长时, 需考虑对通风作用做出订正.

当云滴被夹卷出云外或雨滴从云底落出, 进入了未饱和环境中就要发生蒸发. 原则上, 水滴的蒸发也可用上面的凝结增长方程处理, 但那是在静稳条件下得到的, 没有涉及水滴和大气间的相对运动. 由于雨滴下落时和环境大气间有一定的相对速度, 成为通风环境下的对流输送, 水汽场不再是静止而是呈球形对称的. 在通风条件下, 蒸发会加快, 故需有通风因子加以订正.

通风因子的定义是

$$f(Re) = \frac{(\mathrm{d}m/\mathrm{d}t)_{动}}{(\mathrm{d}m/\mathrm{d}t)_{静}},$$

其中雷诺数 $Re=2\rho vr/\mu$, μ 为空气(动力)黏性系数, v 是相对速度. 根据实验, 在 $10<Re<100$ 时, 通风因子一般取

$$f(Re) = 1+0.23Re^{1/2}. \tag{12.4.16}$$

于是(12.4.3)式就应修正为

$$\frac{\mathrm{d}m}{\mathrm{d}t} = 4\pi r D_v (\rho_v - \rho_{v,r}) f(Re). \qquad (12.4.17)$$

因为云滴尺度很小,其下落速度很小,一般认为它们是随着气流一起运动的,故通风因子的数值接近于 1,因此在云滴半径 $r \leqslant 50\,\mu\mathrm{m}$ 时,无论凝结还是蒸发都不需要作订正.但雨滴从云底落出在大气中蒸发的情况就有所不同,若雨滴直径为 1 mm,$Re = 269$,通风因子为 4.8,比静止条件下的蒸发大 3.8 倍,因此需要对雨滴的蒸发进行订正.

12.4.2 群滴的凝结增长

实际云中不是单个云滴在定常水汽场条件下的凝结,而是一群云滴在上升气流环境中的凝结增长,因此需同时考虑云动力学和微物理学及其相互作用.详细的讨论可利用云雾的数值模式进行,这里仅设想一个湿空气块绝热上升形成云的情况,并把注意力集中于云形成的微物理过程方面.

为了讨论云内过饱和度随时间的变化,不妨假设气块上升速度和它的温度递减率都为常数.湿空气块(云)内水汽以比湿表示,根据 2.2.1 小节,有

$$q = \frac{\varepsilon e}{p}, \qquad (12.4.18)$$

式中 e 和 p 分别为水汽分压和大气压,$\varepsilon = 0.622$.水汽过饱和度可写成

$$\Delta S = \frac{e}{e_s} - 1 = \frac{pq}{\varepsilon e_s} - 1, \qquad (12.4.19)$$

其中 e 和 T 分别为湿空气块内水汽压和温度,e_s 为饱和水汽压.将(12.4.19)式对时间 t 求导,得

$$\frac{\mathrm{d}}{\mathrm{d}t}\Delta S = \frac{p}{\varepsilon e_s}\frac{\mathrm{d}q}{\mathrm{d}t} - \frac{qp}{\varepsilon e_s}\left(\frac{1}{e_s}\frac{\mathrm{d}e_s}{\mathrm{d}t} - \frac{1}{p}\frac{\mathrm{d}p}{\mathrm{d}t}\right). \qquad (12.4.20)$$

(12.4.20)式中的 $\mathrm{d}e_s/\mathrm{d}t$ 可由克劳修斯-克拉珀龙方程(2.2.6)得到:

$$\frac{\mathrm{d}e_s}{\mathrm{d}t} = \frac{\mathrm{d}e_s}{\mathrm{d}T}\frac{\mathrm{d}T}{\mathrm{d}t} = \frac{L_v e_s}{R_v T^2}\frac{\mathrm{d}T}{\mathrm{d}t}; \qquad (12.4.21)$$

(12.4.20)式中的 $\mathrm{d}p/\mathrm{d}t$ 则由静力学方程(3.1.3)和湿空气状态方程(2.2.19)式得到:

$$\frac{\mathrm{d}p}{\mathrm{d}t} = -\frac{gp}{RT}w, \qquad (12.4.22)$$

其中 w 为气块上升速度,R 是湿空气比气体常数,此处假设气块温度与环境温度近似相等.将(12.4.21)和(12.4.22)式代入(12.4.20)式,并利用(12.4.19)式,得

$$\frac{\mathrm{d}}{\mathrm{d}t}\Delta S = \frac{p}{\varepsilon e_s}\frac{\mathrm{d}q}{\mathrm{d}t} - (1 + \Delta S)\left(\frac{L_v}{R_v T^2}\frac{\mathrm{d}T}{\mathrm{d}t} + \frac{g}{RT}w\right), \qquad (12.4.23)$$

其中气块温度随时间的变化率为 $\dfrac{\mathrm{d}T}{\mathrm{d}t} = \dfrac{\mathrm{d}T}{\mathrm{d}z}w$,在湿空气块饱和绝热上升过程中,$\dfrac{\mathrm{d}T}{\mathrm{d}z}$ 可由气块饱和绝热上升时的热量方程求得.根据(6.3.6)式的湿绝热减温率 γ_m,气块温度的变化率为

$$-\frac{\mathrm{d}T}{\mathrm{d}t} = -\frac{\mathrm{d}T}{\mathrm{d}z}w = \gamma_d w + \frac{L_v}{c_{pd}}\frac{\mathrm{d}q}{\mathrm{d}t}. \qquad (12.4.24)$$

为便于讨论过饱和度,(12.4.24)式中用比湿 q 代替饱和比湿 q_s(因为云内 $q \approx q_s$).γ_d 是干绝热减温率,其表达式为 g/c_{pd}.

设云内液态水比含水量(单位空气质量中含有的液态水量)为

$$q_{\mathrm{w}} = \frac{\rho_{\mathrm{w}}}{\rho} \frac{4\pi}{3} \sum_{i=1}^{K} n_i r_i^3, \tag{12.4.25}$$

这里 ρ_{w} 和 ρ 分别是水和空气的密度,n_i 是单位体积空气中半径为 r_i 的小滴数,K 组中的每个小滴都服从各自的单滴凝结增长方程. 比湿 q 与液态水比含水量 q_{w} 的关系是

$$\frac{\mathrm{d}q}{\mathrm{d}t} = -\frac{\mathrm{d}q_{\mathrm{w}}}{\mathrm{d}t}. \tag{12.4.26}$$

将(12.4.24)和(12.4.26)式代入(12.4.23)式,并令等号右边的 $1+\Delta S \approx 1$(云中过饱和度仅为0.01左右),最后我们得到云中过饱和度随时间变化的表达式为

$$\frac{\mathrm{d}}{\mathrm{d}t}\Delta S = \left(\gamma_{\mathrm{d}}\frac{L_{\mathrm{v}}}{R_{\mathrm{v}}T^2} - \frac{g}{RT}\right)w - \left[\frac{p}{\varepsilon e_{\mathrm{s}}(T)} + \frac{L_{\mathrm{v}}^2}{c_{p\mathrm{d}}R_{\mathrm{v}}T^2}\right]\frac{\mathrm{d}q_{\mathrm{w}}}{\mathrm{d}t}, \tag{12.4.27}$$

式中的上升速度 w 可与冷却率 $-\dfrac{\mathrm{d}T}{\mathrm{d}t}$ 联系起来,即

$$w = \frac{\mathrm{d}z}{\mathrm{d}t} = \frac{\mathrm{d}z}{\mathrm{d}T}\frac{\mathrm{d}T}{\mathrm{d}t} = \frac{1}{\gamma_{\mathrm{m}}}\left(-\frac{\mathrm{d}T}{\mathrm{d}t}\right). \tag{12.4.28}$$

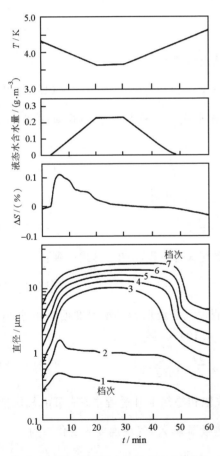

图 12.8　群滴凝结增长中温度、液态水含水量、
过饱和度和粒子直径随时间的变化
(Pandis 等,1990;转引自 Seinfeld,1998)

从(12.4.27)式和(12.4.28)式可看出,云中过饱和度随时间的变化是冷却率与云滴凝结量增加率之间平衡的结果. 前者是因气块绝热上升膨胀而引起,大致维持定常;后者受限于水汽向粒子的质量输送,而质量输送又依赖于粒子尺度分布和它们的活化状态,是变化的,因此云中过饱和度会出现一个极值(水汽供应率与消耗率相平衡). 这样,所需临界过饱和度低于极值的那些较大粒子将活化而变为云滴,其余的粒子则不能活化,它们称为填隙粒子,其尺度通常小于 $2\,\mu\mathrm{m}$.

图 12.8 是 Pandis 等(1990)对 7 个档次的粒子凝结增长的模拟结果. 在这个例子中,冷却率约为 $2\,\mathrm{K/h}$,过饱和度最大值为 0.1%,这足以活化直径大于 $0.3\,\mu\mathrm{m}$ 的粒子(相应于图中的 3 到 7 档). 从图中可以注意到,处于档次 1 的粒子(干核尺度为 $0.1\,\mu\mathrm{m}$)在过饱和度最大值处增长到 $0.5\,\mu\mathrm{m}$,尔后随着相对湿度的下降慢慢蒸发. 这些粒子始终与云中环境保持平衡,不能形成云滴. 档次 2 的粒子(干核尺度为 $0.2\,\mu\mathrm{m}$),其临界过饱和度稍微低于最大过饱和度,它们可以活化增长到 $1.5\,\mu\mathrm{m}$,但此后随着过饱和度的下降,它们便退活化而不再长大. 这些都是群滴争食水分的结果. 其他粒子(干核尺度大于 $0.3\,\mu\mathrm{m}$)则全部可以活化而长大成大于 $10\,\mu\mathrm{m}$ 的云滴. 另外,模拟约 $10\,\mathrm{min}$ 后,滴谱明显变窄,这与一定过饱和度下尺度小的粒子比大粒子增长较快有关.

通过上述对群滴凝结增长过程的讨论可知,虽然每个小滴都服从各自的单滴凝结增长方程,但由于大量云滴争食水分,故有明显特点:(1)云中过饱和度出现极值.由于云凝结核的活化随云中过饱和度的增加而增加,随着群滴对水汽争夺的加剧,过饱和度在达到极大值后又逐渐减小,这反过来又抑制了云滴的增长.(2)因云滴增长率 dr/dt 与其半径 r 成反比,所以随着尺度的增大,增长率下降,故云滴通过凝结过程长大成雨滴需要很长时间,甚至超过云发展的生命期,而且云滴通过凝结增长只能成为一个窄谱.因此,仅有上述的凝结过程是不足以成云致雨的.

在上述讨论群滴增长时是把云作为绝热的封闭系统处理的,而且假设气块上升速度和它的温度递减率都为常数,这些都不完全符合实际情况.积云发展时有云内外的夹卷混合,层状云在边界上也可发生湍流混合.云滴和凝结核发生的内外交换使云内存在不同生命期的云滴.另外,云中的上升气流、过饱和度等实际上是非均匀和非定常的,有起伏脉动.这些因素都可能使云滴谱增宽.

12.4.3 云滴的起伏凝结增长

由上一小节讨论可知,当群滴因水汽扩散而凝结增长时,将给出一个窄的、趋于单分散性的云滴谱.但观测表明,实际的云滴谱是宽而复杂的,这促使人们继续寻找解决这一矛盾的途径.例如,考虑气流运动的动力作用,或研究干空气夹卷对云滴谱的影响等.

20 世纪 60 年代我国气象学家顾震潮和周秀骥等提出了暖云起伏降水的理论.该理论认为云内存在着湍流.湍流可看做一种随机源,它引起环境参量,诸如上升气流、温度、含水量等的起伏.云滴在这种起伏环境中的生长应是不均匀生长,即有些云滴处于有利的生长环境下,它们会比另一些处于不利环境下的云滴长得快.下面仅以湿度场起伏为例,简要地说明其对云滴生长的影响.

起伏环境下气流速度和温度等都是随机变量,所以决定了云中水汽密度或过饱和度也是随机变量.对于 $r>1\,\mu m$ 的云滴,凝结增长方程(12.4.4)可写为

$$r\frac{dr}{dt}=\frac{D_v\Delta\rho}{\rho_w},\qquad(12.4.29)$$

式中 $\Delta\rho$ 表示过饱和水汽密度.因它是个随机变量,故半径 r 也是随机变量,此凝结增长方程便成为一个线性随机常微分方程,其解是已知随机函数在线性积分算子下的变换.若过饱和水汽密度 $\Delta\rho$ 的概率满足正态分布,可以证明,半径 r 的分布密度也服从正态分布,为

$$f(r)=\frac{r\rho_w}{\sqrt{2\pi}\sigma_{\Delta\rho}D_vt}\exp\left[-\frac{(r^2\rho_w/2D_v-\overline{\Delta\alpha}t)^2}{2\sigma_{\Delta\rho}^2t^2}\right],$$

$$(12.4.30)$$

式中 $\overline{\Delta\rho}$ 和 $\sigma_{\Delta\rho}$ 分别为 $\Delta\rho$ 的数学期望和均方差.假设平均过饱和水汽密度为 $\overline{\Delta\rho}=5\times10^{-10}$ g·cm^{-3}(相当于过饱和度约 0.05%),凝结核浓度为 10^4 个·cm^{-3},

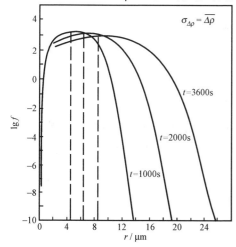

图 12.9 起伏场中的凝结滴谱,图中虚线是均匀凝结的计算结果(引自周秀骥,1963)

利用(12.4.30)式计算起伏湿度场的均方差等于平均湿度场(即 $\sigma_{\Delta\rho}=\overline{\Delta\rho}$)条件下的起伏凝结滴谱(图 12.9). 由图可见,经过 1000 s 后,出现半径 $7\sim8\ \mu m$ 左右的云滴约 200 个·cm^{-3};经过 2000 s 后,半径 $10\sim13\ \mu m$ 左右的云滴可达 100 个·cm^{-3};3600 s 后,半径 $15\sim17\ \mu m$ 左右的水滴也可达 100 个·cm^{-3}. 可见在湿度起伏场中,不需要巨盐核就可以出现 $15\sim20\ \mu m$ 的大水滴,其浓度与雨滴相当. 若不考虑起伏,在同样时间间隔下只能出现半径在 $9\ \mu m$ 以下的水滴(图中虚线所示).

这样看来,云滴的凝结起伏增长有两方面值得重视:其一是使滴谱增宽,不似均匀条件下云滴凝结增长最终近似成为均匀谱;其二最重要的是起伏凝结增长过程很快,为云滴的碰并增长打下了基础.

12.5 冰晶的凝华增长

12.5.1 静稳条件下冰晶的凝华增长

同云滴的凝结增长一样,冰晶的凝华增长实质上也是水汽分子的扩散和热传导过程,但由于冰晶形状复杂,扩散到冰晶表面的水汽通量不能直接使用球形水滴增长的麦克斯韦通量公式. Jeffreys(1918)注意到冰晶周围的水汽场和荷电体周围的电位场十分相似,在此基础上得到了计算冰晶增长率的方程.

对任意封闭边界,指向冰晶表面的通量方程的一般形式可写为

$$I=\frac{\mathrm{d}m}{\mathrm{d}t}=\iint\limits_{A}D_v\frac{\partial\rho_v}{\partial n}\mathrm{d}A, \qquad (12.5.1)$$

这里 D_v 为水汽扩散系数,ρ_v 为水汽密度,$\mathrm{d}A$ 为边界面元. 而按电学上的高斯定理知道,电力线通量与荷电体有下面的公式:

$$\iint\limits_{A}\frac{\partial V}{\partial n}\mathrm{d}A=-4\pi Q=-4\pi C(V_C-V_\infty)=4\pi C(V_\infty-V_C), \qquad (12.5.2)$$

这里 Q 是荷电体的荷电量,V_C 和 V_∞ 分别为荷电体表面和无穷远处电势,C 为静电电容. 电容是表示物质电学性质的物理量,对同一种物质,当它们携带相同的电荷时,由于形状的差异,电势也不会相同,故电容 C 可看做物体的形状参数. 将(12.5.1)和(12.5.2)式相比较,水汽密度 ρ_v 类似于静电电势 V,于是(12.5.1)式可改写为

$$\frac{\mathrm{d}m}{\mathrm{d}t}=4\pi CD_v(\rho_v-\rho_{si}), \qquad (12.5.3)$$

其中 ρ_v 代表无穷远处水汽密度(环境水汽密度),ρ_{si} 为冰晶表面平衡水汽密度,而形状参数 C 对不同形状的冰晶有不同的表达式,如表 12.9 所示,表中 a,b 分别为长、短轴,$e'=\sqrt{1-(b/a)^2}$ 为偏心率.

表 12.9 各种形状冰晶的形状参数

形状	球形	圆盘	伸长椭球体	扁平椭球体	针状(长而薄的扁长球体)
C	r	$\dfrac{2r}{\pi}$	$\dfrac{2ae'}{\ln[(1+e')/(1-e')]}$	$\dfrac{ae'}{\arcsin e'}$	$\dfrac{a}{\ln(2a/b)}$

考虑凝华潜热后,可得到类似(12.4.10)式的公式:

$$L_s \frac{\mathrm{d}m}{\mathrm{d}t} = 4\pi C \kappa_a (T_i - T), \tag{12.5.4}$$

其中 L_s 是水汽凝华潜热. 再加上克劳修斯-克拉珀龙方程(2.2.6),利用与 12.4.1 小节同样的方法,Mason(1953)冰晶凝华增长表达式:

$$\frac{\mathrm{d}m}{\mathrm{d}t} = \frac{4\pi C \Delta S_i}{\dfrac{L_s}{\kappa_a T}\left(\dfrac{L_s}{R_v T} - 1\right) + \dfrac{1}{D_v \rho_{si}(T)}} = \frac{4\pi C \Delta S_i}{f(T)}, \tag{12.5.5}$$

这里 $\Delta S_i = \dfrac{\rho_v}{\rho_{si}} - 1 = \dfrac{e}{e_{si}(T)} - 1$,是相对于冰面的环境过饱和度. 在定常大气压力下,(12.5.5)式的分母仅为温度的函数,故以 $f(T)$ 代替. 这个通常计算冰晶增长率的表达式中,仅需温度和冰晶几何形状两个参数. 对球状冰晶,因为 $C = r$,则有

$$r \frac{\mathrm{d}r}{\mathrm{d}t} = \frac{\Delta S_i}{\rho_i f(T)}, \tag{12.5.6}$$

式中 ρ_i 为冰晶密度. 应指出,虽然(12.5.5)或(12.5.6)式可以很好地计算过饱和环境里静稳状态的冰晶或非常缓慢下落时的小冰晶的质量增加率,但它无法确定质量如何分布,因而也不能指出冰晶的细致形状,而且冰晶在增长过程中发生了形变,给理论上计算它的继续增长造成了困难. 在冰晶增长的研究中,实验室实验是一个重要的手段. 如前面图 11.11 和图 11.12 所示,实验表明,在冰晶凝华增长过程中,其形状主要决定于温度,而环境的湿度条件(过饱和度)在控制冰晶的生长特征方面也起重要作用.

12.5.2　混合云中冰晶的凝华增长

由于同温度下冰面饱和水汽压低于水面饱和水汽压,在冰晶、水滴和水汽三者共存的云中,如果水汽接近于水面饱和状态,对冰面则是过饱和的,例如温度在 $-10℃$ 时,冰面过饱和度达 10%,这就能促使冰晶增长. 为了说明这个问题,可研究下面的简单模型.

初始时刻此系统中完全由过冷水滴组成,没有冰晶,水汽处于水面饱和状态. 冰晶胚胎出现后,在过饱和状态下它不断吸收水汽,这使该系统对水滴呈现未饱和,于是水滴不断蒸发,而冰晶不断长大. 过程终了时,水汽处于冰面饱和,此时冰晶长到最大,水滴消失.

假定冰晶是球形的,根据(12.4.4)式,水滴凝结和冰晶凝华的增长方程分别为

$$\rho_w r_w \frac{\mathrm{d}r_w}{\mathrm{d}t} = D_v(\rho_v - \rho_s), \tag{12.5.7}$$

$$\rho_i r_i \frac{\mathrm{d}r_i}{\mathrm{d}t} = D_v(\rho_v - \rho_{si}), \tag{12.5.8}$$

式中 r_w 和 r_i 分别为水滴和冰晶的半径,ρ_s 和 ρ_{si} 分别为水面和冰面平衡水汽密度. 为简单计,此处忽略水滴和冰晶曲率的影响. 假设水滴和冰晶的大小是均匀的,封闭系统内水分守恒方程为

$$\frac{\mathrm{d}}{\mathrm{d}t}\left[\rho_v(t) + \frac{4}{3}\pi r_w^3 \rho_w n_w + \frac{4}{3}\pi r_i^3 \rho_i n_i\right] = 0, \tag{12.5.9}$$

其中 n_w 和 n_i 分别为水滴和冰晶的数密度. 设边条件为

(1) 在初始时刻 $t = 0$ 时,$r_w = r_w(0)$,$r_i = 0$,$\rho_v = \rho_s$;

(2) 在终了时刻 $t = t_m$ 时,$r_w = 0$,$r_i = r_{i,m}$,$\rho_v = \rho_{si}$.

335

假定过程在等温、等压下进行,则由(12.5.9)式积分后得

$$\frac{3}{4} \frac{\rho_{v}(t) - \rho_{s}}{\pi n_{w}} = \rho_{w} r_{w}^{3}(0) - \rho_{w} r_{w}^{3}(t) - \frac{n_{i}}{n_{w}} \rho_{i} r_{i}^{3}(t),\qquad(12.5.10)$$

由此得到终了时刻 $t = t_{m}$ 时冰晶的最大尺度

$$r_{i,m} = \left[\frac{n_{w}}{n_{i}\rho_{i}} \left(\rho_{w} r_{w}^{3}(0) + \frac{3}{4} \frac{\rho_{s} - \rho_{si}}{\pi n_{w}} \right) \right]^{1/3}.\qquad(12.5.11)$$

对(12.5.7)和(12.5.8)式积分,又有

$$\rho_{i} r_{i}^{2}(t) - \rho_{w} r_{w}^{2}(t) = 2(\rho_{s} - \rho_{si}) D_{v} t - \rho_{w} r_{w}^{2}(0).\qquad(12.5.12)$$

由此可得过程终了时所需时间

$$t_{m} = \frac{\rho_{w} r_{w}^{2}(0) + \rho_{i} r_{i,m}^{2}}{2 D_{v}(\rho_{s} - \rho_{si})}.\qquad(12.5.13)$$

若取初始云滴半径 $r_{w}(0) = 10\,\mu\text{m}$,数密度 $n_{w} = 60$ 个$/\text{cm}^{3}$,云中温度为 $-20\,^{\circ}\text{C}$,则冰晶最终尺度 $r_{i,m}$,过程终了时间 t_{m} 与 n_{i}/n_{w} 的数值如表 12.10 所示.由上述讨论及表 12.10 可有以下结论:

(1) 云中含水量越大,冰-水转化后得到的冰晶越大.

(2) 冰晶和水滴的数密度比 n_{i}/n_{w} 越小,最终生成的冰晶越大.例如 $n_{i}/n_{w} = 0.001$ 时,20 min 后可生成半径约为 $100\,\mu\text{m}$ 的冰晶.这在一般云中是满足的,n_{i}/n_{w} 约 10^{-3}.

(3) 冰水饱和水汽密度差大时,冰晶长得也大.显然,在 $-12\,^{\circ}\text{C}$ 时因饱和水汽密度差最大,冰晶生长也就最迅速,长得也最大.

表 12.10 封闭系统中的冰-水转化

n_{i}/n_{w}	$r_{i,m}/\mu\text{m}$	t_{m}/s
1	10.6	27.3
0.2	18.1	53.8
0.1	22.8	77.2
0.01	49.1	309
0.001	106	1390

自然云中的情况远比上述的计算模型复杂,但以上的结论还是很有意义的.这种冰晶和水滴同时存在,而水汽从水滴转移到冰晶,使冰晶增大、水滴减小的冰水转化过程,称为冰晶效应.贝吉龙(T. Bergeron, 1935)用冰晶效应解释冷云降水机制,并得到大家的承认,这种理论就称为贝吉龙假说.

12.6 水成物粒子的降落和碰并

水成物粒子在重力作用下的降落,是粒子最基本的沉降过程,而由于粒子下落末速度不同而导致的碰并现象,即重力碰并,又是成云致雨的重要过程.

本节首先讨论水滴(云滴和雨滴)、冰雪晶等水成物粒子的下落速度,在此基础上进一步讨论粒子的捕获(碰并)问题,作为下一节研究碰并增长问题的预备知识.

12.6.1 雨滴的降落、变形和破碎

小雨滴在空气中降落时,由于表面张力作用,故保持球形.对于较大雨滴,除了表面张力以

外,还有两个力作用于水滴,一个是四周空气的压力,另一个是重力引起的水滴内部的静压力差.随着水滴的增大,后两个力也随之增加,而表面张力却因曲率的减小而减小.这三个力的共同作用,使大雨滴降落时发生变形.雨滴越大,变形越厉害,以至于最终破碎(图12.10).这种破碎称为自发破碎.另外,降水粒子发生碰撞时也可能破碎成若干小滴,称为碰撞破碎.

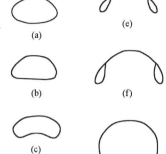

Pruppacher 等曾在垂直风洞中悬浮大小不同的水滴用以研究雨滴的变形.实验结果指出,如令 r_e 表示等效半径,则

(1) 当 $r_e \leqslant 0.14$ mm 时,严格成球形;

(2) 当 0.14 mm $\leqslant r_e \leqslant 0.5$ mm 时,稍有变形,短半轴 b 与长半轴 a 的比值 $b/a = 0.98$;

(3) 当 $r_e = 1.4$ mm 时,$b/a = 0.85$,雨滴的底部趋于平坦;

(4) 当 $r_e = 2.0$ mm 时,$b/a = 0.78$,雨滴的底部由平坦演变成凹面;

(5) 当 $r_e = 4.0$ mm 时,凹面进一步发展,直到某一临界半径,由于流体力学的不稳定,雨滴趋于破碎.

图 12.10　水滴变形示意图

实验室中得到自发破碎的临界半径是 4.3 mm. 大气运动具有明显的湍流性质,湍流越强,自发破碎临界半径就越小,因此自然界中水滴的自发破碎经常发生在半径为 $3 \sim 3.5$ mm 时,这就解释了很少出现直径 6 mm 以上雨滴的事实.实际雨滴在降落时常有旋转、倾斜以及在水平或垂直面中忽长忽扁的振动,情况很复杂,说明雨滴并非是固定的轴对称形状.

12.6.2　水滴的下落末速度

在重力作用下,水滴的下落速度不断增加,与此同时,空气阻力也随之增加,重力和阻力很快达到平衡,使水滴匀速下降,此时的下降速度称为水滴的末速度.

水滴的下落速度可以通过求解水滴在重力场中的运动方程得到.设外力为重力、浮力和阻力,在静止介质中,运动方程有如下形式:

$$m \frac{\mathrm{d}v}{\mathrm{d}t} = mg\left(1 - \frac{\rho}{\rho_w}\right) - F_D, \tag{12.6.1}$$

式中 m 为水滴质量,v 为水滴下落速度(与空气的相对速度),ρ 和 ρ_w 分别为空气和水的密度,F_D 表示阻力,其一般形式是

$$F_D = \frac{1}{2}\rho v^2 A C_D. \tag{12.6.2}$$

(12.6.2)式称为牛顿曳力公式,式中 A 为水滴截面积,C_D 是阻力系数,它是雷诺数的函数.对半径为 r 的球形粒子,$A = \pi r^2$,$Re = 2\rho v r/\mu$,其中 μ 为空气[动力]黏性系数.当 $Re < 1$ 时,$C_D = 24/Re$,(12.6.2)式简化为斯托克斯阻力公式:

$$F_D = 6\pi\mu r v. \tag{12.6.3}$$

将(12.6.3)式代入运动方程(12.6.1),即得到关于小粒子下落速度 v 的线性微分方程.令初始条件为 $t = 0$ 时 $v = 0$,则其解为

$$v(t) = v_w(1 - \mathrm{e}^{-t/\tau}), \tag{12.6.4}$$

这里 v_w 和 τ 分别为

$$v_{\mathrm{w}} = \frac{2}{9}\frac{\rho_{\mathrm{w}} - \rho}{\mu}gr^2 \approx \frac{2\rho_{\mathrm{w}}g}{9\mu}r^2, \tag{12.6.5}$$

$$\tau = \frac{2}{9}\frac{\rho_{\mathrm{w}} - \rho}{\mu}r^2 \approx \frac{2\rho_{\mathrm{w}}}{9\mu}r^2. \tag{12.6.6}$$

由(12.6.4)式可知,当 $t \gg \tau$ 时,下落速度与时间无关而达到稳态,这时的下落速度 v_{w} 就是重力场中水滴的下落末速度. τ 称为弛豫时间,粒子尺度越小,弛豫时间 τ 也越小,粒子下落时很快就会达到稳态.所以对很小的粒子,可将运动方程(12.6.1)中的惯性项忽略掉.

斯托克斯阻力公式形式简单,便于应用,但斯托克斯阻力公式的成立有严格的条件限制,它要求介质连续、不可压缩、黏性和无穷大,并要求粒子为刚性球体.对大气来说,介质的不可压缩性和无穷大是容易满足的,其他条件是否被满足,要看具体情况而定.例如对于尺度和空气分子自由程相当的粒子,这时空气就不能被看做连续流体.因为在一个分子自由程内,粒子不会遇到其他分子的阻力,故介质阻力将减小.即

$$F_{\mathrm{D}} = 6\pi\mu r v / C_{\mathrm{C}}, \tag{12.6.7}$$

其中 C_{C} 称为坎宁汉(Cunningham)订正因子,它是一个不小于 1 的数,常由下式给出:

$$C_{\mathrm{C}} = 1 + \frac{2l}{d}\Big[A + B\exp\Big(-\frac{bd}{2l}\Big)\Big], \tag{12.6.8}$$

其中 l 为低层空气分子平均自由程, d 为粒子直径, $A = 1.257, B = 0.400, b = 1.10.$ 当粒子尺度很大而运动出现湍流时,黏性假设也不成立.这时斯托克斯阻力公式也需作订正,如

$$F_{\mathrm{D}} = 6\pi\mu r v\Big(1 + \frac{3}{16}Re\Big), \tag{12.6.9}$$

但当 $Re > 5$ 时,(12.6.9)式也不能再用.

对于不同尺度段的水滴,根据实验结果可以总结出对应的阻力系数与雷诺数的关系,从而按前述方法得出水滴下落末速度的经验公式.例如:

(1) $r < 50\ \mu\mathrm{m}$,取斯托克斯近似, $C_{\mathrm{D}} = 24/Re$ 时,有

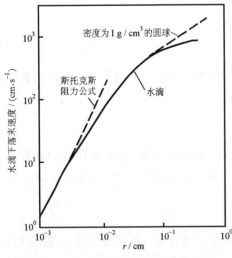

图 12.11 水滴下落末速度与尺度的关系

$$v_{\mathrm{w}} = Ar^2; \tag{12.6.10}$$

(2) $50\ \mu\mathrm{m} < r < 500\ \mu\mathrm{m}, C_{\mathrm{D}} = 12/\sqrt{Re}$ 时,有

$$v_{\mathrm{w}} = Br; \tag{12.6.11}$$

(3) $r > 500\ \mu\mathrm{m}, C_{\mathrm{D}} = 0.6$ 时,有

$$v_{\mathrm{w}} = C\sqrt{r}. \tag{12.6.12}$$

若取

$$\rho = 1.23\ \mathrm{kg/m^3},$$

$$\mu = 1.77 \times 10^{-5}\ \mathrm{kg/(m \cdot s)},$$

r 以 mm 为单位,下落末速度以 $\mathrm{m \cdot s^{-1}}$ 为单位,则可导出 $A = 123, B = 7.6, C = 5.95.$

图 12.11 给出了水滴下落末速度与尺度的关系,表 12.11 给出了 1013 hPa,20℃ 条件下测定的静止空气中水滴的下落末速度.对非静止空气,它为相对于气流的相对速度.

表 12.11　在 1013 hPa,20℃ 条件下静止空气中水滴的下落末速度(引自 Mason,1971)

水滴直径/mm	水滴下落末速度 /(cm·s⁻¹)	雷诺数 Re	水滴直径/mm	水滴下落末速度 /(cm·s⁻¹)	雷诺数 Re
0.01	0.3	0.002	1.80	609	731
0.02	1.2	0.015	2.0	649	866
0.03	2.6	0.052	2.2	690	1013
0.04	4.7	0.12	2.4	727	1164
0.05	7.2	0.24	2.6	757	1313
0.06	10.3	0.41	2.8	782	1461
0.08	17.5	0.93	3.0	806	1613
0.10	25.6	1.69	3.2	826	1764
0.12	34.5	2.74	3.4	844	1915
0.16	52.5	5.55	3.6	860	2066
0.20	71	9.4	3.8	872	2211
0.30	115	22.8	4.0	883	2357
0.40	160	42.3	4.2	892	2500
0.50	204	67.5	4.4	898	2636
0.60	246	97.5	4.6	903	2772
0.70	286	132	4.8	907	2905
0.80	325	172	5.0	909	3033
0.90	366	218	5.2	912	3164
1.00	403	267	5.4	914	3293
1.20	464	372	5.6	916	3423
1.40	517	483	5.8	917	3549
1.60	565	603			

　　说明:直径<1.0 mm 的水滴的末速度是 Beard 和 Pruppacher(1969)测量得到的;更大的水滴的末速度是 Gunn 和 Kinzer(1949)测量得到的.

12.6.3　冰雪晶下落末速度

　　冰雪晶的下落末速度比水滴复杂得多.由于冰雪晶的各种复杂结构和形状影响到它的流体动力学性能,因而影响其下落速度.冰雪晶下落时的姿态是长轴呈水平与迎风向垂直,短轴与下落方向平行,在下落过程中发生摆动.

　　冰雪晶和雪花的下落速度通常可通过实测得到.图 12.12 给出了一些冰雪晶下落末速度与尺度之间关系的实测结果.由图可见,枝状冰晶和雪粒的末速度几乎与它们的大小无关,平板枝状冰晶接近于 30 cm·s⁻¹,立体枝状冰晶为 57 cm·s⁻¹,雪粒为 50 cm·s⁻¹.当冻滴附着在冰晶上时,下落末速度增至 100 cm·s⁻¹ 左右,而且其末速度随尺度增大,对于霰粒来说此趋势尤为明显.按不同人的实验结果,可以用以下经验公式表示下落末速度 v_s 与尺度的关系:

$$v_s = kD^n \tag{12.6.13}$$

或

$$v_s = kL^n, \tag{12.6.14}$$

其中 D,L 分别为冰晶的直径(或宽度)和主轴的长度.表 12.12 给出了各种形状的冰晶下落末速度与尺度的经验关系,其中 D,L 以 cm 为单位,实验条件为 1000 hPa,−15℃.其他大气条件下冰晶末速度可由下式计算:

$$\frac{v_{\text{s}}}{v_{\text{s},0}} = \left(\frac{\rho}{\rho_0}\right)^{\alpha-1}\left(\frac{\mu}{\mu_0}\right)^{1-2\alpha}, \qquad (12.6.15)$$

式中 α 与雷诺数 Re 有关. 表 12.12 是不同形状冰晶的下落末速度经验公式.

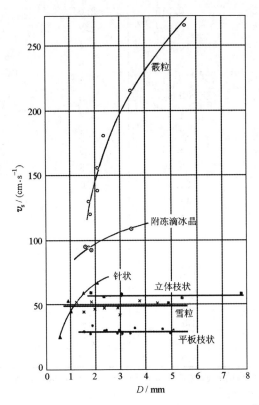

图 12.12　冰雪晶下落末速度与尺度之间的关系(Nakaya 和 Terada,1935;转引自 Mason,1971)

表 12.12　不同形状冰晶下落末速度经验公式(引自 Pruppacher,1978)

冰晶形状	下落末速度/(cm·s^{-1})		直径范围/μm
六角板状	$v_{\text{s}} = 2.96 \times 10^2 D^{0.824}$		$10\sim300$
扇形枝状	$v_{\text{s}} = 2.96 \times 10^2 D^{0.824}$		$10\sim40$
扇形枝状	$v_{\text{s}} = 2.96 \times 10^2 D^{0.824}$		$41\sim2000$
雏菊形宽枝状	$v_{\text{s}} = 1.39 \times 10^2 D^{0.748}$		$10\sim90$
雏菊形宽枝状	$v_{\text{s}} = 1.39 \times 10^2 D^{0.748}$		$91\sim500$
类扇形宽枝状	$v_{\text{s}} = 1.39 \times 10^2 D^{0.748}$		$10\sim100$
类扇形宽枝状	$v_{\text{s}} = 1.39 \times 10^2 D^{0.748}$		$101\sim1000$
星状	$v_{\text{s}} = 4.22 \times 10 D^{0.422}$		$500\sim3000$
实心厚板状	$v_{\text{s}} = 3.48 \times 10^3 D^{1.375}$		$10\sim1000$
实心柱状	$v_{\text{s}} = 7.31 \times 10^3 L^{1.415}$	$(L/D) \leqslant 2$	$10\sim1000$
实心柱状	$v_{\text{s}} = 2.43 \times 10^3 L^{1.309}$	$(L/D) > 2$	$10\sim1000$
空心柱状	$v_{\text{s}} = 7.31 \times 10^3 L^{1.415}$	$(L/D) \leqslant 2$	$10\sim1000$
空心柱状	$v_{\text{s}} = 2.43 \times 10^3 L^{1.309}$	$(L/D) > 2$	$10\sim1000$

表 12.13　不同 Re 下的 α 值

Re	<0.1	0.1~4	4~20	20~400	400~1000
α	1	0.9	0.75	0.65	0.57

雪花下落末速度测量值示于图 12.13. Magono(1953)曾对小雪花给出如下表达式:

(1) 对未结霜雪花:

$$v_s = 132\left(\frac{r}{0.40 + 0.63r}\right)^{1/2};$$

(12.6.16)

(2) 对结霜雪花:

$$v_s = 194\left(\frac{r}{0.45 + 0.60r}\right)^{1/2}.$$

(12.6.17)

这里 r 是雪花的最大尺度,以 cm 为单位,v_s 以 cm·s^{-1} 为单位. 显然对小雪花,$v_s \propto r^{1/2}$,而大雪花的 v_s 值则与尺度大小无关,这与观测结果基本一致.

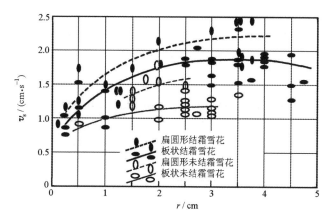

图 12.13　雪花下落末速度与雪花最大尺度的关系(Nakaya 和 Terada,1935;转引自 Mason,1971)

12.6.4　粒子的碰并效率

云滴和雨滴及冰晶之间在重力场中因下落末速度不同会导致碰并,但由于空气动力学作用(小粒子绕流),并不能与它所扫掠体积中的所有粒子相碰撞,故有碰撞效率的问题;而且粒子间即使能发生碰撞,也不一定都能并合在一起,故又存在一个并合效率问题. 二者的综合,即为捕获效率,或称为碰并效率(它等于碰撞效率与并合效率的乘积). 碰并效率是研究粒子碰并增长的基本问题.

1. 碰撞效率

在自然云中,云滴间的碰撞效率决定于许多因子,如空气动力学力、云滴所带电荷、外电场及湍流等. 下面将考虑在静止大气的假设下,在重力场中下落的一个大滴追上一个小滴的情形(一般碰撞问题应是多体问题,鉴于云滴的离散分布特性,可作为二体问题处理).

如图 12.14 所示,当两个滴在垂直方向上距离足够大时,小滴(半径为 r_2)将沿直线路径以二者末速度之差的速度接近大滴(半径为 r_1). 在两滴相互接近时,由于绕流,小滴将偏离原路径,但因为惯性,小滴也不会完全顺着流线运动. 也就是说,并不是大滴扫掠体积内的所有小滴

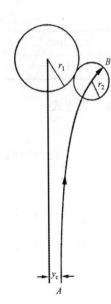

图 12.14 小滴相对于大滴的轨迹示意图

都会与大滴相碰,只有那些中心位于以 y_c 为半径的柱体内的小滴才可以同大滴相碰.图中的曲线 AB 表示出了和大滴刚好相碰的小滴中心的轨迹(这里暂不考虑湍流的影响),与其相应的 y_c 为两滴间的初始临界距离(两滴间的初始水平临界距离).一般 y_c 小于 r_1.碰撞效率定义为碰撞截面与扫掠截面之比,即

$$E_1 = y_c^2/(r_1+r_2)^2. \tag{12.6.18}$$

(12.6.18)式反映了大滴在其扫过路径上与小滴的碰撞效率,因此总是小于 1 的.显然,要确定 y_c,需计算两个粒子的相对轨迹,这就需要解粒子运动方程.而解此方程是很困难的,一般求近似解.

2. 水滴碰撞效率

水滴碰撞效率的计算最初是由 Langmuir(1948)完成的,此后又由其他许多人进行了专门研究. Hocking(1959)研究的结果指出: $r_1<19\,\mu m$ 的滴对所有更小的滴的碰撞效率为零.后来一些人做了更为精确的计算,认为半径 r_1 小于 $19\,\mu m$ 的滴的碰撞效率并不为零,但很小.具体说,水滴半径小到 $10\,\mu m$ 还有一定的碰撞效率,但不超过 1%. 表 12.14 综合了不同研究者关于小滴间碰撞效率的计算结果.表中出现的大于 1 的值,是由于尾涡的作用.

表 12.14 半径为 r_1 的滴同半径为 r_2 的小滴相碰的碰撞效率(引自王明康,1991)

r_2/r_1	$r_1/\mu m$										
	300	200	150	100	70	60	50	40	30	20	10
0.05	0.97	0.87	0.77	0.50	0.20	0.05	0.005	0.001	0.001	0.001	0.001
0.10	1.00	0.96	0.93	0.79	0.58	0.43	0.40	0.07	0.002	0.0001	0.0001
0.15	1.00	0.98	0.97	0.91	0.75	0.64	0.60	0.28	0.02	0.005	0.0001
0.20	1.00	1.00	0.97	0.95	0.84	0.77	0.70	0.50	0.04	0.016	0.014
0.25	1.00	1.00	1.00	0.95	0.88	0.84	0.78	0.62	0.069	0.022	0.017
0.30	1.00	1.00	1.00	1.00	0.90	0.87	0.83	0.68	0.17	0.03	0.019
0.35	1.00	1.00	1.00	1.00	0.92	0.89	0.86	0.74	0.27	0.043	0.022
0.40	1.00	1.00	1.00	1.00	0.94	0.90	0.88	0.78	0.40	0.052	0.027
0.45	1.00	1.00	1.00	1.00	0.95	0.91	0.90	0.80	0.50	0.064	0.030
0.50	1.00	1.00	1.00	1.00	0.95	0.91	0.90	0.80	0.55	0.072	0.033
0.55	1.00	1.00	1.00	1.00	0.95	0.91	0.90	0.80	0.58	0.079	0.035
0.60	1.00	1.00	1.00	1.00	0.95	0.91	0.90	0.78	0.59	0.082	0.037
0.65	1.00	1.00	1.00	1.00	0.95	0.91	0.89	0.77	0.58	0.080	0.038
0.70	1.000	1.00	1.00	1.00	0.95	0.92	0.88	0.76	0.54	0.076	0.038
0.75	1.00	1.00	1.00	1.00	0.97	0.93	0.88	0.77	0.51	0.067	0.037
0.80	1.00	1.00	1.00	1.00	1.00	0.95	0.89	0.77	0.49	0.057	0.036
0.85	1.00	1.00	1.00	1.00	1.02	1.00	0.92	0.78	0.47	0.048	0.035
0.90	1.00	1.00	1.00	1.00	1.04	1.03	1.01	0.79	0.45	0.040	0.032
0.95	1.00	1.00	1.00	1.00	2.30	1.30	1.30	0.95	0.47	0.033	0.029
1.00	1.00	1.00	1.00	1.00	4.00	1.40	1.40	0.52	0.029	0.027	0.027

需要指出的是：湍流、外电场以及粒子所带电荷对小滴重力碰撞效率也有影响.湍流显然会使小滴轨迹产生无规变化，使得一部分小滴本该碰到而碰不到或相反.De Almeida(1976)分析表明：当湍能耗散率从 0 增加到 $1\ cm^2 \cdot s^{-3}$ 时，E_1 显著增加，但对于 $r_1 > 30\ \mu m$ 的较大水滴，由于惯性较大，云内的湍流作用难以显著地促进水滴的碰撞；另外，当湍能耗散率从 1 增加到 $10\ cm^2 \cdot s^{-3}$ 时，对于大小相近的水滴来说，其碰撞效率反而趋于减小.关于电场与电荷对成对小滴重力碰撞效率的影响，计算结果表明，在积云中 $10 \sim 100\ V \cdot cm^{-1}$ 数量级的场强下，对小滴碰并增长影响很小.

两个小滴相碰，不一定会并合，水滴表面之间的空气膜会成为并合的障碍.两个在重力场中碰撞的水滴可以有几种前途：并合，小滴被弹开，两滴并合后分离，大滴破碎成若干个滴等.发生碰撞后究竟属于何种情况，决定于两滴间的碰撞角、它们的尺度和相对速度.实验表明，半径小于 0.15 mm 的大滴与小滴碰撞都能并合；大滴尺度在 $0.15 \sim 0.3$ mm 之间，碰撞角小于 $60°$ 时并合，大于 $60°$ 时发生反弹；大滴半径大于 0.4 mm，小滴与大滴尺度比小于 0.75，在相对速度大于 $0.9\ m \cdot s^{-1}$，碰撞角小于 $50°$ 时并合.图 12.15 表示一个实验结果，水滴半径各为 0.45 mm 和 0.15 mm，虚线为其重力下降相对速度.在此例中，碰撞角小于 $50°$

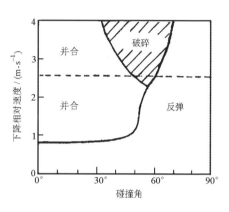

图 12.15　碰并滴并合、破碎、反弹与下降相对速度、碰撞角的关系(引自 Pruppacher 和 Klett,1978)

时并合，大于 $60°$ 时反弹，其间破碎.通常考虑被碰并的小云滴尺度在 $10\ \mu m$ 数量级时，并合效率可取 1.

碰并指碰撞和并合两种过程.碰并效率 E 为碰撞效率 E_1 和并合效率 E_2 的乘积，即

$$E = E_1 E_2. \tag{12.6.19}$$

3. 冰雪晶碰撞效率

由于冰晶具有各种不同的形状，所以冰晶和过冷水滴以及冰晶之间的碰撞效率的计算较水滴间碰撞效率的计算更为复杂.首先讨论冰晶和过冷水滴之间的碰撞效率.

我们已经知道，处于凝华增长阶段的冰晶呈六角棱柱状，此后它们或沿 c 轴方向优势生长

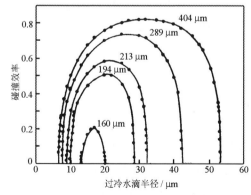

图 12.16　扁椭球冰晶与过冷水滴的碰撞效率
(R. L. Pitter 等,1974;转引自王明康,1991)

而成为柱状，或沿 a 轴方向发展而成为板状，这意味着不能将它们当做球形水滴那样对待.作为典型情况，可将冰晶和过冷水滴之间的碰撞分为板状冰晶与过冷水滴、柱状冰晶与过冷水滴间的碰撞这样两个问题来讨论.

当扁椭球体与圆盘具有相同的轴比时，其流体动力学效应相似.因此，板状冰晶和过冷水滴之间的碰撞效率等同于轴比相同的扁椭球冰晶与过冷水滴之间的碰撞效率.扁椭球冰晶与过冷水滴之间的碰撞效率的计算工作已由 Pitter 和 Pruppacher 等完成，假设空气的温度为 $-10℃$，气压为 700 hPa，计算结果示于图 12.16(图中数

字为冰晶长半轴). 由此图我们可以看到,对于某一大小的扁椭球冰晶,可碰撞的过冷水滴被限于一定大小的范围内,在此范围以外的过冷水滴与冰晶的碰撞效率为零. 随着冰晶尺度的增大,可碰撞水滴范围向两侧扩展,例如,可以同长半轴为 $160\,\mu m$ 的冰晶碰撞的水滴半径不能小于 $12.9\,\mu m$. 当冰晶增大到 $404\,\mu m$ 时,相应半径小到 $6.3\,\mu m$. 另外,当冰晶小于某一数值时,同任何水滴都不发生碰撞. 这里冰晶长半轴大致在 $147\sim160\,\mu m$ 之间,与观测资料相当一致. 还有,对于一定大小的水滴来说,碰撞效率随着冰晶的增大而增大. 由图中还可以看到,某种大小的扁椭球冰晶与一定半径的水滴的碰撞效率可达到极大,例如 $160\,\mu m$ 的冰晶与半径为 $17\,\mu m$ 的水滴碰撞时效率最高,为 0.205.

柱状冰晶与过冷水滴的碰撞效率理论计算结果示于图 12.17. 此图表示出,由于尾流效应,半径 $\geqslant77\,\mu m$ 的柱状冰晶的碰撞效率显著增大. 能被捕获的过冷水滴的最小半径不小于 $10\,\mu m$,而能捕获水滴的柱状冰晶的最小半径不小于 $25\,\mu m$.

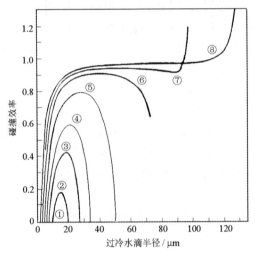

图 12.17　柱状冰晶与过冷水滴的理论碰撞效率(Schlamp 和 Pruppacher, 1975;转引自王明康,1991)
冰晶的半径 $r_i(\mu m)$、长度 $L(\mu m)$ 和 Re 数分别为:① 23.5,67.1,0.2;　② 32.7,93.3,0.5;　③ 36.6,112.6,0.7;　④ 21.5,138.3,1.0;　⑤ 53.4,237.4,2.0;⑥ 77.2,514.9,5.0;　⑦ 106.7,1067,10;　⑧ 146.4,2440,20

冰晶之间碰撞效率的研究目前尚无理论结果,一些实验结果也比较分散,这使我们难以找到一个碰撞效率的精确值. 但有一点似乎是明确的,即除个别研究外,所有的结果都显示出:冰晶间的碰撞效率与冰晶表面温度有关,在 0℃ 附近最大,随温度的下降而下降.

12.7　云滴和雨滴的碰并增长

在 12.4 节研究云滴凝结增长过程时已指出,因云滴增长率 dr/dt 与半径 r 成反比,所以随着尺度的增大,增长率下降. 这样,通过凝结过程云滴长大成雨滴则需要很长时间,甚至超过云发展的生命期. 所以,实际雨滴形成过程中云粒子的碰并增长起着重要作用,即云滴通过凝结增长达到一定尺度后,其后的增长主要靠碰并过程. 云滴碰并过程有布朗碰并、湍流碰并和重力碰并等多种,对于雨滴的形成主要是重力碰并. 所谓的重力碰并,是指水滴之间在重力场中因下落末速度不同而导致的碰并现象.

12.7.1 重力碰并增长的连续模式

按上节所述 Hocking(1959)关于碰撞效率的计算,云滴在与较小云滴碰撞增长前,需靠凝结增长使半径至少要达到 $19\,\mu m$,此后才可通过重力碰并继续快速增长.对重力碰并增长问题的早期处理中,大小和数目不变的小云滴被看做以均匀密度充满空间的液态水,大滴通过此空间时其质量以相同速率增长.此即为重力碰并增长的连续模式.

为讨论收集滴重力碰并增长的生长率,首先考虑双分散系统.设 r_1 和 r_2 分别为大、小水滴的半径,v_{w1} 和 v_{w2} 分别为其下落末速度,m_1 为大水滴的质量,ρ_w 为水的质量密度,n_2 和 V_2 为小云滴数密度和云滴的体积,$E(r_1,r_2)$ 为大滴对小滴的捕获系数,显然,大滴生长率可写为

$$\frac{\mathrm{d}m_1}{\mathrm{d}t} = E(r_1,r_2)\pi(r_1+r_2)^2(v_{w1}-v_{w2})\rho_w n_2 V_2. \tag{12.7.1}$$

当 $r_1 \gg r_2$ 时,$v_{w1} \gg v_{w2}$,以 $q_w = \rho_w n_2 V_2$ 表示云的含水量,则(12.7.1)式可简化为

$$\frac{\mathrm{d}m_1}{\mathrm{d}t} = E\pi r_1^2 v_{w1} q_w \tag{12.7.2a}$$

$$\frac{\mathrm{d}r_1}{\mathrm{d}t} = \frac{Eq_w}{4\rho_w}v_{w1}. \tag{12.7.2b}$$

此式即为重力碰并连续增长方程,它也是云和降水物理学中的重要方程之一.根据下落末速度与水滴尺度的关系可知,水滴重力碰并时半径的增长是与半径本身的平方、一次方或平方根成正比的,因而是加速增长的.与此相比较,凝结增长时的半径增长是一个减速的过程.从图 12.18 可看出水滴凝结增长和重力碰并增长的不同特点.值得注意的是,在半径处于 $15\sim20\,\mu m$ 附近时,水滴的增长处于"增长低谷".

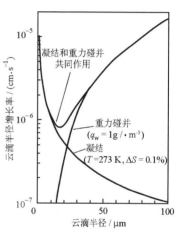

图 12.18 云滴半径增长率与半径的关系

利用(12.7.2)式,既可以讨论水滴碰并增长到某个大小所需的时间 t(即形成降水所需时间),也可以计算某一时间 t 时云滴增长的尺度.如设 q_w 为常数(或小云滴有充分供应,或考虑碰并初期小云滴的含水量还没有因碰并而减小),并且令 $t=0$ 时,$r_1=r_0$,则由(12.7.2b)式可得

$$t = \frac{4\rho_w}{q_w}\int_{r_0}^{r}\frac{\mathrm{d}r_1}{Ev_{w1}}. \tag{12.7.3}$$

由此计算的结果,暖云自然降水过程常常慢了很多.一般说来,在均匀碰并增长下,要由一般云滴形成降水总要花一两个小时以上.上述讨论没有考虑云中气流的影响.

在讨论降水粒子碰并增长时,实际感兴趣的是收集滴在云中能够停留的时间.当云中存在上升气流时,水滴便下降得慢,滞留于云中的时间也较长.如果收集滴下降速度小于上升气流速度,则它会边上升边增长,当它长大到其速度等于上升气流速度时,被气流托住而不再上升,但仍会继续长大,尔后便是边下落边长大,一直到掉出云外为止.显然上升气流对水滴的碰并增长产生影响.为讨论这个问题,设云中上升气流速度为 w.因

$$\frac{\mathrm{d}z}{\mathrm{d}t} = w - v_{w1}, \tag{12.7.4}$$

则云滴对高度的增长率为

$$\frac{\mathrm{d}r_1}{\mathrm{d}z} = \frac{q_w E v_{w1}}{4\rho_w(w-v_{w1})}. \tag{12.7.5}$$

显然,当 $w \approx v_{w1}$ 时,$\mathrm{d}r_1/\mathrm{d}z$ 很大,即云滴在云中不必移动多大距离即可有很大增长.当 $w > v_{w1}$ 时,云滴边上升边长大;当 $w < v_{w1}$ 时,云滴边下降边增长.

设 $z = z_0$ 时,$r_1 = r_0$,对(12.7.5)式积分,有

$$z(r) - z_0 = \frac{4\rho_w}{q_w}\left(w\int_{r_0}^{r}\frac{\mathrm{d}r_1}{v_{w1}E} - \int_{r_0}^{r}\frac{\mathrm{d}r_1}{E}\right). \tag{12.7.6}$$

取大滴初始半径 $r_0 = 12.6\ \mu\mathrm{m}$,小滴半径 $r_2 = 10\ \mu\mathrm{m}$,$q_w = 1\ \mathrm{g/m^3}$,按上述理论计算的结果示于图 12.19. 由图可见,上升气流速度越大,收集滴在云内达到的高度也越大,返回云底时的尺度也越大,而所需时间反而依次减小,从曲线①~⑤,分别需时 60 min,60 min,70 min,85 min 和 116 min. 因此在深厚的云体中,强大的上升气流可促使降水较早出现.

当然,如果希望知道雨滴实际上能否形成,还必须考虑含水量 q_w. 在 q_w 值较小时,形成雨滴需要很长时间,可能超过了云的寿命,而且在较厚的云中增长的云滴在顶部可能冻结.若云没有足够的厚度使云滴不受限制地增长,则粒子可以从云顶热气泡中被带出云外而被蒸发掉.

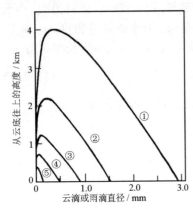

图 12.19 上升气流速度对云滴碰并增长的影响(Bowen,1950;转引自王明康,1991) 曲线①~⑤分别指上升气流速度为 $200\ \mathrm{cm \cdot s^{-1}}$,$100\ \mathrm{cm \cdot s^{-1}}$,$50\ \mathrm{cm \cdot s^{-1}}$, $25\ \mathrm{cm \cdot s^{-1}}$ 和 $10\ \mathrm{cm \cdot s^{-1}}$ 的情形

在上述模式中,上升气流速度和含水量都假设不随高度变化.但观测结果指出,积云中的上升气流速度和含水量一般在云的中上部出现极大值,可认为其平均廓线随高度呈抛物线分布.赵柏林(1963)用两个线性函数来逼近上升气流速度和含水量随高度的抛物线分布,讨论了浓积云中不均匀分布碰并增长问题.设

$$\begin{cases} w(z) = az + b, & z \leqslant z_1, \\ w(z) = az_1 + b + a_1(z_1 - z), & z > z_1 \end{cases} \tag{12.7.7}$$

以及

$$\begin{cases} q_w(z) = cz, & z \leqslant z_2, \\ q_w(z) = cz_2 + c_1(z_2 - z), & z > z_2, \end{cases} \tag{12.7.8}$$

这里 z_1 和 z_2 分别为上升气流速度和含水量出现极大值的高度.取 $z_1 = 1\ \mathrm{km}$,$z_2 = 2\ \mathrm{km}$,$w(z_1) = w_m = 8\ \mathrm{m/s}$,$q_m = q_w(z_2) = 2\ \mathrm{g/m^3}$,云厚为 $5.5\ \mathrm{km}$.取双分散性系统,小云滴尺度为 $6 \sim 8\ \mu\mathrm{m}$,大云滴为 $40 \sim 60\ \mu\mathrm{m}$,平均碰并系数为 0.85.经碰并增长,结果如图 12.20 所示.图中曲线①指轨迹顶点在云顶部位的云滴降落时增长的迹线,曲线③指轨迹顶点在最大含水量高度 z_2 处的云滴增长迹线,曲线②为 $r_1 = 50\ \mu\mathrm{m}$ 的云滴增长迹线.由图可以看出,轨迹顶点位于含水量极大值区域以上的云滴其出云尺度较大,例如 $r_1 = 50\ \mu\mathrm{m}$ 的初始云滴,出云尺度达 $2700\ \mu\mathrm{m}$.若初始尺度较大,其上升轨迹达不到含水量极大值以上高度,则出云尺度较小.和均匀分布相比,这种分布有利于在较薄的云层中长出雨滴.

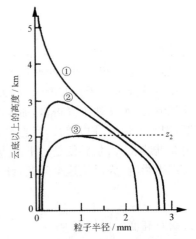

图 12.20 云内上升气流和含水量不均匀分布条件下降水粒子增长的轨迹(引自赵柏林,1963)

实际云中小滴半径并非相同,是一个谱分布. 假设云滴谱分布为 $n(r_2)\mathrm{d}r_2$,则对多分散性云内水滴的重力碰并增长率可写为

$$\frac{\mathrm{d}m_1}{\mathrm{d}t} = \int_{r_{2,0}}^{r_2^*} E(r_1,r_2)\pi(r_1+r_2)^2(v_{w1}-v_{w2})\rho_w n(r_2)V(r_2)\mathrm{d}r_2, \qquad (12.7.9)$$

这里 $r_{2,0}$ 是被捕获滴的初始半径,$r_2^* < r_1$,是其尺度上限. 做类似的简化,(12.7.9)式可写成

$$\frac{\mathrm{d}r_1}{\mathrm{d}t} = \frac{v_{w1}}{4}\int_{r_{2,0}}^{r_2^*} E(r_1,r_2)n(r_2)V(r_2)\mathrm{d}r_2. \qquad (12.7.10)$$

对多弥散性分布,可以取 E 的某一平均值(例如 r_2 均立方半径下的 E 值). 一般情况下不使用 (12.7.10)式估计生长率,而尽可能使用(12.7.2)式,这是因为云滴谱由于碰并会随时间变化. 当然,最好是使用关于滴谱变化的碰并方程,如下一小节所要讲述的随机碰并方程.

12.7.2 随机碰并增长

前小一节所处理的碰并增长是某种半径云滴的平均平滑的增长. 事实上碰并增长是不连续的阶跃过程,在这一过程中,一些云滴的碰撞机会比平均大一些,因而增长得更快. 为了更清晰地了解这种随机增长,可以假设在初始时刻 t 有 100 个具有相同体积 V_1 的大云滴在云中同时下落,它们在下落过程中,由于所经历的环境的差异,并非所有大滴都有相同的碰撞概率. 设碰撞概率为 10%,在时刻 $t+\Delta t$,这 100 个大滴将会分成两组:一组为 10 个,其体积变为 V_1+V_2,这里 V_2 为小滴体积;另一组为 90 个,体积仍保持 V_1. 在时刻 $t+2\Delta t$,即第二次碰撞的结果,体积为 V_1+V_2 的 10 个滴中又有一个的体积变为 V_1+2V_2,另 9 个仍保持体积 V_1+V_2;另一组体积为 V_1 的 90 个滴中,其中又有 9 个的体积变为 V_1+V_2,而剩余 81 个的

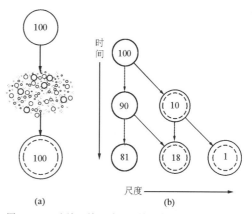

图 12.21　连续碰并和随机碰并示意图(引自 Berry,1967)

体积仍为 V_1. 这时,原来体积为 V_1 的 100 个云滴分成了三组:体积为 V_1+2V_2 的 1 个,体积为 V_1+V_2 的 18 个,体积仍为 V_1 的 81 个,如图 12.21 所示. 继续碰撞,依此类推.

显然,这种随机碰并模式与连续碰并相比,可以在较短时间内产生一小批大滴,使得由凝结产生的窄云滴谱很快展宽. 这种随机增长机制在收集滴尺度比较小时效果将特别明显. 由连续增长模式计算出的雨滴增长时间比实际云发展的时间要长,其时间主要花费在收集滴尺度较小的时候. 这种快速出现的少数大滴的存在对雨滴的形成起着关键作用. 鉴于此,在云发展的模式研究中,常把水滴碰并增长分成两个部分,即基于考虑云滴增长演变出一部分初始雨滴,而后由初始雨滴再继续通过重力碰并连续增长最后生成雨滴. 通常把前一部分称做由云水至雨水的"自动转化过程".

实际云中的碰并要比上述情形更为复杂,各种尺度的滴都参与碰并,它们既是收集滴,也是被收集滴. 这种碰并模式的数学表达就是随机碰并方程. 它描述某一特定尺度粒子的数密度或谱分布随时间变化的规律,常见的尺度连续分布粒子的随机碰并方程是

$$\frac{\partial n(V,t)}{\partial t} = \frac{1}{2}\int_0^V k(U,V-U)n(U,t)n(V-U,t)\mathrm{d}U - n(V,t)\int_0^\infty k(U,V)n(U,t)\mathrm{d}U,$$

$$(12.7.11)$$

这里自变量 V,U 表示两类粒子的体积;$n(V,t)$ 为谱密度分布函数,即 $n(V,t)\mathrm{d}V$ 为时刻 t,单位体积中位于体积间隔 $V\sim V+\mathrm{d}V$ 内的粒子数;k 称为核函数,它与碰并机制有关.(12.7.11) 式右边第一项是体积为 V 的粒子的生成项,因子 $1/2$ 是由于每个滴既是收集滴,也是被收集滴,故在求和时每种碰撞都计数了两次;第二项是其消失项,体积为 V 的粒子又可同其他任何大小的粒子相碰而形成新粒子,等于体积是 V 的粒子的消失.利用粒子体积与其质量和半径的对应关系,自变量也可用质量和半径表示.在以半径为自变量时有下列形式:

$$\frac{\partial n(r,t)}{\partial t} = \frac{1}{2}\int_0^r k(s,r')\left(1-\frac{s^3}{r^3}\right)^{-2/3}n(s,t)n(r',t)\mathrm{d}s - n(r,t)\int_0^\infty k(r,s)n(s,t)\mathrm{d}s,$$

$$(12.7.12)$$

这里与体积 V,U 和 $V-U$ 对应的半径分别是 r,s 和 r'.注意 $r'=(r^3-s^3)^{1/3}$.(12.7.12) 式与 (12.7.11) 式相比,多出一因子 $\left(1-\frac{s^3}{r^3}\right)^{-2/3}$.

随机碰并方程是积分微分方程,在已知初始谱分布和核函数时,便可以用它来讨论因碰并而引起的滴谱变化.

12.7.3 起伏重力碰并增长

云中影响重力碰并增长的因子很多是不均匀而有起伏的,如含水量、上升气流等.现仅考虑含水量的起伏会对重力碰并增长产生多大影响(周秀骥,1963).

对重力碰并增长方程(12.7.1)式,若仅忽略小滴尺度,则有

$$\frac{\mathrm{d}r_1}{\mathrm{d}t} = \frac{E(v_{\mathrm{w}1}-v_{\mathrm{w}2})}{4\rho_{\mathrm{w}}}q_{\mathrm{w}}. \qquad (12.7.13)$$

如果含水量 q_{w} 是随机函数,则(12.7.13)式便为 r_1 的随机微分方程.如果 q_{w} 服从高斯分布,其平均值和均方差分别为 $\bar{q}_{\mathrm{w}}$ 和 σ_q,则同样可求得 r_1 的分布函数密度为

$$f(r_1) = \frac{4}{\sqrt{2\pi}\sigma_q Et(v_{\mathrm{w}1}-v_{\mathrm{w}2})}\exp\left[-\frac{\left(\int_{r_0}^{r_1}\frac{\mathrm{d}r_1}{v_{\mathrm{w}1}-v_{\mathrm{w}2}}-\frac{\bar{q}_{\mathrm{w}}}{4}Et\right)^2}{2\sigma_q^2\left(\frac{Et}{4}\right)^2}\right].$$

设初始时云中有两种不同大小的云滴,较大的半径为 $12.6\,\mu\mathrm{m}$,数密度为 10 个·cm^{-3},小的半径为 $10\,\mu\mathrm{m}$,含水量是 $1\,\mathrm{g}\cdot\mathrm{m}^{-3}$,捕获系数 $E=0.5$,含水量起伏均方差值等于 $\bar{q}_{\mathrm{w}}/3$,则计算结果表明,经 2000 s 后云中将出现半径为 $40\sim60\,\mu\mathrm{m}$ 的水滴,数密度为 100 个·m^{-3} 左右;3000 s 可出现半径为 $300\sim400\,\mu\mathrm{m}$ 的小雨滴,数密度为 100 个·m^{-3} 左右;在 4000 s 后便可出现半径为 $100\sim500\,\mu\mathrm{m}$ 的雨滴,数密度增大到 10^4 个·m^{-3}.而在没有含水量起伏时,经 4000 s 后只能出现半径为 $26\,\mu\mathrm{m}$ 的水滴.考虑含水量的起伏,则大云滴数密度、含水量与大云滴间的关系均与实测相近,因此含水量起伏对形成大云滴及雨滴有很大作用.特别需要指出的是,在这里起始是均匀大小的云滴(半径 $12.6\,\mu\mathrm{m}$),在重力碰并的起伏增长下长成了各种不同的大小,形成了滴谱,这是含水量均匀时重力碰并所不能做到的.

12.8 冰雪晶的碰并增长

对降雪样品的观测发现,雪片常常是由许多个冰晶粘连在一起的聚合物.在雪晶表面上,也常常观测到许多冻结的小水滴.霰粒就是由这种大量冻结的过冷水滴所组成的,它已经完全失去了那种整齐的结晶结构的外形.这说明冰晶的增长过程除了有水汽凝华作用以外,还有冰晶间的相互粘连和冰晶碰撞过冷水滴冻结等过程.

1. 碰冻增长

碰冻增长指冰晶与过冷水滴碰撞并冻结的增长过程,也称为凇附增长.假设所有过冷水滴与冰晶相碰后都在其表面上冻结(即所谓的冰粒干增长),则冰粒的增长可由连续碰并方程确定:

$$\frac{\mathrm{d}m}{\mathrm{d}t} = EA_s q_w \mid v_s - v_w \mid, \tag{12.8.1}$$

其中 A_s 为冰晶截面,v_s 和 v_w 分别为冰晶和水滴的降落速度.若冰晶的尺度接近于过冷水滴,则连续碰并方程可由随机碰并方程代替,来计算球状冰粒尺度谱的演变.由于冰晶形状多变,估计冰晶与过冷水滴的碰并系数 E 是很困难的.

2. 丛集增长过程

丛集增长过程指通过冰晶之间的相互粘连作用而增长的过程,这是雪花的形成过程.形成雪花的冰晶聚合机制与温度有密切关系.观测发现,83%的雪团出现在 $-5\sim0℃$ 的温度范围,且在 $-1℃$ 附近雪花有最大的尺度,在 $-17\sim-12℃$ 之间还发现雪花直径有第二个极大值.另外,观测还证实,大部分雪花是板状雪晶同枝状雪晶的聚合体.这些观测表明,雪花的形成存在着"粘连"机制和"连锁"机制.

当温度很接近于 0℃ 时,具有潮湿表面的冰雪晶相互接触而粘连在一起,这是所谓的粘连增长.而当温度处于 $-17\sim-12℃$ 之间时,如有相对较高的冰面过饱和度,则枝状冰晶的出现占优势,它们接触时可以互相"锁"在一起,这是所谓的"连锁"机制.鉴于冰雪晶形状的复杂性,因而其空气动力学性能也极为复杂;另外,对雪花形成机制的了解也不甚深入,所以至今尚无雪花形成的或冰晶相互作用的令人满意的理论结果.

3. 冰晶的繁生

在某些云中可以观测到很高的冰晶数密度,甚至达到 10^5 个 $/m^3$,大大高于冰核数密度.特别是在成熟的海洋性积云中,在有较高的云顶温度时,冰晶数密度可以比相同温度下的冰核数密度高出几个数量级.曾观测到在 $-15\sim-5℃$ 时,云中两者之比达 $10^4\sim10^5$ 数量级.而当云顶温度降到 $-30\sim-25℃$ 时,两者之比大体相当.这样高的冰晶数密度很难用冰晶沉降和积累来解释.看来云中的冰粒子不完全是由冰核活化而产生的,还有其他的过程使冰粒子的数目增多,比如所谓的冰晶繁生过程.有些形状的冰晶如枝状、针状、柱帽状冰晶比较松脆,在和其他冰晶或降水物相碰时会断裂,产生碎片,从而增加了冰粒子的数目.地面观测到大约50%的枝状、星状冰晶都有枝的缺损,也观测到形状类似于断枝碎片的冰晶.此外,大的过冷水滴冻结时会迸发出一些冰的碎片,这大约可使冰晶数繁生两倍,但很少能超过一个数量级.许多实验观测到,冰晶在凇附过冷水滴的过程中,能产生次生的冰粒子.当过冷水滴与冰粒子相接触时,水滴表面首先开始冻结形成冰壳.释放的冻结潜热经比较缓慢的传导过程,内部逐渐冻结,使

体积膨胀,致使冰壳破裂或炸碎,产生大量次生冰粒子.观测发现,这一过程只有在温度为
$-8\sim-3℃$,水滴直径在 $24\,\mu m$ 以上,冰晶水滴相碰速度在 $1.4\sim3\,m\cdot s^{-1}$ 时才比较显著.在
$-5℃$ 时,冰粒子每淞附 250 个直径大于 $24\,\mu m$ 的水滴平均产生一个次生粒子,这相当于霰粒
淞附 1 mg 的过冷水滴产生 350 个次生粒子.这样的繁生条件是与发展旺盛的海洋性积云相一
致的.

最后要指出的是,原则上说,过冷水滴之间,或暖云滴与过冷水滴之间,甚至冰晶与过冷水
滴之间的碰并(碰冻增长或淞附增长),与暖云滴之间的碰并没有什么差异,而对冰晶之间的碰
并却了解很少.在介绍冰雪晶下落末速度时曾提到,一般立体枝状雪晶和平面枝状雪晶以及粉
状雪晶的末速度都与其大小无关,只有针状雪晶随其半径而增大.因此,按重力碰并的要求,除
针状雪晶外,同类雪晶间不会相碰而粘在一起——粘连增长,这与实际观测不符.下大雪时,可
以有几百个雪晶组成一个大雪花.看来,或许有其他的碰并因子在起作用.

12.9　层状云降水的形成

产生稳定和持续性降水的大范围层状云一般出现在气旋低压里和锋面附近,由深厚的空
气层缓慢而持续地上升所形成,每秒几个厘米的上升运动速度至少维持几个小时.高层云、层
积云和雨层云中都能产生降水,其中雨层云的降水强度较大且降水时间较长.层状云系是中纬
度地区降水的一种主要云系.

层状云降水可分为暖性层状云(水云)降水和混合层状云(水-冰混合云)降水两种.

1. 暖性层状云降水

暖性层状云的特点是云不厚,上升气流弱,含水量小.

根据 Mason 的分析,在暖云中若只有凝结过程是不能形成降水的.因为在对流层的低层
和中层,云形成时的云滴数密度约为 10^2 个·cm^{-3} 的数量级,水汽凝结量不超过 $7\,g\cdot m^{-3}$,故
仅由凝结过程形成的云滴平均半径必然小于 $30\,\mu m$.在高层十分干净的空气中凝结而形成的
云滴数密度要小一个数量级,但是供凝结的水汽总量也大为减少.结论是:只有凝结作用不能
产生半径大于 $30\,\mu m$ 的水滴.这样大小的云滴在未饱和的空气中下落几米后就完全蒸发了,因
此不会降到地面.在大吸湿性核上的凝结可产生一些大云滴,但它们的半径要几个小时后才能
达到 $100\,\mu m$.能维持这么长时间的层状云中,垂直气流速度比 $1\,m\cdot s^{-1}$ 小得多,因此,云滴在
达到这个尺度之前早就落出云体而被蒸发了.

那么暖性层状云中是否能由水滴碰并增长引起降水呢?我们可以考虑一个云滴的增长过
程,它既包括凝结过程,也包括碰并过程.Mason 使用的增长方程为

$$\frac{dm}{dt}=\frac{4\pi r\Delta S}{\dfrac{L_v^2}{\kappa_a R_v T^2}+\dfrac{R_v T}{D_v e_s(T)}}+E\pi r^2 v_w q_w,\qquad (12.9.1)$$

该式右边第一项为凝结增长过程,第二项为重力碰并过程.假设 $r\leqslant20\,\mu m$ 时,仅凝结项起作
用,而在 $r>60\,\mu m$ 时,仅重力碰并项起作用.在上升气流速度只有 $10\,cm\cdot s^{-1}$ 时,Mason 的
计算表明,对 $0.4\,g\cdot m^{-3}$ 这个在层状云中很少超过的含水量,由碰并只能产生毛毛雨(半径
略大于 $100\,\mu m$ 的雨滴).然而,考虑到不均匀增长、随机碰并和暖云起伏降水等因素,还是
有可能形成较大的雨滴,甚至阵雨的.应指出,在锋区和有地形抬升的条件下,有较强的上

升气流和较大的含水量,云层具有足够的厚度且能维持较长的时间,有利于形成暖层云降水.

从上面的讨论可以看到,由水滴组成的暖云主要是通过云滴的重力碰并过程而长成降水粒子的.这就是所谓的暖云过程.

2. 混合层状云降水

对于云顶温度低于$-20\sim-5$℃(云顶出现丝缕状结构),而云底温度高于0℃的混合层状云,顾震潮(1980)曾提出了一个概念模型,把层状云降水粒子的垂直结构分为三层:第一层为冰晶层,第二层为过冷水层,第三层为0℃以上水滴组成的暖水层.云上层形成的冰晶在云内下落时可依次经历这三个层次,而经过各层时有不同的生长过程特点.

首先,经过第一层即冰晶层时(该层也是冰晶本身形成的层次),冰晶可以在过饱和环境下继续凝华增长以及碰并增长.但由于过饱和度很小(一般不到0.1%),而且在这种温度和过饱和度下所形成的冰晶多为柱状和片状,所以可以推断,冰晶的凝华增长比较缓慢,冰晶的碰并增长也比较困难.这已为卷层云中冰晶微观观测所证实.

冰晶在落入第二层即过冷水滴层后,进入生长的第二阶段,主要是凝华增长和碰并增长.根据贝吉龙假说,在过冷云层中冰水共存时,若水滴区的水汽含量接近于水面饱和,则冰面就达到过饱和,冰晶将通过凝华过程增长.如果云中没有外来水汽补充,水汽压能自动调整到处于水面饱和与冰面饱和之间,过冷水滴将不断蒸发,冰晶将不断凝华长大,此过程可一直进行到液态水完全消耗完为止.不过随着冰晶的长大,其增长速率将逐渐趋缓.计算指出,若云内温度为-10℃,要长成300 μm的球状冰晶需2~3 h,长到1 mm则需几十小时.因此,仅靠冰水转化仍难以形成降水,但它生成的较大冰晶却能促使碰并过程发挥作用.

在过冷水滴层,既可以有冰晶间的碰并而形成雪花,如果此层较厚,枝晶碎裂后形成更多的冰晶,碰并效率更高;也可以有冰晶与过冷水滴间的碰并而淞附增长成为软雹.在接近0℃层附近,冰晶表面较潮湿,更易互相粘连成雪团.

最后,冰晶落入暖水层.冰晶落入该层后将融化成水滴.此后,融化的水滴穿行于水云中,主要靠与小云滴的碰并而增长.因此,该层中主要有云滴、雨滴和从第二层降落下来的雪和雹.近些年的研究表明,这个三层概念模型基本反映了降水性层状云的结构和降水产生的物理过程.

Mason认为,在温带层状云系中的降水可能完全起源于冰晶增长,即贝吉龙过程对于层状云降水是主要的.首先,用雷达观测这种降水性层状云时,常可观测到0℃等温层高度以下有一明显亮带.亮带的产生是由于冰晶在0℃层以下开始融化,只要冰晶表面融化厚度达到半径的1/5,其对雷达波的反射能力就与同样大小水滴相当,而水滴对雷达波的反射能力比同样大小的冰晶大5倍.因此0℃层以下亮度陡然增加.冰晶继续下落而完全融化后,体积变小,水滴降落速度要大于同质量的冰晶,因而会形成一个降水粒子数密度的辐散区,它对应于亮带下的弱回波.

以上概述了层状云降水粒子的形成过程,而实际过程要复杂得多.比如,若不完全包含这三个层次时,则会形成不同的降水,如表12.15所示.另外,层状云降水性质也并不完全取决于是否有这三个层次,比如上升气流大小的分布也会对降水性质产生影响.要想精确了解层状云降水特点,必须综合考虑云动力学和云的微物理学,建立合理的模式加以研究.

表 12.15   降水类型与层次的关系

层状云结构	降水类型
只有第一层	冰针
只有第二层	冻毛毛雨
只有第三层	毛毛雨
只有第一、二层	
• 冰晶多	雪
• 冰晶少	米雪
只有第二、三层	毛毛雨
第一至三层全有	雨、冰粒(第三层不厚,云下气温、湿度低)

12.10   积状云降水的形成

积状云的特点是云内有强上升气流和较大的含水量,云层较厚.如果积状云发展到积雨云,则云的上部就产生了冰晶;如果积状云发展到浓积云,则云内全由水滴组成.积雨云和浓积云都会产生降水,降水是阵性的,有雨、雪、冰粒子及冰雹等形式.

积状云降水粒子的形成和层状云一样,也包含贝吉龙过程和重力碰并过程,但积状云中上升气流比层状云要大,过冷区中液态水含量也较高,因此过冷层中冰晶的增长情况会有所不同.首先,由于积状云中上升气流较强,使得一部分冰晶必须在冰晶层中长得足够大才能落入过冷层.若上升气流速度为 $1\,\mathrm{m}\cdot\mathrm{s}^{-1}$,则落下的冰晶线性长度通常在 $50\sim100\,\mu\mathrm{m}$ 之间.这样大的冰晶由于其末速度较大,在过冷区中的凝华增长就显得不那么重要了.其次,由于积状云过冷区中液态水含量大,且在其中降落的冰晶尺度已较大,所以冰晶在过冷区中与过冷水滴的碰并增长也就比层状云中快得多.根据(12.5.5)式和(12.8.1)式,一般增长率方程为

$$\frac{\mathrm{d}m}{\mathrm{d}t} = 4\pi C\,\frac{\Delta S_\mathrm{i}}{f(T)} + \pi r^2 E q_\mathrm{w}(v_\mathrm{w} - v_\mathrm{i}), \tag{12.10.1}$$

其右边第一项为凝华增长项,第二项为碰并增长项.令 L 为冰晶尺度,如果 $C\approx L, E=1$,$q=0.5\,\mathrm{g}\cdot\mathrm{m}^{-3}$,则当 $L\approx50\,\mu\mathrm{m}$ 时,前一项最大为 $10^{-10}\,\mathrm{g}\cdot\mathrm{s}^{-3}$,而后者也达 $10^{-10}\,\mathrm{g}\cdot\mathrm{s}^{-3}$,即对 $L\approx50\,\mu\mathrm{m}$ 的冰晶,碰并增长已不可忽略,对比层状云,冰粒的碰并增长更易引起降水.

必须指出,不能绝对地认为云中冰相的存在是形成降水的必不可少的条件.大量观测表明,通过云滴的碰并增长过程完全可以形成降雨,而且有充分理由相信,云滴的碰并增长是热带地区云中产生阵雨的主要机制.这些碰并机制已在前面给出,如重力碰并(连续增长模式)、随机碰并、起伏碰并增长和非均匀增长等,当然还有其他一些碰并机制也可以起作用,如湍流碰并、电碰并等.关于重力碰并连续增长形成降水的问题,我们已在12.7节中给予了讨论,这里我们要着重介绍的是重力碰并增长的链式反应问题,它对降水形成过程的加速很有关系.

积云中重力碰并增长的连锁反应与雨滴的破碎有关.雨滴破碎有流体力学不稳定破碎和碰撞破碎,这在12.6节中已提到.雨滴的流体力学不稳定破碎与雨滴的变形有关.雨滴变形问题目前尚缺乏很好的理论研究,定性的解释是:当雨滴不大时,在表面张力作用下,降落时仍保持球形;但当雨滴加大后,由于末速度的加大,其正面所受动压力也加大,从而导致雨滴变扁.雨滴越大,变形越厉害,以至于最终破碎.雨滴破碎的结果,形成若干个较小水滴,这些小水

滴的谱分布尚无充分可靠的观测资料.假设破碎形成 k 个小水滴,这些小水滴经一定时间后又长大到破碎尺度.如反复破碎 n 次,则雨滴增殖数达 k^n 个.不过我们现在还无法确定两次破碎间的时间间隔,也无法精确确定破碎次数 n 的大小.

兰米尔(Langmuir,1948)曾应用上述的雨滴自发破碎现象来解释阵雨的形成.他指出:云中的少量大云滴,能被上升气流带到云上部,一路经重力碰并长大,当上升气流托不住时就下落,在下落过程中又能不断碰并增长.如果云有足够厚度,含水量和上升气流都比较大,大云滴就有可能长大到临界尺度而发生破碎.破碎后的滴又被上升气流带到云上部,重复上升、下落、重力碰并增长和自发破碎的过程.因此,兰米尔认为,只要云中有少量大云滴,几经循环后,就会产生一大批雨滴,最终落出云底成为降雨.兰米尔链式反应(Langmuir's chain reaction)可使降水粒子不但长得大,而且形成得又多又快,所以此过程被认为是形成暖云降水的一个重要机制.但按 Mason 的意见,"即使在暖的大积雨云中心,水滴能否经历三次以上的相继破碎是值得怀疑的;且这些破碎过程需要 10 min 以上,在这时间内,初始的雨滴数可以增加上千倍,并且形成一个雨水含量集中的区域,它足以破坏上升气流并产生暴雨."看来兰米尔的链式反应假说还需进一步研究.

12.11　冰雹的形成

冰雹是在强对流云中生成的固态降水物.它常出现在夏季中纬度内陆地区,特别是多山地区,如我国从青藏高原到内蒙东北一带的雷雨中出现冰雹的可能性很大,特别是青藏和川西高原及山地,是世界上降雹最多的地区之一,多到一年有 20~30 个雹日.冰雹的尺度可以很大,常对农作物、人畜、房屋建筑等造成损害,是主要的自然灾害之一.

12.11.1　冰雹的结构

从冰雹剖面可看出,它常呈透明与不透明相间的多层结构(图 11.14),在雹块中心有构成雹的初始胚胎,它们可以是软雹、小雹或冻滴.构成冰雹明暗层次的有三种形式的冰:

(1)疏松冰.它们主要是由一个个单滴相继迅速冻结在一起而产生的霜状物,冻滴之间的空隙使冰的密度减小,在某些情况下会低到 $0.1\,\mathrm{g\cdot cm^{-3}}$.这些冻滴含有大量小气泡,它们散射光而呈白色不透明.软雹基本上是由密度低的疏松冰组成的.

(2)结实冰.它们的密度近于 $0.9\,\mathrm{g\cdot cm^{-3}}$,是由水滴在冻结前尚来得及在表面上伸展并构成一连续的薄层而生成的.这种薄层的生成可以在冻结时和环境的热交换刚好迅速到足以使所有凝聚水冻结并使表面刚好保持在 0℃的潮湿状态下.在这些条件下,可在冻结期间只产生少量气泡,因而这种冰通常是透明的.如果这些滴在冻结之前以高速度碰撞和伸展的话,则结实冰同样可以在干冷的表面上形成.在这种情况下,冰是不透明的.

(3)松软冰,又称为海绵冰.当冰雹与环境间的热交换没有迅速到足以使所有沉积水冻结时而产生松软冰.一个给定大小和形状的冰雹在某一环境中降落时,有一个液态水数密度的临界值,超过这个临界值时其表面变湿.这时只有一部分捕获的水可以立即冻结而形成冰的框架,其中保存一部分未冻结的水.整个冰水混合物维持在 0℃.松软冰的密度为 $0.9\sim1.0\,\mathrm{g\cdot cm^{-3}}$.它们通常是很透明的,但有时含有很多小气泡而呈乳白色.

12.11.2 冰雹增长的微物理过程

冰雹的透明与不透明相间的结构是由于过冷水滴冻结的快慢造成的,而冻结的快慢则是由冻结时潜热释放和热量传输的热平衡状况决定的.当云温较低、含水量较小时,雹块捕获的过冷水滴不多,冻结潜热能很快经空气传出,过冷水迅速冻结,原溶解在水中的空气来不及逸出即已冻结,生成不透明冰,称为干增长.而当云温较高、含水量很充沛时,冰雹捕获大量过冷水滴,冻结时所释放的潜热不能迅速传出,过冷水即在雹块上流散形成水膜而后逐渐冻结,从而形成透明层,这个过程称为湿增长.下面参考 Ludlam(1958)的研究工作,从热平衡的角度讨论这个问题.

设冰雹半径为 r_h,以相对于云滴的速度 v_h 下落,则它在单位时间内所捕获的液态水质量为

$$\frac{\mathrm{d}m}{\mathrm{d}t} = E\pi r_h^2 v_h q_w, \tag{12.11.1}$$

式中 E 是平均捕获效率.

(1) 如果这些液态水完全冻结,则热量净释放速率为

$$\frac{\mathrm{d}Q_1}{\mathrm{d}t} = [L_f + c_w(T - T_0) + c_i(T_0 - T_s)]\frac{\mathrm{d}m}{\mathrm{d}t}, \tag{12.11.2}$$

式中 T_0,T 和 T_s 分别为冰的融化温度、环境气温和冰雹的平均表面温度,L_f 为冻结潜热,c_w 和 c_i 分别为水和冰的比热.

(2) 由于并合水的冻结潜热的释放,冰雹表面温度升高并超过环境温度.对这样一个通风球体,由于热传导和强迫对流作用而导致的热量输送速率为

$$\frac{\mathrm{d}Q_2}{\mathrm{d}t} = 2\pi\kappa_a r_h(T_s - T)Nu. \tag{12.11.3}$$

(12.11.3)式中努塞尔(Nusselt)数 $Nu = 2.0 + 0.60 Pr^{1/3} Re^{1/2}$ (对 $0 < Re < 200$ 的水滴的经验公式),其中普朗特数 $Pr = \dfrac{\mu c_p}{\kappa_a}$;$\mu$ 为动力学黏滞系数;κ_a 为空气热导率,是表征流体传输动量和传输热量能力之比的无量纲参数.

(3) 由于水从冰雹表面蒸发而引起的热量输送速率为

$$\frac{\mathrm{d}Q_3}{\mathrm{d}t} = L_v 2\pi D_v r_h \Delta\rho_v Sh. \tag{12.11.4}$$

(12.11.4)式的 L_v 为气化(凝结)潜热,$Sh = 2.0 + 0.6 Sc^{1/3} Re^{1/2}$ 是舍伍德(Sherwood)数,其中的斯密特(Schmidt)数 $Sc = \mu/\rho D_v$ 是表征流体传输动量和传输物质(微粒)能力之比的无量纲参数.测量指出,$Pr^{1/3} = Sc^{1/3} = 0.90$,$Sh$ 和 Nu 经验公式中的常数 2.0 与其他项相比可略去,故有

$$Nu = Sh = xRe^{1/2}$$

这里 $x = 0.54$.如果忽略掉热量传入冰雹内部的情形,由前面的讨论,可得冰雹干、湿增长的条件应为

$$\frac{\mathrm{d}Q_1}{\mathrm{d}t} < \frac{\mathrm{d}Q_2}{\mathrm{d}t} + \frac{\mathrm{d}Q_3}{\mathrm{d}t} \quad (\text{干增长})$$

$$\frac{dQ_1}{dt} > \frac{dQ_2}{dt} + \frac{dQ_3}{dt} \quad (湿增长)$$

而热平衡方程为临界条件

$$\frac{dQ_1}{dt} = \frac{dQ_2}{dt} + \frac{dQ_3}{dt} \quad (12.11.5)$$

设 q_{wc} 为含水量临界值,在云内含水量 $q_w = q_{wc}$ 时,热量最大消耗率刚好满足使所有被捕获的小滴冻结且维持冰雹表面温度为 $0\,℃$,于是有

$$E\pi r_h^2 v_h q_{wc}[L_f + c_w(T - T_0)] = 2\pi r_h x Re^{1/2}[L_v D_v \Delta\rho_v + \kappa_a(T_s - T)] \quad (12.11.6)$$

或

$$q_{wc} = \frac{2xRe^{1/2}}{r_h v_h E} \frac{L_v D_v \Delta\rho_v + \kappa_a(T_s - T)}{L_f + c_w(T - T_0)}, \quad (12.11.7)$$

式中 $T_0 = 273K$. 可见,临界含水量是云温和冰雹尺度的函数. 若云中实际含水量为 q_w,则上述条件等价于

$$q_w < q_{wc} \quad (干增长)$$
$$q_w > q_{wc} \quad (湿增长)$$

对于一个给定半径和环境条件的雹块,当含水量 $q_w < q_{wc}$ 时,若冰雹表面温度低于 $0\,℃$,由于此时冰雹捕获的过冷水不多,潜热能很快经空气传出,过冷水迅速冻结,原溶解在水中的空气来不及逸出,故干增长生成不透明冰. 而当 $q_w > q_{wc}$ 时,冰雹捕集的水比它可能冻结的要多,Ludlam 假设过量水或以薄膜形式累积起来,或者脱离. 由于过冷水在雹块上形成水膜而后逐渐冻结,故湿增长形成透明层.

干增长率可由(12.11.1)式确定,湿增长中过量水以薄膜形式累积起来的水分增长率同样满足方程(12.11.1). 而对过量水脱离掉的"湿"增长情况,增长率方程可由(12.11.6)式得到:

$$\frac{dm}{dt} = E\pi r_h^2 v_h q_{wc} = 2\pi r_h x Re^{1/2} \frac{L_v D_v \Delta\rho_v + \kappa_a(T_s - T)}{L_f + c_w(T - T_0)} \quad (12.11.8)$$

12.11.3 冰雹的形成机制

前面讨论了单个冰雹粒子成长的微物理过程,而冰雹在云中是如何形成的,需要根据对风暴云的大量观测资料做出分析. 这里以风暴云的云结构和气流结构为背景,介绍三种冰雹生长机制.

1. 水分累积带理论

根据 11.2 节中的介绍及图 11.4,积云中有一个含水量最大区,即水分累积区. 此水分累积区位于冰雹云中的上升气流极大值高度以上. 冰雹形成的累积带理论指出:上升气流携带较大的云滴上升,云滴逐渐长大并穿过水分累积区,由于那里含水量大,使云滴增长得很快. 云滴上升到负温区后,冻结形成雹胚,并继续上升. 云上部的上升气流较弱,当上升气流托不住长大后的雹胚时,雹胚就会下落,并沿途与过冷水滴碰并而继续长大,最后返回到水分累积区,并滞留在那里,直到它长得足够大时克服上升气流而降落到地面. 但这个理论不能很好地说明冰雹的分层结构.

若水分累积区温度在 $-25 \sim 0\,℃$ 范围内,其中少量大水滴冻成雹胚后,在水分累积区与过冷水滴碰并而长大. 此处过冷水含量可大到 $20\,g \cdot m^{-3}$,雹胚可在 $4 \sim 5\,min$ 之内由 $1\,mm$ 长大到 $20 \sim 30\,mm$. 不过这种机制与观测并不完全相符. 观测表明,即使上升气流极大区位于 $-20\,℃$ 层的高度以上,也能生成冰雹. 而且从雹块切片可见,雹胚为冻滴者比例较小,而以霰居多.

2. 冰雹循环增长模式

该模式指出：强风暴云所特有的有组织上升气流、下沉气流的三维结构,可以使降水粒子在其中上下往返多次而循环增长,如图 12.22 所示.大的雹胚沿倾斜气流上升,增长到气流托不住时落下,并重新进入上升气流区增长,如图中的迹线 B 和 C.在较高部位,由于水分较少,捕获的过冷水滴可迅速冻结而再次进入含水量较大区域时,雹块捕获的过冷水滴冻结较慢.如此循环几次,即长成明暗相间的多层冰结构.较大的冰雹在紧邻上升气流区的后方落下(迹线C).另一些雹胚在生长条件较差的地区只能长成小雹,降落于离上升气流区较远的地方(迹线B).有的雹胚在上升区中停留时间太短,随上升气流进入云砧,落出云外融化、蒸发,到达地面成为降雨(迹线 A).

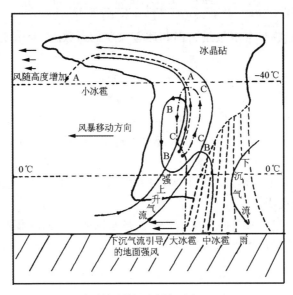

图 12.22　冰雹循环增长示意图(引自 Mason,1971)

3. 胚胎帘理论

超级单体这种非常强烈的冰雹云是一个稳定而持久的大单体.以图 11.6 的强盛时期的Fleming 风暴为例,其雷达回波的特点是有一个向前突出的悬垂回波和弱回波窟窿.这个向前的悬垂回波被称做胚胎帘,它起着雹胚源的作用,所以此理论也就称为胚胎帘理论.根据凝结粒子在这种超级单体风暴中的不同位置可分别作如下讨论(见图 12.23):

(1) A 处凝结的粒子在强上升气流中心增长.由于增长时间太短而不能长大,大部分随上升气流进入云砧或出云(A 迹线).

(2) 在上升气流边缘 B,C 处凝结的粒子,由于上升气流比较弱而有较长时间增长,能达到毫米大小并有机会进入胚胎帘.胚胎帘处于风暴前侧,因和环境气流发生混合,含水量小,粒子增长缓慢.其中一部分较小的冰雹将沿着 B 迹线降到回波墙后较远的地方.胚胎帘中大的一部分冰雹胚胎会降到帘的下部,并随着强上升气流进入含水量丰富的区域进一步增长,然后沿着回波窟窿顶部长成大冰雹,在回波墙前降落(C 迹线).

上述的几种冰雹形成机制大多是 20 世纪 50～70 年代提出的.近 20 年来,随着对于产生雷暴、雹暴、暴雨云团和飑线等强风暴系统的研究不断深入,认识到强风暴云中不但有强大的垂直气流,而且结构复杂,变化剧烈,往往发生在环境风在垂直方向有强烈切变的情况下,受

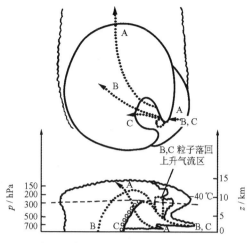

12.23 冰雹胚胎帘示意图(引自 Wallace 和 Hobbs, 1977)

大、中尺度的天气系统制约,而且风暴云中的动力过程和微物理过程有紧密联系、相互影响.这些都使风暴云和冰雹形成的研究十分复杂和困难.随着计算机技术的飞速进步,冰雹云的数值模式已得到发展并进一步完善,广泛地应用在风暴云的研究中.

本章在讨论降水粒子的形成时偏重于微物理方面,实际上云和降水的形成与天气背景的关系密切.为了深入地研究云雾和降水现象,必须同时考虑云和降水的动力学过程和微物理过程以及它们之间的相互作用.建立合理的数学模式,进行数值模拟是一个有力的手段.关于积云数值模式的内容将在下一章作简单介绍.

本章介绍了单个降水粒子生成和演化的规律,即云雾降水的微物理理论,由于内容比较多,现用图 12.14 进行归纳,

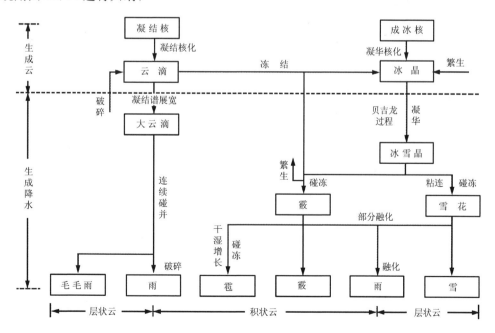

图 12.24 降水粒子的生成和演化过程

357

习　题

1. 直径为 4×10^{-4} mm 的纯水滴在 273 K 时的平衡水汽压是多少？如在其中加入 10^{-15} g 氯化钠，问：平衡水汽压和相对湿度各是多少？

2. 设云底高度为 500 m，云下温度为 283 K，相对湿度为 70%，试问：半径为 0.05 mm 和 0.5 mm 的水滴能否落到地面？能下降的距离是多少？

3. 设云中含水量为 1 g·m^{-3}，在云顶处半径为 60 μm 的大滴对云滴平均碰并系数为 0.85，云厚为 3 km，在不计上升气流速度的条件下，经重力碰并，落到云底时的半径是多少？

4. 设云厚 2 km，液态水由云底线性增加到云顶，自 1 g·m^{-3} 变化为 3 g·m^{-3}，求直径为 0.1 mm 的云滴自云顶落下，出云底的尺度是多少？假设不计上升气流速度和小水滴尺度，平均碰并系数为 0.8.

5. 设云厚 2 km，具有均匀的液态水含量 0.5 g·m^{-3}，云顶有直径为 0.1 mm 的云滴穿云下落，平均碰并系数为 0.8，计算：

(1) 忽略云中气流，计算从云底落出时的尺度及云滴穿过云所需时间；

(2) 假设云中上升流为 20 cm·s^{-1}，计算该云滴长到直径 0.5 mm 时所需的最小云厚.

6. 设在积雨云中上升气流速度为 10 m·s^{-1}，液态水含量为 2 g·m^{-3}，小霰粒初始直径为 0.1 mm，求长大到 2 mm 所需要的时间和经过的路程.（设霰粒质量与半径的关系为 $m=0.52r^3$，下降末速度与尺度的关系为 v_s $=520r^{0.6}$，碰并系数取为 1，其中 m,r 和 v_s 的单位分别为 g，cm 和 cm·s^{-1}）

7. 利用克拉珀龙-克劳修斯饱和水汽压与温度的关系式证明：(1) 同温度下冰面饱和水汽压小于水面饱和水汽压；(2) 在 261 K 时二者相差最大.并说明这两个结论在云雾降水中的作用.

8. 已知柱状过冷云柱截面积为 10 km^2，高 3 km，液态水含量为 2 g·m^{-3}，如全部转移到浓度为 10^3 个·m^{-3} 的冰核上生成冰晶，问：冰晶总数和每个冰晶的质量，融化后落到地面的总降水量是多少？

9. 厚度保持 0.1 mm 的板状冰晶在 268 K 的水面饱和水汽压环境下凝华增长，求半小时后的半径和质量，初始半径不计.

10. 一块过冷云因过量播撒而冰晶化，原液态水含量为 q_w，水面饱和混合比为 r_s，冰面饱和混合比为 r_{si}.设空气比热容为 c，水冻结潜热为 L_f，凝华潜热为 L_s，导出温度增量表达式.如仅考虑冻结潜热项，则液态水含量为 2 g·m^{-3} 的云，因冰晶化而产生的温度升高多少？

参考文献

[1] 顾震潮. 云雾降水物理基础. 北京：科学出版社，1980.

[2] 王明康. 云和降水物理学. 北京：科学出版社，1991.

[3] 黄美元. 徐华英等著. 云和降水物理. 北京：科学出版社，1999.

[4] 赵柏林，薛凡炳. 关于冰雹成长的机制. 气象学报，33(4)，411～420，1963.

[5] 周秀骥. 暖云降水微物理机制的统计理论. 气象学报，33(1)，97～107，1963.

[6] Bergeron T. On the physics of cloud and precipitation. Proc. 5th Assembly U. G. G. I. Lisbon，Vol. 2，156，1935.

[7] Fletcher N H. Physics of rain clouds，Cambridge University Press，London. 1962.
程纯枢译. 雨云物理学(中译本). 上海科技出版社，1966.

[8] Hocking L M The collision efficiency of small drops. Q. Jl R. Met. Soc.，85，44. 1959.

[9] Jeffreys H. Some problems of evaporation，Phil. Mag.，35，270，1918.

[10] Magono C. On the growth of snowflakes and graupel. Scient. Rep. Yokohama Univ. Ser.，1，No. 3，33，1953.

[11] Mason B j. The growth of ice crystals in a supercooled water cloud. Q. Jl R. Met. Soc.，78，22. 1953.

[12] Mason B. J The Physics of Clouds，Oxford University Press，1971.
中国科学院大气物理研究所译. 云物理学（中译本）. 北京：科学出版社，1978.

[13] Langmuir I. The production of rain by a chain——reaction in cumulus clouds at temperatures above freezing. J. Met. ，5，175，1948.

[14] Pruppacher H R and J D Klett. Microphysics of Clouds and Precipitation，Published by D. Reidel Publishing Company，1978.

[15] Seinfeld J H and S N Pandis. Atmospheric chemistry and physics from air pollution to climate change. John Wiley & Sons，Inc. ，1998

[16] Twomey S. Atmospheric Aerosols，1977.
王明星等译. 大气气溶胶. 科学出版社，北京：1984.

[17] Wallace J M. P V Hobbs. Atmospheric Science，Academic Press，1977.
王鹏飞等译. 大气科学概观（中译本）. 上海科学技术出版社，1981.

第十三章　积云动力学及云模式简介

云的宏观动力过程、热力过程和微物理过程之间是相互联系、相互作用、相互制约的,但由于宏观和微观过程的空间尺度跨越十几个数量级,在早期的研究中,云雾降水的宏、微观物理是脱节的.云动力学的目的,就是要利用流体力学、热力学的基本规律以及云、雨、冰晶增长的微物理过程的研究成果,建立起云雾降水发展的理论,并能进一步预报云雾降水发展演变的趋势,并为人工影响天气的工作提供理论依据.

积云动力学是云动力学的主要部分.在积云动力学的研究中,云雾数值模拟是一个重要的方法.本章将简要介绍积云动力学的基本方程以及云模式发展的基本状况.

13.1　积云动力学方程组

13.1.1　积云动力学基本方程组

云的宏观动力学控制方程应以大气动力学方程组为基础.为叙述的连贯性,下面列出 7.1.6 小节的大气动力-热力学方程组(忽略分子黏性),即

$$\frac{\mathrm{d}\boldsymbol{V}}{\mathrm{d}t} = \boldsymbol{g} - \frac{1}{\rho}\nabla p - 2\boldsymbol{\Omega}\times\boldsymbol{V}, \tag{13.1.1}$$

$$\frac{\mathrm{d}\rho}{\mathrm{d}t} + \rho\left(\frac{\partial u}{\partial x}+\frac{\partial v}{\partial y}+\frac{\partial w}{\partial z}\right) = 0, \tag{13.1.2}$$

$$\frac{\mathrm{d}\theta}{\mathrm{d}t} = 0 \quad \text{或} \quad \frac{\mathrm{d}T}{\mathrm{d}t} - \frac{RT}{c_p}\frac{\mathrm{d}p}{\mathrm{d}t} = 0, \tag{13.1.3}$$

$$\theta = T(p_{00}/p)^{R/c_p}, \tag{13.1.4}$$

$$p = \rho RT \quad \text{或} \quad p = \rho R_\mathrm{d} T_\mathrm{v}. \tag{13.1.5}$$

上面各式中的符号按气象上习惯用法,其中参考气压 $p_{00} = 1000\,\mathrm{hPa}$;运动方程(13.1.1)取矢量形式,右边各项依次为重力、气压梯度力和科氏力;热量方程(13.1.3)取绝热形式.

上述大气动力-热力学方程组适用于不同规模的运动和运动系统,它是非线性的,没有一般性的解析解.但在讨论积云对流问题时,可根据其特点将方程组简化.由于云动力学要着重研究水分相变与动力过程、热力过程的相互作用,所以下面首先讨论水分平衡方程.

1. 水分平衡方程

云内的水分包括水汽、液态水和固态水.若将云内的液态水和固态水再细分为云水 q_c,雨水 q_r,冰晶 q_i,霰 q_g,雹 q_h 等,则水分平衡方程的一般形式是

$$\frac{\mathrm{d}q_\mathrm{m}}{\mathrm{d}t} = \frac{1}{\rho}\frac{\partial}{\partial z}(\rho v_\mathrm{m}q_\mathrm{m}) + P_\mathrm{m} + D_{q_\mathrm{m}}, \tag{13.1.6}$$

式中 q_m 代表各水成物的比含水量(即单位质量空气中的水量),采用比含水量是为了在理论模

式及计算中比较方便;v_m 代表各水成物粒子的平均降落速度;P_m 表示单位质量空气中水汽和水成物之间或水成物之间的质量转化速率.方程右边第一项为水成物粒子降落项,第二项为源(汇)项,第三项 D_{q_m} 为湍流扩散项.云滴、冰晶等小粒子因能随气流运动故可忽略第一项;雨滴等较大的粒子可忽略湍流扩散项.(13.1.6)式若按欧拉方式处理,有

$$\frac{\partial q_m}{\partial t} = -\boldsymbol{V} \cdot \nabla q_m + \frac{1}{\rho} \frac{\partial}{\partial z}(\rho v_m q_m) + P_m + D_{q_m}, \tag{13.1.7}$$

式中右边第一项为平流项.参见图 13.1,在不考虑冰相时,水汽、云水和雨水的方程可分别写为

$$\frac{\partial q}{\partial t} = -\boldsymbol{V} \cdot \nabla q - P_1 + P_7 + P_6 + D_q, \tag{13.1.8a}$$

$$\frac{\partial q_c}{\partial t} = -\boldsymbol{V} \cdot \nabla q_c + P_1 - P_{21} - P_{22} - P_6 + D_{qc}, \tag{13.1.8b}$$

$$\frac{\partial q_r}{\partial t} = -\boldsymbol{V} \cdot \nabla q_r + \frac{1}{\rho} \frac{\partial}{\partial z}(\rho v_r q_r) + P_{21} + P_{22} - P_7. \tag{13.1.8c}$$

方程(13.1.8c)右边第二项是雨滴下落项,其中 v_r 为雨滴下落速度.上面的这些源(汇)项与微物理过程相联系,称为微物理转化项,需要用参数化方法或详细的微物理方法处理.这部分内容将在 13.3 节中介绍.

P_1:水汽凝结速率

P_2:云水向雨水的转换速率(包括云水自动转化速率 P_{21} 和碰并增长速率 P_{22})

P_3:冻结速率

P_4:凝华速率

P_5:融化速率

P_6:云滴蒸发速率

P_7:雨滴蒸发速率

P_8:冰晶升华速率

P_9:融化冰晶的蒸发速率

P_{10}:淞结速率

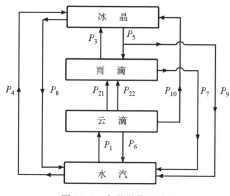

图 13.1　各种微物理过程

2. 运动方程

积云对流有如下特点:

(1)尺度小,地球旋转产生的科氏力可略去不计.积云的空间尺度和水平尺度约为 $D \approx L \approx 10^4$ m;垂直速度尺度和水平速度尺度约为 $W \approx U \approx 10$ m·s^{-1},由 7.2.2 小节和 7.2.3 小节的尺度分析可知,罗斯贝数 $Ro \approx 10^1$,即惯性力远大于科氏力,故运动方程中的科氏力可略去.

(2)非静力平衡.在小尺度、微尺度环流系统中,准静力近似不再成立,垂直运动加速度不能被忽略.

(3)积云对流具有高度湍流性,需要考虑湍流黏性力的作用.

云内含有液态水时,运动方程(13.1.1)应改为

$$\frac{\mathrm{d}\boldsymbol{V}}{\mathrm{d}t} = -\frac{1}{\rho}\nabla p + \boldsymbol{g} + q_w \boldsymbol{g} + D_V, \tag{13.1.9}$$

式中右边第三项表示云内液态水引起的拖曳力,q_w 为液态水比含水量.若有固态水,也以同样

方法处理. 湍流黏性力可参照大气湍流的理论, 并假定湍流交换系数 K_m 是常数, 写成

$$D_v = K_m \nabla^2 \mathbf{V}. \tag{13.1.10}$$

其他如水汽、液态水及热量等的湍流交换都有类似表达式.

发生积云对流的主要原因是受到重力和阿基米德浮力共同的作用, 即净的阿基米德浮力, 但这在运动方程(13.1.9)中并未突出表示. 为了突出阿基米德浮力的作用, 下面将利用包辛涅斯克近似对上述动力学方程组进行处理.

假设对流运动是在准定常的大尺度背景下发生的, 大气基本状态(指环境)如气压 p_0, 密度 ρ_0 和温度 T_0 仅为高度的函数, 且满足静力平衡条件

$$\frac{\partial p_0}{\partial z} = -\rho_0 g. \tag{13.1.11}$$

以 p', ρ', T' 或 θ' 表示由于对流运动引起的扰动量, 则瞬时值可写成

$$\begin{cases} p = p_0(z) + p', \\ \rho = \rho_0(z) + \rho', \\ T = T_0(z) + T'. \end{cases} \tag{13.1.12}$$

对积云对流, 扰动温度 T' 很少超过 $10\,\mathrm{K}$, p' 很少超过 $10\,\mathrm{hPa}$, 故有下列条件成立:

$$\begin{cases} \dfrac{p'}{p_0} \ll 1, \\[2mm] \dfrac{\rho'}{\rho_0} \ll 1, \\[2mm] \dfrac{T'}{T_0} \ll 1. \end{cases} \tag{13.1.13}$$

利用泰勒级数展开: $\dfrac{1}{\rho_0 + \rho'} \approx \dfrac{1}{\rho_0}\left(1 - \dfrac{\rho'}{\rho_0}\right)$, 基本态 p_0, ρ_0 满足静力平衡关系 (13.1.11), (13.1.9)式中垂直运动方程的右边前两项可写为

$$-\frac{1}{\rho}\frac{\partial p}{\partial z} - g \approx -\frac{1}{\rho_0}\frac{\partial p'}{\partial z} - \frac{\rho'}{\rho_0}g, \tag{13.1.14}$$

推导中忽略了二阶小项. (13.1.14)式右边第二项即为净的阿基米德浮力. 于是式(13.1.9)中的垂直运动方程成为

$$\frac{\mathrm{d}w}{\mathrm{d}t} = -\frac{1}{\rho_0}\frac{\partial p'}{\partial z} - \frac{\rho'}{\rho_0}g + D_w. \tag{13.1.15}$$

相应地, 水平运动方程成为

$$\frac{\mathrm{d}u}{\mathrm{d}t} = -\frac{1}{\rho_0}\frac{\partial p'}{\partial x} + D_u, \tag{13.1.16}$$

$$\frac{\mathrm{d}v}{\mathrm{d}t} = -\frac{1}{\rho_0}\frac{\partial p'}{\partial y} + D_v. \tag{13.1.17}$$

这种只在垂直运动方程的浮力项中考虑密度扰动 ρ', 其他地方密度扰动皆可忽略的做法, 称为包辛涅斯克近似或对流近似.

由于密度无观测值, 对(13.1.15)式的浮力项还需做进一步处理. 根据 7.2.5 小节, 由湿空气状态方程(13.1.5), 得

$$\frac{\rho'}{\rho_0} = \frac{p'}{p_0} - \frac{T_v'}{T_{v0}} = \frac{p'}{p_0} - \left(\frac{T'}{T_0} + 0.608q'\right). \tag{13.1.18}$$

它表示密度的变化不仅受到扰动压力、扰动温度的影响,也受到水汽变化 q' 的影响. 考虑到云中还有液态水的拖曳力,因此在对流近似下的垂直运动方程为

$$\frac{\mathrm{d}w}{\mathrm{d}t} = -\frac{1}{\rho_0}\frac{\partial p'}{\partial z} - \left(\frac{p'}{p_0} - \frac{T'}{T_0} - 0.608q' + q_\mathrm{w}\right)g + D_w. \tag{13.1.19}$$

矢量形式的积云动力学运动方程可写为

$$\frac{\mathrm{d}\boldsymbol{V}}{\mathrm{d}t} = -\frac{1}{\rho_0}\nabla p' + \left(\frac{T'}{T_0} - \frac{p'}{p_0} + 0.608q' - q_\mathrm{w}\right)g\boldsymbol{k} + D_{\boldsymbol{V}}. \tag{13.1.20}$$

对于在积云垂直特征尺度比均质大气高度(约 8 km)小得多的浅对流条件下,由 7.2 节的尺度分析可知,扰动压力项 p'/p 对扰动密度的影响可以忽略,得到在浅对流条件下的运动方程为

$$\frac{\mathrm{d}\boldsymbol{V}}{\mathrm{d}t} = -\frac{1}{\rho_0}\nabla p' + \left(\frac{T'}{T_0} + 0.608q' - q_\mathrm{w}\right)g\boldsymbol{k} + D_{\boldsymbol{V}}. \tag{13.1.21}$$

3. 连续方程

根据 7.2.2 小节的尺度分析,连续方程(13.1.2)在深对流条件下的形式为

$$\nabla \cdot (\rho_0 \boldsymbol{V}) = 0. \tag{13.1.22}$$

由于(13.1.22)式中不包含密度的时间变化项 $\partial \rho/\partial t$,实际上消除了声波的影响,所以又称之为滞弹性假定或滤声波假定,它在大气数值模式的计算中有很大好处.

在浅对流条件下,连续方程为

$$\nabla \cdot \boldsymbol{V} = 0. \tag{13.1.23}$$

因(13.1.23)式是在密度 $\rho_0 =$ 常数时得到的,故又称为不可压缩流体连续方程.

4. 热量方程

由于积云内水汽相变时释放潜热,绝热方程(13.1.3)已不适用. 依据湿绝热减温率的(6.3.4)式,(13.1.3)式应改为

$$\frac{\mathrm{d}T}{\mathrm{d}t} - \frac{1}{\rho c_p}\frac{\mathrm{d}p}{\mathrm{d}t} = -\frac{L_\mathrm{v}}{c_p}\frac{\mathrm{d}q_\mathrm{s}}{\mathrm{d}t} + D_T = \frac{L_\mathrm{v}}{c_p}P_1 + D_T, \tag{13.1.24}$$

式中 D_T 表示湍流热交换. 在下面的讨论中,湍流交换项采用 $D_T = K_\mathrm{h}\nabla^2 T$ 的形式,其中 K_h 为热量的湍流交换系数. 利用(13.1.12)式,热量方程(13.1.24)式可改写为

$$\frac{\mathrm{d}}{\mathrm{d}t}(T_0 + T') = \frac{1}{(\rho_0 + \rho')c_p}\frac{\mathrm{d}}{\mathrm{d}t}(p_0 + p') + \frac{L_\mathrm{v}}{c_p}P_1 + K_\mathrm{h}\nabla^2(T_0 + T').$$

考虑到 $\dfrac{\mathrm{d}T_0}{\mathrm{d}t} = w\dfrac{\partial T_0}{\partial z}$,$\dfrac{\mathrm{d}p_0}{\mathrm{d}t} = -\rho_0 gw$,$\dfrac{\rho'}{\rho_0} \ll 1$,$\nabla^2 T_0 = 0$,则上式可简化为

$$\frac{\mathrm{d}T'}{\mathrm{d}t} = \frac{1}{\rho_0 c_p}\frac{\mathrm{d}p'}{\mathrm{d}t} - w\left(\frac{g}{c_p} + \frac{\partial T_0}{\partial z}\right) + \frac{L_\mathrm{v}}{c_p}P_1 + D_{T'} \tag{13.1.25a}$$

或

$$\frac{\mathrm{d}T'}{\mathrm{d}t} = \frac{1}{\rho_0 c_p}\frac{\mathrm{d}p'}{\mathrm{d}t} - w(\gamma_\mathrm{d} - \varGamma) + \frac{L_\mathrm{v}}{c_p}P_1 + D_{T'}, \tag{13.1.25b}$$

式中 $\gamma_\mathrm{d} \approx g/c_p$ 为干绝热减温率,$\varGamma = -\partial T_0/\partial z$ 为气层垂直减温率.

在浅对流条件下,(13.1.25)式可简化. 将(13.1.25)式除以 T_0,利用微分运算法则,可得

$$\frac{1}{T_0}\frac{\mathrm{d}T'}{\mathrm{d}t} = \frac{\mathrm{d}}{\mathrm{d}t}\left(\frac{T'}{T_0}\right) + \frac{T'}{T_0^2}w\frac{\partial T_0}{\partial z}, \qquad \frac{1}{p_0}\frac{\mathrm{d}p_0'}{\mathrm{d}t} = \frac{\mathrm{d}}{\mathrm{d}t}\left(\frac{p'}{p_0}\right) + \frac{p'}{p_0^2}w\rho_0 g.$$

注意到

$$\frac{T'}{T_0^2}w\frac{\partial T}{\partial z} \ll \frac{w}{T_0}\frac{\partial T_0}{\partial z}, \quad \frac{p'wg}{p_0 T_0 c_p} \ll \frac{wg}{T_0 c_p},$$

可近似得到

$$\frac{\mathrm{d}}{\mathrm{d}t}\left(\frac{T'}{T_0}\right) - \frac{R_d}{c_p}\frac{\mathrm{d}}{\mathrm{d}t}\left(\frac{p'}{p_0}\right) = -\frac{w}{T_0}\frac{\partial T_0}{\partial z} - \frac{wg}{T_0 c_p} + \frac{L_v}{T_0 c_p}P_1 + \frac{1}{T_0}D_{T'}.$$

因为在浅对流条件下,可忽略扰动压力影响,故上式可略去左端第二项,简化为

$$\frac{\mathrm{d}}{\mathrm{d}t}\left(\frac{T'}{T_0}\right) = -\frac{w}{T_0}\frac{\partial T_0}{\partial z} - \frac{wg}{T_0 c_p} + \frac{L_v}{T_0 c_p}P_1 + \frac{1}{T_0}D_{T'}, \tag{13.1.26}$$

进一步又可写为

$$\frac{\mathrm{d}T'}{\mathrm{d}t} = -w\left(\frac{g}{c_p} + \frac{\partial T_0}{\partial z}\right) + \frac{L_v}{c_p}P_1 + D_{T'} \tag{13.1.27a}$$

或

$$\frac{\mathrm{d}T'}{\mathrm{d}t} = -w(\gamma_d - \Gamma) + \frac{L_v}{c_p}P_1 + D_{T'}. \tag{13.1.27b}$$

5. 湿空气状态方程

由本节运动方程的讨论中已经得到了对流近似下的湿空气状态方程(13.1.18),此处不再重复.在浅对流条件下,因扰动压力项 p'/p 对扰动密度的影响可以忽略不计,故有

$$\frac{\rho'}{\rho_0} = -\frac{T_v'}{T_{v0}} = -\left(\frac{T'}{T_0} + 0.608q'\right). \tag{13.1.28}$$

最后,作为对上述内容的小结,下面给出深对流和浅对流时的积云动力学方程组.因为本节重点在动力和热力学方程,所以此处未考虑云中冰相出现的情况.水分平衡方程已在前面的(13.1.7)式给出,此处不再重复.

(1) 对滞弹性深对流,有

$$\frac{\mathrm{d}\boldsymbol{V}}{\mathrm{d}t} = -\frac{1}{\rho_0}\nabla p' + \left(\frac{T'}{T_0} - \frac{p'}{p_0} + 0.608q' - q_w\right)g\boldsymbol{k} + D_{\boldsymbol{V}}, \tag{13.1.29a}$$

$$\nabla \cdot (\rho_0 \boldsymbol{V}) = 0, \tag{13.1.29b}$$

$$\frac{\mathrm{d}T'}{\mathrm{d}t} = \frac{1}{\rho_0 c_p}\frac{\mathrm{d}p'}{\mathrm{d}t} - w\left(\frac{g}{c_p} + \frac{\partial T_0}{\partial z}\right) + \frac{L_v}{c_p}P_1 + D_{T'}; \tag{13.1.29c}$$

(2) 对浅对流,有

$$\frac{\mathrm{d}\boldsymbol{V}}{\mathrm{d}t} = -\frac{1}{\rho_0}\nabla p' + \left(\frac{T'}{T_0} + 0.608q' - q_w\right)g\boldsymbol{k} + D_{\boldsymbol{V}}, \tag{13.1.30a}$$

$$\nabla \cdot \boldsymbol{V} = 0, \tag{13.1.30b}$$

$$\frac{\mathrm{d}T'}{\mathrm{d}t} = -w\left(\frac{g}{c_p} + \frac{\partial T_0}{\partial z}\right) + \frac{L_v}{c_p}P_1 + D_{T'}. \tag{13.1.30c}$$

以上方程组清楚地反映出在云的形成与演变过程中,动力学、热力学与微物理过程的相互作用,构成了云雾数值模式的动力学框架.

13.1.2 积云动力学方程组的另一种形式

虽然在浅对流条件下,浮力中已不出现压力扰动项,这无疑简化了计算.但在一般情况下,扰动压力浮力项应予以考虑(如(13.1.29a)式).不过,若用无量纲压强 π 代替气压 p,用位温 θ

代替温度 T,就可以从形式上消除扰动压力浮力项的存在.

云雾物理中采用的 π 定义和大气动力学 7.2.8 小节中的略有不同,为

$$\pi = \left(\frac{p}{p_{00}}\right)^{R_d/c_p}. \tag{13.1.31}$$

一般令 $p_{00} = 1000\ \text{hPa}$. 因为位温 θ 的定义是

$$\theta = T\left(\frac{p_{00}}{p}\right)^{R_d/c_p}, \tag{13.1.32}$$

显然有

$$T = \pi\theta. \tag{13.1.33}$$

1. 运动方程

主要讨论比较复杂的垂直方向的运动方程. 对(13.1.31)式取对数,再对 z 求导,并考虑到 (13.1.33)式,有

$$\frac{\partial \pi}{\partial z} = \frac{R_d T}{c_p \theta p} \frac{\partial p}{\partial z}. \tag{13.1.34}$$

(13.1.34)式左边可写成

$$\frac{\partial \pi}{\partial z} = \frac{\partial \pi_0}{\partial z} + \frac{\partial \pi'}{\partial z}. \tag{13.1.35}$$

因为

$$\pi_0 = \left(\frac{p_0}{p_{00}}\right)^{R_d/c_p}, \tag{13.1.36}$$

将(13.1.36)式取对数,再对 z 求导,并利用状态方程 $p_0 \approx \rho_0 R_d T_0$,得

$$\frac{\partial \pi_0}{\partial z} = -\frac{g}{c_p \theta_0}. \tag{13.1.37}$$

再看(13.1.34)式的右边,以 $p = p_0 + p'$,$\theta = \theta_0 + \theta'$,$T = T_0 + T'$ 代入,略去二阶小量,成为

$$\frac{R_d T}{c_p \theta p} \frac{\partial p}{\partial z} = -\frac{1}{c_p \theta_0} g - \frac{1}{c_p \theta_0}\left(\frac{T'}{T_0} - \frac{\theta'}{\theta_0} - \frac{p'}{p_0}\right)g + \frac{1}{c_p \theta_0 \rho_0} \frac{\partial p'}{\partial z}. \tag{13.1.38}$$

将(13.1.35),(13.1.37)和(13.1.38)式代入(13.1.34)式,得到

$$-\frac{1}{\rho_0} \frac{\partial p'}{\partial z} = -c_p \theta_0 \frac{\partial \pi'}{\partial z} - \left(\frac{T'}{T_0} - \frac{\theta'}{\theta_0} - \frac{p'}{p_0}\right)g. \tag{13.1.39}$$

类似地,可导出下列关系式:

$$-\frac{1}{\rho_0} \frac{\partial p'}{\partial x} = -c_p \theta_0 \frac{\partial \pi'}{\partial x}, \tag{13.1.40}$$

$$-\frac{1}{\rho_0} \frac{\partial p'}{\partial y} = -c_p \theta_0 \frac{\partial \pi'}{\partial y}. \tag{13.1.41}$$

将(13.1.39)~(13.1.41)式代入运动方程(13.1.16),(13.1.17)及(13.1.19)式,可得

$$\frac{du}{dt} = -c_p \theta_0 \frac{\partial \pi'}{\partial x} + D_u, \tag{13.1.42}$$

$$\frac{dv}{dt} = -c_p \theta_0 \frac{\partial \pi'}{\partial y} + D_v, \tag{13.1.43}$$

$$\frac{dw}{dt} = -c_p \theta_0 \frac{\partial \pi'}{\partial z} + \left(\frac{\theta'}{\theta_0} + 0.608q' - q_w\right)g + D_w. \tag{13.1.44}$$

浮力项中扰动压力不再出现,但实际上考虑了扰动压力的影响. 写成矢量形式是

$$\frac{\mathrm{d}\boldsymbol{V}}{\mathrm{d}t} = -c_p\theta_0\,\nabla\pi' - \left(\frac{\theta}{\theta_0} + 0.608q' - q_w\right)\boldsymbol{g} + D_{\boldsymbol{V}}. \tag{13.1.45}$$

2. 位温方程

在第六章中,我们曾得到常用的讨论饱和气块上升运动时的热量方程(6.3.3),这也是描写积云对流湿绝热过程中 T, p 变化的基本方程,将该式中的混合比换成比湿,即有

$$c_{pd}\mathrm{d}T - R_d T\mathrm{d}\ln p_d + L_v\mathrm{d}q_s \approx 0, \tag{13.1.46}$$

式中 p_d 是系统中干空气的压强. 由此出发,利用位温 θ 的定义,就可以得到用位温表示的描写积云湿绝热过程中的基本热力学方程为

$$c_{pd}\mathrm{d}\ln\theta_d + \frac{L_v}{T}\mathrm{d}q_s = 0, \tag{13.1.47}$$

式中 θ_d 是饱和湿空气中所含的干空气的位温. 积云数值模式中用位温表示的各种形式的热力学方程都可以由它作某种近似而得到. 令 $\theta_d \approx \theta$ 和 $c_{pd} \approx c_p$,将(13.1.47)式对时间 t 求导,可得

$$\frac{\mathrm{d}\theta}{\mathrm{d}t} = -\frac{\theta L_v}{c_p T}\frac{\mathrm{d}q_s}{\mathrm{d}t} \approx -\frac{L_v}{c_p\pi}\frac{\mathrm{d}q_s}{\mathrm{d}t}. \tag{13.1.48}$$

考虑到云内外的湍流交换,(13.1.48)式可以写为

$$\frac{\mathrm{d}\theta}{\mathrm{d}t} = -\frac{L_v}{c_p\pi}\frac{\mathrm{d}q_s}{\mathrm{d}t} + D_\theta = \frac{L_v}{c_p\pi}P_1 + D_\theta. \tag{13.1.49}$$

运动方程(13.1.45)和位温方程(13.1.49)在形式上都未出现扰动压力浮力项,对深对流和浅对流都适用,结合方程组(13.1.29)和(13.1.30)中的连续方程和水分平衡方程,就构成了数值模拟中常用的积云动力学方程组(暖积云). 在浅对流条件下,可用连续方程的简单形式 $\nabla \cdot \boldsymbol{V} = 0$.

13.2 云雾数值模式

云雾数值模式就是将云的动力学方程和微物理方程综合成为一套方程组,结合观测和实验结果对方程组联立求解,模拟云雾和降水的发展演变过程. 由于方程的非线性,需用数值方法求解,即利用高速电子计算机得到云雾发展过程中各要素(如云高、云厚、温度场、气流场、含水量场等)的空间分布和演变规律. 随着卫星、雷达和飞机等云雾观测手段的现代化和计算机技术的飞速更新换代,云的数值模式也在不断完善和发展,已成为研究云雾物理规律的一个有力工具.

按照积云数值模式的动力学框架和发展历史,可归纳成以下几类:

$$\text{积云数值模式}\begin{cases} \text{一维模式}\begin{cases}\text{一维定常模式}(z)\text{ 和时变模式}(z,t) \\ \text{一维半时变模式}(z,t)\end{cases} \\ \text{二维时变模式}\begin{cases}\text{轴对称模式}(z,r,t) \\ \text{平面对称模式}(x,z,t)\end{cases} \\ \text{三维时变模式}(x,y,z,t) \end{cases}$$

积云数值模式经历了从简单到复杂、从一维到三维的发展过程,其中计算能力即计算机容量和速度的限制是一个重要原因. 早期在实施人工影响天气试验时常采用计算简单快捷的一维模式,而在进行云和降水物理的理论研究中常采用多维模式.

在冬春季节的中高纬地区,层状云系是主要的降水云系,我国北方地区更是如此.围绕着人工影响天气工作,近 30 多年来,对层状云系的研究及层状云的数值模拟也有了很快的发展.在云和降水模式的基础上,还发展了云化学和酸雨模式以及雷暴云的起电、放电数值模式.

本节仅介绍有关积云数值模式发展历史的动力学框架,微物理的处理方法将在下节叙述.应该说明的是,数值计算的方法很复杂,此处不涉及具体的算法问题.

13.2.1 积云一维模式

一维模式只考虑积云在垂直方向的变化和运动.由于它能反映大气层结稳定度和上升气流对积云发展的影响,对于认识积云发展的基本物理过程是有益的,并具有计算量小、使用方便的优点,因而曾被广泛用来指导和评估人工影响积云的试验工作.

1. 经典的一维模式

在第六章中曾讨论过饱和气块绝热上升的凝结过程,这个绝热气块模式可看做原始的最简单的积云模式.而经典的一维模式则是把积云看做一个垂直上升的非绝热气块,它与外界有热量和质量的混合与交换,并需要考虑水成物(云、雨滴和冰晶等)与动力和热力过程的相互作用.

一维积云模式有定常模式和时变模式两种,不过定常积云模式不能模拟积云的生命史,它反映的只是处于成熟阶段或顶峰阶段的积云状态.

1)气柱模型(羽状模式)和气泡模型(球涡模式)

根据积云的外形特征、结构及形成机制,可将积云设想为两种不同的模型,即气柱模型(羽状模式)和气泡模型(球涡模式),如图 13.2 所示.气柱模型把积云看做一股连续向上的射流,云柱外的空气以正比于射流的速度流入云体,云体呈锥形.气泡模型认为积云是由比外界暖的气泡所构成,其内部是向上的浮升运动,四周有较弱的下沉气流,构成了涡环状的对流运动.这种云泡在穿行于干冷环境中时会和环境空气混合而被浸蚀掉,但在其经过的路径上留有残存的水汽和热量,从而可使后继的气泡在较暖湿的通道中升得更高.接踵而至的气泡逐渐上升,达到凝结高度形成积云.这两种模型都将积云对流看做垂直方向上的运动,是建立一维模式的物理基础.

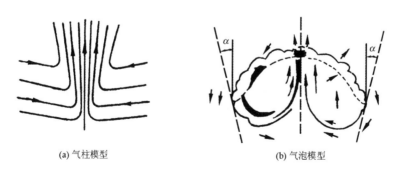

(a) 气柱模型　　　　　　　　　　(b) 气泡模型

图 13.2　气泡模型和气柱模型示意图(引自 Newton, 1968)

气柱(或气泡)在上升过程中与环境空气的混合可由夹卷率来描述,定义为其上升过程中移动单位距离时质量的相对变化:

$$\mu_z = \frac{1}{m} \frac{\mathrm{d}m}{\mathrm{d}z}. \tag{13.2.1}$$

按此可分别确定气柱模型和气泡模型的夹卷率 μ_z. 设 α 为展宽系数,气柱(或气泡)半径为 R, z 为上升高度,根据实验有

$$R = \alpha z.$$

于是,对气柱模型,有

$$\mu_z = \frac{1}{\pi R^2 \rho w} \frac{\mathrm{d}(\pi R^2 \rho w)}{\mathrm{d}z} = \frac{2\alpha}{R}, \tag{13.2.2}$$

其中 α 通常取 0.1. 对气泡模型,有

$$\mu_z = \frac{1}{\frac{4}{3}\pi R^3 \rho} \frac{\mathrm{d}}{\mathrm{d}z}\left(\frac{4}{3}\pi R^3 \rho\right) = \frac{3\alpha}{R}, \tag{13.2.3}$$

其中 α 通常取 0.2~0.25. 夹卷率与高度成反比,说明积云尺度越大,夹卷作用的影响越小. 观测也证实,巨大积雨云中心的温度直减率更接近于湿绝热减温率.

2) 运动方程的建立

将积云对流看做是垂直方向上运动的气块,假设环境处于静力平衡,忽略云内及云边缘的水平气压梯度的影响. 令气块质量为 m,上升速度为 w,如果仅考虑浮力和水成物曳力,则对气柱模型,气块的动量方程可写为

$$\frac{\mathrm{d}}{\mathrm{d}t}(mw) = m\left(\frac{T_v - T_{ve}}{T_{ve}} - q_t\right)g, \tag{13.2.4}$$

式中 T_v 和 T_{ve} 分别为气块和环境虚温, q_t 为单位质量空气中水成物的比含水量(包括液态水和固态水). 本节中下标"e"表示环境参量.

在气泡模型中,气泡的向上发展会推动周围空气运动,相当于在浮升气泡上增加了一个负载,故需在方程(13.2.4)右边第一项增加一个因子 $1/(1+\gamma)$,相当于气泡质量增加 $(1+\gamma)$ 倍. γ 称为虚质量系数,计算时通常取 0.5.

气块上升过程中与环境有夹卷混合,气块动量的变化为

$$\frac{\mathrm{d}}{\mathrm{d}t}(mw) = m\frac{\mathrm{d}w}{\mathrm{d}t} + w\frac{\mathrm{d}m}{\mathrm{d}t}. \tag{13.2.5}$$

注意到 $\frac{1}{m}\frac{\mathrm{d}m}{\mathrm{d}t} = \frac{1}{m}\frac{\mathrm{d}m}{\mathrm{d}z}w = \mu_z w$,于是(13.2.4)式写成单位质量形式,则有

$$\frac{\mathrm{d}w}{\mathrm{d}t} = \left(\frac{T_v - T_{ve}}{T_{ve}} - q_t\right)g - \mu_z w^2. \tag{13.2.6}$$

方程(13.2.6)就是一维时变模式运动方程的基本形式,可根据需要处理成不同的表达式.

(1) 若按欧拉方法处理,则(13.2.6)式可写成

$$\frac{\partial w}{\partial t} = -w\frac{\partial w}{\partial z} + \left(\frac{T_v - T_{ve}}{T_{ve}} - q_t\right)g - \mu_z w^2. \tag{13.2.7}$$

(13.2.7)式左边为局地变化项,右边第一项为垂直方向上的平流输送项. 定常时 $\frac{\partial w}{\partial t} = 0$,

(13.2.7)式变为一维定常模式中的运动方程

$$w\frac{\partial w}{\partial z} = \left(\frac{T_v - T_{ve}}{T_{ve}} - q_t\right)g - \mu_z w^2. \tag{13.2.8}$$

（2）按拉格朗日方法处理，有

$$\frac{\mathrm{d}w}{\mathrm{d}t} = \frac{\mathrm{d}w}{\mathrm{d}z}\frac{\mathrm{d}z}{\mathrm{d}t} = w\frac{\mathrm{d}w}{\mathrm{d}z},$$

则(13.2.6)式可写为

$$w\frac{\mathrm{d}w}{\mathrm{d}z} = \left(\frac{T_v - T_{ve}}{T_{ve}} - q_t\right)g - \mu_z w^2. \tag{13.2.9}$$

(13.2.9)式适用于气泡模型，即把定常的积云塔看做由初始条件相同的气泡接踵而至所形成，追踪气泡在上升过程中的速度、温度和含水量等气象要素的变化，可换算成这些要素在云中的垂直分布.

3）热量方程

该方程源于热力学第一定律，对单位质量空气系统，热量变化率可写为

$$c_p\frac{\mathrm{d}T}{\mathrm{d}t} - \frac{1}{\rho}\frac{\mathrm{d}p}{\mathrm{d}t} = \frac{\mathrm{d}Q}{\mathrm{d}t}, \tag{13.2.10}$$

这里 $\mathrm{d}Q/\mathrm{d}t$ 是各种过程对热量变化率的贡献. 系统的热量变化是指由水汽相变潜热的非绝热加热以及其他热流入量. 此方程的繁简取决于所考虑因子的多寡，例如有以下几项：

（1）凝结潜热释放率：

$$\frac{\mathrm{d}Q_1}{\mathrm{d}t} = -L_v\frac{\mathrm{d}q_s}{\mathrm{d}t} = L_v P_1. \tag{13.2.11}$$

（2）夹卷进入的干冷空气消耗感热和潜热的变化率：

$$\begin{aligned}\frac{\mathrm{d}Q_2}{\mathrm{d}t} &= -[c_p(T - T_e) + L_v(q_s - q_e)]\frac{1}{m}\frac{\mathrm{d}m}{\mathrm{d}t}\\ &= -[c_p(T - T_e) + L_v(q_s - q_e)]\mu_z w. \end{aligned} \tag{13.2.12}$$

（3）冻结时释放的潜热变化率：

$$\frac{\mathrm{d}Q_3}{\mathrm{d}t} = L_f\frac{\Delta q_f}{\mathrm{d}t}, \tag{13.2.13}$$

式中 Δq_f 为计算中逐渐冻结的水量，假定在 $-30 \sim -10\,^\circ\!\mathrm{C}$ 时处于冰水混合状态，随着温度降低，云中冰相所占比例不断增大.

（4）冻结发生后，气块内由水面饱和转向冰面饱和时，多余水汽凝华到冻滴上而释放的凝华潜热. 凝华潜热热量变化率为

$$\frac{\mathrm{d}Q_4}{\mathrm{d}t} = L_s\frac{(\Delta q_s)_{w \to i}}{\mathrm{d}t}, \tag{13.2.14}$$

这里 L_s 为凝华潜热，$(\Delta q_s)_{w \to i}$ 表示由水面饱和变到冰面饱和时饱和比湿的变化.

考虑这些过程后，于是(13.2.10)式可写为

$$c_p\frac{\mathrm{d}T}{\mathrm{d}t} - \frac{1}{\rho}\frac{\mathrm{d}p}{\mathrm{d}t} = -L_v\frac{\mathrm{d}q_s}{\mathrm{d}t} - [c_p(T - T_e) + L_v(q_s - q_e)]\mu_z w + L_f\frac{\Delta q_f}{\mathrm{d}t} + L_s\frac{(\Delta q_s)_{w \to i}}{\mathrm{d}t}. \tag{13.2.15}$$

根据饱和比湿 $q_s = \dfrac{\varepsilon e_s}{p}$，利用克拉珀龙-克劳修斯方程(2.2.6)，得饱和比湿方程

$$\frac{1}{q_s}\frac{\mathrm{d}q_s}{\mathrm{d}t} = \frac{gw}{R_v T} + \frac{\varepsilon L_v}{R_v T^2}\frac{\mathrm{d}T}{\mathrm{d}t}. \tag{13.2.16}$$

利用准静力条件，得

$$\frac{\mathrm{d}p}{\mathrm{d}t} = \frac{\mathrm{d}p}{\mathrm{d}z}w = -\rho g w = -\frac{p}{RT}gw. \tag{13.2.17}$$

于是将(13.2.16)式和(13.2.17)式代入(13.2.15)式,得温度方程

$$\frac{\mathrm{d}T}{\mathrm{d}t} = \left[-\frac{gw}{c_p}\left(1 + \frac{L_v q_s}{R_v T}\right) - \mu_z w(T - T_e) - \mu_z w \frac{L_v}{c_p}(q_s - q_e) \right.$$
$$\left. + \frac{L_f}{c_p}\frac{\Delta q_f}{\mathrm{d}t} + \frac{L_s}{c_p}\frac{(\Delta q_s)_{w \to i}}{\mathrm{d}t} \right]\left(1 + \frac{\varepsilon L_v^2 q_s}{c_p R_v T^2}\right)^{-1}. \tag{13.2.18}$$

4) 水分平衡方程

水分平衡方程的简繁由研究目的决定. 在暖云模式中只有水汽和液态水,较为简单,当冰相出现时,它的形式就变得复杂.

假定暖云内外无水分交换,且不存在水汽过饱和,则液态水的增加(减少)率就等于水汽的减少(增加)率,即

$$\frac{\mathrm{d}q_w}{\mathrm{d}t} = -\frac{\mathrm{d}q}{\mathrm{d}t}, \tag{13.2.19}$$

式中 q 和 q_w 分别为云内比湿和液态水比含水量.

如果考虑动力夹卷过程,则水分平衡方程需增加动力夹卷项. 设 t 时刻云块质量为 m,云内比湿和液态水比含水量分别为 q 和 q_w,在 $\mathrm{d}t$ 时间内卷入的云外空气质量为 $\mathrm{d}m$,云外空气比湿为 q_e,则 $t + \mathrm{d}t$ 时刻云块内的水汽和液态水质量为

$$(m + \mathrm{d}m)(q + \mathrm{d}q + q_w + \mathrm{d}q_w) = m(q + q_w) + q_e \mathrm{d}m. \tag{13.2.20}$$

略去二阶小量,再除以 $m\mathrm{d}t$ 后,得水分平衡方程为

$$\frac{\mathrm{d}q_w}{\mathrm{d}t} = -\frac{\mathrm{d}q}{\mathrm{d}t} - \mu_z w(q - q_e + q_w). \tag{13.2.21}$$

(13.2.21)式与(13.2.19)式相比,右边第二项是由于夹卷过程对水成物质量变化的贡献. 若把暖云内液态水分成云水和雨水:

$$q_w = q_c + q_r, \tag{13.2.22}$$

这里 q_c 和 q_r 分别是云水和雨水比含水量,于是可得到如下的水分平衡方程:

$$\frac{\mathrm{d}q_c}{\mathrm{d}t} = P_1 - \mu_z w(q - q_e + q_c) - P_{21} - P_{22} - \left[\frac{(q_s - q)}{\mathrm{d}t}, \frac{q_c}{\mathrm{d}t}\right]_{\min}, \tag{13.2.23}$$

$$\frac{\mathrm{d}q_r}{\mathrm{d}t} = P_{21} + P_{22} - P_7, \tag{13.2.24}$$

$$\frac{\mathrm{d}q}{\mathrm{d}t} = -P_1 + \left[\frac{(q_s - q)}{\mathrm{d}t}, \frac{q_c}{\mathrm{d}t}\right]_{\min} + P_7, \tag{13.2.25}$$

式中 P_1, P_{21}, P_{22} 和 P_7 分别表示凝结、云水自动转换、碰并和雨水蒸发率(参见图13.1), (13.2.23)式右边最后一项表示处于非饱和环境下的云水蒸发,符号 $[\ ]_{\min}$ 表示取其中两个量中的较小者.

图13.3 是由一维定常模式给出的含水量、云内外虚温差和上升气流速度垂直廓线的个例. 以前在进行人工影响天气作业时,常用一维模式预测积云发展的可能状况,以决定是否需要进行作业.

2. 一维半时变模式

前面介绍的经典一维模式把积云看做半径不变的云柱,但由于云柱内垂直气流速度随高

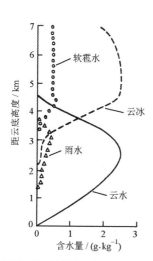
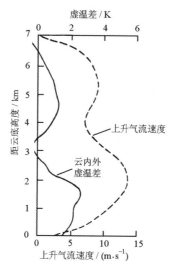

图 13.3　一维定常模式计算的含水量、垂直温度增量和上升气流速度垂直廓线的个例(引自 Orville,1996)

度变化,则为了满足质量守恒,周围环境空气就必然会流入垂直速度较大的高度段内.为了对一维模式进行修正,不少学者考虑了通过侧边界的气流,故称为"一维半模式".在此模式中,假设云体仍为半径不变的圆柱体,云外空气是静止的.利用柱坐标下的运动方程、连续方程及温度方程,令各物理量的瞬时值等于其平均值与偏差值之和,并做水平面积平均,最终导出模式方程组.

Ogura 和 Takahashi(1971)使用一维半时变模式模拟了过冷积云的特征.图 13.4 给出了计算的云内各高度上垂直速度、云内外温差和总含水量随时间的变化.由图可以看出,20 min 以后,上升气流速度和云内外温差都迅速增加,最大上升速度所在高度也随之升高.但 40 min 后,云底开始出现下沉气流并向上发展,大约在 60 min 后,整个云体都被下沉气流控制.特别在融化区域,出现了很强的下沉气流,强烈的下沉气流到达地面后就减弱并趋于消散.总含水量的变化与上升气流的变化相对应,45 min 时总含水量达到最大值;50 min 之后,由于雨水下落,极大值

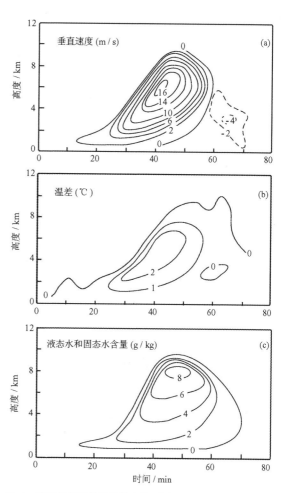

13.4　积云特征量随时间的变化(引自 Ogura 和 Takahashi,1971)

开始减小；65 min 之后，云体消散. 在 11.2.1 小节中曾介绍了积云单体的生命史，即一般可分为发展阶段、成熟阶段和消散阶段，以及这三个阶段的主要特征. 与上述的模式对比，可见它能较好地模拟出积云发展的生命史.

前面所介绍的两种一维模式都是把积云看做半径不随时空变化的云柱，但因云柱内垂直气流速度随高度变化，且在中部达到极大，会造成云内气流的辐合和云柱截面的变化. 因此，有些学者认为可变的积云半径更合理，并做了修正（Winser 等，1972；胡志晋等，1985）.

一维时变云模式虽然可模拟对流云中的主要物理过程，但毕竟其动力学框架过于简单，难以模拟多单体、超级单体及飑线等强对流系统. 因为一般积云都具有三维结构，且积云和环境是不可分割的统一整体，云内外的动量、热量及水分都是相互影响、相互制约的. 一维模式恰恰割裂了云和环境的有机联系，计算时不得不引入了某些人为的假设，但无论是采用夹卷率的经典一维模式，还是分别考虑侧面湍流夹卷和动力夹卷的一维半模式，都不能满意地解决这个问题. 因此，需要发展能客观地描述云内外流场及其相互作用的多维模式.

13.2.2 多维模式简介

多维积云数值模式常称为"运动场模式"，所研究的云体是整个大气运动场的一部分，和其他非云体部分的不同是这个区域有液态水或固态水存在. 多维模式的动力学框架建立在积云动力学方程(13.1.29)，(13.1.30)或(13.1.45)和(13.1.49)的基础上. 虽然描述积云以及强雷暴的发展演变应该用三维模式，但由于计算机容量和速度的限制，使得三维模式的发展一度遇到困难，因此二维模式首先得到了发展.

1. 二维模式

二维模式大体上可分为两类：一类是轴对称模式，一类是平面对称模式. 前者采用柱坐标系，云体以中心轴为对称. 后者采用直角坐标系，以 Oxz 平面为对称. 若研究单体雷暴的结构及云与环境的相互作用，显然轴对称模式比平面对称模式优越，因为它比较接近于云的三维结构. 但是在该类模式中却不能考虑风切变的影响，也难以模拟起伏地形对云的作用，因此应根据所研究的问题决定适用的模型. 由于二维轴对称模式与二维平面对称模式中的方程组是类似的，这里仅以平面对称模式为例，介绍浅对流时运动学方程及其处理方法.

参照积云动力学方程组(13.1.30)式，采用 $D_V = K_m \nabla^2 \boldsymbol{V}$，浅对流时的运动方程可写成

$$\frac{\partial u}{\partial t} = -u \frac{\partial u}{\partial x} - w \frac{\partial u}{\partial z} - \frac{1}{\rho_0} \frac{\partial p'}{\partial x} + K_m \nabla^2 u, \tag{13.2.26}$$

$$\frac{\partial w}{\partial t} = -u \frac{\partial w}{\partial x} - w \frac{\partial w}{\partial z} - \frac{1}{\rho_0} \frac{\partial p'}{\partial z} + \left(\frac{T_v'}{T_{v0}} - q_w \right) g + K_m \nabla^2 w. \tag{13.2.27}$$

设湍流交换系数 K_m 为常数，而且仅考虑暖云情况；脚标"0"表示该物理量是基本态（环境参量）.

连续方程应为

$$\frac{\partial u}{\partial x} + \frac{\partial w}{\partial z} = 0. \tag{13.2.28}$$

引入流函数 Ψ，有

$$\begin{cases} u = -\dfrac{\partial \Psi}{\partial z}, \\ w = \dfrac{\partial \Psi}{\partial x}. \end{cases} \tag{13.2.29}$$

定义涡度

$$\eta = \frac{\partial w}{\partial x} - \frac{\partial u}{\partial z} = \frac{\partial^2 \Psi}{\partial x^2} + \frac{\partial^2 \Psi}{\partial z^2}. \tag{13.2.30}$$

(13.2.26)式对 z 求导,(13.2.27)式对 x 求导,然后相减并代入方程(13.2.28)和(13.2.30),即得如下涡度方程:

$$\frac{\partial \eta}{\partial t} = - u \frac{\partial \eta}{\partial x} - w \frac{\partial \eta}{\partial z} - g \frac{1}{T_{v0}} \frac{\partial T'_v}{\partial x} + g \frac{\partial q_w}{\partial x} + K_m \nabla^2 \eta. \tag{13.2.31}$$

若考虑的是大气中强烈发展的对流云,其云顶能达到十几千米高,甚至有时能穿透对流层顶,这时积云模式就应考虑深对流情况.假设忽略扰动气压对浮力的影响,运动方程仍采用(13.2.26)式和(13.2.27)式,连续方程则改为

$$\frac{\partial}{\partial x}(\rho_0 u) + \frac{\partial}{\partial z}(\rho_0 w) = 0. \tag{13.2.32}$$

流函数 Ψ 满足

$$\begin{cases} \rho_0 u = - \dfrac{\partial \Psi}{\partial z}, \\ \rho_0 w = \dfrac{\partial \Psi}{\partial x}. \end{cases} \tag{13.2.33}$$

涡度的定义为

$$\eta = \frac{\partial \rho_0 w}{\partial x} - \frac{\partial \rho_0 u}{\partial z} = \frac{\partial^2 \Psi}{\partial x^2} + \frac{\partial^2 \Psi}{\partial z^2}. \tag{13.2.34}$$

同样可得相应的涡度方程:

$$\begin{aligned} \frac{\partial \eta}{\partial t} &= - u \frac{\partial \eta}{\partial x} - w \frac{\partial \eta}{\partial z} - \rho_0 g \frac{1}{T_{v0}} \frac{\partial T'_v}{\partial x} + \rho_0 g \frac{\partial q_w}{\partial x} + uw \frac{\partial^2 \rho_0}{\partial z^2} \\ &\quad + 2w \left(\eta - u \frac{\partial \rho_0}{\partial z} \right) \frac{1}{\rho_0} \frac{\partial \rho_0}{\partial z} + K \nabla^2 \eta. \end{aligned} \tag{13.2.35}$$

可见,把运动方程转化为涡度方程后,原来要解两个运动方程,现在只需解一个涡度方程即可,而且扰动压力梯度项在涡度方程中不再出现,这样计算起来就方便多了.根据边条件和初条件,从涡度方程解出涡度 η 后,再由(13.2.31)或(13.2.35)式用迭代法计算出流函数,并由(13.2.29)或(13.2.33)式最终计算出 u 和 w.

温度方程的基本形式与(13.1.29c)或(13.1.30c)式类似.不同模式中,微物理过程的详简程度不同,但基本思路都类似前面一维模式中所讨论的,这里不再赘述.

二维模式在云雾降水物理的理论研究中曾得到广泛应用.例如,不少学者曾利用平面对称模式系统地研究了低层湿度和风切变对积云发展的影响(Schlesinger,1973;徐华英等,1988).二维模式还普遍地应用在人工影响天气的研究中.

Takahashi 和 Orville 等都曾经用二维模式模拟冰雹云. Takahashi(1976)采用轴对称模式,详细地模拟了冰雹随气流运动的生长过程,特别指出冰雹胚胎被抛出云顶后,某些未被蒸发完的又随云外下沉气流进入云内的上升气流中,这个再循环过程有利于产生大冰雹(图 13.5). Orville 和 Kopp(1977)则用平面对称模式模拟了著名强风暴个例——Fleming 风暴(图 11.6),他们利用当天的探空资料作为初始输入资料进行计算,考虑到二维模式的局限,环境风速取实际风速的 20%,模拟结果与观测的实际风暴在外形、圆形的云顶、倾斜的由前方

进入的上升气流以及上部较弱的流线等主要特征方面是比较相似的. 1986 年,Farley 和 Orville对该模式在微物理的处理上做了改进,对 Fleming 风暴做了进一步研究. 图 13.6 是模式云发展到 114 min 时的情形. 云底部有气流进入,在云中倾斜上升;云后部有下沉气流,伴随降水(雨、雪、冰).

显然,轴对称模式只适用于模拟静止大气中孤立的、对称的圆柱状理想化的积云对流单体现象,而实际大气中雷暴都是以移动的非对称的形式存在的;二维平面对称模式虽然能考虑地形的作用,但它只适用于研究具有较强二维特征的对流天气系统,例如飑线等,因此都具有局限性.

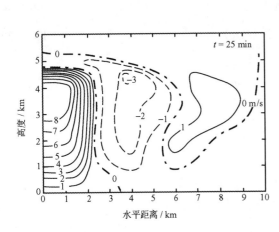

图 13.5 轴对称模式模拟雹云成熟阶段的垂直气流

(引自 Takahashi, 1976)

图中数字正值表示上升气流速度,负值

表示下沉气流速度,单位为 $\mathrm{m \cdot s^{-1}}$

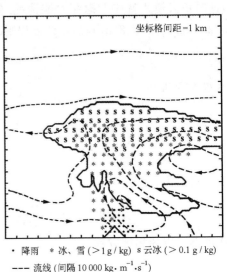

· 降雨 * 冰、雪($>1\,\mathrm{g/kg}$) s 云冰($>0.1\,\mathrm{g/kg}$)

--- 流线(间隔 $10\,000\,\mathrm{kg \cdot m^{-1} \cdot s^{-1}}$)

图 13.6 平面对称模式模拟风暴云

(引自 Farley 和 Orville, 1986)

2. 三维模式

早期建立的三维浅对流模式未考虑降水过程,仅考虑了一个方向上的风切变. 后来深对流、滞弹性的三维模式得到了发展,并有了不少成果. 随着计算机技术的飞速进步及云雾探测手段的日益现代化,近 30 年来完全弹性的三维模式也有了迅速的发展和完善. 我国三维模式的发展也很快,20 世纪 90 年代初,许焕斌等(1990)、王谦等(1990)和孔繁铀等(1991)就先后建立了三维模式,并且在此基础上,在对流云降水机制和强风暴物理的研究方面取得了一系列成果.

以三维滞弹性深对流方程组为例,根据前述的(13.1.31)式、(13.1.35)式和连续方程,并考虑云水和雨水的蒸发,有

$$\frac{\partial \boldsymbol{V}}{\partial t} = -(\boldsymbol{V} \cdot \nabla)\boldsymbol{V} - c_p\theta_0\,\nabla\pi' + \left(\frac{\theta'}{\theta_0} + 0.608q' - q_c - q_r\right)g\boldsymbol{k} + K_m\,\nabla^2\boldsymbol{V},$$

$$(13.2.45)$$

$$\frac{\partial \theta}{\partial t} = -(\boldsymbol{V} \cdot \nabla)\theta + \frac{L_v}{c_p\pi}(P_1 - P_6 - P_7) + K_\theta\,\nabla^2\theta, \tag{13.2.46}$$

$$\nabla \cdot (\rho_0\boldsymbol{V}) = 0. \tag{13.2.47}$$

若不考虑冰相,其水汽、云水和雨水可采用水分平衡方程(13.1.8)进行计算. (13.2.36)~

(13.2.28)式及(13.1.8)式共 8 个方程,有 8 个未知数,是闭合的.但这仅是一个动力学的框架,还应结合微物理过程的处理方法.

在三维模式里,一般是直接求解运动方程,这和二维模式的处理方法不同.但运动方程(13.2.36)中会含有无量纲扰动压力 π'(或扰动压力 p'),这需要利用运动方程和连续方程确定.应说明的是,三维模式的计算方法和确定 π' 的过程都是比较复杂的,此处不能详细介绍,有兴趣的读者请参看有关文献.

13.3 微物理过程的处理方法

微物理过程的处理是云雾数值模式中很重要的一部分.暖云模式中,需考虑云、雨滴的生长过程;在雷暴和冰雹云的模式中,则应包括冰晶的生长及霰和雹的生成过程.目前基本上运用两种方法来处理上述问题:比较简单的参数化方法和详细的微物理方法.参数化方法就是假定了云、雨及冰粒子的谱型,利用宏观参数(如质量、密度、热量及速度等)和宏观运动学方程,描述云雨形成中的微物理过程及其对宏观动力过程的作用.它需要的计算量较小,模式的计算范围可以比较大,便于重点研究动力过程对云雾降水过程的影响.详细的微物理方法就是给出凝结核和冰核的谱型,按尺度或质量大小分档后,仔细模拟计算云滴、雨滴及冰晶、霰、雹等水成物粒子的生长过程.这种方法对谱型未作限制,比较符合实际,但计算量大.本节仅简单介绍参数化方法.

下面分别介绍图 13.1 中的 P_1, P_{21}, P_{22} 及 P_7 等项,以便对参数化方法有一基本了解.

1. 水汽凝结速率 P_1

对于水汽凝结速率 P_1,最简单的方法是认为达到过饱和的水汽可立即凝结;反之,一旦云内空气成为未饱和状态,云水立即蒸发,直到空气达到饱和状态.于是有

$$P_1 = -\frac{dq_s}{dt}\begin{cases} = 0, & q < q_s, \\ \neq 0, & q = q_s, \end{cases} \tag{13.3.1}$$

式中 q_s 是饱和比湿.比较复杂一些的方法是用云滴凝结增长方程,计算在相应过饱和水汽条件下的云水凝结量.值得注意的是,由于凝结时放出潜热,使空气温度升高,饱和比湿的值也随之升高,反过来又使凝结速率减小,因此在比较严格的计算中需采用迭代法求解,逐步逼近正确值.

2. 云水自动转化速率 P_{21}

小云滴以凝结增长为主,大云滴则以重力碰并增长为主,而在由云滴增长成雨滴的过程中,还有电碰并、湍流碰并等过程.总之,这一阶段的云滴增长机制不易用确切的公式表达.Kessler(1969)分析小云滴长成雨滴的过程后,发现云滴有时处于稳定状态,能持续相当长时间不长成雨滴,但是一旦云水量超过某一数值后,往往就有雨滴生成,且云水量越大,雨滴产生的速率就越快.他把小云滴长成雨滴的过程统称为云水自动转化过程,提出以下公式:

$$P_{21} = \begin{cases} k'(q_c - a), & q_c \geqslant a, \\ 0, & q_c < a, \end{cases} \tag{13.3.2}$$

其中 a 是阈值,通常取 $a = 5 \times 10^{-4}$ g·g^{-1}, $k' = 10^{-3}$ s^{-1}.对不同地区和不同云型,k' 和 a 的数值需经大量计算和观测对比来确定,使之适合实际情况,因而带有经验性.

Berry(1967)用数值方法研究了云滴的重力随机碰并过程,规定以半径 6 阶距为 40 μm 为云滴和雨滴的分界线,根据 28 个初始云滴谱计算云滴长到半径 6 阶距为 40 μm 时所需的时间为

$$t = \left(2 + \frac{0.0266}{D_b}\frac{N_b}{\rho q_c}\right)\frac{1}{\rho q_c}, \tag{13.3.3}$$

式中 N_b 和 D_b 分别指云底初始云滴谱的云滴总数和离散度,与气团类型和云型有关.对海洋性云,可取 $N_b = 50\ \mathrm{cm^{-3}}, D_b = 0.366$;对大陆性云,可取 $N_b = 500\ \mathrm{cm^{-3}}, D_b = 0.146. D_b$ 越大,谱越宽,增长越快. ρq_c 是云的含水量,q_c 为云水比含水量.于是,自动转换速率为

$$P_{21} = \frac{q_c}{t} = \frac{\rho q_c^2}{60 \times \left(2 + \dfrac{0.0266}{D_b}\dfrac{N_b}{\rho q_c}\right)}. \tag{13.3.4}$$

Berry 的自动转换速率公式立足于云滴碰并的数值计算,因此较为合理,而且应用时可考虑初始的云滴谱特征,这也是它的优点.以后又有人提出不同的云水自动转换速率公式,或者对 Berry 公式做了改进,此处不再详述.

3. 碰并增长速率 P_{22}

根据(12.7.2a)式,单个雨滴重力碰并连续增长的速率为

$$\frac{\mathrm{d}m}{\mathrm{d}t} = \frac{\pi D^2}{4}E\rho q_c v_r,$$

式中 m 和 v_r 分别为单滴质量和下降末速度,D 为雨滴直径.对所有雨滴求积分后就得到雨水碰并速率:

$$P_{22} = \frac{1}{\rho}\int_0^\infty \frac{\mathrm{d}m}{\mathrm{d}t}n(D)\mathrm{d}D = \int_0^\infty n(D)\frac{\pi D^2}{4}Eq_c v_r \mathrm{d}D. \tag{13.3.5}$$

为了对(13.3.5)式求积分,需要得到以宏观量(例如含水量)表示的滴谱 $n(D)$ 和下降末速度 v_r.

(1) Kessler 假设雨滴谱服从 M-P 分布((11.3.19)式):

$$n(D) = n_0\exp(-\Lambda D), \tag{13.3.6}$$

则由含水量与雨滴谱的关系,可得雨滴谱参数为

$$\Lambda = 42.1n_0^{1/4}(\rho q_r)^{-1/4}, \tag{13.3.7}$$

式中 q_r 是雨水比含水量.对于单参数模式,由宏观量确定 Λ 后,谱分布也就确定了.

(2) 根据 Gunn 和 Kinzer(1949)的实验,雨滴下落末速度与直径有如下关系:

$$v_r = 130D^{0.5}\exp(Kz/2), \tag{13.3.8}$$

式中 $\exp(Kz/2)$ 是考虑空气密度对雨滴下落末速度的影响.

将(13.3.6)式和(13.3.8)式代入(13.3.5)式,得

$$P_{22} = \frac{130}{4}\pi En_0 q_c\int_0^\infty D^{2.5}\mathrm{e}^{-\Lambda D}\mathrm{d}D = \frac{130}{4}\pi En_0 q_c\frac{\Gamma(3.5)}{\Lambda^{3.5}}.$$

根据(13.3.7)式的 Λ 值,最后得到以宏观量表示的雨水碰并速率为

$$P_{22} = 6.96 \times 10^{-4}En_0^{1/8}q_c(\rho q_r)^{7/8}\exp(Kz/2). \tag{13.3.9}$$

4. 雨滴蒸发速率 P_7 及云滴蒸发速率 P_6

P_7 和 P_6 的表达式及推导方法与 P_{22} 的类似,也是利用滴的谱分布和单滴的蒸发速率,再对所有滴求积分后得到以宏观参数表示的云、雨滴蒸发速率.不过,不同的研究者使用不同形式的单滴蒸发速率公式,所得结果也稍有差别.例如 Kessler 得到的是

$$P_7 = 1.93 \times 10^{-6}n_0^{7/20}q_c(\rho q_r)^{13/20}. \tag{13.3.10}$$

具体推导方法此处不再详述.如果研究的是冷云或冰雹云,还需考虑冰晶、冻滴、霰、冰雹等粒

子的微物理过程.

根据研究目的的不同,许多学者都建立了具有各自特色的参数化处理方法.例如,胡志晋等(1987)提出了一个比较完整的积雨云参数化模式,包括了 26 种主要微物理过程,有凝结(凝华)、蒸发、粒子间的碰并(撞冻)、冰晶核化、繁生、冻结、融化以及云-雨、冰-霰、霰-雹的自动转化和雹的干湿增长等.和前面介绍的类似,为了得到这些众多微物理过程的参数,也是首先假定这些降水粒子都有一定的谱分布,其普遍形式为

$$n(D) = n_0 D^\alpha \exp(-\Lambda D). \tag{13.3.11}$$

不同的是,他采用了双参数模式,即谱型由 n_0 和 Λ 两个参数决定.对不同粒子,用不同的 α 值表示.例如,对云滴谱,取 $\alpha=2$,即是赫尔吉安-马津公式((11.3.14)式);对雨滴谱和霰谱,取 $\alpha=0$,即是 M-P 分布;对冰晶谱,取 $\alpha=1$;对雹谱,取截断的指数谱等.采用了双参数谱分布后,数值模式中不仅需要有前述的雨滴、冰晶、冻滴、霰、冰雹等的比含水量方程,还需要有浓度变化方程.

由于云中微物理过程十分复杂,在某些研究中参数化方法受到一定局限,需要采用非参数化方法,即详细的微物理方法.应该说,参数化方法和详细的微物理方法各有优缺点.例如,前面 13.2.2 小节中已提到的用二维模式模拟冰雹云,Takahashi 采用的是详细的微物理方法,Orville 采用的是参数化方法,研究目的各有侧重.Takahashi 假设水滴、霰、雹都是球形,按指数分成 45 档;假设冰晶是圆盘形,按直径和厚度分成 $21 \times 5 = 105$ 档.他分别列出凝结核、冰核、液滴、液滴内冰核(与过冷水冻结有关)、冰晶、霰、雹的数密度方程,考虑了核化、凝结、蒸发、碰并、破碎、从集、淞结、过冷水滴冻结以及霰和雹的融化等物理过程,进行了细致的模拟.但因详细的微物理方法需要极大的计算量,故其模式范围比较小.由于模拟雹云中的上升气流的伸展高度(<6 km)和强度都受到限制,对研究雹云的动力学问题是一个不足.Orville 在模拟 Fleming 风暴时用的是参数化方法,模式区域为 20 km×20 km.由于参数化方法可以采用较大的模拟区域,有利于讨论与雹暴发展密切相关的动力学问题.在 Farley 和 Orville(1986)后来的工作中,对微物理过程采用了混合型处理方案,其中的冰雹用分档的谱处理,对模式做了进一步的改进.

参 考 文 献

[1] 胡志晋,严采蘩.盐粉催化不同生命史的浓积云的数值模拟.大气科学,9(1),62～71,1985.

[2] 胡志晋,何观芳.积雨云微物理过程的数值模拟(一)微物理模式.气象学报,46(1),No. 1,28～46,1987.

[3] 徐华英等.风切变对积云发展影响的数值模拟研究.大气科学,Vol. 12,No. 4,405～411,988.

[4] 许焕斌,王思微.三维可压缩大气中云尺度模式.气象学报,Vol. 48,No. 1,0～90,1990.

[5] 王谦,胡志晋.三维弹性大气模式和实测强风暴的模拟.气象学报,Vol. 48,No. 1,91～101,1990.

[6] 孔繁铀,黄美元,徐华英.冰相过程在积云发展中的作用的三维数值模拟研究,中国科学,B35(7),1000～1008,1991.

[7] Berry E X. Cloud droplet growth by collection. J. Atmosph. Sci. , 24(6),688～695, 1967.

[8] Farley R D and H D Orville. Numerical simulation of hailstorms and hailstone growth. Part I:Preliminary model verification and sensitivity test,J. Appl. Meteor. ,25,2014～2035, 1986.

[9] Gunn R and Kinzer G D. The terminal velocity of fall for water droplets in stagnant air. J. Met. ,6,243, 1949.

[10] Kessler E. On the distribution and continuity of water substance in atmospheric circulation. Meteor. , Monog. , No. 32, Amer. Meteor. Soc. , 84, 1969.

[11] Newton C W. Convective cloud dynamics——a synopsis, Proc. inter. Conf. on cloud physics Toronto. 487~498, 1968

[12] Ogura Y and T Takahashi. Numerical simulation of the life cycle of a thunderstorm cell, Mon. Rev. , 99(12), 895~911, 1971.

[13] Orville H D and F J Kopp. Numerical simulation of the life history of a hail storm, J. Atmosph. Sci. , 34(10), 1596~1618. 1977.

[14] Orville H D. A Review of Cloud Modeling in Weather Modification,Bull. Amer. Meteor. Soc. , 77(7), 1535~1555,1996.

[15] Schlesinger R E. A Numerical model of deep moist convective : Part I, Comparative experiments for variable ambient moisture and wind shear, J. Atmosph. Sci. , 30(5), 835~856, 1973.

[16] Takahashi T. Hail in an axi-symmetric cloud model. J. Atmosph. Sci. , 33(8), 1579~1601, 1976.

[17] Wisner C E, H D Oville and C Myers. A numerical model of a hailbearing cloud, J. Atmosph. Sci. , 29(6),1160~1181, 1972.

第十四章　人工影响天气简介

人工影响天气是指在适当的天气条件下,通过人工干预使天气过程向人们预定的方向转化,如人工增雨、消雹、消雾、消云、人工触发闪电等.我国是贫水和气象灾害频繁发生的国家,开展以增雨、防雹为主的人工影响天气工作具有重要性和迫切性,目前已成为世界上人工影响天气最活跃的国家之一.

虽然云和降水物理学的研究为人类影响天气提供了科学依据,但目前我们对云雾中的一般物理过程的了解并不充分,对实际作业的具体云雾进行实时探测的现代化手段还不完善,也不能对云雾的自然发展和人工影响下的演变做确切的事先预计.因此,人工影响云雾还是一门不成熟的技术,远未达到能按人们的意志加以控制的程度.所以本章内容仅限于人工影响天气的简介,即定性地介绍一些原理性的问题.

14.1　人工影响云雾原理

大气运动和云雨过程的能量十分巨大.例如,一次风暴约凝结 10^{10} kg 水量,释放潜热 2.5×10^{16} J,相当于 400×10^4(万)t 煤的发热量.人类要改变这么巨大的能量是不可能的,但在自然进程的某些环节,通过释放少量催化剂或能量,促使天气过程向一定方向演变却是可能的,当然,这些试验研究是十分复杂和困难的.

14.1.1　人工影响云雾降水原理

人工增雨(雪)是人工影响天气中最主要的工作.从人工增雨(雪)的角度来看,主要是根据各类云的特点,影响其水分循环的某些环节以提高降水效率,破坏胶性稳定状态,达到增加降水的目的.

1. 改变云的胶性稳定状态——静力催化

有些云在它们的整个生命期内都不会产生降水.云之所以能维持这种胶性稳定状态,是由于云粒子很小,且其尺度、相态等非常均一,缺乏尺度足够大的水成物粒子,不能产生大小云滴碰并过程,进而向降水的方向发展.通过云的微物理过程,改变云的胶性稳定状态的方法称为云的静力催化,这是目前人工增雨最常用的方法.

瑞典科学家贝吉龙(T. Bergeron)等曾指出,在大部分产生降水的混合云中,降水的形成主要取决于云中是否有足够数量的冰晶,能否通过冰水转化过程形成大水滴.而大量的观测和研究发现,在自然云和降水的形成过程中,有时自然冰核的数量是不充分的.1946 年,美国科学家雪佛尔(V. Schaefer)等在实验室首次发现干冰可作为致冷剂产生大量冰晶,并在当年 11 月第一次进行了飞机播云试验,证实了干冰的作用(J. Langmuir,1947).1946 年 11 月,冯纳格(B. Vonneget,1949)又发现微小的碘化银烟粒是很好的人工冰核,并且在 1948 年 12 月进行的飞机野外试验和 1950 年进行的大规模地面施放碘化银都获得成功. 这些研究和试验指出了人工增雨的基本科学原理, 开创了人工增雨作业的历史.

目前, 对过冷云(特别是层状云)的催化, 是加入能形成冰晶的化学物质(如干冰, 人工冰核), 使过冷云中产生冰晶, 形成汽、水、冰三相共存的系统. 再通过贝吉龙过程形成尺度较大的冰相粒子, 成为降水元.

对暖云, 最简单的催化设想是直接加入大水滴, 以扩大云中水滴尺度的差别, 促使碰并增长过程发生, 加快形成降水元并产生兰米尔链式反应. 也可以加入大的凝结核或吸湿性强的化学制剂颗粒, 扩大云中凝结核大小的差别, 使一些云滴越过所谓的"增长低谷", 经碰并促使大滴的形成.

总之, 目前人工增加降水作业是针对降水形成这一阶段, 即在起始阶段进行干预, 使云和降水朝着人们预期的方向发展.

2. 通过释放能量影响大气运动——动力催化

在云雾的形成和发展过程中, 上升气流起着决定性的作用. 因此, 如果能人为地减弱或增强云中的上升气流, 便能减少或增加云雾降水. 比如播撒颗粒物质, 利用下沉粒子的拖带作用产生下沉气流而消云; 或者当云中上升气流较强以至降水粒子不能下落时, 通过播撒颗粒物质以减弱上升气流而产生降水. 这里所撒播的颗粒物抑制了上升气流的能量.

增强云中上升气流通常采用的是 Simpson(1969)提出的"动力催化"方法. 其做法是: 通过在积云过冷区迅速地过量播撒人工冰核, 使过冷水滴全部冰晶化, 放出大量潜热, 从而加大云中浮力, 使上升气流进一步发展, 云体变宽、变高且寿命得到延长. 根据他们在佛罗里达州的试验, 播云比不播云的云顶高度平均增加了 1.6 km, 平均增雨量为 1.7 倍. 试验还发现可播度与天气类型有关. 积云在自然条件下可以充分发展的雨天或十分稳定的晴天, 播云效果都不好. 只有在上部有相当大的不稳定能量, 而在中空有薄的稳定层阻碍积云发展的条件下做动力催化, 积云才能爆发似的发展, 从而有较大的增雨. 这种动力催化的试验还延伸到对两块相邻的积云作播撒, 促使两云合并, 发展为更大的云体, 从而更多的增加降水.

不论采用静力催化还是动力催化方法, 播撒剂量的选择在实际业务中都是一个难点. 因为目前我们还没有有效的方法快速确定云中自然冰晶的数量和过冷水的位置大小等重要参数, 这些参数对复杂的云系而言, 往往是一个动态变化的三维参数.

14.1.2 人工抑制冰雹原理

自 20 世纪 60 年代苏联防雹成功的报道后, 近几十年来, 包括美国、瑞士、法国、意大利等 30 多个国家都开展了人工防雹试验. 由于雹云结构十分复杂, 冰雹生成机制尚不是很清楚, 因此防雹的原理与途径也在不断探讨和发展中, 目前大致可概括为"利益竞争"、"降低轨迹"、"提前降水"和"爆炸效应"等几种. 我国自 70 年代开始, 许多地区开展了应用高炮(炮弹内装 AgI 粒子)和防雹火箭(内装 AgI 焰剂)的防雹增雨作业. 由于是催化和爆炸并举, 基本上包含了"利益竞争"和"爆炸效应"的原理.

1. "利益竞争"理论

"利益竞争"理论是苏联专家苏拉克维奇(G. K. Sulakvelidze, 1968)提出的, 或称为"过量播撒"理论. 这是建立在冰雹增长的"含水量累积带"理论基础上的(参见 12.11.3 小节), 即: 在上升气流极大值上方, 液态水含量很高, 形成一个累积带. 如果累积带处于 0 ℃等温线以上,且冰雹的形成是从过冷雨滴的冻结开始的,则此后 4~10 min 内冰雹直径就可达到 3 cm. 如果能在水分累积带播撒足够浓度的冰核,由于它们争食水分,则会抑制大冰雹的形成. 而小冰雹在到达地面前就可转化为雨.

这个消雹理论的疑难之处是持久的累积带是否存在没有确切的证据,一旦发展成降水,累积带如何能维持数分钟之久也不清楚. 由于雹云结构十分复杂,冰雹生成机制尚不清楚,依据争食水分的概念进行播撒能否起作用是值得进一步讨论的. 另外,苏联的防雹试验没有一个是随机化的,效果的估计是通过比较保护区和未保护对比区的农作物损失情况进行主观判断做出的. 而且,还发现相当一部分雹云的过冷区中主要是过冷云滴,人工播撒冰核仅能使小云滴冻结,而在它们凝华和碰并增长到雨粒子尺度以前,早已被主上升气流吹出云顶. 因此对此原理提出了怀疑.

2. 爆炸效应

如前所述,我国的防雹增雨作业是催化效应和爆炸作用并举,常观测到有"炮响雨(雹)落"和炮击引起积云消散以及炮击雹云后最大回波顶急速下降的现象. 据研究,爆炸产生的冲击波、声波和扰动气流场可以对气流、雨粒子运动状态和大滴破碎起作用,并对流场和粒子的末速产生明显影响,从而破坏雹云发展. 事实表明,在有比较严格的科学设计和完善的检测手段的试验作业地区,雹灾面积确有减少.

3. "穴道"理论

许焕斌、段英等(2001)提出了冰雹增长的"穴道"理论,并据此建立了人工防雹的概念模型. 他们认为,雹云流场的流型存在着冰雹的"穴道",一般位于主上升气流区边侧的主入流区和相对于云体的水平风速为零的零线下侧. "穴道"是雹胚生长和长大的通道. 不论自然雹胚或是人工雹胚,只要进入"穴道"都经历循环运行增长,其轨迹是相互交叉的,因而可以实现平等"竞争". 这个部位可称之为播撒"作用区",在"作用区"引入人工胚胎可以起到有效的防雹效果.

14.1.3 人工消雾原理

消除冷雾的通常做法是依据贝吉龙过程向雾中喷洒液氮、干冰、丙烷等致冷剂. 这种做法效果明显,故在一些国家的机场已作为人工消雾的实用方法. 消除暖雾可以向雾中播撒吸湿性物质如盐粉,$CaCl_2$ 等,以通过吸湿和产生大滴碰并来消除暖雾. 我国在对上海、南京和合肥机场的消暖雾试验中,发现 $CaCl_2$ 是一种良好的暖雾催化剂,对于较薄的辐射雾消雾效果更好. 此外,有一些国家(如法国)的机场还使用燃烧石油、用喷气发动机加热等方法消除暖雾,但耗费较大. 也曾有人试验用直升飞机在暖雾顶上飞行,利用旋转机翼产生的下沉气流使雾顶上的干空气与雾混合,致使雾顶蒸发. 此法还不成熟.

14.1.4 其他人工影响天气试验

人工降水和人工防雹试验开展得较为广泛,此外,还开展了其他许多领域的人工影响天气的试验,如人工消云减雨、人工防霜冻、人工削弱台风、人工抑制闪电(参见大气电学一章)等,多处于原理性探索和试验阶段.

人工消云减雨是人工增雨的反效果,常综合运用下列两条途径:

(1) "过量播撒". 消冷云,密集且过量播撒致冷剂或碘化银,在云中产生高浓度冰晶"分食"水分,使大水滴变成小水滴或水汽.消暖云,用盐粉、$CaCl_2$等吸湿性催化剂.

（2）在云顶大量播撒高浓度的比重大的颗粒,引发下沉气流,抑制云发展,促使云消散.

人工防霜冻目的是影响形成霜冻的条件.目前我国主要用熏烟法.烟雾可削弱下垫面有效辐射,并且烟雾本身发散热量,再加上水汽凝结在烟雾粒子上释放的潜热,能使烟雾覆盖区的温度比周围高 1 ℃左右.

人工削弱台风的设想是,沿台风眼墙外侧作冷云播撒,使积雨云发展起来,促使低压区扩大.由于最大风速区向外扩散,按角动量守恒原理,可使最大风速区风速减弱.美国曾对大西洋飓风做过几次试验,据报导风力减弱 10％～30％,但并未超出自然变率之外,效果尚待评估.

目前我国人工影响天气业务包括人工增雨(雪)抗旱、河流和水库增水、防雹减灾、机场和高速公路关键路段消雾、森林防火、重大社会活动和军事活动保障等,都是重要而又复杂、困难的任务.经过 50 多年的努力,具有我国特色的先进的人工影响天气业务技术系统正在逐步建立,并不断发展完善.

14.2 人工影响天气催化剂

自 1946 年雪佛尔,冯纳格等以少量碘化银或干冰(固态二氧化碳)进行野外人工降水试验以来,继续寻找有实用价值的催化剂的工作就一直没有间断.

优良的催化剂应当有效、安全、经济,并且便于使用.有效即指催化剂的成冰性能好,而成冰性能通常用其成冰阈温和成核率来度量.阈温指催化剂在云中能产生冰晶的最高的温度,阈温越高,说明可在较"暖"的云温下使用.成核率是指单位质量的成冰物质在某一负温下可产生的活化冰核数,其值也与微粒的发生方法有关.安全应指无毒、无腐蚀性、长期大量使用不致影响生态环境.经济、方便即要求价格低廉,发生小颗粒的方法简便,使用方便.至今,干冰和碘化银仍被认为是最优良的催化剂而被广泛使用.

催化剂大致分为人工冰核、致冷剂和吸湿性颗粒三类.前两类用于冷云,后一类用于暖云和混合云中的暖区.

14.2.1 人工冰核

人工冰核以碘化银（AgI）为代表.AgI 是黄色的六方晶体,其成冰机制尚不肯定.有人认为其晶体结构类似冰,贴近 AgI 衬垫上的几层水分子与 AgI 的晶格结构紧密地相配合,在界面上呈现很小的表面能量,即认为晶体的外延生长是 AgI 成为有效冰核的物理原因;也有人认为 AgI 是亲水性的,对水汽有良好的吸附作用.但不管哪种机制,它们都是通过异质核化过程起成冰核作用的.它们通过不同的作用方式形成冰晶,包括凝华、吸附、浸润冻结和接触冻结成核.根据测量结果,AgI 成冰阈温大致为:接触冻结为 $-5 \sim -3$ ℃,吸附成核为 $-9 \sim -8$ ℃,浸润冻结为 $-16 \sim -13$ ℃.成核率随温度的降低而增加,在 -10 ℃ 时可达到 10^{13} 个·g^{-1}.

碘化银成核率还取决于它的分散度.如果 AgI 成高分散性气溶胶,则会有较高的成核率.因此,AgI 的成核率也就取决于它的制备方法.高分散性 AgI 气溶胶的制备途径首先是将其在高温下气化,然后再通过冷却作用使之凝结成小于微米的粒子.最常用的 AgI 微粒发生器包括丙酮发生器和焰弹发生器.丙酮发生器是通过燃烧 AgI,NaI 或 KI(增溶剂)和丙酮溶液来作业的,它产生的 AgI 复合气溶胶主要是以其他卤族元素部分取代碘原子,以铜原子部分取代银原子,例如有 AgI-AgBr,AgI-AgCl,CuI-3AgI 等.这种方法成核率高,但往往单位时间内输出率低.焰弹是由碘化银与铝粉、镁粉(燃烧剂)、氯酸钾(助燃剂)及粘结剂等混合制成,适用于飞机投掷或发射.也可将碘化银装于高射炮或特制火箭的弹头中,在地面向云中发射,其碘化银载荷可多达几百克甚至几千克.此法虽不如飞机播云有较大的活动范围,并能至特定部位播撒,但它要求条件不高,适宜于固定地点作业.对比几种方法的成核率,以燃烧丙酮溶液的方法成核率最高,以爆炸法成核率最低.

碘化银的价格比较昂贵,作为冰核的缺点是:在日光紫外线照射下碘化银易于分解,破坏表面结构,使成冰性能下降.而其他无机成冰核,如碘化铅、硫化铜虽也有较高的成冰阈温(比 AgI 稍低),但前者有毒,后者不稳定(储存时间长,成核率下降),使用不如碘化银普遍.

实验室实验发现,有些有机物成冰阈温很高,来源丰富,无大毒性,曾有希望成为新的冷云催化剂,如介乙醛[CH_3CHO]$_4$、间苯三酚 $C_6H_3(OH)_3 \cdot 2H_2O$ 等.但由于这些有机物容易气化和分解,小粒子不能在大气中维持较长时间,成冰性能比 AgI 低,至今没有推广应用.

14.2.2 致冷剂

二氧化碳、氮气、丙烷等在常温下是气态物质,经压缩降温后可变为液态和固态.

固态二氧化碳俗称干冰,气化时表面温度可低达 $-78.5\ ℃$.干冰是由液态二氧化碳在常压下快速释放冷却形成,多呈雪花状聚结体,色白不透明而松散,经压缩可形成不同形状和大小的干冰块.通常将干冰粉碎成直径大约为 1 cm 的颗粒,用飞机在云的适当部位播撒.在冷云中施放时,因其迅速气化吸热而造成表面附近局部高度过冷却和高度过饱和,促使水汽直接凝华形成冰晶.在 $-40\sim-78\ ℃$ 的环境下,水汽也能自发凝结成高浓度小云滴,再冻结成冰晶.1 g 干冰可将 $10^4\ cm^3$ 体积的云从 $-15\ ℃$ 冷却到 $-40\ ℃$.干冰成核率约为 8×10^{12} 个·g^{-1},几乎与温度无关.因为干冰价格低廉,播撒后没有环境危害,因而在国内外广泛使用.但难于保存是干冰用作冷云催化剂的最大不足,其次是播撒不均匀、不连续.

液态 CO_2 是一种很好的催化剂.作业时可直接向云(雾)中喷撒储存在钢瓶内的液态二氧化碳,其播出物主要是 CO_2 滴和干冰粒子.由于 CO_2 液滴表面温度和干冰粒子表面温度都为 $-78\ ℃$,因而它们的核化机理也是相同的.液态 CO_2 可以在高压常温下储存,而且能连续、稳定地播撒,这些都比干冰优越.

液氮的气化温度是 $-195.8\ ℃$,消过冷雾的效果很好,且对环境没有任何不良影响.

14.2.3 吸湿性颗粒

吸湿性颗粒是指食盐、氯化钙、尿素、硝酸铵等吸湿性盐类.这些物质吸湿性强,能在低于水面饱和条件下吸湿凝结增长(参见表 12.5),而且价格便宜、无毒性、来源丰富.

吸湿剂催化技术是主要针对暖云区的催化技术.目前有关吸湿剂催化试验分为两种:一种是大吸湿性粒子催化试验,采用直径大于 $10\ \mu m$ 的盐粒子,直接产生启动碰并过程的较大尺度云滴;另一种是由吸湿性烟剂产生的很小的云凝结核(平均干直径 $0.5\sim1\ \mu m$),并具有很宽的粒子谱.由于其尺度和化学特性,在争夺水汽形成云滴、扩展云滴谱和启动凝结增长方面比自然凝结核具有较大的优势,可以提高降水形成的效率.为了使吸湿性物质所生成的水滴尽量长得大,粗盐粉(半径 $r=100\sim200\ \mu m$,末速度约 2 m·s^{-1})的播撒高度一般是在云的中上部,而细盐粉可以在云的下部播撒,由气流带上去.其不足之处是实施中因播撒剂量大,要求飞机载量大;并且对飞机和金属有腐蚀作用.

催化剂的播撒剂量由许多因素所决定,如云厚、含水量、垂直气流、云的整个结构以及催化剂所起的作用等.播撒装备有飞机、火箭、高炮、地面烧烟炉以及气球携带等.近年来,一些先进的播撒设备,如机载高效 AgI 烟剂,机载液态成冰剂播撒器、移动火箭炮弹发射系统等在人工影响天气业务中得到广泛应用.

14.3 人工增雨效果检验

客观、科学而正确地评价人工影响天气的效果是一个极为复杂而困难的问题.目前,人工影响天气的效果检验大体有三条途径,即物理检验、统计检验和数值模拟理论分析,并且向着三者相结合的综合评估方向发展.本节仅涉及前两种,数值模拟理论分析将在下一节介绍.

14.3.1 物理检验

物理检验主要基于对云物理规律和天气演变规律的认识,开展综合性的野外观测,以云雾的宏观特征和微观特征在播撒前后的变化,来判断播撒所起的作用.物理检验可以定性确定催化的影响,但不能定量地评价人工影响的效果.可概括为两个方面:

(1)通过目测、雷达连续观测、飞机观测和照相等技术获得云催化前后的外观(云厚、云形)、云体上升速度、云内垂直气流、湍流、云内温度和湿度等宏观特征的变化.利用飞机携带的观测仪器及地面设备,观测云滴谱、云含水量、过冷水含水量、雨滴谱、冰雪晶浓度和谱分布等微物理参量的变化,比较这些指标是否发生了显著改变.

(2)利用飞机直接测量、遥感探测或通过示踪技术,获得制冷剂播撒前后云中冰晶数浓度和降水中人工冰核(如 Ag^+)的空间分布和时间演变特征,提供催化剂参与云雨核化、冰晶核化、水凝物增长的物理证据.

近年来,一些国际先进探测设备,如地基多普勒天气雷达、微波辐射计、机载探测仪器的运用,为物理检验提供了有利条件.但因物理检验的技术难度大,这种方法仍处于不断探索和发展的阶段.

14.3.2 统计检验

以增雨为目标的试验效果可简单写为

$$\Delta W = W - W_0,$$

其中 W 和 W_0 分别是播与不播时的降水量.由于播撒后的实际降水量 W 可实测得到,因此正确估计自然可能降水量 W_0 就成了效果检验的关键.采用统计学方法对自然降水量 W_0 做出估计,进而对人工影响作业的效果进行检验,就是统计检验.

按目前效果检验的实践,统计检验可分为非随机化试验和随机化试验.非随机化试验是用历史资料,如月雨量、年雨量的平均作为作业时期的自然雨量 W_0 的估计值,其中又可分单目标区试验(也称时间序列试验)和目标-控制区试验.在单目标区试验中,将历史平均值 W_0 与作业时期实测雨量 W 比较作为效果.如果 ΔW 比较大,以致自然降水起伏发生如此大值的概率很小(例如 5%),则认为此 ΔW 是人工降水所造成的.但由于自然降水变率很大,即使不出现气候系统性的变化,也需要进行长时间的试验才能做出判断.目标-控制区试验是指当目标区选定之后,再选择一个邻近的对比区,最好大小、形状、地势都差不多,且不会受播撒物的影响.用历史资料建立这两个区域间的雨量回归方程,这样就可将试验期间对比区的雨量通过回归方程来预报目标区的雨量,进而再对 ΔW 做显著性检验,以确定作业效果.这种试验的困难之处是不易选择合适的对比区.

以上所述的检验方法看起来可能很有道理,但实际做时仍有严重问题.若在播撒期间降水类型与长期的平均类型有显著差异,那么历史关系就不能用来准确预报目标区的雨量.为此,统计学家主张引进一种合适的随机化的方式,按气象条件决定积云适合播撒之后,再由事先做的随机实验结果(如掷钱币)确定是否播撒.这样通过实际播撒过的积云和没有播撒过的积云作比较来检验效果.另一种演变的方法是所谓的随机交叉试验.这种方法要选取两个目标区,它们的正常降雨量有很高的相关,作业时播撒物又不互相影响.对哪一个目标区进行播撒由随机化程序决定.每次作业总有一个地区在试验,另一个作为对比,这可大大缩短试验周期.但如果两个地区的播撒会互相影响的话,则会产生错误的结论.

如果按天气类型、云的属性等资料分类后做统计检验,会提高检验效果的可靠性.这类统计检验称分层检验.

历史上在世界不同国家和地区曾进行过数次随机试验,国外如澳大利亚、美国、以色列等,虽然都得出定量的播撒效果,但大多不能排除偶然性影响.我国福建古田水库和湖南凤凰等地区都长期开展人工增雨试验,并运用统计检验,获得较好的效果.

14.4　云数值模式在人工影响天气中的应用

云数值模式能够在相同的云况条件下比较播撒与无播撒的异同,明确播云效果;可以提供外场试验和作业所需的实时预报;也可以模拟播撒物质的扩散路径,提供不同播撒方式产生的潜在效应,指导人工影响云雾作业,即有助于探讨人工影响云雾的原理,指导人工影响云雾作业及效果检验,因此在人工影响天气研究中得到广泛应用.

云尺度播撒模式是在云模式的基础上添加不同的催化过程而形成的.数值模式中的催化,是指在适当的时间、适当的空间(格点)处引入一定量的催化剂,如盐粉,AgI 或其他成冰核,模拟催化剂在云中的分布及催化剂和云与降水的相互作用.

为了对云数值模式在人工影响天气中的应用有基本了解,下面仅利用早期的一维和二维积云模式给出简单介绍.

20 世纪 60 年代到 90 年代,一维积云模式及微物理参量化方法,常用来对浓积云进行催化的数值试验,探讨人工影响积雨云的原理.例如,Simpson(1969)在佛罗里达的催化试验中,不但对催化云和对比云进行了大量观测,而且利用一维定常积云模式进行数值模拟计算,提出了积云"动力催化"的概念.在做了播云与不播云的大量对比数值试验后,总结出一些播云指标,例如"可播度"(预报的催化云与不催化云的云顶高度差)、"播撒窗"(有利于催化的时间段)等概念,以作为是否播云的依据,对播云时机、部位和所用催化剂的剂量等提供指导性意见.

何观芳、胡志晋(1991)也曾用一维时变模式对积雨云进行了模拟和催化数值试验.经比较,模拟的自然云和实测云的各个参数基本相符.图 14.1 是模拟的自然云和催化后云中霰水量、雹水量、冰晶量和雨水量的高度时间剖面图.图 14.1(a)是自然云,可见大量降水粒子是在

27 min 时在 9 km(−37～−31℃)处出现的,由云滴通过凝结和随机碰并过程而产生,总降水量为 3.9 mm,降雹量为 0.4 mm,降水效率仅为 6.7%.图(b)是模拟火箭、高炮、焰弹等播撒成冰核的过程.假定 21 min 在云内 4.9～5.8 km 处播撒人工冰晶,冰晶浓度为 10^7 个·kg^{-1},显然冰晶成霰的过程大大加强而且提前,总降水量为 9.2 mm,降雹量为 1.45 mm,降水效率达 15.4%.图(c)模拟地面长期播撒人工冰晶(AgI)的作用,方法是增大本底浓度,在 −30℃ 以上增加 100 倍.计算得总降水量为 9.5 mm,降雹量为 3.5 mm,降水效率达 15.9%.图(d)是模拟云中播撒吸湿性颗粒的催化作用.在 4.9～6.1 km 处播撒吸湿性颗粒,在 18 min 时形成小雨滴.人工雨滴能直接开始碰并增长过程,使降水过程明显提早.由于霰长成雹和雹碰冻云滴的过程都大大提前,能充分利用对流发展阶段提供的凝结水量,所以降水量达 8.9 mm,降雹量也达 2.0 mm,降水量和降雹量都有增加.

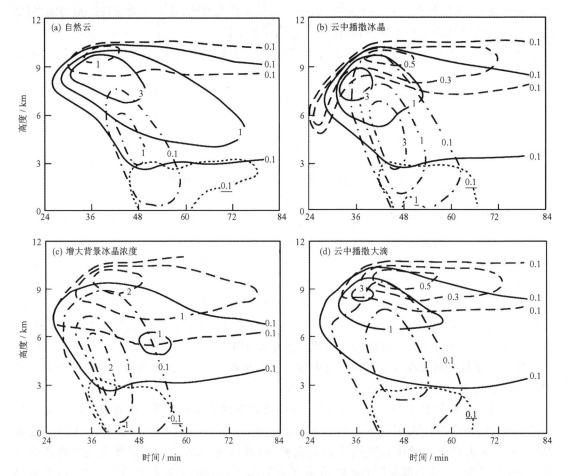

图 14.1　自然云和催化后云中霰水量(实线)、雹水量(点画线)、冰晶量(虚线)
和雨水量(点线)的高度时间剖面图(引自何观芳等, 1991)

　　由于一维模式中的催化剂含量实际上表示了云的整个横截面上的平均量,和实际播撒过程有差别,所以二维模式得到广泛的应用.图 14.2 给出了 Hsie 等(1980)使用二维平面模式模拟碘化银烟粒子随气流的运动以及在合适的温度条件下的成核作用情况.实线为碘化银烟粒子的分布,点线表示云区,虚线为流线,图上还给出了碘化银烟粒子的最大值.

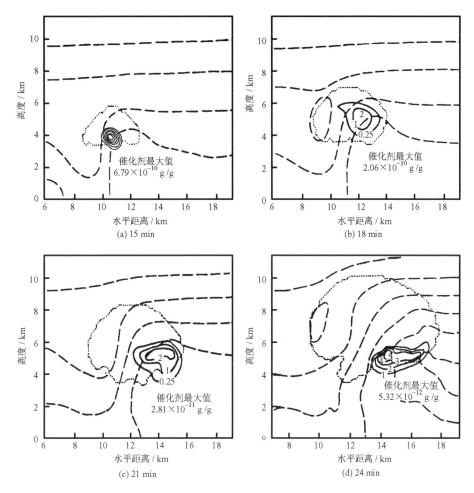

图 14.2　二维平面模式模拟的碘化银烟粒子分布及成核作用(引自 Hsie 等, 1980)

目前我国在数值模式研究方面的发展大致有两个方面:

(1) 云模式. 建立了以三维可压缩非静力对流性云模式为基础的、功能比较完善的人工影响天气数值模式,可进行多种催化剂和播撒方式(飞机、火箭及高炮等)的模拟试验研究. 在研究人工增雨和防雹的原理,探讨盐粉、人工冰核的催化作用,探讨最佳播撒云体部位和最佳播撒时间等方面,做了许多有价值的工作. 三维全弹性对流风暴云催化数值模式在冰雹形成机理研究及防雹增雨方面得到了广泛应用并取得了重要结果.

(2) 中尺度模式. 利用国内外比较成熟的中尺度模式和具有复杂微物理的三维云尺度播撒模式,将云模式嵌套在细网格的中尺度模式中,由中尺度模式提供进入云模式边界的水汽场和速度场. 这种模式适用于人工影响天气的研究、作业设计和效果验证试验.

应指出,数值模式是有局限性的,因为所有的模式都做了简化和近似,不可能完整地反映实际云雨的复杂过程,其中比较困难的是处理有关的边界条件和初始条件. 在发展数值模式时,还需要考虑如何检验数值模式计算的结果,这就需要密切结合人工影响天气的实践,获得丰富的观测资料,进一步研究降水过程的理论问题,逐步完善数值模拟.

参 考 文 献

［1］ 何观芳,胡志晋.人工影响积雨云机制的数值研究.应用气象学报,2(1),32～39,1991.

［2］ 洪延超.冰雹形成机制和催化防雹机制研究.气象学报,57(1),30～44,1999.

［3］ 许焕斌,段英.冰雹形成机制的研究并论人工雹胚与自然雹胚的利益竞争防雹假说.大气科学,25(2),277～288,2001.

［4］ Hsie E-Y,R D Farley and H D Orville. Numerical simulation of ice-phase convectivecloud seeding. J. Appl. Meteor.,19,950～977,1980.

［5］ Langmuir I,et al. Summary of result thus far obtained in artificial nucleation of clouds. G. E. Res. Lab. First Quarterly Prog. Rep.,Met. Res.,1947.

［6］ Simpson J and V Wiggert. Model of precipitating cumulus towers,Mon. Wea. Rev.,97(7),471～489,1969.

［7］ Sulakvelidze G K. On the principles of hail control method applied in the USSR. Proc. int. Conf. On Cloud Physics,Toronto,p. 796,1968.

［8］ Vonneget B. Nucleation of supercooled water clouds by silver iodide smoke. Chem. Rev.,44,277,1949.

第十五章 大 气 电 学

按大气的电磁特性,大气可分成非电离层(或称中性层)、电离层和磁层三个层次,大气电学主要研究的是 60 km 高空以下的非电离层,即对流层和平流层内中性大气的电学特性.

最早对闪电进行研究的富兰克林(1706～1790)是大气电学的先驱.自 1752 年他指出雷击的本质就是电以来,经过长期的观测和研究,大气电学已逐步发展成为一门独立的学科.特别是近几十年,由于社会经济和科技的发展,雷电灾害有增无减,对雷电防护提出了更高的要求,推动了大气电学的发展.而随着全球气候变暖,极端天气事件的增多,闪电活动作为雷暴中的一个重要天气现象,对气候变化的影响及其响应问题也越来越受到人们的关注.

大气电学主要由晴天电学和扰动天气电学构成.晴天电学研究的是全球范围晴空地区发生的电学现象及其活动过程,主要包括晴天大气电场、大气离子、大气电导率、大气电流等.扰动天气电学则主要讨论在有云雨等扰动天气,特别是在雷暴天气时发生的电学现象及其活动过程,主要包括云中起电机制、云中电荷分布及雷电物理等.本章仅简要讨论上述内容,并对有关的大气电学量探测原理和仪器结构做简要介绍.

15.1 晴天大气电场

观测表明,晴天的低层大气中存在着垂直向下方向的静电场,这意味着大气相对于地面始终带正电荷,地面带负电荷.通常把大地当做导体,则地球表面就是一个等电位面,随着高度增加,等电位面电位值加大.由于水平方向电场通常可略去不计,若令 U 表示大气电位,则大气电场的电场强度 E 的数值可写为

$$E = E_z = -\frac{\partial U}{\partial z}. \tag{15.1.1}$$

但因 $\partial U/\partial z > 0$,故 $E = E_z < 0$.这意味着按静电学的规定,晴天大气电场应为负值.但这样不便于使用.为此,在大气电学中将这种方向指向地面的晴天大气电场规定为正电场.

在地形起伏和高耸地物附近,因等电位面畸变,晴天大气电场会产生 E_x 和 E_y 分量.但若观测点离山丘、洼地和地物的距离大于其垂直尺度 5 倍左右,或观测点离细长地物(如电线杆之类)的距离大于其垂直尺度的 3 倍左右时,地形和地物对晴天大气等电势面畸变的影响就可忽略不计,即可不考虑 E_x 和 E_y 分量,(15.1.1)式仍然成立.

晴天时,全球各处 E_z 的符号和数量级都相同,并在地面有极大值.就全球平均而言,其值为 $120\,\mathrm{V \cdot m^{-1}}$,而在海洋上则为 $130\,\mathrm{V \cdot m^{-1}}$.大陆上污染严重的工业区较高,洁净的乡村地区则较低.如英国丘(Kew)地区的平均值为 $363\,\mathrm{V \cdot m^{-1}}$,而我国新疆伊宁平均值仅为 $56\,\mathrm{V \cdot m^{-1}}$.

根据探测资料,晴天大气电场在较低的高度上随高度呈指数递减,并随纬度递增.图 15.1

是日本几个地方的观测结果.图 15.2 给出 28 次探空飞行测量的平均电场强度对高度的依赖关系.一般可采用以下经验公式:

$$\begin{cases} E(z) = E(0)\exp(-az + bz^2), & 0 \sim 10\ \text{km}, \\ E(z) = E(10)\exp(-cz), & 10 \sim 30\ \text{km}. \end{cases} \tag{15.1.2}$$

式中 $E(z)$ 和 z 分别以 V·m^{-1} 和 km 为单位.海平面处晴天大气电场取 $E(0) = 130\ \text{V·m}^{-1}$,$E(10) = 16.6\ \text{V·m}^{-1}$,系数 $a = 0.591$,$b = 0.0261$,$c = 0.124$.经验公式描述的是平均结果,不同时刻和不同地区会有偏差.实测资料表明,大气相对于地球的电势一直到 20 km 高空左右都随高度增加,再往上则无明显变化,约为 3×10^5 V.也就是说,20 km 高空以上由于电势梯度趋于零,E 值变得十分小.同时也表明,这些高度上的空气是高度导电的,60 km 高空以上的电离层大气则完全可看做导体.

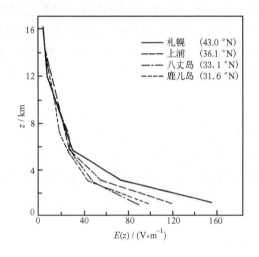

图 15.1 不同纬度测站晴天电场随高度的分布
(转引自中国科学院空间科学与应用研究中心编,
《宇航空间环境手册》,2000)

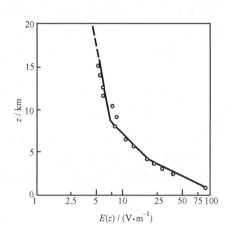

图 15.2 28 次探空飞行测量的平均电场随高度的变化
(转引自中国科学院空间科学与应用研究中心编,
《宇航空间环境手册》,2000)

晴天大气电场的日变化受到两种机制的影响:一是全球性变化机制,它与全球雷暴活动的日变化有关,即晴天电场极大时正是全球雷暴活动最强的时候.图 15.3 是大陆 60 个测站地面大气电场的平均结果,它约在世界时 18~19 时出现极大值,在约 03~04 时出现极小值.在海洋上和两极地区以及在干洁的无人烟的某些内陆地区,电场强度都具有这种简单而有规律的、几乎常年一样的单峰单谷型的日变化.另一个是地方性局地变化机制,它与局地大气状况日变化所导致的大气电导率和大气体电荷等大气电学量的变化密切相关.由于大气轻离子的迁移率比大气重离子的迁移率约大两个数量级,因此大气导电性主要由大气轻离子决定.当污染严重时,大量大气轻离子与气溶胶粒子结合成为大气重离子,大气传导电流减小,因而大气电场增强.在大多数陆地测站,晴天电场的日变化呈现双峰双谷型,通常在地方时 04~06 时与 12~16 时出现极小值,在 06~10 时与 19~22 时出现极大值,日变化幅值平均可达 50%.根据北京地区 2004 年 8 月至 2005 年 11 月近地面大气电场的观测资料,发现该地区晴天近地面大气电场日变化也呈双峰双谷型,其变化与能见度和 PM$_{10}$ 含量的变化有密切关系(图 15.4).PM$_{10}$ 通常指空气动力学当量直径在 10 μm 以下的颗粒物,又称为可吸入颗粒物或飘尘.

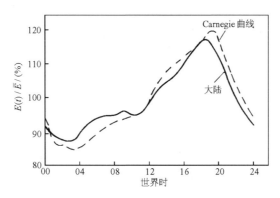

图 15.3　大陆 60 个测站地面大气电场 $E(t)$ 日变化的平均结果($\bar{E}$ 为大气电场日平均值)
（转引自中国科学院空间科学与应用研究中心编,宇航空间环境手册,2000）

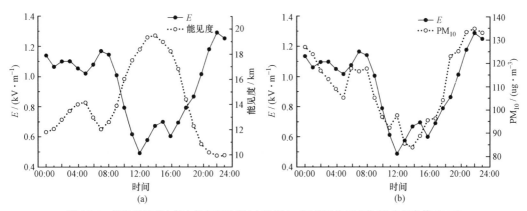

图 15.4　晴天近地面大气电场与能见度(a)和 PM_{10}(b)的平均日变化(引自吴亭等,2009)

晴天电场还具有年变化.平均而言,晴天电场峰值都在北半球的冬季,而谷值多在北半球夏季,其变化幅值平均值约 30% 左右.

15.2　大气离子与电导率

20 世纪初,人们证实了大气中存在着带电的离子,确定了大气具有导电性,为大气电学的研究奠定了理论基础.离子在大气电场中的迁移形成大气传导电流,并反过来影响大气电场.

15.2.1　大气离子的产生和复合

大气离子的产生是由于大气中存在着电离过程.大气的电离源主要有三个:① 宇宙线;② 地壳中放射性物质放射的 α,β,γ 射线的作用;③ 大气中放射性元素(主要是氡)的作用.在电离源的作用下,部分中性分子可获得足够大的能量(大于电离能)而使其外层自由电子逸出形成正、负离子对(带正电的分子和游离电子).游离电子还可迅速与周围的中性大气分子相结合而形成带负电的大气分子.这些带正、负元电荷的大气分子一般是不稳定的,通常在其周围吸附几个乃至几十个中性分子,以分子团的形式存在.此外,大气中形成的带电分子又可与气溶胶粒子相碰撞而被其捕获,形成较大的大气离子.

391

电离源使大气电离的能力可用大气电离率表示,其定义是单位体积、单位时间内大气分子被电离为正、负离子的数目(单位:离子对/(cm³·s)).大气电离率不仅取决于电离源的强度,也与大气密度有关.在陆地上的贴地层大气中,电离主要是由于地壳中放射性物质的作用,它的电离率约为 8 对/(cm³·s),而宇宙线的电离率仅约为 2 对/(cm³·s);在海洋上,因海水和海洋大气中放射性物质都很少,宇宙线对离子的产生起着主要作用.在大气边界层以上,宇宙线对大气的电离作用随高度增加而迅速增加,到 12 km 高度处,中纬地区电离率可达到约 45 对/(cm³·s),赤道附近电离率也有 20 对/(cm³·s).然而在 12 km 以上的大气中,由于空气密度减小,电离率也随之大大降低.低纬地区电离率较低,可归因于地球磁场使荷电的初级宇宙线偏离这些地区.

大气中除有电离过程形成的大气离子外,尚存在大气正、负离子间因碰撞中和而消失的过程,称为离子的复合,常用复合系数来描述.大气轻离子主要由分子组成,其复合系数 α 与气温和气压有关.大气轻离子与大气重离子或与中性气溶胶粒子之间的复合系数 η 与重离子或气溶胶粒子的大小、对轻离子的作用半径以及轻离子的扩散系数有关.大气重离子之间的复合系数 ν 则很小,其作用一般被忽略.

在一个大气压和常温的条件下,α 约为 1.6×10^{-6} cm³·s⁻¹,η 约为 2×10^{-6} cm³·s⁻¹ 数量级,比 α 稍大.而大气重离子之间的复合系数 ν 为 10^{-9} cm³·s⁻¹ 数量级,比 η 小 3 个数量级.

15.2.2 大气离子的物理特征

大气离子的物理特征主要由它们的大小、电荷量、迁移率及浓度等量来表示(表 15.1).

表 15.1 大气离子分类(引自孙景群,1987)

类 别		迁移率 k /(cm²·V⁻¹·s⁻¹)	半径 r /(10^{-8} cm)	成 分
大气轻离子	气体离子	$k \geqslant 1.0$	$r \leqslant 6.6$	气体分子
	小离子	$1.0 > k \geqslant 10^{-2}$	$6.6 < r \leqslant 78$	超微粒子
大气重离子	中离子	$10^{-2} > k \geqslant 10^{-3}$	$78 < r \leqslant 250$	爱根粒子
	大离子	$10^{-3} > k \geqslant 2.5 \times 10^{-4}$	$250 < r \leqslant 570$	爱根粒子
	特大离子	$k \geqslant 2.5 \times 10^{-4}$	$r > 570$	爱根粒子、大粒子

通常认为大气离子携带一个单位元电荷 $e = 1.602 \times 10^{-19}$ C,而较大的气溶胶粒子可携带多个元电荷.设大气离子带一个单位元电荷,则在电场 E 中所受的静电力 F 为

$$F = eE. \tag{15.2.1}$$

大气离子在电场中运动时还会受到大气介质的阻力,阻力方向与离子所受静电力方向相反.当阻力与静电力平衡时,大气离子便做等速运动.设离子等速运动速度为 V,则有

$$V = kE, \tag{15.2.2}$$

式中比例系数 k 称为大气离子迁移率,以 cm²·V⁻¹·s⁻¹ 为单位.按此式,大气离子迁移率可定义为在单位电场强度所产生的静电力作用下,离子在大气介质中做等速运动时的速率.

半径为 r,速度为 V 的离子运动时所受阻力 F_D 通常以修正的斯托克斯公式表示:

$$F_D = -\frac{6\pi\mu r V}{1 + c_1 \dfrac{l}{r} + c_2 \exp\left(-c_3 \dfrac{l}{r}\right)}, \tag{15.2.3}$$

这里 μ 为空气[动力]黏性系数,l 为大气分子的平均自由程,c_1、c_2 和 c_3 为实验常数.根据 $F =$

$-\boldsymbol{F}_\text{D}$,再利用 k 的定义式(15.2.2),可得

$$k = \frac{e\left[1 + c_1\dfrac{l}{r} + c_2\dfrac{l}{r}\exp\left(-c_3\dfrac{l}{r}\right)\right]}{6\pi\mu r}. \tag{15.2.4}$$

大气离子迁移率将离子的运动特征与离子电荷大小联系起来,因此是一个重要的物理量.在标准状况下不同介质中轻离子迁移率的实验结果列于表 15.2.由表中可见,除了高温水汽介质外,其他气体介质中的负轻离子迁移率均大于正轻离子迁移率,且分子量较小的离子迁移率较大.一般状况下,大气轻离子迁移率可由下式描述:

$$k(T,p) = k(T_0,p_0)\frac{T}{T_0}\frac{p_0}{p}, \tag{15.2.5}$$

式中 T_0 和 p_0 分别为标准状态下的温度和气压.如果取正轻离子的迁移率为 $k_+(T_0,p_0) = 1.4$ $\text{cm}^2\cdot\text{V}^{-1}\cdot\text{s}^{-1}$,负轻离子的迁移率 $k_-(T_0,p_0) = 1.9\ \text{cm}^2\cdot\text{V}^{-1}\cdot\text{s}^{-1}$,按(15.2.5)式可求得不同温度和压力下(不同地点和高度处)的离子迁移率.因为 k 反比于空气[动力]黏性系数 μ(即反比于大气密度),故大气轻离子迁移率随高度递增.

表 15.2 不同气体介质中轻离子迁移率(引自孙景群,1987)

气体介质成分	轻离子迁移率/$(\text{cm}^2\cdot\text{V}^{-1}\cdot\text{s}^{-1})$		k_+/k_-
	k_+	k_-	
干空气	1.37	1.91	1.39
湿空气	1.37	1.51	1.10
氮分子	1.27	1.84	1.45
氧分子	1.29	1.79	1.39
水汽(100 ℃)	1.10	0.95	0.86
二氧化碳	0.81	0.85	1.05
氩	1.37	1.70	1.24
氢	6.70	7.95	1.19
氦	5.09	6.31	1.24

局地某种离子浓度随时间的变化与离子产生率、复合率以及平流输送、湍流扩散和晴天电场输送、气溶胶粒子捕获等有关.

大量观测表明,大气轻离子浓度的变化范围约为 $10^2\sim10^3$ 个 $\cdot\text{cm}^{-3}$ 数量级.陆地表面大气正轻离子浓度平均值为 $n_+ = 750$ 个 $\cdot\text{cm}^{-3}$,大气负轻离子浓度的平均值为 $n_- = 650$ 个 $\cdot\text{cm}^{-3}$,二者之比平均为 $n_+/n_- = 1.15$,即大气中正轻离子浓度略多.海洋表面由于大气电离率低,离子浓度平均值相对也低些,大约有 $n_+ = 600$ 个 $\cdot$ cm^{-3},$n_- = 500$ 个 $\cdot$ cm^{-3},而 $n_+/n_- = 1.20$.

大气重离子浓度取决于气溶胶的含量,其变化范围约为 $10^2\sim10^4$ 个 $\cdot\text{cm}^{-3}$ 数量级,比大气轻离子浓度变化范围大.一般而言,陆地表面大气重离子浓度大于轻离子浓度,但其浓度因时因地变化较大,故难以确定其平均值.与大气轻离子情况相比,大气正重离子浓度 N_+ 略大于大气负重离子浓度 N_-,其比值 N_+/N_- 平均约为 1.10.

此外,大气轻离子浓度与大气重离子浓度呈负相关,因而使得晴天大气电场与气溶胶含量之间密切相关.因为气溶胶含量增多,大气轻离子被气溶胶捕获而浓度减小,使晴天大气电导率下降,故晴天大气电场增加,因此晴天大气电场与气溶胶含量呈正相关.利用这个关系,可通过测量大气电场的变化来监测局地尘污染.

15.2.3 晴天大气电导率

由于大气中存在离子,使得大气具有微弱的导电性.大气的导电性能用大气电导率 λ 表示,定义为在单位电场作用下,因大气离子运动而形成的大气电流密度值.显然,其大小取决于大气离子的浓度和迁移率.由于大气轻离子比重离子的迁移率约大 2 个数量级,而浓度仅小1 个数量级,故大气电导率主要取决于大气轻离子.由正(负)离子形成的电导率称为正(负)极性电导率.这样,按大气电导率定义,正、负极性电导率可近似表示为

$$\lambda_+ = en_+ k_+, \tag{15.2.6}$$

$$\lambda_- = en_- k_-, \tag{15.2.7}$$

而总电导率 λ 为
$$\lambda = \lambda_+ + \lambda_-. \tag{15.2.8}$$

由(15.2.6)式和(15.2.7)式可看出,大气电导率与大气轻离子浓度呈正相关,因而与大气重离子浓度呈负相关,所以大气电导率与气溶胶浓度关系密切.大量观测结果表明,全球地表面大气总电导率平均值为 $2.3 \times 10^{-14}\ \Omega^{-1} \cdot m^{-1}$,变化范围为 $0.2 \times 10^{-14} \sim 6 \times 10^{-14}\ \Omega^{-1} \cdot m^{-1}$.

晴天大气电导率随高度递增(图 15.5).这是由于宇宙射线强度随高度增大,高空空气密度小而离子迁移率大等综合作用的结果.根据美国大量气球探测结果,在 26 km 高度以下,λ_+ 和 λ_- 随高度的分布可用以下指数形式的经验公式表示:

$$\lambda_+(z) = 2.70 \times 10^{-14} \exp(0.254z - 0.00309z^2), \tag{15.2.9}$$

$$\lambda_-(z) = 4.33 \times 10^{-14} \exp(0.222z - 0.00255z^2), \tag{15.2.10}$$

式中 λ 以 $\Omega^{-1} \cdot m^{-1}$ 为单位,z 以 km 为单位.

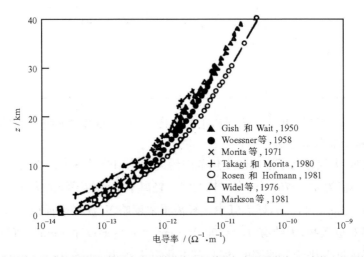

图 15.5　大气层的电导率探测结果(转引自中国科学院空间科学与应用研究中心,宇航空间环境手册,2000)

15.3　晴天大气的电荷与电流

15.3.1　晴天大气体电荷

存在于大气中的正、负离子及其他带电粒子,在重力沉降和气流作用等分离机制作用下,使一定体积的大气带有净正电荷或净负电荷,称为大气体电荷.设体积 V 中携带的正、负电荷

分别为 Q_+ 和 Q_-,则大气体电荷密度 ρ 定义为

$$\rho = (Q_+ - Q_-)/V. \tag{15.3.1}$$

ρ 与大气电场 $\boldsymbol{E}$、大气电势 U 的关系以及 ρ 随高度的分布,可以由静电学公式得到

$$\nabla \cdot \boldsymbol{E} = \rho/\varepsilon_0, \tag{15.3.2}$$

其中 ε_0 为自由空间绝对介电常数. 在国际单位制中,$\varepsilon_0 = 8.854 \times 10^{-12}$ F·m^{-1};在绝对静电单位制中,$\varepsilon_0 = \dfrac{1}{4\pi}$. 若忽略大气电场的水平分量,并令大气电场方向朝下为正,则有

$$\rho(z) = -\frac{1}{4\pi}\frac{\mathrm{d}E(z)}{\mathrm{d}z} = \frac{1}{4\pi}\frac{\mathrm{d}^2 U(z)}{\mathrm{d}z^2}. \tag{15.3.3}$$

由(15.3.3)式可根据电场的探测值计算 $\rho(z)$ 随高度的分布.

晴天大气体电荷密度有明显的时空变化. 根据观测,全球表面大气体电荷密度的平均值约为 10^{-11} C·m^{-3},各地常见值介于 -2×10^{-11} C·m^{-3} 与 2×10^{-11} C·m^{-3} 之间. $\rho(z)$ 随高度分布的经验公式可表示为

$$\begin{aligned}\rho(z) = {}& 3.26 \times 10^{-12}\exp(-4.52z) + 1.28 \times 10^{-13}\exp(-0.375z)\\ & + 1.10 \times 10^{-14}\exp(-0.121z),\end{aligned} \tag{15.3.4}$$

式中 $\rho(z)$ 的单位为 C·m^{-3},z 的单位为 km.

15.3.2　晴天大气电流

大气中电荷的输送形成大气电流. 晴天大气电流将大气中的正电荷输送给大地,中和大地所携带的负电荷. 通常用 $\boldsymbol{j}$(单位:A/cm^2)表示大气电流密度矢量. 按输送方式不同,晴天大气电流主要包括传导电流密度 $\boldsymbol{j}_k$,对流电流密度 $\boldsymbol{j}_w$ 和扩散电流密度 $\boldsymbol{j}_t$,即

$$\boldsymbol{j} = \boldsymbol{j}_k + \boldsymbol{j}_w + \boldsymbol{j}_t. \tag{15.3.5}$$

在大气电学中主要关心的是大气与大地间的电荷输送,所以习惯上 $\boldsymbol{j}$ 系指其垂直分量,并以向下为正.

传导电流密度 $\boldsymbol{j}_k$ 是大气离子在电场力作用下运动而形成的,由于与 $\boldsymbol{E}$ 的方向一致,故可用标量表达为

$$j_k = \lambda E. \tag{15.3.6}$$

若取晴天大气电场 $E = 100$ V·m^{-1},晴天大气电导率 $\lambda = 10^{-16}$ Ω^{-1}·cm^{-1},则由(15.3.6)式可得晴天大气传导电流密度 $j_k = 10^{-16}$ A·cm^{-2}.

对流电流密度 $\boldsymbol{j}_w$ 是因电荷随气流移动而形成的,其垂直分量是

$$j_w = -\rho w, \tag{15.3.7}$$

式中 w 为垂直气流速度,向上为正. 若 $\rho = 10^{-18}$ C·cm^{-3},$w = 1$ m·s^{-1},则由(15.3.7)式可得 $j_w = -10^{-16}$ A·cm^{-2},与 j_k 大致相当.

扩散电流密度 $\boldsymbol{j}_t$ 是因电荷湍流扩散而形成,考虑到 ρ 在水平方向上变化很小,故 $\boldsymbol{j}_t$ 以垂直分量为主,且规定向下为正,以下式表示:

$$j_t = K\frac{\partial \rho}{\partial z}, \tag{15.3.8}$$

这里 K 为大气湍流扩散系数. 在强湍流条件下,取 $K = 10^6$ cm^2·s^{-1},若取 $\partial \rho/\partial z = -1.5 \times 10^{-22}$ C·cm^{-4},则由(15.3.8)式可得 $j_t = -1.5 \times 10^{-16}$ A·cm^{-2},其值与 j_k 相当. 平均而言,

近地面层中的 j_t 约为 j_k 的 7%～30%.

j_w 和 j_t 与大气运动密切相关,它们的时空变化较大,而 j_k 却相对稳定.因此,一般情况下,尤其是在混合层以上,晴天大气电流密度近似为晴天大气传导电流密度,即 $j = j_k$.

大量观测表明,晴天大气电流密度因时因地而异.就全球平均而言,大陆表面平均为 2.3×10^{-16} A·cm^{-2},海洋表面平均为 3.3×10^{-16} A·cm^{-2},全球表面平均为 3.0×10^{-16} A·cm^{-2}.

15.4 云中大气电结构

晴天大气电现象可作为扰动天气条件下大气电现象的背景,而扰动天气条件下的大气电现象则是对流层大气电学的核心内容.

云中垂直大气电场随高度的分布可由实际观测得到,在忽略云中大气电场水平分量的情况下,可由云中垂直大气电场求得云中大气体电荷密度 ρ,其公式形式同(15.3.3)式一样.云中垂直大气电场方向仍规定向下为正,向上为负.

15.4.1 云雾降水粒子的电荷

1. 云雾粒子的电荷

观测表明,云雾粒子电荷的大小和极性不仅取决于云雾类型,还与云雾的不同部位、发展的不同阶段以及云雾的微观条件和宏观条件等有关.对流云中粒子电荷值较高.电荷值 q 一般与云雾粒子半径 r 呈正相关,即

$$q = b_1 r \tag{15.4.1}$$

式中 b_1 是比例系数,不同类型云的 b_1 值列于表 15.3.也有不少观测结果表明,云雾粒子电荷绝对值正比于其半径的平方,即

$$q = b_2 r^2, \tag{15.4.2}$$

式中常系数 b_2 变动于 1.3×10^{-18}～5.8×10^{-18} C·μm^{-2}.

表 15.3 不同类型云的 b_1 值(单位:C·μm^{-1})(引自孙景群,1987)

云型	雾	高山层积云	积云	层积云
b_1	2.6×10^{-18}	2.1×10^{-18}	2.9×10^{-18}	3.2×10^{-18}

对于云雾粒子群,通常只有部分云雾粒子荷电.云雾粒子群的荷电可用云雾粒子电荷谱分布来表示.若令 $n_c(r)\mathrm{d}r$ 表示半径在 $r \sim r + \mathrm{d}r$ 间的云雾粒子浓度,$n_c(q,r)\mathrm{d}q\mathrm{d}r$ 表示其中携带电荷为 $q \sim q + \mathrm{d}q$ 的粒子浓度,则电荷谱分布函数 $n_c(q,r)$ 和尺度谱分布函数 $n_c(r)$ 间应有以下关系:

$$n_c(r) = \int_{q_1}^{q_2} n_c(q,r)\mathrm{d}q. \tag{15.4.3}$$

(15.4.3)式归一化为

$$1 = \int_{q_1}^{q_2} n_{cr}(q,r)\mathrm{d}q,$$

其中

$$n_{cr}(q,r) = \frac{n_c(q,r)}{n_c(r)} \tag{15.4.4}$$

称为云雾粒子的相对电荷谱分布函数,单位为 C^{-1}. 在电荷间隔 Δq 确定的条件下,也可用百分率来表示.实际观测中,由于往往包含各种尺度的荷电云雾粒子,故粒子相对电荷谱分布函数常简化为

$$n_{cr}(q) = \int_{r_1}^{r_2} n_{cr}(q,r)\mathrm{d}r. \tag{15.4.5}$$

图 15.6 给出了一个层积云、积云和积雨云相对电荷谱分布函数 $n_{cr}(q)$ 的高山观测实例,虚线为拟合正态曲线.对流较弱的层积云(图(a))和积云(图(b))中,$n_{cr}(q)$ 近似正态分布,表明云中大气近似为电中性;而在对流旺盛的积雨云(图(c))中,$n_{cr}(q)$ 则明显偏离正态分布,且表明云中大气荷负电.由图还可看出,积雨云中云滴电荷绝对值比层积云和积云中约大 1~2 个数量级.

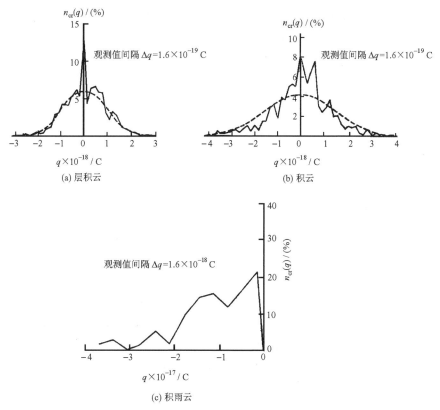

图 15.6　云中相对电荷谱分布函数 $n_{cr}(q)$ 的高山观测实例

(Phillips 和 Kinzer,1958;Allee 和 Phillips,1959;转引自孙景群,1987)

2. 降水粒子的电荷

降水粒子电荷的绝对值比云雾粒子的大 5 个数量级左右,其值介于 $10^{-15} \sim 10^{-10}$ C 之间,其值与降水类型有关.一般连续性降水的值偏低,雷暴降水的值偏高.降水粒子群的荷电情况也可由降水粒子电荷谱分布来表示,其分布特征与云雾粒子电荷谱相似.对荷正、负电荷概率不同的降水粒子群,平均说来可形成一股相对稳定、方向垂直于地面的降水电流,其大小用降水电流密度表示,方向朝下为正.雷暴降水的降水电流密度绝对值最大,连续性降水最小,其变化范围大致介于 $10^{-16} \sim 10^{-11}$ A·cm^{-2} 之间,且雷暴降水和连续性降水的降水电流密度以正

为主,而阵性降水则以负为主.平均而言,各类降水粒子的负电荷绝对值大于正电荷值,但荷正电荷的粒子数相对较多,其综合效果则是平均降水电流密度为正,这意味着降水电流将大气中的正电荷输送给大地.

15.4.2 层状云大气电结构

苏联在 20 世纪 50 年代末至 60 年代初,曾在列宁格勒(现圣彼得堡)、基辅和塔什干等地对各类层状云中的大气电场和大气体电荷进行了较为系统的观测,取得了十分丰富的观测资料.结果表明,各类层状云中大气电场和大气体电荷密度的差别比较大.由表 15.4 可看出,层云和层积云大气电场较弱,而伴有降水过程的雨层云中大气电场最强.平均而言,层云、层积云和卷层云中$|\bar{\rho}|$较低,高层云和雨层云中较大.另外由表中还可发现,E 和 ρ 既有正值,又有负值,说明云中往往存在正、负电荷区.

表 15.4　各类层状云中大气电结构(引自孙景群,1987)

云　状	云中大气电场/$(V \cdot cm^{-1})$			云中大气体电荷密度$\times 10^{-18}/(C \cdot cm^{-3})$		
	$|\bar{E}|$	E_{max}	E_{min}	$|\bar{\rho}|$	ρ_{max}	ρ_{min}
层云	1.6	5.5	-15.0	9.3	53.3	-58.3
层积云	1.8	14.0	-14.0	10.0	137	-81.7
高层云	3.2	64.5	-14.5	26.7	1230	-967
卷层云	2.8	20.0	-9.0	13.3	57.7	-102
雨层云	5.6	180.0	-120.0	38.3	840	-603

整个云体荷正电(或荷负电),常称为正的(或负的)单极性电荷分布;云体上部带正电荷(或负电荷)而下部带负电荷(或正电荷)的称为正的(或负的)双极性电荷分布;而整个云体具有多个正负电荷区的称为多极性电荷分布.一般说来,云体较薄时,云中大气电过程较弱,云中多为单极性电荷分布;随着云体增厚,云中双极性电荷分布出现的概率增大;云体较厚时,云中往往出现多极性电荷分布.观测表明,层云中多呈正的双极性和正的单极性电荷分布;层积云情况与层云十分类似;高层云多呈正、负双极性电荷分布和正的单极性电荷分布;卷层云中电荷分布较为复杂,呈多极性电荷分布的概率将近 50%;雨层云中多呈正、负双极性电荷分布.

15.4.3 积状云大气电结构

对流云中大气电过程要比层状云中剧烈得多,因此其中的大气电场和大气体电荷密度平均绝对值也比层状云中的大.表 15.5 给出了对流云中大气电结构常见值.特别值得注意的是,积雨云中的大气电过程尤为强烈,能形成足以引起闪电的正、负荷电中心,云中局部地区大气体电荷密度达到 $10^{-14} \sim 10^{-13}$ C·cm^{-3},大气电场峰值一般为正,其平均值变化范围可达 $10^4 \sim 10^5$ V·m^{-1}数量级.例如,在美国所进行的 90 次积雨云的火箭探测结果表明,云中大气电场的峰值平均为 10^4 V·m^{-1},其中 7 次超过 10^5 V·m^{-1},2 次超过 4×10^5 V·m^{-1}.在北京也观测到积雨云中大气电场的峰值最大达到 1.4×10^5 V·m^{-1}.

表 15.5　对流云中大气电结构常见值(引自孙景群,1987)

云　状	$|\bar{E}|/(\text{V}\cdot\text{cm}^{-1})$	$|\bar{\rho}|/(\text{C}\cdot\text{cm}^{-3})$	云厚/m
淡积云	$0\sim10$	$3.3\times10^{-18}\sim1.7\times10^{-16}$	$100\sim1500$
浓积云	$0\sim10$	$3.3\times10^{-18}\sim3.3\times10^{-16}$	$1500\sim5000$
浓积云(正向积雨云过渡)		$3.3\times10^{-16}\sim10^{-14}$	
积雨云	$200\sim2000$	$3.3\times10^{-15}\sim3.3^{-14}$	$2000\sim12\,000$

对流云中电荷和电场分布是不均匀的.在淡积云和浓积云情况下,云中有大量交替出现的正、负电荷区,尺度为几十米到几百米,还没有形成十分明显的大范围荷电中心.平均而言,大部分云体的上部荷正电,下部荷负电.图 15.7 为浓积云中电荷分布的典型情况.

积雨云中大气电过程强烈,并能形成足以引起闪电的正、负荷电中心.图 15.8 为英国丘地区积雨云中电荷分布的典型情况.辛普生等则根据该地区的大量观测结果,提出了积雨云的电荷分布模式(图 15.9).按该模式,积雨云中主要正电荷区是一中心位于 6 km 高度(温度 $-30\,^{\circ}\text{C}$)、半径为 2 km 的球体;主要负电荷区是一中心位于 3.0 km 高度(温度 $-8\,^{\circ}\text{C}$)、半径为 1 km 的球体;较弱的正电荷区为一中心位于 1.5 km 高度(温度 $1.5\,^{\circ}\text{C}$)、半径为 0.5 km 的球体,其电荷量分别为 $+24\,\text{C}$,$-20\,\text{C}$ 和 $+4\,\text{C}$.

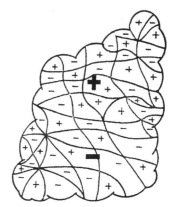

图 15.7　浓积云中电荷分布典型情况
(И. M. Имянишов 等, 1971;
转引自孙景群,1987)

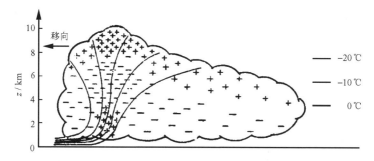

图 15.8　英国丘地区积雨云中电荷分布的典型情况(Israël, 1973;转引自孙景群,1987)

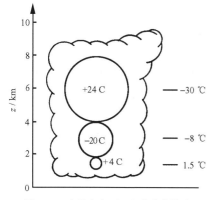

图 15.9　辛普生积雨云电荷分布模式
(转引自 Rogers R. R. 1983)

但是,辛普生模式仅反映了积雨云电荷分布的平均情况,与实际情况存在一定差异.例如,在南非曾观测到由一个大单体组成的积雨云中,负电荷区近似为一 6 km 长的垂直圆柱体,顶部往往位于 $-40\,^{\circ}\text{C}$ 高度附近,底部位于 $0\,^{\circ}\text{C}$ 高度附近.此外,还观测到积雨云中主要负电荷区位于云体上部,而主要正电荷区位于云体下部的相反情况.刘欣生等(1999)通过在甘肃、北京和南昌、上海、广东的观测,发现中国北方和南方地区雷暴云的电结构有不同的特征.北方的雷暴云下部经常存在一个持续时间很长、范围很大的正电荷区,而南方地区雷暴云下部是负电荷为主.这些不同的电结构特征对闪电会产生重要影响.

15.5　雷雨云的起电机制

雷雨云的起电机制包括云雾粒子正、负电荷的形成机制以及正、负电荷分离为不同极性荷电区的形成机制.讨论雷雨云的起电机制不仅试图解释雷雨云的大气电结构,而且涉及闪电和全球大气电荷平衡过程,所以雷雨云起电机制是大气电学的重要研究问题之一.

由于雷雨云结构和起电机制的复杂性,而且人们难以深入云中仔细观察,所以有关云雾粒子正、负电荷形成机制的理论只能在室内实验和野外观察的基础上推论所得.虽已有不下十几种理论,但这些理论实际上都是一些假说,单独的任何一种理论都难以完满地解释观测的结果.现在普遍认为,云中的起电是由多种起电机制综合作用的结果,而且在云体的不同发展阶段有着不同的主要起电机制.

正、负电荷分离为不同极性荷电区的机制则基本相同,均为重力分离机制,即在重力作用下进行大尺度分离.较轻的带正电荷的云粒子随上升气流到达云体上部形成正荷电区,携带净负电荷的较重的降水粒子则因重力沉降而聚集在云体下部,形成负荷电区,并加强了原来的电场.大、小粒子之间电荷交换的数量随电场的增强而增加,呈正反馈效应.正反馈使原电场增强,直至增强到雨滴或雹丸所能携带的最大电荷的极限值,并伴有闪电,或者重力被电力所抵消,才使大颗粒停止下降.

近十余年来,雷暴云起电、放电等数值模式(雷电模式)得到了快速发展,逐渐成为了研究雷雨云起电机制的一种重要手段,但是要想真正把问题搞清楚可能还需要相当长的时间.

Mason(1971)曾指出,任何一种起电机制理论都需要和观测到的雷暴主要特点相符合,即:

(1) 雷暴单体中起电过程主要发生在积雨云的形成和成熟阶段,出现降水和大气电过程的平均寿命约为 30 min;

(2) 参与一次闪电的电荷平均值为 20～30 C,闪电电矩平均值为 100 C·km;

(3) 积雨云的主要负电荷区一般位于 $-5\,℃$ 层附近,主要正电荷区位于负荷电区之上几千米处,在 $0\,℃$ 层以下的云底附近往往还存在弱正电荷区;

(4) 第一次闪电一般出现于积云中降水粒子被雷达探测到后的 10～20 min 内,这时云中局部地区较大范围电场一般应大于 3×10^{5} V·m^{-1} 左右;

(5) 积雨云中闪电频率可达每分钟几次,因此,一次闪电所损耗的电能应在闪电后几十秒时间内恢复,以便再次发生闪电.

所有这些观测事实表明,积雨云起电机制具有很强的时间要求,即必须在一定的时间内建立起具有足够大荷电量的正、负极性荷电区和云中大气电场.因此下面仅从建立云中垂直大气电场的角度简单地介绍几种主要起电机制.

设积雨云中垂直大气电场为 E,云中垂直大气电流密度为 j_c,二者方向相同,有

$$\frac{\mathrm{d}E}{\mathrm{d}t} = -4\pi j_c, \tag{15.5.1}$$

而

$$j_c = j_1 + j_2, \tag{15.5.2}$$

其中 j_1 包括尖端放电电流密度和传导电流密度,其作用是抑制云中垂直大气电场的增长,故又称为泄漏电流密度. 对于大气泄漏电流密度与电场的关系,目前几乎没有什么实测资料,根据 Mason 的意见,可近似表示为

$$j_1 = 10^{-3} \left[\exp\left(\frac{E}{5} - 1 \right) \right], \tag{15.5.3}$$

此式中电学量取静电单位. j_2 为云中大气对流电流密度,是云中正、负电荷分离作用而产生的,将促进云中垂直大气电场的增强,其表达式为

$$j_2 = \rho v, \tag{15.5.4}$$

这里 ρ 为带电降水粒子所形成的云中体电荷密度,v 为带电降水粒子相对于携带异性电荷的云粒子或大气离子的下降速度. 此处假设降水粒子为球形,半径皆为 r_p,所带电荷为 q,则体电荷密度为

$$\rho = Nq, \tag{15.5.5}$$

式中 N 为降水粒子数密度. 为确定 N,常将它与可测量的降水强度 I 相联系:

$$I = \frac{4\pi r_p^3}{3} \left(\frac{\rho_p}{\rho_w} \right) N \chi v,$$

式中假设粒子下落速度为 χv,这是 χ 为订正系数;ρ_p 和 ρ_w 分别为降水粒子质量密度和水的质量密度. 由上式得到 N 后,可导出体电荷密度 ρ,并进一步得到大气对流电流密度

$$j_2 = \frac{3}{4\pi r_p^3} \left(\frac{\rho_w}{\rho_p} \right) \frac{I}{\chi} q. \tag{15.5.6}$$

将(15.5.6)式代入(15.5.1)式,最后可得云中垂直大气电场增长率表达式为

$$\frac{dE}{dt} = -4\pi \times 10^{-3} \left[\exp\left(\frac{E}{5} - 1 \right) \right] - \frac{3}{r_p^3} \left(\frac{\rho_w}{\rho_p} \right) \frac{I}{\chi} q. \tag{15.5.7}$$

根据电场增长率方程(15.5.7),下面将分别讨论几种主要起电机制的作用.

15.5.1 离子扩散和选择性吸附离子起电机制

由于来自太阳及地球内部射线对地球大气的电离作用,使大气中充满着自由离子. 这些自由离子在热扩散的作用下被云粒子和其他各种降水粒子所俘获,使这些粒子荷电. 另外,在电场中被极化的云雾降水粒子,其上、下表面将携带不同极性电荷,由于云雾降水粒子降落末速和正、负自由离子迁移率的差别,通过电导吸附将使云雾降水粒子荷电. 上述两种过程通常在云雾中是同时作用的.

1. 离子扩散起电

在云雾发展的初始阶段,云雾粒子所带有的少量电荷,主要是云雾大气内的离子扩散引起的. 轻离子因其迁移率较高,成为大气离子扩散的主体. 假设云雾粒子相对于空气的速度为零,且正、负轻离子携带单位元电荷 e,综合考虑云中大气正、负轻离子向云雾粒子扩散的物理过程以及云雾粒子荷电后产生的电场对正、负轻离子的作用,可导出稳态时球形云雾粒子电荷谱分布函数为

$$n_c(q, r) = n_c(r) \frac{e}{\sqrt{2\pi rkT}} \exp\left[-\left(\frac{q}{e} - \frac{rkT}{e^2} \ln \frac{\lambda_+}{\lambda_-} \right)^2 \bigg/ \frac{2rkT}{e^2} \right], \tag{15.5.8}$$

这里 r 是云滴半径,k 为玻尔兹曼常数,降水粒子所带电荷为 q,λ_+ 和 λ_- 分别为大气正、负极性

电导率.上式表明,半径一定的云雾粒子可携带不同符号和大小的电荷,由于离子扩散是随机过程,其电荷谱呈正态分布的形式.令上式右边指数部分为1,可得电荷谱分布浓度为峰值时云雾粒子电荷 q_m 的表达式

$$q_{\mathrm{m}} = \frac{rkT}{e}\ln\frac{\lambda_+}{\lambda_-}. \tag{15.5.9}$$

由上式可知,当 $\lambda_+ = \lambda_-$ 时, $q_m = 0$,云滴群呈电中性;当 $\lambda_+ > \lambda_-$ 时,云滴群平均具有正电性;而当 $\lambda_+ < \lambda_-$ 时,云滴群平均具有负电性. q_m 正比于云雾粒子的半径 r,对照经验关系式 (15.4.1),说明大气离子扩散起电机制可能是云雾粒子的主要起电机制.

理论分析还表明,离子扩散荷电的弛豫时间一般为几十分钟,与离子浓度大小有关.所以该机制适用于持续时间较长且较为稳定的云雾类型,如层状云等.此外,当云雾粒子约小于 $1\,\mu\mathrm{m}$ 时,理论计算的云雾粒子电荷值与实际观测较为一致;当云雾粒子半径增大时,理论值偏小.所以,该起电机制主要适用于云雾初始形成阶段的云雾粒子的荷电过程.

2. 极化粒子选择性吸附大气离子起电

设初始大气电场方向垂直向下,云雾降水粒子因电场感应而极化,粒子上半部带负电,下半部带正电.极化降水粒子在重力场中降落时,其下半部沿途选择性地吸附大气负离子而带有净负电荷,大量正离子则受到极化降水粒子下半部所带正电荷的排斥而留在云中.这种起电机制也常常称为电导起电.

设半径为 r_p 的雨滴以末速度 v 在大气电场 E 中降落, k_+, k_- 分别为大气正、负离子迁移率,按(15.2.2)式,正、负离子的运动迁移速度为 k_+E 和 k_-E.设云中电场 E 与重力场为同一指向,即 $E>0$(下列结果不难转换到 $E<0$ 的情形).可分两种情况来讨论(图15.10):

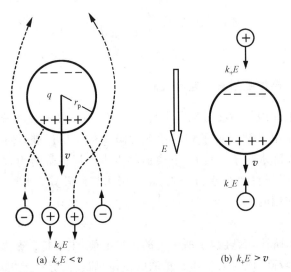

(a) $k_+E < v$ (b) $k_+E > v$

图 15.10 极化雨滴选择性吸附

(1) $k_+E < v$,即正离子在宏观电场 E 中的迁移速度小于雨滴下落速度(图(a)).这时,无论是正离子或负离子,均由雨滴的前方向雨滴的后方运动.正离子不可能在雨滴前方被吸附,而当它绕流到雨滴后方时,又因为迁移速度小而追不上雨滴.对于负离子,即使雨滴带负电,由于电极化力作用,只要其电荷小于某一临界值,负离子仍可在雨滴前方被吸附.当时间 $t\to\infty$ 时,球形极化降水粒子的最大荷电量 $q_{\max}$ 可表示为

$$q_{max} = -3Er_p^2(1 + 2a - \sqrt{a + a^2}),\qquad(15.5.10)$$

式中 $a = \lambda_+/\lambda_-$. 当 $a = 1$ 时,

$$q_{max} = -3(3 - 2\sqrt{2})Er_p^2 \approx -0.52Er_p^2,\qquad(15.5.11)$$

即雨滴最终带负电荷下落到云层下半部,而在云层上部遗留下正电荷.球形降水粒子所携带的最大电荷量与 r_p^2 和场强 E 成正比.这个结果适用于电场较弱,雨滴较大的情况.

(2) $k_+E > v$,即正离子沿电场向下运动的迁移速度超过雨滴下落速度(图(b)).因为它是由雨滴后方向前方运动,因此极化雨滴对正负离子都有相近的吸附概率,选择性吸附减弱.当然,由于粒子的电导率不同,雨滴荷电情况不同,正负离子的被吸附速率也有所区别.

将(15.5.11)式代入(15.5.7)式,可得选择性吸附时云中电场最大增长率为

$$\frac{dE}{dt} = -4\pi \times 10^{-3}\left[\exp\left(\frac{E}{5}\right) - 1\right] + \frac{9(3 - 2\sqrt{2})}{r_p}\left(\frac{\rho_w}{\rho_p}\right)\frac{I}{\chi}E.\qquad(15.5.12)$$

为简单起见,忽略 j_1,积分后得云中大气电场随时间的变化:

$$E(t) = E_0 \exp\left[\frac{9(3 - 2\sqrt{2})\rho_w It}{r_p\rho_p\chi}\right],\qquad(15.5.13)$$

这里 E_0 为初始大气电场.从(15.5.13)式中可看出,E 随时间呈指数单调递增,且降水强度 I 越大,递增速度越快.实际上由于有泄漏电流密度 j_1 的存在,E 随时间增长将趋于某一极限值.不过,由(15.5.13)式还是可大致了解 E 在起电过程初始阶段的变化情况.设 $E_0 = 100\ V \cdot m^{-1}$,$I = 20\ mm/h$,$r_p = 2\ mm$,$\rho_p = 0.5\ g \cdot cm^{-3}$,$\rho_w = 1\ g \cdot cm^{-3}$,$\chi = 0.5$,则由(15.5.13)式可知,云中大气电场达到 $50\ kV \cdot m^{-1}$ 需 $725\ s$,即 $12\ min$ 左右.由于产生选择性吸附的基本条件是降水粒子的下落速度大于离子的迁移速度 k_+E,若令 $k_+ = 1.5\ cm^2 \cdot V^{-1} \cdot s^{-1}$,则当 E 超过 $50\ kV \cdot m^{-1}$ 时,离子迁移速度为 $7.5\ m \cdot s^{-1}$,而通常毫米量级的降水粒子下落速度不超过 $8\ m \cdot s^{-1}$,故电场超过 $50\ kV \cdot m^{-1}$ 时就不能产生选择性吸附.看来此机制本身不可能产生雷暴电场数值,但小于 $10\ kV \cdot m^{-1}$ 的电场值可由这种途径产生.这个理论最早由威尔逊(C. T. R. Wilson)在 20 世纪 20 年代提出,所以又称为 Wilson 机制.

15.5.2 碰撞感应起电机制

极化降水粒子在重力场中降落时,降水粒子(大粒子)的下半部与中性小云粒子(小云滴和小冰晶)相碰后又弹离,当其接触时间超过两粒子间电荷传递所需的弛豫时间时,弹离的云粒子将带走极化降水粒子下部的部分正电荷,导致降水粒子带负电,云粒子带正电(图15.11).这个理论最初由 Elster 和 Geitel 于 1913 年提出,到 20 世纪 70 年代以来又为许多研究者所发展.

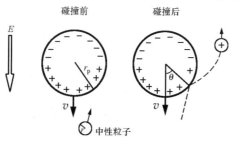

图 15.11　极化粒子弹性碰撞感应起电示意图

设降水粒子半径为 r_p，在电场 E 中降落时相对于云粒子的速度为 v，小云粒子半径和数密度分别为 r 和 n. Mason 等(1971)给出降水粒子与中性小云粒子碰撞并弹离，平均夹角 $\theta=45°$ 时，降水粒子在 t 时刻的荷电及时间常数 τ 为

$$q=-\frac{3}{\sqrt{2}}Er_p^2\left[1-\exp\left(-\frac{t}{\tau}\right)\right], \quad \tau=\frac{6}{\pi^3 vn\alpha_t r^2}. \tag{15.5.14}$$

其中 α_t 为弹离系数，定义为单位时间内降水粒子在下降过程中同其碰撞并弹离的云粒子数与其扫过的圆柱体内的云粒子总数之比. 由此，降水粒子可获得的最大荷电量为

$$q_{max}=\frac{3}{\sqrt{2}}Er_p^2\approx-2.12Er_p^2. \tag{15.5.15}$$

显然，这个机制的起电量要大于选择性吸附离子机制的起电量. 但它涉及两个带电极化粒子相碰之间的放电电量输送过程，比上面模式要复杂. 此外，如果弹离系数 α_t 值很小，τ 值很大，则降水粒子要获得最大荷电量 q_{max} 的时间就很长. 一般两个冰粒子之间弹离系数大一些，其碰撞感应起电效应就明显一些.

由(15.5.7)式，得该起电机制下云中大气电场增长率为

$$\frac{\mathrm{d}E}{\mathrm{d}t}=-4\pi\times10^{-3}\left[\exp\left(\frac{E}{5}\right)-1\right]+\frac{9\rho_w IE}{\sqrt{2}r_p\rho_p\chi}\left[1-\exp\left(-\frac{t}{\tau}\right)\right], \tag{15.5.16}$$

即电场的增长率主要由降水率 I，弛豫时间 τ 及泄漏电流 j_1 所确定.

对于由极化霰丸上弹回的冰晶起电，若取 $v=8\ \mathrm{m\cdot s^{-1}}$，$\alpha_t=1$，$r=50\ \mu m$，$n=10^{-1}$ 个·$\mathrm{cm^{-3}}$，则由(15.5.14)式可得时间常数 $\tau=100\ \mathrm{s}$. 若再取 $r_p=2\ \mathrm{mm}$，$\rho_p=0.5\ \mathrm{g\cdot cm^{-3}}$，$\rho_w=1\ \mathrm{g\cdot cm^{-3}}$，$\chi=0.5$，而降水率 I 分别取 12.5 mm/h 和 5 mm/h，则可由(15.5.16)式计算 E 随时间的变化，结果如图 15.12 所示. 图中表明，当 $\tau=100\ \mathrm{s}$，$I=5\ \mathrm{mm/h}$ 时，电场 E 由 500 V·$\mathrm{m^{-1}}$ 增长到形成闪电的 3×10^5 V·$\mathrm{m^{-1}}$ 约需时 10 min；而当 $I=12.5\ \mathrm{mm/h}$ 时，仅需时 4.5 min；但当 $\tau=1000\ \mathrm{s}$(例如令 $n=10^{-2}$ 个·$\mathrm{cm^{-3}}$，其他参量保持不变)，$I=12.5\ \mathrm{mm/h}$ 时，约需时 12 min，比 $\tau=100\ \mathrm{s}$ 时的时间增长了 2.7 倍. 另外，图中还表明，云中大气电场有一极限值，

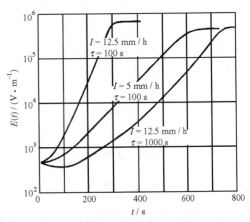

图 15.12　冰晶与极化霰丸碰撞造成的云中大气电场增长 (Mason, 1971)

约为 6×10^5 V·$\mathrm{m^{-1}}$. 这是由于尖端放电电流随大气电场的增大而剧增，从而抑制了云中大气电场的进一步增长的结果.

使用上述类似的方法，还可以估计云滴与极化霰丸或极化雨滴碰撞并弹离的起电机制对积雨云中起电过程的贡献. 冰晶与云滴的区别主要反映在弛豫时间 τ 的表达式中，另外则是对 α_t 的选取. 对于云滴与霰粒相碰的情形，大多数云滴会冻结在霰粒上，可能只有极少一部分云滴被弹离或溅散，并带走霰粒部分正电荷，所以 α_t 取值要比冰晶时小得多，如 $\alpha_t=0.01$. 而对云滴与极化雨滴相碰的情形，α_t 取值则应更小，如取 $\alpha_t=0.001$.

15.5.3 非感应起电机制

一般认为,雷暴云里电荷中心的产生主要是由非感应起电机制引起的.非感应起电包括温差起电、结霜起电、大水滴和冰晶的破碎起电、水的冻结和融化起电等.

1. 温差起电机制

该起电机制的物理基础是沃科曼和雷诺在 20 世纪 40 年代发现的冰的热电效应(E. J. Workman and S. E. Reynolds,1948).冰的分子中有一小部分处于电离状态,形成较轻的 H^+ 和较重的羟基 OH^- 离子.温度较高时,H^+ 和 OH^- 的浓度也较高,因此当冰的两端维持稳定的温差时,高温端的离子将向低温端扩散.H^+ 离子的扩散系数和迁移率比 OH^- 离子要大 10 倍以上,结果导致正、负离子分离,使冷端获得净正电荷电量,而热的一端为净的负电荷.冰的冷热端形成的电场将阻止电荷继续分离,最后达到平衡状态.稳态时,每度温差约产生 2 mV 的电势差.由冰的热电效应可以推断,当具有不同温度的两块冰以最佳接触时间接触时,温度较低的将带正电荷,温度较高的将带负电荷.两块冰的最佳接触时间估计为 $10^{-3} \sim 10^{-2}$ s,时间太短则电荷来不及传递,太长则又会因热传导而使两块冰的温差减小.

由冰的热电效应可以设想云中存在两种温差起电机制:一种是云中冰晶与下落的雹(霰)粒碰撞时因摩擦增温引起的温差起电,简称为摩擦温差起电机制.对雹(霰)粒,增温局限于与冰晶接触的尖突部分,这里相对升温较高;而冰晶表面细密光滑,有较大的接触面积,从而升温较低.结果可使雹(霰)粒带负电,冰晶带正电.另一种是碰冻温差起电机制.云中较大过冷水滴与下落的雹(霰)粒碰冻时,过冷水滴表面首先冻结而形成冰壳,随后内部冻结并释放冻结潜热,形成一内热外冷的径向温度梯度,致使外壳带正电,内部带负电.过冷水滴冻结的瞬间,因体积膨胀而使外壳破碎,这使得飞离的冰屑带正电,雹(霰)粒带负电.

在上述的两种温差起电机制中,通过重力分离过程,携带正电荷的较轻的冰晶和冰屑随上升气流到达云体上部,并在云体上部形成正电荷区;携带负电荷的雹(霰)粒则因重力沉降而聚集在云体下部形成负电荷区.

为估计温差起电机制对积雨云起电过程的贡献,下面将对碰冻温差起电机制做一定量分析.尽管碰冻起电的实验结果有许多是相互矛盾的,同时雹(霰)粒由于大云滴碰冻而获得电荷的条件也研究得不够清晰,但按 Mason 的意见,仍可假定撞在霰粒上的半径 $r > 20$ μm 的云滴平均将给出 $q_0 = 1.7 \times 10^{-15}$ C 的负电荷.根据推导,在 t 时刻雹粒所带电荷量为

$$q = -\pi r_p^2 \beta_i v n q_0 t, \qquad (15.5.17)$$

其中 β_i 为碰冻系数,$\pi r_p^2 \beta_i v n$ 实际上是单位时间与雹粒碰冻的过冷云滴数.仍利用(15.5.7)式,可得云中大气电场增长率方程为

$$\frac{dE}{dt} = -4\pi \times 10^{-3} \left[\exp\left(\frac{E}{5}\right) - 1 \right] + \frac{3\pi}{r_p}\left(\frac{\rho_w}{\rho_p}\right)\frac{I}{\chi}\beta_i v n q_0 t. \qquad (15.5.18)$$

若取 $r_p = 2$ mm,$v = 5$ m·s^{-1},$\rho_p = 0.5$ g·cm^{-3},$\rho_w = 1$ g·cm^{-3},

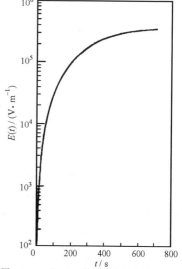

图 15.13 积雨云中垂直大气电场 $E(t)$ 随时间 t 的变化(引自孙景群,1987)

$\chi=0.5, I=12.5\,\mathrm{mm/h}, \beta_i=1, n=1\,\mathrm{cm}^{-3}, q_0=1.7\times10^{-15}\,\mathrm{C}$, 则 E 随 t 的变化结果示于图 15.13. 由图可见, 积雨云中垂直大气电场由初始值增长到可形成闪电的 $3\times10^5\,\mathrm{V}\cdot\mathrm{m}^{-1}$ 约需时 8 min, 而 $E(t)$ 的极限值约为 $4\times10^5\,\mathrm{V}\cdot\mathrm{m}^{-1}$.

近些年的一些研究表明, 对于雷暴云内强起电过程贡献最大的是基于冰的热电效应的雹(霰)—冰晶间的非感应起电过程. 当冰雹(霰)与云滴(冰晶或雪)相碰时, 由于碰撞界面温差引起的表面接触电位差使大小粒子间发生 $10^{-14}\sim10^{-15}\mathrm{C}$ 的电荷转移. 而电荷极性取决于环境温度和液态含水量. 存在着一个极性反转温度, 它是液态含水量的函数, 实验室测量的常用数值是 $-10\,^\circ\!\mathrm{C}$. 当温度高于 $-10\,^\circ\!\mathrm{C}$ 时, 雹(霰)带正电荷, 冰晶或云滴带负电荷; 当低于 $-10\,^\circ\!\mathrm{C}$ 时, 通常雹(霰)带负电荷, 而冰晶或云滴带正电荷. 但液态含水量很高($>4\mathrm{g}\cdot\mathrm{m}^{-3}$)或很低($<0.1\mathrm{g}\cdot\mathrm{m}^{-3}$)时, 上述极性相反. 因此决定电荷转移极性的反转温度和液水含量是非感应起电机制中决定云内电结构的重要因子(孙安平等, 2002).

2. 破碎起电机制

大雨滴在重力场中沉降时会变形、破碎(参见图 12.10). 在破碎前成边缘较厚的袋状, 这时由于液面产生切变而破坏电偶极层, 使得袋状边缘带正电, 其他薄膜部分仍带负电. 当最后破碎时, 便形成若干个带正电的大滴和更多带负电的小滴. 经过云中正、负电荷的重力分离过程后, 云体的上部形成了负电荷区, 而 $0\,^\circ\!\mathrm{C}$ 层以下的云底附近形成了正电荷区.

实际上, 破碎起电过程是极为复杂的, 它与水滴的成分、温度、气流、电场强度等都有关. 根据实验和计算, 在大气电场为零时, 即使大雨滴在强上升气流作用下破碎了 3 次, 其形成的大气体电荷密度仅有 $9\times10^{-2}\,\mathrm{C}\cdot\mathrm{km}^{-3}$, 比积雨云荷电区实际数值要小 2 个数量级, 故并无贡献; 但若在方向朝下的大于 $500\,\mathrm{V}\cdot\mathrm{cm}^{-1}$ 的大气电场中破碎, 所产生的电荷与积雨云中荷电区的实际值具有相同数量级, 这时的雨滴破碎起电机制可能是形成积雨云云底附近较弱正电荷区的主要机制.

3. 融化起电机制

融化起电机制指固态降水粒子下降到 $0\,^\circ\!\mathrm{C}$ 层以下时的融化起电过程. 冰在融化过程中, 包含在冰隙中的空气因增温膨胀而形成气泡. 当气泡破裂时, 溅散的水沫带负电, 融化后的水带正电. 由冰的融化起电效应可以推知, 云中固态降水粒子降到 $0\,^\circ\!\mathrm{C}$ 层以下时, 降水粒子带正电, 而大量云滴带负电. 经过云中正、负电荷的重力分离过程后, 云体的上部形成了负电荷区, 而 $0\,^\circ\!\mathrm{C}$ 层以下的云底附近形成了正电荷区. 积雨云中的雹粒降落到 $0\,^\circ\!\mathrm{C}$ 层以下时, 因融化而产生的电荷平均约为 $1.3\times10^{-9}\,\mathrm{C}\cdot\mathrm{g}^{-1}$, 若雹粒的含水量为 $5\,\mathrm{g}\cdot\mathrm{m}^{-3}$, 则正电荷区大气体电荷密度达 $6.5\,\mathrm{C}\cdot\mathrm{km}^{-3}$. 这一估算值与实际值具有相同的数量级. 由此可见, 融化起电机制可能是形成积雨云云底附近较弱正电荷区的主要机制.

4. 雷暴起电的对流理论

这是 Vonnegut(1955)提出的一个电荷分离的对流理论. 按照这个理论, 闪电电荷是来自云外的大气离子和地面的尖端放电产生的电晕离子. 在积云形成和发展过程中, 存在于低层晴天区域的正空间电荷被上升气流携带入云, 并附着在云粒子上形成一个正电荷区域. 它产生的电场使得云周围或电离层中的小负离子流向云的外表面, 使云的外围部分带上负电荷. 在云侧面强下沉气流作用下, 负电荷被携带到达低层. 云外低层负电荷的累积最终又使地面发生尖端放电, 正离子经气流携带上升, 增强了云中心的正电荷. 云中正电荷的增加继而又使来自电离层的负离子电流增大, 于是正、负电荷两者累积起来.

Mason 认为这种对流起电理论不能令人信服,因为这种云的生成和发展阶段模式(中心是强大的上升气流,四周是强度相当的大规模下沉气流)不切实际,且大范围的有规则的下沉气流也只能在雷暴消散阶段出现.此外,尖端放电应被看做雷暴的结果而不是成因,且尖端放电电流也不是促进云中电矩的增长,而是抑制其增长.所以对流起电的可能性尚需进一步探索.

15.5.4 起电机制的数值模拟

云的起电机制是大气电学当前研究的一个前沿热点,而室内实验和数值模拟是研究云起电机制的重要手段.雷暴起电的数值模拟通常是在云雾动力模式的基础上,引入感应起电过程和非感应起电过程,以研究雷暴云的电荷结构特征,探讨形成雷暴电结构的物理原因.

雷暴起电的数值模拟开始于 20 世纪 70 年代.早期是对暖云进行模拟,运用二维轴对称云模式,主要考虑感应起电机制,以研究浅对流暖云的电结构特征.80 年代以来,对冷云有了更多的关注,也更多地注意了非感应起电机制的作用.随着计算机性能的提高,模式有了很大的发展.由于大气中的实际风暴都具有强烈的三维结构特征,用低维模式无法真实地反映出风暴内动力、微物理和电过程以及三者间的作用关系,近些年来发展了三维强风暴动力电耦合数值模式.这是由大气运动方程、热力学能量方程、水成物质量连续方程和水成物电荷方程等构成的闭合方程组,考虑云水、冰晶、雨、雪、霰和雹等水成物之间的微物理转换过程以及水成物电荷产生过程,以讨论雷暴云不同电荷结构形成的原因.很多学者的研究表明,在雷暴云中主要的起电机制是:正负离子的扩散和电导起电,极化大粒子碰撞小粒子引起的感应起电,霰、雹碰撞云滴、雪片和冰晶的非感应起电以及冰晶繁生时霰、雹碰撞冰晶的次生冰晶起电.

最初的雷暴数值模式只单纯考虑云内在一定宏观动力条件下的电结构的特征,没有考虑雷暴内强烈的电活动对雷暴发展的动力过程的反馈作用.在一般的积云环境内,与气压梯度力和降水物粒子的拖曳力以及热浮力相比,电场力的作用确实很小;但当积云发展成为强大的雷暴云时,电场力的作用就不能被忽视了.不但各种降水粒子和云滴的运动和增长将受到电场力的影响,而且各种粒子在雷暴中运动状态的变化也会相应引起起电过程的变化.因此,在研究雷暴内的电结构形成机制时,必须考虑到动力过程和电过程相互影响的耦合作用.

近年来,由于运用了云内放电参数化的方法,促使三维雷暴云起电、放电数值模式的发展.数值模式从最初仅模拟雷暴云内的起电过程,分析雷暴云发展前期的一些电特征,到现在已能够分析雷暴云整个生命史中的电特征变化.

15.6 雷电的监测

雷电是与对流性天气相关联的一种大气放电现象.雷电因有强大的闪电电流,因而表现出电磁场、光辐射、冲击波和雷声等一系列物理效应和化学效应,这些效应包含着雷电及其他大气特性的有效信息.雷电的观测技术就是围绕雷电的特性发展起来的.例如,闪电的光辐射效应使得可用照相法研究闪电,而作光谱分析可获得闪电通道的平均温度、平均电子密度、平均气压和平均气体密度等物理参量.这里仅简要介绍闪电的照相观察、大气电场和闪电电场的测量以及闪电定位,便于随后介绍闪电观测的结果.

15.6.1 闪电的照相观测

照相机是观测研究闪电的重要工具之一,可以测量闪电的时间、速度和结构,以了解闪电的光学细节.高速照相机中最有名的是 1926 年由 Boys 设计的旋转式相机以及后来的条纹相机.旋转式相机是将两个照相机的镜头分别安装在一旋转圆盘的一条直径的两端,镜头随圆盘高速旋转,后又改进成将相机的两镜头固定不动,而照相底片做快速旋转.用这种相机拍摄的大量照片,揭示了云地闪电的基本结构.

随着现代电子技术的发展,电子式摄像技术开始应用到雷电的观测,拍摄速度和图像效果有了明显提高.近年来,随着光学感应器件技术水平的快速提高,国际上不断研制出拍摄速度更快、图像分辨率更高、存储容量更大的数字式高速摄像系统,为研究雷电这种快速放电事件,详细记录闪电通道发展演化提供了重要手段.

15.6.2 大气静电场的测量

1. 平板天线测量方法

地面大气静电场强度可以利用测量天线与大地之间的电压来确定.测量电场的感应器有平板型、球形和鞭状等.在地面主要测量大气电场的垂直分量时,感应器采用平板型天线;为测量大气电场的三个分量,感应器常用球型天线.

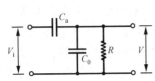

图 15.14 与 RC 电路相连的天线的等效电路图(引自陈渭民,2003)

平板天线由一块与地面平行的圆盘状导体以及与之相连接的测量装置构成.假定电场分布均匀,天线的有效面积为 A,离地面距离为 h,其附近的电场为 E,则大地和天线之间的电位差是 Eh.当平板天线处出现电场变化时,测量装置可获得相应的电压变化.此测量装置的等效电路见图 15.14,其中 C_a 是天线的电容,C_0 是电路电容,R 是测量设备的输入电阻,V_i 为电场变化引起的天线上的电压变化,V 为记录到的电压变化.当天线端的电场强度随时间变化时,由等效电路可知

$$V_i = Eh = V_{ca} + V, \tag{15.6.1}$$

式中 V_{ca} 是在电容 C_a 上的电压降.上式两边微分后,则有

$$\frac{dV_{ca}}{dt} = h\frac{dE}{dt} - \frac{dV}{dt}. \tag{15.6.2}$$

由电流的平衡关系 $i_{ca} = i_{c0} + i_R$ 得出

$$C_a\frac{dV_{ca}}{dt} = C_0\frac{dV}{dt} + \frac{V}{R}. \tag{15.6.3}$$

由(15.6.2)式,并令 $C = C_0 + C_a$,上式可写成

$$\frac{dV}{dt} + \frac{V}{RC} = h\frac{C_a}{C}\frac{dE}{dt}. \tag{15.6.4}$$

设电场变化为下列指数形式:

$$E = E_c(1 - e^{-t/\tau}), \tag{15.6.5}$$

其中 E_c 为总电场变化,τ 为电场变化的指数时间常数.取测量电路的时间常数 $\tau_0 = RC$,求解微分方程(15.6.4),可得

$$V = C_a h E_c (\mathrm{e}^{-t/\tau_0} - \mathrm{e}^{-t/\tau})/[C(1-\tau/\tau_0)]. \tag{15.6.7}$$

由上式求极值,得最大输出电压 V_m,然后令 $\tau_r = \tau / \tau_0$,$a = \ln\tau_r / (1-\tau_r)$,得

$$E_c = CV_m(1-\tau_r)/\{C_a h(\mathrm{e}^{a\tau_r} - \mathrm{e}^a)\} \tag{15.6.8}$$

上式中,当 $\tau_r \rightarrow 0$ 时,$\mathrm{e}^{a\tau_r} - \mathrm{e}^a \rightarrow 1$;而当 $\tau_r = 0.01$ 时,为 1.05. 这意味着,若要使测量误差不超过 5%,则测量电路的时间常数至少必须为电场变化时间常数的 100 倍.

由于电路的时间常数不同,平板型天线可分为:① 静电场计(慢天线):$RC = 4\,\mathrm{s}$,频率响应从直流到 $20\,\mathrm{kHz}$ 以上,时间分辨率为几分之一毫秒;② 静电场变化计(快天线):取时间常数 $RC = 70\,\mu\mathrm{s}$,频率上限超过 $1\,\mathrm{MHz}$,可以得到 $10\,\mu\mathrm{s}$ 的时间分辨率.快、慢电场变化计分别用于测量闪电产生的精细电场变化.

2. 大气平均电场仪

除上述测量大气电场的仪器外,另有一种记录大气平均电场的大气平均电场仪,也有学者将文献中的"electric field mill"直接翻译为"电磨". 其感应器是由上、下两片相互平行的,有一定间距,连接在一起的金属片组成(图 15.15). 下面的金属片是定片,用来感应电荷,并与一接地电阻 R 相连. 上面的金属片由马达驱动旋转是动片,接地. 当动片旋转时,若定片暴露于大气中的面积为 ΔS,定片上的感应电荷为

$$\Delta Q = \sigma \Delta S,$$

式中 σ 为定片上的面电荷密度. 由于金属导体表面的场强和电荷密度 σ 有关系

$$E = \sigma/\varepsilon_0,$$

式中 ε_0 是介电常数,则有

$$\Delta Q = \varepsilon_0 E \Delta S. \tag{15.6.9}$$

当接地动片完全屏蔽定片时,定片上的电荷经电阻 R 流向大地;定片暴露于大气时,电荷由大地经电阻 R 流向定片. 动片旋转使得定片交替地暴露在大气电场中,由此在 R 上产生交变电信号,信号的大小与大气电场强度成正比. 经由相关电路处理、记录,即可得到大气平均电场. 大气平均电场仪用于对雷暴电场的连续监测,可反映雷暴整个过程的电场变化,

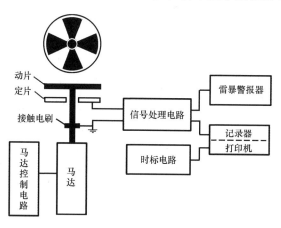

图 15.15　地面大气电场仪原理方框图(引自陈渭民,2003)

15.6.3　闪电定位

闪电可以分为云闪和云地闪.通常将云地闪电简称为地闪,而所有没有到达地面的闪电统

称为云闪.利用雷电定位系统可以实时获得闪电发生的时空分布、强度及极性等特征,这些参量对雷电的观测和研究非常重要,对灾害性天气的监测和预警也具有重要作用.

雷暴放电产生的电磁波覆盖了从甚低频(VLF)到甚高频(VHF)的频段,其中地闪回击过程的主要能量集中在甚低频或低频(VLF/LF)段,而云内击穿过程的能量主要集中在 1 MHz 以上的高频段.雷电定位系统大多是通过对雷电电磁辐射场的测量来确定雷电的位置.下面分别简单介绍磁定向法、时差法和干涉法定位的原理.

1. 磁定向法

磁定向法(Magnetic Direction Finder,简称为 MDF)采用一对南北方向和东西方向垂直放置的正交环磁场天线测量雷电发生的方位角,并与水平放置的电场天线组合鉴别地闪波形特征.地闪电流产生的磁场在天线线圈内感应出的电压为

$$\begin{cases} V_1 = \dfrac{GA}{R_i C_i} B\cos\alpha, \\ V_2 = \dfrac{GA}{R_i C_i} B\sin\alpha, \end{cases} \tag{15.6.10}$$

其中 G 为不同输入器的增益,A 为天线面积(m^2),B 为入射的磁通量密度($Wb \cdot m^{-2}$),α 是闪电的方位角,R_i 和 C_i 为积分电阻和电容.一般情形下 R_i 固定为 $300\ \Omega$,C_i 根据不同输入水平,可以在 10^{-4} 到 $10^{-2}\ \mu F$ 之间变化.由方程(15.6.10)可得

$$\alpha = \arctan(V_2/V_1). \tag{15.6.11}$$

由此可以看出,根据两个天线线圈上输出的电压即可求出地闪的方向,利用两个或两个以上测站就可以唯一地确定地闪的位置.测站之间的距离最好在 $70\sim80\ km$ 左右,相互构成三角形.

这种定位方法的基础是认为地闪通道(特别是地闪回击瞬间)在近地面处通常是垂直于地面的,因此它所产生的磁信号是垂直极化的.实际上,闪电通道的磁场常常有水平极化分量,原因可能是:源通道的取向,电磁波传播时电离层和地磁场的影响,观测场地附近有延伸的导体或观测场地的不平,等等.这些都会引起观测的误差,因此探测精度不是很高.

2. 时差法

时差法(Time of arrival,简称为 TOA)利用雷电电磁脉冲到达不同测站的时间差进行雷电定位,原理如图 15.16 所示.若发生在 O 处的闪电到达测站 S_1 和 S_2 的时间差为 Δt,则可知 O 必在以 S_1 和 S_2 为焦点的双曲线上,由到达 S_1 和 S_2 的先后顺序可确定在哪支双曲线上(例如 L_{12}).至少需三个以上测站才能定位,在图 15.16 中,三条双曲线的交点就是闪电的发生地点.时差法定位的关键是各测站需要精确的时间同步,对测时精度的要求比较高.现在利用 GPS 来时间同步,以满足各站同步的需要.

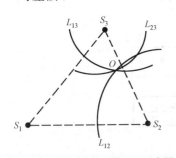

图 15.16 时差法定位系统原理示意图

目前比较实用的是将上述两种技术结合在一起发展成的联合雷电定位法.

3. 干涉法

干涉法(Interferometry,简称为 ITF)采用光学干涉的原理.最基本的干涉仪是由相距为 d 的一对天线构成(图 15.17),因平面电磁波信号到达天线的时间不同而存在相位差.设信号在天线 1 和 2 上引起的电压输出分别为

$$V_1 = A\cos(\omega t),$$
$$V_2 = A\cos(\omega t + \phi),$$

式中 A 为信号振幅，ϕ 为信号到达两天线的相位差.经乘法器后输出信号为

$$V_{out} = A^2\cos(\omega t)\cos(\omega t + \phi) = \frac{A^2}{2}[\cos\phi + \cos(2\omega t + \phi)].$$

采用低通滤波器滤掉高频后,则为

$$V_{out} = \frac{A^2}{2}\cos\phi. \tag{15.6.12}$$

由此可见,从输出信号可得到达两站的电磁波的相位差.由图15.17,这个相位差为

$$\phi = 2\pi\frac{d\cos\theta}{\lambda}, \tag{15.6.13}$$

式中 λ 为入射电磁波的波长.因此,由两站所测得的输出电压值可得它们的相位差,再由相位差得到入射电磁波的入射角 θ,即闪电的仰角.将闪电通道投影在相平面上后,相位差 ϕ 就可以转化为闪电发生的方位角.

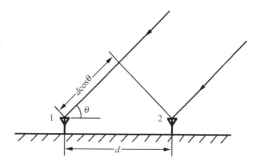

图15.17 干涉法定位系统原理示意图

在实际观测工作中,利用长短基线组合的正交复合天线阵,接受雷电 VHF 电磁脉冲到达不同天线的相位差,以确定闪电辐射源的方位角和仰角.多站组合可以确定雷电发生的位置.

近几十年来,闪电观测手段有了很大发展.全球闪电监测主要有三种方式:① 利用闪电产生的甚低频辐射对闪电进行的地基监测;② 天基的卫星观测;③ 地基的舒曼共振法观测(参见15.7.6小节).目前,在一些国家和地区已经建立了相当密集的雷电监测网络,能较准确地对其网络覆盖范围发生的地闪进行定位和计数.利用卫星上携带的光学雷电探测系统,可在大范围内以相当高的精度测量闪电发生的位置、时间和频数,使人们能了解全球大部分地区雷电活动的分布状况.

15.7 大气中的放电现象

当大气电场足够强时,大气中的离子被加速而具有了很大的动能,这些离子和中性分子相碰时,中性分子的电子可能被击出而成为新的离子,新离子再去冲击别的中性分子,从而构成电离的连锁反应,形成电离通道,引起大气中的放电过程,并伴随有发光和声音.这种过程若发生在很长的距离内(几千米甚至上百千米),以剧烈的方式进行(峰值电流几万安,甚至超过10万安),就是"闪电"现象;若在较小的范围内以比较缓和的方式进行,就是"尖端放电"现象.

15.7.1 尖端放电

尖端放电现象常发生在有强雷暴云临近或有雪暴、尘暴时,此时云下产生很强的大气电场.地物尖端(例如山上的树顶或岩石的突出尖端、塔顶、船的桅杆等)附近的等电势面因畸变而变得十分密集,大气电场能比周围环境电场大几十甚至几百倍,致使尖端周围空气击穿电离而产生电晕放电.尖端放电不但发光,而且还常伴有噼啪的响声和围绕尖端发出蓝色的光晕.

尖端放电在整个大气电收支平衡中起重要作用. 尖端放电所产生的大量正、负离子在大气电场作用下形成相当可观的尖端放电电流. 若积雨云下部为负荷电区, 则尖端放电电流方向朝上, 即向地球输送负电荷; 反之, 向地球输送正电荷. 按各地观测资料显示, 二者之比约介于 1.5～2.9 之间. 这意味着尖端放电平均来说向地球输送负电荷.

尖端放电的电流强度主要取决于地面大气电场, 同时还与尖端的几何形状与高度以及风速密切相关. 对于某一固定的端点, 只要临近地面上的环境电场强度达到某一阈值, 尖端上就会产生电晕放电, 此阈值称为尖端放电电场的临界值. 平均而言, 静风条件下, 地面尖端放电电流强度 I_p 与地面大气电场 E 有如下经验关系:

$$I_p = a(E^2 - b^2),\tag{15.7.1}$$

这里 a 与 b 均为常系数, 其中 b 的意义是尖端放电电场的临界值. 当尖端电流为正时, 一般取 $a = 8 \times 10^{-14}$ A·m^2·V^{-2}, $b = 780$ V·m^{-1}; 当尖端电流为负时, 取 $a = -10^{-13}$ A·m^2·V^{-2}, $b = 860$ V·m^{-1}. 而且, 风速愈大, 尖端放电电流强度也随之增大. 此外, 也有一些形式稍为复杂的经验公式, 如多项式形式. 积雨云下方的海平面上, 所需临界电场要比陆地上高得多, 达 10^5 V·m^{-1} 以上, 因此海面上尖端放电效应要比陆地上弱得多.

地面尖端放电形成的电晕离子能形成厚达数百米的空间电荷层, 会对地面电场产生强烈的屏蔽作用. Chauzy 等曾利用多层探空系统对雷暴云下的电场进行了探测. 图 15.18 给出了 440 m, 600 m 和地面电场的探测结果. 这次雷暴过程包括四次人工引雷, 它们分别发生在世界时 23:47, 23:53, 23:58 和 00:04. 由图可见, 在闪电期间, 当 600 m 高度上的电场高达 65 kV·m^{-1} 时, 地面电场维持在低于 5 kV·m^{-1} 的水平上, 因此地面电场不能真实反映雷暴本身的电状况. 其原因除了与雷暴云内的起电过程发展有关外, 主要决定于雷暴下面地面自然尖端电晕放电所致空间电荷层的演化, 说明了电晕离子对雷暴下电场垂直分布的影响. 使用泊松方程 $\rho = \varepsilon_0(\Delta E/\Delta z)$ 估计不同空间尺度内的电荷密度发现, 在探空结束时, 地面与 440 m 高度间的空间电荷密度达 0.67×10^{-9} C·m^{-3}, 440 m 和 600 m 高度间的电荷密度也达到 0.53×10^{-9} C·m^{-3}, 这意味着由于地面电晕离子的产生, 形成了一深厚的空间电荷层, 离子已达到了 600 m 高度上. 郄秀书等建立了模拟自然尖端所产生的电晕离子浓度演化的一维数值模式, 并和 Chauzy 等的观测结果进行了对比 (图 15.18 中虚线), 也说明了不同高度上电场的差异可由地面电晕离子所形成的空间电荷层来解释.

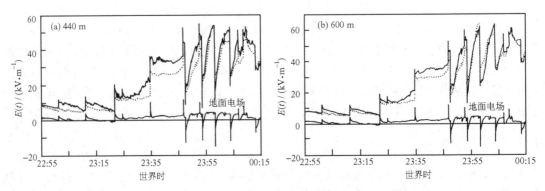

图 15.18　1989 年 8 月 10 日在 NASA 利用系留气球探测的电场资料(实线)

及与郄秀书等数值模拟电场(虚线)的比较(引自郄秀书等,1996)

雷暴云在地面产生的电场一直是用来衡量雷暴强弱的一个重要参量.由于空间电荷屏蔽层的形成,对地面电场形成强烈的屏蔽作用,所以地面电场实际上并不能真实反映雷暴本身的电状况.

15.7.2 地闪和云闪

闪电是发生在不同符号荷电中心之间的长距离的强放电过程,通常发生在积雨云中.在具有强烈对流的其他自然现象如雪暴、火山爆发、核爆炸以及森林大火中,也都能观测到闪电.

闪电可以大致分为云内闪电、云空闪电、云际闪电和云地闪电.通常将云地闪电简称为地闪,而所有没有到达地面的闪电统称为云闪.云闪占全部闪电数的 2/3 以上.

1. 地闪(云地闪电)

地闪是指发生在云体与地面之间的放电,其峰值电流一般为几万安培,最高纪录甚至超过 25×10^4(万)A,放电距离达数公里至数十公里.因它对人类活动和地面物体造成严重威胁而引起密切关注.由于其放电通道一部分暴露于云体之外易于观测,故目前对地闪放电过程已经有了相对较系统的研究.

Berger(1978)按照地闪先导(指最初开辟闪电通道的放电现象)所转移电荷的极性和运动方向将地闪分为四种形式(图 15.19):① 下行负地闪,占全部地闪的 90% 以上,由向下移动的负极性先导激发,向地面输送负电荷(图(a));② 下行正地闪,由下行正极性先导激发,向地面输送正电荷,占全部地闪不到 10%(图(b));③ 上行负地闪,由从地面向上移动的正极性先导激发,携带正电荷,因此对应于云中的负电荷输向地面(图(c));④ 上行正地闪,由上行负极性先导激发,对应于云中的正电荷输向地面(图(d)).上行闪电比较罕见,通常发生在高山顶上或高建筑物处,不过随着高建筑物的增多,目前也有增加的趋势.

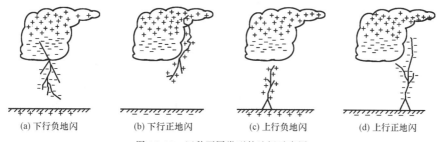

(a) 下行负地闪　　(b) 下行正地闪　　(c) 上行负地闪　　(d) 上行正地闪

图 15.19　四种不同类型的地闪示意图

通常,将向地面输送负电荷的闪电((a),(c)类型)称为负闪,向地面输送正电荷的闪电((b),(d)类型)称为正闪.雷暴云的荷电结构大多为下部负电荷,离地面近,与大地间的放电相对容易,所以在地闪中负地闪的次数多;而云中正荷电中心一般离地面远,相对负地闪而言,对地放电要困难些,所以正地闪出现的次数少.

1)负地闪过程

负地闪放电过程是将云内的负电荷输送到地面的放电过程,包括上述的图(a)和(c)两种.图 15.20 是根据高速摄影法得到的最常见的下行负地闪过程的示意图.

闪电一般可分为预击穿、梯级先导、回击、回击间的过程、直窜先导(或称为箭式先导)、继后回击等子放电过程.不过也曾观测到只有先导,没有回击的地闪,它是持续时间约几百毫秒、持续电流约几百安[培]的放电过程.

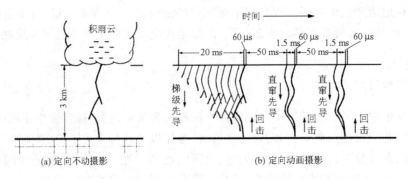

图 15.20　下行负地闪发展过程示意图(引自孙景群,1987)

闪电的放电过程可用流光理论来解释:由于强电场下离子不断碰撞电离而发生电子雪崩,当电子雪崩很强时将发生光子发射,并由此产生光电离而形成新的衍生电子雪崩,这种不断向前发展的强电离区称为流光.由正(负)极向负(正)极扩展的称为正(负)流光.

(1) 预击穿.在观察地闪的过程中发现在地闪露出云底前,云内常有 100 ms 或更长时间的发光,同时在先导发生前地面电场有持续的变化,因此认为这是云中独立的放电过程,是地闪通道伸展出云底之前发生于云内的弱电离过程.一般认为这发生在云中部负电荷区和云下部的正电荷区之间,高度大致在 3.2~8 km.

(2) 梯级先导.预击穿过程的后期,大气电场进一步加强,这时产生一条暗淡的光柱,由上而下逐级伸向地面,这就是梯级先导.显然,梯级先导是一种以梯级形式推进的负流光,是为回击过程开辟通道的必不可少的弱电离过程.

据 Schonland(1953)观察,通常发光梯级先导的直径为 1~10 m,每级约 50 m,并以 50 ms 的间隔传播.新的梯级可以分叉,分支也可以延伸几级而终止.Thomson 等(1985)在佛罗里达测得 62 个梯级先导电流为 0.1~5 kA,平均为 1.3 kA.梯级先导的总电荷为 10~20 C.描述梯级先导的模式有很多,但是梯级先导为何以梯级的形式出现,到目前为止并没有一个满意的解释.

(3) 回击.回击就是由地面向上推进的正流光.当梯级先导距地面约 5~50 m 时,相对于地面的电位可超过 10^7 V,这时地面上某点(多半是突出的尖端部分)的电场会超过空气的击穿电场,并诱发出一个或几个上行放电即上行先导.上行先导和下行先导突然相接,大量正电荷即沿着梯级先导所形成的电离通道由地面高速驰入云中,这就是回击.回击的平均速度约为 5×10^7 m·s^{-1},持续时间约为 100 μs.回击通道的温度瞬间可达到 3×10^4 K 以上,发出耀眼的光亮,产生的高压使通道迅速扩张,并产生冲击波,冲击波最终衰减成了雷声.回击过程对地放电的峰值电流典型值为 10^4 A 左右,偶尔可超过 10^5 A,瞬时功率可达 10^{12} W 以上,是形成闪电通道高温(峰值温度达 2×10^4 K)、高压(峰值气压可达 10 个大气压)和强电磁辐射等闪电物理效应的主要过程.由于回击过程会对地面被闪击点及附近的各种物体造成巨大的危害,因而成为雷电研究的重要对象.

对回击的研究通常从辐射电磁场、回击电流、回击速度、发光和光谱以及回击模式等方面来进行.图 15.21(a) 给出 1998 年 7 月 25 日在甘肃中川地区一次雷暴过程中测得的距测站约 7 km 处一次负地闪的慢天线电场变化波形.它包含有首次回击 R1 和继后回击 R2,两次回击间的时间间隔为 106 ms.图 15.21(b) 给出了首次回击之前约 400 μs 内的先导过程相对应的电场变化波形.可以看出梯级先导的电场变化为单个脉冲的形式.

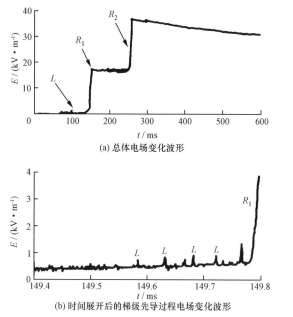

图 15.21　一次负地闪的回击及梯级先导电场变化波形(引自王道洪等,2000)

由于自然闪电具有相当的随机性,测量闪电的电流要比测量电磁场困难得多.目前沿用的回击电流大多来源于高塔被闪击时对电流的直接测量.Berger 和他的同事们在瑞士海拔高度为 915 m 的 San Salvatore 山顶上对回击通道底部的电流进行了多年的测量.其测量结果参见表 15.6(p.417).表中给出了负地闪的部分电流特征.一般首次回击的峰值电流平均值为 $20\sim40$ kA,80 kA 的发生概率为 5%;继后回击的峰值电流分布与首次回击类似,但大小差不多为首次回击的一半.

(4) 连接过程.先导和回击之间的过程称为连接过程.此时被击物体和下行先导之间的距离,称为闪击距离.

闪击距离是直接跟雷害机理及防护有关的最重要的雷电参量.Berger(1972)由 89 次负地闪回击拟合而得到了地面测量的回击峰值电流 I(kA)和在开始 1 ms 内转移到地面的总电荷量 Q(C)之间的关系为

$$I = 10.6Q^{0.7}. \tag{15.7.2}$$

Golde(1977)从理论上给出了闪击距离 d_s(m)与回击峰值电流 I(kA)的关系式

$$d_s = 10I^{0.65}. \tag{15.7.3}$$

可见,在先导通道中,如果电荷多,则雷击电流大,闪击距离也大.

(5) 直窜(或箭式)先导和直窜-梯级先导.由梯级先导到回击这一完整的放电过程称为第一闪击.紧接第一闪击之后,约经过几十毫秒的间隔,可能形成第二次先导和回击,即第二闪击.第二闪击以及其后各次闪击(统称为随后闪击)的先导通常沿着原来梯级先导直窜而下,故称之为直窜先导或箭式先导.直窜先导的平均速度比梯级先导更高,持续时间也较短,约 1 ms.若相继两次闪击的时间间隔特别长时,通道中的电离度会由于离子的复合和扩散而降到很低水平,在通道底部尤其如此.为了使空气重新电离,则需要新的引路流光,这就是为什么在直窜先导的下端偶尔会出现一些梯级现象的原因.一般地讲,只有主通道会成为继后回击的路径.

如果回击之间的时间间隔较长时,直窜先导会转化为梯级先导.这种梯级先导仍然沿原有的回击通道传播.有时,直窜先导或直窜-梯级先导不沿原来的通道传播,这时的直窜先导或直窜-梯级先导将转化成正常的梯级先导.

(6)回击间的过程.回击间的过程是指发生于地闪回击间的一些电场变化过程.它们分别是电场变化较慢的连续电流过程(即 C 过程)和 J 过程以及叠加于它们之上的小而快速变化的 M 分量和 K 变化.一般认为它们为下一次回击的发生输送电荷.

图 15.22 是发生于约 20 km 处的一次多回击地闪过程的观测结果.图中共有 8 次回击,并有明显的连续电流过程,回击之间的时间间隔通常为几十毫秒,若回击之后有连续电流,则时间间隔会延到 0.1 s.这种连续电流的强度一般为 1.5×10^2 A 左右,它产生的电场变化通常是缓慢而大幅度的(C 变化).M 分量指在回击过程之后通道在微弱发光阶段的突然增亮,并伴随有电场的快速变化,表现在大气电场 C 部分叠加上若干持续时间约为 1 ms 左右的脉冲状电场变化.J 过程在电场变化上相对比较稳定,持续时间为几十毫秒.K 变化指发生在回击之间或最后一个回击之后相对小的快电场变化,叠加在慢电场变化的 J 过程上.

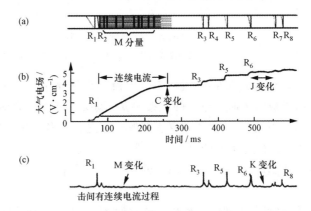

图 15.22 多回击地闪时光学观测和大气电场变化波形的同步观测结果
(a) 光学观测;(b) 慢电场变化(仪器时间常数 4 s);(c) 快电场变化(仪器时间常数 70 μs).
(转引自王道洪等,2000)

总的来看,云地闪电的电荷转移过程大致分为三类:先导-回击过程、连续电流过程和 M 分量过程.先导-回击过程是目前人们研究最多也是了解最多的放电过程.连续电流是在闪电回击之后沿闪电通道持续的云对地放电过程,而 M 分量则是叠加在连续电流上的脉冲过程,并使闪电通道的发光亮度发生瞬间增强.相对于连续电流而言,先导-回击过程和 M 分量过程都是持续时间比较短而峰值电流比较大的放电过程.通常情况下,M 分量电流幅值有几百安[培].

负地闪中的连续电流过程十分重要.因为大部分的闪电包含至少一个短的或长的连续电流过程,约有 50% 的闪电含有长的连续电流(一般规定大于 40 ms).这种闪电称为"热闪电",危害大,常常引起森林火灾、金属构件的过热损伤或高架输电线的损坏等.

2)正地闪过程

正地闪过程是将云中的正电荷输送到地面的放电过程.它在地闪中所占的比例比较小.但观测发现,正地闪的峰值电流和所中和的电荷量较通常的负地闪大得多,因而正地闪的研究对于雷电防护来讲具有实际意义.

正地闪的发生比例在不同季节、不同地区有较大差别.在夏季雷暴中比较少见,而在日本的冬季雷暴中比较常见,通常在 40%~90% 之间,据分析是由于风切变较强,使云中的偶极电荷结构发生倾斜,上部正电荷区的正先导直接发展到地面的缘故.正地闪发生的比例还随着纬度的增加和海拔高度的增加而增加,在海平面上发生比例约为 3%,而在以甘肃省为代表的我国内陆高原地区(约 2 km 高度)发生比例平均为 15%~20%.在雷暴发展的不同阶段,正地闪的比例也是不同的.

地闪电流主要包括先导电流、回击电流、连续电流和后续电流等,以回击电流最强,危害最大.通常,多闪击地闪中,首次回击的脉冲电荷比随后回击的相应值大好几倍.实测所得正、负地闪部分电流特征见表 15.6.由此表可看出,虽然正、负地闪首次回击的平均峰值电流相差不大,分别为 35 kA 和 30 kA;但是,正地闪平均输送的总电荷量比负地闪的约大一个数量级,正地闪平均脉冲电荷约是负地闪的 3.5 倍,正地闪电流的上升沿平均持续时间约是负地闪的 4 倍,正地闪首次回击的持续时间约是负地闪的 3 倍.而且,正地闪产生大电流的概率要较负地闪大得多,正地闪首次回击电流有 5% 超过 250 kA;而相应地,负地闪只是超过 80 kA.

由此可见,虽然正地闪过程较少出现,但由于它的峰值电流和所中和的电荷量比一般的负地闪大得多,因此正地闪的研究对于雷电防护工作是很重要的.

表 15.6 正、负电闪部分电流特征对照表(Berger 等,1975;转引自王道洪等,2000)

参 数		个例数	超过给定值的百分比		
			95%	50%	5%
峰值电流/kA	负地闪首次回击	101	14	30	80
	正地闪首次回击	20	4.6	35	250
电荷/C	负地闪(总)	94	1.3	7.5	40
	正地闪(总)	26	20	80	350
脉冲电荷/C	负地闪首次回击	90	1.1	4.5	20
	正地闪首次回击	25	20	16	150
上升沿持续时间/μs	负地闪首次回击	89	1.8	5.5	18
(2 kA 到峰值)	正地闪首次回击	19	3.5	22	200
回击持续时间/μs	负地闪首次回击	90	30	75	200
(2 kA 到半峰值)	正地闪首次回击	16	25	230	2000

下面估算地闪的功率和它所具有的大致能量:

(1)地闪电荷包括各放电过程输送的电荷,不过先导电流将电荷输送到先导通道中并储存在那里,而回击电流、连续电流以及后续电流等都是将电荷输送到地面.整个过程输送给大地的电荷平均值为 20 C 左右,变化范围为 1~400 C 左右.

(2)地闪功率 P 是指回击所产生的峰值功率,它取决于回击峰值电流 $I_{\max}$ 和闪电通道上端与大地间电势差 U,表示为

$$P = I_{\max}U. \tag{15.7.4}$$

(3)地闪能量 W 则是指整个地闪过程所释放的电能,它取决于地闪电荷 Q_g 和闪电通道上端与大地间的电势差 U,表示为

$$W = \frac{1}{2} Q_g U. \qquad (15.7.5)$$

若设 $U = 10^8$ V, $I_{max} = 10^4$ A, $Q_g = 20$ C, 可得 $P = 10^{12}$ W, $W = 10^9$ J. 可见, 地闪的功率十分巨大, 远远超出世界上任何一个发电厂所输出的功率, 因而能造成巨大的破坏. 但地闪能量却小得微不足道, 近似为 300 kW·h, 仅可供 30 个 100 W 灯泡照明 100 h. 因此, 闪电能量利用价值有限.

2. 云闪

云闪实际上包括了云内闪电、云际闪电和云空闪电. 由于这三种放电过程非常类似, 所以从地面电场记录上很难加以区分.

云闪占全部闪电数的 2/3 以上, 是最经常发生的一种闪电事件. 虽然云闪的危害远小于地闪, 但随着航空事业的发展, 云闪对飞机等航空器的飞行存在巨大的危险性. 由于受观测手段的限制, 云闪的研究比较困难, 获取的资料也有限, 对它的研究远落后于地闪. 从大气科学研究的角度, 云闪和地闪都具有同等重要的作用. 因为这些研究有助于了解雷雨云中电荷分布结构, 还有可能进一步揭示云中所发生的电荷分离过程.

1) 云闪的发生比例

观测表明, 云闪数与地闪数之比值与地理纬度有关. 纬度越低, 云闪所占百分比就越大. 这可能与积雨云中 0 ℃ 层的高度有关. 在纬度较低时, 积雨云中 0 ℃ 层较高, 云中负电荷中心的高度也较高, 不易形成地闪, 而形成云闪; 反之, 较易形成地闪. S. A. Prentice(1977)等曾根据不同研究者的 29 次观测记录, 得到云闪数与地闪数之比值与地理纬度的平均结果(表 15.7).

表 15.7　云闪数和地闪数之比值与纬度关系的平均结果(引自 Prentice, 1977)

纬　　度	2°～19°	27°～37°	43°～50°	52°～69°
云闪数和地闪数之比值	5.7	3.6	2.9	1.8

云地闪之比还与年雷暴日有关. 年雷暴日少的地区, 比值较低; 年雷暴日多的地区, 比值较高. 影响云地闪比值的因素很复杂, 它不但和纬度及年雷暴日有关, 往往还和雷暴闪电的形成过程或地理条件等有关. 因此, 上述的统计结果仅具有一定的参考价值.

2) 云闪的观测研究

很长一段时间, 对云闪的观测主要是地面大气电场及其变化、雷声观测、雷达和甚高频定位. 可以用这些观测所得的资料来建立电荷分布模式、流光发展时的电荷输送模式; 计算电荷和电流的大小, 放电能量及通道的长度和取向, 确定通道的形态和消失过程以及测定电磁辐射源的位置.

20 世纪 80 年代以来, 云闪的观测手段有了很大发展, 利用 VHF/UHF 窄带干涉仪闪电定位系统, 可以实现对闪电放电过程的跟踪观测. 后来发展的宽带干涉仪的两个天线可相当于多个窄带干涉仪的天线阵, 理论上可以得到很好的定位结果. 但由于连续记录的数据非常大, 以至于难以完整纪录一次闪电全过程, 因而不能很详细地对整个闪电过程进行研究.

3) 云闪的发展过程

Kitagawa 和 Brook (1960)曾利用云闪产生的电场变化波形将云内放电过程分为初始、活跃和结束三个阶段(见图 15.23), 并且发现 50% 的云闪包含有这三个阶段:

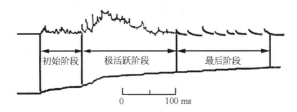

图 15.23　云闪时近距大气电场快变化波形的典型情况

(转引自 Kitagawa and Brook,1960;转引自孙景群,1987)

(1)初始阶段.这一阶段具有大量较小振幅的脉冲,平均脉冲间隔为 $680~\mu s$,云内放电时间为 $20\sim 30~\mu s$.

(2)极活跃阶段.这一阶段具有大量较大幅度的脉冲和迅速变化的电场,但是从初始阶段到极活跃阶段没有明显的突变.

(3)最后阶段.这一阶段大气电场变化具有与地闪的 J 变化类似,出现间歇脉冲.它与活跃阶段明显不同,云闪的 J 变化不是迅速的变化,而是 J 过程叠加 K 过程引起的,并以反脉冲流光的 K 过程为主要起因.

表 15.8 给出了云闪毫秒级放电特征的有关参量.Brook 和 Ogawa(1977)认为在放电初始和极活跃阶段,闪电通道会发生多个分叉.放电的最后阶段即 J 阶段,包含一系列变化迅速的 K 变化.K 变化是由向下发展的流光遇到高密度的负电荷区时发生的.K 流光产生于下行流光的头部,并作为负反冲流光以 $10^6~\mathrm{m\cdot s^{-1}}$ 的速度沿原来的通道返回.由此,他们认为初始的慢连续电流正流光与最后阶段的快速负极性 K 流光类似于地闪中的先导与回击的发展,只是前者发生在云内正、负电荷区之间,而后者发生于云地之间.

表 15.8　云闪毫秒级放电特征参量(引自王道洪等,2000)

放 电 过 程	结构参量和电学参量	典 型 值
初始流光	持续时间/ms	250
	传播速度/(m·s^{-1})	$1\sim 5\times 10^4$
	持续电流强度/A	$100\sim 1000$
反冲流光	一次放电所包含的数目	6
	持续时间/ms	<1
	传播速度/(m·s^{-1})	1×10^6
	电流强度/A	1400
	中和电荷量/C	1
闪电全过程	持续时间/s	$0.3\sim 0.5$
	高度/km	$4\sim 12$
	中和电荷/C	30

Bondiou 等(1986)利用 VHF 窄带干涉仪对云闪进行了观测和分析,认为云内放电过程开始于正、负先导同时发展,并指出正先导不产生可探测到的 VHF 辐射源.当正流光被加强时,会激发伴随高频辐射的快速反冲流光.这个负反冲流光从正流光顶部开始,在到达初始区域前

停止.随后的一些研究者证实了上述双向传输模式,即正负击穿时由同一点始发,并沿相反的方向传播.

Shao 和 Lrehbiel(1996)利用窄带干涉仪对云闪放电过程的研究结果表明,云闪通常呈现出由向上发展通道相连接的两层结构,上、下两层分别对应于雷暴云内上部的正电荷区域和中部的负电荷区域.董万胜等(2003)在 1999 年用宽带干涉仪观测到的一次云闪,根据辐射源的定位结果,证实了闪电通道存在双向发展的特征.

由上述介绍可以看出:云闪的发展过程和地闪一样,不是一种模式可以概括的,随着观测手段的进步、研究的深入,云闪发展模式也必然呈现多样化.

15.7.3　几种罕见的闪电现象

闪电具有不同的形态.云地间的闪电常呈枝状,而云间的闪电可能是由于视线受阻的缘故,往往只能看到漫射光,常呈片状或带状.这里介绍不常见的球状闪电、蛛状闪电和所谓的精灵(sprite)现象.

1. 球状闪电

球状闪电,这个在雷暴闪电时出现的、运动着的、闪闪发光的、有时燃烧着的火球,对科学家们提出了一个已达两个世纪之久的难题.

由于球状闪电很少出现,科学家们偶而才能看到它,只能通过上千起目击者们的偶然记录,获得球状闪电的一般性质:火球都近似为球状,也有报道为环状,或由中心向外延伸的蓝色晕或华;最常见的颜色是橙色和红色,也有亮白、蓝甚至绿色;直径平均为 25 cm,大多数在 $10\sim100$ cm 之间.这种发光的火球通常与强雷暴时的普通闪电联系在一起,不同的是,它在空气中漂游的时间较长,通常 $1\sim5$ s,也可能更长一点时间.大多数球状闪电的移动路径具有弯弯曲曲的特点.它在半空中漂浮,也可能向地面降落,甚至沿窗户和烟囱等缝隙钻入室内.有些火球会不留痕迹地无声消失,大多数消失时伴有爆炸,但并不造成损害.通常可听到嘶嘶或爆裂声,偶然有一股"硫磺"、臭氧或 NO 的气味.

对球状闪电的理论解释层出不穷,遗憾的是迄今对球状闪电尚无真正的科学定量记录和被公认的解释.

2. 蛛状闪电

蛛状闪电特指在雷暴云的消散阶段或层状云降雨阶段观测到的,发生于云底附近具有大范围水平发展、多分叉放电通道的壮观放电现象.之所以被称为"蛛状"闪电,是因为这种放电的特征是,在云下闪电的发展明显地缓慢,并以多级分叉的形式前进,每一通道的发展类似于蜘蛛的爬行,景象十分壮观.这种闪电并不经常出现.在我国南方,发展较旺盛的雷暴云的消散期,有可能出现这种蛛状闪电.

Mazur 等(1998)曾对佛罗里达的一次蛛状闪电进行了多种仪器的同步观测,得到蛛状闪电发展的详细图像(图 15.24).蛛状闪电的发展类似于负地闪中的负先导,其水平发展约为 $2\sim4\times10^5$ m·s^{-1}.他们同时指出,蛛状闪电实际上是在地面电场强度的极性转换期发生的云闪和正地闪的一部分.蛛状闪电同时具有发生于通道分叉头部的脉冲性发光和由连续电流流动保持的通道连续发光.

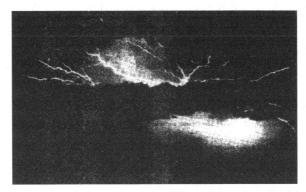

图 15.24　蛛状闪电通道的照片(Mazur 等,1998;转引自王道洪等,2000)

3. 精灵

精灵(Sprite)是一种特殊的闪电放电现象,不同于对流层中的雷电.它是强雷暴云顶部(大约 15 km)和低电离层(大约 95 km)之间的具有特殊光学效应的放电,是 1989 年以来被发现确认的一种大气高层的放电现象,通常认为是由强烈的雷电引起的.这种现象可以在地面观测到(Franz 等,1990;Lyons 等,1994),也可以在航天器和飞机上观测到(Sentman 等,1995;Wescott 等,1995).对它的观测研究尚处于起始阶段.

目前发现有两种不同的光学现象(图 15.25):① 红色精灵(red sprite),也称为红闪,是集中在中层的红色发光结构,具有向上和向下的分量,高度在 40~95 km 之间.红色精灵有多种形态,但以圆柱状和胡萝卜状为主,还有焰火状和跳舞状等.② 蓝色喷流(blue jet),由活跃的雷暴系统顶部向上发出的细圆锥状蓝色光柱,向上的喷射速度大约是 100 km·s^{-1}.

迄今为止,发现的中高层大气放电现象除红色精灵和蓝色喷流外,还有淘气精灵和巨大喷

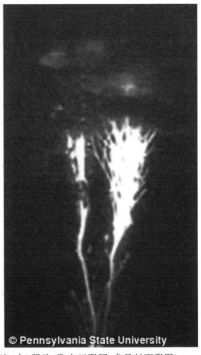

图 15.25　拍摄到的红色精灵(左)和蓝色喷流(右)照片(取自互联网,参见封面彩图)

流.这几种放电现象统称为瞬态发光事件.在瞬态发光事件中,最常观测到的就是红色精灵.红色精灵似乎是一个全球现象,在北美、南非、澳大利亚、日本、欧洲和中国台湾等都曾观测到.2007年夏季,我国科学家在山东沾化也首次观测到17次红色精灵,发现它们并不常出现在对流发展较旺盛阶段,而是频繁出现在雷暴系统开始减弱的阶段.持续的时间平均值约为61 ms,底端位于40 km左右,顶端位于85 km左右(杨静等,2008).

对精灵的观测研究已经受到较多的关注,其进展可能有助于深化对闪电的认识.

15.8 闪电引起的物理效应

闪电时因有强大的闪电电流,将表现出电磁场、光辐射、冲击波和雷声等一系列物理效应,这些物理效应包含着雷电及其他大气特性的有效信息.这里只简要介绍雷暴产生的电磁场和雷声的基本特点.

15.8.1 闪电时的电磁场变化

一个完整闪电所产生的信号,可看成由许多不同尺度的偶极子辐射体所形成的.若测站与闪电的距离 L 大于雷雨云荷电中心的高度 h,在可忽略电离层影响的范围内,可把地面看成理想导体.利用静电映像原理,在高斯单位制下,单个辐射体释放电量 Q 所引起的地面垂直大气电场及水平大气磁场可写为

$$E(t) = \frac{1}{L^3}M + \frac{1}{cL^2}\frac{\mathrm{d}M}{\mathrm{d}t} + \frac{1}{c^2 L}\frac{\mathrm{d}^2 M}{\mathrm{d}t^2}, \tag{15.8.1a}$$

$$H(t) = \frac{2}{cL^2}\frac{\mathrm{d}M}{\mathrm{d}t} + \frac{2}{c^2 L}\frac{\mathrm{d}^2 M}{\mathrm{d}t^2}, \tag{15.8.1b}$$

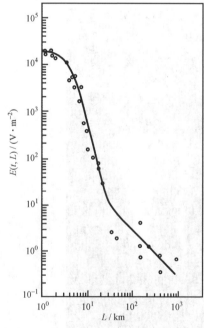

图 15.26 闪电所引起的地面垂直
大气电场变化与距离的关系
(Valley,1966;转引自孙景群,1987)

式中 c 是电磁波速度,M 为闪电电矩 Qh,考虑到传播时延,应采用 $t-L/c$ 时刻的滞后值.(15.8.1a)式右边各项依次表示静电场、感应场和辐射场分量,它们分别正比于闪电电矩、闪电电流以及闪电电流的变化率,反比于距离 L 的立方、平方和一次方.依据上式估算不同距离处三种电场分量的大小后发现,闪电距离在小于10 km时,大气电场以静电场分量为主;10 km$\leqslant L \leqslant$100 km时,三种分量都具有同量级的影响;而 $L>$100 km时,以辐射场分量为主.(15.8.1b)式右边第一项为静磁项,第二项是辐射项.在下面讨论天电问题时,几乎总是考虑远场信号,这时电、磁场之间存在线性关系;在直线通道的假定下,电、磁场波形的变化趋势完全一致.

英国剑桥对闪电电场20年的观测结果表明(Valley,1966),地面垂直大气电场的强度随闪电距离的增大而迅速递减(图15.26).闪电距离在4~20 km左右时,大气电场的变化近似与闪电距离的立方成反比,这说明大气电场以静电场分量为主;当闪电距离大于30 km时,大气电场的变化近似与闪电距离成反比,即大气电场以辐射场

分量为主;当闪电距离为 $20\sim30$ km 时,大气电场变化介于上述二者之间.闪电距离小于 4 km 时,大气电场随闪电距离的变化较为缓慢,因为此时闪电距离太近,(15.8.1)式已不适用.

15.8.2 闪电造成的地面静电场变化

为讨论闪电造成的地面静电场的变化,采用简单的偶极子模型.如图 15.27 所示,假设雷雨云下部荷负电,上部荷正电,荷电中心为 A 和 B,离地高度分别为 h_1 和 h_2.假设地面为完全导体,则地面上任一点处的电场矢量垂直于地面.

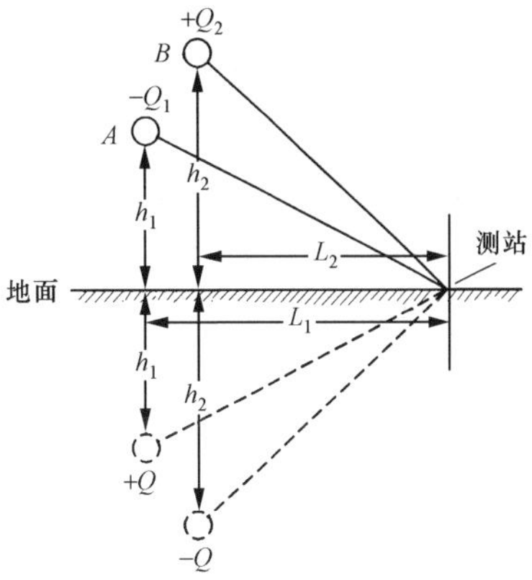

若有电荷 $-Q_g$ 由 A 输送到地面,这相当于向下输送负电荷的云地闪电,距离 L_1 处测站的地面垂直静电场变化为(高斯单位制)

$$\delta E_1 = \frac{2Q_g h_1}{(L^2+h_1^2)^{3/2}}. \tag{15.8.2a}$$

对远雷暴($L_1 \gg h$),上式可简化成

$$\delta E_1 \approx \frac{2Q_g h_1}{L_1^3} = \frac{M_g}{L_1^3}, \tag{15.8.2b}$$

图 15.27　云中双极性荷电云模型

式中 M_g 是地闪电矩.上式表明,负地闪有增大晴天正电场的趋向.假如云中正、负电荷中心为垂直分布($L_1=L_2=L$),有电荷 Q_c 由 B 输送到 A,这相当于云内闪电,使偶极子的电荷分布趋向中和,则距离 L 处测站的地面垂直静电场(高斯单位制)变化为

$$\delta E_2 = 2Q_c\left[\frac{h_1}{(L^2+h_1^2)^{3/2}} - \frac{h_2}{(L^2+h_2^2)^{3/2}}\right]. \tag{15.8.3a}$$

对远雷暴 $L \gg h_1$ 和 h_2(实际情况常常如此),则可简化成

$$\delta E_2 \approx \frac{2Q_c(h_1-h_2)}{L^3} = \frac{M_c}{L^3}, \tag{15.8.3b}$$

式中 M_c 是云闪电矩.由(15.8.3a)式可见,在某一距离处静电场的变化为零,此距离称为反转距离,以 L_0 表示.由(15.8.3a)式不难得到

$$L_0 = (h_1 h_2)^{1/3} \cdot (h_1^{2/3} + h_2^{2/3})^{1/2}. \tag{15.8.4}$$

由上面讨论可知,若雷雨云上部荷正电,下部荷负电,当云内闪电距离由近及远时,地面大气静电场变化将由正变负.若雷雨云中的荷正电中心位于荷负电中心的下部,静电场变化则由负变正,具有相反的规律.因此,根据云闪时地面大气静电场随闪电距离的变化,可推断雷雨云中正、负荷电中心的极性分布.(15.8.2)和(15.8.3)式还提供了推算闪电放电电矩的方法.

15.8.3 雷

雷是闪电通道急剧膨胀产生的冲击波退化而成的声波,表现为伴随闪电现象发生的隆隆响声.

雷可分成两种:可闻雷与不可闻雷(次声).可闻雷按不同的声音特征又分为炸雷和闷雷,或细分为炸雷、闷雷和拉磨雷.次声则是频率低于几十赫兹,人耳不能听到的声能.这两种雷所对应的物理机制有所不同.可闻雷,一般认为是在闪电的主放电过程中,直径仅几厘米的闪电通道瞬间通过了强大的电流(约为 1×10^4 A,偶而也达 10×10^4 A),因而通道温度在

423

$10\ \mu s$ 的时间内高达 3×10^4 ℃ 以上,成一个高温等离子区.等离子体要迅速向外膨胀,而强电流感应的磁场对等离子柱产生一个方向向内的束缚磁压力.当磁压力无法束缚住等离子柱体时,闪电通道即迅速向外扩展,形成强烈的爆炸冲击波.冲击波在大气中传播同时减弱,最终衰减成了雷声.由于闪电通道一般有数公里长,通道各部分激发的声音传到人们耳中先后不一,再加上声波从地面、房屋、山脉、云层反射的声音混合在一起,就形成了隆隆轰鸣的雷声.当闪电相继发生时,更是雷声连绵不绝.雷声的传播距离一般不超过 25 km,海洋上传播得远一些,可达 100 km.次声,一般认为是当闪电使云中电场迅速减小时,储存在雷暴云静电场中的能量转换而产生的.由于次声在大气中衰减比可闻雷声弱,而且受其他噪声的干扰小,因而往往成为探测雷电的信息.雷声在大气中的传播特性和探测原理可参见本书大气声学的 20.8.1 小节.

Holmes 等(1971)对 40 次闪电形成的雷进行观测和分析后认为,平均而言,地闪所形成的雷的声能是云闪的 3 倍左右;各次地闪形成的雷的功率峰值对应的频率平均为 50 Hz,而云闪是 28 Hz.各类闪电所形成的雷的上限频率约在 500~1000 Hz 之间.图 15.28 是一次实测的地闪产生的雷声频谱,图(a)反映了雷声功率随频率的变化(雷到测站后 21 s 内的平均结果),可见,随着频率的增大,声强频谱函数的大小虽有起伏,但总的趋势是单调递减,上限频率约为 500 Hz;图(b)为雷的声强级等值线分布图(声强及声强级定义参见 20.1 节).由图可见,到达测站的雷声包含有较宽的频率范围.在闪电后 13.5 s 左右,声强级大于 76 dB 的主要峰值区有三个,所对应的频率分别为 61 Hz,110 Hz 和 135 Hz.在 21.5 s 左右,又有一个声强级大于 81 dB 的峰值区,但位于次声区,对应频率为 5 Hz.

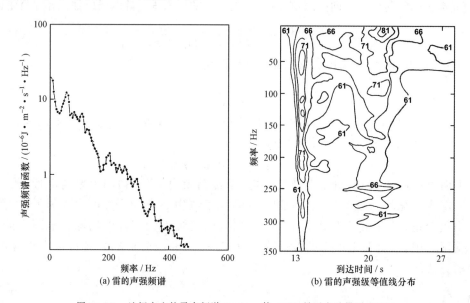

(a) 雷的声强频谱   (b) 雷的声强级等值线分布

图 15.28　地闪产生的雷声频谱(Holmes 等,1971;转引自孙景群,1987)

对于雷声的形成原因,科学家曾做过不少模拟计算.由于直线源冲击波随距离的变化本身就是未解决的问题,更何况闪电通道还是一个很曲折的曲线源,因而更增加了计算的困难.Uman 等根据曲折通道上的每一点产生一个球面冲击波的假定,尝试计算雷声声波,曾经得到曲折通道源产生的低振幅的拉磨雷,而当一段通道或主通道的一个分支垂直于观测者的视线时,就能得到直接的炸雷.

实验研究方面,有人在气球下方几千英尺用绳子悬挂一小段可以起爆的导火索,发现当导火索是直线,而且由顶向下起爆时,产生的整个声波不能模拟雷声;然而,当导火索分布在曲折的路径上以模拟闪电通道的分布,这时雷的一些定性特征,如闷雷和拉磨雷均可再现.由此可以得出结论,通道的某些特征对雷声的性质有着一定的影响.然而,对于曲折通道不同部位发出的声波,尤其是在很远处的可闻声区如何叠加,似乎还缺乏详细的分析研究.

15.8.4 天电

天电是指大气中放电过程引起的脉冲电磁辐射,其中闪电是主要的天电源.广义的天电通常指无线电接收到的任何大于原噪声背景的外来瞬变信号.瞬变信号可由自然产生,除闪电外,还有雪暴、尘暴及电晕等的放电,因此天气过程集中而激烈的地区,例如发生台风、热带风暴、锋面气旋等的地区就成了天电的源区.瞬变信号也可以人为产生,如汽车、电力线和电机等辐射的信号,而最强的天电是核爆炸产生的电磁脉冲.

天电的频率一般小于 3000 MHz,高于该频率的天电信号强度已极其微弱,难以被检测到.闪电产生的天电主要能量集中于频率范围为 $5\sim10\,\mathrm{kHz}$ 的甚低频段.

天电的特性由瞬变电磁场的波形或振幅谱来表征,由放电源的特性和不同频段电磁波在大气中的传播特性两个因子所决定.通常,离闪电距离为 L 的地方所接受到的频率为 f 的天电频谱分量 A 可表示为(Pierce, 1977):

$$A(f) = S(f) \cdot P(L, f), \tag{15.8.5}$$

式中 S 为源信号,P 表示传播过程中的畸变因子.因子 S 和 P 与几个参数有关,但与频率 f 的关系最为密切.通常可分为三个频段,并假设 S 和 P 的特性在各频段中基本不变,瞬变信号在各频段的交接处没有突变,其特性重合.表 15.9 列出三个频段的天电特性.对低频以下频段,地面和电离层起着波导作用,所以天电信号在长距离传播中保留着甚低频和极低频两种分量,两者之间还产生时差;天电信号中的高频成分,主要通过电离层对电波的一次或多次反射进行传播;天电中甚高频以上的成分,主要为视线传播,因此只有近距离天电才含有甚高频以上的频谱成分.

表 15.9　三个频段的天电特性(引自王道洪等,2000)

频　　段	近　似　特　性	
	闪电源信号	传　播
低频及更低频率 (<300 kHz)	孤立的瞬变信号,其数量随频率升高而增多	在地面和较低部位的电离层之间所构成的准波导中传播
中频及高频 (300 kHz~30 MHz)	存在大量的脉冲	取决于电离层的反射
甚高频及以上频率 (>30 MHz)	开始时出现大量脉冲,然后随频率的升高而急剧减少	信号穿透电离层,以准视线方式传播

当观测点很远时,因地球曲率的缘故,直射波已无法到达,二次以上的反射波就成了天电的主要分量.根据天电传输的情况,可以了解到电离层的状况,通常的电离层测站就是利用电离层对不同频率电波的反射来测定电子浓度随高度的变化的.实际上,当天电辐射在由地面和较低电离层所构成的这个准"波导"中传播时,由于下边界地面的情况比较复杂:地面的曲率

不能忽略,地面和电离层的边界不严格平行,它们亦非理想导体.地面的电导率随海洋、陆地或诸如永久冻土带和冰盖等较为特殊的环境而变化.上边界电离层的情况更为复杂,电离层的电导率随高度逐渐变化,电导率廓线还与电离的产生和消失过程有关,电离过程的变化又取决于日变化、季节变化、地理位置和地磁位置等.另外,电离层反射时会影响电磁场极化状态.由于上述种种不确定因素,天电的传播是比较复杂的.

闪电以外的其他天电源,如雪暴、尘暴和电晕放电等,强度一般很弱,频谱也相当窄,一般处于低频至高频范围,只对无线电通信等造成局地干扰.

15.8.5　舒曼共振

舒曼(W. O. Schumann,1952)指出,由地球和较低电离层之间组成的球形空腔可视为谐振腔,其本征频率即称为舒曼频率.根据电动力学的理论,舒曼频率的表达式为

$$f_m = [m(m+1)]^{1/2} \frac{c}{2\pi(R_E + 0.5h)},\qquad(15.8.6)$$

式中 m 为共振阶,c 为光速,R_E 为地球半径,h 为电离层高度.可见这个谐振频率主要取决于地球的半径和地球电离层的高度.舒曼谐振的基态模($m=1$)是地球-电离层腔内的一个驻波,其波长等于地球的周长(约 40 000 km).对于理想传导界面,$f_1 = 10.6\,\text{Hz}$.实际上,由于地球表面,尤其是电离层的导电率与理想导体相差很多,所以实验结果为 $f_1 = 7.9\,\text{Hz}$.

通常情况下,舒曼谐波的幅度不大,往往被周围环境的电磁噪声所淹没,很难从中分辨出来.但当闪电发生,且含有频率与舒曼频率相近的电磁波成分时,这种电磁波与地球-电离层谐振腔发生共振,使谐波的振幅大大加强,这就是舒曼共振(Schumann Resonance,简称为SR).由于舒曼共振是由闪电触发的电离层和地面之间的全球电振荡,其信号的幅值是由全球闪电活动的积分效应决定,因此利用舒曼共振法可以在地球上任意一点测量全球的闪电活动,了解全球闪电活动的变化规律.全球闪电频数和强度在相当程度上表征了全球雷暴的频数和强度,是全球气候变化的指示器之一.观测还发现,舒曼共振的峰值功率和热带温度成正相关,它能敏感地反映整个热带大气的细微温度变化.因此,利用舒曼共振现象也是研究全球气候变化的一种手段.

15.8.6　闪电与气候变化

全球的闪电活动可以通过卫星光学方法、地面的单站舒曼共振法以及低频多站时差法进行观测.这些地面和空间最新测量技术的发展,使得有可能对全球发生的闪电进行准确测量和长期监测,也极大地促进了闪电与气候变化的研究.

气候变化和地球大气中水汽,CO_2,O_3 等温室气体含量的变化有关.由于水汽能凝结,对流层内的水汽含量是稳定的,一般不考虑其对气候变化的影响.然而,Price(2000)利用舒曼共振对全球闪电的测量与对流层上部的水汽测量进行比较,发现对流层上层水汽和全球闪电活动之间存在非常好的相关性.对流层顶通常是非常干燥的,而雷暴闪电能将云内的小冰粒和冰晶垂直输送到对流层上层,这些小冰粒的升华作用使对流层顶聚集了大量的水汽.虽然相对来说这水汽量仍较少,但作为温室气体,在温暖的气候中水汽量的增加将会产生一个正反馈作用,能放大因 CO_2 增加而产生的大气增暖效应.热带地区的闪电活动也增加了高云覆盖率.总之,水汽、云量、冰水含量以及冰晶大小对地球辐射平衡都会产生直接影响.

闪电也是大气中产生氮氧化物的重要自然源之一,而氮氧化物(NO_x)又是对流层中臭氧的前体,因此也是对流层臭氧的重要产生源.由于臭氧是温室气体,因此生命期为几天的氮氧化物在调节全球气候中也起着重要的作用.近来一些模式研究表明:这些氮氧化物将导致对流层中高层 O_3 浓度增加而对流层低层 O_3 浓度下降,引起正的温室效应;但同时它们会导致另一种温室气体 CH_4 含量下降,产生负的温室效应.所以闪电活动引起的对流层化学过程很重要但十分复杂,是一个需继续深入研究的课题(张义军等,2008).气溶胶对雷暴以及闪电活动的影响目前还不十分明确.

近年的研究结果表明了全球闪电活动与气候和气候变化直接相关,而且在一个更温暖的地球上闪电活动会更频繁.但气候变化与雷暴和闪电活动之间的相互耦合机制还有待于更多的观测和深入的研究.

15.9　人工影响雷电简介

鉴于闪电对人类造成的巨大危害,人们一直在寻找有效途径来避免它的危害.但由于雷电具有半随机性、突发性、瞬时性和三维性等特点,对它的深入研究和防范都造成了一定困难.目前人们已广泛采用了诸如避雷针、避雷线和避雷器等防雷措施,不过它们仅适用于固定地点较小范围的雷电防护.近半个世纪以来,人们在人工降水及积雨云起电机制和雷电形成机制等领域的研究工作基础上,积极开展了人工影响雷电的试验,并取得了一定进展.

概括说来,目前人工影响雷电主要有两个方面:一是抑制积雨云中的起电过程,以减少闪电次数;二是人工引发雷电,使雷电发生在特定时间和有限空间内,为雷电过程和防雷方法的研究提供条件.下面仅做一简要介绍.

15.9.1　抑制云中起电过程

人们早就注意到,积雨云的起电过程与降水有明显的相关.大多数关于雷暴的起电理论都假定在电荷产生与分离的过程中降水起重要作用,同时因为主电荷中心出现在 0 ℃层以上高度,于是人们把电荷的产生与过冷水及(或)冰相的存在联系起来.这种观点得到观测的证实.同时观测还发现,云中水成物携带较大电荷以及云中强电场区的出现多与云中同时出现固态降水粒子、冰晶和过冷水滴有关.若过冷水滴或冰晶浓度锐减,则云中起电过程也相应减弱.所以,若向云中撒播大量冻结核,使云冰晶化,便能抑制云中起电过程,达到人工影响闪电的目的.根据这一设想,在美国洛基山脉北部蒙大拿州米苏拉附近的山区,1965—1967 年通过地面和飞机作业向积雨云大量播撒碘化银,发现进行播撒作业的积雨云的总闪电次数、云闪次数和地闪次数的平均值分别比未作播撒的对比积雨云减少 54%,50% 和 66%,而且播撒作业的积雨云雷电活动的持续时间也明显缩短,说明播撒作业后积雨云的活动明显受到抑制.

抑制云中闪电的第二种方法是向云中大量播撒金属箔丝或镀有金属薄膜的尼龙细丝.这些导电的细丝两端在云中强电场(小于可能形成闪电的大气电场)作用下将产生电晕放电,形成大量大气正、负离子,它们在云中对流和湍流作用下均匀混合并迅速散布,于是,云中大气电导率剧增,作为耗损云中正、负电荷中心电荷的泄漏电流也剧增,从而有可能减弱云中大气电场,达到减少闪电的目的.或者在云中荷电中心的电荷积累十分强烈时,播撒金属细丝的方法虽不足以抑制闪电,但由于云中大气导电性能的改善,有可能促使云闪发生,使危害较大的地闪比例下降.根据这一想法,在美国亚利桑那州的弗拉格斯塔夫,于1965—1966年进行了向积雨云播撒金属箔丝以抑制闪电的野外试验.飞机观测到了云中电晕放电,并观测到播撒区强电场开始减弱并最后消失的现象.

15.9.2 人工引发雷电

早在18世纪中叶,富兰克林就企图以放风筝的方法引雷,但是没有成功.20世纪60年代初,美国海军在雷暴天气条件下进行深水爆炸试验时,激起的60～70 m高的水柱竟然遭到雷击,这一偶然事件使人们认识到,高速运动的接地导体有可能触发闪电.此后,Brook等在高电压实验室进行了这方面的实验研究,发现将一根导线静止放置在一定强度的电场中不会触发放电,但将导线快速引入电场中,就会产生放电现象,进一步说明了高速运动导体触发闪电的可能性.此后,美国(Newman等,1967)利用火箭拖导线技术首次在海上实施了人工引雷,法国也于1973年首次在陆地上人工引雷成功.在以后的几十年里,中国、日本和巴西都进行了人工引发雷电实验.

1. 人工引雷方法

雷暴云带电后,处于一种不稳定的状态.这时在云中或地上若能始发一持续向前传输的先导,就会导致云中不同极性电荷之间放电或云中电荷与地之间放电,这就是自然雷电.若这一持续向前发展的先导是人为产生的,所引起的雷电就是人工引雷.因此,人工引发雷电就是在合适的雷暴电场条件下,利用拖带接地细金属导线的专用小火箭向雷暴云体发射以诱发雷电的一门技术.其实质是沿着雷暴云电场快速移动或伸长一细长导线,而火箭只是起到快速牵引或伸长导线的作用.我国新型人工引发雷电专用火箭的理论射高约为1300 m,通常当达到100～500 m高度时即可引发雷电.

根据火箭拖带的导线与地面连接方式的不同,可分为地面引发和空中引发两种方式(图15.29).地面引发方式,即火箭拖带的导线通过引流杆与大地直接相连,又称为传统引发方式或"经典人工引雷"方式.空中引发方式是后来发展起来的,火箭拖带的导线通过一段尼龙线与引流杆相连(导线与大地绝缘),又称为"高度人工引雷"方式.传统引发方式可以模拟自然闪电的继后回击过程,空中引发方式可以模拟自然闪电的首次回击和继后回击过程.

地面引雷方式放电过程见示意图15.29(a),假定当顶是由负电荷所控制的环境电场,火箭以100～200 m·s^{-1}的速度上行,到一定高度时(通常大于100 m),火箭尖端的环境电场将满足正先导的激发阈值.这时火箭的头部将激发向上传播的正先导,先导持续向上发展,并产生持续几百毫秒的连续电流,进而可引发一个或几个由云向下的先导和向上的回击过程,即大电流的主放电过程.

空中引发方式见示意图15.29(b).火箭上升过程中,线轴首先释放出一定长度的接地导线,以将雷电吸引到与电流测量装置相连接的引流杆上,接着释放出100～400 m的绝缘尼龙线,最后再一次释放金属导线.在火箭头部激发向上正先导的几毫秒后,由于导线下端负电荷的快速堆积,从而促进了导线下端下行负先导的激发,形成所谓的"双向先导".当负先导接近地面时,激发向上的连接先导,两个先导很快发生连接,并引发一小回击过程.之后的过程和地面引发雷电的情况相类似.空中引发方式可以更加真实地反映自然雷电的发展情况,并可在一定程度上模拟自然闪电先导的接地行为.

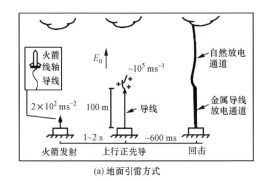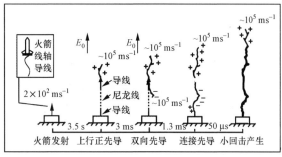

图 15.29　人工引雷放电过程示意图
(引自郄秀书等,2001;王道洪等,2000)

在实际人工引雷实验时不仅要看地面电场值(例如电场为 $4\sim10\,\mathrm{kV\cdot m^{-1}}$),同时也要考虑到云的强度和高度、地面电场变化趋势及闪电频数等.闪电太频繁,火箭升空过程中很可能有自然闪电发生,电场强度就会变小,人工引雷失败的可能性较大.在合适条件下,人工引雷的成功率一般可达 60% 以上.

人工引发雷电,特别是空中引发雷电,提供了一个近乎完全真实的自然雷电模拟源,为雷电物理的研究开辟了一条新途径,也为雷电防护技术的发展和应用提供了良好的手段.雷电流是雷电及其防护研究中最重要参数之一,因而几乎所有的人工引雷试验中,雷电流的测量是必不可少的.例如,2005 年至 2010 年中国科学院在山东进行人工引雷实验(郄秀书等,2012),共成功引发负极性雷电 22 次,包含大电流回击过程 88 次.对 36 次实测回击电流的统计分析表明,回击峰值电流的几何平均值为 12.1 kA,最大值为 41.6 kA,最小值为 4.4 kA.回击电流波形的半峰值宽度范围在 $1\sim68\,\mu\mathrm{s}$ 之间,几何平均值为 14.8 $\mu\mathrm{s}$.电流 10%$\sim$90%峰值的上升时间几何平均值为 1.9 $\mu\mathrm{s}$,中和电荷量为 0.86 C.这些结果与大多数研究者及 Fisher 等(1993)在弗罗里达州及阿拉巴马州测到的结果比较类似.

电磁测量和高速摄像也是研究雷电的重要手段.目前对人工引雷进行的电磁测量项目主要有静电场、"慢"电场、"快"电场、电场变化率、磁场及辐射场等.

2. 人工引雷与自然闪电

目前进行的人工引雷实验,主要目的是模拟自然雷电,以研究发生雷电的各种机理;同时用以检验各种防雷技术的效果.因此,人工引雷与自然闪电的异同是大家关心的问题.

首先,从发生过程上讲,一般自然闪电以下行梯级先导开始,因而存在首次回击;而地面引雷以上行先导开始,没有自然闪电中的首次回击,模拟的是自然闪电的继后回击过程.但空中引发方式可以模拟自然闪电的首次回击和继后回击过程.

人工引雷和自然闪电都有继后回击及继后回击之后的连续电流过程.根据目前对闪电的持续时间、继后回击所中和的电荷量、继后回击电流峰值以及电场变化率峰值等测量数据进行的分析,发现人工引雷与自然闪电似乎不存在明显的差别.虽然在具体一些参数或测量结果中,人工引雷与自然闪电继后回击可能存在一些小的差别,但考虑到自然闪电本身的各种参数变化范围相当大,这些差别可以忽略不计.不过应指出,人工引发的闪电往往是不成熟的闪电,一般要弱一些,而且因人工引雷需要自然雷暴(强电场)的外部条件,因此它不能像高电压实验室那样能进行多次的重复试验,这是它的不足.

15.10 全球大气电过程

大气中发生的大气电过程并不是孤立的,它影响的垂直范围可从地面到电离层,水平方向可通过导电性能良好的电离层和地球而影响到全球.本节首先讨论全球大气电学参量定义及其典型值,然后介绍对全球大气电过程起决定性影响的电荷输送与电荷平衡问题,最后介绍球形电容器模型.

15.10.1 全球大气电学参量

由 15.1 节已知全球表面晴天大气电场 E 的典型值为 $120\,\mathrm{V\cdot m^{-1}}$,海洋上为 $130\,\mathrm{V\cdot m^{-1}}$,下面列出其他典型值.

(1) 整层晴天大气电势差 U. U 指地面与电离层下界面间的电势差,有

$$U = \int_0^H E(z)\mathrm{d}z, \tag{15.10.1}$$

其中 H 为电离层下界面高度. U 的典型值为 $300\,\mathrm{kV}$.

(2) 全球晴天大气电流强度 I. I 定义为单位时间内由全球晴天大气向大地输送的总电荷.令 S_E 表示地球表面积,j 表示全球表面晴天大气电流密度,显然有

$$I = S_E j. \tag{15.10.2}$$

j 的典型值为 $3.0\times10^{-12}\,\mathrm{A\cdot m^{-2}}$,取 $S_E = 5.1\times10^{14}\,\mathrm{m^2}$,则可由(15.10.2)式得 I 的典型值为 $1500\,\mathrm{A}$.

(3) 整层晴天气柱电阻 R_c. R_c 定义为从地面至电离层下界面的单位面积气柱电阻.考虑到电导率 λ 为电阻率(单位长度、单位面积气柱电阻)的倒数,则有

$$R_c = \int_0^H \frac{1}{\lambda(z)}\mathrm{d}z. \tag{15.10.3}$$

其典型值为 $10^{17}\,\Omega\cdot\mathrm{m^2}$.

(4) 全球晴天大气电阻 R. R 定义为地球表面与电离层下界面之间的全球大气的总电阻.显然有

$$R = \frac{R_c}{S_E}. \tag{15.10.4}$$

其典型值为 $200\,\Omega$.以上所述 U,I 和 R 满足欧姆定律:

$$U = RI. \tag{15.10.5}$$

(5) 整层晴天气柱电荷密度 ρ_c. ρ_c 定义为从地面至电离层下界面单位截面气柱内的晴天大气电荷.由(15.3.3)式可得

$$\rho_c = -\frac{1}{4\pi}\int_0^H \frac{\partial E(z)}{\partial z}\mathrm{d}z. \tag{15.10.6}$$

(6) 全球表面面电荷密度 σ_c. σ_c 它与大气电场 E(规定 E 的方向朝下为正,朝上为负)有关系式

$$\sigma_c = -\frac{1}{4\pi}E, \tag{15.10.7}$$

或根据静电感应,又有

$$\sigma_c = -\rho_c. \tag{15.10.8}$$

其典型值为 $-1.1\times10^{-13}\,\mathrm{C\cdot cm^{-2}}$.

（7）全球大地电荷 Q_g. Q_g 定义为全球地面所携带的总电荷. 可由 σ_c 求得

$$Q_g = \sigma_c S_E. \tag{15.10.9}$$

其典型值为 -5.6×10^5 C.

（8）全球大气电荷 Q_a. Q_a 定义为全球大气所携带的总电荷. 它与 Q_g 数值相等, 符号相反, 即

$$Q_a = -Q_g. \tag{15.10.10}$$

其典型值为 5.6×10^5 C.

15.10.2 地-气间的电荷输送及电荷平衡

由全球大气电学参量的典型值可知, 在方向垂直向下的晴天大气电场作用下, 形成强度为 1500 A 的全球晴天大气电流, 将正电荷输送给地球. 如果地球不能得到不断补充的负电荷, 它所携带的 5.6×10^5 C 左右的负电荷将很快消失, 同时晴天大气电场也随着消失, 计算表明, 弛豫时间（大气电场降为其初始值的 $1/e$ 时所需时间）仅需 380 s. 但观测表明, 全球表面晴天大气电场的数值是相当稳定的, 故必然存在一些与晴天大气电流相反的电荷输送过程.

我们已经指出, 降水电流平均而言为正, 即向大地输送正电荷. 而多数情况下, 地闪发生在积雨云下部负电荷区与大地之间, 故地闪闪电电流向大地输送负电荷. 尖端放电电流时正时负, 但平均为负（尖端放电电流密度方向朝上）. 所以, 全球晴天大气电流和降水电流向地球输送正电荷, 来自雷暴的地闪闪电电流和尖端放电电流向地球输送负电荷.

若将全球晴天大气电流称为泄放电流, 则雷暴的作用就相当于充电机. 当地球电荷收支平衡时, 便能维持稳定的晴天大气电场. 按 Israël(1973) 的估计, 晴天大气电流、降水电流、地闪闪电电流和尖端放电电流所输送电荷的通量密度（以 $C \cdot km^{-2} \cdot A^{-1}$ 为单位）分别为 $+90$, $+30$, -20 和 -100, 收支平衡, 分别占全球表面电荷收支总量的 37.5%, 12.5%, 8.3% 和 41.7%.

15.10.3 全球大气电过程的球形电容器模型

全球大气电过程存在一定的内在联系, 为了综合说明全球大气电过程特性, 人们提出了球形电容器模型.

地球和电离层相对于大气是高导电体, 地球表面和电离层下界面为等位面, 因此, 可把整个地球-大气系统视为一个由地球表面和电离层下界面两同心球面组成的球形电容器, 其间充满着微弱导电性能的大气介质. 地球表面为负极, 正极为电离层下界面, 两者之间的电势差为整层晴天大气电势差 U. U 引起晴天大气电场 E, E 又引起全球晴天大气电流 I. I 为泄放电流, 它使球形电容器两极电荷不断泄放而减小. 为维持电容器所携带的电荷, 应存在充电过程, 这就是全球雷暴活动产生的地闪闪电电流和尖端放电电流, 它们成为补偿电流 I_e, 而降水电流被考虑为与 I_e 符号相反的补偿电流. 也正因为此, 全球雷暴活动可称为球形电容器的充电电源. 全球大气电过程球形电容器模型示于图 15.30.

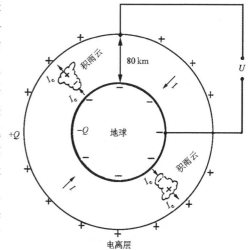

图 15.30 全球大气电过程球形电容器模型
（转引自孙景群, 1987）

431

地球上每秒大约有 2000 多个雷暴在发生,并伴随着大量闪电.根据闪电和降水的卫星观测,对全球电路的主要贡献者有了比较清楚的认识.全球闪电活动主要集中分布在赤道附近的陆地地区,即位于赤道附近的非洲刚果盆地、东南亚地区和南美洲亚马逊河流域,被称为三个热带"烟囱".其中,非洲是最大的陆地"烟囱",具有最多的闪电(其最大闪电密度超过 $(60\,km^2 \cdot a)$)和最少的降雨;而南美大陆被认为是最大的海洋性"烟囱",具有相对最多的降水和最少的闪电.因此,南美洲的赤道地区是电离层电位和全球直流电路的主要贡献者,而非洲则是全球交流电路的主要贡献者(H.J.Christian,2003).

球形电容器模型试图将全球充、放电过程有机结合在一起,它能定性说明雷暴活动对全球电荷平衡的影响.比如当,全球雷暴活动较强时,充电过程加强,此时补偿电流 I_e 增大,从而使球形电容器携带的电荷增多,并导致整层晴天大气电势差和晴天大气电场的增大.于是,泄放电流也随之增大,这就导致球形电容器所携带的电荷减少,直至全球重新达到电荷平衡.球形电容器模型还可以说明如晴天大气电场日变化的原因等一些问题.但该模型也有它的局限性,如它不能令人信服地说明大气电学参量的扰动对雷暴活动的必然影响,甚至有些观测事实与该模型发生矛盾,如全球雷暴发生次数的年变化与晴天大气电场年变化之间呈负相关等.另外,这个模型对雷暴云下的放电过程有具体的机制印证,但是对云顶到电离层的过程没有说明.这样整个回路就有了缺口,不能形成回路.近年来观察到的"精灵"过程可能填补这个缺陷.由于缺乏大量而可靠的全球大气电学参量观测结果对此模型加以验证,所以直到目前为止,该模型仍然只是个假设.因此,有必要进一步发展全球大气电过程的理论模型.

习　题

1. 取正负小粒子的迁移率 $k \approx 1.5\,cm^2/(V \cdot s)$,离子浓度各为 10^3 个·cm^{-3},计算空气电导率 λ.

2. 设在地面 200 m 内,空间电荷密度 ρ 随高度变化可用下式表示:

$$\rho = 20.4 e^{-0.00452z} \quad (z\text{ 以 m 为单位}),$$

其中 ρ 以元电荷·cm^{-3} 为单位,z 以 m 为单位.设地面 $E_0 = -120\,V \cdot m^{-1}$,$V_0 = 0$,求:

(1) 0~200 m 内场强 $E(z)$ 和电势 $V(z)$ 的表达式;

(2) 200 m 高度上的 ρ,E,V.

3. 设暴露在空气中与地绝缘的孤立金属球初始荷电为 Q_0,空气电导率为 $2 \times 10^{-14}/(\Omega \cdot m)$,球对称电荷分布的场强用 $E = \dfrac{1}{4\pi\varepsilon_0}\dfrac{Q}{r^2}$ 表示,求:

(1) 电荷 Q 衰变表示式;

(2) 衰变弛豫时间,即 Q 衰变到初始值 Q_0/e 时所需的时间.

4. 假定雷暴云中主电荷区上为 $+50\,C$,下为 $-50\,C$,电荷是分布在水平面上半径各自为 5 km 的圆,相距为 2 km,按平面平行板电容器计算其间的电场.

5. 设云地间闪电的回击峰值电流为 $10^4\,A$,如云地间电势差为 $10^8\,V$,问:功率是多少?如闪电总周期为 0.2 s,求传输 20 C 电量的平均功率.

参考文献

[1]　陈渭民编著.雷电学原理.气象出版社,2003

[2]　董万胜等.用宽带干涉仪观测云内闪电通道双向传输的特征.地球物理学报,Vol. 46, No. 3, 317~321,2003.

[3]　刘欣生.雷电物理及人工引发雷电研究十年进展与展望.高原气象,Vol.18,No.3,266~272,1999.

[4] 孙安平等. 三维强风暴动力-电耦合数值模拟研究 I：模式及其电过程参数化方案. 气象学报，60(6)，722~731，2002.

[5] 孙景群编著. 大气电学基础. 北京：气象出版社，1987.

[6] 王道洪等编著. 雷电与人工引雷. 上海交通大学出版社，2000.

[7] 吴亭等. 北京地区不同天气条件下近地面大气电场特征. 应用气象学报，Vol. 20，，No. 4，394~401，2009.

[8] 郄秀书等. 雷暴之下地面自然尖端电晕放电离子时空演化的数值模拟. 地球物理学报，Vol，39(增刊)，43~51，1996.

[9] 郄秀书等. 人工引发雷电技术及其应用. 河北大学学报（自然科学版），Vol. 21 No. 3，228~234，2001.

[10] 郄秀书等. 山东人工引发雷电综合观测实验及回击电流特征. 大气科学，36(1)：77~88，2012.

[11] 杨静等. 发生于山东沿海雷暴云上方的红色精灵. 科学通报，53(4)：482~488，2008.

[12] 张义军等. 闪电活动的气候学特征研究进展. 气象学报，66(6)：906~915，2008.

[13] 周秀骥等编著. 高等大气物理学. 北京：气象出版社，1991.

[14] 中国科学院空间科学与应用研究中心编. 宇航空间环境手册. 北京：中国科学技术出版社，2000.

[15] Berger K. Methoden und resultate der blitzforschung auf dem monte San Salvatory bei lugano in den Jahren 1963—1971. Bull Schweiz Elektrotech Ver，63：1403~1422，1972

[16] Berger K，Anderson R B，Kroninger H. Parameters of lightning flashes. Electra，80：23~37，1975

[17] Berger K. Blitzstrom-parameter von Aufartsbliten. Bull Schweiz Elektroteck Ver，69：353~360，1978

[18] Bondiou A P，Richard T T，Helloco F. Preliminary correlation between 3-dimentional lightning discharge mapping and radar measurements. paper presented at the International Conference on Lightning and Static Electricity. Dayton，Ohio，June 1986

[19] Brook M，Ogawa T. The cloud discharge. In "Lightning"，(1)：191~230，edited by R H Gold，New York，Academic Press，1977

[20] Christian H J，Blakeslee R J，Boccippio D J，et al. Global frequency and distribution of lightning as observed from space by the Optical Transient Detector[J]. J Geophys Res，108（D1）：4005，2003.

[21] Fisher R J，Schnetzer G，et al，Parameters of triggered lightning flashes in Florida and Alabama J Geophys Res. ，98：22887~22902，1993

[22] Franz R D，Nemzek R J，Winckler J R. Television image of a large upward electrical discharge above a thunderstorm system. Science，249：48，1990

[23] Golde R H. Lightning，Academic Press，New York，Vol. 2，545~576，1977
      周诗健，孙景群译. 雷电（上卷）（中译本）. 北京：电力工业出版社，1982

[24] Holmes C R，Brook M，Krehbiel P，et al. On the power spectrum and mechanism of thunder. J Geophys Res. ，76：2106~2115，1971

[25] Israel H. Atmospheric Electricity，Vol. II，Keter PRESS，1973

[26] Kitagawa N，Brook M. A comparison of intracloud and cloud-to-ground lightning discharrgrs. J Geophys Res. ，65：1189~1201，1960

[27] Lyons W A. Characteristics of luminous structures in the stratosphere above thunderstorms as imaged by low-light video. Geophys Res Lett. ，21：875，1994

[28] Mason B J The Physics of Clouds，Oxford University Press，1971.
      中国科学院大气物理研究所译.《云物理学》（中译本）. 北京：科学出版社，1978.

[29] Mazur V Shao X M，Krehbiel P P. "Spider" lightning in intracloud and positive cloud-to-groud Flashes. J Geophys Res. ，103：19811~19822，1998

[30] Newman M M, et al. Triggered lightning storkes at very close range. J. G. R., 72(18), 4761~4764, 1967

[31] Pierce E T. Atmospherics and radio noise. In "Lightning", Vol1 (R G Gold, ed) Academic Press, New York, 351~384, 1977

[32] Prentice S A, Makerras D. The ratio of cloud to cloud-ground lightning flashes in thunderstorms, J. Appl. Meteor., 16(5),545~550, 1977

[33] Price C. Evidence for a link between global lightning activity and upper troposphere water vapor. Nature, 406 (6793):290~ 293, 2000.

[34] Rogers R R. 云雾物理学简明教程(中译本). 周文贤等译. 北京:气象出版社,1983

[35] Schonland B F J. The pilot streamer in lightning and the long spark, Proc. R Soc., London, Ser A, 220:25~38. 1953

[36] Schumann W O. Uber die strahlungslosen Eigenschwingungen einer leitenden Kugel. die von einer Luftschicht und einer Ionospharenhulle umgeben ist, Z Naturf, 72: 149~154, 1952

[37] Sentman D D, Wescott E M, Osborne D L, et al. Preliminary results from the Sprites Aircraft Campaign:1 Red Sprites. Geophys Res Lett.,22:1205,1995

[38] Shao X M, Krehbiel P R. The spatial and temporal development of intracloud lightning. J Geophys Res,101:26641~26668,1996

[39] Thomson E M. Theoretical study of electrostatic field wave shpes from lightning leaders. J Geophys Res,90:8125~8135,1985

[40] Uman M A. The Lightning Discharge. Orlando, Florida: Academic Press, Ine, 1987

[41] Valley S L,(Ed). Handbook of Geophysics and Space Environments, New York, McGaw Hill, 1966

[42] Wescott E M. Sentman D D, Osborne D L et al Preliminary results from the Sprites 94 Aircraft Campaign: 2 Blue Jets. Geophys Res Lett.,22:1209,1995

[43] Workman E J, Reynolds S E. A suggested mechanism for the generation of thunderstorm electricity. Phys. Rev., 74,709, 1948

第五篇　大气光学,GPS气象和大气声学

大气光学,GPS气象和大气声学都讨论波动在大气中的传播及其与大气介质的相互作用.作为波动,光波和声波具有共性.例如在介质中,波传播的速度与介质的状态有关,波的传播方向会发生变化(折射或散射),能量会逐渐减小(衰减)等.但这两种波也有差别,光波是可以不依赖于大气介质而独立存在的;而声波则是弹性介质本身的一种运动状态,它必须和介质联系在一起.由于这一差别,它们在大气中传播时表现也不相同,例如一般情况下,风对声波的传播具有重要影响,但对光波的传播就没有影响.因此这两种波在本质上是不同的,它们遵循的是不同的控制方程(前者是电磁波方程组,后者是流体动力学方程组),但在一定条件下,这两个方程组都可以导出波动方程,这也是这些波动共性的基础.

大气光学研究光通过大气时与大气的相互作用以及由此产生的各种大气光学现象.这种作用分两方面:其一是由于大气的影响,使光发生变化,包括光的传播方向、强度、偏振状态的变化;二是由于光的作用,使大气的状态发生变化,如光吸收造成大气的增温、离解等.本篇只讨论前一方面的作用.

大气光学的研究可以从两个角度出发:一是把大气看做一种连续介质,由于光速随介质的密度而变,因此发生光的折射、反射等现象;二是把大气看做由空气分子、气溶胶粒子组成的混合物,集中研究由于这些粒子对光的散射和吸收所引起的各种光学现象.实际上大气是一种湍流介质,当研究光在湍流大气中传播时,往往要将这两种思路结合起来考虑.高层大气中发生的光学现象与低层大气发生的光学现象有很大的不同,前者主要是由太阳辐射作用下产生的光化学反应所引起的,如夜天光、极光等,这些是属于高层大气物理学的研究内容.

大气声学在20世纪上半叶主要关注规模大的声现象,如火山爆发、炮声和核爆炸等的观测和分析,增进了对大气结构和声传播规律的认识.20世纪60年代以来,基于声波和湍流大气的相互作用原理和相关技术,发展了主动遥感设备,用于探测低层大气的风场和热结构,成为研究和监测低层大气的手段之一.

第十六章　散射的基本理论

大气对光的散射是很重要而又普遍的现象. 大多数进入我们眼睛的光, 不是直接光而是散射光, 如果没有大气散射, 则除太阳光直射处外, 其余地方都将是一片黑暗. 散射是光与物质相互作用的一种结果, 它在整个电磁波谱内都可能发生. 大气散射规律的研究是大气光学和大气辐射学中的重要内容, 并且是微波雷达、激光雷达等遥感探测手段的理论基础.

大气光学的研究发展和物理光学的进展有着密切的关系. 19 世纪, 英国科学家瑞利(L. Rayleigh, 1871)用分子散射的理论首先解释了天空的蓝色. 20 世纪初, 德国科学家 G. Mie(1908)又进一步解决了球状粒子散射问题. 这两个理论使我们能够解释许多大气光象, 并加强了大气光学与大气辐射、大气遥感等分支学科的联系.

16.1　散　射

16.1.1　散射过程

散射是指电磁波通过某些介质时, 由于这些介质的折射率具有非均一性, 引起入射波波阵面的扰动, 造成入射波中一部分能量偏离原传播方向而以一定规律向其他方向发射的过程. 通常以尺度数 $\alpha = 2\pi r/\lambda$ 作为判别标准, 可将散射过程分为三类(参见前面图 5.9): 瑞利散射、米散射和几何光学散射, 式中 r 为粒子半径, λ 为波长. 当 $\alpha \ll 1$ 时, 为瑞利散射; 当 $\alpha \approx 1$ 或 $\alpha > 1$ 时, 为米散射; 当 $\alpha \gg 1$ 时, 为几何光学散射. 同一粒子对不同波长而言其尺度数不同, 要用不同的散射理论来处理.

对一个散射粒子而言, 散射光的分布是三维空间的函数, 如果散射粒子具有某种对称性, 则散射光对应于入射光方向往往是对称的, 可以在极坐标系中画出散射光的分布图. 这种图称为散射方向性图. 图 16.1 给出了一些例子. 其中: 图(a)是一个半径小于 1/10 波长的小粒子, 半径远小于波长, 它的散射光在前、后两个半球上基本上是对称的, 具有瑞利散射的特征; 图

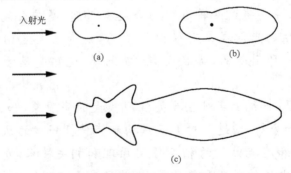

图 16.1　不同尺度粒子的散射方向性图(引自 McCartney, 1976)

(b)是一个稍大粒子,半径约为波长的 $1/4$,$\alpha \approx 1.6$,前向散射超过了后向散射;对尺度远大于波长的粒子,如图(c),散射光主要集中于前向,而且在某些角度上还会出现极值点.这些都属于米散射.当然,粒子的散射方向性图不仅和尺度数有关,还和粒子的折射率有关.

散射过程的另一个特点是偏振状态的变化.即使入射光是自然光,散射光也带有一定程度的偏振.偏振的程度和状态取决于粒子的大小、形状、折射率、入射光的偏振态及观测散射光的角度.

无论是瑞利散射还是米散射,都不改变光的频率.因为这些过程的实质是大气分子或气溶胶粒子在入射电磁波的作用下激发产生振动的电偶极子或多极子,并以此为中心向四周辐射出与入射波频率相同的散射波,属于弹性散射.但在研究粒子散射时也发现,若入射光是严格的单色光,在散射光谱中入射光波长两边还可以观察到对称的弱谱线,即散射光中还包含有和入射光频率不同的光.这种频率的改变是由入射光频率与分子的固有频率联合而引起的,故称为联合散射(或拉曼散射),属于非弹性散射.利用这种现象可以测量大气中各种气体的含量.

16.1.2 多粒子散射

在一般情况下,要研究的是某一体积内众多粒子共同的散射.当粒子间的距离比半径的几倍(如 3 倍半径)还大时,可以认为各粒子的散射是互相独立的,即每个粒子的散射和周围的粒子无关,称为独立散射.当独立散射的条件满足时,某一体积内所有粒子的总散射等于各个粒子散射的总和.例如,单位体积中有 N 个相同的散射粒子,那么该体积的总散射等于单个粒子散射的 N 倍.大气光学中遇到的各种气溶胶粒子几乎都满足独立散射的条件.这里应指出,空气分子并不满足独立散射的条件,在对流层大气中,各分子的散射光常常是相干的.如果气体分子的浓度在空间是均匀的,由于散射不互相独立,各分子的散射将互相干涉而抵消,所以完全均匀的空气对光不发生散射.但由于空气分子的热运动,分子浓度有不规则的涨落,这种涨落使散射光不能完全抵消掉.理论分析指出,分子浓度涨落造成的散射光强度与浓度的平均值成正比.因此仍然可认为,单位体积内平均浓度为 N 的气体的散射光强度是单个分子散射的 N 倍.综合以上所述可以得到结论:某个体积内有多个粒子散射时,散射波的总能量应为各个粒子散射能量之和.

以上只讨论了入射光在粒子上的散射,这就是一次散射.但对一个体积中众多的散射粒子而言,散射光可以射到其他粒子上,从而引起第二次或更多次的散射,称为多次散射.图 16.2 画出了这种多次散射过程.

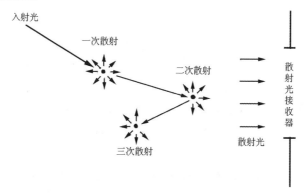

图 16.2　多次散射示意图(引自 McCartney,1976)

粒子将光散射的结果,使入射光在其前进方向上能量减少.在发生散射的同时,入射光能量往往还有另一种损失,即一部分能量进入粒子内部,转化为热或其他形式的能量,这一过程称为吸收.散射可以用电磁波理论来解释,因为它不涉及分子内部能量状态的改变,而吸收需要用量子理论才能正确解释.

16.1.3 散射的几何图像与参数

为了定量地描述散射过程,首先要确定散射过程的几何关系,然后规定一系列有关参数.此处假定散射是独立的、非相干的一次散射.

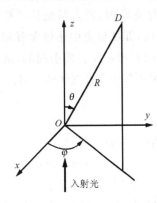

图 16.3 散射过程的几何关系

参看图 16.3,设在 O 点放置一个散射粒子,沿 z 轴方向入射一束单色平面偏振光,入射光的电矢量沿 x 轴方向振动.在 D 点放置一个探测器,用以测量散射光的强度,OD 之间的距离 R 要比粒子的尺度大很多,这样散射源可以看做一个点源.z 轴(入射光方向)和 OD 线构成散射平面.OD 线与 z 轴的夹角称为散射角,用 θ 表示,它从入射光的前进方向算起,可从 $0°$ 变到 $360°$.但由于散射的对称性,常常只要由 $0°\sim180°$ 就够了.散射平面和 x 轴的夹角 φ 称为方位角.

如果探测器 D 在空间移动,所测到的散射光强度 $I_s(R,\theta,\varphi)$ 应与入射光强度 I_0 成正比,与距离平方成反比(因散射光是球面波),另外还与方向 θ,φ 有关,即

$$I_s(R,\theta,\varphi) = \frac{I_0}{R^2}\sigma(\theta,\varphi), \tag{16.1.1}$$

式中 $\sigma(\theta,\varphi)$ 称为粒子的散射函数,它的意义是当单位光强入射时,在单位距离上所测到的散射光强度,也就是以单位光强入射时,粒子向 (θ,φ) 方向单位立体角中所散射的光能量.很多情况下,由于粒子的对称性,散射函数常常仅和散射角 θ 有关,其图形可在极坐标系中绘出,如图 16.1 中的散射方向性图.从 (16.1.1) 式容易看出,$\sigma(\theta,\varphi)$ 的量纲是 $[L^2]$,单位是 m^2/sr.这里光强度 I_s 和 I_0 沿用光学理论中的习惯表达,但相当于前面第五章的辐射通量密度,单位是 $W \cdot m^{-2}$,对于单色光即 $W \cdot m^{-2} \cdot \mu m^{-1}$.

将 $\sigma(\theta,\varphi)$ 对整个空间 4π 立体角积分,便可以计算出当单位光强入射时,一个粒子散射掉的总能量

$$\sigma_{sc} = \int_{4\pi} \sigma(\theta,\varphi)\,d\Omega. \tag{16.1.2}$$

因为 σ_{sc} 的量纲是 $[L^2]$,故称为散射截面,它是一个等效截面,表示粒子散射光的总能量等于数值为 σ_{sc} 的一块面积从入射光中截取的能量,因此它反映了粒子的散射本领.一般来说,散射截面和粒子真正的几何截面并不相等.

和散射截面相对应的还有吸收截面 σ_{ab} 和消光截面 σ_{ex}(也称为削弱截面).吸收截面反映粒子吸收的本领,而消光截面表示粒子散射截面和吸收截面的总量,有

$$\sigma_{ex} = \sigma_{sc} + \sigma_{ab}. \tag{16.1.3}$$

在讨论光的散射问题时,还常常引用效率因子的概念,它们是粒子的散射截面、吸收截面和消光截面与其几何截面之比值,分别称为散射效率、吸收效率和消光效率:

$$\begin{cases} Q_{sc} = \sigma_{sc}/\pi r^2, \\ Q_{ab} = \sigma_{ab}/\pi r^2, \\ Q_{ex} = \sigma_{ex}/\pi r^2, \end{cases} \tag{16.1.4}$$

并同样有

$$Q_{ex} = Q_{sc} + Q_{ab}. \tag{16.1.5}$$

在某些文献中还常常引用下列物理量来描述粒子的散射特性:

(1) 相函数 $p(\theta, \varphi)$, 定义为

$$p(\theta, \varphi) = 4\pi\sigma(\theta, \varphi)/\sigma_{sc}. \tag{16.1.6}$$

它是某个方向的散射能力与平均散射能力之比, 因此是一个无量纲量(量纲为 1), 并且满足归一化条件

$$\frac{1}{4\pi}\int_{4\pi} p(\theta, \varphi)\,\mathrm{d}\Omega \equiv 1. \tag{16.1.7}$$

(2) 单散射反照率 $\tilde{\omega}_0$, 表示在总消光中散射所占的比例, 即

$$\tilde{\omega}_0 = \sigma_{sc}/\sigma_{ex} = \sigma_{sc}/(\sigma_{sc} + \sigma_{ab}). \tag{16.1.8}$$

当 $\tilde{\omega}_0 = 1$ 时表示纯散射, 没有吸收.

(3) 不对称度因子 g(或 $\overline{\cos\theta}$), 是 $\cos\theta$ 以散射函数为权重的平均值, 即

$$g = \overline{\cos\theta} = \frac{\int\sigma(\theta, \varphi)\cos\theta\,\mathrm{d}\Omega}{\int\sigma(\theta, \varphi)\,\mathrm{d}\Omega}. \tag{16.1.9}$$

g 和辐射场的动量有关. 根据麦克斯韦电磁场理论, 光不仅有能量, 而且具有动量, 动量的大小与光强成正比, 其方向和光束前进方向一致. 由于粒子的散射和吸收, 光强减弱, 动量也相应减少. 当入射光为单位强度时, 光能量的减少为 σ_{ex}, 但相应的动量减少并不与 σ_{ex} 成正比. 因为在所减少的能量中, 与吸收所对应的那一部分动量是真正交给粒子了, 而与散射所对应的那部分动量减少仅仅是改变了方向, 把向前的动量变为向其他方向的动量, 而且在这些方向的动量中仍有部分的向前分量. 这部分向前分量为

$$\int\sigma(\theta, \varphi)\cos\theta\,\mathrm{d}\Omega = \sigma_{sc}\overline{\cos\theta}. \tag{16.1.10}$$

为了计算粒子引起的动量损失, 应把这部分向前分量扣除:

$$\sigma_{pr} = \sigma_{ex} - \sigma_{sc}\overline{\cos\theta}, \tag{16.1.11}$$

故前向动量的损失应和 σ_{pr} 成正比. 当粒子没有吸收时, 有

$$\sigma_{pr} = \sigma_{sc}(1 - \overline{\cos\theta}). \tag{16.1.12}$$

这些动量显然是提供给粒子了, 因此粒子受到一个压力, 也就是光压. 从上面的式子可以看出, 光压值和粒子散射函数的前后不对称程度有关. 若散射函数是前后对称的, $g = \overline{\cos\theta} = 0$, 则 $\sigma_{pr} = \sigma_{ex}$. 不对称度因子的名字也是这样来的. 由于粒子散射函数的前后对称程度与尺度数 α 有密切的关系, α 值越小, $\overline{\cos\theta}$ 值也小, 散射越接近对称. 故不对称度因子作为一个描述粒子散射特性的参数被广泛引用.

在考虑单位体积中多粒子总的散射时, 可应用独立散射条件下总散射为各粒子散射之和的原理. 若单位体积中空气分子的数密度为 N, 其散射、吸收和消光截面分别为 σ_{sc}^m, σ_{ab}^m 和 σ_{ex}^m, 气溶胶的谱分布为 $n(r)\mathrm{d}r$, 则单位体积空气总的散射系数、吸收系数和消光系数分别为

$$\begin{cases} k_{sc} = N\sigma_{sc}^{m} + \int \sigma_{sc}(r)n(r)dr, \\ k_{ab} = N\sigma_{ab}^{m} + \int \sigma_{ab}(r)n(r)dr, \\ k_{ex} = N\sigma_{ex}^{m} + \int \sigma_{ex}(r)n(r)dr, \end{cases} \qquad (16.1.13)$$

这里 k_{sc}, k_{ab}, k_{ex} 的量纲为 $[L^{-1}]$. 单位体积空气在 (θ,φ) 总的散射函数为

$$\beta(\theta,\varphi) = N\sigma^{m}(\theta,\varphi) + \int \sigma(\theta,\varphi,r)n(r)dr. \qquad (16.1.14)$$

同样,对单位体积大气也可以规定其相函数、单散射反照率和不对称度因子,有

$$p(\theta,\varphi) = 4\pi\beta(\theta,\varphi)/k_{sc}, \qquad (16.1.15)$$

$$\tilde{\omega}_0 = \frac{k_{sc}}{k_{ex}} = \frac{\int r^2 Q_{sc}(r)n(r)dr}{\int r^2 Q_{ex}(r)n(r)dr}, \qquad (16.1.16)$$

$$g = \overline{\cos\theta} = \frac{\int d\Omega \cos\theta \int \sigma(\theta,r)n(r)dr}{\int d\Omega \int \sigma(\theta,r)n(r)dr} = \frac{\int r^2 Q_{sc}(r)g(r)n(r)dr}{\int r^2 Q_{sc}(r)n(r)dr}. \qquad (16.1.17)$$

(16.1.17) 式中的 $g(r)$ 表示半径为 r 的粒子的不对称度因子. 后两式中没有包含空气分子的散射.

16.1.4 散射与削弱的基本关系式

在定义了上述一系列散射参数以后,可以写出光在大气中散射和削弱过程的基本关系式.

一束强度为 I_0 的单色平面波照射到一块体积为 dV 的空气上,在离散射体积 R 距离处散射光强度为

$$dI_s(R,\theta,\varphi) = \frac{I_0}{R^2}\beta(\theta,\varphi)dV. \qquad (16.1.18)$$

若考虑某一体积总的散射光,则应当对散射体积积分.

当一束单色平面波通过厚度为 dl 的散射介质后,其光强的减弱应为

$$dI = -Ik_{ex}dl = -I(k_{sc} + k_{ab})dl. \qquad (16.1.19)$$

对一段有限距离 R,总的消光为

$$I = I_0 \exp\left(-\int_0^R k_{ex}dl\right). \qquad (16.1.20)$$

16.2 瑞利分子散射

分子散射理论是瑞利在试图解释天空为何呈现蓝色这样一个问题时提出的. 他假设散射粒子是半径远小于光波波长、球形的各向同性粒子,其密度大于周围环境空气密度,用弹性固体以太学说得出了现在被称为瑞利散射的基本特征,即散射能力和粒子体积平方成正比,和波长 4 次方成反比. 1899 年,瑞利再一次研究天空发光问题,这一次他放弃了弹性固体以太学说,而用麦克斯韦电磁理论,得到了相同的结果.

瑞利散射的基本出发点是把空气分子当做一个振动偶极子.分子由原子核和围绕着它们旋转的一些电子所组成,电子带负电,原子核带正电.在中性分子中,电子的电荷和原子核的电荷恰好抵消,但正电荷中心和负电荷中心可以重合(称为无极分子),也可以不重合(称为极性分子).为简单起见,这里将不讨论极性分子.

如果把一个无极分子放置于外电场的作用下,正负电荷中心就要发生位移,因此产生一个电偶极矩.因为原子核的质量远大于电子,故可以认为原子核不动而电子相对地发生移动.设分子中只有一个电子参与振动,当入射电场为交变场 $\boldsymbol{E}=\boldsymbol{E}_0\sin\omega t$ 时,电子所受的电场力为

$$\boldsymbol{F}=e\boldsymbol{E}=e\boldsymbol{E}_0\sin\omega t. \qquad (16.2.1)$$

当电子离开其平衡位置时,它还将受到分子内部的准弹性恢复力 $-k\boldsymbol{x}$ 的作用,力图使它回到平衡位置,其中 $\boldsymbol{x}$ 为电子的位移,$k=e^2/(4\pi\varepsilon_0 r_{\mathrm{e}}^3)$ 为弹性系数,这里 e 为电子电荷,ε_0 为自由空间的绝对介电常数,r_{e} 为电子轨道半径.

在上述两种力的作用下,电子的运动方程为

$$m_{\mathrm{e}}\ddot{\boldsymbol{x}}+k\boldsymbol{x}=e\boldsymbol{E}_0\sin\omega t,$$

其解为

$$\boldsymbol{x}=\frac{e}{m_{\mathrm{e}}(\omega_0^2-\omega^2)}\boldsymbol{E}_0\sin\omega t, \qquad (16.2.2)$$

这里 m_{e} 为电子质量,$\omega_0=(k/m_{\mathrm{e}})^{1/2}$ 为分子的共振频率.这时分子产生的电偶极矩为

$$\boldsymbol{p}=e\boldsymbol{x}=\frac{e^2}{m_{\mathrm{e}}(\omega_0^2-\omega^2)}\boldsymbol{E}_0\sin\omega t=\boldsymbol{p}_0\sin\omega t.$$

振动偶极子的振幅为

$$p_0=\frac{e^2}{m_{\mathrm{e}}(\omega_0^2-\omega^2)}E_0. \qquad (16.2.3)$$

从上式可以看出,若入射波频率 ω 恰好等于分子的共振频率 ω_0,分子就要发生共振.但计算表明,对一个电子参与振动的简单模型,其共振频率在紫外或更短的区域,一般不必考虑.

振动的电偶极子要向四周发送电磁波,当 z 方向入射波的电振动方向在 x 轴时,D 点观测到的散射波电场(图 16.4)为

$$\boldsymbol{E}_{\mathrm{s}}=\frac{\omega^2\boldsymbol{p}_0\sin\zeta}{4\pi\varepsilon_0 c^2 R}\sin\left[\omega\left(t-\frac{R}{c}\right)\right], \qquad (16.2.4)$$

式中 c 为光速,ζ 为偶极子振动方向和观测方向之间的夹角.图中 $\boldsymbol{B}_0$ 是入射波磁场.散射光平均强度

$$I_{\mathrm{s}}=\frac{1}{2}c\varepsilon_0 E_{\mathrm{s}}^2=\frac{\omega^4 p_0^2\sin^2\zeta}{32\pi^2\varepsilon_0 c^3 R^2},$$

利用 $\omega=2\pi c/\lambda$ 和(16.2.3)式,则有

$$I_{\mathrm{s}}=\frac{\pi^2 c\sin^2\zeta}{2\varepsilon_0\lambda^4 R^2}\left[\frac{e^2}{m_{\mathrm{e}}(\omega_0^2-\omega^2)}\right]^2 E_0^2. \qquad (16.2.5)$$

(16.2.5)式方括号中的量可以用洛伦兹-洛伦茨(Lorentz-

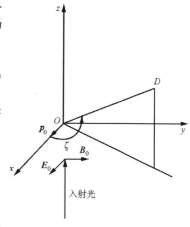

图 16.4　偏振光入射时的散射

Lorents)公式与介质的折射率 m 及分子数密度 N 联系起来.洛伦兹-洛伦茨公式为

$$\frac{e^2}{m_e(\omega_0^2 - \omega^2)} = \frac{m^2 - 1}{m^2 + 2}\frac{3\varepsilon_0}{N},\qquad(16.2.6)$$

再利用散射函数的定义(16.1.1),令 $I_0 = \frac{1}{2}c\varepsilon_0 E_0^2$,有

$$\sigma^m(\zeta) = \frac{9\pi^2}{N^2\lambda^4}\left(\frac{m^2 - 1}{m^2 + 2}\right)^2 \sin^2\zeta.$$

当入射光为自然光时,类似的计算给出

$$\sigma^m(\theta) = \frac{9\pi^2}{2N^2\lambda^4}\left(\frac{m^2 - 1}{m^2 + 2}\right)^2 (1 + \cos^2\theta).\qquad(16.2.7)$$

注意,这里 θ 是入射光方向和观测方向之间的夹角,即散射角.

对于空气分子,因 $m\approx1$,可令 $m^2 + 2\approx3$,故散射函数(16.2.7)式可写成

$$\sigma^m(\theta) = \frac{\pi^2 (m^2 - 1)^2}{2N^2\lambda^4}(1 + \cos^2\theta),\qquad(16.2.8)$$

散射截面可写成

$$\sigma_{sc}^m = \frac{8\pi^3 (m^2 - 1)^2}{3N^2\lambda^4}.\qquad(16.2.9)$$

还可取 $(m^2 - 1)^2\approx4(m - 1)^2$,作进一步近似.但大气气溶胶粒子的折射率一般为 $1.33\sim1.60$,故不能作上述近似.

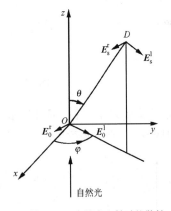

图 16.5　自然光入射时的散射

利用图 16.5 可以对(16.2.7)式的角度关系进行简单的讨论.因为自然光可以分解为两个互相垂直的线偏振光,其强度各为总光强的一半,故以散射平面为参考,将入射光分解为两个强度相等的偏振分量 E_0^l 和 E_0^r,它们所激发偶极子的散射电场分别为 E_s^l 和 E_s^r.从图中可以看到,E_s^r 和 E_0^r 是互相平行的,不随 θ 角而变,而 E_s^l 和 E_0^l 之间有一个角度,因此 E_s^l 和 $E_0^l\cos\theta$ 成正比.这样,两个偏振分量有

$$I_s^l \propto I_0^l\cos^2\theta,\quad I_s^r \propto I_0^r.$$

而当方位角 φ 变化时,散射平面也相应地改变.因自然光可以在任何两个互相垂直的方向上进行分解,故散射光强度不随 φ 而变.从(16.2.8)式可以看出,即使入射光是自然光,散射光的两个偏振分量也不一定相等.散射过程改变了光的偏振状态,这一点也是散射的重要特性之一.

为了定量地描述光的偏振状态,常用偏振度的概念:

$$P(\theta) = \frac{I^r(\theta) - I^l(\theta)}{I^r(\theta) + I^l(\theta)},\qquad(16.2.10)$$

其中 $I^r(\theta)$ 和 $I^l(\theta)$ 分别代表互相垂直的两个偏振分量.对分子散射而言,在入射光为自然光的条件下有

$$P(\theta) = \frac{1 - \cos^2\theta}{1 + \cos^2\theta} = \frac{\sin^2\theta}{1 + \cos^2\theta}.\qquad(16.2.11)$$

图 16.6 给出了瑞利散射两个偏振分量及偏振度 $P(\theta)$ 随 θ 角的变化,其电矢量分别垂直和平

行于观测平面.

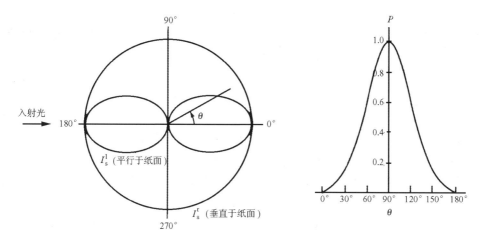

图 16.6 瑞利散射两个偏振分量及偏振度随 θ 的变化

若把分子数密度 N 与单个分子体积 V_m 相联系,假定分子之间无空隙,有 $NV_m=1$(单位体积),故可设想 N 和 V_m 成倒数关系,而 $V_m=\dfrac{4}{3}\pi r^3$,其中 r 为空气分子半径,则由(16.2.7)式可得到散射函数及散射截面为

$$\sigma^m(\theta)=\frac{8\pi^4 r^6}{\lambda^4}\left(\frac{m^2-1}{m^2+2}\right)^2(1+\cos^2\theta),\qquad(16.2.12)$$

$$\sigma_{sc}^m=\frac{128\pi^5 r^6}{3\lambda^4}\left(\frac{m^2-1}{m^2+2}\right)^2.\qquad(16.2.13)$$

这种写法的好处是可把公式推广到半径为 r 的小粒子的散射.同样,可以写出散射效率的表达式:

$$Q_{sc}^m=\frac{\sigma_{sc}^m}{\pi r^2}=\frac{128\pi^4 r^4}{3\lambda^4}\left(\frac{m^2-1}{m^2+2}\right)^2.\qquad(16.2.14)$$

这些结果与 16.3 节将要讨论的球状粒子散射的解是一致的.当 $2\pi r/\lambda\ll1,2\pi rm/\lambda\ll1$ 的条件满足时,均匀球状粒子散射的解就简化为上述结果.

现在可以总结瑞利散射的基本特征:

(1) 散射光强度和波长的 4 次方成反比,这也是天空为什么是蓝色的原因;

(2) 散射光强度和粒子体积的平方成正比;

(3) 当入射光为自然光时,散射光强度的空间分布简单地服从 $1+\cos^2\theta$ 的关系,前后向散射呈对称分布;

(4) 散射光有很高的偏振度,尤其在 $\theta=90°$ 附近,几乎是全偏振的.

在上面的讨论中把分子当做一个均匀、各向同性的粒子来处理.按(16.2.11)式,当 $\theta=90°$ 时散射光应当是全偏振的,但实际空气分子并非严格的各向同性,因此显示出某些退偏振度,即 $P(90°)\neq0$.可以定义退偏振因子

$$P_n=\frac{I_1(\pi/2)}{I_r(\pi/2)}=\frac{2\gamma}{1+\gamma}.\qquad(16.2.15)$$

P_n 的数值和空气成分有关,γ 则由 P_n 确定.当把退偏振因子引入散射函数或散射截面的表达

式时,(16.2.7)式等均应乘上一个因子

$$\Delta = (6 + 3P_n)/(6 - 7P_n). \tag{16.2.16}$$

Penndorf(1957)认为,对空气来说,$P_n = 0.035$,故 $\Delta \approx 1.06$,$\gamma = 0.0178$,即由于空气分子的非各向同性,其瑞利散射的作用要比各向同性条件下大 6% 左右.

16.3 均匀球状粒子的散射——米散射

瑞利散射把散射粒子当做一个振动偶极子处理,因此只适用于空气分子或很小的粒子($\alpha < 0.1$).对于由很多分子组成的颗粒,在外电场的激发下,每个分子都会形成一个偶极子,向外发射着子波.又因为粒子的尺度可与波长相比拟,入射波的相位在粒子中是不均匀的,造成了各子波在空间和时间上的相位差.当子波叠加形成散射波时,由于相位差将造成子波的干涉.这种干涉取决于入射光的波长、粒子的大小、折射率及散射角.当粒子增大时,干涉作用增大,使散射过程变得极为复杂.1908 年,G. Mie 给出了均匀的球状粒子散射问题的精确解,也就是米散射理论.

16.3.1 球状粒子对电磁波的散射和吸收

仍参阅图 16.4,设单色平面偏振波沿 z 轴方向传播,其电矢量沿 x 轴方向振动,有

$$E = E_0 e^{-i(kz - \omega t)},$$

式中 E_0 为入射波振幅,不失一般性,可以假定 $E_0 = 1$.在 O 点放置一个半径为 r 的均匀球状粒子.要计算其在 (θ, φ) 方向的散射光,和以往一样,取包含入射光和散射光方向的平面为散射平面,并将入射光和散射光都分解为两组互相垂直的偏振分量 $E_0^l, E_0^r, E_s^l, E_s^r$,其中 E_0^l, E_s^l 在散射平面内,E_0^r 和 E_s^r 与散射平面垂直.

当电磁波射到粒子上时,有一部分电磁波透入到球的内部,形成透射场,而在粒子外部将形成一个散射场.入射场、散射场和透射场在粒子表面必须满足一定的边界条件.利用麦克斯韦方程,Mie 得到关于散射电场的表达式:

$$\begin{cases} E_s^l = -E_0^l \dfrac{i}{kR} e^{-i(kR - \omega t)} S_2(\theta), \\ E_s^r = -E_0^r \dfrac{i}{kR} e^{-i(kR - \omega t)} S_1(\theta). \end{cases} \tag{16.3.1}$$

这里 $S_1(\theta)$ 和 $S_2(\theta)$ 为两个复振幅函数,计算公式如下:

$$\begin{cases} S_1(\theta) = \sum_{n=1}^{\infty} \left\{ \dfrac{2n+1}{n(n+1)} [a_n \pi_n(\cos\theta) + b_n \tau_n(\cos\theta)] \right\}, \\ S_2(\theta) = \sum_{n=1}^{\infty} \left\{ \dfrac{2n+1}{n(n+1)} [b_n \pi_n(\cos\theta) + a_n \tau_n(\cos\theta)] \right\}, \end{cases} \tag{16.3.2}$$

式中 a_n 和 b_n 为复函数,称为米散射参数,分别反映电场振荡和磁场振荡对散射的影响,由粒子的复折射率 m,尺度数 α 和参数 $\rho = m\alpha$ 决定.复折射率是一个复数,常以 $m = n_r + i n_i$ 表示,其中实部为折射率(或称折射指数),虚部则表示吸收.函数 π_n 和 τ_n 是角函数,仅与角度 θ 有关.无穷级数表示在入射电磁波作用下,散射粒子内电荷随入射波同步做强迫振荡产生的多阶散射电磁波的和.

l 和 r 两个分量的散射光强度分别与散射电场振幅的平方成正比,有

$$
\begin{cases}
I_\mathrm{s}^\mathrm{l} = \dfrac{I_0^\mathrm{l}}{k^2 R^2} \mid S_2(\theta) \mid^2 = \dfrac{I_0^\mathrm{l}}{k^2 R^2} i_2, \\[3mm]
I_\mathrm{s}^\mathrm{r} = \dfrac{I_0^\mathrm{r}}{k^2 R^2} \mid S_1(\theta) \mid^2 = \dfrac{I_0^\mathrm{r}}{k^2 R^2} i_1,
\end{cases}
\tag{16.3.3}
$$

其中 $i_1 = \mid S_1(\theta) \mid^2$, $i_2 = \mid S_2(\theta) \mid^2$ 称为强度分布函数. 散射光总强度为

$$
I_\mathrm{s} = I_\mathrm{s}^\mathrm{l} + I_\mathrm{s}^\mathrm{r} = (k^2 R^2)^{-1}(I_0^\mathrm{l} i_2 + I_0^\mathrm{r} i_1).
\tag{16.3.4}
$$

当入射光为自然光时,有

$$
\begin{cases}
I_0^\mathrm{l} = I_0^\mathrm{r} = \dfrac{1}{2} I_0, \\[3mm]
I_\mathrm{s} = \dfrac{I_0}{2 k^2 R^2}(i_2 + i_1).
\end{cases}
\tag{16.3.5}
$$

根据(16.1.1)式,相应的散射函数为

$$
\sigma(\theta) = \frac{1}{2 k^2}(i_2 + i_1).
\tag{16.3.6}
$$

对与米散射有关的其他参量(均和入射光的偏振状态无关)有

$$
Q_\mathrm{sc} = \frac{2}{\alpha^2} \sum_{n=1}^{\infty} \left[(2n+1)(|a_n|^2 + |b_n|^2) \right],
\tag{16.3.7}
$$

$$
Q_\mathrm{ex} = \frac{2}{\alpha^2} \sum_{n=1}^{\infty} \left[(2n+1)\mathrm{Re}(a_n + b_n) \right],
\tag{16.3.8}
$$

$$
Q_\mathrm{ab} = Q_\mathrm{ex} - Q_\mathrm{sc},
\tag{16.3.9}
$$

$$
\tilde{\omega}_0 = Q_\mathrm{sc}/Q_\mathrm{ex},
\tag{16.3.10}
$$

$$
g = \overline{\cos\theta} = \frac{4}{\alpha^2 Q_\mathrm{sc}} \sum_{n=1}^{\infty} \left[\frac{n(n+2)}{n+1}\mathrm{Re}(a_n a_{n+1}^* + b_n b_{n+1}^*) + \frac{2n+1}{n(n+1)}\mathrm{Re}(a_n b_n^*) \right],
\tag{16.3.11}
$$

$$
P(\theta) = (i_1 - i_2)/(i_1 + i_2),
\tag{16.3.12}
$$

其中 Re 表示取实部, * 表示共轭相乘. 当 $\alpha \ll 1$, $m\alpha \ll 1$ 时,级数只取 α 的最低幂次项,米散射公式就简化为瑞利散射.

16.3.2 米散射的特性

图 16.7 给出了当自然光入射时,不同尺度数 α 粒子的散射函数图形. 图形用极坐标形式给出,散射粒子(水滴)处于中心 O 点,其折射率为 1.33. 入射的自然光从图左侧进入. 曲线矢径的长度与此方向散射光强度成正比. 为了反映不同尺度粒子散射能力的剧烈变化,矢径长度采用了对数尺度. 从图中可以看出,对 $\alpha = 0.2$ 的粒子,其图形前后基本对称,在散射角为 90° 方向有极小值,符合瑞利散射的规律;对 $\alpha = 1$ 的粒子,前后散射稍有不对称,其数值在 $10^{-2} \sim 10^{-1}$ 数量级,比 $\alpha = 0.2$ 的大了 4 个数量级;对 $\alpha = 3$ 的粒子,前向散射强度为 $10^1 \sim 10^2$,而后向散射强度为 $10^{-1} \sim 10^0$,相差 2 个数量级. 但至此散射函数尚未出现剧烈振动,而仅在 $\theta = 90°$ 附近有极小值. 当 α 更大时,散射函数随 θ 角度的振动就越来越明显. 到 $\alpha = 20$ 时,从前向到后向共出现 15 个极小值. 单个粒子的散射效率随粒子尺度数 α 的变化曾在图 5.10 中给出,散射效率随尺度数呈振动形式变化,最后趋近于 2. 从这两个图形可以看出米散射的基本特征. 但在讨论这些特征出现的原因之前,先考虑 $r \gg \lambda$ 的极端情形是很有启发性的. 这时可以用光线在

介质球表面的反射、折射和衍射作用来解释散射光的分布.

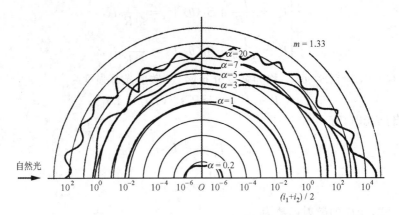

图 16.7　自然光入射时单个粒子米散射函数随尺度数 α 的变化

图 16.8 给出了光线在介质球表面反射、折射和衍射的各种路径. 对于擦过球边上的光线 ($l=0$), 由于球表面的衍射, 它将折向球的几何阴影区. 总衍射光等于投射到粒子横截面上的总光通量, 这一结果与粒子的形状、性质无关. 这也是大粒子 $Q_{sc}=2$ 的原因. 当粒子没有吸收时, 衍射光恰好占散射光的一半. 衍射光基本上都集中于前向($\theta=0$), 而其偏振状态和入射光相同.

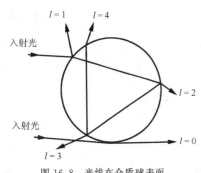

图 16.8　光线在介质球表面
的反射、折射和衍射

在球表面反射和折射的光线, 其强度和偏振度都可由菲涅耳公式计算. 直接从球表面反射的光线($l=1$)只占总散射光的百分之几, 主要集中在散射角为 $80°\sim120°$ 范围内, 但往往有很高的偏振度. 对于透明球, 那些经过两次折射而从球中穿透的光线($l=2$)占了散射光很大比例, 其具体数值和介质的折射率有关, 这种光线主要集中于前向, 其偏振状态和入射光相同. 对 $l\geqslant3$ 的各条光线, 它们对散射光的总贡献不超过百分之几, 但在某些角度会变得相当集中, 因此可以形成虹($l=3$)或霓($l=4$). 表 16.1 给出了在两个不同折射率时, 各种光线对粒子散射光的贡献. 总之, 一个大的介质球的散射光, 其中前向散射占了很大比例, 它主要由衍射光和透射光构成, 其偏振状态和入射光相同, 在 θ 约为 $90°$ 附近的散射光, 主要是由一次反射光构成, 具有很高的偏振度; 在后向散射, 尤其是 $\theta\approx137°$ 附近, 由于 $l=3$ 的光线在这一方向相对集中, 可出现一束较强的散射光, 这也是形成虹的原因.

表 16.1　介质球表面光线的衍射、反射和透射在总散射光中所占比例

l	0	1	2	3	4	>5
$m=1.33$	0.5	0.033	0.442	0.020	0.003	0.002
$m=1.50$	0.5	0.081	0.364	0.043	0.003	0.004
散射角	约为 $0°$	$80°\sim120°$	约为 $0°$	$137°\sim180°$		
偏振状态	同入射光	偏振	同入射光			

现在讨论一般的情形, 见图 16.7. 可以看到随着粒子尺度数的增大, 散射光的角度分布是如何从瑞利散射这种简单的图形逐渐向几何光学散射所描述的特征转化的. 这里特别要注意的

是散射的特征取决于粒子的尺度数 α,而不是半径,因此在一个波长范围内,只要粒子的折射率没有改变,较短波长的光在小粒子上的散射与较长波长的光在大粒子上的散射可能是一样的.

散射效率随着粒子尺度数增大的变化,从前面图 5.10 的曲线可看出,当尺度数增大时,散射效率 Q_{sc} 以振动的方式变化,最后趋向于 2,即粒子的散射截面是其几何截面的 2 倍.关于曲线的振动方式,可以注意到有两种周期的变化,其中一种振幅较大,周期 $\Delta\alpha\approx10$(相对于折射率为 1.33),另一种是叠加在它上面的小振动,$\Delta\alpha\approx0.8$.前一周期的振动主要是由于衍射光($l=0$)和透射光($l=2$)互相干涉引起的,因为这两种光占了总散射光的 95%,因而引起的幅度变化较大.干涉过程可以解释如下:与衍射光相比,透过粒子的光线有一个相位的延迟,对通过球心的光线来说,其值为 $2\alpha(m-1)$.当这两条光线的相位差为 2π 的整数倍时,这两条光线就干涉加强.对 $m=1.33$ 的情形,相当于 $\Delta\alpha\approx9.6$.Q_{sc} 曲线上叠加的快速振动主要是由与球面相切的光线与衍射光之间的干涉引起的.

因为 $\alpha=2\pi r/\lambda$,当 r 固定时,Q_{sc} 随 α 的变化也可以解释为 Q_{sc} 随波长的变化(假设在这一波长范围内折射率不变).从图 5.10 中也可以看出,当 α 很小时,$Q_{sc}\propto\lambda^{-4}$,这就是瑞利散射的情形;当 α 值增大,Q_{sc} 随波长的变化就减慢,但在 $\alpha<6$ 之前可以用 $Q_{sc}\propto\lambda^{-n}$,$0<n<4$;在 $\alpha>6$ 以后,Q_{sc} 就以振动的形式变化了.

下面讨论由于粒子的吸收对散射函数和各种截面的影响.图 16.9 给出了粒子折射率为 1.33 时,随着 n_i 的增大,强度分布函数的变化.当 $n_i<10^{-2}$ 时,i_1,i_2 和无吸收时差别不大;当 $n_i=0.1$ 时,i_1 的极小值变得尖锐,而 i_2 也开始出现极小值;当 $n_i\geqslant1$ 时,i_1 反而变得平滑,在 i_2

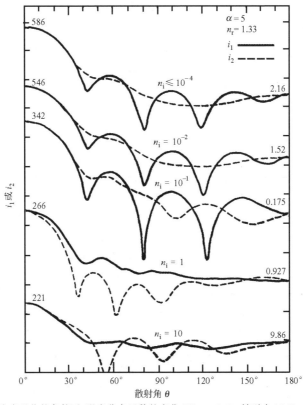

图 16.9　在有吸收的条件下,强度分布函数的变化(Plass,1966;转引自 McCartney,1976)

纵坐标为对数尺度,曲线左、右两端的数值为曲线的端值

447

上出现一些极小值.比较前向($\theta=0°$)和后向($\theta=180°$)散射光的强度,当 n_i 变大时,后向散射相对增强,这和粒子反射的增强有关.

图 16.10 给出了波长 $\lambda=0.55\,\mu\mathrm{m}$,$n_r=1.5$ 时,随着 n_i 的增大,Q_{sc},Q_{ab},Q_{ex},$\bar{\omega}_0$ 和 g 的变化.其中有两个特点值得注意:一是随着吸收的加大,Q_{ex} 和 Q_{sc} 曲线上的振动减小并最后消失.对大粒子,散射效率也趋向于 1(图(b)).但这时因为吸收效率加大,总的消光效率仍趋向于 2.第二个特点是当 n_i 继续增大时,情况又反过来了,吸收开始减小,散射又有增大.最后当 $n_i\rightarrow\infty$ 时,Q_{sc} 又恢复到无吸收的情形,即当 $\alpha\rightarrow\infty$ 时,$Q_{sc}\rightarrow2$(图(b)),但振动已经消失.出现上

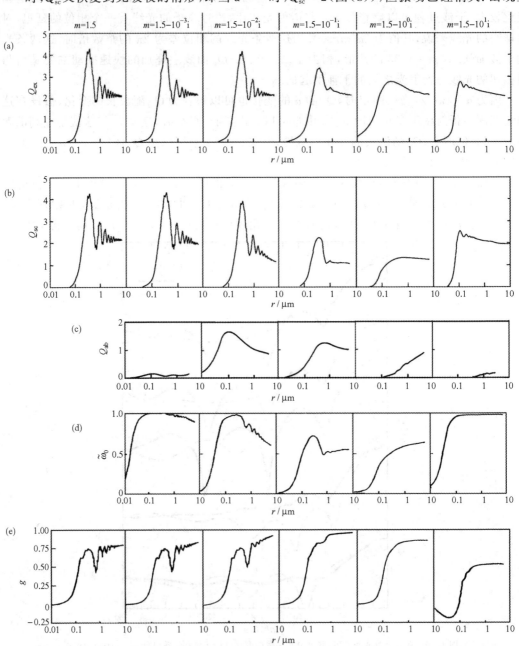

图 16.10　各散射参数随吸收增强的变化(引自 Twomey,1977)

述变化的原因不难用 $l=0$ 和 $l=2$ 两条光线干涉的原理加以解释. 当 n_i 增大时, $l=2$ 的光线由于介质的吸收而减弱, 因此由干涉作用引起的振动也逐渐减小. 当 n_i 很大时, 粒子变为导体, 它将入射波全部反射, 因此也没有吸收, 当然由于干涉所引起的振动也不出现了. 图16.10(c), (d), (e)中给出的 Q_{ab}, $\tilde{\omega}_0$, g 随 n_i 的变化也显示出类似的结果, 在适当的 n_i 值曲线都出现一个峰值, 然后又恢复到 $n_i=0$ 的情形, 而吸收作用最强的 n_i 值约为 $0.1\sim1$ 之间.

根据上面的讨论, 可以总结出米散射的主要特点:

(1) 随着粒子尺度数 α 的增大, 前向散射光在总散射光中的比值迅速增大, 这就是所谓的米效应.

(2) 前向散射光基本上不改变入射光的偏振状态, 当入射光是自然光时, 前向散射光也是非偏振的. 散射光偏振度最大的方向出现在散射角为 $85°\sim120°$ 之间.

(3) 在吸收不强时, 散射效率 Q_{sc} 随 α 的增大呈振动状态变化, 最后趋向于 2, 即散射截面是几何截面的 2 倍. 但当吸收增强时, Q_{sc} 曲线上的振动消失了.

(4) 散射截面随波长而变. 当 α 很小时, 和瑞利散射一样, 与波长 4 次方成反比; 当 α 增大时, 逐渐变为和 λ^{-n} ($0<n<4$) 成正比; 最后当 α 相当大时, 和波长无明显关系.

16.4 实际大气中的散射

16.4.1 分子大气的散射

以上讨论了单个分子的散射, 但实际大气中总是要处理某一体积中大量分子的散射问题. 根据 16.1.2 小节中所述, 单位体积中的总散射应是这一体积中各个粒子散射的总和. 对于空气分子, 因每个分子的散射都是相同的, 只要知道其数密度, 就可以计算出单位体积空气的散射函数和其他参数. 设空气分子的数密度为 N, 则当自然光入射时, 有

$$\beta^m(\theta,\varphi) = N\sigma^m(\theta,\varphi) = \frac{\pi^2(m^2-1)^2}{2N\lambda^4}(1+\cos^2\theta), \qquad (16.4.1)$$

$$k_{sc}^m = N\sigma_{sc}^m = \frac{8\pi^3(m^2-1)^2}{3N\lambda^4}. \qquad (16.4.2)$$

有的场合习惯用相函数. 由(16.1.15)式, 空气分子单位体积散射函数可写为

$$\beta^m(\theta) = \frac{1}{4\pi}k_{sc}^m p^m(\theta), \qquad (16.4.3)$$

式中空气分子的相函数为 $p^m(\theta) = \frac{3}{4}(1+\cos^2\theta)$.

考虑到分子的各向异性, Chandrasekhar 给出相函数的公式(McCartney, 1976)为

$$p^m(\theta) = \frac{3}{4(1+2\gamma)}[(1+3\gamma)+(1-\gamma)\cos^2\theta], \qquad (16.4.4)$$

因为空气的 $\gamma=0.0178$, 故 $p^m(\theta)=0.7629(1+0.9324\cos^2\theta)$. 相应地, 散射系数 k_{sc}^m 也应乘上一个因子 Δ. 因此, 由(16.4.3)式得到空气分子的单位体积散射函数为

$$\beta^m(\theta) = \frac{2\pi^2(m^2-1)^2}{3N\lambda^4}\Delta \times 0.7629(1+0.9324\cos^2\theta). \qquad (16.4.5)$$

上式是在考虑分子各向异性条件下得到的. 相函数 $p^m(\theta)$ 及标准状态下的散射函数 $\beta^m(\theta)$ 仅为角度的函数, 有表可查(McCartney, 1976).

从(16.4.2)式可知, k_{sc}^m 与波长和数密度 N 有关. k_{sc}^m 基本上和波长的 4 次方成反比, 因

m^2-1 随波长也稍有变化,因此要略作修正.实际应用时,常假设是平面平行大气,此时大气的密度和折射率都是高度的函数,各高度折射指数与密度的关系为

$$m(z) - 1 = \left[m(0) - 1\right] \frac{\rho(z)}{\rho(0)}.$$

在标准状态(15℃,1013.25 hPa)下,大气折射率为

$$(m-1) \times 10^6 = 64.328 + \frac{29\,498.1}{146 - \lambda^{-2}} + \frac{255.4}{41 - \lambda^{-2}}, \tag{16.4.6}$$

其中 λ 为波长(单位:μm).

16.4.2　气溶胶的散射

如果知道了单个质点的散射特性,又知道了粒子的谱分布,则单位体积中气溶胶的散射特性也不难知道.对于尘埃等干的气溶胶粒子,其大小分布常常可用幂指数的形式,即荣格(Junge)分布表示:

$$\frac{\mathrm{d}N}{\mathrm{d}\lg r} = Cr^{-\nu} \tag{16.4.7}$$

或

$$\frac{\mathrm{d}N}{\mathrm{d}r} = 0.4343 Cr^{-(\nu+1)}, \tag{16.4.8}$$

其中 $\mathrm{d}N = n(r)\mathrm{d}r$ 为单位体积中半径在 $r \sim r+\mathrm{d}r$ 范围中的数密度,C 为谱分布中反映粒子数密度的常数.

由(16.1.14)式和(16.4.8)式可计算出单位体积中气溶胶粒子的散射函数:

$$\beta^{\mathrm{p}}(\theta) = \int_{r_1}^{r_2} \sigma^{\mathrm{p}}(\theta, r) n(r) \mathrm{d}r = 0.4343 C \frac{1}{2k^2} \int_{r_1}^{r_2} \frac{i_1 + i_2}{r^{\nu+1}} \mathrm{d}r$$

$$= 0.4343 C \left(\frac{2\pi}{\lambda}\right)^{\nu-2} \frac{1}{2} \eta(\theta), \tag{16.4.9}$$

其中

$$\eta(\theta) = \int_{x_1}^{x_2} (i_1 + i_2) x^{-(\nu+1)} \mathrm{d}x, \tag{16.4.10}$$

η 的值随积分限而变.图 16.11 中给出了由 Bullrich 计算的结果,计算时取 $r_1 = 0.04\ \mu\mathrm{m}, r_2 =$

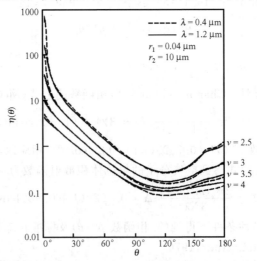

图 16.11　按幂指数谱分布计算的散射方向性函数(引自 Bullrich,1964)

$10.0\ \mu m$. 从图中可以看出,当 ν 减小时,前向散射强度变大. $\nu=4$ 表示有大量小粒子,故前向散射不太强.当 ν 减小,大粒子增加,前向散射也迅速加大.

比较单个粒子的散射函数(例如图 16.7)和单位体积气溶胶的散射函数可以看到,在对许多粒子进行积分以后,单个粒子散射函数中表现出来的剧烈振动现象消失了,这是由于不同尺度粒子散射函数的峰值和谷值互相补偿的结果.

由于激光雷达利用后向散射的原理进行观测,有关后向散射的数据也很受注意.图 16.12 给出了不同 ν 值时后向散射强度随波长的变化,计算时假定粒子是均匀的球体,数密度 $N=10^3$ 个 $/\mathrm{cm}^3$.

有了气溶胶粒子的谱分布,其他有关的积分量也可以相应求出.最常用的消光系数为

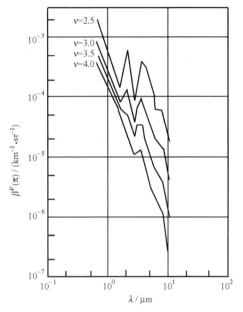

图 16.12　按幂指数谱分布计算的后向散射函数
(引自 McCartney,1976)

$$
\begin{aligned}
k_{\mathrm{ex}}^{\mathrm{p}} &= \int_{r_1}^{r_2} \pi r^2 Q_{\mathrm{ex}}^{\mathrm{p}}(r,\lambda,m) n(r)\,\mathrm{d}r \\
&= 0.4343 c\pi \int_{r_1}^{r_2} Q_{\mathrm{ex}}^{\mathrm{p}}(r,\lambda,m) r^{-(\nu+1)}\,\mathrm{d}r \\
&= 0.4343 c\left(\frac{2\pi}{\lambda}\right)^{\nu-2} K(\nu,m,r_1,r_2),
\end{aligned}
$$

(16.4.11)

其中

$$
K = \int_{\alpha_1}^{\alpha_2} Q_{\mathrm{ex}}^{\mathrm{p}}(\alpha,m)\alpha^{-(\nu+1)}\,\mathrm{d}\alpha.
$$
(16.4.12)

Bullrich 指出,由于在可见光波长范围内,对大气消光影响最大的是半径处于 $0.3\sim 0.7\ \mu m$ 范围内的气溶胶粒子,因此只要在这一半径范围内粒子谱分布满足幂指数分布,(16.4.11)式的积分就可以代表所有气溶胶粒子所构成的大气消光.这时消光系数和波长之间将满足下列关系:

$$
k_{\mathrm{ex}}^{\mathrm{p}} = A\lambda^{-(\nu-2)}.
$$
(16.4.13)

很多观测结果表明,上述消光系数随波长的变化关系是符合实际情况的.

气溶胶粒子散射系数的另一个值得注意的现象是反常色散,即在一定波长范围内,散射系数随波长增大.图 16.13 给出了粒子均匀大小时,不同半径粒子的散射系数随波长变化的规律.如果大气中具备适当的条件(气溶胶为均匀谱),半径在 $0.6\sim 2.0\ \mu m$ 之间,则在可见光波段可能出现反常色散现象,即长波的消光会超过短波的消光.

关于散射函数和消光系数随高度的变化,考虑到一般情况下气溶胶数密度随高度指数递减,若粒子的谱分布不随高度改变,则一般有

$$
\left[\beta^{\mathrm{p}}(\theta)\right]_z = \left[\beta^{\mathrm{p}}(\theta)\right]_0 \exp(-z/H_{\mathrm{p}}),
$$
(16.4.14)

$$
k_{\mathrm{ex}}(z) = k_{\mathrm{ex}}(0) \mathrm{e}^{-z/H_{\mathrm{p}}},
$$
(16.4.15)

这里 H_{p} 为气溶胶的标高,常取值 $1.2\ \mathrm{km}$.

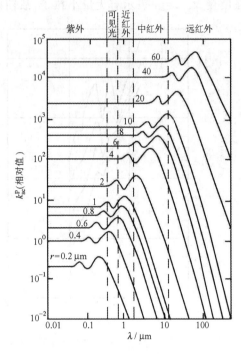

图 16.13　不同半径粒子总散射系数随波长的变化

(Gaertner，1947；转引自 McCartney，1976)

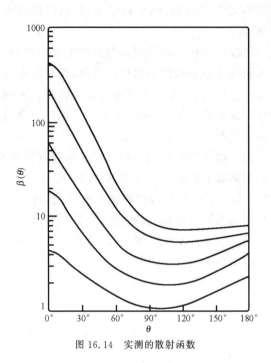

图 16.14　实测的散射函数

由于实际大气的多变性，简单的模式计算并不能完全代表实际情况，因此对大气散射特性的具体测量是十分重要的.图 16.14 是各种实测散射函数的例子.图 16.15 给出了消光系数随波长

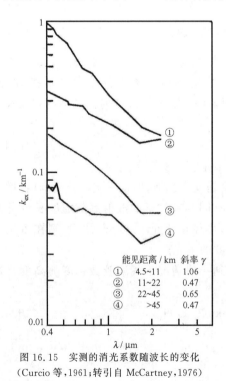

	能见距离 / km	斜率 γ
①	4.5~11	1.06
②	11~22	0.47
③	22~45	0.65
④	>45	0.47

图 16.15　实测的消光系数随波长的变化

(Curcio 等，1961；转引自 McCartney，1976)

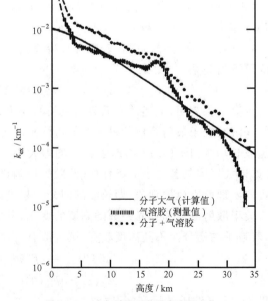

分子大气（计算值）

气溶胶（测量值）

分子 + 气溶胶

图 16.16　大气消光系数随高度的变化

(Elterman，1966；转引自 McCartney，1976)

的变化,这是将实测数据按不同能见距离统计得出的结果.可以看出,在不同能见距离时消光系数随波长变化的关系不同,从 $\lambda^{-1.06}$ 变为 $\lambda^{-0.47}$.图 16.16 给出了大气的消光系数随高度的变化,它是 Elterman(1966)在新墨西哥用探照灯方法测得的.从图中可以看到,k_{ex} 一般随高度递减,但在 18 km 处有所增大,表示这里聚集了较多的气溶胶粒子(硫酸盐粒子层).在这层以上散射迅速减小,在约 22 km 处变得小于分子散射.

16.4.3 非球形粒子的散射

米散射讨论的是均匀的球状粒子对电磁波的散射,但实际大气中的气溶胶粒子大部分都不是球形的.当考虑非球形粒子的散射时,就遇到了两个难题:其一是粒子形状的不规则;其二是粒子在空间取向的不同.

如果说米散射理论解决的是电磁波在球表面的边界问题,则非球形粒子的散射就要解决电磁波在不规则表面的边界问题,且这种边界常常还无法用数学公式表示出来.从理论上讲,可以把这种不规则的边界展开为级数,并将问题的解也做相应的级数展开,但这仍然给问题带来了极大的困难.

非球形粒子的另一个特点是其取向问题.由于粒子一般具有不对称的外形,粒子的取向将影响其散射特性.当考虑某一体积中大量粒子的散射时,还必须考虑体积中各个粒子的取向,这实际上是无法处理的.一般只能假设所有粒子都随机取向,而只讨论其平均的结果.

对非球形粒子形状的一种描述方法是引入高斯随机粒子(Gaussian random particles)模型(Sun 等,2003),在极坐标中,粒子表面各点的矢径 r 可写为

$$r(\theta,\varphi) = \frac{a\exp(s(\theta,\varphi))}{\sqrt{1+\sigma^2}}, \tag{16.4.16}$$

其中

$$s(\theta,\varphi) = \sum_{n=0}^{\infty}\sum_{m=-n}^{n}S_{nm} \cdot y_{nm}(\theta,\varphi),$$

上式中 a 为平均半径,σ 为半径的标准差,y_{nm} 为正交球谐函数,S_{nm} 为均值为 0 的高斯随机数.图 16.17 给出了当 σ 分别为 0,0.05,0.1,0.2,0.4,0.8 时粒子的图形.可以看出,当 σ 加大时,粒子的外形趋向于复杂.由于粒子的最终外形与随机数 S_{nm} 每次取值有关,因此每个粒子的形状实际上是不固定的.

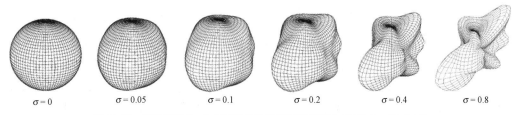

$\sigma = 0$ $\sigma = 0.05$ $\sigma = 0.1$ $\sigma = 0.2$ $\sigma = 0.4$ $\sigma = 0.8$

图 16.17 半径标准差 σ 为不同数值时的高斯随机粒子(引自 Sun 等,2003)

由于对非球形粒子散射这一问题处理上的困难,除了发展对某些特定边界情况的精确解以外,主要按下述两个方面进行探索:一是用实验进行测量研究;二是发展某些近似计算的理论.一般气溶胶粒子的尺度都很小,对单个粒子的散射进行测量当然不是一件容易的事情,但

散射理论表明,粒子的散射特性只与其相对尺度数 α 和折射率有关,只要保持折射率数值相同,用较长的波长就可以选用较大的粒子进行测量,一般可选用微波.

在近似理论的研究方面,已经发展了多种计算方法.对尺度满足瑞利散射的小粒子,可以在瑞利散射的基础上加以扩展,例如 Rayleigh-Jeans 近似方法,在处理小的椭球粒子的散射时常常用这一方法.对于尺度很大的粒子,可用光线追踪近似(ray-optics approximation),它分别考虑一条条光线在粒子表面的折射和反射.对粒子尺度处于米散射段的非球形粒子,其散射计算最为困难.原则上用体积积分的方法总是可以计算的,在这一方法中将粒子体积分割为许多足够小的区域,每个区域认为是一个偶极子,总散射是这些偶极子发射子波的叠加.但在叠加时必须考虑每个偶极子入射波的振幅和相位以及各偶极子散射波的干涉.如果粒子形状在某些方向还有一些对称性,T 张量方法(T-matrix method)是一种很好的近似方法,有较广的应用.在对精度要求不高时,二阶小扰动近似方法(second-order perturbation approximation)也可以考虑.在计算机计算能力快速发展的今天,对麦克斯韦方程组直接做数值解也是可取的.如果在直角坐标中求解,则必须把网格取得足够小,一般以粒子半径或波长(取其中小的一个值)为特征值,网格大小必须小于它的 1/10,计算量将是十分大的.基于有限元原理发展的 FDTD(finite-difference time-domain)方法,计算效率比较高.图 16.18 是用这一方法计算得到的六种高斯随机粒子的散射相函数.从图中可以看出,随着粒子外形越来越复杂,在散射角 90° 前后的散射能力有较大变化,后向散射能力变化较小,而前向散射能力则基本没有变化.

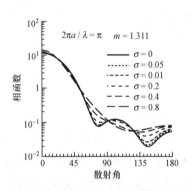

图 16.18 用 FDTD 方法计算的六种
高斯随机粒子的散射相函数

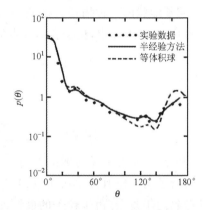

图 16.19 非球形粒子散射相函数的
近似计算(引自 Pollack 和 Cuzzi,1980)

所有的理论计算都需要有实验数据检验,虽然实验测量很困难,但这种检验还是十分重要的.图 16.19 是 Pollack 和 Cuzzi 用半经验方法计算的结果和实验观测结果的比较,其中对较小粒子仍然沿用米散射公式,用等体积球或等表面积球的半径来代替非球形粒子的尺度进行计算;而对较大粒子,则分别考虑光线在粒子表面的反射、折射和衍射.实验结果是根据 Zerull 的资料,他用微波(波长 $\lambda = 3\,\mathrm{cm}$)对 $5.9 \leqslant \alpha \leqslant 17.8$ 的凸或凹的颗粒进行测试.图中也给出了用米理论计算等体积球的结果,可以看出,在散射角大于 80° 以后,和测量的结果都相差较远,但半经验理论则可得到较好的结果.

理论分析表明,对非球形粒子的散射特性,当粒子尺度数 $\alpha > 5$ 以后,米理论就不适用了,应当选用一些近似的计算方法进行处理.

16.5 散射参量的观测

以上各节讨论大气中的散射和削弱时,最主要的物理量是大气的散射系数、吸收系数和消光系数以及大气的散射函数.这些量虽然可通过对分子或气溶胶特性的测量,从理论计算得出,但更多情况下需要直接进行测量.现在简单地讨论一下测量方法.

16.5.1 大气消光系数的测量

大气消光系数是散射系数和吸收系数之和,其中每一项还可以区分为分子和气溶胶的作用.一般认为在可见光和近红外波段,空气分子的消光系数易从计算得到,故测量的重点常常是气溶胶的散射和吸收.

测量大气消光系数最基本的方法是根据(16.1.20)式,用一束已知强度为 I_0 的平行光,测量它透过一段距离 R 后的强度 I.若这段距离中大气是均匀的,则

$$\frac{I}{I_0} = \exp(-k_{ex}R),$$

$$k_{ex} = -\frac{1}{R}\ln\frac{I}{I_0}. \tag{16.5.1}$$

图 16.20 为测量装置的示意图.光源 A 经调制后由物镜 M_1 汇聚为一束平行光,通过一段距离 R 的大气后,由物镜 M_2 聚集于光阑上.通过光阑的光在透过滤光片后,为光电器件 G 所接收.由 G 的输出信号可以决定 I 的数值.这种系统要求 I_0 值稳定和 I 值测量准确,这给设备的制作带来了困难.事实上,(16.5.1)式表明,决定 k_{ex} 的是 I 和 I_0 的比值而不是绝对数值,故设计了补偿式仪器,其原理如图 16.21 所示.

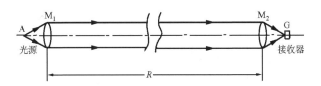

图 16.20 透射法测量消光系数示意图

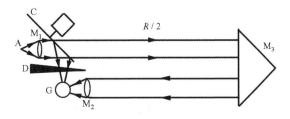

图 16.21 补偿法测量消光系数示意图

调制轮 C 使光束轮流地充作测量光束和参考光束.测量光束被反射器 M_3 反射后,到达接收器 G;参考光束则通过有刻度的可调减光器 D 后也到达 G.调节减光器以使这两束光强相同,则减光器的刻度即指示出这段大气路程的透过率 $\tau = I/I_0$.这种方法的好处是对光源和光电器件稳定性的要求较低,只要减光器的刻度正确,即能正确地测出大气透过率.困难在于如

何判断测量光束和参考光束强度确实相等.

上面两种方法都是根据(16.1.20)式设计的.当对测量的要求较高时,必须分析(16.1.20)式固有的问题.(16.1.20)式原是表示一束平行光通过一段大气路程后光强的变化.所谓的平行光,其发散角应为零.相应地,接收装置应当只接收透射的平行光,其接收张角也应当为零.然而,实际的接收装置总有一定的张角,它把一部分前向散射光也接收了进来,使测到的消光

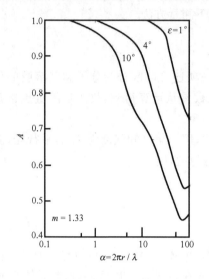

图 16.22　不同粒子尺度与接收装置张角 ε 下 A 值的关系(引自 Deepak 和 Box, 1978)

系数小于真实值.当粒子愈大时,前向散射愈强;接收器的张角愈大时,进入接收装置的前向散射光就愈多.这两个因素都会使消光系数的测量值偏小.若用 A 代表实测消光系数和真实消光系数之比值,Deepak 和 Box 曾计算过在不同粒子尺度和接收装置的不同张角 ε 下的 A 值(图 16.22).从图中可以看到,当粒子较小时,有 $A \approx 1$,但当粒子较大或张角 ε 稍大时,前向散射引起实测消光系数偏小是十分明显的.

积分散射度计是一种专门测量大气散射系数的装置. Beutell 等在 1943 年首先提出这种装置的原理,Middleton 又对它进行过详细的讨论.图16.23(a)画出了这种装置的主要结构,图 16.23(b)给出其光学系统的原理.光电倍增管通过小孔和光阑可以观测到立体角 Ω 中的散射光.立体角中所有散射体积都被漫散射光源 I_0 照明.

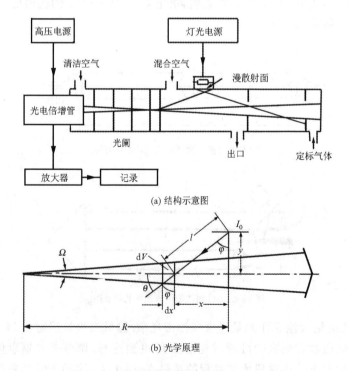

(a) 结构示意图

(b) 光学原理

图 16.23　积分散射度计(引自 Charlson, 1980)

从图 16.23(b)可得到每一段散射体积为
$$dV = (R - x)^2 \Omega dx,$$
其几何关系为
$$\theta = \frac{\pi}{2} - \varphi,$$
$$x = y \cot\theta, \quad dx = y \csc^2\theta d\theta, \quad l = y \csc\theta, \quad \cos\varphi = \sin\theta,$$
故散射体积为
$$dV = (R - y \cot\theta)^2 \Omega y \csc^2\theta d\theta.$$
因为 I_0 是漫射光源，φ 方向的光亮度满足余弦关系，故散射体积 dV 上的入射光强度为
$$E = I_0 \cos\varphi / l^2 = I_0 \sin^3\theta / y^2.$$
体积元 dV 在立体角 Ω 中产生的散射光流为
$$dE_s = \frac{E}{(R-x)^2}\beta(\theta)dV = \frac{I_0}{y}\Omega\beta(\theta)\sin\theta d\theta,$$
光电倍增管接收到的单位立体角中的光流为
$$L = \frac{1}{\Omega}\int_{\theta_1}^{\theta_2} dE_s = \frac{I_0}{y}\int_{\theta_1}^{\theta_2}\beta(\theta)\sin\theta d\theta,$$
其中积分限 θ_1, θ_2 取决于仪器结构. 如 y 值很小，而水平光路又足够长，积分限原则上可包括 $0 \sim \pi$，则由积分散射度计的输出 L 就可以直接得到散射系数 k_{sc}，即
$$L = \frac{I_0}{y}\int_0^\pi \beta(\theta)\sin\theta d\theta = \frac{I_0}{2\pi y}k_{sc}. \tag{16.5.2}$$
但实际仪器并不真正满足上述要求，一般可做到 $5° < \theta < 175°$，这当然给 k_{sc} 的测量带来误差. 幸好积分函数中包含有 $\sin\theta$，它在被忽略的两个区间（$0° \sim 5°$，$175° \sim 180°$）中的数值很接近于零，故造成的误差较小. 理论分析表明，对一般大气气溶胶，积分散射度计测量 k_{sc} 的误差不大于 $\pm 10\%$.

积分散射度计除了可以直接测量大气的散射系数外，还有以下的优点：① 可以连续自动地观测；② 可以比较方便地进行定标；③ 若控制进入散射体积中空气样品的温度和湿度，可以研究在不同湿度条件下气溶胶的散射系数，从而提供气溶胶化学组分的信息.

对于解决大气光学的应用问题，不仅要知道地面的消光系数，而且要知道整层大气的光学厚度或消光系数随高度的分布.

测量整层大气垂直光学厚度 δ_0 的一种常用方法是用太阳光度计方法，它以太阳或其他天体作为光源，测量其直接辐射强度随天顶距的变化. 根据(5.4.19)式，在水平分层大气且忽略大气折射作用时，有
$$S = S_0 \exp(-\delta_0 \sec\theta), \tag{16.5.3}$$
式中 θ 是天顶角. 在需要考虑球面分层的场合，$\sec\theta$ 应改用大气质量数 m.

上面几种测量地面大气消光系数的方法也可用来测量消光系数随高度的变化. 这时需要把所用的仪器安装在飞机上或由气球带到高空，测量各高度上相应的值. 康德拉捷夫（Кондратъев）等把太阳分光光度计装在气球上升至 30 km 高空，测量各高度上太阳直接辐射光谱的变化，从而计算出大气消光系数随高度的分布（引自图 16.24）.

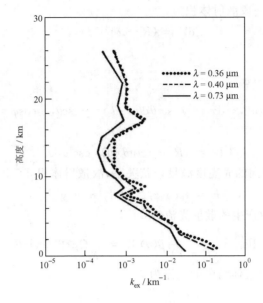

图 16.24　利用气球测量的消光系数随高度的分布(引自 Кондратъев, 1967)

16.5.2　大气散射函数的测量

　　另一个实测大气光学量是大气散射函数及其随高度的变化.所用的方法是根据散射函数的定义,即用一束平行光照射一块待测大气样品,再用探测器从各个角度测量散射光的强度分布.如果要测量散射光的偏振状态,则在探测器中安置适当的检偏振器.

　　图 16.25 给出了名古屋大学设计的大气散射度仪,光源是一个氩离子激光器,功率为750 mW,经光学系统聚成一束直径为 19 mm 的平行光束,光束是线偏振的.用一个光度计在不同角度测量散射光的强度.光度计前装有偏振片,可测出两个偏振分量.这个光度计可以测量 7°~170° 的散射光.另外,在 30° 方向放置一个固定光度计,以便监测入射光和大气气溶胶浓度的稳定情况.这套装置可以测出气体分子和各种气溶胶的散射函数,图 16.26 给出了其测量结果的实例,其中的点线是气体分子散射的两个偏振分量,另两组是不同气溶胶散射的两个偏振分量.

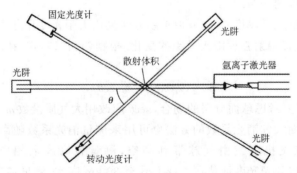

图 16.25　大气散射度仪(引自 Takamure 和 Tanaka, 1978)

458

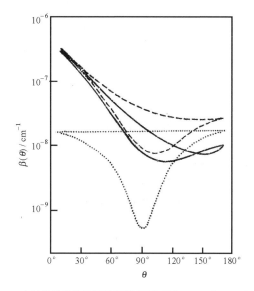

图 16.26　大气散射度仪的测量实例(引自 Takamure 和 Tanaka，1978)

习　题

1. 根据下表所列大气中各种粒子的尺度和浓度,估计粒子之间的平均距离,从而讨论它们是否满足独立散射的条件.

名　称	半径/μm	浓度/(个/cm^3)
空气分子	10^{-4}	10^{19}
爱根核	10^{-2}	10^3
霾质点	10^{-1}	10^2
雾滴	10^0	50^2
云滴	10^1	10^2
雨滴	10^3	10^{-4}

2. 计算下表中各种粒子相应于不同波长电磁波的尺度数,并讨论各种散射理论的适用范围.

粒子种类和平均 半径/μm	空气分子 10^{-4}	爱根核 10^{-2}	霾质点 10^{-1}	雾滴 10^0	云滴 10^1	雨滴 10^3
可见光 0.5 μm						
红外线 10 μm						
毫米波 8 mm						
厘米波 3 cm						

3. 若云滴谱可写为 $n(r)\mathrm{d}r = ar^6\mathrm{e}^{-br}\mathrm{d}r$,其中 $a=2.3730$,$b=1.5\ \mu\mathrm{m}^{-1}$,假定对可见光而言,所有云滴的散射效率均为 2,计算其散射系数.

4. 若大气气溶胶的散射相函数可写为

$$p(\theta) = \frac{(1-a^2)}{(1+a^2-2a\cos\theta)^{3/2}},$$

其中 a 为一常数,请证明在此情况下不对称度因子 $g=a$.

5. 试计算在标准大气状态下,下列几种气体分子的散射系数($\lambda=0.55\ \mu\mathrm{m}$).已知这几种气体的折射率 m 和退

偏振度 P_n 数据如下：

$$\text{空气：} \quad m = 1.000\,293, \quad P_n = 0.035;$$
$$CO_2： \quad m = 1.000\,450, \quad P_n = 0.084;$$
$$\text{CFC-12：} \quad m = 1.001\,055, \quad P_n = 0.090.$$

参 考 文 献

[1] 王永生等编著. 大气物理学. 北京：气象出版社,1987.

[2] Bullrich K. Scattered Radiation in the Atmosphere, Adv. In Geophysics, 10, Academic Press, 1964.

[3] Deepak A and M A Box. Comparison between photographic and photoelectric measure of the solar aureale almucantar radiation. Appl. Oppt. Opt. , 17, 1978.

[4] Elterman L. An Atlas of Aerosol Attenuation and Extinction Profiles for the Troposphere and Stratosphere. Rept. AFCRL-66-825. AFCRL,Bedford,Mss. ,1966.

[5] Kondratyev K Ya. Direct solar radiation up to 30km and stratification of attenuation components in the stratosphere. Appl. Oppt. Opt. , 6, 197～207,1967.

[6] McCartney G J. Optics of Atmosphere. John Wiley & Sons. , 1976.
潘乃先等译. 大气光学（中译本）. 北京：科学出版社,1988.

[7] Mie G. Beigrade zur Optick truber Medien, speziell kolloidaler Metallosungen. Ann. Physik. , 25：377 ～445, 1908.

[8] Penndorf R. Tables of the refractive index for standard air and the Rayleigh scattering coefficient for the spectral region between 0. 2 and 20. 0μm, and their application to atmospheric optics. J. Opt. Soc. Am. , 47, 176～182,1957.

[9] Rayleigh L. On the light from the sky, its polarization and colour. Phil. Mag. , 41：107～120, 1871.

[10] Sun W, et al. Light scattering by Gaussian particles：a solution with finite-difference time-domain technique. J. Quant. Spectrosc. Radiat. Transfer, 79～80, 1083～1090,2003.

[11] Twomey S. Atmospheric Aerosols. Elsevier Sci. Publ. Company,Amsterdam etc,1977.
王明星,王庚辰译. 大气气溶胶（中译本）. 北京：科学出版社,1984.

第十七章　大气层的光学现象

由于大气层对光的散射和吸收,出现了一系列的大气光学现象,包括白昼天空的发光、曙暮光时刻天空的亮度和着色现象、大气能见度问题以及和云雾降水相联系的各种大气光象.由于这些现象大多是人眼可以直接观测到的,因此很早就引起人们的关注和研究,使大气光学成为大气科学中发展最早的部分.远在 3000 多年以前,我国殷墟甲骨文中就有关于虹的资料.对于晕、虹、宝光环、海市蜃楼等大气光象,我国古代也都有观测和解释.

20 世纪初,天体物理学家开创了关于行星大气辐射传输的研究.在众多研究中,Chandrasekhar(1950)的著作具有里程碑的意义.他指出,平面平行大气中的辐射传输问题是数学物理的一个分支学科,且发展了许多种解决方法和技术,包括考虑偏振因素(K. N. Liou, 2002).这些工作为后来大气光学及大气遥感的辐射传输研究奠定了坚实的基础.

17.1　辐射传输方程

白昼,由于大气层对太阳光的散射,整个天空都很明亮,这就是天空背景光.由于这种背景光在很多大气光学问题中都有重要意义,对它的规律需要进行具体地研究.讨论整层大气的散射光亮度的分布规律时,必须考虑多次散射,这时大气层的散射光辐亮度、偏振状态和色彩的分布需要用辐射传输方程来计算.在第五章中曾对长波辐射的传输方程做了讨论,在那里辐亮度的变化主要受大气吸收和发射这两个过程的控制.而本节讨论的白昼天空背景光问题,则主要是大气对短波辐射的散射作用.

17.1.1　方程的建立

现在来建立光亮度 L 在空间变化时所满足的关系式,称之为辐射传输方程.仍考虑大气水平均匀的情况,如图 17.1 所示,设太阳光的入射方向为(θ_0, φ_0),大气外界太阳单色辐照度按照传统行星大气辐射传输理论习惯上以 $\pi F_{\lambda,0}$ 表示(Chandrasekhar,1950),这里 $\pi F_{\lambda,0}$ 代表大气上界垂直入射辐射通量密度(辐照度).观测方向为(θ, φ),其中 θ 表示观测方向与垂直方向的夹角,φ 表示方位.考察某一波长的光亮度 $L_\lambda(z, \theta, \varphi)$ 在经过一段气柱 Δl 后的变化 ΔL_λ,这种变化是由下列因素引起的:

(1) L_λ 经过 Δl 这段气柱后受到衰减;

(2) 由于太阳光直接射到这段气柱上,气柱

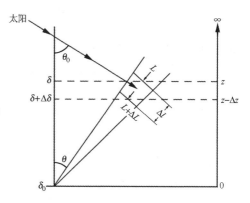

图 17.1　推导辐射传输方程示意图

发出散射光射向光度计,即一次散射;

(3) 气柱周围各个方向的散射光射到这段气柱上再发生散射,即多次散射;

(4) Δl 这段气柱中大气的热辐射.

上述因素用公式表示,有

$$\Delta L_\lambda = -L_\lambda(z,\theta,\varphi)k_{\text{ex},\lambda}\Delta l + \pi F_{\lambda,0} \mathrm{e}^{-\sec\theta_0 \int_z^\infty k_{\text{ex},\lambda}(z')\mathrm{d}z'} \beta_\lambda(z,\theta,\varphi,\theta_0,\varphi_0)\Delta l$$

$$+ \int_0^{2\pi}\int_0^{\pi} L_\lambda(z,\theta',\varphi')\beta_\lambda(z,\theta,\varphi,\theta',\varphi')\sin\theta'\mathrm{d}\theta'\mathrm{d}\varphi'\Delta l + B_\lambda[T(z)]k_{\text{ab},\lambda}(z)\Delta l,$$

$$(17.1.1)$$

等号右边第一项为 L 经过 Δl 这段大气柱所受的衰减;第二项为一次散射的增量,其中 $\mathrm{e}^{-\sec\theta_0 \int_z^\infty k_{\text{ex},\lambda}(z')\mathrm{d}z'}$ 为平面分层大气中太阳直接辐射从大气上界到达所讨论的这段气柱时的衰减, β_λ 为散射函数;第三项为多次散射的增量,其中 $L_\lambda(z,\theta',\varphi')$ 为各个方向到气柱的散射光;第四项为热辐射项,其中 $B_\lambda(T)$ 是普朗克函数.

现以光学厚度 δ 代替 z,有 $\mathrm{d}\delta = -k_{\text{ex},\lambda}\mathrm{d}z$.令大气上界为 0,向下逐渐增加,到地面为 δ_0, δ_0 即整层大气垂直光学厚度.(17.1.1)式中, $\Delta l = \Delta z/\cos\theta$.

令 $\mu = \cos\theta$ (规定 $0 \leqslant \theta \leqslant \pi/2$,故光束向下时为 μ,向上时为 $-\mu$), $\mu_0 = \cos\theta_0$,并令

① 相函数: $p_\lambda(\delta,\Theta) = 4\pi\beta_\lambda(\delta,\Theta)/k_{\text{sc},\lambda}$, ($\Theta$ 是散射角),

② 单散射反照率: $\widetilde{\omega}_{0,\lambda} = k_{\text{sc},\lambda}/k_{\text{ex},\lambda}$,

于是(17.1.1)式可改写为

$$\mu\frac{\mathrm{d}L_\lambda}{\mathrm{d}\delta} = L_\lambda - J_\lambda, \tag{17.1.2}$$

(17.1.2)式即为平面分层大气中的辐射传输方程,其中源函数

$$J_\lambda = \frac{\widetilde{\omega}_{0,\lambda}}{4\pi}\left[\pi F_{\lambda,0}\mathrm{e}^{-\delta/\mu_0}p_\lambda(\delta,\Theta_0) + \int_0^{2\pi}\int_{-1}^{1}L_\lambda(\delta,\mu',\varphi')p_\lambda(\delta,\Theta')\mathrm{d}\mu'\mathrm{d}\varphi'\right]$$

$$+ (1-\widetilde{\omega}_{0,\lambda})B_\lambda[T(\delta)], \tag{17.1.3}$$

式中 Θ_0 和 Θ' 分别表示从 (θ_0,φ_0) 方向和 (θ',φ') 方向到观测方向 (θ,φ) 之间的夹角,可由以下球面三角关系确定:

$$\cos\Theta_0 = \cos\theta\cos\theta_0 + \sin\theta\sin\theta_0\cos(\varphi-\varphi_0)$$

$$= \mu\mu_0 + \sqrt{1-\mu^2}\sqrt{1-\mu_0^2}\cos(\varphi-\varphi_0), \tag{17.1.4a}$$

$$\cos\Theta' = \mu\mu' + \sqrt{1-\mu^2}\sqrt{1-\mu'^2}\cos(\varphi-\varphi'). \tag{17.1.4b}$$

(17.1.2)式中的源函数 J_λ 包括一次散射、多次散射和热辐射项.在不同的问题中 J_λ 可以作相应简化,例如对短波辐射,热辐射项可以不考虑;对晴空条件下的红外辐射,散射项可以不考虑;讨论红外辐射在云中传输这类问题时,则一次散射项有时可以不计.

上面推导辐射传输方程时一个最主要的简化是假定辐射场在水平方向不变,即水平均匀大气,也称为平面平行大气.在很多情况下这一条件是能满足的,因此平面平行大气辐射传输方程在讨论许多问题时被广泛应用.但在处理有些大气物理问题时,例如天空有不均匀分布的云或讨论曙暮光这类必须考虑球面大气的问题,就必须应用三维空间的辐射传输方程了.

17.1.2 辐射传输方程的解

辐射传输方程是一个积分微分方程,它没有简单的解法.

1. 形式解

不考虑 J_λ 的具体形式,把(17.1.2)式当做一个常微分方程,配以适当的边界条件,可以得出方程的形式解.

若设方程的边界条件为:大气上界没有自上而下的外来漫射辐射,而在地面自下而上的辐射即为地面的热辐射,即

$$L_\lambda(0,\mu,\varphi) = 0, \tag{17.1.5a}$$

$$L_\lambda(\delta_0,-\mu,\varphi) = G(\delta_0). \tag{17.1.5b}$$

于是得到(17.1.2)式的形式解为

$$L_\lambda(\delta,\mu,\varphi) = \int_0^\delta J_\lambda(\delta') e^{-(\delta-\delta')/\mu} \frac{d\delta'}{\mu}, \tag{17.1.6a}$$

$$L_\lambda(\delta,-\mu,\varphi) = G(\delta_0) e^{-(\delta_0-\delta)/\mu} + \int_\delta^{\delta_0} J_\lambda(\delta') e^{-(\delta'-\delta)/\mu} \frac{d\delta'}{\mu}. \tag{17.1.6b}$$

一般来说,因为 J_λ 中包含 L_λ,故(17.1.6)式只是一种形式上的解.但对晴空中红外辐射传输问题,当 J_λ 中只包含热辐射项时,(17.1.6)式就是方程的解了.而且,即使讨论包含有多次散射的问题,若 J_λ 中所包含的 L_λ 可用其他方法预先求出,则(17.1.6)式也就是一种有意义的解.以下介绍的逐次迭代法就是利用这一点.

2. 一次散射时的解

若只考虑一次散射,即

$$J_\lambda = \frac{\widetilde{\omega}_{0,\lambda}}{4\pi} \pi F_{\lambda,0} e^{-\delta/\mu_0} p_\lambda(\delta,\Theta_0),$$

利用(17.1.6a)式即可得到一次散射时的解.设相函数 p_λ 不随高度而变,则有

$$L_\lambda(\delta,\mu,\varphi) = \frac{\widetilde{\omega}_{0,\lambda}}{4} F_{\lambda,0} p_\lambda(\Theta_0) \cdot \frac{\mu_0}{\mu_0-\mu} (e^{-\delta/\mu_0} - e^{-\delta/\mu}). \tag{17.1.7}$$

在一次散射假设下,解的形式简单,因而易于定性地分析某些问题,但因它忽略了多次散射,和真实情况就有差异.

3. 逐次迭代法

为了计算多次散射的作用,可以用逐次迭代法求辐射传输方程的解.其主要想法是这样的:先求出一次散射时的解,记为 L_λ^1.然后将 L_λ^1 代入 J_λ 中的积分项,并将其计算出,再代回(17.1.6)式中求出 L_λ^2.这时 L_λ^2 中即包含二次散射的效果.若把 L_λ^2 代回 J_λ 的积分中,并将其计算出,再代入(17.1.6)式中,即可计算出 L_λ^3.这样一直反复进行,直到计算出包含有 n 次散射的 L_λ^n.这个方法原则上可以得到精确的结果,但解题的过程十分冗长.

17.1.3 蒙特卡罗方法

蒙特卡罗(Monte Carlo)方法这是近年来用于计算辐射传输的一种数学方法,即通过随机变量的统计试验求其近似解.和上面几种方法相比,它具有以下两个特点:

(1) 蒙特卡罗方法不受平面分层大气的限制,它可以解水平非均匀的问题,也可以解球面大气中的问题.

(2) 蒙特卡罗方法根本不用上面所讲的辐射传输方程,而是模拟辐射在大气中传输的过程.它考察一个个光子在大气中传输时发生的散射、吸收,从统计角度来推算最终应有的辐射

强度分布.

模拟过程大致如下:考虑一个光子从大气上界以某一角度入射,经过一段路程后,它将和大气中的粒子碰撞,并散射到某一方向上去,然后再经过一段路程,发生第二次、第三次碰撞.二次碰撞之间光子所走过的路程 l 是一个随机变量,平均来讲,它和光学厚度 δ_0 有关,δ_0 大,则 l 取较小值的概率就大一些.在每次碰撞后,这个光子的散射方向,即散射角 (θ,φ) 也是一个随机变量,但它和相函数 $p(\Theta)$ 有关.如果散射集中在前向,则每次碰撞后光子在这个方向散射的概率也大一些.最后,若考虑大气对光还有吸收的话,则光子经过 n 次碰撞以后就可能被吸收掉.对每个光子来讲,n 也是一个随机变量,但其概率应和 k_{ab} 有关.k_{ab} 大时,平均来讲,n 取较小值的概率就大一些.

下面介绍一个简单的计算方案,以便更清楚地说明这种模拟过程.如果我们想计算在地面 $(\delta=\delta_0)$ 观测到的天空亮度分布,则可以设计这样一个程序来追踪一个个光子.

设在大气上界,太阳光从 (θ_0,φ_0) 方向入射,首先发生一个随机数 C_1,由

$$n = (1-\tilde\omega_0)^{-1}\ln(1/C_1)$$

决定这个光子经过几步后就应当被吸收.可以看出,n 是随机的(因 C_1 是一个随机数),但总的来说它和 $\tilde\omega_0$ 有关.若 $\tilde\omega_0 \to 1$,则 n 就很大,表示不容易被吸收.

然后追踪这个光子在这 n 步中的轨迹.发生一个随机数 C_2,用

$$l = (D/\delta_0)\ln(1/C_2)$$

来决定这一步可以走多长.这里 l 也是随机的,但它和 δ_0 的大小有关,若 δ_0 小,l 就大,表示不容易发生散射.D 是一个可选择的参数.

光子经 l 距离后,要发生散射.为了决定散射角,再发生两个随机数 C_3 和 C_4,由

$$\varphi = 2\pi C_3 \quad \text{和} \quad C_4 = \frac{\int_0^\theta p(\xi)\,\mathrm{d}\xi}{\int_0^\pi p(\xi)\,\mathrm{d}\xi}$$

决定散射角 θ 和 φ,然后决定下一次碰撞前可前进的路程,并计算出光子在下一次碰撞的空间位置.这里 $p(\xi)$ 是相函数.若光子在 n 步碰撞之前已经到达地面,则应记录到达地面的方位和仰角;若 n 步仍不能到达地面,则表示在某一高度已被大气所吸收.计算了 N 个光子(N 的数值应足够大,例如 100 万个)在大气中的轨迹,就可统计出有多少个光子到达地面,它们都在什么方向,这样就可以统计出在地面观测到的天空亮度分布.

总之,对于辐射传输方程,上述介绍的形式解和一次散射解具有清晰的物理意义,可用来定性地研讨许多发生在大气中的光学现象.但对曙暮光等涉及球面分层大气中的光学现象,只能借助于蒙特卡罗等方法来解决.

17.2 天空亮度和色彩的分布

17.2.1 天空亮度的分布

天空亮度分布指的是大气层散射光亮度的分布,它可以是从地面仰视天空各个方向所观测到的散射光亮度,也可以是从大气上界俯视大气各个方向所观测到的散射光亮度,当然还可

以是在大气层中某高度仰视或俯视所观测到的光亮度.

虽然以往讨论的天空亮度大多指可见光,但现在这一概念早已推广到红外辐射甚至更长的波长.由于这个辐射量常常是作为目标物观测时的一种背景,因此也称为背景辐射亮度.无论在目标物的识别或遥感方面,背景辐射都有重要作用,因此近年来受到相当的重视.解决这个问题的途径可分为理论计算和仪器观测两个方面.

理论计算是用辐射传输方程进行计算.在假定了大气结构(包括气体分子和气溶胶粒子的垂直分布及其光学特性)及边界条件(大气上界入射辐射的情形和地面反射特性)后,就可以通过解辐射传输方程计算出各个不同高度、不同方向散射辐射的强度和偏振度.

图 17.2 是 Coulson 计算的太阳所在平面(即包含太阳、观测者和天顶三者的平面)内从地面和大气上界分别观测到的分子大气背景辐射亮度分布.计算时假定大气总的光学厚度 $\delta_0=1.0$,太阳高度角为 $53°$,地面反射率分别为 $R_g=0,0.25,0.8$.

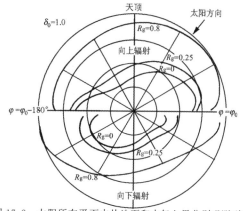

图 17.2　太阳所在平面内从地面和大气上界分别观测到的分子大气背景辐射亮度分布(引自 Coulson, 1959)

仪器实测就是用第五章介绍的光度计(图 5.2)在地面或不同高度上进行测量,测量可以包括整个可见光波段或对某几个波长进行.图 17.3 是在北京测量的天空亮度分布.从观测事实和理论计算结果,可以总结出以下几个特点:

(1)太阳所在的那半个天空要比反面的半个天空亮;

(2)太阳周围天空亮度特别大(日周光);

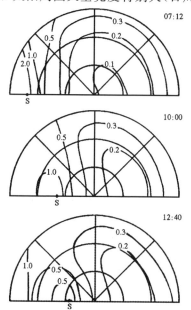

图 17.3　地面实测的天空亮度分布(引自毛节泰等,1978)
图中数值的单位是 $cd\cdot cm^{-2}$,S 为太阳位置

(3)靠近地面方向的亮度相对偏强;

(4)太阳天顶距愈大,天空亮度愈小(日周光除外),特别是太阳反面的那半个天空,其变化更为明显;

(5)太阳和天空中亮度最小值所在位置之间的角距离约为 $60°\sim105°$,随着太阳天顶距增加,最小亮度值所在点和太阳之间的角距离加大;

(6)当太阳天顶距较小时,随着整层大气光学厚度的减小,天空亮度要减小.

这些现象都不难用辐射传输方程一次散射的解定性地加以解释.因为在一次散射条件下,决定亮度的主要因素是气柱的光学厚度和散射光方向与太阳入射光方向之间的夹角,当前者越大后者越小时,天空亮度就越大.

由于辐射传输方程十分复杂,只有分子大气才能得到精确的解,在很多问题中仍采用一

465

次散射条件下的近似解,这就需要对多次散射的作用做一定的估计. 当光通过一层光学厚度为 δ 的大气时,透过率为 $\tau = e^{-\delta}$,即 $1 - e^{-\delta}$ 的光被散射掉了;同理,$(1 - e^{-\delta})^2$ 为二次散射过程散射掉的光. 比较这两个数字,即可估计多次散射作用的大小. 例如,对分子大气而言,当波长 $\lambda = 0.55\ \mu m$ 时,$\delta_0 = 0.1$,这时二次散射和一次散射相比要小 10 倍左右. 但当 $\delta_0 = 1.0$ 时,二次散射约为一次散射的 64%,就很重要了.

17.2.2 天空散射光的偏振

由于散射过程会改变光的偏振状态,所以天空散射光也具有一定的偏振度分布. 以下从分子大气且只考虑一次散射这一简单的情况出发,讨论天空散射光偏振度分布的规律.

令 Θ 为入射太阳光方向和散射光方向之间的夹角,则分子大气的散射相函数为

$$p(\Theta) = \frac{3}{4}(1 + \cos^2\Theta).$$

只考虑一次散射,根据(17.1.7)式,散射光两个偏振分量可写为

$$L_r(\delta, \mu, \varphi) = \frac{\tilde{\omega}_0}{4}F_0 \frac{3}{4}\frac{\mu_0}{\mu_0 - \mu}(e^{-\delta/\mu_0} - e^{-\delta/\mu}),$$

$$L_l(\delta, \mu, \varphi) = \frac{\tilde{\omega}_0}{4}F_0 \frac{3}{4}\cos^2\Theta \frac{\mu_0}{\mu_0 - \mu}(e^{-\delta/\mu_0} - e^{-\delta/\mu}),$$

因此天空偏振度分布为

$$P(\Theta) = \frac{1 - \cos^2\Theta}{1 + \cos^2\Theta}, \tag{17.2.1}$$

(17.2.1)式表明天空散射光的偏振度分布与单位体积空气散射光偏振度的分布是一样的,在 $\Theta = 90°$ 时偏振度最大,$P = 100\%$;而 $\Theta = 0°$ 和对日点($\Theta = 180°$)为两个中性点. 在实际大气中由于气溶胶粒子的作用,并不能出现偏振度为 100% 的点. 从测量结果和计算结果可以看出以下两个特点:

(1) 最大偏振度出现在 $\Theta = 90° \sim 119°$ 之间,随着能见距离的减小,最大偏振度的数值减小,而出现的角度变大;

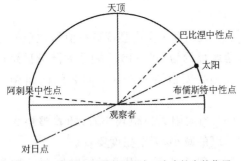

图 17.4　实测太阳所在平面内三个中性点的位置

(2) 当能见距离较小时,在某些方向出现中性点(即曲线和 $P = 0$ 的直线相交),其位置离入射光方向($\Theta = 0°$)和背入射光方向($\Theta = 180°$)约 $40°$ 左右.

上述两个特点基本上和观测事实相一致. 观测发现在太阳所在垂直面内有三个中性点(图 17.4),分别称为巴比涅(Babinet)中性点、布儒斯特(Brewster)中性点和阿刺果(Arago)中性点. 这三点离太阳和对日点的角距离约为 $10° \sim 25°$,随太阳天顶距、观测波长和大气条件而异.

17.2.3 天空的色彩

天空呈现的不同色彩取决于散射光光谱成分的不同. 晴朗天空是蓝色的,表明散射光中包含着比太阳直接光更丰富的短波成分. 天空色彩的准确观测要用分光光度计,用这种仪器可以

给出各个方向散射光的光谱分布.观测发现,这种光谱的特征可以很好地用色温来表示,不同色温对应着不同的光谱分布.天空中各点的色彩及其变化也可以用色温的分布及其变化来表示.图 17.5 给出的是在北京测量的晴天不同色温对应的平均光谱分布曲线,图 17.6 则给出了整个天空色温分布及其随太阳高角度的变化.

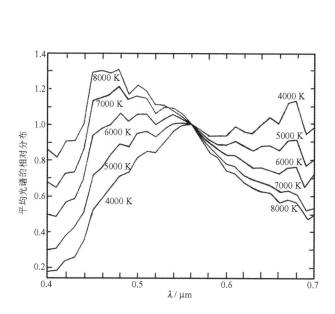

图 17.5 不同色温的平均光谱曲线(引自毛节泰,1978)
(1978 年 9 月 23 日于北京大学物理楼顶观测)

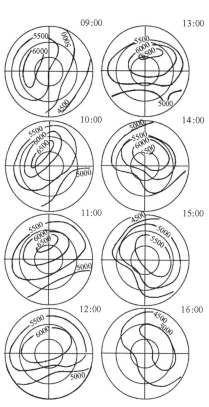

图 17.6 全天空色温(K)分布及其变化
(1978 年 9 月 22 日于北京大学物理楼顶观测)

根据天空色彩的观测事实可以总结出以下几个特点:
(1) 在太阳所在垂直平面内离太阳 $90°\sim110°$ 范围中有一个色温最高的区域;
(2) 随着太阳高度角增高,最高色温区的色温增高;
(3) 当大气浑浊度变大时,整个天空的色温减低,天空呈现灰白色;
(4) 当观测高度增高,天空色温也增高,由蓝色变为紫色.

天空色彩形成的原因可以解释如下:大气的散射系数是和波长有关的.分子大气的 k_{sc} 和 λ^{-4} 成正比,故大气对波长较短的光的散射能力大于波长较长的光,散射光的峰值波长就比入射光要偏向短波方向,使天空散射光呈蓝色.若空气中的气溶胶含量较多,在构成天空散射光中所起的作用较大时,由于其散射光波长依赖关系较小,天空的蓝色就较淡甚至呈现灰白色.

17.3 曙 暮 光

日落之后或日出之前,地面已不受太阳直接光的照射,但高层大气还有相当大一部分受到

467

太阳直接光的照射,因此天空散射光依旧存在,这时天空的发光现象称为暮光或曙光,通称曙暮光.曙光和暮光的实质是完全相同的,只是出现的顺序相反.

太阳的上边缘落至地平线的那一时刻就是暮光的开始.随着太阳的下沉,发出暮光的气层越来越高,而大气密度又是随高度递减的,故散射也越来越弱,最后完全消失.暮光终止的时刻一般有两种标准:一种叫"民用蒙影"的终止,这时地面亮度已减小到不用人工照明就难以在户外正常活动(如难以辨认大号字体的印刷品,交通运行发生困难等),晴天时相当于太阳高度角为$-7°$;另一种叫"天文蒙影"的终止,这时对最暗的星也能进行天文观测,一般相当于太阳高度角为$-18°$.暮光终止的时间和太阳赤纬、观测点的纬度有关.观测点的纬度越高,太阳赤纬越高,曙暮光持续的时间越长.当条件具备时,曙光开始的时刻和暮光终了的时刻相衔接,例如极地就会出现白夜现象.

曙暮光的天空亮度和色彩变化与大气的结构有关,因此可以从一定的大气结构来推测曙暮光的天空亮度、偏振度和色彩的变化,也可以从实测的光学参数来反推大气的结构.以下将介绍曙暮光的一次散射理论,这时假设大气对光只有一次散射,并且不考虑光在大气中的折射.

如图 17.7 所示,在地面上 A 点,向太阳所在垂直平面内天顶角为 θ 方向进行观测,测到的曙暮光亮度为

$$L(\theta_0,\theta,\lambda) = \pi F_{\lambda,0} \int_{h_0}^{\infty} \tau_1 \tau_2 \beta(\Theta,h) \sec\xi \, \mathrm{d}h, \tag{17.3.1}$$

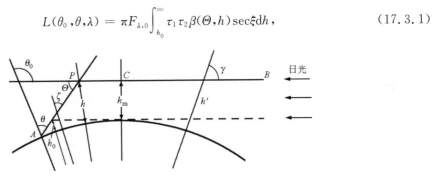

图 17.7 曙暮光一次散射理论示意图

式中 $\pi F_{\lambda,0}$ 为大气上界太阳单色辐照度,h_0 为整个被测气柱中能被太阳直接辐射照射的下界离地面的高度,τ_1 为从 B 点到 P 点这段大气路程的透过率,τ_2 为从 P 点到 A 点这段大气路程的透过率,$\beta(\Theta,h)$ 为 P 点空气的散射函数,可写为

$$\beta(\Theta) = \frac{1}{4\pi} [\sigma_{sc}^p N^p p^p(\Theta) + \sigma_{sc}^m N^m p^m(\Theta)],$$

其中 σ_{sc}^p,N^p 和 $p^p(\Theta)$ 分别为大气气溶胶粒子的散射截面、数密度和散射相函数,这里假定气溶胶粒子是均匀的,而 σ_{sc}^m,N^m 和 $p^m(\Theta)$ 分别为空气分子的散射截面、数密度和相函数.

如果考虑大气消光是由于空气分子的消光、气溶胶粒子的消光和臭氧分子的吸收所造成的,则 τ_1 和 τ_2 可写为

$$\tau_1 = \exp\left[-\int_{h_m}^{h} (\sigma_{ex}^p N^p + \sigma_{ex}^m N^m + \sigma_{ex}^O N^O) \sec\gamma \, \mathrm{d}h'\right.$$

$$\left. -\int_{h_m}^{\infty} (\sigma_{ex}^p N^p + \sigma_{ex}^m N^m + \sigma_{ex}^O N^O) \sec\gamma \, \mathrm{d}h'\right],$$

$$\tau_2 = \exp\left[-\int_{0}^{h} (\sigma_{ex}^p N^p + \sigma_{ex}^m N^m + \sigma_{ex}^O N^O) \sec\zeta \, \mathrm{d}h'\right],$$

这里 σ_{ex}^{O}, N^{O} 分别为臭氧的消光截面和数密度.

(17.3.1)式表明,A 点观测到的曙暮光亮度是整个气柱中被阳光照射的各段空气散射光之和.对于每一段气柱来说,太阳光从大气上界经过一段路程的消光(τ_1)射到这段气柱上,经气柱向 Θ 方向散射,再经过一段路程的消光(τ_2)而达到接收器.对积分函数 $\tau_1\tau_2\beta(\Theta,h)$ 随高度变化的计算表明,并非所有高度上气柱的散射对曙暮光都有相同的贡献.图 17.8 给出了按分子大气的假定,当 $\theta_0=90°,94°,97.5°,99°$ 和 $101°$ 时,积分函数值随高度的变化.计算时假定 $\theta=30°,\lambda=0.435\ \mu m,\delta_0=0.2$.

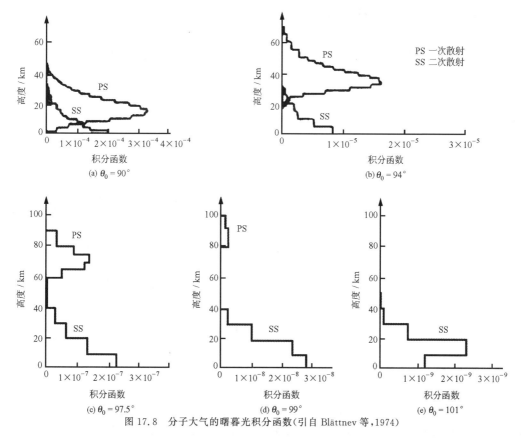

图 17.8　分子大气的曙暮光积分函数(引自 Blättnev 等,1974)

从图中可以看出,当太阳在某一天顶距时,只有一定高度上空气的散射才对 A 点曙暮光亮度有较大贡献.这一层称为有效散射层,其厚度约为 20 km,该高度随太阳天顶距的增大而升高.利用有效散射层的概念,(17.3.1)式的积分可近似地写为

$$L(\theta_0,\theta,\lambda) = \pi F_{\lambda,0}[\tau_1\tau_2\beta(\Theta,h)]_{h(\theta_0)} \cdot \Delta h, \qquad (17.3.2)$$

式中 $[\quad]_{h(\theta_0)}$ 表示括号中的量取有效散射层高度 $h(\theta_0)$ 的值,Δh 为有效散射层的厚度.若连续测出 L 随 θ_0 的变化,就可以依次测到不同高度上的散射光.若假设是分子大气,则通过观测可以推算空气密度随高度的变化.

从(17.3.1)式也不难解释为什么会有有效散射层的存在.当太阳光以一定角度入射时,处于有效散射层以上的气柱由于密度小,即使入射光较强,散射光也并不强.而处于有效散射层以下的气柱虽然密度较大,但因入射光通过较长的大气路径,使入射光较弱,因此其散射光也不太强.只有在某一适当高度,散射能力和入射光两者都适中,才对总亮度有较大贡献,这就是有效散射层.计算结果表明,有效散射层很薄,其高度可看做是离地面 20 km 的一束光随太阳天顶距的变化做旋转的结果.

根据上述曙暮光的一次散射理论,对曙暮光亮度的观测可作为探测高层大气密度的一种手段.观测结果表明,在 80 km 高度以下和火箭探测的资料基本符合,而在更高的高度上其误差很大.其原因在于:

(1) 没有考虑多次散射的影响.尤其当太阳天顶距很大时,h_0 很大,底层很长一段气柱都没有太阳光直接照射,多次散射的影响更为显著.

(2) 没有考虑大气对光线的折射.折射不仅使 h_0 有变化,而且每条太阳光线对应的高度 h 也将变化.

(3) 大部分计算都假设只有分子散射,没有考虑臭氧吸收,更没有考虑气溶胶粒子的作用.

要从理论上完整地考虑上述问题,就应当计算在球面分层大气中辐射的传输.就目前来说,只有蒙特卡罗方法可以解决这一问题.

17.4 能见度问题

实践中常常遇到透过大气来看目标物能否看得清晰以及到底隔多远还可以把目标物从它的背景上分辨出来等问题.这里所说的"看"是广义的,可以是用眼睛直接看或通过仪器看,也可以是摄影或其他成像系统.和这类问题发生关系的实践活动有航空、航海、陆上交通、高空摄影和天文观测等.由于这一问题纯粹是大气中颗粒物对光散射所造成的,因此在大气环境问题中也受到广泛关注.

上述问题的总和就是所谓的能见度问题,它重点研究能见距离的大小.通过大气观察某一背景衬托的目标物,近看当然是清楚的;当距离越来越远时,就渐趋模糊;最后,从某一距离开始,无论我们怎样用心去看,都无法把目标物从背景上识别出来.这一临界距离就叫做能见距.

根据经验我们知道影响能见度的因子是很多的,归纳起来有:目标物的物理特性,包括其大小、形状、色彩和亮度等;背景的物理特性;照明情况;大气特性;观测器械特性.

在这些因子中最复杂多变而且影响最大的是大气特性这一因子,这正是大气物理所应该研究的.习惯上把透过大气能分辨远处目标物的程度分为 10 个等级,称为能见度.每一等级都和一定的能见距相对应.表 17.1 给出了各级能见度相对应的能见距及大气散射系数.

表 17.1 各级能见度对应的能见距和大气散射系数(Hulburt,1941;转引自 McCarthey,1976)

能见度等级	天气状况	气象能见距/km	散射系数/km^{-1}
0	极浓雾	<0.05	>78.2
1	浓雾	0.05~0.20	78.2~19.6
2	中雾	0.20~0.50	19.6~7.82
3	轻雾	0.50~1.00	7.82~3.91
4	薄雾	1.00~2.00	3.19~1.96
5	霾	2.00~4.00	1.96~0.954
6	轻霾	4.00~10.00	0.954~0.391

能见度等级	天气状况	气象能见距/km	散射系数/km^{-1}
7	晴	$10.00 \sim 20.00$	$0.391 \sim 0.196$
8	很晴	$20.00 \sim 50.00$	$0.196 \sim 0.078$
9	十分晴	>50.00	<0.078
—	纯空气分子	277	0.0141

17.4.1 对比和对比感阈

日常经验告诉我们,当观察一个具有足够大视角的目标物时,只有当这个目标物和它的背景之间有相当程度的亮度或色彩上的差异,才能把它从背景中识别出来.对观察遥远目标物而言,具有决定意义的是亮度差异.

分别用 L_o 和 L_b 表示目标物和背景的光亮度,则光亮度对比 C 定义为

$$C = \left| \frac{L_\text{o} - L_\text{b}}{L_\text{b}} \right|. \tag{17.4.1}$$

由定义可知,C 的数值表示了目标物和背景的亮度差异的相对比值.如果目标物是绝对黑体,因黑体不发光,故 $C=1$.C 大,目标物就看得清楚;当 C 逐渐减小时,我们就感觉到目标物逐渐模糊.事实上,在 C 减小到零之前,就已经不能把目标物从背景中区分出来了.这个开始不能把目标物从背景中分辨出来的对比值称为对比感阈,用 ε 表示.由此可见,$C=\varepsilon$ 是目标物由能见转化为不能见的条件.

对比感阈是一个复杂的物理量,就人眼而言,它既反映人眼的生理特性,也和外界条件有关,这里包括:

（1）目标物的视张角和视野亮度.图 17.9 给出了在观察者眼睛已经适应的各种照度下,不同视张角的目标物能被识别的对比感阈.从图中可以看出,随着目标物视张角和视野亮度的减小,对比感阈要加大.

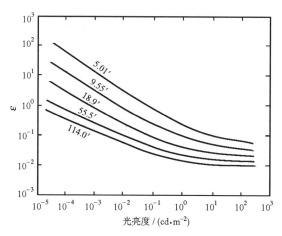

图 17.9　不同光亮度和视张角下的对比感阈值
（Blackwell，1946；转引自 Duntley，1964）
曲线上的数值是目标物的视张角

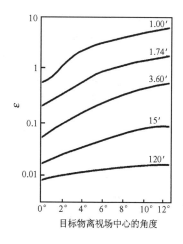

图 17.10　目标物处于视场中不同位置时
对比感阈的变化（引自 Duntley，1964）
曲线上的数值是目标物的视张角

（2）目标物的持续时间．若目标物是时显时隐的，则对比感阈要加大．实验指出，识别目标物所费的时间大约是(1/3) s,若目标物显示的时间比这个数值小，目标物就难以被识别，除非对比度很大．

（3）目标物在视场中的位置．若目标在视场中央，对比感阈最小，反之要加大．图 17.10 给出的实验结果就反映了这一点．当我们搜索目标物时，并不知道目标物的确切位置，因此要求较大的对比度才能发现．

（4）个人精神上的因子，包括个人的健康、心理状态等．

上述这些影响对比的因子，在决定能见距时应当考虑．

17.4.2　对比度传输系数

以上讨论的亮度对比并没有考虑到大气的作用，它只反映目标物和背景固有的亮度差异，称为固有对比．当透过一段大气去观察目标物时，实际看到的是视亮度．为了识别目标，视亮度对比应大于对比感阈．

大气对视亮度的影响有两个方面（图 17.11）：① 大气的削弱作用使固有亮度减小．设这段大气的透明度为 τ_R，则视亮度应是固有亮度乘以 τ_R．② 由于大气对光的散射作用，气柱本身要发光．设这段气柱的亮度为 D_R，则目标物和背景的视亮度 L_o^* 和 L_b^* 分别为

$$\begin{cases} L_o^* = \tau_R L_o + D_R, \\ L_b^* = \tau_R L_b + D_R, \end{cases} \tag{17.4.2}$$

相应的视亮度对比为

$$C^* = \left| \frac{L_o^* - L_b^*}{L_b^*} \right| = \left| \frac{L_o - L_b}{L_b} \right| \left(1 + \frac{D_R}{L_b \tau_R} \right)^{-1} = CY, \tag{17.4.3}$$

其中 C 为固有对比，而

$$Y = \left(1 + \frac{D_R}{L_b \tau_R} \right)^{-1} \tag{17.4.4}$$

称为对比度传输系数，它反映固有对比在大气中传输时变化的情况．从对比度传输系数的定义可以看出，只要 D_R 不为零，Y 就是一个小于 1 的正数，而且随着距离的增大，Y 逐渐减小，即视亮度对比将减小．这是因为随着距离的增大，D_R 将越来越大，而从物体和背景来的光越来越弱的结果．引入对比度传输系数的好处在于把目标物的固有特性和大气的影响区分开来，以便专门讨论大气在能见度问题中的影响．

从图 17.11 可以看出，对普遍的情况而言，τ_R 和 D_R 可分别写为

$$\tau_R = \exp\left[-\int_0^R k_{ex}(l)\mathrm{d}l \right], \tag{17.4.5}$$

$$D_R = \int_0^R A(l) \exp\left[-\int_0^l k_{ex}(l')\mathrm{d}l' \right]\mathrm{d}l, \tag{17.4.6}$$

其中 $A(l)$ 是观测角锥中单位长度的气柱向观测方向发送的散射光亮度，相当于辐射传输方程中的 J．若观测水平方向的目标物且假设大气是水平均一的，则(17.4.5)式和(17.4.6)式可简化成

$$\tau_R = \exp(-k_{ex}R), \tag{17.4.7}$$

$$D_R = \frac{A}{k_{ex}}(1 - \mathrm{e}^{-k_{ex}R}). \tag{17.4.8}$$

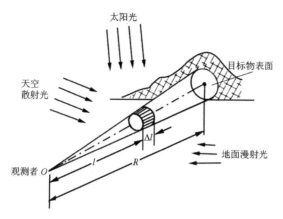

图 17.11 大气对目标物观察的影响（Middleton，1952，转引自 McCarthey,1976)

若把水平方向的天空作为观察背景,则背景的固有亮度为

$$L_b = \int_R^\infty A(l) \exp\left[-\int_R^l k_{ex}(l')dl'\right]dl. \tag{17.4.9}$$

在大气水平均一时,有

$$L_b = \frac{A}{k_{ex}} = D_\infty, \tag{17.4.10}$$

故

$$D_R = D_\infty(1 - e^{-k_{ex}R}) = D_\infty(1 - \tau_R). \tag{17.4.11}$$

利用以上关系,在水平均一的条件下,水平观测时,对比度传输系数为

$$Y = \left[1 + \frac{D_\infty(1-\tau_R)}{L_b\tau_R}\right]^{-1} = \left(1 + K\frac{1-\tau_R}{\tau_R}\right)^{-1}, \tag{17.4.12}$$

其中 $K = D_\infty/L_b$ 称为天空-背景亮度比. 若观测以天空为背景,则 $K=1$. 这时有

$$Y = \tau_R = e^{-k_{ex}R}. \tag{17.4.13}$$

图 17.12 给出了在水平均一大气中,不同天空-背景亮度比条件下,对比度传输系数与大气透明度(或消光系数)间的关系.

若观测光路不满足水平均一的条件,则应当用 (17.4.5),(17.4.6)和(17.4.9)式这些普遍的表达式. 对以天空为背景的情形,可得到对比度传输系数

$$Y = \frac{\int_R^\infty A(l) \exp\left[-\int_0^l k_{ex}(l')dl'\right]dl}{\int_0^\infty A(l) \exp\left[-\int_0^l k_{ex}(l')dl'\right]dl}. \tag{17.4.14}$$

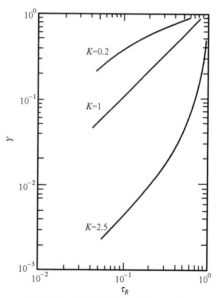

图 17.12 不同 K 值时 Y 随 τ_R 的变化
（引自《电光学手册》,1978)

17.4.3 气象能见距

按地面观测规范的规定,气象能见距是指视力正常的人在当时天气条件下,能够从天空背景中看到和辨认出目标物(黑色,大小适中)的最大水平距离.在大气为水平均一情况下,可从

(17.4.3)式和(17.4.13)式得出气象能见距 R_m 和大气消光系数 k_{ex} 的下述关系：

$$R_m = \frac{1}{k_{ex}} \ln \frac{1}{\varepsilon} = \frac{3.91}{k_{ex}}. \qquad (17.4.15)$$

这就是柯喜密什(Koschmieder)能见度公式. 在导出这一公式时做了以下假定：① 沿水平光路 k_{ex} 为常数；② 沿水平光路 $A(l)$ 为常数；③ 足够大的黑体目标物并以天空为背景，$C=1$；④ 令 $C^* = \varepsilon$，视力正常的观测员，$\varepsilon = 0.02$.

虽然在实际工作中上述四个假定并不能全部满足，但观测表明，在一般条件下用(17.4.15)式计算能见距的误差可控制在 $\pm 10\%$ 以内.

在航空气象部门，为了保证飞行的安全，在定义能见距时使用较高的对比感阈值($\varepsilon = 0.05$)，这时能见距和消光系数间有下列关系：

$$R_m = \frac{1}{k_{ex}} \ln \frac{1}{0.05} = \frac{2.99}{k_{ex}}. \qquad (17.4.16)$$

17.4.4 从空中观测地面的能见度

由于近年来航测尤其是卫星测量技术的发展，从高空观测地面目标物的手段越来越多，这就提出了在什么条件下能把地面上的目标物识别出来和如何提高识别能力的问题.

参看图 17.13，设卫星从 O 点观测(θ, φ)方向的目标物 P，并以目标物周围的地面为背景. 观测时太阳的位置在(θ_0, φ_0)，整层大气的垂直光学厚度为 δ_0.

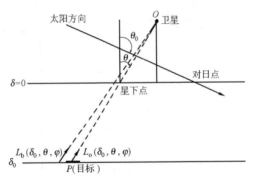

图 17.13 卫星观测地面目标物示意图

从图中可以看出，由目标物到大气上界，大气的透过率为

$$\tau = e^{-\delta_0/\mu}, \qquad (17.4.17)$$

而这段气柱的亮度 D 可用辐射传输方程求出. 利用(17.1.6)式的结果，有

$$D = \frac{1}{\mu} \int_0^{\delta_0} J(\delta, \theta, \varphi) e^{-\delta/\mu} d\delta. \qquad (17.4.18)$$

背景亮度 L_b 则可由地面照度和地面反射率计算出，故有

$$Y = \left(1 + \frac{D}{L_b \tau}\right)^{-1} = \frac{L_b \tau}{L_b \tau + D} = \frac{L_b e^{-\delta_0/\mu}}{B_b e^{-\delta_0/\mu} + \frac{1}{\mu} \int_0^{\delta_0} J(\delta, \mu, \varphi) e^{-\delta/\mu} d\delta}. \qquad (17.4.19)$$

为了讨论卫星向地面各个方向观测时的能见度情况，需要计算出由大气上界观测到的地球大气的散射光亮度. 事实上只有在分子大气的假定下，才能对亮度分布进行精确的计算. 利用这一资料，就可以计算出各个方向的 Y 值. 图 17.14 即为当整层大气的垂直光学厚度 δ_0 分别为

0.02 和 1.0 时,对比度传输系数的分布.计算中假设地面为漫散射体,反射率 $R_g=0.25$.

从图 17.14 中可以看出,当 δ_0 减小时,由于消光作用减弱,大气发光也减少,Y 值就加大. 在同一天空中与对日点相距约 90° 的 Y 值最大,这也是天空亮度最小的区域.注意图 17.14 的结果,联想到关于天空亮度分布的规律,可以指出以下几点:

(1) 由于分子大气散射光中短波成分占主要地位,故波长越长,Y 值越大,对识别地面目标物越有利.

(2) 因为天空散射是偏振的,而目标物的反射光一般是不偏振的,利用这一特性,选择适当的检偏振方向进行观测,可以提高对比度传输系数.图 17.15 给出了一个计算实例.图中左边是不用偏振片,面右边是加上偏振片的结果.从图中看出,由于使用了偏振片,使 Y 的最大值从 0.58 提高到 0.78.计算时假定 $\delta_0=0.25$,$R_g=0.25$.

(3) 如果进一步考虑大气中所包含的气溶胶粒子,它使透过率降低,天空亮度可能增大, 将使 Y 值剧烈地减小.

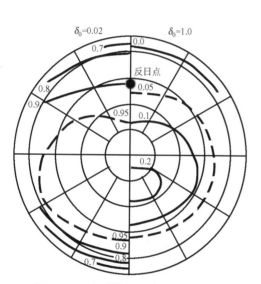

图 17.14 卫星观测地面目标不同垂直光学
厚度时 Y 值的分布(引自 Fraser, 1964)

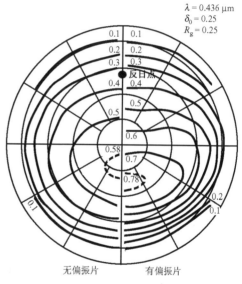

图 17.15 卫星观测地面目标使用与不用偏振片
时 Y 值的不同分布(引自 Fraser, 1964)

除了考虑对比度传输系数以外,还要考虑目标物和背景之间的固有对比.对于自身不发光的目标物而言,固有对比取决于照明情况及目标物和背景的反射特性.常常把目标物和背景设想为一种漫反射体,其反射特性可用反射率波谱来表示,例如第五章中介绍的图 5.19.表 17.2 给出了一些人工目标物反射率的数据.

表 17.2 一些人工目标物的反射率

表 面 状 况	反 射 率	
	在阳光下	在阴影处
铝表面	0.44	0.260
白漆表面	0.92	0.223
铝粉漆表面	0.362	0.180

17.4.5　夜间灯光能见度

黑夜来到的时候,视野的亮度大大降低,眼睛的工作状况也发生了根本变化,眼睛对亮度对比的感觉变得很迟钝,因而对比感阈值变得很大,这就使得夜间的能见距大大缩短.另一方面,眼睛对微弱光流的刺激却很敏感,因此有利于识别远处灯光信号.

夜间灯光能见度问题包括两个方面:一是黑夜中有一灯光信号,在什么条件下能被观察到;二是用人工光源照明远处目标物,在什么条件下能被识别出来.

1. 灯光能见度

灯光的视角一般很小,可以看成点光源.发光强度为 I 的点光源在距离 R 处的照度为

$$E = \frac{I}{R^2} e^{-k_{ex}R}. \tag{17.4.20}$$

当眼睛观察到灯光的照度小于某一阈值 E_ε 时,眼睛就不能感觉灯光的存在了.肉眼的灯光照度阈值 E_ε 和许多因子有关:

(1) 当观察者从光亮中进入黑暗环境时,E_ε 很大,约 10~15 min 后,E_ε 才恢复到正常值;

(2) 当视野中有其他光源时,E_ε 增大;

(3) E_ε 的值和灯光周围的背景亮度有关,如背景亮度大,E_ε 也增大;

由于影响 E_ε 的因子很多,其值变化的范围也很大,在 $10^{-9} \sim 5 \times 10^{-5}$ lx(勒[克斯])[①]之间.一般认为在黄昏和拂晓时为 10^{-6} lx,月夜为 2×10^{-7} lx,黑夜为 3×10^{-8} lx.把 E_ε 代入(17.4.20)式,即可计算出灯光能见距

$$R_t = \frac{1}{k_{ex}} \left(\ln \frac{I}{E_\varepsilon} - \ln R_t^2 \right). \tag{17.4.21}$$

由(17.4.21)式可用图解法求出 R_t.

由于 E_ε 的值与灯光的色彩有关,对人眼而言,黄光的 E_ε 最大,红光的 E_ε 最小,故夜间最不易辨认的是黄色,最易辨认的是红色.又由于较长波长的光,其大气透明系数较大,因此红色的灯光信号在夜间传播得最远.

2. 人工光源照明的能见度

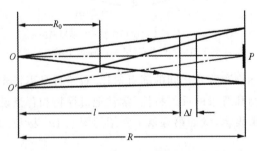

如果在观察者附近用人工光源照射远处目标物,大气的后向散射会对目标物的辨认产生严重影响.在图 17.16 中,P 为目标物,O 点为光源.以发光强度为 I 的人工光源照射目标物和背景,OP 间的距离为 R,大气消光系数为 k_{ex}.若目标物和背景的反射率分别为 α_t 和 α_b,则它们的固有亮度分别为

$$\begin{cases} L_t = \dfrac{I}{\pi R^2} e^{-k_{ex}R} \alpha_t, \\ L_b = \dfrac{I}{\pi R^2} e^{-k_{ex}R} \alpha_b. \end{cases} \tag{17.4.22}$$

图 17.16　人工光源照明的能见度示意图

从 O 点到 P 点路径的气柱后向散射强度为

$$D_R = \int_{R_0}^{R} E(l) \beta(\pi) e^{-k_{ex}l} dl = \int_{R_0}^{R} \frac{I}{l^2} \beta(\pi) e^{-2k_{ex}l} dl, \tag{17.4.23}$$

---

① 勒[克斯](lx),1 lx = 1 lm · m^{-2} = 1 cd · sr · m^{-2}.

476

其中 R_0 是由观测系统限制的最近散射距离, $\beta(\pi)$ 为单位体积空气的后向散射函数. 若令 $G=\beta(\pi)/k_{sc}$, 又因在可见光波段吸收可以忽略, 有 $k_{ex} \approx k_{sc}$, 于是(17.4.23)式可写为

$$D_R = 2IGk_{ex}^2 \int_{2R_0 k_{ex}}^{2Rk_{ex}} \frac{e^{-x}}{x^2} dx, \qquad (17.4.24)$$

这里 $x=2k_{ex}l$. (17.4.24)式中的积分是指数积分中的一种, 可写为

$$\int_z^\infty \frac{e^{-x}}{x^2} dx = \frac{1}{z} E_2(z),$$

故(17.4.24)式为

$$D_R = IGk_{ex} \left[\frac{E_2(2R_0 k_{ex})}{R_0} - \frac{E_2(2Rk_{ex})}{R} \right], \qquad (17.4.25)$$

其中 E_2 有表可查. Deirmendjian 建议, 在 $0.4\ \mu m < \lambda < 1\ \mu m$ 范围内大气取 $G=0.24$. 把 (17.4.22)式和(17.4.25)式代入(17.4.3)式, 即有

$$C^* = \left| \frac{\alpha_t - \alpha_b}{\alpha_b} \right| \left\{ 1 + \frac{\pi G R^2 k_{ex}}{\alpha_b e^{-2k_{ex}R}} \left[\frac{E_2(2R_0 k_{ex})}{R_0} - \frac{E_2(2Rk_{ex})}{R} \right] \right\}^{-1}. \qquad (17.4.26)$$

注意(17.4.26)式中, 视亮度对比与光源的强度无关, 仅和目标物及背景的反射率以及大气消光系数有关; 后一因式 $\{\ \cdot\ \}^{-1}$ 即为对比度传输系数.

17.5 云雾光学问题

这一节包括两方面的内容: 光在云雾中的散射和削弱; 在云雾中发生的一些光学现象, 包括虹、晕、华等. 这些现象不仅是天气状况的象征, 而且由于其引人注目的外观, 长期以来是气象光学中讨论的重要课题.

17.5.1 云雾的含水量和消光系数的关系

如前所述, 气象能见距仅取决于大气的消光系数, 低能见度常常是由于有云或雾的存在, 因此很多人研究了云雾的微物理学结构与其光学特性之间的关系, 尤其是含水量与消光系数之间的关系.

原则上, 解决这个问题是很简单的. 若云雾的滴谱 $n(r)$ 已知, 则含水量和消光系数分别为

$$q_w = \frac{4}{3}\pi\rho_w \int_0^\infty r^3 n(r) dr,$$

$$k_{ex} = \pi \int_0^\infty r^2 Q_{ex}(r,\lambda,m) n(r) dr,$$

其中 ρ_w 为水的质量密度, Q_{ex} 是云和雾滴的消光效率. 由上式可得

$$q_w = \frac{4}{3}\rho_w k_{ex} \frac{\int_0^\infty r^3 n(r) dr}{\int_0^\infty Q_{ex} r^2 n(r) dr}. \qquad (17.5.1)$$

由于 Q_{ex} 需用米理论进行计算, 因此上述关系实际上是十分复杂的. 一般非降水云雾滴的最大半径在 $15\sim20\ \mu m$ 之间, 远大于光波波长, 故有 $Q_{ex} \approx 2$, 从而(17.5.1)式可简化为

$$q_w = \frac{2}{3}\rho_w \frac{\int_0^\infty r^3 n(r) dr}{\int_0^\infty r^2 n(r) dr} k_{ex} = \frac{2}{3}\rho_w r_e k_{ex}, \qquad (17.5.2)$$

其中 $r_e = \int_0^\infty r^3 n(r)\mathrm{d}r \Big/ \int_0^\infty r^2 n(r)\mathrm{d}r$ 称为有效半径. 但各种云雾滴谱差异很大, 又不易得到可靠的观测资料, 因此应用上述关系式也有不少困难.

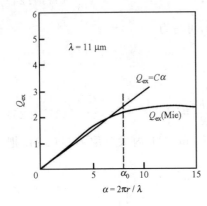

图 17.17 $\lambda=11\,\mu m$ 时散射有效因子
与尺度数的关系(引自 Chylek, 1978)

Chylek(1978)建议选择适当的波长, 使下列近似关系得到满足:

$$Q_{ex} = C\alpha = 2\pi r C/\lambda, \qquad (17.5.3)$$

其中 C 为一常数, α 为尺度数, 于是云雾含水量和消光系数的关系为

$$q_w = \frac{2\rho_w \lambda}{3\pi C}k_{ex}. \qquad (17.5.4)$$

Chylek 建议 $\lambda=11\,\mu m$(图 17.17), 可以看出, 在 $\alpha < \alpha_0 = 8$ 的范围内, 基本上满足 $Q_{ex}=C\alpha$, 且 $C=0.30$. 利用(17.5.4)式, Chylek 得到

$$k_{ex} = 128q_w, \qquad (17.5.5)$$

其中 k_{ex} 的单位为 km^{-1}, q_w 的单位为 $g\cdot m^{-3}$. 由 $\alpha_0 = 8$ 可定出相应的云雾滴半径为 $14\,\mu m$, 接近于一般非降水的云和雾滴的最大半径 $15\sim20\,\mu m$, 因此(17.5.5)式在实际探测中适用的范围是相当广泛的.

17.5.2 云雾的散射函数和消光系数

在理论计算云雾的散射函数和消光系数时, 描述云雾的滴谱常用 Deirmandjian(1969)提出的指数型公式:

$$n(r)\mathrm{d}r = ar^\mu \exp(-br^\nu)\mathrm{d}r. \qquad (17.5.6)$$

(17.5.6)式也称为广义 Γ 分布, 有 4 个参数可以调整以拟合各种类型云、霾及降水(参见 11.3.2 小节). 表 17.3 中给出了该指数型公式对几种类型云雾及降水的参数, N 是粒子总数密度, r_c 是众数半径. 其中的霾 M 最初是为海洋性和沿海地区的气溶胶设计的, 霾 L 一般代表大陆性气溶胶, 霾 H 适用于高空平流层气溶胶, 适当改变它们的参数, 就成为描述小雨、中雨和冰雹的模式. 云模式中的 C.1 有些类似于薄的积云, 而 C.2 和 C.3 具有很窄的谱, 是为了研究高空云的散射而设计的. 在用米理论算计出单个质点的散射函数和各种有效因子后, 就可以进行积分. 这里用米理论是合适的, 因为云雾粒子基本上是球形的.

表 17.3 指数型公式的参数(引自 Deirmandjian, 1969)

类 型	$N/(个\cdot cm^{-3})$	a	μ	ν	b	r_c	$n(r_c)$
霾 M	100	5.3333×10^4	1	1/2	8.9443	$0.05\,\mu m$	$360.9\,个\cdot cm^{-3}\cdot\mu m^{-1}$
雨 M	1000	5.3333×10^5	1	1/2	8.9443	$0.05\,mm$	$3609\,个\cdot cm^{-3}\cdot mm^{-1}$
霾 L	100	4.9757×10^6	2	1/2	15.1186	$0.07\,\mu m$	$446.6\,个\cdot cm^{-3}\cdot\mu m^{-1}$
雨 L	1000	4.9757×10^7	2	1/2	15.1186	$0.07\,mm$	$4466\,个\cdot cm^{-3}\cdot mm^{-1}$
霾 H	100	4.0000×10^5	2	1	20.0000	$0.10\,\mu m$	$541.4\,个\cdot cm^{-3}\cdot\mu m^{-1}$
雹 H	10	4.0000×10^4	2	1	20.0000	$0.10\,cm$	$54.14\,个\cdot cm^{-3}\cdot cm^{-1}$
积云 C.1	100	2.3730	6	1	3/2	$4.00\,\mu m$	$24.09\,个\cdot cm^{-3}\cdot\mu m^{-1}$
Corona 云 C.2	100	1.0851×10^{-2}	8	3	1/24	$4.00\,\mu m$	$49.41\,个\cdot cm^{-3}\cdot\mu m^{-1}$
贝母云 C.3	100	5.5556	8	3	1/3	$2.00\,\mu m$	$98.82\,个\cdot cm^{-3}\cdot\mu m^{-1}$

用米理论计算散射参数时,需要知道粒子的折射率.表 17.4 给出了水和冰在不同波长时复折射率($m = n_r - in_i$)的数值.

表 17.4 水和冰的折射率

$\lambda/\mu m$	水		冰		$\lambda/\mu m$	水		冰	
	n_r	n_i	n_r	n_i		n_r	n_i	n_r	n_i
0.200	1.396	1.1×10^{-7}	1.394	1.5×10^{-8}	1.4	1.321	1.38×10^{-4}	1.295	2.04×10^{-5}
0.250	1.362	3.35×10^{-8}	1.351	8.62×10^{-9}	1.6	1.317	8.55×10^{-5}	1.293	3.8×10^{-4}
0.300	1.349	1.6×10^{-8}	1.334	5.50×10^{-9}	1.8	1.312	1.15×10^{-4}	1.292	1.13×10^{-4}
0.350	1.343	6.5×10^{-9}			2.0	1.306	1.1×10^{-3}	1.291	1.61×10^{-3}
0.400	1.339	1.86×10^{-9}	1.319	2.71×10^{-9}	2.2	1.296	2.89×10^{-4}	1.282	3.08×10^{-4}
0.450	1.337	1.02×10^{-9}			2.4	1.279	9.56×10^{-4}	1.258	5.71×10^{-4}
0.500	1.335	1.00×10^{-9}			2.6	1.242	3.17×10^{-3}	1.206	8.02×10^{-4}
0.550	1.333	1.96×10^{-9}	1.311	3.11×10^{-9}	2.8	1.142	0.115	1.152	0.0123
0.600	1.332	1.09×10^{-8}			3.0	1.371	0.272	1.130	0.2273
0.650	1.332	1.64×10^{-8}			3.5	1.400	0.0094	1.422	0.0163
0.700	1.331	3.35×10^{-8}			4.0	1.351	0.0046	1.327	0.0124
0.750	1.330	1.56×10^{-7}			4.5	1.332	0.0134	1.280	0.0330
0.800	1.329	1.25×10^{-7}			5.0	1.325	0.0124	1.247	0.0133
0.850	1.329	2.93×10^{-7}			6.0	1.265	0.107	1.235	0.0167
0.900	1.328	4.86×10^{-7}			7.0	1.317	0.032	1.221	0.0491
0.950	1.327	2.93×10^{-6}	1.302	8.3×10^{-7}	8.0	1.291	0.0343	1.219	0.0369
1.0	1.327	2.89×10^{-6}	1.302	1.99×10^{-6}	9.0	1.262	0.0399	1.210	0.0365
1.2	1.324	9.89×10^{-6}	1.298	9.18×10^{-6}	10.0	1.218	0.0508	1.152	0.0413

图 17.18 给出了用指数型公式按积云 C.1 模式计算的单位体积云的散射相函数.表 17.5 给出了云的三种谱分布在不同波长时的消光系数 k_{ex} 和单散射反照率 $\tilde{\omega}_0$,相应的 k_{sc} 和 k_{ab} 可用 (16.1.16)式得到.对各种不同滴谱的计算发现,散射函数在 $\theta = 40°$ 附近相差很小.这就是说, 在这个方向散射光强度基本上不随滴谱的谱型而变,而只取决于云雾滴的数密度.这一结果已被用于云滴数密度的测量.

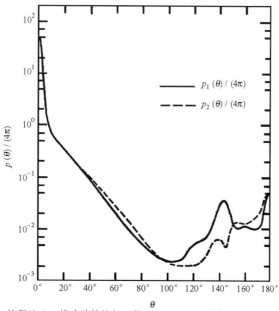

图 17.18 按积云 C.1 模式计算的相函数,$\lambda = 0.7 \mu m$ (引自 Deirmandjian,1969)

表 17.5　指数模式云的消光系数和单散射反照率

$\lambda/\mu m$	C.1		C.2		C.3	
	k_{ex}/km^{-1}	$\tilde{\omega}_0$	k_{ex}/km^{-1}	$\tilde{\omega}_0$	k_{ex}/km^{-1}	$\tilde{\omega}_0$
0.45	16.33	1.0	11.18	1.0	2.906	1.0
0.70	16.73	1.0	11.43	1.0	3.021	1.0
1.19	17.29	0.9994	—	—	—	—
1.45	17.63	0.9849	—	—	—	—
1.61	17.58	1.0	12.56	1.0	4.126	1.0
1.94	18.05	0.9395	—	—	—	—
2.25	18.36	0.9894	—	—	4.549	0.9975
3.00	17.98	0.4923	12.39	0.4809	3.245	0.4653
3.90	20.64	0.9140	17.76	0.9489	3.241	0.9660
5.30	23.87	0.8848	—	—	1.619	0.8927
6.05	19.86	0.5433	13.06	0.5591	1.836	0.4546
8.15	18.75	0.7465	—	—	0.729	0.5713
10.0	11.18	0.6014	4.944	0.5262	0.4298	0.3118
11.5	10.10	0.2886	—	—	—	—
16.6	16.79	0.3949	9.753	0.3385	1.179	0.1544

除了用上述的 Deirmendjian 指数型公式外,也有不少人按实测的云雾滴谱计算了各种散射量.困难的是计算冰晶的散射特性,由于很多云是由冰晶组成的,这个问题的重要性显而易见,但冰晶基本上都是非球形的,其散射特性还与其在空间的取向和排列情况有关,所以至今对此并无合适的处理方法.廖国男等(1980)计算过冰晶的散射特性,但只限于一群同样大小的冰晶.

17.5.3　华

下面将分别介绍云和降水中的光学现象:华、虹和晕.阐述这些现象的成因时,涉及光和云雨粒子的相互作用,这和前面讨论的电磁波在粒子上的散射问题本质上是一样的.不过这里不用散射的方法,而是直接引用物理光学和几何光学中的一些规律来处理.物理光学和几何光学的规律可认为是电磁光学(散射问题)的规律在质点尺度比波长大或大很多时的特殊表现,电磁光学所阐明的规律在质点足够大时就自然转化为物理光学和几何光学所阐明的规律.

首先介绍华.当天空有薄云存在时,常可在太阳或月亮周围看到"华".华是环绕日月的有色光环,其色彩排列是内紫外红.华可以有好几圈,可多至五圈.当中的亮斑称为华盖,华盖半径最大可达 5°.

冰云和水云都可能有华,它是日光或月光被云滴或冰晶衍射的结果.在解释华的现象之前,必须了解巴比涅原理和小孔、狭缝的衍射图样.

1. 巴比涅原理

巴比涅原理可简述为:小圆屏的衍射图样和同样大小的圆孔的衍射图样完全相同,只是相位相差 π 而已.

2. 夫琅禾费圆孔衍射

光源和所考察的点到有圆孔的屏的距离都是无限远或相当于无限远时所产生的衍射称为夫琅禾费(Fraunhofer)圆孔衍射,也就是平行光通过圆孔的衍射.

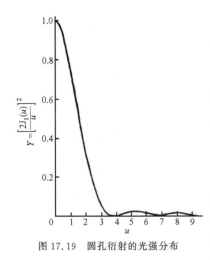

图 17.19　圆孔衍射的光强分布

若圆孔直径为 d,入射光的波长为 λ,在衍射角 θ 方向上的衍射光强 $I(\theta)$ 可写为

$$I(\theta) = I_0 \left[\frac{2\mathrm{J}_1(u)}{u} \right]^2, \qquad (17.5.7)$$

其中 I_0 为 $\theta = 0$ 方向的衍射光强,参数 $u = \pi d \sin\theta/\lambda$,$\mathrm{J}_1(u)$ 为一阶贝塞尔函数,有

$$\frac{2\mathrm{J}_1(u)}{u} = \sum_{k=0}^{\infty} \frac{(-1)^k}{k!\,(k+1)!} \left(\frac{u}{2} \right)^{2k}.$$

光强 $I(\theta)$ 随 θ 的分布见图 17.19. 从图中可以看到,衍射光呈振动变化,表 17.6 列出了极大值和极小值(零值)及对应的角度. 由于衍射光强极大值所出现的角度与波长 λ 成正比,白光衍射后将有色散现象,而红光衍射角大,紫光衍射角小,故红光在外圈,紫光在内圈.

表 17.6　圆孔衍射光极值所对应的角度

u	0	1.220π	1.635π	2.233π	2.679π	3.238π	3.699π
$[2\mathrm{J}_1(u)/u]^2$	1	0	0.0175	0	0.0042	0	0.0016

根据上述对夫琅禾费圆孔衍射的讨论可知,太阳平行光被云滴衍射后,会出现明暗相间的光环,即华. 以 k 代表暗环的序数,则各暗环离太阳的角距离可近似表示成

$$\sin\theta_k \approx (k + 0.22) \frac{\lambda}{d}, \quad k = 1, 2, 3, \cdots.$$

由于 θ_k 一般很小,所以上式可以改写成

$$\theta_k \approx (k + 0.22) \frac{\lambda}{d}, \quad k = 1, 2, 3, \cdots. \qquad (17.5.8)$$

在地面用仪器测定了华暗环的张角,就可以用上述关系计算云滴的大小. 在雾中也可利用人工光源测定. 这是一种测定滴大小的简捷方法,其缺点是只能测量窄谱的情形,对宽的云雾滴谱,明暗光环就模糊了.

3. 夫琅禾费单缝衍射

在光源和所考察的点到缝的距离都是无限远或相当于无限远的情况下所产生的衍射称为夫琅禾费单缝衍射,也就是平行光通过单缝的衍射.

如果狭缝的宽度为 d,入射光的波长为 λ,则衍射角 θ 方向的衍射光强度 $I(\theta)$ 可写为

$$I(\theta) = I_0 \left(\frac{\sin u}{u} \right)^2, \qquad (17.5.9)$$

其中 $u = \pi d \sin\theta/\lambda$. 由(17.5.9)式可知,衍射的图样是与狭缝平行的明暗条纹. 从图 17.20 的夫琅禾费单缝衍射图样中可以看到,中央亮纹宽度两倍于各个次极大亮纹宽度,暗条纹是等间隔的,而亮纹是不等间隔的. 前四个极大值出现的位置见表 17.7.

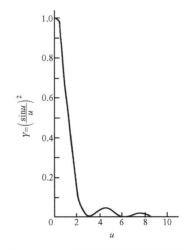

图 17.20　夫琅禾费单缝衍射的光强分布

表 17.7 单缝衍射光极大值所对应的角度

u	0	π	1.43π	2π	2.46π	3π	3.47π
$(\sin u/u)^2$	1	0	0.047	0	0.017	0	0.008

由冰针衍射形成的华,根据夫琅禾费单缝衍射公式,各暗环的角半径为

$$\theta_k = \arcsin\left(k\,\frac{\lambda}{d}\right) \approx k\,\frac{\lambda}{d}. \tag{17.5.10}$$

和水滴形成的华相比较,当冰针和水滴直径相同时,前者所形成的张角要小一些.

华是一种地方性的天气变化预兆,如果从晕变到华,而华的半径又在变小,表示云滴在变大,有产生降水的可能;反之,如果华的半径在加大,表示云滴在减小,短期内不会有降水产生.

17.5.4 虹和霓

虹是圆心位于对日点上鲜艳夺目的彩色圆弧带,颜色排列为内紫外红,角半径约为 42°. 有时还可以看到霓,它与虹同圆心,但色彩排列和虹相反,其角半径约为 52°.

若我们背对太阳,而在面前有大量的大水滴(雨滴)存在于空中,那么太阳光在水滴中经两次折射和一次内反射后到达我们眼中的光线,就可能构成虹. 具体分析光线在水滴中的折射和反射情况就会发现,从水滴不同部位入射的太阳平行光在射出水滴时大部分是发散的,只有从水滴某一适当部位入射的一束光线在射出水滴时仍然保持平行,构成虹和霓的正是这部分光线.

分别以 φ 和 ψ 代表光线的入射角和折射角,n_r 为水的折射率. 由于光线每折射一次,方向就改变 $\varphi - \psi$,在水滴中每反射一次,方向就改变 $\pi - 2\psi$,因此以 φ 角入射的光线经二次折射和 k 次反射后偏转角 θ 为

$$\theta = (\varphi - \psi) + k(\pi - 2\psi) + (\varphi - \psi) = k\pi + 2[\varphi - (k+1)\psi], \tag{17.5.11}$$

出射时,仍然保持平行的那束光线必定具有相同的偏转角. 既然这些光线的入射角都各不相同,它们必定满足下列条件:

$$\frac{\mathrm{d}\theta}{\mathrm{d}\varphi} = 0. \tag{17.5.12}$$

将 (17.5.11) 式对 φ 微分,即有

$$\frac{\mathrm{d}\theta}{\mathrm{d}\varphi} = 2\left[1 - (k+1)\frac{\mathrm{d}\psi}{\mathrm{d}\varphi}\right] = 0. \tag{17.5.13}$$

利用光的折射定律,有

$$\frac{\mathrm{d}\psi}{\mathrm{d}\varphi} = \frac{\cos\varphi}{\sqrt{(n_r^2 - 1) + \cos^2\varphi}}.$$

代入 (17.5.13) 式,解出满足上述条件的入射角 Φ,折射角 Ψ 和偏转角 Θ 分别为

$$\Phi = \arccos\left[\frac{n_r^2 - 1}{(k+1)^2 - 1}\right]^{1/2}, \tag{17.5.14}$$

$$\Psi = \arcsin\left(\frac{1}{n_r}\sin\Phi\right), \tag{17.5.15}$$

$$\Theta = k\pi + 2[\Phi - (k+1)\Psi]. \tag{17.5.16}$$

虹是由经过水滴的二次折射和一次反射的光线构成的(图 17.21(a)),在 (17.5.14) 和

(17.5.16)式中取 $k=1$；霓是由经过二次折射和二次反射的光线所构成的(图 17.21(b))，取 $k=2$. 利用表 17.4 的数据，不难计算出各波长的虹和霓的入射角和偏转角，而虹和霓离对日点的角距离，可分别由 $180°-\Theta_{虹}$ 和 $\Theta_{霓}-180°$ 得到(图 17.22).

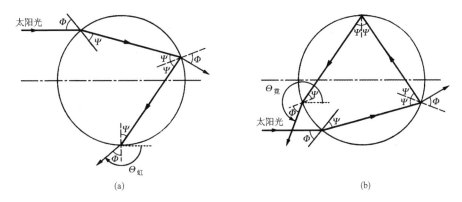

图 17.21 水滴中光线的折射和反射

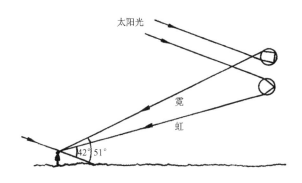

图 17.22 虹、霓的形成示意图

表 17.8 列出了其中三个波长的计算结果. 这样，在离对日点 41.2° 和 42.4° 处，可分别看到紫色和红色光环构成的虹，红色在外，紫色在内. 如果太阳光是严格平行的话，虹的宽度应为 $1°44'$. 实际太阳光的张角为 $32'$，因此虹的宽度约为 2°. 霓离对日点的角距离大于虹，故出现于虹之外. 其色彩排列正好和虹相反，内红外紫. 由于光线在水滴内反射的同时，不少光线都沿着折射方向穿出水滴，内反射的次数愈多，余下的光流就愈弱，因此一般看不到霓，纵然看到也比虹暗得多.

表 17.8 虹和霓的偏转角以及与对日点的角距离

$\lambda/\mu m$	n_r	虹			霓		
		$\Phi_{虹}$	$\Theta_{虹}$	离对日点的角距离	$\Phi_{霓}$	$\Theta_{霓}$	离对日点的角距离
0.400(紫)	1.339	$59°03'44''$	$138°47'11''$	$41°12'48''$	$71°38'58''$	$232°27'03''$	$52°27'03''$
0.500(蓝)	1.335	$59°17'40''$	$138°12'43''$	$41°47'18''$	$71°46'41''$	$231°24'49''$	$51°24'49''$
0.700(红)	1.331	$59°31'36''$	$137°37'49''$	$42°22'11''$	$71°54'26''$	$230°21'54''$	$50°21'54''$

我国广大地区都流传着"东虹日，西虹雨"这句天气谚语. 意思是说，早晨虹见于西方，那不久就要下雨了. 虹出现之处必已有雨. 虹出现于西方，太阳必东升不久. 考虑到天气系统一般自

西向东移动,且随着中午和午后的来到,大气更不稳定,因此可以断言本站不久会有雨.至于"东虹"必见于午后,雨区已移到测站以东,故是晴兆.

17.5.5 晕

高空如有由冰晶组成的薄云存在(例如卷层云),由于冰晶对日光或月光的折射和反射,就会引起一系列光学现象,统称为晕.图 17.23 给出了 22°晕、46°晕、近幻日、远幻日、近幻日环、外切晕和环天顶弧等大气晕族在天空出现的位置和形状.

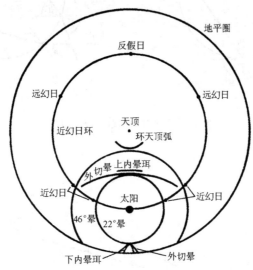

图 17.23　各种晕在天空出现的位置和形状(Lynch, 1978)

造成大气晕族的云中冰晶形状主要有四种(图 17.24),最有代表性的是六角片状和六方柱状的冰晶,还有带帽盖的六方柱状和六角锥状冰晶.因此可以把冰晶看做棱角分别为 60°(六角形两个相间侧面的夹角),90°和 120°的三种棱镜.

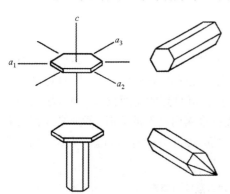

图 17.24　各种冰晶形状

首先研究光线在棱镜中的折射(图 17.25).以 φ 和 ψ 分别代表光线的入射角和折射角,以 φ' 和 ψ' 分别代表光线从棱镜的另一面穿出时的入射角和折射角,A 代表棱镜角.其偏转角为

$$\theta = (\varphi - \psi) + (\varphi' - \psi') = \varphi + \varphi' - (\psi + \psi')$$
$$= \varphi + \varphi' - A. \tag{17.5.17}$$

冰晶在空中取向是各不相同的,所以以太阳的平行光以不同的入射角射到各个冰晶上,而由各个冰晶折射出来的光线将具有不同的方向而构成发散光.但一部分取向适当的冰晶,使太阳平行光经折射后仍然保持平行,和(17.5.12)式类似,它们满足条件

$$\frac{\mathrm{d}\theta}{\mathrm{d}\varphi} = 1 + \frac{\mathrm{d}\varphi'}{\mathrm{d}\varphi} = 0, \tag{17.5.18}$$

所以可得到

$$\mathrm{d}\varphi' = -\mathrm{d}\varphi. \tag{17.5.19}$$

484

根据 $\varphi+\psi'=A$,又有

$$\mathrm{d}\psi' = \mathrm{d}\varphi. \qquad (17.5.20)$$

利用折射定律,有 $\sin\varphi=n_r\sin\psi$ 和 $\sin\varphi'=n_r\sin\psi'$ 成立,由此可得

$$\sin\varphi\sin\psi' = \sin\varphi'\sin\psi. \qquad (17.5.21)$$

将(17.5.21)式两边求导数并相除,即得

$$\frac{\cos\varphi}{\cos\varphi'} = \frac{\cos\psi}{\cos\psi'}\frac{\mathrm{d}\psi}{\mathrm{d}\varphi}\Big/\frac{\mathrm{d}\psi'}{\mathrm{d}\varphi'}.$$

利用(17.5.18)和(17.5.19)式,上式变为

$$\cos\varphi\cos\psi' = \cos\varphi'\cos\psi. \qquad (17.5.22)$$

将(17.5.21)和(17.5.22)两式相减和相加,得

$$\cos(\varphi+\psi') = \cos(\varphi'+\psi),$$
$$\cos(\varphi-\psi') = \cos(\varphi'-\psi),$$

因此有

$$\begin{cases} \varphi+\psi' = \varphi'+\psi, \\ \varphi-\psi' = \varphi'-\psi. \end{cases} \qquad (17.5.23)$$

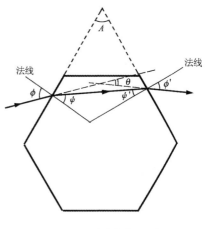

图 17.25 光线在棱镜中的折射

由(17.5.23)式可得

$$\begin{cases} \varphi = \varphi', \\ \psi = \psi'. \end{cases} \qquad (17.5.24)$$

令满足(17.5.18)式条件的入射角、折射角和偏转角为 Φ,Ψ 和 Θ,则由(17.5.24)式可导出

$$\Psi = \frac{1}{2}A,$$

$$\Phi = \arcsin\left(n_r\sin\frac{A}{2}\right), \qquad (17.5.25)$$

$$\Theta = 2\Phi - A. \qquad (17.5.26)$$

这个 Θ 是最小偏转角,因为它满足条件 $\dfrac{\mathrm{d}^2\theta}{\mathrm{d}\varphi^2}>0$.

(1) 22°晕和46°晕都是环绕太阳(或月亮)的圆环,圆环对观测者的张角分别为22°或46°.晕是日光经随机取向的冰晶折射而形成的,当相间晶面构成顶角为60°的棱镜时,设冰的折射率为1.31,则由(17.5.25)和(17.5.26)式可计算得到其最小偏转角 $\Theta=21°50'$,这就是22°晕.由于冰晶轴呈水平状态时比较稳定,所以22°晕是最常见的.若日光由互成90°角的两个晶面折射,就形成46°晕,但常难以形成完整的晕圈,表现为一段光弧.对各种不同波长的光,冰的折射率稍有不同,最小偏转角也不相同,这就形成晕圈的着色现象(表17.9).

表 17.9 晕的角度

色 彩	n_r	$\Theta_{22°}$	$\Theta_{46°}$
红	1.301	21°34′	45°06′
黄	1.310	21°50′	45°44′
紫	1.311	22°22′	47°16′
晕圈宽度		1°20′	2°42′

虽然冰晶的棱角还有 120°的,但按(17.5.25)式的要求,棱角 $A=2\arcsin(\sin\Phi/n_r)$,即使取 $\sin\Phi=1$(最大值),由于冰的折射率为 1.31,A 也只能是 99°28′,不能大于 100°. 从物理意义上看,若棱角 $A>99°28′$,则在光线射向另一内表面时会发生全反射而不能穿出冰晶,所以不需要考虑 120°棱角的作用.

(2) 近幻日是由取向冰晶造成的一种最普通的光学现象. 形成近幻日的冰晶主要是带帽盖的柱状冰晶、片状冰晶和大小适中的柱状冰晶,它们都具有对称的 c 轴(图 17.24). 空气动力抬升作用使这些冰晶以 c 轴呈水平状态下落,造成在太阳地平纬圈离太阳 22°处出现两个光斑,这就是近幻日,其着色现象和 22°晕相同. 当太阳不在地平面时,光线折射的主平面与冰晶的棱柱不正交,相应棱镜的顶角要变小,这时 Θ 的数值也要大一些,因此近幻日总是在 22°晕的外边形成. 当太阳高度角超过 50°,就不容易再看到近幻日了.

其他晕的现象还很多,但出现的机会较少,一般现象也可以用冰晶的折射和反射来解释. 在解释一部分现象时还需要考虑到冰晶在空中的振动.

我国许多地区有"日晕主雨,月晕主风"的说法,《诗经》也有"础润而雨,日晕而风"的记载. 卷云的出现往往是锋面系统的前奏,而晕常见于卷云、卷积云,故是风雨的前兆.

习　题

1. 如果水平方向大气不均匀,证明:在大气散射光亮度 $A(l)$ 与消光系数成正比的条件下,气象能见距和光路的平均消光系数成反比.

2. 望远光度计是一种用于测量能见度的仪器,它分别测出远处目标物及其背景的视亮度. 若仪器分别测出距离 l 处的黑体目标物及其相邻天空背景的视亮度分别为 L_0^* 和 L_b^*,计算气象能见距.

3. 对非均匀大气,若用望远光度计测量同一方向不同距离上一系列黑体目标物的视亮度,则可粗略地估计消光系数随距离的变化,试讨论这一方法.

4. 某日于高山上观测到晴天的气象能见距为 9 km,后来有云雾移入,云中气象能见距为 2 km. 若观测员必须透过 0.75 km 云雾来观测水平方向以天空为背景的黑体目标物,计算这时能见距为多少. 假设大气和云雾的散射光亮度 $A(l)$ 都和消光系数成正比,比例系数相同,$\varepsilon=0.02$.

5. 研究云雾的光学特性时,经常注意其色散性质. 设云雾的滴谱为 $n(r)=8r^2\mathrm{e}^{-r/4}$,在 $\rho=am>6$ 时,散射效率 $Q_s(\rho)=2+3\mathrm{e}^{-0.08\rho}$,求云雾的消光系数. 这种云在可见光波段是正常色散还是反常色散?

6. 透过薄云观测到月亮周围的华,其中黄色光环的角半径为 5°,假设黄光的波长为 $0.580\,\mu\mathrm{m}$,试问:云滴半径多大? 如果华环由明亮清晰变得模糊,说明云滴谱发生了什么变化? 谚语"大华晴,小华雨"有根据吗?

参 考 文 献

[1]　王永生等编著. 大气物理学. 北京:气象出版社,1987.

[2]　毛节泰,陈家宜. 天空背景亮度的观测. 北京大学学报(自然科学版),1978 年第 3 期.

[3]　美国无线电公司编. 史斯,伍琐译. 电光学手册(中译本). 北京:国防工业出版社,1978.

[4]　Blättnev W G, et al. Monte Carlo studies of the sky radiation at twilight. Appl. Oppt. Opt. ,9,2522~2528,1974.

[5]　Coulson K L. Characteristics of the Radiation emerging from the top of a Rayleigh atmosphere,1 and 2. Planet. Space Sci. ,1:256~284,1959.

[6]　Chandrasekhar S. Radiative Transfer. Oxford University Press,1950;reprinted by Dover Publications,New York (NY),1960.

[7]　Chylek P. Extinction and Liquid Water Content of Fogs and Clouds,J. Atmos. Sci. ,Vol. 35,296~300,1978.

［8］ Deirmandjian D. Electromagnetic Scattering on Spherical Polydispersions. American Elsevier，New York，1969.

［9］ Duntley S Q. Visibility，J. Appl. Opt. ，3，549～598，1964.

［10］ Liou Kuo-Nan. An Introduction to Atmospheric Radiation. Academic Press，1980.
周诗健等译. 大气辐射导论(中译本). 北京：气象出版社,1985.

［11］ Liou，Kuo-Nan. An Introduction to Atmospheric Radiation(Second Edition)．Academic Press，2002.
郭彩丽,周诗健译. 大气辐射导论(第 2 版)(中译本). 北京:气象出版社,2004.

［12］ McCartney G J. Optics of Atmosphere. John Wiley & Sons. , 1976.
潘乃先等译. 大气光学(中译本). 北京:科学出版社,1988.

［13］ Middleton W E K. Vision though the Atmosphere. Univ. of Toronto Press，Toronto,1952.

第十八章 光线在大气中的折射

上面讨论中把大气看做一种粒子的集合,由于电磁波和粒子的相互作用,产生了散射、吸收现象.本章将从另一种观点来研究大气对光传播的影响,即把大气看做一种连续介质,研究光在这种介质中的折射.因为光和超短波的波长都很短,它们在大气中的折射现象可以用同样的规律来描述,所以这里把它们放在一起来进行讨论.

18.1 大气的折射率

对流层中大气的温度、湿度和气压都是随高度改变的,造成大气的折射率随高度变化,使大气表现为一种分层介质.射线在这种介质中传播要发生弯曲.在更高的电离层中,由于电子浓度的变化,也使某些波长的电磁波传播路径发生弯曲.

18.1.1 对流层空气的折射率

电磁波在中性介质中传播的速度 c 和介质折射率的实部有关,即

$$c = \frac{c_0}{\sqrt{\varepsilon\mu}},$$

式中 c_0 是真空中的光速,ε 是相对介电常数,μ 是磁导率常数.对一般非铁磁物质,$\mu=1$,有

$$c = \frac{c_0}{\sqrt{\varepsilon}} = \frac{c_0}{n_r}, \tag{18.1.1}$$

其中 $n_r=\sqrt{\varepsilon}$ 为复折射率的实部(为方便起见,以后省去下标 r).由于 ε 是反映物质在外电场作用下极化程度的物理量,要计算空气的折射率,就要分析空气分子在外电场作用下的极化情形.

空气可看做干空气和水汽的混合物.干空气是无极分子,它在无外电场时不存在偶极矩.水汽分子是一种极性分子,它在无外电场作用下时就呈现偶极矩,只是由于其无规排列,从总体来说并不显出极化现象.当有外电场作用时,干空气分子被极化,呈现出偶极矩;水汽分子也进一步被极化,偶极矩被加大.同时,偶极子产生了沿电场方向排列的趋势.单位体积内的偶极矩用极化矢量 $\boldsymbol{p}$ 来表示,它正比于总电场 $\boldsymbol{E}$:

$$\boldsymbol{p} = \varepsilon_0 \chi \boldsymbol{E},$$

式中 χ 叫做极化率.对中性干空气分子,其极化率有下列关系:

$$\chi_d = \beta_d n_d,$$

其中 β_d 是反映分子极化能力的系数,n_d 是干空气分子的数密度.对极性分子如水汽,有

$$\chi_v = \left(\beta_v + \frac{p_0^2}{3kT}\right)n_v,$$

其中 β_v 和 p_0 分别是反映水汽分子极化能力的系数和固有偶极矩,k 是玻尔兹曼常数,n_v 是水汽分子的数密度.上式右边第一项反映了极性分子在外电场中进一步极化的能力,第二项反映了极性分子在外电场作用下重新排列的效果.

混合气体的极化率遵循加法定律,即

$$\chi = \chi_d + \chi_v \approx \bar{\beta}_{d,v}(n_d + n_v) + \frac{p_0^2}{3kT}n_v, \tag{18.1.2}$$

其中 $\bar{\beta}_{d,v}$ 是 β_d 和 β_v 的适当中值,$n_d + n_v$ 是空气分子总数密度.令 p 和 e 分别代表空气的总压力和水汽的分压力,根据状态方程有

$$(n_d + n_v) \propto \frac{p}{T}, \quad n_v \propto \frac{e}{T}.$$

代入(18.1.2)式,得

$$\chi = a\frac{p}{T} + b\frac{e}{T^2}, \tag{18.1.3}$$

式中 a 和 b 是适当的系数.

已知极化率与相对介电常数 ε 有如下关系:

$$\chi = \varepsilon - 1. \tag{18.1.4}$$

根据介电常数和折射率之间的关系及空气折射率很接近于 1 的事实,又有

$$\varepsilon - 1 = n^2 - 1 \approx 2(n-1). \tag{18.1.5}$$

由(18.1.3)~(18.1.5)式就可以导出空气折射率 n 的表达式.但因为空气折射率与 1 之差只有万分之几,在电波传播中用折射率差 N 来表示比较方便,称为 N 单位:

$$N = (n-1) \times 10^6. \tag{18.1.6}$$

可见,折射率差 N 是折射率与 1 之差的 100 万倍,亦称为电波折射率.考虑到气压 p 是干空气分压 p_d 与水汽分压 e 之和,故有

$$N = \frac{A}{T}\left(p + \frac{Be}{T}\right) = \frac{A}{T}p_d + \frac{Ae}{T}\left(1 + \frac{B}{T}\right) = N_d + N_w, \tag{18.1.7}$$

式中 $N_d = Ap_d/T$,$N_w = Ae(1+B/T)/T$ 分别称为折射率差的干项和湿项.当 p,p_d 和 e 的单位为 hPa 时,A 和 B 的数值如下:

光波: $$\begin{cases} A = 77.46 + 0.459/\lambda^2, \\ B \approx 0; \end{cases} \tag{18.1.8}$$

无线电波: $$\begin{cases} A = 77.6, \\ B = 4810. \end{cases} \tag{18.1.9}$$

式中 λ 的单位为 μm.两式表明,空气中水汽对折射率的影响在可见光和红外波段可忽略,而在无线电波段是重要的.

对流层中空气的温、湿、压随高度而变,引起折射率发生相应变化.由(18.1.7)式可导出其变化率为

$$\frac{dN}{dz} = \frac{A}{T}\frac{dp}{dz} - \frac{A}{T^2}\left(p + \frac{2Be}{T}\right)\frac{dT}{dz} + \frac{AB}{T^2}\frac{de}{dz}. \tag{18.1.10}$$

在对流层中不同气象条件下,折射率值变化于 1.000 26~1.000 46 之间.在 8~10 km 以上,折射率不再变动,其值约为 1.000 11.因此,对流层中所有复杂的折射现象都由于这一微小的变化所引起.

大气常可当做水平均一或球面分层结构来处理.在标准大气条件下,各高度的折射率可用(18.1.7)式计算,以代表大气折射的平均状况.大气折射平均状况的计算结果可用下列近似公式表示:

光波:
$$\begin{cases} N = 273\mathrm{e}^{-z/9.82}, \\ \dfrac{\mathrm{d}N}{\mathrm{d}z} = -27.8\mathrm{e}^{-z/9.82}; \end{cases}$$
(18.1.11)

无线电波:
$$\begin{cases} N = 316\mathrm{e}^{-z/8.08}, \\ \dfrac{\mathrm{d}N}{\mathrm{d}z} = -39.1\mathrm{e}^{-z/8.08}. \end{cases}$$
(18.1.12)

z 的单位为 km.可见,大气折射率随高度增加而逐渐减小.公式(18.1.11)和(18.1.12)只代表了大气折射率的平均状况,至于某时某地的实际情况,可能与平均情况有很大的出入,需要进行具体测量.

18.1.2　大气折射率的测量

测量大气折射率最常用的方法有两种:① 通过测量气象要素 T,p,e 的值,用(18.1.7)式计算;② 用折射率仪直接测量.

在气象要素的测量中,湿度测量的误差最大,主要困难在于感应元件的精度和反应速度都赶不上需要.地面观测中常用的通风干湿表,其对折射率精度的影响可达 $\pm 0.1\,\mathrm{N}$ 单位.近地层中几百米高度的温度和湿度可利用铁塔进行测量,$300\sim 2000\,\mathrm{m}$ 高度以下可用系留气球测量.无线电探空仪可测量至 $30\,\mathrm{km}$ 高度,计算得到的折射率精度为 $3\,\mathrm{N}$ 单位~$5\,\mathrm{N}$ 单位.

折射率仪是直接测量大气折射率的一种装置,大部分用于超短波或微波波段.其基本结构是一个谐振回路,最简单的可由电容和电感组成,其中电容是一种平行板电容器,它暴露在待测大气中.因为平行板电容器的电容量和极板中间介质的介电常数有关,故大气折射率的改变将造成电容量改变,使谐振频率也发生变化.测量这种频率的变化便可推算出大气折射率.若测量的频率在微波波段,则谐振回路采用谐振腔形式.为了保证测到的频率变化确实反映折射率的变化,必须小心地消除其他可能引起频率改变的因子,例如由温度引起的谐振腔体积变化等.折射率仪可以测量地面折射率,更多的是装在飞机上测量折射率的空间分布或涨落,其精度可达 $\pm 0.1\,\mathrm{N}$ 单位.

18.1.3　电离层中的折射率

有关电离层的折射率变化,原本不属于本书讨论的范围.但当我们在地面接收空间卫星发送的信号时,电磁波必须首先通过电离层,因此对其规律也需要有一个基本了解.

光学理论指出:在真空中所有波长的电磁波以同一速度 c_0 传播,而在电离层中,电磁波的传播速度与电子的数密度有关,而且电离层是一种频散介质,传播速度会随着电磁波频率的改变而变化.电离层中相折射率的近似公式是

$$n = 1 - 40.28\frac{n_\mathrm{e}}{f^2},$$
(18.1.13)

这里 n_e 为电子数密度(个·m^{-3}),f 为电磁波频率(Hz).可见,电离层中电磁波的相折射率 $n<1,c>c_0$.因此在考虑了电离层的影响后,根据式(18.1.9),无线电波的相折射率差可写为

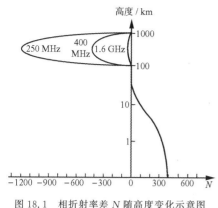

图 18.1　相折射率差 N 随高度变化示意图

$$N = 77.6\frac{p}{T} + 3.73 \times 10^5 \frac{e}{T^2} - 40.28 \times 10^6 \frac{n_e}{f^2}$$

$$= 77.6\frac{p_d}{T} + \left(\frac{77.6}{T} + \frac{3.73 \times 10^5}{T^2}\right)e$$

$$- 40.28 \times 10^6 \frac{n_e}{f^2}. \tag{18.1.14}$$

相折射率差 N 随高度的变化见图 18.1. 电离层中电磁波的群折射率为

$$n_g = n + f\frac{\partial n}{\partial f} = 1 + 40.28\frac{n_e}{f^2}. \tag{18.1.15}$$

根据上述关系可导出电离层中电磁波的相速度和群速度的表达式.

18.2　射线在大气中的折射

18.2.1　射线的轨迹方程——斯涅耳定律

从光学中知道,光线在两种介质的分界面上要发生反射和折射. 若两种介质的折射率分别为 n_1 和 n_2,入射角和折射角分别为 j 和 θ,则折射定律为(图 18.2):

$$n_1\sin j = n_2\sin\theta.$$

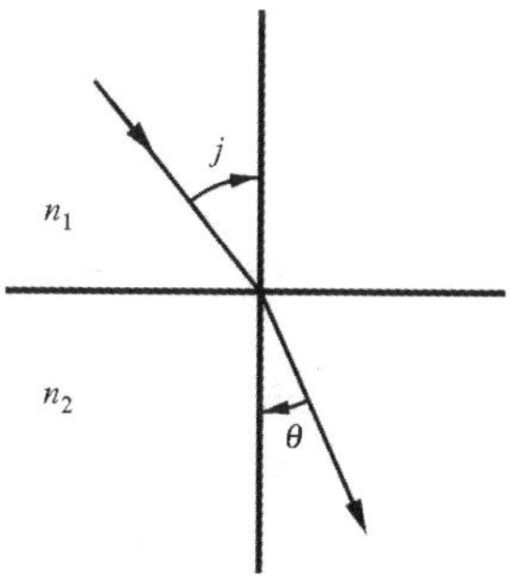

现在把折射定律推广到折射率随高度连续变化的大气中来. 设大气为球面分层,折射率仅为高度的函数,把大气分为一层层足够薄的同心球层(图 18.3),各层的折射率都假定为常数,分别记为 $n_1, n_2, \cdots$. 光线在每一层中均呈直线传播,而在各界面上发生折射. 设光线在各层的入射角分别为 $j_1, j_2, \cdots$,折射角分别为 $\theta_1, \theta_2, \cdots$,则在各界面上分别有

图 18.2　光线的折射

$$\begin{cases} n_1\sin j_1 = n_2\sin\theta_2, \\ n_2\sin j_2 = n_3\sin\theta_3, \\ \cdots\cdots\cdots \end{cases} \tag{18.2.1}$$

但在以球心 O 为一顶点的各三角形,有

$$\begin{cases} \triangle OPA: \dfrac{r_1}{\sin j_1} = \dfrac{r_2}{\sin\theta_1}, \\ \triangle OAB: \dfrac{r_2}{\sin j_2} = \dfrac{r_3}{\sin\theta_2}, \\ \cdots\cdots\cdots \end{cases} \tag{18.2.2}$$

把(18.2.2)式代入(18.2.1)式,有

$$\begin{cases} r_1 n_1\sin\theta_1 = r_2 n_2\sin\theta_2, \\ r_2 n_2\sin\theta_2 = r_3 n_3\sin\theta_3, \\ \cdots\cdots\cdots \end{cases}$$

491

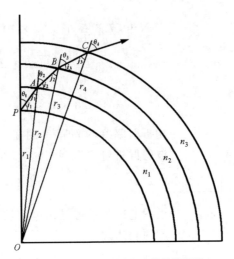

图 18.3 球面分层大气中射线的折射

一般而言,有

$$rn(r)\sin\theta = A = 常数, \tag{18.2.3a}$$

或以折射角的余角 i 表示,则有

$$rn(r)\cos i = A. \tag{18.2.3b}$$

这就是球面分层大气中射线轨迹方程,常称斯涅耳(Snell)定律. 容易推出,在平面分层大气中有

$$n\cos i = 常数. \tag{18.2.4}$$

18.2.2 射线的曲率半径

在大气折射率随高度变化的条件下,射线将要发生弯曲. 以下推导射线曲率半径 R_L 和折射率分布之间的关系.

如图 18.4 所示,曲率半径的定义为

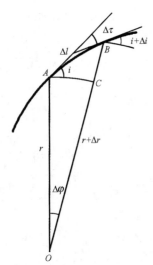

$$R_L = \lim_{\Delta\tau \to 0} \frac{\Delta l}{\Delta\tau} = \frac{\mathrm{d}l}{\mathrm{d}\tau}, \tag{18.2.5}$$

式中 $\Delta\tau$ 是射线的偏折角,表示射线方向改变的大小. 在射线上取相邻两点 A 和 B,它们离地球中心 O 的距离、折射率和仰角分别为 r, n, i 和 $r+\Delta r, n+\Delta n, i+\Delta i$. 设这两点相对地心的张角为 $\Delta\varphi$,则

$$\Delta l = \Delta r/\sin i. \tag{18.2.6}$$

对 A, B 两点用斯涅耳定律,有

$$rn\cos i = (r+\Delta r)(n+\Delta n)\cos(i+\Delta i),$$

展开后,有

$$\Delta i = \left(\frac{\Delta n}{n} + \frac{\Delta r}{r}\right)\cot i. \tag{18.2.7}$$

从图 18.4 可以看到,$AC = r\Delta\varphi = \Delta r\cot i$,故

$$\Delta\varphi = \frac{\Delta r}{r}\cot i. \tag{18.2.8}$$

图 18.4 曲率半径的推导

492

又因 $\Delta i=\Delta\varphi-\Delta\tau$，与(18.2.7)和(18.2.8)式比较后，可得

$$\Delta\tau=-\frac{\Delta n}{n}\cot i. \qquad (18.2.9)$$

再把(18.2.6)式和(18.2.9)式代入(18.2.5)式，并考虑到 $n\approx 1$，有

$$R_{\mathrm{L}}=\frac{\mathrm{d}l}{\mathrm{d}\tau}=-\frac{1}{(\mathrm{d}n/\mathrm{d}r)\cos i}. \qquad (18.2.10)$$

(18.2.10)式中 $\mathrm{d}n/\mathrm{d}r$ 即为 $\mathrm{d}n/\mathrm{d}z$. 一般情况下，大气中的折射率 n 随高度递减，$\mathrm{d}n/\mathrm{d}z<0$，故 R_{L} 为一正数，表示射线弯向地面.

由(18.2.10)式可以看出，当 $i=0$ 时，有

$$R_{\mathrm{L}}=-\left(\frac{\mathrm{d}n}{\mathrm{d}z}\right)^{-1},$$

这时射线弯曲最大；当 $i=\pi/2$，即射线垂直向上发射时，有 $R_{\mathrm{L}}=0$.

18.2.3　折射的分类

利用(18.2.9)式可以计算各种大气折射率分布情况下超短波射线弯曲的情形. 首先是标准大气状况下，由(18.1.12)式，在低空有

$$\frac{\mathrm{d}n}{\mathrm{d}z}=-3.91\times 10^{-8}\ \mathrm{m}^{-1}\approx -4\times 10^{-8}\ \mathrm{m}^{-1}.$$

对水平射线($i=0$)，其曲率半径为

$$R_{\mathrm{L}}=25\,000\ \mathrm{km}\approx 4R_{\mathrm{E}},$$

其中 R_{E} 为地球半径. 这种情况称为标准折射.

另外还有两种特殊的情形：① 无折射：若是均质大气，则 $\mathrm{d}n/\mathrm{d}z=0$，这时射线不弯曲，$R_{\mathrm{L}}=\infty$；② 临界折射：水平发射与地球表面平行，$R_{\mathrm{L}}=R_{\mathrm{E}}$，有 $\mathrm{d}n/\mathrm{d}z=-1.57\times 10^{-7}\ \mathrm{m}^{-1}$，这个值称为临界垂直梯度.

对一般的大气状况，可按射线的曲率半径，将折射分为几种类型(图18.5)，并用 $R_{\mathrm{L}}/R_{\mathrm{E}}$ 表示(表18.1). 表18.1中的 M 是折合折射率的模数，将在下面18.2.4小节中介绍.

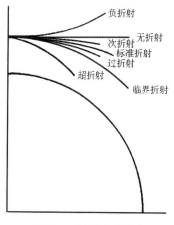

图 18.5　折射的各种类型

表 18.1　折射的各种类型

类　　型		$\frac{\mathrm{d}n}{\mathrm{d}z}\Big/\mathrm{m}^{-1}$	$R_{\mathrm{L}}/R_{\mathrm{E}}$	$\frac{\mathrm{d}M}{\mathrm{d}z}$
负折射		>0	<0	$0.157\sim\infty$
无折射		0	∞	0.157
正折射	次折射	$-4\times 10^{-8}\sim 0$	$\infty\sim 4$	$0.118\sim 0.157$
	标准折射	-4×10^{-8}	4	0.118
	过折射	$-1.57\times 10^{-7}\sim -4\times 10^{-8}$	$4\sim 1$	$0\sim 0.118$
	临界折射	-1.57×10^{-7}	1	0
	超折射	$<-1.57\times 10^{-7}$	$1\sim 0$	$0\sim -\infty$

(1) 负折射：$\mathrm{d}n/\mathrm{d}z>0$，折射率随高度增加，使射线弯离地面. 负折射对通信不利，它使电波传播的极限距离减小. 由(18.1.10)式可以看出，形成负折射的条件是湿度随高度增加($\mathrm{d}e/\mathrm{d}z>0$)或温度递减率大于干绝热减温率. 当冷空气移到暖洋面上时就可能形成这种超干

绝热减温率.

(2) 次折射：-4×10^{-8} m^{-1}<dn/dz<0. 它发生在温度递减率比标准大气的大一些,而湿度递减率比标准大气的小一些的情形,通常在阴云天出现. 在这种折射类型下,无线电波的传输距离较标准大气时小一些.

(3) 过折射：-1.57×10^{-7} m^{-1}<dn/dz<-4×10^{-8} m^{-1}. 它发生在温度递减率比标准大气的小一些,而湿度递减率比标准大气的大一些的情形. 在一般的湿温分布下,当大气出现逆温时就可以出现过折射. 过折射使电波的传输距离加大.

(4) 超折射：$-\infty$<dn/dz<-1.57×10^{-7} m^{-1}. 它发生在温度递减率比标准大气的小很多,而湿度递减率比标准大气的大很多的情形,一般出现在有逆温或湿度随高度迅速递减的场合. 在超折射的情况下,电波的传播距离可以大大增加,因为这时电波沿地面的传播好像是在波导中传播一样(大气波导).

18.2.4 修正折射率及其模数

在很多情形下,若能把地面看做平面,处理问题就会方便得多,为此引进修正折射率(或称为折合折射率)的概念. 根据(18.2.3)式,球面分层大气中的斯涅耳定律为

$$rn\cos i = r_0 n_0 \cos i_0, \tag{18.2.11}$$

式中 i 和 i_0 都是折射角的余角. 若射线从地面出发,有 $r_0=R_E$,$r=R_E+z$,(18.2.11)式可改写为

$$n\left(1+\frac{z}{R_E}\right)\cos i = n_0\cos i_0. \tag{18.2.12}$$

引入修正折射率

$$n' = n\left(1+\frac{z}{R_E}\right) \approx n+\frac{z}{R_E}, \tag{18.2.13}$$

(18.2.13)式是考虑到 $n\approx1$ 而得到的. 于是,(18.2.12)式成为

$$n'\cos i = n_0'\cos i_0, \tag{18.2.14}$$

其形式完全和平面分层大气中的斯涅耳定律(18.2.4)式一样. 因为 n' 的数值和 n 相近,所以修正折射率也常用下式表示:

$$M = (n'-1)\times10^6 = \left(n-1+\frac{z}{R_E}\right)\times10^6. \tag{18.2.15}$$

M 也称为折合折射指数,M 指数或折射模数. 在地面,M 大致在 260 N 单位~460 N 单位的范围内变化.

修正折射率 M 随高度的变化为

$$\frac{dM}{dz} = \left(\frac{dn}{dz}+\frac{1}{R_E}\right)\times10^6. \tag{18.2.16}$$

对于水平方向的射线,有

$$\frac{dM}{dz} = \left(\frac{1}{R_E}-\frac{1}{R_L}\right)\times10^6. \tag{18.2.17}$$

所以修正折射率 M 随高度的变化率直接反映了射线的曲率和地球表面曲率之差. 用 dM/dz 来判断各种类型的折射比用 dn/dz 更方便些,在表 18.1 中已列出不同折射类型所对应的 dM/dz 的值.

18.3 大气折射率对测量的影响

现以地面脉冲雷达测量空中目标物的位置为例,讨论对流层大气折射对测量的影响.

雷达测量目标物的位置是通过测定天线波束的方位角和仰角,并测定从发射脉冲到回波信号之间所需的时间,据此计算出目标物离雷达站的斜距.若没有大气的影响,电磁波以直线传播,其速度为 c_0,那么依据上述测量的数据不难计算出目标物的空间位置.

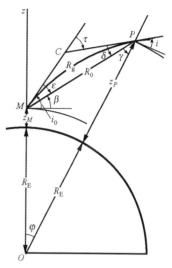

图 18.6 折射对测量的影响

现在考虑大气的影响.设大气是球面分层的,折射率仅随高度变化,则从折射定律可以知道,大气折射对方位角的测量没有影响,大气折射将是一个平面问题.

如图 18.6 所示,设测站 M 离海平面高度为 z_M,测量空间目标物 P.如果没有折射,电磁波沿直线 MP 传播,测出的仰角应为 β,斜距为 R_0.由于大气折射,电磁波按弯曲路径由 M 到 P,实测仰角为 i_0,此"光学"距离为 $R_g = c\Delta t/2$,其中 Δt 为实测的回波时间.因此在 R_g 的测量中包含着两个误差:一是射线通过的几何距离比直线长;二是电磁波在介质中的传播速度小于真空中的速度.对大气折射订正的目的,就是要根据实测仰角 i_0 和回波时间 Δt,计算出目标物真实的仰角 β 和斜距 R_0.

18.3.1 定位测量的误差

在大气折射的计算中,最关键的是要计算出折射线的偏折角.从图 18.6 可以看出,偏折角 τ 表示射线方向改变的大小.根据(18.2.9)式,整条路径的偏折角应是

$$\tau = -\int_{n_M}^{n_P} \cot i \, \frac{\mathrm{d}n}{n}. \tag{18.3.1}$$

令 $r_0 = R_E + z_M$,利用斯涅耳定律,有

$$\tau = -\int_{z_M}^{z_P} \frac{n_0 r_0 \cos i_0}{n \sqrt{n^2 (R_E + z)^2 - n_0 r_0^2 \cos^2 i_0}} \frac{\mathrm{d}n}{\mathrm{d}z} \mathrm{d}z. \tag{18.3.2}$$

为了完成积分,不仅要知道折射率随高度的分布,而且要知道目标物的高度 z_P.这时可利用实测 Δt 的数据,因为

$$\Delta t = 2\int_M^P \frac{\mathrm{d}l}{c} = 2\int_{z_M}^{z_P} \frac{n}{c} \frac{\mathrm{d}z}{\sin i}, \tag{18.3.3}$$

$$R_g = \frac{1}{2} c\Delta t = \int_{z_M}^{z_P} n \left\{ 1 - \left[\frac{n_0 \cos i_0}{n(1 + z/R_E)} \right]^2 \right\}^{-1/2} \mathrm{d}z. \tag{18.3.4}$$

利用数值积分方法可求出 z_P,然后确定 τ.在求出 τ 以后,真实仰角 β 和斜距 R_0 也就不难计算出.

从图 18.6 的几何关系可以得到:目标物离测站的水平距离为 $R_E \varphi$,其中 φ 为地心角,有

$$\varphi = \tau + i - i_0.$$

从 $\triangle MPC$,有 $\varepsilon + \delta = \tau$ 和 $\beta = i_0 - \varepsilon$.又从 $\triangle OMP$,有

$$\frac{r_0}{\sin\gamma} = \frac{R_{\mathrm{E}} + z_P}{\sin(90° + \beta)} = \frac{R_{\mathrm{E}} + z_P}{\cos(i_0 - \tau + \delta)},$$

$$\sin\gamma = \frac{r_0}{R_{\mathrm{E}} + z_P}\cos(i_0 - \tau + \delta).$$

令 n_P 为 z_P 高度的折射率,利用

$$\delta + \gamma = 90° - i,$$

$$n_0 r_0 \cos i_0 = n_P(R_{\mathrm{E}} + z_P)\cos i,$$

可导出

$$\tan\delta = \frac{n_0/n_P - \cos\tau - \sin\tau\tan i_0}{\sin\tau - \cos\tau\tan i_0 + n_0\tan i/n_P}.$$

真实的仰角 β 可根据实测仰角 i_0 和偏折角 τ 计算出,为

$$\beta = i_0 - \varepsilon = i_0 - \tau + \delta = i_0 - \tau + \arctan\left(\frac{n_0/n_P - \cos\tau - \sin\tau\tan i_0}{\sin\tau - \cos\tau\tan i_0 + n_0\tan i/n_P}\right). \tag{18.3.5}$$

从 $\triangle MPO$ 可得到目标物的真正斜距

$$R_0 = \frac{(R_{\mathrm{E}} + z_P)\sin\varphi}{\cos\beta}. \tag{18.3.6}$$

18.3.2　大气水平非均一对射线折射率的影响

上面讨论时是把大气当做一种球面分层介质来处理的. 但在大气中某些区域,如锋面、海陆交界处等,那里气象要素的水平变化不可忽视,水平均一的假设对高精度的观测就不适用了.

图 18.7 是一次实测的修正折射率剖面分布. 可以看出,修正折射率在水平方向的变化,尤其在海陆交界地区,有相当大的数值变化. 利用这种实测的折射率分布资料计算射线的偏折角,就和假定大气水平均一时所得的结果很不相同. 图 18.8 给出了两者之比较. 图中画出 4 个仰角(从 $0.5°\sim15°$)的偏折角 τ 随目标物高度 z_P 的变化,比较这两组曲线可以看出,在低仰角观测时,大气非均一所引起的误差相当可观,应给予注意.

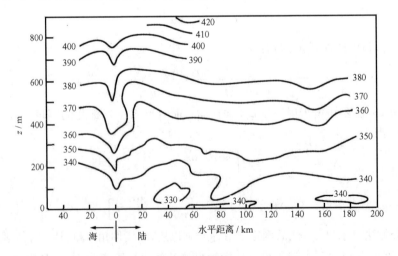

图 18.7　实测修正折射率剖面图(引自 Bean, 1964)

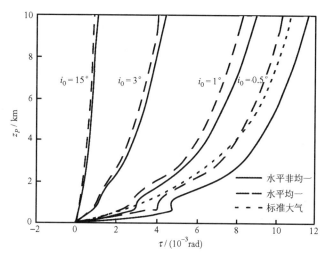

图 18.8　水平均一大气和非均一大气计算的偏折角(引自 Bean, 1964)

18.4　天文折射和地文折射

大气对可见光的折射,引起某些肉眼可以观察到的大气光学现象,其中和观察天体相联系的现象称为天文折射现象,和观察地面目标物关联的称为地文折射现象.

18.4.1　天文折射现象

天文折射现象主要是由于射线弯曲使天体视在仰角发生变化(图 18.9).一般情况下大气是正折射,其结果使仰角变大.这种视在仰角与实际仰角的差异即偏折角,常称为蒙气差.用类似上一小节的讨论,可以计算出偏折角,但天文折射现象的特点是目标物在大气外,因此(18.3.2)式应改为

$$\varepsilon = -\int_{z_M}^{\infty} \frac{n_0 r_0 \cos i_0}{n \sqrt{n^2 (R_E + z)^2 - n_0^2 r_0^2 \cos^2 i_0}} \frac{\mathrm{d}n}{\mathrm{d}z} \mathrm{d}z,$$

(18.4.1)

式中 ε 为蒙气差.在标准大气假定下,由地面观测不同天体的仰角时,其偏折角的数值如表 18.2 所列.由所举的数据可以看出:在 i_0 较小时,偏折角特别大,而且随 i_0 变化得很快.

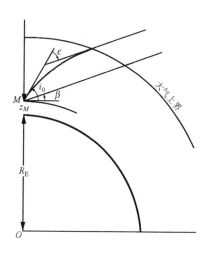

图 18.9　天文折射偏折角的计算

表 18.2　天文折射参数数值

视在仰角 i_0	0°	1°	5°	10°	15°	30°	45°	60°	75°	90°
蒙气差 ε	34′23″	30′22″	9′48″	5′17″	3′32″	2′38″	0′58″	0′48″	0′16″	0′00″

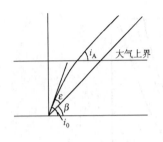

图 18.10 平面分层大气中
蒙气差的计算

在天体的仰角比较大时,可以把大气看成是平面分层的(图 18.10).根据(18.2.4)式有 $n_0\cos i_0 = n_A\cos i_A$,此时 n_A 和 i_A 分别表示天体射线进入大气上界处的折射率和仰角. i_A 等于实际仰角 β,且有 $i_A = i_0 - \varepsilon$,因此有

$$n_0\cos i_0 = n_A\cos(i_0 - \varepsilon) = n_A(\cos i_0\cos\varepsilon + \sin i_0\sin\varepsilon).$$

因 ε 很小,故 $\cos\varepsilon \approx 1$, $\sin\varepsilon \approx \varepsilon$,而且又因 $n_A = 1$,所以

$$n_0\cos i_0 = (\cos i_0 + \varepsilon\sin i_0).$$

最后得偏折角为

$$\varepsilon = (n_0 - 1)\cot i_0. \tag{18.4.2}$$

上式 ε 的单位是 rad. 例如,取 $n_0 = 1.000\,278$ ($\lambda = 0.55\,\mu m$,288 K,1013.25 hPa). 对 $i_0 > 10°$ 的天体,换算成秒的单位,有下列近似公式:

$$\varepsilon = 57''\cot i_0; \tag{18.4.3}$$

对 $10° > i_0 > 1°$ 的天体,则有近似公式:

$$\varepsilon = 57''\cot i_0 - \frac{0.55\cos i_0}{\sin^2 i_0}. \tag{18.4.4}$$

由大气折射造成星体视在仰角增大,使太阳或星体在实际已沉入地平线后若干时间内,人们仍然可以看到.同样,在它们升出地平线之前某些时候,人们已经看到了它们.由于这种原因,中纬度白昼将增长 8～12 min,而在两极则更多.

和折射有关的另一个现象是太阳或月亮在地平附近的变形.因为一般情况下,地平附近太阳的下边缘因折射而升高 $35'$,而上边缘只升高 $28'$,所以太阳在垂直方向显得压扁了 $7'$.

因为不同波长光的折射率稍有不同,所以天文折射对不同波长的光也稍有差别.其结果使地平附近的发光点(星体)伸展为一个虹带.就绿光($\lambda = 0.5\,\mu m$)和紫光($\lambda = 0.4\,\mu m$)而言,当星体在不同仰角时折射角之差(也称色散角)列于表 18.3.可以看出,在地平面附近色散角特别大.

表 18.3 星体的色散角

视在仰角 i_0	0°	1°	5°	25°	40°
色散角	38″	26″	11″	4″	1″

对于太阳来说,也可以发生类似现象,但是因为太阳的视直径为 $32'$,而光的色散角仅 $38''$,所以显然彩色像的大部分互相重叠,变成白色,只有边缘的颜色还可能是单色的.考虑到大气消光系数一般随波长变短而增大,所以在太阳西没的瞬间,光谱里通常只剩下太阳光中波长较长的光线.如果大气特别透明,绿光可以留下来.所以在太阳西没的最后瞬间,当它的圆面顶点隐入地平之时,在有利的条件下可以看到剩下来的狭窄光带的迅速转变,由红黄色转变为绿色而有时甚至变成青色.这种"绿光"的现象只有在特别透明的情况下才能看到,而且持续的时间极短,在低纬度只有几分之一秒,在高纬度也只有数秒.

最后一种和折射相关的大气光学现象是星光闪烁和远处目标的震颤现象.它们与光线在大气非均匀结构上的折射有关.

18.4.2 地文折射现象

这里主要讨论海市蜃楼现象.在一些特殊的条件下,大气中可能出现一些气层,在它们的边界上密度有突然的变化.这些气层中可以发生光的全反射,这时除了观察到目标物本身外,还可以看到一个甚至多个反射的像.这些反射的像有时是直立的,有时是倒立的.这种现象称为海市蜃楼(蜃景).如果像位于物体之上,称为上现蜃景,反之称为下现蜃景.有时也可能出现侧现蜃景.

由于折射率梯度随高度有剧烈变化,结果使景物上、下部发出的光线曲率不同,而使像缩小或放大,抬高或降低.图 18.11 所示的是最简单的上现蜃景和下现蜃景的图解.

上现蜃景常常出现在贴近地面的大气层比位于它上面的气层密度大得多的场合.当大

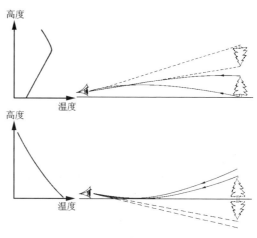

图 18.11 海市蜃楼示意图

气的下层有温度逆增时,尤其在两极,常常可以看到上现蜃景.下现蜃景是因贴近地面的大气过分受热,使空气密度比位于其上方的空气密度小得多而引起的.在热天,特别在沙漠地区,常常可以看到下现蜃景.

习　　题

1. 根据下列探空数据,计算并画出折射率干项和湿项随高度的变化:

p/hPa	1000	900	850	800	700	600	500	400
z/km	0.06	0.96	1.45	1.97	3.07	4.32	5.74	7.41
t/℃	22.0	20.1	16.8	13.5	5.7	−2.9	−11.8	−23.1
t_d/℃	14.1	7.7	5.1	2.3	−4.4	−12.7	−22.3	−33.1
p/hPa	300	200	150	100	80	60	50	40
z/km	9.46	12.15	14.00	16.56	17.94	19.77	20.91	22.32
t/℃	−37.9	−52.5	−54.6	−59.2	−60.0	−57.9	−55.8	−53.7

2. 推算在标准大气条件下,球面分层大气的蒙气差公式.

3. 当星体仰角为 5°时,计算由于大气折射引起的紫光($\lambda=0.4\,\mu m$)和红光($\lambda=0.65\,\mu m$)之间的色散角.

参 考 文 献

[1]　王永生等编著.大气物理学.北京:气象出版社,1987.

[2]　Bean B R. Tropospheric Refraction. Adv. in Radio Res.,1,1964.

第十九章　GPS气象

全球定位系统(Global Positioning System,简称为GPS)是20世纪70年代开始开发的卫星定位系统,其主要目的是为飞机、船舶定位或导航.由于它具有很高的定位精度,已被广泛地用于军用和民用.另一方面,GPS的定位准确度受到大气层,包括电离层和对流层大气的影响.对大气影响的订正成为控制GPS测量精度的关键,尤其是大气中的水汽对测量误差的影响最难处理.但这也提供了一种全新的探测大气的方法.在此基础上发展起来的GPS气象包括三方面的内容:① 利用GPS的空间定位能力测量高空风的分布,并发展为GPS探空设备;② 利用地基GPS接收机测量整层大气的水汽含量;③ 利用低轨卫星上的GPS接收机探测大气折射率廓线,并进一步计算温度或湿度的垂直分布.

19.1　GPS系统

GPS系统包括三部分: GPS卫星、地面监控系统和GPS用户设备.

GPS的空间卫星星座由24颗卫星组成,定轨于20 200 km高度,轨道倾角为55°.自1978年发射第一颗GPS卫星到2001年为止,已经发射了31颗卫星(包括某些备用卫星),它们均匀地运行于6条相隔60°经度的轨道上.卫星的运行周期为11小时58分钟,每颗卫星每天约有5小时在地平线以上,同时位于地平线以上的卫星最多有11颗.这一安排的目的是保证地面上任何一点在任何时刻都能同时"看"到4颗以上的GPS卫星.每颗GPS卫星装有高精度原子钟来提供时间标准,并发射两种不同频率的L波段载波信号,即L1=1575.42 MHz(波长为19.03 cm)和L2=1227.60 MHz(波长为24.42 cm).GPS信号是用测距码和数据码调制载波L1和L2而成,信号中包括卫星识别标号、卫星轨道的导航电文以及信号发送的时间等信息.

GPS地面监控系统负责保持GPS卫星上时钟的准确,并为GPS卫星提供导航信息(包括轨道参数).GPS的用户设备是GPS接收机,它接收来自GPS卫星的信号并计算出接收机所在位置的经纬度和高度,同时对接收机本身的时钟也进行订正.

19.2　GPS定位原理

地面GPS接收机同时接收4颗以上GPS卫星发送的信息并进行解码,可以由卫星发送的导航电文计算出当时卫星所在的空间位置和发送时间. 在以地心为原点的坐标系中,设这4颗星的位置为(x_i,y_i,z_i),$i=1,2,3,4$. 根据GPS接收机内部的时钟可记录信号的接收时间,从接收时间t_i'和每颗卫星信号中所携带的信号发送时间t_i可计算出信号从卫星传到接收机所花的时间,并进一步计算出这4颗卫星离接收机的距离:

$$l_i = c_0(t_i' - t_i), \quad i=1,2,3,4, \tag{19.2.1}$$

这里 c_0 是真空中的光速. 可以看出这样计算出的距离是不准确的: 一方面, 波在实际大气中传播的速度并非 c_0; 另一方面, 用户的 GPS 接收机中的时钟也未必准确, 而且上面计算中也没有考虑到射线弯曲而引起的几何路径的增加. 因此 (19.2.1) 式计算出的距离称为"伪距".

暂不考虑大气的影响, 设 GPS 接收机的位置为 (x, y, z), 接收机时钟的误差为 δt, 则可列出下列方程组:

$$\sqrt{(x_i - x)^2 + (y_i - y)^2 + (z_i - z)^2} = c_0 (t_i' - \delta t - t_i), \quad i = 1, 2, 3, 4. \tag{19.2.2}$$

通过求解可得到 x, y, z 和 δt 这四个未知量. 这就是 GPS 定位的基本原理.

导航定位的方法分为两种:

(1) 测码伪距法. 该法是通过测量 GPS 卫星发射的测距码信号到达接收机天线的传播时间, 再用传播时间乘以光速得到接收机和卫星之间的距离 (站星距离).

(2) 测相伪距法. 该法是通过测量接收机收到的载波信号与接收机产生的参考载波信号之间的相位差, 再计算得到站星距离. 前者用群折射率, 后者用相折射率. 测码伪距法具有速度快、无多值性、低精度的特点; 而测相伪距法的精度高, 但计算过程复杂. 这两种方法所测得的站星距离都不可避免地会含有卫星钟和接收机钟非同步误差的影响.

19.3 大气对 GPS 观测的影响

由于大气折射的作用, GPS 卫星发射的带有时间标识的无线电信号到达地面接收机时, 会产生延迟 (传播时间增加). 这种延迟来自两个因素: ① 大气折射使电磁波的路径弯曲; ② 电磁波在大气中的传播速度 c 小于真空中的数值 c_0. 这种时间上的延迟等效于传播路径的增长, 即用真空中的光速乘以信号的传播时间得到的距离大于卫星和接收机间的几何距离, 此距离差或大气的总延迟为

$$\Delta l = \int_s c_0 \frac{\mathrm{d}s}{c} - l, \tag{19.3.1}$$

这里 s 是电磁波在大气中的传播路径 (曲线), l 为卫星到接收机的几何距离. 根据折射率 n 的定义, 有 $n = c_0 / c$, 于是 (19.3.1) 式可改写为

$$\Delta l = \int n(s) \mathrm{d}s - l = \int [n(s) - 1] \mathrm{d}s + (s - l), \tag{19.3.2}$$

式中的 $(s - l)$ 是由于路径弯曲引起的距离差, 一般小于 1 cm, 可忽略不计. 因此有

$$\Delta l = \int [n(s) - 1] \mathrm{d}s = 10^{-6} \int N(s) \mathrm{d}s, \tag{19.3.3}$$

其中 $N(s) = [n(s) - 1] \times 10^6$ 为折射率差, 也称为电磁波折射率. 由第十八章的 18.1.1 小节和 18.1.3 小节, 对于群折射率, 有

$$\begin{aligned}
N &= 77.6 \frac{p}{T} + 3.73 \times 10^5 \frac{e}{T^2} + 40.28 \times 10^6 \frac{n_e}{f^2} \\
&= 77.6 \frac{p_d}{T} + \left(77.6 + \frac{3.73 \times 10^5}{T} \right) \frac{e}{T} + 40.28 \times 10^6 \frac{n_e}{f^2} \\
&= N_d + N_w + N_e,
\end{aligned} \tag{19.3.4}$$

这里 T 是气温, p_d 和 e 分别是干空气的气压和水汽压 (hPa), n_e 为电子数密度 (个·m^{-3}), f 为电磁波频率 (Hz). N_d, N_w 和 N_e 分别称为干项、湿项和电离层项, 代入 (19.3.3) 式后, 相应

的延迟也可记为三项. 由(19.3.4)式可看出, Δl 是大气参数 T, ρ, e 和 n_e 的函数, 如果已知这些参数随高度的变化, 通过积分即可计算出由于大气所引起的延迟量, 并对实测的伪距加以订正, 进一步计算出 GPS 接收机所在的正确位置, 这就是 GPS 定位中的大气订正问题.

19.4 地基 GPS 测量大气水汽原理

由于 GPS 卫星信号传输经过大气层时, 要受到大气的折射而延迟, 将该延迟量作为待定参数引入到解算模型中, 并逐项考虑误差的来源和消除的办法, 精密的大气延迟量(毫米级)可以与定位参数一同求解出来. 而大气延迟量可划分为电离层延迟、静力延迟和湿项延迟. 通过采用双频技术, 可以将电离层延迟订正到毫米级. 静力延迟与地面观测量(气压)具有很好的相关, 也可以订正到毫米数量级. 这样就得到了毫米数量级的湿项延迟. 湿项延迟与水汽量可建立严格的正比关系. Bevis 等(1992)首先提出了用 GPS 测量大气水汽含量的方法, 使得 GPS 成为探测大气结构的一种新手段.

19.4.1 用双频法消除电离层影响

由实际资料的分析可知, 电离层延迟在天顶方向最大可达 50 m(太阳黑子活动高峰年 11 月份的白天), 在接近地平方向(高度角为 20°)则可达 150 m, 这样大的偏差, 对测量和导航都是应该考虑的. 根据(19.3.4)式可看出, 折射率的干项 N_d 和湿项 N_w 对频率不敏感, 而 N_e 项与频率平方成反比, 即电磁波的传播速度与频率有关. 利用这个特性, 对电离层延迟进行订正的一个有效办法就是双频技术. 其原理简述如下:

现以测码伪距法为例, 令$\left[\Delta l_e\right]_{f_1}$ 和 $\left[\Delta l_e\right]_{f_2}$ 分别为两个频率的电离层延迟, 有

$$\left[\Delta l_e\right]_{f_1} = 40.28 \frac{1}{f_1^2} \int_s n_e \mathrm{d}s, \tag{19.4.1}$$

$$\left[\Delta l_e\right]_{f_2} = 40.28 \frac{1}{f_2^2} \int_s n_e \mathrm{d}s. \tag{19.4.2}$$

由(19.4.1)式和(19.4.2)式, 可得到

$$\left[\Delta l_e\right]_{f_2} = \left[\Delta l_e\right]_{f_1} \frac{f_1^2}{f_2^2}. \tag{19.4.3}$$

由于两个频率的信号是沿着同一路径到达接收机的, 所以两个频率的大气延迟之差为

$$[\Delta l]_{f_1-f_2} = \left[\Delta l_d + \Delta l_w + \Delta l_e\right]_{f_1} - \left[\Delta l_d + \Delta l_w + \Delta l_e\right]_{f_2}$$
$$= \left[\Delta l_e\right]_{f_1} - \left[\Delta l_e\right]_{f_2}. \tag{19.4.4}$$

将(19.4.3)式代入(19.4.4)式, 最后得到

$$\left[\Delta l_e\right]_{f_1} = \left[\Delta l_e\right]_{f_2} + [\Delta l]_{f_1-f_2} = [\Delta l]_{f_1-f_2} \frac{f_2^2}{f_2^2 - f_1^2}. \tag{19.4.5}$$

若以 $f_1 = 1575.42 \times 10^6$ Hz 和 $f_2 = 1227.60 \times 10^6$ Hz 代入, 有 $\left[\Delta l_e\right]_{f_1} = -1.54573[\Delta l]_{f_1-f_2}$. 由此可见, 可以通过对两个频率信号的延迟差 $[\Delta l]_{f_1-f_2}$ 来推测电离层延迟项的大小, 这也是为什么 GPS 卫星要发射 f_1, f_2 两个频率无线电波的原因. 这样做可使电离层延迟的订正精度达到毫米数量级. 上面讨论中略去了折射率的高阶项, 未考虑地磁场的影响和信号传播路径弯曲的影响, 已能满足一般工作对精度的要求. 但在电子含量很大, 卫星高度很小的情况下, 误差

有可能达到几厘米.因为实际计算处理起来比较复杂,一般是在模型中列方程的时候通过双频先消去电离层延迟这一项.

19.4.2 静力延迟

对于(19.3.4)式右端的前两项即干项和湿项,Thayer(1974)给出了一个比较精确的三项式折射率表达式:

$$N_d + N_w = k_1 \frac{p_d}{T} Z_d^{-1} + k_2 \frac{e}{T} Z_w^{-1} + k_3 \frac{e}{T^2} Z_w^{-1}, \tag{19.4.6}$$

式中 k_1, k_2 和 k_3 是实验常数,分别为 $k_1 = (77.604 \pm 0.014)\mathrm{K/hPa}, k_2 = (64.79 \pm 0.08)\mathrm{K/hPa}$ 和 $k_3 = (377\,600 \pm 400)\mathrm{K^2/hPa}$. 需指出,对 k_2 和 k_3,不同的人有不同的测量值,这里不再一一列举. Z_d 和 Z_w 分别是干空气和水汽的可压缩系数,据估计,这两个数都极接近于1,故一般来用下式:

$$N_d + N_w = k_1 \frac{p_d}{T} + k_2 \frac{e}{T} + k_3 \frac{e}{T^2}. \tag{19.4.7}$$

若按(19.4.7)式对折射率积分,应预先知道 p_d, e 和 T 的垂直分布.为此,Davis 等(1985)使用气体状态方程将(19.4.7)式右端前两项给予改写,在大气延迟量与地面气象观测量和水汽总量之间建立了相应的关系.干空气和水汽的状态方程为

$$p_d = \rho_d R_d T, \tag{19.4.8}$$

$$e = \rho_v R_v T, \tag{19.4.9}$$

其中 ρ_d 和 ρ_v 分别为干空气和水汽的密度,R_d 和 R_v 分别为干空气和水汽的气体常数.令 ρ 为空气密度,由(19.4.8),(19.4.9)式和 $\rho_d = \rho - \rho_v$ 关系,(19.4.7)式可写成

$$N_d + N_w = k_1 R_d \rho + \left(k_2 - k_1 \frac{R_d}{R_v} \right) \frac{e}{T} + k_3 \frac{e}{T^2} = k_1 R_d \rho + \left(k_2' + \frac{k_3}{T} \right) \frac{e}{T}, \tag{19.4.10}$$

式中 $k_2' = k_2 - k_1 R_d / R_v$. 于是相应的大气延迟量也可记为

$$\Delta l = 10^{-6} \left[\int_s k_1 R_d \rho \mathrm{d}s + \int_s \left(k_2' + \frac{k_3}{T} \right) \frac{e}{T} \mathrm{d}s \right] = \Delta l_h + \Delta l_w. \tag{19.4.11}$$

通常把(19.4.11)式中的第一项 $\Delta l_h = 10^{-6} \int_s k_1 R_d \rho \mathrm{d}s$ 称为流体静力学延迟或静力延迟(hydrostatic delay),把第二项 $\Delta l_w = 10^{-6} \int_s \left(k_2' + \frac{k_3}{T} \right) \frac{e}{T} \mathrm{d}s$ 称为湿延迟(wet delay).

显然,天顶方向的延迟最小.若令 Δl^0 为天顶总延迟,对于平面平行大气,有 $\Delta l = \Delta l^0 \csc \varepsilon$,其中 ε 是发送无线电信号的 GPS 卫星的高度角.一般情况下,有

$$\Delta l = m(\varepsilon) \Delta l^0, \tag{19.4.12}$$

其中 $m(\varepsilon)$ 称为映射函数,它和各地表面的气压、水汽压、温度、对流层温度递减率和对流层顶高度有关.比较精确的写法是

$$\Delta l = m_h(\varepsilon) \Delta l_h^0 + m_w(\varepsilon) \Delta l_w^0. \tag{19.4.13}$$

其中 $m_h(\varepsilon)$ 和 $m_w(\varepsilon)$ 分别是流体静力学映射函数和湿映射函数,公式形式可参考文献(Davis 等,1985).

对天顶方向的垂直路径,大气静力学延迟项可写为

$$\Delta l_h^0 = 10^{-6} \int k_1 R_d \rho \mathrm{d}z. \tag{19.4.14}$$

在大气满足静力平衡时,有 $\rho\mathrm{d}z=-\dfrac{1}{g}\mathrm{d}p$ 成立.假设重力加速度 g 为常数,由(19.4.14)式可得 $\Delta l_{\mathrm{h}}^0=10^{-6}k_1R_\mathrm{d}\dfrac{p_\mathrm{s}}{g}$,其中 p_s 为地面气压.因此可以利用对地面气压的测量直接估算静力延迟,精度能达到毫米数量级.考虑重力加速度随地理纬度和高度的关系,对天顶方向的垂直路径,Elgered(1991)得到的是

$$\Delta l_{\mathrm{h}}^0=(2.2779\pm0.0024)\frac{p_\mathrm{s}}{f(\varphi,h)},\qquad(19.4.15)$$

式中 $f(\varphi,h)=[1-0.00266\cos(2\varphi)-0.00028h]$,$\varphi$ 为地理纬度,h 为测站海拔高度(km),地面气压 p_s 的单位为 hPa,Δl_h^0 的单位是 mm.由此可估计,当地面气压为 1000 hPa 左右时,大气层可造成 2.278 m 左右的静力延迟.如果大气不处于静力平衡状态,上式与实际的结果会产生偏差,误差大小依赖于实际的风场和地势,一般为正常情况的 0.01%,对应天顶方向约为 0.2 mm,极端情况也只能引起几毫米的误差.

因为(19.4.15)式是在满足流体静力学平衡条件下得到的,且包含有水汽的分压和由此产生的对折射率的影响,所以称为"干延迟"有些不确切,严格的概念应该是"天顶流体静力学延迟",简称为"静力延迟".

19.4.3 由湿延迟计算大气积分水汽含量

从总延迟中扣除静力延迟和电离层延迟以后,即得到了湿延迟 Δl_w,其值约在 $0\sim40$ cm 左右.之所以被称为"湿延迟",是因为它主要由水汽极化分子对大气折射率的影响而产生.对天顶方向的垂直路径,湿延迟可写为

$$\Delta l_{\mathrm{w}}^0=10^{-6}\left(k_2'\int\frac{e}{T}\mathrm{d}z+k_3\int\frac{e}{T^2}\mathrm{d}z\right).\qquad(19.4.16)$$

引入一个"加权平均温度" $T_\mathrm{m}=\dfrac{\displaystyle\int(e/T)\mathrm{d}z}{\displaystyle\int(e/T^2)\mathrm{d}z}$,它与对流层温度廓线和水汽垂直分布有关.

这样定义是因为统计发现 T_m 与地面气温 T_s 成良好的线性关系:

$$T_\mathrm{m}=a+bT_\mathrm{s}.\qquad(19.4.17)$$

在实际应用中可通过地面气温的观测确定这个参数.对我国地区的统计研究发现,a 和 b 的年均值可取为 44.05 和 0.81(李建国等,1999).因为

$$\int\frac{e}{T}\mathrm{d}z=\frac{\displaystyle\int\frac{e}{T}\mathrm{d}z}{\displaystyle\int\frac{e}{T^2}\mathrm{d}z}\int\frac{e}{T^2}\mathrm{d}z=T_\mathrm{m}\int\frac{e}{T^2}\mathrm{d}z,\qquad(19.4.18)$$

由(19.4.16)式得

$$\Delta l_{\mathrm{w}}^0=10^{-6}\left(\int k_2'\frac{e}{T}\mathrm{d}z+\frac{k_3}{T_\mathrm{m}}\int\frac{e}{T}\mathrm{d}z\right)=10^{-6}R_\mathrm{v}\left(k_2'+\frac{k_3}{T_\mathrm{m}}\right)\int\rho_\mathrm{v}\mathrm{d}z.\qquad(19.4.19)$$

设 PW 为整层大气积分总水汽量,以单位面积空气柱中所有水汽都凝结成液态水时所具有的厚度表示:

$$PW=\frac{1}{\rho_\mathrm{w}}\int_0^\infty\rho_\mathrm{v}\mathrm{d}z,\qquad(19.4.20)$$

式中 ρ_w 是液态水密度. 所以积分总水汽量为

$$PW = \frac{10^6}{\rho_w R_v (k_2' + k_3/T_m)} \Delta l_w^0 = \Pi \cdot \Delta l_w^0. \qquad (19.4.21)$$

该公式是目前国际上通用的由 GPS 反演湿延迟再计算总水汽量的公式, 总水汽量与湿延迟的比例系数 $\Pi \approx 0.15$. 这就是说, 对垂直大气路径而言, 1 mm 的积分水汽量可以产生约 6 mm 的湿延迟. 图 19.1 为利用地基 GPS 反演的上海 1997 年 7 月 31 日至 8 月 21 日整层大气总水汽量的变化(李成才等, 1999). 图中实线为 GPS 测量的整层大气总水汽量, 每半小时提供一个测量值; 黑点为利用每 12 小时一次的探空资料计算的总水汽量, 可以看到两者符合得很好. 虽然上海气象台与 GPS 站相距 58.8 km, 海拔高度相差 13.6 m, 而二者的均方根偏差只有 0.54 cm, 变化趋势也基本相同. GPS 所测的资料还提供了许多变化的细节, 对中小尺度天气过程的分析和预报会有很大的帮助. 图中下方的竖条为每 6 小时的降水量, 它和总水汽量的急剧变化具有一定的相关.

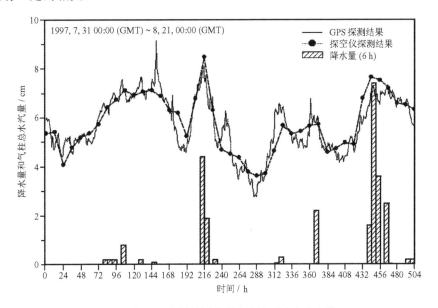

图 19.1　地基 GPS 遥感整层大气总水汽量(引自李成才等, 1999)

19.5　低轨卫星星载 GPS 接收机探测大气的温度廓线

低轨卫星指轨道离地面高度为几百千米的卫星, 简称为 LEO(Low Earth Orbit)卫星. LEO 卫星上携带双频 GPS 接收机, 可以同时对载波 f_1 和 f_2 进行观测, 以便更好地消除电离层的影响.

利用掩星事件, 可通过对射线偏折角的观测来测定大气折射率随高度的分布, 进一步推算温度或湿度的垂直分布. 所谓掩星事件是指在星体将升出地平线或将落入地平线的这一事件, 例如日常生活中最常见的日出和日落. 在掩星时刻前后, 由于射线经过的大气路径最长, 射线的折射效应也最明显, 而且由于射线的弯曲, 使我们观测星体的时间还会延长一段时间(图 19.2). 利用这一段时间观测射线偏折角的变化在技术上较为容易. 由于射线的偏折取决于沿射线路径大气折射率的变化,后者又取决于沿射线路径的大气温、湿、压等参数,因此可利用掩星事件测量偏折角的变化来遥感反演大气结构. GPS/MET 即是指这种新的遥测地球大气的方法.

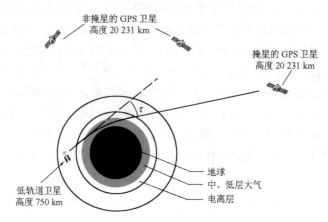

图 19.2　GPS/MET 探测地球大气原理图(引自 Ware 等, 1996)

在低轨卫星上安置 GPS 接收机,在适当的时刻,某颗 GPS 卫星恰好处于出地平或落地平前后,这就是一次掩星事件.按前面第十八章中(18.3.2)式的讨论,偏折角可写为

$$\tau(a) = 2\int_{h_0}^{\infty} \mathrm{d}\tau = 2a\int_{h_0}^{\infty} \frac{1}{\sqrt{r^2 n^2 - a^2}} \frac{\mathrm{d}\ln n(r)}{\mathrm{d}r}\mathrm{d}r, \tag{19.5.1}$$

这里 r 为向径,即从地心到射线任意点的距离;a 为每条射线的参数;h_0 为射线离地面最低点的高度. 低轨卫星上的接收机通过测量 GPS 卫星所发送的电波的多普勒频移,可以计算出每条射线的偏折角和 a. 与(18.3.2)式相比,这里偏折角加大了一倍,这是因为现在接收机是安装在低轨卫星上. 对每次掩星事件在测出 $\tau(a)$ 的变化以后,利用阿贝变换(Abelian transformation),可用下式从 $\tau(a)$ 计算出 $n(r)$,即

$$n(r) = \exp\left[\frac{1}{\pi}\int_{a_0}^{\infty} \frac{\tau(a)}{\sqrt{a^2 - a_0^2}}\mathrm{d}a\right], \tag{19.5.2}$$

式中 a_0 为最贴近地面的那条射线的 a 值.在得到了折射率廓线以后,可进一步计算温度或湿度随高度的分布.例如,对于对流层上部和平流层的大气,水汽含量很少,可近似作为干空气处理,根据(19.4.10)式,即可计算空气密度的分布:

$$\rho(r) = \frac{N(r)}{k_1 R_\mathrm{d}}, \tag{19.5.3}$$

这里取 $k_1 = 77.6\times 10^{-2}$ K/Pa,空气密度的单位是 kg·m^{-3}. 然后,用大气静力学方程(3.1.3),由密度分布计算出气压分布,再根据密度和气压可进一步计算出温度的垂直分布:

$$T(r) = \frac{1}{R_\mathrm{d}} \frac{p(r)}{\rho(r)}. \tag{19.5.4}$$

在对流层中下部,水汽的影响很大,应该用折射率的完整表达式.但应指出,只用一颗低轨卫星难以将干、湿分量分离,也就不能同时反演出温度和水汽随高度的分布,故需多颗低轨卫星或配合其他方法.

利用低轨卫星携带 GPS 接收机可测量到高空 40 km 以上的大气温度分布,并且有很好的垂直分辨率(1.5~2 km).但它在水平方向的分辨率较低,约在 200~300 km 之间.据估计,一颗低轨卫星在一天中可提供 500 次以上的探空资料,它们不规则地分布在全球各地. 如果能同时有 10 颗低轨卫星同时在工作,则每天可提供 5000 次以上的探空资料,相当于全球 2500 个探空站每天施放 2 次探空仪的探测密度,对改进天气预报会有很好的作用.

参 考 文 献

[1] 李建国,毛节泰,李成才. 使用全球定位系统遥感水汽分布原理和中国东部区加权"平均温度"的回归分析. 气象学报,Vol. 57, No. 3, 283~292, 1999.

[2] 李成才等. 全球定位系统遥感水汽总量. 科学通报, Vol. 44, No. 3, 333~336, 1999.

[3] Bevis M, S Businger, T A Herring, et al. GPS Meteoroligy: Remote Sensing of Atmospheric Water Vapor Using the Global Positioning System. Jounal of Geophys. Research, Vol. 97, No. D14, 15787~15801, 1992.

[4] Davis J L, T A Herring, I I Shapiro, et al. Geodesy by radio interferometry: Effects of atmospheric modeling errors on estimates of baseline length. Radio Science, Vol. 20, 1593~1607, 1985.

[5] Elgered G, J L Davis, T A Herring, et al. Geodesy by radio interferometry: Water vapor radiometry for estimation of the wet delay. J. Geophys Res. , Vol. 96, 6541~6555, 1991.

[6] Thayer D. An improved equation for the radio refractive index of air, Radio Science, Vol. 9, 803~807, 1974.

[7] Ware R, M Exner, et al. GPS Sounding of The Atmosphere from Low Earth Orbit: Preliminary Results. Bull. Amer. Meteor. Soc. , Vol. 77, No. 1, 19~40, 1996.

第二十章 大 气 声 学

声学的系统研究始于17世纪初,是经典物理学中历史最悠久的分支学科之一.声学研究媒质中机械波的产生、传播、接收和效应.振动频率在 $20\sim20\,000$ Hz 之间的声波,能为人耳所感知,称为可闻声波;频率低于 20 Hz 的称为次声波;频率高于 $20\,000$ Hz 的称为超声波.

大气声学的研究比声学晚了近一百年,作为声学的一个分支,它研究声波在地球大气中的发生(源地不限于大气)和传播的规律;同时也研究声波与大气介质的相互作用,并利用声学原理和技术来探测大气,所以大气声学又是大气物理学的一个分支.

19 世纪后半叶,斯托克斯、雷诺和廷德耳(Tyndall)分别对风、风梯度和温度梯度的声折射效应及温度起伏对声的散射进行了研究.瑞利(J. W. S. Rayleigh)在其 1877 年出版的巨作《声学原理》中对包括这些工作在内的声学研究成果在理论上做了全面总结和提高.20 世纪初,一些学者注意到声音的一种异常传播现象:一次强烈爆炸的可闻区半径约 100 km,其外是约 100 km 的寂静区,在更远的地区复又听到了爆炸声.1916 年,在某一高度存在一逆温层的假设下,埃姆登(Emden)发展了能解释异常传播的射线理论.而对流星尾迹的观察证明,在平流层上部确实存在逆温层.在其后进行的一系列爆炸声传播实验中,观察到频率极低的声波——次声波.近代研究表明,大气中的次声波与较大规模的自然现象(如地震、海啸等)和人类活动(如核爆炸)有关,对次声波的研究已形成了一个独立分支.

从 1915 年泰勒开始,逐步引进湍流理论来研究大气的小尺度动力结构,并以这种观点重新研究声散射.科尔莫戈罗夫和奥布霍夫在 1941 年同时得出了湍流惯性区的 2/3 定律,奥布霍夫把声散射截面与湍流动能谱密度的一般表达式联系起来,对大气声散射做了初步的定量解释.之后,伯格曼等(Bergmann, 1946)继续这方面的研究.莫宁最终完善了静态大气干空气条件下声散射截面的表达.塔塔尔斯基(Tatarski)从 20 世纪 50 年代到 70 年代初对湍流大气中波的传播问题做了大量研究并对以往这一领域的工作做了系统总结.从上世纪中叶开始取得的这些主要的理论成果是建立在科尔莫戈罗夫-奥布霍夫局地均匀和各向同性湍流假设条件上的.而自 20 世纪 70 年代以来,已经发现实际大气的性质与理论假设不同的某些性质,诸如某些类型的各向异性湍流、湍流的间歇性、准规则的中尺度范围出现非均匀性等等,从而开始了对实际大气中声波传播的进一步研究.

用声学方法对大气的主动探测和研究在 20 世纪 40 年代后期逐渐发展起来.1946 年制作了最早的声达.它用喇叭向上把声脉冲发射到大气中去,用麦克风接收大气对声波的散射或反射信号,经滤波和放大,显示在示波器上并用照相机拍摄下来.这种装置观测到 100 m 高度以下地面逆温的回波信号.20 世纪 50 年代后期发展了火箭-榴弹声技术,可以探测高至 80 km 的温度和风的分布.60 年代末声达有了迅速发展,应用于大气边界层的风测量和热结构、动力结构的研究.70 年代,一种把声学方法和微波技术结合起来的装置——无线电波-声波探测系统(Radio Acoustic Sounding System,简称为 RASS)诞生并逐渐成熟,应用于边界层风和温度的测量.这种研究大气的声学方法是基于以往声波在湍流大气中的传播和散射的理论研究成果.声探测技术的发展和应用导致了大气声学许多方面的进展,例如声传播过程中相位和振幅起伏的研究,用次声波"透视"大尺度的大气过程,高功率声辐射天线附近的非线性效应,运动大气的声散射问题以及环境噪声问题,等等.

本章讨论的声波传播规律是在理想流体和小振幅声波的条件下得到的,称为线性声学.那些强烈的声振动,如强力喷气发动机、大功率声达附近的声场及其传播,要用非线性声学来描述,本章不涉及这方面内容.

20.1 一些基本概念和定义

声波是物体的机械振动通过弹性介质(可以是气体、液体或固体)由源地向周围传播时介质表现的一种运动状态.所谓的弹性介质指介质是可压缩的,大气中的空气就是一种弹性介质.紧邻振动物体的介质的质点因物体的机械振动而受扰动并离开平衡位置运动,这种运动一方面推动相邻的尚未被扰动的介质质点运动,同时又受到该相邻介质被压缩时产生的反压缩力的作用而回到原来的平衡位置.由于质点运动的惯性,它又会超过平衡位置压缩另一面的介质,并受到另一侧面的反压缩力的作用而回到原来的平衡位置.这种质点围绕平衡位置的振动通过相邻介质质点一层层地由源地依次向远处传播,状态相似,时间上依次滞后(声波传播的速度),振动幅度逐渐减小(声波传播过程中的衰减).可见,声波是因流体的可压缩性(流体对改变其体积的一种反抗)和惯性(流体对改变其速度的一种反抗)之间的平衡而形成的.这种振动由近及远的传播称为声波的传播.声波传播只将能量从一点传到另一点,而介质并不因此产生平均位移.由于传播和质点振动位移在同一方向,故声波是纵波.

声波的传播,可以用空间中处于相同波动状态(如处于峰值)的扰动量(如声压 p_s)的连续点所构成的面的运动来描述.这样的面称为波阵面或波前.在不太大的空间范围内,波阵面是一系列平行的曲面.对于确定频率的声波,波阵面就是声压的等相位面.波阵面的曲率半径通常比波长大得多.垂直波阵面的单位矢量 $\boldsymbol{n}$ 称为波阵面的法线,它表示了波动传播的方向.波阵面的传播速度 $c_p = c_s \boldsymbol{n}$ 称为声波的相速度,也等于静止大气中声波能量的传播速度,其中 c_s 是理想气体小振幅声波的传播速度,其物理表达下面将要谈到.声波能量是通过振动的质点传递的,如果空气有平均运动速度 $\boldsymbol{V}_0$,在静止座标系观测,大气中声波能量的传播速度为

$$\boldsymbol{c} = c_s \boldsymbol{n} + \boldsymbol{V}_0, \tag{20.1.1}$$

静止座标系观测的声波在大气中的相速度为

$$\boldsymbol{c}_p = (c_s + \boldsymbol{V}_0 \cdot \boldsymbol{n})\boldsymbol{n}, \tag{20.1.2}$$

式中 $\boldsymbol{V}_0 \cdot \boldsymbol{n}$ 是点积,即 $\boldsymbol{V}_0$ 在法线方向的投影值.

大气中声波的行为紧密依赖于大气状态.从流体动力学角度来看,大气状态或特性可以用密度 ρ,压强 p,温度 T 和熵 S 中的任意两个量以及运动速度 $\boldsymbol{V}$ 来描述.声波可以看成稳定和缓变背景下的扰动.当大气中存在声波时,这些参数就会有相应的扰动,如

$$\begin{cases} p = p_0 + p_s, \\ \rho = \rho_0 + \rho_s, \\ \boldsymbol{V} = \boldsymbol{V}_0 + \boldsymbol{v}, \end{cases} \tag{20.1.3}$$

其中 p_0, ρ_0 和 $\boldsymbol{V}_0$ 分别是基态(无声波)时的气压、空气密度和平均速度;p_s 和 ρ_s 分别为声波引

起的压强扰动和密度扰动,$\boldsymbol{v}$ 是质点的声振动速度,都是空间和时间的函数.上式未考虑大气湍流对声波传播的作用.

声波是介质质点振动的传播,描述声波特性合适的物理量应是介质质点的振动速度和声波强度,但因它们不易直接测量,而代之以声压的测量,通过声压也可以间接求得质点的振动速度等其他物理量.存在声压的空间称为声场,声场中某点某一瞬时的声压值称为瞬时声压.如果声压随时间的变化是简谐的,最大的瞬时声压也就是声压的振幅.在一段时间内(振动周期的整数倍)瞬时声压对时间的均方根值称为有效声压.一般用电子仪器测得的往往就是有效声压,习惯上简称为声压.人耳对 $1\,\mathrm{kHz}$ 声音的可闻阈(可闻阈指人耳所能听到的最小响度)约为 $2\times10^{-5}\,\mathrm{Pa}$,微风吹动树叶的声音约为 $2\times10^{-4}\,\mathrm{Pa}$,在房间中高声谈话的声音约为 $0.05\sim$ $0.1\,\mathrm{Pa}$,飞机强力发动机发出的声音(相距 $5\,\mathrm{m}$ 处)约为 $100\,\mathrm{Pa}$.常见的声压范围非常大,由于人耳对声音响度的感觉与声压的对数值成正比,所以声压的大小也常以对数表示,称为声压级(Sound Pressure Level,简写为 SPL):

$$L_p = 20\lg\frac{p_s}{p_{s0}}, \tag{20.1.4}$$

其单位是 dB(分贝),式中 p_{s0} 为基准声压,在空气中取 $p_{s0}=2\times10^{-5}\,\mathrm{Pa}$.上面提到的风吹树叶声的声压级为 $20\,\mathrm{dB}$,高声谈话声的声压级为 $67\sim74\,\mathrm{dB}$,飞机发动机声的声压级为 $134\,\mathrm{dB}$.

通过垂直于声传播方向的单位面积上的平均声能称为声强,声强 I 和声压的关系为

$$I = \frac{1}{2}\frac{p_s^2}{\rho_0 c_s}, \tag{20.1.5}$$

I 的单位为 $\mathrm{W/m^2}$.声强用声强级(Sound Intensity Level,简写为 SIL)表示:

$$L_I = 10\lg\frac{I}{I_{s0}}, \tag{20.1.6}$$

其中 I_{s0} 是基准声强,常取能引起听觉的最小声强 $I_{s0}=10^{-12}\,\mathrm{W/m^2}$.$L_I$ 的单位也是 dB.

20.2 理想气体小振幅绝热声波的波动方程

大气可近似看成理想气体."小振幅"指各声学参数是一级微量:声压 p_s 远小于静态压强 p_0,介质密度的扰动量 ρ_s 远小于静态密度 ρ_0 以及介质振动速度 v 远小于声速 c_s 等.所谓的"绝热过程"是指声波传播过程介质与其毗邻部分不发生热交换.声波传播通常满足这一假设,因为声波的时间尺度(振动周期)远小于气体热交换的时间尺度.

流体力学的运动方程、连续方程和绝热方程是讨论声波传播的最基本方程.将(20.1.3)式代入下面形式的绝热方程,得到

$$\frac{p}{\rho^\gamma} = \text{常数},$$

其中 γ 为比热容比,是气体的比定压热容 c_p 与比定容热容 c_V 之比.视基态量在声波的时间尺度上为不变量,求微分得到

$$\frac{\mathrm{d}p_s}{\mathrm{d}\rho_s} = \gamma\frac{p_0}{\rho_0}.$$

上式右边是由大气状态决定的一个正值,说明理想气体小振幅的声波过程中空气的密度和压力的扰动取相同的变化方向,且是线性关系.由理想气体定律可以得到

$$\frac{\mathrm{d} p_{s}}{\mathrm{d} \rho_{s}} = \gamma \frac{p_{0}}{\rho_{0}} = \gamma R T,$$

式中 R 为空气的比气体常数.

同样将(20.1.3)式代入 7.1.6 小节的大气动力学 - 热力学方程组的相应方程,在可以忽略科氏力和重力的作用的条件下,考虑到 $\boldsymbol{V}_{0} = 0$ 并略去二阶小量后,即得到声扰动量所满足的方程(运动方程,连续方程和绝热方程):

$$\frac{\mathrm{d} \boldsymbol{v}}{\mathrm{d} t} = -\frac{1}{\rho_{0}} \nabla p_{s}, \tag{20.2.1}$$

$$\frac{\mathrm{d} \rho_{s}}{\mathrm{d} t} + \rho_{0} \nabla \cdot \boldsymbol{v} = 0, \tag{20.2.2}$$

$$\frac{\mathrm{d} p_{s}}{\mathrm{d} t} = c_{s}^{2} \frac{\mathrm{d} \rho_{s}}{\mathrm{d} t}. \tag{20.2.3}$$

将(20.2.3)式代入(20.2.2)式,得到

$$\frac{\rho_{0}}{\gamma p_{0}} \frac{\mathrm{d} p_{s}}{\mathrm{d} t} + \rho_{0} \nabla \cdot v = 0. \tag{20.2.4}$$

将上式对时间求微商后,再与对(20.2.1)式求散度后得到的式子消去 v,即得到关于 p_{s} 的波动方程:

$$\frac{\mathrm{d}^{2} p_{s}}{\mathrm{d} t^{2}} = \gamma \frac{p_{0}}{\rho_{0}} \Delta p_{s}. \tag{20.2.5}$$

波动方程中的系数 $\gamma \frac{p_{0}}{\rho_{0}}$ 具有声波速度的意义,用前面已经采用的声速符号 c_{s} 表示,有

$$c_{s}^{2} = \frac{\gamma p}{\rho} = \gamma R T. \tag{20.2.6}$$

由此,声波波动方程写为

$$\frac{\mathrm{d}^{2} p_{s}}{\mathrm{d} t^{2}} = c_{s}^{2} \Delta p_{s}. \tag{20.2.7}$$

对静止大气,(20.2.7)式可改写为

$$\frac{\partial^{2} p_{s}}{\partial t^{2}} = c_{s}^{2} \Delta p_{s}. \tag{20.2.8}$$

若大气以速度 $\boldsymbol{V}_{0}$ 运动,$\frac{\mathrm{d}}{\mathrm{d} t} = \left(\frac{\partial}{\partial t} + \boldsymbol{V}_{0} \cdot \nabla\right)$,有

$$\left(\frac{\partial}{\partial t} + \boldsymbol{V}_{0} \cdot \nabla\right)^{2} p_{s} = c_{s}^{2} \Delta p_{s}. \tag{20.2.9}$$

(20.2.7)~(20.2.9)式就是理想气体小振幅绝热声波传播的基本方程.从这些方程可以看出,声扰动以波动形式向外传播,当介质本身静止时,绝热声波传播的速度即为 c_{s}.

将(20.2.3)式代入(20.2.7)式,立即得到关于 ρ_{s} 的波动方程

$$\frac{\mathrm{d}^{2} \rho_{s}}{\mathrm{d} t^{2}} = c_{s}^{2} \Delta \rho_{s}. \tag{20.2.10}$$

声波引起质点的振动速度在一维情况很容易看出满足波动方程,但在三维的情况,需由声波是"无旋运动"这一点才能导出.(20.2.1)式对时间求微商后,再借助(20.2.4)式消去 p_{s},得到

$$\frac{\mathrm{d}^{2} \boldsymbol{v}}{\mathrm{d} t^{2}} = c_{s}^{2} \nabla(\nabla \cdot \boldsymbol{v}). \tag{20.2.11}$$

利用矢量公式 $\nabla(\nabla \cdot \boldsymbol{v}) = \nabla^{2} \boldsymbol{v} + \nabla \times \nabla \times \boldsymbol{v}$,当速度无旋时 $\nabla \times \boldsymbol{v} = 0$,于是得到速度扰动量的

波动方程

$$\frac{\mathrm{d}^2 \boldsymbol{v}}{\mathrm{d}t^2} = c_{\mathrm{s}}^2 \Delta \boldsymbol{v}. \tag{20.2.12}$$

20.3 大气的声学特性

20.3.1 大气中的声速

大气中声波传播的相速度称为声速. 静止大气中的声速可根据(20.2.6)式给出的关系, 由大气的气体特性参量计算出, 即

$$c_{\mathrm{s}} = \sqrt{\frac{\gamma p}{\rho}} = \sqrt{\frac{\gamma R^* T}{M_{\mathrm{a}}}}, \tag{20.3.1}$$

式中 R^* 为摩尔气体常数, M_{a} 是空气的摩尔质量.

在干洁大气条件下, $M_{\mathrm{a}} = M_{\mathrm{d}} = 28.966\,\mathrm{kg/kmol}$, $\gamma = \gamma_{\mathrm{d}} = 1.40$, 声速为

$$c_{\mathrm{sd}} = \sqrt{\frac{\gamma_{\mathrm{d}} R^* T}{M_{\mathrm{d}}}} \approx 20.05\sqrt{T}. \tag{20.3.2}$$

由此式可见, 无风大气中干空气的声速和空气绝对温度的平方根成正比. 若在上式中采用摄氏温度 t, 并利用幂级数展开公式, 可得到近似公式为

$$c_{\mathrm{sd}} \approx 331.4 + 0.61t, \tag{20.3.3}$$

其中 $331.4\,\mathrm{m \cdot s^{-1}}$ 是 0℃ 时标准大气压下的声速. 此式表示温度每升高 1℃, 声速约增加 $0.61\,\mathrm{m \cdot s^{-1}}$.

对于湿空气, 因为比热容比与水汽含量有关, 根据(2.2.21)和(2.2.22)式, 有

$$\gamma = \frac{c_p}{c_V} = \frac{c_{pd}(1 + 0.863q)}{c_{Vd}(1 + 0.967q)} = \gamma_{\mathrm{d}} \frac{1 + 0.863q}{1 + 0.967q}, \tag{20.3.4}$$

$$M_{\mathrm{a}} = \frac{M_{\mathrm{d}}}{1 + 0.608q}, \tag{20.3.5}$$

将(20.3.5)式和(20.3.6)式代入(20.3.2)式, 略去 q 的高次项, 并使用幂级数展开公式, 即可得湿空气的声速

$$c_{\mathrm{sm}} \approx c_{\mathrm{sd}}\sqrt{1 + 0.504q} \approx c_{\mathrm{sd}}(1 + 0.252q) = c_{\mathrm{sd}}\left(1 + 0.156\frac{e}{p}\right). \tag{20.3.6}$$

若 $p = 1000\,\mathrm{hPa}$, 则有近似公式:

$$c_{\mathrm{sm}} \approx 331.4 + 0.61t + 0.05e. \tag{20.3.7}$$

可见, 水汽压每变化 $1\,\mathrm{hPa}$, 声速约变化 $0.05\,\mathrm{m \cdot s^{-1}}$. 在 5 km 以上, 可略去水汽作用以干空气声速代替, 计算的误差不会大于 $0.5\,\mathrm{m \cdot s^{-1}}$.

在 $85 \sim 90\,\mathrm{km}$ 高度以上的非匀和层里, 由于重力分离作用及光化学作用, 大气各成分的比例随高度而变化, 平均摩尔质量 M_{d} 随高度逐渐减小, 这时声速的计算必须考虑到 M_{d} 的变化.

声速与温度的平方根成正比, 同时和风速有关. 谈到大气的声学特性时, 通常将地球上静止座标系观测到的平面声波沿水平平均风方向传播时的相速度称为有效声速:

$$c = c_{\mathrm{s}} \pm V_0. \tag{20.3.8}$$

这样, 就可以把声速在大气中的分布和大气的温度和风速剖面联系起来.

20.3.2 声速在大气中的垂直分布

地球大气是一种运动着的不均匀介质,虽然其特性参数在空间和时间上多变,但在宏观上表现为水平分层特征,即其主要变量(例如温、湿、压、风)垂直方向的变化显著,水平方向相对均匀.大气水平分层这一特点导致声波的传播路径主要取决于大气有关变量的垂直分布.实际大气中,有效声速的垂直分布与温度、水汽压、风的垂直分布有关.图 20.1 为探测到的中纬度($41°N,74°W$)有效声速分布的典型情况.它一般随纬度和季节而变,甚至随每天的不同时间而变,特别是近地面层中变化更大,高空则相对稳定.从该图中我们可以注意到,有两个极小值分别出现在 10 km 和 80 km 高度附近,它们与对流层顶及中间层顶相对应.这两个极小值不论纬度和季节如何变化总是存在的,只是高度会有所变化而已.图 20.2 是标准大气条件下声速随高度的分布,计算公式为(20.3.1)式,相应的数据见第三章表 3.4.

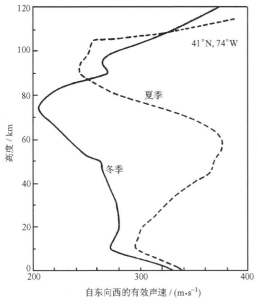

图 20.1 中纬度有效声速典型垂直分布

(引自杨训仁,1997)

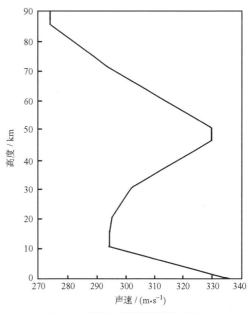

图 20.2 标准大气下声速的垂直分布

(美国 1976 年标准大气)

20.4 研究声波传播的几何声学方法

在声波波长远小于所涉及的空间和物体的尺度的情况下,可以不考虑声音的波动性,用几何声学方法讨论声波在大气中的传播.几何声学中,表示声波能量传播方向的是声线,声线可以是直线(在均匀静止的介质中),也可以是曲线或折线(有风或温度不均匀介质中).用声线讨论声波的反射、折射等问题具有简单、清晰的优点.

20.4.1 几何声学的基本方程——埃克纳方程

几何声学方法的关键是要了解声波传播过程中其等相位面(波阵面)和法线(波法线)在空间的变化以及声线在空间的分布.埃克纳(Eikonal)方程则可解决这些问题.

设大气为静止介质,根据(20.2.8)式,声压方程为

$$\frac{\partial^2 p_s}{\partial t^2} = c_s^2 \Delta p_s,\tag{20.4.1}$$

其解可写为

$$p_s(x,y,z,t) = \hat{p}_s(x,y,z)\mathrm{e}^{\mathrm{i}[k_0\sigma(x,y,z)-\omega t]},\tag{20.4.2}$$

这里 $\hat{p}_s$ 为振幅,σ 为相位,k_0 为波数,ω 为圆频率.把(20.4.2)式代入(20.4.1)式,并分离实部和虚部,有

$$-\omega^2 = c_s^2 \Delta\ln\hat{p}_s + (\nabla\ln\hat{p}_s)^2 - k_0^2 c_s^2 \mid\nabla\sigma\mid^2,\tag{20.4.3}$$

$$0 = c_s^2 k_0 \nabla\sigma + 2k_0(\nabla\ln\hat{p}_s)\nabla\sigma.\tag{20.4.4}$$

若振幅在空间变化不快,(20.4.3)式可写为

$$\mid\nabla\sigma\mid = \frac{\omega}{k_0 c_s} = \frac{c_0}{c_s} = n_s,\tag{20.4.5}$$

其中 $c_0 = \omega/k_0$,而 $n_s = c_0/c_s$ 称为声波折射率.(20.4.5)式即为静止大气中的埃克纳方程,它表明声波在空间传播时,波阵面的梯度 $\mid\nabla\sigma\mid$ 和各点折射率 n_s 相当.当某一点折射率数值大时,这一点附近波阵面就密集,反之波阵面就稀疏.

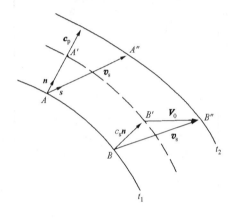

图 20.3 波法线方向和声线方向

在有风情况下,因为风速(大气运动速度)和声速相比不能忽略不计,所以声波的波阵面除了要沿着法线以声速 c_s 传播外,还要随着大气介质一起运动,代表声波能量传播的声线就不再和波阵面相正交.图 20.3 中(为图示清楚起见,图中对风速的相对值大大夸大了),在无风情况下,波阵面 t_1 上两点 A,B 在下一时刻应移动到 A',B',其速度为 c_s,移动方向应为波法线单位矢量 $\mathbf{n}$.但因风的作用,带有波动能量的 A,B 两质点实际移动到 A'',B'',以 $\mathbf{V}_0$ 表示平均风速矢量,则两质点的移动速度为 $c_s\mathbf{n}+\mathbf{V}_0$.总体来看,可以认为波阵面从 AB 传播到了 $A''B''$,其传播方向仍是 $\mathbf{n}$ 所指方向,传播的速度则由相速度的表达式(20.1.2)决定,即

$$\mathbf{c}_p = (c_s + \mathbf{V}_0 \cdot \mathbf{n})\mathbf{n};\tag{20.4.6}$$

声波能量传播速度即如(20.1.1)式所示(这里讨论射线声学,符号改为 $\mathbf{v}_s$,称为声线速度):

$$\mathbf{v}_s = c_s\mathbf{n} + \mathbf{V}_0 = \mid \mathbf{c}_s + \mathbf{V}_0 \mid \mathbf{s},\tag{20.4.7}$$

表明射线沿 $\mathbf{s}$ 方向传播,图中 $\mathbf{s}$ 为声线单位矢量.在无风条件下,$\mathbf{c}_p$ 和 $\mathbf{v}_s$ 没有差别.

大气中有风时的埃克纳方程原则上也可由(20.2.9)式得出,但从上面的讨论可比较简单地得到.由(20.4.6)式,有

$$\mid\nabla\sigma\mid = \frac{c_0}{c_p} = \frac{c_0}{c_s + \mathbf{V} \cdot \mathbf{n}_0},\tag{20.4.8}$$

或利用 $\mathbf{n} = \nabla\sigma/\mid\nabla\sigma\mid$,有

$$\mid\nabla\sigma\mid = n_s(1 - \mathbf{V}_0 \cdot \nabla\sigma/c_0).\tag{20.4.9}$$

(20.4.8)或(20.4.9)式就是在运动大气中的埃克纳方程,利用它可以确定有风情况下声波波阵面的分布.

20.4.2 声线轨迹的斯涅耳定律

从埃克纳方程可导出声线轨迹的斯涅耳定律,它是计算声线轨迹的重要公式.这里只讨论水平分层大气的情形.

埃克纳方程一般可写为

$$| \nabla \sigma | = f(n_s, \boldsymbol{n}, \boldsymbol{V}_0). \tag{20.4.10}$$

沿空间任一方向 $\boldsymbol{l}$ (单位矢量),相位的变化为

$$\frac{\mathrm{d}\sigma}{\mathrm{d}l} = \boldsymbol{l} \cdot \nabla \sigma = \boldsymbol{l} \cdot \boldsymbol{n} \cdot f(n_s, \boldsymbol{n}, \boldsymbol{V}_0). \tag{20.4.11}$$

为书写简捷,以后以 f 代表 $f(n_s, \boldsymbol{n}, \boldsymbol{V}_0)$. 在水平分层大气中取 x 轴方向与 $\boldsymbol{V}_0$ 方向一致,将 (20.4.11)式两边对 x 求微商,有

$$\boldsymbol{l} \cdot \frac{\partial \nabla \sigma}{\partial x} + \frac{\partial \boldsymbol{l}}{\partial x} \cdot \nabla \sigma = \frac{\partial \boldsymbol{l}}{\partial x} \cdot \boldsymbol{n} f + \boldsymbol{l} \cdot \frac{\partial \boldsymbol{n}}{\partial x} f + \boldsymbol{l} \cdot \boldsymbol{n} \frac{\partial f}{\partial x}, \tag{20.4.12}$$

但因左边第一项为

$$\boldsymbol{l} \cdot \frac{\partial \nabla \sigma}{\partial x} = \boldsymbol{l} \cdot \nabla \frac{\partial \sigma}{\partial x} = \frac{\mathrm{d}}{\mathrm{d}l}\left(\frac{\partial \sigma}{\partial x}\right) = \frac{\mathrm{d}}{\mathrm{d}l}(\boldsymbol{i} \cdot \nabla \sigma) = \frac{\mathrm{d}}{\mathrm{d}l}(\boldsymbol{i} \cdot \boldsymbol{n} f),$$

其中 $\boldsymbol{i}$ 是 x 方向的单位矢量,第二项为

$$\frac{\partial \boldsymbol{l}}{\partial x} \cdot \nabla \sigma = \frac{\partial \boldsymbol{l}}{\partial x} \cdot \boldsymbol{n} f,$$

故有

$$\frac{\mathrm{d}}{\mathrm{d}l}(\boldsymbol{i} \cdot \boldsymbol{n} f) = f \boldsymbol{l} \cdot \frac{\partial \boldsymbol{n}}{\partial x} + \boldsymbol{l} \cdot \boldsymbol{n} \frac{\partial f}{\partial x}. \tag{20.4.13}$$

这就是斯涅耳定律的普遍形式.

(1) 在静止大气中, $\boldsymbol{l} = \boldsymbol{n}$,考虑到 $f = n_s = \dfrac{c_0}{c_s}$ 及 $\dfrac{\partial f}{\partial x} = 0$,又由于

$$f \boldsymbol{l} \cdot \frac{\partial \boldsymbol{n}}{\partial x} = f \boldsymbol{n} \cdot \frac{\partial \boldsymbol{n}}{\partial x} = \frac{1}{2} f \frac{\partial n^2}{\partial x} = 0,$$

故有

$$\frac{\mathrm{d}}{\mathrm{d}l}(\boldsymbol{i} \cdot \boldsymbol{n} f) = 0, \tag{20.4.14}$$

或沿着一根声线

$$n_s \cos\theta = A, \tag{20.4.15}$$

其中 θ 为 $\boldsymbol{n}$ 和 x 轴之间的交角(图 20.4(a)), A 为一常数.这就是静止大气中声线的斯涅耳定律,其形式与光线折射的斯涅耳定律完全相同.考虑到 $n_s = c_0/c_s$,在有的文献中也用

$$\frac{c_s}{\cos\theta} = A'. \tag{20.4.16}$$

由于 $\dfrac{\mathrm{d}z}{\mathrm{d}x} = \tan\theta$,可以得到声线的微分方程

$$\frac{\mathrm{d}z}{\mathrm{d}x} = \sqrt{\left[\frac{n_s(z)}{A}\right]^2 - 1}. \tag{20.4.17}$$

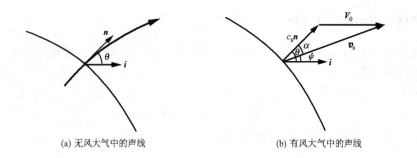

(a) 无风大气中的声线　　　　　　　(b) 有风大气中的声线

图 20.4　大气中的声线

（2）在有风大气中，取 l 与声线方向 s 同向. 考虑到 $f = c_0/(c_s + V_0 \cdot n)$，$\boldsymbol{v}_s = c_s n + V_0 = |c_s + V_0| s = v_s s$，有

$$s = \frac{1}{v_s}(c_s n + V_0),\qquad(20.4.18)$$

这时（20.4.13）式右边为

$$f s \cdot \frac{\partial \boldsymbol{n}}{\partial x} + s \cdot n \frac{\partial f}{\partial x} = f \frac{1}{v_s}(c_s n + V_0) \cdot \frac{\partial \boldsymbol{n}}{\partial x} + \frac{1}{v_s}(c_s n + V_0) \cdot n \frac{\partial f}{\partial x} = 0,$$

因此有

$$\frac{\mathrm{d}}{\mathrm{d}s}(\boldsymbol{i} \cdot \boldsymbol{n} f) = \frac{\mathrm{d}}{\mathrm{d}s}\left(\frac{c_0 \cos\theta}{c_s + V_0 \cdot n}\right) = 0,$$

即沿一条声线有

$$\frac{c_0 \cos\theta}{c_s + V_0 \cdot n} = A.\qquad(20.4.19)$$

在有些文献中也写为

$$\frac{c_s}{\cos\theta} + V_0 \cdot n = A'.\qquad(20.4.20)$$

这就是有风大气中的斯涅耳定律. 但这里 θ 表示波法线和 x 轴的夹角，并不是声线方向，故需要确定 θ 和声线方向之间的关系. 在图 20.4(b) 中，由于 V_0 与 x 轴方向同向，$\psi = \theta - \alpha$，故有

$$\cos\theta = \cos(\alpha + \psi) = \cos\psi\sqrt{1 - Ma^2 n_s^2 \sin^2\psi} - Ma\, n_s \sin^2\psi,$$

其中 $Ma = |V_0|/c_0$ 为马赫数. 代入（20.4.19）式，得

$$\frac{n_s \cos\psi\sqrt{1 - Ma^2 n_s^2 \sin^2\psi} - Ma\, n_s^2 \sin^2\psi}{1 + Ma\, n_s \cos\psi\sqrt{1 - Ma^2 n_s^2 \sin^2\psi} - Ma^2 n_s^2 \sin^2\psi} = A,\qquad(20.4.21)$$

其中 A 对每一根声线是一个常数. 当无风时，即 $Ma = 0$，（20.4.21）式就化简为（20.4.15）式. 同样可以写出在有风条件下声线的微分方程：

$$\frac{\mathrm{d}z}{\mathrm{d}x} = \frac{\sqrt{n_s^2(1 - A\, Ma)^2 - A^2}}{A + Ma\, n_s^2(1 - A\, Ma)}.\qquad(20.4.22)$$

对水平分层大气，Ma 和 n_s 仅为 z 的函数，故原则上可以通过对（20.4.22）式积分求出声线. 实际上，即使是 Ma 和 n_s 的简单函数形式，其结果也相当复杂. 声线的计算有多种方法，具体的寻迹计算实例可参见杨训仁等的《大气声学》第 7 章 7.4 节.

516

20.5　实际大气中的声线

20.5.1　无风时的声线轨迹

在无风大气中,声线轨迹完全取决于声速的分布.从(20.4.15)式中已经看到,静止大气中声线的斯涅耳定律和光线在大气中折射的斯涅耳定律形式完全相同,因此折射的规律也相同,只是声波的折射率 n_s 与温度的平方根成反比(忽略水汽影响),而光线的折射率则和密度成正比.因此在相同的温度分布时,两种射线的弯曲是不同的.例如,在温度随高度递减的情形,对光波而言,因密度随高度递减,$\dfrac{\mathrm{d}n}{\mathrm{d}z} < 0$,为正折射,射线折向地面;而对声波而言,$\dfrac{\mathrm{d}n_s}{\mathrm{d}z} > 0$,为负折射,射线折向天空.

利用声线的微分方程,可以定量地研究在不同温度层结下声线的轨迹.设温度随高度线性变化:

$$T(z) = T_0 - \Gamma z, \tag{20.5.1}$$

其中 T_0 为地面温度.根据(20.3.2)式,有

$$
\begin{aligned}
c_s(z) &= 20.05\sqrt{T(z)} = 20.05\sqrt{T_0 - \Gamma z} \\
&= c_0(1 - \Gamma z/T_0)^{1/2},
\end{aligned}
$$

其中地面声速 $c_0 = 20.05\sqrt{T_0}$.在对流层范围内,利用函数幂级数展开,上式可写成

$$c_s(z) \approx c_0(1 + \beta z), \tag{20.5.2}$$

式中 $\beta = -\Gamma/2T_0$,因此声速近似地也随高度线性变化.进一步可得到

$$n_s = \frac{c_0}{c_s(z)} = \frac{1}{1 + \beta z}. \tag{20.5.3}$$

设声源位于点 $(0,0)$,将(20.5.3)式代入声线的微分方程(20.4.17),得到

$$
\begin{aligned}
x &= \int_0^z \frac{A(1 + \beta z)\,\mathrm{d}z}{\sqrt{1 - A^2(1 + \beta z)^2}} \\
&= \frac{1}{A\beta}\left[\sqrt{1 - A^2} - \sqrt{1 - A^2(1 + \beta z)^2}\right],
\end{aligned}
$$

可写成以下形式,即

$$\left(x - \frac{\sqrt{1 - A^2}}{A\beta}\right)^2 + \left(z + \frac{1}{\beta}\right)^2 = \left(\frac{1}{A\beta}\right)^2, \tag{20.5.4}$$

其中 $A = n_{s0}\cos\theta_0$,θ_0 是声线的发射角,n_{s0} 是声线发射处的声波折射率.(20.5.4)式表明,这时声线轨迹是一个圆,其半径 $R = 1/|A\beta|$,圆心坐标为

$$x_0 = \sqrt{1 - A^2}/(A\beta) \quad \text{及} \quad z_0 = -1/\beta.$$

假如 $\beta < 0$,声线就折向天空,反之就折向地面.

图 20.5 给出了在不同大气温度分布情况下声线的轨迹走向.图(a)是温度随高度递减,$\beta < 0$,n_s 随高度增加,声线折向天空,离声源远的地方声线不能到达,成为寂静区.典型的情形是晴天对流天气,对流层顶以下的气层.图(b)为温度向上逆增,$\beta > 0$,n_s 随高度减小,声线折向声速小的一侧(地面),不出现寂静区.图(c)为下层温度随高度递减,上层为逆温层.冷锋过境时可出现此种结构.就整层大气而言,对流层到平流层的温度分布大体如此.下层的声线向上折射,到某一高度("返转点"),声线的指向由向上过渡到向下.在继续传播通过声速极小点高

度后其折射方向又改为向天空一侧.在到达地面前有可能在某高度(另一个"返转点")发生声线方向由向下转为向上,如此声线被限制在两个"返转点"之间的气层内传播.此即所谓的"大气波导"现象.这时,实际的声线已不是高度 z 的单值函数.图(d)中下层为逆温而上层为减温(相当于大陆的无云夜晚).在声源周围有一个正常的可闻区,但较远处因无声线到达而形成寂静区.当声源足够强大时,在寂静区外部可以接收到由平流层的逆温层折返的声线,形成"异常可闻区".若从"异常可闻区"的地面上反射的声波还具有足够的强度,那就能继续向前传播,形成新的寂静区和可闻区.这种情况也是"大气波导"传播,它能使声波,尤其是次声波,传播到遥远的地方.由于有风和地形的影响,可闻区和寂静区的分布常是不完全对称的.

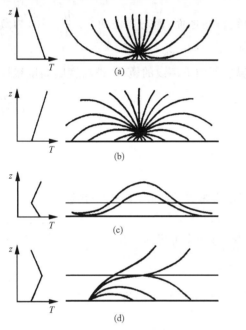

图 20.5　无风大气中声线的分布　　　　图 20.6　1921 年德国奥帕火药库大爆炸时可闻地点和未闻地点的分布

　　图 20.6 是 1921 年 9 月 21 日德国奥帕(Oppau)火药库大爆炸时听见爆炸声的地点和未闻地点的分布图.奥帕周围有半径大约为 100 km 范围的可闻区(在东部和南部),100~200 km 是一条寂静带,200 km 以外又是一条可闻带.此实例对应温度分布图(c).

20.5.2　有风时的声线轨迹

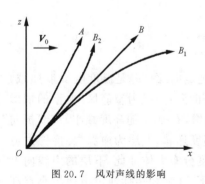

图 20.7　风对声线的影响

有风时的声线可以用(20.4.22)式进行简单的定性讨论.为了单独分析风的影响,设温度不随高度变化.如图 20.7 所示,如果没有风,从 O 点发出的某一根声线应传播到 A 点,若有上下均匀的风,则声线将传播到 B 点;如果风随高度减小,声线就传播到 B_2 点;而当风速随高度增加时,它将传播到 B_1 点.比较传播到 B_1 点和 B_2 点这两条声线就可以看出,声线永远背着风速增加的方向弯曲.这个一般原理可以使我们定性地说明有风大气中声线的轨迹.

在大气温度随高度递减的情形下,由于风的影响,声线不再对称.图 20.8 给出了一些例子,说明在风向不变,而风速分布不同时的声线轨迹.图(a)假设风是自左向右而且随高度增加,则所有声线越往上便越向右弯曲,左面的静区会更靠近声源,而右边的静区则要远离,甚至不出现.如果风随高度减小,情形便会相反,见图(b).在某些场合下,风对声线轨迹的影响比温度更大,因为 6 m/(s•km) 的风速梯度所引起的声线折射要相当于 10℃/km 温度梯度的作用.当温度和风速随高度有任意分布时,声线轨迹一般是三度空间的曲线,情况比较复杂,要用三维空间的声线方程求解.

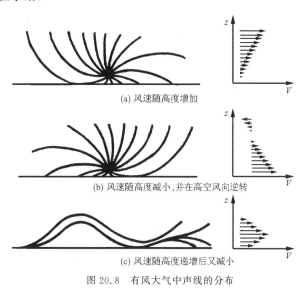

(a) 风速随高度增加

(b) 风速随高度减小,并在高空风向逆转

(c) 风速随高度递增后又减小

图 20.8　有风大气中声线的分布

20.6　声波在大气中的散射

早在 1874 年,廷德耳就在实验室里和海洋上空研究过声的散射.他用汽笛配上巨大的喇叭向海上发射声波,而看似平静、晴朗的大气却能发回微弱的声波.他不仅对此做了解释,而且用实验室的演示说明声散射主要是由大气温度起伏造成.然而这种解释没有被其他学者接受,连瑞利(1877)也不同意,并把他观测到的现象归之于折射.于是,大气声散射的意义被忽视了近一个世纪.自泰勒等把湍流理论逐步引入大气小尺度动力结构的研究中以来,对声散射的兴趣开始复苏.1941 年,奥布霍夫(Обухов)把声散射截面和湍流动能谱密度的一般表达式联系起来,虽然在推导中忽视了非均匀波动方程源项中的声折射率梯度,但毕竟对大气声散射做了第一次的定量解释.之后,伯格曼、勃洛欣采夫(Blokhintzev)、克雷却南(Kraichnan)、拉特希尔(Lighthill)和巴特勒(Batchelor)等人相继进一步研究,并得到较完善的结果.苏联的塔塔尔斯基、卡利斯特拉托娃(Kallistratova)和莫宁等系统地进行了理论和实验两方面的研究,终于得到正确的有效散射截面表达式(Tatarskii,1971).声散射理论被应用到大气声探测中,20 世纪 70 年代起声达(sodar)有了快速发展,成为研究边界层大气的遥感设备.近 20 年来,运动的非均匀大气中的声散射理论有相当的进展(Qstashev,1997).

声波在湍流大气中传播主要受到两方面影响:其一是声参数(主要指振幅和相位)产生起伏;其二是声波能量产生散射.声波在湍流介质中的传播由流体力学方程组来描述.

519

20.6.1　声波在湍流大气中的传播方程

如果大气状态或特性密度 ρ，压强 p，速度 V 不分解为基态量和声波扰动量，则可以得到和 20.2 节中的(20.2.1)～(20.2.3)形式一样的方程组，只要把声波扰动量换成上述大气状态参量即可. 本节下面所引用的(20.2.1)～(20.2.3)式，即指以大气状态或特性为参量的方程. 由此出发，可以讨论声波在湍流大气中的传播. 将运动方程(20.2.1)等号右边改写为

$$\frac{1}{\rho}\frac{\partial p}{\partial x_i} = \frac{p}{\rho}\frac{\partial \ln p}{\partial x_i} = \frac{c_s^2}{\gamma}\frac{\partial \ln p}{\partial x_i},$$

式中声速 $c_s = \sqrt{\gamma RT} = \sqrt{\gamma p/\rho}$ 应视为空间和时间的函数，R 是空气的比气体常数. 于是运动方程可写成张量形式，即

$$\frac{\partial V_i}{\partial t} = -V_j\frac{\partial V_i}{\partial x_j} - \frac{c_s^2}{\gamma}\frac{\partial \ln p}{\partial x_i}. \tag{20.6.1}$$

令连续方程(20.2.2)除以 ρ 并写成

$$\frac{\mathrm{d}\ln\rho}{\mathrm{d}t} + \frac{\partial V_i}{\partial x_i} = 0.$$

将绝热方程(20.2.3)与上式合并，消去含 ρ 的项，得

$$\frac{1}{\gamma}\frac{\mathrm{d}\ln p}{\mathrm{d}t} = -\frac{\partial V_i}{\partial x_i}. \tag{20.6.2}$$

方程(20.6.1)和(20.6.2)组成了函数 V_i 和 p 的封闭方程组.

声现象通常是在地面(静止坐标系)观测的. 假如平均风速不为 0，就需要从静止坐标系来观察一个运动坐标系中发生的物理现象，这在数学上相当繁杂，因此本节仅讨论在静止湍流大气中声波的传播. 大气的状态为

$$\begin{cases} V_i = v_i + u_i', \\ p = p_0 + p_s, \end{cases} \tag{20.6.3}$$

其中 v_i 是声振动速度，u_i' 是质点的湍流运动速度. 考虑到温度起伏，令 $T = T_0 + T'$，平均温度 T_0 是常数. 于是可导出

$$c_s^2 = c_{s0}^2\left(1 + \frac{T'}{T_0}\right), \tag{20.6.4}$$

这里 $c_{s0} = \sqrt{\gamma RT_0}$ 也是常数. 再引进一个正比于声压的新变量：

$$\Pi = \frac{p_s}{\gamma p_0} = \frac{p_s}{\rho_0 c_{s0}^2}. \tag{20.6.5}$$

把上述关系代入(20.6.1)和(20.6.2)式，再对方程线性化，并将声学变量 v_i 和 Π 与时间的关系设定为复数形式的简谐波 $\exp(-\mathrm{i}\omega t)$，可导出以下两个定常方程：

$$\mathrm{i}\omega v_i = c_{s0}^2\frac{\partial \Pi}{\partial x_i} + c_{s0}^2\frac{T'}{T_0}\frac{\partial \Pi}{\partial x_i} + u_j'\frac{\partial v_i}{\partial x_j} + v_j\frac{\partial u_i'}{\partial x_j}, \tag{20.6.6}$$

$$\mathrm{i}\omega\Pi = \frac{\partial v_i}{\partial x_i} + u_i'\frac{\partial \Pi}{\partial x_i}. \tag{20.6.7}$$

对(20.6.6)式求散度，再代入(20.6.7)式，经过比较复杂的推导后，最终可得到在湍流大气中声波传播的近似方程：

$$\Delta\Pi + k^2\Pi = -\frac{\partial}{\partial x_i}\left(\frac{T'}{T_0}\frac{\partial \Pi}{\partial x_i}\right) - \frac{2}{\mathrm{i}\omega}\frac{\partial^2}{\partial x_i\partial x_j}\left(u_i'\frac{\partial \Pi}{\partial x_j}\right), \tag{20.6.8}$$

式中 $k = \omega / c_{s0}$ 是波数. 这是一个线性方程,描述了声波在温度场和速度场非均匀大气中的传播. 由于 $\Pi = $ 常系数 $\times p_s$,所以声压 p_s 自然也满足这个方程.

从(20.6.8)式求得 Π 以后,通过(20.6.7)式就可以确定质点声速 v_i,这是因为(20.6.7)式右边只需保留第一项,其余各项都是 v_i 和 T' 的二阶小量,可以略去.

能量通量密度矢量 $\mathbf{S}$ 由复变量 p_s 和 $\boldsymbol{v}$ 来定义:
$$\mathbf{S} = \mathrm{Re}\, p_s \cdot \mathrm{Re}\, \boldsymbol{v}.$$

用 Π 来表示 p_s 和 $\boldsymbol{v}$,上式很容易表示为

$$\mathbf{S} = \frac{\rho_0 c_{s0}^3}{2k} \mathrm{Im}(\Pi \nabla \Pi + \Pi^* \nabla \Pi), \tag{20.6.9}$$

其中 Π^* 是 Π 的共轭复数. 对声波的一个周期求平均:

$$\bar{\mathbf{S}} = \frac{1}{T} \int_0^T \mathbf{S}(t)\,\mathrm{d}t.$$

因为 Π 包含时间因子 $\exp(-\mathrm{i}\omega t)$,而 $\Pi \nabla \Pi$ 就应包含因子 $\exp(-2\mathrm{i}\omega t)$,因此此项作周期平均后为 0. 另一方面,$\Pi^* \nabla \Pi$ 与时间无关,平均对它不起作用. 最终我们有

$$\bar{\mathbf{S}} = \frac{\rho_0 c_{s0}^3}{2k} \mathrm{Im}(\Pi^* \nabla \Pi). \tag{20.6.10}$$

(20.6.10)式反映了能量通量密度分布与声压场的关系. 以后能量通量密度总是指周期平均值,符号上的平均号予以省略.

20.6.2　声波在静止湍流大气中的散射

正如本节开头所述,声波的散射规律首先是通过理论研究得到的,然后是实验验证和理论改进. 在得到最终结果的过程中,以前的研究者用到了较深的数学和推导技巧,对初学者有一定难度. 从应用的角度看,似乎只需知道结果,无需顾及过程,但在深入研究波传播过程的工作中,波传播理论占有极重要的地位. 对那些想深入这一领域的读者,希望能参考有关的书籍(杨训仁等,大气声学,2007;Ostashev,1997).

本节标题所说的"静止"是指湍流大气的平均运动速度为零,但是下面的结果对风速不大时基本也适用.

为推导散射场的表达式,将 Π 分解为入射波和散射波两部分:
$$\Pi = \Pi_0 + \Pi'.$$
将此代入声波在湍流大气中的传播方程(20.6.8)式,忽略 $T'\Pi'$ 和 $u_i\Pi'$ 等二阶小量,从而得到入射声波的方程和散射波方程:

$$\Delta \Pi_0 + k^2 \Pi_0 = 0, \tag{20.6.11}$$

$$\Delta \Pi' + k^2 \Pi' = -\frac{\partial}{\partial x_i}\left(\frac{T'}{T_0}\frac{\partial \Pi_0}{\partial x_i}\right) - \frac{2}{\mathrm{i}\omega}\frac{\partial^2}{\partial x_i \partial x_j}\left(u_i \frac{\partial \Pi_0}{\partial x_j}\right). \tag{20.6.12}$$

(20.6.12)式右边等价一个声发射源将入射波能量散射到各个方向. 此处不再列出上述方程解的具体表达式及随后繁难的推导过程,而是着重讨论有效散射截面 $\sigma(\theta)$ 的概念.

单位散射体积、单位立体角有效散射截面的定义是

$$\sigma(\theta) = \frac{\langle S \rangle r^2}{S_0 V},$$

此处 θ 是散射角,即入射波矢量和散射波矢量之间的夹角;S_0 是入射能量通量密度;$\langle S \rangle$ 是散

射体在散射方向上散射能量的平均通量密度;V 是散射体积;r 是散射体到观测者的距离.声散射截面可在夫琅禾费衍射近似条件下通过对(20.6.12)式的解求积分得到.夫琅禾费衍射要求散射体积的尺度 L 远小于观测点到散射体积的距离 r,即 $L \ll r$ 以及 $\lambda r \gg L^2$,其中 λ 是声波波长.然而这样得到的结果,只有满足条件 $\lambda r \gg L_0^2$ 时才能用,这里 L_0 是起伏量的相关长度.将方程(20.6.12)式的解的简化形式代入(20.6.10)式,取平均后得

$$\langle S \rangle = \frac{\rho_0 c_{s0}^3}{2} n \langle \Pi'(r) \Pi'^*(r) \rangle.$$

设入射波是平面波,利用各向同性湍流理论所提供的条件,最终可以得到声波在湍流大气中的有效散射截面为

$$\sigma(\theta) = \frac{\pi}{2} k^4 \cos^2 \theta \left[\frac{\overline{\Phi}_T(K)}{T_0^2} + \frac{\cos^2(\theta/2)\overline{E}(K)}{\pi c_{s0}^2(K)^2} \right], \tag{20.6.13}$$

其中 $K = 2k\sin(\theta/2)$,$\overline{\Phi}_T(K)$ 是温度场的谱张量,$\overline{E}(K)$ 是湍流速度场的谱能密度.由(20.6.13)式可以看到声波散射有如下规律:

(1) 对一定的散射角 θ,并不是各种尺度的湍流团块都同样地散射声波,而是存在一个有效散射的湍流尺度,即

$$l(\theta) = \frac{2\pi}{K} = \frac{\lambda}{2\sin(\theta/2)}, \tag{20.6.14}$$

θ 方向的散射波决定于波数 K 所对应的速度谱和温度谱的分量.这就是光学上熟知的空间衍射的布拉格(Bragg)条件.

(2) 在散射角等于 $90°$ 的方向上,声波没有散射.因为当 $\theta = 90°$ 时,$\cos^2\theta = 0$.

(3) 后向散射仅由温度场的不均匀性产生,与速度场湍流无关.因为 $\theta = 180°$ 时,$\cos^2(\theta/2) = 0$,声达只能接收后向散射的回波信号,反映大气温度场的不均匀结构.但在与声波传播的垂直方向上有较大风速(> 10 m·s^{-1})时,速度场湍流对后向散射也有一定贡献(Qstashev,1997).

声散射的理论表达式(20.6.13)的物理意义是清晰的.卡利斯特拉托娃曾在大气环境下测量过声散射的角分布.后来,在实验室内,用超声波测量得到了声散射角分布与理论预测相符合的结果(图 20.9).但要据此在实际中建立散射与大气湍流场的定量关系却遇到很大困难:

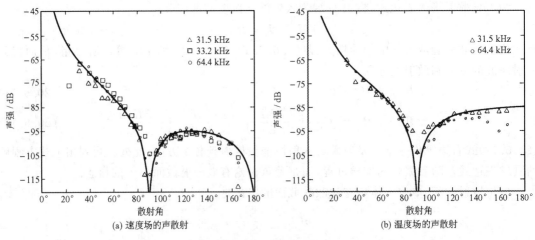

图 20.9 声散射的角分布实验测量与理论预测值(实线)的比较(引自 Baerg Schwarz,1966)

其一,理论是在均匀、各向同性湍流的假设条件下推得的,自然大气很难满足这一条件;其二,速度场和温度场的湍流谱难以测量.因此其应用受到限制.

下面介绍结构系数的概念.温度结构系数 C_T 和速度结构系数 C_V 的定义分别是

$$C_T^2 = \frac{\langle |T(\boldsymbol{r}_1) - T(\boldsymbol{r}_2)|^2 \rangle}{|\boldsymbol{r}_1 - \boldsymbol{r}_2|^{2/3}}, \quad C_V^2 = \frac{\langle |V(\boldsymbol{r}_1) - V(\boldsymbol{r}_2)|^2 \rangle}{|\boldsymbol{r}_1 - \boldsymbol{r}_2|^{2/3}},$$

其中 $\boldsymbol{r}_1$ 和 $\boldsymbol{r}_2$ 分别指空间两个点的矢量坐标,$\langle \cdot \rangle$ 指系综平均.

在局地均匀各向同性湍流条件下,结构系数只与两点之间的距离有关,而与两点的相对取向无关,其表达式简化为

$$C_T^2 = \frac{\langle |T(x) - T(x+r)|^2 \rangle}{r^{2/3}}, \tag{20.6.15}$$

$$C_V^2 = \frac{\langle |V(x) - V(x+r)|^2 \rangle}{r^{2/3}}, \tag{20.6.16}$$

因而可用实验的方法测量得到.

把(20.6.13)式的适用范围加以限制,设定 $K = 2k\sin(\theta/2)$ 处于湍流谱的惯性副区,即 $2\pi/L_0 < K < 2\pi/l_0$,根据科尔莫戈罗夫局地各向同性湍流理论(Tatarskii,1971),有

$$\bar{\Phi}_T(K) = 0.033 C_T^2 K^{-11/3}, \tag{20.6.17}$$

$$\bar{E}(K) = 0.76 C^2 \varepsilon^{2/3} K^{-5/3}, \tag{20.6.18}$$

式中 $C^2 \approx 1.9$ 是一个常数,由实验获得;ε 是湍流能量耗散率.将(20.6.17)和(20.6.18)式代入(20.6.13)式,得到适用于惯性副区的声散射截面表达式:

$$\sigma(\theta) = 0.030 k^{1/3} \cos^2\theta \left(\sin\frac{\theta}{2}\right)^{-11/3} \left(0.136 \frac{C_T^2}{T_0^2} + \cos^2\frac{\theta}{2}\frac{C_V^2}{c_{s0}^2}\right), \tag{20.6.19}$$

其中 $C_V^2 = C^2 \varepsilon^{2/3}$.(20.6.19)式已被广泛引用.(20.6.13)和(20.6.19)式中没有考虑湿度场起伏对声散射的贡献,一般情况下,湿度谱和湿度温度协谱对散射的贡献很小,可以忽略.但高湿度天气且湿度起伏大时,(20.6.19)式就不再适用.

20.6.3 考虑湿度起伏的声波散射

自 20 世纪 70 年代就开展把湿度起伏包括在内的声散射的理论研究.有些结果发表后,被证明有错.Ostashev(1994)以科尔莫戈罗夫谱表示的局地均匀各向同性湍流惯性区的声散射截面为

$$\sigma(\theta) = 0.030 k^{1/3} \left(\sin\frac{\theta}{2}\right)^{-11/3} \left\{0.136\left[\cos^2\theta\frac{C_T^2}{T_0^2} + 2(0.596\cos\theta - 0.095)\cos\theta\frac{C_{qT}}{T_0}\right.\right.$$

$$\left.\left. + (0.596\cos\theta - 0.095)^2 C_q^2\right] + \cos^2\frac{\theta}{2}\cos^2\theta\frac{C_V^2}{c_{s0}^2}\right\}, \tag{20.6.20}$$

式中 C_q^2 是比湿起伏的结构系数,C_{qT} 是比湿和温度起伏的协结构系数:

$$C_{qT} = \frac{\langle [T(x) - T(x+r)] \cdot [q(x) - q(x+r)] \rangle}{r^{2/3}}.$$

对于后向散射,湿度起伏项在陆地上通常比温度起伏项要小 1 或 2 个数量级,然而在暖洋面上或夏季的湖面上湿度起伏项可能达到与温度项同一数量级.在热天雨后的潮湿土壤上方,湿度起伏也会对散射作出相当贡献.周明煜等(1981)和陈炎清等(1984)用声达观测到,在雷雨

潮湿天气,稳定层结和小风条件下 $100\sim300$ m 高度上的斑点状回波,其尺度约十米至几十米,持续几小时. Singal 等(1985)在潮湿天气、稳定层结和小风条件下也观测到类似回波出现在 $150\sim300$ m 高度,持续若干小时,垂直尺度最高达 40 m,水平尺度至 200 m.

20.7　声波在大气中的衰减

声波在大气中传播时,其强度会逐渐衰减.设传播距离为 L,则平面声波的声强变化可用指数规律表示:

$$I = I_0 e^{-\int_0^L a_T dr}, \tag{20.7.1}$$

式中 I_0 是路程起点处的声强,a_T 是总衰减系数,单位是 m^{-1} 或 km^{-1}.其总衰减为

$$A_T = \int_0^L a_T dr = \ln \frac{I_0}{I}. \tag{20.7.2}$$

这样定义的总衰减,单位是奈培(Neper).习惯上常用以下的定义:

$$\int_0^L a_T' dr = 10 \times \lg \frac{I_0}{I} = 20 \times \lg \frac{p_{s0}}{p_s} = 4.343 A_T, \tag{20.7.3}$$

其中 $a_T' = 4.343 a_T$,单位为 dB/m 或 dB/km.总衰减可表示成 3 个独立的组成部分:

$$A_T = A_a + A_s + A_e, \tag{20.7.4}$$

其中 A_a 是大气吸收衰减,A_s 是声波几何发散引起的衰减,A_e 是逾量衰减.

20.7.1　大气分子对声波的吸收衰减

讨论洁净大气对声波的吸收衰减时,用一个简化的模型可以把声波的吸收衰减系数 a_a 分成经典衰减系数 a_c、分子转动衰减系数 a_r 和分子振动衰减系数 a_v 三项:

$$a_a = a_c + a_r + a_v(O) + a_v(N). \tag{20.7.5}$$

式中 O 和 N 分别表示大气中的氧和氮。

1. 经典衰减

经典衰减指由于气体的分子黏性切应力和热传导的作用使一小部分声能转化为空气的热能.经典衰减的吸收系数可用下列公式表示:

$$a_c = \frac{\omega^2}{2\rho_0 c_s^3}\left[\frac{4}{3}\eta' + \kappa_a\left(\frac{1}{c_V} - \frac{1}{c_p}\right)\right], \tag{20.7.6}$$

其中 η' 为介质的切变黏性系数,κ_a 为热传导系数.(20.7.6)式就是著名的斯托克斯-基尔霍夫公式.从此式可以看出,经典衰减的吸收系数与频率的平方成正比,声波的频率越高,衰减越快.

2. 分子转动衰减和分子振动衰减

分子转动衰减和分子振动衰减通称为弛豫衰减.其实质可以这样分析:处于平衡状态的介质可用参数 T,p,ρ 来描述,这时气体的内能也均分给分子的各个自由度.单原子分子的气体具有 3 个平动自由度,而多原子分子具有平动自由度、转动自由度和振动自由度,每一个自由度的能量为 $1/(2kT)$,其中 k 为玻尔兹曼常数.当声波传播时,介质的参数将发生周期性变化,分子各个自由度的平衡能量也将发生相应的变化.但并不是每个自由度的平衡能量都能跟得上声波的变化,其中响应最快的是平动自由度,通过分子间相互碰撞,再将变化传递给振动自由度和转动自由度,直到建立一个新的内能平衡分配.这一过程需要的时间称为弛豫时间.

在弛豫过程中产生了有规则的声振动能转变为无规则热运动能的耗散.当声振动的周期和弛豫时间具有相同数量级时,这种损耗就很大.

物理实验表明,单独的氧气或氮气对声波的吸收衰减甚微,氮气和水汽的混合气体的吸收衰减也很小,唯独氧气、氮气和水汽同时存在时,吸收衰减猛然变大.水分子减少了激发氧分子振动自由度所需的碰撞次数,从而使激发氧分子振动自由度所需的弛豫时间减少为 $10^{-5} \sim 10^{-3}$ s,因此就产生了在 $1 \sim 100$ kHz 频率范围内的弛豫衰减.氧气分子、氮气分子和这个第三者水汽分子的碰撞又可以把它们的内能转移给水汽分子,使之处于激发态,产生红外辐射,从而大大加快了空气分子对声能的吸收衰减.这些发生在微观分子之间的物理过程导致了声波在大气中的衰减,却由宏观的大气状态 (T, p, e) 所决定.

吸收系数的计算是用基于精细的物理实验结果演绎而来的经验公式.尽管声波的分子吸收早就是声学领域的一个被透彻研究的课题,但其表达式在近 40 年也已做过若干次修订.最近的结果是由 Bass 和 Sutherland 等(1995)提出来的(注:此公式原文有错,此处已改正):

$$\frac{a_a}{p} = F^2 \left\{ 1.84 \times 10^{-11} \left(\frac{T}{T_0}\right)^{1/2} p_0 + \left(\frac{T}{T_0}\right)^{-5/2} \times \right.$$

$$\left. \left[0.01275 \frac{e^{-2239.1/T}}{F_{r,O} + F^2/F_{r,O}} + 0.1068 \frac{e^{-3352/T}}{F_{r,N} + F^2/F_{r,N}} \right] \right\}, \tag{20.7.7}$$

等号右边的单位是 Np/(m·atm),这里 p 为大气压(atm 或 hPa),p_0 为标准大气压;$F = f/p$ 是以大气压标尺化的声波频率,其中 f 是声波频率(Hz);$T_0 = 293.15$ K 是参考大气温度,T 是大气温度(K).以大气压标尺化的氧分子弛豫频率和氮分子弛豫频率为

$$F_{r,O} = \frac{1}{p_0} \left(24 + 4.04 \times 10^4 x_v \frac{0.02 + x_v}{0.391 + x_v} \right), \tag{20.7.8}$$

$$F_{r,N} = \frac{1}{p_0} \left(\frac{T_0}{T}\right)^{1/2} \left(9 + 280 x_v \exp\left\{ -4.17 \left[\left(\frac{T_0}{T}\right)^{1/3} - 1 \right] \right\} \right). \tag{20.7.9}$$

上两式中的 $x_v = e/p$ 是湿空气中的水汽的摩尔分数,它和相对湿度 U_w 有如下关系:

$$x_v = U_w \frac{e_s/p_0}{p/p_0}$$

$$= p_0 (U_w/p)(e_s/p_0), \tag{20.7.10}$$

其中 e_s 是饱和水汽压,它的计算公式可参见 2.2.1 小节的戈夫-格雷奇公式.实际计算时可用下面的简化算式代替:

$$\lg \frac{e_s}{p_0} = -6.8346 \left(\frac{T_{00}}{T}\right)^{1.261} + 4.6151, \tag{20.7.11}$$

式中 T_{00} 是三相点温度.此式在 $50 \sim 10\,000$ Hz·atm^{-1} 和相对湿度为 $10\% \sim 90\%$ 范围内与用戈夫-格雷奇公式计算的仅有很微小的差别.(20.7.7)~(20.7.11)式构成一套吸收系数计算公式.

图 20.10 给出了大气温度为 20℃时,以大气压标尺化频率 F 和大气压标尺化吸收系数 a_a'/p 为坐标轴,以大气压标尺化相对湿度为参变量的吸收衰减系数曲线.这里 a_a' 是用 dB 表示的吸收系数.将变量标尺化是为了便于制作可查算的曲线图.下面以标准大气压、温度 20℃ 和相对湿度 10% 的条件下,频率为 1000 Hz 的声波的吸收系数为例说明查算方法.从图中很容易查到 $a_a'/p = 1.4$ dB/(100 m·atm),故得 $a_a' = 1.4$ dB/100 m.按公式计算可得到 $a_a' = 1.41$ dB/(100 m),两者很一致.若要查 0.5 个标准大气压而其他参数与前面相同时的吸收系数,只要化成相同标尺即可.由于 $p = 0.5$ atm,所以 $F = f/p = 2000$ Hz·atm^{-1},$U_w/p = 20\%$·atm^{-1},然后在图上

可找到 $a_a'/p = 2.2\,\text{dB}/(100\,\text{m·atm})$，进一步得到 $a_a' = 1.1\,\text{dB}/(100\,\text{m})$。按公式计算也可得到 $a_a' = 1.078\,\text{dB}/(100\,\text{m})$。需指出，这里讨论的是纯频声波。由(20.6.7)式和图 20.10 可见，总吸收衰减系数与频率的关系并不如经典衰减的那样是简单的平方关系，而是与相对湿度和气压有关，且小于平方关系。在相同气象条件下，一般来说高频声波的衰减远较低频声波的大，所以低频声波在空气中可传播很远。

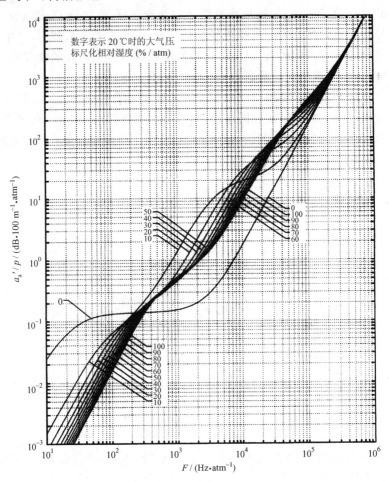

图 20.10　声波吸收衰减系数与频率、相对湿度的关系

(引自 Bass，Sutherland，Zuckerwar，Blackstock 和 Hester，1995)

20.7.2　声波的发散衰减

几何发散衰减表示声波传播路径上两点之间声强因发散引起的损耗，一般可表示为

$$A_s = 10b_s \lg \frac{(r_0 + L)^2}{r_0^2} = 20b_s \lg \frac{r_0 + L}{r_0}, \tag{20.7.12}$$

式中 r_0 是参考点距声源的距离。对平面波，$b_s = 0$；对球面波，$b_s = 1$；对柱面波（线源），$b_s = 1/2$。这表明，对球面波，距离每增加一倍，损耗 6 dB；对线源，则损耗 3 dB。繁忙的高速公路的噪声可视为线源，大片厂区可视为面源。在估计由众多噪声源，例如高速公路、工厂或广泛的其他噪声源构

526

成的社区噪声水平时,通常用稳定的非相干的源的有限阵列来模拟.这种情况下的发散衰减能够较方便地用这些非相干源的线阵列或面阵列来确定,并模拟社区的噪声水平和垂直分布.

20.7.3 大气对声波的逾量衰减

逾量衰减指除了以上两种衰减以外的其他因素引起的衰减,诸如由地面引起的衰减,由障碍物引起的衍射和反射而造成的衰减,由气溶胶粒子造成的衰减,在非均匀大气中的折射以及大气湍流运动引起的声波散射衰减,等等.我们不把逾量衰减分成若干组成部分,因为这些因素并不一定同时存在,也不一定相互独立.本小节讨论的逾量衰减仅指大气湍流对声波的衰减.

1. 大气湍流对声波的衰减

大气湍流总是存在的,湍流运动会造成声波散射而引起衰减.例如,冬天和夜晚的湍流比较弱,声音也传播得比较远.

1) 平面波的逾量衰减

因声散射造成的衰减系数可表示为对散射截面求球面积分:

$$a_e = \int_0^{2\pi} \int_0^{\pi} \sigma(\theta) \sin\theta \, d\theta \, d\varphi. \tag{20.7.13}$$

已知平面波在均匀各向同性湍流场条件下的声散射截面理论表达式是(20.6.13),但因实际大气很难满足平稳均匀各向同性湍流的要求,而且温度谱和速度谱的测量难度大,表达式的验证和应用都成问题,所以难以用(20.6.13)式来计算声散射截面.

应用局地均匀各向同性湍流条件下的散射截面表达式(20.6.19),基本克服了应用上的困难.考虑到实际大气的最大湍涡尺度是有限的,(20.7.13)式中积分下限应改成$\theta_{\min}$:

$$\theta_{\min} = 2\arcsin(\lambda/2L_0), \tag{20.7.14}$$

其中L_0是湍流外尺度.但这时又产生(20.6.19)的适用性的问题,因为湍流外尺度已经超出了(20.6.19)式适用的惯性区.按(20.6.19)式计算将过高估计逾量衰减的数值.这是按平面波和大气湍流的概念来计算逾量衰减遇到的困难.

2) 有限截面波束的逾量衰减

人类活动产生的声波,其中有目的发出的声波多是定向的.下面我们将其简化成一个柱状波束来讨论湍流衰减.按空间正弦光栅衍射概念,湍涡的尺度相当于二维光栅的狭缝间距,就衍射干涉而言,一个"栅"至少要有两条狭缝,相当于在圆柱截面内有两个以上的湍涡.设圆柱直径为D,在截面内起散射作用的最大湍涡的尺度为$L_e = D/2$,以L_e代替(20.7.14)式中的L_0,于是

$$
\begin{aligned}
a_e &= \int_0^{2\pi} \int_{\theta_{\min}}^{\pi} \sigma(\theta) \sin\theta \, d\theta \, d\varphi \\
&\approx 0.002\,06 k^{1/3} (15 m^{1/3} + 0.6 m^{-5/3} - 13.09) C_V^2/T \\
&\quad + 0.113 k^{1/3} (12 m^{1/3} + 0.6 m^{-5/3} - 10.89) C_T^2/T^2,
\end{aligned}
\tag{20.7.15}
$$

式中$m = \lambda/(2L_e)$,$\theta_{\min} = 2\arcsin m$,$L_e$称为有效湍流外尺度.若$m < 0.05$,(20.7.15)式可简化为

$$a_e \approx \frac{L_e^{5/3}}{\lambda^2} \left(7.25 \times 10^{-3} \frac{C_V^2}{T} + 3.965 \times 10^{-1} \frac{C_T^2}{T^2} \right). \tag{20.7.16}$$

对(20.7.16)式进行数量分析表明,即使C_V^2和C_T^2相等,在实际大气中它们可能的变化范围

内,C_V^2项对衰减的贡献也要比C_T^2项大5倍左右,何况实际大气中C_V^2常常比C_T^2大1~2个数量级,所以逾量衰减与速度场的湍流强弱关系紧密,其次才是温度场的湍流.它的变化规律应当与大气湍流场的特征和变化相配合.(20.7.16)式中的有效湍流外尺度因子$L_e^{5/3}$表明有效湍流外尺度对大气湍流造成的声衰减有较强的加权作用.同一湍流场,波束截面愈大,逾量衰减也愈大.

表面上看(20.7.16)式,逾量衰减系数与声波波长的平方成反比.但在实际应用中,定向波束的张角却是声频愈高波束愈窄,波束直径近似满足关系$L_e^{5/3} \propto \lambda^2$.理论上可以证明(Pan,2003),声波波束在传播时的逾量衰减系数a_e正比于声波频率f的1/3次方,且为实验资料证实.可见,定向波束逾量衰减(湍流衰减)与波长(或频率)的关系是较弱的.

DeLoach(1975)对早期逾量衰减的各种观测结果做过定性的概括:

(1)对室外的声波传播过程而言,大气湍流造成的声波逾量衰减和由于分子吸收及气溶胶造成的衰减有相同的重要性.

(2)逾量衰减系数的瞬时值有不规则的涨落,而且变化幅度很大,在几分钟内,逾量衰减系数和正常衰减系数之比可能变化几个数量级.

(3)逾量衰减系数一般在地面最大,随高度减小.

(4)逾量衰减系数和声波频率并无明显的相关,至少比正常衰减系数随频率的变化慢.

(5)逾量衰减和大气中存在的风速切变有关,风在垂直方向变化愈不规则,逾量衰减就愈严重.但在完全没有风速切变的条件下,逾量衰减也并不等于零.

(6)逾量衰减系数有日变化,一般在早晨和上午偏大.

这些定性的结果对照(20.7.16)式与大气速度场和温度场的湍流状态在大气边界层的表现来看显得相当合理.

声波以波束形态(圆锥形)传播时,其有效湍流外尺度可表示为

$$L_e = R \tan\frac{\gamma}{2}, \tag{20.7.17}$$

式中R表示截面中心到波束(或圆锥)的原点的距离,γ是波束张角.可见截面积随距离增大而增大.由(20.7.16)式可知,即使湍流场均匀时,逾量衰减系数也随传播的距离增加而增大.实际上,大气湍流的非均匀性导致了逾量衰减系数和整段路程的逾量衰减总量对传播路径的不可逆性.锥状发射声波在大气中传播受到的湍流衰减,大多数与平面波假设条件下的湍流衰减不同(Pan,2003).

2. 大气气溶胶粒子对声波的衰减

大气中的气溶胶粒子在声波作用下要发生振动,但它们都具有一定的惯性,因此它们振动的速度、振幅和相位都与介质的不同,于是在介质和这些气溶胶粒子之间就要发生相对运动.由于气体的粘滞性,这种相对运动要使一部分振动能量因内摩擦而转化成热能,作为声波的能量来说就损耗了,也就是说声波受到了衰减.另外,由于气溶胶粒子的热容量,它的温度变化也可能跟不上周围介质由于声振动而引起的温度变化,因此由于热传导还将损失一部分声能.

20.8　源于大自然的声波

在大气中除了起源于和人类活动或动物界的生活有关的声音之外,还有许多起源于天气

现象和其他发生在大自然的运动过程产生的声波.人们很熟悉常见的天气现象产生的声音,如降水(雨、霰和冰雹等)落到地面或其他物体上发出的声音,大风时的呼啸声,闪电后的雷声,等等.除此之外,还存在许多频率很低、人耳听不见的声波——次声波.

次声波与大自然中发生的大尺度(千米数量级以上)剧烈运动有关.比较受到关注的是周期大于 1 s,即波长(20℃时)大于 344 m 的次声波.以周期为 10 s 的次声波为例,其波长约达 3.4 km,在低空它的吸收衰减系数约为 10^{-6} dB/km,因此吸收衰减是完全可以忽略不计的(可对照 20.7.1 小节 1000 Hz 的吸收衰减系数).历史上,核武器的发展曾对次声波的研究和探测技术有很大的推动作用.次声波方法也曾是探测大气中核爆炸的主要手段之一.

20.8.1 天气现象产生的声波和次声波

在天气现象产生的声波中最为熟知的是雷声.雷声起源于被加热了的闪电通道.闪电通道的温度可高达 30 000℃,相应的压力达 10~100 atm.这一高压区瞬时向外扩展,形成冲击波.若单位长度闪电通道释放的能量为 E_e,冲击波扩展到压力降为周围压力 p_0 时的半径为 R_0,则由 $E_e = p\mathrm{d}V = p_0\pi R_0^2$,可得

$$R_0 = \left(\frac{E_e}{\pi p_0}\right)^{1/2},\tag{20.8.1}$$

式中 V 代表体积.Brode 根据空气动力学方程,推算出在闪电通道扩展的过程中形成冲击波的峰值波长为 $2.6R_0$,因此 $f_{max} = c_s/(2.6R_0)$.从雷声频谱峰值所在波长就可以推算闪电通道所释放的能量.

但雷声从产生到传播到地面接收器,波的特性已经有了很多的改变.在闪电通道附近,引起波特性改变的主要原因是波的非线性畸变,它造成波的强烈衰减,并使雷声的峰值频率向低频方向移动,在冲击波退化为声波以后,雷声频谱也将因为大气吸收、大气湍流散射和地面的反射而改变.这些因素总的效果也使频谱中高频成分迅速减小,峰值波长向低频方向移动,因此雷声在传播了几千米以后,频谱中就只剩下低频成分了.

大气中的温度梯度和风速梯度引起声波的折射也会影响到雷声的传播.一般大气条件下声线折向天空,造成离声源一定距离以外的静区,因此雷声的可闻区是有限的,有时只有 10 km.风的存在一般使下风方向可闻区扩大,上风方向则要减小.如果风随高度增加,则其作用可抵消一部分由于温度梯度所造成的折射,使下风方向的可闻区大大扩展.

闪击包含有先导和回击等一系列过程,其中每一放电过程都伴随有雷声产生,但实际上它们都重合为一次轰鸣声,持续时间约为几十到几百毫秒.雷声能量也并非向各个方向均匀发射,而是主要集中在与闪电通道正交的平面相差 ±30° 的范围之内.若把闪电通道简化为一根线段,当接收器在这线段延长线的一端,则接收到的雷声强度将较弱,而且延续时间较长,因为不同部位的雷声传到接收器所费的时间不同;相反,当接收器恰好在这一线段中点的垂直面上,则它将接收到强而短促的雷声,因为这时通道各部分的雷声几乎同时传到接收器.

还有其他多种多样的可以听见的声音,例如风的呼啸声(包括在森林中(林啸)和山岭中(山啸)的啸声),固态或液态降水物(雹、霰、雨滴等)下落至地面时所发出的声音,砂粒在砂丘上和沙漠中移动时,或者雪片在平滑雪面上移动时的声音,在海岸、湖岸等地方当波浪冲击岸边时所发出的声音,等等.这些声音虽然没有像雷声那样研究得深入细致,但在声通信和声遥感中它们作为自然的噪声被关注,有时需要知道它们的强度和能量频谱的分布.有的声音可能

成为对探险者或旅游者的某种警告.

天气现象也会产生次声波.龙卷风是一种破坏性极强的天气现象,大多数强龙卷风发生在俄罗斯的中部和南部、澳洲南部和美国中部.我国虽不多见,但在南方也时有发生.强龙卷风发射明显的次声波.海上风暴也产生次声波.1953 年就已发现,北大西洋洋面上水波的高度与陆地测站的微气压图的强度变化以及测站以北 200 km 的地震仪记录有很好的相关性.

20.8.2 其他来源的次声波

1. 地震的次声波

地震发生时,地震波的能量有一小部分传入空气,形成地声.地震很强或震源很浅时,可以听到地声.由于地震波传播速度远大于声波,地声的方向几乎与地面垂直,无法凭听觉判断地震的方向.地震产生的次声波可以传得很远,强地震的次声波可在离震中几千千米以外的地方被检测到.1959 年 8 月 18 日发生在美国蒙塔纳(Montana)州的强地震就被远离震中 2860 km 的华盛顿站清楚地记录下次声波.测站测到的声压是测站周围相当大的范围内地球平均位移的度量,而地震仪测到的仅仅是该点的地球位移.

2. 火山的次声波

1883 年,印度尼西亚喀拉喀托火山爆发发出的次声波绕行地球数圈,行程超过 10 万千米.由于声压很强,即使当时没有微压计,但在全世界的气压计上都有反映.

3. 大陨石的次声波

1908 年,西伯利亚大陨石撞击的次声波虽不及喀拉喀托火山爆发的次声波强,但也被清楚地记录下来.

事实上,还有许多次声波我们尚不清楚其来源,需要进一步研究,尤其是周期特别长的次声(>200 s)更具有研究价值.研究自然现象产生的次声波的特性和产生机制可以使我们更深入认识这些现象的特性和规律.

20.9 大气声遥感

大气声遥感是指利用声波和介质的相互作用,把大气中的声波作为一种信号加以接收和分析,以测定声源(目标)区域的位置、形状、性质、数量和某种综合物理含义或只是其中的某几项特征.遥感技术按探测方式可分为主动和被动两类.前者又称为有源遥感,即由发射设备向某一方向发射出声波能量,由接收设备对目标区的回波信号能量进行接收和处理,从而得到所需要的信息.这种探测方式根据大气对声波的散射原理,多采用可闻声波的中间区域(800~6000 Hz),并在近距离使用.后者又称为无源遥感,它不向目标区发射任何能量,只是被动地接收来自目标的信号能量并由此获取信息.这种方法接收的是从远距离声源来的声波,多以次声波为主.

20.9.1 大气边界层主动声遥感的原理

主动声遥感在近代主要是通过声达(英文缩写名 SODAR,是声探测和定位的意思)系统进行的,本小节就围绕声达来讨论.由(20.6.13)式和(20.6.17)式已知,声波散射主要决定于大气温度场和速度场的不均匀性,也与声波波长、气温和声速等参数有关.而对一定散射角的散射能量作贡献的是尺度为 $l(\theta)=\lambda/[2\sin(\theta/2)]$ 的湍流团块. 作为逆问题,如果已知入射波的能量和波长,只要测得一定散射角的散射波能量就可推断大气的散射能力及其分布,同时也有可能反推出反映大气湍流状态的 C_T^2 和 C_V^2. 另一方面,尺度为 $l(\theta)$ 的湍流团块是散布在空中的散射元,它们随风而动,使散射波的频率包含多普勒频移 Δf,因而测定散射声波的频率就可以推断风速. 完成这两种遥感任务的是声达,它是声探测和定位的意思. 声达最早是 1968 年由 McAllister(1969)研制的. 他第一次向人们展示了一批反映大气过程的奇妙的声达回波图片,使人们可以"看到"某些大气过程,这引起了有关研究人员的极大兴趣和注意. Little(1969)从应用的角度系统地论述了声遥感的理论和前景,声达及其应用随之有了快速发展.

1. 声达工作原理

声达的工作原理与雷达相似. 首先,需要把音频信号以脉冲形式通过换能器(喇叭或压电陶瓷片)定向发射到大气中,然后接收目标区的散射信号(回波). 为了达到定向和高效,喇叭应放置在抛物型反射面(天线)的焦点,由抛物面反射形成定向波束;或者把换能器排成阵列,构成阵列式天线. 发射和接收的方式可以是用同一个天线的收发合置式,也可以用一个天线发射,用另一个或多个天线间隔数百米距离来接收的收发分置式. 图 20.11 是其中一种布置的示意图.

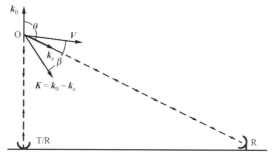

图 20.11　声达收发合置和分置天线工作示意图

图中,天线 T/R 既发射声脉冲又接受回波信号,是收发合置运作方式. 天线 R 只接受确定高度上与天线 T/R 发射的波束相交的空间(图中 O 点)来的散射信号,这样的天线组合运作方式就是收发分置式声达. 两种方式的多种结构各有特点. 最常用的多普勒声达是收发合置式:三个天线,一个垂直向上发射脉冲并接收信号,测量垂直气流和边界层热结构;其余两个倾斜放置,仰角约 70°,水平投影成 90°夹角,各自发射声脉冲并接收其后向声散射回波以测量径向风速并计算出水平风速. 另一种多普勒声达使用阵列式天线,这是用一些喇叭或压电陶瓷换能器排成矩形或六边形阵列,用电子技术实现阵列天线每个发声元发出的波束之间的有序干涉以实现发射声能的聚集和波束方向的变动,达到三个不同方向的波束轮流发射探测. 阵列式天线体积较小,且波束指向可控,为现场运用操作带来好处,如避开地面噪声源的干扰,实现多种频率工作,多波束发射等. 声达原理和结构的详细讨论及其运作不属于本书的范围,有兴趣的读者可参考文献(Neff,1986 和 Singal,1997).

垂直向上的天线接收到的回波功率通过电子和机械技术的结合(或只用计算机技术)可以将回波强度画成高度-时间剖面图,图上各点的灰度或计算机规定的颜色分类对应于相应时间和高度上回波的信号强弱,于是一种反映大气的某种过程的直观图像就呈现在我们面前(见下一小节).

2. 声回波的多普勒效应与风速的测量

温度场的不均匀可以用各种尺度的温度湍块来描述,它们是造成声散射的散射体.它们随风而动使散射信号的频率 f_s 不同于入射频率 f,这就是所谓的多普勒频移.如图 20.11 所示,设 $\boldsymbol{k}_0$ 是入射波矢量,$\boldsymbol{k}_s$ 是散射波矢量,矢量 $\boldsymbol{K}=\boldsymbol{k}_0-\boldsymbol{k}_s$,$\theta$ 是天线 R 接收 O 点的散射波的散射角,β 是风速矢量 $\boldsymbol{V}$ 与矢量 $\boldsymbol{K}$ 的夹角.可以导出,接受的散射波的频率对入射波频率的频移 $\Delta f=f_s-f$ 正比于风速矢量在入射波矢量与散射波矢量差方向上的投影:

$$\Delta f = \frac{1}{2\pi}\boldsymbol{K} \cdot \boldsymbol{V}. \tag{20.9.1}$$

利用几何关系,上式可写为

$$\Delta f = \frac{2V}{\lambda}\sin\frac{\theta}{2}\cos\beta. \tag{20.9.2}$$

对于用三个不同指向的抛物面天线或阵列式天线的收发合置式多普勒声达,接收的都是后向散射波.利用几何关系由上式可推得多普勒声达测量的 z 高度上的风速的三个分量与各天线指向的同高度上的径向多普勒频移有如下关系:

$$u = -\frac{c_s \Delta f_x}{2f_x \sin\gamma_x} - w\cot\gamma_x, \tag{20.9.3a}$$

$$v = -\frac{c_s \Delta f_y}{2f_y \sin\gamma_y} - w\cot\gamma_y, \tag{20.9.3b}$$

$$w = -\frac{c_s \Delta f_z}{2f_z} - v\sin\delta_z, \tag{20.9.3c}$$

其中 f_x,f_y,f_z 分别是三个方向上发射的声波频率;γ_x 和 γ_y 是倾斜发射波束轴线的天顶角;V 指水平风速;δ_z 是垂直发射的声脉冲在 z 高度上其散射体积因下面气层的风的影响而偏离天线轴线的角度,表示为

$$\delta_z = \arctan\left(\frac{\sqrt{\overline{u(z)^2}+\overline{v(z)^2}}}{c_s}\right), \tag{20.9.4}$$

式中 $\overline{u(z)}$ 和 $\overline{v(z)}$ 指风速分量在声达至 z 高度的气层内的平均值.(20.9.3)式推导时考虑到声波是机械波,风将使声线在传播过程中发生弯曲,不仅散射体积会发生位移,声波的到达角也发生变化.横向风(指垂直于声波束发射方向的风分量)的效应也会在声回波的多普勒频移上叠加上附加分量.可见,用声达测量风速和垂直气流时两者对测量值互有影响.(20.9.3)式右边第二项数值一般情况下较小,在应用中尚未被考虑.

可以由风速垂直分量计算出反映大气湍流状态的垂直速度方差:

$$\sigma_w^2 = \frac{\sum w_i^2 - n\overline{w}^2}{n-1}, \tag{20.9.5}$$

式中 w_i 是某高度上的垂直速度的样本(时间)序列,$\overline{w}$ 是平均时段内的平均垂直速度,n 是序列的样本数.这个物理量与污染物在大气中的垂直方向的扩散速度有关.但要获取准确的或可用的垂直速度方差尚有许多细节需要考虑和解决(Coulter,1997).

3. 大气对声脉冲波束信号的传输和散射回波接收的影响

声脉冲波在大气中受的吸收衰减和平面波一样,但逾量衰减就和平面波不一样了.在20.7.3 小节已对有限截面波束的逾量衰减做了论述.声达发射的声波是一个锥状体,按 20.7.3小节的讨论,发射波经受的逾量衰减受到有效湍流外尺度的加权作用.但具体到声达探测,散

射角小于 $\gamma/2$ 的散射波能量将重新汇入入射波束中,构成下一个散射体积的入射能量.因此,计算逾量衰减系数时可设定(20.7.15)式中的最小散射角 $\theta_{\min}=\gamma/2$,于是 $L_e=\dfrac{\lambda}{2\sin\dfrac{\gamma}{4}}$ 为常数.

我们把这一条件下声达发射波的衰减系数用符号 a_{e1} 表示.

对于散射体积的散射波在传输路径上的衰减系数则应用(20.7.15)式,其中 L_e 是散射体积在散射方向的截面的直径的一半.对于后向散射则 L_e 用(20.7.17)式.我们把散射回波的衰减系数用 a_{e2} 表示.注意,这时(20.7.15)式和(20.7.16)式中的 L_e 的值由(20.7.17)式决定,即取决于散射体积所在高度,不随散射路程而变.

早期的声达观测就已经发现大风时声回波信号很弱,并认为这是由于声线在大风中弯曲的结果.对于垂直向上发射的波束,(20.9.4)式已经给出 z 高度上的散射体积偏离垂直轴的角度.回波从此散射体积到达天线时的到达角为

$$\psi = 2\delta_z = 2\mathrm{arctag}\left(\frac{\sqrt{\overline{u(z)^2+v(z)^2}}}{c_s}\right). \tag{20.9.6}$$

声束的弯曲使得后向散射的声能有一部分偏离天线的位置,而接收不到.在锥状波束内声能分布均匀的假设条件下,无风时散射体积截面积 A_0 发出的回波全部由天线接收到,有风时只有部分的截面积 A_w 的回波被收到.由几何关系可以得到有风时接收回波功率 P_{rw} 与无风时接受功率 P_{r0} 之比 a_w,即回波的风衰减因子:

$$a_w = \frac{P_{rw}}{P_{r0}} = \frac{A_w}{A_0} = \frac{2}{\pi}\left[\arccos\frac{\psi}{\gamma} - \sqrt{1-\left(\frac{\psi}{\gamma}\right)^2}\cdot\frac{\psi}{\gamma}\right]. \tag{20.9.7}$$

当然,在实际应用风衰减因子时可能需要考虑某些更复杂的细节,如:在后向散射能量损失的同时有一部分较弱的准后项散射能量将补充进来;波束截面内能量分布均匀的假设和实际的差异也会导致一定的误差.

4. 声达方程及其应用

一般情况下,对于干洁大气,声散射截面由(20.6.19)式表示,声达天线接收到的回波信号功率 P_r 与目标的散射截面及声达参数之间的关系由声达方程的一般形式表示:

$$P_r = P_t\eta_r\eta_t\frac{V_s GA}{R_1 R_2}\sigma(\theta)a_w\exp\left(-\int_0^{R_1}a_a\,dr-\int_0^{R_2}a_a\,dr-\int_0^{R_1}a_{e1}\,dr-\int_{R_2}^0 a_{e2}\,dr\right), \tag{20.9.8}$$

式中 P_t 为发射的脉冲电功率,η_r 和 η_t 分别为接收和发射的声电转换效率,V_s 为散射体积(发射脉冲充彻的且为接受天线束覆盖的空间),A 为有效天线接收面积,G 为天线增益,R_1 为发射天线 T 到散射体积处的距离,R_2 为散射体积到接收天线 R 的距离,a_w 为风衰减因子,a_a 为吸收衰减系数,a_{e1} 为发射波的逾量衰减系数,a_{e2} 为散射波的逾量衰减系数.它对应图 20.11 中 T 天线发射,R 天线接收的情形.

收发合置式多普勒声达所接收的散射信号是散射体的后向散射,(20.6.19)式简化为

$$\sigma(\pi) = 0.004\,08k^{1/3}\frac{C_T^2}{T_0^2}. \tag{20.9.9}$$

可见,这时回波仅反映了温度场的湍流状况.

这时声达方程简化式(Pan,1997)为

$$P_r = P_t\eta_r\eta_t\frac{c_s\tau\,GA}{2R^2}\sigma(\pi)a_w\exp\left(-2\int_0^R a_a\,dr-\int_0^R a_{e1}\,dr-\int_R^0 a_{e2}\,dr\right), \tag{20.9.10}$$

式中 τ 是声脉冲宽度,因发射波路程和接收波路程重合,R 的下标删去了,但对逾量衰减系数的路程积分仍应将去程和返程分开.声脉冲宽度是指声达以脉冲方式发射的声波在一个脉冲内的延续时间,单位是秒.该脉冲在波束发射方向所占的空间径向距离等于 $c_s\tau$,但是瞬间接收到的回波信号却是来自其径向长度等于 $c_s\tau/2$,横向尺度取决于波束张角及距离的散射空间,这也就是相邻两个没有重合部分的散射体积之间的距离,称为距离门.

绝大多数多普勒声达使用收发合置天线,(20.9.10)式应用时需标定声达各参数,取得测站的基本气象要素(风、温、气压和湿度等等,如果可能的话包括参数的垂直廓线).测定垂直指向波束返回的回波功率后,就可以通过(20.9.9)~(20.9.10)式求得 C_T^2.声达测得的 C_T^2 和直接测量值的对比表明,在有些情况下会偏离较大.这可能有下列因素之一或几个造成:声脉冲散射体积内存在温度跃变从而产生部分声反射,使 C_T^2 过估;小尺度湍流或间歇湍流的各向异性;大风变化声线湾区和摆动对后向散射的贡献;等等.

速度结构系数 C_V^2 也可由声达测量回波功率求得.如上所述,由收发合置部分(图20.11的 T 天线)得到 C_T^2,再由收发分置部分测得 R 天线接收功率并通过(20.9.8)和(20.6.19)式求得 C_V^2.此外,尚有其他方法可以导出.方法有二:

(1)计算两个相邻距离门之间的垂直速度的差,两距离门间的距离就是 r.依(20.6.16)式由接收信号的时间序列可计算得 C_V^2.

(2)计算同一距离门相邻两次声脉冲发射之间的垂直速度差,这时(20.6.16)式中的 $r = V_0/f_r$,其中 V_0 是水平风速,f_r 是声脉冲发射的重复频率.

同样,要得到可用的参数值也需解决一些细节问题(Coulter,1997).

20.9.2 声达遥感边界层大气

1. 边界层气象参数和湍流参数的测量

普通声达主要测量边界层大气的平均风速风向,同时也提供垂直速度及其方差 σ_w^2 以及回波强度.研究型的声达还测量诸如 C_T^2,C_V^2,湍流耗散率 ε,摩擦速度 u_*,混合层高度 z_i 和地表热通量 Q_0 等等.为了估计声达测量 C_T^2 的精确程度,20世纪70年代末以来进行过不少与铁塔仪器直接测量数据的对比(周明煜,1982;Moulsley,1981).

声达测量的水平风速和风向、垂直速度和方差以及其他湍流量与铁塔仪器的直接测量值的一些对比实验表明,除了平均风速和风向具有很好的一致性(相关系数在0.9以上)外,其他量都不太好.原因是多方面且复杂的,如大气水平均匀的假设在实验现场满足得不好,而采集的原始数据来自不同的散射空间;垂直速度数值很小,在信号处理时不得不剔除一些信噪比低的资料,最终造成平均值和标准差的畸变;等等.未考虑(20.9.3)式右边第二项也可能是原因之一,需要设计精细的实验以便估计风本身对声达测风及其派生的湍流量的影响.

现代先进的声达已能提供符合气象标准的平均风速和风向数据.声达测量的垂直速度标准差 σ_w 与铁塔直接测量数据的对比结果多数是满意的,相关系数在0.6~0.92范围.

1) 混合层高度

混合层高度 z_i 的确定,由于其缺少普遍一致接受的定义而变得有点复杂.在有抬升逆温层的情况,逆温层的回波信号最强,回波图上水平走向的回波带对应了逆温层,逆温层底就是混合层顶.因此,混合层高度可以用目视的方法从回波图上估计一定时段内的平均混合层高度,进而了解其日变化.如果有多层逆温,则选取最低一层逆温来估值.当然,这一工作也可以通过数字化的回波强度平均廓线上信号强度的最大梯度的高度来确定.

在混合层内,风速和风向几乎不随高度改变.风速从抬升逆温层底部开始增加,并在混合层顶处达到一个稳定的地转风值.因此用平均风速廓线可以了解混合层高度及其日变化.在充分发展的对流层中,这一方法却常常因为混合层高度超出了声达探测范围而不能用.

还能用相似性方法利用声达测量的 C_T^2 和 σ_w^2 来求得混合层高度 z_i,但离实用尚有距离.

2) 显热通量

显热通量是大气边界层物理的一个重要参数.用声达输出的数据估算对流边界层中显热通量的方法多是基于相似性理论(Coulter,1997;Weill,1980).依据相似性理论由声达测到的 σ_w^2 的垂直廓线可以外推地面热通量,对此洪钟祥等(1998)做了与直接测量值之间的比较.利用 C_T^2 垂直廓线在充分混合的对流边界层内也可导出地表显热通量,吕乃平等(1988)考虑了湿度起伏对声散射回波的贡献并计算了洋面上的表面显热通量.上述两种方法得到的值和地表显热通量的直接测量值比较,大体可以接受,但仍需进一步实验查核其应用的局限性.

由温度结构系数和速度结构系数或垂直速度方差也可求得运动学显热通量.下面是由量纲原理导出的关系式(Pan,2002):

$$\overline{w'T'} = \sqrt{C_T^2 \sigma_w^2} z^{1/3} \frac{z_0 - z}{z_i}, \qquad (20.9.11)$$

$$\overline{w'T'} = \sqrt{C_T^2 C_V^2} z^{2/3} \frac{z_0 - z}{z_i}, \qquad (20.9.12)$$

式中 $\overline{w'T'}$ 是 z 高度上的运动学显热通量,z_0 是零通量层高度.以上两式已经得到对流边界层的声达资料的初步验证.它不同于 σ_w^2 和 C_T^2 廓线法只能得到地表热通量,还可以得到显热通量廓线.此方法尚需进一步实验验证.

归结起来,声达探测可以直接测量三个微气象学量 C_T^2,C_V^2,σ_w^2 和一个标尺参数 z_i.其他的湍流参数是由这些参数演绎派生出来的.

高频(4000 Hz 以上)微型声达具有较高的速度分辨率,较小的波束宽度和探测近地面气层的能力.当频率提高到 10 kHz 时,可以测量 10 m 高度上的风,代替了结冰时无法运转的常规风速仪和风向标.当然,它的探测高度也降了下来,只有 150～300 m.高频微型声达被用于复杂地形下浅薄的夜间边界层的研究,也曾被人用于降水的测量.

2. 声达在大气环境研究和监测中的应用

为特定目的进行的声达探测所获得的资料被用于相应方面的研究或服务,如微波和光的通信,污染天气的监测和污染气象学的研究,复杂地形的流场结构,中尺度天气现象,海洋和大气的相互作用,极地大气边界层的特征,等等.

1) 估计边界层结构对微波和光传播的影响

20 世纪 80 年代以来,声达被用来估计大气异常对通信的影响,如声达回波图形结构和微波信号视线传播衰落的关系.Singal 等(1997)研究发现,逆温层高度与微波波导层高度相关,反射信号的变化与声达检测到的反射层处的波动有关.观测到对流层大气对微波传播没有多少影响,严重的微波衰落(达 20 dB 或以上)与稳定的多层逆温或抬升逆温(包括叠加上的波动)相对应.发现在沿海地区,在海(陆)风环流建立过程中,视线传播的微波信号强度有明显的变化.原因是海上的水汽因环流而输送到传播路径上.这些边界层结构在下一小节的声达回波图上是一目了然的.

C_T^2 的垂直廓线可以用来计算光学传播路径上的衰减,因此可以用来估计大气边界层对天文视宁度的贡献.

2) 用于污染气象学的研究

不同地形下的边界层结构对污染物扩散的影响被不少人用声达探测研究过.Neff 和 King (1990)研究了处于山谷地形中的丹佛市的边界层结构和污染状况的关系,发现该地的浅的逆温层就把城市刚排放的污染物"盖"住不能扩散到更高的高空,而山谷风环流虽然一方面把刚排放的污染物带走,但是另一方面这一环流又把前一时刻已带走的污染物带回来.发现的这一现象给当地一氧化碳浓度记录资料以合理的解释.声达探测资料被用来改进空气污染预报的计算模式.在德国,大多数核电站配了声达系统,并把声达资料用于模式计算.

3) 稳定边界层和低空急流的观测

低空急流通常在(夜间)稳定边界层顶部附近出现,多半在地面以上 $100 \sim 300$ m. 低空急流对航空安全、风能利用以及大气污染物的传输都是重要的.利用声达提供的回波图像和风廓线可以研究低空急流出现的强度和变化规律.低空急流的出现导致稳定边界层各高度上流场轨迹不同,从而明显改变大气污染物的输送.已经观测到因惯性振荡产生的急流引起的污染物浓度突然增强的事件.

4) 中尺度大气现象的研究

声达探测发现了一些过去未知或超出预计的大气现象,如南极冰面上存在很强的湍流混合;在冰面上已经发展起来的对流中出现高达 4 m·s^{-1} 的垂直气流.

船载声达的观测提供了有价值的有关海上中尺度边界层结构湍流通量和海气相互作用的资料.山区复杂地形的流场结构、森林和沙漠上空的边界层结构也被观测到.

20.9.3 声达回波图像揭示的大气现象

回波图像的解释是一项重要的工作.由(20.9.9)式和(20.9.10)式可以看出,由垂直天线接收到的回波功率序列所构成的回波图可以反映温度结构系数 C_T^2 在空间的分布和随时间的演变.这种反映大气热结构的图像与大气过程密切相关,从而能够反映热对流、逆温、锋面、海陆风、内边界层、雾、下坡风、大气波动等大气现象.下面仅举若干例子加以说明.

在分析后向散射信号与大气状况的关系时,(20.9.9)式在稳定层结条件下的另一种表达形式颇有帮助(Singal,1989),即

$$\sigma(\pi) = 0.165 \frac{k^{1/3}}{T_0^2} K_h^{2/3} \left(\frac{Ri}{K_m/K_h - Ri} \right)^{1/3} \left(\frac{\mathrm{d}\theta}{\mathrm{d}z} \right)^{5/3}, \qquad (20.9.13)$$

式中 K_m 为动量湍涡扩散系数,K_h 为热量湍涡扩散系数,θ 为位温,Ri 为梯度理查森数.(20.9.13)式表明,声波后向散射图像依赖于位温梯度和梯度理查森数的数值和分布.在绝对中性层结下,若不考虑其他因素,声波应没有后向散射.实际上,中性条件下声达的回波确实很弱,甚至收不到回波.在稳定条件下,回波图形除依赖于温度层结外,还与制约垂直风切变的物理过程很有关系.因此,在解释回波图像时并不总是能简单地说,回波愈强位温梯度愈大.一般地说,散射的定量解释是多义的:强的位温梯度和弱的湍流可以产生与弱的位温梯度加上强的湍流相同的散射.

1. 晴天大气边界层的热对流

图 20.12 是反映近地面热对流活动的声达回波图像. 7:00 以前,贴地的黑回波带反映存在地面逆温.7:15 左右,地表因日辐射的加热作用而使逆温破坏,贴地面回波基本消失,无回

波或弱回波区上面是一条不宽的逐渐抬高的黑回波带,这是抬高了的逆温层的底部(图中箭头2所指).这样的逆温称之为抬升逆温.大约 7:52 时地表层出现竖直走向的黑回波带.随着日高角的增加,回波的高度和强度都有所增加,它反映了对流活动的加强(图中箭头1所指).这种反映热对流的回波图像,犹如一片散布的火焰,我们称之为热焰(thermal plume)也许比较贴切.贴近地表的一薄层回波很强,水平方向连成一片,反映了地表附近的空气温度呈超绝热递减率,并由此引发对流活动.在图上,热焰回波延续到 14:00,之后因上空云层遮挡了阳光,断了地表源源不断供应的热气流,热焰会很快减弱甚至消失.

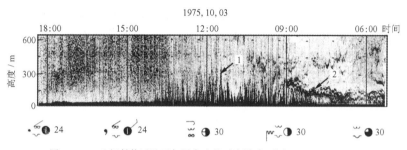

图 20.12　日辐射使近地面气层产生的对流活动(引自 Ahmet,1978)

声达回波图上的典型的孤立热焰是一个底边极窄的正立三角形,实际图像是一些变了形的高度不等的"三角形"的组合,底部常连成一片.热焰一般出现在晴天小风的天气,随着日辐射的加强而增强.但由于声波的衰减大,声达回波图上往往看不到全貌.热焰回波区表示上升的热空气,它们之间的无回波区表示下沉的相对较冷的空气.图 20.13 显示对流状回波和对应的上升气流的分布.粗看上去,强回波区(最黑的区域)对应强上升气流,弱回波区(浅色或无色区域)对应无上升气流或下沉气流.仔细看,最强回波中心并不正好对应最强上升气流,而是对应了上升暖空气和下沉冷空气之间的最大切变处.

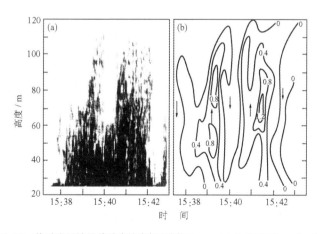

图 20.13　热对流回波及其垂直速度场(引自 Beran,Little 和 Willmarth,1971)

热焰的水平尺度可以用回波图像和该处的水平风速来估计.根据一些研究者的报告,陆地上的热焰底部的直径变化范围大约是 50~1000 m.虽然海面不像陆地那样容易被日辐射加热而形成强的热对流,但在热带水域已经观测到对流热焰.有时热焰竟可以持续几个昼夜,Fitz-jarrald(1978)观测到这一现象并做了合理的解释:冷锋来到暖洋面上(1℃),使得贴近洋面的薄气层处于不稳定状态,随后持续吹来的冷气流加上表面层上面的冷空气是稳定的层结,结果使得贴近洋面的热焰维持了几个昼夜,但又不能进一步向上发展.

热焰不仅在地面和水面上会发生,在南极的冰盖上空也曾观测到.当比冰盖表面温度低的冷空气流经冰盖上空时,贴近冰盖的气层的温度将形成超绝热递减率分布,由此产生热焰.

2. 逆温

逆温在声达回波图像上多数表现为水平走向的连续回波带.对于均匀的未被扰动的地面逆温(尤其是辐射逆温),其顶部比较平整光滑,回波图像与直接测量对比表明,由回波图像可以确定这类逆温层的高度.当逆温层顶附近有明显垂直风切变时,顶部就出现各种形状起伏:毛刺、鱼骨状或波状回波等,在这个高度上逆温层处于动力不稳定状态.图 20.14 显示了一次晴夜辐射逆温形成、发展和消失的过程.图下方的气象记录表明地面是微风,但上空是中等到强的风速.可以看出地面逆温层(箭头 2 所指)在整个夜晚的强度和厚度的变化.在 24:00 至 5:00 低空还有一层逆温(箭头 1 所指).早晨 6:00 以后地面逆温层变厚而强度减弱,地面有炊烟,逆温破坏缓慢,近 9:00 时地面逆温才消失.

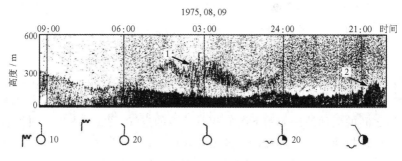

图 20.14　地面辐射逆温(引自 Ahmet,1978)

不和地面相连的逆温层通称为高悬逆温(elevated inversion),常常起因于多种大气现象以及中尺度或天气尺度的过程.图 20.12 的高悬逆温是因对流抬升而成,又称为抬升逆温.较大范围气层下沉形成的高悬逆温,亦称为下沉逆温.山区和依山的平坦地区都可因下坡风而形成高悬逆温,图 20.14 的高悬逆温就是这一类型.冷平流也会形成高悬逆温,如冷锋过境、海(陆)风和海岸地区晚间低层大气的向岸风等.雾顶辐射降温形成的逆温层是另一类高悬逆温,已为不少研究者观测到.在低空有层云或碎层云时,在声达回波图像上也会看到高悬逆温状的回波带,容易与逆温层混淆.

3. 海岸地区的海(陆)风

海风通常在午后产生,随着日落,海风逐渐减弱甚至消失.海风局地环流使海面的冷空气从下层侵入大陆,侵入的冷空气和其上的暖空气的界面构成一层不厚但有一定强度的逆温层.以逆温层为上边界的这一气层称之为内边界层.世界各地观测到很多各不相同的海(陆)风结构.

图 20.15 显示了浙江省海盐县一次海(陆)风过程,测站到海岸的最短距离约 4 km.图(a)是声达回波图像,由低空探空仪测量的三条温度垂直分布曲线也同时标在图上.由图可见,15:45 以前是典型的对流状回波,回波的最高高度超过 150 m.自 15:45 起,对流状回波突然消失,代之以一条倾斜向上的回波带(箭头 1 所指).这是海风(冷空气)和陆地上空的暖空气的界面.这时开始形成内边界层,图中海风过境时的锋面结构比较清楚,冷暖气层界面由 15:45 的

40～80 m 逐渐上升到 160 m 左右(箭头 2 所指).陆风转变为海风的时刻应在内边界层开始建立之前一段时间.内边界层建立之后,内边界层顶的回波有所加强和抬高,同时地面热焰回波比内边界层建立前明显变弱.入夜,内边界层顶回波消失,意味着海风减弱,内边界层消失,同时地面辐射逆温形成.图(b)是当地地面气象站的风向风速记录.图(c)是低空探空得到的风向记录.请注意风切变高度与内边界层顶回波结构的配合.

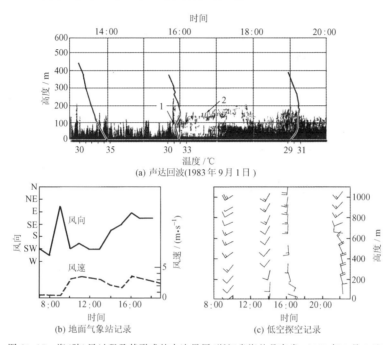

(a) 声达回波(1983 年 9 月 1 日)

(b) 地面气象站记录

(c) 低空探空记录

图 20.15　海(陆)风过程及其形成的内边界层(浙江省海盐县官堂,1983 年 9 月 1 日)

4. 锋面过境

图 20.16 显示了一次强冷锋过程.图中探空曲线的底部位置对应于探空气球的施放时间,其中虚线对应锋面刚过境时的垂直温度分布,实线对应锋后的垂直温度分布,箭头 1 和 2 分别指向与上两条探空曲线对应的锋面位置.墨尔本的气象记录表明,19:40 风向突然由北转西南,地面温度下降 8℃.测站附近 21:00 的探空记录证实有很强的锋面逆温.300 m 处风向是西南偏南,600 m 处依然是北风.逐渐抬高的回波带对应了锋面.锋面过境后,地面风速很小,24:00 后地面形成逆温.21:00 以后,图的上部出现波状回波.可以定性推测冷锋强弱;若知道风速廓线,还可以由图估计冷锋前沿锋面的坡度.

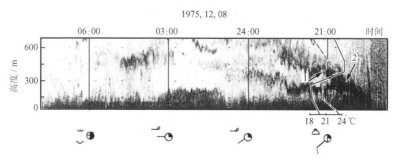

图 20.16　强冷锋过境(墨尔本郊区)(引自 Ahmet,1978)

图 20.17 是一次弱冷锋过境的回波.11:50 冷锋到达地面测站,图中由地面逐渐向上升起的倾斜回波带反映了冷锋锋面(箭头 1 所指).与图 20.16 相比,弱冷锋回波结构简单且较弱,以致 13:30 以后 400 m 以上的锋面不可见.图上画出了三次低空探空仪的温度观测记录,12:00 的温度廓线在 260 m 至 300 m 有一强逆温,与该高度上锋面的强回波相配合.地面气象记录也清楚地显示了冷锋过境的特点:从 10:00 到 14:00,地面温度由 29.9℃ 降到 24.3℃,风向由南风转成西北风,而风速由 $1.4\,\mathrm{m\cdot s^{-1}}$ 增大到 $3.3\,\mathrm{m\cdot s^{-1}}$,天气由晴间多云变成了阴有零星小雨.冷锋到达至 16:30 期间的零星小雨在图上表现为一些离散的上粗下细的竖条(如箭头 2 所指),系由雨滴打击天线的声音产生,之后的连续降水使图上回波被雨的噪声整个覆盖.

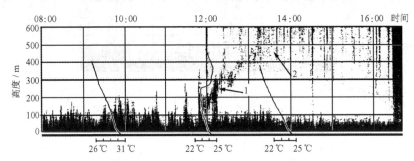

图 20.17　弱冷锋过境(浙江省海盐县官堂,1983 年 8 月 23 日)

5. 雾

雾的声达回波图像清楚地反映了雾生成的物理机制.图 20.18 显示了北京地区 1:45 以前有典型的强辐射逆温(箭头 1 所指),从此时开始,地面附近先有凝结水滴,并在 15 min 内迅速扩展到 100 m 高度,成为成熟的雾(箭头 2 下方).此时雾内回波极弱.这是因为雾内的温度递减率遵循湿绝热递减率.此后,辐射冷却主要发生在雾顶,因而雾顶的辐射逆温在回波图像上有清楚的轮廓(箭头 3 所指).日出后,大雾并未很快消去,直到近 12:00 地面雾才消散,雾顶逆温回波消失.13:00 时 400 m 高度上的水平回波带是雾转成的低云的底部.声达记录告诉我们雾的生成时间、厚度及其变化和消散时间.

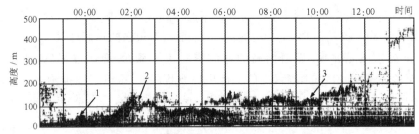

图 20.18　平坦地区的辐射雾(北京,1990 年 2 月 16 日)

6. 大气波动现象

存在逆温时,大气处于稳定状态.逆温层顶是两层密度不同的大气的界面.如果受到强的扰动,由于重力的作用,这种扰动会形成波动而传播开去.图 20.19 是大气中的波动现象在回波图像上的反映.夜间除地面出现辐射逆温并发展得很强外,上空尚有多层高悬逆温.图中的探空曲线表明,除存在地面逆温外,在约 350～440 m 高度尚有一层高悬逆温.30 日 3:00 以后在多层高悬逆温的回波带上可以看到美丽的波动(箭头 1 所指).波动的振幅、波长和传播速度

540

均可估算(需知该处的风速).7:30以后波动层下降,最终融入地面辐射逆温层.波动出现前后风向有明显变化.地面风向由SSW转向ENE.高层风向也在改变,305 m处29日20:00是偏南风,上面是东南风;30日3:00、305 m处是偏东风,上面是东北风,9:00左右风向更偏北.

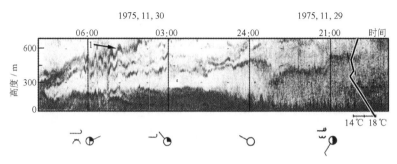

图20.19　大气中的波动(引自Ahmet,1978)

大气中的波动用别的手段测量是比较困难的,声达可以提供直观的图像和某些性质.很多研究者观测到这种扰动结构并研究了其发展过程和特征.Beran等(1973),Hooke等(1972,1973)和Kjelaas等(1974)报告,他们观测到的正弦重力波的波长为几千米至十千米,相速度为每秒几米至二十米.他们认为地形的作用和中尺度的扰动是波动产生的原因,波产生后沿着不同密度的气层界面传播开去.Hooke等报告,在波传播的高度上边界层是动力不稳定的.Nater等(1978)用声达和微压计阵列同时观测到这种扰动,并发现两个观测设备得到的对称的波是相关的.

从动力学的角度,基本上可把观测到的大气波动分为三类(Eymard,1979):① 早上,逆温层破坏过程中的振荡,在抬升逆温层高度附近产生波动;② 夜间,辐射逆温层因风切变等原因产生波动;③ 锋面过境产生的波动(图20.16).

回波图像的解释是一项综合分析,需要常规气象资料和其他探测手段,如激光雷达、风廓线雷达、铁塔仪器等等的配合,可供分析和印证的资料多,分析结果就清晰.只有这样才有可能单独利用声达回波图像获得某些边界层大气过程的确切信息.

20.9.4　声的被动遥感

声的被动遥感主要是检测遥远地方传来的声波,根据声波的特征判断声源的性质及其代表的物理现象.其次,声波经过高层大气到达地面,其路径会受到风和温度层结的影响,故可以测量同一声源的声波到达不同地点的到达角和相位来反推风速和温度的垂直分布.声波经远距离传输受到的衰减很大,频率愈高衰减愈大,只有很低频率的声波才能传到远方.因此,声的被动遥感实际上就是对次声波(包括一般次声波、声重力波和内重力波)的检测.

大自然产生的次声波的声压多在$0.1 \sim 1$ Pa范围内,很少超过5 Pa,但也可能小到0.01 Pa.而风速扰动引起的压力起伏可达50 Pa.因此,次声波的接收和检测靠一组高灵敏度微气压计.微气压计记录一参考容积内的气压变化,此容积通过一毛细泄漏管与外界大气相通.泄漏管起高通滤波器的作用,也对背景大气压的起伏起补偿作用.微气压计通常与"减噪长管"相连.该长管的典型长度约为300 m,每隔约1.5 m开一小孔,其作用是在该特定空间区域内对传感器的感应进行平均,从而滤去较小尺度的压力起伏.可以设计出不同的空间和时间滤波器,使一定频率范围的压力起伏得以通过,抑制那些被我们视为"噪声"的压力起伏,以满足我们研究特定现象的次声波的频带要求.为了能测出入射波的声压,判定入射波的来向及波的水平相速度,要用三个以上的接收装置分置在相隔几千米的不同地点.

1. 人工源的遥感

(1) 高空爆炸.20世纪50年代就以测量爆炸源的声传播来推断平流层的温度和风.

(2) 大气核试验.20世纪50~60年代,目的在于对远方大气核爆炸试验的检测、定位和当量估算而进行了低频声波和声重力波的监测以及长距离传播模型的研究.由于部分声波要通过高层大气,因而必须了解高层大气如何影响所接收到信号的特性.在改进模型对高空风和温度分布的影响而做出订正的同时,也发现接收到的信号可以用来研究高层大气本身.但因注意力不在这里,后者的进展不大.

(3) 航天飞机的爆炸.1986年1月28日美国航天飞机"挑战者"号升空时的爆炸是航天史上的一次大悲剧.这一爆炸产生的次声波先后被北京次声站和贵州省气象科学研究所的次声站接收到(杨训仁,1997),并且是全球唯一的次声波记录.

2. 自然源的遥感

更为大量的次声波来源于自然界,且为间歇性和偶发式的,但也有一些是接近连续的.这些均取决于声波对应的大气过程.

(1) 微气压.最富特征的要算周期约为5 s,振幅约为0.5 Pa的微气压了.它们经常被间距约1 km的次声传声器阵接收到.此种微气压信号的来向并不单一,空间相关性很低.这表明声源是面积很大的面源,现已确定是来自海浪,尤其与强热带风暴紧密相关.

(2) 地形波.对航空影响较大的气象问题之一是地形波.气流经过山区时,因受地形影响而形成波状运动.气流较强时,其垂直运动也较强烈,可使飞机的飞行高度突然下降.地形波中有强烈的湍流,可造成飞机颠簸.在一定的气流和山形走向条件下可检测到这种山区特有的次声波.其典型周期约为40 s,典型声压振幅为0.5 Pa.

(3) 风暴及其他恶劣天气.发展旺盛的对流性风暴所产生的次声波强度很大,周期约在0.2~2 min之间.观测到的次声波现象与对波状电离层的电磁波探测到的多普勒运动存在很强的相关,它们被认为是单一源过程的不同表现.其他恶劣天气也可以产生各有特色的次声波.

(4) 其他自然源.许多地球物理现象乃至天文现象都可以引起次声波,如火山喷发、地震、极光、陨石坠落和日食等.

习 题

1. 为什么冬季的夜间一般比夏季的白天能听到更远处的声音?

2. 若温度随高度线性变化,在无风大气中,推导空间某个点声源发出的声线轨迹方程.

3. 设地面温度为300 K,温度递减率为6.5℃/km,若闪电产生于离地面6 km的云中,计算在无风条件下雷声的可闻区.

4. 一台发射声波频率为2000 Hz的声达放到一座高山顶上运行.夏季山顶最高气温为20℃,相对湿度为40%,请由图20.10查出气压为700 hPa时的大气对声波的吸收衰减系数(dB/100 m).若声波向水平方向发射,气温和相对湿度在水平方向的变化可忽略不计,求出声波传输1 km后其能量因大气吸收减少了百分之几.

5. 声达实测到100 m高度上 $C_V^2 = 0.031$,$C_T^2 = 0.000\,63$,已知声波频率为2048 Hz,声达天线为直径等于2 m的抛物面,当时气温为12℃.假设声达垂直向上发射的是圆柱形波束,请按(20.7.16)式计算出100 m处的逾量衰减系数.如 0～100 m 这一层的气温和湍流参数不变,求该层因逾量衰减而造成的声波透过率.在实际应用中,(20.7.16)式还能不能再简化?为什么?

6. 根据你的常识和大气声学知识,谈谈为声达选择工作地点时为避免环境噪声的影响应注意哪些问题.

7. 从物理概念上讨论大风天气对声达接收到的信号强度和多普勒频率可能有何影响.

<h1 style="text-align:center">参 考 文 献</h1>

[1] 陈炎涓,李诗明.声回波团块结构的温湿脉动特征.大气科学,Vol. 8,No. 4,392～398,1984.

[2] 洪钟祥,钱敏伟,胡非.由地基遥感资料确定大气边界层特征.大气科学,Vol. 22, No. 4,613～624,1998.

[3] 吕乃平,李诗明,陈景南,郑月明,周明煜.用声遥感方法计算对流边界层中洋面上的湍流热通量.海洋学报,Vol. 10,No. 5,538～545,1988.

[4] 潘乃先.地球大气边界层结构和天文视宁度.天文学报,Vol. 40,No. 2,122～129,1999.

[5] 塔塔尔斯基著.湍流大气中波的传播理论.温景嵩等译.北京:科学出版社,1978.

[6] 杨训仁,陈宇.大气声学(第二版).北京:科学出版社,2007.

[7] 周明煜,吕乃平,陈炎涓,李诗明.大气边界层中湍流场的团块结构.中国科学 A 辑,第 5 期,614～622,1981.

[8] 周明煜,陈炎涓,吕乃平,李诗明.声雷达探测与直接测量温度结构系数的对比研究.地球 物理学报,Vol. 25,No. 6,492～499,1982.

[9] Ahmet S. Development of acoustic soundinbg technique for operational use. Meteorological Study, No. 29,79.,Department of Science,Bureau of Meteorology,Australian Government Publishing Service,1978.

[10] Baerg Schwarz. Measurements of Scattering of Sound from Turbulence. J. Acoustic. Soc. Amer.,39,No. 6,1131.,1966.

[11] Bass H E. Sutherland L C,Zuckerwar A J,Blackstock D T and Hester D M. Atmospheric absorption of sound:further developments. J. Acoust. Soc. Amer.,97(1),680～683,1995.

[12] Beran D W,Little C G and Willmarth B C. Acoustic Doppler measurements of vertical velocities in the atmosphere. Nature,230,160,1971.

[13] Beran D W,Hooke W H and Clifford S F. Acoustic Echo Sounding Techniques and their Application to Gravity Wave. Turbulence and Stability Studies,Boundary Layer Meteorology,4,133,1973.

[14] Coulter R L. Turbulence Variables Derived from Sodar Data,Acoustic Remote Sensing Applications (Ed. S. P. Singal). Springer-Verlag/ Narosa Publishing House,New Delhi,India,191～201,1997.

[15] DeLoach R. On the Excess Attenuation of Sound in the Atmosphere. NASA TN D-7823(National Technical Information Service,Springfield,VA),1975.

[16] Eymard,L. and Weill A. A Study of Gravity Waves in the Planetary Boundary Layer by Acoustic Sounding. Boundary Layer Meteorology,17,231,1979.

[17] Fitzjarrald D E. Horizontal Scales of Motion in Atmosphere Free Convection Observed during the GATE Experiment. J. Appl. Meteorol.,17,213,1978.

[18] Hooke W H,Young J M and Beran D W. Atmospheric Waves Observed in the Planetary Boundary Layer Using an Acoustic Sounder and a Microbarograph Array,Boundary Layer Meoteorology,2,371,1972.

[19] Hooke W H,Hall Jr F F and Gossard E E. Observed Generation of an Atmospheric Gravity Wave by Shear Instability in the Mean Flow of the Planetary Boundary Layer. Boundary Layer Meteorology,5,29,1973.

[20] Kjelaas A G, Beran D W, Hooke W H and Bean B R. Waves Observed in the Planetary Boundary Layer Using an Array of Acoustic Sounders. J. Atmos. Sci., 31, 2040, 1974.

[21] Little C G. Acoustic methods for the remote probing of the lower atmosphere. Proc. IEEE, 57, 571~578, 1969.

[22] McAllister L G, Pollard J R, Mahoney A R and Shaw P J R. Acoustic sounding—A new approach to the study of atmospheric structure, Proc. IEEE, 57, 579~587,1969.

[23] Moulsley T J, Asimakopoulo D N, Cole R s, Crease B A and Caughey S J. Measurement of boundary layer structure parameter profiles by acoustic sounding and comparison with direct measurements. Quart. J. Roy. Meteor. Soc., 107, 203~230, 1981.

[24] Nater W, Phillips P D and Richner H. Case Studies of Some Uncommon Phenomenon Observed with an Acoustic Sounder, Proceedings of the 4th Symposium on Meteorological Observations and Instrumentation, American Meteorological Society, 366~370, 1978.

[25] Neff W D and Coulter R L. Acoustic remote sensing, Probing the Atmospheric Boundary Layer(Edited by Lenschow, D. H), 201~266, Amer. Meteor. Soc., Boston, M.A., 1986.

[26] Ostashev V E. Sound propagation and scattering in media with random inhomogeneities of sound speed, density and medium velocity. Waves in Random Media 4,403~428, 1994.

[27] Ostashev V E. Acoustics in moving inhomogeneous media, E & FN SPON, London, 1997.

[28] Pan N X. Determination of the Turbulent Structure Parameters, Acoustic Remote Sensing Applications (Ed. S. P. Singal). Springer-Verlag/ Narosa Publishing House, New Delhi, India, 179~190, 1997.

[29] Pan N X. Expressions of sensible heat flux based on a dimensional analysis. Journal of Atmospheric and Oceanic Technology, 19, 1163~1169, 2002.

[30] Pan N X. Excess attenuation of an acoustic beam by turbulence. The Journal of Acoustical Society of America, 114(6), 3102~3111, 2003.

[31] Singal S P, Gera B S and Aggarwal S K. Studies of Sodar Observed Dot Echo Structures. Atmospheric Ocean, 23, 304, 1985.

[32] Singal S P. Acoustic souding stability studies, Encyclopedia of Environment Control Technology Vol. 2, Air Pollution Control, Ch. 28, Paul N. Cheremisinoff(ed) Golf Publishing, USA, 1989.

[33] Singal S P (Editor). Acoustic Remote Sensing Applications, Springer-Verlag/ Narosa Publishing House. New Delhi, India, 1997.

[34] Tatarskii V I. The effects of the turbulent atmosphere on wave propagation (translated from Russian. Israel Program for scientific Translations), 1971.

[35] Weill A, C Klapisz, B Strauss, F Baudin, C Jaupart, P V Grunderbeeck and J P Goutorbe. Measuring heat flux and structure functions of temperature fluctuations with an acoustic Doppler sodar. J. Appl. Metero., 19, 199~205, 1980.

部分习题答案

第 二 章

3. $-12.9℃$，$-11.6℃$，$1.77\,g\cdot m^{-3}$，$1.41\,g/kg$ 或 $1.41\times10^{-3}\,g/g$.

4. $287.28\,K$.

第 三 章

3. $8.4\,gpm/hPa$，$14.7\,gpm/hPa$，$63.4\,gpm/hPa$.

4. $8434.4\,gpm$，$10416.2\,gpm$.

5. $5884\,gpm$，$5475\,gpm$.

第 四 章

3. (1) $5.4\,g/kg$，$284.08\,K$，$1.23\,g\cdot m^{-3}$；

    (2) $1351.4\,gpm$；

    (3) $8.3\,kg/m^2$，$0.83\,cm$. **提示**：先求空气柱总质量.

4. $6.66\times10^{10}\,t$.

5. $8179\,kg/m^2$，80%.

第 五 章

1. (1) $6.3\times10^7\,W\cdot m^{-2}$；   (2) $3.8\times10^{26}\,W$；   (3) 4.5×10^{-10}，约占 20 亿分之一.

2. 6.5%.

3. $174\,W\cdot m^{-2}$.

4. $0.286\,W/(m^2\cdot\mu m)$，$31.2\,W/(m^2\cdot\mu m)$.

5. $58\,K$，$2.6\,K$.

6. 0.73.

7. 日总量的值见下表(单位为 $J/(m^2\cdot d)$)；

纬 度	春 分	夏 至	秋 分	冬 至
0°	3.76×10^7	3.45×10^7	3.76×10^7	3.45×10^7
40°	2.88×10^7	4.33×10^7	2.88×10^7	1.30×10^7
90°	0	4.71×10^7	0	0

8. 50%，$0.7\,cm^2\cdot g^{-1}$.

9. (1) $1.25\times10^{-3}\,cm^{-1}$；   (2) $200\,个\cdot cm^{-3}$；   (3) $8.2\,mW\cdot cm^{-2}$.

10. 0.254.

11. $22.4\,W\cdot cm^{-2}$，0.373，0.69. 根据地面测量大气上界太阳光谱的原理,将观测数据作线性回归. 采用表 5.5 中不同数据,计算结果稍有差异,此处采用 Kasten 经验公式.

12. $1.01℃/24\,h$，$1.46℃/24\,h$.

13. (1) 0.3413; (2) 1 $cm^2 \cdot g^{-1}$; (3) 0.5; (4) 229.6 $W \cdot cm^{-2}$.

14. (1) $T_p^4 = \dfrac{(2-A_s)F_0}{(2-A_1)\sigma}$;

(2) 大气层不一定有保温作用,若大气的 $A_s < A_1$,则有保温作用,若大气的 $A_s > A_1$,则无保温作用,当 $A_s = A_1$,如同没有大气一样.

15. (1) 95.4 $W \cdot cm^{-2}$; (2) 0.19℃/3 h; (3) -0.094℃/3 h.

<h2 align="center">第 六 章</h2>

1. 3.4 g/kg, -2.5℃, 278.7 K, 9.1℃.

3. 上升前 34.5%;850 hPa 时,69.6%.

4. 产生雾. 若不计凝结潜热影响,由比湿变化可得含水量 1.49 g/m^3. 或由(6.6.7)式估算,得含水量 1.45 g/m^3.

5. 凝结高度在 740 hPa 处,凝结前位温为 315.5 K,510 hPa 处位温为 302 K.

6. 背风面 950 hPa 处,温度为 20.5℃,比湿为 0.0057,位温为 25℃,假相当位温为 44℃(不变).

7. (1) 900 hPa 处,比湿为 9 $g \cdot kg^{-1}$,饱和比湿为 17 $g \cdot kg^{-1}$,相对湿度 $U_w = 53\%$.

(2) LCL 处气压为 950 hPa,CCL 为 850 hPa,LFC 为 800 hPa. 大气层属于真潜不稳定.

(3) 当天最高气温要达到 30.5℃才有可能出现热雷雨.

(4) 1000~900 hPa 是对流性不稳定. 因为 1000 hPa 处 $\theta_{se} = 68$℃,900 hPa 处 $\theta_{se} = 60$℃. θ_{se} 随高度减小.

8. 根据(6.8.16)式和(6.8.17)式,并利用埃玛图计算得到气块的垂直速度为:(1) 24.2 $m \cdot s^{-1}$; (2) 26.7 $m \cdot s^{-1}$.

<h2 align="center">第 七 章</h2>

3. C_{22}, C_{13}, $C_{21} = u_2 B_{11} v_1 + u_2 B_{21} v_2 + u_2 B_{31} v_3 - w_3$.

4. (1) 等压面坡度为 10^{-4}; (2) 地转风速为 13.4 $m \cdot s^{-1}$.

6. 990.5 hPa.

7. 方向由西向东,1.03℃/100 km;(图略).

8. 提示:在柱坐标系中,$x = r\cos\theta$, $y = r\sin\theta$, $z = z$.

11. $\beta = 1.62 \times 10^{-11}$ $m^{-1} \cdot s^{-1}$,静止波长为 6200 m.

<h2 align="center">第 九 章</h2>

2. 由混合层热量平衡方程(9.4.4)式,其等式两边系分别对不同的变量微分,则必然等于常数,由

$$\frac{\partial \bar{\theta}}{\partial t} = -\frac{\partial (\overline{w'\theta'})}{\partial z} = 常数,故混合层内 \overline{w'\theta'} 随高度成线性关系.$$

3. 晴朗夜间是稳定边界层. 利用(9.2.16)和(9.2.22a)式,并取 $B_m = 5.0$,即可得到 50 m 高度以下的风速分布为 $\bar{u} = 0.5(\ln z + 0.2z + 3.5)$.

6. 10 m 高度处位温为 $\bar{\theta} = 287$ K,$\dfrac{\partial \bar{\theta}}{\partial z} = \dfrac{1}{z} = 0.1 > 0$,应是稳定层结. 由通用普适函数(9.2.19b)和(9.2.20b)

式,取 $B_m = B_h = 5.0$, $\alpha = K_m / K_h = 1.00$, $\kappa = 0.40$,有

$$\frac{\kappa z}{\theta_*} \frac{\partial \bar{\theta}}{\partial z} = \frac{\kappa z}{\theta_*} \frac{1}{z} = \frac{\kappa}{\theta_*} = 1 + 5\frac{z}{L} \quad 和 \quad \frac{z}{L} = \frac{\kappa z g \theta_*}{u_*^2 \bar{\theta}}.$$

综合以上两式,得温度特征尺度 θ_* 的方程 $\dfrac{5zg}{\bar{\theta}u_*^2}\theta_*^2 + \dfrac{1}{\kappa}\theta_* - 1 = 0$. 代入数值并取方程的正值解(因是稳定层结),得 $\theta_* \approx 0.17$. 由通量理查森数定义及(9.2.12a)式,最后得到 $Rf \approx 0.11$.

8. 11.4 $m^2 \cdot s^{-1}$.

9. (1) 根据力的平衡,得摩擦力 $F_m = fv\tan\psi$.

(2) 2.9×10^{-4} m·s^{-2}.

(3) 若无其他力的作用,水平运动方程简化为 $\dfrac{dv}{dt}=-av$,有形式解 $v=v_0e^{-at}$, v_0 是初始速度. 在 $t=1/a$ 时,速度减小到 $1/e$. 根据(1)的结果, $a=f\tan\psi$, 而根据(2)的数据,可得在中纬度近地层内典型的衰减时间为 $t=3.7\times10^4$ s(约 10.3 h).

10. 达到 600 m 高度需 8.73 h;约 11 h 之后混合层停止发展.

11. 6 h 时 $\Delta\bar\theta_s=4.15$ K, $h_s=427.2$ m.

<h3 align="center">第 十 一 章</h3>

1. 根据(6.5.1)和(6.5.2)式,得 1.2 g·kg^{-1}. 因未计凝结潜热,此值偏大.

2. 2.3 g·m^{-3}.

3. (1) 首先根据云柱平均虚温 272.4 K,利用大气静力学方程求出云柱高度为 2295 m,然后得最大可降水量 1.15 mm;

(2) 6 小时输入云的空气柱高度为 21 600 m,最大可降水量 10.8 mm.

6. (1) $\bar r=\dfrac{1}{2b}$;   (3) $n(V)=\dfrac{A}{4\pi}e^{-\frac{3V}{4b\pi}}$.

7. 根据 N 和 Q_r 的定义,可导出 $\Lambda=n_0/N$ 和 $\Lambda=42.1n_0^{1/4}Q_r^{-1/4}$.

<h3 align="center">第 十 二 章</h3>

1. 6.144 hPa, 6.031 hPa, 98.7%.

2. 考虑下落过程中的蒸发,0.05 mm 滴能下落 7.2 m,0.5 mm 滴能下落约 12 km.

3. 1.77 mm.

4. 690 μm.

5. (1) 碰并增长方程(12.7.5)可简化成 $\dfrac{dr}{dz}=\dfrac{q_wE}{4\rho_w}$, r 为大滴半径,积分后得从云底落出时的尺度 0.25 mm;利用 $\dfrac{dr}{dt}=\dfrac{dr}{dz}\dfrac{dz}{dt}=\dfrac{dr}{dz}v_w$,积分后得云滴穿过云所需时间 2163 s;

(2) 利用(12.7.5)式,得所需的最小云厚 1600 m.

6. 忽略凝华增长,上升 3.1 km,需 5.58 min.

8. 3×10^{13} 个, 2.218×10^{-3} g, 6.6 mm.

<h3 align="center">第 十 五 章</h3>

1. 4.8×10^{-14} Ω^{-1}·m^{-1}.

2. (1) $E(z)=-38.44-81.56e^{-0.00452z}$(单位为 V·m^{-1}), $V(z)=38.44z+1.804\times10^4(1-e^{-0.00452z})$(单位为 V);

(2) 1.32×10^{-12} C·m^{-3}, -71.5 V·m^{-1}, 18 423 V.

3. 金属球上的电荷变化应是大气离子在电场力作用下运动造成的,按(15.3.6)式,为 $\dfrac{dQ}{dt}=-4\pi r^2\lambda E=-\dfrac{\lambda Q}{2\varepsilon_0}$, 由此可得:(1) $Q=Q_0\exp\left(-\dfrac{\lambda}{2\varepsilon_0}t\right)$;(2) 885.4 s$\approx$15 min.

4. 72 kV·m^{-1}.

5. 10^6 MW, 10^4 MW.

<h3 align="center">第 十 六 章</h3>

3. 利用 Γ 函数的性质 $\displaystyle\int_0^\infty x^k e^{-bx}dx=\dfrac{\Gamma(k+1)}{b^{k+1}}=\dfrac{k!}{b^{k+1}}$, 得散射系数为 1.56 km^{-1}.

4. 提示：利用积分公式：

$$\int x(A+Bx)^{\pm\frac{n}{2}}\,dx = \frac{2}{B^2}\left[\frac{(A+Bx)^{\frac{4\pm n}{2}}}{4\pm n} - \frac{A(A+Bx)^{\frac{2\pm n}{2}}}{2\pm n}\right].$$

5. 利用(16.2.9)和(16.2.16)式，得 $1.22\times10^{-2}\cdot km^{-1}$，$3.14\times10^{-2}\cdot km^{-1}$，$1.75\times10^{-1}\cdot km^{-1}$.

第 十 七 章

2. $R_m = \dfrac{3.91}{k_{ex}}$，其中 $k_{ex} = \dfrac{1}{l}\ln\dfrac{L_b^*}{L_o^* - L_b^*}$.

4. 根据计算得到的晴空和云中的消光系数，利用(17.4.13)式，可得能见距为 5.6 km.

第 二 十 章

2. 根据声线微分方程(20.4.17)得到空间声源 (x_0, z_0) 的声线轨迹(圆)方程为

$$\left[x - x_0 - \frac{1}{A\beta}\sqrt{1-A^2(1+\beta z_0)^2}\right]^2 = \left(\frac{1}{A\beta}\right)^2 - \left(z+\frac{1}{\beta}\right)^2,$$

圆心坐标为 $\left(x_0 + \dfrac{1}{A\beta}\sqrt{1-A^2(1+\beta z_0)^2}, -\dfrac{1}{\beta}\right)$，半径为 $\dfrac{1}{|A\beta|}$.

3. 地面雷声可闻区在以闪电地面投影点为圆心，半径为 11.6 km 的圆形区域内. 利用第 2 题的公式，其中 $x_0 = 0$，$z_0 = 6$ km，$\beta = -0.010\,83$，A 由(20.4.15)式确定. 由于所求声线应和地面相切，$\theta = 0°$，得 $A = 1$. 此声线轨迹圆的圆心坐标为(11.6 km, 92 km)，半径为 92 km.

4. 700 hPa 相当于 0.69 atm，大气压标尺化的声波频率 $F = 2000/0.69 \approx 2899$ Hz/atm，大气压标尺化的相对湿度 $U_w/p = 40/0.69 \approx 58\%$/atm. 由图查得 a_a'/atm = 1.6 dB/(100 m·atm)，故大气对声波的吸收衰减系数为 $a_a' \approx 1.10$ dB/100 m.

根据透过率公式 $\tau_a = \exp\left(-\int_0^L a_a\,dl\right)$，其中 $a_a = 1.10/(4.343\times100) = 0.002\,53$ $N_p\cdot m^{-1}$，因此 $\tau_a \approx \exp(-2.53) = 0.0797$，声波能量损失 $1-\tau_a = (1-0.0797) \approx 92\%$. 若按公式(20.7.7)精确计算，得 $a_a = 0.002\,576$，$\tau_a = 0.076$，损失也是约 92%.

5. 由 $L_e = 1$ m，$\lambda = 0.165$ m，得逾量衰减系数为 $a_e = 0.000\,029\,05$ m^{-1}，故透过率为 $\tau_e = \exp\left(-\int_0^L a_e\,dl\right) \approx 0.997$，其中 $L = 100$ m. 若略去(20.7.16)式中的 C_T^2 项，可求得 $a_e = 0.000\,028\,94$ m^{-1}，相对误差小于 0.4%，故实际计算时可以略去(20.7.16)式中的 C_T^2 项.

6. 远离交通线、工厂、牲畜和昆虫鸟类(树林). 远离高楼大厦.

附 录

表 A 本书内有关的特征数

名 称	定 义	说 明
弗罗德数 Fr Froude number	流体的特征惯性力与特征重力（或净浮力）之比：$$Fr=\frac{U^2}{Lg}$$	是流体动力相似的一个判据,在不同问题中有不同形式的定义。在具有层结的大气中,有$$Fr=\frac{U^2}{(NL)^2}$$
马赫数 Ma Mach number	流体的特征速度与绝热声速之比：$$Ma=\frac{U}{c_s}$$	判断流体可压缩性的程度. 对 $Ma<1$ 的亚声速流,可当做不可压缩流动;对 $Ma>1$ 的超声速流,必须考虑流体压缩性对运动的影响
普朗特数 Pr Prandtl number	流体传输动量和传输热量能力之比：$$Pr=\frac{\mu c_p}{\kappa_a}$$	表征流体扩散动量和热量相对能力大小的无量纲量. 对于空气,$Pr\approx1.4$;对绝大多数气体,$Pr=1$
雷诺数 Re Reynolds number	流体中特征惯性力与分子黏性力之比：$$Re=\frac{\rho UL}{\mu}=\frac{UL}{\nu}$$	反映流体黏性大小对运动的影响. 例如不同雷诺数(以水滴半径为特征长度)时,水滴下落速度的表达式不同. 一般作为层流转变成湍流的判据
梯度型理查森数 Ri Richardson number	流体中浮力做功与切应力做功之比：$$Ri=\frac{g}{\bar\theta}\frac{\partial\bar\theta}{\partial z}\Big/\left(\frac{\partial\bar u}{\partial z}\right)^2$$	大气湍流状态和强弱的判据. 当 $Ri<0$ 时,湍流较强;当 $Ri>0$ 时,湍流较弱;而当 $Ri=0$ 时,湍流的能源只有机械运动做功,强度中等
罗斯贝数 Ro Rossby number	惯性力和科氏力之比：$$Ro=\frac{U^2/L}{fU}=\frac{U}{fL}$$	衡量地球旋转效应重要性的无量纲参数. 对大尺度运动,$Ro\approx10^{-1}$;对中尺度运动,$Ro\approx10^0$;对小尺度运动,$Ro\approx10^1$,科氏力可忽略

此表部分内容参考《大气科学辞典》,北京:气象出版社,1994.

表 B 特征数定义中使用的符号

符 号	量 的 名 称	符 号	量 的 名 称
c_p	比定压热容	$\bar u$	平均风速
c_s	声速	$\bar\theta$	平均位温
f	地转参数	κ_a	导热率(导热系数)
L	特征长度	μ	动力黏性系数
N	布伦特-维塞拉频率	ν	运动黏性系数：μ/ρ
U	特征速度	ρ	密度

表 C　常用物理常数

物理常数名称	常　数　值
真空中光速	2.99793×10^8 m $\cdot$ s^{-1}
普朗克(planck)常数	6.6262×10^{-34} J $\cdot$ s
玻尔兹曼(Boltzmann)常数	1.3806×10^{-23} J $\cdot$ K^{-1}
斯蒂芬-玻尔兹曼(Stefan-Boltzmann)常数	5.6696×10^{-8} W/(m^2 $\cdot$ K^4)
空气的折射率(1 atm, 273.15 K, 0.54 μm)	1.000 293
(1 atm, 288.15 K, 0.7 μm)	1.000 276
阿伏伽德罗(Avogadro)常数	6.022×10^{23} mol^{-1}
洛希米德(Loschimidt)数(1 atm, 273.15 K)	2.688×10^{25} m^{-3}
摩尔气体常数	8.3143 J/(mol $\cdot$ K)
电子电荷	1.602×10^{-19} C
电子质量	9.11×10^{-31} kg
自由空间绝对介电常数	8.854×10^{-12} F $\cdot$ m^{-1}
声速(1 atm, 288.15 K)	340.294 m $\cdot$ s^{-1}
太阳常数	1367 ± 7 W $\cdot$ m^{-2}
太阳半径	6.96×10^5 km
日地距离(平均)	1.496×10^8 km
(近日点时)	1.47×10^8 km
(远日点时)	1.52×10^8 km
地球半径(平均)	6370.949 km
(赤道)	6378.077 km
(极地)	6356.577 km
地球自转角速度	7.292116×10^{-5} rad $\cdot$ s^{-1}
标准重力加速度	9.80665 m $\cdot$ s^{-2}
科氏参数(纬度 45°)	1.03×10^{-4} J $\cdot$ s^{-1}
标准大气压	1013.25 hPa
干空气平均摩尔质量(90 km 以下)	28.9644 g/mol
干空气比气体常数	287.05 J/(kg $\cdot$ K)
干空气比定压热容	1004.07 J/(kg $\cdot$ K)
干空气比定容热容	717 J/(kg $\cdot$ K)
空气密度(1 atm, 273.15 K)	1.293 kg $\cdot$ m^{-3}
(1 atm, 288.15 K)	1.225 kg $\cdot$ m^{-3}
运动黏性系数(标准大气的海平面)	1.4607×10^{-5} m^2 $\cdot$ s^{-1}
(标准大气海拔 2 km 处)	1.7147×10^{-5} m^2 $\cdot$ s^{-1}
动力黏性系数(标准大气的海平面)	1.7984×10^{-5} kg/(m $\cdot$ s)
(标准大气的海拔 2 km 处)	1.7260×10^{-5} kg/(m $\cdot$ s)
热传导系数(标准大气的海平面)	2.5362×10^{-5} J/(m $\cdot$ s $\cdot$ K)
(标准大气的海拔 2 km 处)	2.4333×10^{-5} J/(m $\cdot$ s $\cdot$ K)
分子热扩散系数	2.06×10^{-5} m^2 $\cdot$ s^{-1}

物理常数名称	常　数　值
液水密度(0℃)	1.000×10^3 kg·m^{-3}
冰的密度	0.917×10^3 kg·m^{-3}
水汽比气体常数	461.5 J/(kg·K)
水汽比定压热容	1850 J/(kg·K)
水汽比定容热容	1390 J/(kg·K)
液水比热容	4218 J/(kg·K)
冰的比热容	2106 J/(kg·K)
水的气化潜热(0℃)	2501 J·g^{-1}
（100℃）	2250 J·g^{-1}
冰的融化潜热(0℃)	334 J·g^{-1}
冰的升华潜热(0℃)	2835 J·g^{-1}